정연택 · 강주항 공저

일반기계기사 자격시험 대비 표준 대학교재

기계 공작법

Mechanical Manufacturing process

명인북스
Myungin Books

머리말

 기계 제작 기술은 급속하게 발전하여 자동화, 고속화, 초정밀화 되어가고 있고 오늘날에는 우리의 일상생활에서 다양하고 빠른 변화를 주도 하고 있다.

 저자는 그동안 수십 년간 기계산업에서의 현장경험과 강의를 바탕으로 기계공작법에 관한 기초적인 이론과 실기를 시대적 요구에 부응하고 급속도로 발전하는 현장실무에 적응해 나갈 수 있도록 하였고, 국가 기술 자격증인 일반기계기사, 용접기사, 기계 관련 각종 기능장, 기사, 산업기사 시험들에도 합격할 수 있도록 내용을 충실하게 기술하였다. 여기에 이 책이 큰 보탬이 되기를 바란다.

 본 교재의 내용구성은 기계공작법 실험과 실습 진도에 따라 장, 절을 편성하여 학습할 수 있도록 구성하였다.

 1장 서론은 기계의 정의와 기계 공업에 대한 전반적인 내용에 대하여 약술하였다. 2장에서 6장까지는 뿌리 산업 분야 비절삭 가공으로 원형과 주조, 소성가공, 판금제관, 용접, 열처리와 표면경화 등에 관하여 그림과 사진을 다수 인용하여 이해를 돕도록 충실하게 내용을 기술하였다. 7장은 수기 가공과 정밀측정 분야로 각종 기계 부품을 조립, 검사하기 위한 능력을 배양하기 위하여 일반적으로 사용되는 수공구, 기계조립 기본 작업과 품질관리를 목적으로 측정에 관한 이론 및 특성, 사용 방법에 관하여 기술하였다. 8장에서는 절삭가공으로서 기본적인 절삭 이론에서부터 각종 공작기계를 사용하여 가공하는 각종 절삭과 정밀 공작법에 관하여 이해하고, 원리를 터득하여 실제 기계, 기구, 부품을 가공할 때 이론과 가공 기술이 연계되어 현장 실무에 적응할 수 있도록 하였다.

 9장에서는 종래의 기계가공 원리를 달리하는 새로운 생산가공 기술로 형성된 특수 가공에 관하여 기술하였다. 10장에서는 CNC 선반과 머시닝센터, 5축 고속 가공 기술에 대하여 자세하게 현재 사용되고 있는 기술에 대하여 충분히 이해하고 적용할 수 있도록 하였다. 11장에는 산업현장에서 중요시하고 있는 제품생산 보조 장치로 다양한 제품을 정확하게 위치 결정하고 고정하여 생산능률의 향상, 정밀도 유지, 호환성이 요구되는 제품의 제작 가공을 위한 지그와 고정구에 대하여 이해하고 현장 실무에서 적용할 수 있도록 하였다.

 끝으로 본 교재는 이론과 실제 가공 기술의 기초 능력을 배양하는 데 중점을 두기 위해 노력하였으며, 독자는 이 교재를 학습하고 산업현장에서 유능한 기술자가 되어 국가 발전에 중추적 역할을 담당할 수 있기를 바란다.

차 례

CONTENT

제1장 기계 제작 개론

제1절 기계 제작 개요 ··14
1. 기계의 정의 ······························· 14 2. 기계공업 ··································· 15

제2절 기계 제작 ··15
1. 기계 제작법의 범위 ··················· 15 2. 기계 제작의 공정 ······················ 16
3. 재료의 성질 ······························· 18 익힘문제 ··· 20

제2장 원형과 주형

제1절 원형 ···23
1. 모형용 재료 ······························· 23 2. 원형의 종류 및 제작 ················· 25
3. 원형 검사 및 정리 ···················· 33

제2절 주 형 ···34
1. 주형 및 주물사 ························· 34 2. 주형 제작법 ······························ 43
3. 주형 제작용 공구와 기계 ·········· 50 4. 용해로 ······································ 53
5. 주물의 뒤처리와 검사 ·············· 58 6. 특수주조법 ······························· 60
7. 주물용 금속재료 ······················· 65 익힘문제 ··· 76

제3장 소성가공

제1절 소성가공의 개요 ··80
1. 탄성과 소성 ······························· 80 2. 소성가공과 성질 ······················ 82

제2절 단 조 ···86
1. 단조의 개요 ······························· 86 2. 단조의 작업 ······························ 86
3. 단조용 재료 ······························· 89 4. 단조 온도 ································· 89
5. 단조 공구와 설비 ······················ 91

제3절 압 연 ···95
1. 압연의 개요 ······························· 95 2. 압연기 ······································ 100
3. 압연결함 ··································· 103

제4절 전 조 · 104

1. 전조의 개요 · 104
2. 전조의 종류 · 104

제5절 압 출 · 108

1. 압출의 개요 · 108
2. 압출가공의 분류 · 108
3. 압연에 대한 압출의 장점 · 110
4. 압출 및 윤활 · 110
5. 압출력이 영향을 주는 요인 · 110

제6절 인 발 · 112

1. 인발의 개요 · 112
2. 인발 가공의 종류 · 113
3. 인발 다이와 윤활 · 113
4. 인발력에 영향을 주는 요인 · 115

제7절 프레스가공 · 117

1. 프레스가공의 개요 · 117
2. 전단가공 · 117
3. 굽힘가공 · 120
4. 디프 드로잉가공 · 124
5. 압축가공 · 126
6. 프레스 · 126

익힘문제 · 130

제 4 장 판금제관

제1절 판금제관 공작의 개요 · 134

1. 판금 공작의 특징 · 134
2. 제관 공작의 특징 · 134
3. 제관 가공과 판금가공의 차이 · 135

제2절 기계공작과 판금제관 공작 · 136

1. 일반 판금 · 137
2. 타출 판금 · 137
3. 제관 · 137
4. 프레스가공 · 137

제3절 판금제관용 공구와 기계 · 138

1. 판금제관용 공구 · 138
2. 전단용 기계 · 152
3. CNC 절단기 · 156
4. 굽힘용 기계 · 161
5. 성형용 기계 · 165

제4절 판금제관 성형법 · 168

1. 시밍 · 168
2. 포밍 · 172

3. 와이어링	174	4. 크림핑 및 비딩	175
5. 터닝과 버링	177	6. 폴딩 가공	179
7. 타출 가공	179		

제5절 관(pipe) 제조 방법 ··· 181
1. 이음매 있는 관	181	2. 이음매 없는 관	182

제6절 박판 특수 성형 가공 ··· 184
1. 고무를 사용한 성형 가공	184	2. 액압 성형법	185
3. 고에너지 고속 가공	187	4. 기타 성형 가공	191
익힘문제	194		

제5장 용접

제1절 용접의 개요 ··· 198
1. 용법의 정의와 종류	198	2. 용접시공	201

제2절 아크 용접법 ··· 205
1. 피복 아크 용접법	205	2. 아크 용접기에 필요한 조건	209
3. 아크용접봉	210	4. 피복 아크 용접법	213
5. 특수 아크 용접법	214		

제3절 가스용접과 절단 ··· 223
1. 가스용접법의 개요	223	2. 가스용접의 설비	227
3. 가스용접 재료	232	4. 절단법	233

제4절 저항용접과 기타 용접 ··· 234
1. 전기저항용접	234	2. 납땜	236
3. 압접	237	익힘문제	241

제6장 열처리와 표면경화

제1절 열처리 ··· 244
1. 열처리의 개요	244	2. 철과 강의 변태	244

3. 일반 열처리 종류 ········· 247	4. 항온 열처리 ········· 253
5. 구상화처리 ········· 254	

제2절 표면경화 ········· 255

1. 표면경화의 개요 ········· 255	2. 화학적 표면 경화법 ········· 255
3. 물리적 표면 경화법 ········· 258	4. 금속 피막법 ········· 259
5. 방청 피막법 ········· 261	6. 금속침투법 ········· 262
익힘문제 ········· 263	

제 7 장 수기 가공과 측정

제1절 수기 가공 ········· 266

1. 수기 가공 및 조립 작업의 개요 ········· 266	2. 수기 가공의 설비 ········· 266
3. 수기 가공 작업 ········· 267	

제2절 측 정 ········· 278

1. 측정의 개요 ········· 278	2. 길이측정 ········· 286
3. 각도 측정 ········· 306	4. 면 측정 ········· 311
5. 나사측정 ········· 315	6. 기어측정 ········· 317
7. 3차원 측정기 ········· 317	익힘문제 ········· 322

제 8 장 절삭가공

제1절 절삭가공의 개요 ········· 326

1. 절삭가공의 원리 ········· 326	2. 절삭가공의 종류 ········· 326
3. 공작기계의 종류 ········· 328	4. 절삭 이론 ········· 331
5. 칩의 생성과 구성 인선 ········· 340	6. 공구 인선의 수명과 파손 ········· 345
7. 절삭유와 윤활제 ········· 351	8. 절삭공구 재료 ········· 356

제2절 선반 가공 ········· 363

1. 선반의 개요 ········· 363	2. 선반의 구조 ········· 368

3. 선반의 부속품과 부속장치 ·········· 375
5. 선반용 바이트 ······················· 389
4. 선반 작업 ··························· 383

제3절 밀링 가공 ··· 391
1. 밀링머신의 개요 ···················· 391
3. 밀링머신의 부속품과 부속장치 ······ 396
5. 밀링작업과 절삭조건 ················ 405
2. 밀링머신의 구조 ···················· 394
4. 밀링용 절삭공구 ···················· 399

제4절 연삭 가공 ··· 414
1. 연삭의 개요 ························· 414
3. 연삭숫돌 ···························· 425
5. 연삭의 결함과 대책 ·················· 438
2. 연삭기의 종류 ······················ 415
4. 연삭 작업의 일반적인 사항 ·········· 432

제5절 드릴링 및 보링머신 가공 ··· 440
1. 드릴링머신 ·························· 440
2. 보링머신 ···························· 449

제6절 기타 절삭가공 ·· 454
1. 플레이너 ···························· 454
3. 슬로터 ······························ 458
5. 브로칭머신 ·························· 465
2. 세이퍼 ······························ 456
4. 기어 가공 ··························· 459

제7절 정밀 입자 및 특수 정밀가공 ··· 470
1. 정밀 입자 가공 ····················· 470
익힘문제 ······························ 485
2. 특수 정밀가공 ······················ 479

제9장 특수가공

제1절 전기적 가공 ·· 490
1. 방전가공 ···························· 490
3. 전자빔가공 ·························· 495
5. 레이저가공 ·························· 496
2. 초음파가공 ·························· 493
4. 이온빔 가공 ························· 495
6. 플라스마 가공 ······················ 498

제2절 전기 화학가공 ···································500

1. 전해가공 ···············500
2. 전해연마 ···············501
3. 전해 연삭 ············502
4. 전주 가공 ············503

제3절 화학적 가공 ···································505

1. 화학적 가공의 개요 ······505
2. 용삭 가공 ············505
3. 화학 밀링 ···········506
4. 화학연마 ············506
5. 화학 연삭 ···········507
6. 화학 절단 ············507

익힘문제 ······················508

제 10 장 CNC 공작기계

제1절 CNC 공작기계의 개요 ···································512

1. CNC 개요 ···········512
2. CNC 시스템의 구성 ······515
3. 절삭 제어방식 ········519
4. CNC 프로그래밍 ········520

제2절 CNC 선반 프로그램 ···································529

1. 프로그램 원점과 좌표계 설정 ······529
2. 원점복귀 ·············530
3. 보간 기능 ············531
4. 휴지(Dwell) ··········533
5. 자동 면취 및 코너 R기능 ······534
6. 주축기능 ·············534
7. 이송기능 ············536
8. 인선 반지름보정 ······537
9. 나사 가공 기능 ······539
10. 나사 사이클 가공 ·····540
11. 사이클 가공 ·········543
12. 보조프로그램 ········551
13. CNC 선반 프로그램 작성 ······551

제3절 머시닝센터 ···································558

1. 머시닝센터의 개요 ······558
2. 머시닝센터 좌표어와 제어축 ······559
3. 머시닝센터 프로그래밍 ···560
4. 머시닝센터 프로그램 작성 ······584

제4절 5축 고속 가공기 ··········590

1. 5축 고속 가공의 이해 ··········590
2. 5축 가공기의 축 정의 ··········593
3. 5축 가공의 분류 ··········595
4. Post Processor의 이해 ··········602

익힘문제 ··········606

제11장 치공구(Jig & Fixture)

제1절 치공구의 개념 ··········610

1. 치공구의 개요 ··········610
2. 치공구의 3요소 ··········612
3. 치공구의 사용상 이점 ··········613
4. 치공구 설계의 기본원칙 ··········614
5. 치공구 설계의 경제성 ··········614
6. 치공구의 설계계획 ··········620

제2절 치공구의 분류 ··········622

1. 치공구 용도에 따른 분류 ··········622
2. 치공구의 종류 ··········623

제3절 공작물 관리 ··········637

1. 공작물 관리의 정의 ··········637
2. 공작물 관리의 이론 ··········638
3. 형상 관리 ··········642
4. 치수 관리 ··········645
5. 기계적 관리 ··········646
6. 공차 분석 ··········649

제4절 공작물의 위치 결정 ··········655

1. 위치 결정구 설계 ··········655
2. 위치 결정구의 설계 ··········656
3. 중심 위치 결정구 ··········664
4. 장착과 장탈 ··········667

제5절 공작물 클램 ··········670

1. 클램핑의 개요 ··········670
2. 클램프의 종류 및 고정력 ··········672

제6절 치공구 본체 ··········676

1. 치공구 본체 ··········676
2. 치공구 본체의 종류와 특징 ··········677
3. 맞춤 핀 과 그 위치선정 ··········679

제7절 드릴 지그 ··680

1. 드릴 지그 ·······································680
2. 드릴 지그 부시 ································681

제8절 밀링 고정구 ··691

1. 밀링 고정구의 개요 ·························691
2. 밀링 고정구 설계 ····························691
3. 커터의 위치 결정 방법 ····················692
4. 커터 세트 블록 ································692
5. 두께(필러) 게이지 ··························693
6. 밀링 테이블 치공구 고정 방법 ········694
7. 밀링 고정구 설계 절차 ····················697

제9절 용접지그와 고정구 ··704

1. 용접지그와 고정구의 의미 ··············704
2. 용접 고정구의 설계 제작의 고려 사항 ··········709
3. 용접 고정구의 구성요소 ··················710
4. 용접 고정구 설계 고려 사항 ············711
5. 자동차 차체 용접지그 ····················712
익힘문제 ···714

부 록

1. 익힘문제 해답 ··718
2. 찾아보기 ··741

제1장

기계 제작 개론

제1절 기계 제작 개요

제2절 기계 제작

제1절 기계 제작 개요

1. 기계의 정의

인간의 손에 의존하고 있었던 작업이 기계를 설계하고 제작하여 사용함으로 현대 과학 문명의 원동력이 되었다. 18세기 중엽 J. 와트에 의한 증기기관의 발명은, 수력이나 풍력보다도 안정성이 있고, 강력한 동력을 실현했으며, 공장이 증기기관에 의해서 조업하게 되고, 기차나 기선 등도 생산되어 기계화가 추진되었다. 20세기로 접어들어 수력터빈, 증기터빈, 내연기관이 계속해서 개발되면서 기계는 한층 발달했다. 기계의 이론적 연구와 기술자 양성의 필요성이 증대되고 기계학이라는 학문 분야가 확립된 것은 19세기 중엽이었다. 그에 따라 기계와 도구에 관한 연구도 활발히 진행되었다.

그러나 기계에 대한 정의를 내리기는 쉽지 않다. 기계의 정의에 대한 여러 학자의 견해는 많지만, 독일의 F. 루트는 "저항체인 물체의 집합체로서 각 부분의 운동은 한정되어 상호 간의 상대운동을 하며 외부로부터 에너지를 공급받아서 인간에게 유용한 일로 바뀐 상태"라 하고, 케네디(Kennedy)의 정의에 의하면 "강체가 조립된 것으로서 각 개체의 관계 운동은 완전히 제한되며 그 일단에 가해진 에너지를 어떤 형태의 일로 변환시킬 수 있는 것"이라고 한다. 결과적으로 정의를 조합하면 다음과 같이 말할 수 있다.

① 저항력이 있는 물체의 조합이어야 한다.
② 기계를 구성하는 각 개체는 강체이어야 한다.
③ 각각의 구성품은 완전히 제한된 상호운동을 해야 한다.
④ 기계가 받는 에너지는 어떠한 형태로 변환되는 유효한 기계적인 일을 해야 한다.

로프나 체인 등은 미는 힘에 대해서는 저항하지 않으나 잡아당기는 힘에 대해서는 저항함으로 기계의 일부로서 사용할 수 있고, 액체도 용기에 밀봉하면 압축에 대해 저항하므로 이것도 기계의 일부가 될 수가 있다. 드라이버 끌 톱 대패 등은 상대운동을 하지 않으므로 일반적으로 기계라고 하지 않고 도구(道具)라고 한다. 특히 버니어캘리퍼스 마이크로미터 전압계와 같이 측정 등을 목적으로 하는 것은 기기(機器)라고 불러 구별하고 있다.

2. 기계공업

기계는 크게 원동기, 작업기계, 전달 장치로 나눌 수 있다. 원동기는 수력, 풍력, 석탄, 원자력 등의 에너지를 유효한 기계적 에너지로 바꾸는 장치로서 증기기관, 내연기관, 수력터빈, 증기터빈, 가스터빈 등이 그에 해당한다. 바뀐 에너지인 전기에 의해서 움직이는 모터도 원동기이다.

작업기계는 원동기로 획득된 에너지를 기계적인 일로 바꾸는 것으로서 공작기계, 방적기계, 직물 기계, 인쇄 기계 외에도 기관차, 전차, 리니어 모터카, 자동차, 호버크라프트, 선박, 비행기 등의 운반용 기계도 있다.

전달 장치는 원동기의 동력을 작업기계에 전달하는 기계이다. 톱니바퀴를 조합한 톱니바퀴열(列), 감속장치, 마찰 전동장치, 로프 또는 벨트나 쇠사슬 등에 의한 전동장치, 유체에 의한 유체축이음 등, 그 종류는 다양하다. 20세기 후반이 되자 기계의 발달은 더욱 현저해졌고 그 구조도 매우 복잡해졌다. 특히 전자공학의 발달로 인해, 이때까지와는 전혀 성능이 판이한 기계가 나타났으며 손작업의 대체(代替) 효율화로써 발달해온 기계가 인간은 두뇌의 기능인 기억, 판단까지도 할 수 있게 되었다. 이는 자동화 공작기계로서 개발된 트랜스퍼 머신, 컴퓨터에 의한 수치제어 공작기계 등이다.

또, 인간의 시각, 청각, 촉각에 해당하는 센서(sensor)도 활용하게 되었으며, 나아가 인간이 경험으로 획득한 기술을 재현하고, 새로운 상황에도 반응해 주는 로봇도 나타났다. 로봇의 성능은 기계의 개념을 다시 생각해야 할 만큼 향상되고 있다. 고온 및 장시간 노동, 방사성 물질의 취급, 달의 표면이나 깊은 바닷속에서의 탐색 등은 고도로 발달한 기계가 인간 대신 일해 주게 되었다.

오늘날의 기계는 그 범위가 너무도 넓다. 독일 우리의 기계에 대한 정의는 이제 그 일부분을 지칭하는 것밖에 되지 않는다. 이런 변화는 앞으로도 계속될 것으로 보인다.

제2절 기계 제작

1. 기계 제작법의 범위

기계 제작에 사용되는 금속재료는 제작 과정에 필요한 성질에 따라 적당한 가공 방법을 선택하게 된다. 가공 방법에는 크게 비절삭가공과 절삭가공 방식으로 구별할 수 있다.

비절삭가공에 사용되는 기계를 일반적으로 금속가공기계(metal working machin -ery) 라고 하고, 절삭가공에 사용되는 기계를 공작기계(machine tool)라고 한다.

표 1-1 기계 제작법의 분류

2. 기계 제작의 공정

기계를 생산할 때는 수요자의 주문, 또는 일반의 요구를 예측하여 계획하고 제작한다. 기계의 제작 순서는 기계의 종류에 따라 다소 차이는 있으나 [그림 1-1]과 같은 순서로 가공되는 것이 일반적이다.

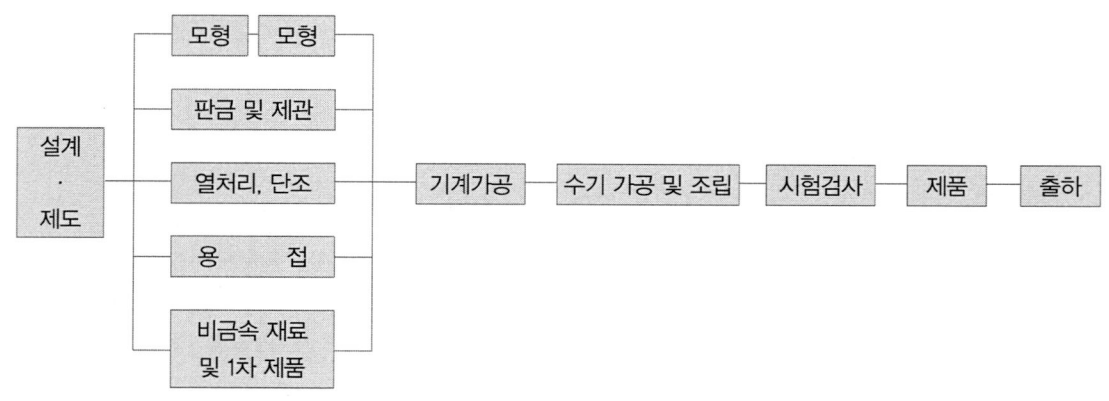

그림 1-1 기계 제작 순서 및 공정

(1) 설계 및 제도

제작의 난이도와 재료 절약 등을 고려하여 계획을 세우고 제작할 기계의 목적에 따라 제작 도면을 작성하는 것이며, 이 도면에 따라 그대로 기계나 기기를 제작할 수 있는 지시서와 같은 것이다. 설계하는 데는 소기의 목적 달성에 충분한 운동을 할 수 있는 기구를 결정하고, 작용하는 힘에 대한 충분한 강도를 가지며, 공작을 쉽게 할 수 있는 모양을 정하고, 제작비가 싸고 신뢰성이 있으며, 미관을 고려하여 치수 및 재료 선택 등을 생각한다. 이러한 사항들을 맞게 가공 방법을 그림으로 표출한 것을 설계라 하고, 이때 그린 그림을 설계도라 한다. 이 설계도를 기초로 제도를 하며, 제도가 완성되면 청사진을 만들어 각 부품 제작 공장에 보낸다. 설계실에서 만든 제작도에 따라 생산 능력, 납품 기일 등을 고려하여 기계 제작의 순서와 일정을 계획한다. 이와 같은 일을 일반적으로 생산계획이라 한다. 생산계획에서 가장 중요한 것은 그 제품의 기능을 충분히 발휘할 수 있게 제작상의 난이도, 제품 원가 등을 고려하여 제작 공정을 세워야 한다.

(2) 모형

주물사, 금속 등으로 주물을 만들기 위해서 반드시 모형을 만들지 않으면 안 된다. 모형은 여러 방법이 있지만 보통 목재로 만드는 경우가 많으며, 이것을 목형(wood pattern)이라 한다.

(3) 주조

복잡하거나 큰 부품을 제작할 때 주로 사용되는 방법으로 부품의 모양과 같은 공간을 만들어 그 속에 용융된 금속을 붓고 굳어진 것을 기계 부품의 소재로 사용한다.

(4) 판금 및 제관

금속판, 형강 등을 절단하거나 구부려서 다듬질 또는 성형, 용접, 리벳 작업을 하여 용기나 기계의 덮게, 구조물, 기계 부품 등을 제작한다.

(5) 단조, 열처리

금속의 전연성을 이용하며, 금속을 가열하고 여기에 압력을 주어 필요한 소재나 제품을 만드는 그것을 단조(forging)라 한다.

열처리(heat treatment)란 기계가공 전이나 가공 후의 부품에 열을 가하여 온도 변화를 주면은 조직이 변화를 일으켜 강도, 경도 등의 기계적 성질이 변화하게 된다. 이것을 용도에 맞게 담금질 또는 풀림 등을 이용하여 기계적 성질을 조절하는 작업이다.

(6) 용접

접합하고자 하는 2개의 금속을 고온으로 가열하여 용해시켜 접합하는 방법을 말하며, 과거에 리벳이음, 볼트 등 기계적인 접합 대신에 최근에는 조선, 차량, 건축, 가전제품, 기구 제작 등에서 용접을 널리 사용하고 있다.

(7) 기계 가공 및 특수가공

금속을 절삭하여 가공하는 방법으로 치수, 모양 등이 모두 정확한 다듬질을 할 수 있고 대량 생산할 수 있으므로 대부분 기계 부품이 이 기계 절삭가공으로 만들어진다. 또한 근래에는 전해연마, 초음파가공 등을 함으로써 다듬질 면 및 치수의 정밀도가 많이 향상되었다.

(8) 수기 가공 및 조립

기계 가공 및 특수가공으로 만들어진 제품을 조립하는 방법이며, 일반적으로 수공구를 사용하여 조립하는데 조립 도중 일부분을 수정하기도 한다. 이 방법을 수기 가공 또는 손다듬질 가공이라 하며, 과거에는 중요한 가공 분야이었으나, 최근에는 기계 가공의 발전으로 차츰 그 필요성이 적어지고 있다.

(9) 시험, 검사

제작 공정마다 소재와 부품들을 반드시 검사하지만, 조립된 기계는 그 기계 설계할 때 목적에 대한 기능 여부, 등이 정확한지 시험하여야 한다. 여러 가지 목적에 따른 시험방법이 있으나 최종적으로 성능시험에 의해 결정한다.

(10) 제품, 출하

설계 지시한 그대로 도장하여 합격한 제품은 제품 창고에 넣거나 곧 포장하여 출하한다. 기계에 도장을 하는 것은 녹슬지 않게 하는 것이 가장 큰 목적인 것은 물론 기계의 외관을 아름답게 하는 것도 그 목적의 하나다. 따라서 공업 설계의 중요성과 더불어 도장은 신중한 계획하여 다루어야 한다. 또 포장도 소홀히 다루어서는 안 될 중요한 일의 하나이다. 포장은 경제적일 뿐만 아니라 발주자에게 주는 인상과 제품의 가치에도 영향을 끼치게 된다.

3. 재료의 성질

기계 제작에는 금속을 많이 사용하고 있다. 이 금속재료를 가공하는데, 각 금속의 여러 가지 물리적 성질을 이용하여 적합한 가공 방법을 선택하여야 한다. 이에 이용되는 성질은 다음과 같다.

(1) 비절삭가공에 이용되는 성질

1) 가융성(fusibility)

금속을 고온으로 가열하면 용융되어 액체로 되고 유동성(fluidity)이 증가한다. 이때 고온에서 용융하는 성질을 가융성이라 하고, 유동성이란 용융해서 액체 상태에 있는 용융 금속이 표시하는 점성(viscosity)에 관한 성질이며, 가공성의 어려움에 영향을 준다. 이 가융성 성질을 이용하는 가공법은 주조(casting) 및 용접(welding) 등이 있다.

2) 전연성(malleability)

금속에 외적인 힘을 가하여 늘어나거나 넓혀지는 성질을 전연성이라 하고 그 정도는 압력이나 타격으로 재료가 파괴되지 않고 넓어지는 것으로 표시한다. 이 성질을 이용한 가공법은 압연(rolling), 압출(extrusion), 인발(drawing), 단조(forging), 전조(roll forming), 판금 프레스(press)가공 등이 있다.

3) 접합성(weld ability)

일명 용접성이며, 금속의 가융성을 이용하여 개개의 금속 일부분에 열을 가하여 용해하고, 그 용액의 친화력에 의하여 두 금속을 접합하는 데 이용되는 성질로서 압력과 마찰력 등을 이용하거나 용융 상태에서 접합한다. 금속에 따라서 친화력이 다르므로 접합의 어려움이 있으며, 압착력도 재료에 따라서 강도가 다르므로 제한을 받는다. 이 성질을 이용한 가공법에는 단접(forge welding), 용접(welding), 납땜(soldering), 경납땜(brazing) 등이 있다.

(2) 절삭가공에 이용되는 성질

1) 절삭성(mach inability 또는 machining)

절삭공구를 이용하여 재료의 형태를 변화시키면 그 작업의 어려움을 표시하는 성질을 말한다. 절삭공구 재질 가공물 재질, 절삭조건 등에 따라 영향을 미치며, 단위 에너지(energy) 당의 절삭량으로 그 정도를 표시하고 때로는 절삭 표면의 정밀도를 비교하여 절삭성을 표시하기도 한다. 절삭가공은 고정 공구에 의하여 선삭, 형삭, 평삭, 브로칭 가공 등이 있고, 회전공구에 의한 절삭은 밀링, 드릴링, 보링가공 등이 있다.

2) 연삭성(grinding ability)

고정 입자 또는 분말 입자에 의하여 재료를 연삭 가공할 때 연삭에 대한 난이도를 나타내는 성질이며, 고정 입자에 의한 가공에는 연삭(grinding), 호닝(honing), 슈퍼 피니싱(super finshing) 등이 있고, 분말 입자에 의한 가공에는 래핑(lapping), 액체호닝(liquid honing), 배럴 가공(barrel working) 등이 있다.

익힘문제

01 기계의 정의에 대하여 설명하여라.

02 기계 제작 순서를 설계에서부터 출하까지를 요약해 보아라.

03 제작할 기구를 결정하고, 그에 대한 강도, 모양, 제작비, 소요 재료 및 치수 등의 사항에 맞게 가공 방법을 그림으로 표출하여 그린 그림을 무엇이라 하는가.

04 부품의 모양과 같은 공간을 만들어 그 속에 용융된 금속을 부어 기계 부품을 만드는 작업을 무엇이라 하는가?

05 가용성에 대하여 설명하여라.

06 전연성의 성질을 이용한 가공법을 나열하여라.

07 접합성의 성질을 이용한 가공법을 나열하여라.

08 고정 입자의 숫돌과 분말 입자에 의한 가공법을 구분하여 기록하여라.

제 2 장

원형과 주형

제1절 원형

제2절 주형

주조는 가장 오래된 제조 방법의 하나로 기계 제작에서 주물을 제작할 때 일반적으로 원형을 만들고, 이것을 사용하여 주물사로 주형을 만든 다음 금속을 가열하여 용해시켜 유동성을 좋게 만든 쇳물을 모래 또는 금속으로 만든 주형에 주입하여 냉각 응고시켜 목적하는 제품을 만드는 것을 주조(casting)라 하며, 주조하여 만든 제품을 주물(casing) 또는 주조품이라 한다.

주물은 자동차의 엔진 블록, 크랭크축, 피스톤, 밸브, 각 기계의 프레임, 공작기계 본체, 차량 바퀴 등의 몸체 및 부품 등으로 대형의 소재나 복잡한 형상 등으로 만들 수 있는 장점이 있다. 주물을 만드는 공정은 다음과 같다.

주조 계획 수립 ⇒ 모형 제작 ⇒ 주형 제작 ⇒ 금속 용해 ⇒ 주형에 주입 ⇒ 주형 해체 ⇒ 탕구, 탕도 제거 ⇒ 표면 청정 가공 ⇒ 검사 ⇒ 완성품

그림 2-1 주물 제품

그림 2-2 주조 공정 설명도

제1절 원형

주물을 만들 때 먼저 원형(모형: pattern)을 만들지 않으면 안 되고, 이 모형은 목재, 구리, 알루미늄, 플라스틱, 석고 등으로 한다.

목재는 다른 재질에 비하여 수축과 변형이 있으나 값이 싸고 가공하기 쉬워 일반적으로 많이 사용하며, 이것을 이용하여 만드는 것을 목형(wood pattern)이라 한다. 목형용 목재는 주물의 용도에 따라 벚나무, 참나무, 박달나무 등의 경재와 소나무, 전나무, 삼나무 등과 같은 연재가 주로 사용되고 목형 재료는 가공이 쉬우며 변형이 적은 동시에 재질이 치밀하여 오랫동안 견디는 것이 요구되며, 주물의 형상이나 크기 또는 수량에 따라 가장 적합한 소재를 선택하여야 한다.

1. 모형용 재료

(1) 목재의 조직 및 수축

목재의 조직은 일반적으로 목재의 심재(적재)는 수심에 가까운 부분으로 경고하고 변형이 적으나, 백재(변재)는 껍질에 가까운 부분이며, 변형되기 쉽고, 또 부식되기 쉽다. [그림 2-3]는 목재의 조직에 대한 각부 명칭을 표시한 것이다. 목재 수축의 원인은 수분 때문에 생기는 일이 많다. 목재에는 대략 30~40%가 수분으로 되어있다. 또한 침엽수는 활엽수보다 수축이 적으며 오래된 나무는 어린나무보다 수축이 적고, 섬유방향이 연륜 방향보다 수축이 적다.

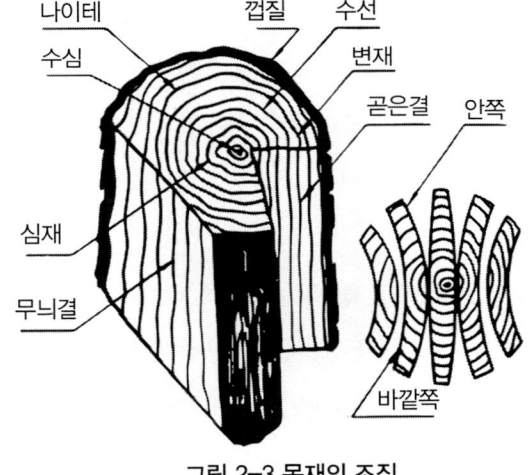

그림 2-3 목재의 조직

목형용 목재로서 필요한 조건은 내구성이 크고, 수축변형이 적고, 염가이며 다량으로 생산되는 것 등이며 일반적으로 목재의 수축 방향은 다음과 같다.

① 섬유(수간: 나무줄기)방향: 0.1~0.5%

② 연수(수간에 직각이 되는 반지름) 방향: 2~8%

③ 연륜(나이테) 방향: 5~12%

원형용 목재의 수축을 방지하려면 다음 조건을 갖추는 것이 좋다.

① 양질의 목재를 선택할 것

② 건조가 잘 되어있을 것

③ 노년기의 수목을 겨울에 벌채할 것

④ 곧은결로 여러 개의 목편을 조합하여 물품을 만들 것

⑤ 나뭇결이 상반되게 조합한다.

⑥ 적당한 도장을 할 것

(2) 목재의 건조

목재의 건조법은 대단히 중요하며 목재의 벌채는 수분이 최초가 되는 동절기에 하면 변형이 적고 건조가 빠르며 가장 이상적이다. 벌목한 다음 충분히 건조해 변형 과 부식이 발생하지 않도록 한 후 사용한다. 건조하게 하면 부패, 충해의 방지, 중량의 경감, 강도의 증대가 있다. 건조의 조건은 공기의 온도를 높이고 공기의 습도를 낮추어 공기의 통풍이 잘되도록 하며 목재의 건조 방법은 크게 구분하여 자연 건조법과 인공건조법이 있다.

1) 자연 건조법(natural seasoning)

자연 건조법은 직사광선을 피하여 공기의 신진대사와 기온으로 목재의 수액과 수분을 제거하는 방법이며, 일반적으로 2~5년 동안 건조하지만, 충분한 건조를 위해서는 10년이 요구되며 목재를 물속에 담가서 수액을 치환(置換)한 후 건조하면 건조시간을 단축할 수 있다.

① 야적법: 통풍이 좋은 옥외장소에 적치하여 건조하는 방법으로 환목(紈木) 또는 큰 목재에 사용한다.

② 가옥적법: 판재 또는 잔재(棧材)에 사용하며, 가옥을 지어 적재하는 방법이다.

2) 인공건조법(artificial seasoning)

인공적으로 만든 장치를 사용하여 짧은 시간에 많은 양의 수분을 건조하는 방법이다.

① 열기 건조(온재)법(hot air seasoning): 목재를 건조실에서 송풍기로 열풍(70℃)을 불어 넣어 건조하는 방법으로 박판 건조에 이용하며 목재의 두께 등 조건에 따라 7~10일간 건조할 수 있다.

② 침재법(water seasoning): 수중에 약 10일간이나 수개월 동안 수중에 담갔다가 꺼내어 대기 중에서 건조하는 방법이며, 균열은 방지할 수 있으나 탄력성이 감소하는 단점이 있다.

③ 자재법(boiling seasoning): 건조한 목재를 용기에 넣고 쪄서 자연 건조하는 방법으로 수축은 적은 장점이 있으나 무르고, 약하며, 변색이 되는 단점이 있으며 이용도가 높다.

④ 증재법(steaming seasoning): 목재를 용기에 넣고 2~3기압의 수증기로 약 한 시간 가열한 다음 대기 중이나 열기실에서 건조하는 방법이며, 다소 강도가 적어지거나 건조가 빠르고 변형, 수축이 적은 장점이 있으나 강도가 다소 떨어지는 단점이 있다.

⑤ 진공 건조법(vacuum seasoning): 목재를 밀폐된 건조실에 넣고 진공상태에서 건조하며, 이때 열

은 가스나 고주파 가열장치를 이용하여 가열한다. 건조가 빠르나 균열 변형이 일어나기 쉽다.

⑥ 전기건조법(electric seasoning): 전기저항의 열 또는 고주파열로 공기 중에서 건조하는 방법이다.

⑦ 훈재법(smoking seasoning): 목재를 밀폐된 건조실에 넣고 배기가스나 연소 가스로 직접 건조하는 방법이다.

⑧ 약재 건조법(chemical seasoning): 밀폐된 건조실에서 염화칼슘(KCl), 황산(H_2SO_4), 산성 벡토 등과 같은 흡수성이 강한 건조제를 사용하는 방법이다. 다량의 목재 처리에 적합하지 않으나 소량의 중요한 목재 건조에 이용된다.

(3) 목재의 방부법

목재의 부식과 해충의 피해를 방지하기 위하여 다음과 같은 방법으로 방지한다.

① 도포법 : 가장 간단한 방부처리로 목재의 표면에 페인트(paint)나 크레졸(Oil)을 칠하거나 주입하는 방법이다.

② 자비법 : 방부제에 끓이거나 부분적으로 목재에 주입하는 방법이다.

③ 침투법 : 염화아연, 염화제이수은, 황산 등의 수용액을 목재에 일정 시간 흡수시키는 방법이다.

④ 충전법 : 목재에 구멍을 뚫어 방부제를 넣는 방법이다.

2. 원형의 종류 및 제작

(1) 원형의 종류

주조품의 크기, 모양, 수량, 주형 제작의 난이성 등을 고려하여 적당한 방법을 선택하여야 한다.

1) 현형(solid pattern)

가장 기본이 되는 원형으로 제작할 제품과 대략 동일한 모양으로 된 것에 수축여유 및 다듬질 여유를 첨가한 원형을 현형이라 한다.

① 단체형(one piece pattern)

형태가 분할되지 않는 모형으로서 레버, 뚜껑 등과 같이 간단하고 형태가 단순하여 하나의 원형으로 주형 제작이 가능한 경우에 이용된다.

② 분할형(split pattern)

모형을 2개로 분할하여 다월(dowel)과 구멍으로 연결하며, 한쪽에 단이 있는 제품이거나 구조가 약간 복잡한 제품에 이용된다.

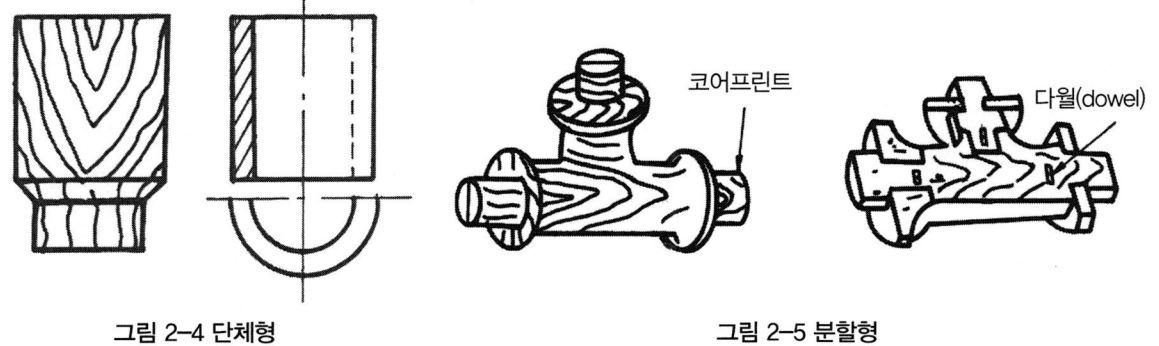

그림 2-4 단체형　　　　　　　　　그림 2-5 분할형

③ 조립형(built-up pattern)

수직, 수평부에 단이 있는 제품 제작에 이용되며, 분할형으로도 주형을 만들 수 없을 때 와 여러 조각으로 분할되어 있는 원형으로서 복잡하거나 대형 주형 제작에 이용되며 주로 상수도관용 밸브 제작에 이용된다.

2) 부분형(section pattern)

원형이 대단히 큰 것으로 대형 기어, 프로펠러, 톱니바퀴와 같이 대칭 또는 동일 형상의 부분이 연속인 부품일 때에는 몇 개의 부분으로 나누고 그 일부를 제작하여 주형을 제작하는 것으로 정밀한 주형 제작이 어렵다.

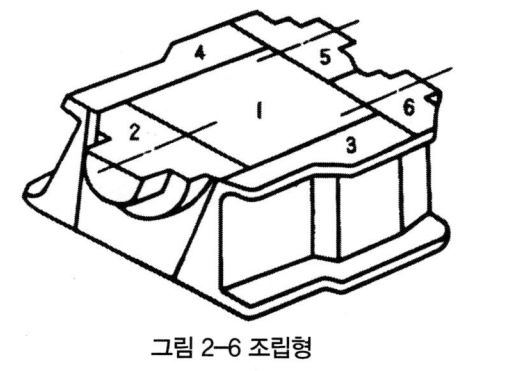
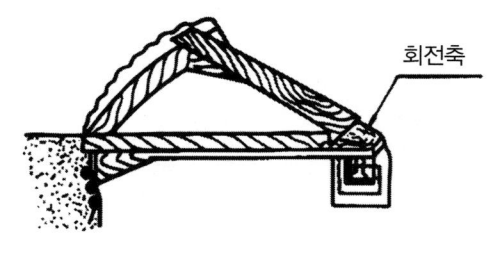

그림 2-6 조립형　　　　　　　　　그림 2-7 부분형

3) 회전형(sweeping pattern)

회전체 단면이 ½에 해당하는 회전판으로 작은 기어, 마찰차, 벨트 풀리와 같이 제품의 형상이 하나의 축을 중심으로 회전 형상을 한 제품을 주조할 때 이용되며, 그 단면 형상을 만들어 회전시켜 주형을 제작하는 것을 말한다. 현형보다 목재가 훨씬 작게 들어 경제적이지만 주형 제작에 시간이 걸리고, 비교적 지름이 크고 제작 수량이 적은 제품에 이용된다.

4) 고르개(긁기) 형(strickle pattern)

단면이 일정하고 가늘고 긴 것에 적합하며, 안내판에 따라 긁기 판으로 긁어서 주형을 제작하는 방법이다. 이 방법은 목재를 절약할 수 있어 경제적이며 밴드 파이프(Bend Pipe) 제작에 사용된다.

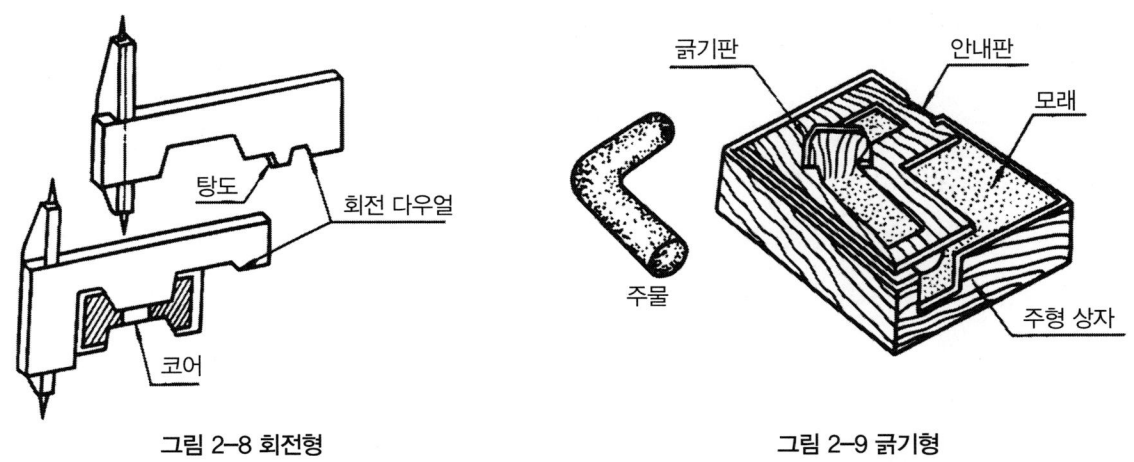

그림 2-8 회전형   그림 2-9 긁기형

5) 코어형(core pattern)

파이프나 수도꼭지와 같이 속이 뚫린 중공 제품을 만들 때 중공 부분에 해당하는 모래 막대를 코어(core)라 하고 주형 속에서 코어를 지지하는 부분을 코어 프린트(core print)라 한다.

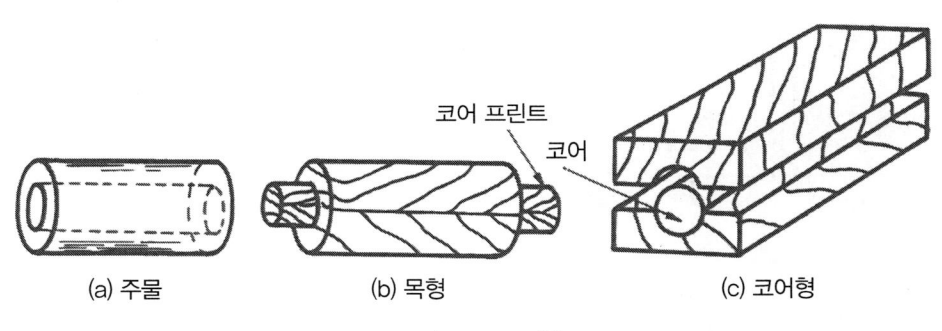

그림 2-10 코어형

6) 골격형(skeleton pattern)

제품의 형상이 대형이고 소량의 주조품을 제작할 때 이용하며, 골격만 목재로 만들고 공간에 점토와 같은 점성 재료를 채워서 주형을 제작하는 방법이다. 원형을 제작하려면 시간과 경비가 많이 소요되므로 이를 절약하기 위하여 이용되지만 정밀한 주형 제작은 곤란하며 대형 파이프(Pipe) 제작 사용된다.

그림 2-11 골격형

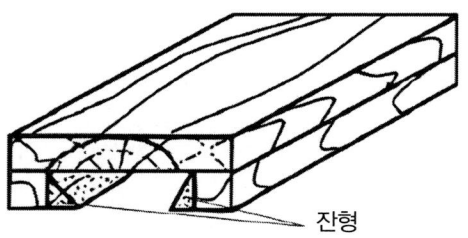 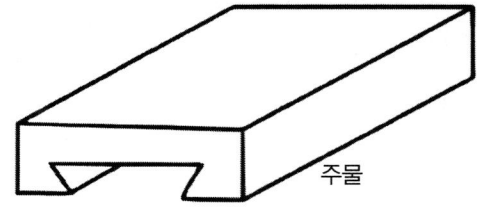

그림 2-12 잔형

7) 잔형(loose pattern)

주형에서 뽑아내기 어려운 원형 일부를 분할해서 별도로 제작·조립한 것으로서 원형은 먼저 뽑아내고 잔형만 남겨 두었다가 나중에 뽑아낸다.

8) 매치 플레이트형(match plate)

주로 기계 조형에 많이 사용되며 보통 알루미늄 합금을 재료로 하여 1개의 판에 여러 개의 모형을 부착함으로써 여러 개의 주형을 동시에 제작할 수 있다. 즉 아령과 같이 소형 주물을 대량 생산할 때 사용한다. 판의 양쪽에 모두 붙인 것을 매치 플레이트라 하고 한쪽 면에만 붙인 것은 패턴 플레이트(pattern plate)라 한다.

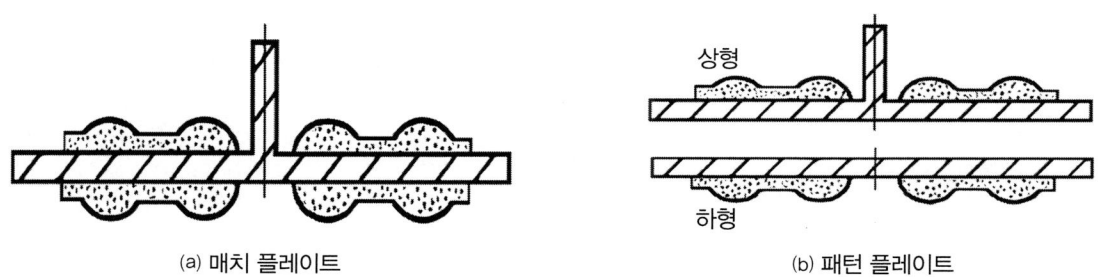

(a) 매치 플레이트　　　　　　(b) 패턴 플레이트

그림 2-13 매치 플레이트형

(2) 모형제작

1) 모형 현도

모형은 설계 제도→현도→목재 준비→원형 제작 순으로 제작에 들어가야 하며, 원형 현도는 제작도를 현척으로 그릴 뿐만 아니라, 모형을 제작하려고 할 때 가공여유, 수축여유, 원형 기울기 등을 고려하여 도면 치수보다도 크게 만들고 또한 코어 프린트 등도 충분히 고려하여야 한다.

(가) 가공여유(machining allowance)

주물을 기계가공 때문에 다듬질하면 다듬질 면은 실제 제품의 도면 치수보다 원형의 치수를 크게 한 것이며 일명 다듬질 여유라고도 한다. 이 여유는 주물의 형상과 크기에 따라 다르다. 가공여유는 가공 정도 및 재질에 따라 〈표2-1〉, 〈표2-2〉와 같다.

표 2-2 가공여유(재질)

다듬질 정도	거친 다듬질	중간 다듬질	정밀 다듬질
가공여유(mm)	1~5	3~5	5~10

표 2-2 가공여유(재질)

주물 크기(mm)	소형 주물	중형 주물	대형 주물
주철	1~1.5	2~3	3~6
황동	1~2		2~3

(나) 수축여유(shrinkage allowance)

주형 속에 주입한 용융 금속이 응고하여 상온에 이르면 수축이 이루어진다. 이 수축에 대한 치수 여유를 고려하여 원형을 크게 한 것을 수축여유라 하며, 이때 수축여유를 고려하여 만든 자를 주물자(shrinkage scale)라 한다.

응고할 때 금속의 수축 정도는 〈표 2-3〉과 같고, 수축여유는 사용하는 금속의 수축률에 따라 달라지며, 이 관계는 다음과 같다.

주물에서 원형의 치수 L, 주물의 길이 l, 수축률을 $\varnothing$라면

수축률 $(\varnothing) = \dfrac{L-l}{L}$ 이므로 $l = L(1-\varnothing)$이다.

이때 $l^3 = L^3(1-\varnothing)^3 ≒ L^3(1-3\varnothing)$이므로, 주물의 체적 수축률은 길이 수축률의 3배이다.

따라서 주물의 중량 W_c, 원형의 중량 W_p과 주물의 비중 S_c, 원형의 비중 S_p이라면, 주물의 중량은 다음과 같다.

$\dfrac{S_C}{S_P} = \dfrac{W_C}{W_P(1-3\varnothing)}$ 이므로 $W_C = \dfrac{S_C}{S_P}(1-3\varnothing)W_P$ 이다.

표 2-3 수축여유

재 료	수축 길이 1m에 대하여(mm)	1m 주물자의 실제 길이(mm)
주 철	8.5 – 10.5	1008
주 강	18 – 21	1020
황 동	10.6 – 18	1015
청 동	13 – 20	1015
알루미늄	20	1020

(다) 모형 구배 및 테이퍼

주형에서 모형을 빼내려면 주형 면이 크고 길수록 주형이 손상되기 쉽고 작업은 어렵게 된다. 이럴 때 주형의 손상 방지를 위하여 빼내는 쪽에 경사를 둔 것을 원형 구배라고 하고, 그 크기는 원형의 크기나 형상에 따라 다르나 약 1m 길이에 6~10mm(1~2°) 정도의 기울기를 준다.

(라) 라운딩(rounding)

모서리 부분에 용융 금속이 응고할 때 결정 조직이 경계가 생기고 불순물이 석출되어 약해지므로 이것을 방지하기 위하여 원형의 각 부분과 홈진 부분을 죽여서 둥글게 한다. 이것을 라운딩 또는 모서리 살붙임이라 한다.

각진 부분은 끌, 대패로 둥글게 할 수 있으나, 홈 부분은 둥글게 만들기 어려우므로 원형에 칠을 하거나 나무, 가죽, 왁스 등으로 필릿을 [그림 2-13]과 같이 붙인다.

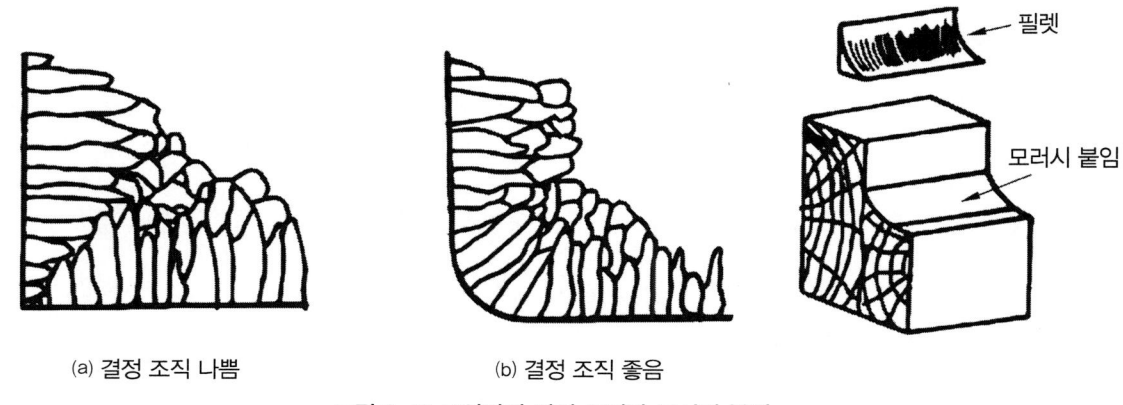

(a) 결정 조직 나쁨   (b) 결정 조직 좋음

그림 2-14 모서리의 결정 조직과 모서리 붙임

(마) 덧붙임(stop off)

주물의 두께가 같이 않으면 응고할 때 냉각 속도가 달라서 응력에 대한 변형 및 균열이 발생한다. 얇은 부분은 압축, 두꺼운 부분은 인장 응력을 받는다. 이것을 방지하기 위하여 주물과 관계없는 나무를 두께가 일정하지 않은 부분에 붙여 주조한 다음, 주조 후에 이것을 잘라 버린다. 이것을 덧붙임이라 한다.

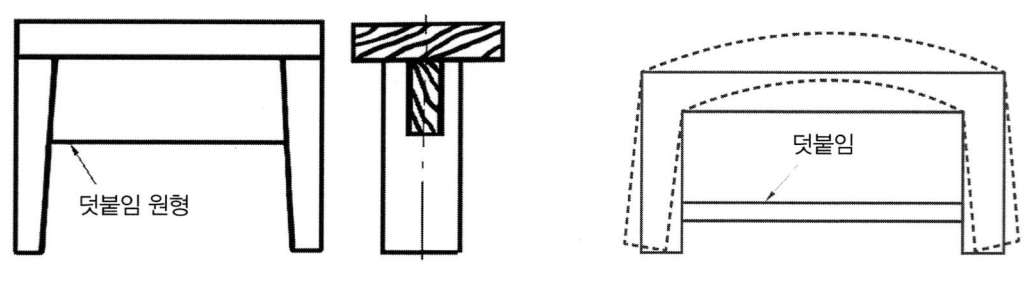

그림 2-15 덧붙임

(바) 코어 프린트(core print)

코어를 주형의 어떤 위치에 고정하거나, 쇳물을 부었을 때 쇳물의 부력에 코어가 움직이지 않도록 하고, 코어에서 발생하는 가스를 배출시키기 위하여 코어에 코어 프린트를 붙인다. 이는 코어 치수보다 길게 만들고 주형에는 양쪽에 홈을 만든다. 수직으로 코어 프린트를 설치할 때는 코어를 넣기 좋게 원형 기울기를 붙이는 일 도 있다.

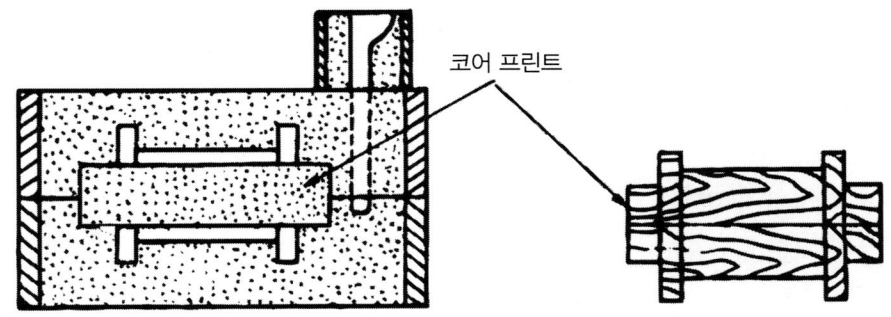

그림 2-16 코어 프린트

2) 원형 제작용 설비

(가) 원형용 목공구

① 톱에는 세로 톱, 가로톱, 양용 톱, 실톱, 세공 톱 등이 있으며, 톱의 규격은 톱날부의 길이로 표시한다.

② 대패에는 가공 정도에 따라 막, 중간, 다듬질 대패로 구분하고, 작업에 따라 보통, 측면, 홈, 특수대패 등이 있으며, 규격은 대팻날의 폭으로 표시한다.

③ 끌은 마치 끌(두꺼운 끌), 밀 끌(다듬 끌), 특수 끌 등이 있으며, 규격은 날 부의 폭으로 표시한다.

④ 송곳은 삼각, 송곳, 송곳, 센터 송곳 등이 있다.

⑤ 해머는 쇠 해머, 나무 해머 등이 있다.

⑥ 자는 곧은자, 접는 자, 곡자, 직각자 등이 있다.

⑦ 기타, 컴퍼스, 분도기, 마킹 게이지(marking gauge), 수준기, 목공 바이스, 목공대, 숫돌, 사포, 장도리, 먹줄 등이 있다.

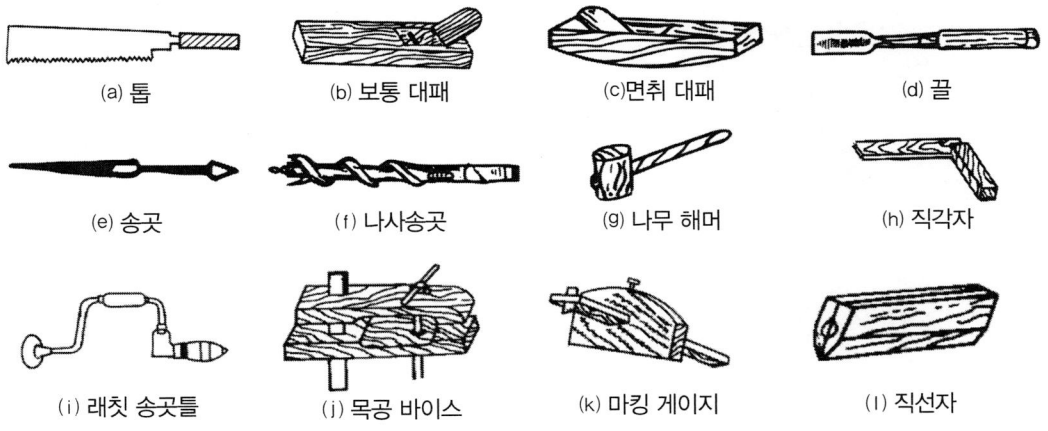

그림 2-17 목공용 수공구

(나) 목공기계

목공에 사용하는 기계에는 여러 가지가 있다. 그중에서 많이 사용되는 기계는 다음과 같은 것이 있다.

① 띠톱기계(band sawing machine)

② 목공선반(wood turning, lathe)

③ 원형 톱기계(circular sawing machine)

④ 목공기계 대패(wood working planer)

⑤ 실톱 기계(fret sawing machine)

⑥ 기타 목공기계

사포연마기(sand paper machine), 톱 연삭기(saw sharpener), 만능목공기(wood milling machine), 목공 드릴링머신(wood drilling machine), 각형 끌 기계(hollow chisel machine) 등이 있다.

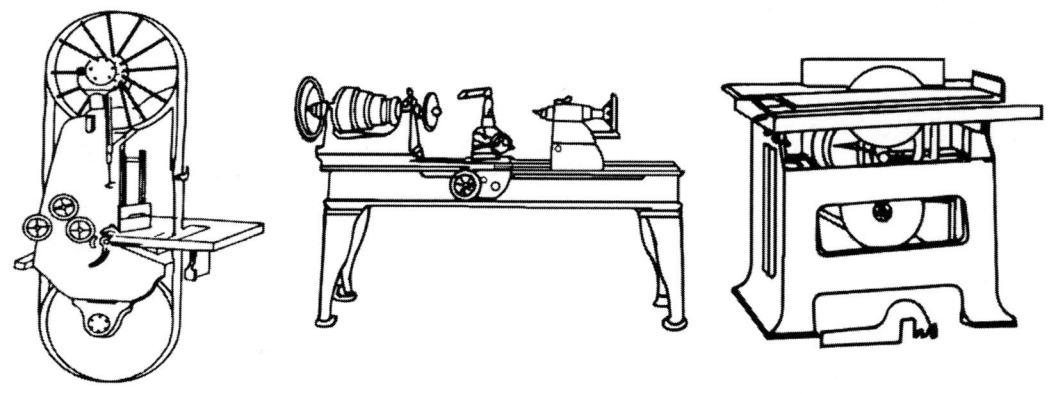

그림 2-18 띠톱기계   그림 2-19 목공용 선반   그림 2-20 원형 톱기계

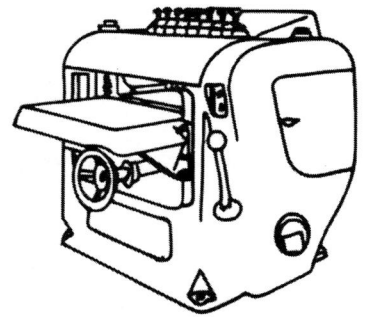 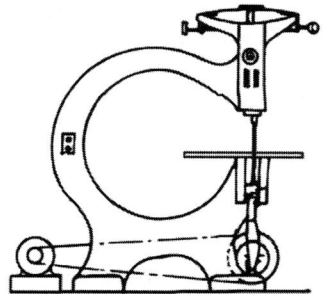

그림 2-21 목공기계 대패   그림 2-22 실톱 대패

3. 원형 검사 및 정리

(1) 원형 검사

원형이 완료되면 공작도 및 원형 그림과 비교하여, 정확한 원형이 되었는지를 검사한다. 제작된 원형에 도면번호, 부품 명칭, 제작 번호, 재질, 제작 개수 등을 기입하고, 원형의 내구도, 주형 제작의 난이, 도장, 다듬질 정도의 검사에서는 주로 치수, 기계가공 여유, 덧붙임 원형, 라운딩, 접촉면 등의 적부를 확인한다.

(2) 원형의 정리

모형에는 제품번호, 도면번호, 부분품번호 등의 기호를 원형에 기입하여 구별하는 동시에 기계 가공할 부분, 덧붙임, 잔형 등이 필요한 곳에는 색깔이 있는 페인트로 표시하여 섞이지 않도록 한다.

원형에는 일시적인 것과 오랫동안 사용할 것의 두 가지가 있다. 오랫동안 사용할 원형의 정리는 대단히 중요하다. 원형을 잘 보관하면 다음 사용할 때 원형 제작비용이 절약되며, 풀리, 기어 등의 원형은 약간 손질하여 다른 기계의 부분품으로 사용할 수도 있고, 또 개조할 때는 일부 원형만을 수정하면 사용할 수 있게 있게 되므로, 원형을 잘 보관하고 주의하여 규칙적으로 정리하는 것이 필요하다. 오래 보관하려면 다음 같은 몇 가지를 유의한다.

① 기호 : 소속을 명백히 밝힐 수 있는 기호를 사용한다.
② 합인 : 분해 및 꾸미기 쉽게 각 부분에는 반드시 합인을 넣는다.
③ 칠하기 : 습기 방지, 원형 표면을 매끈하게, 녹 방지 등의 목적으로 오랫동안 반복 사용하는 것과 많은 주형들은 칠을 하여 보관한다.

제2절 주형

주물사 내에 원형이나 모형을 넣고 다진 후 원형이나 모형을 빼내면 원형과 동일한 공간이 형성되는데, 이 공간을 주형(mould)이라 하고, 주형 재료에 따라 사형 과 금형으로 구분된다. 이 주형 속에 용해한 금속을 부어 제품을 만든다. 이 제품을 주물(castings), 제품을 만들어 내는 방법을 주조라 한다.

1. 주형 및 주물사

(1) 주형의 종류

주형(mould)은 주물의 재질, 수량, 크기, 정밀도 등을 고려하여 가장 적합한 것으로 선택하여야 한다. 주형은 용융 금속을 주입하여 그 주형 내부의 공간 형태로 응고시켜 주물 제품을 만드는 형틀을 주형이라 하며 사용할 수 있는 횟수에 따라 영구 및 반영구 주형과 일회용 주형으로 나누어진다. 주형은 주물의 형상을 결정하는 것으로 치수의 안전성 및 강도 등을 고려하여 적절한 형식과 재료로서 선정되어야 한다.

주형을 재료에 따라 분류하면, 사형(sand mould)과 금형(metal mould)이 있으며, 사형은 수분 함유량에 따라 생형(green sand mould)과 건조형(dry sand mould), 표면 건조형(skin dried mould)으로 분류한다.

1) 사형(sand mould)

특수한 경우를 제외하고는 주물사를 사용하고, 모래의 입자를 주로 하여 건조 정도에 따라 분류한다.

(가) 생형(green sand mould)

주물사로 제작된 주형에 수분이 그대로 함유된 상태의 주형으로 6~9%의 수분과 점결제 등을 함유한 주물사로 조형한 후 건조하지 않는 채로 금속을 주입하는 것으로 작업공정이 간편하고 가장 많이 사용하고 있다. 작업공간이 간편하여 생산 속도가 빠르지만, 용융 금속을 주입할 때 수분이 기화하여 많은 수증기가 발생하므로 가스에 의한 기포 결함이 발생할 염려가 있어 수증기를 잘 내보내도록 하여야 한다. 강도가 약하여 급랭에 의한 주물 재질이 불균일하며 대형 주물 생산에는 적합하지 않으며 일반적으로 살이 두꺼운 주물, 주강 또는 황동 주물 등은 깨끗하게 만들기 어렵고 급랭 때문에 주물 재질이 불균일할 수 있다.

(나) 건조형(dry sand mould)

생형을 건조로에 넣고 150~500℃ 온도로 1시간 이상 서서히 가열하여 수분을 제거한 것으로써 생형에 비하여 강도와 통기성이 좋다. 주로 큰 강도를 요구하는 주형에 적합하며 주강이나 고급 주물에 사용된다. 주형은 견고하고 용융 금속의 압력에도 잘 견뎌 내며, 수증기에 의한 결함이 적다. 냉각 속도가 거의 일정하므로 좋은 주물을 만들 수 있다. 큰 강도의 견고한 주형, 살이 두꺼운 주물, 복잡한 주형, 코어(core) 등을 만드는데, 적합하며 현재는 별로 사용하지 않는다.

(다) 표면 건조형(skin dried mould)

바닥 주형이나 혼성 주형의 경우 주형 전체의 건조가 불가능할 경우 주형 표면만 토치로 가열건조시키거나 주형 표면에 도형 재를 바른 후 버너나 적외선램프 등을 사용하여 생형 주형의 표면만을 건조해 수분을 제거하며 생형으로서 강도 불충분을 부분적으로 보완한다. 건조형으로까지 만들어야 할 필요가 없는 경우에 사용한다.

2) 금속 주형(metal mold)

금속으로 제작된 주형을 말하며 주철이나 열에 대한 저항력이 큰 내열강으로 제작된다. 알루미늄과 같이 용융점이 낮은 비철금속류를 주조 재료로 하며 정밀도가 높은 소형 주물을 대량생산 할 경우 사용되며 용융점이 높은 금속을 부으면 금형의 모양과 치수가 변하여 수명이 짧아지므로 피해야 한다. 금형의 설계 제작이 어렵고 많은 시간과 비용이 필요하다. 주형 재료에는 주물사, 금속, 그 밖의 합성수지, 시멘트 등이 있으나 금속으로 만든 주형으로 다이케스트법, 중력 주조법 및 저압 주조법 등의 특수 주조법에 사용되며 용해점이 높은 금속을 부으면 금형(metal mould)의 모양과 치수가 변하고, 수명이 짧아지므로 피하는 것이 좋다. 또, 금형은 설계와 제작이 어렵고 제작하는 데 많은 시간과 경비를 요구하게 된다. 특징은 사형과 비교하면 주물의 치수 정도가 우수하고 소형 대량생산에 유리하며 영구 주형이다. 또한 주형의 일부분을 금속, 나머지 부분은 사형으로 만들기도 한다. 이것은 금속 부분의 냉각 속도를 빠르게 하여 특별히 기계적 성질을 개선할 목적으로 사용한다. 이를 냉간 주조(chilled casting)라 한다.

3) 특수 주형

정밀한 주물 제품을 생산할 목적으로 사형과 금속형을 동시에 사용한 냉강 주형(Chilled Mould)으로 반영구적으로 사용할 목적으로 주물사를 벽돌, 시멘트, 합성수지, 규산나트륨의 용액 등을 배합하여 특수한 성질을 가진 모래로 주형을 만드는 것도, 근래에는 많이 사용하고 있다. 그 예로 합성 모래 주형, 기름 모래 주형, 시멘트 주형, 이산화탄소 주형, 셸 주형, 인베스트먼트 주형, 풀 몰드 주형 등이 있다.

4) 주형 재료

금형 재료는 주철, 합금강이 사용되며 특수 주형 재료는 탄산가스(CO_2) 주형에는 규산나트륨(물유리), 셸 주형에는 합성수지, 대형, 코어 주형에는 시멘트, 비철 주물용 주형에는 석고가 사용되며 금형 재료의 요구조건은 다음과 같다.

① 내마멸성이 커야 한다.
② 가공성이 좋고 팽창량이 적어야 한다.
③ 열 확산율이 작고 열 피로에 잘 견디어야 한다.

(2) 주물사

주물을 제작하는 데 사용되는 모래를 주물사(moulding sand)라 하고, 주물사는 내열, 내화성 모래에 석영, 장석, 점토 및 기타 원소를 첨가하여 수분을 혼합하여 만든다. 즉, 주물사는 규사 등의 모래 입자와 점결분, 수분 등 3요소에 의하여 성질이 변화한다.

1) 주물사의 구비 조건

① 내열성이 풍부하고 충분한 강도를 가져야 하고 성형성이 좋아야 한다.
② 통기성, 신축성, 내화성이 있어야 하고 가스나 공기가 잘 빠져야 한다.
③ 고온의 금속과 접하여도 화학반응을 일으키지 않아야 하고, 열전도성이 불량하여야 한다.
④ 냉각할 때 잔류 응력의 방지를 위하여 보온성이 있어야 한다.
⑤ 쉽게 변화하지 않아야 하고 복용성이 있어야 한다.
⑥ 주물 표면에서 모래의 이탈이 잘되고 아름답고 매끈한 주물 표면을 얻을 수 있어야 한다.
⑦ 가격이 싸고 구입하기 쉬우며 적당한 강도와 입도를 가져야 한다.

2) 주물사의 성질과 시험

(가) 내열성

고온의 쇳물을 부었을 때, 높은 온도에 견디며 주물 표면이 깨끗이 되려면 충분한 내열성(내화성) 요구된다. 주조용 금속의 용융온도는 재료마다 다르므로 주물사의 배합도 바꾸어야 한다.

주물사의 내열성 실험은 [그림2-23]와 같이 주물사를 제게르추(seger cone)와 같은 삼각뿔로 만들고, 이것을 높은 온도에 두어 연화 굴곡 온도를 제게르추 또는 고온계로 측정한다. 일반적으로 주물사 분류의 내화 온도는 〈표 2-4〉와 같다.

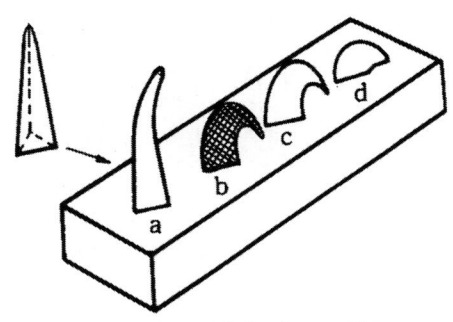

a, c, d : 제게르추 b : 시료

그림 2-23 내화도 측정

표 2-4 주물사 내열 온도

종 류	천연규사	인조규사	하천모래	바닷모래	산모래	점토
내화온도(℃)	1,710-1,730	1,770	1,535-1,710	1,245-1,445	1,290-1,335	1,700-1,730

(나) 성형성(flowability)

주물사는 주형 제작이 용이하고 용융 금속의 압력에 잘 견뎌야 하고, 용융 금속이 주입되어 높은 온도가 되었을 때 변형 또는 파괴되지 않도록 강도가 커야 하는데, 이것은 주물사의 입도, 점토량, 수분의 양과 관계가 있다. 주물사의 강도는 압축시험으로 정하며, 주물사의 압축시험은 [그림 2-24] 주물사 만능시험기로 측정한다.

(다) 통기도(permeability)

주물사에서 기체가 통과하여 빠져나가는 정도를 통기성이라 하며, 통기성은 모래의 형상, 입도, 점토량, 수분, 다지기 정도 등에 따라 정해진다. 주형 내의 공기나 가스를 충분히 배출시키지 않으면 주물 표면의 결함과 기공(blow hole)이 발생한다. 주물사의 통기도는 일정한 시험편 속에 일정 압력의 공기가 흐르는 빠르기로 나타난 값으로 표시되며, 다음 식으로 표시된다.

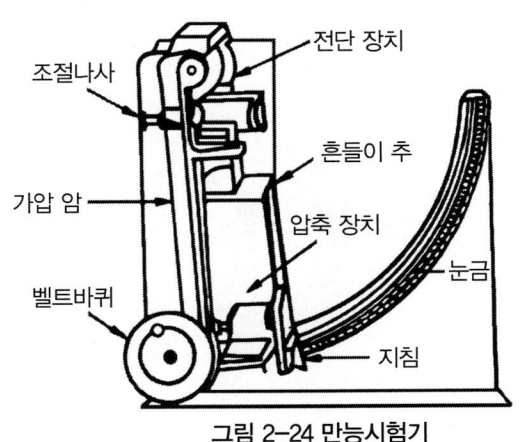

그림 2-24 만능시험기

$$K = \frac{Q \times h}{pAt} = \frac{501.2}{p \times t} (cm/min)$$

여기서, K : 통기도 (cm/min), h : 시험편의 높이 (cm)

p : 압력차 (수주 cm), A : 시험편의 단면적 (cm^2)

t : 통과시간 (min), Q : 통과 공기량 2,000cc

* 통기도의 측정은 1회에 2,000cc의 공기가 통과하는데, 필요한 시간과 공기압력을 측정한다.

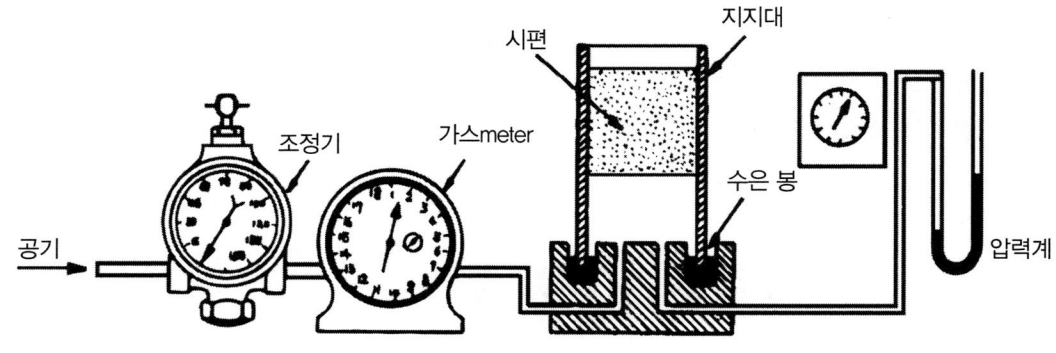

그림 2-25 통기도 측정 장치

(라) 보온성과 복용성

주물사는 열전도도가 낮아야 용융 금속이 주형 속에서 천천히 냉각되어 보온성이 좋게 된다. 보온성이 낮은 경우에는 주형 각 부분의 응고 속도에 차이가 생겨 좋은 주물이 될 수 없다. 주물사는 한 번 사용한 다음에도 화학적, 물리적인 변화가 적고 반복 사용할 수 있어야 한다. 이를 복용성이라 한다.

(마) 입도(grain size)

주물사의 입자크기를 말하며, 크기는 메시(mesh)로 나타내는데 1mesh는 사방 1인치(25.4mm^2), 즉 1평방 인치(inch^2) 내에 있는 체의 구멍수를 뜻한다. 입자의 크기 선택은 주물의 재질, 두께 등에 따라 적당한 것을 골라야 한다.

표 2-5 주물사의 입도

메 시	60 이하	60~80	80~100
입 도	거친 입도	중간 입도	가는 입도

모래 입도(%)를 표시하는 데에는 체에 건조된 시료(모래)를 넣어 일정한 시간 동안 흔들어 체에 남은 모래의 중량으로 계산한다.

$$모래입도(\%) = \frac{체위에 남은 모래(gf)}{시료(gf)} \times 100$$

(바) 점토분 함유량

주물사의 점착력은 모래의 입자, 점토의 양, 수분의 양에 따라 다르다. 여기서 점토분이라 하는 것은 점토와 50μ이하의 모래 입자까지를 포함하며, 건조된 점토(시료)를 수산화나트륨(NaOH) 수용액으로 세척하여 점토분을 제거한 후 다음과 같이 계산한다.

$$점토분 함유량(\%) = \frac{시료무게(gf) - 남아있는 시료무게(gf)}{시료 anrp(gf)} \times 100$$

(사) 강도시험

주형에는 용융 금속이 정압 및 동압이 작용하므로 주물사로서 압축, 인장, 굽힘, 전단강도 등이 어느 일정한 값이 되어야 한다. 강도시험은 AFA(미국 주물사협회)에 정한 표준 시편을 기준으로 한다.

3) 주물사의 종류

(가) 생형사(천연사)

천연산의 모래로서 모래 입자가 작고 고르며 규사, 점토, 물(6%) 및 석탄 가루를 적당하게 혼합하여 사용하며, 성형성, 통기성, 내화성이 좋으므로 일반 주철 및 비철금속의 주물사로 많이 사용되고 있다. 다른 주물사보다 점토 함량이 비교적 많은 산사나 고사를 이용한다. 재활용시에는 불순물들을 분리해 내고 산사를 적당량 배합하여 사용한다.

① 산사(山砂) : 산에서 채취한 모래로 점토분이 많이 섞여 있다.
② 하천사(河川砂) : 하천에서 채취한 모래로 장석, 운모, 석영 등이 혼합된 것으로 내화도가 낮으며, 입자가 날카롭다.
③ 해변사(海邊砂) : 해변에서 채취한 모래로 점토분이 가장 적게 섞여 있다.

(나) 규사(silica sand)

석영(SiO_2)을 주성분으로 하며 천연규사와 인조 규사가 있다. 내열성은 좋으나 성형성이 나쁘다. 일반적으로 천연규사는 주철이나 황동용 제품의 점토로 사용되고, 인조 규사는 주강용 주물사로 사용되며 순도와 내화도가 양호하고 모래 입자의 모서리가 예리하다.

(다) 건조사(dry sand)

주강 또는 주철재 고급 주물의 주물사로 사용되며 주형을 제작한 다음 건조하여 강도를 증가시키고 충분한 통기성을 갖게 한다. 그러나, 건조시 주형에 균열이 발생하거나 붕괴되는 경우가 있으므로 점결제나 첨가제를 섞어서 사용한다. 하천사, 규사, 고사에 점결력을 크게 하고 수분, 코크스 분말, 점토 등은 강도를 증대시키며 톱밥, 왕겨, 볏짚을 넣으면 통기성을 좋게 한다.

(라) 코어사(core sand)

코어사는 주물 본체의 홈이나 중공 부분을 만드는 것으로 주형 내에서 고온고압의 용탕으로 둘러싸여 장시간 접촉되므로 내열성, 내압성, 통기성이 양호해야 한다. 또한, 주조 후에는 쉽게 붕괴하여 제거될 수 있어야 한다. 하천사 60%, 고사 40%의 비율로 배합하며 소량의 점토 또는 합성수지, 아마인유, 당밀을 첨가하여 점결성을 좋게 한다.

(마) 표면사(facing sand)

주물의 표면을 매끈하게 하기 위한 것으로 고온의 용탕과 직접 접촉되는 주형 표면의 주물사로서 내열성이 크고 입도가 작은 인공사를 주로 사용한다. 필요에 따라 코크스 분말, 흑연 분말 등을 섞어서 사용한다. 표면사는 경제적인 면을 고려하여 주형 표면에서 40~50mm 두께 정도만 사용하고 나머지는 일반 주물사나 주물공장 바닥의 모래를 사용한다.

(바) 분리사(parting sand)

상형과 하형을 쉽게 분리하기 위하여 주물사가 서로 접착되는 것을 방지하기 위하여 경계면에 뿌려주는 주물사로서 점토분이 없는 소사(燒砂), 하천사, 해변사, 코크스 분말 등이 사용된다.

(사) 특수사

규사보다 강도와 내화도가 높고 열팽창률이 낮으며 소착을 방지하고 도형 재료로 사용되기도 한다. 특수사에는 지르콘사(zirconite sand), 올리빈사(olivine sand), 샤모트사(chamotted sand) 등이 있다. 지르콘사는 화성암이 풍화되어 강 하류나 해안에 퇴적된 것으로, 성분의 65% 정도가 지르콘(ZrO_2)이며 열팽창이 작고 내화도가 2,200℃ 정도이다. 올리빈사는 주성분이 산화마그네슘(MgO)과 규사(SiO_2)로서 열팽창이 작고 균일하여 표면사로 사용하며 내화도는 1,700℃ 정도이다. 샤모트사는 내화점토를 1,300℃ 정도로 가열한 다음 파쇄시킨 것으로서 내화도는 1,500℃ 정도이며 강도가 좋고 열팽창과 수축이 적다.

(아) 점토(clay)

주물사에 점결성을 주기 위하여 배합하는 것으로 온도가 450~650℃에서는 여리게 되며, 물을 섞어도 점결성이 없어진다. 주물사에 배합하는 주물사는 순수한 것이 좋다.

(자) 도형재(coating agent)

주형 표면을 곱게 하려면 주형 표면을 도장하는 것을 도형 재라 한다. 도형 재료는 숯가루, 운모 분말, 활석 가루 등이 있다. 도형 재는 내화도가 높고 주물사의 통기도가 손상하지 않고 주형 벽에 점착이 잘되는 성질이 있어야 한다.

(차) 배합제

주형에 고온의 용융 금속을 주입하면 주물사와 점토가 팽창 또는 수축하여 주형이 파손되는 경우가 있다. 이를 방지하기 위함과 주물의 표면을 아름답게 하려면 석탄을 90~120 메시 정도 배합하여 사용하기도 한다.

① 석탄, 코크스 : 모래의 성형성을 좋게 하고, 모래가 주물의 표면에 녹아 붙는 것을 방지하며, 모래의 다공성을 증가시키기 위하여 배합한다.
② 톱밥, 볏짚, 털 : 모래의 다공성 증가와 주형의 균열을 방지하기 위하여 배합한다.
③ 당밀, 수지, 인조수지 : 모래의 강도와 통기성을 증가시키기 위하여 배합한다.

4) 주물사의 배합

(가) 주철용 주물사

생형사를 주로 사용하며, 이것에 배합제를 첨가하여 사용한다. 소형 주물에는 입도가 작고 점토가 많은 것을 사용하지만 중형이나 대형 주물에는 입도가 큰 것을 사용한다.

주철용 건조형 모래는 대형 또는 그 구조가 복잡하고 정확성을 요구하는 주물 제작용 주형에 사용한다. 여기에는 생형사보다 점토를 많이 배합한다.

(나) 주강용 주물사

주강은 주철보다 용융점이 높고 응고할 때 가스 발생이 많으므로 통기성이 좋고 내화성이 큰 주물사 (규사 70~90%, 점토 6~10%, 수분은 최대 6%)를 사용한다.

(다) 비철 합금용 주물사

비철 합금에 사용되는 주물사는 주물의 표면을 깨끗하게 하려면 입도가 작은 것을 사용한다. 주물사에 소량의 소금을 첨가하고 대형 주물에는 생형사에 점토를 배합한다.

(라) 코어용 주물사

코어용 주물사는 통기성이 좋고 내화성이 커야 하며, 규산 분이 많은 모래와 점토, 식물유 등을 혼합하여 사용한다. 특히 용융 금속의 압력에도 변형이나 파손이 되지 않도록 내압성이 큰 것이어야 한다. 또한 가스 배출을 좋게 하려면 톱밥, 코크스 분말 등을 섞어서 사용한다.

5) 주물사의 점결제

주물사의 입자와 입자를 결합해 주형을 쉽게 제작할 수 있도록 하는 것으로 점결제가 갖추어야 할 조건은 다음과 같다.

① 점결력이 크고 가스의 발생이 적으며 통기성이 좋을 것.
② 내화도가 크고 주조한 후에도 점결성을 잃고 부서지기 쉬울 것.
③ 모래의 회수가 쉽고 불순물의 함유량이 적을 것.
④ 장시간 보관하여도 수분흡수가 적을 것.

(가) 무기질 점결제

무기질 점결제에는 벤토나이트(bentonite), 내화점토(fire clay), 백점토(halloysite)가 있으며 벤토나이트는 화산재가 풍화작용을 받아서 생성된 점토로서 점결성이 크고, 강도, 내화성 등을 좋게 하나 팽윤성이 있고 약산성 반응을 일으키므로 사용에 주의해야 한다. 내화점토는 장석, 석영, 운모 등이 포함된 화강암이 풍화작용에 의해 미립화되면서 장석이 점토로 변한 것으로 점결성이 크고 내화성이 높아 건조형에 널리 사용된다. 백점토는 내화성이 매우 높고 적당한 신축성과 가소성을 가지고 있어 주형에 강도를 조절할 수 있고 조형이 용이하다.

(나) 유기질 점결제

유기질 점결제는 유류, 곡분류, 당류, 수지류가 있으며 유류는 아마인 기름, 콩기름 등의 식물성 기름, 생성 기름의 동물성 기름, 광물성 기름 등을 사용하며 강도가 크고 흡수성이 작아 코어 제작에 주로 사용된다. 곡분류는 옥수수 분말, 녹말, 소맥분 등이 있으며 대개 점토류나 유류 등의 점결제를 첨가하면 습태 및 건태 강도를 보완하기 위해 사용된다. 당류는 당밀이 주로 사용되며 건태 강도가 커서 사용하기 좋으나 수분흡수로 강도가 저하되며 코어용 점결제로 사용된다. 수지류 점결제는 페놀수지, 요소수지 등의 열경화성 수지를 액체 또는 분말로 만들어 주물사와 섞어서 주형을 제작한다. 페놀수지는 주형을 장시간 보관해도 습기를 흡수하지 않기 때문에 편리하다.

(다) 특수 점결제

특수 점결제에는 규산소다, 시멘트, 석고 등이 있으며 규산소다는 규사에 규산소다를 약 5% 정도 첨가하면 주형에 제작한 다음 이산화 탄소(CO_2)가스를 통과시키면 주형이 경화되어 단단해진다.

6) 주물사의 첨가제

주물사의 통기성, 성형성 등을 증가시키기 위하여 첨가제를 사용한다. 석탄, 코크스, 흑연 등의 가루는 주물사를 잘 분리하고 주물 표면이 깨끗해지며 주물사의 노화를 방지한다. 톱밥, 볏짚, 왕겨는 주물사의 팽창으로 인한 주형의 균열을 방지하고 통기성을 증가시킨다. 규석 가루는 주물 표면을 매끈하게 하며 산화철은 고온 강도가 높아 코어 모래에 많이 사용된다.

2. 주형 제작법

제작도에 따라 어떠한 주형을 선택하여 주조할 것인지 방법을 결정한 다음 주형의 각부 크기와 위치, 용융 금속의 온도 및 주입 시간 등 계획을 세워 주형을 제작한다. 이러한 계획을 주조 방안이라 한다. 시멘트는 물과 생사를 배합하여 주형을 제작한 후 대기 중에서 3일 정도 건조해 사용하며 오차가 적은 대형 주물을 만들 수 있지만 주형이 잘 부서지고 주물에 균열이 발생하는 단점이 있다. 석고는 통기도가 적고 고온에서 열분해를 일으키지만 정밀 주조용으로 사용된다.

1) 주형의 역할은 다음과 같다.
① 용탕을 받아들인다.
② 용탕이 공간부 안까지 흘러 들어가는 통로의 역할한다.
③ 소정의 형상을 부여하여 그 모양을 유지하면서 응고하도록 유도한다.
④ 응고된 주물의 표면 상태를 결정한다.
⑤ 주물에 해가 되는 가스를 쉽게 배출한다.
⑥ 주물로부터 적당한 속도로 열을 제거한다.

2) 주형의 필요조건은 다음과 같다.
① 적당한 강도 가질 것
  ㉠ 운반이나 주입시 파손되지 않는 강도를 유지하여야 한다.
② 적당한 통기도 가질 것
  ㉠ 통기도가 낮을 경우 : 주형의 배압이 높아 주물 내부에 기공 발생한다.
  ㉡ 통기도가 높을 경우 : 용탕압이 높아 용탕이 주물사 틈새로 침입한다.
    (표면 거칠어짐)한다.
  ㉢ 통기도 좌우 : 사립의 형상, 사립의 분포, 점결제의 양 등이 있다.
③ 적당하게 열간 성질 가질 것

㉠ 열간 온도가 약하면 주입하는 동안 주형 벽이 파손된다.

㉡ 열간 성질 및 내열성 부족하면 소착 등의 표면결함 발생한다.

④ 잔류 강도가 낮을 것: 잔류 강도가 높으면 해체가 어려움이 있다.

(1) 주형 제작법

주형 제작법은 수작업에 의한 바닥 주형법, 혼성 주형법, 조립 주형법 등이 있으며 조형기를 사용하여 주형을 제작하는 기계 조형법이 있다.

주형 제작에 다짐 봉(floor hammer)을 사용하여 형을 제작하나, 형이 특수하거나 대형일 때에는 수작업이 아닌 조형기를 사용한다.

1) 수작업에 의한 조형법

(가) 바닥 주형법(open sand moulding)

상형을 만들지 않으며 주물공장 바닥에 모래를 적당한 경도로 다져 여기에 원형을 묻어서 주형을 제작한다. 정밀도가 높지 않은 제품을 주조할 때 주로 사용하는 가장 간단한 방법이기는 하나 주물 상자가 없는 상태로 작업하기 때문에 용융 금속이 대기의 공기와 직접 접촉하므로 주물의 표면이 조잡해지기 쉽다. 별로 중요하지 않은 간단한 판류, 심철에 주로 사용된다.

(나) 혼성 주형법(bed-in moulding)

주로 대형 주물, 키가 큰 주물을 제작할 때 사용하는 방법으로 아래 주형은 주형 상자를 사용하지 않고 모랫바닥을 주형의 높이만큼 깊이로 파서 그 속에 주형을 만들고 그 위 주형에만 주형 상자를 1개 사용하여 만드는 방법이다. 공기 구멍(air vent)을 여러 개 세워 가스의 방출을 용이하게 하며 주로 주형을 이동하기 곤란한 대형 주물에 사용된다.

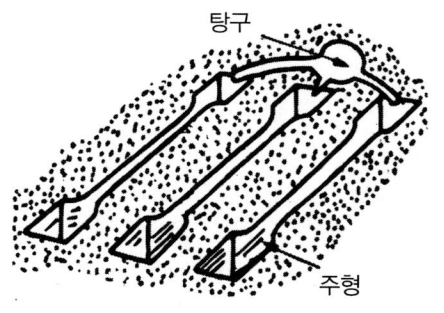

그림 2-26 바닥 주형

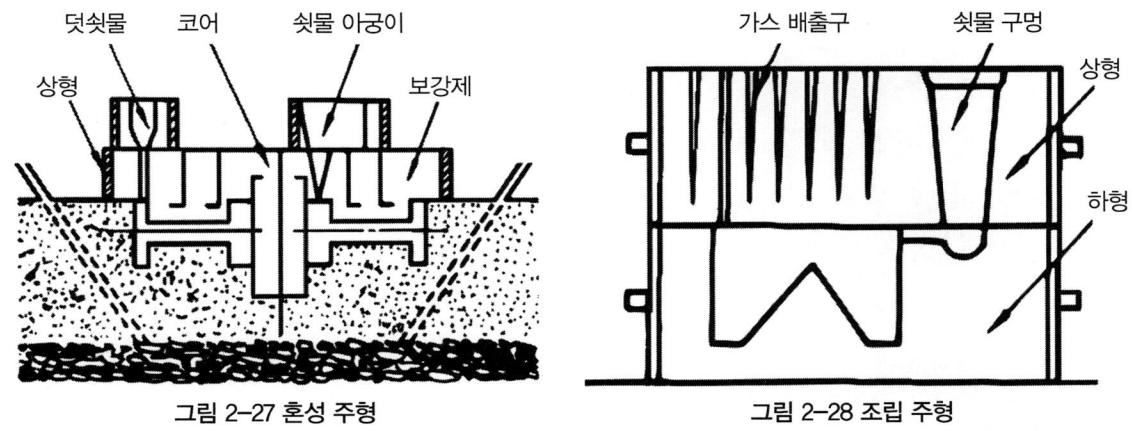

그림 2-27 혼성 주형   그림 2-28 조립 주형

(다) 조립 주형법(turn-over moulding)

위아래로 상하형 2개 또는 그 이상의 주형틀을 사용하며, 일반적으로 가장 많이 이용된다. 이는 표준 상자를 포개어 사용하는 것으로 주형 상자를 차례로 더해 가면서 주형을 만든다. 주형 제작이 비교적 쉽고, 주형을 운반할 수도 있으며, 용융 금속의 압력에도 잘 견딘다. 일반적으로 소형 주물에 대량생산에 사용된다.

(라) 회전 주형법(sweep molding)

기어나 풀리와 같이 중심으로부터 회전체로 되어 있을 때 그 일단 면의 원형으로 회전축 받침대로 고정하고 회전 원형을 고정할 목마를 세워 원형을 회전하면서 주물사를 파내어 주형을 제작한다. 회전형에 의한 주형은 물품의 크기가 크거나 제작하려는 개수가 비교적 적은 경우에 이용하며 원형의 제작비를 절약하거나 조형하기가 복잡한 경우에 사용된다.

(마) 고르게 주형법

고관이나 주물에 중공부가 있을 때 주형 상자에 모래를 채우고 안내판을 적당한 위치에 놓고 고르게로 안내판에 따라 모래를 파내어 주형을 만든다.

(바) 코어 제작법(core making method)

주물에 중공부가 있을 때 그 중공부를 만들기 위해 주형에 넣을 사형을 코어라 하며 용융 금속의 종류에 따라 생형용 코어와 건조형용 코어가 있으며 생형용 코어는 주로 경합금에 사용되고, 건조형 코어는 일반 주물에 사용된다. 주탕할 때 용탕 때문에, 코어가 어긋나는 경우가 있으므로 치수, 형상 등 설계에 세심한 주의가 필요하며 코어를 지탱하여 주는 부분에 코어 받침대를 사용하여 코어를 지지한다. 코어용 모래는 다음과 같은 성질이 필요하다.

① 조형에 필요한 강도를 갖추어야 한다.

② 주탕에 의해 용해되지 않고 가스 배출이 용이하여야 한다.
③ 건조한 후에 강도, 경도 등의 성질이 충분할 것
④ 주물 표면에서 모래가 잘 떨어질 것
⑤ 주탕할 때 필요한 성질이 상실하지 않을 것
⑥ 습기를 흡수하거나 파손되지 않을 것

2) 기계에 의한 조형법

(가) 진동식(Jolt)법

진동식(Jolt) 운동에 의한 진동식 조형으로 주물사에 담긴 주형틀을 피스톤 작용에 따라 상부로 밀어 올리는 방식으로 실린더 내의 공기를 배제하여 자중 때문에 낙하하면서 본체와 충돌하여 주물사를 다져 지며 주형의 하부는 잘 다져지나 상부는 잘 다져지지 않는다.

(나) 압축식(Squeeze)법

압축식(Squeeze) 운동에 의한 압축식 조형으로 주물사가 담긴 주형틀을 압축공기의 힘으로 위로 밀어 올려 상부에 고정된 평판 때문에 주물사가 압력을 받아 다져지며 복잡한 모양의 주물에는 적합하지 않으며 상부는 잘 다져지나 하부는 잘 다져지지 않는다.

(다) 블로우(Blow)법

코어 제작시 이용되는 방법으로 압축공기를 사용하여 모래를 모래 위에 분사하는 조형으로 코어 샌드를 $49 \sim 69 N/cm^2$의 압축공기로 코어 틀 속에 넣는 방식으로 이때 모래는 코어 상자에 쌓이고 공기가 밖으로 배출되면서 공기압에 의해 다져지며 다짐 정도가 균일하고 대량생산에 적합하다.

(라) 샌드 슬링거(Sand Slinger)법

임펠러(impeller) 및 벨트 콘베어(belt conveyer) 등에 의해 주물사의 운반, 투입, 다짐을 동시에 이루어지며 능률적이며 주형의 모든 부분이 균등하게 다져진다.

(마) 압축 진동 혼합법(Jolt-Squeeze Molding)

진동법으로 모래를 충전한 후 압축법으로 강도를 보강하는 방법으로 콘베어를 이용하여 연속적으로 주형틀을 출입시켜 조형 작업을 자동으로 진행하며 압축형과 진동형의 장점을 이용한 것으로 주형 공작에서 가장 많이 사용된다.

(2) 주조 방안

주물이란 용융 금속을 주형에 주입하여 응고시키는 것으로서 주조 방안이란 결함이 없는 주물을 생산하기 위하여 주물을 제작할 때 주형용 금속의 성질, 원형 및 주형의 종류, 조형 방법, 주입온도, 주입속도, 응고 속도 등의 고려 사항이 합리적으로 반영될 수 있도록 공정계획을 세우고 주조 방안을 결정하는 것을 말한다.

[그림 2-29]는 주형을 구성하고 있는 각 부분의 명칭을 나타낸 것이고, 주형을 제작할 때는 각 부분의 위치, 크기, 개수, 용탕의 온도 등을 고려하여야 한다.

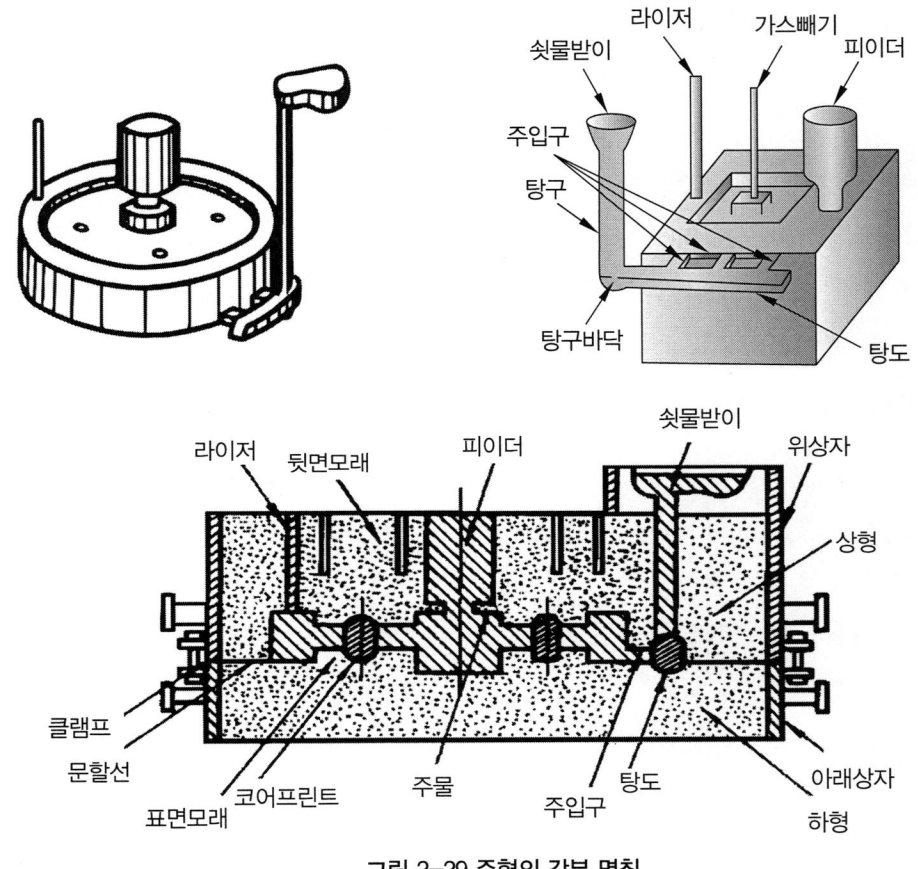

그림 2-29 주형의 각부 명칭

1) 탕구계

용융 금속을 주형에 주입하기 위한 통로 전체를 탕구계(gating system)라 하며 탕류부(pouring basin), 탕구(sprue), 탕도(runner), 주입구(gate)등의 4부분으로 구성되며 탕구계의 기능은 다음과 같다.

① 주형의 공간에 용융 금속을 주입시키는 기능

② 슬래그(slag), 먼지 등을 분리시켜 모이는 기능

③ 주형 공간에서 발생하는 가스, 공기 등을 배출시키는 기능 등이다.

④ 탕구계를 제작할 때 고려할 사항은 다음과 같다.

⑤ 쇳물을 최적온도로 구석진 부분까지 용탕이 충만할 수 있도록 신속하게 채울 수 있도록 할 것.

⑥ 용탕을 정숙하게 주입하여 층류 상태의 흐름이 될 수 있도록 할 것

　주물의 양호한 온도로 응고를 조절하여 수축공, 균열 등의 발생을 방지할 수 있도록 할 것

⑦ 주형 내의 가스 방출이 용이할 것

⑧ 용탕의 흡입된 슬랙, 먼지 등 불순물의 유입을 방지하고 분리가 잘 되는 구조로 할 것

⑨ 주형의 높이는 용탕으로 충분한 압력을 줄 수 있도록 할 것

(가) 쇳물 받이(탕류: pouring basin)

쇳물(용탕)을 주입할 때 튀지 않도록 하고 일단 고이게 하여 슬랙과 같은 불순물을 부유시켜 제거하며, 쇳물이 조용히 흘러들어 가게 하는 역할을 말하며, 탕류라고도 한다.

(나) 탕구(sprue)

나팔형으로 입구를 만들며, 원형의 형상을 고려하여 탕구의 위치를 정한다. 보통 쇳물의 흐름을 매끄럽게 하려면 원형 단면으로 만들고, 탕구 밑바닥에도 반원형 부분을 만들어 쇳물의 흐름을 원활하게 한다. 이것을 탕구 바닥(탕구저; sprue base)이라고 한다. 탕구 지름과 높이는 주입 금속의 무게나 쇳물의 밀도, 주입시간 등에 따라 다르게 한다.

(다) 탕도(runner)

탕구로부터 쇳물이 주형 안에 골고루 흘러 들어가도록 하는 곳이며, 탕구보다 큰 단면적으로 하여 유속을 느리게 하고 불순물이 들어가지 못하게 한다.

탕구의 단면적과 탕도의 단면적 비(ratio)를 탕구비라 하는데, 이것은 쇳물의 유동, 주입 시간 등에 영향을 미치므로 설계할 때 신중히 고려해야 한다. 보통 주철에는 1:1~0.75, 주강에서는 1:1.2~1.5로 탕구비를 준다.

$$탕구비 = \frac{탕구봉 \, 단면적}{탕도의 \, 단면적}$$

표 2-6 탕구, 탕도, 주입구의 단면적 비

주입구의 수	1	2	3	4
수직 탕구	1	1	1	1
탕 도	1.12	1.12	1.12	1.12
주 입 구	0.65	0.70	0.55	0.55

(라) 주입구(gate)

탕도에서 갈라져 주형에 직접 쇳물이 흘러 들어가도록 하는 부분이며, 가능한 짧게 하고 주물이 된 다

음에는 절단한다. 각 통로의 단면적 비는 주조용 금속의 단면 형상에 따라 고려하여야 하나 보통 주철에서는 〈표 2-6〉 정도가 적당하다.

2) 압탕구(feeder)

쇳물 압력으로 주형 내부의 가스를 밀어내고, 주형 내에서 쇳물이 응고될 때 수축으로 쇳물의 부족을 보충하며, 수축공이 없는 치밀한 주물을 만들기 위한 것으로 압탕구(feeder)의 위치는 주물이 두꺼운 부분이나 응고가 늦은 부분 위에 설치한다. 단면적의 높이는 가능한 크게하고, 형상은 열이 적게 새어 나가도록 원기둥 모양으로 한다. 압탕구는 덧쇳물이라고도 한다. 압탕구를 설치하면 다음과 같은 장점이 있다.

① 주형 내에 압탕구 첫물의 무게만큼 정압을 가하여 조직이 치밀해진다.
② 금속이 응고할 때 체적의 수축으로 인한 첫물의 부족을 보충한다.
③ 주형 내의 불순물과 부유물을 밖으로 배출시킨다.
④ 주형 내의 가스를 방출시켜 수축공(shrinkage cavity)을 방지한다.

3) 라이저(riser, 덧쇳물)

주형에 쇳물을 주입하면 가득 채워진 다음 넘쳐 올라오게 하여 쇳물이 주형에 가득찬 것을 관찰하려는 것으로 주형의 높은 곳이나 탕구에서 먼 곳에 둔다. 라이저(riser)는 가스 뽑기 압탕구(feeder) 역할도 한다. 단면적은 탕구나 압탕구(feeder)보다 작게 한다.

4) 가스빼기(venting)

주형 속의 가스나 수증기가 남으면 주물의 일부분이 기공이 생겨 완전한 주물이 될 수 없으므로 가스빼기(venting) 구멍을 설치한다.

5) 냉각쇠(chiller)

주물의 두께에 차이가 있으면 냉각 속도에 차이가 생기므로 응력이 발생한다. 즉, 주물의 각 부분의 냉각 속도 조정할 목적으로 주물의 두께가 두꺼운 부분에 강, 주철 등의 냉각쇠(chiller)를 붙인다.

6) 코어 받침대(core chaplet)

코어가 움직이지 않도록 받쳐 주는 것으로 코어 받침(chaplet)은 주물의 재질과 같은 것으로 만들고, 코어를 주형에 너무 일찍 끼워 건조한 코어가 습기를 흡수하는 일이 없게 해야 하고 용탕의 부력에 의하여 파괴되거나 변형될 우려가 있을 때는 코어 받침대를 사용한다.

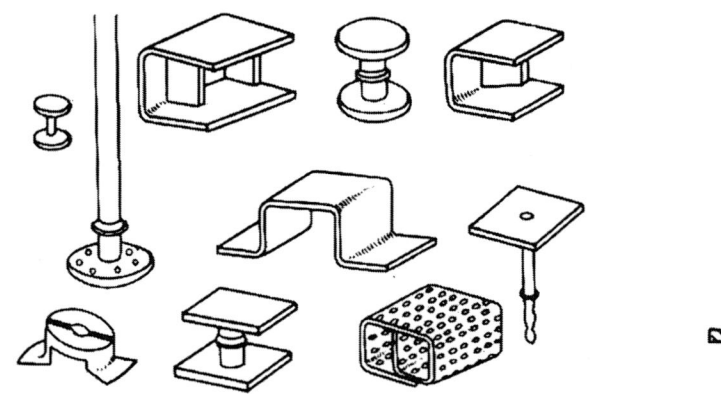
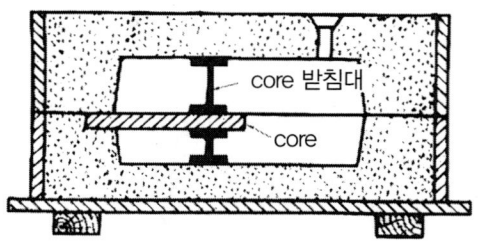

그림 2-30 코어 받침대(core chaplet)

3. 주형 제작용 공구와 기계

(1) 주형 공구

1) 주형 상자(molding box or molding flask)

일명 주형틀 또는 거푸집이라고 하며, 주철 또는 목재로 제작하는데 2개(상, 하) 또는 3개(상, 중, 하)로 구성된다. [그림 2-31]과 같이 주형 상자는 주조 작업이 끝날 때까지 주형에서 분리하지 못하는 고정식과 주형 제작한 후 조립을 풀어 다시 사용할 수 있는 조립식이 있다.

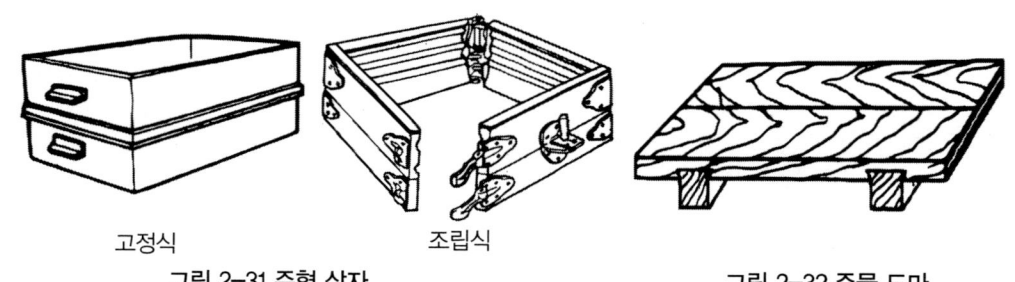

그림 2-31 주형 상자   그림 2-32 주물 도마

2) 주물 도마(molding board)

[그림 2-32]과 같이 주형을 만들 때 원형 또는 주물 상자를 올려놓는 나무 받침대로서 평평하여야 하고 변형이 적어야 한다.

3) 목마(wooden horse)

[그림 2-33]과같이 회전 원형으로 주형을 만들 때 원형의 회전중심을 고정해 주는 도구이다.

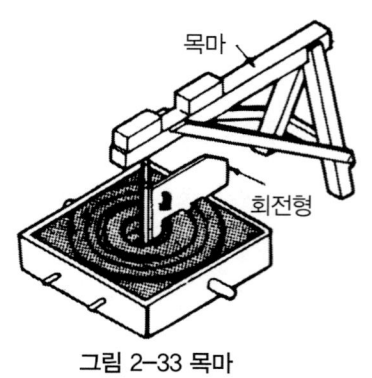

그림 2-33 목마

4) 기타 주형용 수공구

주형을 제작할 때 사용하는 수공구(hand tool)는 탕구 봉, 삽, 다지기 봉, 체, 삽, 흙손, 공기 뽑게, 긁기 판, 공기 뽑게 고무래(life) 등 여러 가지가 있다.

(2) 주형용 기계

1) 혼사기(sand mixer)

주물사를 섞는 기계로서 오래 사용하던 모래와 새 모래를 혼합할 때 사용하는 혼사기[그림 2-34]와 이어서 모래 입도를 균일하게 하고 점토, 코크스 등을 첨가하여 혼합하고, 적당한 점성을 주는 샌드 밀(sand mill)[그림 2-35]이 있다.

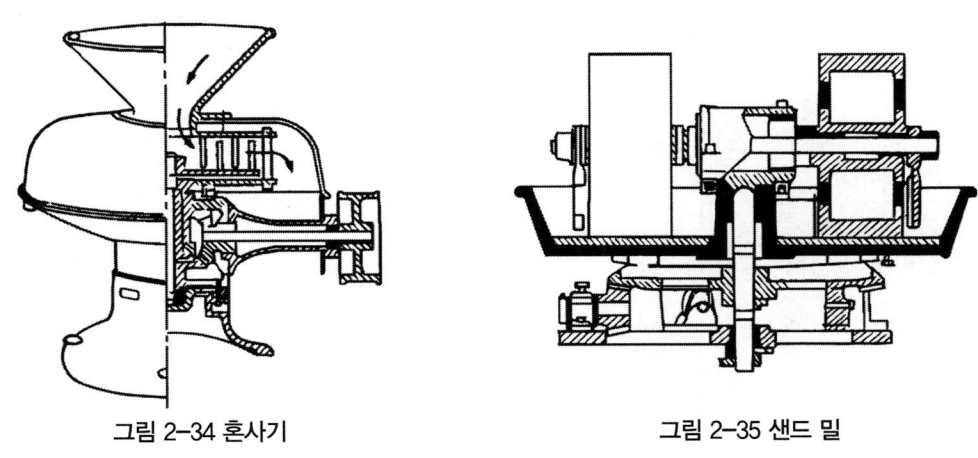

그림 2-34 혼사기   그림 2-35 샌드 밀

2) 샌드 체(sand riddle)

모래를 혼합하여 기계에 의하여 입도가 일정한 주물사를 걸러내는 기계를 말한다.

3) 자기 분리기(magnetic separator)

여러 번 사용한 모래에 함유되어 있는 쇳가루를 자석으로 제거하기 위하여 사용하는 기계이다.

4) 사투기(砂投機 : sand thrower)

모래 속에 함유되어 있는 불순물을 제거하기 위한 기계로 전동기로 컨베이어를 구동하여 사용한다.

5) 조형기(moulding machine)

주형을 만드는 것으로 주물사를 다지는 방법에 따라 진동식, 압축식, 반전식 주형기가 있다. 진동식은 압축공기를 이용하여 상하 진동으로 모래를 다져 주형하고, 압축식은 압축공기로 테이블 위에 있는 주형 상자를 들어 올리면 상부의 스퀴즈 헤드(squeeze head)가 주물사를 다져 주형을 제작한다. 반전식은 진동식과 압축식의 혼합형으로 압축공기를 상하 진동을 일으키고 스퀴즈 헤드로 압력을 가해 주형 상자의 윗부분과 가장자리도 고르게 다질 수 있다.

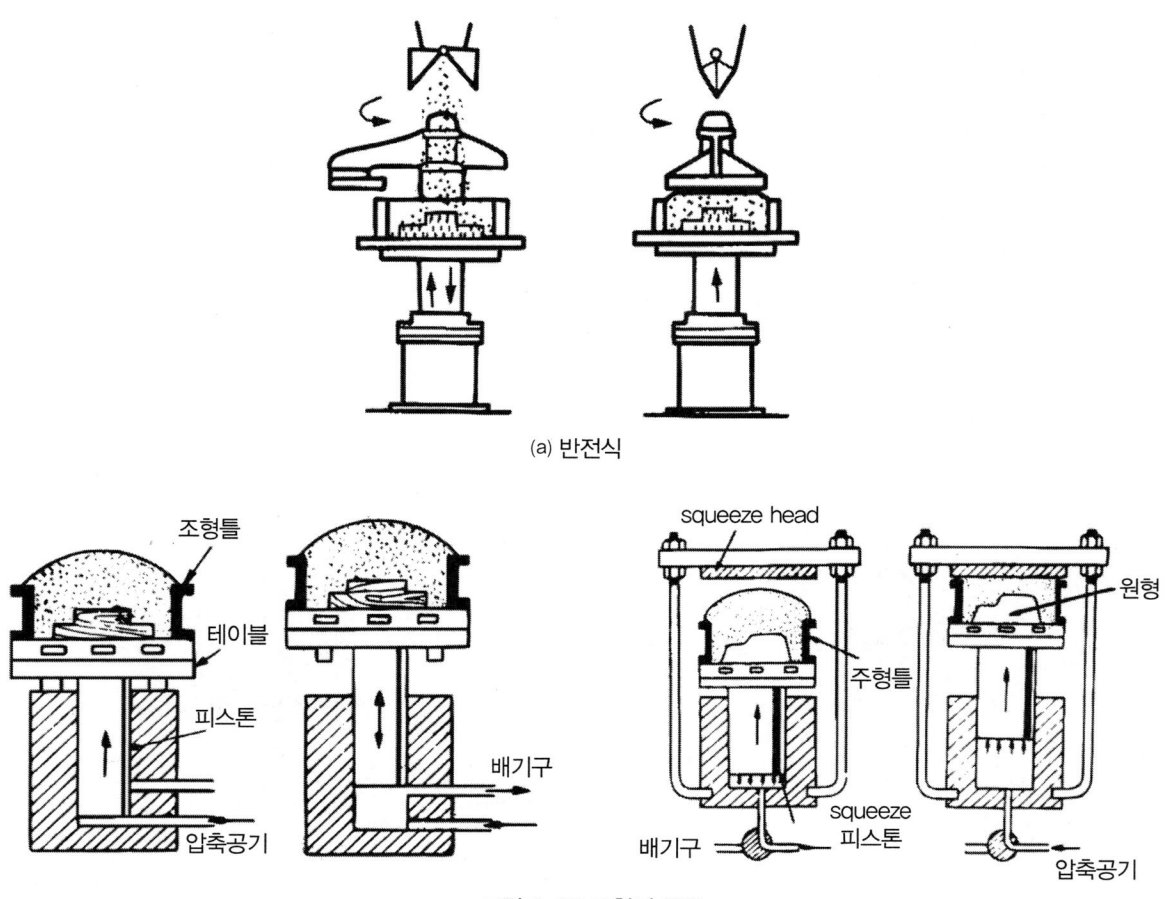

그림 2-36 조형기 종류

6) 샌드 슬링거(sand slinger)

컨베이어로 이동된 주물사를 1,000~1,800rpm으로 회전하는 임펠러로 주형 상자에 뿌리면서 다지는 주형 기계이다.

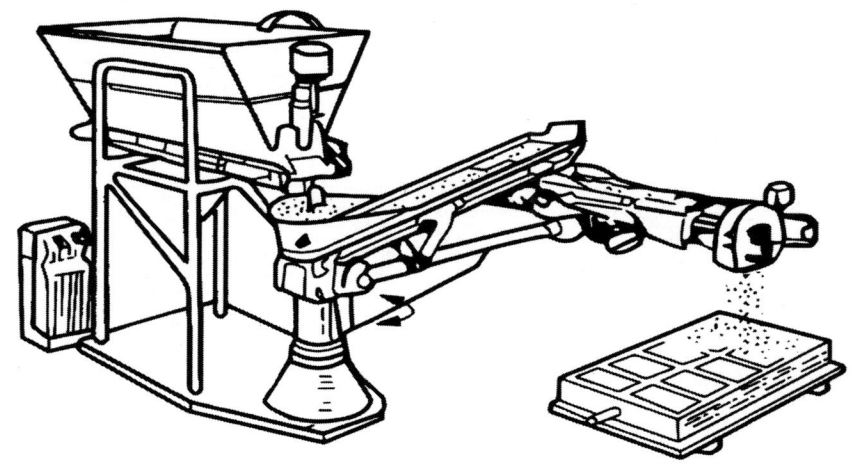

그림 2-37 샌드 슬링거

7) 전마기(Tumbler)

원통 안에 주물과 함께 모래 또는 가죽 조각을 넣어 회전시켜 주물의 표면을 깨끗하게 하는 기계이다.

8) 샌드블라스트

압축공기로 모래를 분사시켜 주물사 제거 및 표면을 깨끗하게 한다.

4. 용해로

일반적으로 주철에서는 큐폴라(cupola), 전기로 주강용에는 전기로, 평로, 반사로 비철 합금에는 도가니로, 전기로, 반사로 등이 용해로로 사용된다.

(1) 용해로의 종류와 특징

1) 큐폴라(cupola: 용선로)

용선로라고도 하며, 주철을 경제적으로 용해하는데 사용한다. 일반적으로 용해부의 단면적 1cm2에 대해 4.5kgf(44N)의 선철을 용해할 수 있으며, 용량은 1시간에 용해할 수 있는 무게를 톤(ton: KN)으로 표시한다.

장입구를 통해 코크스, 선철, 석회석을 층상으로 쌓아 넣고 바람구멍을 통하여 연소에 필요한 공기를 송풍기로 불어 넣어 코크스를 연소시키는 열로 지금(地金)을 용융시킨다. 큐폴라의 작업은 다음과 같은 순서로 한다.

① 내부를 닦아 내고 수리하여 건조 시킨다.
② 노 밑을 닫고 주위에 모래를 준비한다.
③ 노 밑에 코크스를 깔고 장작에 불을 붙인다.
④ 불이 잘 붙으면 코크스를 먼저 장입한 다음 선철, 석회석 등을 순차적으로 장입한다. 코크스는 한번에 약 100mm 정도 넣고, 선철은 무게로 코크스의 약 10배 장입한다. 석회석은 코크스나 철의 성분에 따라 다르나, 철의 약 5% 정도 공급한다.
⑤ 약 10분이 지난 다음, 쇳물이 떨어지기 시작하므로 쇳물 구멍과 용재 구멍을 점토로 막는다.
⑥ 쇳물이 차면 이것을 빼어 쇳물 그릇에 받아 주형에 주입한다.

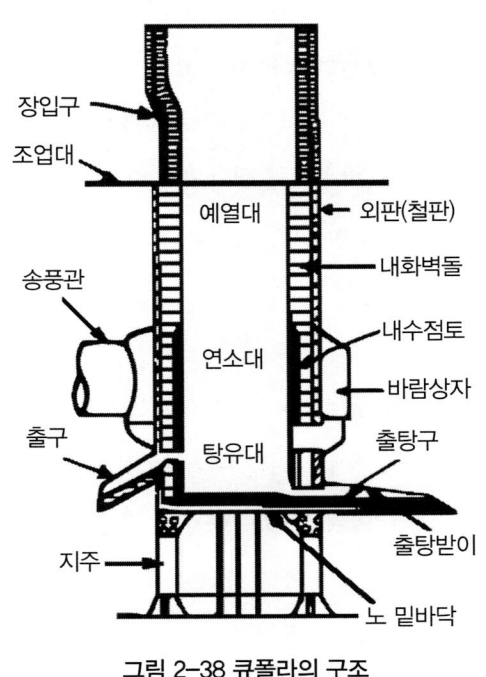

그림 2-38 큐폴라의 구조

2) 도가니로(crucible furnace)

최근에는 열풍을 송풍함으로써 용해 능률을 향상하는 방식이 주로 사용되며, 내화점토 또는 흑연으로 만든 도가니로는 금속을 용해할 때 열원으로 코크스, 중유, 도시가스, 전기 등이 사용된다. 큐폴라 작업과 같이 연소 가스가 직접 장입 금속에 접촉되지 않으므로 금속 성분의 변화가 적고 용해량도 적다. 보통 경합금, 구리 합금, 합금강 등과 같이 성분이 정확을 요구하는 것을 용해할 때 이용된다. 도가니로의 크기는 구리 1kgf를 용해할 수 있는 것을 1번이라 하고 한 번에 용해할 수 있는 구리의 중량을 N으로 표시한다. 도가니로는 용해하는 중에 조금씩은 소모되며, 구리 합금용은 10~25회, 알루미늄 합금용은 40회 정도 사용한다.

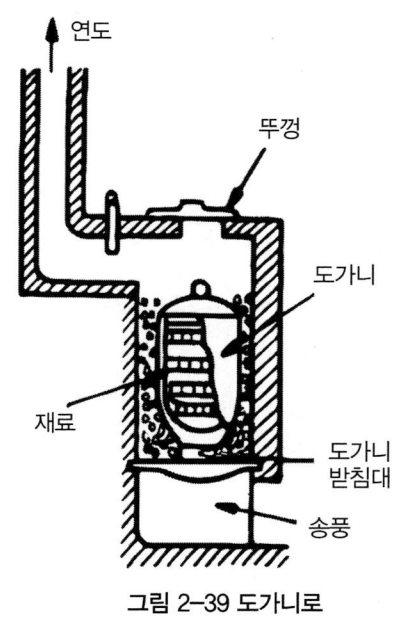

그림 2-39 도가니로

3) 반사로(reverberatory furnace)

석탄, 코크스, 중유 등을 이용하여 연소실에서 발생한 고온 가스가 용해 실로 들어가서 노벽을 백열화하여 반사되는 열에 의하여 용해하는 것이다. 일시에 같은 성분의 쇳물이 대량으로 필요할 때 편리하며, 주철, 청동, 가단주철을 녹이는 데 사용된다. 노의 크기는 장입하는 지금의 총무게로 표시하며, 노 내의 온도는 최고 1,600℃까지로 10~30(ton)의 것이 많다.

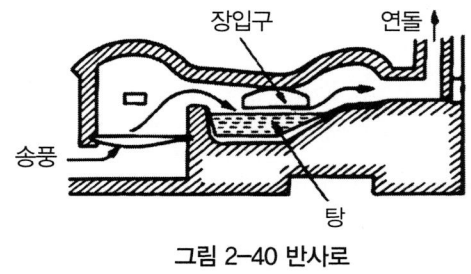

그림 2-40 반사로

4) 전기로(electronic furnace)

전기적인 열에 의하여 금속을 용해하는 것으로 아크식과 전기 유도식 및 전기 저항식의 3가지가 있으며, 용해 중 화학반응이 일어나지 않으므로 정확한 순도의 제품을 얻을 수는 있으나 전력이 대단히 많이 소비되고, 가격이 비싸다. 이것은 고급 특수강을 용해하는 데 이용된다. 노의 크기는 1회 용해할 수 있는 무게로 표시한다.

5) 전로(converter)

보통 주강 공장에 설비할 수 있는 것으로 간단한 구조이며, 용광로에서 이미 용해된 용탕을 장입하고 용탕의 표면에 공기를 불어주면 산소가 연소를 하기 시작하여 1,650℃ 가까이 상승하는데 이때 발생한 열로 탄소, 규소, 망간 등을 산화시키고 용강을 얻는 노이다. 제강 시간은 대단히 짧

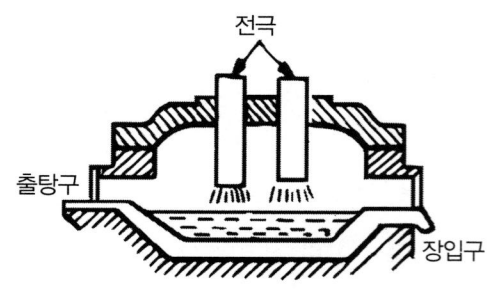

그림 2-41 직접 아크 전기로

아 15~20분이면 완료되며, 규격은 1회에 용해할 수 있는 용량을 톤(ton)으로 표시한다.

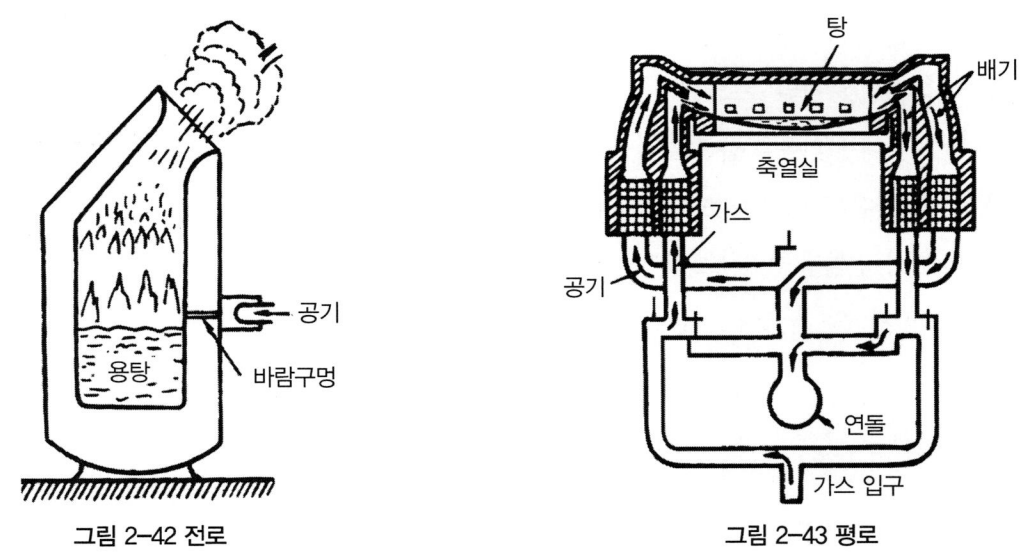

그림 2-42 전로 그림 2-43 평로

6) 평로(open hearth furnace)

축열실과 반사로를 사용하여 장입물을 용해 정련하는 용해로이며, 산성 평로와 염기성 평로의 2가지가 있다. 제장용 선철은 물론 값이 싼 고철을 노내에서 가열하여 용해, 탈산, 정련을 통해 우수한 강을 얻을 수 있으며, 1회에 다량을 용해할 때 사용한다. 산성 평로는 원료 중에 있는 탄소, 규소, 망간을 제거할 수 있으며 노의 재료는 석영이 대부분이다. 염기성로는 산화마그네슘, 산화칼슘으로 만들며 원료 중에 있는 인, 황을 제거할 수 있는 것이다. 크기는 1회에 용해할 수 있는 쇳물의 무게로 표시한다.

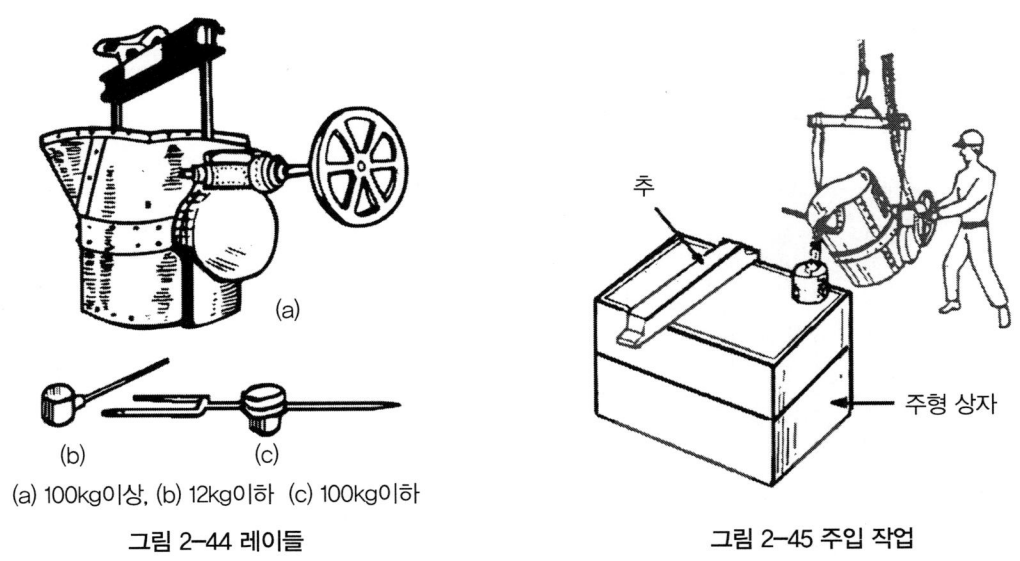

그림 2-44 레이들 그림 2-45 주입 작업

(2) 용해로 공구

용해로 내의 연료를 연소시키기 위한 송풍기, 풍압 측정용 압력계, 용융 온도의 측정에 사용되는 고온계, 쇳물용 레이들(ladle) 등이 있다. 송풍기에는 원심 송풍기(centrifugal fan), 루트 송풍기(roots blower), 터보 송풍기(turboblower) 등이 있다. 큐폴라에서는 터보 송풍기가 널리 쓰인다. 주물 바가지와 주물 통, 송풍기, 풍압계, 고온계 등이 용해용 기구에 속한다. 고온을 측정할 때는 열전 고온계, 광학 고온계 등의 고온계(pyrometer)를 사용한다. 열전 고온계는 서로 다른 금속의 접점을 가열하면 열기전력이 일어나는데, 이 기전력을 미리 볼트미터(millivolt meter)로써 측정한 것을 온도로 환산한 고온계이다. 광학 고온계는 망원경 내에 전류를 통한 필라멘트가 있어서, 망원경으로 본 고온체를 필라멘트의 빛 광도와 일치시킨다. 이때 필라멘트에 흐르는 전류로서 고온 물체의 온도를 측정하는 것이며, 주조용으로 많이 사용한다. 용탕을 받아 주형에 주입하는 데에는 레이들(ladle)을 쓴다. 레이들은 강철판으로 만들며, 내부는 내화물로 내장하고 내장된 표면에는 흑연을 발라 건조하여 사용한다.

(3) 주입 작업

1) 압상력

주형에 쇳물을 주입하면 쇳물의 부력으로 위 주형 상자가 들이게 되는데 이 힘을 압상력(押上力)이라 한다. 이 압상력 때문에 주조할 때 위 주형 상자 위에 추를 올려놓든지 또는 위아래 주형 상자를 볼트로 고정하여야 한다. 이것은 주입된 쇳물이 상형을 밀고 흘러나오는 것을 방지할 목적으로 사용한다.

압상력 P의 값은 다음과 같다.

$$P = \frac{r \times H \times A}{1,000} - W$$

여기서 r : 쇳물 단위 부피 무게(g/cm^3)

H : 탕구의 높이(cm)

A : 쇳물 형상에 대한 투영 면적(cm^2)

W : 상형의 무게(N)

표 2-7 쇳물의 단위 부피당 무게(g/cm^3)

주조용 금속	주 철	주 강	황 동	청 동	알루미늄합금	아 연	주 석
단위부피무게	7.21	7.85	8.11	8.73	2.65	6.87	7.42

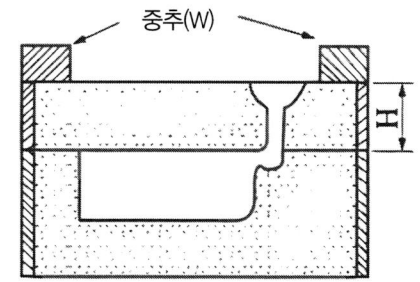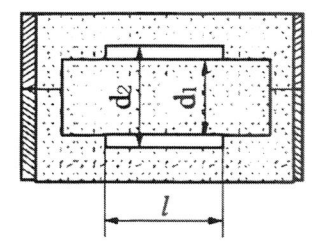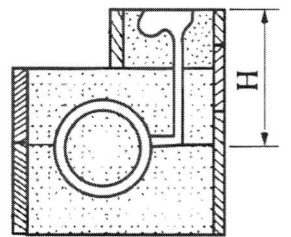

그림 2-46 압상력

2) 주입온도

쇳물의 주입온도와 주입속도는 탕구, 주입구 등의 크기와 형상에 따라 달라진다. 쇳물의 온도가 너무 높으면 조직이 억세고 약한 주물이 되며 낮으면 주물의 성분이 불균일하고 주물에 기공(blow hole)이 생기기 쉽다.

여러 가지 주입온도는 각 금속에 따라 〈표 2-8〉와 같은 주입온도 범위를 표준으로 한다.

표 2-8 주조용 금속의 용융 온도와 주입온도

주조용금속	용융온도(℃)	주입온도(℃)	주조용금속	용융온도(℃)	주입온도(℃)
주 철	1,400~1,550	1,250~1,400	청 동	1,150~1,300	1,050~1,200
주 강	1,550~1,650	1,500~1,550	알루미늄합금	670~780	600~700
황 동	1,030~1,200	980~1,150			

3) 주입 시간

주형에 용탕을 주입할 때 걸리는 시간이며, 주입속도가 된다. 용탕 주입은 될 수 있는 대로 도중에 중단되지 않고 연속으로 주입하여야 하며, 주물 두께가 두꺼운 주물은 주입 시간을 길게 하고, 얇은 주물은 빨리 주입하지 않으면 쇳물이 잘 돌지 않아 불량품이 된다. 쇳물의 주입 시간을 $T(\text{sec})$라 하면 다음과 같이 계산한다.

$$T = S\sqrt{W}$$

여기서 S : 주물 두께에 따른 계수〈표 2-9〉

W : 주물의 무게(N)

표 2-9 주물 두께 따른 계수

주철주물	살 두께(mm)	2.8~3.5	4~8	8.3~15.8
	계 수(S)	1.63	1.86	2.23
주 강	형 상	복잡한 형상	간단한 형상	대형(1~10 ton)
	계 수(S)	0.5	0.75	0.8~1.2

5. 주물의 뒤처리와 검사

(1) 주물의 뒤처리

철 주물의 탕구계는 해머나 쇳톱, 그라인더로 절단하여 제거하며, 주물에 붙어 있는 모래는 쇠솔이나 전마기(tumble)로 제거하거나 모래 분사기, 쇼트 블라스트(shot blast)로 제거한다.

(2) 주물의 결함

1) 수축구멍 (shrinkage hole)

용융 금속이 주형 내에서 응고할 때 표면에서부터 수축하므로 최후의 응고부에는 수축으로 인해 쇳물이 부족하게 되어 공간이 생기게 되는 것을 말한다.

이것을 방지하기 위해서는 쇳물 아궁이를 크게 하거나 덧쇳물을 붙여 쇳물 부족을 보충한다.

2) 기공(blow hole)

주형 내의 가스가 외부로 배출되지 못하거나, 주형 내에 수분이 너무 많이 있던가, 통기도가 불량할 때 기공이 생긴다.

이것을 방지하기 위해서는 다음과 같이 한다.

① 쇳물의 주입온도를 필요 이상 높게 하지 않는다.
② 쇳물 아궁이를 크게 한다.
③ 통기성을 좋게 한다.
④ 주형의 수분을 제거한다.

3) 편석(segregation)

용융 금속에 불순물이 있을 때, 이 불순물이 집중되어 석출되든지, 또는 무거운 것은 아래로, 가벼운 것은 위로 분리되어 굳어지든지, 처음 생긴 결정과 나중에 생긴 결정의 배합이 달라지는 때가 있는데, 이 때 편석 현상이 발생한다.

4) 균열(crack)

용융 금속이 응고할 때 수축이 불균일한 경우에 내부응력이 발생하고, 재질이 부적당하던가, 주물의 두께가 불균일할 경우 이것으로부터 주물에 균열이 생기게 된다. 이를 방지하기 위해서는 다음과 같이 한다.

① 각부의 온도 차이를 적게 한다.

② 주물을 급랭시키지 않는다.

③ 주물의 두께 차이를 갑자기 변화시키지 않는다.

④ 각이 있는 부분은 둥글게 한다.

(3) 주물의 시험검사

1) 육안 검사

모양, 표면 및 파면 등을 모아 조사하는 육안 검사를 말한다.

① 외관검사

주물 표면의 균열, 거칠기, 휨, 치수, 균열, 기공, 수축공, 가공여유를 검사한다.

② 파단면 검사

시험편을 절단하여 절단된 면을 보고 기포, 편석, 입자의 치밀성 등을 검사한다.

③ 형광 검사

형광물질을 이용하여 균열이나 흠 등을 검사한다.

2) 기계적 검사

기계적인 시험(mechanical test)으로 주물의 강도, 경도 및 절단을 하여 검사한다. 주물의 강도는 $10 \sim 15 kgf/mm^2$이며, 특수주물은 $25 \sim 50 kgf/mm^2$이므로 용도에 따라 적당히 사용된다.

일반적으로 주물은 압력저항이 크므로 압축시험을 많이 하고, 절단 시험도 중요시한다.

3) 화학분석

주물의 각 부분을 드릴링머신으로 구멍을 뚫어 이때 생기는 주물의 쇳가루를 분쇄하고, 이것을 화학분석하여 함유 원소량을 분석 검사한다.

4) 금속 현미경시험

각 주물에 따라 함유된 원소량이 같다 해도 조직의 성질이 다르므로 금속 현미경시험을 하면 주조된 조직 및 주조 후의 처리 과정이 잘 되었나를 확인할 수 있다.

5) 비파괴검사

기공, 수축, 구멍, 균열 등을 검사하는 방법으로 자력 결함 검사법, 형광 검사법, 초음파 시험, 방사선 검사법 등이 있다.

6. 특수주조법

일반적으로 주물사를 이용하는 주조법 외에 그 밖의 다른 주조법을 특수주조법이라 하며, 원심, 다이캐스팅, 정밀 주조법 등이 있다.

(1) 다이캐스팅법(die casting)

용해된 금속을 주형에 쇳물을 정밀 금속 주형에 고속 고압으로 주입하는 방법이며, 주물의 재질이 균일하고 치밀하며, 정밀도가 높고, 표면이 아름다워 기계 다듬질이 필요 없는데 사용된다. 이때 주형은 고압에 견딜 수 있는 금형을 사용하여야 하며, 이와 같이 주물을 만드는 방법을 다이캐스팅이라 한다.

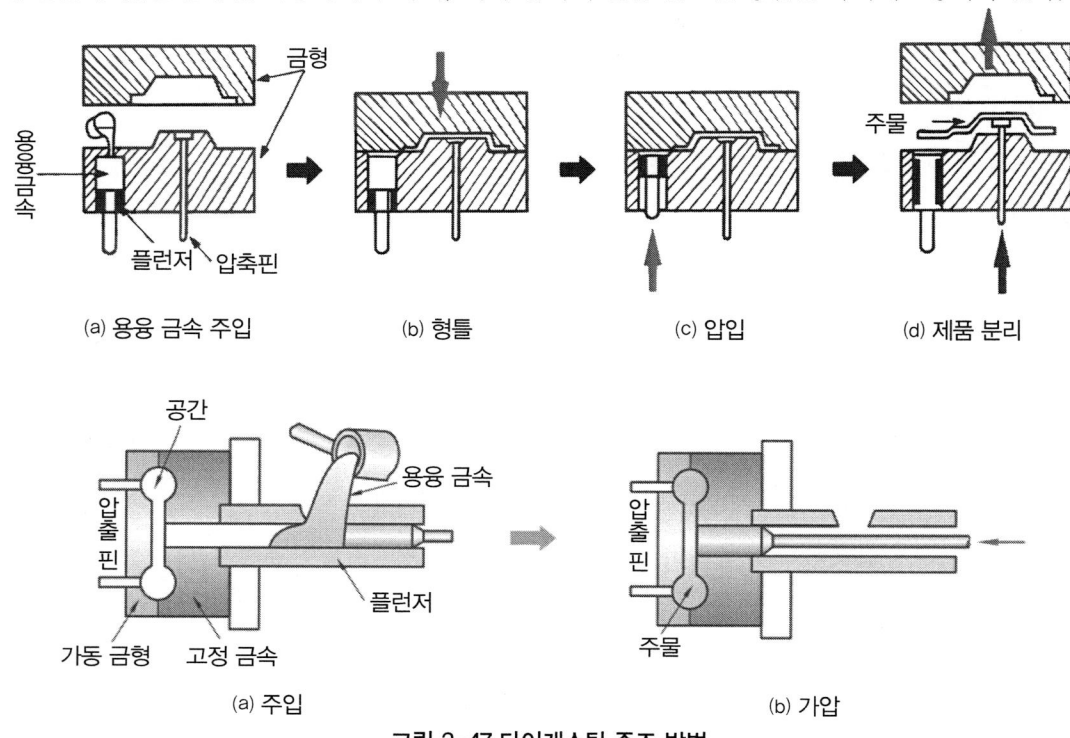

그림 2-47 다이캐스팅 주조 방법

다이캐스팅은 용융점이 높은 주철, 강철 등은 주조하기 어렵고, 가능한 것은 아연, 알루미늄, 구리, 마그네슘 등의 합금이다. 주로 전기기구, 사진기, 계산기, 사무용 기구 등의 다량 생산에 이용되며, 다음과 같은 특징이 있다.

① 제품이 균일하고 정밀도가 높으므로 다듬질이 필요 없다.
② 다량 생산에 적합하며, 비교적 정밀한 주조법이다.
③ 제품의 표면이 양호하고 2차 가공이 줄어든다.
④ 균일한 연속주조가 가능하고 얇은 주물과 복잡한 형상의 주조가 가능하다.
⑤ 금형 제작비용이 고가이기 때문에 소량 생산에는 부적합하다.
⑥ 금형의 내열강도 때문에 용융점이 낮은 비철금속에 국한된다.

⑦ 금형의 크기와 구조상 제품 치수에 한계가 있다.

⑧ 금형을 이용하므로 반복 사용할 수 있으며, 대량생산에 적합하다.

⑨ 재질이 치밀하고 강도가 크고 주물 제품의 단가가 싸다.

(2) 원심주조법(centrifugal casting)

주형을 300~3,000rpm으로 고속으로 회전하는 원통형의 주형 내부에 용융된 쇳물을 주입하면 원심력에 의해서 쇳물은 원통 내면에 치밀한 조직이 균일하게 붙게 되며, 이때 그대로 냉각시키면 코어 없이도 중공의 주물이 되게 된다. 원심주조기는 회전축의 방향에 따라서 [그림 2-48]와 같이 수직식과 수평식이 있는데, 이 방법은 파이프, 피스톤링, 실린더 라이너 등에 이용되지만 주로 수평식은 주철관과 같이 긴 둥근 관을 만들 때 사용한다.

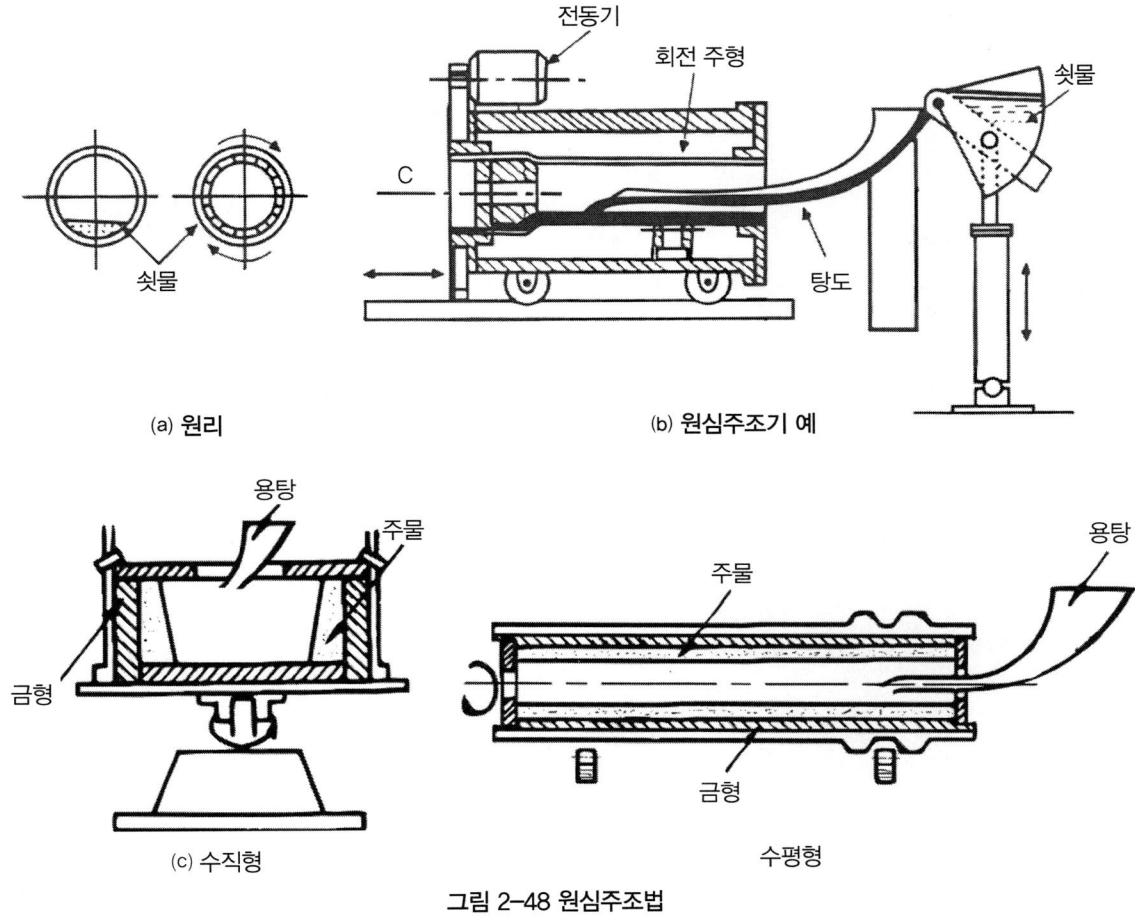

그림 2-48 원심주조법

원심주조법은 다음과 같은 특징이 있다.

① 주물의 조직이 치밀하고 균일하다.

② 슬래그와 가스의 제거가 용이하다.

③ 코어, 탕구, 피이더, 라이저 등이 불필요하며, 대량생산에 적합하다.

(3) 셀 몰드법(shell moulding)

정밀한 금형을 가열(200~300℃)하고 그 위에 규소 모래와 열경화성의 합성수지를 배합한 분말(resin sand)을 뿌려 덮으면 원형 둘레에 약 4mm 정도의 층이 생기며 밀착되고, 그다음 300℃에서 2~3분 가열하면 수지는 경화한다. 이 얇은 셀들을 맞추어 접착시켜서 주형을 만들어 여기에 쇳물을 부어서 주물을 만드는 방법으로 독일의 Croning이 개발하여 크로닝법 또는 C-process라고도 한다. 주형을 신속히 다량 생산할 수 있으며, 주물의 표면이 아름답고, 정밀도가 높으며, 기계 가공을 하지 않아도 사용할 수 있다. 자동차, 재봉틀, 계측기 등에 부품으로 이용된다. 특징은 다음과 같다.

① 완전 기계화가 가능하므로 숙련공이 필요 없다.
② 주형에 수분이 적기 때문에 기공 발생이 적다.
③ 주형이 얇으므로 통기 불량에 의한 주물 결함이 없다.
④ 미리 셀을 만들어 놓은 다음 일시에 대량 주조할 수 있다.
⑤ 금형이 고가이고, 주물의 크기에 제한이 있다.

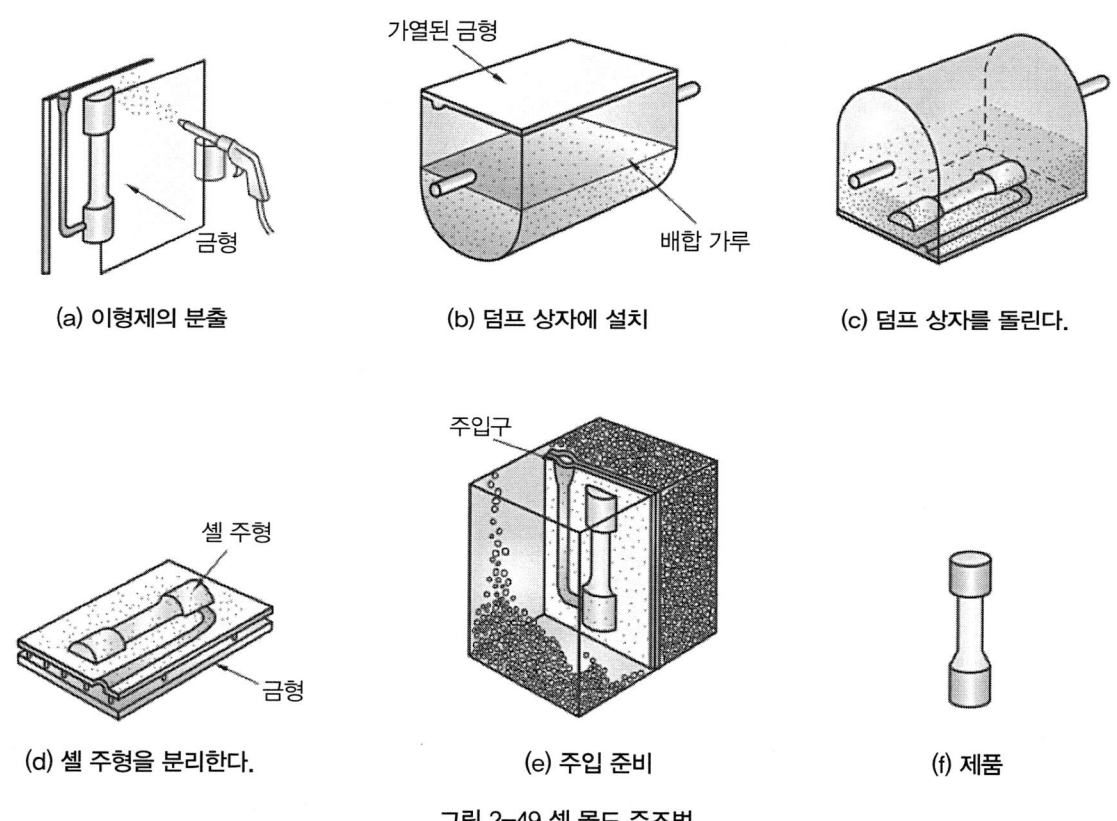

그림 2-49 셀 몰드 주조법

(4) 인베스트먼트법(investment casting)

모형을 왁스(wax)나 파라핀(paraffin)으로 만들고, 이것에 내화 물질로 채워 경화시킨 다음, 가열하면 왁스나 파라핀이 녹아서 흘러내리고, 왁스의 모형재가 있던 자리가 중공이 되므로 주형이 된다. 여기에 쇳물을 주입시켜 주물을 만드는데, 주물의 치수가 매우 정확하며, 표면이 깨끗하고, 복잡한 형상을 만들기 쉬우나 주형 제작비가 많이 드는 단점이 있다. 일명 로스트 왁스(lost wax)법이라고도 하며 주형 제작 순서는 다음과 같다.

① 원형 제작용의 금형을 강, 황동, 백색 합금 등으로 만들고 여기에 적당히 왁스를 압입하여 왁스 원형을 만든다.

② 규사의 미분을 에틸 실리케이트[$Si(C_2H_5O)_4$] 또는 물유리 등으로 녹여서 원형을 담그고, 그 위에 내화성 모래를 뿌려 표면을 거칠게 하고 강도를 주어 다음 사용할 주형재와 결합하기 쉽게 한다. 이렇게 몇 번 되풀이하여 적당한 두께로 한다. 이를 1차 인베스트먼트 또는 코우팅이라 한다.

③ 코우팅이 끝난 원형을 강철제의 틀에 넣어, 원형을 인베스트(규사에 에틸 실리케이트나 석고 등의 점결제를 섞은 것)로 둘러싸고, 진동을 주어 원형 둘레를 고르게 다져 주형을 만든다. 이를 2차 인베스트먼트라 한다.

④ 주형을 건조로에 넣어 30~40℃에서 건조한 다음, 다시 150℃까지 가열하여 왁스를 녹인다. 800~1,000℃까지 가열하여서 굳히면 된다.

특징은 다음과 같다.

㉠ 모형을 가용성 물질인 왁스나 파라핀 등으로 제작한다.
㉡ 주물의 치수가 매우 정확하며, 표면이 깨끗하고, 복잡한 형상을 만들기 쉽다.
㉢ 주물 크기에 제한이 있고 모형은 1회 사용이 가능하다.
㉣ 주조 금속은 주강, 합금강, 경합금 등이며 주형 제작비가 많이 드는 단점이 있다.

(a) 왁스금형 (b) 왁스모형 (c) 코우팅 (d) 샌딩 (e) 건조
(f) 인베스트먼트 충전 (g) 탈 왁스(가열) (h) 주입 (i) 제품

그림 2-50 인베스트먼트법

(5) 이산화탄소법(CO₂ process)

단시간에 건조 주형을 만드는 방법으로 주물사에 물유리(Na_2SiO_3)를 5~6% 정도 용액을 배합하여 주형을 한 후 탄산가스(CO_2)를 주형 내에 불어 넣어 규산나트륨과 CO_2의 반응으로 주형을 경화시키는 방법이다. 견고하고 정확한 코어 제작에 적합하다.

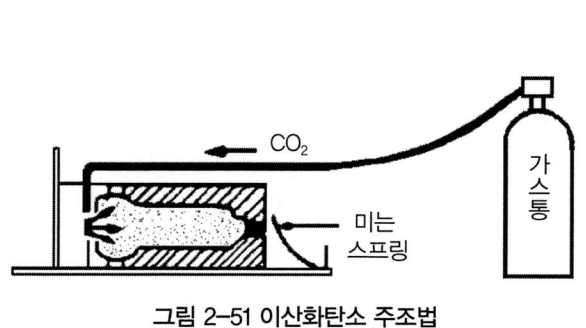

그림 2-51 이산화탄소 주조법   그림 2-52 진공 주조법

(6) 진공 주조법(vacuum casting)

대기 중에서 금속을 용해하면 O_2, H_2, N_2 등의 가스가 들어가 O_2는 산화물을 형성하고, H_2는 백점(白點) 또는 hair crack의 원인이 되므로 금속을 용해할 때 공기를 차단하기 위하여 약 10^{-3}mmHg 정도 진공 중에서 용해하고, 또 주조하는 방법을 진공주조라 한다. 진공법에는 다음과 같은 방법이 있다.

1) 진공실 내에 용기를 넣는 방법
용융 금속을 넣는 용기를 진공 실내에 넣고, 일정한 시간을 경과시켜 공기를 제거한 다음, 이것을 대기 중에서 주조하는 방법이다.

2) 주입식 진공법
용융 금속을 넣은 쇳물 용기를 진공실에 연결하여 쇳물을 주입, 주조하는 방법이다.

3) 진공 가열 및 주조법
[그림 2-52]와 같이 고주파 용해로와 진공장치를 사용하여 가스를 완전히 차단시킨 다음 주조하는 방법이다.

(7) 칠드 주조법(chilled casting)

주물에 인성과 내마모성을 동시에 줄 수 있는 방법으로 인성을 요하는 부분에는 모래 주형에 용탕의 냉각 속도를 느리게 하고, 내마모성이 요구되는 부분에는 금형을 사용하여 냉각 속도를 빠르게 하여 경도를 증가시키면 된다. 이와 같이 주철이 급랭하여 단단해지는 현상을 칠(chill)이라 하고 [그림 2-53]과 같이 이 주조 방법을 칠드 주조 또는 냉간 주조라고 한다.

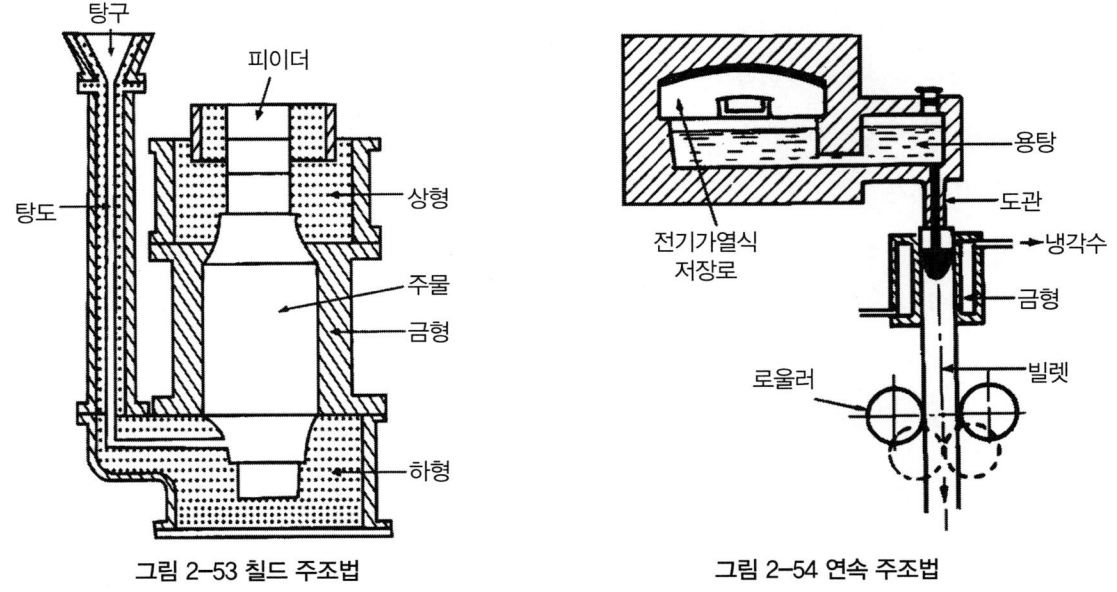

그림 2-53 칠드 주조법   그림 2-54 연속 주조법

(8) 연속 주조법(continuous casting)

[그림 2-54]과같이 용탕이 전기가열식 저장로에서 흘러나와 냉각수가 순환하는 금형을 통과하면서 연속적으로 응고되어 빌렛(billet) 등을 제작하는 주조법이다. 이 방법은 동일한 조건에서 냉각시키므로 품질이 균일하고, 편석, 수축공이 적으며, 작업이 간단하여 주조 비용이 저렴하다. 알루미늄, 동합금 등의 봉재 및 판재에 이용된다.

7. 주물용 금속 재료

(1) 주철

금속 조직학상으로 주철(cast iron)은 탄소량이2.0~6.67%인 철합금을 말하며, 용광로에서 얻은 선철과 강 스크랩, 주철 스크랩 등을 큐폴라(용선로)에 넣고 코크스를 사용해서 용해한 것을 주철이라 한다. 인장강도는 강에 비하여 작고, 취성이 크며, 고온에서도 소성변형 되지 않는 결점이 있으나, 주조성이 우수하여 복잡한 형상으로도 쉽게 주조되고, 값이 싸므로 널리 사용되고 있다. 실용 주철의 성분은 C2.5~4.5%, Si 0.5~3.0%, Mn 0.5~1.5%, P 0.05~10%, S 0.05~0.15%의 범위이다.

1) 주철의 조직 및 상태도

주철 중에 함유되는 탄소량은 보통2.5~4.5% 정도인데, 그 일부분은 유리 상태로 존재하는 유리 탄소(free carbon)가 흑연(graphite)이며, 다른 일부분은 지금 중에 화합 상태로 펄라이트 또는 시멘타이트

(Fe_3C)로서 존재하는 화합 탄소(combinedcarbon)로 되어있다. 주철에 함유하는 탄소량은 보통 이 2가지의 탄소를 합한 전탄소 량(total carbon)를 나타낸다.

유리 탄소량+화합탄소량=전 탄소량이다.

이와 같이 주철은 같은 탄소량이라 하더라도 그때의 성분, 용해조건, 주입 조건 등에 의하여 흑연과 화합 탄소의 비율이 뚜렷하게 달라지며, 주철의 성질에 큰 영향을 주는 것이다.

흑연이 많은 경우에는 그 파면이 회색을 띠는 회주철(gray cast iron)로 되며, 흑연의 양이 적고 대부분 탄소가 시멘타이트의 화합 탄소로서 존재하면, 그 파면이 흰색을 띠는 백주철(white cast iron)로 되는 것이다.

일반적으로 주철이란 회주철을 말하며, 회주철과 백주철의 혼합된 조직으로 되어있을 때는 반주철(mottled cast iron)이라고 한다. 회주철(gray cast iron)은 망간(Mn) 양이 적고 냉각 속도가 느릴 때 생기기 쉬우며 회주철은 주조하기 쉽고 절삭성이 좋아 각종 구조 재로서 공작기계의 베드(bed), 내연기관의 실린더, 피스톤, 주철관, 각종 가정용품 등에 널리 사용된다.

백주철(white cast iron)은 규소(Si)량이 적고 냉각 속도가 빠를 때 생기기 쉬우며 경도가 크고 내마모성이 좋아 각종 압연기의 롤러(roller), 기차·전차의 타이어(tire), 분말의 볼(ball) 등에 사용된다.

2) 주철의 일반적인 조직

주철의 조직은 화학적 조성, 냉각 속도, 조성, 흑연 핵의 생성 정도에 따라 달라진다. 주철에 함유된 탄소량은 보통 2.5%~4.5% 정도인데, 이들 중 일부는 유리 탄소(흑연), 나머지는 화합 탄소(Fe_3C)로 존재하며 유리 탄소와 화합 탄소의 비율에 따라 회주철, 백주철, 반주철로 구분된다.

[그림 2-55]는 C와 Si양에 따른 주철의 조직 관계를 나타낸 마우러의 조직도 (Maurer's diagram)이다. 특히 규소는 흑연의 정출, 또는 석출에 큰 영향을 준다. 규소(Si)가 많으면 흑연량이 많아지며, 철과 탄소만으로는 보통의 냉각 속도로서는 흑연을 정출시키기가 곤란하지만, 규소(Si)가 어느 정도 함유되어 있으면 흑연의 정출이 쉬워진다. 또한 탄소량이 많을수록 흑연의 정출은 쉽다.

〈표 2-10〉는 마우러의 조직도 중 각 구역의 조직과 특성을 표시하고 있다.

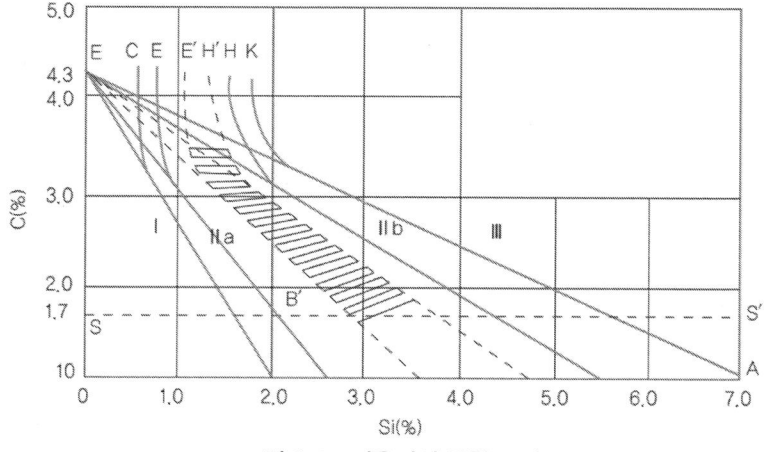

그림 2-55 마우러의 주철 조직도

표 2-10 주철의 조직과 종류

구 역	조 직	주 철 의 종 류
I	펄라이트+시멘타이트	백주철(극경 주철)
IIa	펄라이트+시멘타이트+흑연	반주철(경질 주철)
II	펄라이트+흑연	펄라이트 주철(강력 주철)
IIb	펄라이트+페라이트+흑연	회주철(보통 주철)
III	페라이트+흑연	페라이트 주철(연질 주철)

3) 주철의 종류

(가) 보통 주철(회주철)

보통 주철은 일반적으로 회주철(gray cast iron)이라 불리는 것으로 강도나 불순물의 양을 규정하지 않는 표준 주철이다. 주물용 선이나 고선철 혹은 강의 잔재 등을 원료로 하고, 주로 큐폴라(cupola)라고 하는 소형 용해로에서 용해하여 주형에 주입하면 제품이 만들어진다. 조직은 편상 흑연과 페라이트로 되고 펄라이트를 일부 포함한다. 보통 주철은 인장강도가 100~250MPa 정도로 낮고 균질성도 떨어지는데 주조하기 쉽고 가격이 싸기 때문에 가정용품에서 일부 기계용까지 넓게 이용된다. 또한, 절삭가공이 쉽고 내다 모성이 높으며 함유하는 흑연으로 인해 감쇠능이 높아서 공작기계 베드용으로 중요한 재료가 되고 있다.

(나) 주철의 주조성

주조성(castibility)이란 주조 작업의 난이도를 나타내는 금속의 성능으로서 주조성을 좌우하는 인자는 다음과 같다.

① 용해의 난이(용융점, 열량, 액체의 산화도)
② 유동성
③ 수축률
④ 기타(편석, 기포 및 가스의 유무)

(다) 고급 주철

기계의 중요 부분에는 강력하고 내마모성이 좋은 주철이 요구된다. 이 목적에 적합한 주철이 바로 고급 주철이며, KS 규격의 회주철 품 4~6종이 이에 해당한다.

일반적으로 고급 주철(high grade cast iron)은 화학 조정으로는 C2.5~3.2%, Si 1~2%이고, 현미경 조직은 펄라이트와 미세한 흑연으로 된 것이며, 기계적 성질로는 인장강도가 25kgf/㎟ 이상인 것을 말한다.

① 란쯔법(lanz)

선철에 다량의 강 스크랩(강설)을 배합하여 탄소와 규소의 양을 적게 하고, C+Si의 양을 3.8~4.2% 로 제한하여 용탕의 응고 기간을 비교적 빨리하여서 흑연을 미세하게 분산시킨다. 다음에 주형을 200~500℃로 가열하여서 응고 후의 냉각을 완만하게 하여 초정 화합 탄소(Fe_3C)를 없애고, 기지를 펄라이트 화하는 방법이다. 이 방법은 큰 주물보다 작은 주물에 적용되고 있다.

② 에멜법(emmel)

저탄소 주철이라고 하며, 보통 용선로에 스크랩 50% 이상과 C, Si의 함유량이 비교적 많은 신선철을 배합하여 1,500℃ 정도의 온도로 용해해서 C 3%, Si 2.0%의 고급주철을 얻는다. 조직은 미세한 흑연이 균일하게 분포되어 있으며, 기지는 펄라이트로 두께가 강도에 영향을 주지 않으며, 강성 주물(semi-steel casting)은 거의 이 방법으로 만들어진다.

③ 코오살리법(corsalli)

이 방법은 용선의 C량을 2.0% 이하로 하므로 전량의 강 스크랩을 가한다. 이때, 코크스에서 탄소의 흡수를 적게 하려면 코크스를 석탄 유액에 담가 석탄 막을 만들면 노 안에서 탄소의 흡수가 적게 되며, 2.0% C 정도의 용탕이 1,500℃ 정도에서 만들어진다. 이것을 주조하면 고급 주철이 얻어진다.

④ 피보와르스키법(piwowarsky)

저탄소 고규소의 재료를 사용해서 흑연을 미세화하기 때문에 전기로에서 용탕을 과열하는 방법이다. 주철의 용해 온도가 낮으면 기존의 흑연이 잘 용해하지 않고 남게 되며, 응고시 핵이 되어서 흑연이 성장하여 큰 편상이 되기 쉬우므로 용 탕을 가열해서 흑연을 잘 용해시키면 응고 시 미세한 흑연이 나오게 되어있다.

⑤ 미한법(meehan)

저탄소 저 규소의 재료를 선택하고 화합 탄소의 정출을 될 수 있는 대로 억제하기 위해서 Fe-Si(ferro-silicone) 또는 Ca-Si(calcium-silicone) 등을 첨가해서 흑연 핵의 생성을 촉진하는 방법이다. 이 조작이 접종(inoculation)처리라고 한다.

(라) 합금주철(alloy cast iron)

기계적 특성과 내식성 도는 내열성을 향상하기 위해 Mn, Si, Ni, Cr, Mo, V, Al, Cu 동의 합금원소를 첨가한 것이 합금주철이고 저 합금주철과 고 합금주철로 분류한다. 고력합금 주철도 여기에 포함된다.

(마) 구상 흑연 주철(spheroidal graphite cast iron, ductile cast iron)

회주철은 기지 중의 편상 흑연으로 인해 인성이 낮다. 이의 개선을 위해 풀림을 하여 흑연을 괴상화하는 방법이 있는데 풀림 공정으로 인해 시간과 비용이 많이 소요 된다. 구상 흑연 주철은 탄소량 2.5% 이상의 주철을 주형에 주입한 그 상태로 흑연을 구상화한 것이다. 구상화를 방해하는 S, Ti, As 등을 줄인 원료를 사용하고 구상화를 위해 주입하기 직전에 마그네슘(Mg)을 첨가하여 제조한다. 기지의 조직은 펄라이트, 펄라이트+페라이트, 페라이트의 3종류가 있다. 구상화 흑연 주철은 인장강도 400~800MPa, 선율 2~15% 그리고 탄소강에 상당하는 기계적 목성을 가진 뛰어난 주철이다. 이 종류의 주철은 미국에서는 연성 주철(ductile cast iron), 영국에서는 구상흑연주철(spheroidal graphite cast iron), 일본에서는 노듈러 주철(nodular cast iron)이라고 한다.

(바) 칠드 주물(chilled castings)

일반적으로 용융한 강이 주형에 주입될 때, 주형과 닿는 표면 부분은 급속히 응고하게 된다. 이에 따라 표면은 대단히 경한 백주철이 되는데 이것을 칠(chill)이라 하며 표면 부분을 칠 층이라고 한다. 칠드 주물은 표면을 칠 상에서 경화시키고 내부 조직은 펄라이트와 흑연인 회주철로 해서 전체적으로는 인성을 확보한 주철이다. 표면 경도는 약 HV350~500이 되고 내마모성이 높으며 내열성도 뛰어나다. 전체적으로 인성이 높은 것보다 내마모성이 요구되는 칠드롤, 칠드차륜 등의 기계 부품에 사용된다.

(사) 가단주철(malleable cast iron)

가단주철은 백주철을 고온도로 장시간 풀림(annealing)하여 시멘타이트를 분해 또 논 감소시키고 인성이나 연성을 증가시킨 주철이다. 보통 주철을 대신하여 강도와 인성이 요구되는 부품재료에 적용되고 대량 생산품에 많이 사용된다. 가단주철은 그 조직을 기준으로 흑심가단주철, 백심가단주철, 펄라이트 가단주철로 나눈다.

① 흑심가단주철 (black heart malleable cast iron)

흑심가단주철은 백주철에 2단계의 풀림 처리를 하고 유리 시멘타이트와 펄라이트 중의 시멘타이트를 흑연화한 것이다. 조직은 페라이트에 뜨임 탄소(temper carbon)가 혼재하고 보통 주철에 비해서 인성이 뛰어나다. 자동차부품, 철도 차량이나 궤도용 부품, 관이음 부품 등 다량 생산품에 주로 사용된다.

② 백심가단주철 (white heart malleable cast iron)

백심가단주철은 백주철을 풀림 처리하고, 시멘타이트를 탈탄시켜 가단성을 부여한 주철이다. 자동차 부품, 방직기 부품 등에 사용된다.

③ 펄라이트 가단주철(pearlitic malleable cast iron)

백주철에 1회의 풀림 처리를 하고 유리 시멘타이트를 흑연화한 것이 펄라이트 가단주철이다. 조직은 흑심 가단주철과 거의 같은, 뜨임 탄소와 펄라이트로 이루어진다. 인성은 떨어지지만, 강도와 내마모성이 뛰어나다. 자동차 엔진의 크랭크 샤프트, 캠축, 펌프 부품, 기어 등 그 용도가 매우 넓다.

(2) 주강

주강이란 응고시킨 상태 그대로의 강이다. 주강품(steel castings)은 용강을 주형에 주입해 제조한 것으로 응고 후에는 표면의 수정작업과 열처리하여 완성된다. 주강은 압연이나 주조 등의 소성가공법으로 제조가 곤란한 복잡한 형상의 제품 제조를 가능하게 한다. 주강은 주철에 비해 융융점이 높고 수축률이 커서 주조하기가 주철보다 어렵고 비용이 많이 발생하고 성분 조정도 어렵지만 기계적 성질은 우수하다. 가장 많이 사용되는 주강은 특수원소가 들어 있지 않은 탄소강 주강품이며, 탄소 0.2% 이하를 저탄소강 주강, 탄소 0.2~0.5%를 중탄소강 주강, 탄소 0.5% 이상을 고탄소강 주강이라 한다. 탄소가 증가함에 따라 인장강도는 증가하나, 연신율은 감소한다.

주철과 주강의 차이점은 주철과 주강은 모두 주조(casting)로 생산되나 주로 탄소량에 따라 구분한다. 단순히 탄소 함유량 2.0% 기준으로 이하면 주강, 이상이면 주철 부른다.

1) 탄소강 주강품

보통 주강품이라고 하면 탄소강 주강품을 말하고, 탄소량 0.4% 이하의 주강이다. 탄소강 주강은 주조 후에 풀림 또는 불림한 상태로 사용된다. SC410보다도 강도가 높은 주강은 철도 차량 부품, 선박 부품, 기계 부품, 광산용 구조 용품 등의 재료로 널리 사용되고 있다.

2) 저합금강 주강품

탄소강 주강품에 비해 높은 강도와 인성 및 내마모성을 얻기 위해 여러 종류의 합금원소를 첨가한 주강으로, 불림과 뜨임 또는 담금질과 뜨임을 하여 사용한다.

(3) 구리와 구리 합금

구리의 물리적 성질은 색은 고유한 담적색이나 공기 중에서는 표면이 산화되어 암적색으로 된다. 구리는 비자성체이며, 전기전도율은 은(Ag) 다음으로 우수하다.

구리는 질이 연하고 가공성이 풍부하여 구리판, 선, 봉 등으로 만들기 쉽고, 냉간가공에 의하여 적당한 강도를 부여할 수 있다. 가공 동재의 풀림 처리는 가장 중요한 사항이다. 구리의 기계적 성질은 불순물의 함유량, 열처리 및 가공도에 따라 현저히 변하며, 가공 경화율은 다른 면심입방체 금속보다 높은 편이다.

1) 황동(brass)

구리는 변태점을 가지지 않으나 다른 원소와 고용체를 만들므로, 합금으로 하여 그 성질을 개선할 수 있다. 황동(brass)은 놋쇠라고도 하며, Cu와 Zn으로 조성되는 노란 색의 합금인데 실용 합금은 45% Zn 이하의 것이다.

(가) 황동 주물

황동 주물에는 적색 황동 주물(red brass casting)과 황색 황동 주물(yellow brass casting)의 2가지가 있다. 적색 황동 주물은 20% 이하의 Zn을 함유한 붉은 빛을 띤 합금으로서, 납땜하기에 적합하여 납땜 황동이라고 한다.

황색 황동은 대략 30% 이상의 Zn을 함유한 놋쇠의 빛깔을 한 합금으로써 강도가 비교적 크며, 일반 황동 주물이 이에 속한다. 어느 것이나 주성분 외에 Sn, Pb 등을 배합하며, 또한 현 지금(고 지금)을 배합하기 때문에 성분이 매우 복잡한 경우가 많다.

2) 청동

(가) 청동 주물

Cu-Sn-(P) 계 청동 주물은 주조성이 좋고 표면이 아름답다. 내압성이나 내식성이 우수하고 피삭성도 양호하므로 용도가 넓다. 그러나 전기 및 열의 전도도는 황동에 비해 떨어지고 내력이나 인장강도는 고력 황동이나 알루미늄 청동에 비해 떨어진다.

(나) 인청동 주물

Cu-Sn 청동 합금에 P를 0.03~1% 정도 첨가하여 강도(경도) 탄성률, 내마모성을 향상 시킨 주물 합금이다. 기어, 웜 기이 베어링, 부싱, 슬리브, 유압실린더, 각종 몰 등에 이용된다.

(다) 납 청동 주물

Cu-Sn계 납 청동에 납(Pb)을 다량 첨가한 Cu-Sn-Pb 주물 합금이다. 납이 첨가됨에 따라 윤활성이 향상되고 친화성이 양호하여 구두(shoe) 부품이나 베어링으로 사용된다.

(라) 알루미늄 청동 주물

Cu-Al 합금에 Fe, Ni, Mn 등을 첨가한 주물 합금으로, Ni 및 Mn이 많은 합금은 각각 고니켈 알루미늄 청동, 고망간 알루미늄 청동이라고 부른다. 알루미늄 청동 주물은 KS의 동합금 주물 중에서 최강으로 내식성과 내해수성이 대단히 뛰어나 대형 선박 추진기용 재료로 이용되고 있다.

(마) 규소 청동 주물(silicone bronze)

규소 청동 주물은 용융 상태에서의 유동성이 좋고 강도와 내마모성 및 내식성이 뛰어나기 때문에 선박용 부품의 베어링, 기어 등에 이용된다.

(바) 양백

백동 또는 양은(nickel silver 또는 German silver)이라고도 하며, 니켈(Ni)을 넣은 황동을 말한다. 색이 은(Ag)과 비슷하여 장식용, 식기, 악기로 사용되고, 탄성, 내식성이 좋으므로 탄성 재료, 화학 기계용 재료에 사용된다. 조성 범위가 10~20% 니켈(Ni), 15~30% 아연(Zn)의 것이 많이 사용된다. 양은은 또한 전기저항이 높고 내열, 내식성이 좋으므로 일반 전기 저항체로 이용된다. 양백은 주로 가공 재로 사용되나 주물로서도 밸브, 코크, 광학 기계 부품 등에 사용된다. 주물용 합금은 아연(Zn)이 20% 이상이 되면 미세한 수축공이 생겨서 수압 누수를 일으키기 쉬우므로 내수압 주물로는 20% 니켈(Ni), 5~10% 아연(Zn), 2~4% 주석(Sn), 4~% 납(Pb)의 것이 좋다.

(4) 알루미늄과 그 합금

비중은 2.7로서 마그네슘(1.74)과 베릴륨(1.85)을 제외하고는 실용 금속 중 가장 가벼운 금속이다. 주조가 용이하고, 다른 금속과 잘 합금되어 상온 및 고온 가공이 쉽다. 대기 중에서 내식 성이 강하고 전기 및 열의 양도체이다.

알루미늄 주물을 많이 소비하는 곳은 자동차 공업 분야이며, 이것은 중량을 경감시키고, 타이어를 절약할 수 있으므로 고급차 중에는 알루미늄 차라고 부르는 것도 있다. 또 항공기 방면에서도 발동기의 피스톤, 크랭크 케이스 등에 사용되는 동시에 비행기의 날개, 동체 및 프로펠러 구조물의 골격 등에 사용된다.

알루미늄은 광석 보크사이트(bauxite)로부터 제련한다. 보크사이트는 산화알루미늄(Al_2O_3) 이외의 이산화규소(SiO_2) 산화철(Fe_2O_3)도 포함하므로 보크사이트로 만든 Al_2O_3을 용융한 수정석 중에서 가열 및 전기 분해하여 얻은 알루미늄 중에는 불순물로서 철(Fe), 규소(Si)를 함유한다.

알루미늄 합금은 주조성이 우수하여 대부분 모래형(사형) 주물로 사용되며, 주조 상태에서 사용되는 것과 열처리를 하여 기계적 성질을 개선하여 사용하는 것이 있다. 그리고 단련용 알루미늄 합금의 대부분은 열처리로 강도를 크게 하는 것이 많다. 주조용 합금에는 첨가되는 합금원소의 양이 많고, 단련용은 그 양이 적다. 주조에는 모래형(사형) 외에 금속형, 가스형, 다이캐스팅 등이 사용되고 있다.

주조용 알루미늄 합금은 다음과 같다.

1) Al-Cu계 합금

Al-Cu계 합금은 담금질과 시효에 의하여 강도가 증가하며 내열성과 강도, 연신율, 절삭성 등이 좋으나 고온 취성이 크며, 주물의 수축에 의한 균열 등의 결점이 있다. 실용되고 있는 것으로 4% Cu, 8% Cu, 12% Cu 등의 3가지가 있다.

2) Al-Si계 합금

Al-Si계 합금의 상태도는 단순 공정형으로서 그 중 Si의 용해도가 작으므로 열처리 효과는 기대할 수 없으나 공정점 부근의 조직은 기계적 성질이 우수하고 용융점이 낮으므로 많이 사용된다. 공정 부근의 성분을 독일에서는 실루민(silumin)이라 하고, 미국에서는 알팩스(alpax)라고 한다.

3) Al-Zn계 합금

이 합금은 주조성이 좋고 값이 저렴한 특징을 가지고 있으나, 100℃ 이상에서는 인장강도와 경도 등이 작아지므로 피스톤과 같은 고온용에는 부적당하다. 내식성도 우수하지 못하다. 그러므로 Al-Zn-Cu 합금으로 만든다.

4) Al-Cu-Si계 합금

Al-Si계 합금의 규소(Si)의 약 반을 구리(Cu)로 대치한 것과 같은 것으로서 라우탈(lautal)이라고 칭한다. 라우탈은 실루민의 결점인 가공 표면의 거침을 없앤 것으로 구리(Cu) 3~4.5%, 규소(Si) 5~6% 함유한 것이 많이 사용되며, 강력한 것을 요구할 때는 규소를 늘리고 표면이 고운 것을 요구할 때는 구리를 늘린다. 압출재, 단조재, 주조용으로 사용된다.

5) 내열용 알루미늄 합금

자동차, 항공기, 그 외 내연기관의 부품 특히 피스톤, 실린더 커버 등은 사용 중에 350℃ 이상으로 견디어야 하며, 또한 강도도 커야 한다. 주철 피스톤을 사용하면 중량이 무겁고 연료소비량이 많아 손실이 크다. 그러므로 고온에 잘 견디고 팽창계수, 마찰계수가 작고 열전도도가 크며, 마모가 적은 것이 피스톤으로 필요한 조건이다. 이 목적으로 알루미늄 합금의 첨가 원소로는 구리, 니켈, 망간, 규소 등이며, 이들은 강도 증가에도 유용한 원소이다. 현재 널리 사용되고 있는 피스톤용 합금에는 Y합금(Y alloy), 로엑스(Lo-Ex), 코비탈륨(Co-bitalium) 등이 있다.

① Y합금

이 합금은 4% Cu, 2% Ni, 1.5% Mg의 알루미늄 합금이다. a고용체 중에 3원 화합물인 $Al_5Cu_2Mg_2$가 경화 석출물로 되어 열처리에서 석출경화 한다.

열처리는 510~530℃의 온수 중에 냉각한 후에 약 4일간 상온시효 시킨다. 인공 시효 처리하면 100~150℃에서 한다. 주로 피스톤에 사용되나 주조할 때 기공이 생기기 쉬우므로 주의를 요구한다. Y합금은 고온 강도가 크므로 내연기관의 실린더, 피스톤, 실린더 헤드 등에 사용된다.

② 로엑스(Lo-Ex)

이 합금은 12~14% Si, 1.0% 구리(Cu), 1.0% 마그네슘(Mg) 2~2.5% 니켈(Ni)을 첨가한 특수 실루민으로서 나트륨(Na) 처리를 한다. 내열성이 우수하고 열팽창이 적으므로 피스톤 재료에 널리 사용된다.

③ 코비탈륨(Cobitalium)

Y합금의 일종으로서 Ti과 Cu을 0.2% 정도씩을 첨가한 것으로 피스톤에 사용된다.

6) 다이캐스팅용 알루미늄 합금

다이캐스팅용 알루미늄 합금에는 여러 가지가 있으나, 많이 쓰이는 것은 알코아(Alcoa)의 No. 12 합금, 라우탈, 실루민, Y합금 등이 있다.

다이캐스팅용 합금으로서 특히 요구되는 성질은 다음과 같다.

① 유동성이 좋을 것

② 열간 취성이 적을 것

③ 응고수축에 대한 용탕 보급성이 좋을 것

④ 금형에 점착하지 않을 것

(5) 마그네슘 및 그 합금

마그네슘은 비중이 1.74로서 Al에 비하여 약 35% 가벼우며, 마그네슘합금은 실용화된 합금 중에서 가장 가볍다. 주물로서의 비강도는 Al 합금보다 우수하므로 항공기나 자동차부품, 전기 기기, 선박, 광학 기계, 인쇄 제판 등에 이용되며, 구상흑연주철의 첨가제로도 많이 쓰인다.

주조용 마그네슘합금은 첫째 Mg-Al계 합금이며, 여기에 소량의 Zn과 Mn을 넣은 것이 유명한 일렉트론(elektron) 합금이다. 그다음은 Mg-Zn계 합금이며, 지르코늄(Zr)을 첨가해 결정 입자 미세화 작용으로 주조성이 좋고 복잡한 주물도 주조가 가능한 새로운 합금이다. 그 외에 희토류 원소 또는 토륨(Th)의 첨가로써 크리프(creep) 특성이 좋은 내열성 마그네슘합금이 있어, 제트 엔진(jet engine) 등의 구조 재료에 사용된다. 주조용 마그네슘합금은 다음과 같다.

1) Mg-Al계 합금

인장강도는 6%에서 최고 연신율과 단면 수축률은 4%에서 최고가 되며, 경도는 비례적으로 증가한다. 따라서 4~6% Al 범위가 제일 우수하다.

이 합금은 비중이 Mg 합금 중에서 가장 작고 용해, 주조, 단조가 쉬우며, 비교적 균일한 제품을 얻을 수 있다. 이 합금 중 Al 7% 이상을 함유한 것은 425℃로 가열하여 급랭하면 특수한 조직이 되어 그 전후의 온도로 담금질한 것에 비하여 인장강도, 연신율이 모두 크다. 425℃에서 담금질한 것은 상온에서는 시효경화를 일으키지 않으나, 150~200℃로 수 시간 뜨임 하면 인장강도, 경도가 증가하고 연신율이 감소한다. 이것은 인공경화에 의해 석출 분리되어 경화 작용을 일으키기 때문이다.

2) Mg-Al-Zn계 합금

대표적인 것에는 일렉트론(elektron)이 있다. Mg 90% 이상, Al+Zn 10% 이하로 되어 있으며, 이 밖에도 Mn, Si, Cd, Ca 등을 소량 함유하는 것이 있다. 이 중에 Al+Zn이 많은 것은 주로 주물용 재료이다.

특히, 내연기관의 피스톤에 사용할 목적에는 고온 내식성을 향상하기 위하여 알루미늄을 증가하고, 이 밖에 Cu, Sn, Si, Cd 등을 배합하여 공정 온도를 높이고 경도와 강도를 증가시킬 목적으로 Zn, Cd, Mn 등을 첨가한다.

3) Mg 희토류계 합금

이 합금은 250℃까지의 내열성을 가지며, 지르코늄(Zr)을 첨가하여 결정 입자를 미세화한 것이다. 희토류 원소는 보통 미시 메탈(misch metal)에 첨가되며 주조성이 개선되어 내압 주물이 얻어진다.

4) Mg-Zr계 합금

마그네슘합금에 지르코늄(Zr)을 첨가하며 현저하게 결정 입자를 미세화하고 결정 입자 사이에 수축이 없는 건전한 주물을 얻을 수 있으며, 가공성도 개선된다.

5) Mg-Th계 합금

토륨(Th)도 희토류 원소와 같이 Mg의 크리프 강도를 향상하는 유효 원소이다. Th만으로 양호한 주물을 얻기가 곤란하므로 지르코늄(Zr)을 첨가한다.

익힘문제

01 주조 공정을 단계별로 나열하여라.

02 원형용 목재로서 필요한 조건은 무엇인가?

03 원형에 도장하는 이유를 설명하여라.

04 주강의 수축률이 1,000mm에 대하여 20mm라면 주물자는 몇mm이며, 몇 등분되어 있는가?

05 원형의 중량이 20N일 때 주물의 중량은 얼마인가?
단, 주물의 비중S_c /원형의 비중S_p의 값은 12.5이다.

06 코어 프린트란 무엇인가?

07 주물사의 구비 조건을 설명하여라.

08 시험편의 높이 h(cm), H압력차 (cm), 시험편의 단면적 A(cm2), 측정한 배출 시간 t(min)라 할 때, 주형의 통기도 P(cc/cm^2/min)를 계산하는 식을 말하여라.

09 탕도에 대하여 설명하고, 역할을 간단히 설명하여라.

10 각재 주물이 500×500mm이고, 주철의 비중량이 7,200 N/mm³일 때, 탕구 높이가 100mm인 경우 상형을 들어 올리는 압상력은 얼마인가?

11 주물의 결함에서 기공을 방지하는 방법을 나열하여라.

12 셀 몰드법에 의한 주형을 설명하여라.

13 특수 주조법에서 모형을 왁스나 파라핀으로 만들고 여기에 내화 물질을 바른 후 경화시켜 주조하는 방법을 무엇이라 하는가?

14 주철과 주강의 차이점을 설명하시오?

제 3 장

소성가공

제1절 소성가공의 개요

제2절 단 조

제3절 압 연

제4절 전 조

제5절 압 출

제6절 인 발

제7절 프레스가공

제1절 소성가공의 개요

1. 탄성과 소성

재료에 외력을 가하면 힘이 작용하는 방향으로 늘어나게 되며, 외력을 제거하게 되면 늘어났던 길이가 완전히 원상태로 돌아가거나 영구변형으로 남는다. 원상태로 돌아가는 성질을 탄성(elasticity)이라 하고, 이런 변형을 탄성변형(elastic deformation)이라 하며, 그 물체를 탄성체(elastic body)라 한다.

재료에 가한 힘이 크게 되면 변형을 일으키게 되고 힘을 제거하여도 원형으로 완전히 복귀되지 않고 다소의 변형이 남게 된다. 이런 성질을 소성(plasticity)이라 하고, 이런 상태의 변형을 소성변형(plastic deformation)또는 영구변형(permanent set)이라 한다. 위와 같이 소성적인 성질을 가진 재료에 변형을 주어 목적하는 제품을 만드는 작업을 소성가공(plastic working)이라 한다.

[그림 3-1]은 연강 시험편에 인장력을 작용시켰을 때의 응력과 변형률의 관계를 나타낸 것으로 응력-변형율 선도(stress-strain diagram)라고 한다. 그림에서 OA 구간은 직선으로 그려지는데 점 A의 수평과 수직 방향 범위가 탄성역(彈性域)으로 응력과 변형률이 비례하는 Hooke의 법칙이 성립된다. 점 A 이상의 범위를 소성역(塑性域)이라 하며 이 소성역에 해당되는 외력을 재료에 작용시켜야 소성 가공이 가능하다.

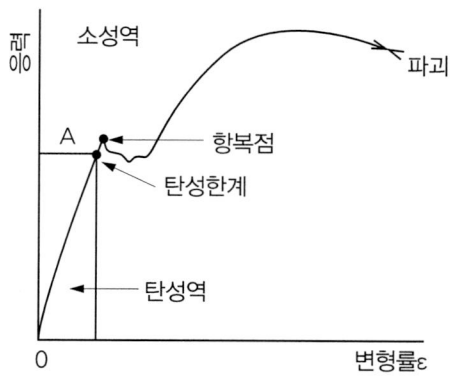

그림 3-1 응력-변형율 선도

일반적으로 재료에 외력을 가했을 때 어떤 한계 내에서는 Hooke의 법칙이 성립하는 완전탄성체라 볼 수 있지만, 이 한계를 넘는 외력을 가하면 성립되지 않으며, 외력을 제거하면은 변형의 일부는 소실되나 완전히 원상태로 복귀하지 않고 일부는 잔류하게 된다. 이것을 영구변형(permanent set) 또는 잔류변형(residual strain)이라 하고, 영구변형의 크기는 가해진 외력에 따라 다르다.

한편, 금속재료에 소성변형이 발생될 때까지 한쪽방향으로 외력(인장력)을 작용시킨 후 제거하고 이번에는 작용 방향이 반대인 외력(압축력)을 작용시키면 인 장력보다 더 작은 압축력에서 재료의 항복(降伏)이 생김을 알 수 있다. 이것은 먼저 외력을 받아 변형된 것 보다 반대 방향의 외력에 대해서 금속의 탄성한계와 항복점이 낮아지기 때문인데 이를 바우싱거 효과(bauschinger effect)라 한다.

소성변형을 일으키는 데는 두 가지 경우가 있다. 그 하나는 응력을 일정치로 유지할 때, 변형이 시간에 따라 연속적으로 증가하는 경우이고, 이 성질을 점성(viscosity), 이러한 변형을 점성변형이라 하며, 또 하나는 일정 이상으로 응력을 받을 때만 변형이 일어나며 시간과는 전혀 무관한 때도 있다.

모든 재료는 탄성과 소성을 다 같이 가지고 있다. 즉, 어느 한도까지는 탄성을 나타내지만, 어느 한도를 지나면 소성을 나타내게 된다.

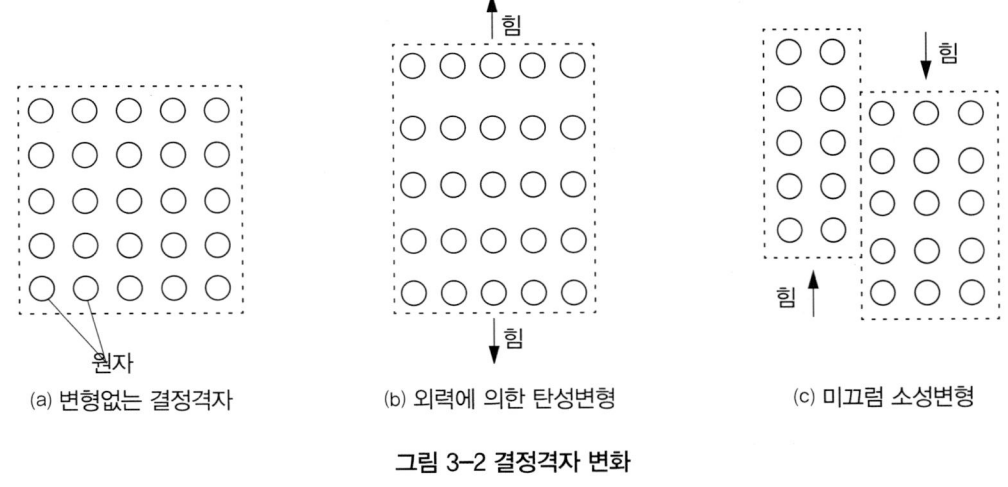

그림 3-2 결정격자 변화

[그림 3-2]는 탄성변형과 소성변형 때의 금속의 결정격자에 나타나는 변화를 나타낸 것이다. 압축이나 굽힘, 비틀림 등의 외력이 작용하여도 소성변형은 일어난다.

2. 소성가공과 성질

(1) 소성가공에 이용되는 성질

1) 가단성(malleabiliy)

전연성(전성)이라고도 하며, 금속을 얇은 판이나 박으로 만들 수 있는 성질 즉, 단련할 때 변형되는 성질을 말한다. 가단성이 좋은 금속은 Au, Ag, Al, Cu, Sn, Pt, Pb, Zn, Fe, Ni 등의 순으로 나열할 수 있다.

2) 연성(ductility)

금속재료에 인장력을 주었을 때 항복점을 지나 파단에 이르기까지 파괴되지 않고 길이 방향으로 늘어나는 성질이며, 연성이 큰 금속은 Au, Pt, Ag, Fe, Cu, Al, Ni, Zn, Sn, Pb 등의 순으로 나열할 수 있다.

① 연신율 : $\varepsilon = \dfrac{l-l_0}{l_0} \times 100(\%)$ ② 단면 감소율 : $r = \dfrac{A_0 - A}{A_0} \times 100(\%)$

여기서, l_0 : 재료의 원래길이, l : 파단시 재료의 길이
A_0 : 재료의 원래 단면적, A : 파단시 재료의 단면적

3) 가소성(plasticity)

소성을 의미하며, 재료에 하중을 가할 때 고체상태에서 유동하는 성질로서 탄성이 없으며, 전성과 연성의 성질을 가지고 있다.

일반으로 물체를 가열하면 소성변형이 쉽게 되므로 소성변형이 잘 생기지 않는 재료는 열을 가하여 열간가공(hot working)을 하고, 소성이 큰 재료는 냉간가공(cold working)을 한다.

4) 저온에서 고온까지의 성질 변화

내부응력의 성질 변화(내부 응력제거, 연화), 재결정, 결정 입자의 성장 등이다.

(2) 소성가공

금속은 파괴되지 않고 변형되는 성질이 많으며, 이 성질을 이용하여 가공하는 방법으로 단조(forging), 압연(rolling), 드로잉(drawing), 압출(extruding), 전조(form rolling), 판금가공(sheet metal working) 등이 있다.

소성가공의 장점은 다음과 같다.

① 균일한 제품을 다량 생산할 수 있다.
② 금속의 결정 조직을 개선하여 강한 성질을 얻게 된다.

③ 보통 주물에 비하여 성형된 치수가 정밀하다.
④ 재료의 사용량을 경제적으로 할 수 있다.
⑤ 수리가 용이하다.

1) 단조 가공(forging)

금속이 소성 유동하기 쉬운 상태에서 압축력, 충격력을 재료에 가하여 목적하는 형상, 결정 입자의 미세화, 균일한 조직을 얻는 가공법으로 보통 가열시킨 상태에서 재료를 단조기계나 해머로 두들겨 성형하는 가공으로 자유단조와 형단조가 있다.

2) 압연 가공(rolling)

열간 또는 냉간 상태에서 재료를 회전하는 두 개의 롤러(Roller) 사이에 소재를 통과시키면서 소정의 제품을 만드는 가공으로 길이나 너비, 직경으로 늘리는 가공법이다.

3) 인발 가공(drawing)

금속의 봉재나 관(파이프)을 다이(die)를 통하여 축 방향으로 잡아당겨 일감을 잡아당겨 바깥지름을 줄이고 와이어(Wire)를 길이 방향으로 늘리는 가공이다.

4) 압출가공(extruding)

상온 또는 가열된 금속재료를 실린더 모양의 컨테이너(container)에 넣고, 한쪽에서 큰 힘으로 압력을 가하면 반대쪽에서 봉이나 관 등의 성형된 제품이 만들어지는 가공 방법이다.

5) 전조 가공(roll forming)

수나사 또는 기어 가공에 주로 쓰이는 방법으로 압연과 비슷하다. 즉, 원주로 된 재료를 롤러 모양의 형으로 회전시키면서 가공하는 방법이다.

6) 프레스가공(Press working)

평판의 금속재료에 펀치를 이용하여 전단가공, 굽힘가공, 압축가공, 인장 가공 등을 하여 목적하는 형상으로 만드는 가공 방법이다.

7) 판금가공(sheet metal working)

판재를 사용하며 각종 용기, 장식품 등을 만들 때, 전단가공(shearing), 디프 드로잉(deep drawing), 프레스가공 (pressing), 굽힘 가공법 등을 이용하여 제품을 만드는 것이다.

(3) 가공경화와 재결정

1) 가공경화(work hardening)

가는 철사를 여러 번 되풀이하여 굽혔다 폈다 하면 절단되는 경우와 같이 재료에 외력을 가하여 변형시키면 굳어지는 현상을 가공 경화라 한다. 재료가 가공 경화를 일으키면 인장, 압축, 굽힘 등에 대한 강도가 증가하고 연신율은 감소한다.

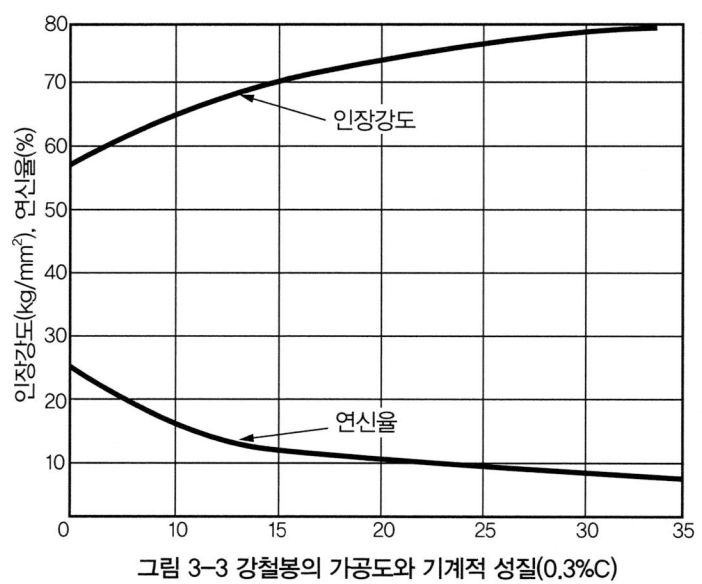

그림 3-3 강철봉의 가공도와 기계적 성질(0.3%C)

[그림 3-3]은 강철봉의 가공도와 강도와의 관계를 나타낸 것으로 가공도를 차차 크게 하면 재료는 가공 경화를 일으켜 가공이 힘들게 됨을 알 수 있다. 이러한 가공 경화된 재료는 적당한 온도로 풀림 처리를 하여 가공 전의 상태로 되돌려서 가공한다.

2) 재결정(recrystallization)

풀림으로 가공 전의 상태로 되돌아가는 것은 재료 내부에 새로운 결정이 발생하고, 성장하여 전체가 새로운 결정으로 바뀌기 때문이며, 이 현상을 재결정이라 한다.. 재결정이 일어나는 온도를 재결정 온도라 한다. [그림 3-4]는 재결정 발생에 대한 성장 진행 모양이며, 재결정온도는 금속이나 합금의 종류 및 가공도에 따라 다르나, 일반적으로 가공도

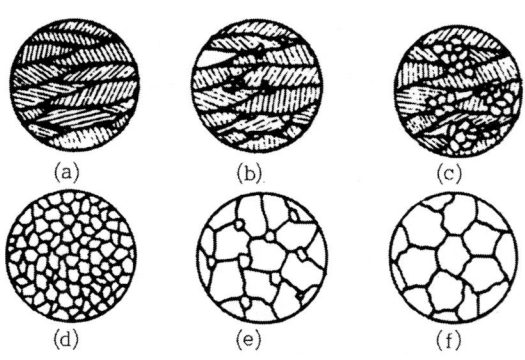

그림 3-4 재결정의 발생과 성장

가 클수록 낮아진다. 또한 결정 온도 이상에서 장시간 가열하면 결정 입자가 커져서 강도가 감소하므로 주의하여야 한다. 〈표 3-1〉은 주요 금속의 재결정온도이다.

표 3-1 금속의 재결정온도(℃)

금 속	재결정온도	금 속	재결정온도
W	1000	Cd	7
Ni	600	Ag	200
Fe	350~450	Cu	200
Mo	900	Al	150
Mg	150	Pb	-3
Zn	18	Sn	-10

(4) 냉간가공과 열간가공

재결정온도 이하에서 작업하는 가공을 냉간가공(cold working), 재결정온도 이상의 높은 온도에서 작업하는 가공을 열간가공(hot working)이라 한다.

일반적으로 금속재료는 주조로 얻은 것을 열간가공하고, 이를 다시 냉간 가공하여 완성한다. 냉간가공과 열간가공의 특징을 요약하면 다음과 같다.

(가) 냉간가공의 특징

① 정확한 치수로 가공할 수 있어 마무리 가공에 이용된다.

② 가공 면이 깨끗하고 아름다운 면을 얻을 수 있다.

③ 어느 정도 기계적 성질을 개선할 수 있다.

④ 가공경화로 강도가 증가하고 연신율이 감소한다.

⑤ 가공 방향으로 섬유 조직이 되어 판재 등은 방향에 따라 강도가 달라진다.

(나) 열간가공의 특징

① 동력 소모가 적으며, 작은 동력으로 커다란 변형을 줄 수 있다.

② 가공으로 파괴되었던 결정립이 다시 생성되어 재질의 균일화가 이루어진다.

③ 가공도를 크게 할 수 있으므로 거친 가공에 적합하다.

④ 표면이 가열되기 때문에 산화되기 쉬워 정밀가공은 곤란하다.

제2절 단조

1. 단조의 개요

단조 가공은 주로 열간 단조로 하여지며 소재를 고온으로 가열하여 앤빌(anvil) 위에 놓고 공구 해머(hammer)로 타격을 가하거나, 2개의 형(die) 사이에 소재를 넣고 압력을 가하거나 타격을 가하여 성형함과 동시에 재료의 기계적 성질을 개선하여 필요한 형상의 제품을 만드는 것으로 전자를 자유단조, 후자를 형단조라 한다. 이 단조품은 주물에 비하여 조직이나 기계적 성질의 신뢰성이 높아 기계 주요 부품에 활용하나, 제품이 비교적 비싸고 너무 복잡한 모양이나 큰 것은 만들기가 어렵다. 단조(forging)작업의 특징을 정리하면 다음과 같다.

① 재료 내부의 기포나 불순물이 제거되어 목적하는 형상의 가공이 된다.
② 거친 결정 입자가 파괴되어 미세하고 치밀하고도 강인하게 된다.
③ 한 방향으로 가공하면 섬유상조직이 되며 재질이 균일하다.

2. 단조의 작업

(1) 자유단조(free forging)

제품의 형태가 간단하고 제작 개수가 적은 대형 제품의 제작에 주로 적용되나 정밀한 제품에는 곤란하다.

1) 단련 계수

단조할 소재의 가공 후 단면적과 가공 전 단면적의 비를 단련 계수라 하며, 충분한 단련 효과를 얻으려면 적어도 $\frac{1}{3}$ 정도의 단련 계수까지 작업을 하여야 한다. 가열이 불충분하거나 가압력이 너무 작거나 앤빌이나 해머의 면이 작을 때에는 단련 효과도 감소된다.

2) 단조품의 결함과 소재 견적

소재를 제조할 때 내부에 인, 황, 구리 등의 불순물이 많으면 가공 중 소재가 갈라질 우려가 있으며, 슬랙, 기공, 수축공, 균열, 편석 등이 있을 때도 갈라지거나 흠이 생긴다. 또한, 단조할 때 가열이 적절하지 않고 고르지 못하면 산화, 탈탄으로 표면 조직이 변화하거나 재료 내부에 응력이 남아서 기계적 성질이 나빠진다.

단조용 소재의 크기는 단조 전의 소재의 부피 및 무게와 가공 후 제품의 부피 및 무게가 같다고 가정하여 계산하지만, 실제로는 가열 중에 산화하여 스케일이 되어 손실되며, 또 작업 집게로 잡는 부분을 여분으로 두는 경우에는 그 무게를 가산해야 한다.

스케일로 인한 손실은 가열로의 분위기, 가열시간, 가열 횟수 등에 따라 다르나, 49~98 N의 제품이면 5~7.5% 정도로 보고, 집게로 잡는 부분의 여유는 13mm 정도가 보통이다.

3) 자유단조 종류

(가) 늘이기(drawing down)

가열된 소재를 앤빌 위에 놓고 해머로 타격하여 단면적을 감소시켜 길이를 늘이는 것이다.

(나) 업 세팅(up setting)

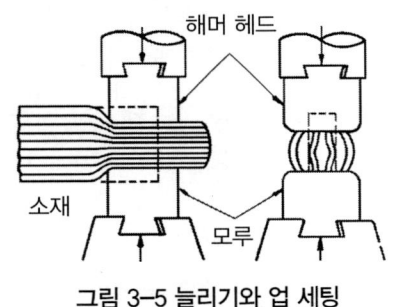

그림 3-5 늘리기와 업 세팅

가열된 소재를 축 방향으로 압축하여 높이를 줄여 단면적을 넓게 하는 작업으로 기어 소재 가공에 적합하며 가공부의 길이가 직경에 비해 너무 크면 좌굴이 생기며 공작물의 높이는 지름의 3배 이하로 제한된다.

(다) 넓히기(spreading)

나비를 넓힘과 동시에 길이도 늘어나게 하는 작업으로 평 다듬개를 사용한다.

(라) 굽히기(bending)

재료를 원형이나 직각으로 구부리는 작업으로 두께가 두꺼운 재료는 단면의 변화가 많으므로 굽혀질 부분의 살 두께를 두껍게 하는가, 아니면 굽힌 후 수정을 하여야 한다.

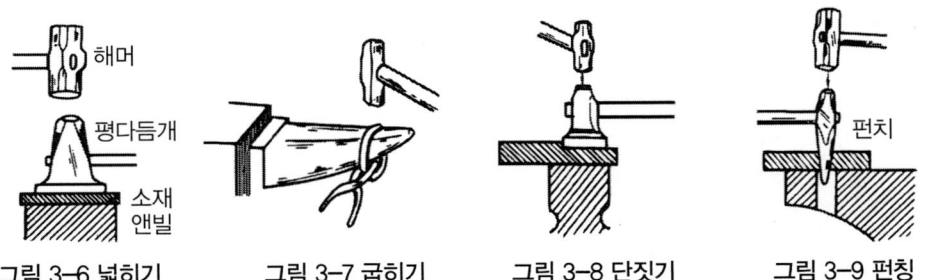

그림 3-6 넓히기   그림 3-7 굽히기   그림 3-8 단짓기   그림 3-9 펀칭

(마) 절단(cutting), 단짓기, 펀칭(punching)

절단은 재료를 자르는 작업으로 단면이 클 때에는 기계를 사용하며, 작은 재료는 정(chisel)을 사용한다. 단짓기는 정이나 다듬개를 사용하여 홈이나 단을 만드는 작업이며, 펀칭은 펀치나 심봉을 사용하여 가열된 소재에 구멍을 뚫는 작업이다.

(바) 단접(forge welding)

2개의 소재를 적당한 온도로 가열하여 맞대어 놓고 타격하여 붙이는 작업이다.

(사) 압연 단조(Roll Forging)

롤(Roll) 표면에 형을 조각하여 소재를 통과시켜 가공하는 것으로 가늘고 긴 것에 유리하며 주로 거친 단조물 성형에 사용된다. 해머 타격에 의한 변형이 아니고 롤에 의한 정적 압력으로 변형시키므로 금형의 수명은 비교적 길다.

(2) 형단조(die forging)

같은 제품을 다량으로 생산할 때 적용하며, 만들고자 하는 모형을 조작한 상형과 하형 사이에 가열한 재료를 넣은 후 증기해머나, 드롭해머 등으로 타격을 가하여 제품을 만드는 단조이다.

제품의 강도와 치수 정밀도가 높고 조직이 미세하여 기계적 성질이 우수한 제품을 제작할 수 있으나, 모형인 다이 제작에 시간과 경비가 많이 들기 때문에 소량 생산에는 비경제적이다.

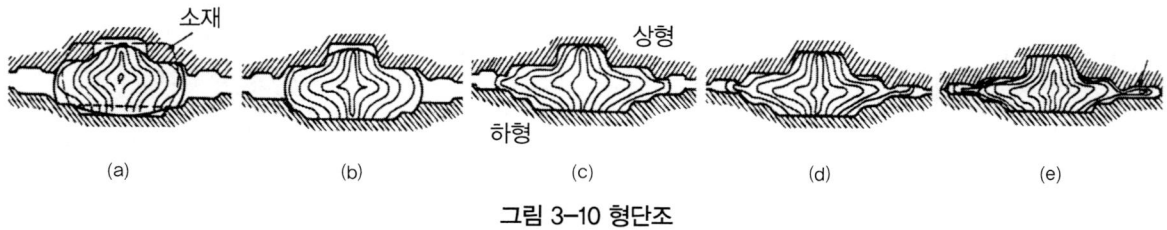

그림 3-10 형단조

다이의 재료는 내열성과 내마모성이 크고 강도가 높은 고탄소강이나 합금강을 담금질 및 뜨임(tempering)을 하여 사용한다. 제품이 대형이거나 복잡한 경우에는 예비 작업을 거쳐 중간 형단조 후 완성 형단조로 제품을 완성하며 자동차의 부품 제작에 많이 적용된다.

(3) 열간 단조 및 냉간 단조

1) 열간 단조
해머 단조(자유단조, 형단조), 프레스 단조, 업셋 단조, 압연 단조

2) 냉간 단조
① 콜드 헤딩(cold heading): 볼트, 리벳 등 머리 형상을 제작하는 가공 방법이다.
② 코닝(압인) 가공(coining): 프레스에 의한 압인가공으로 평활한 표면, 정밀한 치수로 주화, 메달 등 매끈하고 정밀 치수를 제작하는 가공 방법이다.
③ 스웨이징(swaging): 재료를 길이 방향으로 압축하여 그 일부 또는 전체의 단면을 크게 하는 작업으로 봉재, 관재의 지름을 축소하거나 테이퍼를 만들 때 사용하는 가공 방법이다.

3. 단조용 재료

가공 온도에서 파손되지 않고 소성변형이 잘되는 전연성이 큰 것이 좋으며, 구리의 함량이 적고 황과 망간의 양이 적당하고, 탄소의 양이 0.05~0.6%인 기계구조용 탄소강이 가단성이 좋고 가격이 싸므로 가장 많이 사용한다. 또한 탄소의 함량이 0.8~1.0%인 탄소 공구강이나 가단성이 좋지 않으나 열처리 효과가 좋은 니켈, 크롬, 망간 등의 합금강도 주로 사용되며, 비철 재료로는 황동과 두랄루민도 단조 재료로 사용된다.

4. 단조 온도

가열로에서 소재를 꺼내어 가공을 개시할 때의 온도로부터 가공이 끝날 때까지의 온도를 말한다. 소재를 단조할 때는 산화작용, 단조 지느러미(Fin), 가공여유 등의 이유로 상당한 중량의 감소가 생긴다. 산화작용은 대체로 연료의 종류, 가열로의 종류, 가열시간, 가열속도에 의해서 다르며 1~9%의 재료 손실이 있다. 단조성을 확보하고 단조 제품의 품질을 위한 가열 작업과 단조 온도는 매우 중요하며 단조 종료 온도가 그 재료의 재결정온도 바로 위에 있는 것이 이상적인 단조 온도이다. 소재 가열할 때 주의 사항은 다음과 같다.
① 너무 급하게 고온도로 가열하지 말 것.
② 균일하게 가열할 것.
③ 오랫동안 고온 가열하지 말 것.
④ 반복 가열을 되도록 피할 것.

(1) 가열 온도

재결정온도 이상으로 가공하면, 가공경화가 발생하지 않고 연속적으로 단조를 할 수 있어 결정 조직이 미세하게 되지만, 너무 온도가 높으면 산화, 질화, 연소 또는 탈탄이 되고 재료가 취약해져서 갈라지기 쉽다.

(2) 단조 최고온도

단조를 시작하는데, 적합한 온도이며 너무 높으면 단조는 쉬우나 소손과 산화가 심하며, 연소나 용융 시작 온도의 100℃ 이내로 접근하지 않도록 한다.

표 3-2 단조용 재료의 단조 표준온도(℃)

재 료	가열 온도	단조 종료 온도	재 료	가열 온도	단조 종료 온도
보 통 강	1,200	800	황동 (4:6)	750	500
스테인레스강	1,200	900	황동 (7:3)	850	700
니켈-크롬강	1,200	850	망간 청동	800	600
고속도강	1,250	950	알루미늄청동	850	650
구 리	800	700	두랄루민	550	400

(3) 단조 종료 온도(최저 온도)

재결정온도 이하까지 단조를 하면 가공경화 때문에 재료가 갈라져서 단조할 수 없으므로 단조 종료 온도는 재결정온도 이상이 되도록 해야 하며 재결정온도가 미세화하고 강인한 단조품을 얻을 수 있다. 특히, 강철은 300~450℃에서는 재질이 취약해지므로 단조를 피해야 한다. 또, 너무 높으면 결정 입자가 성장하여 오히려 기계적 성질이 나빠지며 가공이 끝난 후 소재가 재결정온도 이상에서 머물고 있으면 결정 입자가 다시 초대하여진다. 단조 종료 온도가 낮을수록 조직은 미세화 하나 내부응력의 발생으로 균열로 발생할 수 있다.

5. 단조 공구와 설비

(1) 단조 공구

1) 앤빌(anvil)

단조용 받침대로 1,275N~1,472N(130~150kgf)의 것이 많이 사용하고 영국식과 독일식이 있으며, 크기는 뉴톤 또는 중량으로 표시한다.

2) 정반(surface plate)

측정을 위한 기준면으로 사용하는 평면대이다.

3) 이형 공대(swage block)

여러 가지 모양의 구멍과 홈이 있어 성형 가공에 사용하며, 앤빌 대용으로도 사용한다.

4) 스웨이지 공구(swage tool)

단조용 탭이며, 둥근홈, 4각홈, 6각홈, 8각홈, 다듬개 등이 있으며, 소재 표면에 대고 타격하여 정밀하게 단조할 때 사용한다.

5) 기타 공구

소재를 타격에 사용하는 해머, 소재를 잡는 집게, 소재 절단 등에 활용하는 정 및 측정용 기구 등이 있다.

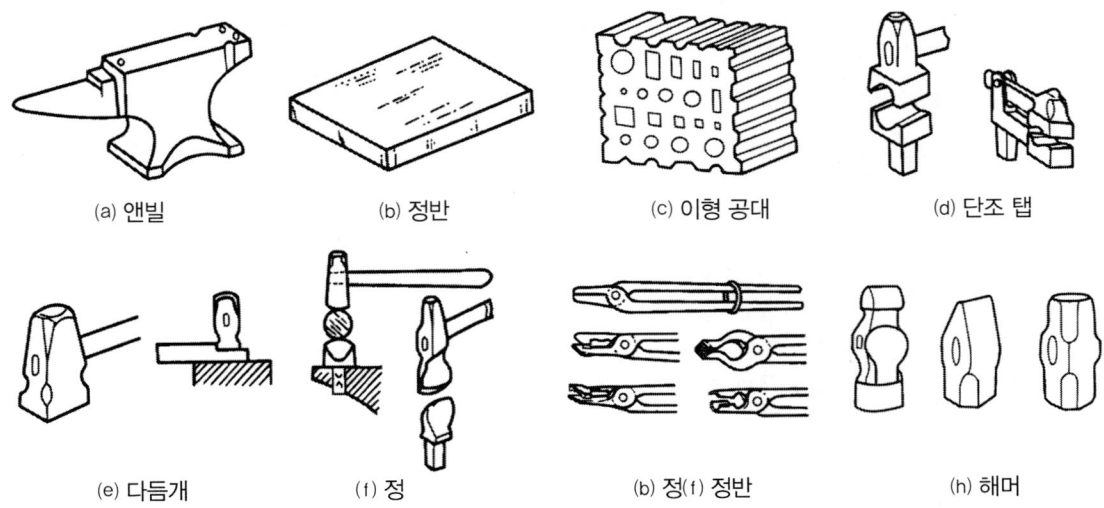

(a) 앤빌　　(b) 정반　　(c) 이형 공대　　(d) 단조 탭

(e) 다듬개　　(f) 정　　(b) 정(f) 정반　　(h) 해머

그림 3-11 단조용 공구

(2) 가열로

단조용 로는 가열용과 열처리용이 있고, 사용 연료로에 따라 고체연료로, 가스연료로, 중유연료로 등의 쓰이며 가열로의 구비 조건은 다음과 같다.

① 적당한 가열 온도를 얻도록 할 것.
② 가열 온도를 조절할 수 있을 것.
③ 산화, 탈탄을 적게 할 것.

1) 코크스로

큰 공작물이나 두꺼운 재료를 가열할 때는 반사로 형인 코크스 로를 사용하며, 이는 연소실, 가열실, 배기부 등으로 되어 있고 연료로는 미분탄, 코크스가 사용된다. 중유 가스도 사용하나, 주로 코크스를 사용하므로 코크스 로라 한다. 노안의 온도는 1,300℃ 정도이며, 불꽃이 천장이나 측 벽에 흘러 그 복사열로 가열한다.

2) 중유로

상자형인 연소실로 [그림 3-12]와 같이 오일 버너로 중유를 사용하며, 중유는 완전히 연소하므로 연소에 의한 유해 성분의 영향은 적게 받는다. 또한, 구조는 반사식으로 온도조절이 쉽고, 재(ash)를 처리할 필요 없다.

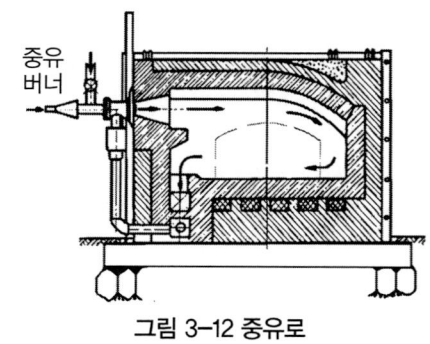

그림 3-12 중유로

3) 화덕

가반식 화덕(forge fire), 벽돌 화덕, 주철제 화덕 등이 있으며, 작은 소재들을 가열하는데 이용된다. [그림 3-13]과같이 벽돌 화덕은 배기를 상부에서 굴뚝으로 빠져나가고, 공기는 송풍기로부터 보내져서 댐퍼로 풍량이 조절되고 공기구멍으로 나와 연료에 공급하는 방식으로 연료는 코크스, 분탄, 목탄 등이 이용된다.

가열할 때의 요령으로는 균일하게 가열해야 정확하고 균일한 형상을 얻을 수 있으며, 너무 급격히 가열하면 재질이 변하기 쉬우므로 주의한다.

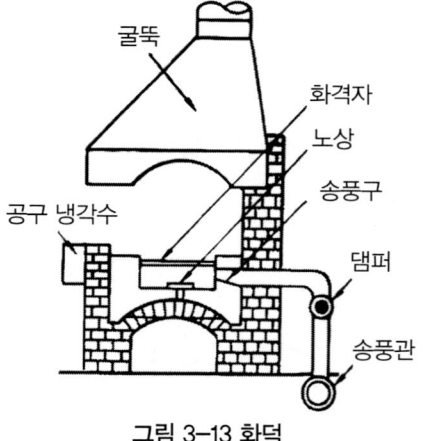

그림 3-13 화덕

(3) 단조용 기계

작은 소재에 생산능률을 높이고자 할 때나 큰 타격이 요구되는 대형 소재에 단조기계를 사용하는데 주로 자유단조와 형단조에서는 기계 해머가 사용된다. 또한, 대형 제품가공은 수압 프레스 등이 이용된다. 기계 해머는 스프링해머, 공기해머, 증기해머, 낙하해머 등이 있고, 프레스에는 기계 프레스와 액압 프레스 등이 있다. 기계 해머의 크기는 해머를 포함한 낙하 무게로 표시한다.

① 단조 프레스 용량(Q)

$$Q = \frac{Ak_f}{\eta}[\text{KN}]$$

A : 유효 단조 면적(㎟), k_f: 변형 저항(N/㎟), η: 기계효율(0.7~0.8)

② 단조 해머의 효율(η)

$$\eta = \frac{m_2}{m_1 + m_2}$$

m_1 : 해머의 질량, m_2: 타격을 받는 전체 질량

③ 단조 에너지(E)

$$E = \frac{w}{2g}v^2\eta[\text{N·m}]$$

g : 중력가속도(9.8m/s²), W: 단조 해머의 중량(N)

v : 타격 순간의 해머 속도(m/s)

1) 스프링해머(spring hammer)

판스프링과 코일 스프링이 있으며, [그림 3-14]와 같이 크랭크를 회전하여 그 운동을, 스프링을 통해서 해머에 전달하여 타격한다. 이런 탄력을 이용하여 연속적으로 타격을 가하고 작은 소재의 단조에 많이 이용하며, 동력은 2.5N(1/4톤) 이하가 보통이다.

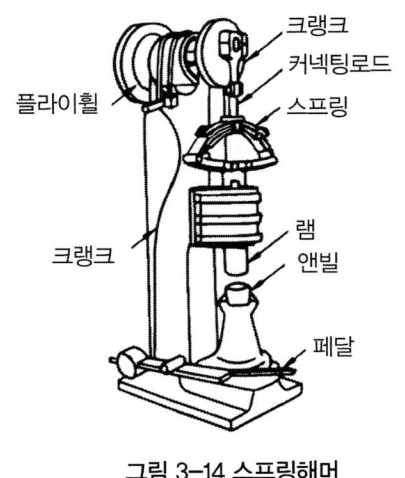

그림 3-14 스프링해머

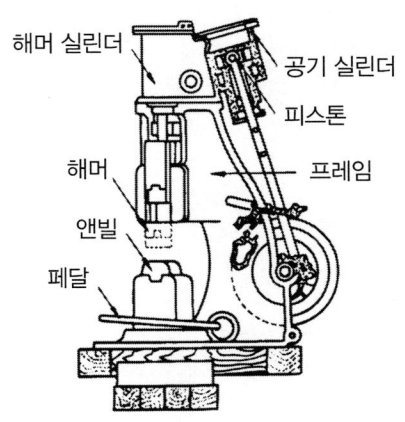

그림 3-15 공기해머

2) 공기해머(air hammer)

압축공기를 이용하여 [그림 3-15]와 같이 피스톤이 상하 운동함으로 이것에 붙어 있는 해머로 타격하여 중간 정도의 소재를 단조할 때 이용되며, 실린더의 밸브를 조절함으로써 타격의 단속과 낙하 거리 및 낙하 속도를 조절할 수 있어 증기해머보다 경비가 싸고 조작이 간단하다.

3) 증기해머(steam hammer)

압축공기 대신에 증기의 압력을 사용하므로 보일러와 배관이 요구되는 결점이 있으나 큰 타격으로 강괴 등의 대형 소재 작업에 적합하다. 증기해머는 증기를 해머 상승할 때만 이용하는 단동식과 타격할 때도 증기를 이용하는 복동식이 있다.

4) 낙하해머(drop hammer)

[그림 3-17]과같이 마찰 롤러의 마찰력으로 일정한 높이로 끌어 올려 해머를 낙하시켜 타격력을 얻으며, 크기는 0.1~1.5톤 정도, 낙하 거리는 약 1~2m 정도이다.

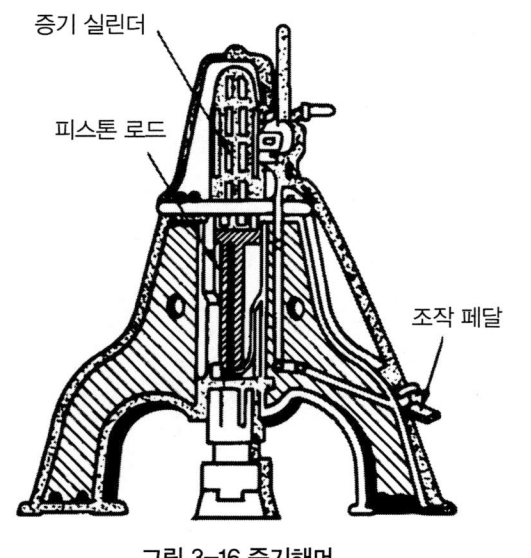

그림 3-16 증기해머

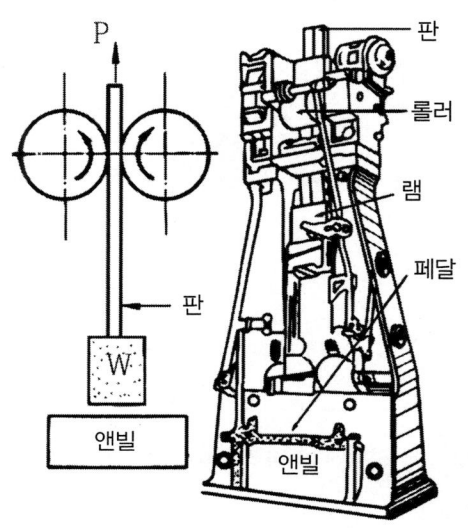

그림 3-17 판 드롭해머

제3절 압연

1. 압연의 개요

[그림 3-18]과처럼 회전하는 2개의 롤러(roller) 사이에 소재를 통과시킴으로써 소성변형 때문에 단면적을 감소시키고 길이를 늘이는 작업을 압연(rolling)이라 한다. 압연 가공은 강괴(ingot)의 분괴 작업이나, 판재, 선재, 형재를 가공할 때 주로 이용되며, 재료를 압착하여 조직을 미세화시키고 균일하게 하여 기계적 성질을 개선한다.

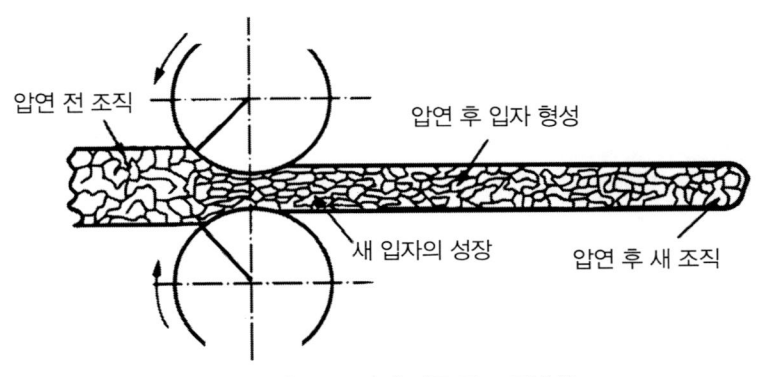

그림 3-18 압연 가공 및 조직변화

압연의 방법으로는 소재를 재결정온도 이상으로 가열하여 작업하는 열간압연과 재결정온도 이하에서 작업하는 냉간가공이 있으며, 전자는 변형 저항이 적어 동력 소모가 적고, 짧은 시간에 강력한 가공이 가능하나 표면의 산화에 의한 피막이 발생하고, 냉각 후 수축 때문에 정밀가공에 부적합하여 반제품 가공에 주로 이용된다. 후자는 변형 저항이 커서 동력 소모가 많으나 가공경화에 의한 강도, 경도가 증가하며, 가공 표면이 깨끗하고 정확한 치수로 가능하여 완제품 가공에 이용된다.

(1) 압연의 종류 및 특징

1) 냉간압연(Cold Rolling)

재결정온도 이하에서 작업하며 주로 박판에 이용된다. 내부응력이 크고 가공경화가 발생하며 특징은 다음과 같다.

① 기계적 강도가 증가한다.
② 결함이 적고 표면이 깨끗하다.
③ 판 두께의 정밀도가 높다.
④ 초 박판(0.1mm)의 제조가 가능하다.
⑤ 압하율은 10~30%이며 다듬질 압연에 이용된다.

2) 열간압연(Hot Rolling)

재결정온도 이상에서 작업하며 주로 분괴압연에 이용된다. 압하율은 30~50% 크게 할 수 있으며 특징은 다음과 같다.

① 소비 동력이 적다.
② 변형량을 크게 할 수 있다.
③ 가공 시간을 단축된다.
④ 압하율이 30~50%이며 대량 생산에 유리하다.

(2) 압연 가공

강괴(ingot)로부터 단조, 압연 등의 작업을 거쳐 중간재를 만들고, 이것을 다시 가공하여 완제품으로 만든다.

1) 중간재

(가) 슬랩(slab)

두꺼운 판의 재료가 되며, 두께 50~400mm, 나비 220~1,000mm인 편평한 두꺼운 강판이다.

(나) 시트 바(sheet bar)

얇은 판(두께5.5mm 이하의 판)의 재료가 되며, 두께 7~38mm, 폭 200~400 mm이고, 길이 1m에 대하여 98~785N(10~80kgf)의 평평한 소재이다.

(다) 빌릿(billet)

비교적 작은 단면의 봉재 재료가 되며, 38~150mm의 사각 또는 원형 단면이다.

(라) 블룸(bloom)

빌릿, 슬랩, 시트 바 등의 재료가 되며, 150~250mm의 사각 단면의 재료이다.

(마) 스켈프(skelp)

사각 단면의 강판을 압연한 띠 모양의 재료이며, 폭이 좁은 것을 스트립(strip), 폭이 넓은 것을 후프(hoop)라 한다.

표 3-3 강철의 압연재 적용 구분

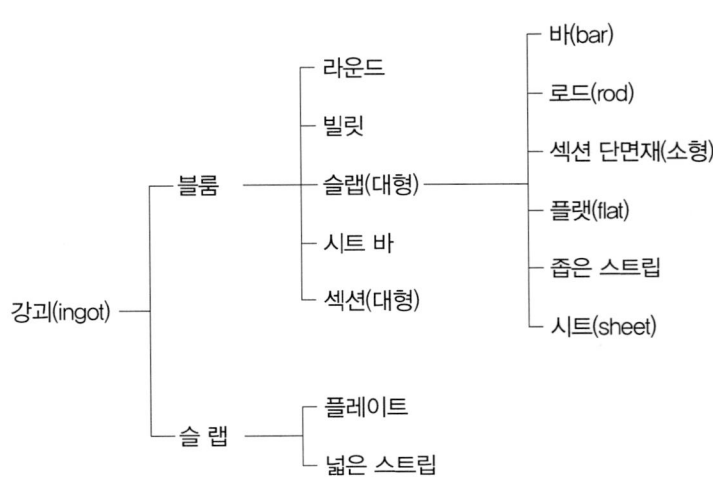

2) 제 품

(가) 판(plate)

판재의 구별은 재질 또는 두께에 따라 여러 가지가 있으나 강판의 경우 두께 6mm 이상인 두꺼운 판, 1~5.5mm인 중간 판, 0.9mm 이하인 얇은 판이라 구분하고 있으며, 일반적으로 크기(size) 즉, 나비×길이에 따라 914×1,829mm(3×6ft), 1,219mm×2,438mm(4×8ft), 1,524×3,048(5×10ft) 등의 강판이 있고, 365×1,200(1.2×4ft)의 구리판이 많이 사용한다.

(나) 바(bar)

단면 모양에 따라 지름이 12~100mm인 원형, 100×100mm인 사각형, 육각형, 등이 있다.

(다) 형재(shape)

[그림 3-19]와 같이 단면 모양에 따라 산형, 홈형, Ⅰ형, T형, Z형 등 여러 가지 압연 형재가 있다.

그림 3-19 여러 가지 압연 형재

(라) 시트(sheet)

폭 450mm 이상이고 두께 0.75~15mm 정도 판재이다.

(마) 로드(rod)

지름이 12mm 이하의 봉재로서 긴 것, 또는 코일 상태의 재료이다.

(바) 라운드(rounds)

지름이 200mm 이상의 환봉재이다.

(3) 압연의 원리

1) 압하율과 폭 증가

[그림 3-20]과 같이 압연의 변형 정도를 나타낼 때는 압연 통과 전후의 두께 차이로 표현한다. 이를 압하량이라 하고, 이것을 압연 통과 전의 두께로 나눈 것을 백분율로서 나타낸 것을 압하율이라고 한다.

압연하기 전의 원재료의 두께를 H_0, 압연 후의 재료의 두께를 H_1이라 하면

압하량 = $H_0 - H_1$

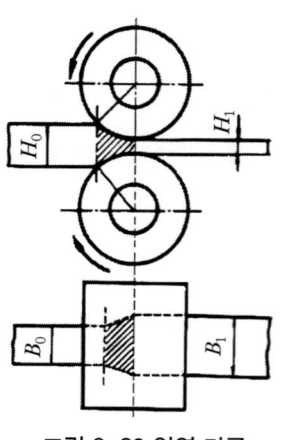

그림 3-20 압연 가공

1회 가공도의 압하율(%)은

$$압하율 = \frac{H_0 - H_1}{H_0} \times 100(\%)$$

여기서, H_0 : 롤러 통과 전 소재 두께
 H_1 : 롤러 통과 후 소재 두께

압연 통과 전의 폭을 B_0, 압연 통과 후의 폭을 B_1라 하면 폭의 증가량은

$$폭의 증가량 = B_1 - B_0 ≒ 0.35(H_0 - H_1)$$

로 정의하며, 압하율이 커질수록 필요한 공정 수가 줄어들어 능률적이지만, 너무 크면 재료가 상하기 쉽다. 또한 열간압연에서는 냉간압연보다 압하율을 크게 취할 수 있다.

2) 중립점(no slip point)

압연할 때 재료의 속도는 롤러의 원주 속도에 비하여 롤러로 들어갈 때는 느리고 나올 때는 빠르다. 따라서 압연 도중에 롤러의 속도와 같은 속도가 되는 점을 중립점 또는 등속점[그림 3-21의 G점]이라 한다.

롤러와 재료의 접촉각을 α, 마찰각을 β라 하면

$\alpha \leq \beta$ 압연이 가능하고,

$\alpha > \beta$ 압연이 불가능하고,

$2\beta > \alpha > \beta$ 재료를 밀어 넣으면 압연이 가능하다. 온도를 높이고, 속도를 작게 하여 판의 두께에 비하여 되도록 지름이 큰 롤러를 사용하면 재료는 롤러에 잘 물려고 들어간다. 그러나 롤러의 지름이 크면 판의 두께가 얇아도 큰 힘이 요구되어 압연 효율이 낮아지므로 되도록 롤러 지름은 작은 것이 좋다. 또한, 마찰계수를 라하고 롤러로부터 소재가 받는 힘을 라고 하면, 소재와 롤러 사이에는 마찰력 가 작용한다.

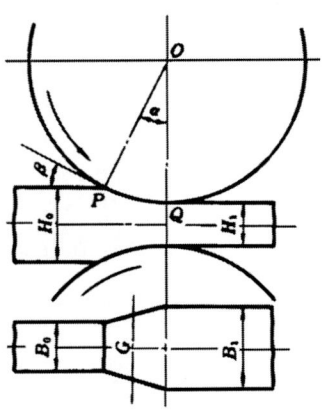

그림 3-21 롤러 압연

[그림 3-22]에서와 같이 $P\sin\alpha$는 소재를 밀어내는 힘이고, $\mu P\cos\alpha$는 반대로 소재를 롤러로 끌어들이는 힘이 되므로 소재를 자력으로 롤러 사이로 물려고 들어가기 위해서는 다음과 같다.

$\mu P\cos\alpha \geq P\sin\alpha$

$\mu \geq \tan\alpha$

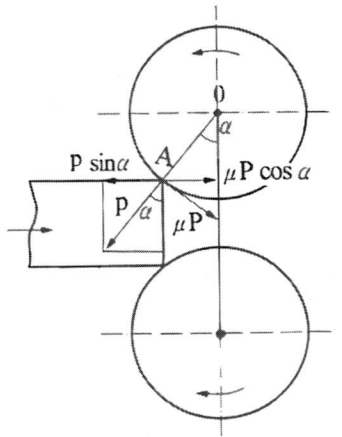

그림 3-22 압연 마찰

표 3-4 롤러 면과의 마찰계수

재 질	상 태	
연강	냉간압연, 표면 윤활	0.07
연강	냉간압연, 윤활 없을 때	0.10
알루미늄	냉간압연	0.17
알루미늄	350℃에서 압연	0.74
구리	냉간압연	0.085
구리	750℃에서 압연	0.36

3) 압하력

롤러와 소재 간에 압력분포는 압연방향으로는 중립면에서 가장 높고 압연 소재의 폭 방향으로는 중앙부가 가장 높으며 양 끝단으로 갈수록 압력이 감소한다.

압하력은 소재나 롤러 사이의 평균압력에 접촉 면적을 곱하여 산출한다.

압하력 감소 방안은 다음과 같다.

① 마찰력을 줄일 것.

② 반경이 작은 롤러를 사용할 것.

③ 압하율을 줄일 것.

④ 열간압연을 할 것.

⑤ 압연방향으로 전후방 장력을 가하여 소재의 압축 방향 항복응력을 낮출 것.

2. 압연기

압연기는 베어링, 롤러 및 하우징(housing) 등의 3부분으로 구성되어 있으며, 형식과 작업조건에 따라 여러 가지로 분류하고 있다.

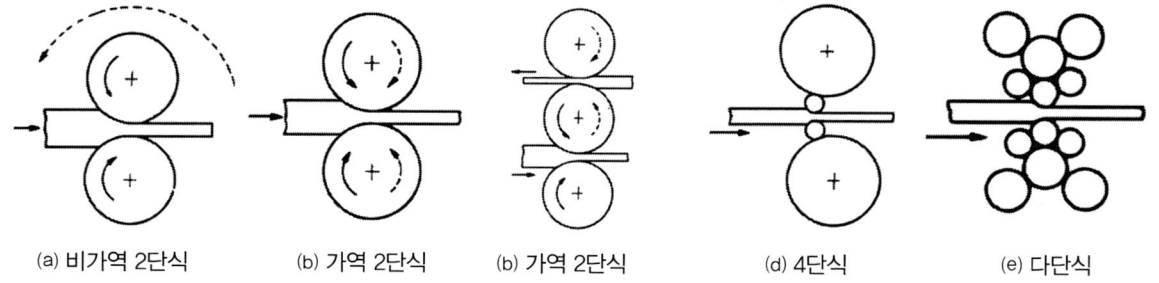

(a) 비가역 2단식   (b) 가역 2단식   (b) 가역 2단식   (d) 4단식   (e) 다단식

그림 3-23 여러 가지 압연기

압연작업 온도에 따라 ㉠ 열간압연, ㉡ 냉간압연이 있고, 압연제품에 따라 ㉠ 분괴 압연기, ㉡ 빌릿 압연기, ㉢ 섹션 압연기, ㉣ 슬랩 압연기, ㉤ 로드 압연기, ㉥ 바 압연기, ㉦ 시트 압연기가 있으며, 압연 롤러의 개수와 조립 형식에 따라 ㉠ 2단식 압연기, ㉡ 3단식 압연기, ㉢ 4단식 압연기, ㉣ 특수 압연기 등으로 분류한다.

1) 2단 압연기

[그림 3-23] (a)에서 비가역 2단식은 가장 간단하며 많이 사용하는 형식으로 롤(Roll)의 지름이 크고 주로 소형재를 압연하고 박판은 여러 장 겹쳐 압연한다. 재압연을 하기 위해서는 소재를 이동시켜야 한다.

[그림 3-23] (b)에서 가역 2단식은 롤을 역회전할 수 있어 소재를 이동할 필요가 없으며 한번 압연하

고 다음 압연하기 위하여 상부 롤을 적당량씩 내려보낸다. 압연에 유리하며 분괴, 대형 재료, 두꺼운 판재 등의 압연에 사용된다.

2) 3단 압연기

3개의 롤로 구성된 압연기로 중간 롤의 상하에 재료를 통과시키며 역회전이 필요하지 않다. 대형재의 분괴압연 및 소형재의 열간압연에 이용된다.

중간 롤의 지름을 약 30% 작게 하여 소비 동력과 압하 동력을 감소시킨 것을 라우드(Lauth)식 3단 압연기라 한다.

3) 4단 압연기

지름이 작은 작업 롤 1쌍과 그것을 지지하는 큰 지름의 보조 롤로 구성되어 있으며 보조 롤은 작업 롤의 굽힘을 방지한다. 주로 박판의 냉간압연에 가장 많이 사용되며 표면이 깨끗한 판을 얻을 수 있다.

4) 가역 4단 압연기

4단 압연기에 가역 장치를 한 것으로 작업 롤은 직류전동기로 가역 운전이 되며 롤의 전후방에서 재료에 인장을 준다. 압연력이 감소되며 냉간압연에 사용된다.

5) 다단 압연기

① 6단 압연기(Six high Mill)

2개의 작업 롤과 4개의 보조롤로 구성되어 있으며 4단 압연기에 비하여 강력한 압연효과가 있으며 최소 두께 0.02mm의 얇은 판재의 냉간압연용으로 제품의 두께 변동이 극히 적다.

② 샌지미어 20단 압연기(Sendzimir Mill)

강력한 압연력을 갖고 있으며 구동 롤 직경을 매우 작게 하고 구동 롤의 간극을 극히 정밀하게 조절할 수 있으므로 정밀한 두께 치수가 유지되며 판 폭이 연하여 두께가 고른 제품을 얻을 수 있다. 주로 고경도인 스테인리스강, 고탄소강의 냉간압연에 사용된다.

6) 연속 압연기

2단 또는 4단 압연기를 여러 대 설치하여 연속적으로 작업이 이루어지며 압연속도가 빨라 대량 생산에 이용된다. 롤과 롤 사이 재료의 휨 발생이 될 수 있으므로 압하율, 롤의 회전속도를 주의하여야 한다.

7) 유니버설(만능) 압연기

수평 롤과 수직 롤로 구성되어 있으며 압연시 폴 방향의 확장을 방지하고 균일하게 하며 평강의 압연에 사용된다. 이 압연기의 응용으로서 I형강, H형강, 홈형강, 레일 등의 형재나 관재의 압연에도 널리 사용되고 있다.

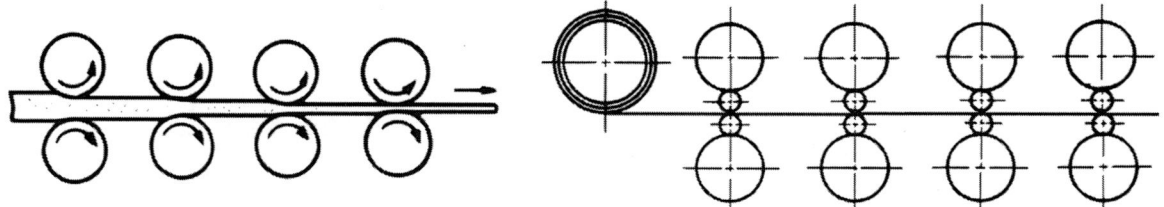

그림 3-24 연속식 압연기

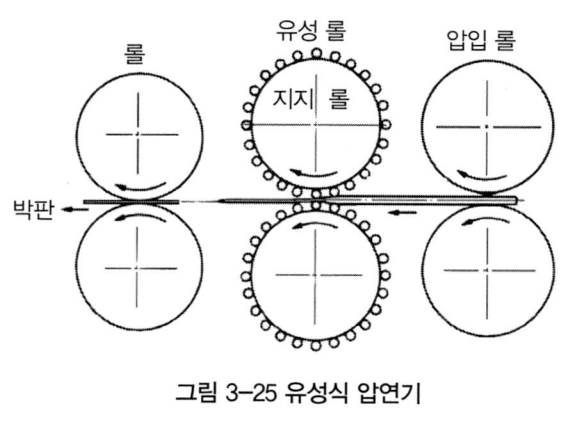

그림 3-25 유성식 압연기

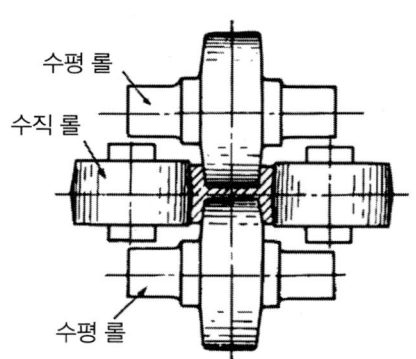

그림 3-26 만능식 압연기

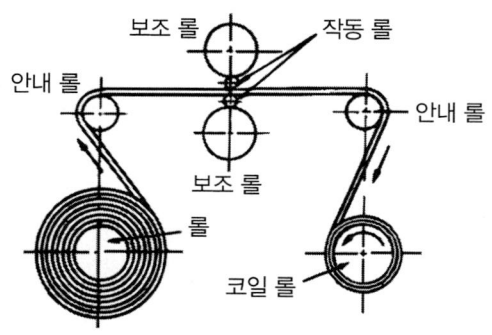

그림 3-27 코일 장치 4단 압연기(steckel 식)

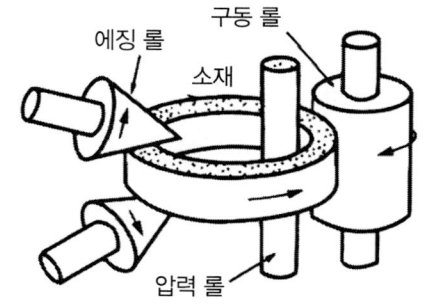

그림 3-28 링 압연기

8) 유성 압연기

직경이 큰 상하의 지지 롤의 주위에 양측의 케이지로 지지한 다수의 소경의 작업 롤을 롤러 베어링과 같이 배치하여 지지 롤과 케이지를 동 방향으로 구동 회전시켜 이들 작업 롤의 자전 공전으로 압연을 한다. 1회 통과로 90% 이상의 큰 압하율이 가능하며 열간압연에서 1회만 통과시켜도 대판의 제조가 가능하다.

3. 압연결함

(1) 표면결함(surface defect)

소재의 표면에 붙어 있는 불순물, 스케일 등으로 인하여 발생한다. 블루움, 빌릿, 슬랩 등을 열간압연할 때는 압연 가공하기 전에 토치 등을 이용하여 이러한 이물질을 제거 해야 한다. 원인은 강괴 단조 불량, 가열 중에 국부적 산화 및 과열, 기포(Blow Hole) 및 과도한 입하이다.

(2) 구조적 결함

압연제품이 뒤틀리거나 갈라져서 변형된 모양을 말하며, 파도형 결함(wavy edge)은 롤러의 휨으로 인하여 판재의 가장자리가 중심부보다 더 얇게 가공됨으로써 가장자리의 길이가 길어져 나타나는 좌굴(buckling) 현상이고, 입벌림 결함(alligatoring)은 소재로 사용되는 잉곳의 기공, 수축공, 백점 등 내부 결함에 의하여 벌어진 결함을 말한다.

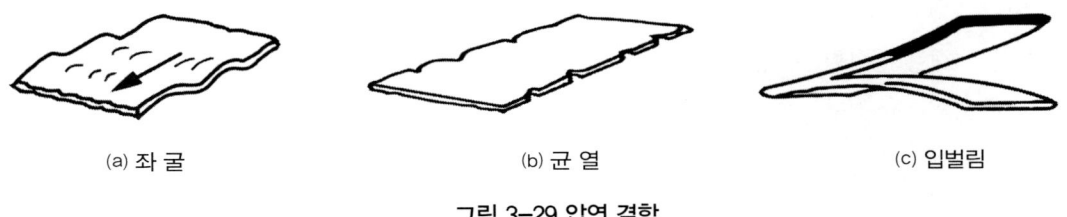

(a) 좌 굴　　　　　　(b) 균 열　　　　　　(c) 입벌림

그림 3-29 압연 결함

제4절 전조

1. 전조의 개요

전조(rolling)는 다이(die) 또는 공구(roller)와 같은 성형 공구를 사용하여 소재를 넣고 회전이나 직선운동을 시켜 국부적으로 압력을 가해 공구와 같은 형상으로 변형하여 제품을 만드는 가공법이다. 선반에서 널링(knurling)하는 것도 전조 가공이라 할 수 있으며, 주로 나사, 기어, 볼, 스플라인축, 링 등을 만들고 정밀한 제품을 대량 생산할 수 있으며, 기계적 성질도 개선할 수 있다.

전조 작업의 특징은 다음과 같다.
① 소재의 섬유가 절단되지 않으므로 강도가 크다.
② 소재와 공구가 국부적으로 가압되므로 비교적 작은 가공력으로 가공할 수 있다.
③ 칩(chip)이 발생하지 않으므로 소재의 이용률이 높다.
④ 소재가 소성변형으로 가공경화 및 치밀한 조직이 형성된다.
⑤ 가공 시간이 매우 짧아 대량생산에 적합하다.
⑥ 조직이 치밀하여 기계적 강도가 향상된다.

2. 전조의 종류

(1) 나사 전조(thread rolling)

[그림 3-30]과같이 전조 다이(thread rolling die)사이에 소재를 넣고, 가압한 상태에서 이동 다이를 왕복 운동하여 소재의 표면에 산과 골이 반대인 나사를 만드는 것으로 주로 작은 나사류의 대량 생산에 사용한다.

전조 가공은 정밀한 제품을 대량으로 생산할 수 있고 소재의 기계적 성질도 개 선되므로 나사, 기어, 볼(ball). 스플라인축(spline shaft), 링(ring) 등을 가공하는 데 이용된다. 전조 가공은 다음과 같은 특징을 갖고 있다.

① 소재가 소성변형으로 경화된다
② 금속조직의 흐름선(flow line)이 절단되지 않기 때문에 충격강도, 피로강도, 경도 등이 증대된다.
③ 균일한 제품을 대량 생산할 수 있다.
④ 숙달된 기능이 불필요하다.

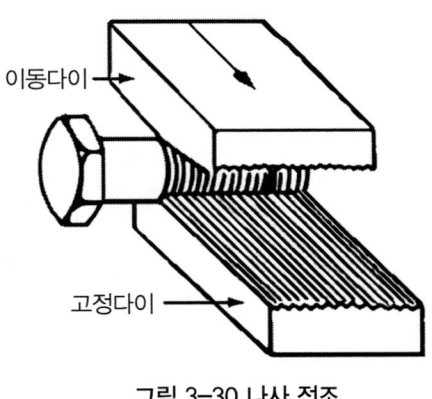

그림 3-30 나사 전조

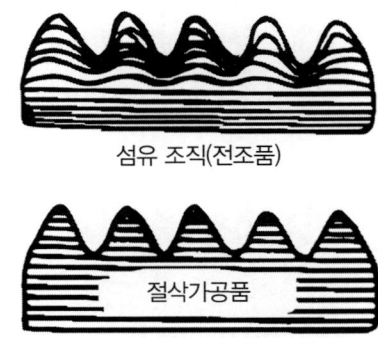

그림 3-31 섬유 조직

전조 다이는 경도가 요구되므로 경도와 내마멸성이 큰 합금 공구강, 베어링강 등이 사용된다. 전조나사는 절삭나사에 비하여 인장강도나 피로한도가 크고, 나사산도 아름답다. 대량생산을 위하여 다음과 같은 전문적인 가공 방법이 있다.
① 평형 나사 전조기에 의한 방법
② 둥근형 나사 전조기에 의한 방법
③ 차동식 나사 전조기에 의한 방법
④ 위성 기어 장치 나사 전조기에 의한 방법

1) 평다이 전조기
한 쌍의 평다이 중 하나는 고정하고 다른 하나는 직선운동을 시켜 1회의 행정으로 성형하는 방법으로 소재는 대부분 연성재료가 사용되며 다이에는 성형부와 다듬질 부가 있다.

2) 둥근형 다이 전조기
고정축 다이와 가동축 다이로 되어 있으며 두축은 평행하고 재료는 지지대에 의해 지지하며 가동축은 이동되며 롤러 다이를 3개 사용하는 경우도 있다.

3) 유성(Planetary) 전조기
고정 원호(Segment Die)를 고정시키고 원형 다이를 회전시켜 자동으로 장입된 소재가 타단에서 완성된 나사로 나오며 물림률이 크고 대량생산에 적합하며 크랭크 운동에 의한 평다이 전조에서는 가공을 하지 않는 귀환 행정이 있으나 유성(planetary) 전조기에서는 공전이 없으므로 가공 능률이 높다.

(2) 볼 전조(ball rolling)

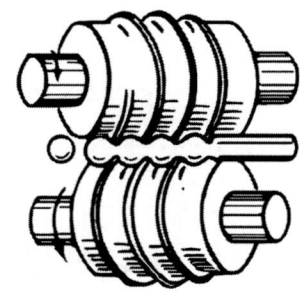

[그림 3-32]와 같이 2개의 다이가 서로 교차되어 회전하는 볼 사이로 전조 압력을 가하면서 소재를 이송시켜 연속적으로 강구(steel ball)를 성형하는 방법으로 환봉이나 선재를 800~1000℃ 정도의 온도로 가열하여 전조한다. 다이의 홈은 볼을 형성하는 가공면이며, 산은 소재를 오목 파이게 하면서 절단하는 역할을 한다.

그림 3-32 볼 전조

(3) 기어 전조(gear rolling)

소재의 표면에 기어 치형 하나하나를 별도로 접촉하여 압축 성형하는 가공법으로 전조 기어는 결정입이 고우며, 질이 치밀하고 강도가 크고, 보통 모듈2.5 이하의 것이면 평기어, 헬리컬기어, 베벨기어 등을 냉간 전조로 간단히 만든다. 랙크형 다이, 피니언형 다이, 호브형 전조방식에 의해 기어를 다량 생산한다.

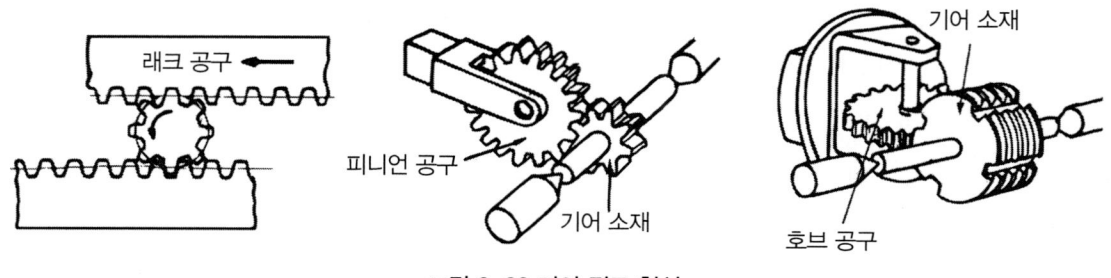

그림 3-33 기어 전조 형식

1) 랙 다이(Rack Die) 전조기

한 쌍의 랙 다이사이에 소재를 넣고 압력을 가하면서 랙을 이동시켜 소재에 치형을 성형하는 것으로 지름이 큰 기어에 대해서는 랙이 커야되고 설치도 커야 되기 때문에 지름이 작은 기어 제작에 적합하다. 기어 전조법은 보통 냉간가공을 하고 있으나 모듈이 약 3 이상인 경우나 굳은 재료의 경우에는 열간으로 전조한다.

2) 피니언 다이(Pinion Die) 전조기

피니언 다이와 소재의 맞물림을 동일하게 하여 압력을 가하면서 회전시켜 치형을 성형한다. 지름이 큰 기어, 웜기어, 스플라인 성형 가공에 많이 적용한다.

3) 호브 다이(Hob Die) 전조기

전조 공구를 상하에 두고 소재를 회전시키면서 축 방향에 보내어 성형을 하며 소재는 인덱스 헤드(Index Head)에 의하여 소정의 각도 만큼 회전시켜 다이사이에 넣는다.

(4) 원통 롤러 전조(cylindrical roller rolling)

원통 롤러 전조에서는 볼의 전조처럼 다이인 롤러를 교차시킬 수 없고 평행하게 하여야 하며 한쪽의 다이 롤러에만 필요한 나선형의 돌기를 만들어 가공한다.

(5) 드릴 전조(drill rolling)

소재는 길이 방향으로 연신되면서 홈이 성형되며 공구는 홈 가공용과 릴리프(relief)면 가공용이 따로 있다.

제5절 압출

1. 압출의 개요

압출가공(extrusion)이란 금속재료를 다이가 있는 컨테이너(container) 속에 넣고, 램(ram)으로 강한 압력을 가해 다이로 소재를 내보내어 봉재, 단면재, 관재 등을 가공하는 방법이며, 단면의 모양이 압연으로서는 어려운 봉재에 주로 적용하고, 소재의 재료에는 황동, 구리, 알루미늄, 마그네슘, 아연, 납, 주석 등에 적합하다. 압출가공은 크게 가열한 빌릿을 압출하는 방법(billet extruding)과 연한 금속에 충격을 가해 압출하는 방법(impact extruding)으로 나누고, 빌릿 압출은 직접 압출(전방 압출)과 간접 압출(후방 압출)로 램의 진행과 제품의 유동 방향에 따라 구분한다.

2. 압출가공의 분류

(1) 직접 압출(direct extrusion)

[그림 3-34]와 같이 제품이 램의 진행 방향과 같은 방향으로 압출되는 형식으로 전방 압출이라고도 한다. 원기둥형의 빌릿을 가열하여 컨테이너에 넣고 압판으로 밀어내며, 빌릿은 주조한 것보다 주조 후 단조를 한 것이 좋은 제품을 얻는다.

직접 압출로는 빌릿의 20~30%는 압출하지 않고 버리게 되어 재료 손실이 크며, 다이의 윤활을 좋게

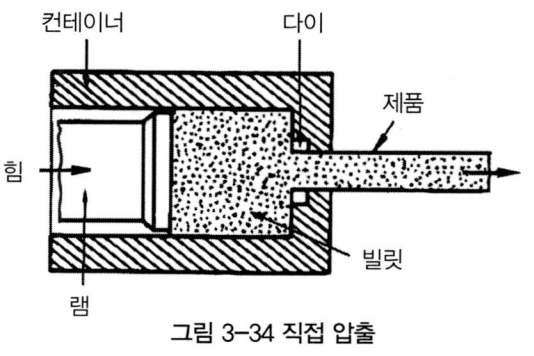

그림 3-34 직접 압출

하려면 강철의 냉간 압출에는 소재에 인산염으로 피막 처리하고, 열간 압출에는 용융 유리를 사용한다. 압출기는 1,000~8,000t 정도의 기계 프레스나 액압프레스를 사용하고, 압출재의 길이에 제한받지 않으므로 많이 이용된다.

(2) 간접 압출(indirect extrusion)

[그림 3-35]와 같이 제품이 램의 진행과 반대 방향으로 압출되는 형식으로 후방 압출이라고도 한다. 간접 압출은 가압하는 압판 자체 내의 구멍으로 소재가 압출되기 때문에 유동 저항에 의한 마찰이 적어 동력 소비가 직접 압출법의 $\frac{2}{3}$ 정도이면 가능하고, 비교적 굵은 봉이나 여러 가지 단면의 것을 만들 때 많이 사용된다. 재료 손실은 10% 이내이지만, 압출재의 길이에는 제한받는 단점이 있다.

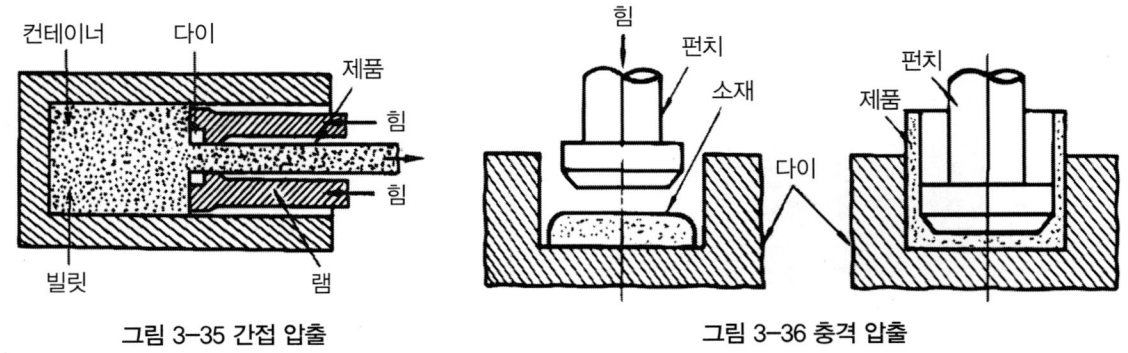

그림 3-35 간접 압출   그림 3-36 충격 압출

(3) 충격 압출(impact extrusion)

[그림 3-36]과같이 펀치로 타격을 가하여 치약, 크림 튜브류, 화장품, 약품 등의 용기, 건전지 케이스 등의 제품을 제작하는 방법으로 압출 방향에 따라 전방 충격 압출과 후방 충격 압출이 있다. 충격 압출에 사용되는 재료에는 연질 금속의 주석이나 납의 가공에 종래에는 한정되었으나, 프레스의 구조와 공구 재료, 윤활제의 발달로 알루미늄이나 아연은 물론, 황동이나 철강의 냉간 충격 압출도 요즘에는 가능하게 되었다.

(4) 관재 압출

미리 구멍을 뚫은 소재에 심봉을 삽입하여 압출하는 형식이다.

(5) 정수압 압출

컨테이너(container)와 빌릿(billet) 사이에 마찰이 문제될 때 마찰 부분의 공간과 컨테이너(container)에 유체를 채우고 프레스로 가압 및 압출하는 방법으로 압출 초기에는 빌릿(billet)을 기계 가공하여 다이에 끼운다. 유체가 윤활 작용으로 소비 동력이 적고 압출력이 감소한다.

3. 압연에 대한 압출의 장점

롤(roll)에 의하여 가공할 수 없는 복잡한 형상의 단면재 가공이 가능하고 고합 금강의 성형이 용이하며 소량의 제품 제작에 경제적이다.

4. 압출 및 윤활

압출기는 컨테이너, 램, 다이 등으로 구성되어 있으며, 압출기는 설비 형식에 따라 수평식과 수직식이 있고, 가압 방법에 따라 기계식, 수압식, 유압식이 있다.

$$압출비 = \frac{압출가공\ 전의\ 단면적}{압출가공\ 후의\ 단면적}$$

Al, Cu, Zn은 열간 압출에서 윤활제를 사용하지 않고, 강은 다이와 컨테이너를 마멸시키므로 윤활이 필요하다. 윤활은 소재의 압출 흐름을 균일하게 하여 응력집중을 방지하고 마찰저항을 감소시키며, 압출 제품의 표면을 깨끗하게 하는 효과가 있다. 윤활제는 그리스, 흑연 분말, 유리 및 각종 오일을 사용한다.

5. 압출력에 영향을 주는 요인

압출 가공시에 큰 힘이 필요하며 금속의 변형 저항이 낮게 하는 것이 매우 중요하다. 압출력과 관련되는 인자는 압출 방법, 온도, 속도, 윤활 등이며 이에 대한 세부 사항은 다음과 같다.

(1) 압출 방법

1) 직접 압출

최대 압력치에서 다이를 통하여 유출되며 점차 압출 압력이 하강하며 이것은 컨테이너와 소재 사이의 접촉 면적이 점점 작아지는데 기인한다.

2) 간접 압출

소재가 다이를 통하여 유출되는 동안에 일정한 압력이 유지되며 직접 압출에 비하여 70%의 압출력이 작용된다.

(2) 가공 온도

온도가 상승함에 따라 유동성이 양호해지며 열간 압출 압력을 감소시킬 수 있으며 압출가공시에는 자체 내의 발생열이 상당히 크며 이를 고려한 가공 온도의 설정이 필요하다. 열간 압출시 너무 온도가 높으면 다이의 윤활이 곤란하여지고 다이가 연화되어 수명이 단축된다.

(3) 압출 속도

압출 속도가 증가하면 압축 압력은 많이 증가하며 금속의 슬립(slip) 유동에 의한 발생 열이 많아지고 이에 따라 소재의 온도가 상승한다.

(4) 윤활

1) 윤활의 목적
다이의 과열 및 마모 방지, 가열된 빌릿(billet)의 냉각 방지를 한다.

2) 윤활제의 조건
① 점도 변화가 없어야 한다.
② 빌릿(billet)을 공급시키는 압력에 견디어야 한다.
③ 연속적으로 소재의 표면에 배출되어야 한다.
④ 단일 작용이 필요하다.

3) 강의 압출시 윤활법
유이 윤활법으로서 빌릿(billet)에 분말 유리를 부착하여 압출을 하면 마찰열에 의하여 연속적인 연화 용융이 일어나고 용융 유리가 윤활 작용을 하게 된다.

(5) 다이 각

다이 각이 크면 소재의 표면층과 중심부 간의 속도차가 크며 슬립(slip)이 심하여 전단 변형에 필요한 에너지의 소비가 많아진다.

제6절 인발

1. 인발의 개요

일명 드로잉(drawing)이라고도 하며, 인발 가공(drawing)은 다이 구멍에 재료를 통과시키고 잡아당겨 다이 구멍의 형상과 같은 단면의 봉재, 선재, 관재 등을 만드는 가공법이다.

봉재나 관재를 만들 때 단면이 큰 것은 열간압연으로 만드나, 지름이 작은 것이나 치수 공차가 작은 것은 주로 드로잉가공을 이용한다.

1회 통과시 단면 감소율은 소재의 재질에 따라 10~40% 정도로 하고 너무 크면 경도가 급속히 증가하여 여리게 되어 절단될 우려가 있다. 반면 너무 작으면 입발 횟수가 많아 작업 능률이 저하된다. 인발을 하려면 먼저 재료의 끝 길이를 어느 정도 가늘게 하여 다이 구멍을 통과시키고, 선단을 드로잉 머신으로 끌어당긴다. 인발 가공도는 단면 감소율로 나타내고, 단면 감소율은 다음과 같다.

2. 인발 가공의 종류

(1) 봉재 인발

[그림 3-37]과같이 인발기의 다이에서 재료를 인발하여 소요 형상의 봉재를 제작한다. 사용하는 다이 구멍의 형상에는 원형, 각형, 기타의 형상이 있다.

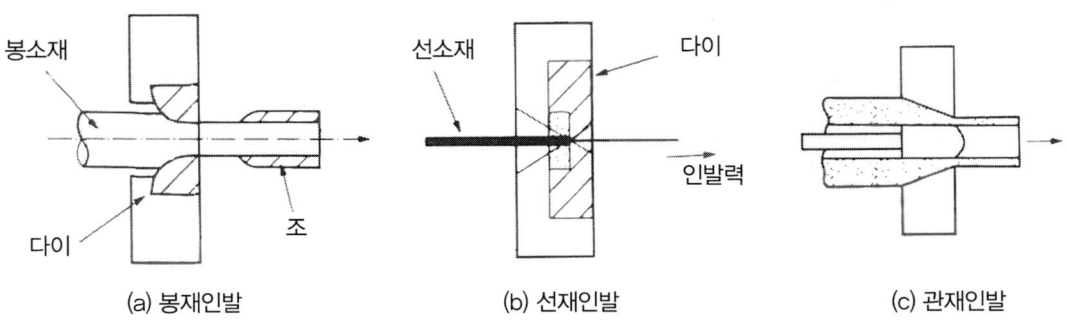

그림 3-37 인발 가공의 종류

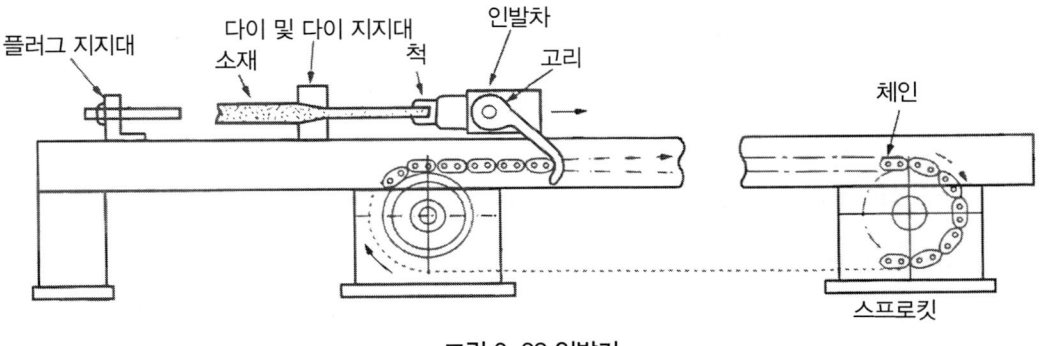

그림 3-38 인발기

(2) 선재 인발

지름 5mm 이하의 가는 선재를 권선기의 코일 모양으로 감으면서 인발 가공하는 것을 신선기라 한다. 선재 인발은 이 신선기를 이용하여 감아가며 잡아당기면서 인발하므로 큰 속도로 인발하고 능률적으로 생산할 수 있다.

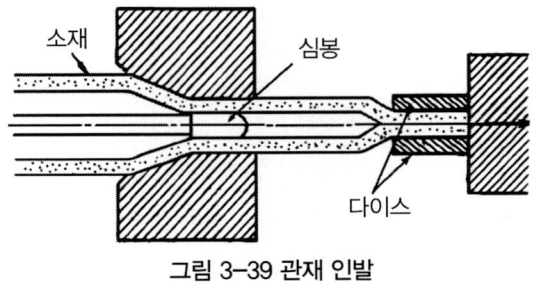

그림 3-39 관재 인발

(3) 관재 인발

봉재의 외경을 가공할 때는, 다이만을 사용하여 만들지만 파이프의 내경을 만들 때는 파이프가 대를 통과하는 동안 파이프 내면에 소정 치수의 심봉(mandrel)을 삽입하여 파이프를 만든다. 다이나 심봉의 형상 때문에 원형 파이프나 각재 파이프 등을 제작한다.

3. 인발 다이와 윤활

인발 공구에서 가장 중요한 것은 다이이며, 다이의 종류는 재질에 따라 칠드 다이(chilled die), 강 다이(steel die), 텅스텐 다이(tungsten die), 다이아몬드 다이(diamond die)의 4종류가 있고, 다이 모양에 따라 구멍형(hole die), 롤형 다이(roll die)가 있다. 롤형 다이는 마찰저항이 적어서 단면 감소율을 크게 할 수 있으나, 정밀가공이 어려우므로 일반적으로 구멍형 다이를 많이 활용하고 있다.

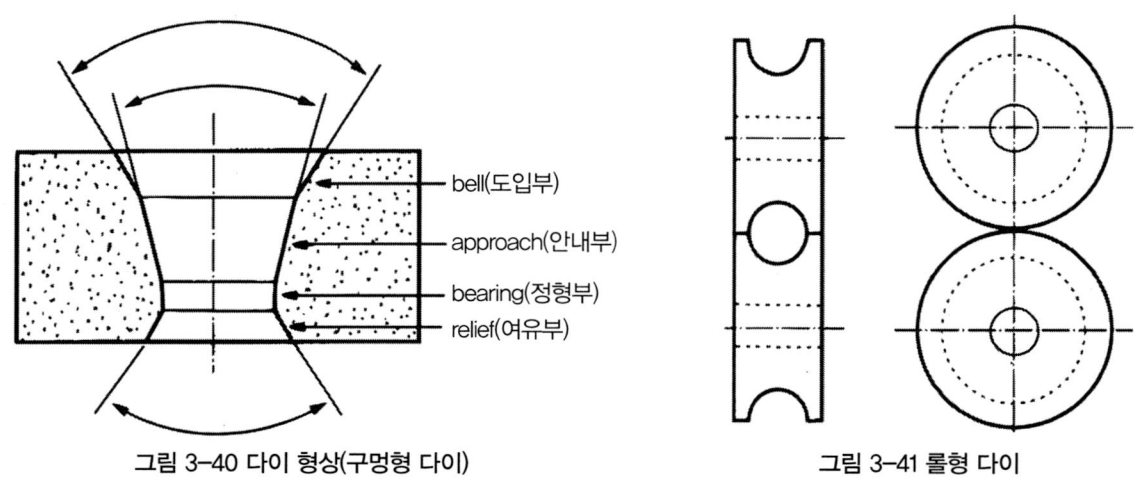

그림 3-40 다이 형상(구멍형 다이)   그림 3-41 롤형 다이

경도가 큰 다이는 마멸에 잘 견디고 수명이 길지만, 공작물의 인발저항에는 상관없다. 인발저항의 크기는 단면 감소율, 다이 구멍의 각도, 선재의 성질, 윤활제 등 여러 가지 요소에 영향을 받는다. 또한 인발 작업에서 중요한 것은 윤활제 선택이며 이는 다이벽과 인발재 사이의 마찰을 감소시켜 다이의 수명을 크게 하고, 제품의 표면 상태를 좋게 하며, 인발력을 감소시키고 냉각 효과를 주기 위해서이다.

(1) 다이

1) 다이의 형상

① 도입부(ball): 윤활재 공급 및 소재의 안내를 한다.
② 안내부(approach): 소재를 감축시켜 실제로 가공한다.
③ 정형부(bearing): 소재의 배출 및 안내를 한다.
④ 여유부(relief): 소재를 도피시킨다.

2) 다이각(2α)

경도가 큰 재료는 작게 하고, 연한 재료는 크게 한다. 정형부의 길이는 연한 재료는 짧게 하고, 경한 재료는 길게 한다.

재 료	다이각
Al, Ag	16~18°
Cu	12~16°
Cu합금	9~12°
강철	6~11°

3) 다이의 종류

구분	용도
강철 다이	직경이 큰 봉재의 냉간 및 열간 인발
강철합금 다이	직경이 가는 선재 인발 및 정확한 치수 인발
다이아몬드 다이	매우 가는 0.5mm 이하 및 표면이 아름답고 정밀한 인발

(2) 윤활

윤활제는 건식과 습식이 있으며, 건식은 석탄, 비누, 흑연 등이 있고, 습식은 종유, 종유와 비누물의 혼합물 등이 이용된다. 경질 금속의 인발에는 소재에 납, 아연 등을 도금하고, 인산염을 피복하여 사용한다.

1) 윤활제의 구비 조건
① 인발시 고압에서도 유막이 유지할 것.
② 고온에서도 윤활성이 있을 것.
③ 제품의 산화를 방지하며 제품표면을 매끈하게 할 것.
④ 냉각 효과가 있을 것.
⑤ 취급이 용이하고 가격이 저렴할 것.

4. 인발력에 영향을 주는 요인

소재가 다이를 통하여 선재로 인발 될 때의 필요한 힘을 인발력이라 하며, 재료 인발력의 일부는 다이에 의하여 재료에 압축하는 힘으로 변화하고 마찰력의 작용으로 인발 변형이 진행된다. 인발력은 다이각, 단면수축, 마찰계수 및 내력 등에 따라 달라진다. 인발력의 측정은 드로우 벤치의 경우 스트레인 게이지식의 장력계를 접촉시켜 측정되나 연속 인발의 경우는 다이에 압력계를 설치할 필요가 있다.

(1) 인발에 영향을 주는 요인

1) 다이각

단면 수축률이 일정할 때 전단 변형량은 다이각(2α)이 증가하면 함께 증가하며 역장력을 가하면 다이각의 영향은 작아지고 다이의 선택 범위가 넓어진다. 일반적으로 다이 반각(α)은 4~8°이며 경도가 높은 재료일수록 작은 값을 취한다.

2) 단면 수축율

인발력은 단면 수축률이 증가함에 따라 증가하며 단면 수축률이 높으면 공수는 적어지나 인발 응력이 커지면 단면 수축률이 낮으면 다이의 면압이 크다. 보통 단면 수축률은 연강선 30~50%, 경강선 20~25%, 비철 금속 선 15~20%로 한다.

3) 인발 속도

저속의 경우 인발 속도가 증가함에 따라 인력력은 급속히 증대하나, 속도가 어느 이상이 되면 인발력에 대한 속도의 영향은 적으며 고속도에서는 마찰 때문에 선재 내부에 고온의 열이 발생하고 내외부의 온도 차이에 따른 잔류응력이 발생한다.

4) 역장력

인발 장력과 반대 방향으로 가하는 힘을 역장력이라 하며 소재에 역장력을 가하면 인장 응력은 증가하나 인발력에서 역장력을 뺀 다이추력, 즉 인발저항은 감소한다. 역장력의 장점은 다음과 같다.
① 마찰력이 감소하여 변형 효율이 증대된다.
② 다이면 압력의 감소로 다이 수명이 증대된다.
③ 열발생이 적고 제품의 기계적 성질이 증대된다.
④ 다이에 가까운 정확한 치수로 성형할 수 있다.

5) 마찰력

다이와 재료 간에 마찰계수가 작을수록 인발력은 감소하며 윤활이 양호한 경우 마찰계수는 면압에 따라 다르나 일반적으로 마찰계수 $\mu=0.03~0.06$이며 윤활제와 윤활 방법 등에 따라 다르다.

제7절 프레스가공

1. 프레스가공의 개요

프레스가공(press work)은 프레스 기계를 이용하여 가공 소재를 소성 변형시켜 여러 가지 형상으로 제작하는 가공법을 말하며 넓은 의미로 보면 소성 가공 대부분에 해당하지만, 기계에 의한 판금가공이라 말할 수 있다. 즉, 펀치(punch) 및 다이(die)로 소재인 판재에 압축력을 가하여 정확한 치수 및 형상으로 전단 또는 압축하여 성형하는 것을 말한다. 이는 다량 생산이 가능하고 그 종류도 많으며, 판재를 이용한 용기, 장식품, 가구, 자동차, 항공기 등의 제작에 많이 이용된다.

프레스 가공법에는 전단가공(shearing work), 굽힘가공(bending work), 디이프 드로잉(deep drawing), 엠보싱(embossing), 압인가공(coining work) 등이 있으며, 가공 소재로는 연강판, 저탄소 강판, 스테인리스 강판, 구리판, 알루미늄판, 피혁, 경질 및 연질고무, 합성수지 등을 이용되며 프레스가공의 특징은 다음과 같다.

① 복잡한 형상을 간단하게 가공한다.
② 절삭에 비해 인성 및 강도가 우수하다.
③ 정밀도가 높고 대량 생산이 가능하다.
④ 재료 이용률이 높다.
⑤ 가공 속도가 빠르고 능률적이다.
⑥ 절삭가공에 비하여 숙련된 기술을 필요하지 않다.

2. 전단가공

판재를 필요한 치수와 모양으로 가위와 같은 날을 가진 공구로 전단응력을 발생시켜 절단하는 가공법으로 펀치를 이용한 프레스 작업과 전단기를 사용하는 작업이 있다.

판재에 펀치가 작용할 때, 판재 내에는 전단응력, 인장 응력, 압축 응력이 발생하면서 전단이 시작되고, 펀치에 가하는 압력이 커지면 [그림 3-42 (a)]와 같이 윗날과 아랫날의 접촉부에는 수직력 P와 측압력

F가 작용하면서 판재와 펀치 사이의 마찰력으로 쐐기 작용(wedge action)이 일어나 균열이 생기며, 이것이 퍼져 절단된다. 전단 가공하는데 필요한 사항은 다음과 같다.

(1) 틈새

전단가공에서 가장 큰 영향을 미치며, [그림 3-42]와같이 틈새가 작으면 균열이 서로 엇갈리고, 너무 크면 깨끗한 절단면을 얻을 수 없다. 깨끗한 전단면을 얻기 위해서는 펀치와 다이와 사이의 틈새(clearance)를 적절히 해야 한다. 틈새는 판재의 재질에 따라 차이는 있지만, 일반적으로 소재 두께의 6~10% 정도로 한다.

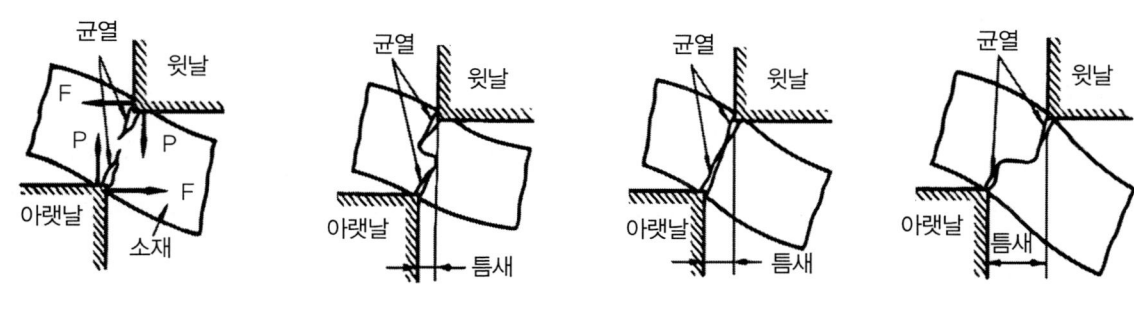

그림 3-42 전단 작업

(2) 전단각

[그림 3-42]와 같이 전단기로 전단할 때 윗날과 아랫날의 기울인 각을 전단각(shear angle)이라 하며, 전단 각이 크면 소재가 후퇴하거나 구부러지므로 보통 5~10° 정도로 하고 12°를 넘지 않게 한다. 또한, 다이와 펀치로 전단할 때는 전단각을 4° 이내로 하며, 블랭킹의 경우는 다이에 전단 각을 주고, 펀칭의 경우는 펀치에 전단각을 준다.

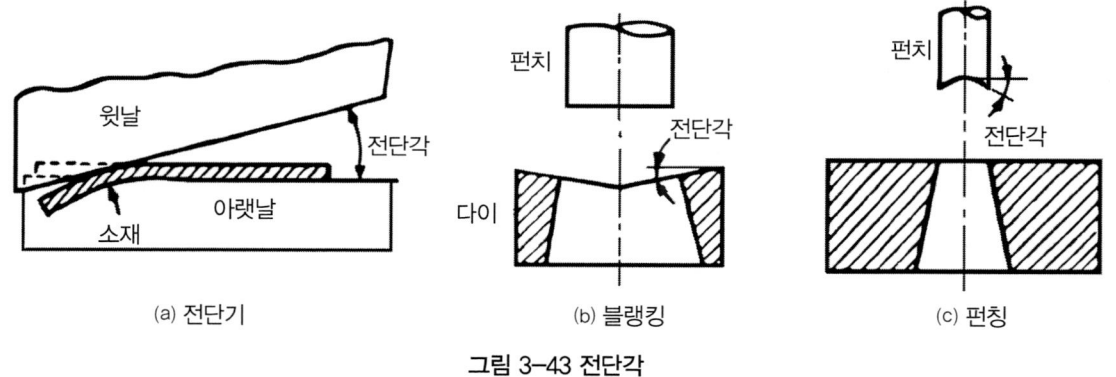

(a) 전단기   (b) 블랭킹   (c) 펀칭

그림 3-43 전단각

(3) 날끝의 형상

일반적으로 경사각과 여유각은 3° 이하로 하지만, 펀치의 경우는 날끝각을 90°로 하고 여유각은 0°로 하는 것이 보통이다.

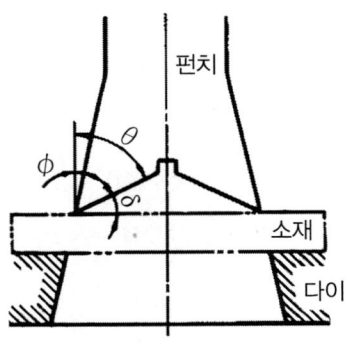

그림 3-44 날끝의 형상

(4) 전단저항

절단면 단위 면적에 대한 최대 전단하중을 전단저항이라 하고, 전단에 필요한 하중의 최대값을 절단면의 총 단면적으로 나눈 값으로 최대 전 하중은 펀치에 작용하는 힘 P(N)은 다음과 같다.

$$P = lt\tau$$

여기서 l : 전 절단길이(mm), t : 판재의 두께(mm), τ : 전단저항(N/mm2)

일반 금속의 경우 일반적으로 전단저항은 인장강도의 70~80%로 한다.

① 전단에 요구하는 힘(P) 및 소요 동력(H or H')

$$P = \tau \pi dt [\text{N}], \quad H = \frac{Pv}{75 \times 9.81 \times \eta}[\text{Ps}], \quad H' = \frac{Pv}{102 \times 9.81 \times \eta}[\text{kw}]$$

② 유압 프레스 용량 및 효율

$$W = \frac{p \times A}{1000}[KN], \quad \eta = \frac{A_e \times K_f}{W}$$

여기서 A : 실린더의 단면적, p : 실린더 내의 압력(N/mm²)

A_e : 소재의 유효 단조 면적, K_f : 변형 저항

(5) 전단가공의 종류

1) 블랭킹(blanking)

미리 결정되어 있는 윤곽을 가진 판재에서 펀치로 소정의 형상을 뽑는 작업으로 외부에 남은 것은 스크랩(scrab)이 된다.

2) 펀칭(piercing)

판재에서 소정의 구멍을 만드는 작업으로 뽑힌 부분이 스크랩(scrap)이 되고 남은 부분이 제품이 된다.

3) 전단(shearing)

시어링 머신에 의하여 판재를 잘라서 소정의 형상을 만드는 작업이다.

4) 트리밍(trimming)

중간 공정 또는 최종 프레스 공정에서 판재를 드로잉한 제품의 플랜지를 둥글게 자르는 작업이다.

5) 셰이빙(shaving)

블랭킹이나 펀칭한 제품의 가장자리에 붙어 있는 파단면이 편평하지 못하므로 제품의 끝을 약간 잘라 깨끗이 다듬질하는 작업이다.

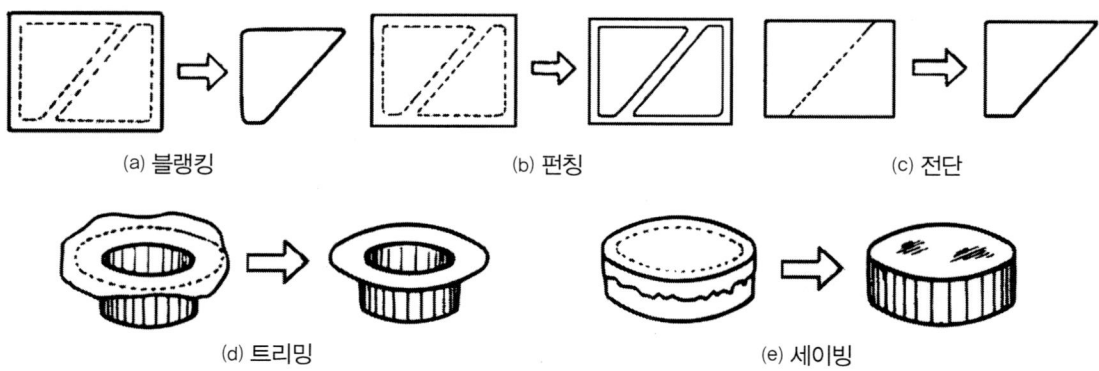

그림 3-45 전단가공 종류

3. 굽힘가공

굽힘가공(bending work)은 판재, 관재, 봉재 등의 소재를 소정의 형상으로 굽히는 작업을 말하며, 굽힘을 가하면 안쪽에는 압축이 되어 줄어들고, 바깥쪽에는 인장되어 늘어나며, 중심부는 압축과 인장이 작용하지 않는 중립면(neutral plane)으로 신축이 없다. 이 중립면이 소재의 길이를 결정하는 기준이 된다. 굽힘가공법에는 다음과 같은 3가지가 있다

① 펀치와 다이를 프레스에 설치하여 구부리는 방법(die bending)

② 절곡기를 이용하여 한쪽을 고정하고 다른 끝을 접어 굽히는 방법(folder bending)

③ 굽힘롤러를 이용하여 판재를 구부리는 방법(roll bending)

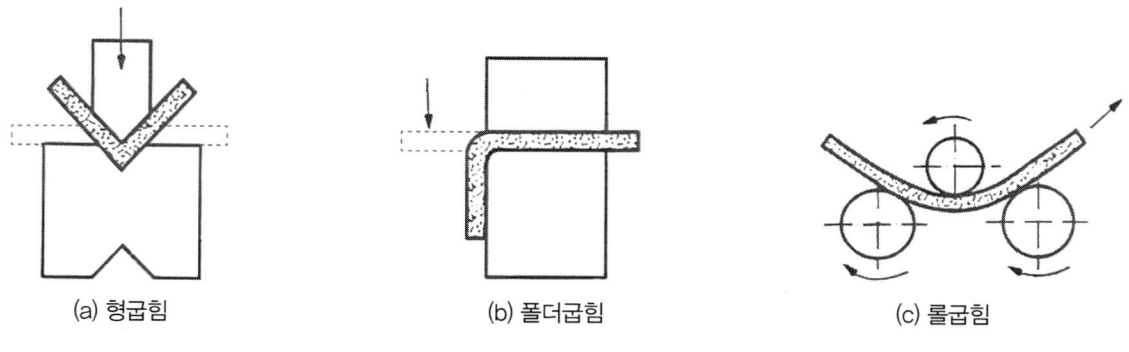

그림 3-46 굽힘가공의 종류

(1) 최소 굽힘 반지름

판재를 굽힘가공 할 때에 안쪽의 둥근 반지름을 굽힘 반지름이라 하고, 구부러진 부분이 균열을 일으키지 않고 구부릴 수 있는 가장 작은 둥근 반지름을 최소 굽힘 반지름이라 한다.

최소 굽힘 반지름은 소재의 재질, 판 두께, 굽힘방향에 따라 다르다.

(2) 판재의 전개 길이

판재를 구부리면 바깥쪽이 늘고 안쪽은 줄어들어 판의 두께가 약간 감소되는데, 두께의 감소는 굽힘 반지름이 작을수록 크지만, 보통 판 두께의 0.5~0.15 정도 발생한다. 소재를 [그림 3-47]과같이 구부릴 때 전체의 길이 L은 중립면의 길이로 다음과 같이 구하면 된다.

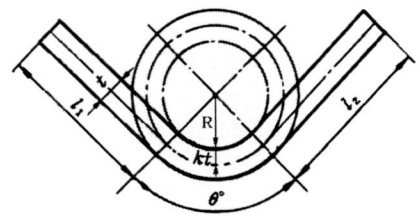

그림 3-47 굽힘가공의 소재 길이

$$L = l_1 + l_2 + 2\pi \times \frac{\theta}{360}(R + \kappa t)$$

kt는 중립면까지의 판의 치수를 가리키며, 중립면 중앙에 있으면
일반적으로 $k = 0.5$이다.
연강의 경우 $R<2t$이면 $k = 0.35$, $R<2t$ 이면 $k = 0.5$

(3) 스프링 백(spring back)

힘을 가하여 굽힘 가공한 다음 가한 힘을 제거하면 판은 탄성 때문에 탄성변형 부분이 약간 처음 상태로 되돌아간다. 이를 스프링 백(spring back)이라 하고 굽힘가공에서는 미리 이 양을 예측하여야 하며, 스프링 백의 양은 다음과 같이 변한다.

① 탄성한도가 높거나 경도가 높은 소재일수록 커진다.
② 같은 소재에서 구부림 반지름이 같을 때는 두께가 얇을수록 커진다.
③ 같은 두께의 소재에서는 구부림 반지름이 클수록 크다.
④ 같은 두께의 소재에서는 구부림 각도가 작을수록 크다.

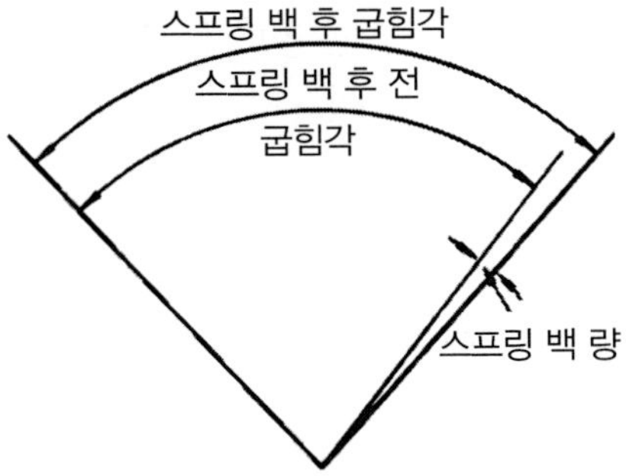

그림 3-48 스프링 백

또한, 스프링 백 비(spring back factor)는 탄성으로 원 위치된 정도를 나타내며, 스프링 백 비가 "1"이면 스프링 백이 일어나지 않은 상태이고, "0"이면 완전히 탄성으로 복원된 상태를 나타낸다.

스프링 백의 방지법은 다음과 같다.

① 강도가 낮은 재질을 사용한다.

② 두께가 큰 재료를 사용한다.

③ 펀치의 각도를 소요 각도보다 작게 한다.

④ 구부림 반지름을 크게 한다.

(4) 판재의 방향성

판재는 일정 방향으로 압연을 하므로 압연 방향과 그 직각 방향이 연신율, 인장강도 등의 기계적 성질이 다소 다른 것이 보통이다. 이와 같이 방향에 따라 성질이 다른 것을 방향성이라 한다. 일반적으로 판금재료는 압연 방향의 연신율보다 그 직각방향의 연신율이 작다. [그림 3-49] θ를 되도록 90°가 되게 하고, θ가 0°를 피한다.

접는 선이 판금의 압연방향과 평행하면 판의 연신율이 나빠 균열이 생기기 쉽고 또한, 굽힘 반지름이 작으면 균열이 생기기 쉽다.

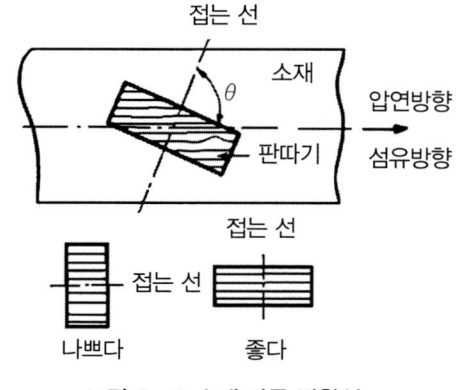

그림 3-49 소재 따른 방향성

(5) 굽힘에 요구하는 힘

굽힘에 요구하는 힘 $P(N)$은 다음과 같다.

$$P = c\frac{lt^2\sigma_b}{b}$$

여기서 c : 비례상수, l : 굽힘선의 길이(mm), t : 판 두께(mm)

σ_b : 판의 인장강도(N/mm^2)

b : 다이 홈의 폭(mm)

윗 식에서 c는 V형 다이일 때 1.00 ~ 1.33, U형 다이일 때는 2~3이다. 이 값은 다이의 폭 b에 따라 범위가 정하여진다. 즉,

V형 굽힘 $\frac{b}{t}=8$이면, $c=1.33$

U형 굽힘 $\frac{b}{t}=8$이면, $c=3$

(6) 굽힘가공 방법

1) 플랜징(flanging)
제품의 끝부분에 가장자리를 만드는 작업이다.

2) 컬링(curling)
원형 용기의 끝부분에 원형 단면의 테두리를 만드는 작업이다.

3) 시밍(seaming)
두장의 판 끝을 구부려 결합시키는 작업이다.

4) 비딩(beading)
폭이 좁은 돌기선을 만드는 작업이다.

5) 네킹(necking)
원형 용기 끝부분의 직경을 감소시키는 작업이다.

플랜징   컬링   시밍   비딩   네킹

그림 3-50 굽힘가공 방법

4. 디프 드로잉가공

 디프 드로잉(deep drawing)가공이란 편평한 판금재를 펀치로 다이 구멍에 밀어 넣어 이음매가 없고 밑바닥이 있는 용기를 만드는 작업이며, 그 형상은 원통, 원뿔, 반구형, 상자형 등으로 음료수 캔, 주방기구, 싱크대 등의 용기 제작에 이용된다. 이 가공 방법에는 다음과 같다.

① 프레스에서 펀치와 다이를 사용하는 방법

② 판금 선반을 사용하는 스피닝(spinning) 방법

③ 해머 등으로 두드려 만드는 방법

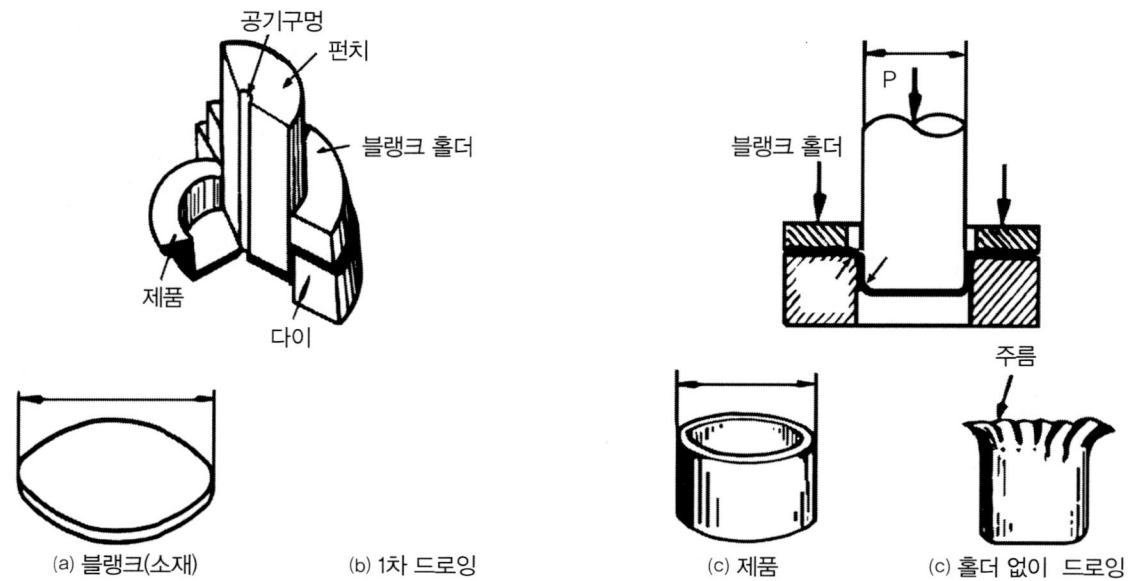

그림 3-51 디프 드로잉가공

(1) 드로잉률

 깊은 용기는 한 번에 작업을 완료하지 않고 몇 번으로 나누어 완성한다. 이 때의 가공도를 나타낼 때는 드로잉률(drawing rate)을 사용한다. 드로잉률이 작을수록 제품의 깊이가 깊은 것이므로 드로잉에 필요한 힘도 증가하게 된다. 그러나, 드로잉률이 너무 작으면 소재에 주름이나 파단이 발생하여 불량제품이 되므로 디프 드로잉에서는 재드로잉(redrawing)하여 제품의 두께를 순차적으로 감소해야 한다. 소재의 지름을 d_0, 각각 횟수에 따라 제품 지름을 $d_1, d_2, d_3, \cdots$, 각각 횟수에 따라 드로오잉률을 $m_1, m_2, m_3, \cdots$, 이라 하면 다음과 같은 관계가 된다.

$$m_1 = \frac{d_1}{d_0}, \quad m_2 = \frac{d_2}{d_1}, \quad m_3 = \frac{d_3}{d_2},$$

 일반적으로 첫 번째의 드로잉률 m_1은 0.55~0.60, 두 번째(재드로잉률) 이후의 드로잉률 m_2는 0.75~0.80 정도로 한다.

 드로잉률의 역수를 드로잉비(drawing ratio)라 하여 이것을 이용할 때도 있다.

 재드로잉에는 직접 재드로잉과 역 재드로잉이 있는데, 전자는 첫 번째 가공부터 마지막 공정까지 같은 방

향으로만 가공하는 것이고, 후자는 드로잉된 용기의 반대 방향으로 펀치력을 가하여 가공하는 것을 말한다.

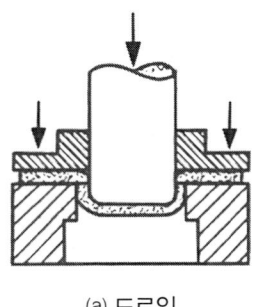
(a) 드로잉

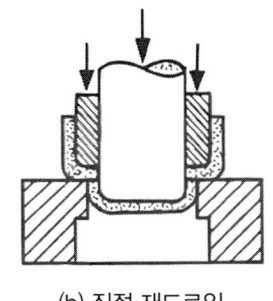
(b) 직접 재드로잉

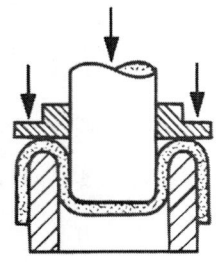
(c) 역 재드로잉

그림 3-52 드로잉과 재드로잉

(2) 소재 크기 선정

디프 드로잉가공 전후에서 판재에 대한 부피 변화와 약간의 판 두께 변화를 무시한 상태에서 제품의 표면적과 같은 크기의 표면적을 소재의 크기로 정한다.

표 3-5 C_1의 값

C_1	0.4	0.6	0.85	1.0
$m = \dfrac{\text{제품지름}}{\text{소재지름}}$	0.8	0.7	0.6	0.55

주, 의 값은 0.6~0.8이다

원형 용기의 경우, 소재의 지름 d_0는 다음과 같이 계산한다.

$$d_0 = \sqrt{d_1^2 + 4d_1 h - 1.72 r_p} \ (\text{mm})$$

또한, 용기의 밑바닥의 모서리가 날카로우면 다음과 같이 계산한다.

$$d_0 = \sqrt{d_1^2 + 4d_1 h} \ (\text{mm})$$

여기서 d_1 : 용기의 지름(또는 펀치의 지름)(mm)

h : 용기의 깊이(mm)

r_p : 용기 밑바닥 구석의 둥근 반지름(mm)

(3) 드로잉에 필요한 힘과 일량

드로잉 가공할 때 원통 바닥의 파괴 강도를 넘지 않아야 하며, 펀치에 가하는 힘 P와 일량 E의 계산은 다음과 같이 한다.

$$P = C_1 \pi d t \sigma \ (N)$$

$$E = C_2 P H \ (N.mm)$$

여기서 d : 제품의 지름(mm)

t : 판 두께(mm)

σ : 소재의 인장강도(N/mm^2)

H : 드로잉 깊이(mm)

C_1와 C_2은 드로잉률에 관한 계수이며, 〈표 3-5〉와 같다.

(4) 펀치와 다이 치수

다이와 펀치 사이는 어느 정도 틈새가 있어야 하며, 너무 틈새가 크면 주름이나 테이퍼가 지게 되므로 펀치와 다이사이의 틈새는 판 두께의1.4~1.5배, 정밀한 제품이 요구될 때에는1.1~1.2배 정도로 한다. 판 두께보다 작은 틈새를 주고 작업하는 것을 아이어닝(ironing) 가공이라고 한다.

5. 압축가공

소재의 표면에 상하 압축하여 얕은 요철을 만들어 내는 작업을 말한다.

(1) 압인가공(coining)

주화, 메달, 장식품 등의 표면에 여러 가지 모양이나 문자 등을 찍어 내는 가공법이며, 상형과 하형의 다이에 어느 모양을 조각한 다음 그사이에 소재를 넣고 상하에서 압축하면 모양이 찍혀 나온다.

(2) 엠보싱가공(embossing)

기계 부품의 장식과 보강을 목적으로 냉간가공으로 파형 또는 홈을 만드는 가공법이며, 코닝과의 차이는 소재의 두께를 변화시키지 않고 요철을 만들며, 그 요철은 앞면과 뒷면이 서로 반대가 된다.

(3) 스웨이징(swaging)

판재의 크기에 비하여 아주 작은 부분의 두께를 감소시키는 가공법을 말한다.

(a) 코닝 가공

(b) 엠보싱가공

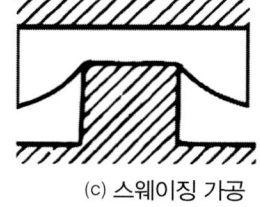
(c) 스웨이징 가공

그림 3-53 압축가공 종류

6. 프레스(press)

소재에만 타격을 가하는 해머와는 달리 큰 압력을 처음부터 끝까지 서서히 작용하여 소재 내부까지 에너지가 전달되어 여러 가지 프레스 가공 및 판금 작업하는 기계를 프레스라 한다. 프레스에는 동력원, 작동 방식에 따라 여러 종류가 있으며, 소형 제품을 인력으로 움직이는 인력 프레스와 기계로 움직이는 동력 프레스가 있다.

(1) 인력 프레스

1) 나사 프레스(screw Press)
[그림 3-54] (a)와 같이 핸들에 직결된 나사부가 회전하여 램이 상하 운동을 한다.

2) 편심 프레스 (eccentric press)
[그림 3-54] (b)와 같이 핸들 축에 직결된 편심축이 회전하여 램이 상하 운동을 한다.

3) 아버 프레스(arbor press)
[그림 3-54] (c)와 같이 레버를 돌리면 피니언이 회전하여 램에 연결된 래크를 상하 운동 시킨다.

4) 발 프레스(foot press)
[그림 3-54] (d)와 같이 페달을 밟으면 레버에 의하여 램이 상하 운동을 한다.

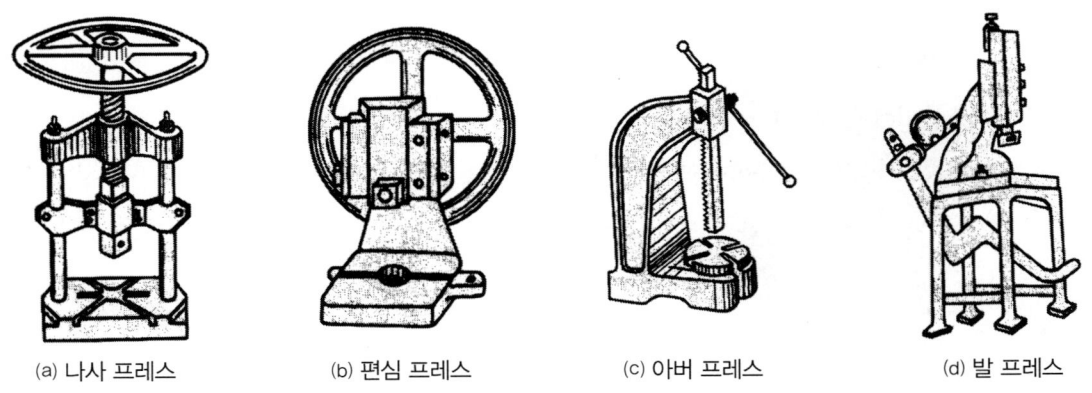

(a) 나사 프레스   (b) 편심 프레스   (c) 아버 프레스   (d) 발 프레스

그림 3-54 인력 프레스

표 3-6 프레스의 분류

(2) 동력 프레스

1) 크랭크 프레스(crank press)

프레스 기계 중 가장 많이 사용되며, 파워 프레스라고도 한다. 이는 플라이휠(fly wheel)의 회전을 직선운동으로 바꾸어 프레스에 필요한 슬라이드의 상하 운동을 하여 작업하며, 크랭크가 1개인 단동식 크

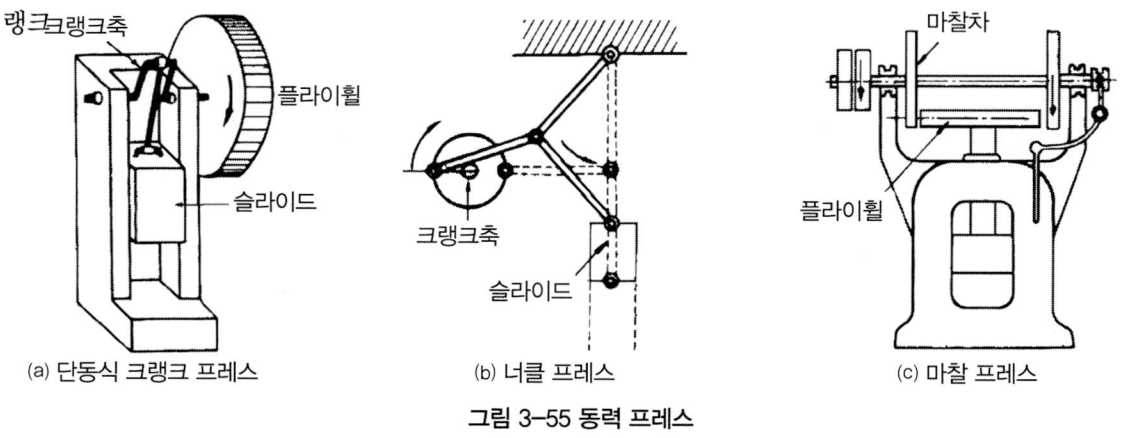

(a) 단동식 크랭크 프레스   (b) 너클 프레스   (c) 마찰 프레스

그림 3-55 동력 프레스

2) 토클 프레스(toggle press)

토글 기구를 이용한 것으로 플라이휠의 회전운동을 크랭크 장치에 의해 왕복 운동으로 변환시키고, 이것을 다시 토글 기구로서 직선운동을 하도록 하여 램 (ram)이 상하 운동을 한다.

3) 마찰 프레스(friction press)

마찰력과 나사를 이용한 프레스로 플라이휠(fly wheel)을 그 좌우에 있는 마찰차에 접촉시켜 플라이휠을 회전시키며, 축이 나사로 되어 있어 램이 상하 운동을 한다.

4) 액압프레스(hydraulic press)

대형 소재를 예비 가공 목적으로 많이 이용되지만, 유체를 이용하여 피스톤을 가압하므로 운동이 조용하고 느리게 하여 소재에 압력이 균일하게 미쳐 소재 내부에 균열이 생기지 않고 정밀단조가 가능하다. 액압프레스는 사용 유체에 따라 유압 프레스와 수압 프레스로 분류하고 크기는 해머의 크기와는 관계없이 램이 작용하는 수압으로 나타낸다. 액압프레스의 용량 W와 기계효율 η는 다음 식으로 계산할 수 있다.

액압프레스의 용량은 $W = \dfrac{P \times A}{1,000}$

액압프레스의 효율은 $\eta = \dfrac{A_e \times K_f}{W}$

여기서, A : 실린더 단면적(cm^2), P : 실린더 내의 압력(kgf/cm^2)

A_e : 소재의 유효 단조 면적, K_f : 변형 저항

5) 기계 프레스

기계 프레스는 회전운동을 기계적인 크랭크 장치로 직선 왕복 운동으로 바꾸어 소재를 가압하는 것으로 마찰 프레스, 편심 프레스, 너클조인트 프레스, 크랭크 프레스 등이 있다.

그림 3-56 액압프레스   그림 3-57 기계(크랭크) 프레스

익힘문제

01 소성가공의 장점을 나열하여라.

02 수나사 또는 기어 가공에 주로 쓰이는 방법으로 원주로 된 재료를 롤러 모양의 형으로 회전시키면서 가공하는 방법을 무엇이라 하는가.

03 재료에 외력을 가하면 단단해지는 성질을 무엇이라 하는가?

04 열간가공과 냉간가공의 특징을 설명하여라.

05 단조작업의 특징을 나열하여라.

06 단조를 한 방향으로 가공하면 섬유상조직이 나타나는데 이 섬유상조직을 무엇이라 하는가?

07 스웨이지 공구란 무엇이며, 스웨이지 블록의 역할을 설명하여라.

08 증기해머에서 단동식과 복동식에 대하여 설명하여라.

09 두 개의 롤러 사이에 재료를 통과시켜서 성형하는 가공법을 무엇이라 하는가?

10 압연 가공에서 롤러 통과 전의 두께가 20mm이고, 통과 후의 두께가 15mm로되어 있다면, 압하율(%)은 얼마인가?

11 압연할 때의 중립점이란 무엇을 의미하는가.

12 전조 작업의 특징을 열거하여라.

13 전조 가공에서 나사를 전조하는 방법을 나열하여라.

14 탄피나 치약 튜브를 만드는 방법은 가공법은 어느 방법인가?

15 압출가공의 종류를 기록하여라.

16 인발 가공하는 방법을 설명하여라.

17 프레스 가공법의 종류를 나열하여라.

18 판 두께 2mm의 연강판에서 지름 100mm의 원판을 블랭킹하는데 필요한 힘은얼마로 하면 좋은가? 단, 전단저항 $30N/mm^2$이다.

19 두께가 3mm 되는 철판으로 내경이 20cm되는 원통을 만들려면 철판의 길이는 얼마로 하면 좋은가?

20 굽힘가공할 때 스프링 백이 발생하는 것에 대하여 설명하여라.

21 제품의 지름이 200mm, 판 두께 2mm, 제품의 높이가 150mm인 원통형 용기를 만들 때 펀치에 가하는 힘과 드로잉에 필요한 일량은 얼마인가? 단, 소재의 인장강도는 $2.8 N/mm^2$이고, C_1과 C_2의 값은 각각 0.6이다.

22 코닝과 엠보싱을 비교 설명하여라.

23 특수 드로잉가공에서 다이에 금속재료 대신에 고무나 액체를 사용하는 방법은 무엇인가?

제 4 장

판금제관

제1절 판금제관 공작의 개요

제2절 기계공작과 판금제관 공작

제3절 판금제관용 공구와 기계

제4절 판금제관 성형법

제5절 관(pipe) 제조 방법

제6절 박판 특수 성형 가공

제1절 판금제관 공작의 개요

1. 판금 공작의 특징

판금 공작이란 일반적으로 박판을 이용하여 필요로 하는 모양의 제품을 만들어 내는 작업을 말한다. 그러나 최근에는 금속에 대한 야금 기술과 압연 제조 기술 등이 급속도로 발전함에 따라 재질이 우수한 여러 가지 규격의 판재를 제조하게 되어 판금 재료의 활용 범위도 매우 넓어졌다.

일반적으로 판금 제품은 환기 장치, 냉난방 덕트 설비 등과 같이 건축물에 설치하는 경우도 많을 뿐만 아니라 보일러, 자동차, 철도 차량, 선박, 항공기, 인공위성 등의 다양한 각종 산업 및 냉장고, 세탁기 등의 가전제품들의 수요가 지속해서 증가함에 따라 대량생산이 필요하게 되어 판금 가공용 각종 기계도 점점 고속화, 대용량화, 자동화되고 있다.

판금 공작의 특징을 들면 다음과 같다.
① 제품이 가볍고 튼튼하다.
② 간단한 설비와 공구로도 가공이 가능하다.
③ 재료의 손실이 적다.
④ 대량생산이 가능하다.
⑤ 제품이 불에 타지 않는다.
⑥ 수리 및 개조가 용이하다.
⑦ 외관이 아름답다.
⑧ 제조원가가 저렴하다.
⑨ 각종 가공 방법에 따라 쉽게 제품을 만들 수 있다.

2. 제관 공작의 특징

제관 공작이란, 제관(製罐)은 금속 가공으로, 간단히 말하면 관을 만드는 것으로 용기뿐만이 아니라, 기계의 커버나 골조 등을 만들기 위해서 빠뜨릴 수 없는 기술이다. 다양한 일용품이나 빌딩의 설비 등, 많은 친밀한 것이 제관으로 만들어져 있다. 철이나 스테인리스 등의 금속판이나 파이프, 앵글재 등을 절단해, 용접 가공 등을 실시해 입체적인 제품을 만드는 기계 제작 분야의 일부이다. 제관이라고 하면, 스프레이나 통조림의 용기를 이미지화할지도 모르지만, 일반적인 관뿐만이 아니라, 큰 압력 용기의 탱크나 장치로부터 대형 기계 커버의 구조물 골조 등의 제조도 포함되어 있다. 절단이나 절곡, 천공이나 용접 등을 실시하기 때문에, 어느 쪽 인가라고 하면 판금가공에 가까운 가공이지만, 판금가공과는 달리, 금속판뿐만이 아니라, 형강이나 파이프 앵글재를 사용한다. 또한 금속판을 사용할 때는 판금가공보다 두꺼운 재료가 사용되는 경우가 많다. 또한 판금가공과 달리 커버나 케이스보다는 프레임 등을 만드는 데 사용되는 경우가 많다. 금속 가공의 일종으로, 제조에 있어서는 빠뜨릴 수 없는 가공 방법의 하나이다.

제관 가공에서는, 판금가공보다 높은 강도가 요구되는 제품을 만드는 경우가 많다. 그렇기에 높은 강도를 가진, 철이나 스테인리스가 적합하다. 한편 알루미늄이나 구리 등과 같이 소재의 강도가 낮은 것은 적합하지 않다.

제관 공작의 특징을 들면 다음과 같다.

① 비교적 대형 구조물을 만드는 데 적합하다.
② 높은 강도를 가진 제품이 만들기 쉬운 가공 방법이다.
③ 판금가공이나 프레스가공과 같이 양산을 향한 가공 방법은 아니다.
④ 비교적 제작비용이 높다.
⑤ 기본적으로 수작업이 되므로 숙련도가 높은 기술자가 필요하다.

3. 제관 가공과 판금가공의 차이

금속판을 가공한다는 의미에서는, 제관 가공과 판금가공은 매우 비슷하다. 그러나 크게 나누어 다음과 같은 차이가 있다. 제관 가공과 판금가공의 차이는 판의 두께로, 제관 가공 쪽이, 강도나 내구성이 요구되는 제품이나 대형의 제품이 만들어진다.

(1) 제조되는 제품

판금가공에서는, 기계의 본체 케이스나 박스 등이 주로 만들어지지만, 제관 가공에서는 프레임이나 발판 등이 만들어진다. 또한 판금가공에 비해 큰 것이 만들어지는 경우가 많다.

(2) 소재

판금가공에서는 금속판이 사용되지만, 제관 가공에서는 형강이 많이 사용한다.

(3) 판 두께

제관 가공은 판금가공에 비해, 높은 강도나 내구성이 요구되는 제품을 만들 때 행해지는 것이 많아, 두꺼운 금속판을 사용하는 경우가 많다.

일반적으로 판금가공에 사용되는 것은 7mm 이하의 금속판이지만, 제관 가공에서는 7mm 이상의 판을

제2절 기계공작과 판금제관 공작

　　기계를 이루고 있는 하나하나의 부품들을 제작할 때는 각각의 기능과 형상에 따라 알맞은 재료와 적당한 가공 방법이 활용되어야 한다.

　　판금 공작은 기계공작의 한 분야로서 소성가공의 일종이다. 일반적으로 배관 설비, 용접 등과 밀접한 관계를 지니고 있으며 지금까지는 박판을 이용한 가공을 일반 판금이라 하고 비교적 두꺼운 판을 이용한 가공 제관(boiler making)이라고 부르기도 한. 그러나 오늘날에는 새로운 판금가공 설비가 개발되고 그 용량도 대형화됨에 따라 이 두 가지를 명확하게 구분 짓기가 매우 어렵게 되었다.

　　일반적인 판금제관 작업의 세부 과정을 차례로 열거하면 다음과 같다.

　　① 도면 작성과 재료 선정→ ② 전개도 그리기→ ③ 판 뜨기→ ④ 절단(자르기), 천공 → ⑤ 절곡(굽히기)→ ⑥ 용접(집합)→ ⑦ 표면처리 및 조립검사

　　판금제관 작업의 일반과정을 열거하면 다음과 같은 방법으로 진행된다.

　　① 설계도 → ② 전개도(현도) 작성 → ③ 마름질 → ④ 절단 → ⑤ 성형
　　→ ⑥ 조립 → ⑦ 측정검사

　　판금제관 공작은 오늘날 산업 분야 전반에서 널리 활용되고 있다. 자동차 공업, 조선공업, 항공 산업, 중화학 공업과 경공업 등의 분야에서뿐만 아니라 전기, 전자 산업, 건축물 공사 현장 등에서도 판금 공작은 널리 응용되고 있다.

　　이는 주조, 단조, 용접 등의 타 분야의 기계공작 방식보다 제품의 생산성 및 신뢰성을 높일 수 있기 때문임이 인정되고 있기 때문이다.

　　특히 최근에는 판금제관 공작에 의한 제품 생산이 활발해짐에 따라 금형의 수요도 급격히 늘어나게 되었고, 결국 정밀가공 분야의 급격한 성장도 두드러지게 나타나고 있다.

1. 일반 판금

일반 판금은 재료를 원하는 모양으로 자르고 굽힌 후 집합하여 제품을 만드는 작업으로써 수공 판금과 기계 판금으로 분류할 수 있다. 제품의 종류가 다양하고 고 수량이 적을 때에는 일반적으로 판금용 공구와 간단한 판금 기계를 이용하여 수공 판금을 하게 되며, 제품 수량이 많으면 유압 프레스 등에 금형(金型)을 사용한 기계 판금을 하게 된다.

일반 판금은 유체 저장용 용기, 유체 수송용 덕트, 기계설비의 커버, 가정용 주방 기기 등을 제작할 때 이용된다.

2. 타출 판금(pane1 beating)

타출 판금은 금속재료를 수공 작업에 의해 늘이기, 굽히기, 오므리기 등의 가공 방법을 응용하여 이음매 없는 판금 제품을 만드는 작업으로써 자동차의 섀시, 벨트의 커버, 오목한 그릇 등을 만드는데 응용된다.

3. 제관(boiler making)

제관이란 두꺼운 강판을 굽히고 타출 성형하여 리벳 이음이나 용접 등의 방법으로 집합한 다음, 기타 여러 가지 부품들을 결합하는 작업이다.

보일러 제작, 각종 탱크, 압력 용기, 탑, 교량, 건축 구조물 및 철골 구조물 등의 제작 등에 주로 응용된다.

4. 프레스가공(press working)

각종 판금 재료를 원하는 치수로 자르거나 필요한 모양으로 변형시키는 작업으로서 자동차, 철도 차량, 선박, 항공기 등 각종 산업 현장에서 많이 응용되는 기술이다. 이 프레스가공 방법은 능률이 높고 제품의 균일성이 있으며 재료가 경제적으로 사용된다.

제3절 판금제관용 공구와 기계

판금제관 일반 가공용으로 사용되고 있는 수공구와 기계류 등을 잘 선택하고 알맞은 용 도로 사용하는 것은 매우 중요한 일이다.

작업자가 공구나 기계를 가공의 종류에 알맞게 선택하고 사용법을 익숙하게 하는 일은, 작업을 더욱 능률적으로 진행하고 작업 시간도 절약할 수 있는 이점이 있다.

이 장에서는 판금제관 작업자가 알아야 할 판금제관용 공구와 측정 공구 및 판금제관용 기계 등을 열거하고, 종류별 용도, 특성 등을 알아보기로 한다.

1. 판금제관용 공구

판금용 공구에는 마름질 공구, 측정용 공구, 절단용 공구, 성형용 공구 등이 있다.

(1) 마름질 공구

마름질 공구에는 금긋기 바늘, 센터펀치, 컴퍼스, 디바이더, 자, 캘리퍼스 등이 있으나 자, 캘리퍼스는 측정용 공구에서 다루기로 한다.

1) 금긋기 바늘(scriber)

금긋기 바늘은 보통 스크라이브로 많이 불리며 판금 재료를 마름질할 때 금긋기용으로 쓰인다. 보통, 고탄소강 또는 황동으로 만들며 손잡이의 지름은 5~10mm, 전 길이는 200mm 정도이다. 금긋기 바늘은 나사가 있어 핸들의 양쪽 어느 곳에나 끼우게 되어 있고, 손잡이에는 작업자가 꼭 쥐고 사용할 수 있도록 널링(knurling)이 되어 있다. 금긋기 바늘로 금을 그을 때는 긋는 방향으로 약 60°와 15° 기울여 자의 밑변 모서리를 따라 그어야 한다.

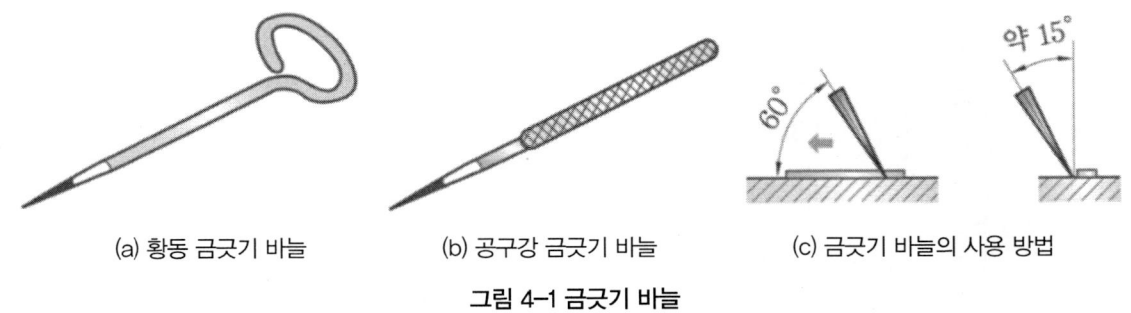

(a) 황동 금긋기 바늘   (b) 공구강 금긋기 바늘   (c) 금긋기 바늘의 사용 방법

그림 4-1 금긋기 바늘

2) 센터펀치(center punch)

 센터펀치는 공구강으로 만들며, 주로 어떤 판재의 마름질을 확실하게 나타내기 위해 또는, 드릴 작업을 하기 위한 구멍의 중심을 잡기 위해 사용된다. 일반펀치는 끝을 60°의 원뿔 모양으로 담금질하며 치수는 매우 다양하다. 자동 센터펀치는 망치가 필요 없이 손으로 잡고 힘껏 누르면 내부의 구조에 의해 자동으로 찍히게 되어 있다.

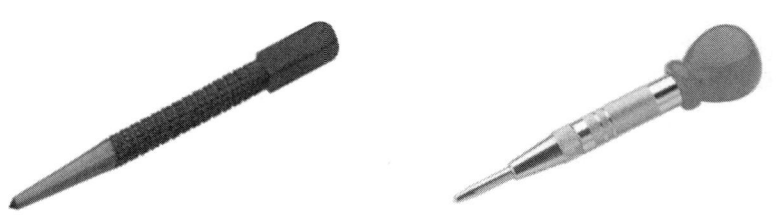

그림 4-2 센터펀치 및 자동 센터펀치

3) 컴퍼스(compass)

 컴퍼스는 보통 컴퍼스와 스프링 컴퍼스, 빔컴퍼스가 있으며 판재에 원호나 원을 그릴 때, 선분을 옮기거나 등분할 때 사용된다. 특히 빔컴퍼스(beam compass) 또는 트래멀(trammel)은 디바이더나, 보통 컴퍼스로 그릴 수 없는 긴 선분을 옮기거나 큰 원을 그릴 때 이용된다. 빔의 길이는 보통 200~500mm이며 연장대를 사용하여 더 길게 할 수 있다.

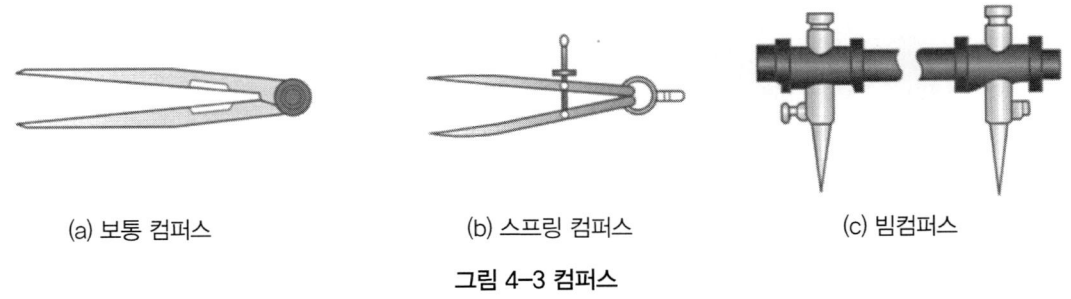

(a) 보통 컴퍼스   (b) 스프링 컴퍼스   (c) 빔컴퍼스

그림 4-3 컴퍼스

4) 디바이더(divider)

 컴퍼스와 비슷하게 생겼지만, 디바이더는 두 다리가 다 바늘로 되어 있다. 선의 길이를 고르게 등분하는 데 쓰는 도구라지만 사용 방법이 컴퍼스와 비슷하다. 그냥 잡고 돌리며 거리를 측정하면 된다. 판

금제관에서 거리를 측정하거나 측정값을 옮길 때, 또는 원호, 반지름, 원을 그릴 때 사용하며 스프링식 (spring)과 윙(wing)식이 있다. 스프링식은 스크루와 너트로 조정하게 되어 있다. 윙식은 바(bar)가 있어 이 바로 다리의 벌림 거리를 조정하게 되어 있다. 이 형식은 150, 200, 300mm 길이 크기로 되어 있다.

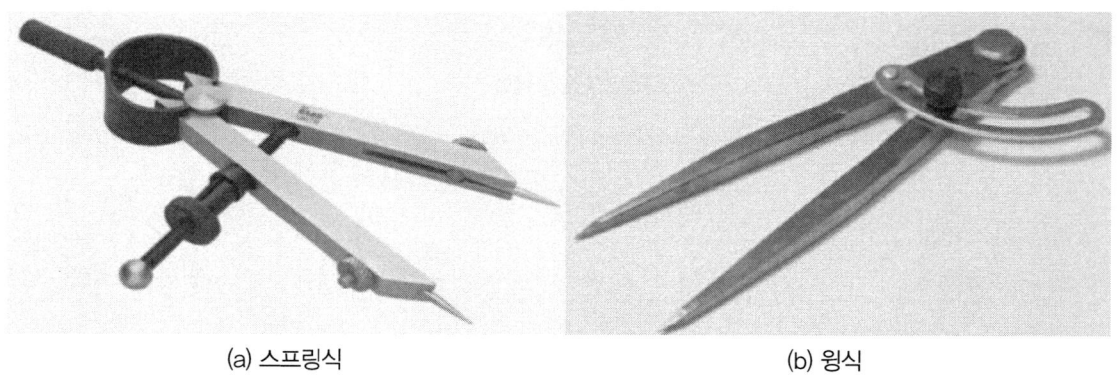

(a) 스프링식   (b) 윙식

그림 4-4 디바이더

(2) 측정용 공구

측정용 공구에는 자, 직각자, 캘리퍼스, 수준기, 버니어캘리퍼스, 마이크로미터, 다이얼게이지, 높이 게이지 및 정반, 틈새 게이지(thickness gauge), 와이어게이지, 드릴게이지 등이 있다.

1) 자(scale, rule)

① 강철자(steel rule)

작업장에서 사용되는 가장 간편한 측정 기구로서 주로 직선 치수의 측정용으로 사용한다. 자 모서리에 새겨 있는 눈금으로 치수를 읽으며 보통 스테인리스 강제(stainless steel)의 강철자가 많이 사용되고 있다. 길이는 300mm, 600mm, 1,000mm 등의 것이 많이 쓰이며 눈금은 대개 mm(cm) 식과 inch 식이 있다.

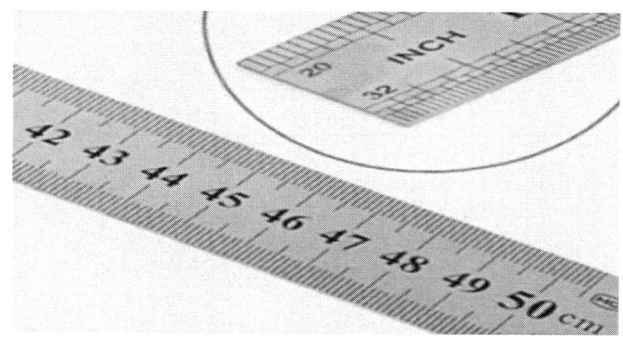

그림 4-5 강철자

② 줄자(pull-push rule)

줄자는 2,000~7,000mm 정도의 길이를 측정하며 가요성(flexibility)의 스프링 테이프와 이 테이프를 감아 넣어 두는 케이스(case)로 되어 있다. 이 자는 짧은 길이의 내외 측정에도 매우 유효하게 쓰이며, 원통 물체의 둘레 측정에도 사용된다.

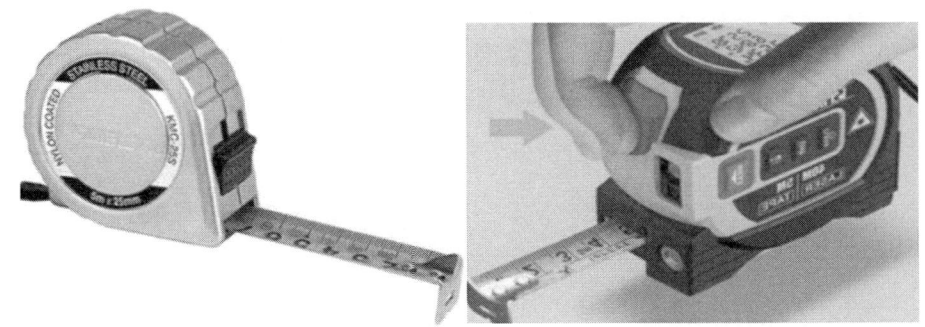

그림 4-6 줄자 및 디지털 줄자

③ 접기자(권척, folding rule)

공작물의 긴 길이 측정에 사용되며, 딱딱한 나무나 알루미늄(aluminium)으로 만들어진 것으로 전체 길이는 1,000~2,500mm이며 한 마디의 길이는 보통 150mm이다.

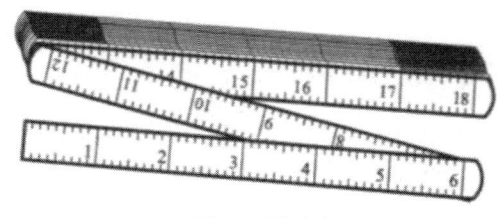

그림 4-7 접기자

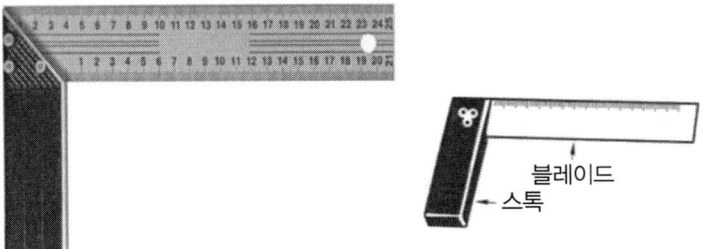

그림 4-8 직각 정규

2) 직각자(square)

① 직각 정규

직각 정규는 강제의 스톡(stock)과 얇은 블레이드(blade)로 되어 있다. 블레이드의 길이는 보통 50~300mm가 있다. 이 자는 직선부, 평면부 및 각도 등의 정확성을 확인할 때, 직각 및 수직선을 긋거나 직각도를 검사할 때 사용한다.

② 조합 각자(combination square)

움직일 수 있는 각 헤드(square head)와 홈이 파져있는 강제의 자로 되어 있다. 각 헤드에는 수준기(level)가 부착되어 있어 측정하고자 하는 평면의 수평 여부를 확인할 수 있도록되어 있으며, 자에는 mm

또는 inch의 눈금이 새겨져 있다. 45°와 90° 각을 설정할 수도 있고 깊이 측정 게이지로 사용할 수도 있다.

그림 4-9 조합 각자

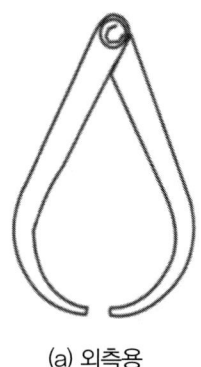 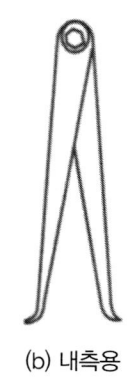 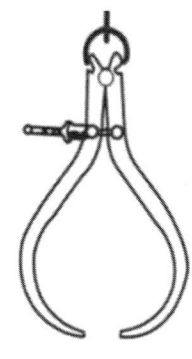

(a) 외측용   (b) 내측용   (c) 외측용 스프링식

그림 4-10 캘리퍼스

3) 캘리퍼스(calipers)

캘리퍼스는 지름이나 거리의 측정, 산정한 치수나 크기를 자의 눈금과 같이 표준이 되는 것과 비교하는 데 사용되며, 바깥 면의 거리와 지름 등을 측정할 때 사용되는 외측 캘리퍼스와 안쪽 면의 거리, 지름 등을 측정할 때 사용되는 내측 캘리퍼스가 있다. 또한, 외측용이든 내측용이든 다리의 스프링과 나사를 이용하여 다리의 벌림 정도를 조절할 수 있는 구조로 되어 있는 스프링식도 있다.

(3) 절단용 공구

절단용 공구는 재료를 자르거나 깎아낼 때, 또는 구멍을 따내는 데 쓰이는 공구로서 판금용 가위, 펀치, 정, 줄 및 가스절단 토치 등이 있다.

1) 판금용 가위(tinner's snip)

판금용 가위는 얇은 판재를 자르는 데 사용되며, 크기는 가위의 전체 길이로 표시한다. 자르려는 금긋기 선의 모양에 따라 각각 알맞은 판금 가위가 있다. 날의 모양에 따라 직선 가위, 곡선 가위, 구멍 가위가 있다. 가위 날의 각도는 보통 60°~65° 정도이며, 날의 단면은 2° 정도 경사져 있다.

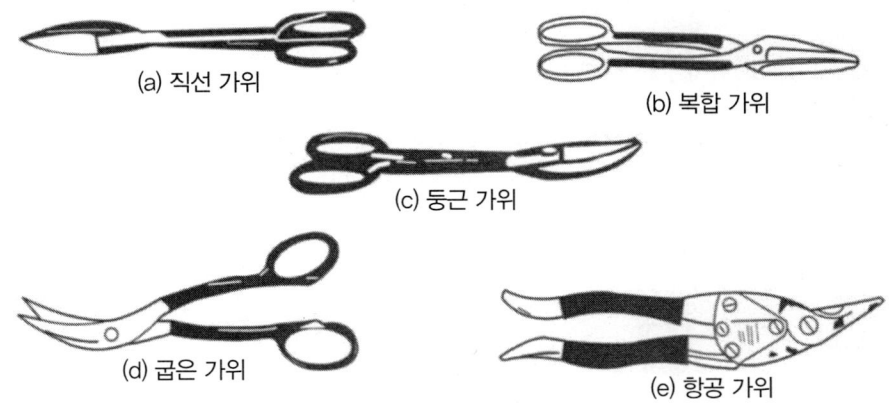

그림 4-11 판금용 가위

① 직선 가위(straight snip)

판금 재료의 직선절단에 주로 쓰이며, 다른 가위보다 날의 길이가 길다.

② 복합 가위(combination snip)

일반적으로 가장 많이 쓰이는 판금 가위로서 겉모양은 직선 가위와 비슷하나 날 부분이 약간 짧고 단면 모양이 둥글게 되어 있어 가위질하기 쉬우며 직선이나 곡선 부분을 자르는 데 복합적으로 사용된다.

③ 둥근 가위(circular snip)

날 부분이 구부러져 있어서 둥근 곡선을 자를 때나 원형 부분의 안쪽을 자르는 데 사용된다.

④ 굽은 가위(hawk-billed snip)

판금 재료의 안쪽 것을 자르는 데 사용된다. 가위의 날이 가늘고 구부러져 있어서 공작물 안쪽의 것을 자를 때 편리하게 되어 있다.

⑤ 항공 가위(aviation snip)

날이 약간 구부러져 있으며, 날 끝이 짧고 뾰족하여 원이나 직각 또는 복잡한 곡선 부분도 쉽게 자를 수 있게 되어 있고 왼쪽, 오른쪽, 직선용의 3가지가 있다.

2) 판금 펀치

판금 펀치는 판재에 구멍을 뚫거나, 리벳을 빼낼 때 등에 사용되며, 해머를 사용하는 펀치와 손잡이로 누르는 펀치로 나뉜다. 또한 속이 찬 솔리드 펀치와 가운데 구멍이 뚫린 중공 펀치로 구별할 수 있는데, 솔리드 펀치는 드릴 작업할 때 사용되는 센터펀치, 각종 핀을 뽑아낼 때 사용되는 핀 펀치, 황동 등의 연한 금속에 표시할 때 사용하는 프릭 펀치가 있다.

중공 펀치는 개스킷, 가죽, 종이, 얇은 금속판 등에 구멍을 뚫을 때 사용된다.

티너 핸드 펀치는 비교적 얇고 연한 금속에 구멍을 뚫을 때, 아이언 핸드 펀치는 일반적인 강판의 구멍 뚫기에 사용된다.

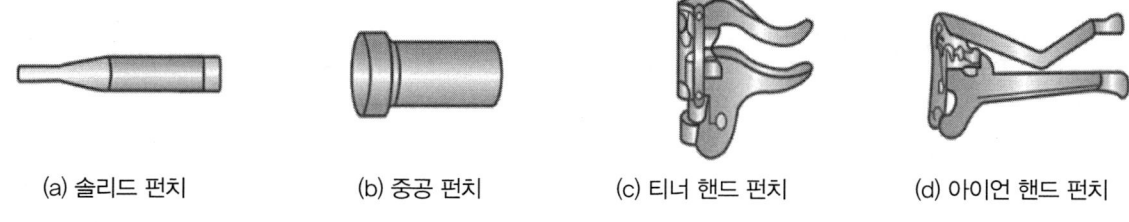

(a) 솔리드 펀치 (b) 중공 펀치 (c) 티너 핸드 펀치 (d) 아이언 핸드 펀치

그림 4-12 판금용 펀치의 종류

(4) 성형 및 접합용 공구

성형 공구는 판금 재료를 파괴하지 않고 영구 변형을 시킴으로써 여러 가지 모양으로 만드는 공구를 말하며, 접합용 공구는 성형 후 판재끼리의 접합 작업할 때 사용되는 공구를 말한다.

1) 판금용 해머

판금용 해머는 판금 재료를 두드려 원하는 모양으로 접거나 변형, 성형시킬 때 사용되며 크기는 자루를 제외한 머리의 무게로 나타낸다.

① 핀 해머(peen hammer)

판금 작업에 가장 많이 사용되며 핀이 볼 모양으로 둥글게 되어 있는 볼 핀 해머와 판금 재료의 펴기나 접기 작업에 사용하는 가로핀 해머(cross peen hammer) 및 세로핀 해머(straight peen hammer)가 있다. 또한 핀 해머와 유사하지만, 특별히 중량급 작업에 쓰이도록 만든 것을 특히 슬래지 해머(sledge hammer)라고 한다.

(a) 볼 핀 해머 (b) 가로 핀 해머 (c) 세로 핀 해머 (d) 슬래지 해머(양면)

그림 4-13 핀 해머의 종류

② 리베팅 해머(riveting hammer)

리벳의 끼우기 작업이지만 떼어내기 작업에 사용되는 해머로서 둥근 면은 리벳을 끼울 때, 좁고 테이퍼 진 끌 모양의 면은 리벳을 떼어낼 때 사용된다.

③ 세팅 해머(setting hammer)

금속판을 구부리거나 바르게 펼 때, 또는 얇은 금속판에 심(seam)을 마무리할 때 사용하는 해머이다.

④ 범핑 해머(bumping body hammer)

찌그러진 금속판의 펴기 작업에 사용된다. 해머의 머리 면이 한쪽은 둥글고 다른 한쪽은 4각형의 것, 핀 모양으로 된 것, 둥근 것 등이 있다.

⑤ 치핑 해머(chipping hammer)

용접부의 치핑(chipping) 작업할 때 사용되는 해머로서 어떤 것은 와이어브러시가 붙어 있어 그 와이어브러시로 용접하기 전의 금속 면을 닦을 때와 치핑 후의 슬랙(slag)을 떼어낼 때 사용한다.

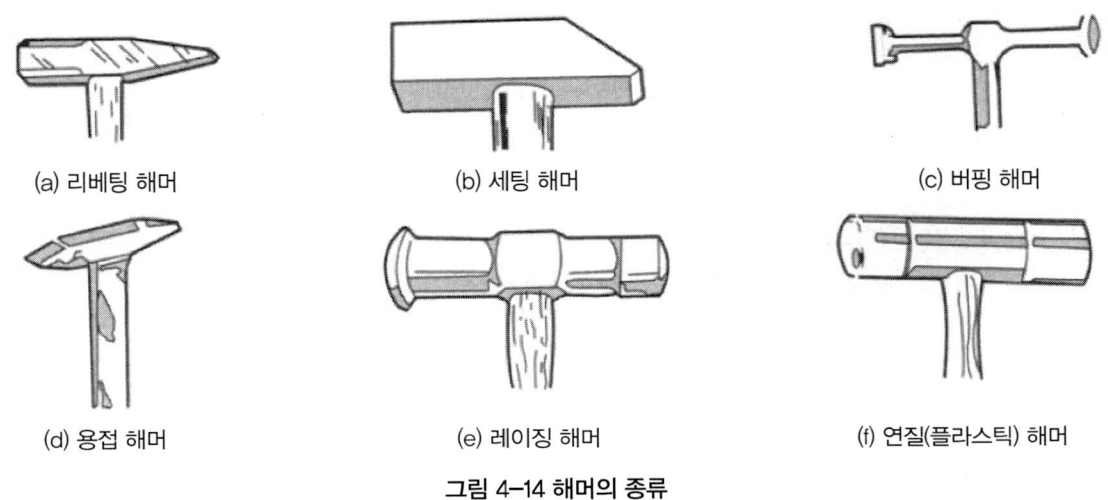

(a) 리베팅 해머 (b) 세팅 해머 (c) 버핑 해머
(d) 용접 해머 (e) 레이징 해머 (f) 연질(플라스틱) 해머

그림 4-14 해머의 종류

⑥ 레이징 해머(raising hammer)

원형 판재를 집시 모양으로 만들거나 이음매 없는 그릇 모양을 두들겨 성형시키는 작업에 주로 사용되는 타출 관급용 해머이다.

⑦ 연질 해머(soft faced hammer)

연질 해머는 강철제의 해머를 사용하면 상처가 생기는 것을 방지하기 위해 사용된다. 이 해머는 머리 재질에 따라 고무 해머, 나무 해머, 가죽 해머, 납 해머, 플라스틱 해머 등으로 구분되며 보통 나무 자루를 쓰고 있다.

특히, 연전 해머는 관을 성형할 때 많이 사용되며 판재의 변형을 바로 잡는 데 매우 효과적이다.

2) 판금용 집게(plier tongs)

판금 집게는 작은 부품이나 금속조각의 잡기, 구부리기, 잡아당기기, 절단 작업하기 등을 할 때에 사용되는 용도가 다양한 판금용 공구이며 크기는 전제 길이로 표시한다.

① 컴비네이션 플라이어(combination plier)는 가장 많이 사용되는 일반적인 플라이어이며 조에 이가 있고 그 부근에 2단의 구멍이 있어 고 구멍을 2단으로 바꿈에 따라 벌림의 크기를 2단계로 구분할 수 있다.

② 클램프 플라이어(clamp plier)는 가동용 조와 고정용 조로 구성되어 있는데, 가동용 조는 고정용 조의 핸들에 있는 조정 나사에 의해 조정되게 되어 있으며, 가동용 조를 조정함에 따라 공작물을 잡음으로써 단단하게 고정할 수 있다. 보통 바이스 플라이어(vise plier)라고도 한다.

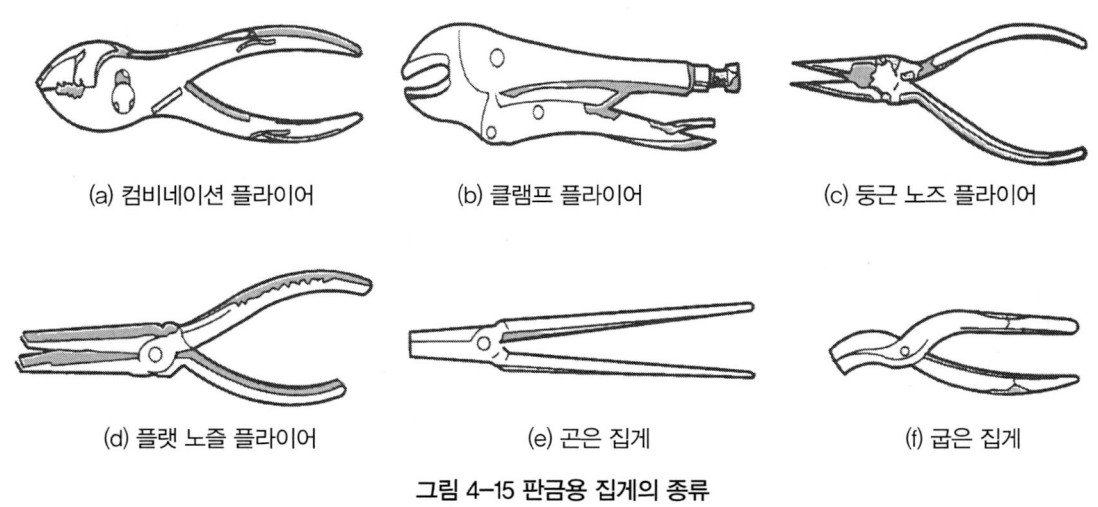

(a) 컴비네이션 플라이어   (b) 클램프 플라이어   (c) 둥근 노즈 플라이어
(d) 플랫 노즐 플라이어   (e) 곧은 집게   (f) 굽은 집게

그림 4-15 판금용 집게의 종류

③ 둥근 노즈 플라이어(round nose plier)는 철사 또는 가벼운 금속의 공작물을 둥글게 구부리거나 원통으로 마는 데 쓰인다.

④ 플랫 노즈 플라이어(flat nose plier)는 조가 납작 하고 넓게 되어 있어 판금 재료를 잡을 때 쓰인다.

⑤ 곧은 집게(straight tongs)는 판재를 잡거나 가열물을 집어내고 잡는데 쓰이며 일반 공작용으로 사용된다.

⑥ 굽은 집게(bend tongs)는 곡선의 공작물을 잡는 데 사용한다.

3) 렌치(wrench)

렌치는 스패너(spanner)라고도 하며, 볼트, 너트, 나사 등을 조이거나 풀 때 사용된다. 끝부분이 고정된 렌치인 오픈 앤드 렌치(open end wrench), 렌치 입의 크기를 웜과 랙으로 바꿀 수 있게 되어 있어 조정 렌치라고도 불리는 몽키 스패너, 조정 파이프 렌치 등이 있다. 오픈 앤드 렌치의 크기는 입의 크기에 따라 정해지며 일반적으로 여러 가지 크기의 볼트 너트에 사용할 수 있도록 5~10개를 한 조로 한 세트로 되어있다. 또한 몽키 스패너는 보통 150, 200, 250, 300mm 길이의 것이 있으며 파이프의 물림에 사용되는 조정 파이프 렌치에는 지름이 큰 파이프의 조임 작업에 사용되는 조정 체인 파이프 렌치(adjustable chain pipe wrench)도 있다.

그림 4-16 렌치의 종류

4) 굽힘대와 박자목

판재를 직선으로 마름질 선에 의해 꺾어 접을 때 사용하며 두께가 얇은 아연 도금 강판의 가공할 때 많이 쓰인다.

굽힘대는 1,000~1,500mm의 목재 대에 앵글(angle)을 부착시킨 것이며 판급 칼(bend edge)은 한쪽 가장자리를 경사지게 깎아 다듬은 강판재로서 판재를 꺾어 접을 때 판재에 대고 작업한다. 또한 박자목은 판금 재료를 굽힘대에 얹어 놓고 굽히거나 때려 접고자 할 때 두드리는 데 사용하는 공구로서 보통 단단한 나무로 되어 있다.

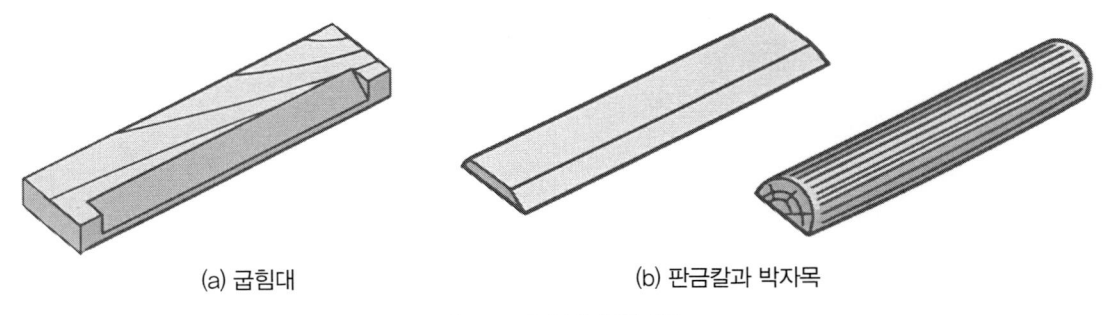

그림 4-17 굽힘대와 박자목

5) 판금 정(bend chisel)

고탄소강으로 만들어 열처리한 것으로 판금 정은 절곡기를 사용하기 힘든 꺾기 작업에 주로 사용되며, 마름질선 위에 판금 정 날을 대고 해머로 두들겨 사용

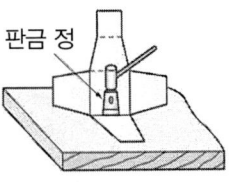

그림 4-18 판금 정

한다. 너무 강하게 두드리면 판재가 찢어지기 쉬우므로 주의해야 한다.

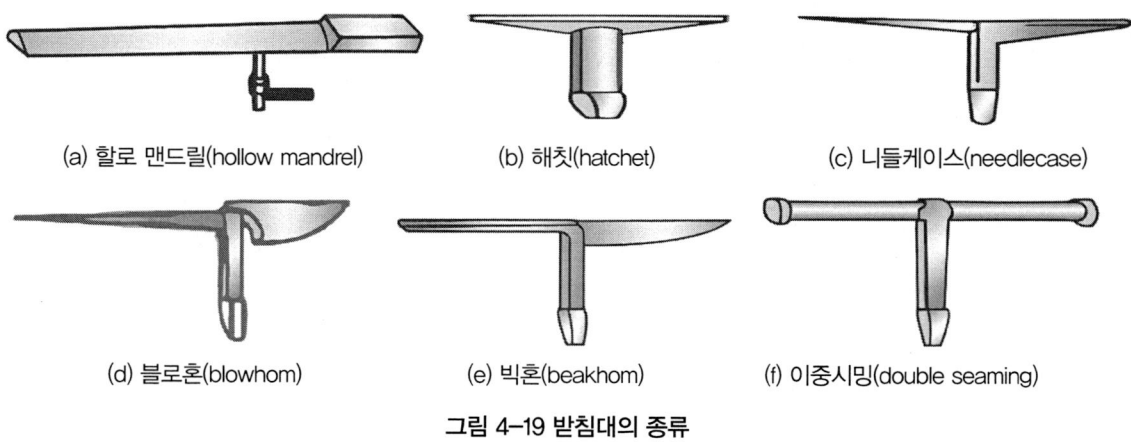

그림 4-19 받침대의 종류

6) 받침대와 받침판

① 받침대(bench stake)

받침대는 판금용 스테이크라고 통용되는데 리베팅, 시밍, 집기 작업 등의 판금 가공 시 금속판을 여러 가지 모양으로 접을 때에 받침쇠로 사용된다. 받침대의 모양은 여러 가지인데 제품의 종류와 작업 내용에 따라 가장 적당한 것을 골라서 사용해야 한다.

② 받침판(bench plate)

받침판은 여러 가지 모양의 받침대 자루가 끼워질 수 있도록 다수의 구멍이 뚫려있는 강체의 두꺼운 판재로서 작업대 위에 선지하여 각종 받침대를 알맞은 크기의 받침판 구멍에 꽂아 지지하는데 사용된다.

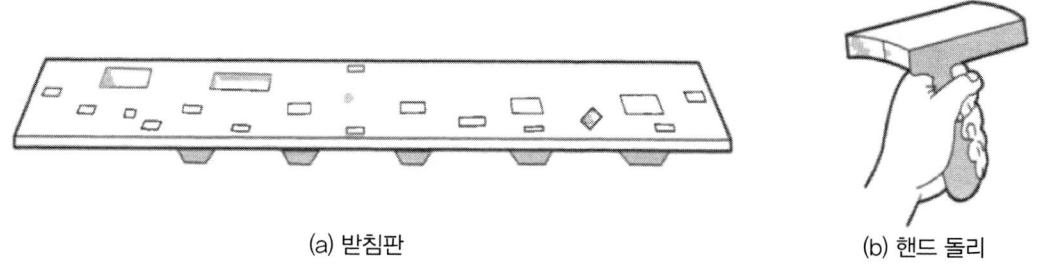

그림 4-20 받침판과 핸드 돌리

③ 핸드 돌리(hand dolly) 스테이크

핸드 돌리는 판금 제품이 작을 때 손으로 잡고 사용하는 받침쇠이다. 이것은 리베팅작업, 이중 시밍 작업과 같은 일반적인 목적으로 쓰이며 여러 가지 모양과 치수의 것이 있다.

7) 클램프(clamp)

클램프는 작은 일감을 고정할 때 쓰이는 것으로 금속 판재, 앵글, 플랜지 등의 일감을 일시적으로 또는 부분적으로 고정할 때 쓰인다.

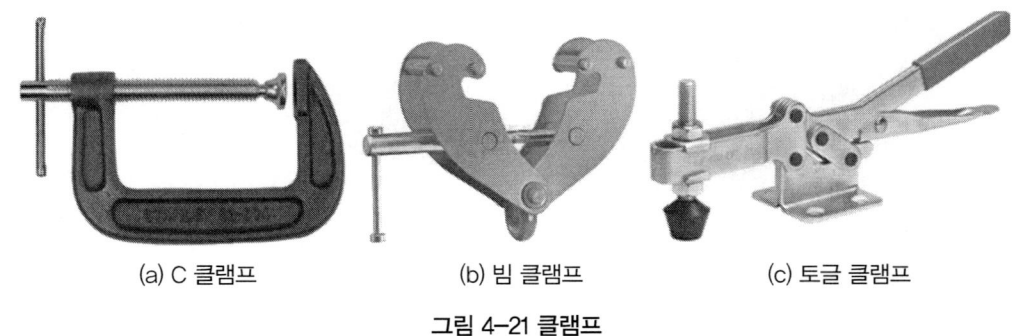

(a) C 클램프　　　(b) 빔 클램프　　　(c) 토글 클램프

그림 4-21 클램프

8) 심 공구(seaming tool)

심(seam) 공구에는 핸드 그루버(hand groover)와 핸드 시머(hand seamer)가 있다. 핸드 그루버는 심 부분이 끼워질 수 있는 홈이 있는 부분과 해머로 두들기는 헤드부로 구성되어 있다. 이 공구는 심 부분의 마무리 작업용으로 쓰이며 심 부분이 좁은 부분을 구부리거나 심을 만들기 위해 모서리를 접을때 사용된다. 이 공구는 금속판을 잡는 부분과 손잡이 부분으로 구성되어 있다.

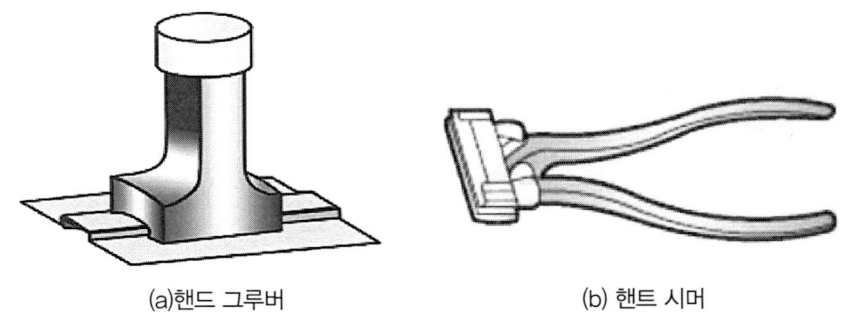

(a) 핸드 그루버　　　(b) 핸트 시머

그림 4-22 심 공구

9) 리베팅 공구(riveting tool)

리베팅 작업시 사용되는 공구에는 리베팅 돌리와 리베팅 스냅이 있다. 리베팅 돌리(riveting dolly)는 리벳이 닿는 부분이 리벳 머리 모양으로 오목하게 하여 만들어진 것으로 판재의 구멍에 끼운 리벳 머리를 누름으로써 리벳이 집합된 부분 에서 벗어나지 않도록 저항을 주는 공구이다.

리베팅 스냅(riveting snap)은 리벳 머리를 리벳 해머로 때려 대략의 모양으로 만든 뒤 그 머리 부분을 잘 다듬는데 사용되는 공구로서 리벳 머리 주변에 있는 거스러미 등을 제거하는 일을 한다.

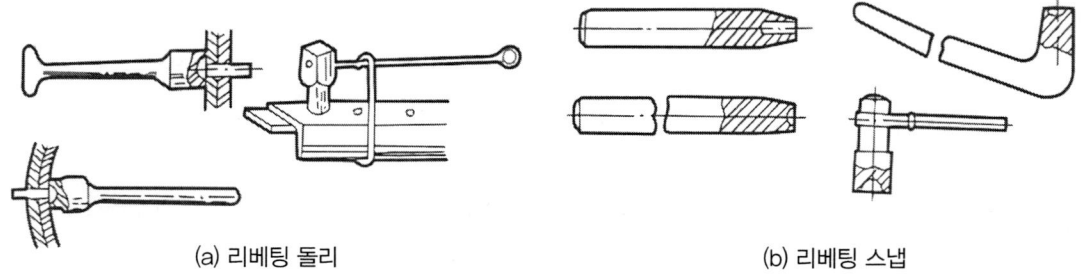

그림 4-23 리베팅 공구

10) 리벳 세트(rivet set)

리벳 세트는 리벳 이음 작업에 사용되는 공구로 밑면에 있는 깊은 구멍은 리벳을 판재 구멍에 끼울 때, 오목한 구멍은 리벳 머리를 둥글게 만들 때 쓰인다.

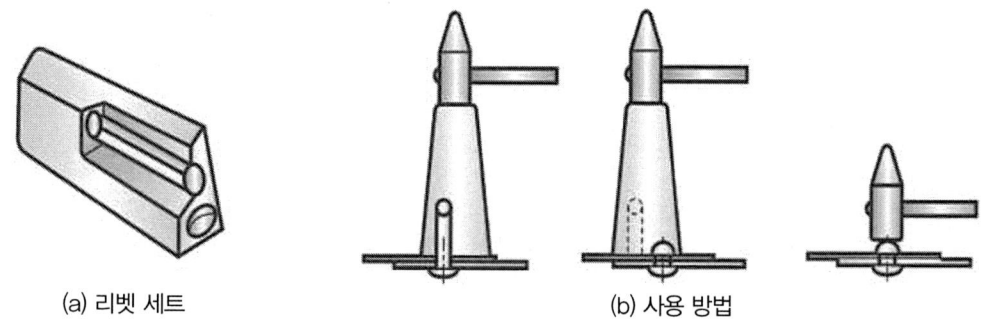

그림 4-24 리벳 세트

11) 납땜인두(soldering iron)

납땜인두는 함석판에 납땜 작업을 할 때에 사용되는 공구로써 땜납을 녹이고 납땜으로 접합하고자 하는 금속 부분을 알맞은 온도로 가열하여 접합시키는 공구로서 일반적으로 전기식과 비전기식이 있으며 어느 형식의 것이나 중요한 부분은 팁과 손잡이로서 팁(tip)은 납과 친화력이 좋은 동으로 만들어져 있다.

① 전기식 납땜인두(electric soldering iron)

인두 자체 내에 내장되어 있는 저항 코일(heating element)에 발생한 열로 팁을 가열하게 되어 있으며 건(gun) 형식의 것도 있다. 이 납땜인두의 크기는 인두에 새겨져 있는 전압하에서 소모하는 전력의 양(watt)으로 표시한다.

② 비전기식 납땜인두(nonelectric soldering iron)

토치램프, 버너 등으로 인두를 가열하여 사용하는 것으로 크기는 무게에 따라 정해진다.

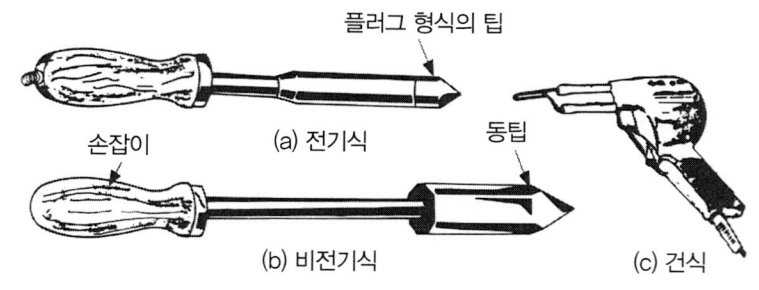

그림 4-25 납땜인두

12) 스크루 드라이버(screw driver)

스크루 드라이버는 나사 또는 머리에 홈이 파여 있는 볼트를 박거나 뺄 때 사용되는 일반 공구로서 여러 형식의 것이 있고 그 길이도 특정 작업에 알맞도록 여러 가지로 되어 있다. 크기는 보통 블레이드(blade)의 길이로 표시하는데 블레이드는 일반적으로 합금강을 단조하여 만든 다음 열처리한 것이다. 스크루 드라이버는 일반형, 에어형, 전동형 등이 있다.

이 스크루 드라이버는 블레이드 팁의 폭과 모양이 매우 다양한데, 측면이 좁고 평행한 것에서부터 넓은 측면에 테이퍼진 팁 등 여러 가지가 있다. 일반적으로 많이 쓰이는 일자(-) 드라이버, 십자(+) 홈이 파진 나사나 볼트를 조이거나 뺄 때 사용되는 십자드라이버 및 래칫(rachet)이 붙어 있어 나사를 힘들이지 않고 빠르게 뺄 수 있는 래칫 식 자동 드라이버가 있다. 에어형은 압축공기, 전동형은 전기를 동력으로 하는 자동 드라이버이다.

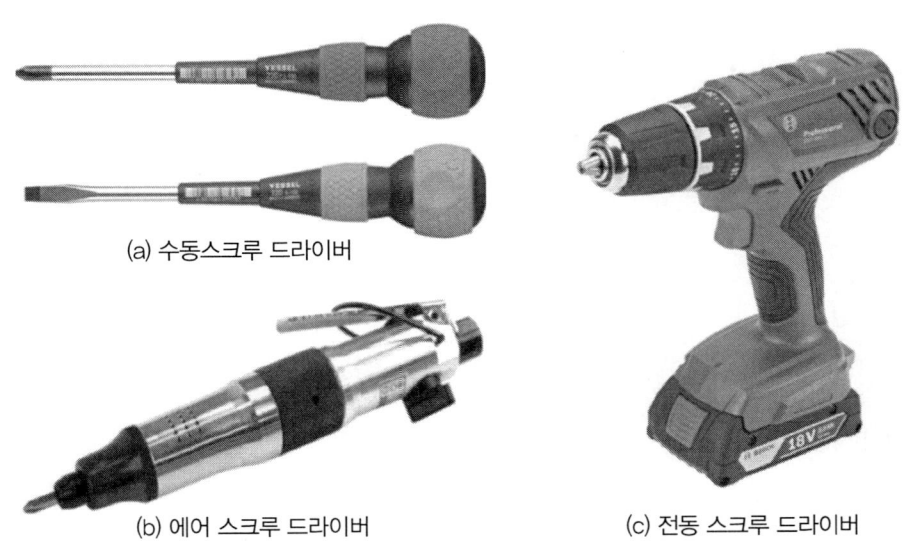

(a) 수동스크루 드라이버

(b) 에어 스크루 드라이버

(c) 전동 스크루 드라이버

그림 4-26 스크루 드라이버

13) 제관용 정반, 스웨이지 블록, 턴버클

① 제관용 정반 (Welding Plates)

제관용 정반은 주강, 주철, 고탄소강 등으로 제작하며 합금 제관 작업 및 용접 정반으로 사용된다. 벤딩 도그(bending dog), 벤딩 핀(bending pin)을 사용할 수 있도록 많은 구멍이 뚫려있고 용도에 따라 가공 면 및 구멍 피치 등을 별도로 제작함으로 필요한 사항을 협의하여 제작한다.

② 스웨이지 블록(swage block):

이형공대라고도 하며 크고 작은 홈과 구멍이 있는 주강, 주철, 강철로 된 block

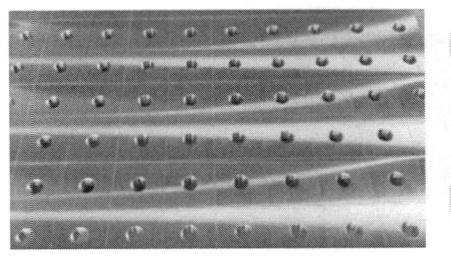
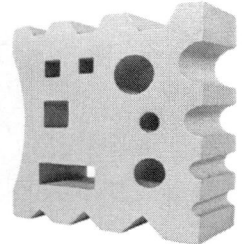

그림 4-27 제관용 정반과 스웨이지 블록

으로서, 면에 다양한 크기의 구멍이 있고 일반적으로 측면에 형태가 있다. 관통 구멍은 다양한 모양과 크기로 있으며 추가 성형을 위해 뜨거운 금속 막대를 고정, 지지 또는 형상을 변형시킬 때 받침대로 사용하거나 가공물을 구멍에 넣어 구부릴 때 등의 용도에 사용된다. 크기는 300~350mm 각(角)이다.

③ 턴버클(turn buckle)

턴버클은 왼나사와 오른나사로 되어 있어 긴 볼트와 너트를 이용하여 제관 공작물의 거리, 간격, 직각 등의 교정에 사용되는 공구로 인장력이 요구되지 않는 곳에 사용하는 주물 턴버클과 강도가 요구되는 곳에 사용하는 단조 턴버클이 있고 부식에 강한 스테인리스 턴버클이 있다.

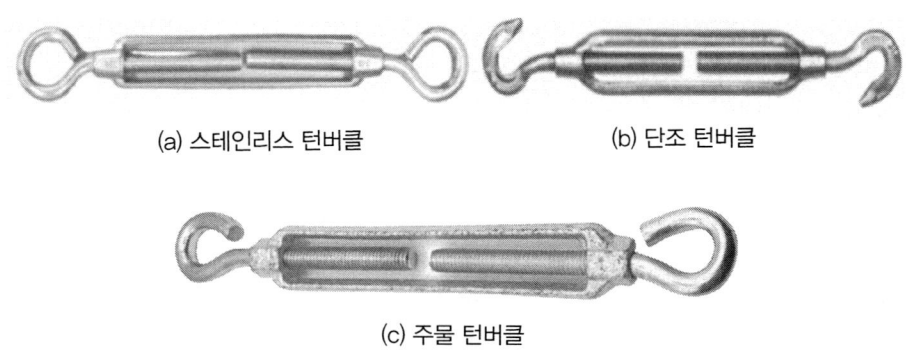

(a) 스테인리스 턴버클　　(b) 단조 턴버클

(c) 주물 턴버클

그림 4-28 턴버클

2. 전단용 기계

전단 작업에서 중요한 것은 재료의 두께에 따라 전단기를 선택하는 것이다. 양호한 전단 면을 얻기 위해서는 전단기 윗날과 아래 날사이의 간격이 정확해야 한다. 또한 전단기 사용할 때는 용량에 맞는 것을 선택해야 하며 항상 위험이 수반되는 작업이므로 안전 수칙에 유의하여야 한다.

(1) 발판 전단기(foot shear)

수동 전단기의 일종으로서 레버 기구를 발로 눌러 판재를 전단하는 직선 전단기이다. 전단기의 크기는 전단 가능한 판의 두께×전단 가능한 폭으로 나타내며, 레버(lever) 기구를 이용한 것으로, 발로 발판을 강하게 밟아 윗날이 내려오게 하여 판재를 직선으로 자를 때 사용한다.

전단이 가능한 판의 두께는 1.2㎜ 정도이며, 전단 나비는 1,000㎜ 정도이다. 이 전단기는 기계 전면에 부착되어 있는 네임 폴레이트(name plate)에 명기되어 있으므로 작업 전에 확인해야만 한다.

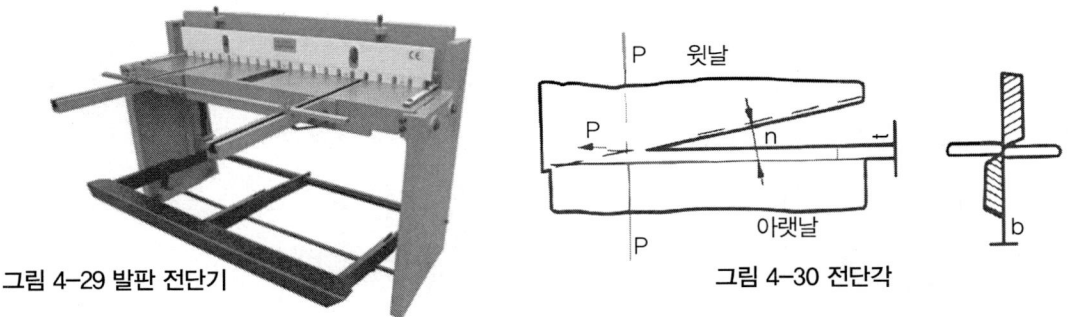

그림 4-29 발판 전단기 그림 4-30 전단각

전단기의 윗날과 아래 날사이에 끼인 판재는 윗날에 한꺼번에 전체가 닿지 않고 일부분씩만 닿도록 하여 전단시 전단력을 줄이게 되어서 이를 전단각(shear angle)이라 한다. 일반적으로 전단각은 3~6° 정도이다. 작업하는 방법은 판재의 전단선을 아랫날에 겹치도록 맞춘 다음 압판을 눌러 판재를 고정하고 발로 발판을 눌러 전단한다. 또한, 같은 치수로 여러 개를 자르려고 할 때는 전단기 뒤편의 받침판(stopper)을 사용하면 균일한 치수로 전단이 가능하다. 발판 전단기로 전단 가능한 판재 두께는 대략 1.2mm이다.

(2) 레버 시어(lever shear)

레버 시어는 링크 장치나 기어 장치를 이용한 수동 전단기의 일종이다. 레버 시어는 직선 전단 작업만 할 수 있으나, 복합형 수동 전단기는 판재의 직선 전단 외에도 둥근 환봉, 사각봉, 앵글, T 형강, 평철 등 여러 가지 모양의 형강을 자를 수 있는 날을 가지고 있다.

레버 시어를 이용하여 판재를 자를 때에는 손잡이를 밑으로 누르면서 판재를 자르고, 동시에 옆으로 밀어서 틈새가 지나치게 벌어지지 않도록 하여 깨끗한 전단 면을 유지할 때 켜야 한다.

그림 4-31 레버 시어 그림 4-32 직선 동력 전단기

(3) 직선 동력 전단기(power shear)

판재를 직선으로 절단하는 동력 전단기를 말하며 보통 스퀘어 시어(square shear)라 고도 한다. 전동기에 의해 회전시킨 플라이휠의 회전력을, 클러치를 통하여 편심 축에 전달하고, 수평으로 고정된 아랫날에 대하여 전단각을 가지는 윗날이 상하운동을 하는 전단 기구를 가지고 있다.

(4) 갱 슬리터(gang slitter)

나비가 넓은 판재에서 평행하고 나비가 좁은 띠판(strip)을 동시에 여러 개로 전단할 때 사용하는 둥근 날 전단기로서 상하 2개의 평행한 축에 여러 개의 로터리 컷(rotary cut)을 붙여, 축의 회전 때문에 판재를 날의 간격과 같은 나비의 띠 판으로 연속 전단하는 전단기이다. 직선날 전단기로 나비가 좁은 판을 전단하면 판이 뒤틀리지만, 갱 슬리터에 의하면 평평한 판이 능률적으로 얻어진다.

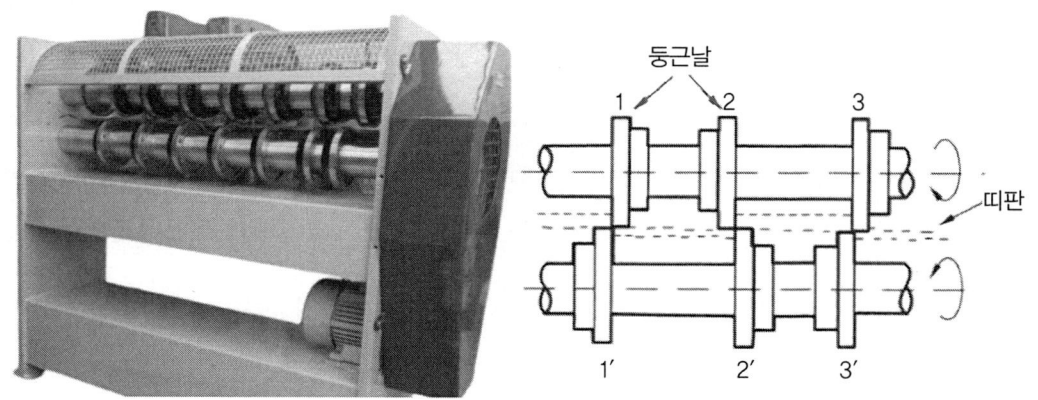

그림 4-33 갱 슬리터

(5) 원형 전단기(circular shear)

원형 전단기는 판재를 둥근 원형 날사이에 넣어, 회전하는 원형 날에 의하여 곡선이나 직선을 전단할 수 있는 전단기이다.

직선 전단기와는 달리 원형 날과 판재의 접촉 부분이 짧으므로 곡선 모양으로 전단할 수다. 직선으로 전단할 때는 2개의 원형 날을 수평으로 배치하지만, 임의의 곡선으로 전단할 때는 20~45° 정도로 날을 경사 시키면 된다. 이때 각도가 클수록 같은 지름의 날로 작은 반지름의 원판을 자를 수 있다. 원형 전단키는 서클로 시어 또는 로터리 시어(rotary shear)라고도 부른다.

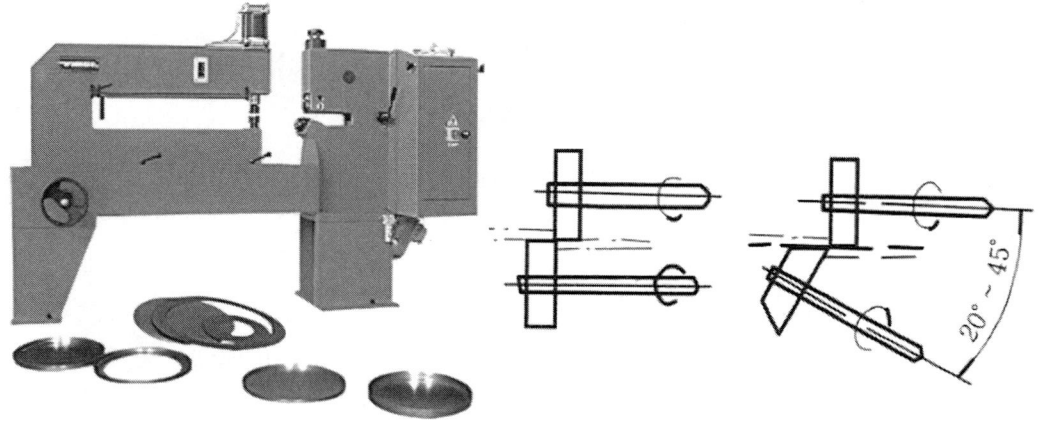

그림 4-34 원형 전단기와 원형날의 배치

(6) 바이브로 시어(vibro shear)

두 개의 작은 곧은날로 된 전단기이며, 아랫날은 세로로 고정되어 있고 윗날이 재봉틀 바늘과 같이 500~2,000rpm의 속도로 진동하여 전단하게 된다. 바이트를 용도에 맞게 교체하여 직선, 곡선, 원형 및 불규칙한 모양 등으로 전단할 수 있으며, 전단면은 다른 전단기로 전단한 면보다 약간 거칠다.

바이브로 시어는 프레스 작업의 역할을 하여 굽혀져 있는 판이라도 자유롭게 절단할 수 있다. 전단날은 바이트를 만드는 것과 같이 간단히 제작할 수 있어서, 마모되면 다시 갈아서 쓰면 된다. 작은 물건을 절단할 때는 손으로 잡고 작업을 할 수 있지만, 나비가 넓은 판재를 직선으로 절단할 때는 어태치먼트(attachment)를 사용한다. 바이브로 시어는 판재 전단외에도 날을 사용하여 직선, 곡선 전단 외에 슬리터 홈 절단, 비딩(beading), 접시 모양 만들기(dishing), 환기 구멍 만들기(louvering), 판재의 단짓기(offsetting)등의 여러 가지 작업도 할 수 있다.

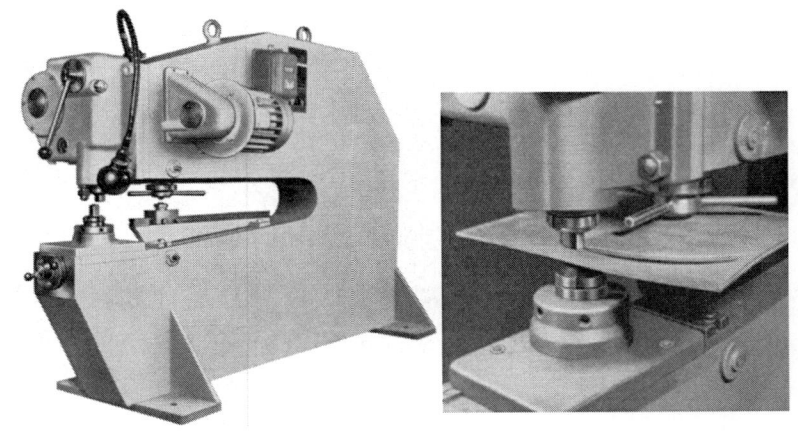

그림 4-35 바이브로 시어와 원형 절단

(7) 휴대용 동력 가위

전동식 판금 가위, 또는 핸드 시어라고도 하다. 바이브로 시어와 같은 원리로 작동되나 휴대용으로 소형이며, 직선 및 곡선 절단에 주로 쓰인다. 주로 220V, 175W의 용량을 갖는 것이 많으며, 판 두께 2mm 도의 판재를 전단할 수 있다. 날은 바이브로 시어와 같이 갈아 끼워 사용할 수 있다. 절단용 장치 과학기술의 발전으로 현재 NC 공작기계를 이용한 여러 가지 절단용 장치가 산업의 각 분야에 개발되어 많이 이용되고 있다.

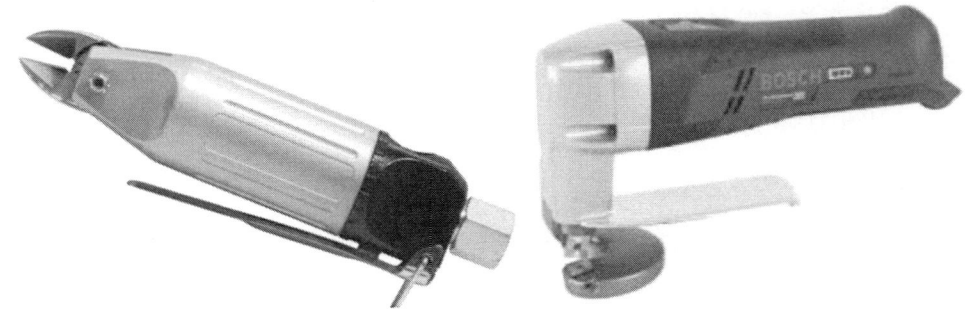

그림 4-36 휴대용 에어 가위와 전기 가위

3. CNC 절단기

(1) CNC 절단용 기계의 개요

과학기술의 발전으로 현재 NC 공작기계를 이용한 여러 가지 절단용 기계가 산업의 각 분야에 개발되어 많이 사용되고 있다.

NC는 numerical control의 약어로서 제어란 뜻이며 숫자와 기호로 구성된 정보를 매개 수단으로 하여 기계의 운동을 자동으로 제어하는 것을 의미한다. 다시 말하면 NC 데이터를 정보 처리 회로에서 해독 및 연산을 통하여 펄스를 발생시켜 서보기구를 구동함으로써 NC 기계가 자동 가공작업을 하도록 하는 제어 방식이다. 위에서 설명한 바와 같이 NC란 랜덤 조직으로 논리소자 및 기억소자 등을 조합시켜 원하는 기능을 발휘하도록 한 일종의 전자장치로서 일명 하드 와이어드 NC라고 한다.

그 후 전자기술의 급속한 발전과 더불어 미니컴퓨터가 출현하였으며 이것을 내장한 NC를 Computeried NC 또는 Computer NC라고 하며 이것을 간략화하여 CNC라고 한다. 이때 전자는 소자들을 직선으로 하여 NC의 기능을 발휘하지만, CNC는 이러한 기능을 소프트웨어에 의하여 행하기 때문에 소프트 와이어드 NC라고 한다. 미니컴퓨터를 내장한 NC는 연산 및 기억 기능이 우수하므로 NC 기능이 크게 향상되었지만, 가격이 상당히 비싸다는 문제점을 갖고 있다. 그러나 반도체 기술의 눈부신 발달로 인하여 고성능의 마이크로프로세서와 RAM 및 ROM 등의 반도체 메모리가 비교적 저렴한 가격으로 구입이 가능하게 되어 현재 CNC 제품이 주류를 이루고 있다.

(2) CNC 가스 절단기

가스 절단은 강 또는 합금강의 절단에 널리 이용되고 산소(O_2)와 철(Fe)과의 화학반응을 이용하는 절단 방법이다. 이 방법은 소재의 절단 부분을 산소-아세틸렌, 산소-프로판 등의 가스

 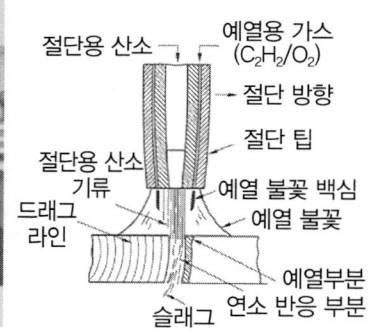

그림 4-37 CNC 가스 절단기와 원리

불꽃으로 약 800~900℃로 될 때까지 예열한 후 고압의 산소를 불어 내면 철은 연소하여 산화철이 되고 그 산화철의 용융점은 강보다 낮으므로 용융과 동시에 절단되기 시작한다. 가스 절단은 주철, 비철 금속 및 10% 이상의 크롬(Cr)을 함유한 스테인리스강과 같은 고합금강 등은 불연소물이나, 산화물의 용융온도가 슬래그의 용융점보다 낮으므로 일반적인 가스 절단 방법으로는 절단이 곤란하다. 가스 절단기의 구조

는 산소와 아세틸렌 또는 프로판 등을 혼합하여 예열용 가스로 만드는 부분과 고압의 산소만을 분출시키는 부분으로 되어 있다.

(3) CNC 플라스마 절단기

아크 플라스마의 바깥 둘레를 강제로 냉각하여 발생하는 고온, 고속의 플라스마를 이용한 절단법을 플라스마 절단이라 한다. 이 플라스마는 기체를 가열하여 온도가 상승하면 기체 원자의 운동은 대단히 활발하게 되 침내는 기체 원자가 원자핵과 전자로 분리되어 (+), (−)의 이온 상태로 된 것을 플라스마(plasma)라 부르며, 이것은 고체, 액체, 기체 이외 제4의 물리 상태로 알려졌다. 아크의 방전에 있어 양극 사이에서 강한 빛을 발하는 부분을 아크 플라스마라고 하는데 아크 플라스마는 종래의 아크보다 고온도(10,000~30,000℃)로 높은 열에너지를 가지는 열원이다.

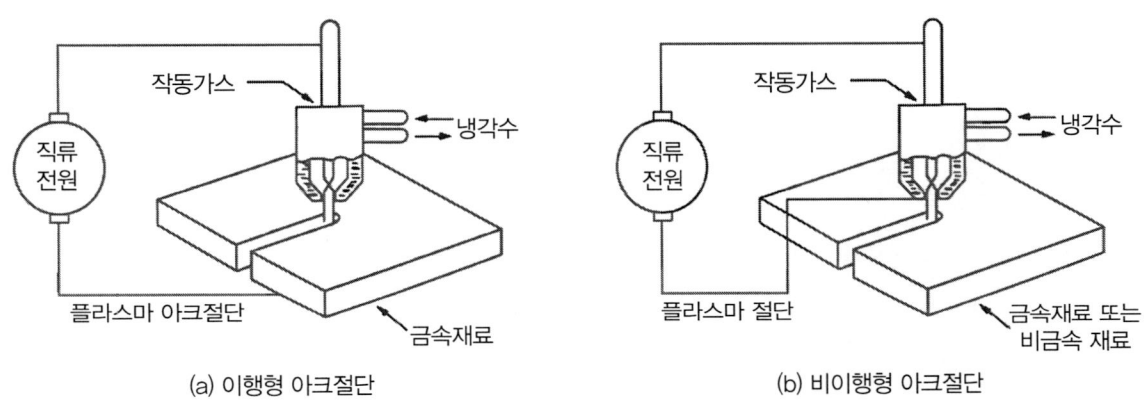

그림 4-38 플라스마 절단 방식

그림 4-39 플라스마 절단기와 절단

플라스마는 수만도 정도의 온도와 $10^9 \sim 10^{11}/cm^3$의 밀도를 갖는 저온 글로우 방전 플라스마와 수천만도 이상의 온도와 $10^9 \sim 10^{11}/cm^3$의 밀도를 갖는 초고온 핵융합 폴 라즈마로 크게 구별할 수 있다. 이중 공압으로 이용이 활발한 플라스마 온 글로 우 방전 플라스마이다. 플라스마 절단은 가공 가격이 저렴하고 주로 일반 절단, STS 절단이 가능하며 정밀 절단이 가능하다. 고온 열변형이 생기고 슬래그(slag)가 발생한다.

(4) CNC 레이저 절단기

높은 에너지의 레이저 빛을 집중하여 얻은 4,000℃의 높은 온도의 열을 이용한 절단법을 레이저 절단(laser cutting)이라 한다. 레이저 빛의 높은 에너지 밀도의 열원에 의하면 미소 부분의 용융, 증발이 가능하여 작은 구멍이나 구멍의 연속적으로 만드는 방법으로 절단이 가능하다. 특징은 다음과 같다.

① 에너지 밀도가 높고 고용점 금속, 세라믹 등의 절단이 가능하다.
② 미소점(sport)의 열원에 의해 미세하고 정밀한 가공이 된다.
③ 열 영향이 적고 내부응력이나 변형이 거의 없다.
④ 비접촉 가공으로 가공 부위에 힘을 가하지 않으므로 변형이 쉬운 박판이나 고무 등의 탄력체의 정밀가공이 가능하다.
⑤ 전자빔 가공에 비해 X선의 발생이 없으며, 대기 중에서 가공할 수 있다.

레이저 절단에 사용되는 레이저 가공기는 레이저 발진기, 반사경에 의한 빔의 전달 계통, 가공 베드, CNC 제어장치 등으로 이루어진다.

이 장치는 CNC 공작기계와 레이저 절단기의 조합으로서 여러 가지 복잡한 형태의 절단을 정확하고 빠르게 완성한다. 레이저광의 에너지는 에너지 밀도가 매우 높으며 퍼짐이 작으므로 피조사체는 가열되어 고온 용융 상태가 된다. 레이저광을 렌즈로 집광하면 더욱 에너지 밀도가 높아지므로 금속이나 세라믹 등의 용융, 절단, 구멍 뚫기, 용접 등의 레이저가공이 가능하고, 비금속으로는 플라스틱, 고무, 유리, 목재, 가죽 등의 절단에도 널리 활용되고 있다.

레이저광을 재료에 조사하면 그 재료는 레이저 에너지를 흡수함에 따라 고온으로 가열된다. 재료표면의 온도 상승도는 레이저의 에너지 밀도가 높을수록 크며, 또한 레이저 조사 시간이 길어지면 표면온도는 올라간다. 레이저 조사를 계속하여 표면온도가 융점에 달하면 재료표면은 용융된다. 더욱 레이저 조사를 계속하면 표면온도는 비점에 달하여 표면은 증발하게 된다.

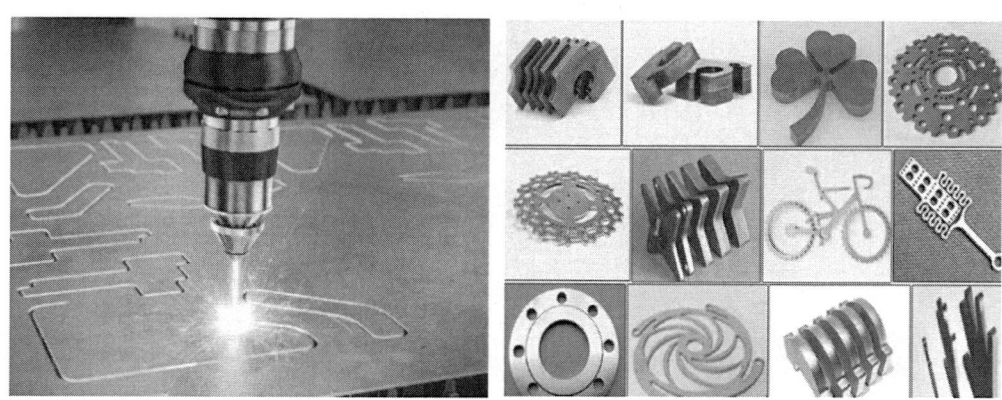

그림 4-40 레이저 절단기와 절단 가공물

레이저 출력을 2kW라 하면 집광된 빔의 파워 밀도는 4×10^{12} W/m²로 높아진다. 래이저 파워 밀도가 4×10^{12} W/m²인 경우 조사 시간이 0.02μs로 되면 표면의 온도는 약 1,000℃ 정도로 상승한다. 특히 스테인리스의레이저 절단, 스테인리스강의 공유산화물의 점성은 매우 높아 일반적으로 레이저 절단할 때 하단에 로스가 많이 부착되어 가공질을 저하한다. 이것을 개량하기 위하여 중첩법과 랜덤 절단법을 개발하였다. 즉, 중첩은 스테인리스 강판 위에 얇은 연강판을 덮고 함께 절단하는 방법이고 텐덤법은 잡티를 제거하기 위하여 가스를 불어 넣는 방법이다. 이상의 두 가지 방법 모두 스테인리스 절단의 질 향상에 현저한 효과가 있다.

(5) CNC 워터젯(레이저 출력을 2kW라 하면 집광된water jet) 절단기

물의 압력을 초고압 펌프로 미세한 노즐을 통해 이를 분사시켜 초당 1,000m/s의 빠른 속도 에너지를 이용해 물체를 절단하는 장치로써 초고압 펌프, 헤드, 작업대 등으로 구성되어 있다. 특히, 연마제를 혼합하여 분사 절단하는 시스템은 금속류나 딱딱한 재질의 절단이 가능하다. 워터젯 절단은 기존의 일반적인 소재 절단 방식과는 다른 것으로서, 열에 의한 변형이나 산화물의 생성 없이 거의 모든 종류의 금속류를 2차 가공이나 가스 주입 없이 절단할 수 있으며, 유독 가스와 분진을 발생하지 않으면서 모든 종류의 혼합 소재를 깨끗이 절단할 수 있는 장점이 있다. 또 유리, 석재, 목재, 콘크리트, 고무류, 건축 내·외장재, 기계 부품류 등 절단 광범위하며 모양의 가공도 가능하다. 워터젯 절단 시스템의 특징은 절단이 화학반응을 일으키지 않고 화합물을 생성하지 않으며 열손상을 일으키지 않는다는 것이다. 현재 CNC 워터젯 절단 장치는 ±0.1mm 이내 정밀도 유지가 가능하며 레이저가공과 비교하면 취성재료 절단이 가능하며 가공 후 슬래그가 생기지 않는다. 고경질의 재료 가공은 불가능하며 얇은 철판의 경우 레이저에 비해 가공 속도가 떨어지고 물에 약한 소재 가공이 어렵다.

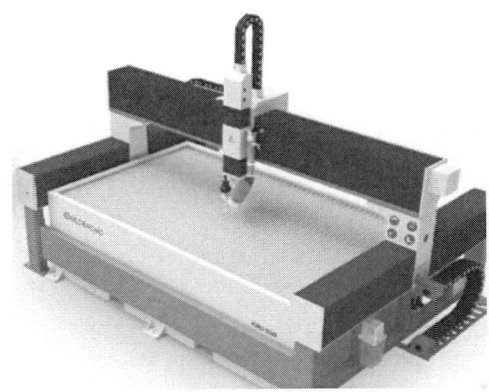 

그림 4-41 워터젯 기계와 워터젯 절단

워터젯 절단 시스템의 특징은 절단이 화학반응을 일으키지 않고 화합물을 생성하지 않으며 열 손상을 일으키지 않는다는 것이다. 워터젯 절단기는 다양한 소재를 고압의 물로 절단하는 자동화 기계로 물과 연마재를 사용하여 절단 소재의 제한이 없어일 금속 절단에서 대리석, 유리, 나무 등 거의 모든 소재를 가공할 수 있다. 금속 소재 가공, 대리석 가공, 핸드폰 유리 가공, 섬유 가공, 아크

릴 및 플라스틱 가공 등에 사용이 가능하다.

현재 CNC 워터젯 절단 장치는 ±0.1 이내 정밀도 유지가 가능하며 레이저가공과 비교하면 취성재료 절단이 가능하며 가공 후 슬래그가 생기지 않는다.

고경질의 재료 가공은 불가능하며 얇은 철판의 경우 레이저에 비해 가공 속도가 떨어지고 물에 약한 소재 가공이 어렵다.

(6) NCT 판금 가공기

NCT는 Numerically Controlled Turret의 약자로 작은 금형툴을 이용하여 윤곽선에 따라 가공하는 개념으로 Turret에 금형을 모아놓고 NC CODE에 따라 가공하는 것이다. NCT 판금 가공기는 판금 부품, 즉 프레스 가공이 필요한 부품을 금형없이 NCT M/C(자동화 기계)을 이용하여 전자 제품, 자동차 부품, 각종 통신 장비 제품 등의 판금 케이스 및 부속품을 소량, 다품종 생산을 할 수 있도록 만든 전자동 프레스 기계라고 할 수 있다. 각각의 소형 금형들을 가지고 기존 프레스 가공을 해야 하는 것을 CNC 콘트롤을 응용하여 원하는 형상의 제품을 최고 5자×10자(판재 크기)까지 자유롭게 가공할 수 있다.

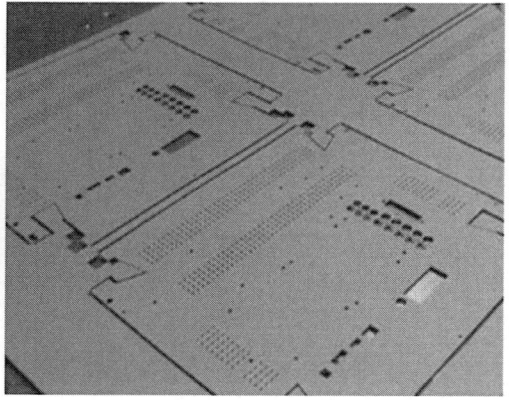

그림 4-42 NCT 판금 가공기 및 가공품

기존의 프레스는 금형 제작 기간 세팅(Setting) 시간이 많이 소요되고 비용도 많이 드는 반면 NCT는 내장되어 있는 금형에 의해 단시간 내에 원하는 제품의 형상을 신속히 가공하므로 시간과 비용이 경제적이라 할 수 있다.

다양 태의 특수 성형 금형들이 있으며, 초고속, 초정밀 타공 및 숫자 홀 타공, 각종 인테리어 제품과 전자제품 등의 정밀 타공을 할 수 있으며, 일반적으로 SUS 두께 2mm, 철 두께 3.2mm까지 타공이 가능하며, 대용량의 경우에는 철 두께 9.5mm까지도 가능하다.

4. 굽힘용 기계

굽힘 작업은 일반적으로 전단 작업 다음에 이루어지는 작업으로 굽힘 가공용 전용 기계는 다음과 같은 것들이 있다.

(1) 브레이크(brake)

브레이크는 판재를 직선으로 굽히거나 집을 때 사용된다. 바 폴더는 금속판의 가장자리 만을 집을 수 있으나 브레이크는 금속 판재의 모서리에서부터 어떤 길이의 깊이까지도 구부리거나 집을 수 있다. 브레이크에는 코니스 브레이크, 박스 앤드 팬 브레이크 및 프레스 브레이크가 있다.

1) 코니스 브레이크(cornice brake)

코니스 브레이크는 프레임, 클램핑 바, 클램핑 레버, 밴딩 리프, 카운터 밸런스 등으로 되어 있으며 상당히 넓은 폭의 접기를 할 수 있다. 또한, 포밍 블록을 바꾸어서 다양한 형태의 몰딩 작업도 할 수 있다.

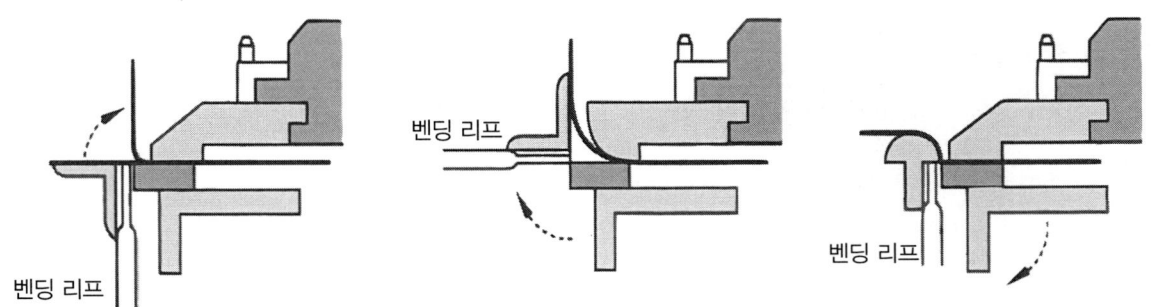

그림 4-43 코니스 브레이크에 의한 굽힘작업

2) 박스 앤드 팬 브레이크(box and pan brake)

박스 앤드 팬 브레이크는 보통의 브레이크로는 접을 수 없는 네 ·모퉁이의 상자를 집을 때에 사용되며 상자 집기에 사용하기 쉽도록 어퍼 조(upper jaw: 윗 누르)가 분할되어 있어 쉽게 끼우고 빼낼 수 있게 되어 있다.

3) 프레스 브레이크(press brake)

프레스 브레이크는 긴 판재를 굽히는데 쓰이는 일종의 프레스 기계이며, 일반 프레스와 같이 램의 구동 방식에 따라 크랭크식, 편심판식, 유압식 등이 널리 사용된다. 크기는 굽힐 수 있는 판 두께와 나비로 나타내며, 톤(ton)수로 나타내기도 한다. 클러치는 마찰식이 많이 쓰이며 행정(stroke)의 길이는 행정 조정용 보조 전동기에 의해 조정된다. 프레스 브레이크의 특징은 다음과 같다.

① 작업면이 길기 때문에 여러 가지 소재를 동시에 가공할 수 있다.

② 강한 압력이 작용되므로 굽힘 정도가 좋다.
③ 대량 생산용으로 적당하다.
④ 유압식의 경우 행정의 조정이 가능하다.
⑤ 상형 하형을 바꾸어 끼우면 여러 가지 응용 가공이 가능하다.

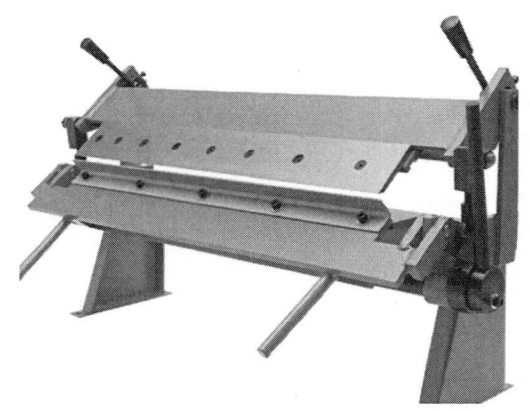
그림 4-44 박스 앤드 팬 브레이크

그림 4-45 프레스 브레이크

(2) 바 폴더(bar folder)

두께 1mm 이하의 얇은 판의 가장자리를 접을 때 사용되며, 판 재를 상 누르개 판과 하 누르개 판 사이에 끼운 후 굽힘판(wing)을 회전시켜 굽힘 공 올하게 된다. 꺾이는 폭의 길이를 맞추기 위하여 깊이 게이지를 조절하면 필요한 깊이로 굽힐 수 있다. 일반적으로 굽힘용 기계에는 폴딩 머신(folding machine)이라는 말이 자주 나오는데 폴딩 머신이란 브레이크, 바 폴더 등의 직선 접기용 기계들을 총칭하여 부르는 말이다.

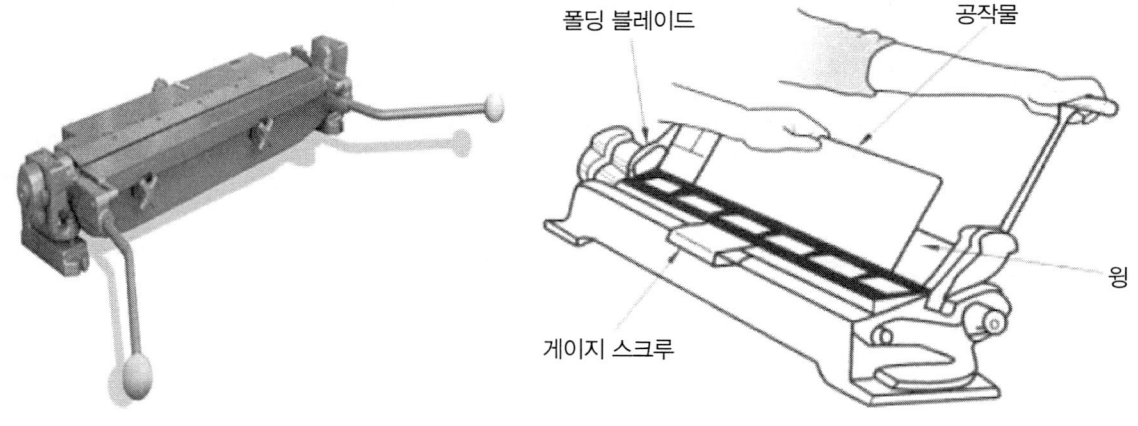
그림 4-46 바 폴더

(3) 폴딩 머신(folding machine)

폴딩 머신은 판재를 누르고 꺾어 누르고 꺾어 굽히는데 쓰이는 기계로 판재를 위아래의 누름판 사이에 넣고 굽힘 판을 회전시키면서 판재를 꺾어 굽힌다.

일반적으로 접기용 기계에는 폴딩(folding machin)이라는 말을 하는데 직선 접기용 기계들을 총칭하여 부르는 말이다.

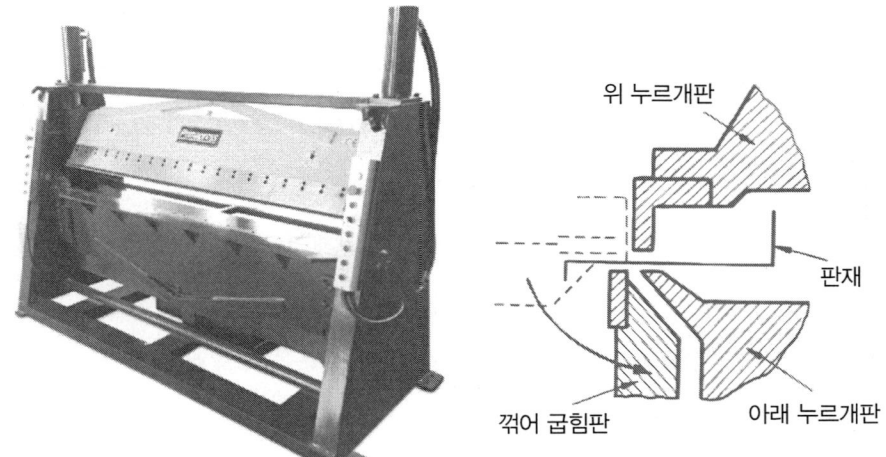

그림 4-47 폴딩 머신과 작동원리

폴딩 머신 작업 전의 고려 사항은 다음과 같다.
① 판재의 두께를 고려한다.
② 접히는 테두리의 정도를 고려해야 한다.
③ 로크 (lock) 또는 가장자리의 나비를 알맞게 해야한다.
④ 접는 각도를 정해야 한다.
⑥ 로크 (lck)또는 가장자리의 나비를 알맞게 해야 한다.

(4) 탄젠트 벤더(tangent bender)

탄젠트 벤더는 플랜지(flange)가 있는 제품에 주름을 만들지 않고 정확한 원호 형상으로 굽히는 기계이다. 윙과 판재를 구름 접촉하여 굽힌다. 동력으로는 유압 또는 공기압을 사용하며, 한 곳을 구부리는 단식과 두 곳을 동시에 구부리는 복식이 있다. 가장자리를 바깥쪽으로 구부리려면 가장자리의 바깥 둘레가 잡아 당겨져서 얇게 되어 균열이 생기기 쉬우므로 굽힘 반지름 R은 너무 작게 하면 안된다.

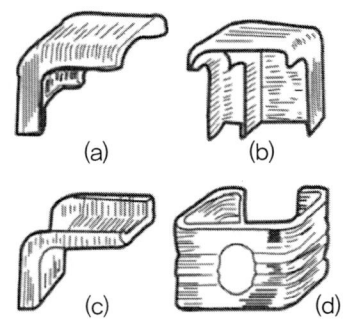

그림 4-48 탄젠트 벤더 굽힘 제품

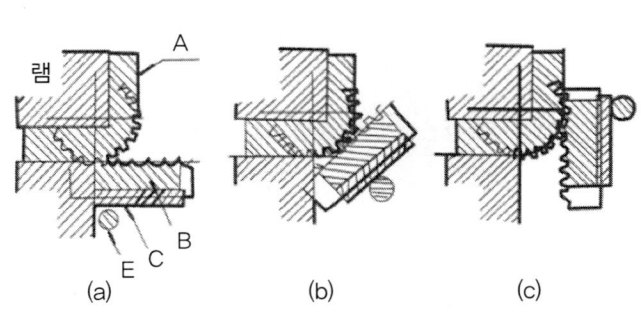

그림 4-49 탄젠트 벤더의 작동 기구

(5) 포밍 머신(forming machine)

크기는 롤러의 전체 길이로 굽힐 수 있는 판재의 폭과 두께로 나타내고 판재를 원통형, 원뿔형으로 굽히는 기계이다. 성형용 포밍머신은 슬립 포밍(slip roll forming machine) 또는 밴딩 롤러(bending roller), 삼본 롤러(three rollers)라고도 하며, 판재를 원통 원뿔형으로 크고 둥글게 굽히는 데 사용한다.

① 포밍 머신을 사용할 때 롤러 사이의 간격에 따라 굽힘 반지름이 달라지는데 간격에 따라 굽힘 반지름도 커지게 된다.

② 두께가 얇은 판재의 가공에는 수동식이 사용되고, 두꺼운 판재의 경우에는 전동식 롤러를 회전시키는 동력식이 쓰인다.

③ 평평한 판재를 롤러에 그냥 넣으면 판재의 처음 부분과 끝부분은 둥글게 가공되지 않고 접합부에 평평한 면이 생긴다.

④ 판재를 처음 롤러에 넣을 때 롤러 중심선과 판재의 끝 부분선이 일치되지 않으면 원통은 뒤틀리게 되기 쉽다.

⑤ 롤러 사이의 간격은 나사 장치로 위 롤러 또는 아래 롤러를 움직여 조정한다.

⑥ 대형 포밍 머신은 큰 힘을 받으므로 롤러가 구부러질 위험이 있어 하부의 롤러를 받치는 보조 롤러가 붙어 있다.

⑦ 삼본 롤러는 벤딩 롤러에 걸기 전에 판의 가장자리는 수공구 또는 다른 기계를 이용하여 굽혀서 완전한 원통형으로 만들어야 한다.

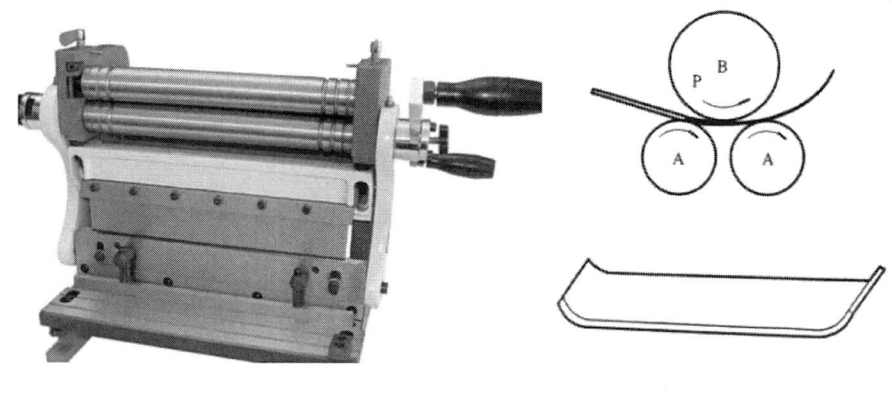

그림 4-50 포밍 머신 　　　　그림 4-51 굽힘 기구

[그림 4-51]에서 3개의 롤러가 사용되는데 같은 방향으로 회전하는 2개의 롤러 A와 그 위에 축 받침을 상하로 조절하게 하는 1개의 롤러 B가 있다.

대형 롤러기는 큰 힘을 받으므롤러가 구부러지는 위험이 있으므로 하부의 롤러를 받치는 보조 롤러가 붙어 있다. 하부 롤러의 홈에 판재를 물려서 회전시켜 판재의 끝부분까지 진행되면 상부 롤러를 내린 다음 역전시켜 소요의 원통 모양으로 구부릴 때까지 반복한다. 또한, 판재를 롤러에 걸기 전에 미리 판의 가장자리를 굽혀서 완전한 원통형으로 만들어야 한다. 그렇지 않으면 양쪽 접합부에 평면이 생긴다. 때로는 평면부가 되는 부분만큼 길게 마름질한 후 원통 굽힘을 하고 평면부를 잘라 내는 방법도 있다. 또, 판에 큰 구멍이 뚫려있으면 정확하게 굽혀지지 않으므로, 이 같은 경우에는 롤러로 구부린 후 구멍을 가공한다.

리벳 구멍과 같은 작은 구멍은 처음부터 뚫어 놓는 것이 좋다. 포밍 머신의 크기는 롤러 전체 나비로 굽힐 수 있는 판재의 길이와 두께로 나타낸다.

(6) 롤러 정직기(roller straightening machine)

롤러 정직기는 가공 전의 변형된 소재를 반듯하게 펴기 위한 기계이며, 롤러 레 벨러(roller leveller)라고도 한다. 이 기계의 의관은 포밍 머신과 비슷 하나 그립과 같이 아래에 5개의 롤러와 위에 4개의 롤러가 있는 것이 다르다.

위의 4개의 롤러는 서로 연결되어 동시에 강판을 누르고, 한쪽에서 다른 쪽으로 재료를 이동시키는 사이에 변형을 수정한다. 후판용 롤러는 작업 롤러의 지름을 작게 하고, 강성을 주기 위해 다시 백 롤러(back roller)를 설비한 것이 많다.

① 두꺼운 판재용 롤러 정직기는 작업 롤러의 지름을 작게 하고, 강성을 주기 위해 백 롤러(back roller)를 설치하는 기계가 많다.
② 판재를 교정하는 작업은 3~4회 롤러를 통과시킨다.
③ 변형이 큰 판에 대하여서는 1회 강한 구부림을 준다.

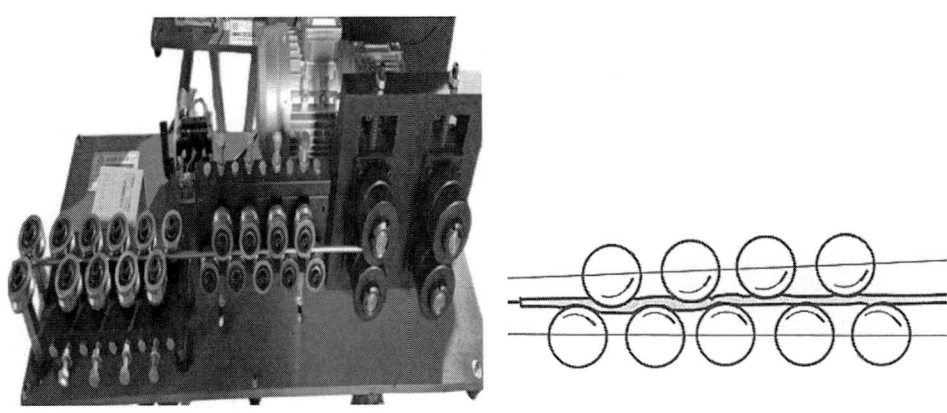

그림 4-52 롤러 정직기

5. 성형용 기계

(1) 비딩 머신(beading machine)

비딩 머신을 오목하고 볼록한 한 쌍으로 되어 있는 롤러 사이에 판재를 넣고 롤러를 회전시켜 판재에 비드(bead)를 낼 때 사용한다. 비딩은 제품의 보강과 장식을 위하여 제 품 표에만들어 주는 것으로서 비드가 깊을수록 강도는 커지나 너무 깊으면 균열이 일어날 수 있다. 또한 비딩 작업은 비딩 머신 외에 바이브로 시어에 의해서도 할 수 있다.

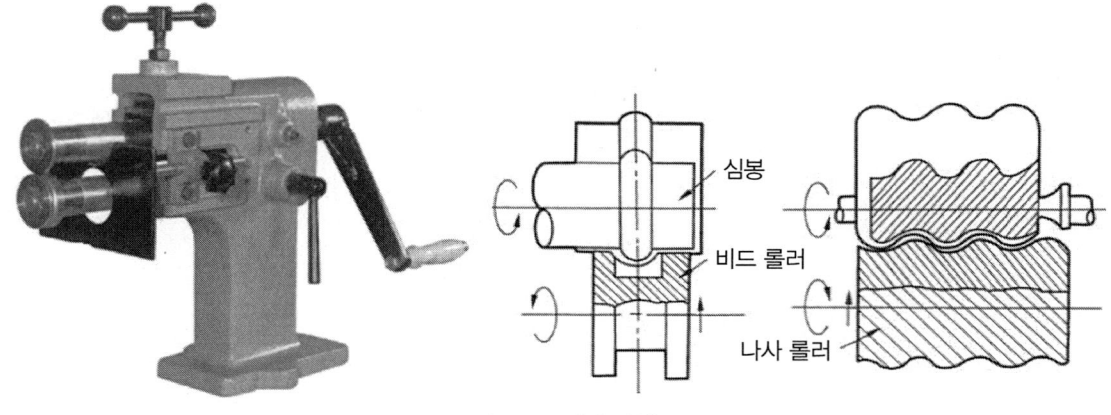

그림 4-53 비딩 머신

(2) 그루빙 머신(grooving machine)

원통 용기의 세로 심을 만드는 데 사용하는 기계이다.

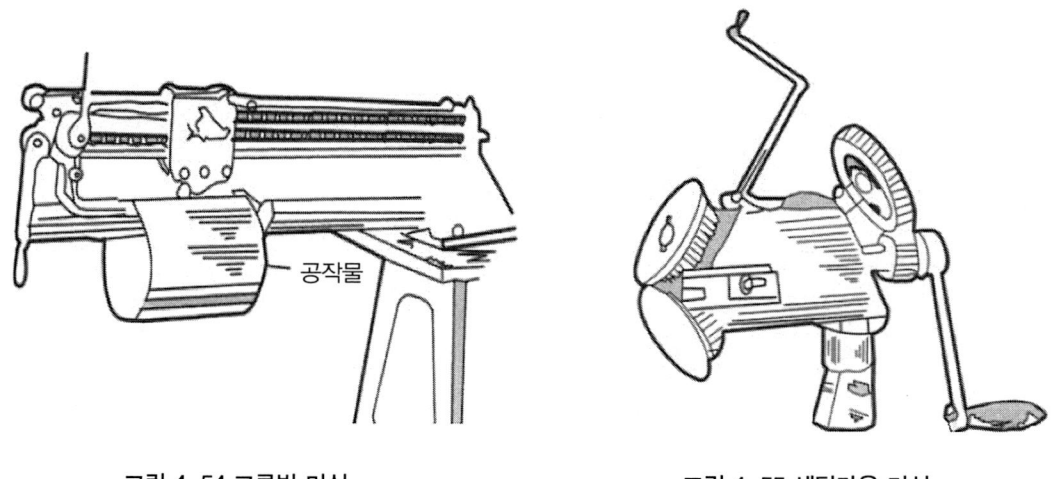

그림 4-54 그루빙 머신   그림 4-55 세팅다운 머신

(3) 세팅다운 머신(setting down chine)

원통이나 캔의 밑바닥에 만든 버(burr)를 심하는 데 쓰이며, 또한 더블 심 작업에도 사용하는 기계이다.

(4) 조합 터리 머(combination rotary machine)

조합 로터리 머신은 철사 모서리 만들기, 버 만들기, 비딩 및 크림핑 등을 할 때 사용하며 롤러를 갈아 끼울 수 있는 구조로 되어 있다.

(5) 와이어링 머신(wiring machine)

판재 또는 제품의 끝부분에 와이어링할 때 사용하는 기계이다.

그림 4-56 조합 로터리 머신

그림 4-57 와이어링 머신

(6) 그 밖의 성형용 기계

그 밖의 성형용 기계로는 다음과 같은 것들이 있다. 원통형 끝에 주름을 잡는 크림핑 머신(crimping machine), 원통의 가장자리를 구부리는 닝 머신(trning machine), 원통형의 밑판 등에 버(burr)를 만드는 버링 머신(buning machine) 등이 있다.

제4절 판금제관 성형법

1. 시밍(seaming)

심(seam)은 두 판재를 꺾음대, 판금 칼, 박자목, 그루버 등의 손 공구를 사용하여 접어 연결하는 방법으로 판재를 간단하고 확실하게 접합할 수 있다. 심 방법은 그림과 같이 용도에 따라 여러 가지가 있으나, 일반적으로 그루브 심(grooved seam)이 가장 많이 쓰인다.

심은 주로 두께 1.2mm 이하의 얇은 판재의 경우에 사용되며, 특히 구리판이나 얇은 함석판을 이용하는 금속 지붕 씌우기의 경우는 가장 중요한 이음 작업이라 할 수 있다. 또한 접합이 잘된 경우는 판금 재료와 같은 강도를 유지할 수 있으며 거의 수밀도 유지한 수가 있다.

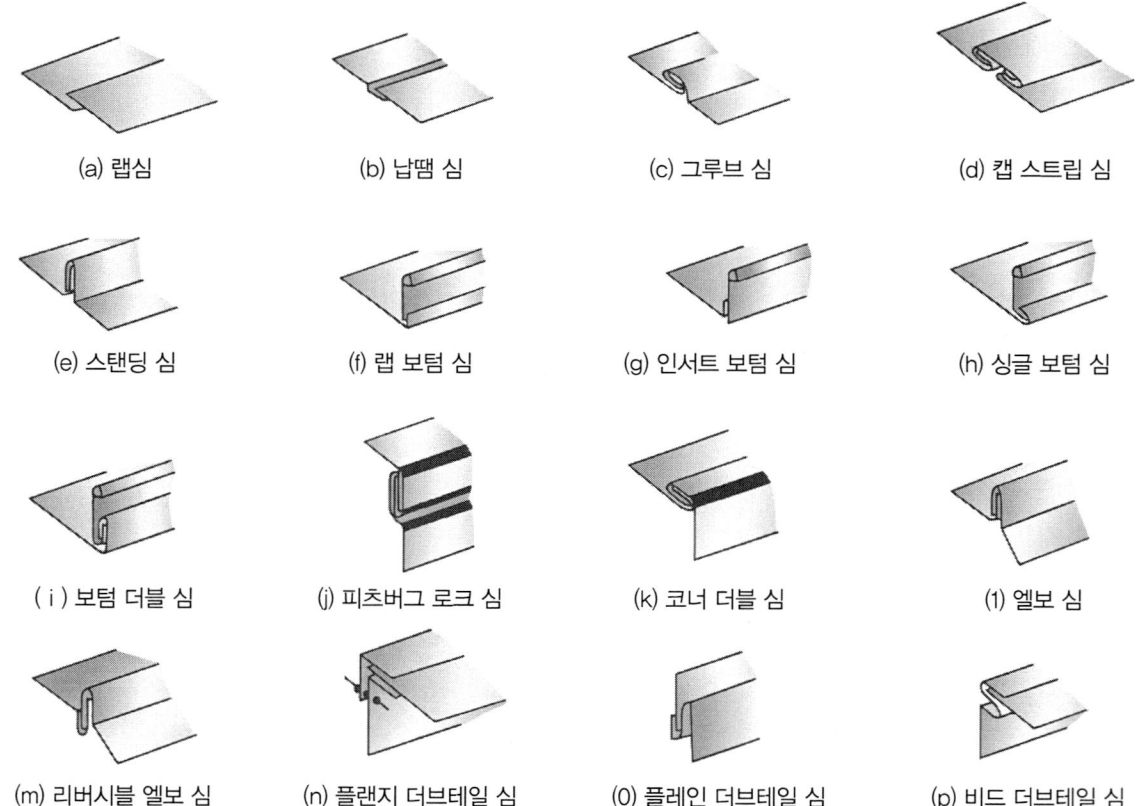

(a) 랩심 (b) 납땜 심 (c) 그루브 심 (d) 캡 스트립 심
(e) 스탠딩 심 (f) 랩 보텀 심 (g) 인서트 보텀 심 (h) 싱글 보텀 심
(i) 보텀 더블 심 (j) 피츠버그 로크 심 (k) 코너 더블 심 (l) 엘보 심
(m) 리버시블 엘보 심 (n) 플랜지 더브테일 심 (O) 플레인 더브테일 심 (p) 비드 더브테일 심

그림 4-58 심의 종류

(1) 그루브 심(grooved seam)

일반적으로, 판재의 두께가 1.2mm 이하일 때 많이 사용되며, 원통의 접어 잇기는 모두 이 방법으로 한다. 그루브 심은 다음과 같은 차례로 만들게 된다.

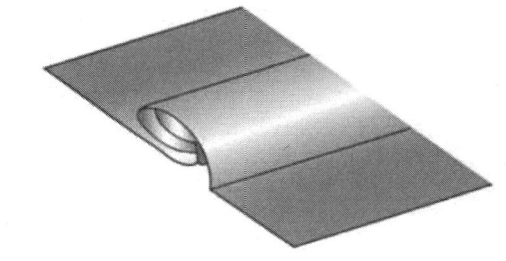

그림 4-59 그루브 심

그림 4-60 그루브 작업 순서

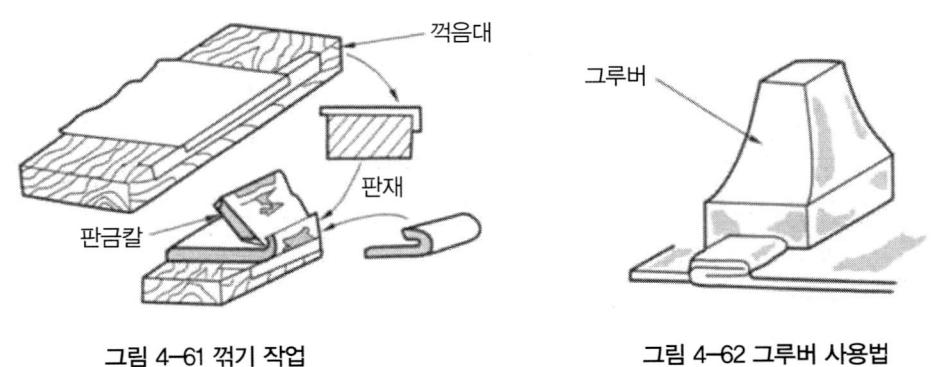

그림 4-61 꺾기 작업   그림 4-62 그루버 사용법

① 마름질 선을 따라 그루브 심을 한다.

② 심 여유를 꺾음대 위에 맞춘다.

③ 판재가 미끄러지지 않도록 왼손으로 하게 누르고, 오른손으로 박자이나 해머로 그림과 같이 판재의 끝부분 직각으 꺾는다.

④ 뒤집어 놓고 판금칼을 꺾음선에 끼워 그 위를 박자목으로 쳐서 예각이 되도록 꺾는다.

⑤ 다른 쪽도 같은 방법으로 하여 꺾어 집은 후 두 판을 서로 물린 다음, 작업대 또는 정반 위에서 물린 곳을 두들겨서 단단하게 잇는다.

⑥ 물림이 빠질 염려가 있으므로 그림과 같이 그루버를 심부에 대고 때려 턱 을 만들어 빠지지 않게 한다.

위와 같은 방법으로 심을 완전하게 하면 어느 정도의 수밀도 유지할 수 있으나 완전 한 심을 얻으려면 심부를 납땜한다. 또한 심부가 빠지지 않도록 하기 위하여 펀치로 심부를 때려 효과를 낼 때도 있다.

그루브 심 작업을 할 때에는 접는 데 필요한 심 여유를 고려하여야 한다. 이 여유는 걸림 부분(lock)의 나비와 판재 두께에 의하여 정해진다.

심 여유 = 3×심 나비(두께가 0.64mm 이하의 판재일 때)

심 여유 = 3×심 나비+ 5×판재의 두께(두께가 0.64mm 이상의 판재일 때)

(2) 캡 스트립 심(cap strip seam)

캡 스트립 심은 가열 통풍, 공기조화 등의 덕트(duct) 공사에 쓰이는 표준 작업이다. 모양은 적당한 크기로 굽힌 판재 위에 양쪽 가장 자리를 굽힌 좁은 나비의 판재를 끼워 서로 결합시키는 것으로서 아래 그림은 현장에서 가장 많이 쓰이는 캡 스트립 심의 실제 표준 치수이다.

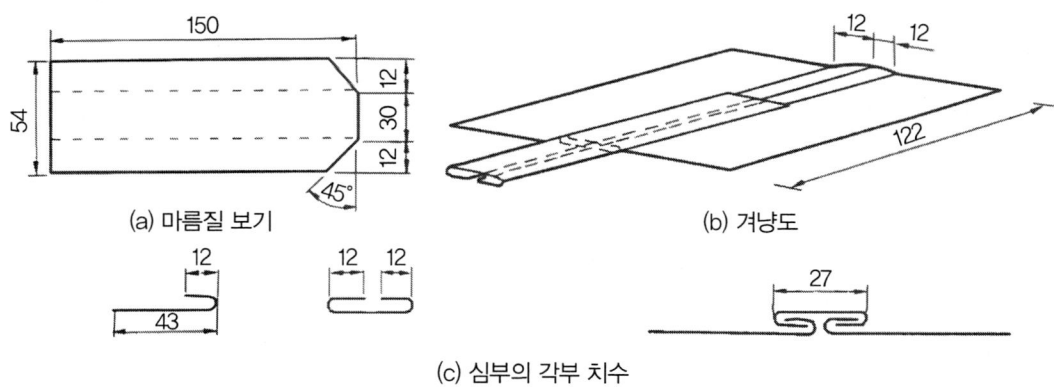

그림 4-63 캡 스트립 심의 실제 제작

(3) 스탠딩 심(standing seam)

심부를 꺾지 않고 세워 두는 심 방법으로서 규모가 큰 환기통에 주로 사용된다. 심은 외부 또는 내부에 만들 수 있으나, 내부에 만들 경우, 공기의 흐름에 방해가 되지 않도록 길이 방향으로 만들어 한다.

심부가 빠지는 것을 방지하기 위하여 리벳이나 볼트로 체결하거나 또는 버튼 펀치(button punch)로 적당한 간격으로 찍어 이음이 빠지는 것을 방지한다.

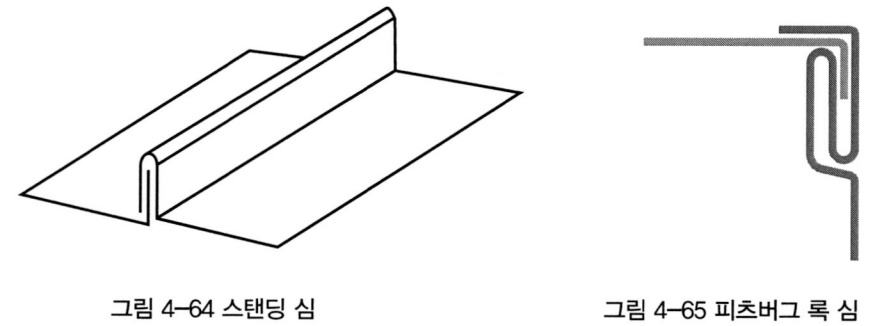

그림 4-64 스탠딩 심   그림 4-65 피츠버그 록 심

(4) 피츠버그 록 심(pittsburgh lock seam)

피츠버그 록 심은 난방 장치, 통풍 장치 또는 공기조화 장치에 주로 사용되며 핸드 브레이크에서 쉽게 만 수 있고 완성후에 잘 빠지지 않는다.

(5) 보텀 더블 심(bottom double seam)

보텀 더블 심은 양동이, 물탱크 모양과 같은 원통 그릇의 바닥을 붙일 때 많이 사용한다. 작업 순서는 터닝 머신으로 원동형의 가장자리를 일정하게 굽히고, 버링 머신으로 밑바닥의 원통에 버를 만들어 주고, 서로 끼운 후 나무 해머 또는 세팅다운 머신으로 완성한다.

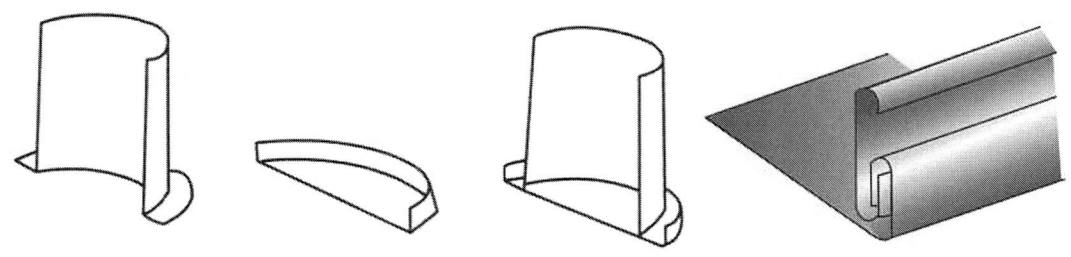

그림 4-66 보텀 더블 심

(6) 더브테일 심(dovetail seam)

더브테일 심은 원통의 끝부분을 일정한 간격으로 자른 후 교대로 링 모양의 플랜지를 대고 꺾어서 원통형의 공작물에 테두리를 붙이는 방법이다. 더브테일 심에는 플레인 더브테일 심(plain dovetail am), 비드 더브테일 심(bead dovetail seam), 플랜지 더브테일 심(flange dovetail seam)의 3가지 형이 있다.

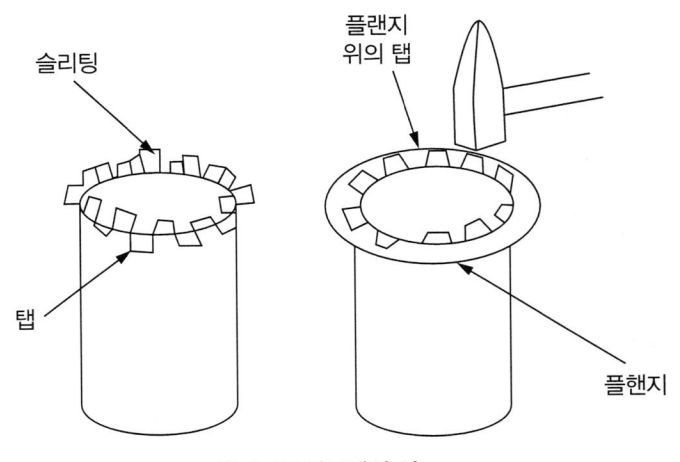

그림 4-67 더브테일 심

(7) 그루빙 머신에 의한 시밍

그루빙 머신은 먼저 바 폴더로 심부를 집고 나 서 그루브 심을 만드는 기계이다. 심부가 표면에 돌출되어 있어서 안되면 심부가 원통의 안쪽으로 들어갈 수 있게 카운터 싱크 그루브 심으로 만들 수 있다

심부의 길이가 작고 사 판재의 두께가 얇을 때는 핸드 시머를 루버의 홈 나비는 심 것을 사용한다. 사용하며, 그루버 사용할 때 그 나비보다 1~1.5mm 정도 큰 것을 사용한다.

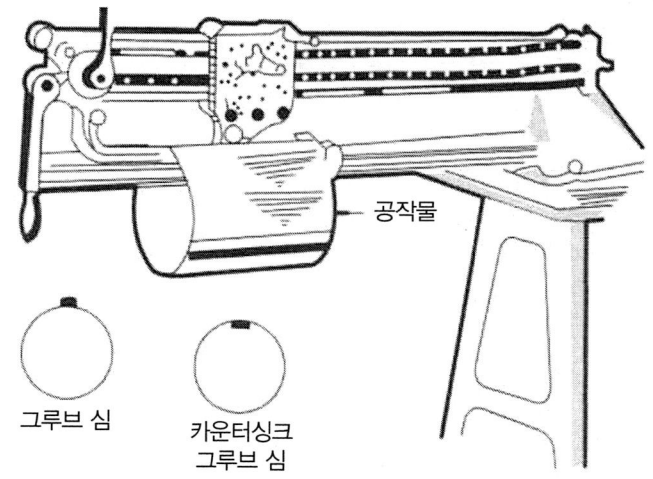

그림 4-68 그루빙 머신에 의한 시밍

2. 포밍(forming)

판금 제품은 원통 형상의 모양을 많이 가지고 있어 원통 굽힘은 판금 성형법의 가장 주요한 작업 중의 하나이다. 판재를 원통 또는 하며, 굽히는 방법은 다음과 같다.

(1) 수공구에 의한 원통 굽힘

① 받침쇠 또 바이스에 물린 쇠 파이프에 판재를 올려놓고 박자목이나 연질 해머로 두들긴다.

② 이때 사용하는 스테이크나 쇠 파이프의 지름은 만들려고 하는 원통 지름의 70~80% 정도가 알맞다.

③ 두들기는 순서는 판재의 양쪽 가장자리로부터 중앙으로 옮기면서 조금씩 두들긴다. 이때 심(seam) 이음을 할 곳은 소재를 원형으로 굽히기 전에 미리 접어둔다.

④ 큰 원뿔이나 긴 연통 등을 원형으로 굽혀서 말 때에는 고정된 파이프 장치를 이용하면 효과적이다.

⑤ 원통 제작에 필요한 판재의 길이는 다음 계산에 의한다.

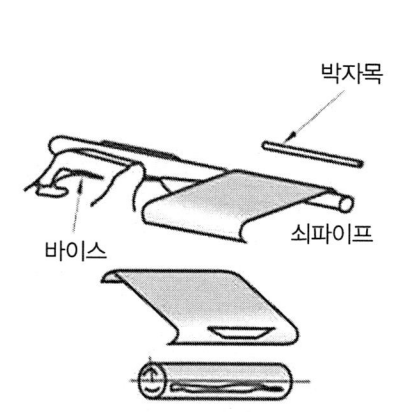

그림 4-69 쇠 파이프를 이용한 원통 굽힘

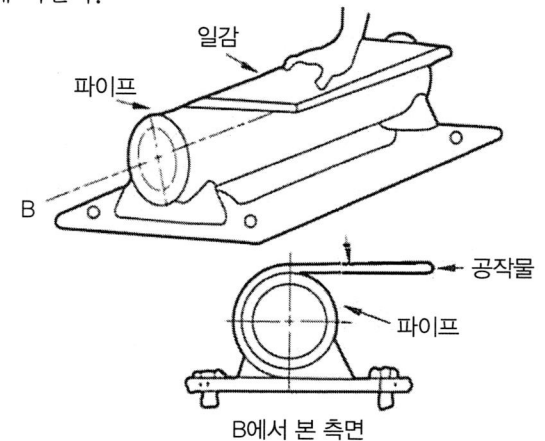

그림 4-70 파이프를 이용한 원통 굽힘

(2) 포밍 머신에 의한 원통 굽힘

원통을 만들 때는 포밍 머신에 의해 작업하기도 한다. 포밍 머신의 롤러는 표면 경화된 칠드 주철로 되어 있으며, 롤러의 크기는 통의 길이, 판 께, 최소 굽힘 반지름을 고려하여 적당한 것을 선택하여 쓴다. 굽힘 롤러는 수동 롤러와 동력 롤러가 있으며, 동력 롤러는 정지시킬 때 클러치(clutch)를 사용하기도 한다.

그림 4-71 포밍 머신에 의한 원통 말기

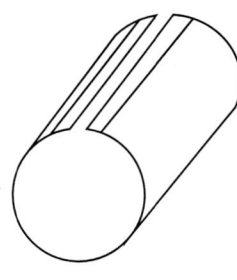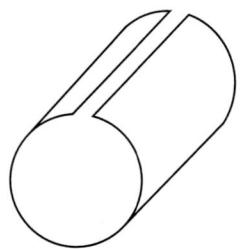
그림 4-72 원통 말기 시 변형

작업상 주의할 점은 다음과 같다.
① 평평한 판재를 롤러에 그냥 집어넣어 밀면, 판재의 처음 부분과 끝부분은 둥글 게 가공되지 않고 집합부에 평평한 면이 생기므로 롤러 작업 하기 전에 판의 양 끝을 반경만큼 구부린다.
② 한 번에 급히 구부리면 판의 저항이 커져 균일하게 구부릴 수 없으므로, 1회마다 롤러 간격을 조금씩 조정하면서 구부린다.
③ 판재를 처음 롤러에 집어넣을 때 롤러의 중심선과 판재의 끝부분이 일치되지 않으면 뒤틀리게 된다.
④ 지름이 너무 커서 한 번에 말기 힘들 때는 원통을 분할하여 가공한 후 접합하여 사용하기도 한다.
⑤ 소재는 변형이 없는 것을 사용하며, 판 두께에 비하여 지름이 클 때에는 변형이 부분적으로 남는다. 또한, 얇은 판을 대량으로 구부릴 때는 동력 벤딩 롤러로 구부린다.

(3) 원뿔체 굽힘

[그림 4-73] (a)와 같은 원뿔체를 굽히고자 할 때, [그림 4-73] (b)는 그 전개도이다. 여기서, 높이 h와 반지름 r이 주어졌을 때 모선 l과 중심각 θ는 다음 식에 의하여 구할 수 있다.

$$l = \sqrt{h^2 + r^2} \text{ 과 } \theta° = \frac{r \times 360}{l}$$

부채꼴 모양의 판재를 원추형으로 굽히기 위해서는 [그림 4-73] (c)와 같이 블로 혼 스테이크(blow horn stake) 위에 판재를 올려놓고 원통 굽힘에서와 같이 양 끝부터 해 머로 두들겨 굽힘작업을 한다.

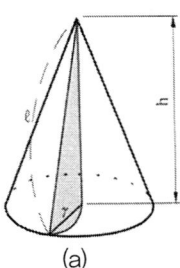 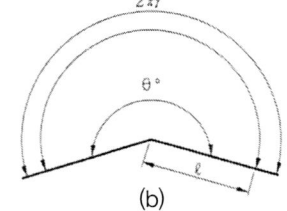 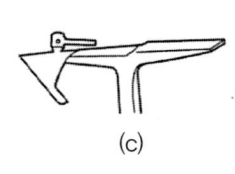
그림 4-73 스테이크를 이용한 원추 굽힘

(4) 판금정 작업하기

판금정은 [그림 4-74](a)와 같이 판재를 직선 굽힘할 때, 또는 [그림 4-74] (b)와 같이 평면과 곡면이 연결될 경우 그 경계선을 명확히 하기 위해 정자국(notch)을 내줄 때 사용한다.

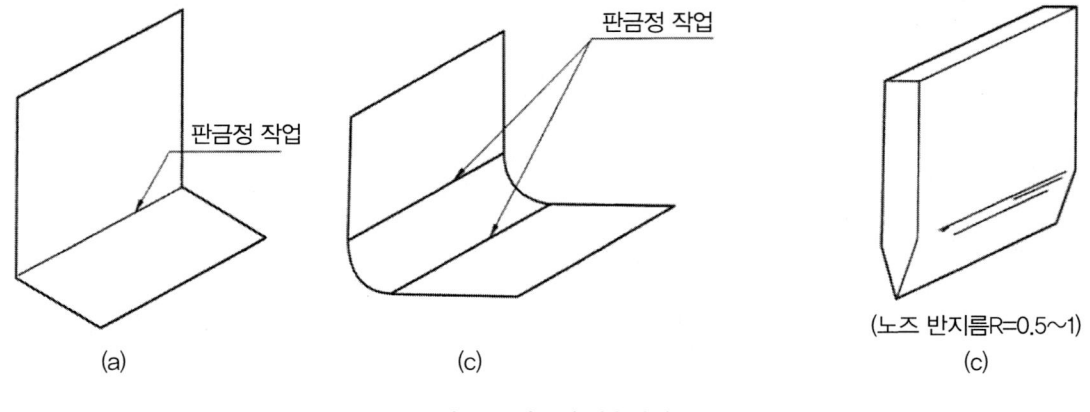

그림 4-4 판금정 사용하기

또한 판금정의 날 끝부분은 [그림 4-74] (c)와 같이 약간 둥글게 만들어 주며, 타격시에는 균일한 깊이로 타격하고, 지나치게 세게 때려 굽힘부가 터지지 않도록 해야 한다.

3. 와이어링

원통의 가장자리 또는 평평한 판재의 끝부분에는 강도를 보강하고 모양을 좋게 하려면 철사를 말아 넣는데, 이와 같이 철사를 말아 넣는 작업을 와이어링(wiring) 작업이라 한다. 철사를 말아 넣을 때 여유 치수는 보통 철사 지름의 2.5~3배가 되도록 하며, 그 여유를 식으로 계산하면, $x = \pi \times d \times \frac{3}{4} + \frac{d}{2}$ 가 된다.

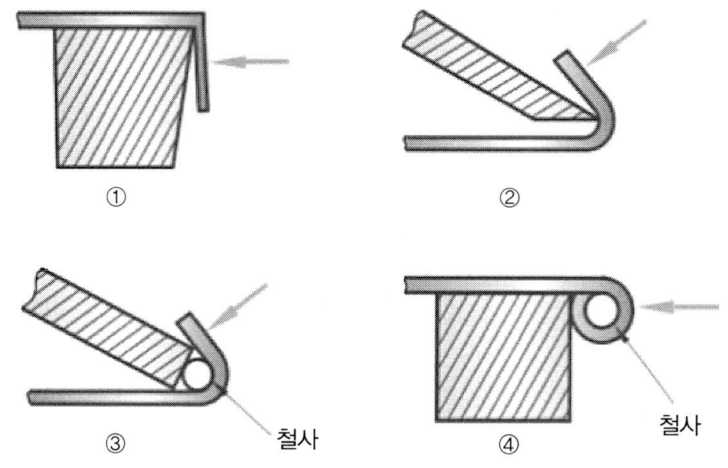

그림 4-75 곧게 와이어링 순서

① [그림 4-75]와 같이 판재를 직선으로 곧게 꺾기 위하여 꺾음대에 놓고 박자목으로 마름질선에 따라 직각으로 꺾어서 굽힌다.

② [그림 4-75]와 같이 판재를 뒤집어 놓고 판금칼을 대고 약간 굽힌다.

③ [그림 4-75]와 같이 철사 넣고 철사를 누르며 다시 굽힌다.

④ [그림 4-75]와 같이 판재를 다시 뒤집어 꺾음대에 밀착시키고 박자목으로 화 살표 방향으로 차례로 두드려서 철사에 판재가 밀착되도록 한다.

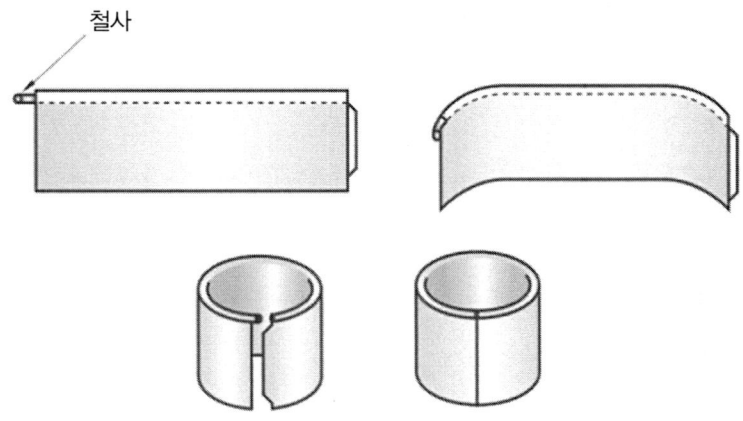

그림 4-76 원통 용기의 와이어링

원통 용기에 철사를 말아 넣을때에는 그림과 같이 미리 철사를 말아 넣은 후 판재를 굽혀 와이어링 한다. 이때 철사는 한쪽 끝을 길게 하여 원통을 만 후 끼워 넣어 원통의 이음매 부분에 불연속부가 생기지 않도록 한다.

4. 크림핑 및 비딩

(1) 크림핑(crimping)

크림핑은 지름이 같은 두 원통을 서로 겹쳐 끼우기 위하여 원통의 끝부분에 주름을 잡아주어 지름을 약간 감소시키는 작업을 말한다. 주로 연통과 같이 두께가 얇은 판재를 사용하는 제품의 경우에 많이 사용한다.

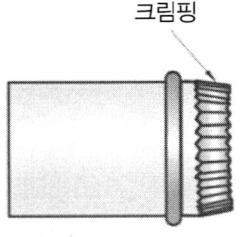

그림 4-77 크림핑

(2) 비딩(beading)

평평한 판재 또는 성형된 판금 제품에 돌기를 만들어 붙인 무늬를 비드(bead)라 하며, 이 비드를 만드는 작업을 비딩이라 한다. 비딩의 목적은 강도 보강과 장식에 있다. [그림 4-78]은 비드의 종류를 나타낸 그림이며 보통 [그림 4-78] (c)와 같은 원호 비드가 가장 많이 쓰인다.

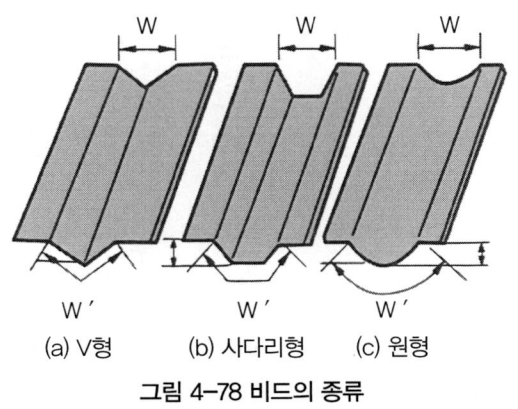

그림 4-78 비드의 종류

비드는 나비 W에 비하여 깊이 H가 클수록 강성은 증가하나 성형시 인장 응력도 비례하여 커지므로 지나치게 깊게 할 필요는 없다. 그 한도는 비드 길이의 증가율 $\frac{(W'-W)}{W}$가 재료의 연신율과 같게 될 정도까지이다. 따라서 얇은 강판에 원호 비드를 만드는 경우는 깊이 H가 나비 W의 35% 정도까지, V형 비드의 경우는 45% 정도까지가 성형의 한도이다.

개방(open) 비드를 프레스 브레이크로 성형하는 단순한 형틀이다. [그림 4-79] (a)와 같은 원호비드 성형의 소요 압력은 비드의 반지름, 판의 재질 등에 따라 다르지만 보통 단순한 90° V형 구부리기의 소요 압력에 비하여 약 4배 정도이다.

[그림 4-79] (b)는 V형 비드 형틀이고 [그림 4-79] (c)는 얇은 판용의 특수 비드 형틀이다. 고무에 의한 비드 성형법으로 [그림 4-80] (a)는 바깥쪽 성형, [그림 4-80] (b)는 안쪽 성형법이다.

이 방법에 따르면 가공하는 부분의 압력이 높으므로, 깊은 비드를 성형할 수 있다. 비드의 깊이 H는 나비 W의 약 $\frac{1}{5}$, 두께 t에 대하여 $H \geq 5t$ 정도가 적당하다.

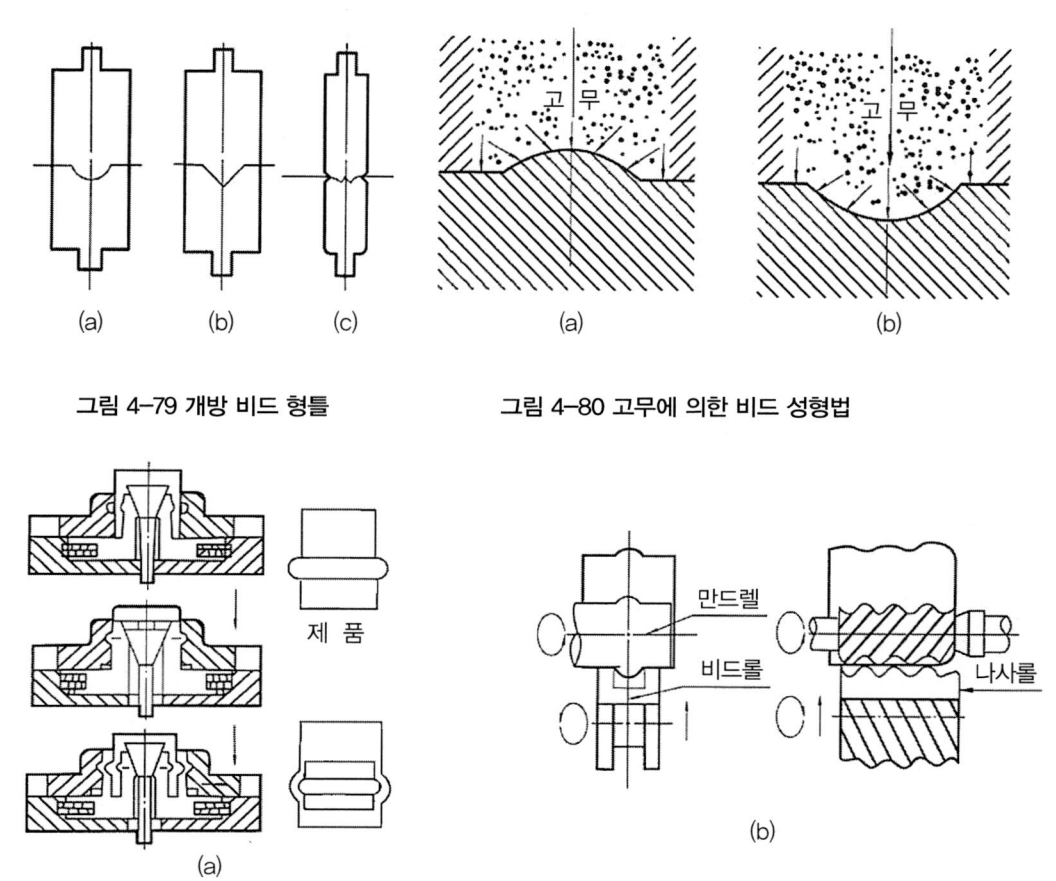

그림 4-79 개방 비드 형틀

그림 4-80 고무에 의한 비드 성형법

그림 4-81 원통형 제품의 비딩

원통형 제품에 비드를 내는 방법은 [그림 4-81] (a)는 익스 팬딩에 의한 방법이며, [그림 4-81] (b)는 롤에 의한 방법이다. 평판에 개방 비드를 연속적으로 하면 파형 성형(corrugating)이 된다. 이와 같이 파형 성형한 판을 코르게이티드판(corrugated panel)이라 하며 컨테이너에 주로 사용 한다.

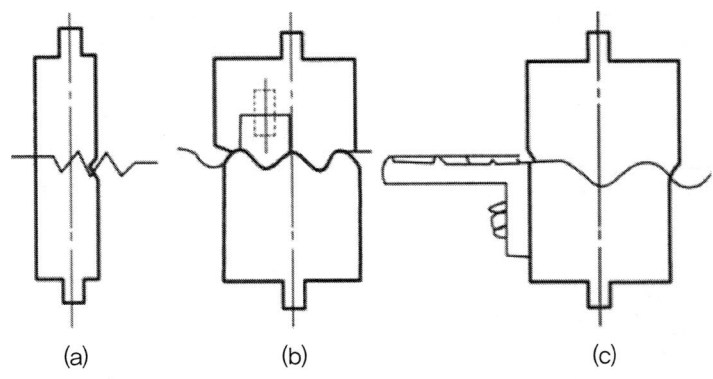

그림 4-82 파형 성형 형틀

[그림 4-82]은 파형 성형 형틀에 관한 그림이다. 또한 [그림 4-83]은 비딩 머신으로 만든 각종 비드의 모양과 명칭을 나타낸 것이다.

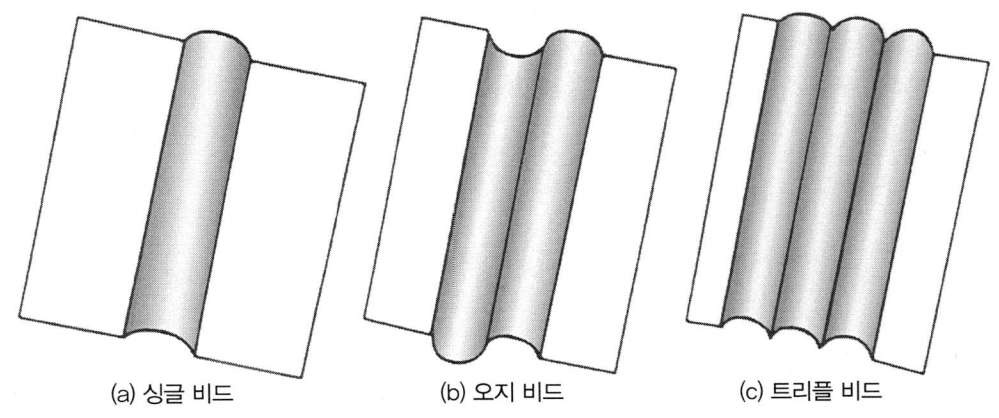

(a) 싱글 비드   (b) 오지 비드   (c) 트리플 비드

그림 4-83 비딩 모양과 명칭

5. 터닝과 버링

판금 제품의 가장자리를 보강하고, 모양을 좋게 하기 위하여 또는 캔의 밑바닥을 성 형하기 위하여 가장자리를 집게 되는데, 집는 부분이 직각이나 예각으로 모나지 않고 약간 둥글게 접는 것을 터닝(turning)이라 한다. 그리고, 직각이나 예각으로 모나게 집는 것을 버링(burring)이라 한다

(1) 손작업에 의한 가장자리 접기

1) 원판의 가장자리 접기

[그림 4-84] (a)와 같은 원판에 꺾음선을 표시하고 스테이크 위에 올려놓고 가장자리를 세팅 해머로 조금씩 두드려 나가 [그림 4-84] (c)와 같은 제품을 만든다. 이때 한 번에 완전히 모가 진 것을 만들려고 하면 주름이 생기거나 갈라지기 쉬우므로 몇 번에 나누어 완성해야 한다.

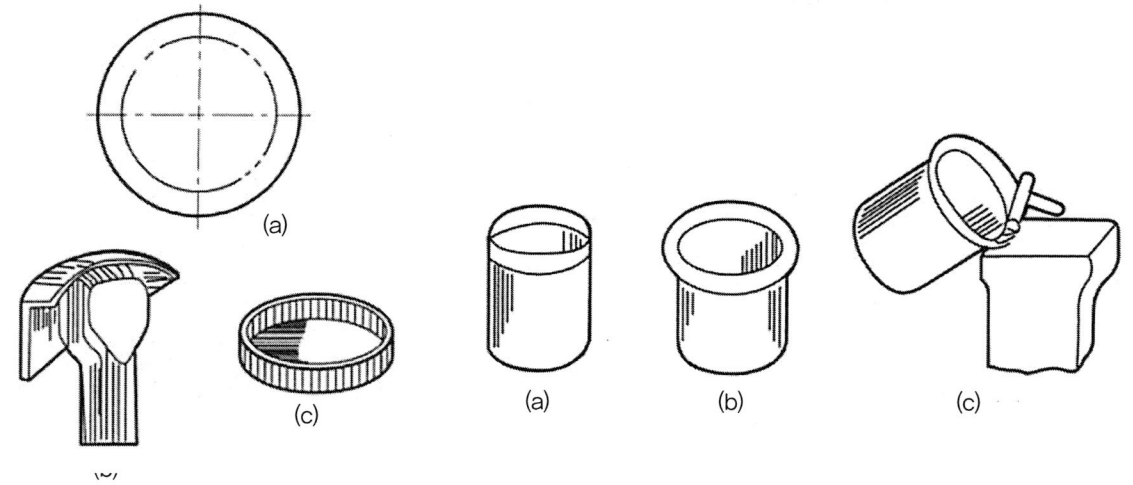

그림 4-84 원판의 가장자리 접기   그림 4-85 원통의 가장자리 접기

2) 원통의 가장자리 접기

원통의 가장자리를 접는 방법은 플랜징(flanging)이라고도 하고 [그림 4-85] (c)와 같이 스테이크 위에 원통의 마름질 선을 대고 세팅 해머로 조금씩 두드리며 작업한다.

(2) 기계에 의한 가장자리 접기

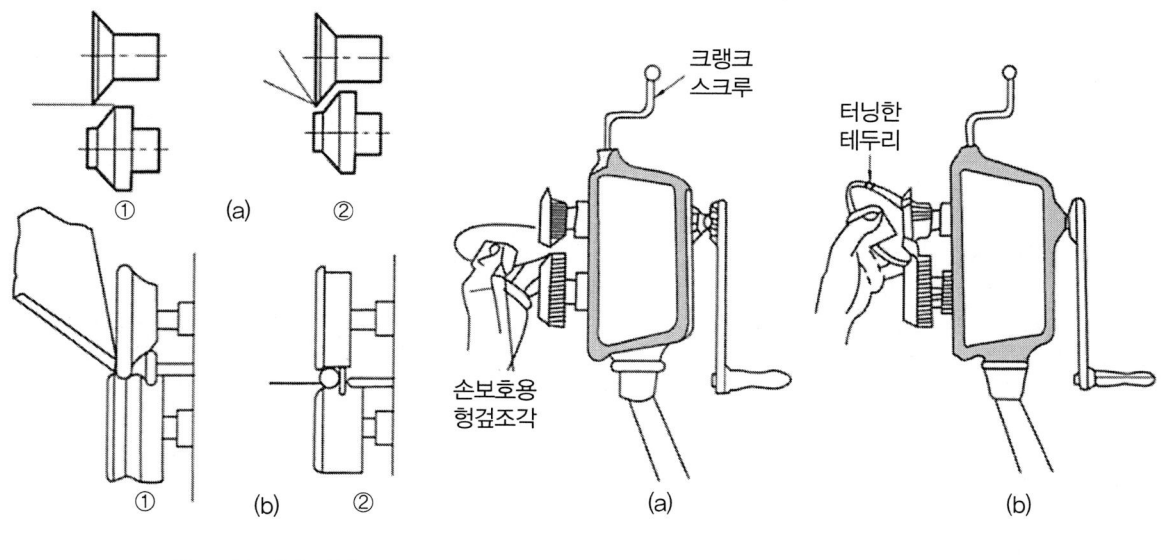

그림 4-86 터닝 머신   그림 4-87 버링 머신

터닝 머신을 이용하여 판재의 끝을 구부려 철사를 말기하는 [그림 4-86] 터닝 머신을 사용한 때에는 간격을 여러 차례에 걸쳐 조정하면서 작업한다.

[그림 4-87]은 버링 머신의 작업 예를 나타낸 것으로 그릇의 뚜껑 또는 밑판을 굽히는 데 사용하며, 또한 버링 머신을 돌릴 때마다 제품을 조금씩 들어 올려서 필요한 각을 얻을 수 있다.

6. 폴딩 가공

폴딩(folding)가공이란 적절한 굽힘 형틀을 이용하여 복잡한 곡면을 가공하는 방법을 말한다. 폴딩 가공은 바 폴더나 코니스 브레이크 등을 사용하며 상 누르개판과 하 누르개판 사이에 폴딩할 곡선의 원호에 해당하는 심금을 끼우고 밴딩 리프를 회전시켜 곡면을 얻는데, 몰딩(moulding) 작업이라고도 한다.

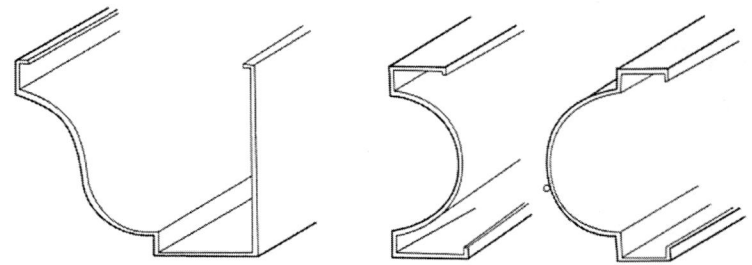

그림 4-88 코니스 브레이크에 의한 폴딜 작업

7. 타출 가공

금속 판재를 손작업으로 늘리기, 굽히기, 줄이기 등의 가공을 거쳐 이음매가 없는 용기를 만드는 가공을 말하며, 자동차의 자체, 오목한 그릇 등을 만드는 데 응용된다. 타출 가공할 때는 가공 후 제품의 표면이 아름답고 평활하며, 망치 자국이 고르고 균열이 발생하지 않도록 해야 한다. 또한 선박 건조할 때 선수 부분과같이 두꺼운 판재를 타출 가공할 때는 연간 작업으로 시행하며, 가공 중 가공 경화 현상이 발생할 때는 작업 중간 중간에서 풀림 처리를 하여야 한다. 가공 전 소재의 크기를 결정할 때는 가공 전후의 표면적 변화가 없는 것으로 하여 소재의 크기를 결정하나 늘리는 부분은 판 두께가 얇아지고 줄이는 부분은 판 두께가 두꺼워지게 된다.

(1) 접시형 용기의 타출 가공

집시형 용기를 만들기 위한 판 뜨기는 [그림 4-89]와 같이 단면도의 A를 중심으로 하여, AB를 반자름으로 하는 원호를 고리고, 밑면의 연장과의 교점 C를 구하여 OC를 반지름으로 하는 원 O'를 고리면 된다. 다시 가공면을 적당한 간격의 여러 개의 동심원으로 나누어 마름질하며 이 동심원은 해머 타격시 기준이 된다. 작업 방법은 [그림 4-89]과 같이 적당히 홈이 패인 절구 위에 소재를 올려놓고 가장자리에서 안쪽으로 동심원에 따라 해머로 두들겨 굽힌다. 이때 생기는 주름은 둘 레의 가장자리에 퍼지도록 해머로 두들겨서 없앤다.

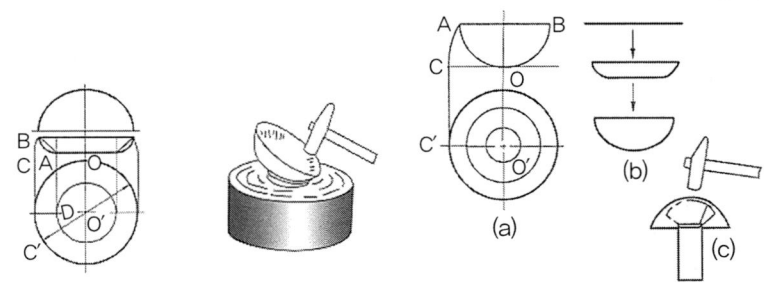

그림 4-89 접시형 용기의 타출   그림 4-90 반구형 용기의 타출

(2) 반구형 용기의 타출 가공

반구형 용기의 판 뜨기는 [그림 4-90] (a)와 같이 정면도의 중심 O에서 AO를 반지름으로 하는 원호와 수평선과의 교점 C를 구한 후 OC = O'C되는 원을 그린다. 이후 [그림 4-90] (b)와 같이 앞에서 설명한 요령에 따라 먼저 집시형으로 만든 다음, 동 나무 받침 위에서 원주의 가장자리 부분부터 해머로 두들기면서 점차 중심 방향으로 이동시키면서 반구형으로 완성한다. 이때 타출면의 정밀도는 곡면부와 같은 윤곽을 갖는 형판(template)을 만들어서 측정하는데, 형판을 만들 때의 주의 사항은 다음과 같다.

① 제품, 단면의 치수와 판재의 두께를 고려하여 형판의 모양과 치수를 결정한다.
② 형판은 가능한 측정하기 쉬운 모양으로 만들어야 한다. 또한, 제품의 내부를 측정할 것인가, 외부를 측정할 것인가를 결정하여 판 두께를 고려한다.
③ 부분적인 모양에 대한 게이지와 전체 모양에 대한 게이지를 따로 만든다.
④ 얇은 판재로 형판을 만들 때에는 휘지 않도록 가장자리를 잡는다.

끝으로 [그림 4-90] (c)와 같이 반구형의 스테이크 위에 뒤집어 얹어 놓고 전면을 타격면이 넓은 레이징 해머로 골고루 매끈하게 다듬는다.

제5절 관(pipe) 제조 방법

1. 이음매 있는 관(seamed pipe)

이음 부분을 접하여 제관하는 방법에는 단접법과 용접법으로 분류하고, 용접강관에는 롤벤딩 강관과 스파이럴 강관이 있다. 롤벤딩 강관은 후판(두꺼운 강판)을 벤딩 롤러에서 원형으로 말고 연결부를 서브머지드 아크 용접, 전기저항용접 등의 방법으로 연결하여 만든 강관으로 송유관 등 플랜트 배관에 주로 사용된다. 스파이럴 강관은 열연강판을 나선형으로 말아 접촉면을 용접하는 방식으로 만든다. 스파이럴 강관은 길이 조절이 쉽다는 장점이 있으며, 주로 상하수도관 등에 사용된다. 심레스 강관(Seamless pipe, 무계목 강관)은 속이 가득찬 환봉의 가운데를 천공(가운데를 뚫음)하는 방식과 가래떡을 뽑는 것처럼 압출하여 생산하는 방식이 있다.

(1) 단접관

단접관은 강철 밴드(band)를 길이 약 6m로 절단하여 가열로에서 1300℃까지 가열한 다음 꺼내면서 다이를 통과시켜 양끝 부분이 겹쳐진 상태로 플러그 밀(plug mill)에 통과시켜 제작한다. 이 방법에는 가열된 강철 밴드를 성형 압연기에 통과시키고 단접 롤러로 눌러서 단접 파이프를 만들 수도 있다. 노중에 가열된 소재를 스케일(scale) 즉, 산화물 피막을 제거하기 위하여 스케일 제거 롤러를 거쳐 단접에 들어가야 한다.

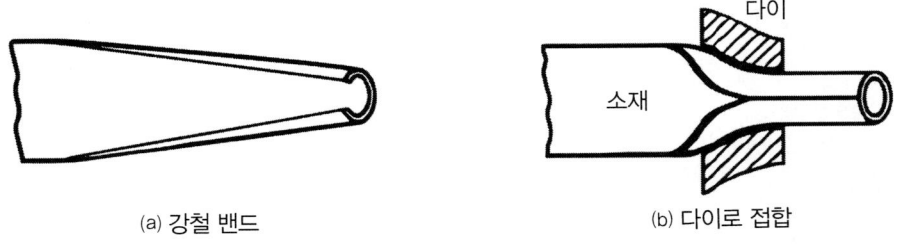

(a) 강철 밴드 (b) 다이로 접합

그림 4-91 단접관 제작방법

(2) 용접관

용접관은 띠형으로 절단된 강판을 벤딩 롤러에 통과시켜 둥근 관 모양으로 성형하고 맞대어진 부분을 용접한 후 정경하고 일정한 길이로 절단한 다음 다듬질하여 완성한다. 용접봉을 이용하여 아크 용접법으로 파이프를 제작할 수 있으나 보통 전기저항 용접법 및 고주파 용접법이 널리 사용한다. 전기저항 용접 또는 고주파용접에 이용하는 소재는 스트립(strip)이고, 작업 공정 순서는 강판을 길이 방향으로 절단(slitting)→벤딩 롤러로 성형(forming)→용접(welding)→정경(sizing)→절단(cutt -ing)→다듬질(finishing) 등의 순서로 진행된다. 전기 저항용접에서는 전극으로서 2개의 회전 동판을 사용하고, 가압 롤러가 한 쌍 있어 이것으로 가압한다. 전기 용접된 후에는 용접에 의한 불필요한 부분을 바이트로 깎고, 정경 압연기에서 치수 정밀도를 조정한 후 절단한다.

2. 이음매 없는 관(seamless pipe)

이음매 없는 관(seamless pipe)의 제작법에는 만네스만 제관법(Mannesmann process), 스티펠 제관법(Stiefel process), 에르하르트 제관법(Ehrhardt process), 압출 제관법 등이 있다. 만네스만과 스티펠 제관법은 서로 교축되어 있는 롤로 압연 및 천공하여 제관하고 에르하르트 제관법은 다이와 펀치를 사용하여 제관한 다 압출 제관법은 컨테이너와 심봉, 압판을 사용하여 제관한다. 이 중에서 만네 스만 제관법이 일반적으로 많이 사용되며 다음 순서로 제관한다.

이음매 없는 파이프의 생산 원리는 강철 빌렛을 고온, 고압 조건에서 관형으로 가공하여 용접 결함이 없는 이음매 없는 파이프를 얻는 것입니다. 주요 생산 공정에는 냉간 인발, 열간압연, 냉간압연, 단조, 열간 압출 및 기타 방법이 포함됩니다. 생산과정에서 이음매 없는 관의 내외면은 고온, 고압의 영향으로 매끄럽고 균일 하여지기 때문에 강도와 내식성이 우수하고, 사용시 누수가 발생하지 않는다.

(1) 천공법

소재가 회전식 가열로에서 1,200~1,250°C로 가열되어 같은 방향으로 회전하 는 2개의 천공롤 사이로 물려 들어가면 마찰력에 의한 회전운동으로 심한 바틀림 작용을 받으면서 소재가 롤을 통과하게 된다. 이때 2개의 롤 측선이 교차하는 지 점의 중앙에 있는 심봉(mandrel)에 의하여 소재가 점진적으로 천공된다.

(2) 플러그(plug) 압연

천공된 관을 가열된 상태에서 심봉이 설치되어 있는 플러그 압연기에 통과시켜 관의 두께와 지름을 감소시키는 압연작업이다. 1차 통과만으로는 필요한 가공이 완성되기 어렵기 때문에 1차 압연 후 반송롤에 의하여 다시 반송되어 2차, 3차 압연한다.

(3) 릴러(reeler) 압연

플러그 압연된 관의 두께를 일정하게 하고 관 내면에 남아있는 홈집을 제거하는 압연작업을 말한다. 릴러 압연기에 사용되는 롤은 원통형으로 길이가 약 750mm, 지름이 850mm 정도이다. 릴러 압연작업을 거치면 관의 바깥지름은 4~5% 정도 증가하고 두께는 3~5% 정도 감소하며 관의 표면이 매끈하게 된다.

(4) 정경 (sizing) 압연

90°로 교축된 2단 정경 압연기에 통과시켜 관의 바깥지름을 일정하게 하고 면을 진원으로 압연하는 작업을 말한다. 바깥지름이 70mm 이하인 관일 때에는 듀싱(reducing) 압연기를 사용한다.

(5) 절단(cutting)

천공된 관의 두께와 바깥지름을 일정하게 압연 가공한 다음 규정된 길이로 절단하는 작업을 말한다.

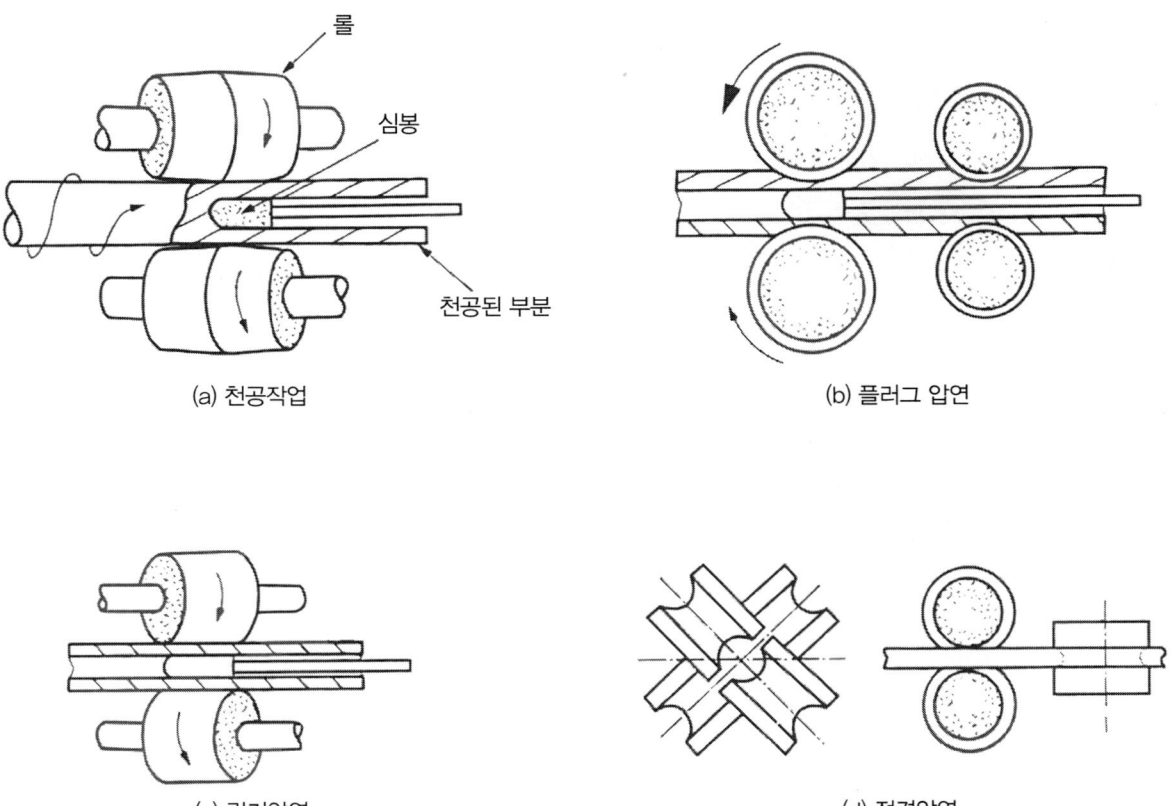

그림 4-92 만네스만 제관법

제6절 박판 특수 성형 가공

1. 고무를 사용한 성형 가공

고무의 탄성을 이용하여 펀치 또는 다이의 한쪽에 고무를 사용하여 성형하는 방법을 말한다.

(1) 벌징(bulging) 가공

원통형 재료의 일부를 볼록 나오게 하여 플라스크형으로 성형하는 가공법을 벌징이라고 한다. 벌징 가공은 다이에 원통 관을 넣고 여기에 고무나 오일을 넣은 다음 펀치로 가압하여 성형 가공한다. 펀치에 의한 가압력이 고무나 오일 등에 의하여 소재 관의 사방으로 작용하면 다이와 밀착되어 있지 않은 부분이 뒤로 밀리면서 다이의 내면 모양대로 성형 가공된다. 다이의 가격이 비교적 싸고 대량 생산이 가능하다.

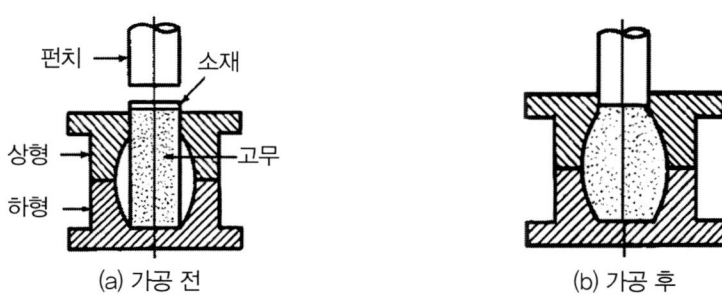

그림 4-93 벌징(bulging) 가공

(2) 게린법(Guerin process)

게린법은 컨테이너 안에 고무를 넣고 압력을 가하여 플랜지 성형을 하는 것으로 스프링 백이 적고 주름이 생기지 않는 정밀한 제품을 만들 수 있다. 게린법은 다이 위에 블랭크를 놓고 고무 다이로 가압하여 제품을 가공하며 고무를 고정하기 위한 리테이너가 있다. 다이의 제작비가 저렴하고, 다이 고정이 불필요하다.

소재를 고정하지 않으므로 주름이 생길 수 있고, 제품의 두께와 형상에 제한이 있다. 고무의 두께는 다이 높이의 2~3배 이상으로 하고, 플랜지의 나비는 다이 높이의 1/2 이하로 하는 것이 적당하다. 또 고무의 경도는 단단할수록 주름이 생기지 않지만, 복잡한 모양이나 깊은 플랜지 성형일 때는, 고무가 제품에 밀착될 수 있도록 경도(Shore A) 60~80의 것이 사용된다.

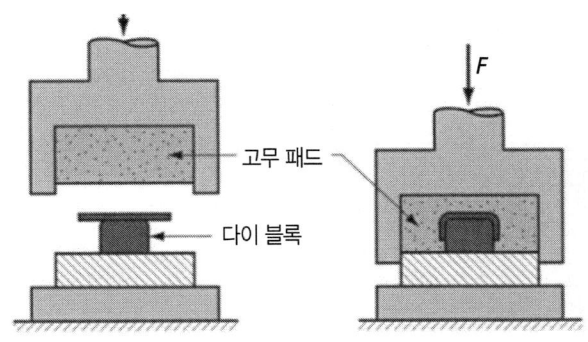

그림 4-94 게린법

(3) 마폼법(marform process)

용기 모양의 홈 안에 고무를 넣고 고무를 다이 대신 사용하는 것으로 베드에 설치되어 있는 펀치가 소재 판을 위에 고정되어 있는 고무에 밀어 넣어 성형 가공한다. 고무의 탄성이 펀치의 압력을 흡수할 수 있으므로 소재 판의 성형이 가능하고 또한 고무의 압력으로 측면의 성형도 원만하게 이루어질 수 있다. 구조가 비교적 간단한 용기 제작에 이용된다. 특징은 다음과 같다.

용기 제작이 경제적이고 소량 소품의 제작에 유리하다. 소재의 결함이 적고, 파단이 작아 모서리 반지름을 작게 할 수 있으며 딥 드로잉이나 복잡한 형상의 제품 성형에 적합하다.

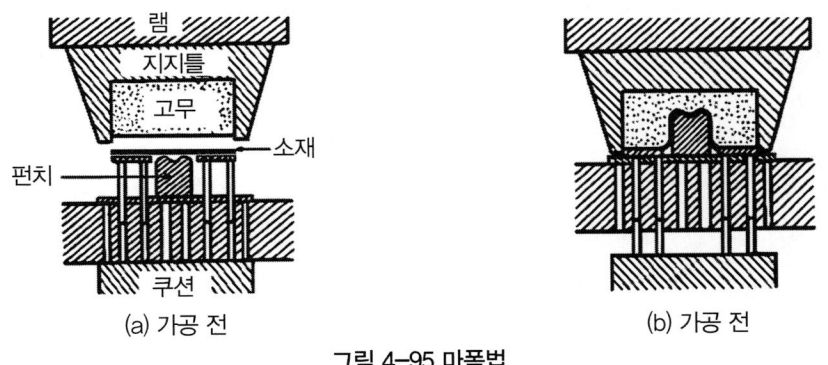

그림 4-95 마폼법

2. 액압 성형법

(1) 하이드로 포밍법(hydro forming process)

액압 성형법으로 마폼법의 고무 대신에 액체를 이용하여 다이로 사용하는 것으로 이중 고무 막으로 밀폐된 액체와 펀치 사이의 소재를 펀치로 밀어 넣어 가공하는 방법이며, 액체는 고무보다 유동성이 좋아서 다소 복잡한 모양의 제품을 만들 수 있다. 하이드로 포밍 기술은 성형이 고르게 이뤄지며, 형상 동결성이 우수하여 복잡한 형상의 가공이 가능하고, 자전거 프레임, 자동차 내부 부품, 전자제품에 주로 사용된다.

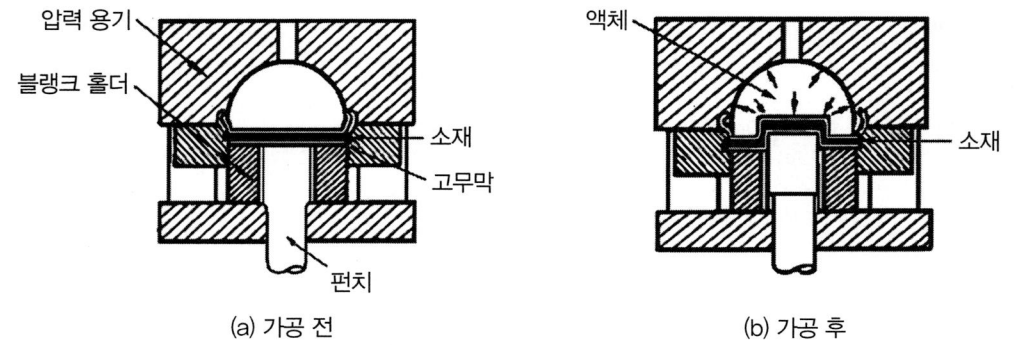

그림 4-96 하이드로 포밍법

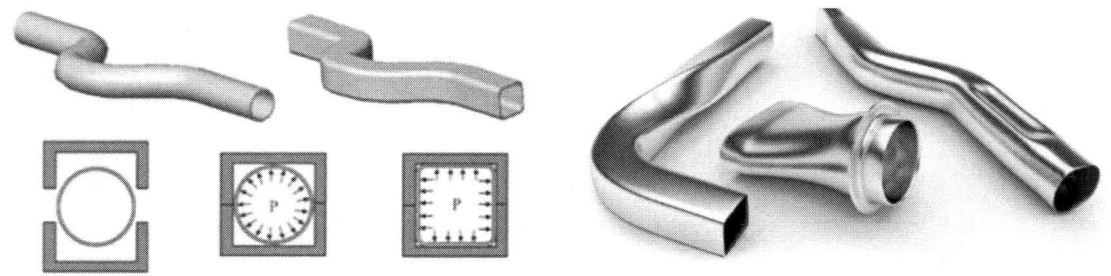

그림 4-97 관재(tube) 하이드로 포밍법 원리와 성형품

하이드로 포밍법의 특징은 다음과 같다.

① 블랭크 홀더의 압력을 자유롭게 조정하고, 다이 어깨 쪽에 닿는 둥근 반지름을 임의로 조정할 수 있다.
② 우그리기를 무리하지 않게 진행할 수 있어 깊은 우그리기를 하는데 좋다.
③ 복잡한 성형이 가능하고, 작업 중 압력 조절이 자유로워 블랭크를 겹쳐서 성형할 수 있다.
④ 성형이 어려운 모양의 제품을 쉽게 가공할 수 있다.
⑤ 금형의 제작이 용이하다. (펀치 또는 다이 한쪽만 제작하기 때문)
⑥ 제품에 주름이 생기지 않는다.
⑦ 드로잉 깊이에 한계가 있고, 전용 성형 설비가 필요하다.
⑧ 제품의 형상이 각진 경우에는 후공정을 필요로 하는 경우도 있다.
⑨ 제품이 구멍을 갖는 경우에는 공정 순서에 주의해야 한다.
⑩ 기술 진입 장벽이 높고 초기 투자 비용이 많이 든다.

(2) 하이드로 디프 드로잉법(Hydro deep drawing process)

하이드로 디프 드로잉법은 마폼법의 고정다이(펀치)를 가동 테이블에 고정하여 성형 중에 펀치도 상승하여 성형 가공을 하는 방법이다. 이 방식은 마폼법과 유사하지만, 가공 시간이 단축된다는 특징이 있습니다. 주로 딥드로잉 가공과 벌징 가공에 사용된다.

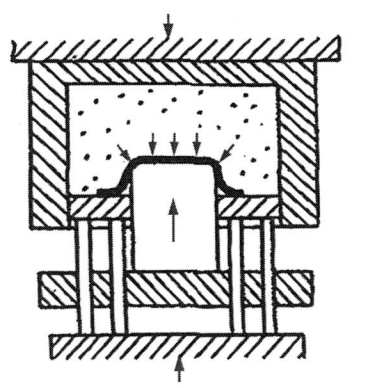

그림 4-98 하이드로 포밍법

그림 4-99 휠론 프레스

(3) 휠론법(wheelon process)

휠론법은 고무 자루에 액압을 가하여, 고무를 통해 블랭크를 우그리기 하는 방법으로 다이로 되는 고무는 딱딱한 것을 사용하고 고무 자루로 되는 것은 부드러운 것을 사용하여 복잡한 성형품을 만들 수가 있다. 액압 400~700kgf/cm2(39~68N/mm2)이 필요하며 가공비가 적게 소요된다.

3. 고에너지 고속 가공

화학적, 전기적, 역학적 저장 에너지를 순간적으로 방출시켜 변형 속도를 크게 하여 고속으로 가공하는 방법을 말하며 고에너지 성형법은 가공속도가 빠르기 때문에 고장력 합금과 같은 경도가 큰 재료나 형상이 복잡한 것도 1회 가공으로 손쉽게 성형이 가능하다. 고에너지 성형법은 시설비가 적게 들어 경제적일 수 있으나 대량 생산에는 생산성이 떨어지므로 비경제적임. 다음과 같은 특징이 있다.

① 스프링 백의 양이 적어진다.
② 일반적인 방법으로는 성형이 곤란한 금속이나 합금을 성형할 수 있다.
③ 치수 정도가 양호하다.
④ 다른 가공법으로 여러 공정을 요구하더라도 1~2공정으로 성형할 수 있다.

(1) 폭발 성형법(explosive forming)

화약의 폭발 에너지를, 액체를 통해 소재에 압력을 가하여 성형하는 방법을 폭발 성형법이라고 한다. 화약을 수중 소재의 상부에 장치하고 소재는 금형 위에 장치한다.

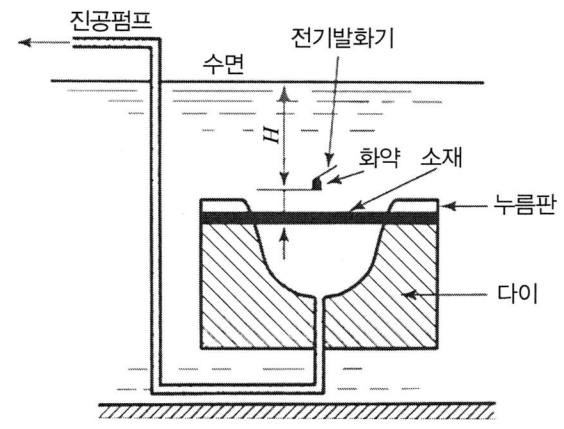

그림 4-100 폭발 성형법

금형 하부에는 공기의 배기공이 있고, 여기에서 진공 펌프로 공기를 배기하는 일도 있다. 화약은 도화선에서 인화하여 폭발시키면 다량의 고온, 고압의 가스가 발생하여 주위의 물이 방사선 형상으로 퍼져 나갈 때 충격파가 생겨 성형 가공하게 된다. 특징은 금형 하부에 구멍이 뚫려있고, 설비비가 싸며, 가공 속도가 빠르고 금형을 사용한 펀치로 드로잉하기 곤란한 미사일의 탄두부, 로켓의 탱크 등에 사용된다. 소재에 가해지는 압력의 조절은 화약의 위치 조정으로 가능하다. 소재의 제한을 받지 않으며, 대형 제품의 소량 생산에 적합하지만, 안전성이 확보되어야 할 문제가 있다.

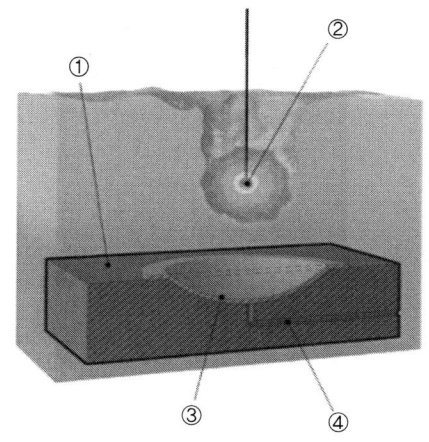

그림 4-101 판의 폭발 성형

[그림 4-101]는 판에 폭발물을 폭발시켜 판금을 소성 변형시키는 공정이다.

①은 판의 형태 작업물을 필요한 모양의 다이 위에 놓는다. 형태와 판은 모두 물에 잠겨서 넓은 여백으로 덮인다.

②는 폭발물을 물에 담그고 판의 중앙 바로 위에 놓는다. 일반적으로 사용되는 폭발물은 폭발성 화학 물질, 기체 혼합물 또는 기타 연료를 사용한다.

③은 작업물이 폭발하면 강렬한 폭발로 인해 작업물이 소성변형이 되어 다이의 모양의 성형품을 완성하게 된다.

④는 작업물과 다이사이의 공기는 판이 다이에 꼭 맞게 형성됨에 따라 다이의 통풍 통로를 통해 배출하게 된다.

(2) 액중 방전 성형법(electro hydraulic forming)

폭발 성형법의 폭약 대신 콘덴서에 저장되어 있는 전기 에너지를 이용하는 것으로 고압으로 충전된 대전류를 액 중에서 반전하여 가열될 때의 물의 팽창과 그 충격으로 성형하며 대부분의 재료는 광범위하게 가공할 수 있으며, 항공기 제작의 성형 가공에 이용되며 치수 광범위하지만, 낮은 에너지 수준의 소형 소재의 관의 성형에 유리하다. 이 방법은 가공 속도가 빠르므로 고장력 합금과 같이 경도가 큰 재료나 형상이 복잡한 것도 1회 가공으로 손쉽게 완전 성형이 가능하다. 시설비가 비교적 적으므로 경제적일 수 있으나 생산성이 떨어지므로 비경제적이며 대형 제품, 복잡한 형상의 제품 등의 성형에 유용하며 스프링 백이 적은 정밀한 제품가공과 다품종 소량 생산에 적합하며 재료의 절감이 가능한 이점이 있다.

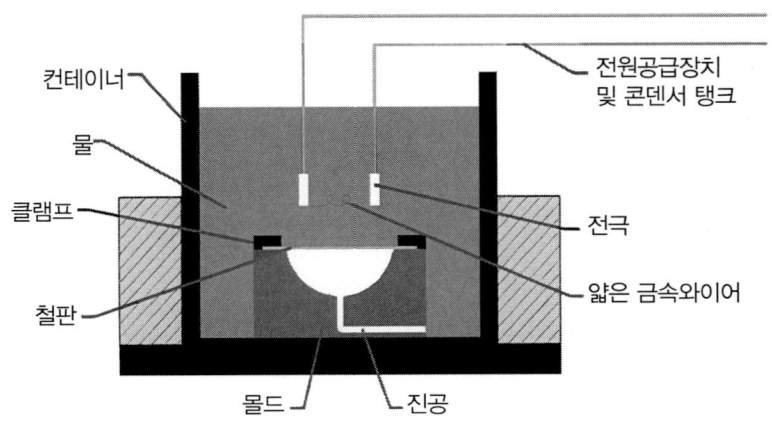

그림 4-102 액중 방전 성형법

(3) 전자 성형법(magnetic forming)

콘덴서에 충전된 고압의 전류를 단시간에 방전할 때 생기는 고밀도의 자장으로 성형하는 방법으로 인력과 반발력의 세기는 전류의 크기에 비례한다. 도전성이 좋은 재료는 전자력으로 직접 성형하고 불량한 재료는 도전성이 좋은 재료를 보조로 사용하여 성형하나 큰 제품의 성형에는 적합하지 못하며 전자기 성형 방법으로는 얇은 관 재를 케이블이나 봉에 눌러 붙이거나 벌징, 오므리기, 엠보싱과 같은 작업도 가능하다.

[그림 4-103]는 강력한 반발 자기장을 생성하여 판금의 소성변형을 나타낸 것이다.

①은 매우 높은 전압으로 충전된 병렬 콘덴서(커패시터)가 공급되면 저장된 에너지가 콘덴서(커패시터)에서 방출되어 코일로 전도되어 고강도 자기장이 생성된다.

②는 코일은 철판(공작물)에 와전류를 유도하여 추가 자기장을 생성한다.

③은 다이를 사용하여 판금을 성형하게 된다.

④는 두 자기장은 서로 반대되며 코일과 공작물 사이에 강한 반발력을 생성하여 공작물이 소성변형에 의해 변형되어 성형품이 완성하게 된다.

이 공정에서는 견고하거나 확장할 수 있는 절연 코일을 사용하며 반발력을 견뎌야 하고, 확장형 코일은 가격이 비싸고 많은 양의 에너지가 필요할 때 유용하게 사용된다.

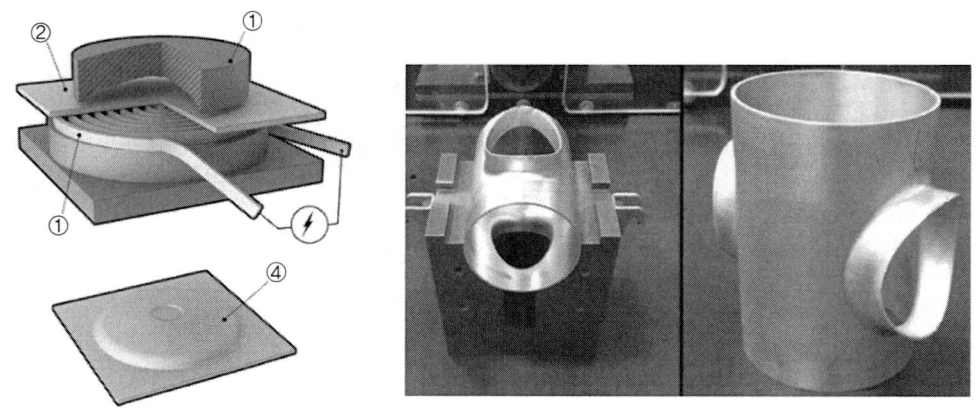

그림 4-103 유도 자기 성형   그림 4-104 전자 성형법에 의한 성형품

(4) 가스 성형법(gas forming)

가스를 점화할 때 생기는 고에너지의 폭발압력을 이용하는 방법으로 폭발이 안정되어야 하며 연료가스는 안전과 가스의 독성이 없어야 하므로 수소, 메탄, 천연가스, 에탄 등이 사용된다.

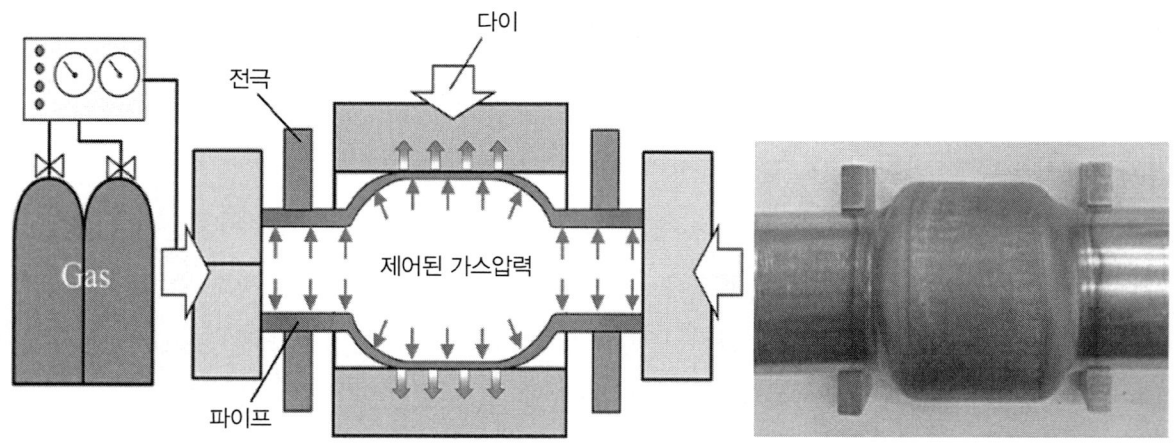

그림 4-105 가스 성형과 파이프 성형품

4. 기타 성형 가공

(1) 스피닝(spinning)

원형을 회전시키면서 판재를 원형의 형상으로 성형하는 작업으로 선반의 주축에 제작된 어떤 형인 다이를 고정하고 판재를 심압대로 지지한 상태에서 회전시킨 다음 스틱(stick)이나 롤러(roller)를 가압하여 다이 형상과 같은 형태로 가공하는 방법이다. 스피닝은 단면이 소형인 원형 용기 제작에 많이 이용되고 원통형 외에는 작업할 수 없다. 또한, 스피닝 작업은 소량 생산에 적합하고 소재의 두께가 얇을수록 회전을 빠르게 할 수 있다. 소재와 스틱이 마찰이 심하므로 충분한 윤활을 하여야 한다.

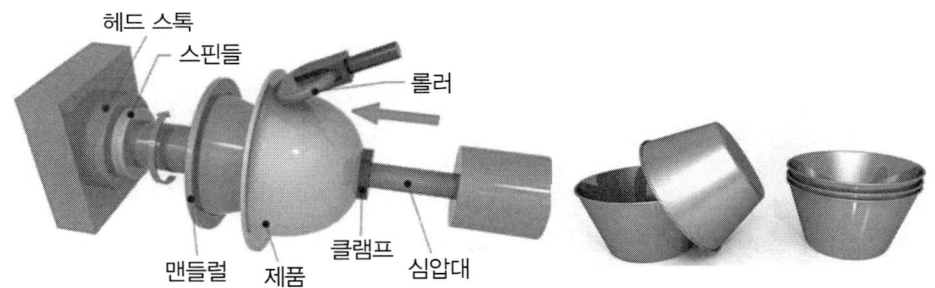

그림 4-106 스피닝 가공과 제품

(2) 비딩(beading)

판재의 강성을 증가시키기 위해 판재 또는 성형된 판재에 줄모양의 돌기(Bead)를 넣은 가공법으로 판재 상태에서 상,하 롤러에 형상을 만들어 통과시키면 비딩 성형이 된다. 제관, 파이프 상태에서 비드를 추가로 제작한 것이 아니고 제관 전 판재에서 비드를 만든 후 용접하여 파이프 상태로 만든 것이다. 평 판재나 드로잉 제품의 표면을 볼록 나오게 또는 오목 들어가게 하는 성형가공법으로서 제품의 강성을 높이거나 외관 장식을 위한 목적으로 이용한다. 일반적으로 비드의 단면은 원호가 많으며 롤이나 펀치와 다이, 펀치와 고무를 이용하여 성형한다.

 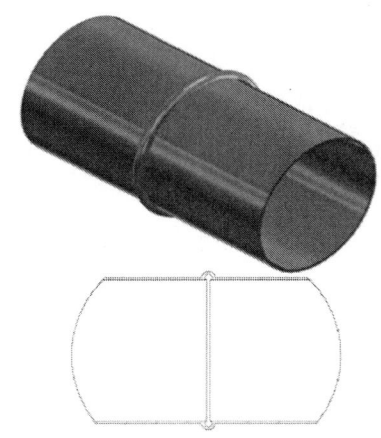

그림 4-107 비딩 가공과 제품

(3) 컬링(curling)

소재 판의 끝단을 둥글게 감는 성형가공법으로서 비딩과 같이 제품의 강성을 높이거나 외관 장식을 위하여 사용한다. 컬링(curling)은 판재 또는 용기의 윗부분에 원형 단면의 테두리를 말아 넣는 가공이다. 플랜지 부분을 둥글게 하는 가공으로 컬링 속에 철사 또는 봉재를 넣고 겉면을 말 때는 와이어링이라고도 한다.

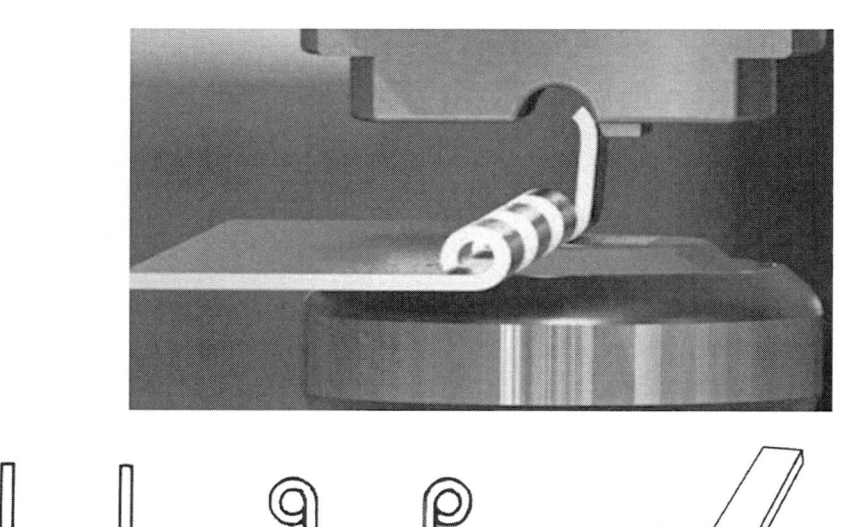

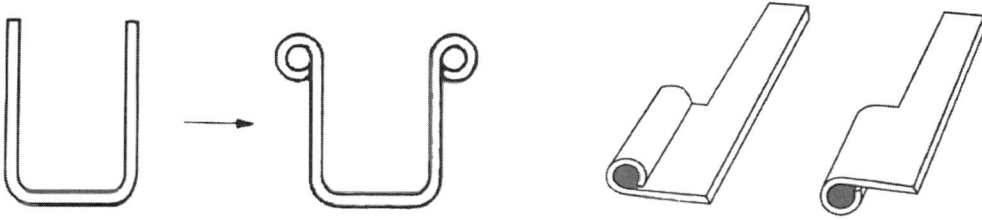

그림 4-108 컬링 가공과 제품

(4) 플랜징(flanging)

플랜징은 소재 판의 가장자리 부분을 굽혀서 플랜지로 만드는 가공으로서 제품의 강성을 높이거나 다른 제품을 장착하기 위해 사용된다. 플랜징 가공은 소재 판에 대하여 굽힘선을 직선(straight flange), 오목(shrink flange), 볼록(streatch flange) 3가지 형태로 가공한다. 오목한 굽힘선은 수축 작용으로 주름이 생길 수 있고 볼록한 굽힘선은 인장 작용으로 균열이 생길 수 있으므로 이것을 고려하여 플랜지부의 높이를 결정해야 한다.

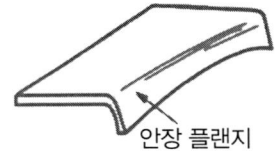
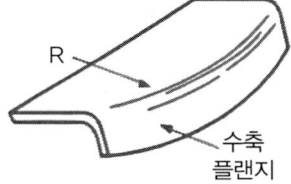
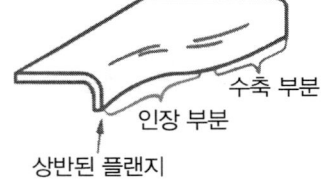

그림 4-109 플랜징 가공

익힘문제

01 판금 공작의 특징을 설명하시오.

02 제관 공작의 특징을 설명하시오.

03 제관 가공과 판금 가공의 차이점을 설명하시오.

04 판금제관 작업의 세부 과정을 차례로 열거하시오.

05 마름질용 공구에는 어떤 것이 있는지 설명하여라.

06 컴퍼스의 종류와 용도에 대하여 설명하시오.

07 판금 해머의 종류에 대해 알아보아라.

08 두께 1mm의 연강판으로 각변의 길이가 200mm인 상자를 제작하려고 할 때 필요한 공구를 열거하여라.

09 렌치의 호칭 규격에 대하여 설명하시오.

10 바이브러 시어로 할 수 있는 가공의 종류에 대하여 설명하시오.

11 포밍 머신에 대하여 설명하시오.

12 레이저 절단 장치에 대하여 설명하시오.

13 워터젯 절단 장치에 대하여 설명하시오.

14 플라스마 절단 장치에 대하여 설명하시오.

15 크림핑은 어떤 경우에 사용하는 가공법인가?

16 비딩 머신에 대하여 설명하시오.

17 벌징 가공이란 무엇인가?

18 게링법(게린법)이란 무엇인가?

19 휠론법에 대하여 설명하시오.

20 방전 성형법에서 충전 에너지를 구하는 식을 설명하시오.

제 5 장

용 접

제1절 **용접의 개요**

제2절 **아크 용접법**

제3절 **가스용접과 절단**

제4절 **저항용접과 기타 용접**

제1절 용접의 개요

1. 용접의 정의와 종류

(1) 용접의 정의

이음(jointing)에는 나사나 리벳(rivet) 등을 이용하는 기계적 이음과 상온 상태에서 압력을 가하여 접합하는 금속적 이음이 있는데, 용접(welding)은 접합하고자 하는 두 개 이상의 금속재료를 용융 또는 반용융 상태에서 용가재(용접봉)를 첨가하여 접합하거나, 접합하고자 하는 부분을 적당한 온도로 가열한 후 압력을 가하여 접합시키는 기술을 말한다.

최근에 기계나 구조물에 구성되고 있는 공업 재료의 약 90%가 철강이다. 그중 약 80%가 압연재 혹은 주물이며, 이들의 결합은 거의 용접에 의존한다. 용접의 적용 범위를 알기 위하여 용접의 장단점을 살펴보면 다음과 같다.

1) 장점
① 용접 구조물은 균질하고 강도가 높으며, 자재가 절약된다.
② 작업 공수가 감소하고 작업 시간이 단축되고, 경제적이다.
③ 구조가 간단하고 두께에 제한이 없으며, 기밀성과 수밀성이 우수하다.
④ 주물에 비하여 신뢰성이 높으며, 이음효율을 100% 정도 높일 수 있다.
⑤ 제품의 성능과 수명의 향상되고 형상을 자유롭게 작업할 수 있다.
⑥ 용접 준비 및 작업이 간단하며, 자동화가 용이하다.
⑦ 보수와 수리가 용이하며, 제작비가 적게 들고 소량 생산에도 적합하다.
⑧ 주물 제작 과정과 같이 주물이 필요하지 않으므로 적은 수의 제품이라도 그 제작에 있어서 능률적이다.

2) 단점
① 열에 의한 재질의 수축 및 변형 발생할 수 있다.
② 열에 의한 내부응력이 생겨 균열이 생길 수 있으므로 풀림 열처리로 잔류응력을 제거하여야 한다.
③ 용접부의 강도가 요구되므로 숙련된 기술이 요구된다.
④ 기공, 균열 등의 결함이 발생하기 쉬우므로 검사를 철저히 하여야 한다.
⑤ 용접은 영구적인 접합으로 분해 및 조립이 어렵다.

⑥ 용접 부위 단시간의 금속적 변화를 받음으로써 변질하여 취성이 커지므로 적당한 뜨임 열처리로 취성의 성질을 여리게 해야 한다.

⑦ 용접부는 응력집중에 민감하고 구조용 강재는 저온에서 취성 파괴의 위험성이 있으므로 주위가 요구한다.

⑧ 품질검사가 곤란하다.

(2) 용접법의 종류

1) 융접(fusion welding)

접합하고자 하는 물체의 접합부를 가열 용융시키고 여기에 용가 재를 첨가하여 접합하는 방법이며, 가스용접이나 아크 용접이 그 대표적이다.

2) 압접(pressure welding)

접합부를 냉간상태 그대로 또는 적당한 온도로 가열한 후 여기에 기계적 압력을 가하여 접합하는 방법이며, 가장 오래된 압접은 단접이다. 또, 모재의 가열에 전기 저항을 이용하는 전기 저항이 널리 이용된다.

3) 납땜(brazing and soldering)

모재를 용융시키지 않고 별도로 용가재가 접합부의 틈에 녹아 들어가서 간접적으로 접착되는 비교적 간단한 용접법이다.

표 5-1 용접의 분류

(3) 각종 용접

1) 가스용접(gas welding)

토치에서 가연성 가스와 산소가 혼합된 가스를 분출 연소시켜 이 열로 금속을 용융하여 접합하는 방법이다.

2) 피복 아크 용접(shielded metal arc welding)

모재와 전극 사이에서 아크를 발생시켜 이 열로 용접봉과 모재를 녹여 접합하는 방법이다.

3) 서브머지드 아크 용접(submerged arc welding)

송급된 분말 용제 속에 용접 심선을 공급해 심선과 모재 사이에서 아크를 발생하는 용접이다.

4) 불활성가스 아크 용접(inert gas arc welding)

전극 주위에 불활성가스를 방출시켜 그 속에서 모재와 전극 사이에 아크를 발생시켜 용접열을 공급해 용접하는 방법이다.

5) 이산화탄소 아크 용접(CO_2 gas arc welding)

불활성가스 대신에 탄산가스를 노즐에서 분출시켜 아크열로 용접하는 방법이다.

6) 테르밋 용접(thermit welding)

알루미늄 분말과 산화철 분말의 혼합반응으로 열을 방출시켜 이 열로 두 가지를 녹여 용접부를 가열하여 용접하거나 압접을 하는 방법이다.

7) 전기 저항용접(electric resistance welding)

접합코자 하는 재료에 전기를 통해 저항열로서 용융 가압시켜 접합하는 방법이다.

8) 가스압접(pressure gas welding)

접합부를 가스 불꽃으로 가열시킨 후 압력을 가해 접합하는 방법이다.

9) 납땜

접합할 금속을 용융시키지 않고 땜납만 용융하여 접합하는 방법이다.

2. 용접시공

(1) 용접 이음

모재의 재질이나 모양에 따라, 판 두께나 용접방법에 따라 각각 적절한 이음형식이 택해진다.

1) 용접 이음의 형식

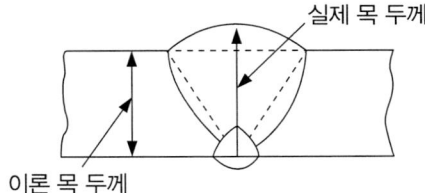

그림 5-1 목두께

[그림 5-1]과같이 용접부에 용입되는 용착 금속의 단면 두께를 목 두께(throat)라 하며, 겹치기 이음, T 이음 등에서 목의 방향이 모재의 면과 45°를 이루는 용접을 필릿 용접(fille welding)이라 한다.

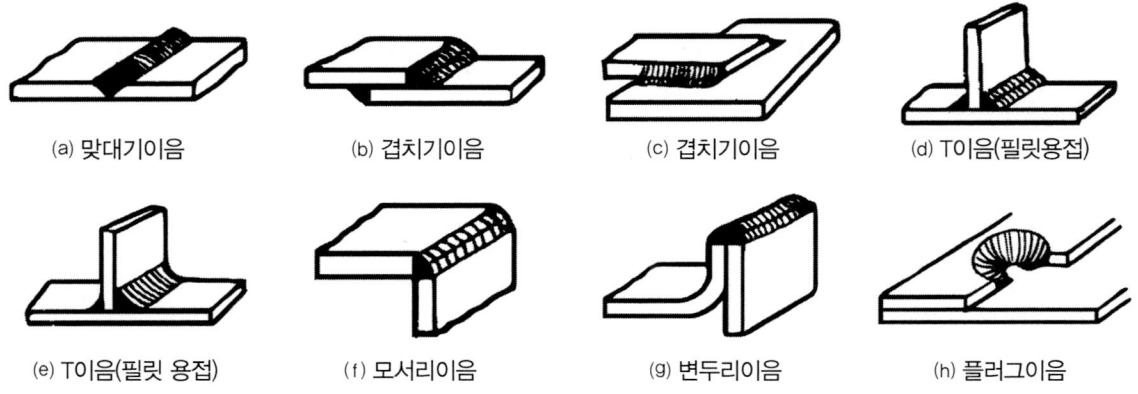

그림 5-2 용접 이음의 종류

2) 홈의 형상

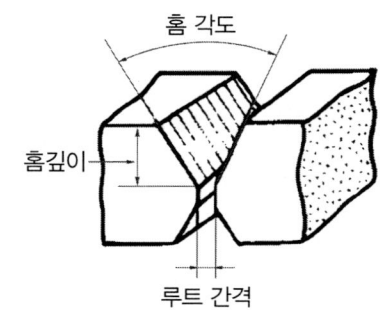

[그림 5-3]과같이 맞대기이음 등에서 판 두께가 두꺼울수록 내부까지 용착되기 어려우므로 완전히 용착시키기 위해 접합부 끝을 적당히 깎아서 용접 홈을 만든다.

끝부분의 형식을 용접부의 홈(groove)이라 하고, 끝부분의 간격을 루트(root) 간격이라 한다.

그림 5-3 홈의 명칭

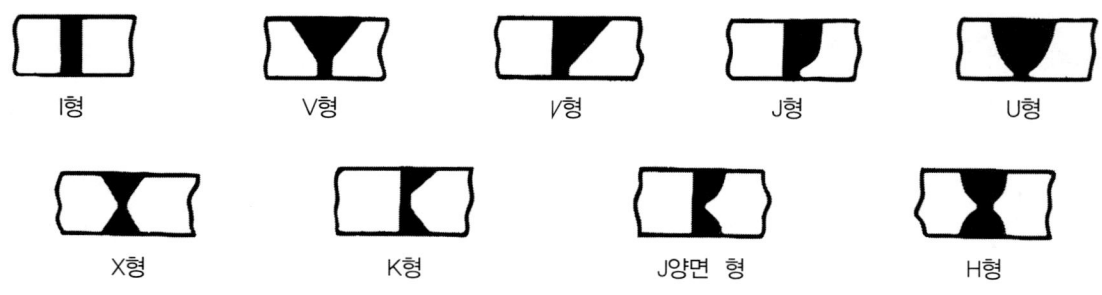

그림 5-4 홈의 형상

(2) 용접자세

1) 아래 보기 자세(flat position: F)

모재를 수평으로 놓고 용접봉을 아래로 향하여 왼쪽에서 용접하는 자세이다.

2) 위 보기 자세(overhead position: O)

모재가 눈 위로 들려 있는 수평면의 아래쪽에서 용접봉을 위로 향하여 용접하는 자세이다.

3) 수직 자세(vertical position: V)

모재가 수평면과 90° 또는 45° 이상의 경사를 가지며, 용접선은 수직 또는 수직면에 대하여 45° 이하의 경사를 가지고 상진 또는 하진으로 용접하는 자세이다.

4) 수평 자세(horizontal position: H)

모재의 면이 수평면에 대하여 90° 혹은 45° 이하의 경사를 가지며, 용접선이 수평이 되게 하는 용접자세이다.

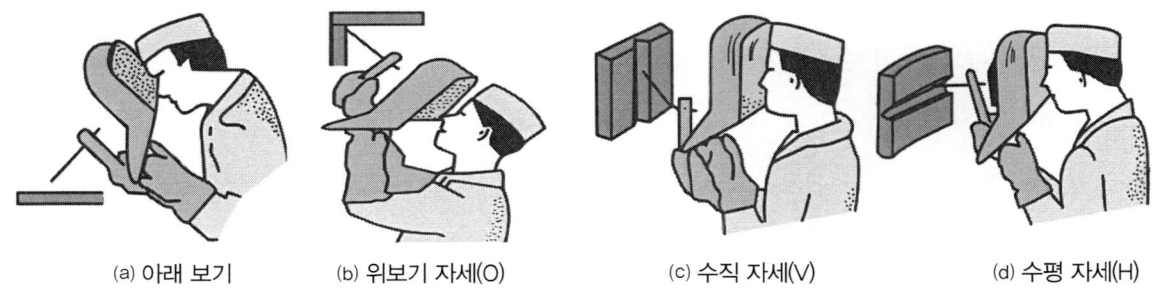

(a) 아래 보기   (b) 위보기 자세(O)   (c) 수직 자세(V)   (d) 수평 자세(H)

그림 5-5 용접자세

(3) 용접기호

표 5-2 기본 용접기호

용접의 종류		기호	용접의 종류		기호
홈 용접	I형	‖	플레어 용접	X형	)(
	V형	V		V형	ⅠΓ
	X형	X		K형	ⅠC
	U형	Y	필릿 용접	연속	◿
	H형	X		단속	△
	V형	V		양쪽지그재그	◿◣
	K형	K	플러그 용접		⊔
	J형	⌐	비이드 용접		⌒
	양면 J형	K	점 용접		✳
플레어 용접	V형	⌣	시임 용접		xxx

용접의 종류, 홈의 형태, 용접할 때의 주의 사항 등을 제작도면에 기입하여 구조물을 제작하는데 정확하고 신속하게 용접할 목적으로 용접기호를 사용한다.

용접기호는 설명선(기선, 지시선, 화살), 용접기호, 치수 및 기타 용접 보조기호와 꼬리로 구성되어 있다.

용접기호의 기입 방법은 화살표 쪽을 용접할 경우, 기선의 아래쪽 여백에 용접기호를 기입하고, 반대쪽을 용접할 경우에는 기선의 위쪽 여백에 기입하기로 규정되어 있다.

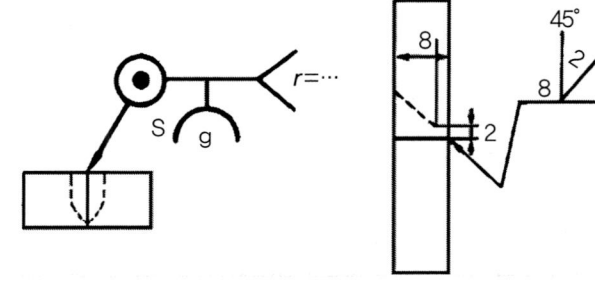

그림 5-6 용접기호 기입 방법

1) 지시선
화살표는 소재 표면에 있는 용접 이음을 지정하며, 지시선과 기선 사이에는 현장 용접, 전둘레 용접 등의 기호가 기입된다.

2) 기선
위아래로 나누어서 지시선이 아래로 향할 때 기선의 위에는 치수, 또는 강도, 루트 간격, 표면상의 다듬질 기호, 홈의 각도, 용접 종류의 기호, 용접길이, 용접 피치로 표기하고, 아래쪽은 점용접 및 프로젝션 용접의 수 등이 기입 된다.

3) 꼬리
특별한 지시 사항만 기입한다.

표 5-3 용접 보조기호

구 분		보조기호	구 분		보조기호
용접부의 표면형상	평평	—	다듬질 방법	다듬질 기계가공	F M
	볼록	⌒	현장 용접		●
	오목	⌣			
다듬질 방법	치핑	C	전체둘레 용접		○
	연마	G	전체둘레 현장용접		◉

(4) 용착법
용착법에는 용접하는 방향에 의하여 전진법, 후진법, 대칭법, 교호법, 비석법 등이 있고, 다층 용접에서는 덧살 올림법, 캐스케이드법, 전진 블록법 등이 있다.

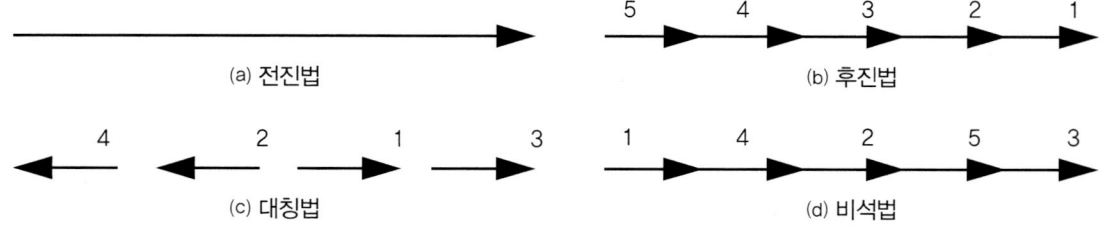

그림 5-7 용착법

제2절 아크 용접법

1. 피복 아크 용접법

(1) 아크용접의 원리와 종류

아크용접(arc welding)은 사용하는 전극(電極; electrode)의 종류에 따라 피복 아크 용접봉을 사용하면 금속 아크 용접(metal arc welding)이라 하고 탄소 전극을 사용하면 탄소 아크 용접(carbon arc welding)이라 한다. 보통 피복 아크 용접을 아크용접이라 한다. 전극 역할을 하는 용접봉과 모재 사이에 직류 또는 교류 전압을 걸어 약 5,000℃ 정도의 높은 온도의 아크(arc)를 발생시켜 이 아크열로 용접봉과 모재를

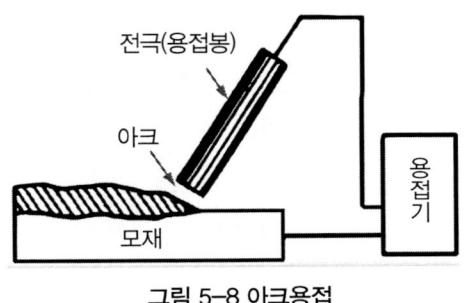

그림 5-8 아크용접

녹여 용접하는 것을 말한다. 이때 녹은 쇳물 부분을 용융지(molten weld pool), 모재가 녹은 깊이를 용입(penetration)이라 하며 아크 용접기의 구비 조건은 다음과 같다.

① 개로 전압은 아크를 용이하게 발생시킬 수 있는 값을 가질 것.
② 적당한 수하 특성을 가진 전원일 것.
③ 아크가 중단되었을 때 전압 회복 특성이 양호할 것.
④ 용접 전류를 세밀하게 조정할 수 있을 것.
⑤ 저전압이면서 대 전류의 전원일 것.

1) 교류용접기

교류전원으로부터 아크 발생에 필요한 전압의 전류를 80~300A 정도의 강전류로 변환하여 사용하는 일종의 변압기이다. 교류 용접은 전류가 주파수에 따라 단속적으로 불안정하게 되는 경향이 있으나, 용접기나 피복용접봉의 발달로 최근에는 교류에서도 안정된 아크를 얻으며, 교류용접기는 고장이 적고, 전원

도 쉽게 구할 수 있어 널리 사용한다. 또한, 한 대의 용접기로 모재 두께에 따라 조절이 가능하다. 전류는 일반적으로 누설자속을 변동하여 전류를 조정하는데 그 방법에 따라 다음과 같은 것이 있다.

① 가동 코일형(movable coil type)

철심에 감겨있는 1차와 2차 코일의 위치를 이동시켜 자속을 가감하여 용접 전류의 크기를 조정한다. 즉, 1차 코일을 교류전원에 접속하고 가동핸들로써 1차 코일을 상하로 움직여 2차 코일의 간격을 변화시켜서 전류를 조정하는 것이다. 이 방법은 아크가 안정되고 소음이 작지만, 가격이 비싼 단점이 있다.

② 가동 철심형(movable core type)

1차 코일은 교류전원에 접속하고, 2차 코일은 70~100V의 낮은 전압으로 하여 2차 코일의 전환 탭이 움직여 코일의 권선비에 따라 큰 전류를 전환하는 방법이며, 가동 철심으로는 미세한 전류를 조정할 수 있다.

③ 탭(tap) 전환형

철심에 감겨있는 2개의 코일의 권수를 탭으로 옮겨 전류를 조정하는 것으로 탭으로 끼워 전류를 조정하기 때문에 불편하며 또한, 탭을 자주 교환하여야 하므로 큰 폭의 전류조정이 곤란하여 소형용접기에 사용한다.

④ 가포화 리액터(reactor)형

정전압의 변압기와 가포화 리액터를 조합한 것으로서, 직류전원의 소전류를 가포화 리액터에 감았다. 이는 전류조정을 전기적으로 행하므로 가동 부분이 필요 없고 원격조정을 할 수가 있어 편리하다.

2) 직류용접기

용접전류로 직류를 쓰는 것으로 교류 아크 용접기에 비해 고장이 잦고 소음이 크며 가격이 비싸지만, 감전 위험이 적고 아크를 안정되게 유지할 수 있다. 또한, 모재의 재질, 두께 등의 조건에 따라 필요한 극성을 바꿀 수 있어 효과적으로 사용할 수 있다. 직류용접기는 직류전원을 발생시키는 방식에 따라 나누면 다음과 같다.

① 발전형

교류전동기에 직류발전기를 직결하여 전류를 얻는 것과 가솔린 엔진이나 디젤 엔진의 구동으로 직류발전기를 회전시켜 직류를 얻는 것이 있다. 또한, 전압이 일정하게 유지되는 정전압형, 전류가 일정하게 유지되는 정전류형 및 전류가 증가하면 전압이 자동으로 강하되는 정전력형이 있다.

② 정류기형

외부에서 들어온 교류를 셀레늄이나 실리콘, 게르마늄 등의 반도체 정류기를 이용하여 교류를 직류로 변환하는 용접기이다. 이는 수하 특성을 갖고 있어 아크의 안전성도 좋고 용접성도 양호하여 MIG용접, TIG용접, 탄산가스 아크용접 등에 이용된다.

3) 교류용접기와 직류용접기 비교

교류용접기와 직류용접기를 비교하면 〈표 5-4〉와 같다.

표 5-4 교류와 직류용접기의 비교

용접기 항 목	교류용접기	직류용접기
아아크의 안정	약간 불안정하나 피복제가 있어 아아크가 안정된다.	우수하다
비피복봉 사용	불가능하다.	가능하다.
박판의 용접	직류보다 떨어진다.	가능하다..
특수강, 비철 금속의 용접	직류보다 양호하다.	양호하다.
일반 용접	가능하다	교류보다 떨어진다.
극성 변화	불가능하다	가능하다
전격의 위험	위험하다.	위험이 적다.
자기 쏠림 방지	가능하다	불가능하다
무부하전압	높다	약간 낮다
역 률	불량하다	매우양호하다.
구 조	간단하다	복잡하다
고 장	적다	회전기에 많다.
소 음	조용하다	회전기는 크고, 정류기는 조용하다
가 격	저렴하다	고가이다

(2) 아크의 성질

1) 아크

용접봉과 모재와의 사이에 직류 전압을 걸어서 양쪽을 한번 접촉하였다가 약간 떼면 청백색의 빛의 아크가 발생한다. 이것은 기체를 통한 방전 현상이며 이때의 온도는 가스의 종류, 전류값(약 50~400A)에 따라서 5,000~30,000℃의 고온에 이르며 강한 적외선과 자외선을 발생한다. 그 결과 두 전극 상이에 있는 기체의 대부분은 원자 상태로 해리가 되고 양이온과 전자로 분리로 된다. 전자는 양극으로 이동하고 양이온은 음극으로 이동함으로서 전류가 흐르게 되며 전극의 전압 강하는 전극의 표면에서 아주 짧은 길이의 공간에서 생기는 것으로 그 값은 전극 물질의 종류에 의하여 결정되고 아크의 길이와 아크의 전류에는 관계없이 일정하다. 그리고 아크 기둥을 플라즈마라고도하며 이것은 가스와 금속 원자가 정부의 이온으로 해리되어 운동하고 있는 것이며 플라즈마는 기체가 양이온(+)과 음전자(-)로 전리된 상태로 다음과 같은 특성을 갖는다.

① 전기의 양도체로서 작용한다.
② 고온에서 양이온과 음이온의 집합체이므로 유체의 특성을 갖는다.
③ 전자력의 영향을 받는다.

2) 극성

교류 아크용접에서는 전류의 방향이 바뀌므로 용접봉 측과 모재 측에 발생하는 열량이 같으나, 직류 아크용접에서는 전류의 흐르는 방향이 일정하므로, 전자의 충격을 받는 양극이 음극보다 발열량이 전 열량의 60~70% 크다.

① 정극성 (straight polarity 또는 DCSP)

모재를 양(+)극, 용접봉을 음(-)극에 연결하는 것으로 모재의 발열량이 용접봉의 발열량보다 크므로 용접봉의 용융이 늦고 용입이 깊어진다.

② 역극성(reverse polarity 또는 DCRP)

모재를 음(-)극, 용접봉을 양(+)극에 연결하는 것으로 이는, 용접봉의 용융 속도가 빠르며, 모재의 용입이 얕아 얇은 판의 용접에 쓰인다.

3) 용융 금속의 이행

① 단락형

큰 용적이 용융지에 접촉하여 단락되고, 표면 장력의 작용으로 모재에 옮겨 간다.

② 글로불러형(globular transfer)

비교적 큰 용적이 단락되지 않고 옮겨가는 형식이다.

③ 스프레이형(spray transfer)

피복제의 일부가 가스화하여 미세한 용적이 스프레이와 같이 날려서 옮겨 가는 형식이다.

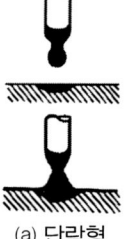 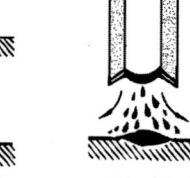 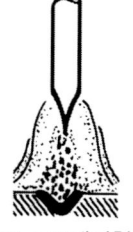

(a) 단락형   (b) 글로불러형   (c) 스프레이형

그림 5-9 용융 금속 흐름

2. 아크 용접기에 필요한 조건

아크 용접기는 아크를 발생시키고 유지하기 위하여 어느 정도 높은 무부하 전압이 필요하다. 즉, 용접하지 않을 때 교류용접기는 70~80V, 직류용접기는 60V 정도의 전압이 보통이다.

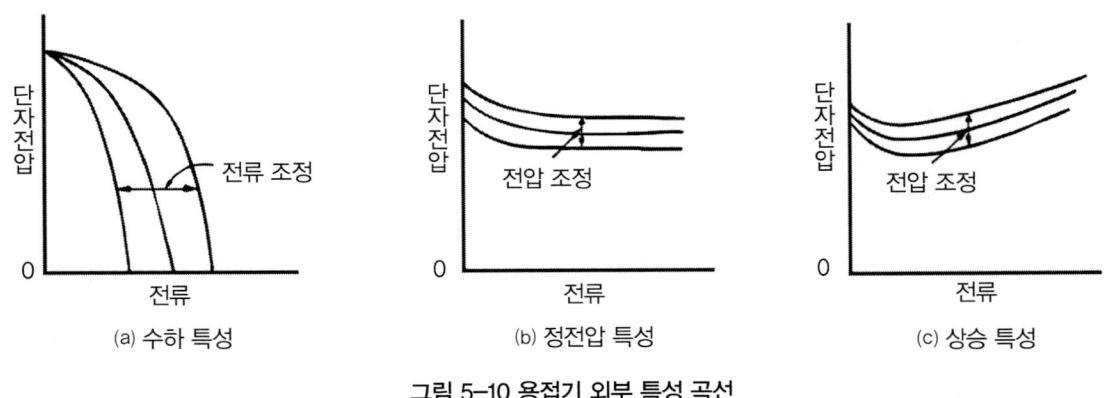

그림 5-10 용접기 외부 특성 곡선

1) 수하 특성(drooping characteristic)

[그림 5-10] (a)와 같이 부하전류가 증가하면 단자전압이 저하하는 특성을 수하특성이라 한다. 즉, 처음 아크를 발생시킬 때 무부하 전압은 높아야 하지만 아크를 안정시키기 위해서는 아크가 발생하여 부하전류가 증가하면 단자전압은 낮아져야 안정된다.

2) 정전압 특성(constant voltage characteristic)

특수 용접인 MIG용접과 탄산가스용접일 때에는 부하전류가 변화해도 단자전압이 거의 변화하지 않는 정전압 특성과 전류가 증가하면 단자전압이 약간 증가하는 상승 특성(rising characteristic) [그림 5-10] (c)와 같이 사용되고 있으며, 상승특성은 직류용접기에 사용되는 것으로 아크의 자기 제어 능력이 있다는 점에서는 정전압 특성과 같다. 이때의 전원은 보통 전류이다

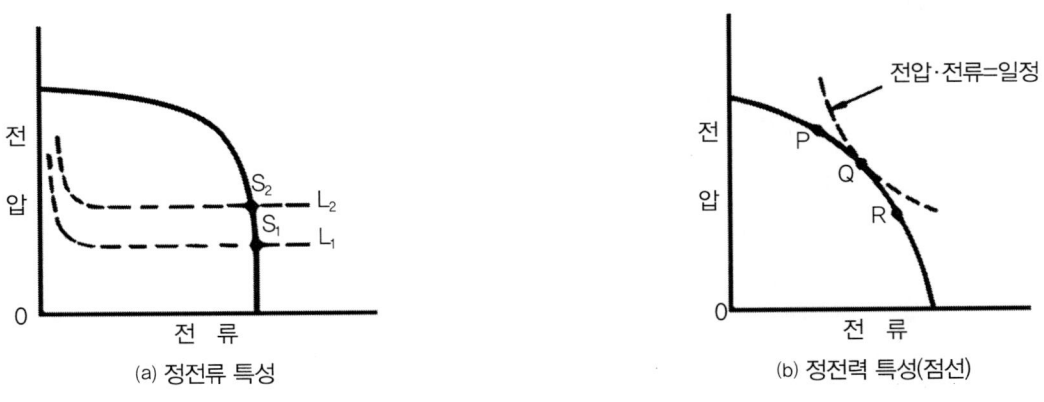

그림 5-11 정전류과 정전력 특성

3) 정전류 특성(constant current characteristic)

아크의 길이가 크게 변해도 전류값은 별로 변하지 않는 현상을 말한다. 즉, [그림 5-11] (a)와 같이 아크의 길이가 변동하여 동작점이 S1, S2로 변동하여도 용접전류는 거의 변화하지 않는 것으로 이것을 정전류 특성의 전원이라고 한다.

4) 정전력 특성(constant power characteristic

[그림 5-11] (b)에서 동작점 Q 부근에 있을 때에 전압와 전류와의 적(積)인 출력(watt)이 최대가 된다. 즉, 동작점 Q에서 상하로 다소 이동하여도 전력이 거의 변화하지 않는 것을 정전력 특성의 전원이라 한다.

3. 아크용접봉

용접부에 금속을 녹여 넣음과 동시에 전극으로서 안정된 아크를 발생시키는 두 가지 목적을 달성하기 위하여 용접봉은 심선과 피복제로 되어 있다. 즉, 심선은 될 수 있는 대로 모재의 성분과 같은 성분의 것을 사용하고, 지름이 3.2~6mm가 많이 사용한다. 심선에는 피복제를 바르는데, 이를 피복용접봉이라 한다.

(1) 피복제의 역할

① 중성 또는 환원성의 분위기를 만들어 대기 중의 산소나 질소의 침입을 방지하고 용융 금속을 보호한다.
② 아크의 발생과 아크의 안정을 좋게 한다.
③ 용융점이 낮은 가벼운 슬랙(slag)을 만들어 용착 금속의 급랭을 방지한다.
④ 용접금속을 탈산 정련하고, 필요한 합금원소를 첨가하여 기계적 성질을 좋게 한다.
⑤ 용적(globule)을 미세화하고, 용착효율을 높힌다.
⑥ 모든 자세의 용접을 가능케 한다.
⑦ 모재 표면의 산화물을 제거하고 파형이 고운 비드(bead)를 만든다.
⑧ 전기 절연 작용을 한다.
⑨ 스패터(spatter)의 발생을 적게 한다.
⑩ 용착 금속에 필요한 합금원소를 첨가시킨다.

(2) 피복 배합제의 종류

1) 아크 안정제

아크의 안정과 지속을 쉽게 하는 것에는 피복제에 탄산바륨($BaCO_3$), 규산나트륨($NaSiO_3$), 산화티탄(TiO_2), 석회석 등이 함유되어 있다. 교류 아크 용접에서는 재점호 전압이 낮을수록 좋으므로 이온화하기 쉬운 물질이 좋다.

2) 가스 발생제

용융된 강이 공기 중의 산소와 질소의 영향을 받아 산화철이나 질화철이 되지 않도록 보호가스를 발생시켜 용융 금속을 공기와 차단한다. 주요 성분은 유기물인 셀룰로오스, 전분, 펄프 등과 무기물인 석회석, 마그네사이트 등이 있다.

3) 슬랙 생성제

슬랙은 용융 금속의 표면을 덮어서 산화나 질화를 방지하고 탈산 등의 작용을 하며, 용착 금속의 냉각속도를 느리게 한다. 산화철, 장석, 규사, 일미나이트, 이산화망간(MnO_2) 등이 배합되어 있다.

4) 탈산제

용융 금속 중에 침입한 산소와 불순 가스를 제거하는 탈산 정련을 하는 것으로 망간철(FeMn), 규소철(FeSi), 등이 배합되어 있다.

5) 고착제

심선에 피복제를 고착시키는 것으로 물유리(Na_2SiO_3), 규산칼륨(K_2SiO_3) 등이 있다.

6) 합금첨가제

합금제는 망간(Mn), 실리콘(Si), 니켈(Ni), 몰리브덴(Mo), 크롬(Cr), 구리(Cu) 등의 금속 원소를 첨가하여, 용접금속의 기계적 성질을 개선하기 위하여 피복제에 첨가하는 것이다.

(3) 연강용 피복 아크 용접봉의 특성

1) 일미나이트계(ilmenite type, E4301)

일미나이트($TiO_2 \cdot FeO$)를 30% 이상 함유한 것으로 슬랙 생성계이며, 전자세 용접에 사용하고 내부 결함이 적다. 작업성과 용접성이 우수하고 값이 싸서 조선, 철도 차량 및 일반 구조물은 물론 각종 압력용기에도 널리 사용되고 있다. 보관 중인 용접봉을 사용 시에는 흡습으로 인하여 작업성이 나빠져 용접 결함을 유발시킬 수도 있으므로 약 70~100℃에서 1시간 정도 재건조하여 사용하는 것이 좋다.

2) 라임티타니아계(lime titania type, E4303)

슬랙 생성계인 산화티탄(TiO_2)을 주성분으로 30% 이상 함유한 것으로 비드 표면은 평면적이며 슬래그는 유동성이 풍부하고 무겁지 않은 다공성이기 때문에 용접시 슬래그의 제거가 양호한 편이다. 언더컷이 생기지 않고 전자세 용접에 쓰인다. 얇은 판 용접에 적합하다.

3) 고셀룰로오스계(high cellulose type, E4311)

가스 발생계 대표적인 것으로 피복제 중에는 셀룰로우스를 약 30% 정도 포함하고 있어 용융 금속을 공기 중의 산소와 질소의 나쁜 영향으로부터 보호한다. 수직, 위보기 자세에 적합하나, 스패터가 많고, 비드 표면의 파형이 거칠다. 건축 현장이나 파이프 등의 용접에 주로 이용된다.

4) 고산화티탄계(high titania, E4313)

슬랙 생성계인 산화티탄(TiO_2)을 주성분으로 스패터가 적고, 언더컷이 생기지 않아 전 자세 용접이나 박판 용접에 좋으나 기계적 성질이 약간 떨어지며, 고온에서 균열을 일으키기 쉽다.

5) 저수소계(low hydrogen type, E4316)

피복제 중에 수소원이 되는 성분의 유기물을 포함하고 있지 않고 탄산칼슘($CaCO_3$), 불화칼슘(CaF_2)을 주성분으로 하는 피복제이다. 수소의 발생이 적고 용착 금속은 인성과 기계적 성질이 양호하여 고장력강, 고탄소강의 용접에 적합하나, 용접 속도가 느리고 아크가 불안정하다. 용접 시점에서 기공이 생기기 쉬우므로 백 스탭(back step)법을 선택하면 이와 같은 문제를 해결할 수도 있다.

6) 철분 산화티탄계(iron powder titania type, E4324)

슬랙 생성식으로 고산화티탄계의 우수한 작업성과 철분계의 고능률성을 겸비한 것으로 아크가 조용해서 스패터가 적고, 용입이 얕다. 용착 금속의 기계적 성질이 E4313과 거의 같고, 아래보기, 수평자세 필릿 용접에 한정한다. 보통 저탄소강의 용접에 사용되지만, 저합금강이나 중·고 탄소강의 용접에도 사용된다.

7) 철분 저수소계(iron low hydrogen type, E4326)

저수소계 용접봉(E4316)의 피복제에 30~50% 정도의 철분을 첨가한 것으로서 용착속도가 크고 작업능률이 좋다. 용착 금속의 기계적 성질이 양호하고, 슬래그의 박리성이 저수소계보다 좋으며 아래보기 및 수평 필릿 용접 자세에서만 사용한다.

8) 철분 산화철계(iron oxide type, E4327)

산화철에 철분을 첨가한 것으로 산성 슬랙을 생성하며, 용착효율이 크고, 용접속도가 빨라 고능률의 목적과 수평 겹치기 용접에 많이 사용한다. 비드 표면이 곱고 슬래그의 박리성이 좋아 접촉 용접을 할 수 있으며 아래보기 및 수평 필릿 용접에 많이 사용된다.

위에 쓴 용접봉의 호칭은 KSD 7004에 의하여 다음과 같은 의미를 가지고 있다.

예를 들어 E 43 △ □에서 E는 전기 용접봉(G : 가스 용접봉)electrode의 첫 글자이고, 43은 용착 금속의 최저 인장강도(kgf/mm^2)를 나타내며, △은 용접자세 (0,1-전자세, 2-아래 보기 및 수평 필릿 용접, 3-아래 보기, 4-전자세 또는 특정 자세 용접)을 의미하고, □은 피복제의 종류(극성에 영향)를 나타낸다.

4. 피복 아크 용접법

(1) 아크전류와 길이

전류의 세기는 용접 여건에 따라 다르나 전류가 세면 스패터링(spattering)이 많이 발생하고 용융 속도가 빨라지며, 언더컷(undercut)이 일어나기 쉽다. 반대로 전류가 약하면 용입 불량이 발생하고 오버랩(overlap)이 생기기 쉽다. 또한, 아크 길이는 전압에 비례하여 길이가 달라지는 데, 아크 길이는 보통 2~3mm 정도가 적당하다. 일반적으로 용접할 때에는 심선의 지름과 거의 같은 길이로 용접한다.

아크를 길게 하면 아크가 불안정하여 용입이 불량해지고, 용구의 낙하 거리가 멀어 공기와 접촉 시간이 길어져서 재질이 변질되며, 기공이 생기기 쉽고, 용접 결과가 나쁘게 이루어질 수 있다.

(2) 아크 용접부의 결함

1) 치수상 결함
용접부의 크기나 형상이 변형되는 결함으로 측정용 게이지를 사용하여 육안으로 검사한다.

2) 구조상 결함
용접물의 안전성을 저해하는 중요한 인자로 〈표 5-5〉와 같다.

표 5-5 용접부의 결함

명 칭	상 태	주 된 원 인
오버 랩 (over lap)	용융 금속이 모재 위에 겹쳐지는 상태	용접봉이 굵을 때 운봉속도가 느릴 때 용접전류가 약할 때
기 공 (blow hole)	용착 금속 속에 남아있는 가스로 인한 구멍	용접전류의 과대, 용접봉에 습기가 많을 때, 가스용접시의 과열, 모재에 불순물이 부착
슬래그 섞임	피복제가 용착 금속 내. 외부에 남아 있는 상태	운봉방법의 불량 피복제의 조성불량 용접전류, 속도의 부적당
언더 컷 (under cut)	용접선 끝의 작은 홈이 발생	용접전류의 과대 운봉속도가 빠를 때 용접봉이 가늘 때
균 열	용착 금속 속에 미세한 균열이 발생	S, C, Mn등 함량이 많을 때 과대전류와 속도가 과대할 때

3) 성질상 결함

용접부는 국부적인 가열에 의하여 융합하는 이음이기 때문에 모재와 같은 성질이 되기는 어렵다. 용접 구조물은 사용 목적에 따라 기계적, 물리적, 화학적인 성질의 요구조건이 있지만 이것을 만족시키지 못하는 것을 성질상 결함이라 한다.

5. 특수 아크 용접법

(1) 불활성가스 아크 용접

1) 불활성가스 아크용접(inert gas arc welding) 원리

아크 용접과 같은 원리로서 아르곤(Ar), 헬륨(He), 네온(Ne) 등 고온에서도 금속과 반응을 하지 않는 불활성가스의 분위기 속에서 텅스텐 또는 금속선을 전극으로 하여 모재와의 사이에서 아크를 발생시켜 용접하는 방법이다. 불활성가스를 사용하면 용착 금속이 외부로부터 보호되고 열의 집중이 잘 되어 용착 금속의 기계적 성질이 우수하며, 능률이 높고 균열이나 변형이 적다. 알루미늄, 마그네슘 등의 경합금이나 합금강과 같이 보통의 가스용접이나 아크 용접으로는 용접이 곤란한 것에 주로 사용한다.

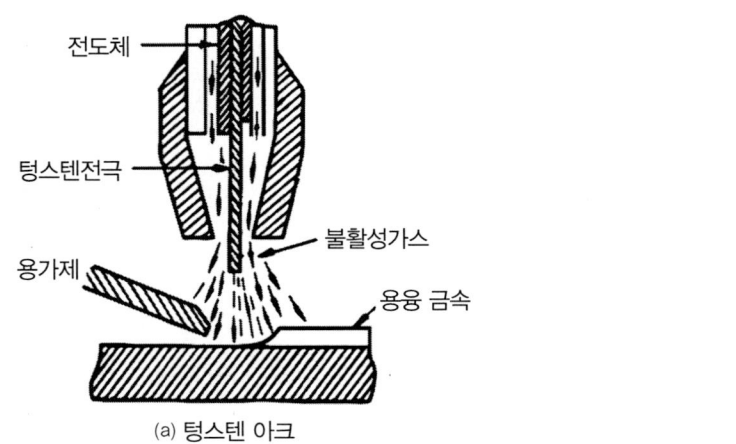
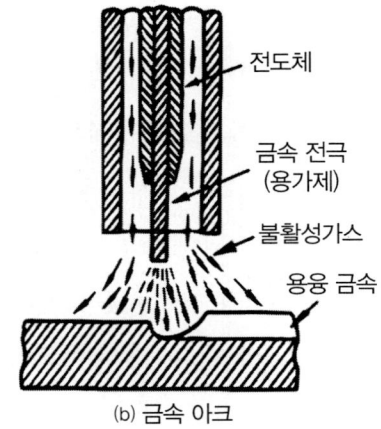

(a) 텅스텐 아크   (b) 금속 아크

그림 5-12 불활성가스 아크용접

2) 종류

① TIG 용접 (tungsten inert gas arc welding)

불활성가스 속에 비소모성인 텅스텐전극과 모재 사이에 아크를 발생하여 용접하는 방법으로 전자동식, 반자동식, 수동식이 있으며, 알루미늄, 티타늄, 마그네슘 등의 용접에 많이 이용한다. 특징은 다음과 같다.

㉠ 피복제 및 플럭스가 필요하지 않다.

㉡ 전 자세의 용접이 가능하고 고능률적이다.

㉢ 용접의 품질이 우수하다.

㉣ 전극의 수명이 비교적 길다.

㉤ 슬래그가 생성되지 않으므로 냉각 속도가 빨라 금속의 조직 및 기계적 성질의 변화가 생길 수 있다.

㉥ 이동 작업이 다소 불편하고 옥외 작업시 풍속의 영향을 받을 수 있어 방풍 대책이 필요하다.

㉦ 용접 속도가 비교적 느리다.

② MIG 용접 (metal inert gas arc welding)

불활성가스를 분출함과 동시에 소모성인 금속 비피복봉(와이어 지름 1~2mm) 전극과 모재 사이에 아크를 발생하여 용접하는 방법으로 전자동식과 반자동식이 있다. MIG 용접은 직류전원을 활용하여 역극성이 많이 이용되고, 아크 용접 전류에 비하여 전류밀도가 6~8배 정도가 되므로 아크가 안정되고 깨끗한 비드를 얻는다. 또한, 아크열이 집중되어 용입이 깊어서 알루미늄, 스테인리스, 구리합금, 연강 등의 3mm 이상 두꺼운 판재 용접에 좋다. 용접 공정은 사용되는 보호가스의 종류에 따라 아르곤가스와 같은 불활성가스를 사용하는 것을 미그(Metal Inert Gas : MIG)용접이라 하고, 순수한 탄산가스(CO_2)만을 사용하는 것을 탄산가스 아크 용접 또는 CO_2 용접이라 하다. 특징은 다음과 같다.

㉠ 용접봉을 갈아 끼우는 작업이 불필요하므로 능률적이다.
　㉡ 슬래그 제거 시간이 절약된다.
　㉢ 용접 재료의 손실이 적으며 용착효율이 95% 이상이다.
　㉣ 전류밀도가 높아서 용입이 깊다.
　㉤ 용착 금속의 기계적 성질 및 금속학적 성질이 우수하다.
　㉥ 가시 아크이므로 시공이 편리하다.
　㉦ 용접 장비가 무거우며 이동하기 곤란하고, 구조가 복잡하며 고장이 비교적 많고, 가격이 비싸다.
　㉧ 용접토치가 용접부에 접근하기 곤란한 조건에서는 용접이 불가능한 경우가 있다.
　㉨ 바람이 부는 옥외에서는 보호가스가 보호 역할을 충분히 하지 못하므로 별도의 방풍 장치를 설치하여야 한다.

(2) 이산화탄소 아크 용접(CO_2 gas arc welding)

불활성가스 대신에 이산화탄소 분위기 속에서 아크를 발생시켜 용접하는 방법이다. 탄산가스는 상온에서는 불활성이지만 고온에서는 열에 의하여 일산화탄소와 산소가 분해된다. 이때 발생된 산소는 용융 금속의 Fe와 결합하여 산화철을 발생시키고 이 중 일부는 다시 탄소와 결합하여 일산화탄소를 발생시켜 용착 금속 내의 기포를 만들게 된다. 따라서, 사용하는 전극에서 망간, 규소, 알루미늄 등의 탈산제가 함유되어 있어야 한다. 와이어 전극 중의 Mn, Si는 산화철을 감소시켜 기포의 발생을 예방하고 SiO_2, MnO으로 되어 용접 비드 표면에 슬래그로 떠오른다. 이 반응식을 정리하면 다음과 같다.

$$CO_2 \rightleftarrows CO + O$$
$$Fe + O \rightleftarrows FeO$$
$$FeO + C \rightleftarrows Fe + CO$$

이 반응에서 CO 가스가 미처 빠져나가지 못하면 용융 금속에 기포가 발생하므로 이것을 없애기 위하여 와이어에 적당한 탈산제인 망간, 규소를 첨가한다.

$$2FeO + Si \rightleftarrows 2Fe + SiO_2$$
$$FeO + Mn \rightleftarrows Fe + MnO$$

이산화탄소 아크 용접은 직류전원으로 연강 용접에 주로 이용하며 경제적이고 산화나 질화가 없어 우수한 용착 금속을 얻을 수 있다. 또한, 수소 함유량이 적어 수소로 인한 결함이 거의 없으며, 용입이 깊은 특징을 가지고 있다.

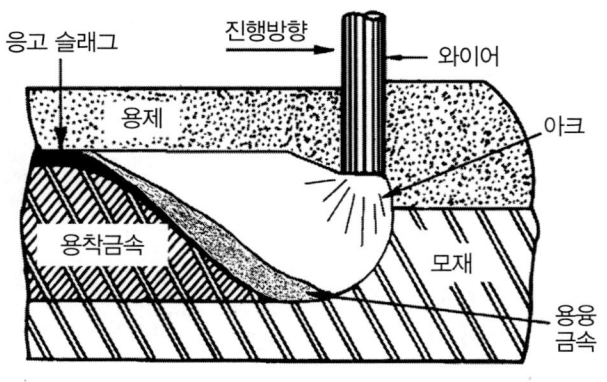
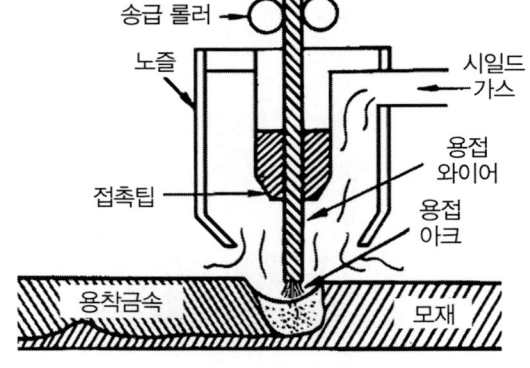

그림 5-13 서브머지드 아크용접   그림 5-14 CO_2 아크용접

(3) 서브머지드 아크 용접(submerged arc welding)

용접 이음부에 공급관을 통하여 입상의 용제를 둘러쌓아 놓고, 이 용제 속에서 와이어 전극과 모재 사이에 아크를 발생시켜 연속적으로 용접하는 방법이다. 입상 용제 속에서 용접이 진행되므로 대기 중의 유해물질과 혼입이 없고 열손실이 적어 기계적 성질이 우수하고 능률적으로 용접이 가능하다. 하지만, 시설비가 비싸고 용접길이가 짧고 복잡한 것에는 비경제적이다.

이 용접법은 잠호 용접, 유니언 멜트 용접, 링컨 용접이라는 상품명이 있으며, 각종 탄소강은 물론 비철금속의 용접이 가능하고 조선, 압력 용기, 교량 등 용접길이가 긴 곳에 많이 이용된다.

서브머지드 아크 용접의 특징은 다음과 같다.

【장 점】

① 콘택트 팁에서 통전하여 와이어 중에 저항열이 적게 발생하고 고전류 사용이 가능하다.
② 용융 속도와 용착속도가 빠르며, 용입이 깊다.
③ 작업 능률이 수동에 비하여, 판 두께 12mm에서 2~3배, 25mm에서 5~6배, 50mm에서 8~12배 정도가 높다.
④ 개선각을 작게 하여 용접의 패스 수를 줄일 수 있다.
⑤ 인장강도, 연신율, 충격치, 균일성 등 기계적 성질이 우수하다.
⑥ 유해 광선이나 흄(fume) 등의 발생이 적어 작업 환경이 양호한 편이다.
⑦ 비드의 외관이 아름답다.

【단 점】

① 장비의 가격이 고가이다.
② 용접선이 짧거나 불규칙한 경우 수동에 비하여 비능률적이다.
③ 홈 가공의 정밀을 요구한다.(루트 간격 0.8mm 이하)
④ 불가시 용접으로 용접 도중 용접 상태를 육안으로 확인할 수가 없다.
⑤ 특수한 지그를 사용하지 않는 한 아래 보기 자세로 한정된다.

⑥ 탄소강, 저합금강, 스테인리스강 등 한정된 재료의 용접에 사용한다.

(4) 테르밋 용접(thermit welding)

1) 원리

산화철 분말과 알루미늄 분말을 약 3 : 1의 비율로 혼합하여 테르밋 배합제를 만들고, 점화제인 과산화바륨, 마그네슘 등의 혼합된 분말과 배합하여 점화하면 반응열이 약 3,000℃ 달하는데, 이 반응열로 알루미늄 분말은 알루미나로 산화철 분말은 용융철로 환원되는 것을 이용한 방법으로 용융철을 용접부에 주입하여 용접하는 방법이다. 이때의 반응식은 다음과 같다.

$$3FeO + 2Al = 3Fe + Al_2O_3$$
$$Fe_2O_3 + 2Al = 2Fe + Al_2O_3 + 189.1 \text{ kcal}$$
$$3Fe_3O_4 + 8Al = 9Fe + 4Al_2O_3 + 702.5 \text{ kcal}$$

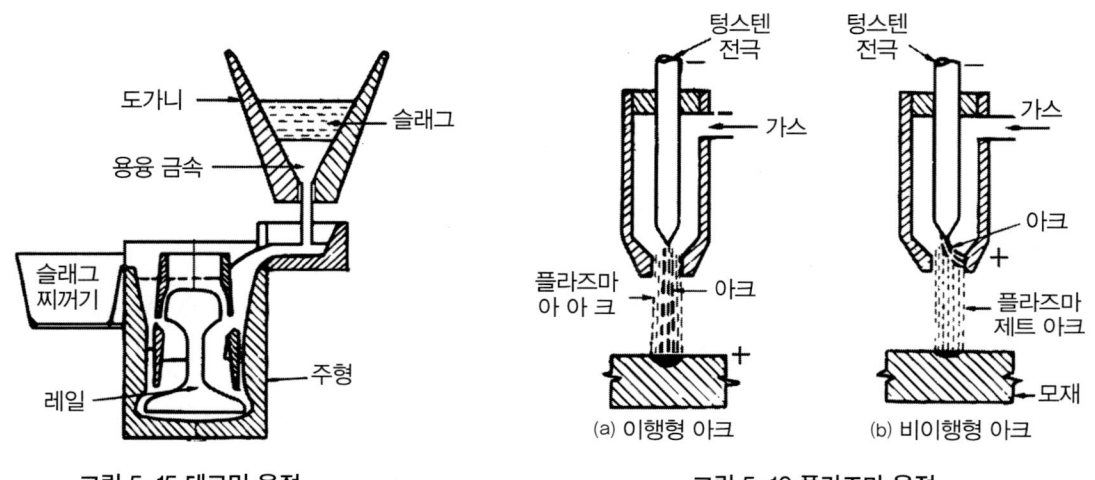

그림 5-15 테르밋 용접   그림 5-16 플라즈마 용접

테르밋 용접은 접합에 대한 강도는 낮으나 레일, 크랭크축 등의 용접에 일반적으로 사용한다. 또한, 그 종류는 용융 테르밋 용접과 가압 테르밋 용접이 있으며, 특징은 다음과 같다.

① 이동이 용이하고 용접 작업이 간단하다.
② 전원이 필요 없고 기구가 간단하여 용접 설비비가 싸다.
③ 용접 작업 후 변형이 적고 작업 시간이 짧다.
④ 접합 강도가 낮다.

(5) 플라즈마 용접(plasma welding)

기체를 고온으로 가열하면 기체 원자는 격심한 운동을 하며, 마침내는 전자와 이온으로 분리된다. 이때 기체는 도전성을 띠며, 이와 같이 전자와 이온이 혼합되어 도전성을 띤 가스체를 플라즈마라 한다. 이

고온의 플라스마를 노즐를 통하여 플라스마제트로 금속을 용접하는 것을 플라스마제트(plasma jet) 용접이라 한다.

[그림 5-16]의 (a)와 같이 텅스텐전극과 모재 사이에 아크를 발생시키는 플라즈마 아크 용접(이행형 아크)은 도전성 용접재를 사용하고, (b)와 같이 텅스텐전극과 노즐 사이에 아크를 발생시키는 플라스마제트(비이행형 아크)는 비도전성 용접재를 적용할 수 있다. 이들의 용접법의 특징은 다음과 같다.

① 고온(10,000~30,000℃)을 얻을 수 있고, 용입이 깊고 용접 속도가 크다.
② 능률적이며, 기계적 성질이 좋다.
③ 플라스마제트는 도전성 및 비도전성 재료와 관계없이 용접이 가능하다.

(6) 원자수소 용접

[그림 5-17]과같이 2개의 텅스텐전극 사이에 아크를 발생시키고, 이 아크에 H2를 분사할 때 H2가 아크열로 H로 분해된 후 용접부에서 H2로 환원될 때 발산하는 열에 의하여 용접하는 것이다. 이 열은 4,000℃의 열을 얻으며, 환원성 수소가스 중에서 행해지므로 산화와 질화를 방지할 수가 있어 기계적 강도가 크고, 내식성, 피로강도 등이 우수하며, 좋은 용접 결과를 얻을 수 있다. 이는 스테인리스강, 크롬, 니켈, 공구강 등을 용접할 때 주로 이용되지만 구조가 복잡하고 고가의 수소가스를 사용하므로 비경제적이다.

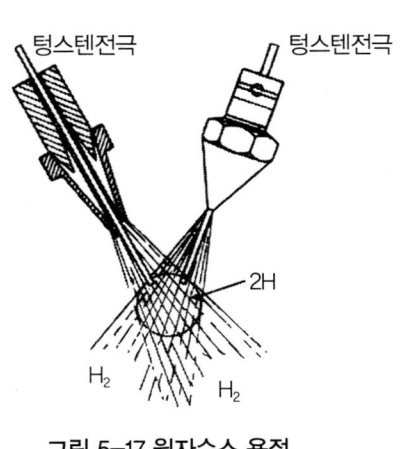

그림 5-17 원자수소 용접

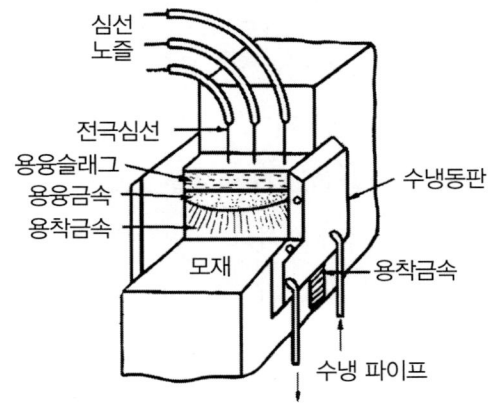

그림 5-18 일렉트로 슬래그 용접

(7) 일렉트로슬래그 용접(electro slag welding)

[그림 5-18]과같이 용접와이어와 용융 슬래그 사이에 통전된 전류의 저항열을 이용하여 모재와 전극와이어를 용융시켜 접합하는 방법이다. 용융 슬래그 속에서 발생하는 전기 저항 발열(Q)은 다음과 같다.

$Q = 0.24EI(cal/sec)$

여기서 E : 전극 와이어와 모재 사이의 전압(V),
I : 용접전류(A)

이 용접의 전기 저항 발열은 처음부터 일어나는 것이 아니고, 용제 공급 장치로부터 모재 사이에 공급되는 분말 용제 속으로 전류를 통하면 순간적으로 아크가 발생한다. 이 아크열에 의하여 용제와 용융된 전극 와이어, 모재의 용융 금속이 반응하여 전기 저항이 큰 용융 슬래그를 형성한다. 이와 같이 용융 슬래그가 형성하면 아크는 소멸하고 즉시, 전기 저항열에 의하여 용접이 진행된다.

이 방법은 연강, 보일러용강, 중탄소강, 스테인리스강, 내마멸강, 고속도강, 주강 등 각종 강재를 용접하는 데 이용하고, 용접변형이 적어서 서브머지드 아크 용접에 비하여 경제적이지만 용착 금속의 기계적 성질이 좋은 편은 아니다.

전극 와이어의 지름은 2.5~3.2mm 정도로 하여 피용접물의 두께에 따라 전극을 1~3개를 사용하는 것이 보통이다. 하지만 18개 전극으로 판 두께 1,000mm까지도 용접이 가능하고 주로 두께 50mm 이상의 두꺼운 용접에 유리한다.

또한, 용착 금속을 보호하기 위하여 수냉 동판의 연결관으로 CO_2 가스를 공급하면서 와이어 전극과 모재 사이에 발생하는 아크의 열로 용접하는 법을 일렉트로 가스 아크 용접이라고 한다. 이는 12~15mm 정도 두께의 용접이 가능하고 티타늄, 강, 알루미늄 합금 등의 용접에 활용된다.

(8) 전자 빔 용접(electron beam welding)

[그림 5-19]와 같이 높은 진공(10^{-4}~10^{-6}mmHg) 속의 적열된 필라멘트에서 전자 비임을 용접물에 충돌시켜, 이 충돌열을 이용하여 용융 용접하는 방법이다. 즉, 고진공 속에서 텅스텐 필라멘트를 가열시키면 많은 열전자가 방출되며, 이 전자의 흐름은 가속되어 고속도의 전자 비임을 형성한다. 이 전자 비임은 다시 전자렌즈라고 하는 접속 코일을 통하여 적당한 크기로 만들어 용접부에 충돌 시킨다. 가속된 강력한 에너지가 전자렌즈에 의하여 극히 작은 면적에 집중으로 조사(照射)되므로 가공품의 조사부는 순간적으로 용융되어 극히 좁고 깊은 용입이 얻어지므로 고속 절단이나 구멍 뚫기에 이용할 수 있다.

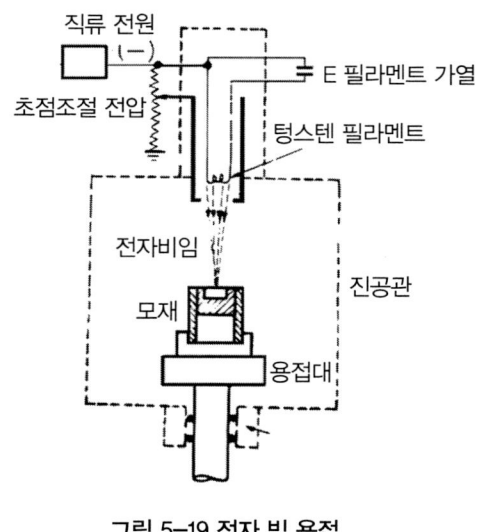

그림 5-19 전자 빔 용접

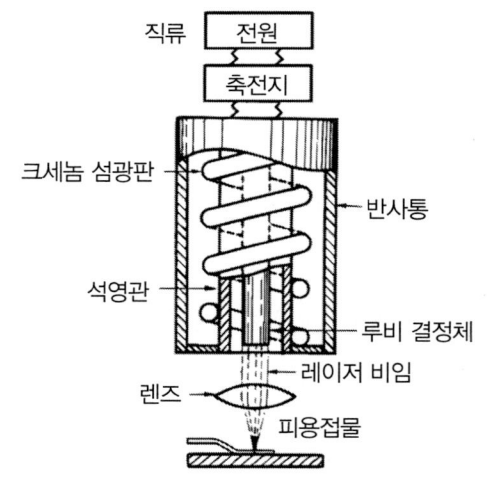

그림 5-20 레이저 용접

(9) 레이저 용접

light amplification by stimulated emission of radiation의 첫 글자 레이저(laser)약자며, 유도 방사를 이용한 빛의 증폭기(light amplifier) 혹은 발진기를 의미한다. 이 빛은 강한 단색광선이며, 강렬한 에너지를 가지고 있다. 레이저는 발진재료에 따라 고체 금속(루비형)형, 가스(불활성) 방전형, 반도체형 레이저가 있다.

고체 금속형 레이저장치는 직관섬광 방식과 나선섬광 방식의 용접장치가 있는데 크세논 섬광관(Xenon flash tube)은 나선상으로 되어 있다. 그의 축 선상에 인조 루비(Al_2O_3+15%Cr)의 결정체가 있는데 그 중 Cr 원자에 의하여 발진이 일어나고 결정을 지나는 중에 증폭되어져 아주 격렬한 적색 광선의 레이저가 된다.

[그림 5-20]과같이 렌즈를 통하여 집중시킨 열에너지를 이용한 용접을 레이저 빔 용접이라 한다. 이 용접의 특징은 다음과 같다.

① 진공이 불필요하다.
② 가까이 접근하기 곤란한 용접이 가능하다.
③ 용접될 재료가 불량도체인 경우도 용접이 가능하다.
④ 미세 정밀 용접이 가능하다.
⑤ 용접 열영향부가 매우 작다.
⑥ 에너지의 밀도가 매우 높으며 고융점을 가진 금속의 용접에 이용된다.
⑦ 열원이 빛의 빔이므로 투명 재료를 써서 공기, 진공, 고압 액체 등 어떤 분위기에서도 용접이 가능하다.
⑧ 전자부품과 같이 작은 재료의 정밀 용접이 가능하다.

(10) 스텃 용접(stud welding)

[그림 5-21]과같이 지름이 보통 5~16mm 정도의 강철 혹은 황동재의 스텃 볼트와 같은 짧은 봉을 모재 위에 수직으로 용접하는 방법이다. 용접전원은 직류나 교류 어느 것이나 사용하여 현장 용접에서는 용접전류 케이블이 길어서 전압 강하, 아크 불안정 등이 문제가 되어 현재는 직류용접기가 많이 사용된다. 스텃 용접은 극히 짧은 아크 발생 시간(0.1~2sec)에 그 열로 용접되기 때문에 열에 의한 응력은 작지만, 용접 후에는 빠른 공랭이 되므로 경화성이 큰 모재는 균열을 방지하기 위하여 모

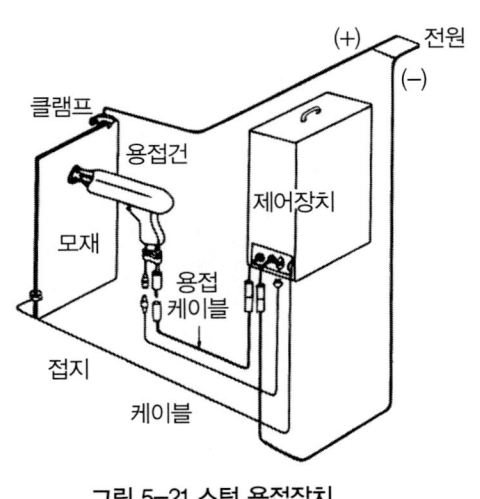

그림 5-21 스텃 용접장치

재에 미리 예열이 요구된다.

(11) 저온용접

공정 저온용접이라고도 하며, 공정이란 2개 이상의 금속이 용융 상태에서는 균일한 융액으로 존재하나 냉각시에는 어느 일정한 온도부터 2종 이상의 결정이 생겨 응고점 이하의 고체에서 2개 이상의 결정립이 혼합된 조직이 된다. 이때 공정이 생기는 온도를 공정점이라 한다. 이와 같이 공정 합금의 용융점이 공정 합금이 아닌 금속에 비하여 낮다는 성질을 이용한 용접을 저온용접 또는 공정 용접이라 한다.

(12) 퍼커션 용접

미리 컨덴서에 전기 에너지를 저축해 두고 용접하려고 하는 것의 접촉면을 통하여 아크를 발생키시고, 그때 아크의 에너지로 가열, 용접하는 가압 아크용접이다.

제3절 가스용접과 절단

1. 가스용접법의 개요

가스용접(gas welding)은 가연성 가스와 산소 혼합물의 연소열을 이용하여 용접하는 것으로 산소 아세틸렌 용접이 가장 대표적이다. 가연성 가스는 아세틸렌(C_2H_2), 수소(H_2), 도시가스, LP가스, 천연가스, 메탄가스(CH_4) 등 여러 종류가 있으나 최고 연소온도 3,000℃ 이상으로 발열량이 크고 모재에 영향을 주지 않는 아세틸렌가스를 주로 사용한다. 가스용접의 특징은 다음과 같다.

【장 점】
① 발생온도의 조절이 쉽다.
② 얇은 판재나 특수 금속의 용접이 쉽다.
③ 토치를 교환하면 가스절단도 할 수 있다.
④ 전기용접보다 설비비용이 적게 든다.
⑤ 응용 범위가 넓으며 운반이 편리하다.
⑥ 아크 용접에 비해서 유해 광선의 발생이 적다.

【단 점】
① 아크 용접에 비해서 불꽃의 온도가 낮다.
② 열 집중성이 나빠서 효율적인 용접이 어렵다.
③ 폭발의 위험성이 크고 금속이 탄화 및 산화될 가능성이 많다.
④ 아크 용접에 비해 가열 범위가 커서 용접 응력이 크고, 가열시간이 오래 걸린다.
⑤ 용접변형이 크고 금속의 종류에 따라서 기계적 강도가 떨어진다.
⑥ 아크 용접에 비해 일반적으로 신뢰성이 적다.
⑦ 숙련이 요구되고 소모 비율이 있다.

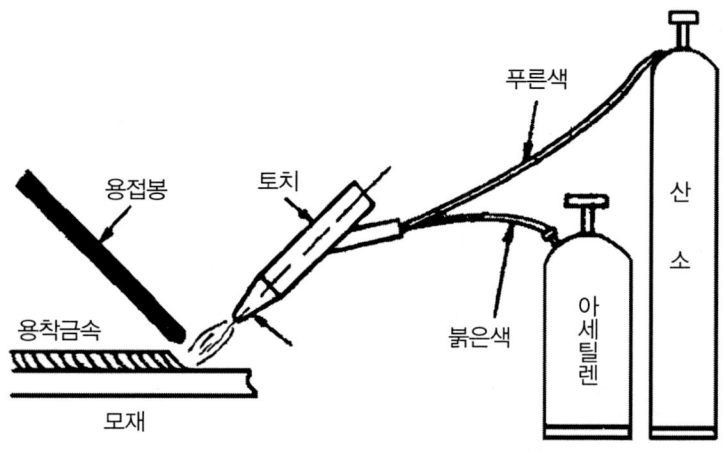

그림 5-22 산소-아세틸렌용접

(1) 가스

1) 산소(oxygen : O_2)의 성질

산소는 무색, 무취, 무미이며 비중은 공기보다 크고, 산소 자신은 타지 않고, 다른 물질이 타는 것을 돕는 지연성 가스이다. 산소는 화학약품에 의한 방법과 공업적으로 산소를 제조하는 방법이 있는 데 주로 공업적 방법이 쓰인다.

공업적 방법에는 물을 전기 분해하여 산소를 얻는 방법과 공기에서 산소를 분리시켜 얻는 방법이 있다. 산소의 순도는 높을수록 좋으며 KS규격에 의한 공업용 산소의 순도는 99.5% 이상으로 되어 있고, 산소는 대체로 고압 용기 산소 전용 병에 35℃에서 12~15MPa의 압력으로 충전하는 압축가스이다.

산소의 성질은 다음과 같다.

① 무미, 무색, 무취의 기체로 비중은1.105, 비등점은 –183℃, 용융점은 –219℃로서 물에 조금 녹아 있어서 수중 생물의 호흡에 쓰인다.
② 산소 자체는 타지 않으며 다른 물질의 연소를 도와주는 지연성 가스이다.
③ 금, 백금, 수은 등을 제외한 모든 원소와 화합시 산화물을 만든다.
④ 액체 산소는 보통 연한 청색을 띤다.
⑤ 1ℓ 의 중량은 0℃, 0.1MPa에서1.429g으로 공기보다 무거우며 타기 쉬운 기체에 산소를 혼합하여 점화하면 폭발적으로 연소한다.

2) 아세틸렌(acetylene : C_2H_2)의 성질

아세틸렌은 탄소와 수소의 화합물로 매우 불안정한 가스이다. 공기보다 가볍고(공기의 0.906배), 순수한 것은 냄새가 없으나, 카바이드에 물을 가해 발생된 아세틸렌은 인화수소 등의 불순물을 함유하고 있어서 대단히 악취가 난다.

아세틸렌은 여러 가지 액체에 잘 용해되어 1기압에서 15℃일 때 물에 같은 양, 석유에는 2배, 아세톤에 25배 용해되나 염분을 포화시킨 물에는 거의 녹지 않는다. 아세틸렌을 얻기 위해서 카바이드(CaC_2)는 석회(CaO)와 석탄 또는 코우크스를 혼합하여 전기로에 넣어 고온 가열하여 만드는 데, 이는 무색투명하며, 비중은 2.2~2.3이고 이 카바이드는 물과 접촉하면 아세틸렌이 발생하고 소석회가 남게 된다. 이 반응식은 다음과 같다.

$$CaC_2 + 2H_2O = C_2H_2 + Ca(OH)_2 + 31872 \text{ cal}$$

물과 작용시키면 1kgf의 카바이드에서 이론적으로 348ℓ의 아세틸렌이 발생한다. 그러나 시판 카바이드는 230~300ℓ가 발생한다.

아세틸렌가스의 성질은 다음과 같다.

① 순수한 아세틸렌가스는 무색무취의 기체이나 일반적인 아세틸렌가스는 인화수소(PH3), 황화수소(H2S), 암모니아(NH3) 등의 불순물을 포함하고 있어 악취가 난다.

② 비중은 0.906으로 공기보다 가벼우며 15℃, 0.1MPa에서의 아세틸렌 1ℓ의 무게는 1.176g으로 산소보다 가볍다.

③ 각종 액체에 잘 용해되며, 물에는 1배, 석유는 2배, 벤젠(benzene)에는 4배, 알코올(alcohol)에는 6배, 아세톤(acetone)에는 25배가 용해된다.

④ 산소와 적당히 혼합하여 연소시키면 높은 열을 낸다.(약 3,000~3,500℃)

3) 아세틸렌의 위험성

아세틸렌은 대단히 연소하기 쉬워 405~408℃에서 자연 발화가 되고, 505~515℃가 되면 폭발하며, 압력이 1.5기압 이상이 되면 폭발할 위험이 있고, 2기압 이상으로 압축하면 폭발한다. 또한, 아세틸렌은 공기 또는 산소와 혼합되면 폭발성이 격렬해지는 데 아세틸렌 15%, 산소 85% 부근이 가장 위험하다. 그리고 구리, 은, 수은 등과 접촉하면 폭발성 화합물을 만들어지고 구리와 아세틸렌의 화합물은 120°로 가열하거나 가벼운 충격을 주어도 폭발위험이 있다.

4) 용해 아세틸렌(dissolved acetylene)

아세틸렌이 아세톤(acetone)에 용해되는 성질을 이용하여 연강제의 용기(봄베)에 석면, 규조토, 목탄, 석회 등의 다공성 물질을 넣고, 이것에 아세톤을 포화 될 때까지 흡수시켜서 정제된 아세틸렌에 압력을 가해 충전시킨 것이다.

아세틸렌의 용해량은 용해 아세틸렌 1kgf이 기화하였을 때 15℃, 1기압 하에서 905ℓ가 되므로 병 전체의 무게를 A, 빈병의 무게를 B, 15℃ 1기압 하에서 아세틸렌가스의 용적을 C라 하면 C = 905(A − B)(ℓ)로 아세틸렌의 양을 계산한다.

용해 아세틸렌의 장점은 다음과 같다.

① 발생기 및 부속기구가 불필요하다.

② 운반이 자유로워 이동 작업이 편리하다.

③ 순도가 높아 고온의 불꽃을 얻을 수 있다.

④ 폭발의 위험이 없다.

⑤ 아세틸렌이 정제되어 있어 불순물에 의한 용접부의 강도 저하가 없다.

(2) 산소-아세틸렌 불꽃

토치에 점화하면 아세틸렌과 산소가 화합되어 수소와 일산화탄소가 된다.

$$C_2H_2 + O_2 = H_2 + 2CO$$

이 수소는 다시 산소와 화합되어 수증기로 되고, $2H_2 + O_2 = 2H_2O$

일산화탄소도 산소와 화합되어 이산화 탄소가 된다.

$$2CO + O_2 = 2CO_2$$

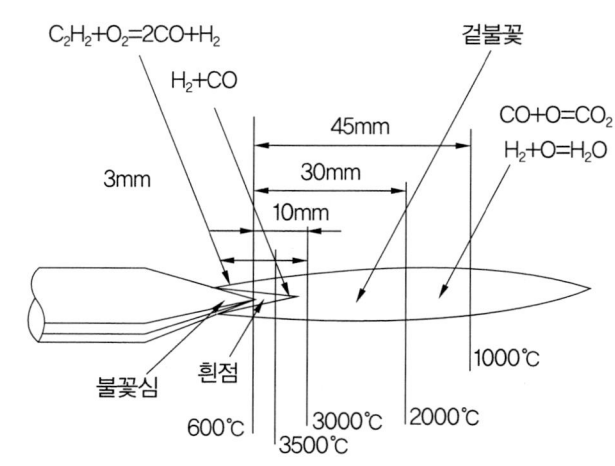

그림 5-23 중성불꽃 각 부분 온도

이 불꽃은 백색으로 눈으로 보면 불꽃의 최고온도 부분은 3,000~3,500℃까지 달한다. 모재나 용접봉을 녹이려면 산소량의 적당한 중성불꽃의 불꽃심에서 2~2mm 떨어진 부분을 용접부에 집중적으로 접촉하여야 한다.

불꽃의 상태는 산소, 아세틸렌의 비율에 따라 다음 세 가지로 나눈다.

① 표준 불꽃(중성불꽃)

산소와 아세틸렌의 혼합 비율이 1 : 1인 것으로 일반 용접에 쓰인다.

② 산화불꽃

중성불꽃에서 산소의 양을 많이 할 때 생기는 불꽃으로 산화성이 강하여 황동 용접에 많이 쓰이고 있다.

③ 탄화 불꽃(아세틸렌 과잉 불꽃)

산소가 적고 아세틸렌이 많을 때의 불꽃으로 불완전연소로 인하여 온도가 낮다. 스테인리스 강판의 용접에 이 불꽃이 쓰인다.

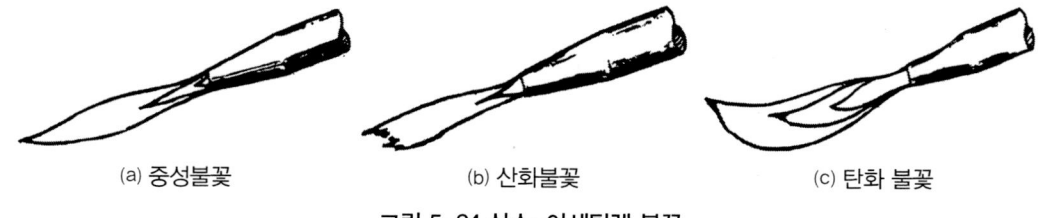

(a) 중성불꽃　　(b) 산화불꽃　　(c) 탄화 불꽃

그림 5-24 산소-아세틸렌 불꽃

2. 가스용접의 설비

(1) 산소 용기와 고무호스

1) 산소 용기

산소 용기는 안전 캡, 밸브, 안전 플러그 및 본체로 되어 있고, 산소는 순도 99.5% 이상의 것을 35℃에서 150기압으로 충전한다.

산소 용기 내의 산소량을 알고자 할 때는 다음 식으로 계산할 수 있다.

$$L = V \times P$$

여기서 L : 봄베 내의 산소용량(ℓ)
       V : 봄베 내의 용적(ℓ)
       P : 압력계에 지시되는 봄베 내의 압력 (kgf/cm2)

2) 산소 용기 취급상의 주의 사항

① 충격을 주지 말 것.
② 항상 40℃ 이하로 유지할 것.
③ 직사광선을 쬐지 말 것.
④ 밸브, 조정기 등에 기름이 묻어 있지 않을 것.
⑤ 밸브의 개폐는 서서히 할 것.

3) 고무호스

산소나 아세틸렌 용기에서 토치까지 연결하는 것으로 산소용은 흑색 또는 녹색, 아세틸렌용은 적색으로 한다.

(2) 아세틸렌발생기

아세틸렌발생기란 카바이드에 물을 작용시켜 아세틸렌을 발생시킴과 동시에 발생된 아세틸렌을 저장하는 장치로 물을 넣는 수실, 발생된 아세틸렌을 저장하는 기종, 과잉 발생한 아세틸렌을 방출하는 안전배기관 및 승강 지주로 되어 있다.

1) 주수식 발생기

카바이드에 물을 작용시켜 아세틸렌을 발생시키는 발생기이다.

2) 투입식 발생기

다량의 물속에 카바이드를 소량 투하하여 아세틸렌을 발생시키는 장치이다.

3) 침수식 발생기

카바이드 통에 들어 있는 카바이드가 수실의 물에 잠겨 아세틸렌을 발생시키는 장치이다.

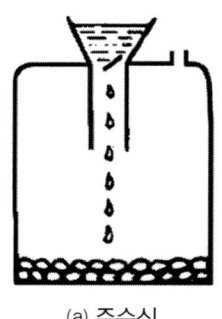
(a) 주수식

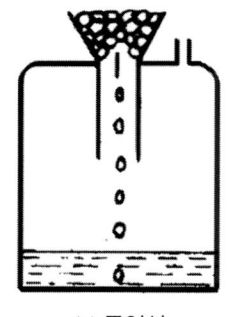
(b) 투입식

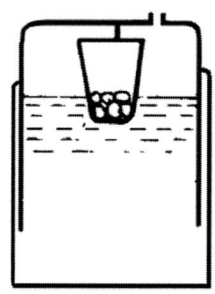
(c) 침수식

그림 5-25 아세틸렌발생기

표 5-6 각 발생기의 장단점

형식 항목	주수식 발생기	투입식 발생기	침수식 발생기
구 조 취 급	비교적 간단하다.	취급이 불편하다.	가장 간단하다.
발생된 아세틸렌	고온에서 불순지 연 발생된다.	온도 낮고, 불순물 적다 발생량의 조정 용이하다	가장 온도가 높고 불순물 많다. 지연 발 생이 크다
안전성	안전성이 크다.	안전성이 크다.	카바이트를 바꿀 때 기종에 손이 닿게 되어 충격에 의한 폭발 위험이 크다.

(3) 청정기와 안전기

1) 청정기

발생기에서 발생된 아세틸렌은 인화수소(PH_3), 황화수소(H_2S), 암모니아(NH_3) 등의 불순물이 함유되어 있어 이 불순물은 용접 작업상, 강도상 유해하고, 또 폭발의 위험성이 있으므로 청정할 필요가 있다. 청정방법으로는 가스가 물을 지나게 하여 세정 방법과 펠트, 목탄, 코크

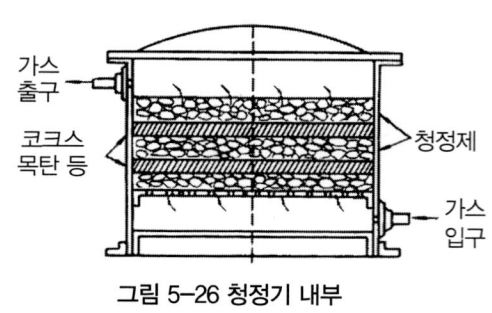
그림 5-26 청정기 내부

스, 톱밥 등으로 여과하는 방법, 해라돌, 그 밖의 약품으로 청정방법 등이 있다.

2) 안전기

안전기(safety device)는 발생기로 산소가 역류되거나, 역화 되는 것을 막기 위해 사용된다. 안전기에는 수봉식과 스프링식이 있는데 주로 수봉식이 쓰이고 있다. [그림 5-27] (a)는 정상적인 경우이고, (b)는 산소가 역류할 때의 안전기의 상태를 나타낸 것이다. 안전기 취급상의 주의 사항은 다음과 같다.

① 1개의 안전기에는 1개의 토치를 사용할 것.
② 하루에 1회 이상 수위를 점검할 것.
③ 한랭시 빙결되었을 때는 화기로 녹이지 말고 따뜻한 물이나 증기로 녹일 것.
④ 수위의 점검을 확실히 할 수 있게 안전기를 수직으로 걸 것

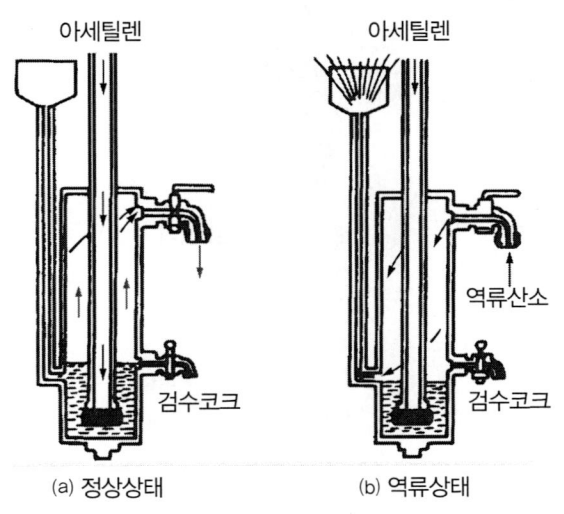

그림 5-27 안전기(수봉식)

(4) 압력 조정기

압력 조정기(pressure regulator)는 용기에 있는 고압의 산소, 아세틸렌을 용접에 사용할 수 있게 감압함과 동시에 항상 일정한 압력을 유지할 수 있게 하는 것으로 산소 조정기와 아세틸렌 조정기가 있다.

산소 조정기는 〈표 5-7〉와 같이 모재의 두께에 따라 적당히 조절하고, 아세틸렌의 압력은 산소 압력의 약 $\frac{1}{10}$ 이 적당하다.

표 5-7 산소의 사용 압력

연강판 두께(mm)	1	2	3	5	7	10	20	50
팁의 지름(mm)	0.7	0.9	1.1	1.4	1.6	1.9	2.5	3.9
산소 압력(kg/cm2)	1.0	1.5	1.8	2.0	2.3	3.0	4.5	5.0

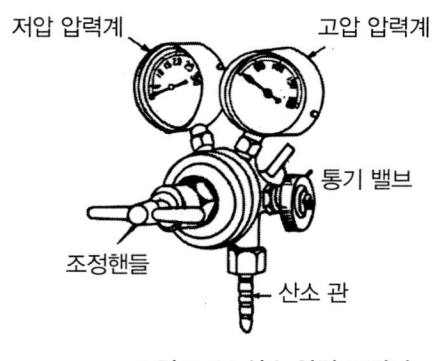

그림 5-28 산소 압력 조정기 그림 5-29 조정기 원리

(5) 용접토치

가스용접시 산소와 아세틸렌을 각각 용기에서 고무호스로 연결하고 두 가스를 일정한 비율로 혼합하여 팁(tip)에서 분출시켜 용접불꽃을 일으키는 기구를 토치(torch)라 한다.

토치는 용량의 대소에 따라 다음과 같이 나눈다.

① 저압 토치 : 아세틸렌의 압력이 $0.07 kg/cm^2$ 이하에 사용하는 것.

② 중압 토치 : 아세틸렌의 압력이 $0.07 \sim 1.3 kg/cm^2$에 사용하는 것.

③ 고압 토치 : 아세틸렌의 압력이 $1.3 kg/cm^2$ 이상에 사용하는 것

일반적으로 중압 토치가 많이 이용되고 산소와 아세틸렌의 양을 적당히 혼합하기 위한 콕(cock)이나 밸브가 있다. 저압식 토치는 구조에 따라 분출구 부분에 니들밸브가 있는 가변압식(B형, 프랑스식) 토치와 니들밸브가 없는 불변압식(A형, 독일식) 토치로 분류하고 있다.

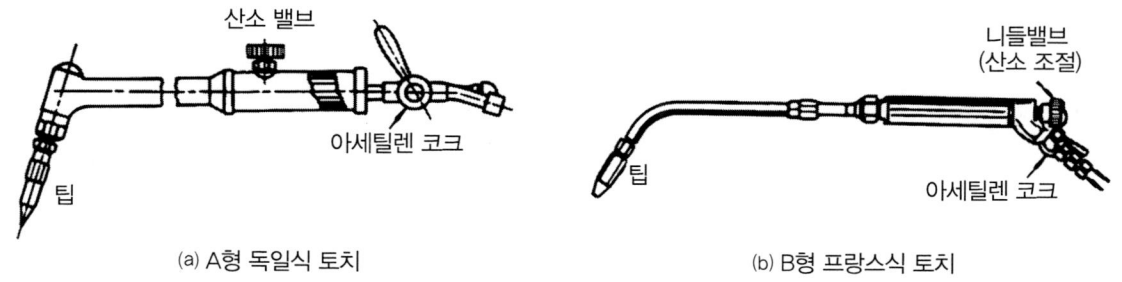

(a) A형 독일식 토치 (b) B형 프랑스식 토치

그림 5-30 저압식토치

그리고 토치의 선단에는 팁이 있다 이 또한, 팁의 능력으로 구분하여 사용하는데, 가변압식은 1시간 동안 표준 불꽃으로 용접하는 경우 아세틸렌의 소비량을 ℓ로 표시하여 예를 들면 팁 100번(아세틸렌 소비량 100ℓ), 팁 300번(아세틸렌 소비량 300ℓ)으로 구분하고, 불변압식은 연강판의 용접을 기준으로 해서 팁이 용접하는 판 두께로 표시하여 사용한다. 예를 들면, 연강판의 두께 10mm의 용접에 적당한 팁의 크기를 10번이라 하고, 20번의 팁은 20mm 두께의 연강판에 적당한 팁이다. 그리고 토치를 사용할 때 주의

사항은 다음과 같다.

① 소중히 다루어야 한다.
② 팁을 모래나 먼지 위에 놓지 않는다.
③ 토치를 함부로 분해하지 않는다.
④ 팁이 과열되었을 때는 산소만 다소 분출시키면서 물속에 넣어 냉각시킨다.
⑤ 팁이 막혔을 때는 유연한 구리나 황동으로 만든 바늘로 오물을 제거한다.
⑥ 토치에 기름이나 그리스 등을 바르지 않는다.
⑦ 불꽃을 끌 때는 불꽃을 최소로 다음 아세틸렌을 먼저 잠그고 산소를 닫는다.
⑧ 점화할 때는 저압식에서 아세틸렌과 산소를 약간 열고 점화한다.

(6) 역류, 인화 및 역화

1) 역류(contrary flow)

산소가 아세틸렌 호스 쪽으로 흘러 들어가 수봉식 안전기로 들어간다. 만일, 안전기가 불안전하면 산소가 아세틸렌발생기에 들어가 폭발한다. 이것을 역류라 하며, 팁 끝이 막혔거나 안전기가 고장일 때 생긴다. 그러나 용해 아세틸렌에서는 안전기를 사용하지 않아도 폭발 사고는 일어나지 않는다.

2) 인화(flash back)

팁 끝이 순간적으로 막혔을 때 가스의 분출이 나빠 불꽃이 혼합실까지 들어가는 것을 인화(flash back)라 한다. 이 현상이 일어나면 곧 아세틸렌 밸브를 잠가서 혼합실의 불을 끄고, 산소 밸브도 잠근다. 인화의 원인으로 생각되는 것은 팁의 과열, 팁 끝의 막힘, 팁 죔의 불충분, 각 기구의 연결 불량, 먼지, 가스 압력의 부적당, 호오스 비틀림 등이 있겠다.

3) 역화(back fire)

불꽃이 순간적으로 팁 끝에 흡인되어 빵빵 또는 탁탁 소리를 내면서 꺼졌다가 다시 켜졌다 하는 현상을 역화(back fire)라 한다. 이 현상은 팁이 작업물에 닿았을 때, 팁이 과열되었거나 가스의 압력과 유량이 부적당할 때 생긴다.

인화나 역화가 일어나는 것은 산소, 아세틸렌의 내뿜는 속도가 불꽃의 연소속도보다 느릴 때 일어난다. 따라서 가스의 압력이 부족할 때에는 특히 인화나 역화가 일어나기 쉽다.

3. 가스용접 재료

(1) 가스 용접봉

용접봉은 용접하려는 모재와 모재와의 틈을 보충하여 용착시키는데 사용하는 금속봉으로 그 재질은 원칙적으로 모재와 동일한 계통의 것을 선택한다. 용접봉의 크기는 〈표 5-8〉과 같이 지름이 1~6mm의 여러 가지가 있으며, 모재의 두께에 따라 적절한 것을 사용한다.

표 5-8 연강판의 두께와 용접봉 지름

모재의 두께(mm)	2.5이하	2.5~6.0	5.0~8.0	7.0~10.0	9.0~15.0
용접봉 지름(mm)	1.0~1.6	1.6~3.2	3.2~4.0	4.0~5.0	4.0~6.0

(2) 용제

용접하는 금속은 용접 중 고온에서 공기와 접촉하기 때문에 산화가 잘 일어난다. 이와 같이 용접 중에 생기는 산화물이나 그 밖의 불순물 등을 녹여 슬래그로 떠오르게 하는 역할을 하며, 용제는 건조한 고체의 분말을 사용하거나 풀 모양의 것을 사용하고 미리 용접봉에 발라 두어 사용하기도 한다. 용제의 주성분은 일반적으로 붕사, 붕산, 규산나트륨 등을 사용하나 〈표 5-9〉와 같이 재질에 따라 용제를 사용한다.

표 5-9 각 금속과 용제

금 속	용 제
연 강	사용하지 않음
반 경 강	중탄산소다+탄산소다
주 철	붕사+중탄산소다+탄산소다
동 합 금	붕사
알루미늄	염화리듐(15%) 염화칼리(45%) 염화나트륨(30%) 불화칼리(7%) 염산칼리(3%)

4. 절단법

(1) 절단의 원리

가스 불꽃으로 절단부를 먼저 예열하여 800~900℃에 달하면 고압의 산소를 분출시켜 철을 산화철로 만들어 산소 기류에 의해 불려 나가면 홈이 생겨 절단이 된다. 이와 같이 절단 하려면, 연소되어 생긴 산화물의 용융온도가 금속의 용융온도보다 낮고 유동성이 있으야 하며, 재료의 성분중 연소를 방해하는 원소가 적어야 한다.

(2) 절단 토치

절단 토치는 예열용과 절단용의 2개 토치가 필요하나 2개를 사용하면 불편하므로 1개의 토치에 두 가지의 기능을 하도록 만들어져 있으며 종류로는 동심형과 이심형이 있다. 동심형은 프랑스식으로 직선 및 곡선을 자유롭게 절단이 가능하며, 이심형은 독일식으로 직선절단은 좋으나 곡선 절단은 어렵다.

제4절 저항용접과 기타 용접

1. 전기저항용접(electric resistance welding)

(1) 전기저항용접의 개요

금속의 용접부를 맞대거나 겹쳐놓고 이것에 접촉면과 직각인 방향으로 다량의 전류를 흐르게 하면, 용접부의 접촉저항에 의해 그 부근에서 온도가 상승되어 반용융 상태가 된다. 이 때 외력을 가하여 접합하는 것이 전기 저항용접이다.

저항용접은 자동차, 비행기, 가전제품 등의 제품 제조에 널리 쓰며, 모재에 전류가 흐를 때 발생하는 저항열(Q)은 주울(Joule)의 법칙에 의해 계산한다.

$$Q = 0.24 I^2 Rt (\text{cal})$$

여기서, I : 전류(A)

R : 저항(Ω)

t : 통전시간(sec)

따라서, 이 용접법에서는 전류 및 전압, 저항, 통전시간이 중요한 조건이 된다. 전기 저항이 적고 열전도가 잘 되는 구리나 알루미늄 등은 특별한 방법을 적용하지 않으면 저항용접이 힘들다.

전기 저항용접은 저항열을 이용하여 가열 중에 가압하므로 용접 온도가 낮고 가열 범위가 좁아져 변형이나 잔류응력이 작다. 따라서, 언제나 균일한 용접 상태를 얻게 되므로 정밀한 공작물의 용접에 적합하다. 또, 0.1~0.2mm 정도의 얇은 판이나 여러 가지 금속 사이의 용접도 일부 가능하여 전 용기를 사용할 수 있으므로 대량생산에 적합하다.

(2) 저항용접의 종류

1) 점용접(spot welding)

스폿용접은 2개의 모재 또는 그 이상의 금속판을 겹쳐 전극 사이에 끼워 놓고, 전류를 통하면 접촉면이 전기저항 때문에 발열이 되어 접합부가 용융될 때, 전극으로 압력을 가해 접합하는 것이다. 가압력은 압축공기로 하는 수도 있으며, 작은 용량의 전극을 제외하고는 냉각수로 냉각한다. 대체로 6mm 이하의 판재를 접합할 때 적당하며, 0.4~3.2mm의 판재가 가장 능률적인 관계로 자동차, 항공기 공업에 널리 사용되고 있다.

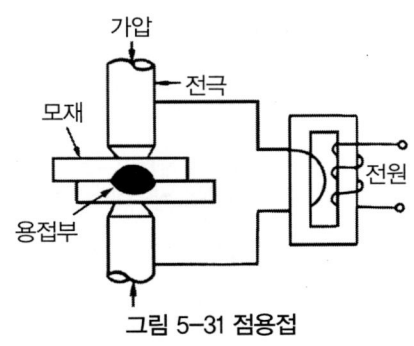

그림 5-31 점용접

2) 심 용접(Seam welding)

심 용접은 점용접의 전극봉 대신에 로울러 모양의 전극을 만들어 이를 회전시켜 연속적으로 접합하는 것을 말한다. 얇은 강판으로 기밀을 요하는 이음에 유리하며 드럼통, 페인트통 등의 봉합 용접에 널리 사용한다. 이때 용접 전류는 점용접의 1.5~2.0배, 가압력은 1.2~1.6배이다.

이 용접의 특징을 열거하면 다음과 같다.

① 산화작용이 적다.
② 박판과 후판의 용접이 된다.
③ 가열 범위가 좁으므로 변형이 적다.

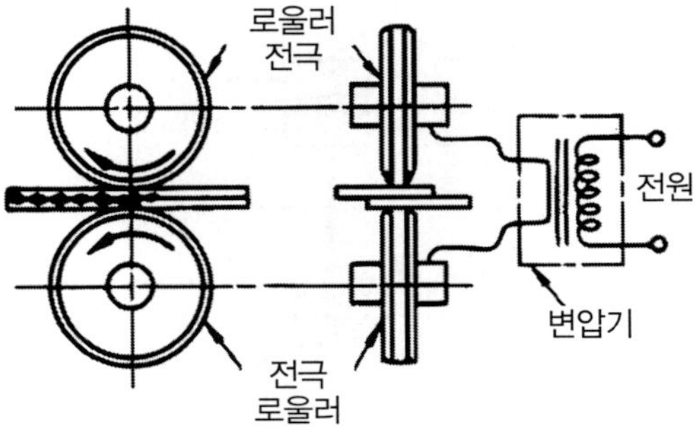

그림 5-32 심 용접

3) 프로젝션 용접(projection welding)

점용접기의 일종으로 접합할 모재의 한쪽 판에 돌기(projection)를 만들어 고정 전극 위에 겹쳐놓고 가동 전극으로 통전과 동시에 가압하여 저항열로 가열된 돌기를 접합시키는 용접법이다. 이 용접의 특징을 열거하면 다음과 같다.

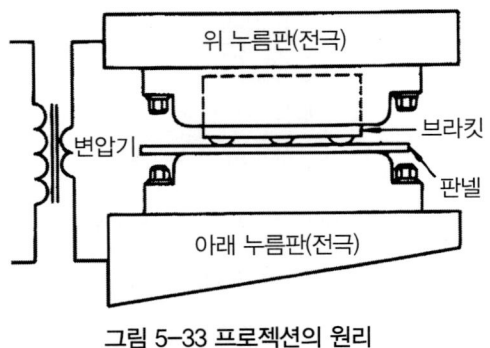

① 후판과 박판 또는 열전도가 다른 금속의 용접이 양호하다.
② 전극의 수명이 길고 작업 능률이 높다.
③ 용접 속도가 크다.

그림 5-33 프로젝션의 원리

④ 외관이 아름답다.

4) 맞대기 용접
2개의 금속을 용접기에 설치하여 맞대고 전류를 통해서 접촉부를 녹여 접합하는 방법으로 다음 두 가지가 있다.

5) 업셋 용접(upset welding, butt welding)
접합할 두 모재인 봉의 단면을 맞대어 놓고 통전한 다음 접합부가 고온이 되어 용융될 때 길이 방향으로 가압력을 가해 접합하는 방법이다. 모재가 축 방향으로 가압되기 때문에, 접합 부분이 약간 볼록해지고 길이가 짧아지는 경향이 있으므로 용접하기 전에 그 여유치를 감안하여야 한다.

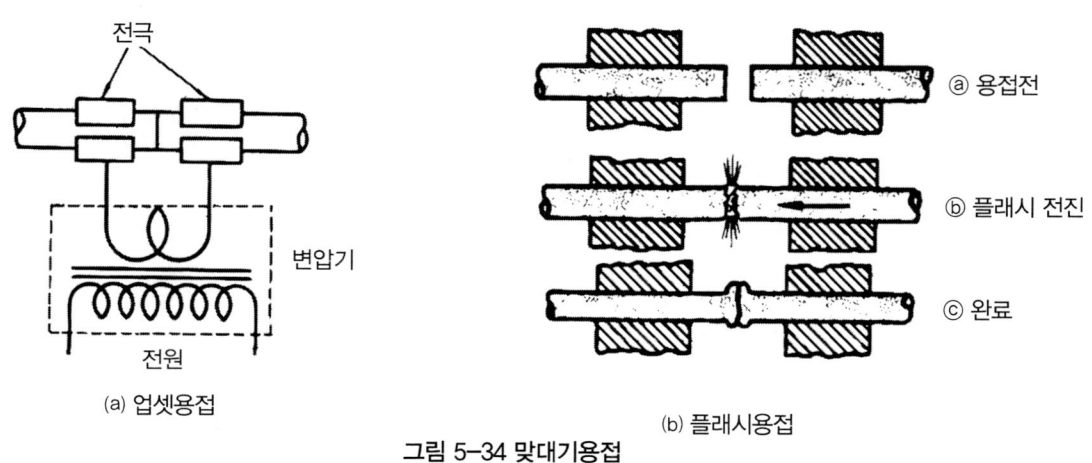

그림 5-34 맞대기용접

6) 플래시 용접(flash welding)
업셋 용접과 비슷하나 두 모재 사이에 틈새가 있게 띄어 놓은 다음 전류를 공급하여 서로 가까이 하면 접합할 단면과 단면 사이에 아크가 발생하여 고온 상태가 된다. 이때 모재를 길이 방향으로 가압하여 접합하는 방법이다. 이 용접은 단면이 큰 막대나 축류, 레일, 강판 등의 접합에 적합하다.

2. 납땜

납땜은 접합하려는 두 금속 사이에 용제로 덮인 모재보다 융점이 낮은 비철금속 또는 그 합금을 녹여 넣어 모재를 녹이지 않고 접합시키는 방법을 납땜(solder-ing)이라 한다.

납땜은 땜납의 용융온도가 450℃보다 높은 것을 경납이라 하고, 이보다 낮은 것은 연납이라 한다.

(1) 연납땜(soft soldering)

450℃ 이하의 저온에서 용융하는 연납으로 접합하는 것으로 이는 기계적 강도가 크지 않아 강도가 요구되는 부분에는 부적당하다. 그러나 용융점이 낮고, 거의 모든 금속을 접합시킬 수 있고, 조작이 용이한 관계로 납땜인두를 써서 전기 부품의 접합이나 수밀, 기밀이 있어야 하는 곳에 널리 사용되고 있다. 대규모에는 토치램프나 토치 등을 써서 납땜한다. 땜납의 형상으로는 봉 모양, 선 모양, 실 모양 등이 있으며, 특별한 것은 중공으로 된 내부에 용제를 꽉 채운 것이나, 입상의 땜납재에 용제를 혼입한 페이스트 모양의 것도 있다.

땜납은 주석(Sn)과 납(Pb)의 합금으로 가장 많이 쓰이고 있는 대표적인 것이 연납이다. 이 땜납은 특수강, 주철, 알루미늄 등의 일부 금속을 제외하고는 철, 니켈, 구리, 아연, 주석 등이나 그 합금의 접합에 쓰인다.

용재는 용가재와 모재 표면의 산화를 방지하고, 가열 중에 생성된 금속 산화물을 용해시켜 액체 상태로 하고, 용가재를 좁은 틈에 자유로이 유동시킬 수 있게 하는 역할을 가지고 있다.

(2) 경납땜(hard soldering)

450℃ 이상의 온도에서 용융하는 경납으로 접합하는 것으로 연납땜보다 큰 접합 강도가 요구할 때 쓰인다. 경납땜은 경납 분말과 용제분말을 물로 적당히 혼합하여 접합부에 바른 다음 이 부분을 가스버너나 토치램프, 저항열 등으로 가열하여 경납을 용융시켜 접합하는 것이다. 경납땜의 용제로는 붕사가 일반적으로 쓰이며, 붕산, 산화제일구리, 식염 등이 쓰인다.

경납의 종류로는 동납, 황동납, 인동납, 은납 등이 있다.

3. 압접

압접(pressure welding)은 고상의 상태에 있는 2개의 금속을 접촉시켜 경계면에 수직되게 압력을 주어 접착시키는 방법이다.

(1) 가스압접(gas pressure welding)

[그림 5-35]와 같이 가열불꽃 즉, 토치로 접합부를 재결정온도 이상으로 가열하여 축 방향에서 압력을 가해 압접하는 방법이다. 이 때의 가스 불꽃은 산소-아세틸렌 불꽃, LPG 불꽃, 산소수소불꽃 등이 이용된다. 가스압접은 접착면을 밀착시켜놓고 가열하여 압력을 가하는 밀착법과 접촉면을 일정한 간격을 두고 가열하여 압력을 가하는 개방형이 있다.

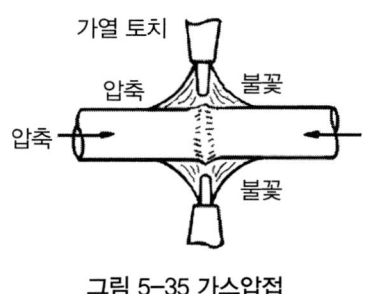

그림 5-35 가스압접

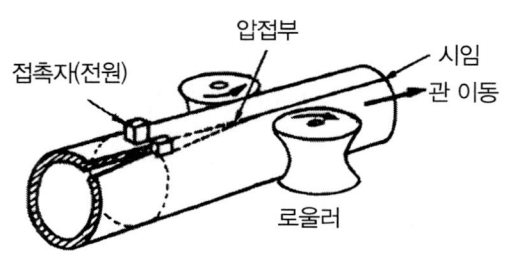

그림 5-36 고주파압접

(2) 고주파 용접(high frequency welding)

고주파 표피효과와 근접효과를 이용하여 금속을 가열하여 압접하는 방법으로 [그림 5-36]는 고주파전류를 직접 소재에 통전해서 강관을 맞대기 시임 용접하는 고주파 저항법이다. 이 방법은 직접 고주파를 통전하므로 전류가 집중되어 소재를 국부적으로 발열시켜 롤러를 이용하여 압접하는 것이다.

(3) 단접(forged welding)

2개의 금속 접합면 또는 소재 전체를 화덕이나 노내에 넣어 적당한 열원 때문에 단접 온도까지 가열하여 접합부를 겹쳐놓고 타격이나 강한 압력을 가해 접합하는 방법으로 오래전부터 농기구나 무기 등의 제작에 많이 이용해 왔다. 이는 탄소 함유량이 0.2% 정도의 연강이 단접에 적합하고, 1,100~1,200℃의 단접 온도가 적당하며, 용제는 붕산, 붕사와 식염을 혼합한 것을 사용한다.

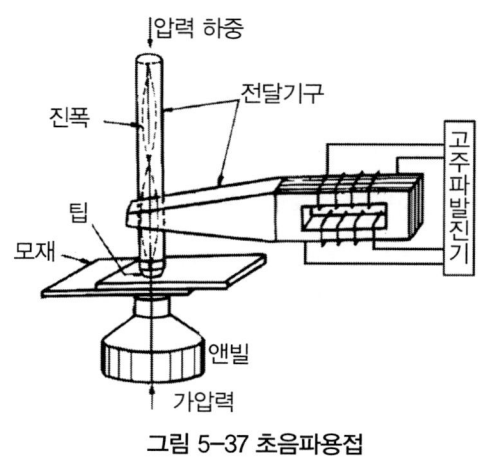

그림 5-37 초음파용접

(4) 초음파 용접(ultrasonic welding)

접합하고자 하는 소재에 초음파(18kHz 이상) 횡 진동을 주어 그 진동 에너지에 의해 접촉부의 원자가 서로 확산되어 접합이 되는 것을 말한다.

[그림 5-37]와 같이 팁과 앤빌 사이에 접합하고자 하는 소재를 끼워 가압하며, 서로 접촉시켜서 팁을 짧은 시간(1~7sec) 진동시키면 피막이 파괴되어 순수한 금속끼리 접촉되며, 원자 간의 인장력이 작용하여 금속 접합이 이루어진다. 이 용접법의 알맞은 모재 두께는 금속에서는 0.01~2mm, 플라스틱 종류에서는 1~5mm 정도로 주로 얇은 판의 접합에 이용된다.

(5) 마찰 용접(friction welding)

접촉면의 고속 회전에 의한 마찰열을 이용하여 압접하는 방법으로 [그림 5-38] 같이 재료의 한쪽은 고정하고 다른 한쪽은 이것에 가압 접속하면 접촉면은 마찰 때문에 급격히 온도가 상승하여 적당한 압접 온도에 도달했을 때 강한 압력을 가하여 업셋(upset)시켜 접합하는 방법이다.

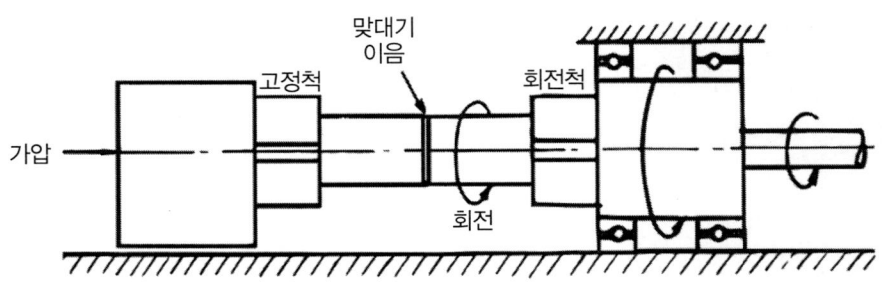

그림 5-38 마찰압접(콘벤셔널형)

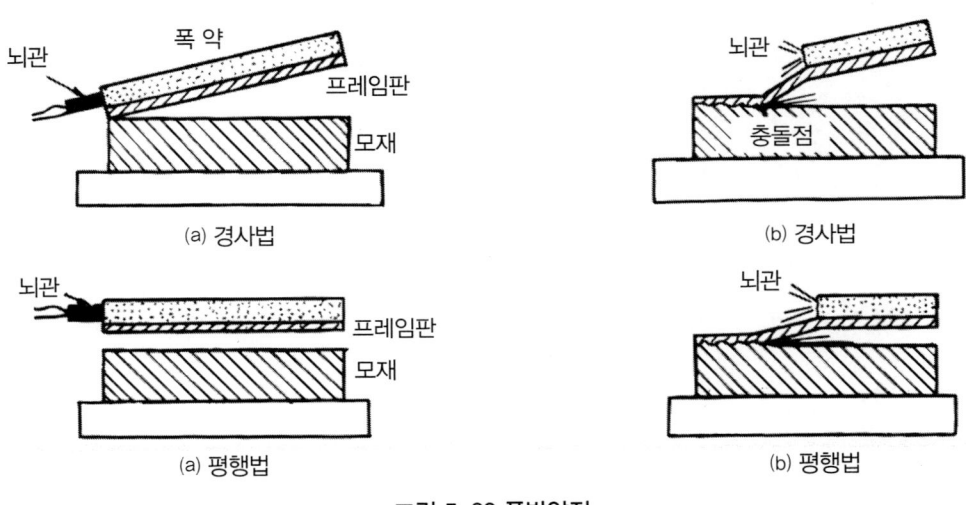

그림 5-39 폭발압접

(6) 폭발용접(explosive welding)

두 장의 금속판을 화약 폭발에 의한 높은 에너지로 순간적인 큰 압력 가해 금속을 압접하는 방법이며, 스테인리스강, 니켈 합금, 티타늄 등의 접합에 쓰이는 전면 폭발압접과 화공기계 등의 반응기, 열교환기, 용기류의 라이닝에 쓰이는 점 또는 선에 의한 부분 폭발압접이 있다.

전면 폭발압접에는 2장의 금속판을 일정한 경사 각도로 폭약을 설치한 다음 압접시키는 경사법과 금속판 사이에 작은 간격을 평행으로 한 다음 압접하는 평행법이 있다.

폭발압접은 [그림 5-39]에서 보는 것과 같이 뇌관에 점화하면 화약이 폭발하면서 압접 판재가 모재에 강력히 충돌하여 경계면이 파도 모양으로 접합된다.

(7) 냉간 압접(cold pressure welding)

가열하지 않고 상온에서 단순히 큰 압력을 가하여 금속 상호 간의 소성변형으로 접합하는 방법이다. 이는 2개의 금속 면을 10^{-8}cm 거리로 가까이 하면 자유전자가 공통화되고 결정 격자점의 양이온과 끌어당기는 서로의 힘으로 금속 면이 결합하는 것이다.

그러므로 이 용접은 압접 전에 접착면의 산화물, 유지류, 오물 등을 사전에 제거하여 표면을 깨끗하게 한 다음 냉간압접을 하여야 한다.

익힘문제

01 용접에 대하여 어떤 것이지 간단히 설명하여라.

02 용접의 종류를 크게 3가지로 분류하면 무엇이 있는가?

03 용접부에 생기는 잔류응력을 없애려면 어떻게 하면 되는가?

04 용접의 비드 표면을 덮어서 급랭, 산화, 또는 질화를 방지하고 용접부를 보호하는 것을 무엇이라 하는가?

05 아크 용접의 극성에서 모재를 (+)극, 용접봉을 (-)극에 연결하여 용접하는 용접을 무엇이라 하는가?

06 용접봉의 용융 금속이 모재로 옮겨가는 흐름의 종류는 무엇이 있는가?

07 피복제의 역할을 기술하여라.

08 용접봉의 호칭 즉, E4301일 때 43은 무엇을 의미하는가?

09 아크 용접에서 오버랩이 발생하는 주된 원인을 기술하라.

10 아르곤, 헬륨, 네온 등의 불활성가스 분위기 속에서 텅스텐용접봉을 사용하여 용접하는 것은 무슨 용접법인가?

11 서브머지드 아크 용접의 특징을 기술하여라.

12 테르밋 용접에서 테르밋은 무엇의 혼합물인가?

13 레이저 비임 용접의 특징을 기술하여라.

14 산소-아세틸렌 가스용접의 장점을 기술하여라.

15 산소와 아세틸렌의 혼합 비율이 얼마(%) 정도로 하면 폭발 위험이 큰가?

16 아세틸렌발생기에서 물에 카바이드를 적당히 공급하여 비교적 순수한 아세틸렌가스를 발생기는 장치는 무엇인가?

17 저항용접의 저항열은 어느 법칙이 관계되며, 공식을 기술하여라.

18 시임 용접의 특징은 무엇인가?

19 납땜에서 연납과 경납의 구분 온도는 몇 도인가?

제 6 장
열처리와 표면경화

제1절 **열처리**

제2절 **표면경화**

제1절 열처리

1. 열처리의 개요

금속재료를 적당히 가열하여 일정한 시간을 유지한 다음 냉각하면은 재료의 조직이 변화되어 기계적 성질, 물리적 성질 등을 변화시킬 수 있다. 이와 같이 금속재료의 성질을 이용하여 특별한 성질을 부여하는 조작을 열처리라 한다. 강(steel)은 열처리 효과가 가장 큰 재료로서 기본 열처리 방법에는 담금질(quenching), 뜨임(tempering), 풀림(annealing), 불림(normalizing) 등 여러 가지가 있으며, 이 처리 과정은 재료와 온도에 따라 다르므로 일반적으로 금속을 열처리 경화 방식에는 계단 열처리, 항온 열처리, 연속 냉각 열처리, 표면경화 열처리 등을 이용하여 재료의 기계적 성질을 변화시킬 수 있다.

열처리 기술은 재료의 수명에 직접적인 영향을 미치기 때문에 매우 중요한 공정의 하나로서 열처리의 목적은 다음과 같다.

① 기계적 성질의 개선
② 조직의 미세화(경도 증가)
③ 재료의 연화(softening)
④ 재료 내의 편석(segregation) 제거

2. 철과 강의 변태

철(iron)은 온도에 따른 세 가지의 다른 고체상태가 있으며, 상온에서 910℃까지의 철을 α철, 910℃ 이상으로 가열된 철을 γ철, 1,400℃에서 융점 사이에 존재하는 철을 δ철이라 하여 구별한다. 이들 철은 각각 일정한 양의 탄소를 완전히 용해할 수 있다. 금속과 금속 또는 금속과 비금속이 완전히 용해되어, 이것이 고체로 된 것을 고용체(solid solution)라 한다.

철에 탄소를 1.7% 정도까지 첨가한 합금을 강(steel)이라 하고, 강에서는 α철, γ철과 탄소의 고용체를 각각 α고용체(ferrite), γ고용체(austenite)라 한다. 0.85% 이하의 탄소를 포함하는 강을 오스테나이트 상태에서 냉각하면 페라이트를 석출하기 시작하며, 이 변태 온도를 A_3점이라 한다.

이 밖의 강에서는 723℃에서 오스테나이트로부터 페라이트와 탄화철(Fe_3C)을 동시에 석출하는 변태가 있어, 이 변태 온도를 A_1 변태점(transformation point)이다.

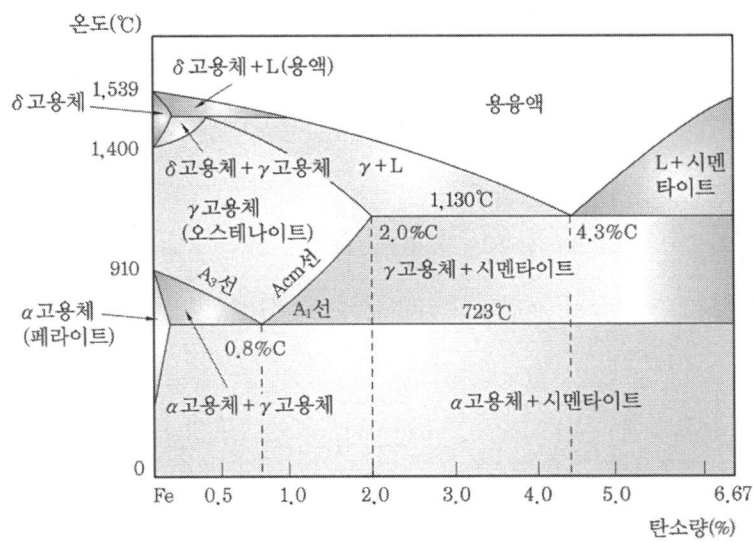

그림 6-1 철-탄소계 평행 상태도

[그림 6-1]은 철-탄소 상태도의 일부이고, 이들 변태점과 탄소 함유량 사이의 관계를 나타내며, 이를 평형 상태도라 한다. 변태 온도는 탄소 함유량에 따라 변한다. 0.83% 탄소의 강에서는 A_3, A_1, Acm점은 일치하여 모든 변태가 723℃에서 일어난다.

(1) 서냉 조직

1) 페라이트(ferrite)

α-Fe에 미량의 탄소(C)가 함유된 고용체로 순철에 가까운 조직으로 α철에서 탄소를 약간 고용한 α고용체로서 현미경조직은 백색이다. 강철 조직에 비해 연하여 연성이 크고 경도와 강도가 작다. 비커즈경도(HV)가 240, 브리넬경도(HB)가 80, 인장강도 294MPa(30kgf/mm^2) 정도이며 강자성체이다.

2) 펄라이트(pearlite)

0.8%C의 탄소강을 공석강이라 하며, 공석강 조직을 펄라이트라 한다. 페라이트와 시멘타이트가 층상으로 되어 진주 조개 무늬처럼 보인다고 하여 펄라이트라고 한다. 페라이트와 탄화철(Fe_3C)의 파상으로 배치된 조직으로 현미경조직은 흑색이다. 이 조직은 강하고 질긴 성질이며, 절삭성이 양호하다. 비커즈경도(HV)는 240, 브리넬경도(HB)가 300, 인장강도 589MPa(60kgf/mm2) 정도이다.

3) 오스테나이트(austenite)

강을 A1 변태점 이상으로 가열했을 때 나타나는 조직으로, γ-Fe이라 한다. 결정 구조는 면심 입방 격자이며 최대 2.0%의 탄소를 고용할 수 있다. 비자성으로 전기저항이 크며, 비커즈경도(HV) 100~200, 브리넬경도(HB)가 155정도이다.

4) 시멘타이트(cementite)

탄화철(Fe_3C)로서 6.67 %의 철과 탄소의 화합물이다. 침상 또는 망상조직(결정립계를 따라 연결되어 형성된 조직)이고, 탄소강 및 주철 중에 섞여 있다. 대단히 경도가 큰 조직으로 비커즈경도(HV)가 1,050~1,200, 브리넬경도(HB)가 800, 인장강도 392MPa(40kgf/mm2) 정도이며, 취성이 크다.

(2) 급랭 조직

1) 오스테나이트(austenite)

고온 조직으로 비자성체이며, 전기저항이 크고 담금질하면 담금질효과가 가장 크다. 보통 탄소강에서는 얻을 수 없고, 특수강(Ni, Mn, Cr 등을 함유한 강)에서 얻을 수 있으며, 다각형 형상을 갖는다.

2) 마텐자이트(martensite)

오스테나이트 조직을 가열한 후 급랭시키면 변태 도중에 탄소를 과포화한 상태로 고용된 철의 조직이다. 즉, 탄소강을 물에 냉각시켰을 때 나타나는 침상조직으로서 내부식성, 경도 및 강도가 가장 큰 열처리 조직이다. 한편 마텐자이트가 시작하는 온도를 MS점, 끝나는 온도를 Mf 점이라 한다.

3) 트루스타이트(troostite)

오스테나이트를 냉각시킬 때 마텐자이트를 거쳐 탄화철이 큰 입자로 된 조직이다. 경도는 크나 마텐자이트보다 작고 부식하기 쉽다.

4) 솔바이트(sorbite)

트루스타이트보다 냉각 속도가 느릴 때 나타나는 입상조직으로서, 트루스타이트보다 경도가 작고 펄라이트보다 경도가 크며 강도, 인성 및 탄성이 큰 조직으로 스프링에 널리 사용된다.

3. 일반 열처리 종류

(1) 담금질(quenching)

어느 변태점 이상으로 가열하여 서냉하면 냉각 속도 차이에 따라 조직이 변화한다. 이는 냉각 속도 최대부터 오스테나이트(A) → 마텐자이트(M) → 트루스타이트(T) → 솔바이트(S) → 펄라이트(P) 순서이며, 각 조직에 대한 경도의 크기는 다음과 같다.

오스테나이트〉 마텐자이트〉 트루스타이트〉 솔바이트〉 펄라이트〉 페라이트 순서이다.

담금질은 강철의 질을 굳게 하는 목적으로 A_3 또는 A_1점보다 30~50℃ 높게 가열하여, 균일한 오스테나이트 조직을 얻은 다음 급랭하는 조작을 담금질이라 한다. 강은 급랭하면 A_1점의 변태가 저지되어 급랭의 정도에 따라 그 온도보다 낮은 온도에서 변태를 일으키나, 담금질은 이 변태를 약 200~250℃ 부근에서 일으키게 하는 열처리이다.

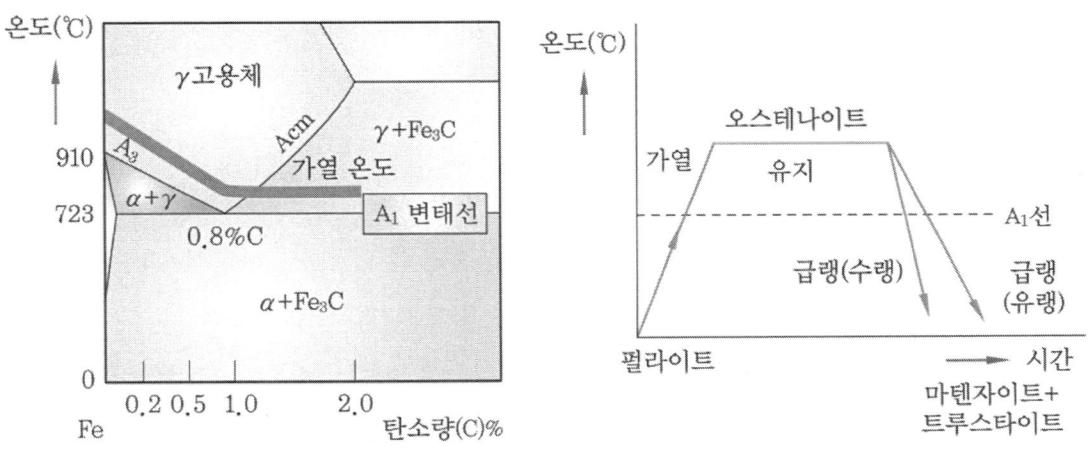

그림 6-2 탄소강의 담금질온도

[그림 6-2]는 탄소강의 담금질온도와 탄소량의 관계를 나타낸 것이다. 적당한 담금질온도는 [그림 6-2]에서 GSK선의 온도보다 30~50℃ 높은 범위로 되어 있다. 담금질온도가 지나치게 높으면 담금질 후 기계적 성질이 나빠지고, 또한 변형과 균열이 생기기 쉽다. 강을 담금질할 때 담금질효과는 열처리할 물건의 크기, 형상, 두께, 냉각제의 종류, 냉각 속도 등의 여러 가지 인자의 영향을 받는다.

1) 냉각 속도

담금질효과는 냉각액에 따라 크게 다르다. 즉 액의 비열, 열전도도, 점성, 휘발성과 그 온도에 따라 다르다. [그림 6-3]은 여러 가지 냉각액에 따른 냉각 온도와 냉각 시간의 관계를 나타낸 것이다. 물과 기름을 비교하면 물은 기름보다 냉각 효과가 크다. 그러나, 기름은 120℃ 정도에서 담금질효과의 변화가 적고 물은 30℃ 이상만 되면 냉각 효과가 현저히 떨어진다. 냉각이 적은 액에는 유류, 비누물 등이 있고, 큰 것에는 염수, NaOH 용액, 황산 등이 있다.

일반적으로 탄소 함유량이 0.9%인 탄소강은 냉각 속도에 따라 나타나는 조직은 다음과 같다.

① 노중에서 냉각할 때는 펄라이트
② 공기 중에서 냉각할 때는 솔바이트
③ 기름 중에서 냉각할 때는 트루스타이트
④ 수중에서 냉각할 때는 마텐자이트

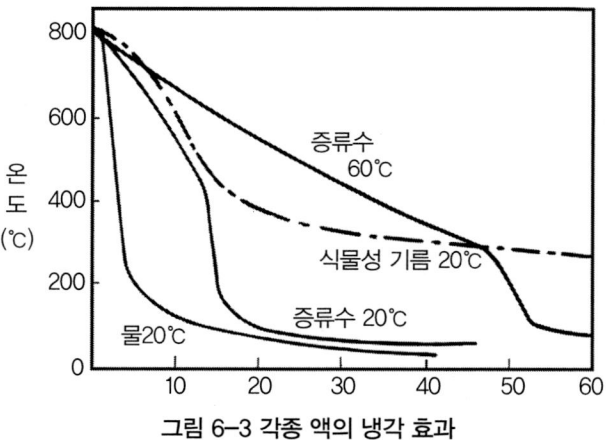

그림 6-3 각종 액의 냉각 효과

2) 질량 효과

같은 재질이라도 강에는 물체의 크기에 따라 냉각 속도에 차가 있어 질량 효과(mass effect)라는 현상이 있다. 이것은 강재의 질량이 크면 담금질하여도 급랭 효과가 뚜렷하지 않고 담금질이 잘 안되는 현상을 말한다. 강은 질량 효과가 큰 재료이지만, 합금원소를 첨가하면 이 질량 효과를 줄일 수 있다.

3) 시간담금질

급랭 도중에 냉각 속도를 바꾸어 담금질하는데, 냉각 시간을 가지고 조절하는 담금질을 시간담금질(time quenching)이라 한다. 즉, 처음에 물로 적당한 시간 동안 빨리 냉각시키고, 그 시간이 끝나면 물에서 꺼내어 기름 또는 공기 중 냉각을 하며, 물에서 꺼내는 시기는 다음과 같이 택한다.

① 물건의 두께 3mm에 대하여 1초의 비율로 수 냉각 후 기름 냉각 또는 공기 중 냉각을 한다.
② 빨갛게 단 강 표면의 색깔이 냉각으로 지워지는 시간의 2배만큼의 시간 동안 수 냉각한 후 꺼낸다.

4) 고속도강의 담금질

합금강은 함유하는 특수원소의 종류와 성분에 따라 공랭으로 경화하는 것, 반대로 물속에서 급랭시켜도 경화하지 않고 뜨임을 함으로써 경화하는 것 등이 있으므로, 탄소강의 담금질에 비하여 어렵다. 고속도강(high speed steel)을 담금질할 때는, 처음에 800℃까지는 천천히 가열한다. 이 온도를 20~30분 동안 유지한 다음, 가열속도를 빨리하여 1250~1,320℃의 담금질온도로 올린다. 이 온도에서 몇 분 동안 유지한 다음, 기름 또는 공기 중에서 냉각시켜 550~580℃ 정도의 온도로 다시 가열하고 공랭하여 뜨임을 한다. 고속도강은 담금질온도가 매우 높고, 그 온도 범위는 70~90℃로 좁으므로 정확히 측정하여 올바른 온도로 유지하여야 한다.

(2) 뜨임(tempering)

담금질한 강은 경도가 크면서 취성 즉, 여린 경우가 많다. 또, 급랭 때문에 큰 내부응력이 발생한다. 이 응력을 제거하고, 또 재료에 인성이 필요한 기계 부품 등은 그대로 사용할 수 없어 경도를 다소 적게 하면서 인성을 부여할 목적으로 A_1(723℃)변태점 이하의 적당한 온도로 가열한 다음 물, 기름, 공기 등에서 냉각하는 열처리를 뜨임(tempering)이라 한다.

뜨임은 목적에 따라 200℃ 이하 또는 550~650℃의 온도에서 행하며, 냉각은 급냉 또는 공기냉각이다.

표 6-1 뜨임 온도에 따른 뜨임조직

온도 범위(℃)	뜨 임 조 직
150~300	오스테나이트 → 마텐자이트
350~500	마텐자이트 → 트루스타이트
550~650	트루스타이트 → 솔바이트
700	솔바이트 → 펄라이트

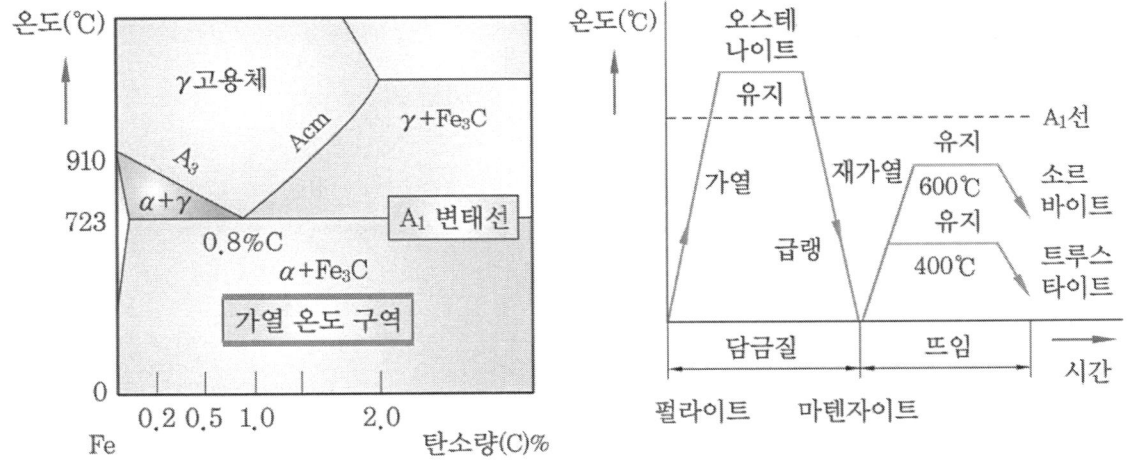

그림 6-4 뜨임과 뜨임 온도

1) 저온 뜨임

일반적으로 탄소 함유량이 0.2~0.4%인 강에서 200℃ 부근까지는 인성이 증가하나 300~350℃에서는 저하되는 것을 흔히 볼 수 있다. 그러므로 200℃ 이하에서 처리하는 방법을 저온 뜨임이라 하며, 이 재료는 연해지지 않고 내부응력이 일부 제거되어 끈기를 가지게 된다. 따라서, 기어나 크랭크축 등과 같이 경도와 강도를 필요로 하는 부품이나 공구의 뜨임에 사용된다.

2) 고온 뜨임

담금질한 강을 가열하여 550~650℃일 때에 처리하는 방법이며, 미세한 탄화물이 구상화되어 집합된 솔바이트 조직이 되므로 이는 경도는 감소하나 한층 끈기가 증대되므로, 구조용 강의 뜨임에 이용된다. 그러나, 고속도강은 550~580℃에서 고온 뜨임을 하면 오히려 굳어진다.

(3) 풀림(annealing)

냉각 속도의 차이와 압력의 불균형으로 인하여 내부응력과 변형이 생기며, 조직이 변하고 부분적 또는 전체적으로 경화될 때가 많다. 이와 같은 내부응력을 제거하고 조직을 미세화시켜 재료의 성질을 원래의 좋은 상태로 돌아오도록 A_3~A_1변태점 보다 30~50℃ 높은 온도에서 가열하고 서냉하는 것을 완전 풀림이라 한다. 보통 풀림(annealing)이라 할 때에는 이 완전 풀림을 말한다.

그리고, A_1변태점 이하의 온도에서 내부응력을 제거하기 위하여 가열하고 서냉하는 것을 저온 풀림 (annealing)이라 한다. 풀림의 목적은 다음과 같다.

① 주조품, 단조품, 기계 가공에서 발생한 내부응력 제거한다.
② 가공 및 열처리에서 경화된 재료를 인성 증가하여 연화한다.
③ 불균일한 조직을 균일화한다.
④ 내부의 가스 및 다른 불순물을 방출시키거나 확산시킨다.

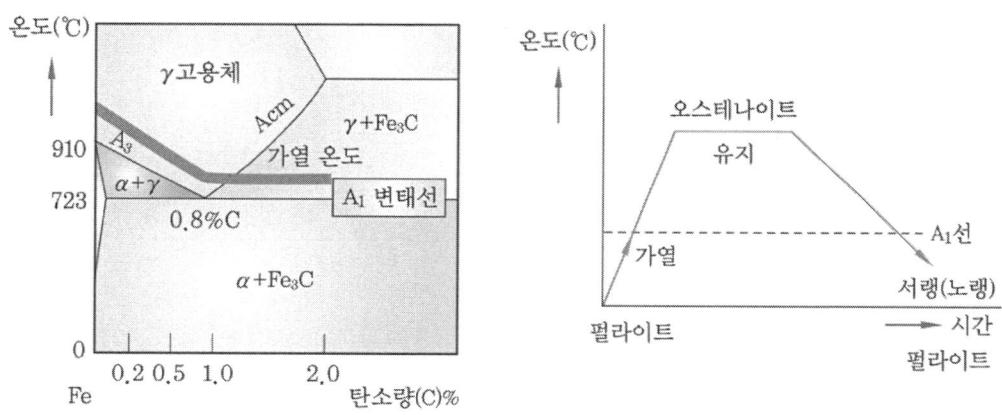

그림 6-5 풀림과 풀림 온도

1) 완전 풀림

완전 풀림은 A_3(910℃)선과 A_1(723℃)선 이상의 온도로 가열한 후 일정 시간 유지시킨 다음 공기 중이나 노내에서 서서히 냉각시키는 것을 말한다. 고탄소강의 풀림 온도는 750~1000℃의 범위이며, 종류에 따라 다소 다르게 된다. 냉각은 노중 또는 짚을 태운 재나 석회 속에 파묻어서 천천히 냉각시킨다. 특히, 600℃ 정도까지는 더욱 천천히 냉각시켜야 한다.

2) 저온 풀림

가공 후 또는 가공 도중 강재의 내부응력이나 변형을 제거하기 위해서 하는 풀림이다. 이것은 재결정을 이용하는 열처리이며, A_1 변태점보다 낮은 550~650℃ 정도의 온도로 가열한 다음, 천천히 냉각한다. 또한, 냉간압연으로 가공경화 된 재료를 연하게 하기 위해서는 600~680℃에서 2~5시간 가열한 다음 노중에서 천천히 냉각한다.

3) 연화 풀림(stress relieving)

연화 풀림의 대부분은 중 탄소강(C 0.2~0.55%)의 탄소 함유량 이상에 대하여 실시되고 있다. 연화 풀림 방법은 Ac1 이상의 온도에서 650℃까지 서냉한다. 유지 온도는 탄소량에 따라 760~800℃에서 650℃까지 시간당 10℃ 이내의 냉각 속도로 한 다음 공랭시킨다. 연화 풀림에서 주의할 점은 탈탄이다. 탈탄은 주로 산소에 의하여 CO, CO_2 등으로 되기 때문에 공기와의 접촉을 피할 수 있도록 팩 어닐링을 하기도 한다.

4) 확산 풀림(diffusion annealing)

강괴가 가지는 편석 또는 주조에 의한 편석, 성분 원소의 편석 및 개재물의 편석 등을 균질화하기 위해 철에서 장시간 가열하는 열 조작을 확산 풀림이라 한다. 확산 풀림은 유화물의 편석을 방지하는 데 효과적이다. 탄소강의 확산 풀림은 1,100~1,150℃에서 풀림을 한다. 특수주 강물은 1,100~1,200℃에서 동일한 작업을 실시한다.

5) 응력제거 풀림(stress relieving annealing)

응력 제거 풀림은 A_1(723℃)선 이하에서 행하며 내부 응력을 제거하기 위한 열처리이다. 주조, 용접했을 때 일어나는 내부응력을 제거하고 연화시키거나 담금질 때문에 찢어짐을 방지하기 위한 열처리이다. 또한 잔류응력을 제거하기 위하여 적당한 온도로 가열유지 후 냉각하는 작업이다.

6) 구상화 풀림(spheroidizing annealing)

강 속의 탄화물(Fe_3C)을 구상화하기 위하여 행하는 풀림이다. 고탄소강인 공구강의 기계적 성질을 개선하여 기계가공성을 증가시킨다. 담금질 전(前)의 예비 처리로서 담금질 후 인성을 증가시키고 균열을 방지할 목적으로 구상화 풀림을 시행한다.

(4) 불림(normalizing)

불림(normalizing)은 조직의 균일화, 결정립의 미세화, 기계적 성질의 향상을 목적으로 행하며 A3선과 Acm선보다 30~50℃ 높은 온도로 가열한 후 공기 중에서 냉각시킨다. 과열한 재료나 장시간 가열한 재료 또는 단련 완료 온도가 높은 단조품 등은 결정 입자가 매우 거칠고 크게 된다. 또, 살이 두꺼운 주조품은 역시 결정 입자가 굵고 거칠어지며, 응고할 때 성분이 부분적으로 몰린 조직이 되는 경우가 있다. 이 같은 경우에는 기계적 성질이 나빠지므로 결정 입자를 작게 하고, 조직을 표준 상태로 되돌려서 기계적 성질을 좋게 해야 한다. 이 때문에 불림을 하게 되는데, 이것을 불림(normalizing)이라 한다.

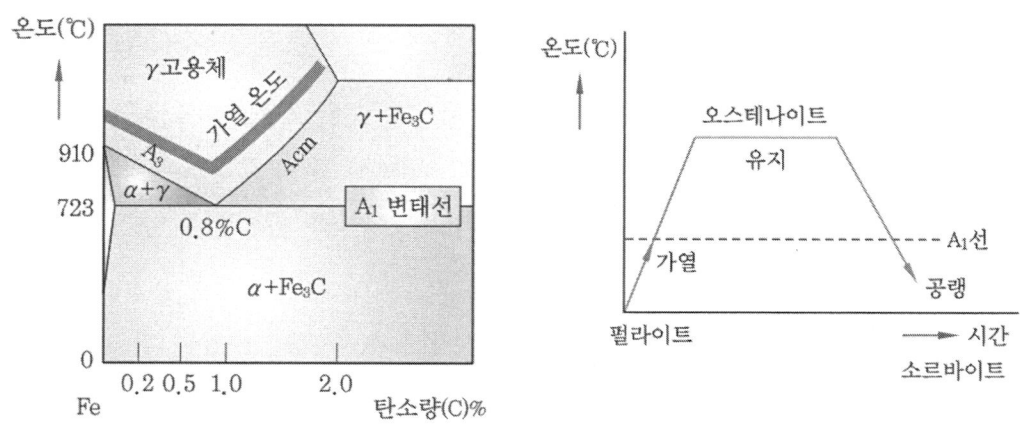

그림 6-6 불림과 불림 온도

불림의 목적은 다음과 같다.
① 응고 속도 또는 가공도의 차이에 따라 불균일한 조직의 국부적인 차이를 해소하고 내부응력을 제거하여 균일한 상태로 변화시킨다.
② 저탄소강의 기계가공성을 개선하여 절삭성을 향상하고, 결정 입자의 조절 및 변형을 방지한다.
③ 대형의 주조, 단조품 등은 질량 효과에 의한 결점을 보완하기 위하여 열처리 전 예비 처리하거나 담금질이나 뜨임으로 기계적 성질을 개선하기 어려운 제품에 행한다.

(5) 심냉 처리(Sub Zero-Treatment)

담금질 후 경도 증가, 시효변형 방지하기 위하여 0℃ 이하의 온도로 냉각하면 잔류 오스테나이트를 마텐자이트로 만드는 처리를 심냉 처리라 한다. 특히, 스테인리스강에서의 기계적 성질 개선과 조직 안정화와 게이지강에서의 자연시효 및 경도 증대를 위해 실시한다.

1) 심냉 처리의 목적
① 공구강의 경도 증대 및 성능이 향상되고 강을 강인하게 만든다.

② 게이지 등 정밀 기계 부품의 조직을 안정화하고, 형상 및 치수의 변형을 방지한다.

③ 스테인리스강에서의 기계적 성질 개선 한다.

4. 항온 열처리(isothermal heat treatment)

담금질과 뜨임의 2종의 방법을 같이 할 수 있고, 또 담금질에서 오는 파손을 방지할 수 있는 새로운 열처리법이다. 이 방법은 온도, 시간, 변태 등 3종의 변화 즉 강을 가열한 후 냉각 도중 어떤 온도에서 냉각을 정지하고, 변태를 시킬 때에 변태 개시 온도와 변태 완료 온도를 온도-시간 곡선으로 나타낸 것을 항온변태 곡선(isothermal transformation diagram) 또는 TTT곡선(time temperature trans-formation diagram), S곡선 혹은 C곡선이라 부른다. 이 곡선을 이용하여 열처리하는 것을 항온 열처리라 한다.

(1) 항온변태의 조직

[그림 6-7]과같이 오스테나이트 상태로 가열한 것을 일정한 온도의 염욕(salt bath) 또는 연로에서 일정한 시간, 담금질, 뜨임을 하여 그 재료가 필요한 조직으로 변태가 완료된 때에 끄집어 내면 요구되는 경도 및 조직을 얻을 수 있다. 이때 생긴 조직은 오스테나이트, 마텐자이트, 상부 및 하부 베이나이트(bainite) 및 펄라이트 등이며, 베이나이

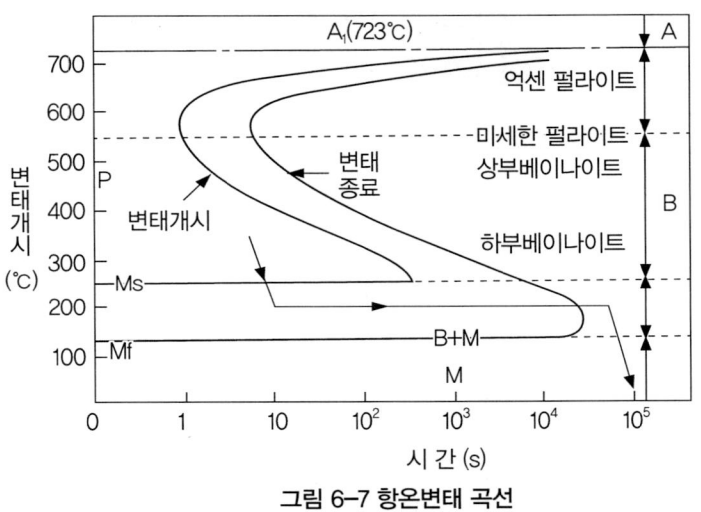

그림 6-7 항온변태 곡선

트만이 계단 열처리 조직과 다르고 열처리시 변형이 적고 경도가 높으며 인성이 크다.

(2) 항온 열처리의 응용

1) 오스템퍼(austemper)

Ms 상부 과냉 오스테나이트에 변태가 완료될 때까지(염욕에 넣어) 항온 유지하여 베이나이트를 충분히 석출시킨 후 공랭하며, 이것을 베이나이트 담금질이라도 한다. 뜨임이 필요 없고 균열과 변형이 잘 생기지 않으며, 공구강과 고탄소강에 유효하다.

2) 마템퍼(martemper)

Ms점이하 100~200℃인 항온 염욕 중에 담금질하여 냉각시킨 것으로 오스테나이트에서 마텐자이트

와 베이나이트의 혼합조직으로 변한 조직이며, [그림 6-7]에 표시한 것과 같다. 경도와 인성이 크며, 담금질 균열이나 변형이 생기지 않아 복잡한 형상에 많이 이용되나 유지 시간이 길어 대형의 것에는 부적합하다.

3) 마퀜칭(marquenching)

M_s보다 다소 높은 온도의 염욕에서 담금질한 것을 강의 내외의 온도가 동일하도록 항온 유지하고 꺼내어 공랭하는 방법이다. 즉, 마텐자이트 변태를 시켜 담금질 균형과 변형을 방지하는 방법으로 합금강, 고탄소강, 침탄부 등의 담금질에 적합하며, 복잡한 물건의 담금질에 쓰인다.

5. 구상화 처리(spheroidizing)

시멘타이트가 구상으로 분포되도록 임계온도보다 낮은 온도까지 가열하여 유지하는 열처리, 즉 A1 변태점 상하의 온도로 가열과 냉각을 반복하는 방법이다.

제2절 표면경화

1. 표면경화의 개요

기계 부품인 기어(gear), 축(shaft) 등과 같이 사용 목적에 따라 표면은 경도가 크고 내부는 인성 즉, 질긴 성질이 요구될 때가 있다. 이와 같은 용도에는 부품의 표면만을 경화하여 내마모성을 증대시키고 내부는 충격에 견딜 수 있도록 인성을 크게 하는 열처리를 표면 경화법(surface hardening)이라 한다.

표면을 경화하는 방법에는 화학적 처리 방법인 침탄법, 시안화법, 질화법이 있고, 물리적 처리 방법인 고주파경화법, 불꽃 경화법이 있다.

2. 화학적 표면 경화법

(1) 침탄법(carburizing)

침탄법은 0.2% C 이하의 저탄소강 표면에 탄소를 침투시켜 고탄소강을 만든 후 담금질시키는 방법이며, 침탄과 담금질 작업을 합하여 표면경화라 한다.

담금질효과는 강의 탄소량에 비례하므로 담금질할 물체의 표면에 탄소를 침투시키고, 담금질하면 표면층 부분만 경화되고 내부는 연강으로 남아 있다.

표면경화를 하면 마멸과 충격에 대하여 강해지므로, 기어 또는 클러치(clutch)와 같이 마멸과 충격에 강해야 할 기계 부품의 열처리에 많이 이용된다. 침탄법에는 고체 침탄법, 액체 침탄법, 가스 침탄법 등이 있으며, 침탄용 강의 구비 조건은 다음과 같다.

① 저탄소강이어야 한다.
② 장시간 가열해도 결정 입자가 성장하지 않아야 한다.
③ 표면에 결함이 없어야 한다.

1) 고체 침탄법

목탄 가루, 코크스 가루, 골탄가루 등의 침탄제와 탄산바륨($BaCO_3$) 등의 촉진제를 혼합하여 밀폐한 다음 노 속에서 900~950℃의 균일한 온도로 가열하면 침탄 작용이 일어난다. 침탄의 깊이는 보통 0.25~3.0mm나 침탄 온도가 높을수록, 또한 침탄 시간이 길수록 깊다. 침탄층의 탄소량은 0.85~0.9%가 적당하다.

침탄 후에 담금질할 때는, 직접 담금질과 1차 담금질, 2차 담금질 등이 있다. 직접 담금질은 침탄 후 그대로 물이나 기름으로 담금질한다. 중요한 부품의 경우에는 1차 담금질에 따라 중심부의 조직을 조성하고, 2차 담금질로써 침탄층을 경화시키며, 담금질을 한 다음에는 뜨임을 한다. 특징은 다음과 같다.

① 큰 부품의 처리가 가능하다.
② 소량 생산에 적합하다.
③ 설비비가 싸다.
④ 경화 분포의 차이가 크다.
⑤ 과잉 침탄 되기 쉽다.
⑥ 작업 환경이 열악하다.

2) 액체 침탄법(청화법)

액체 침탄에서는 청화소다(NaCN)가 주성분이며, 청화소다가 공기 중의 산소를 용해하여 탄산나트륨(Na_2CO_3)과 일산화탄소(CO) 및 질소로 분해되고 일산화탄소(CO)에 의하여 침탄이 되는데, 염욕 속에 강재를 넣어 침탄하는 방법이다. 이 방법은 고체 침탄에 비하여 시간이 짧고, 또한 균일한 침탄층을 얻을 수 있는 장점을 가지고 있다. 이것은 얇은 침탄층(0.05~1.0mm)이 필요한 곳에 적합하며, 국부적으로 침탄을 시키는 데에도 편리하다. 가열 온도가 비교적 낮으므로 담금질할 때 변형이 생기지 않고 경화층의 조절이 쉽다. 침탄이 끝난 다음에는 직접 담금질과 뜨임을 한다.

특징은 다음과 같다.
① 소형부품 처리에 유리하고 얇은 경화층을 얻을 수 있다.
② 설비비가 싸다.
③ 폐수처리 설비가 필요하다.
④ 침탄 방지가 곤란하다.

3) 가스 침탄법

천연가스, 일산화탄소(CO), 메탄(CH_4), 에탄(C_2H_6) 등의 침탄성가스를 사용한다. 침탄 온도는 800~1,000℃이며, 가스의 압력은 대기압보다 다소 높고, 유속은 50cm/min 이상으로 한다. 특징은 다음과 같다.

① 침탄 깊이의 조절이 쉽고 열효율이 좋다.
② 공정도 간단하므로 대량 생산의 침탄법에 적합하다.
③ 탄소의 농도 조절이 가능하다.
④ 자동화가 용이하다.
⑤ 설비가 비싸다.
⑥ 양산이 아니면 처리비가 다소 비싸진다.

(2) 질화법(nitriding)

암모니아 가스(NH_3)와 같은 질소를 포함한 가스 속에서 강재를 가열하여 질소를 강재 표면에 작용시켜 경도가 큰 질화철층을 만드는 표면 경화법이다.

이 방법은 담금질할 필요가 없이 질화층이 생기는 것만으로 큰 경도가 얻어진다. 이때, $2NH_3 \rightarrow 2N+3H_2$로 되어 반응이 생긴다. 질화 강재로는 크롬(Cr), 몰리브덴(Mo), 알루미늄(Al) 등을 함유한 질화강을 사용한다. 질화법의 특징은 다음과 같다.

① 침탄 경화에 비해 경도는 크고 경화층은 얇다.
② 담금질하지 않으므로 변형이 적다.
③ 가열 온도가 낮다. (500°C에서 50~100시간 가열)
④ 마멸 및 부식에 대한 저항이 크다.
⑤ 내마멸성 및 내식성이 우수하다.
⑥ 표면 경도, 고온 강도가 높으며, 변형이 적다.
⑦ 피로한도가 향상된다.
⑧ 질화강은 담금질할 필요가 없다.
⑨ 600°C 이하에서는 경도 감소 및 산화가 일어나지 않는다.

(3) 시안화법(cyaniding)

주성분인 시안화나트륨(NaCN), 시안화칼륨(KCN) 등의 시안화물에 염화물(NaCl, KCl)이나 탄화물(Na_2CO_3, K_2CO_3)등을 40~50% 첨가하여 염욕 중에서 600~900°C로 용해시키고, 그 속에서 탄소와 질소를 강의 표면에 침투시키는 방법으로 청화법이라고도 하며, 이는 침탄과 동시에 질화도 된다.

목탄, 코크스 등과 시안화나트륨의 혼합 가루를 가열된 강재에 뿜어 주거나, 이 가루 속에 가열된 강재를 묻는 분말법, 액체 상태의 시안화물을 사용하는 시안화 염욕법, 그리고 시안가스 중에서 처리하는 가스 시안화법 등이 있다. 시안화법은 비용이 많이 들고 침탄층이 얇으며 가스가 유독한 단점이 있으나 장점은 다음과 같다.

① 균일한 가열이 되므로 변형이 적다.
② 온도조절이 용이하다.
③ 산화가 방지된다.

3. 물리적 표면 경화법(case hardening)

열처리법 중 철강의 표면 경화법에는 강 표면의 화학성분을 변화시켜 경화하는 화학적 표면 경화법과 강 표면의 화학성분을 변화시키지 않고 담금질만으로 경화하는 물리적 표면 경화법이 있다. 주로 기어, 베어링과 같이 마모 저항성이 중요한 부품에 주로 사용되며 탄소 함유량 0.2% 이하의 강의 표면만을 경화하여 내마모성을 증대하고, 내부는 고유의 강인성을 갖게 하는 열처리 방법. 표면의 탄소량을 0.9~0.95%로 한 것을 담금질 및 풀림을 한다.

케이스 하드닝(case hardening)은 금속 표면만 경화시키고 내부는 부드러운 상태로 유지하는 표면경화 방식을 의미한다.

(1) 고주파경화법(induction hardening)

고주파경화법은 [그림 6-8]과같이 경화할 부분의 모양에 맞추어 만든 코일에 5~200kHz의 고주파전류를 통하고, 강재 표면에 유도전류를 일으켜, 그 저항열에 의하여 표면 부분을 급격히 가열 처리하는 방법이다.

담금질온도에 도달하면 물을 부어 주거나 물속 또는 기름 속에 넣어 급랭시켜 담금질한다. 이 방법은 담금질 시간이 짧고 복잡한 형상에 널리 이용된다.

담금질온도를 보통 담금질보다도 30~50℃ 높게 한다. 고주파 경화 후에는 150~200℃로 뜨임 처리한다. 고주파경화법의 특징은 다음과 같다.
① 표면에 에너지가 집중되므로 가열시간이 단축된다.
② 소재의 변형을 최소로 억제할 수 있다.
③ 가열시간이 짧아 탈탄의 염려가 없다.

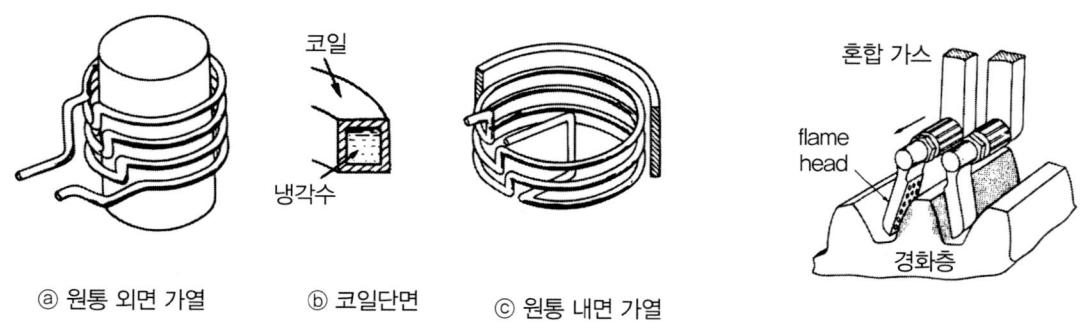

ⓐ 원통 외면 가열   ⓑ 코일단면   ⓒ 원통 내면 가열

그림 6-8 고주파경화법   그림 6-9 화염 경화법

(2) 화염 경화법(flame hardening)

불꽃 경화법은 기어의 치면[그림 6-9], 저널, 장축 등에 이용하며, 산소-아세틸렌 불꽃으로, 강재의 표면을 담금질온도까지 급격히 가열하고, 열이 내부에 전하여지기 전에 물을 부어 냉각시킴으로써 표면경화를 하는 방법이다.

내부 변형이 일어나는 경우가 적고, 복잡한 모양의 것이나 대형 가공물도 간단하게 이용할 수 있다. 담금질 냉각에는 물을 사용한다. 담금질 후에는 150~200°C로 뜨임 처리한다. 화염 경화한 강의 경도는 대체로 탄소 함유량에 의해 결정된다.

4. 금속 피막법(metal coating)

(1) 전기도금(electroplating)

전기도금은 방청, 미화, 내마멸 등을 목적으로 실시된다. 방청이나 미화가 목적일 경우에는 핀 홀(pin hole)이 적도록 하고 내마멸이 목적일 경우에는 도금 막이 견고해야 한다. 도금을 하기 전에 재료 표면에 부착되어 있는 녹, 기름 등의 불순물을 제거하고 광택을 낼 필요가 있다.

표면세척을 끝낸 제품은 음극으로 하고 도금액 안에서 전해한다. 도금은 적합한 조성의 깨끗한 도금액을 교반하여 쓰고 온도와 전류밀도를 잘 조절하면 좋은 도금 면을 얻을 수 있다. 도금을 끝낸 제품은 뜨거운 물로 깨끗이 씻고 건조한다.

(2) 용융 침적 도금(hot dipping)

용융 금속 안에 제품을 담가서 도금하는 방법으로서, 철강 위에 아연, 주석, 납, 알루미늄 등의 도금에 사용된다. 재료표면의 산화물 등을 제거하고 가열한 황산수용액(5~15%) 또는 20~30°C의 붉은 염산을 사용하여 바로 도금한다.

1) 아연도금

강판에 아연도금 한 양철판은 오래전부터 많이 쓰이고 있다. 아연도금은 철판뿐만 아니라 철선, 주강, 철관, 철탑 등에 널리 사용되고 있다. 아연도금 철판의 제조는 종래 열간 압연한 철판을 소정의 크기로 자르고, 산으로 세척한 것을 순차적으로 450°C 정도의 용융 욕조에 도금하며, 완성 롤을 통과시켜 완성한다.

2) 주석 도금

박강판에 주석을 도금한 것을 함석(tin plate)이라 한다. 주석은 공기 중에서 변질하지 않고 산에도 침식되지 않으므로 통조림 캔, 가전용품 등에 많이 쓰인다. 소정의 크기로 절단된 박판을 세척한 후에 주석의 용융점보다 약간 높은 235~240°C의 주석 용융 욕조에 담그면 주석은 철과 결합하여 표면에 얇은 합금층을 만들고, 이 합금층의 표면에 주석이 얇게 주석도금판을 완성한다.

3) 알루미늄 도금

알루미늄 도금을 하기 위해서는 미리 주석 또는 아연도금을 하든지 또는 염화아연 암모늄 용제로 처리한 다음에 용융 연욕조에 담그고 다시 용융 알루미늄 중에 담근다. 또는 미리 철의 표면에 수소 중에서 붕산 또는 붕사를 발라서 구운 다음 수소 분위기 중에서 용융 알루미늄에 담가서 도금한다.

(3) 증착법

절삭공구나 금형 등에 적용되고 있으며 표면개선 방법은 2~15㎛ 두께로 경질의 세라믹을 피복시키는 코팅 방법으로 증착법은 공구로서 요구되는 기질에 인성과 내마모성을 부여하며, 내열용착성, 내식성, 내산화성을 지니게 하여 수명을 연장시켜 줄 뿐만 아니라 절삭용 공구에 고속절삭까지 가능하게 해준다. 증착법에는 CVD(chermical vapor deposition: 화학적 증착)과 PVD(physical vapor deposition: 물리적 층착)가 있다.

(4) 금속용사법

분사기를 써서 용융 금속을 압축공기 등으로 분사하여 제품의 표면을 도금하는 방법이다.

1) 가스용선식 용사법

금속선을 고온 화염으로 용융하여 용사하는 방법이다. 금속선은 1쌍의 롤러에 의하여 일정온도로 건과 노즐을 통하여 공급되고 산소-아세틸렌가스 화염에 의하여 용융되고 압축공기에 의하여 재료의 표면에 분사된다. 사용되는 금속선은 용융온도가 낮은 구리, 청동, 알루미늄, 니켈 등이다. 용융 금속과 모재와의 결합 방법이 용접과 같은 용융 결합이 아니고 기계적 결합이기 때문에 다공질이며 인장강도가 감소하지만, 압축강도와 경도는 약간 증가한다.

2) 전기용선식 용사법

금속선을 전기아크로 용융시켜 용사하는 방법이다. 2개의 금속선은 2쌍의 공기 터빈에 의하여 회전하는 기어에 의하여 공급되고, 용사기 노즐 끝에서 서로 만나서 아크가 발생한다. 용융된 금속이 압축공기에 의하여 분사되어 물체의 표면에 용착된다.

3) 분말용사법 (metal powder spraying)

금속이나 비금속재료의 분말을 고온 화염으로 용융시켜 용사하는 방법이다. 분말 용사법은 주석, 납, 구리, 금, 은, 황동, 알루미늄, 카드뮴, 니켈, 철, 스테인리스강, 모넬메탈 등 각종 금속 합금은 물론 자기, 유리, 목재 등 거의 모든 고체 표면에 실시할 수 있다. 특히 단열용, 산화 및 부식 방지용, 내마멸이 요구되는 재료에 사용된다.

5. 방청 피막법(metal coating)

(1) 파커라이징

파커라이징(parkerizing)은 에나멜이나 페인트 도장 철판에 인산염 피막을 만드는 방법이다. 방청성은 산, 알카리에 대해서는 용해하기 쉽지만, 희박한 유기산, 식염수 등 에는 강하다. 막이 두꺼울수록 방청성은 좋으나 취약하기 때문에 막이 두껍지 않은 것이 좋다. 다른 용도로서는 강재의 인발 가공의 경우에 파커라이징 피막은 다 이와의 마멸저항을 감소시키고 작업이 쉽게 되는 이점이 있다.

(2) 철강 산화법

철강 제품의 표면에 산화철 피막을 생성시키는 방법으로써 제품의 착색과 동시에 방청 역할을 한다. 산화철 생성 방법에는 고온 산화법과 약품 산화법이 있다. 피 처리 물을 산으로 세척하여 표면을 깨끗이 하는 것은 도금의 경우와 같다.

1) 고온 산화법

일반강재는 공기 중에서 가열할 때 220~230°C에서는 담황색, 240°C에서는 암황색, 270°C에서는 자적색, 310°C에서는 담청색, 320°C에서는 회청색을 띠며 이것을 유중 냉각하면 산화철의 방청 피막이 얻어지며 강의 종류에 따라서 색은 다소 다르다.

2) 약품 산화법

일반적으로 강재를 가성소다 45%, 인산소다 10%, 아질산나트륨 5% 또는 가성소다 46%, 아질산나트륨 2%, 염화칼륨 5%, 질산나트륨 1%의 수용액에 140~150°C에서 20~40분간 담근다. 고탄소강은 처리 온도를 낮게, 저탄소강은 수용액의 온도를 높게 한다. 처리 후에는 충분히 물로 씻어서 핀 구멍 안에 들어간 가성소다를 제거하고 120~130°C의 방청유 중에 담그면 기름이 핀 구멍 안에 침입하여 방청 작용의 효과가 더 커진다.

6. 금속침투법

(1) 세라다이징 : Zn 침투

아연 분말(블루 파우더) 속에 재료를 묻고, 300~420도 정도로 1~5시간 동안 처리하여 두께 0.015~0.02mm 정도의 경화층을 얻는 방법. 볼트, 너트 등의 소형부품의 방식처리 목적으로 활용한다.

(2) 크로마이징 : Cr 침투

도금할 물건을 침투제인 크롬 분말속애 넣고 환원성, 중성 분위기에서 1,000~1,400°C로 가열하고 2~3시간 유지. 재료로는 보통 탄소량 0.2% 이하의 연강을 사용한다. 크롬 침투된 표면은 조성이 되어 스테인리스강의 성질을 갖게 되어 내열 내식성 및 내마모성 향상한다.

(3) 칼로라이징 : Al 침투

알루미늄 분말을 소량의 염화암모늄과 혼합하여 피경화재와 같이 회전로에 넣고 중성 분위기에서 850~950°C에서 4~6시간 가열. 다시 800~1,000°C에서 12~40시간 가열하여 침투된 알루미늄이 확산하도록 하여 표면경화 한다. 고온 내산화성과 내식성이 우수하다.

(4) 실리코나이징 : Si 침투

규소를 침투 및 확산시키는 방법. 규소 분말 중 부품을 넣고 환원성 염소가스 분위기를 조성하여 1,000°C로 2시간가량 가열하여 유지하고 사염화규소와 수소 혼합 기체로 담금질 처리한다. 철강에 규소를 침투시키면 질산, 염산, 황산 등에 대한 내산성 향상. 내열성과 내마멸성도 우수하여 축, 밸브, 실린더 내벽 등에 활용되고 있다.

(5) 보로나이징 : B 침투

붕소를 침투시키면서 확산. 얻을 수 있는 경도는 1,000 Hv(비커스 경도) 이상으로 900°C에서 0.15mm 정도의 붕소 침투 층 형성. 침투 후 확산 처리가 필요하며, 철강에 붕소를 침투시키면 경도 향상되어 드로잉 금형의 표면처리, 압연 롤러의 표면처리 등에 활용된다.

익힘문제

01 열처리란 무엇이며, 기본 열처리 방법을 나열하여라.

02 금속을 가열한 다음 급속히 냉각시켜 재질을 경화시키는 열처리 방법을 무엇이라 하는가?

03 마텐자이트가 시작되는 온도와 끝나는 온도는 어떻게 표시하는가?

04 담금질에서 변태점 이상으로 가열한 후 서냉할 때, 냉각 속도에 따라 조직이 변화한다. 최대 순부터 나열하여라.

05 뜨임(tempering)이란?

06 풀림(annealing)이란?

07 TTT곡선을 이용하며, 크랙을 방지하고 변형을 감소시키는 목적으로 열처리하는 방법은 무엇인가?

08 담금질에서 급랭이 불충분할 때 페라이트와 시멘타이트로 되는데, 이때의 조직을 무엇이라 하는가?

09 금속의 표면 경화법은 어떠한 방법이 있는가?

10 강의 표면에 탄소를 침투시켜 강의 표면을 단단하게 하는 방법은 무엇인가?

11 침탄용 강의 구비 조건을 설명하여라.

12 고체 침탄법에 사용하는 침탄제와 침탄 촉진제를 나열하여라.

13 질화법을 설명하여라.

14 질화법의 특징은 무엇인가?

15 시안화법의 특징은 무엇인가?

16 물리적 표면 경화법에서 담금질 시간이 짧고, 복잡한 형상의 표면경화에 이용하는 방법은 무엇인가?

제 7 장
수기 가공과 측정

제1절 수기 가공

제2절 측 정

제1절 수기 가공

1. 수기 가공 및 조립 작업의 개요

수기 가공에 사용하는 공구는 금긋기, 정(chisel), 줄(file), 스크레이퍼(scraper), 망치(hammer), 드릴(drill), 리머(reamer), 탭(tap), 다이(die), 톱(saw) 등이 있고, 또 조립 작업을 위한 구멍 뚫기, 리머 가공, 나사내기 등을 할 때도 있다. 수기 가공이나 기계 가공으로 완성된 부품을 조립도에 따라 최종 제품으로 조립하는 일을 조립 작업이라 한다. 조립 작업에는 수기 가공이 필요한 경우가 많으며, 수기 가공과 조립 작업은 서로 밀접한 관계가 있다.

2. 수기 가공의 설비

수기 가공에 필요한 설비와 공구는 여러 가지가 있으나, 그 중 공통적인 것을 추려 보면, 작업대와 정반(surface plate), 바이스(vice) 등이 있고, 그 밖에 해머, 스패너, 렌치, 전기드릴, 전기 그라인더, 절단용의 전기절단기 등도 필요하다.

(1) 작업대

작업대는 두께 70mm 정도의 목판으로 튼튼하게 만든 나무 대이며, 정반을 올려놓기도 하고 바이스를 붙이기도 하여 사용한다.

(2) 정반

정반의 재질은 주철, 주강, 석 정반으로 표면은 매우 정밀한 평면으로 되어있어, 금긋기나 측정할 때 기준면으로 이용하고, 공작물의 평면도를 검사하기도 한다.

정반의 크기는 가로×세로로 표시하며, 300×300mm에서 3600×3,600mm까지 있다.

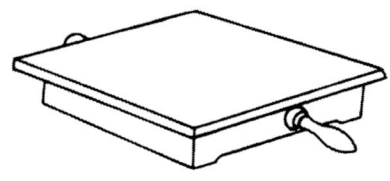 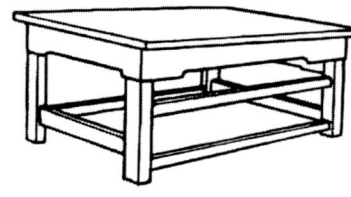

그림 7-1 정반

(3) 바이스

[그림 7-2]는 각종 바이스의 종류이다. 바이스는 공작물에 정 작업, 톱 작업, 줄 작업, 드릴 작업 등을 할 때 공작물을 고정하여 작업을 편하게 하기 위한 것으로 크기는 조(jaw)의 폭으로 표시한다.

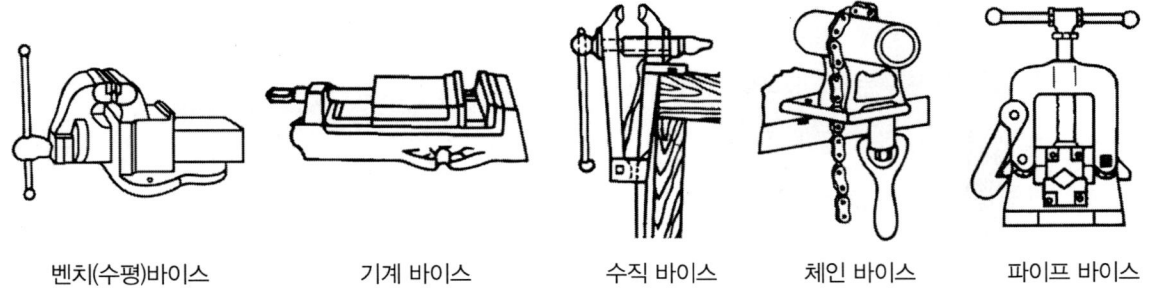

| 벤치(수평)바이스 | 기계 바이스 | 수직 바이스 | 체인 바이스 | 파이프 바이스 |

그림 7-2 각종 바이스

3. 수기 가공 작업

(1) 금긋기 작업

부품을 가공하기에 앞서, 치수나 모양에 의한 기준선을 긋거나 구멍을 뚫을 위치에 표시하는 등의 작업을 금긋기 (marking off, laying out) 라 한다. 이는 절삭가공 전반에 걸쳐 행해지는 준비 작업이다.

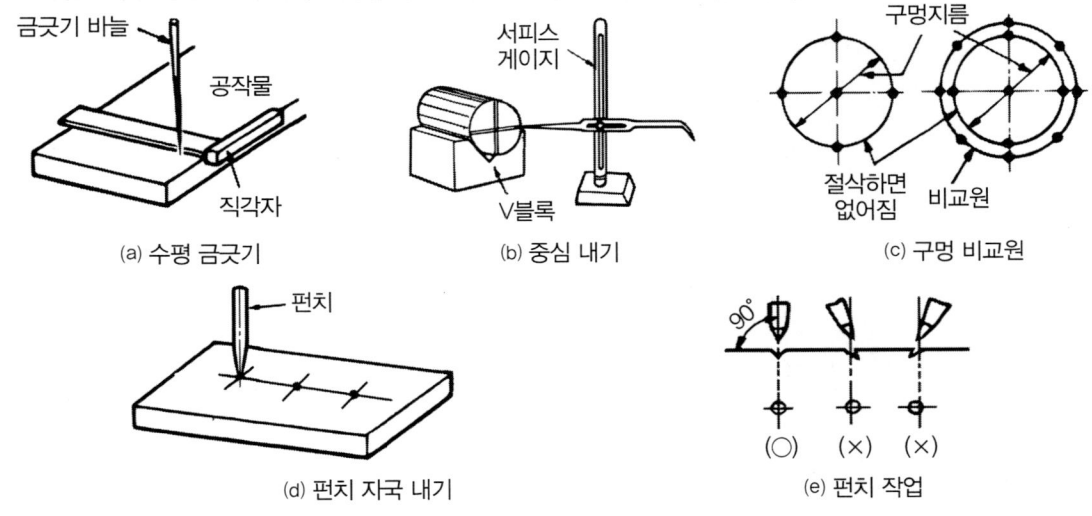

(a) 수평 금긋기   (b) 중심 내기   (c) 구멍 비교원

(d) 펀치 자국 내기   (e) 펀치 작업

그림 7-3 금긋기 및 펀치 작업

[그림 7-3]과 같이 정반 위에서 여러 가지 공구를 사용하여 금긋기 바늘이나 서어퍼스 게이지로 금을 그으며, 이때 사용하는 공구는 펀치와 해머, 컴퍼스, 트럼멜, V블록, 평행대, 직각자, 각도기, 스크루 잭 등이 있다. 또한, 금긋기를 분명하게, 또는 가공 중 지워져도 다시 긋게 하려면 적당한 간격으로 펀치 작업을 해두는 일도 있다.

(2) 정 작업

정 작업에 필요한 공구는 바이스와 해머, 정이 있어야 하며, 바이스에 공작물을 물고 공작물 표면에 정(chisel)을 대고 해머로 타격을 가하여 공작물을 깎아 내는 작업을 정 작업이라 한다.

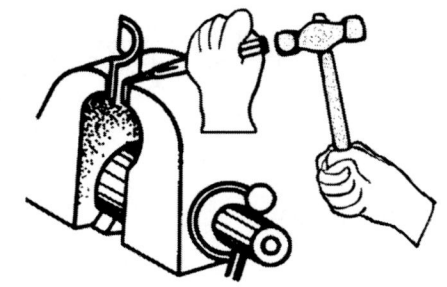

그림 7-4 정 작업

정은 줄 또는 기계 작업으로 하기 어려운 부분을 따내거나 줄 다듬질하기 전에 여유분의 살이나 거스러미를 따낼 때, 박판 절단, 구멍 뚫기, 따내기 등의 용도에 쓰이며, 한쪽 끝에는 절삭용 날이 있고 다른 한쪽 끝은 둥글게 되어있는 평정(flat chisel), 날 끝부분이 다이아몬드형으로 되어 있어 V홈 파기, 구멍 넓히기, 구멍 뚫기 등에 사용되는 다이아몬드 정, 정 끝 각이 다이아몬드 정보다 작아 키 홈이나 공작물을 분할할 때 등에 쓰이는 캡 정, 모양이 캡정과 비슷하나 한쪽 면은 평평하고 다른 한쪽 면은 둥글게 되어있어 구멍 뚫기, 구멍 내기, 오일 홈과 같은 채널 파기 등에 사용되는 홈 정이 있다. 또한 코킹 정(caulking chisel)은 판재의 리벳 이음에서 코킹 작업을 할 경우에 사용된다.

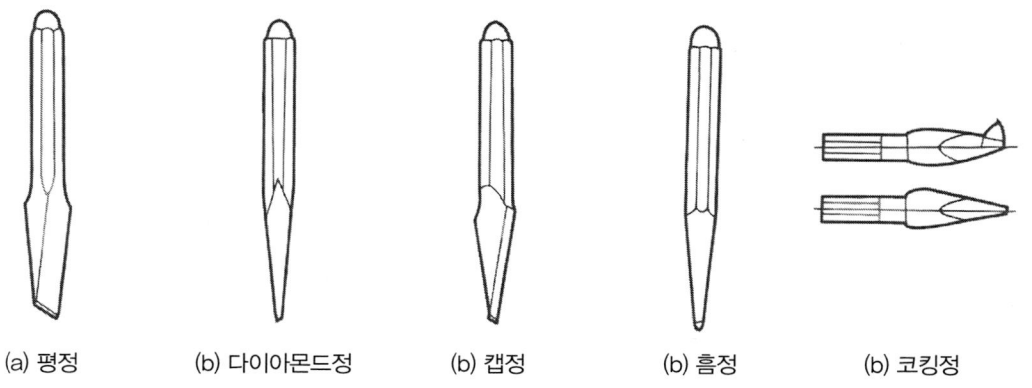

(a) 평정   (b) 다이아몬드정   (b) 캡정   (b) 홈정   (b) 코킹정

그림 7-5 정의 종류

표 7-1 공작물의 재질과 정의 날끝각

재 질	정의 날끝각	재 질	정의 날끝각
납, 구리	25~30°	연강	25~30°
주철, 청동	25~30°	경강	25~30°

(3) 줄 작업

줄을 사용하여 공작물의 평면이나 곡면을 부품의 모양으로 다듬질하는 작업을 줄 작업(filing)이라 한다.

기계 가공하기 어려운 부분이나 기계가공을 한 표면

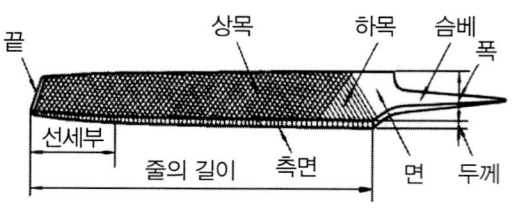

그림 7-6 줄의 각부 명칭

을 매끄럽게 다듬거나 조립할 때, 서로 잘 맞지 않는 부분을 줄로 가공할 때 이용된다. 줄의 각부 명칭은 [그림 7-6]과 같으며, 줄 작업할 때 고려 사항은 다음과 같다.

① 줄질은 줄눈 전체를 사용하고 자주 와이어브러시로 털어준다.
② 새 줄은 처음에는 연질 재료, 차차로 경질 재료에 사용한다.
③ 주물 등의 다듬질 때는 표면의 흑피를 벗기고 줄질한다.
④ 눈메꿈의 방지를 위하여 줄에 먼저 분필을 칠한다.
⑤ 줄질한 면에는 손을 대서는 안 된다.

1) 줄의 종류

[그림 7-7]의 (a)와 같이 줄의 각도는 아랫 날 각은 40~50°이고, 윗날 각은 70~80°이며, 줄의 종류는 줄눈의 크기에 따라 황목, 중목, 세목, 유목 등이 있고, 날의 모양에 따라서 두줄 날, 홑줄 날, 라스프(rasp)줄 날, 곡선줄 날 등이 있다.

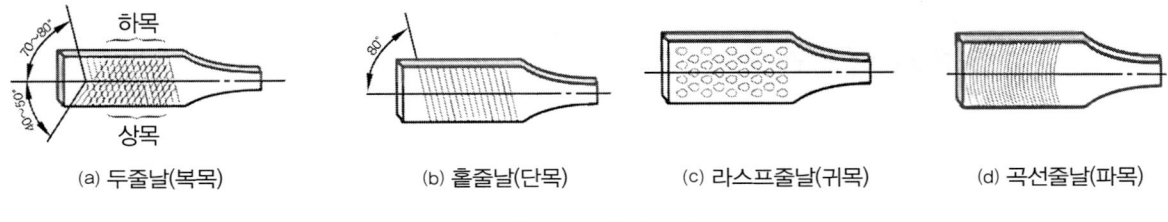

(a) 두줄날(복목)   (b) 홑줄날(단목)   (c) 라스프줄날(귀목)   (d) 곡선줄날(파목)

그림 7-7 줄 날의 모양

단면 모양에 따라 평형, 반원형, 원형, 각형, 삼각형의 5종류가 있다. 조줄(set file)은 주로 기기의 작은 부분을 다듬질하는 데 사용하며, 각각의 다른 모양 줄을 조합하여 1조로 하여 사용한다. 줄은 눈의 크기에 따라 거친 눈줄, 중간 눈줄, 고운 눈줄로 나누며, 줄의 윤곽에 따라 테이퍼 줄과 곧은 줄로 구분한다.

① 두줄 날(복목)은 2개의 상하 날이 교차하도록 만든 것으로 일반적으로 다듬질용으로 사용한다.
② 홑줄 날(단목)은 연한 금속(납, 주석, 알루미늄 등)이나 얇은 판금의 가장자리 다듬질 등에 사용한다.
③ 라스프줄 날(귀목)은 나무, 가죽, 파이버(fiber) 등 비금속 및 연한 금속의 거친 절삭에 사용한다.
④ 곡선 줄 날(파목)은 철, 납, 알루미늄, 수지, 목재, 플라스틱 등 가공에 사용되며 다듬질 면이 좋지 않다.

2) 줄 작업 종류

(가) 직진법

[그림 7-8]의 (a)와 같이 줄을 길이 방향과 평행으로 미는 방법으로 주로 좁은 면의 다듬질에 적합하고 일반적으로 많이 이용한다.

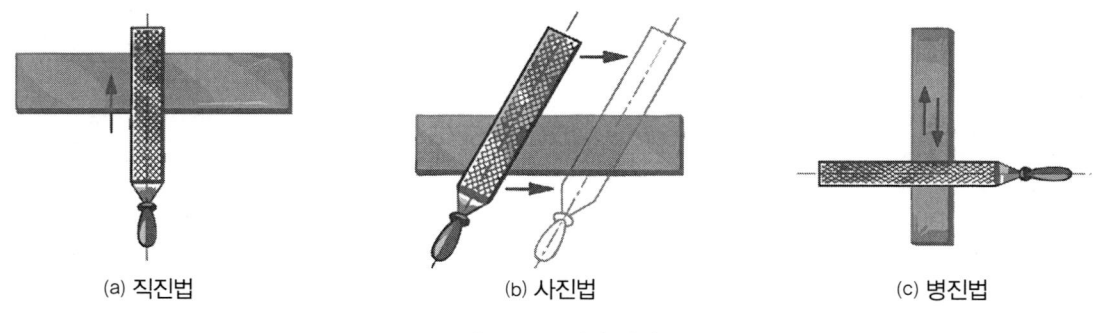

(a) 직진법　　　(b) 사진법　　　(c) 병진법

그림 7-8 줄 작업 방법

(나) 사진법

[그림 7-8]의 (b)와 같이 줄을 길이 방향과 좌측 또는 우측으로 동시에 움직여 작업하는 방법으로 절삭능률이 높아서 거친 다듬질과 볼록한 면의 수정작업에 적합하다.

(다) 병진법(횡진법)

[그림 7-8]의 (c)와 같이 줄을 공작물과 직각 방향을 대고 전, 후로 움직여 작업하는 방법으로 좁은 면의 최종 다듬질에 적합하다.

(4) 스크레이퍼 작업

줄 작업이나 기계가공으로 다듬질한 면을 스크레이퍼(scraper)로 더욱 정밀도가 높게 국부적으로 깎아 다듬질하는 작업을 스크레이핑(scraping)이라 하며, 부품끼리 접촉하는 부분의 평면이나 곡면의 다듬질에 사용된다.

1) 스크레이퍼 종류

스크레이퍼는 탄소강 공구강이나 고속도강을 단조와 열처리하여 만들며, 스크레이퍼의 날끝각은 연강이나 주철 등의 거친 다듬질에는 약 $80°$, 고운 다듬질에는 $90~120°$의 것을 쓰고 연질의 재료일수록 각을 작게 한다. 스크레이퍼의 종류는 형상에 따라 흔히 많이 이용되는 평면 스크레이퍼와 오목한 곡면 등에 사용되는 곡면 스크레이퍼, 삼각 스크레이퍼, 조립형 스크레이퍼 등이 있다.

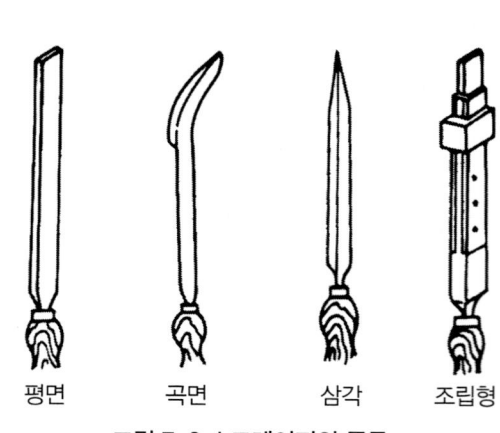

평면　곡면　삼각　조립형

그림 7-9 스크레이퍼의 종류

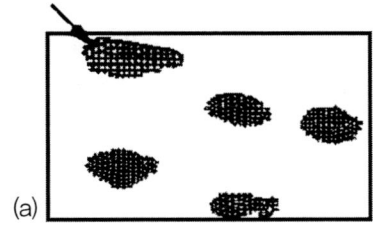
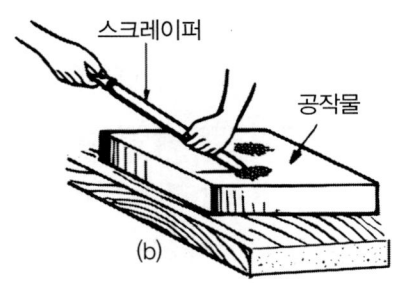

그림 7-10 스크레이퍼 작업

2) 스크레이핑 작업

[그림 7-10]은 스크레이퍼작업의 설명도이다. 즉, 평면은 스크레이퍼작업을 할 때에는 기준이 되는 정반 표면에 광명단(산화납을 기름으로 반죽한 것)을 고르게 바르고, 그 위에 공작물을 놓고 가만히 두세 번 비비면 [그림 7-10]의 (a)와 같이 공작물의 높은 곳에 광명단이 묻어 빨갛게 되므로 이 곳을 스크레이퍼로 긁어낸다. 이를 되풀이하여 빨갛게 묻은 곳이 증가하면 정반의 광명단을 씻어 낸 다음, 공작물 쪽에 광명단을 바르고 정반에 비비면 공작물의 높은 광명단이 벗겨져 검게 된다. 따라서, 이 곳을 긁어 낸다. 이와 같이 되풀이하면 차차 정확한 평면이 된다.

(5) 리머(reamer) 작업

드릴로 뚫은 구멍을, 리머를 통과시켜 내면을 매끄럽게 하고, 정밀도가 높은 구멍으로 다듬질하는 작업이 리머 작업(reaming)이다. 리머는 보통 고속도강으로 만드나 초경합금 팁을 날 끝에 붙여서 사용하기도 한다.

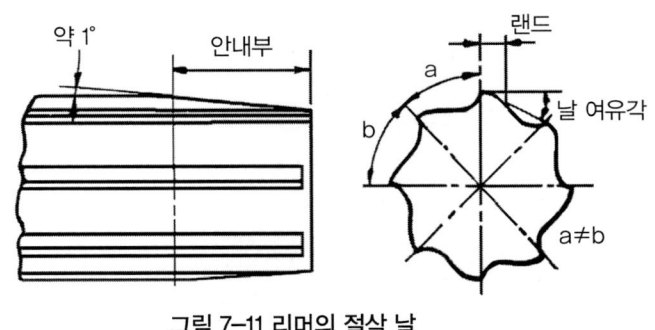

그림 7-11 리머의 절삭 날

리머의 날은 [그림 7-11]과 같이 끝에 약간 테이퍼를 주어 구멍에 잘 들어가도록 하고 날은 짝수로 여유 각은 3~5°, 표준 윗면 경사각은 0°로 한다. 또한, 리머 가공 때에 떨림을 없애기 위하여 날의 간격은 같지 않게 한다.

[그림 7-12]는 리머의 각부 명칭이다.

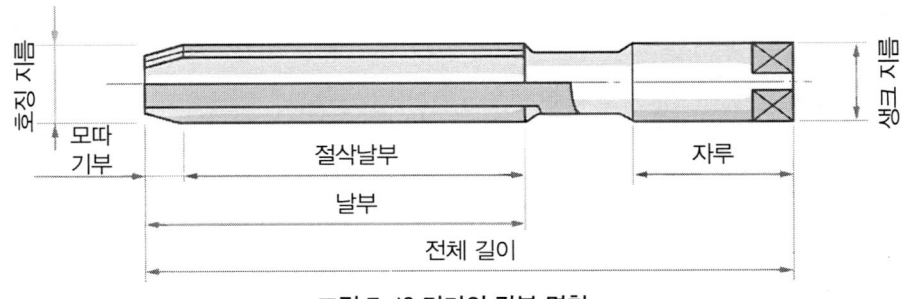

그림 7-12 리머의 각부 명칭

1) 리머 작업의 가공 여유

리머 작업을 할 때 가공 여유가 너무 많으면 절삭날이 빨리 마모되어 수명이 짧아지고, 리머 홈이 절삭 칩에 막혀서 가공 면이 불량해진다. 가공 여유가 너무 적으면 헛돌거나 드릴 자국이 없어지지 않아서 깨끗이 가공되지 않는다. 가공 여유는 공작물의 재질과 리머의 종류에 따라 다르지만, 가공 지름에 따른 가공 여유는 〈표 7-2〉와 같다.

〈표 7-2〉 리머의 가공 여유

구멍 지름(mm)	0.8~1.2	1.2~1.6	1.6~3.0	3.0~6.0	6.0~18	18~30	30~100
가공 여유(mm)	0.05	0.1	0.15	0.2	0.3	0.4	0.5

2) 리머의 종류

리머의 종류는 핸드 리머(hand reamer)와 기계 리머(machine)가 있으며, 또한 지름을 조정할 수 있는 조절 리머(adjustable reamer), 테이퍼 구멍 다듬질에 쓰이는 테이퍼 리머(taper reamer), 자루에 날을 조합해서 사용하는 쉘 리머(shell reamer), 몸통을 팽창시켜 지름을 약간 조정할 수 있는 팽창 리머(expansion reamer) 등이 있다.

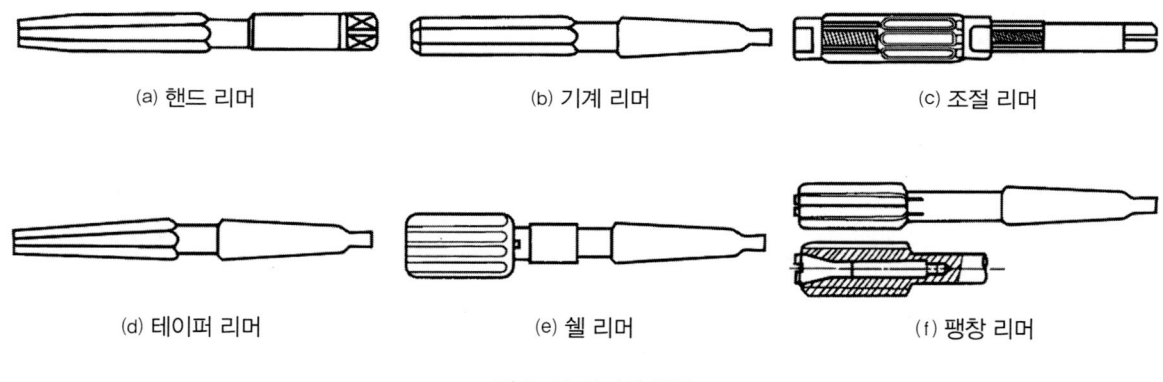

(a) 핸드 리머　　(b) 기계 리머　　(c) 조절 리머

(d) 테이퍼 리머　　(e) 쉘 리머　　(f) 팽창 리머

그림 7-13 리머의 종류

3) 리머 작업 방법

리머 작업은 완성 치수보다 0.4mm 정도 작게 드릴로 뚫고 리머 작업하며, 가능한 다듬질 여유를 적게 하고, 낮은 절삭 속도로 이송을 크게 하면 좋은 가공 면을 얻을 수 있다. 다듬질 여유는 보통 구멍지름 10mm에 대하여 0.05 mm 정도로 한다.

4) 리머 작업할 때 유의 사항

① 다듬질 여유를 작게 하고 낮은 절삭 속도로써 이송을 크게 하면 좋은 가공면이 된다.

② 리머를 뺄 때 역회전시켜서는 안 된다.

③ 기름을 충분히 주어 칩이 잘 배출되도록 해야 한다.

④ 채터링(떨림)을 방지하기 위해 절삭 날의 수는 홀수날이고 부등 간격으로 배치한다.

(6) 탭 및 다이스 가공

드릴로 구멍을 먼저 뚫고 탭(tap)과 탭 핸들을 이용해서 암나사를 내는 작업을 탭핑(tapping)이라 하고, 환봉이나 관 외경에 다이스(dies)와 다이스 핸들을 사용하여 수나사를 내는 작업을 다이스 작업(dies working)이라 한다.

탭은 나사부와 생크부로 되어있으며, 각부 명칭은 [그림 7-14]와 같다.

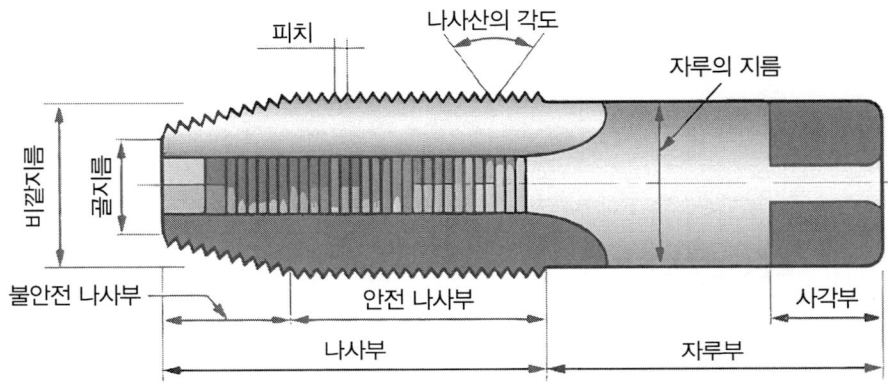

그림 7-14 탭의 각부 명칭

1) 탭의 종류

(가) 핸드 탭(hand tap)

핸드 탭에는 등경 탭과 증경 탭이 있고, 모두 1번, 2번 및 3번 탭의 3가지가 1조로 되어있고, 3종을 한 세트로 사용하는 것이 보통이지만, 사용 조건에 가장 적합한 것을 골라 단독으로 사용하는 것이 더 능률적인 경우도 많다.

그림 7-15 핸드 탭과 탭 가공작업

핸드 탭의 1번은 나사부의 지름이 가장 적고 가공률이 50~55%이고, 2번 탭은 20~25%, 3번 탭은 20% 정도로 마무리 절삭되어 나사가 형성된다.

주로 기계가공에 사용되며, 탭 핸들을 이용한 손작업에도 사용된다.

① 1번 탭(선두 탭, Taper Tap): 챔퍼부가 9산인 탭

② 2번 탭(중간 탭, Plug Tap): 챔퍼부가 5산인 탭

③ 3번 탭(끝맺음 탭, Bottoming Tap) : 챔퍼부가1.5산인 탭

(나) 기계 탭(machine tap)

선반, 드릴링 머신에 장치하여 나사를 내는데 쓰인다. 이는 1개의 탭으로 나사를 다듬하기 때문에 핸드 탭보다 나사부와 생크부가 길다.

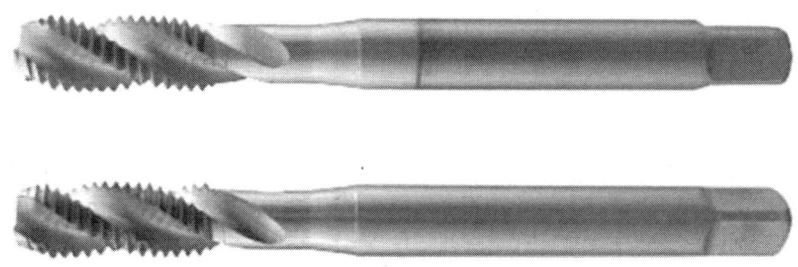

그림 7-16 기계 탭

① 테이퍼 탭(tapper tap)

나사부가 테이퍼로 되어 있어 테이퍼구멍에 나사를 내는데 쓰인다. 너트의 대량생산에 사용하며, 일반적인 것이 파이프탭(pipe tap)이다.

② 마스터 탭(master tap)

다이스나 체이서 등을 만드는 탭이다.

③ 건 탭(gun tap)

탭에 15° 정도 비틀림홈이 있는 것으로 고속 절삭용이다.

④ 밴드 탭(bend tap)

자루가 구부러진 탭이다.

⑤ 풀리 탭(pulley tap)

풀리의 구멍에 나사를 내는 데 사용하는 탭으로 생크 부분이 길고 생크의 지름과 나사의 외경이 거의 같게 한 것이다.

⑥ 드릴 탭(dill tap)

드릴과 탭을 조합한 것으로 드릴로 구멍을 뚫고 이어서 나사내기를 하는 것이다.

⑦ 스테이 탭(stay tap)

보일러, 기관차 등의 내판과 외판을 연결하는 작업에 쓰이며, 리머 붙인 탭으로 리머로 나사구멍을 정확히 다듬어가며 나사를 내는 것이다.

⑧ 스파이럴 탭(spiral fluted tap)

헬리컬 탭이라고도 하며, 나사부가 스파이럴로 되어있어 인성이 강한 강재에 사용하고 절삭성이 좋고 절삭 면이 깨끗하며 양호한 칩 배출로 깊은 구멍 가공할 때 작업성이 우수하고 깨끗한 다듬질 면을 얻을 수 있으나, 칩이 이어지지 않는 주철 등에는 효과가 없다. 오른 비틀림과 왼 비틀림이 있으며, 오른나사의 35° 오른 비틀림 홈 탭이 정지 구멍의 태핑에 일반적으로 많이 사용되며 챔퍼는 2~4 산 정도가 일반적이다.

⑨ 파이프 탭(pipe tap) : 가스 탭이라고도 하며, 가스관 또는 조인트에 암나사를 깎는 탭이다.

⑩ 포인트 탭: 건 탭이라고도 하며 챔퍼에 스파이럴 부가 있어 칩이 앞으로 배출된다. 주로 관통 구멍의 태핑에 쓰인다.

⑪ 초경 탭: 저속 영역에서도 내마모성이 우수한 초미립자 초경합금의 개발로 실용화되었으며, 수명이 길어(주철 가공할 때 고속도강의 10~100배), 동일 부품의 대량 가공에 유리하다.

2) 탭 작업

탭 작업을 위한 구멍의 치수는 공작물의 재질 또는 용도에 따라 다르나 다음과 같이 간단히 계산한다.

① 탭의 분당 이송 속도 (F)= 회전수(N)×피치(P) [mm/min]

② 탭의 적정한 절삭 속도(V)= 6~13m/min

(가) 탭 작업할 때 고려 사항

① 공작물을 수평으로 고정한다.

② 탭 구멍은 나사의 골 지름보다 다소 크게 뚫는 것이 좋다.

③ 탭 핸들은 양손으로 잡고 수평을 유지하며 작업한다.

④ 2/3 회전 할 때마다 조금씩 되돌려 칩을 배출시킨다.

⑤ 절삭유를 충분히 사용한다.

(나) 탭이 부러지는 원인

① 구멍이 너무 작거나 구부러진 경우

② 탭이 경사지게 들어간 경우

③ 탭의 지름에 적합한 핸들을 사용하지 않는 경우

④ 너무 무리하게 힘을 가하거나 빨리 절삭할 경우
⑤ 막힌 구멍의 밑바닥에 탭의 선단이 닿았을 경우

3) 다이스의 종류

다이스는 [그림 7-17]과 같이 절삭 칩 구멍이 있고 테이퍼부가 있으며, 테이퍼부는 표면에서 2~2.5산, 뒷면에서는 1~1.5 산이 표준으로 테이퍼되어 있다.

외경의 모양에 따라 둥근 다이스와 스퀘어 다이스가 있으며, 기능에 따라 조절식 다이스(분할 다이스)와 고정식 다이스로 분류한다. 그 외에 솔리드(solid) 다이스, 날붙이 다이스(inserted chaser dies) 등이 있다.

 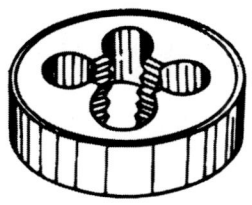 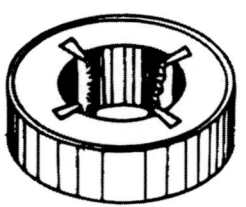

(a) 분할 다이스　　　　(b) 단체 다이스　　　　(c) 날붙이 다이스

그림 7-17 다이스의 형상과 종류

(7) 절단 작업

프레임에 톱날을 끼워 재료를 절단하는 것으로 피치는 1인치 사이의 잇수로 나타내며, 12, 14, 18, 24, 32의 잇수가 있고, 톱날의 재질은 탄소공구강, 합금공구강, 고속도강으로 만들며, 톱날의 길이는 양단 구멍의 중심거리로 나타낸다.

연강과 황동 등을 절단하는 것은 날이 거칠고, 잇수는 적지만 강이나 박강판의 절단용 톱날은 잇수가 많은 것을 주로 사용한다. 쇠톱으로 때 톱날의 왕복 횟수는

50~60회가 적합하다. 절단이 끝날 무렵에는 힘을 빼고, 가볍게 절삭토록 한다.

톱날의 절삭 각도는 보통 수평으로 하나 절단하는 재료에 따라 다르지만, 일반적으로 약 3~5° 경사지게 작업을 하는 것이 좋다.

〈표 7-3〉은 톱날의 잇수와 용도를 나타낸 것으로 공작물의 재질이나 모양에 따라 적당한 잇수를 선택한다.

표 7-3 톱날의 잇수와 용도

톱 날수		재 질
25.4mm에 대하여	톱날의 피치(mm)	
12	2	슬레이트
14	1.8	주철, 합금강, 경합금
18	1.4	연강, 경강, 주강, 합금강
24	1	강관, 합금강, 경량 형강
32	0.8	박철판, 박철관, 작은 지름 합금강

(8) 조립 작업

제작된 부품들을 해당 위치에 서로 짜맞추는 작업을 조립(erecting 또는 fitting)이라 하고 조립작업에는 다음과 같은 사전 준비가 필요하다.

① 조립도와 설명서에 따라 기계의 구조, 작동 방법, 정밀도 등을 이해한다.
② 부분 조립을 검토하여 전체 조립 순서를 검토한다.
③ 부품에 대해서는 모양, 재질, 수량 등을 검토한다.
④ 조립 용품, 지그, 고정 공구, 작업 용구, 소모품 등을 준비한다.

조립 작업은 부분 조립과 본 조립이 있다. 부분 조립에서는 전체를 몇 개의 주요 부분으로 나누어, 각 부분마다 조립하여 나가며, 최종적으로 다듬질 검사를 철저히 하여야 한다. 부분 조립이 끝나면 다음 순서로 본 조립을 한다.

① 베드를 수평으로 설치한다.
② 본체나 기둥을 베드에 올려놓고 고정한다.
③ 본체나 기둥에 붙일 부분 조립품을 순서에 따라 붙인다.
④ 테이블과 지주 등을 설치한다.
⑤ 각 부분을 붙일 때마다 수평, 수직, 평형, 직각 등을 테스트바, 직각자, 다이얼게이지, 수준기 등으로 점검한다.
⑥ 조립이 완료되면 전반적으로 정밀도검사, 운전검사, 진동검사 등을 하고 검사성적을 작성한다.

제2절 측정

1. 측정의 개요

기계로 가공된 기계요소나 부품은 그 사용 목적에 따라 치수, 형상, 공작, 재료의 좋고 나쁨에 관하여 일정한 기준에 적합하여야 한다. 이 중에서 기계로 가공한 공작물의 치수, 형상, 각도, 면 및 표면거칠기 등을 가공 중 또는 제작 후에 측정 또는 검사하는 것을 정밀측정(precision measurement)이라 한다.

여기에서 측정(measurement)이란 측정량을 단위로써 사용되는 다른 양과 비교하는 것으로 측정 결과는 측정량 중에 포함된 단위의 수치와 단위와의 곱으로 표시된다. 검사(inspection)는 측정하려는 양을 미리 정해 둔 기준량과 비교하여 일치하는가 어떤가를 조사하여 그 결과로써 합격, 또는 불합격을 결정하는 것이다.

기계가공에서 측정은 일반적으로 길이와 각도의 측정으로 이루어지는데, 각도는 길이로써 규정할 수 있으므로 측정은 거의 길이의 측정이라 할 수 있다.

측정의 목적은 다음과 같다.

① 동일 부품은 다른 제작자, 다른 시점에 제작된 것이라도 호환성을 갖게 한다.
② 성능과 품질의 우수성이 확보되어 제품 수명을 길게 한다.
③ 국제 표준 규격화와 호환성으로 수출을 할 수 있다.
④ 우수한 공작기계, 치공구, 적절한 측정기 및 측정 방법이 필요하며, 단위 통일이 필요하다.

(1) 측정기의 종류

1) 도기(standard)

일정한 길이 또는 각도를 눈금 또는 면으로 나타낸 것으로 표준자, 금속자 등과 같이 선과 선의 간격을 길이로 나타낸 것이 선도기(line standard), 게이지 블록, 한계게이지 등과 같이 양끝면의 간격을 길이로 나타낸 것을 단도기(end stand −ard)라 한다.

① 선도기(line standard)

눈금 간격의 길이를 구체화한 것으로, 줄자, 강철 자, 눈금자 등이 여기에 속한다.

② 단도기(end standard)

양 단면의 간격으로 길이를 구체화한 것으로, 게이지 블록(gauge blcok), 갭 게이지(gap gauge 또는 snap gauge), 플러그 게이지(plug gauge), 직각자 등이 여기에 속한다.

2) 지시측정기

측정 중에 표점이 눈금에 따라 이동하거나 눈금이 표시선에 따라 이동하는 측정기를 말하며, 버니어캘리퍼스, 마이크로미터 등이 해당한다.

3) 시준기

현미경, 투영기 등과 같이 기계적인 접촉을 광학적으로 확대하여 측정하는 것을 말한다.

4) 인디케이터(indicator)

일정량의 조정 또는 지시에 사용하는 것이다.

5) 게이지(gauge)

드릴게이지, 피치게이지, 와이어게이지 등과 같이 측정 중에 움직이는 부분이 없는 것을 말한다.

(2) 측정기의 특성

1) 감도(sensitivity) 및 배율

측정기의 민감 정도를 표시하는 것으로 측정하고자 하는 양의 변화에 대한 측정기 눈금 표시량의 변화에 따라 달라진다.

$$감도(E) = \frac{\triangle A(지시량의 변화)}{\triangle M(측정량의 변화)}$$

$$배율(V) = \frac{l(눈금 간격)}{s(최소 눈금)}$$

예를 들어 눈금 간격이 0.75mm이고 최소 눈금이 1μ의 인디케이터에서 배율은 $\frac{0.75}{0.001} = 750$이 된다.

2) 최소 눈금(minimum scale value)

측정기 1눈금이 나타내는 측정량으로서 측정기에서 측정값으로 나타낼 수 있는 최소 측정량을 말한다.

3) 지시 범위와 측정 범위

지시 범위는 눈금 상에서 읽을 수 있는 측정량의 범위를 말하며, 측정 범위는 최소 눈금값과 최대 눈금과에 의거 표시된 측정량의 범위를 말한다.

예를 들어 최소 눈금이 0.01mm이고, 측정 범위가 0~25mm인 마이크로미터의 지시 범위는 25mm을 의미한다.

4) 정밀도와 정확도

정확도(accuracy)는 계통적오차의 작은 정도, 즉 참값에 대한 한쪽으로 치우침의 작은 정도를 말하며, 정밀도(precision)는 우연오차 즉 측정값의 흩어짐의 작은 정도를 의미한다. 예를 들어 [그림 7-18] (a)는 정밀도는 좋으나 정확도가 나쁜 측정값이고, (b)는 정확도는 높으나 정밀도가 나쁜 측정값의 모형으로 표시한 것이다. 정확도와 정밀도의 구별은 이와 같이 명확하나 측정에 따라

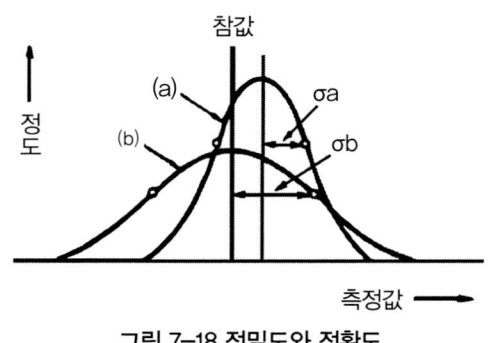

그림 7-18 정밀도와 정확도

서는 양자를 구별하기 어려운 경우도 있다. 그러므로 실제로는 정확도와 정밀도의 양자를 포함 하던가 또는 어느 한쪽을 지적하여 정도라고 한다. 정밀도는 우연오차의 크기로 결정되므로, 측정값의 흩어짐의 정도, 즉 분포의 퍼짐을 표시하는 척도인 모표준편차 σ를 사용하여 정밀도를 표시할 수 있다. [그림 7-18]과 같이 σ가 작을수록 흩어짐이 작으며 정밀도가 좋음을 표시하고 있다.

(3) 측정기 선택할 때 고려 사항

측정기는 그 측정 목적에 적합한 것을 사용해야 한다. 선정이 적절하지 않으면, 요구되는 측정값을 얻을 수 없다.

① 측정 대상 : 측정량의 종류, 상태
② 측정환경 : 장소, 조건
③ 측정 수량 : 소량인가, 다량인가
④ 측정 방법 : 원격, 자동, 지시, 기록 등
⑤ 측정기에 요구되는 성능 : 측정 범위, 정밀도, 감도, 다루기의 편리성, 내구성, 고장 시의 처리 등
⑥ 경제적 상황 : 가격, 유지비, 측정에 드는 비용
⑦ 측정기 선택할 때 주의 사항
  ㉠ 측정 or 검사를 결정하고 측정기를 선정한다.
  ㉡ 피 측정물의 치수와 공차에 가장 적합한 측정기를 선택한다.

ⓒ 측정 수량에 따른 측정 소요 시간을 고려하여 선정한다.

(4) 측정 방법

1) 직접측정(direct measurement)

절대 측정이라고도 하며, 버니어캘리퍼스, 마이크로미터, 강철자 등과 같이 직접 제품에 대고 측정기로부터 실제의 치수를 재는 방법으로써 다음과 같은 장단점이 있다. 다음은 직접측정을 이용한 몇 가지 예이다.

① 자를 이용한 길이측정
② 버니어캘리퍼스를 이용한 길이측정
③ 마이크로미터를 이용한 길이측정
④ 베벨 각도기를 이용한 각도 측정

직접측정을 장단점은 다음과 같다.

(가) 장점
① 측정 범위가 다른 방법에 비하여 넓다.
② 직접 피측정물의 실제 치수를 읽을 수 있다.
③ 수량이 적고 종류가 많은 측정에 유리하다.

(나) 단점
① 눈금 읽음의 시차가 생기기 쉽고 측정시간이 많이 걸린다.
② 정밀하게 측정하기 위해서는 숙련과 경험이 필요하다.

2) 비교측정(comparative measurement)

기준이 되는 일정한 치수와 피측정물을 비교하여 그 측정치의 차이를 읽는 방법으로 비교측정은 다이얼게이지, 미니미터, 공기마이크로미터(공기의 흐름을 확대 기구를 이용하여 길이를 측정하는 방식), 전기마이크로미터 등이 있다.

비교측정의 장단점은 다음과 같다.

(가) 장점
① 높은 정밀도의 측정을 비교적 쉽게 할 수 있다.
② 치수가 고르지 못한 것을 계산하지 않고 알 수 있다.
③ 길이, 각종 모양, 공작기계의 정밀도 검사 등 사용 범위가 넓다.

④ 먼 곳에서 측정이 가능하고, 자동화에 도움을 줄 수 있다.
⑤ 히스테리시스(백래쉬) 오차가 적다.
⑥ 범위를 전기량으로 바꾸어서 측정이 가능하다.
⑦ 나이프 에지를 이용 1,000배 정도 확대 측정이 가능하다.

(나) 단점
① 측정 범위가 좁고, 직접 제품의 치수를 읽을 수 없다.
② 기준치수인 표준게이지가 필요하다.

3) 간접측정(indirect measurement)

피 측정물의 모양이 기하학적으로 간단하지 않으면 측정부의 치수를 수학적이나 기하학적인 관계에서 얻을 수 있는 경우에 이용되며, 간접측정은 사인 바에 의한 각도 측정, 롤러와 게이지 블록에 의한 테이퍼 측정, 삼침법에 따른 나사의 유효지름 측정 등이 있다.

4) 절대 측정(Absolute Measurement)

정의에 따라서 결정된 양을 실현하고, 그것을 사용하여 실시하는 측정이다. U자 관 압력계-수은주 높이, 밀도, 중력가속도를 측정해서 종합적으로 압력의 측정값을 결정하는 것을 말한다.

(5) 측정 오차

1) 오차(error)

측정의 정도 결정은 KS에서 정해진 온도 20℃, 기압 760mmHg, 습도 58%의 가장 좋은 환경에서 실시하여야 한다. 측정할 때 피측정물은 어느 결정된 값을 가지고 있는데, 이 값을 참값이라고 한다. 측정값은 항상 참값과 일치한다는 것은 지극히 드문 일이며, 일치한다고는 볼 수 없다. 그러므로 측정값과 참값과의 차를 오차이며, 다음과 같이 나타낸다.

오차 = 측정값 − 참값

오차율 = $\dfrac{\text{오차}}{\text{참값}} \times 100(\%)$

2) 측정오차의 종류

(가) 개인오차

측정하는 사람의 습관이나 부주의 때문에 생기는 오차로서, 숙련도에 따라 어느 정도 줄일 수 있다.

(나) 계통오차(systematic error)

측정기로 동일한 측정 조건에서 피측정물를 측정할 때 같은 크기와 부호가 발생하는 오차로서 이는 보정하여 측정값을 수정할 수 있다. 이와 같이 측정기의 보정을 구하는 것을 교정이라 한다. 측정기를 미리 검사함으로써 수정할 수 있다.

(다) 우연오차(accidental error)

측정기, 측정물 및 환경 등의 원인을 파악할 수 없어 측정자가 보정할 수 없는 오차이다. 이럴 때 여러 번 반복 측정하여 그 평균값을 구하는 것이 좋다.

3) 측정에 미치는 사항

(가) 시차(parallax)

측정자의 부주의 즉, 읽음에 있어서 시선의 방향에 따라 생기는 오차이다. [그림 6-16]과 같이 읽음선과 눈금선이 다른 평면 내에 있을 때는 관측 방향에 의해서 선의 상대위치가 달리 보여 $f=a\emptyset$인 오차가 발생하므로 항상 눈금에 수직으로 관측하여야 한다.

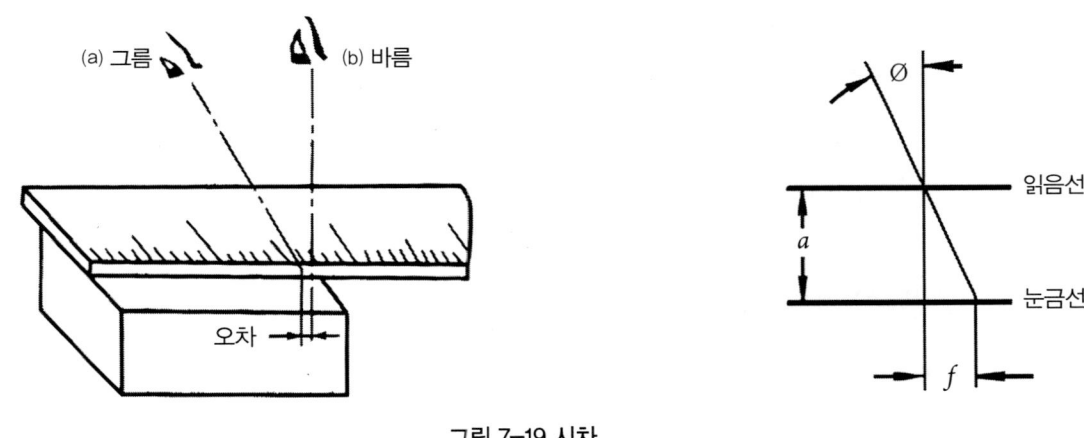

그림 7-19 시차

(나) 온도의 영향

모든 물체는 온도의 변화에 따라 늘어나거나 줄어든다. 그러므로 어떤 물체의 길이를 정확하게 만들려고 하면 기준 온도를 미리 정해 두어야 한다. 이 온도를 표준온도라 하는데, 세계 각국에서는 공업적인 표준온도를 20℃로 인정하고 있다.

온도변화 $\triangle t$℃(원래의 온도-변화 후의 온도) 따라 생기는 변화량 $\triangle \lambda$는 물체의 길이 $l$mm 과 열팽창계수 a로부터 다음 식으로 구한다.

$$\triangle \lambda = l \times a \times \triangle t$$

따라서, 강의 열팽창계수는 11.5×10^{-6}/℃이므로, 1m의 물체가 표준온도와 1℃ 다를 때의 오차는 11.5μ이 된다.

그러나, 측정기도 같은 정도로 변화하는 경우는 측정기가 지시하는 측정값에 오차가 생기지 않는다. 실제에는 모양의 상이나 재질에 따라 선팽창계수가 달라지므로 피측정물과 측정기가 똑같은 조건이 되지 않는 것이 보통이다.

(다) 측정기의 구조에 따른 영향

① 아베의 원리(Abbe's principle)

1890년 독일 Zeiss사의 창립자 E. Abbe에 의하면 "표준자와 피측정물은 같은 축선상에 있어야 한다" 라는 원리이다. 이것을 컴퍼레이터 원리라고도 하며, 예를 들어 [그림 7-20]에서 외측 마이크로미터(a)는 눈금자가 측정 접촉자의 변위선상에 있고, 버니어캘리퍼스(b)는 눈금자가

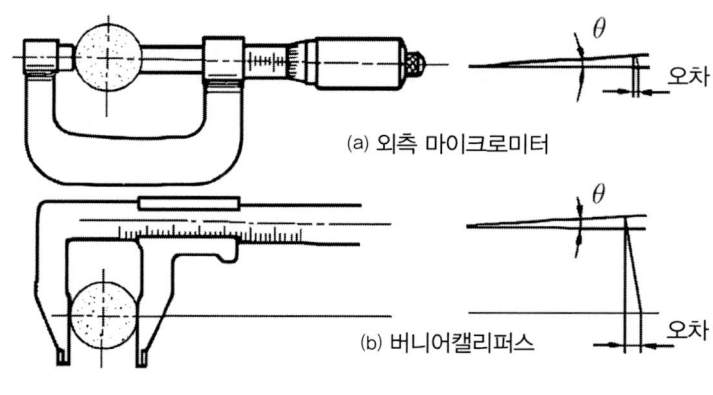

그림 7-20 아베의 원리

측정 접촉자와 어떤 거리만큼 떨어진 평행선상에 있으므로 같은 기울어짐에 대하여 생기는 오차는 외측 마이크로미터가 극히 작다. 그러므로 외측 마이크로미터를 아베의 원리에 만족하는 구조라 하며, 정도가 높은 측정기에서는 이러한 구조가 기본이다.

② 측정력의 영향

양측정면 사이에 피측정물을 넣어 측정하는 구조로 되어있는 것은 피측정면과 확실하게 접촉하기 위하여 측정력이 필요하다. 따라서 동일한 측정기로 하나의 피측정물을 측정하여도 그때의 측정력이 달라지면 접촉부에 생기는 탄성 변형량이 변화한다. 또한, 동일 측정력이라도 측정자와 피측정면에서의 접촉부 형상이 평면과 곡면에서는 측정값이 다르고, 면의 거칠기 정도에 따라 달라진다.

일반적으로 측정기에서는 30~200g 정도의 측정력이 걸리나, 큰 측정력은 1kg이나 되는 것도 있다. 측정력은 작은 것이 좋으나, 너무 작으면 접촉이 불확실해지고 측정값의 산포가 크게 되는 경우도 있다. 또한, 측정력은 전 측정 범위에 걸쳐 일정한 것이 좋으며, 정밀한 측정기는 일정하게 측정력을 유지하기 위해서 정압장치를 부착하여 사용하고 있다.

③ 접촉 오차

접촉 오차는 측정기의 측정면이 마멸되었거나 양쪽 측면이 평행하지 않을 경우와 측정자의 형상이 피측정면에 부적당할 때 주로 발생한다.

④ 후퇴 오차

슬라이드 부위의 마찰력이나 기어나 나사의 흔들림 때문에 발생하며, 측정량이 증가 또는 감소하는 방향이 다름으로서 생기는 동일 치수에 대한 지시량의 차를 후퇴 오차라 한다.

(라) 긴 물체 지지 방법에 따른 영향

가늘고 긴 모양의 피측정물을 정반 위에 놓으면 접촉하는 면의 형상 오차 때문에 불규칙한 변형이 생기므로, 보통 2점에서 지지한다. 이때 긴 물체는 자중작용 때문에 휨이 생기고 정확한 치수 측정이 불가능하다. 따라서, 각 지점의 지지 위치에 따라 모양이 각각 달라지므로, 사용 목적에 따라 가장 적합한 것을 선택하여야 한다.

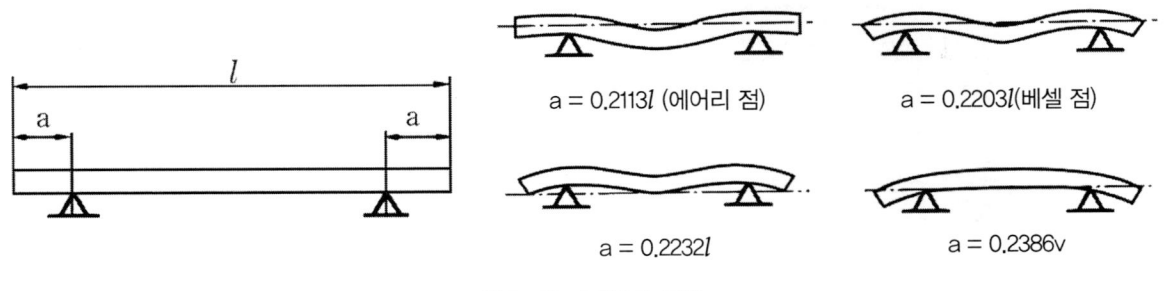

그림 7-21 지지점과 처짐

① (a = 0.2113L) 에어리 점(Airy Point)

눈금이 중립면에 없는 경우 및 게이지 블록과 단도기를 수평으로 지지할 때 사용되는 방법으로서, 처음 평행한 2개의 단면이 지지 때문에 굽힘이 발생한 후에도 양단 면이 평행을 유지할 수 있는 지지 방법으로서 길이의 오차도 최소화할 수 있다. (단도기 용도로 사용한다.)

② (a = 0.2203L) 베셀 점(Bessel Point)

중립면에 눈금을 만든 표준자를 지지할 때 사용되는 방법이며, 눈금 면의 직선거리와의 차이를 최소화하는 데 사용되는 방법으로 중립축 또는 중립면의 변위를 최소화할 수 있다. (눈금자 용도로 사용한다.)

③ a = 0.2232L

전장에 걸쳐 변형이 가장 작으며, 양단과 중앙의 처짐이 동일하게 된다.

(면의 측정 용도로 사용한다.)

④ a = 0.2386L

지지점 사이 즉 중앙부의 처짐을 최소화(0점)할 수 있으므로 중앙부 직선의 유지가 필요한 경우에 사용된다. (면의 측정 용도로 사용한다.)

2. 길이측정

(1) 버니어캘리퍼스(vernier calipers)

버니어캘리퍼스는 본척(어미자)과 부척(아들자)을 이용하여 1/20mm, 1/50mm 정도까지 읽을 수 있는 길이 측정기이며, 호칭 치수는 측정이 가능한 최대 길이로 나타낸다. [그림 7-22]은 각 부분의 명칭을 표시하였다.

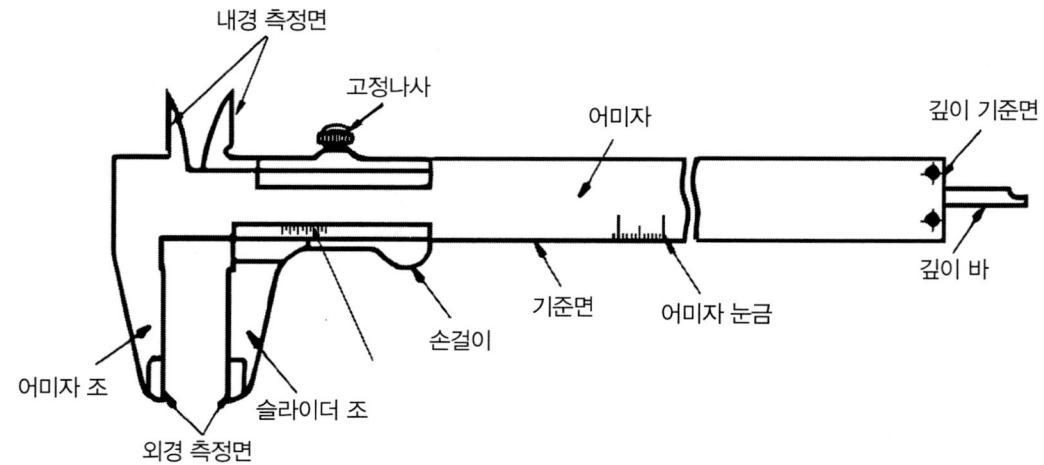

그림 7-22 버니어캘리퍼스의 각 부분 명칭

표 7-4 버니어캘리퍼스의 눈금

어미자의 최소 눈금(mm)	아들자의 눈금 기입 방법	최소 측정값(mm)
0.5	12mm를 25등분	0.02
	24.5mm를 25등분	
1	49mm를 50등분	0.05
	19mm를 20등분	
	39mm를 20등분	

1) 보통 버니어의 눈금 읽는 법

아들자 눈금은 어미자의 $(n-1)$눈금을 n등분한 것이 가장 많이 사용한다. 즉, [그림 7-23]에서 S는 어미자의 1 눈금의 간격, V는 아들자의 1 눈금의 간격, C는 아들자로 읽을 수 있는 최소 측정값이라면 다음과 같은 계산식이 성립한다. $(n-1)S=nV$에서 $V=\dfrac{n-1}{n}S$ 가 된다. 그러므로, $C=S-V=S-\dfrac{n-1}{n}, S=\dfrac{S}{n}$ 아들자의 1눈금은 어미자의 1눈금보다 $\dfrac{S}{n}$ 만큼 작다.

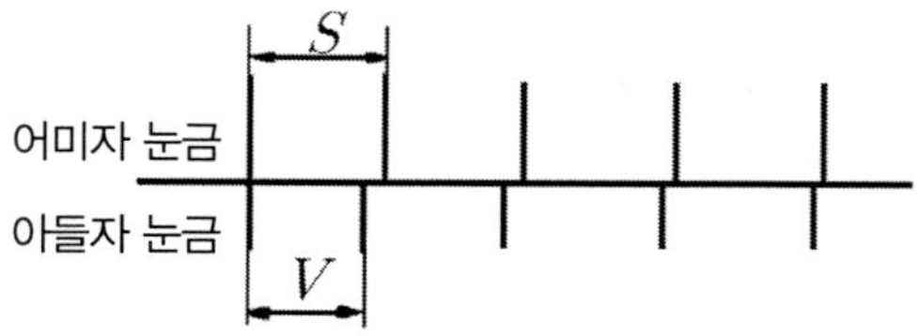

그림 7-23 아들자 눈금

[그림 7-24]는 어미자의 한 눈금을 1mm로 하고, 어미자의 19개 눈금이 아들자에서는 20등분 되어있는 버니어캘리퍼스라면 어미자와 아들자의 한 눈금의 차는

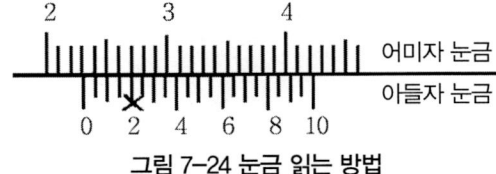
그림 7-24 눈금 읽는 방법

$C = S - V = \dfrac{S}{n} = \dfrac{1}{20} = 0.05mm$ 이 된다. 이것이 아들자

로 읽을 수 있는 최소값이 된다. 이때 아들자의 네 번째 눈금 선이 어미자 눈금과 일치하므로 어미자 23mm 눈금 선에서 아들자 0선까지의 치수 0.05×4=0.2mm가 되며, 최종 측정 치수는 23+0.2=23.2mm가 된다.

[그림 7-25]의 측정 치수는 다음과 같이 읽는다.

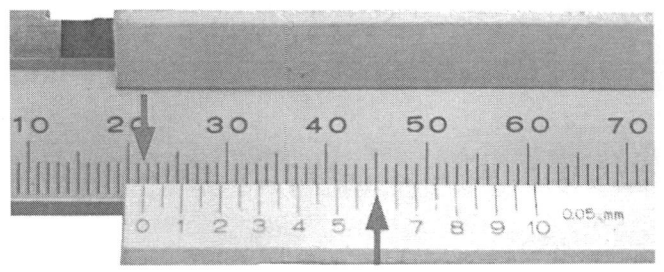

그림 7-25 버니어캘리퍼스 눈금 읽기

아들자의 영점이 21mm와 22mm 사이에 있음을 기억하고, 어미자와 아들자의 눈금 선이 서로 일치되는 선을 찾는다. 일치되는 선이 아들자 6에 있는 눈금 선에 있으므로, 아들자의 한 눈금이 0.05mm이므로 0.60mm이다. 따라서,

최종 측정 치수는 21+0.6=21.60mm가 된다.

2) 버니어캘리퍼스의 종류

KS에는 [그림 7-26]과같이 M_1형, M_2형, CB형, CM형 네 종류를 규정하고, 그 외 다이얼 캘리퍼스, 깊이게이지, 이 두께 버니어캘리퍼스 등이 있다.

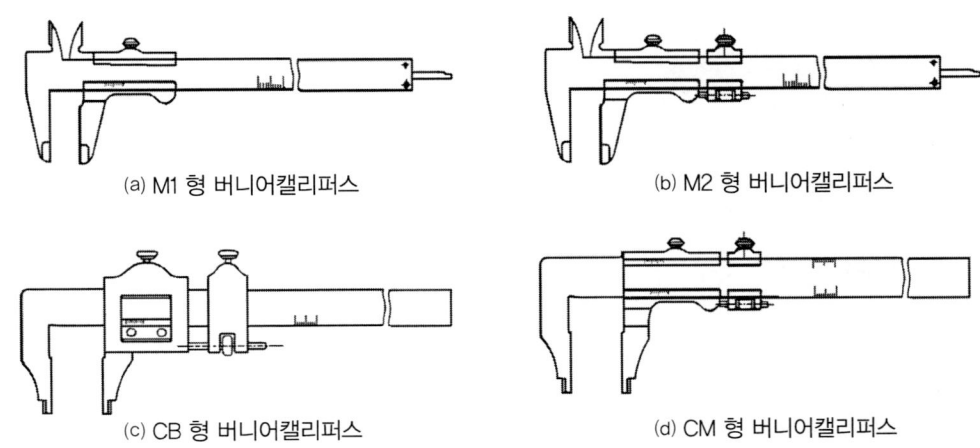

(a) M1 형 버니어캘리퍼스   (b) M2 형 버니어캘리퍼스

(c) CB 형 버니어캘리퍼스   (d) CM 형 버니어캘리퍼스

그림 7-26 버니어캘리퍼스 종류

버니어캘리퍼스 외경, 내경, 깊이, 계단측정이 가능하며 값이 저렴하고 측정 방법이 편리하여 많이 사용된다.

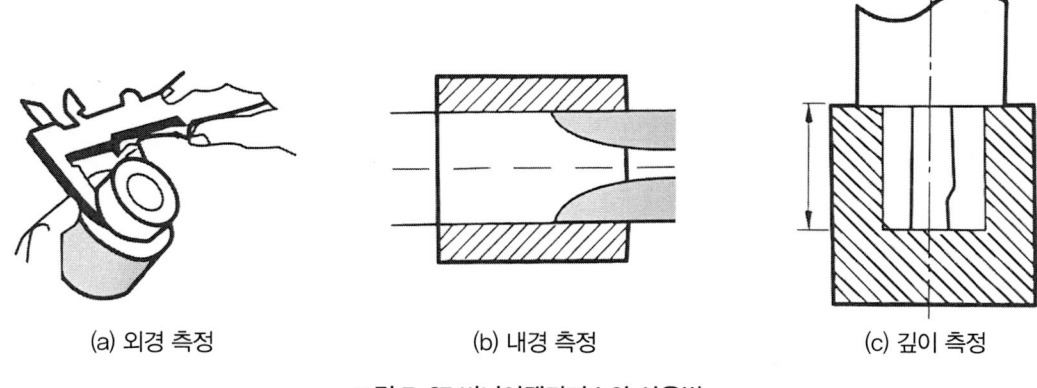

(a) 외경 측정　　　　(b) 내경 측정　　　　(c) 깊이 측정

그림 7-27 버니어캘리퍼스와 사용법

(2) 하이트 게이지(height gauge)

대형 부품, 복잡한 모양의 부품 등을 정반 위에 올려놓고, 정반 면을 기준으로 하여 높이를 측정하거나 스크라이버(scriber) 끝으로 금긋기 작업을 하는 데 사용한다.

1) 아들자의 눈금 기입 방법

일반적으로 어미자 49mm를 50등분 한 아들자로서, 최소 측정값이 1/50mm로 되어있고, 어미자 양쪽에 눈금을 새긴 것에는 1/20mm의 최소 측정값을 함께 사용하고 있다.

2) 하이트 게이지 종류

하이트 게이지는 HT형, HM형, HB형의 세 종류가 있으며, HT형과 HM형의 복합형이 가장 많이 사용하고 있다.

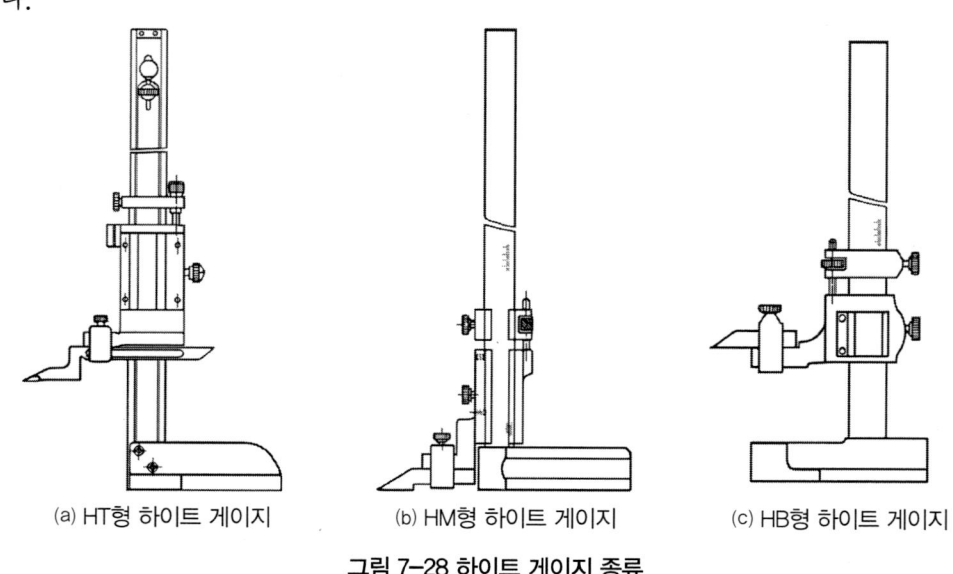

(a) HT형 하이트 게이지　　(b) HM형 하이트 게이지　　(c) HB형 하이트 게이지

그림 7-28 하이트 게이지 종류

① HT형은 정반으로부터 높이를 측정할 수 있으며, 눈금자가 별도로 스탠드 홈을 따라 상하로 이동하기 때문에 0점 조정을 할 수 있고, 슬라이더를 조금씩 이동시킬 수 있는 장치가 있다.

② HM형은 견고하여 금긋기 작업에 적당하고, 0점을 조정할 수 없으며, 슬라이더를 조금씩 이동시킬 수는 있다.

③ HB형은 슬라이더가 상자 모양으로 되어있으며, 스크라이버의 밑면은 정반면까지 내려갈 수 없으나 슬라이더의 이동 거리가 곧 높이가 된다. 이는 무게가 가벼워 측정용에 사용하고 금긋기용으로는 약해서 휨에 의한 오차가 생기기 쉽다. 하이트 게이지의 호칭치수는 300mm, 500mm, 1,000mm가 있고 기타 다이얼 하이트 게이지, 간이형 하이트 게이지 등이 있다.

(3) 마이크로미터(micrometer)

마이크로미터(micrometer)는 길이의 변화를 나사의 회전각과 지름에 의해 원주 면에 확대하여 눈금을 새김으로써 작은 길이의 변화를 읽을 수 있도록 한 측정기이다. 마이크로미터는 용도에 따라 외측, 내측, 기어이, 깊이, 나사. 유니, 포인트 마이크로미터 등이 있으며 최소 측정값이 0.01mm 또는 0.001mm가 있다.

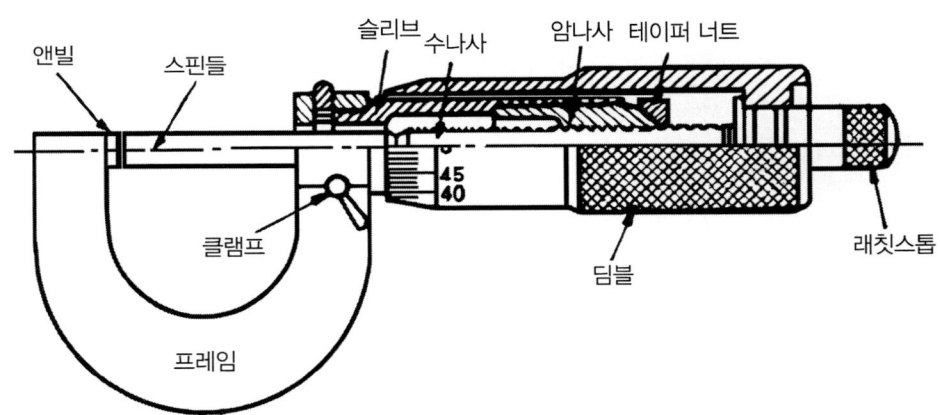

그림 7-29 외측 마이크로미터 각 부 명칭

[그림 7-29]는 가장 널리 사용되고 있는 외측 마이크로미터의 각부 명칭이며, U자형의 프레임에는 영점 조정을 할 수 있는 슬리브가 끼워져 있고, 그 다른 쪽 끝에 스핀들을 움직일 수 있는 0.5mm 피치인 암나사가 스핀들의 수나사와 체결되어 있다. 스핀들에는 딤블(shimble)과 측정력을 일정하게 하는 래칫 스톱이 붙어 있는데, 측정물은 스핀들과 앤빌 사이에 끼워 측정한다. 일반적으로 마이크로미터는 딤블을 1회전 시키면 스핀들은 0.5mm 이송하고, 딤블의 원주는 50등분 되어있으므로, 원주 눈금면의 1눈금 회전하였을 때 스핀들의 이동량(M)은 $M = 0.5 \times \dfrac{1}{50} = \dfrac{1}{100} mm$ 즉, 딤블의 1눈금은 0.01mm를 나타내게 된다.

최근에는 나사 피치가 1mm이고 원주 눈금을 100등분 한 것으로 0.01mm까지 측정할 수 있는 것도 있다.

1) 눈금 읽는 방법

눈금을 읽는 방법은 먼저 슬리브의 눈금을 읽고, 딤블의 눈금과 기선과 만나는 딤블의 눈금을 읽어 슬리브 읽음값에 더하면 된다. 예를 들어 측정물을 끼웠을 때의 눈금 상태가 [그림 7-30]과 같다면, 다음 계산과 같이 된다.

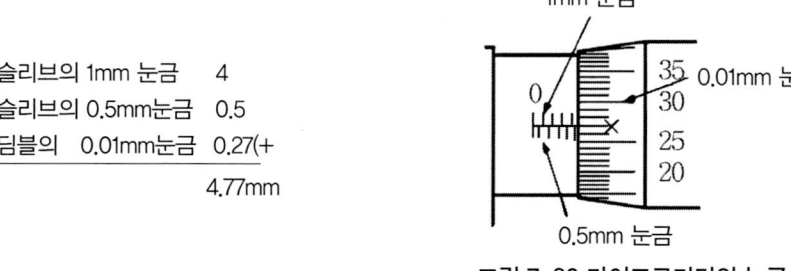

```
슬리브의 1mm 눈금      4
슬리브의 0.5mm눈금     0.5
딤블의   0.01mm눈금    0.27(+
                      4.77mm
```

그림 7-30 마이크로미터의 눈금

2) 마이크로미터의 종류

마이크로미터에는 외측 마이크로미터 이외에 내측 마이크로미터, 나사 마이크로미터, 디스크 마이크로미터, 포인트 마이크로미터, 깊이 마이크로미터 등 여러 종류가 있다.

(a) 외측 마이크로미터   (b) 내측 마이크로미터   (c) 나사 마이크로미터

(d) 디스크 마이크로미터   (e) 포인트 마이크로미터   (f) 깊이 마이크로미터

(g) V앤빌 마이크로미터   (h) 유니 마이크로미터   (i) 지시 마이크로미터

그림 7-31 마이크로미터 종류

3) 마이크로미터 0점 조정 고정 장치

[그림 7-32]는 마이크로미터 스탠드를 이용한 마이크로미터 고정장치로 핀이나 작은 측정물을 측정하는 데 사용한다. 실린더게이지(보어 게이지)의 영점을 맞추거나 확인 시, 마이크로미터의 평면도와 평행도를 교정할 때 사용한다.

[그림 7-32] 0점 조정을 위한 마이크로미터 고정

4) 측정력

마이크로미터의 측정력은 100mm 이하의 길이는 래칫 스톱을 1회전 반 또는 2회전 돌려 측정력(약 500gf)을 가한다. 이것은 손가락으로 3~4회 따르륵 소리가 나도록 돌리는 것과 같다. 이때, 측정력을 일정하게 하려면 래칫 스톱을 천천히 돌려야 한다.

표 7-5 마이크로미터의 측정력

최대 측정 길이(mm)	측정력(gf)
100 이하	400~600
100~300	500~700
300~500	500~1000

(4) 다이얼게이지(dial gauge)

다이얼게이지는 측정자의 직선 또는 원호 운동을 기계적으로 확대하고 그 움직임을 지침의 회전 변위로 변환시켜 눈금으로 읽을 수 있는 길이측정 기이다. 다이얼게이지는 기준 게이지와 비교 측정하는 것과 가공면(원통면, 평면) 측정, 회전축의 흔들림, 기계 정도검사, 이동량 등을 확인하는 데 사용된다.

다이얼게이지의 특징은 다음과 같다.

① 소형 경량으로 취급이 용이하고, 측정 범위가 넓다.

② 눈금과 지침에 의해서 읽기 때문에 오차가 적다.

③ 연속된 변위량의 측정이 가능하다.
④ 많은 개소의 측정을 동시에 할 수 있다.
⑤ 부속품(attachment)의 사용에 따라 광범위하게 측정할 수 있다.

1) 보통형 다이얼게이지

일반적으로 다이얼게이지라고 불리는 것으로 0.01 mm 다이얼게이지는 측정 범위가 5mm, 10mm의 것이 있으며, 0.001 mm 다이얼게이지의 측정 범위는

0.2mm, 1mm, 2mm, 5mm의 것이 있다.

[그림 7-33]은 다이얼게이지의 구조를 나타냈다. 스핀들에 래크가 있어서 이것과 맞무는 기어로 바늘을 돌린다. 측정자의 미소 운동이 래크→피니언→기어→피니언의 확대 기구들 거쳐서 바늘이 회전운동을 한다. 스핀들의 움직임은 0.3~10mm의 것이 있고, 눈금판은 스핀들의 움직임 0.01mm 또는 0.001mm에 대하여 눈금을 가리키게 되어있다. 또, 눈금판은 돌게 되어있으므로 0점을 바늘에 맞출 수 있다. 다이얼게이지는 측정대에 붙여서 사용한다.

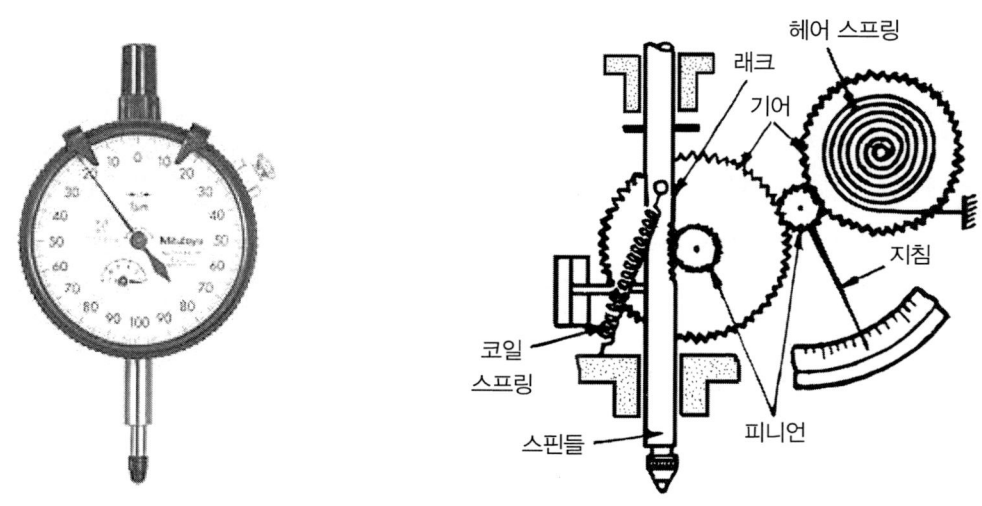

그림 7-33 다이얼게이지와 내부 구조

2) 레버식 다이얼게이지(test indicator)

레버식 다이얼게이지는 측정자의 회전 변위가 섹터 기어의 회전운동으로 변환되어 피니언과 같은 축의 크라운 기어를 거쳐 지침 피니언에 의해 확대된다. 측정자 와 섹터 기어는 일반적으로 마찰이 결합하여 있어 지침의 지시와 관계없이 90° 이상의 범위에서 임의의 위치에 고정(setting)할 수 있다. 그리고 클러치가 있는 것과 없는 것이 있어 클러치의 절환 때문에 측정 방향을 조정할 수 있다. 최소 눈금이 0.01mm인 것은, 측정 범위가 0.5mm(0-25)와 0.8mm(0-40)로 되어있으며 0.002mm인 것은 0.2mm(0-100)로 되어있다.

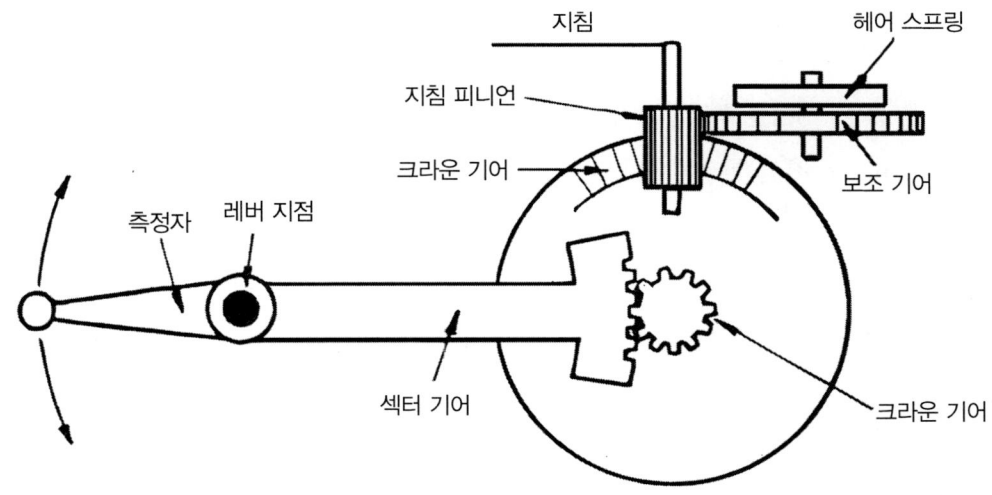

그림 7-34 테스트 인디케이터의 내부 구조

테스트 인디케이터(test indicator)는 레버식 다이얼게이지이며, 내부 구조는 [그림 7-34]와 같다. 또한, [그림 7-35]에서와 같이 측정자의 운동 방향과 지침의 회전방향에 따라 세로형, 가로형, 수직형이 있고, 최소 눈금이 0.01mm는 측정 범위가 0.8mm, 0.002mm의 것은 0.2mm로 되어있다.

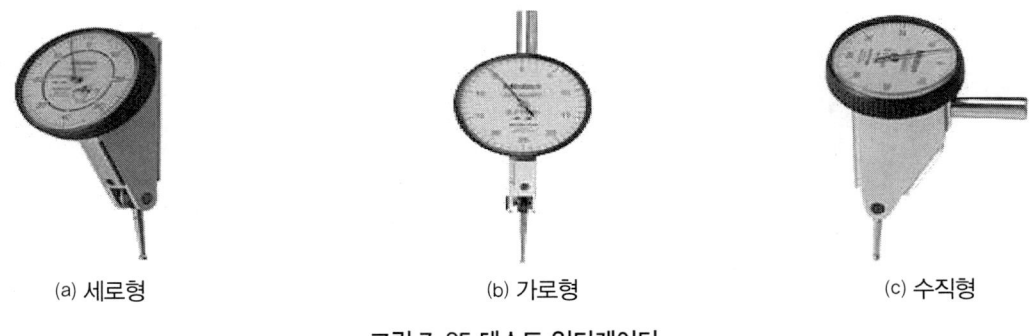

(a) 세로형　　　　　(b) 가로형　　　　　(c) 수직형

그림 7-35 테스트 인디케이터

3) 백 플런저형 다이얼게이지(back plunger dial gauge)

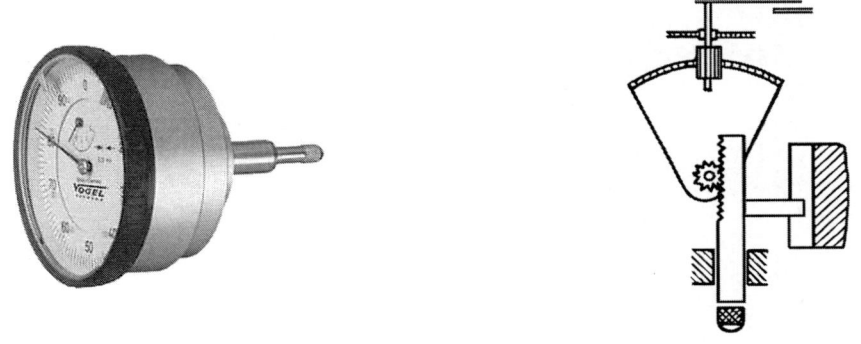

그림 7-36 백 플런저형 다이얼게이지와 내부 구조

백 플런저형 다이얼게이지는 스핀들이 눈금판의 뒷면에 수직으로 위치하여, 스핀들이 상하운동을 직각인 눈금판에 전달하여 지침을 회전하는 구조이다. 최소 눈금은 최소 눈금이 0.01mm인 것은 측정법 위가 5mm이며 0.02mm인 것은 측정 범위가 2.6mm로 되어있다.

4) 기타 응용 다이얼게이지

기타 게이지로 공차 범위 내 정밀하게 측정할 수 있는 하이케이터(hicator), 두께를 측정할 수 있는 다이얼 두께 게이지, 깊이를 측정할 수 있는 다이얼 깊이게이지, 내경을 측정할 수 있는 실린더게이지 등이 있다.

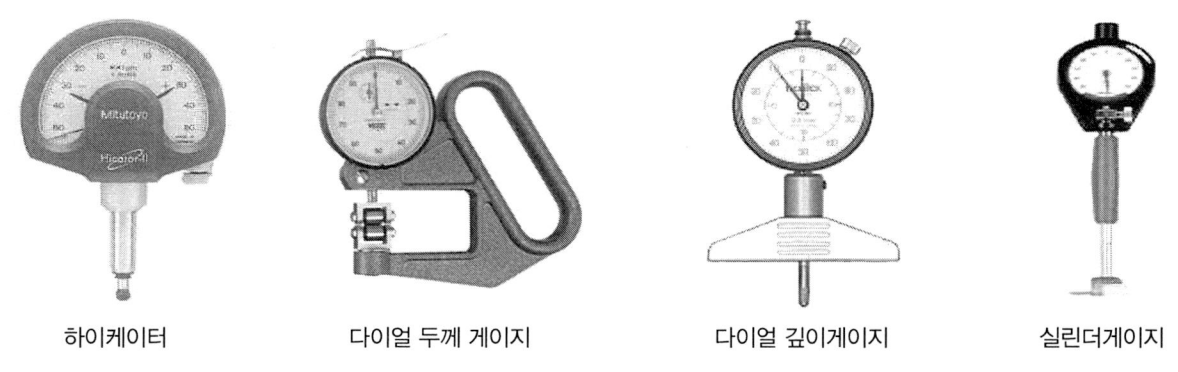

하이케이터　　　다이얼 두께 게이지　　　다이얼 깊이게이지　　　실린더게이지

그림 7-37 기타 응용 다이얼게이지

(5) 실린더게이지

실린더게이지는 치수의 변화량을 측정자로 캠에 전달하고, 캠의 전도자로 누름 핀에 전달되어 다이얼게이지의 스핀들을 변화시켜 지침으로 표시된다. 내경 또는 홈 폭을 측정하는 데 편리하다. 측정할 때는 고정된 측정자를 안쪽으로 붙여 가동식으로 하면 측정 범위가 넓어진다. 그러나 측정 길이가 길게 되면 휨이 생겨 오차의 원인이 되므로 주의해야 한다. 측정 범위는 6~400mm까지로 되어있다. 측정자의 변화량의 운동 방향을 직각으로 바꾸어 다이얼게이지에 전달하는 기구에는 캠(Cam), 레버(Lever), 경사판, 쐐기(Wedge) 등이 주로 사용된다.

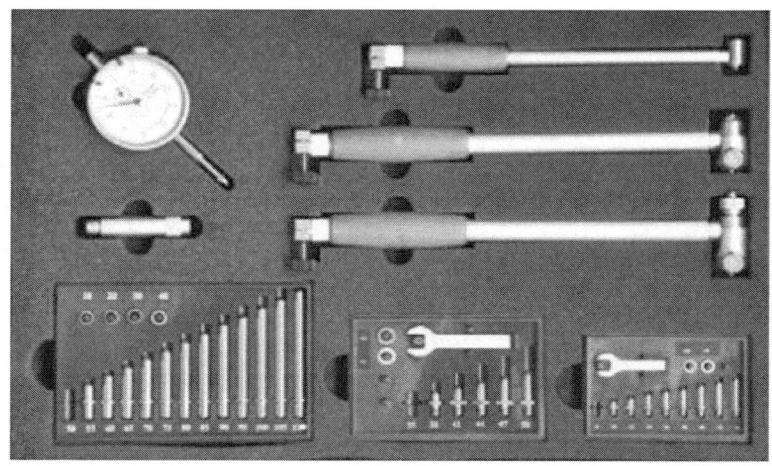

그림 7-38 실린더게이지 세트

1) 안지름(내경)을 측정

① [그림 7-39]와 같이 실린더게이지 측정자를 마이크로미터 양 측정면 사이에 넣고, 실린더게이지를 움직이면서 최소 점을 찾는다.

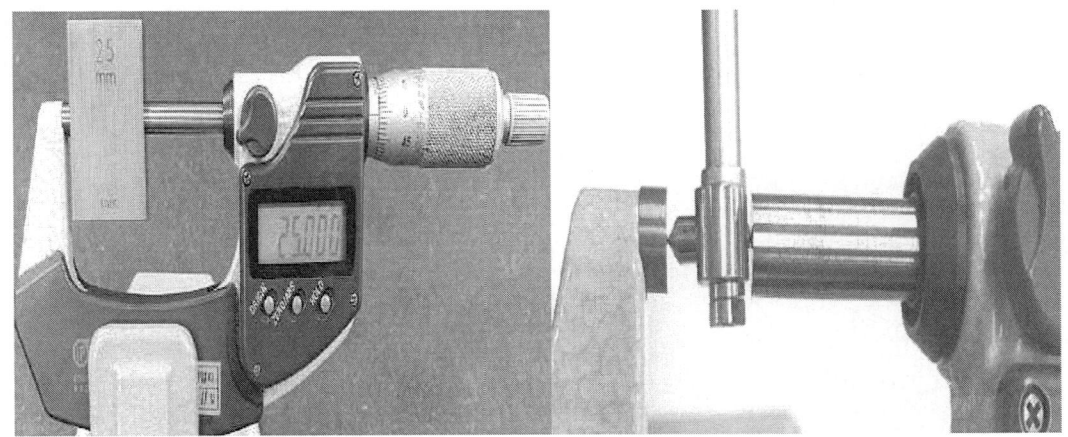

그림 7-39 마이크로미터 0점 세팅 및 실린더게이지의 0점 조정

② '①'항의 최소 점에서 실린더게이지 눈금을 기준점으로 잡는다(0점 조정).
③ 실린더게이지를 다시 공작물에 삽입하고, 좌우로 움직여서 최소치를 구한다.
 (지침이 최대로 회전하는 점)
④ 실린더게이지 눈금을 읽어 기준점에서의 편위를 구한다.
⑤ 편위량을 기준치수(마이크로미터 치수)에 가감하여 공작물의 내경을 구한다.

(6) 측장기

측장기는 내부에 표준자 또는 기준편을 가지고 피측정물의 치수와 길이를 직접 구할 수 있는 길이 측정기로서, 주로 게이지류, 정밀 공구, 정밀 부품 길이측정에 사용되는 것으로, 비교적 큰 치수의 것을 높은 정밀도로 직접 측정하는 장치이다.

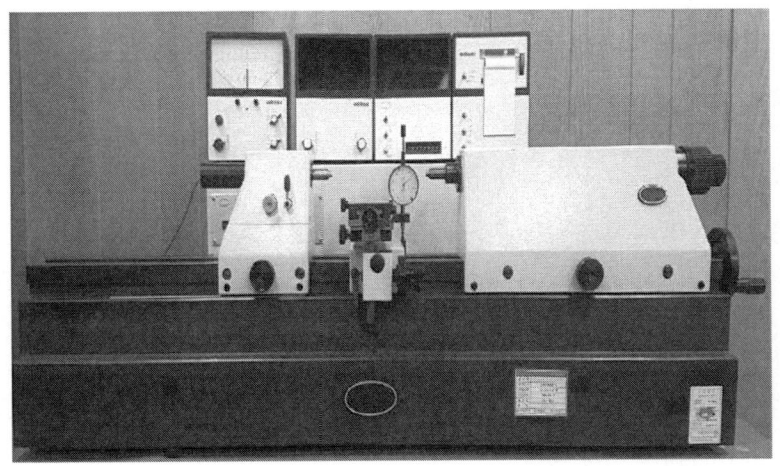

그림7-40 측장기

(7) 게이지 블록

게이지 블록(gauge block)은 길이의 기준으로 사용되고 있는 평행 단도기로서, 1897년 스웨덴의 요한슨이 처음으로 제작하였다. 103개 이상의 게이지에 의해 1,000mm부터 201mm까지 0.01mm 간격으로 2만 개 정도의 많은 치수를 1개 또는 몇 개를 조합하여 얻을 수 있다. 조합된 게이지 블록의 치수 오차는 측정 면이 래핑 가공되어 있으므로, 밀착하여 사용해도 1μm 간격으로 조합할 수 있고, 그 정도가 아주 높고 쉽게 임의의 치수를 얻을 수 있다. 내마모성을 높이기 위하여 HRC 65(Hv 800 이상) 정도로 열처리를 한 후 시효 경화처리가 되어있다. 수량에 따라 분류하면 103조, 76조, 47조, 32조, 8조 등으로 나눈다.

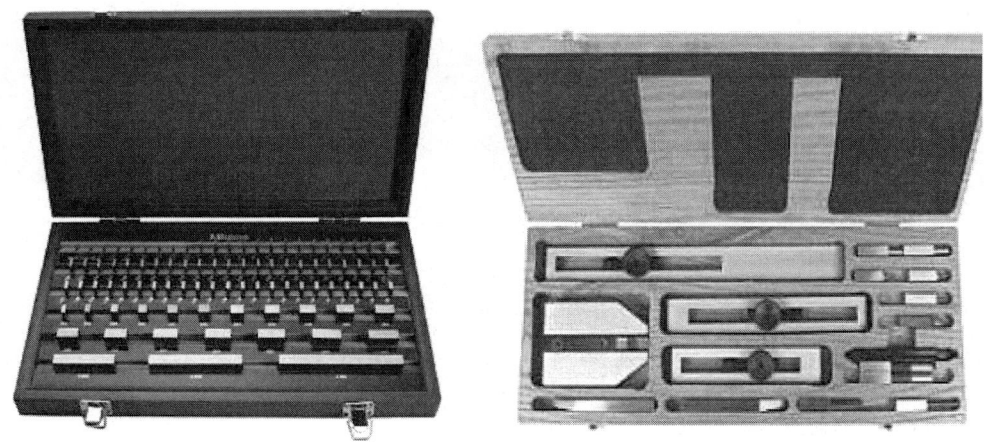

그림7-41 게이지 블록과 부속품 세트

1) 게이지 블록의 특징

① 광 파장으로부터 직접 길이를 측정한다.
② 길이의 정도가 0.01μm 아주 높다.
③ 측정 면이 서로 밀착하는 특징으로 몇 개의 수로 많은 치수의 기준을 얻어진다.
④ 사용이 편리하다.

2) 밀착 방법

① 밀착하기 전에 깨끗한 천으로 방청유와 먼지를 깨끗이 닦아낸다.
② 측정 면의 중앙에서 서로 직교하도록 댄다.
③ 가볍게 누르면서 돌려 붙이면 밀착된다.
④ 두꺼운 것과 얇은 것과 밀착은 [그림 7-42] (a)와 같이 얇은 것을 두꺼운 것의 한쪽에 대고 가볍게 누르면서 밀어 밀착한다.
⑤ 두꺼운 게이지 블록의 밀착은 [그림 7-42] (b)와 같이 먼저 밀착 면을 직각으로 맞추고 가볍게 누르면서 90° 회전시키면서 밀착한다.

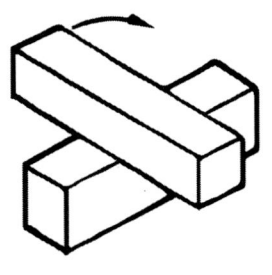
(a) 두꺼운 것끼리 밀착

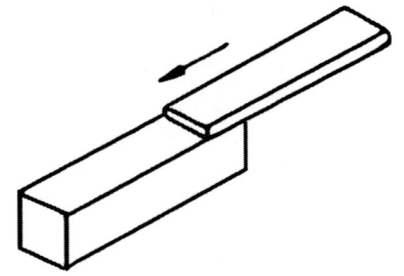
(b) 두꺼운 것과 얇은 것 밀착

그림 7-42 밀착 방법

3) 게이지 블록의 선택 방법

게이지 블록 표준 조합의 선택은 다음 조건을 고려해서 선택하는 것이 좋다.

① 필요로 하는 최소 치수의 단계
② 필요로 하는 측정 범위
③ 필요로 하는 치수에 대하여 밀착되는 개수를 가능하면 적게 할 것

4) 게이지 블록의 종류

[그림 7-43]과 같이 게이지 블록의 종류는 모양에 따라 직사각형의 단면을 가진 요한슨형, 중앙에 구멍이 뚫린 정사각형의 단면을 가진 호크(Hoke)형과, 원형으로 중앙에 구멍이 뚫린 캐리(Cary)형, 팔각형 단면으로서 2개의 구멍을 가진 것이 있다.

일반적으로 KS에서 규정된 요한슨형이 많이 사용하고, 호크형은 주로 미국에서 많이 사용하며, 얇은 치수(0.05~1mm)에는 캐리형이 사용되나 근래에는 거의 생산되지 않는다.

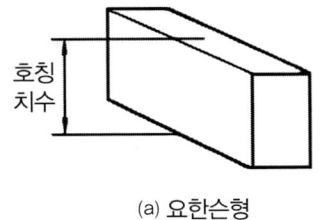
(a) 요한슨형

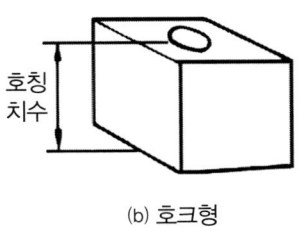
(b) 호크형

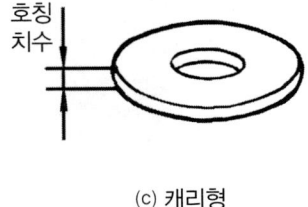
(c) 캐리형

그림 7-43 게이지 블록의 종류

5) 게이지 블록의 등급과 용도

게이지 블록의 등급과 용도는 〈표 7-6〉과 같다.

표 7-6 게이지 블록의 등급과 용도

사 용 목 적		등 급
참조용	표준용 게이지 블록의 정밀도 점검, 학술적 연구 검사는 3년, 정밀도(평행도 허용치)는 ±0.05μ	K 또는 00
표준용	공작용 게이지 블록의 정밀도 검사 검사용 게이지 블록의 정밀도 검사 검사는 2년, 정밀도(평행도 허용치)는 ±0.1μ	0
검사용	게이지의 정밀도 점검, 측정기류의 정밀도 조정 기계 부품, 공구 등의 검사 검사는 1년, 정밀도(평행도 허용치)는 ±0.2μ	1
공작용	게이지의 제작, 측정기류의 조정 공구, 절삭공구의 설치 및 조정 검사는 6개월, 정밀도(평행도 허용치)는 ±0.4μ	2

(8) 한계게이지

1) 표준게이지

19세기 중엽 이후부터 호환성 생산 방식을 중요시함에 따라 호환성 있는 측정 방식을, 표준게이지를 만들어 이용하였다.

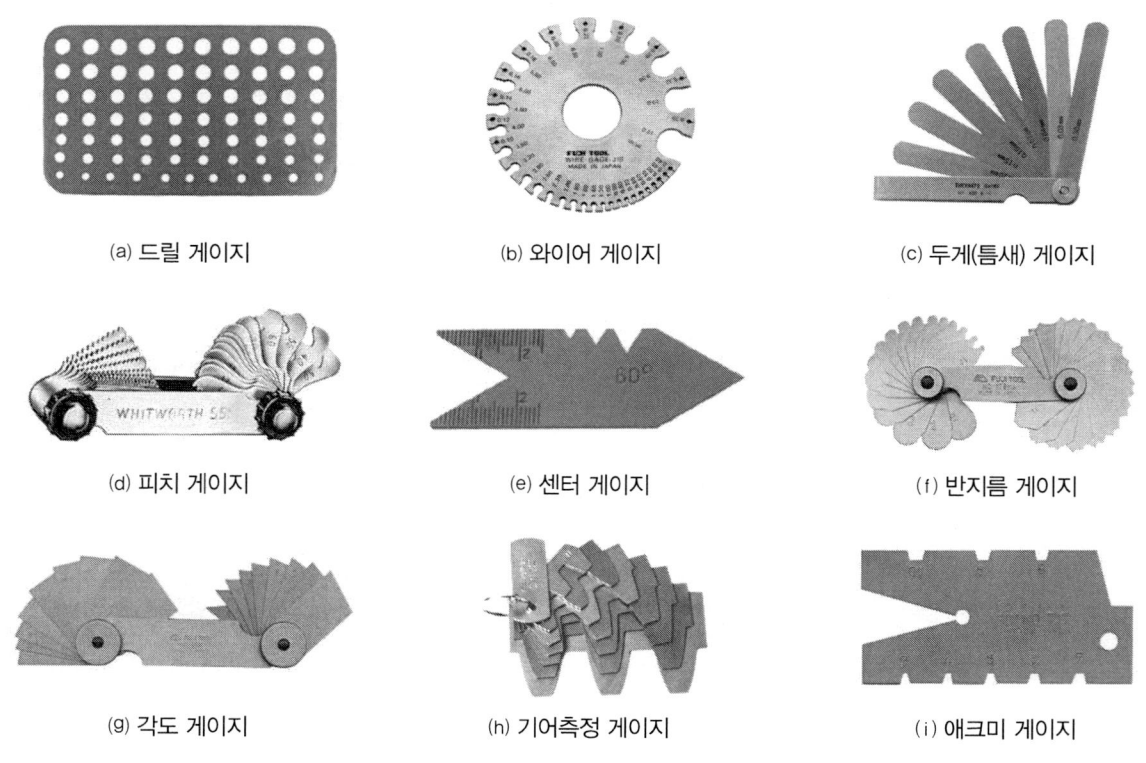

(a) 드릴 게이지 (b) 와이어 게이지 (c) 두께(틈새) 게이지

(d) 피치 게이지 (e) 센터 게이지 (f) 반지름 게이지

(g) 각도 게이지 (h) 기어측정 게이지 (i) 애크미 게이지

그림 7-44 여러 가지 표준게이지

표준게이지로는 [그림 7-44]와 같이 단계적으로 크기 순서대로 만들어 드릴의 지름을 측정하는 드릴게이지(dill gauge)와 선재의 지름이나 판재의 두께를 측정하는 와이어 게이지(wire gauge)가 있다. 또한, 두께가 다른 얇은 강판을 조합하여 미소한 틈새를 측정하는 두께(thickness: 틈새) 게이지, 나사의 피치나 산수를 측정하는 피치(pitch)게이지, 나사바이트의 각도를 측정하는 센터(center) 게이지, 곡면의 둥글기를 측정하는 반지름(redius) 게이지 등이 있고, 그 외에도 각도 게이지, 기어측정 게이지, 애크미 게이지 등이 있다.

2) 한계 게이지(limit gauge)

기계 부품의 정해진 실제 치수가 크고 작은 2개의 한계 사이에 들도록 하는 것이 합리적이다. 이 2개의 한계를 나타내는 치수를 허용 한계치수라 하고, 큰 쪽을 최대허용치수, 작은 쪽을 최소허용치수라 하고, 두 한계치수의 차를 공차라 한다. 이 부품의 실제 가공된 치수가 두 한계 허용 치수 내에 있는지는 한계 게이지를 이용하여 검사한다. 공차 부호의 방향 는 통과측 플러그 게이지는 +로 하고, 정지측 게이지는 ―로 한다.

(가) 한계 게이지의 장점
① 검사하기가 편하고 합리적이다.
② 합·부 판정이 쉽다.
③ 취급의 단순화 및 미숙련공도 사용 가능.
④ 측정시간 단축 및 작업의 단순화

(나) 한계 게이지의 단점
① 합격 범위가 좁다.
② 특정 제품에만 제작되므로 공용사용이 어렵다.

(다) 테일러(Taylor's)의 원리

한계 게이지로 검사하여 합격한 제품이라 하더라도 축의 약간 구부림 현상이나 구멍의 요철, 타원이 생겼을 때 끼워 맞춤이 안 되는 경우가 많았는데, 이 현상을

테일러가 처음 발표하였으며, 요약하면 "통과 측은 전 길이에 대한 치수 또는 결정량이 동시에 검사되고 정지 측은 각각의 치수가 따로따로 검사되어야 한다." 다시 말해서 통과 측 게이지는 제품의 길이와 같은 원통상의 것이면 좋겠고, 정지 측은 그 오차의 성질에 따라 선택해야 한다는 뜻이다.

(라) 한계 게이지 종류

㉠ 구멍용 한계 게이지

구멍의 최소허용치수를 기준으로 한 측정 단면이 있는 부분을 통과(go) 측이라 하고, 구멍의 최대허용치수를 기준으로 한 측정 단면이 있는 부분을 정지(no go)이라 한다.

① 플러그 게이지(plug gauge)

보통 사용되는 플러그 게이지 구조는 통과 측(go end)과 정지 측(not go end)이 있고, 통과 측은 원통부의 길이가 정지 측보다 길게 되어있다. 구멍과 통과 측 지름에 차가 극히 작을 때는 게이지를 구멍에 넣기 어려우므로, 구멍의 축선과 게이지의 축선이 일치 되도록 하여야 한다.

② 평 플러그 게이지(flat plug gauge)

용도는 호칭지름이 큰 구멍의 측정에 플러그 게이지(plug gauge)를 사용하면 중량이 커서 취급이 곤란할 때 평 플러그 게이지를 사용한다. 구조는 플러그 게이지를 얇게 절단한 것과 같은 모양으로 원통의 일부를 측정 면으로 한다.

③ 핀 게이지(pin gauge)

원통형의 핀 모양으로 정밀 가공된 게이지로서 제품의 안지름 크기를 검사할 수 있다. 구멍 간의 거리 측정, 홈의 폭 측정, 기어 오버 핀 경 측정, 마이크로미터 0점 조정 등을 할 수 있는 게이지이다.

④ 테보 게이지(tebo gauge)

통과 측은 최소 허용값과 동일한 지름을 갖는 구의 일부로 되어있고, 정지 측은 같은 구면상에 공차만큼 지름이 커진 구형의 돌기 모양의 불(ball)이 붙어 있다. 따라서 이것을 넣고 돌릴 때 돌기를 넣어서 돌지 않으면 허용 한계 치수 내에 있다는 것을 알 수 있다. 터보 게이지는 테일러의 원리에 맞지 않으므로 이 게이지는 구멍의 길이가 짧고 구멍의 진직도가 제작 방법에 따라 보증되어 있으며 그다지 중요하지 않은 긴 구멍에 주로 쓰인다. 그러나 회전 및 전후로 이동함으로써 진직도, 타원형 등 형상 오차를 알 수 있는 장점이 있으나 연한 재질은 깎아 먹을 우려가 있어 검사에 주의가 요구된다.

⑤ 봉게이지(bar gauge)

용도는 부품의 호칭치수가 더욱 커지면 평 플러그 게이지로도 무겁고 취급하기 어려워지므로 봉게이지를 사용한다.

㉡ 축용 한계 게이지

축의 최대허용치수를 기준으로 한 측정 단면이 있는 부분을 통과 측이라 하고, 축의 최소허용치수를 기준으로 한 측정 단면이 있는 부분을 정지 측이라 한다.

① 링 게이지(ring gauge)

지름이 작은 것이나 두께나 얇은 공작물의 측정에 사용된다. 링게이지는 스냅 게이지에 비하여 가격이 비싸지만, 테일러의 원리에 따라 통과 측에는 링게이지를 사용하는 것이 바람직하다.

② 스냅 게이지(snap gauge)

스냅 게이지를 사용한 방법은 일반적으로 측정 압력이 작용하므로 취급에 주의하여야 한다. 테일러의 원리에 따라 정지 측에만 사용하는 것이 좋으나, 게이지 원가 가격이 싸고 사용상 편리성, 축의 형상 오차가 작다는 것 등을 고려하여 통과 측, 정지 측 모두 사용하고 있다. 편구 스냅 게이지는 양구 스냅 게이지에 비하여 게이지 부를 돌려 사용하지 않아도 좋고 검사 시간도 단축할 수 있는 장점이 있다.

그림 7-45 한계 게이지 종류

(9) 한계 게이지 설계

1) 구멍용 플러그 한계 게이지(KS 방식)

① 통과측 : (구멍의 최소 치수+마모여유)$\pm \dfrac{\text{게이지공차}}{2}$

편측공차환산 = (구멍의 최소치수+마모여유$-\dfrac{\text{게이지공차}}{2}$) + 게이지공차

② 정지측 : (구멍의 최대치수)$\pm \dfrac{\text{게이지공차}}{2}$

편측공차환산 = (구멍의 최대치수+$\dfrac{\text{게이지공차}}{2}$) − 게이지공차

(설계 보기) : 호칭치수 35K6($35 {}^{+0.003}_{-0.013}$)인 구멍을 검사하기 위한

PLUG GAGE의 설계(호칭치수 35, 제품 공차 0.016)

① 통과측 : $(34.987+0.004) \pm \frac{0.0025}{2}$, 34.991 ± 0.00125

$(34.987+0.004-\frac{0.0025}{2})+0.0025 = 34.98975 {}^{+0.0025}_{0}$

② 정지측 : $35.003 \pm \frac{0.0025}{2}$, 35.003 ± 0.00125

$(35.003+0.00125)-0.0025 = 35.00425 {}^{0}_{-0.0025}$

2) 구멍용 플러그 한계 게이지(MI L-STD 방식)

① 통과측 : (구멍의 최소치수 + 마모여유(w)) + 게이지공차(G)

② 정지측 : (구멍의 최대치수) − 게이지공차(G)

(설계보기) : 호칭치수 $35 {}^{+0.003}_{-0.013}$인 구멍을 검사하기 위한 PLUG GAGE의 설계

(호칭치수 35, 제품 공차 0.1)

① 통과 : $(34.987+0.005)+0.003 = 34.992 {}^{+0.003}_{0}$

② 정지 : $35.003 {}^{0}_{-0.003}$

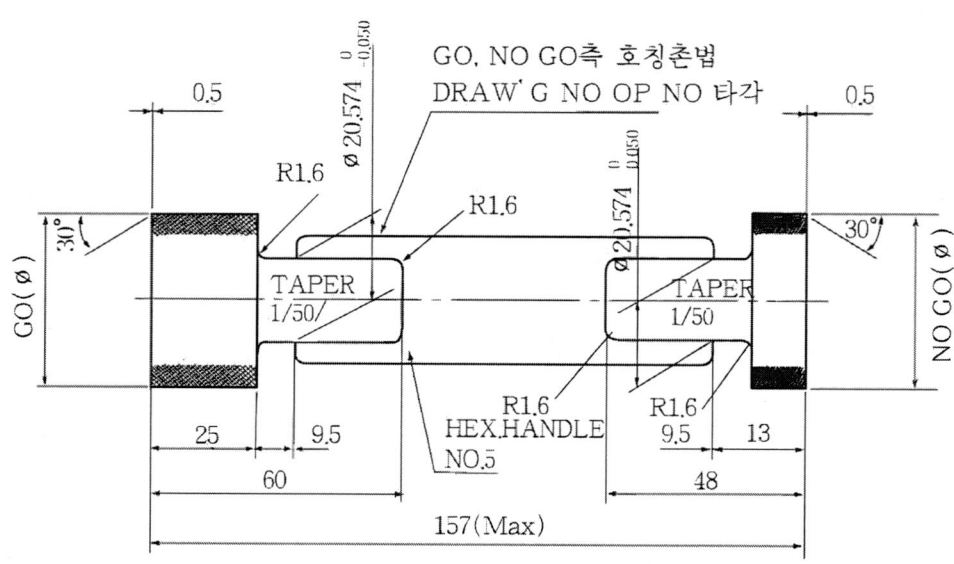

그림 7-46 구멍용 플러그 한계 게이지

3) 축용 링 및 스냅 한계 게이지(KS 방식)

① 통과측 : (축의 최대치수−마모여유(w)) $\pm \frac{\text{게이지 공차}(G)}{2}$

편측 공차 환산 = (축의 최대치수 − 마모여유 + $\frac{\text{게이지 공차}}{2}$) − 게이지 공차

② 정지측 : (축의 최소치수) $\pm \frac{\text{게이지 공차}(G)}{2}$

편측 공차 환산 = (축의 최소 치수 − $\frac{\text{게이지 공차}}{2}$) + 게이지 공차

(설계보기) : 호칭치수 88m5($88 {}^{+0.028}_{+0.013}$)인 축을 검사하기 위한

RING AND SNAP GAGE의 설계(호칭치수 88, 제품 공차 0.015)

① 통과측 : $(88.028-0.005)\pm\frac{0.004}{2}$, 88.023 ± 0.002

$(88.028-0.005+\frac{0.004}{2})=88.025\,^{0}_{-0.004}$

② 정지측 : 88.013 ± 0.002

$(88.013-\frac{0.004}{0})+0.004=88.011\,^{+0.004}_{0}$

4) 축용 링 및 스냅 한계 게이지(MIL-STD 방식)

① 통과측 : (축의 최대치수 − 마모여유(w)) − 게이지공차(G)

② 정지측 : (축의 최소치수) + 게이지 공차(G)

(설계 보기) : 호칭치수 $88\,^{+0.028}_{+0.013}$인 축을 검사하기 위한

RING GAGE의 설계(호칭치수 88, 제품 공차 0.1)

① 통과 : $(88.028-0.005)-0.005 = 88.023\,^{0}_{-0.005}$

② 정지 : $88.013\,^{+0.005}_{0}$

SNAP GAGE의 설계

설계 방법은 구멍용 한계 게이지와 동일

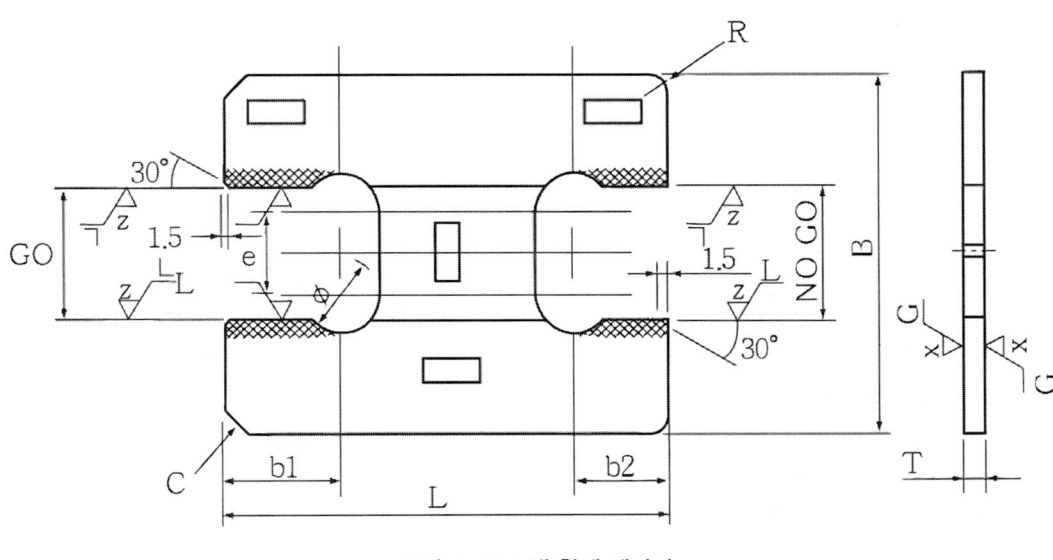

그림 7-47 스냅 한계 게이지

(10) 공기 마이크로미터

공기 마이크로미터는 길이의 미소 변위를 공기의 압력 또는 공기량의 변화를 확대 기구로 하여 지시부의 부자(float)에 의해 길이를 측정하는 것으로 유체 역학의 원리를 응용한 것이다. 측정 노즐과 피측정물 사이의 틈새가 있으면, 이 틈으로 공기가 빠져나오는데, 이 틈새가 크면 흘러나오는 공기의 양이 많게 된다. 이 때, 공기의 양을 측정하면 그 틈새의 크기를 알 수 있다.

피측정물과 기계적으로 접촉할 때 사용하는 측정 스핀들은 원뿔형 또는 밸브형이 있고, 또한 공기 마이크로미터의 측정 원리는 유량식, 배압식, 유속식의 세 가지 방식이 있다.

유량식은 [그림 7-48] (a)와 같이 유리 테이퍼 관으로 된 유량계가 있으며, 그 속의 부자(float) F에 공기가 통과하면 일정한 높이에 오게 되는데 이때, 유속은 일정하게 유지되고 틈새의 변화로 측정하는 방식이고, (b)의 배압식은 노즐 D 앞에 또 다른 제어 노즐 B가 있어, 양 노즐 사이의 압력계로써 측정 노즐과 피측정물과의 틈새를 측정하는 방식이다. 유속식 (c)는 측정 노즐 앞쪽의 단면적을 일정하게 하고 그 속의 공기 속도를 측정하는 것인데 대부분 벤투리 노즐로 작동하고, 속도는 2개의 다른 단면적에 있어서 차압의 측정 때문에 지시된다.

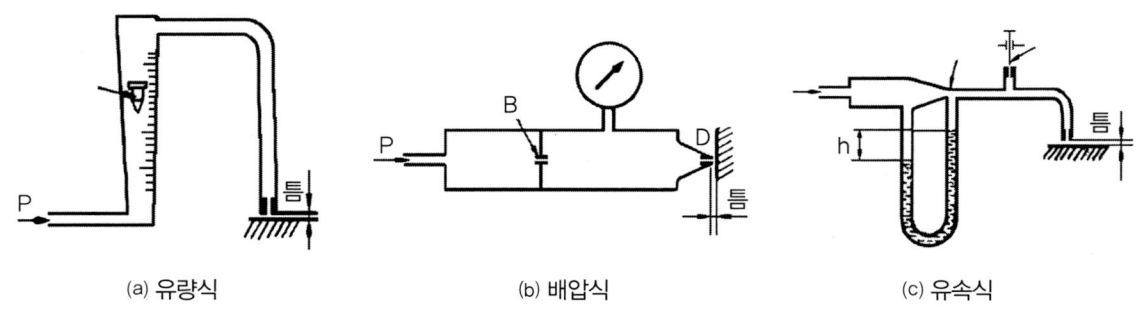

(a) 유량식   (b) 배압식   (c) 유속식

그림 7-48 공기 마이크로미터의 종류

공기 마이크로미터의 특징은 다음과 같다.
① 10만 배 정도의 배율이 극히 높다.
② 피측정면과 무접촉으로 측정하므로 연질 재료 측정이 가능하다.
③ 전용 측정이므로 대량 연속 측정에 활용한다.
④ 타원, 테이퍼, 진원도, 진직도, 직각도, 평행도 등을 측정할 수 있다.
⑤ 원거리 자동 측정에 활용한다.
⑥ 비교측정기이므로 최대, 최소 두 개의 표준게이지가 있어야 한다.
⑦ 피측정물의 표면이 거칠면 실제 치수보다 작게 측정된다.
⑧ 보조장치 및 공기 압축원이 필요하다.

(11) 전기 마이크로미터

전기 마이크로미터는 보통 측정자의 기계적인 변위를 전기량으로 변환하여 지시계의 지침의 움직임으로 나타내는 것이다. 이는 측정 장소와 지시 부분과 분리하여 원격 측정을 할 수 있으며, 전기적 측정값에 의하여 전기적인 지시 장치, 기록장치, 또는 자동 검사기나 공작기계 등을 작동시킬 수 있다.

또한, 큰 배율을 얻을 수 있어 정도가 높고 취급이 간편하나, 보통 교류전원을 사용할 때 전원 전압 또는 주파수의 변동이 정도에 영향을 주며, 기계적 비교측정기에 비하여 값이 비싸다.

전기 마이크로미터는 측정에 사용되는 변환 방식에 의하여 유도형, 저항형, 용량형, 차동 변압기형 등이 있는데, 치수 변화에 따른 인덕턴스, 저항 용량, 전압 등의 전기량의 변화를 이용한 것이다.

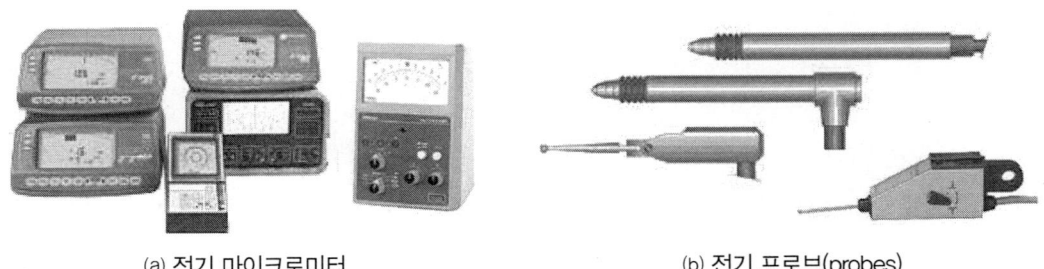

(a) 전기 마이크로미터 (b) 전기 프로브(probes)

그림 7-49 전기 마이크로미터

(12) 기타 비교측정

1) 미니미터(mini meter)

미니미터는 레버 기구를 이용하여 100~1,000배로 확대하는 기구이며, 보통 최소 눈금이 1μ, 정도는 $\pm 0.5\mu$ 정도로 하여 부채꼴의 눈금 위를 바늘이 180° 이내에서 움직인다.

2) 올소 테스터(ortho tester)

올소 테스터는 레버에 의해 확대되고 기어에 의해서 스핀들이 미소한 직선운동으로 또한 확대하는 기구로서 확대율은 850~900배이다.

3) 측미 현미경(micrometer microscope)

대물렌즈에 의해서 피측정물의 상을 확대하여 하나의 실상을 맺게 한 다음 이것을 접안렌즈로 보면서 측정한다.

4) 옵티 미터(opti meter)

측정자의 미소한 움직임을 확대하는 기구이며, 광학적 장치를 사용한 것으로 확대율은 800배이다. 원통의 안지름, 수나사, 암나사, 게이지 등과 같은 정도가 높은 것에 측정한다.

3. 각도 측정

(1) 각도게이지

1) 요한슨식 각도게이지

1918년, 요한슨(Johansson)에 의해 고안된 게이지로 길이는 약 50mm, 폭은 19mm, 두께는 2mm의 판게이지를 85개 또는 49개를 한 조로 하고 있다. 이 게이지는 긴 방향의 양측면이 서로 평행하여 이 평행한 측면에 대하여 게이지면은 네 귀퉁이에 경사된 짧은 다듬질 가공면으로 되어있고, 여기에 각도가 기입되어 있으며, S자는 그 장소를 표시한 것이다.

홀더(holder)을 이용하여 2개를 조합하여 사용하고 85개조의 측정 범위는 0~10°와 350~360° 사이의 각도는 1° 간격이고, 그 외의 각도는 1'간격으로 만들 수 있다.

49 개조는 0~10°와 350~360° 사이의 각도를 1° 간격이고, 그 외의 각도는 5' 간격으로 만들 수 있다.

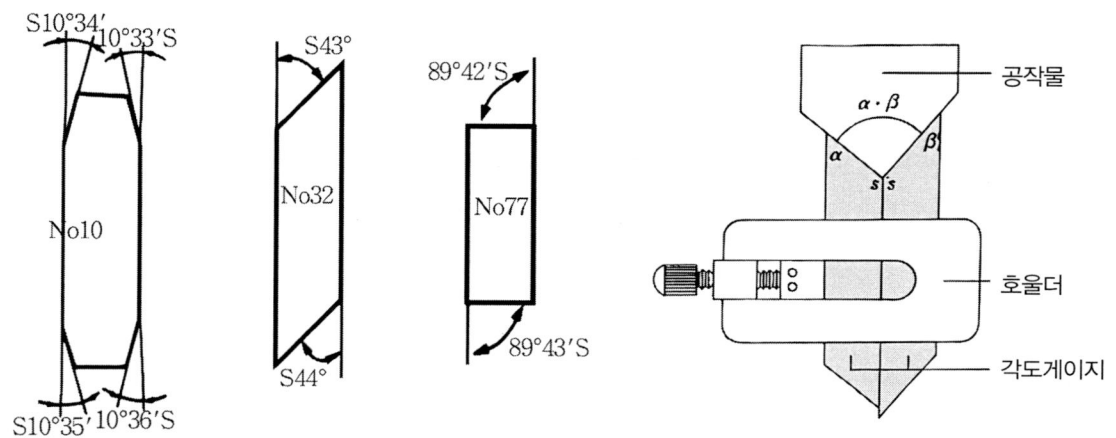

그림 7-50 요한슨식 각도게이지

2) NPL식 각도게이지

1940년, 영국의 톰린스(Tomlinson)에 의하여 고안된 것으로 100×15mm의 쐐기형 강철제 블록으로 되어있다. NPL식 각도게이지는 12개 게이지 6″, 18″, 30″, 1′, 3′, 9′, 27′, 1°, 3°, 9°, 27°, 41°를 한 조로 2개 이상 조합해서 0°~81°까지 6″ 간격으로 임의의 각도를 만들 수 있고, 조립 후의 정도는 ±2~3″이다.

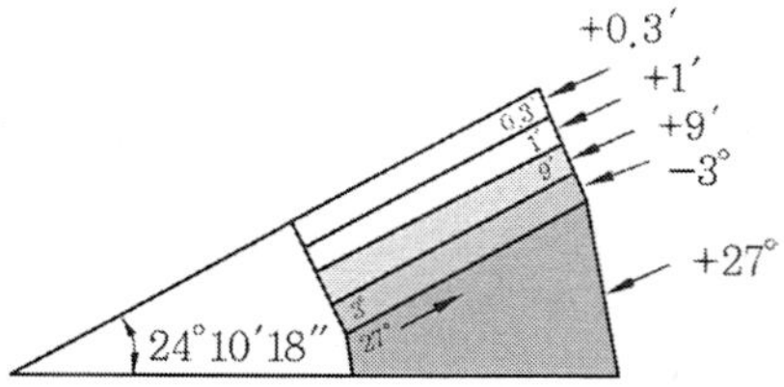

그림 7-51 NPL식 각도게이지

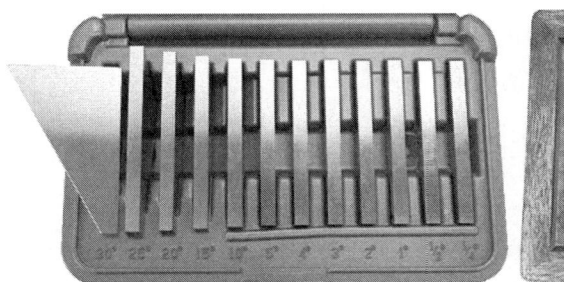
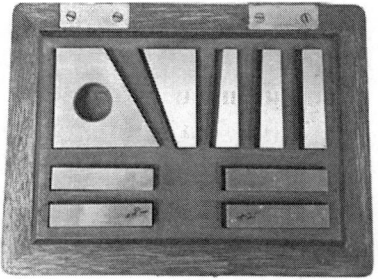

그림 7-52 베벨 각도기의 각부 명칭

(2) 각도 측정기

1) 베벨 각도기

2면 간의 각도를 간단하게 측정하는 데는 베벨 각도기가 많이 쓰이며, 눈금 읽는 방법에 따라서 기계적인 각도기와 광학적인 각도기가 있다. 각도의 읽음을 5′또는 3′까지 읽을 수 있는 것이 있다. 원주 눈금이 새겨진 자와 읽음용 눈금 혹은 아들자 눈금을 가진 회전체로 되어있으며, 기계적 베벨 각도기(bevel protractor)와 광학적 베벨 각도기가 많이 사용된다.

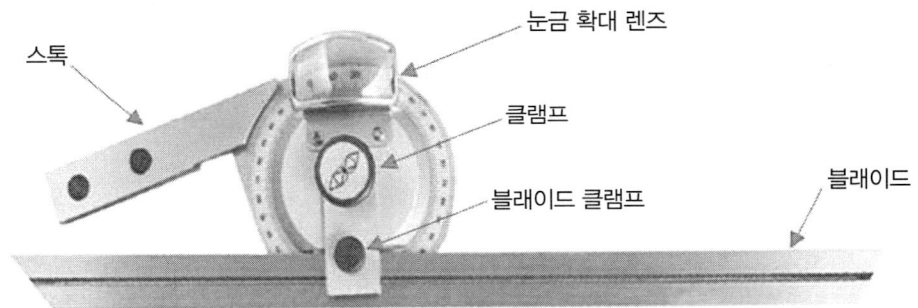

그림 7-53 베벨 각도기의 각부 명칭

2) 만능각도기

2면 간의 각도를 측정하는 측정기로 눈금 원판은 1눈금이 1′이고, 최소 읽음 눈금은 23′를 12등분한 아들자는 5′이고, 19°를 20등분한 아들자는 3′이다.

[그림 7-55]은 눈금 읽는 방법으로서 눈금 원판과 버니어 눈금의 일치점이 버니어 눈금에서 25′이므로 측정값은 20°25′가 된다.

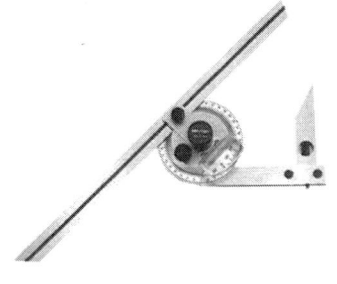
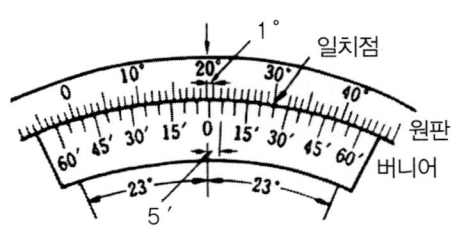

그림 7-54 만능각도측정기   그림 7-55 눈금 읽는 방법

3) 콤비네이션 세트(combination set)

강철자에 스퀘어 헤드와 센터 헤드가 있는 것을 콤비네이션 스퀘어(combination square)라 하며, 여기에 각도기가 붙어 있는 것을 콤비네이션 세트라 한다. 스퀘어 헤드는 높이 측정에 사용하고, 센터 헤드는 중심을 내는 금긋기 작업에 이용한다. 또한, 각도기에는 수준기가 붙어 있는 것도 있다.

그림 7-56 콤비네이션 세트

(3) 수준기

기포관 안에 들어 있는 기포의 이동 방향으로부터 수평 또는 수직을 정하거나 약간의 경사진 것을 측정할 때 사용한다.

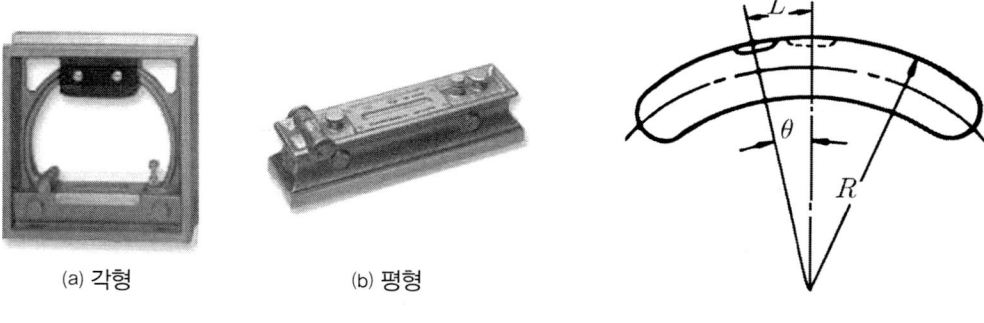

그림 7-57 수준기 종류   그림 7-58 수준기의 경사

경사각은 눈금을 읽어 각도를 환산하며, [그림 7-58]에서 곡률반경 R에서 기포가 중앙에서 L만큼 이동한 거리에 대한 기울어진 경사각 θ을 라디안(Radian)으로 나타내면 다음과 같다.

$$\theta = \frac{L}{R}(Rad), \quad \frac{2\pi R}{\alpha} = \frac{360 \times 60 \times 60}{\rho}, \quad \rho = 206265 \times \frac{\alpha}{R} (초)$$

여기서, α : 수준기 1눈금, ρ : 수준기 1눈금에 상당하는 각도(초)

수준기는 감도에 따라 1종, 2종, 3종이 있는데 KS에서 감도는 기포관의 1눈금(2mm)이 편위하는데 필요한 경사각을 밑면 1m에 대한 높이 또는 각도로 표시한다. 즉, 1종의 감도는 0.02mm/m(약 4″), 2종은 0.05mm/m(약 10″), 3종은 0.1mm/m(약 20″)이다.

(4) 오토콜리메이터(autocollimator)

오토콜리메이터는 평면경, 프리즘 등을 이용하여 미소한 각도의 변화 또는 평면의 기울기 등을 측정하고, 정밀한 정반의 평면도, 마이크로미터의 측정면의 직각도, 평행도, 공작기계 안내면의 진직도, 직각도, 평행도, 그 밖의 작은 각도

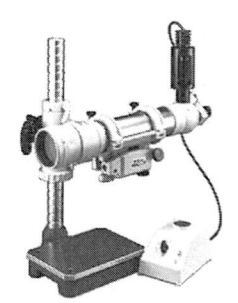

그림 7-59 오토콜리메이터

차의 변화나 흔들림 등을 측정하며, 검사에 사용되는 광학적 각도 측정기이다.

(5) 삼각법에 의한 측정

1) 사인 바(Sine bar)

사인 바는 게이지 블록과 같이 사용하며, 삼각함수의 사인(sine)을 이용하여 임의의 각도를 길이로 계산하여 간접적으로 각도를 구하는 방법이다.

크기는 롤러와 롤러 중심 간의 거리로 표시하며, 일반적으로 100mm, 200mm를 많이 사용한다. 또한, 높은 정도의 값을 얻기 위해서는 45° 이하에서 측정하는 것이 좋으며, 윗면의 평면도, 롤러의 치수 및 진원도가 정확해야 하고, 롤러 중심선이 윗면과 평행해야 한다.

[그림 7-61]의 정반 위에서 게이지 블록의 높이를 각각 h, H라 하면 정반 면과 사인 바의 상면이 이루는 각 θ는 다음과 같다.

$$\sin\theta = \frac{H-h}{L}, \quad \theta = \sin^{-1}\frac{H-h}{L} \quad (L: \text{사인 바 호칭치수})$$

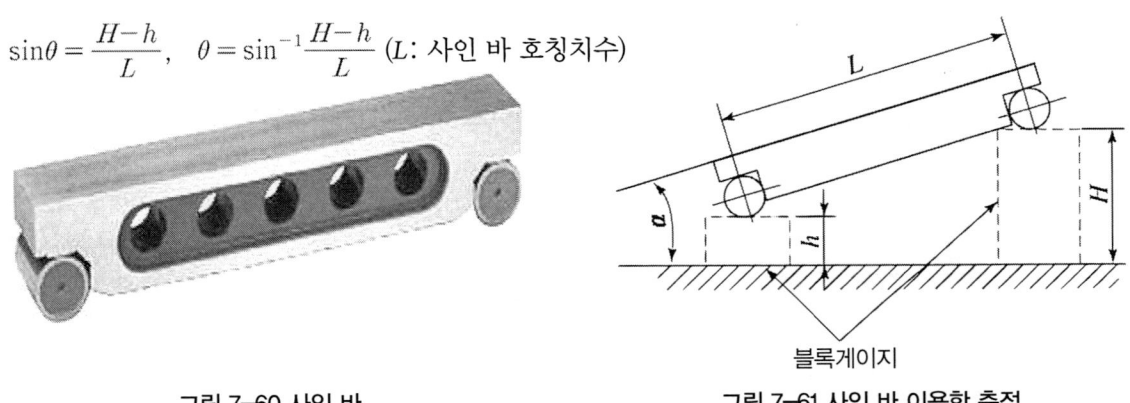

그림 7-60 사인 바   그림 7-61 사인 바 이용한 측정

2) 탄젠트 바(Tangent bar)

탄젠트 바는 중간의 게이지 블록에 의해 간격이 결정되고 미리 알고 있는 롤러 지름 d, D 2개의 롤러에 의해 측정되며, 더브 테일(Dove tail) 등의 측정에 응용된다. [그림 7-62]은 3개의 게이지 블록을 이용한 방법이고, [그림 7-63]은 2개의 롤러와 게이지 블록을 이용한 방법으로 다음과 같다.

$$\tan a = \frac{H-h}{L+l}, \quad a = \tan^{-1}\frac{H-h}{L+l} \text{ (a)}, \qquad \tan\frac{a}{2} = \frac{\frac{D}{2}-\frac{d}{2}}{\frac{D}{2}+\frac{d}{2}+L} = \frac{D-d}{D+d+2L} \text{ (b)}$$

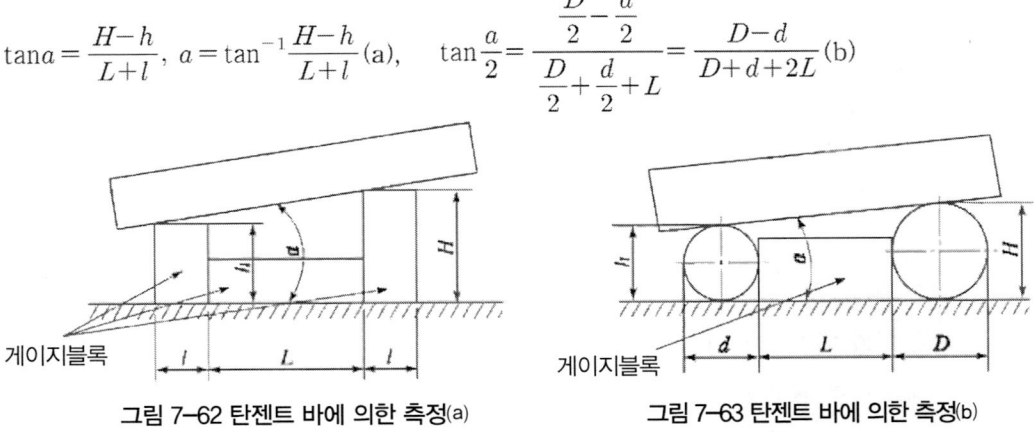

그림 7-62 탄젠트 바에 의한 측정(a)   그림 7-63 탄젠트 바에 의한 측정(b)

(가) 구배각 측정

[그림 7-64]와 같이 구배 위에 2개의 원통 롤러 지름 D와 게이지 블록의 길이 L, 그리고 높이 측정기 등을 이용하여 구배각 α를 측정하는 방법은 다음과 같다.

$$\sin\alpha = \frac{H-h}{D+L}, \quad \alpha = \sin^{-1}\frac{H-h}{D+L}$$

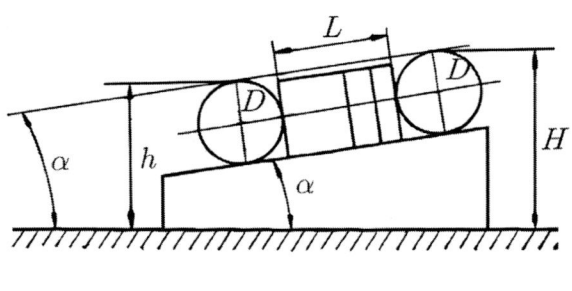

그림 7-64 구배각 측정

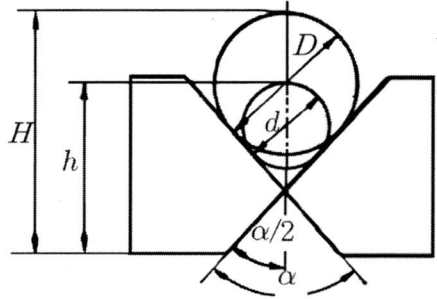

그림 7-65 V블록 프리즘 각의 측정

(나) V블록의 홈 각도 측정

[그림 7-65]와 같이 V 홈에 원통 롤러 d와 D을 각각 올려놓았을 때의 높이 h을 측정하면 각도 α은 다음과 같다.

$$\sin\frac{\alpha}{2} = \frac{\frac{D-d}{2}}{(H-h)-\frac{D-d}{2}} = \frac{D-d}{2(H-h)-(D-d)}$$

(6) 원뿔 테이퍼의 측정

[그림 7-66]에서 원뿔의 직경 D와 길이 L과의 비 D/L에서 D을 1로 환산한 값을 테이퍼량이라 하고, 각도 a을 테이퍼 각이라 한다. 즉, a/2는 구배각, 1/x은 테이퍼를 나타낸 것이다.

테이퍼량 $\frac{1}{x} = \frac{(D-d)}{L} = 2\tan\frac{a}{2}$

선반의 테이퍼는 모스 테이퍼, 밀링 등에서는 내셔널 테이퍼를 사용하고 있다.

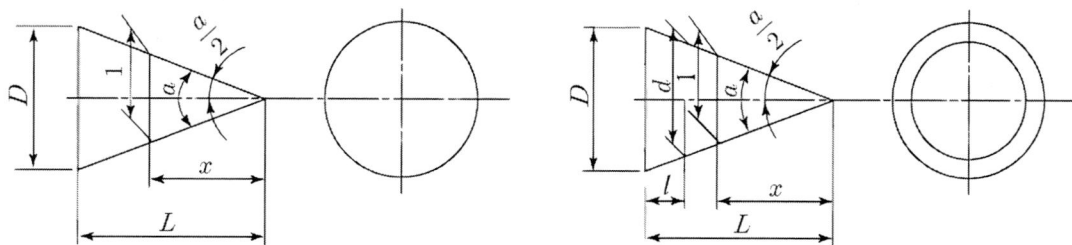

그림 7-66 원추의 테이퍼

1) 볼 또는 롤러에 의한 테이퍼 측정

[그림 7-67]은 정반 위에 플러그 게이지(plug gauge)를 세워 2개의 동일 치수의 롤러를 원뿔면에 대

고 M_1의 길이를 측정하고, 다음에 양측에 임의 게이지 블록 높이 H에서 롤러를 놓고 M_2를 마이크로미터로 측정한다. 이때 롤러 지름을 d, 테이퍼 각 a 및 플러그 게이지 선단의 지름을 D_1, D_2라 하면 다음과 같이 계산한다.

$$\frac{1}{x} = \frac{M_2 - M_1}{H} \quad \tan\frac{a}{2} = \frac{M_2 - M_1}{2H}$$

[그림 7-68]은 테이퍼 링게이지를 측정하는 경우는 다음과 같다.

$$\frac{1}{x} = \frac{M_1 - M_2}{H} \quad \tan\frac{a}{2} = \frac{M_1 - M_2}{2H}$$

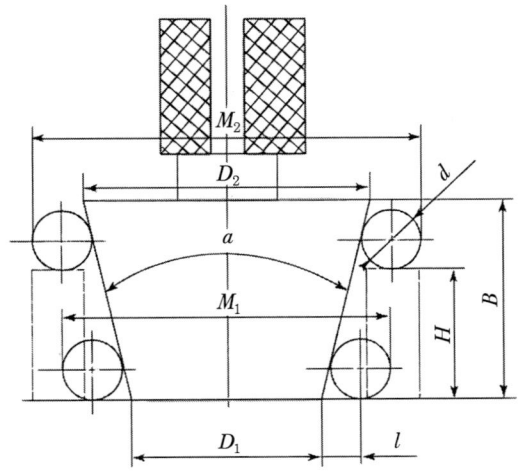 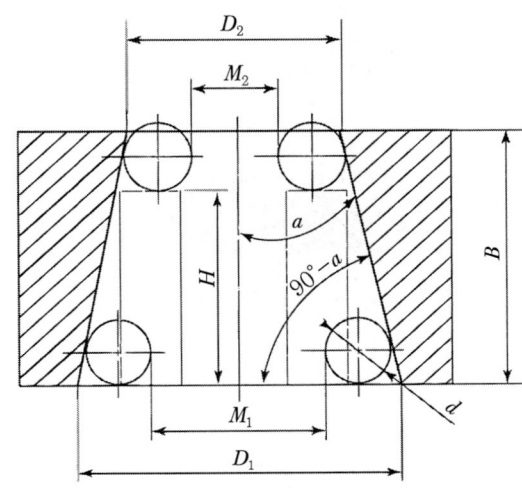

그림 7-67 롤러에 의한 테이퍼 측정 　　　　　그림 7-68 볼에 의한 테이퍼 측정

4. 면 측정

기계 가공한 면은 평면도, 진직도 및 정도(roughness) 등을 대상으로 측정하며, 가공 면이 이상 평면과 얼마만큼의 차이가 있는가를 나타낸 것이 평면도이고, 가공물의 직선 부분이 이상직선과 얼마만큼의 차이가 있는가를 나타낸 것이 진직도이다.

(1) 직정규(straight edge)

1) 공구실용 직정규

공구실용 직 정규는 [그림 7-69]와 같으며, 정규(edge)부에는 약간의 라운딩되어 있고, 열전도를 방지하기 위하여 손잡이가 붙어 있는 것도 있다.

그림 7-69 공구실용 직정규

측정 방법은 직정규를 측정물에 접촉시켜 정규(edge)부와 가공면 사이에서 나오는 빛으로 측정한다. 3μ이상이면 백색이고, 그보다 좁으면 다른 색으로 보이며, 0.5μ이하이면 보이지 않는다.

2) 강제 장방형 단면 직정규

강제 장방형 단면 직정규는 [그림 7-70]의 형상으로 측정 방법은 직정규를 측정면 위에 놓고 옆으로 밀면 중간에 높은 곳이 있으면 직정규가 회전하게 되는데 그곳이 높음을 알 수 있다. 또는 [그림 7-71]의 다이얼게이지를 슬라이드 시켜서 측정값을 얻을 수도 있다.

그림 7-70 강제 장방형 직정규

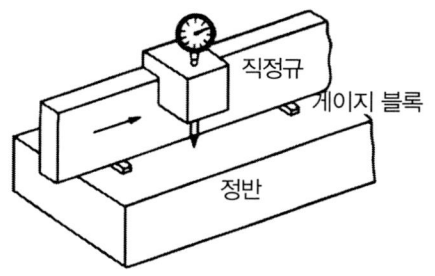

그림 7-71 직정규 측정

3) 주철제 직정규

주철제 또는 석제 직정규는 [그림 7-72]는 좁고 긴 정반 형상이며, 기계 설치, 기계나 공구 지지면의 중심 맞추기와 평면 측정에 사용된다. 측정 방법은 측정면에 광명단 등을 바르고, 직정규를 밀어 광명단이 묻어 있는 여부 따라 평면을 확인하는 방법이다.

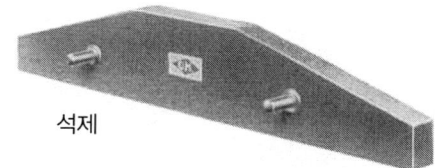

그림 7-72 주철 및 석제 직정규

(2) 광선정반(optical flat) 측정

외측 마이크로미터의 측정면 등의 평행도 등을 측정하며, 수정이나 크라운 유리, 석영 유리의 재질로 지름 30~60mm, 두께 10~12mm의 원판으로 상하면이 평행하게 정밀 가공되어 있다. 또한, 12 개조(두께 12mm, 12.12mm, 12.25mm, 12.37mm) 및 24 개조(두께 24mm, 24.12mm, 24.25mm, 24.37mm)의 두 종류가 있다.

측정 방법은 측정물 위에 광선정반을 놓고 빛을 통과시키면 측정면과 광선정반 간의 틈새에 [그림 7-74]와 같이 간섭무늬가 나타나는데 간섭무늬 형상과 수에 의하여 측정면의 정밀도를 알 수 있다.

간섭무늬의 간격은 백색광의 경우 약 0.25μ이다. 예를 들어 [그림 7-74]의 (c)와 (d)인 경우 무늬가 4개이므로 중앙에서는 $0.25\mu \times 4 = 1\mu$의 높이 및 깊이가 있음을 의미한다. 또한, 비슷한 무늬의 요철로 판정하기 어려울 때는 광선정반의 중앙을 손끝으로 눌러 무늬가 중앙에서 외측으로 움직이면 볼록면, 반대로 외측에서 중앙으로 움직이면 오목면 임을 나타낸다.

그림 7-73 광선정반

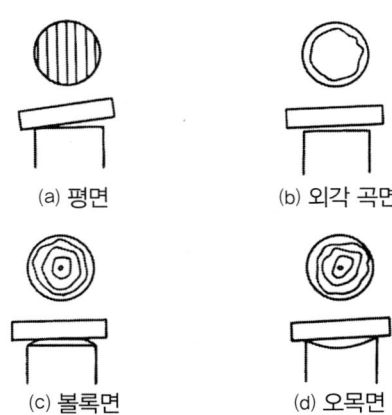

그림 7-74 간섭무늬

(3) 표면 거칠기(조도) 측정

표면 거칠기는 [그림 7-75]와 같이 아주 작은 범위에서 표면의 요철로서 "거칠다", "매끄럽다"하는 감각의 근본이 되는 것이고, 그 정도를 표면 거칠기로 조도(roughness)를 의미한다.

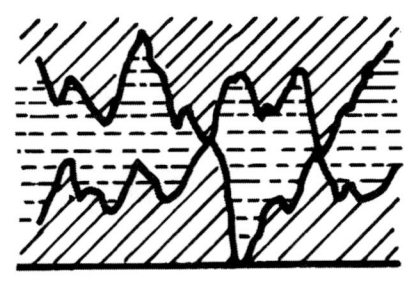

그림 7-75 표면 거칠기 상태

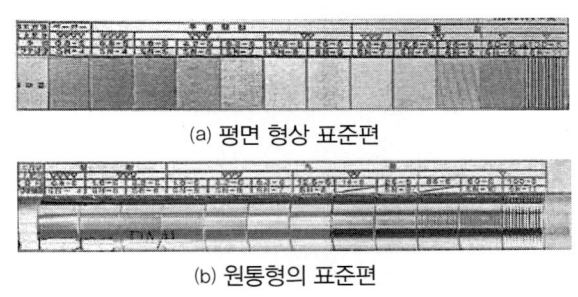

그림 7-76 표준편

1) 비교용 표준편과 비교 측정

사람의 촉각으로 표준편 [그림 7-76]과 가공된 제품과의 표면 거칠기를 비교하여 측정하는 방법이다.

2) 광절단식 측정법

[그림 7-77]처럼 피측정물과 접촉하지 않고 빛을 피측정물 표면 위에 투영시켜 직각 방향에서 관측하는 방법이다.

이 방식은 여러 가지가 있으나 투영 광축과 관측 현미경 축이 피측정면과 이루는 각에 의해 명시야 관찰($\gamma = \beta = 45°$)과 암시야 관찰($\gamma \neq \beta$)로 나누어진다.

특징은 취급이 간편하고, 정확하고 신속하므로 공장용으로 적합하고 피측정면의 일반적인 거칠기의 직관 상인 윤곽 단면을 사진으로 투영시킬 수가 있다.

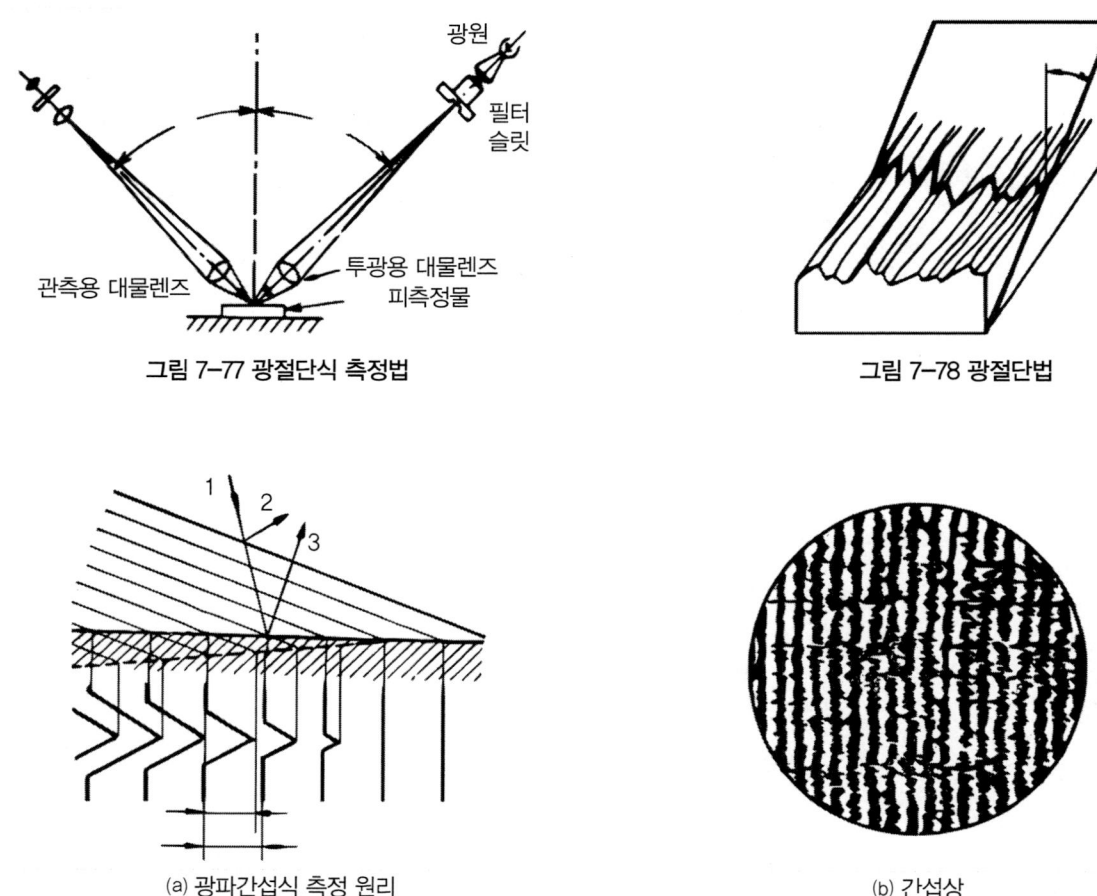

그림 7-77 광절단식 측정법

그림 7-78 광절단법

(a) 광파간섭식 측정 원리

(b) 간섭상

그림 7-79 광파 간섭식

3) 광파 간섭식 측정법

빛의 간섭을 이용하여 가공면의 거칠기를 측정하는 것으로, 요철의 높이가 $1\mu n$이하의 비교적 미세한 표면의 측정에 사용된다. 특징은 분해 능력이 크고 매우 부드러운 물체의 측정이 가능하며, 직접 측정기에서 하기 힘든 기어, 나사면, 구멍 등을 측정할 수 있다. 단점은 반사면이 좋은 표면에만 사용 가능하고, 진동에 민감하다. [그림 7-79]는 광파 간섭식에서 간섭상이며, 파장을 λ라 하고, a는 간섭무늬 폭, b는 간섭무늬의 휨량이라 하면 표면 거칠기는 다음과 같다.

$$R_{max} = \frac{b}{a} \times \frac{\lambda}{2}$$

4) 촉침식 측정 방법

표면 거칠기 측정법의 대표적인 것으로 측정 원리는 피측정면에 수직으로 움직이는 뾰족한 바늘로 피측정면의 표면을 긁는다. 이때 상하의 움직임량을 전기적인 신호로 변환하고, 다음에 증폭시킨 다음 그래프로 나타낸다.

촉침의 재질은 선단이 뾰족한 것은 사파이어 또는 다이아몬드바늘을 사용하고, 선단의 반지름이 작지 않은 것은 강을 이용한다.

확대 방법에는 기계식, 광레버식, 전기식 및 공기식이 있다.

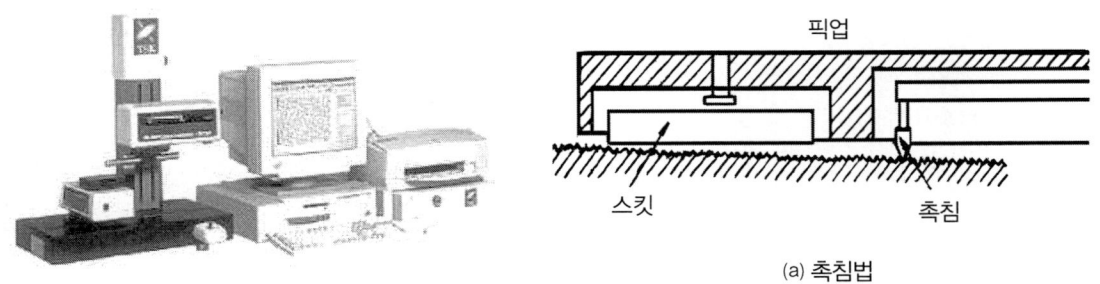

그림 7-80 촉침식 표면 거칠기

5. 나사측정

(1) 나사측정의 개요

나사는 암나사와 수나사가 있으며, 사용 목적에 따라 체결용 나사와 운동용 나사로 나누고, 나사산의 모양에 따라 삼각나사, 사다리꼴나사, 둥근나사, 사각나사 등으로 분류한다.

또한, 체결용 나사는 가장 널리 사용하는 삼각나사로서 미터나사와 유니파이 나사가 있고 각각 보통 나사와 가는 나사로 구분한다.

d : 바깥지름
d_1 : 골 지름
d_2 : 유효지름
a : 나사각
p : 피치

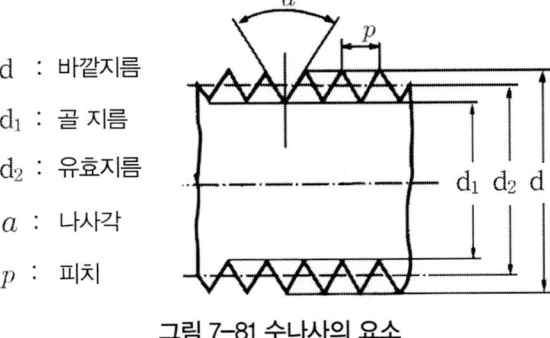

그림 7-81 수나사의 요소

운동용 나사는 사각나사, 사다리꼴나사, 톱니나사 등이 많이 사용되고 있다 이 중에서 보통 삼각나사의 측정 방법을 설명하기로 하며, 나사를 측정할 때는 [그림 7-81]에서 바깥지름(outside diameter), 골지름, 유효지름, 피치(pitch), 나사의 각 등 5가지 요소를 측정한다.

(2) 수나사 측정

[그림 7-82]에서 수나사의 바깥지름(a)은 외측 마이크로미터로 측정하고, 골지름 측정(b)은 V형 프리즘을 사용하여 측정한다.

유효지름을 측정은 나사 마이크로미터, 삼선법, 공구 현미경 등의 광학적 측정기로 하는 방법이 있다. 가장 정밀한 삼침법 측정 방법이다.

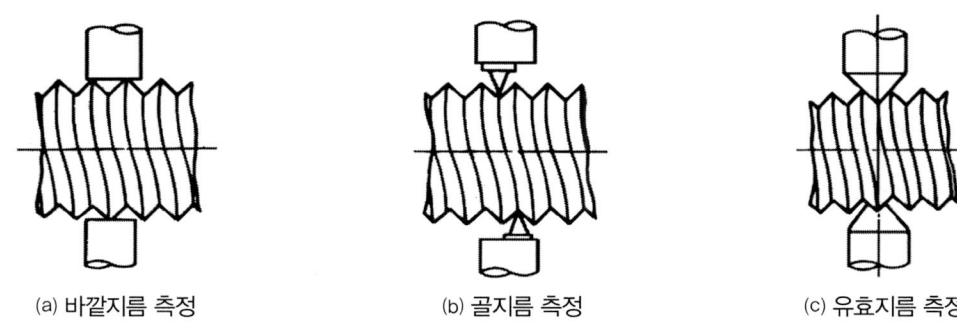

(a) 바깥지름 측정   (b) 골지름 측정   (c) 유효지름 측정

그림 7-82 수나사 측정

1) 나사 마이크로미터에 의한 측정

[그림 7-82] (c)와 같이 나사 마이크로미터는 유효지름을 측정하는 데 널리 사용한다. 보통 외측용 마이크로미터의 앤빌에 나사산에 적합한 모양의 V형 홈을 붙이고, 또한, 스핀들 끝에 원뿔 모양을 측정자로 붙여 보통 마이크로미터와 같이 측정한다.

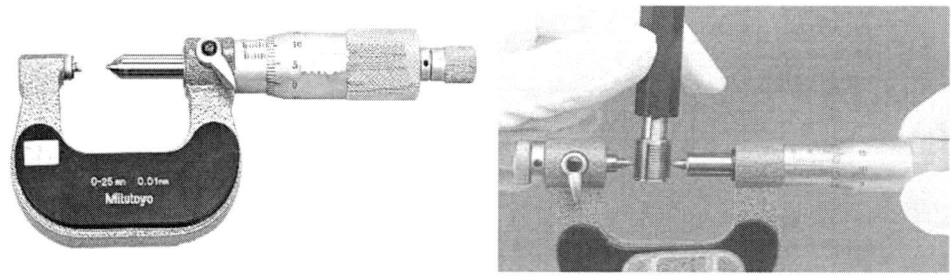

그림 7-83 나사 마이크로미터와 측정 방법

2) 삼선법(삼침법)

[그림 7-84]의 (a)와 같이 나사의 골에 3개의 침(wire)을 끼우고 침의 외측을 외측 마이크로미터 등으로 측정하여 수나사의 유효지름을 계산하는 방법이다.

[그림 7-84]의 (b)에서 p는 피치, d는 와이어의 지름, α는 나사산의 각도, M은 마이크로미터의 읽음값이며, 유효지름 d_2의 계산은 다음과 같다.

미터나사와 유니파이 나사의 나사산, $\alpha=60°$ 또한 와이어가 유효지름에서 나사선에 닿도록 하는 경우 $d = \dfrac{p}{2\cos\dfrac{\alpha}{2}} = 0.57735p$ 이므로 $d_2 = M - 3d + 0.86603p$ 이다.

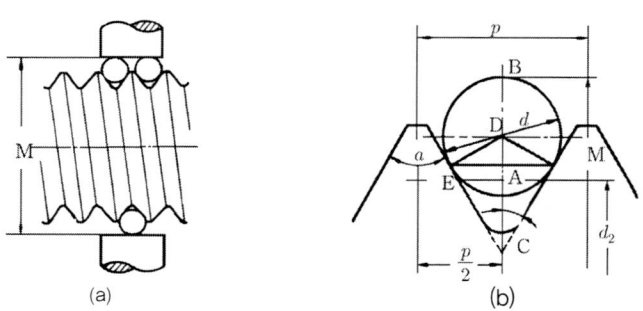

그림 7-84 삼선법의 유효지름 측정법

3) 나사의 광학적 측정

나사의 광학적 측정에 사용하는 측정기는 공구 현미경과 투영기가 주로 사용되며, 이들 측정기는 피치나 나사산의 반각과 유효지름 등을 쉽게 측정할 수 있다. 이는 일반적으로 측정력 때문에 생기는 오차와 기계적인 방법에서 큰 반각에서 생기는 오차의 영향을 없앨 수 있는 잇점이 있다.

그림 7-85 공구 현미경   그림 7-86 투영기

6. 기어 측정

기어를 측정할 때는 이 두께, 치형 오차, 피치, 편심 오차 등을 측정한다. 일반적인 이 두께 측정은 [그림 7-87]과같이 디스크 마이크로미터를 이용하여 측정하며, 치형은 기초 원판식, 기초 원조절 방식 등의 원리를 이용한 치형 측정기나 컴퓨터를 이용한 치형 측정기를 사용하여 측정한다.

그 외에도 원주 피치 측정기, 형상 투영기, 삼차원 측정기 등을 사용하여 정밀한 기어 측정을 할 수 있다.

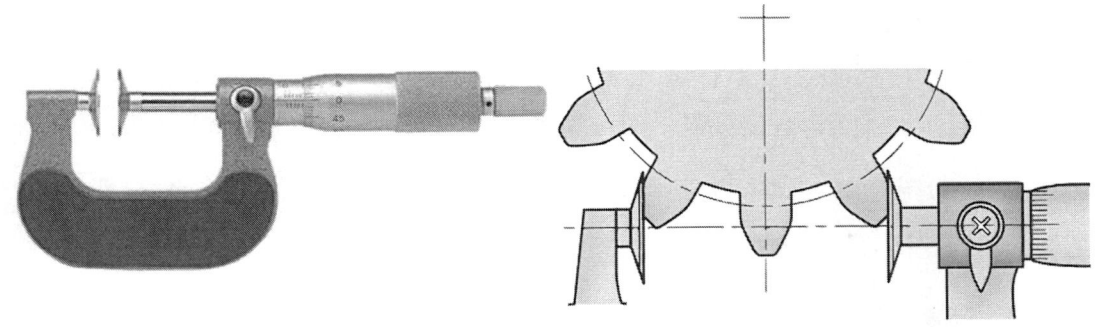

그림 7-87 디스크 마이크로미터에 의한 이 두께 측정

7. 3차원 측정기

3차원 측정기란 물체의 3차원적인 크기나 위치, 거리, 윤곽, 형상, 방향 등을 알 수 있게 한 만능 측정기이다. 이것은 측정자(probe)가 물체의 표면 위치를 3차원 공간으로 이동하면서 각 측정점의 공간 좌표를 검출하고, 그 데이터를 컴퓨터에서 처리함으로써 이루어지며, 수동이나 CNC 및 PC로 제어가 가능하다.

(1) 3차원 측정기의 특징

3차원 측정기는 물체의 가로, 세로, 높이의 3차원 좌표가 디지털로 표시되어 복잡한 모양의 물체라도 매우 짧은 시간에 높은 정밀도로 측정할 수 있다. 여기에 컴퓨터를 이용한 제어 장치를 부착하면 무인 측정이 가능하다. 또한 다른 시스템과의 데이터 통신이 편리하고 대량 생산 제품은 CNC 3차원 측정기를 사용하면 실시간 품질 관리가 가능하다.

그러나 시스템이 복잡하기 때문에 유지, 보수를 위한 노력이 필요하고 정상적으로 활용하기까지 일정한 시간과 관련 분야의 전문 지식이 필요하며 온도나 진동 등에 민감하기 때문에 관리에 주의해야 한다.

(a) 스퍼 기어 측정 (b) 헬리컬 기어 측정

그림 7-88 3차원 측정기 사용 예

(2) 3차원 측정기의 분류

3차원 측정기는 측정자(probe)가 측정품에 접촉하는지 여부에 따라 접촉식과 비접촉식으로 분류된다. 접촉식은 측정자를 제품에 일정한 압력으로 접촉시킬 때 발생하는 위치 신호에 따라 좌표값이 검출되며, 비접촉식은 고해상도의 카메라를 이용하여 촬영된 이미지를 화상 처리 장치에 따라 자동으로 경계점의 좌표값을 검출한다. 과거에는 접촉식이 주류였지만 최근에는 레이저, CCD(전하 결합 소자) 카메라를 이용한 비접촉식이 많이 개발되고 있다.

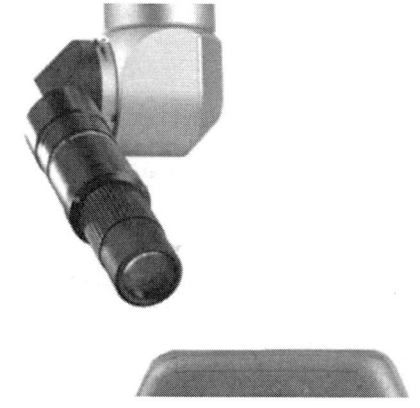

(a) 접촉식 3차원 측정 (b) 비접촉식 3차원 측정

그림 7-89 3차원 측정기 분류

1) 측정값 읽는 방식에 의한 분류

아날로그(Analog) 방식, 디지털(Digital) 방식, 절대(Absolue) 방식, 증가(Increment) 방식이 있다.

2) 조작 상의 분류

① 수동식 삼차원 측정기(Floating) : 클램프 해제 상태에서 X, Y, Z축의 각 구동부를 사람의 힘으로 이동해서 측정을 진행은 측정기이다.

② 모터 드라이브(Motor Drive) 식 삼차원 측정기(Joystick) : X, Y, Z축에 구동 원으로 모터가 내장되어 원격조작으로 각 운동부의 움직임을 제어하여 측정을 진행은 측정기이다.

③ CNC식 삼차원 측정기 : X, Y, Z축의 구동 원으로 모터(Motor)를 가지고 미리 작성된 프로그램에 따라 컴퓨터에 의해 지령이 내려져 측정이 자동으로 수행되는 측정기이다.

3) 구조 형태상의 분류

① 브리지 문이동형 : 가장 일반적으로 사용하는 형태로 테이블 개방형이라 제품을 놓기에 유리하나 빠른 측정을 하면 반복성과 정확성에 문제가 있다.

② 고정 브리지형 : Y축 방향으로 테이블이 움직이므로 높은 정확도를 얻을 수 있으나 피측정 물이 Y축 방향으로 이동하기 때문에 수동식에 사용이 불가하고 피측정 물에 중량이 제한된다.

③ 브리지 베드형 : 중소형에 적합하며 브리지 문 이동형보다 높은 정밀도를 얻을 수 있으나 Y축 가이드의 변형에 대한 보상이 필요하며 측정물의 설치 및 해체에 어려움이 있어 요즘은 거의 사용하지 않는다.

④ L형 브리지형 : 문 이동형보다 가볍고 관성이 적어 조작성은 다소 양호하지만, 각부의 강도를 높게 하면 중량이 증가하기 때문에 정도 유지나 경년 변화 등에 충분한 유지가 필요하다.

⑤ 캔틸레버형 : 소형 타입에 전체 개방형으로 가격이 저렴하나 소형 타입에만 사용할 수 있다는 단점이 있다.

⑥ 브리지 플로어형(갠트리 타입) : 중 대형 장비에 많이 쓰이며 고 반복성과 속도가 빠르지만, 개방성이 없어 시야 확보나 제품을 올리고 내리는게 용이하지 않다.

⑦ 싱글 칼럼 이동형 : 측정 테이블과 칼럼 등이 강성이 높아 변형이 거의 없으며 기하학적을 높은 정밀도를 얻을 수 있으나 피측정 물과 프로브의 양쪽을 움직이면서 측정하는 구조이기 때문에 수동조작이 곤란하다.

⑧ 싱글 칼럼 XY 테이블형 : 소형 타입이며 수동조작이 힘들어 유지가 어려워 그다지 사용되지 않는다.

⑨ 수평 암 테이블 이동형 : Z축 방향 암의 휨 정도가 한 단계 낮아지는 결점을 제거하기 위해 고안된 구조로 소형 타입이며 수동 타입으로 적합하지 않다.

⑩ 수평 암 고정 테이블형 : 대용량 제품의 측정이 가능하지만, 제조상이나 보수 유지가 곤란한 결점이 있다.

⑪ 수평 암형 : 측정기 본체는 피측정 물에 비해 비교적 소형이며 가격이 저렴하다. 하지만 Z축 암의 이동으로 고정도 에는 적합하지 않은 타입이다.

(3) 3차원 측정기의 구조

3차원 측정기는 일반적으로 몸체, 스케일, 프로브, 구동 장치, 주변 장치, 컴퓨터 등으로 구성된다.

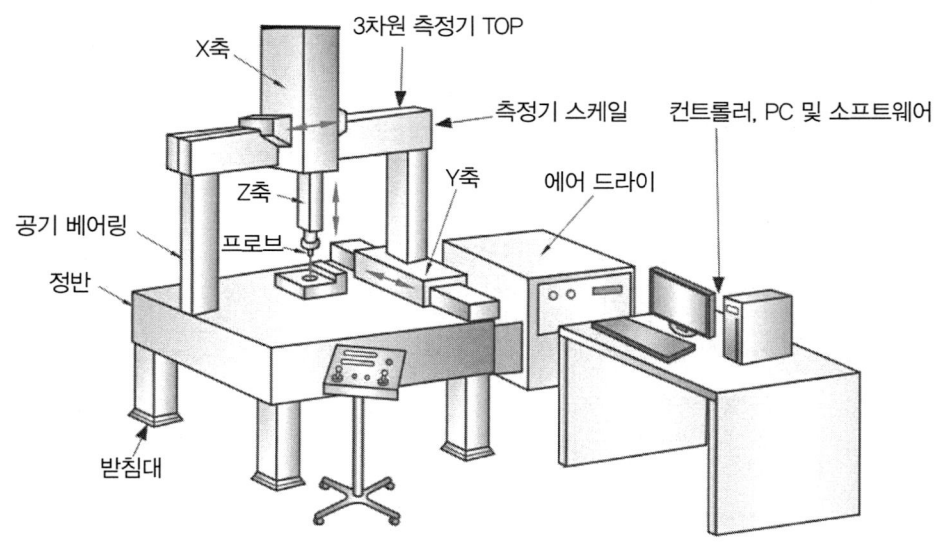

그림 7-90 3차원 측정기의 구조

1) 3차원 측정기 컨트롤러, PC 및 소프트웨어

일반적인 기본 컴퓨터 set에 컨트롤러가 내장되어 있어 기존에 외장형 컨트롤러를 탈피하여 협소한 공간이나 프로그램 사용에 편리합니다. PC 내에 프로그램을 설치하여 다른 업무와 호환이 가능하다.

2) 3차원 측정기 TOP

3차원 측정기의 중요 부분이며 구조 형태에 따라 많은 분류로 나누어지며 여러 가지 보정을 취한 뒤 정반 위에 올려 사용한다.

3) 몸체

3차원 측정기는 몸체의 재질 및 구조의 열적, 기계적 특성이 측정기의 정밀도에 큰 영향을 미친다. 몸체의 재질에는 화강암, 알루미늄 합금, 세라믹 등이 사용된다.

4) 측정 스케일

측정 스케일은 X, Y, Z축의 이동량을 측정하는 장치로 대부분 디지털 스케일이 사용되며, 초정밀 3차원 측정기에는 레이저 간섭계를 사용한다. 디지털의 경우에는 광학식 스케일을 주로 사용하며 대형 측정기에는 자기식 스케일, 전자 유도식 스케일, 정전 용량식 스케일을 사용한다.

5) 프로브

프로브는 측정물의 측정 위치를 감지하여 X, Y, Z축의 위치 데이터를 컴퓨터에 전송하는 기능을 가지고 있으며 측정의 가능성 유무, 측정의 정밀도, 데이터 산출의 정확도 등을 결정하는 중요한 요소이다.

6) 정 반

피측정 물에 받침대 역할을 하며 예전에는 정반 또한 많은 정도를 원하였으나 요즘은 어느 정도에 정도만 맞으면 프로그램상에서 보정이 된다.

7) 받침대

삼차원 측정기를 지지하는 역할을 하며 진동에도 견딜 수 있도록 무거운 재질을 주로 사용하며 기본적으로 진동 패드가 같이 설치 한다.

8) 에어 드라이

일반적으로 에어 베어링 방식에 채택이 되며 베어링으로 스며드는 수분과 유분을 제거해 준다.

익힘문제

01 바이스의 크기는 무엇으로 표기하는가.

02 줄 작업할 때 고려하여야 할 사항을 기술하여라.

03 줄의 날 모양에 따라 분류하면 어떠한 모양이 있는가?

04 줄을 길이 방향과 좌측 또는 우측으로 동시에 움직여 작업하는 방법으로 절삭 능률이 높아서 거친 다듬질에 적합한 줄 작업 방법은 무엇인가?

05 스크레이핑이란 무엇이며, 작업할 때 무늬를 넣는데, 이유는 무엇인가?

06 호칭지름이 12mm이고 피치가 1.5mm인 나사를 가공하려고 할 때, 탭 구멍은 얼마로 하면 되는가?

07 정밀측정에서 정밀도와 정확도를 비교 설명하여라.

08 측정 방법 3가지와 각각의 공구를 예로 제시하여라.

09 계통오차에 대하여 설명하여라.

10 열팽창계수가 $24 \times 10^{-6}/℃$이고 길이가 100mm인 제품이 5℃ 올라가면 얼마나 팽창하는가?

11 눈금 선의 간격 *l*= 0.75mm, 최소 눈금 *S*=1μ인 마이크로 인디케이터의 배율은 얼마인가?

12 아베의 원리를 설명하여라.

13 길이가 1,000mm인 게이지 블록을 2점으로 지지할 때의 에어리 점은 양 끝으로부터 몇 mm인가?

14 어미자의 1 눈금이 1mm일 때 0.05mm까지 측정하려면 아들자의 눈금은 몇 mm를 몇 등분하여야 하는가?

15 어미자에 새겨진 0.5mm의 24 눈금(12mm)으로 아들자를 25등분할 때 어미자와 아들자의 1 눈금의 차는 얼마인가?

16 기어 이 두께 버니어캘리퍼스는 기어의 무엇을 측정하는 것인가?

17 마이크로미터의 측정 면의 평행도 검사에 필요한 것은 무엇인가?

18 게이지 블록에서 밀착(wringing)이란?

19 다이얼게이지로 2mm의 편심 작업에서 공작물을 1회전 시키면 최고점과 최저점의 차이는 얼마인가?

20 유체 역학의 원리를 응용한 것으로 공기의 압력 또는 공기량의 변화를 확대하여 플로트에 의해 길이를 측정하는 측정기를 무엇이라 하는가?

21 한계 게이지에 있어서 "통과 축에는 모든 치수 또는 결정량이 동시에 검사되고, 정지 축에는 각 치수를 개개로 검사하지 않으면 안 된다"라는 원리는 누구의 원리인가?

22 롤러의 중심거리 100mm의 사인 바로 21° 30′의 각도를 만든다. 낮은 쪽의 게이지 블록의 높이를 10mm라 하면 높은 쪽은 얼마로 하면 되는가?
(단, sin 21° 30′= 0.3665)

23 수준기의 1 눈금을 2mm로 하고 감도를 1′로 하고자 할 때 기포관의 곡률반경은 얼마인가?

24 테이퍼 각이 50°인 원뿔 막대의 테이퍼량은 얼마인가?

25 나사 마이크로미터는 나사의 어느 부분을 측정하는가?

26 미터나사에서 침의 지름 d = 3mm의 3 침을 사용하여 외측 거리 M=50을 얻었다면, 유효지름은 얼마인가?

제 8 장

절삭가공

제1절 **절삭가공의 개요**

제2절 **선반 가공**

제3절 **밀링 가공**

제4절 **연삭 가공**

제5절 **드릴링 및 보링머신 가공**

제6절 **기타 절삭가공**

제7절 **정밀 입자 및 특수 정밀가공**

제1절 절삭가공의 개요

1. 절삭가공의 원리

절삭가공이란 공작물보다 경도가 높은 공구(tool)를 사용하여 칩(chip)을 깎아내어 소정의 모양과 치수로 맞추어 제품을 만드는 작업을 절삭가공이라 한다. 이때 사용되는 공구는 단인 공구(바이트), 드릴(drill), 밀링커터(milling cutter) 등 절삭 날을 이용하는 것과 연삭숫돌 또는 래핑제와 같은 입자로 구성된 것 등이 있다. 절삭에 미치는 요인으로는 공작물 재질, 공구의 재질, 절삭 속도, 칩의 단면적(절삭 깊이×이송), 공구의 모양, 냉각 및 윤활 등에 영향을 받는있다.

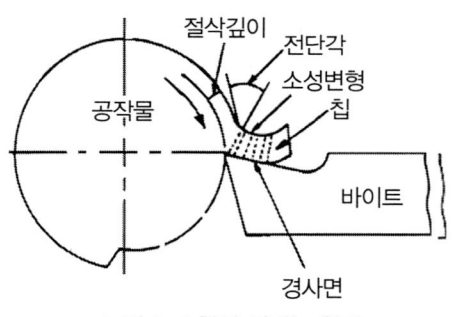

그림 8-1 칩이 생기는 원리

2. 절삭가공의 종류

절삭가공에는 공구의 모양, 공구와 공작물과의 상대적인 운동에 따라 여러 종류로 분류할 수 있다.

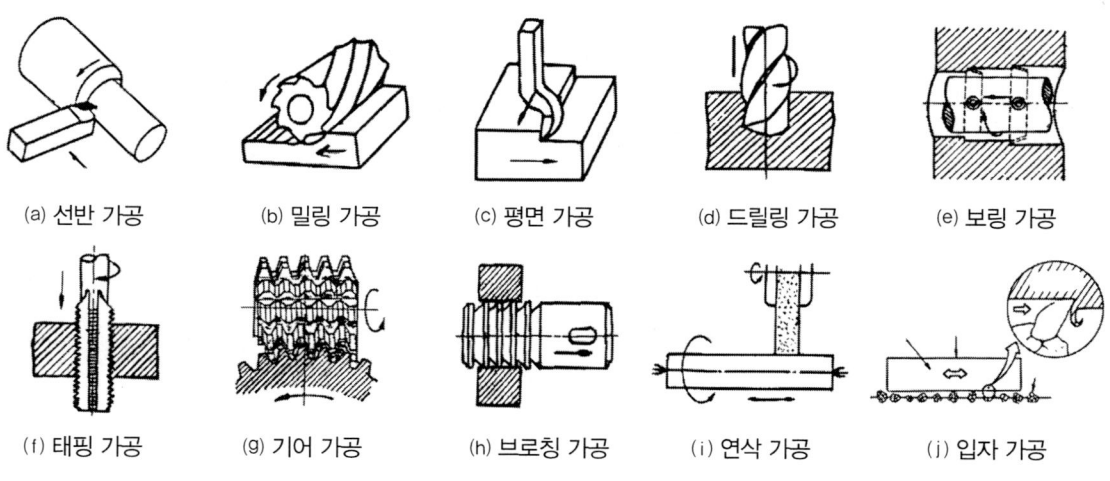

(a) 선반 가공 (b) 밀링 가공 (c) 평면 가공 (d) 드릴링 가공 (e) 보링 가공

(f) 태핑 가공 (g) 기어 가공 (h) 브로칭 가공 (i) 연삭 가공 (j) 입자 가공

그림 8-2 절삭가공의 종류

1) 선반 가공(turning)

공작물의 회전운동과 바이트의 직선운동으로 원통형의 제품을 주로 가공하는 일이며, 이 공작기계를 선반(lathe)이라 한다.

2) 밀링 가공

원주에 절삭 날이 있는 밀링커터(milling cutter)를 회전하여, 공작물을 수평 운동하여 평면이나 홈, 기어, 캠, 헬리컬 등을 가공하는 것으로, 밀링에 쓰이는 공작기계를 밀링머신(milling machine)이라 한다.

3) 평면 가공

바이트를 이용하여 직선 왕복 운동하여 작은 제품의 평면을 주로 가공하는 세이퍼(shaper)와 슬로터(slotter)가 있고, 또한, 대형 공작물일 때 공작물이 왕복 운동하여 평면을 가공하는 플레이너(planer)가 있다.

4) 드릴 가공

드릴을 회전운동과 직선운동으로 공작물의 구멍을 뚫는 것으로 드릴링머신(dilling machine)을 이용한다.

5) 보링 가공

드릴 가공한 구멍 또는 주조에서 뚫린 구멍의 내면을 바이트를 고정한 보링 바(boring bar)를 회전하여 직선운동으로 가공하거나 다듬질하는 방법으로 이 가공에는 보링머신(boring machine)을 이용한다.

6) 태핑 가공

드릴 가공한 구멍에 탭(tap) 공구를 이용하여 암나사를 내는 작업으로 주로 수기 가공으로 작업하나 공작기계를 이용할 때 태핑머신(tapping machine)이라 한다.

7) 기어 가공

호빙머신(hobbing machine)을 사용하며 호브(hob) 공구를 회전시켜 기어를 가공하는 방법으로 기어 소재와 호브를 서로 대응하여 회전 및 이송하여 치형을 가공하는 방법이다.

8) 브로칭 가공

브로칭머신(broaching machine)에서 브로치 공구를 사용하여 한 번 통과시켜 구멍의 내면을 깎는 가공을 브로칭(broaching)이라 하며, 각형 구멍, 키 홈, 스플라인의 구멍 등을 다듬질하는데 사용한다.

9) 연삭 가공

입자로 만든 숫돌바퀴(grinding wheel)를 고속 회전하고 이송 운동을 주어 공작물의 표면을 조금씩 깎아내는 가공법을 연삭 가공이라 하며, 이에 사용하는 공작기계를 연삭기(grinding machine)라 한다.

연삭 방법에 따라 평면 연삭, 원통 연삭, 내면 연삭이 등이 있고, 숫돌 모양과 공작물의 이송 및 연삭 방식에 따라서 호닝(honing), 수퍼 피니싱(superfinishing) 등 여러 가지 방법이 있다.

10) 입자 가공

숫돌 입자(Al_2O_3, SiC, Cr_2O_3, Fe_2O_3 등)를 이용하여 공작물 표면에서 상대운동을 주어 매우 적은 양을 깎아 정밀한 다듬질을 하는 가공법이다. 가공법에는 래핑(lapping)과 액체호닝(liquid honing) 등이 있으며, 래핑 작업은 랩이라는 공구와 공작물 사이에 래핑유와 숫돌 입자를 혼합한 입자를 넣고 상대운동을 하여 공작물의 표면을 정밀하게 다듬질하는 가공법이며, 액체호닝은 숫돌 입자를 가공액에 혼합하여 공작물 표면에 내 뿜어서 매끈한 다듬질 면을 얻는 가공법이다.

3. 공작기계의 종류

(1) 공작기계의 구비 조건

일반적으로 공작기계는 금속 재료를 절삭하여 성형하는 기계이며, 다음과 같은 조건을 갖추어야 한다.
 ① 제품의 공작 정밀도가 좋을 것
 ② 절삭가공 능률이 우수할 것
 ③ 융통성이 풍부할 것
 ④ 조작이 용이하고, 안전성이 높을 것
 ⑤ 동력 손실이 적고, 기계 강성이 높을 것
 ⑥ 고장이 적고, 기계효율이 좋을 것
 ⑦ 가격이 싸고 운전 비용이 저렴할 것

(2) 공작기계의 기본운동

공작기계가 목적하는 절삭가공을 수행하기 위해서는 절삭 운동 및 이송 운동, 위치 조정운동을 하여야 한다.

1) 절삭 운동(cutting motion)

절삭 작용은 회전운동과 직선운동에 의하여 이루어지며, 칩이 흘러 나가는 반대 방향으로 작용하는데, 이것을 주운동(principal motion)이라 한다. 절삭할 때 칩이 길이 방향으로 절삭공구가 길이 방향으로 움직이는 운동으로 회전운동(선반, 드릴링, 밀링머신, 연삭기, 호빙머신)과 직선운동(플레이너, 세이퍼, 슬로터)이 있으며, 또한, 절삭공구는 일정 위치에 두고 공작물을 운동시키는 절삭 운동(선반, 플레이너)과 공작물을 고정하고 공구를 운동시키는 절삭 운동(세이퍼, 드릴링, 밀링머신)이 있다.

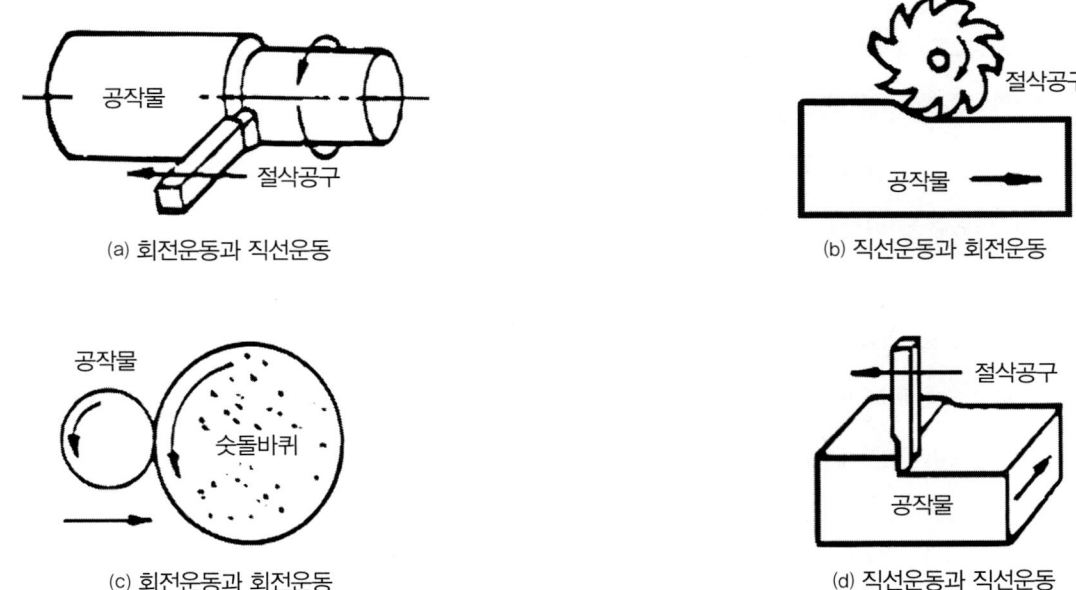

그림 8-3 공작기계의 기본 절삭 운동

2) 이송 운동(feed motion)

선반에서 절삭 작용을 살펴보면, 가공물이 회전할 때 왕복대(carria.ge) 윗부분에 설치된 바이트(bite)가 가공물의 길이 방향 또는 가공물의 지름방향으로 조금씩 이동한다. 공작물과 절삭공구가 절삭 방향으로 이송(feed)하는 운동으로서 절삭 위치를 알맞게 조절하기 위한 목적으로 진행되는 운동이다.

일반적으로 이송 운동에는 다음과 같은 원칙이 있다.

① 1회의 이송(feed)량은 공구의 폭보다 작게 한다.
② 이송 운동 방향은 절삭 운동 방향과 직각이며, 공작물 면과 평행 또는 직각으로 한다.
③ 이송 운동은 절삭 운동과 일정한 관계가 있고 규칙적으로 진행한다.

3) 위치 조정운동(position motion)

가공물과 절삭공구를 선정한 절삭조건으로 가공할 위치(가로방향, 세로방향, 절삭 깊이 등)의 조정을 의미한다. 공구와 공작물 간의 절삭조건에 따른 절삭 깊이 조정 및 일감, 공구의 설치 또는 제거로 능률적인 작업 및 공작물을 가공하기 위해서는 절삭 운동 이외에도 시간을 단축할 수 있도록 공구와 공작물 사이의 거리나 공구가 대기하고 있는 위치를

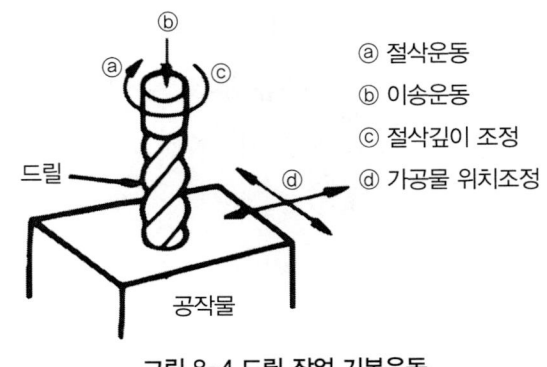

그림 8-4 드릴 작업 기본운동

조정이 요구된다.

① 기계의 운동 중심과 공작물의 중심 또는 가공 면의 상대 위치조정을 한다.
② 공구와 공작물 간의 거리를 조정한다.
③ 절삭 깊이와 이송 위치조정을 한다.

일반적으로 절삭이 진행하고 있을 때는 위치조정을 하지 않지만, 최근에는 기술의 발전으로 운전을 멈추지 않고도 자동으로 위치를 조정하고 있다.

(3) 공작기계의 분류

공작기계를 용도에 따라 분류하면 표준 공작기계(선반, 밀링머신, 연삭기, 드릴링머신 등) 과 특수 공작기계(전용 공작기계인 차륜선반, 차축선반, 포탄 절삭용 기계, 브로칭머신, 호닝 머신 등)로 분류할 수 있으나, 일반적으로 사용 목적에 따라 분류하면 다음과 같이 분류할 수 있다.

1) 범용 공작기계

절삭 속도 및 이송의 범위가 넓고, 부속장치를 사용하여 다양한 종류의 가공을 할 수 있는 공작기계이며, 여러 가지 소량 생산에 적합하지만, 부품을 다량으로 양산하는 데에는 적당하지 않다. 이는 선반, 드릴링머신, 밀링머신, 연삭기 등의 공작기계가 있다.

2) 단능 공작기계

단순한 기능의 공작기계로서 한 가지 공정만이 가능하다. 간단한 공정이나 1종의 공정밖에 할 수 없는 공작기계이며, 다량 생산에 적합하나 다른 공정의 가공에 융통성이 없다. 이는 바이트 연삭기, 센터리스 연삭기, 타이어 보링머신 등의 공작기계가 있다.

3) 전용 공작기계

특정한 모양, 치수의 제품을 양산하기에 적합하게 만든 공작기계이며, 사용 범위에는 좁고, 소량 생산에는 적합하지 않은 공작기계이다. 기계의 크기도 가공물에 적합한 크기로 되어 있으며, 구조가 간단하고, 조작이 편리하다. 전용 공작기계에는 모방선반, 자동선반, 생산밀링머신 등이 있으며 또한, 전용공작기계를 여러 개 조합하여 자동화한 트랜스퍼 머신(transfer machine)등이 있어서 기계공작에 큰 역할을 한다.

4) 만능 공작기계

여러 가지 종류의 공작기계에서 할 수 있는 가공을 1대의 공작기계에서 가능하도록 제작한 공작기계이다. 선반, 밀링, 드릴링머신의 기능을 한 대의 공작기계로 가능하게 하였으나 대량 생산이나 높은 정밀도의 제품을 가공하는 데는 적합하지 않다. 공작기계를 설치할 공간이 좁거나, 여러 가지 기능은 필요하나 가공이 많지 않은 선박의 정비실에서 사용하면 매우 편리하다.

4. 절삭 이론

(1) 절삭 이론의 개요

절삭은 경도가 큰 절삭공구를 사용하여 공작물의 불필요한 부분 제거 시 칩(chip)이 발생하는 작업을 말한다. 이때 사용되는 공구는 바이트, 터와 같은 커터류와 연삭숫돌, 랩제와 같은 연삭 입자로 구분되지만 모두 칩을 내면서 공작물의 불필요한 부분을 깎아내는 것은 동일하다. 그러므로 절삭이란 넓은 의미로 칩을 내면서 가공하는 모든 공작법에 대해서 적용할 수 있지만, 일반적으로 커터에 의한 가공을 절삭이라고 한다.

절삭 이론으로서 취급되는 사항은 절삭 기구, 절삭 저항, 절삭 온도, 다듬질 면, 공구 수명, 절삭성, 진동, 절삭액 등으로 이 요소들은 효율적이고 합리적인 절삭 작업을 위해 항상 고려해야 할 사항이다.

(2) 절삭 저항

공작물을 절삭할 때 절삭공구는 큰 저항을 받는다. 이 저항을 절삭 저항이라 한다. 절삭 저항의 크기는 절삭에 필요한 소요 동력을 결정하는 요소와 공구 수명, 가공 면의 거칠기, 가공 면의 변질층 등에 큰 영향을 주며, 절삭 저항을 변화시키는 요소는 다음과 같다.

① 가공물의 재질 : 단단한 재질일수록 절삭 저항은 증가한다.
② 공구 날 끝의 모양 및 공구각 : 경사각이(약 30℃까지) 커질수록 저항력이 감소한다.
③ 절삭 면적(이송×깊이) : 절삭 면적이 커질수록 절삭 저항이 증가한다. 절삭 깊이가 1.5mm보다 커지면 가공 변질 층의 깊이는 거의 변하지 않고, 1.5 mm 이하에서는 변한다. 이송이 증가하면 가공 변질 층 변화는 급격히 상승한다.
④ 절삭 속도 : 절삭 속도가 클수록 저항력이 증가하지만, 절삭 저항은 감소한다. 가공 변질 층의 깊이는 얕아진다.
⑤ 절삭제 : 절삭유를 사용하면 절삭 저항은 감소한다.
⑥ 공구각 : 90° 이내의 각도에서는 클수록 저항력이 감소한다.
⑦ 절삭각 : 절삭각이 커지면, 가공 변질 층의 깊이도 증가한다. 특히, 절삭각이 90° 가까이 되면 가공 변질 층의 깊이는 급격히 증가한다.
⑧ 절삭 온도 : 절삭 온도가 상승하면 가공 변질 중의 깊이는 얕아진다.

(3) 절삭 저항의 3분력

절삭 저항은 [그림 8-5]와 같이 서로 직각인 3개의 분력으로 작용하는데, 그 크기는 대략주 분력 : 이송 분력 : 배분력= 10 : (1~2) : (2~4)로 추측할 수 있으며, 절삭각과 절삭 저항의 관계에서와 같이 주 분력이 가장 크고, 다음에 배분력, 이송 분력이 가장 작게 나타난다.

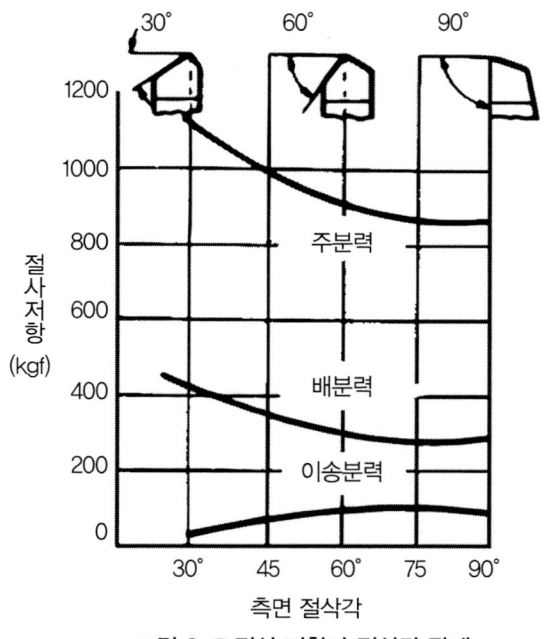

그림 8-5 절삭 저항과 절삭각 관계

1) 주 분력(principle cutting force)

절삭 방향에 평행한 분력으로 보통 절삭 저항이라 한다. 일반적으로 절삭 면적이 크면 증가하고, 절삭 속도가 빨라지면 감소한다.

2) 이송 분력(횡분력)(feed force)

이송 방향과 평행한 분력, 또는 절삭공구의 이송 방향과 반대쪽으로 작용하는 분력이며, 바이트가 마모하거나 파손할 때 현저하게 증가한다.

3) 배분력(radial force)

절삭공구 축 방향으로 평행한 분력, 또는 절삭 깊이의 반대 방향의 분력이므로 날끝이 무디면 증가하고 채터링(chattering)이 생긴다.

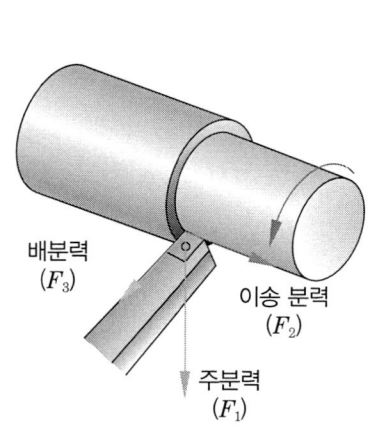

그림 8-6 절삭 저항의 3분력

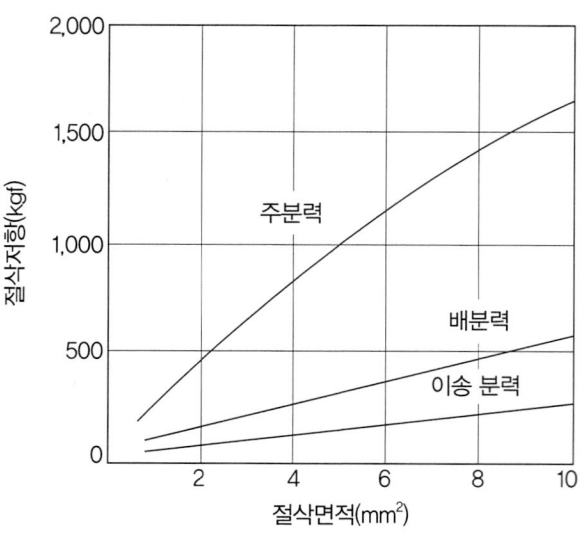

그림 8-7 절삭 면적과 절삭 저항의 관계

(4) 가공 변질 층

절삭을 하면, 제품 가공 면은 절삭공구에 의하여, 칩과 분리되면서 절삭 면을 형성한다. 이러한 표피층은 열 변질의 섬유조직(fiber structure), 가공경화, 잔류 응력 등이 발생하여 모재와는 다른 성질을 가지게 되는데 이러한 표면의 조직을 가공 변질 층

(deformed layer)라 한다. 가공 변질 층은 결정 입자가 파쇄되어 미세화되고, 표피에는 비결정질에 가까운 미결정(20~50A)으로 된다. 가공 변질 층의 깊이는 표면에서 1mm 이하로, 절삭조건, 가공물의 조직, 경화능, 결정 입자의 크기 등에 따라 변하는 것으로 알려져 있으며, 가공 변질 층은 마모, 부식에 대한 저항이 적다.

(5) 버(거스러미)

1) 버(burr)의 형성

절삭공구로 공작물을 절삭력에 의하여 가공하면, 가공된 모서리(edge) 부분에 버가 형성되며, 버는 가공 정밀도를 저해하는 요소가 된다.

드릴 가공 후에 발생하는 터는 피할 수 없는 요소이며, 버는 가공물의 재질, 절삭조건 등에 따라 많은 영향을 받는 것으로 알려져 있다.

2) 디버링(deburring) 방법

버의 제거(deburring)는 완성 부품의 정밀도 및 상품 가치를 향상시킨다. 정밀가공에서 버의 최소화 및 적절한 디버링 기법이 요구된다. 일반적으로 중대형의 디버링 방법으로는 면취 가공, 줄(file)을 이용하는 방법 등이 있다. 소형 부품을 디버링하는 방법으로는 다음과 같다.

① 연마제를 이용한 배럴링(barreling) 방법으로 대량작업이 가능하며, 버를 제거하는 도중에 부품 상호 간에 충돌 때문에 발생하는 표면 손상에 유의해야 한다.
② 화학 디버링(chemical barreling)은 화학 작용으로 버를 제거하는 방법이며, 환경오염과 인체의 안전성에 유의하여야 한다.
③ 초음파를 이용한 디버링은 주로 얇은 박판에 블랭킹할 때 발생하는 미세하고 약한 버를 제거하는 유용한 방법이다.
④ 자기 연마에 의한 디버링은 소형 부품과 미디어(media)를 용기에 넣고, 회전시켜 부품 내외에 있는 버를 제거하는 방법이다.

복잡하고, 초소형 부품에 발생한 버를 제거하는 효율적인 방법이며 무게가 가볍고 비 자성체인 부품에 효과적이다.

(6) 절삭 역학

1) 절삭 동력

절삭에 필요한 소요 동력은 절삭 저항의 크기로 계산하며, 공작기계의 전체 소비 동력(total power consumption) N은 실제 절삭 동력(effective cutting power) N_e와 이송에 소비되는 동력(feed power) N_f, 손실 동력 (loss power) N_l로 표시한다.

즉, $N = N_e + N_f + N_l$ 이다.

유효 절삭 동력은 주 분력 $F_1(N)$, 절삭 속도를 V(m/min), 기계적 효율 η, 희전수를 n(rpm)이라 하면, 주로 주 분력에 의해 결정한다. 선반의 예를 들면 절삭 동력(N)은 다음과 같다.

$$N_e = \frac{F_1 \times V}{75 \times 9.81 \times 60 \times \eta}(PS), \quad N_e = \frac{F_1 \times V}{102 \times 9.81 \times 60 \times \eta}(Kw) \text{로 나타낸다.}$$

비 절삭 저항(N/mm^2)을 K, 절삭 면적(mm^2)을 로 표시한다.

$P = K \times F$인 경우

$$N = \frac{K \times F \times V}{75 \times 9.81 \times 60 \times \eta} \ (PS), \quad N = \frac{K \times F \times V}{102 \times 9.81 \times 60 \times \eta} \ (Kw) \text{로 나타낸다.}$$

이송에 소비되는 동력을 산출하는 계산식은 있으나, 절삭 동력에 비하여 2~5% 정도의 매우 적은 동력이기 때문에 무시하는 것이 일반적이다.

손실 동력 Nl은 $Nl = N - N_e$로 표시한다.

2) 기계효율

기계효율(η)은 공작기계의 능력을 비교할 수 있는 자료로서, 절삭 효율과 시간 효율로 나누어서 생각할 수 있다. 기계효율 η은 (유효 절삭 동력×이송에 소비되는 동력)/전 소비 동력이다.

$\eta = \dfrac{N_e + N_f}{N}$ 로 나타낸다. 하지만, 이송 동력의 크기가 작아서 $\eta \fallingdotseq \dfrac{N_e}{N}$으로 나타낼 수 있다.

기계효율은 공작기계의 구조, 구동장치, 가공 방법, 마찰 등에 따라 변화량이 많다.

비 절삭 저항(N/mm^2) K는 칩(chip) 면적의 단위 면적당 절삭 저항이고,

절삭 면적(mm^2) 는 절삭 깊이(mm)×이송(mm)이다.

3) 절삭비(cutting ratio)

절삭비는 공작물을 절삭할 때 가공이 용이한 정도를 나타낸다. 절삭 깊이를 t_1, 칩 두께를 t_2라고 하면 절삭비 y_e는 다음과 같으며 절삭비 가 1에 가까울수록 절삭성이 좋다고 판단한다.

[그림 8-8]과같이 유동형 칩을 내면서 절삭하고 있을 때 공작물의 소성변형은 AB 면에서의 전단 작용에 의한 것이다. 이 AB면을 전단 면(shear plane)이 라고 하며 절삭 방향과 전단 면이 이루는 각도를 전단 각(shear angle)이라고 한다. 전단 각 ϕ 와 절삭비 y_c의 관계는 다음과 같다.

$$y_c = \frac{\sin\phi}{\cos(\phi-a)} \text{에서}$$

$$\sin\phi = y_c\cos(\phi-a) = y_c\cos\phi\cos a + y_c\sin\phi\sin a$$

$$\sin a = y_c\sin\phi\sin a = y_c\cos\phi\cos a$$

$$\sin\phi \times (1 - y_c\sin a) = y_c\cos\phi\cos a$$

$$\therefore \tan\phi = \frac{R_c}{1 - y_c\sin a}$$

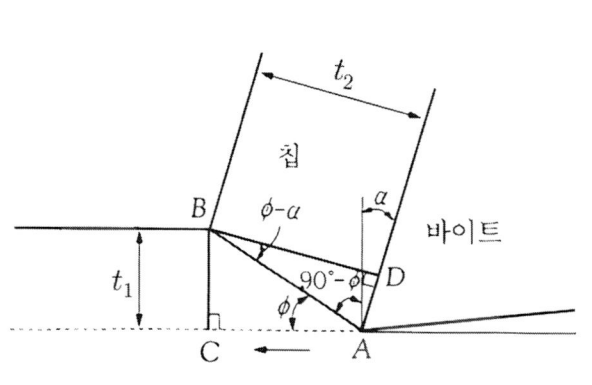

그림 8-8 절삭비

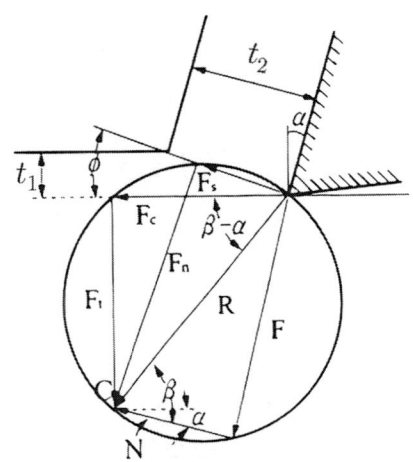

그림 8-9 절삭 분력의 관계

4) 절삭력

절삭에 있어서 공구의 경사면에는 수직력 N과 마찰력 F가 작용하여 이 합력 R이 절삭 저항으로 작용한다. 한편 전단 면에도 이와 같은 크기의 반력이 작용한다. 이것은 [그림 8-9]와 같이 전단 면의 수직력 F_2, 법선력 F_4, 주 분력 F_1, 배분력 F_3로 나눠서 생각할 수 있으며 다음과 같은 관계가 있다.

$$F_4 = F_1\cos\phi - F_3\sin\phi$$

$$F_2 = F_1\sin\phi - F_3\cos\phi$$

$$F = F_1\sin a - F_3\cos a$$

$$N = F_1\cos a - F_3\sin a$$

공구 경사 면상의 마찰계수 μ는 다음과 같다.

$$\mu = \tan\beta = \frac{F}{N} = \frac{F_1\tan\mu + F_3}{F_1 - F_3\tan a}$$

주 분력과 배분력의 절삭 저항력 은 다음과 같다.

$$\therefore R = \sqrt{F_1^2 + F_3^2} = F_4 \frac{1}{\cos(\phi + \beta - a)}$$

5) 피삭성

피삭성(machinability)이란 공작물 재료를 절삭할 때의 난이 정도를 나타낸 것으로 피삭성이 좋은 재료란 다음과 같다.

① 공구의 마모가 적고 높은 절삭 속도로 절삭할 수 있을 것

② 절삭 저항이 적고 절삭 온도가 낮을 것

③ 절삭가공 면이 양호할 것

④ 칩이 길게 이어지지 않고 처리가 쉬울 것

따라서, 절삭공구가 일정한 마모량을 나타낼 때까지의 시간의 장단을 비교하여 공구 수명이 큰 공작물일수록 피삭성이 좋다고 할 수 있다. 구체적으로는 테일러 공구 수명식의 상수 C(또는 n)에 의해서 판정한다. C가 클수록 피삭성이 좋고 또한 n도 큰 편이 좋다.

(7) 절삭 온도

1) 절삭 열의 발생

절삭을 할 때 공급되는 에너지의 대부분은 열로 변화되어 칩, 공작물. 절삭공구로 전달되거나 일부는 대기 중으로 방열되고 절삭액을 사용할 경우에는 절삭액에 흡수된다. 발생된 열의 대부분은 칩으로 전달되고 일부는 절삭공구와 공작물에 전달되는데 이때의 온도를 절삭 온도(cutting temperature)라 한다. 절삭 온도가 높아지면 절삭공구 인선의 온도 또한 상승하여 마모가 증가하고 공구 수명이 감소 한다. 절삭 열은 [그림 8-10]과 같이 열이 발생하면 가공물이나 공구에 가열되어 온도가 상승한다. 절삭 열의 발생 부분은 다음과 같다.

① 전단 면 AB에서 전단 면에서 전단 소성변형이 일어날 때 생기는 열(60%)

② 공구 경사면 AC에서 칩과 공구 경사면이 마찰할 때 생기는 열(30%)

③ 공구 여유 면과 공작물 표면 AO에서 마찰할 때 생기는 열(10%)

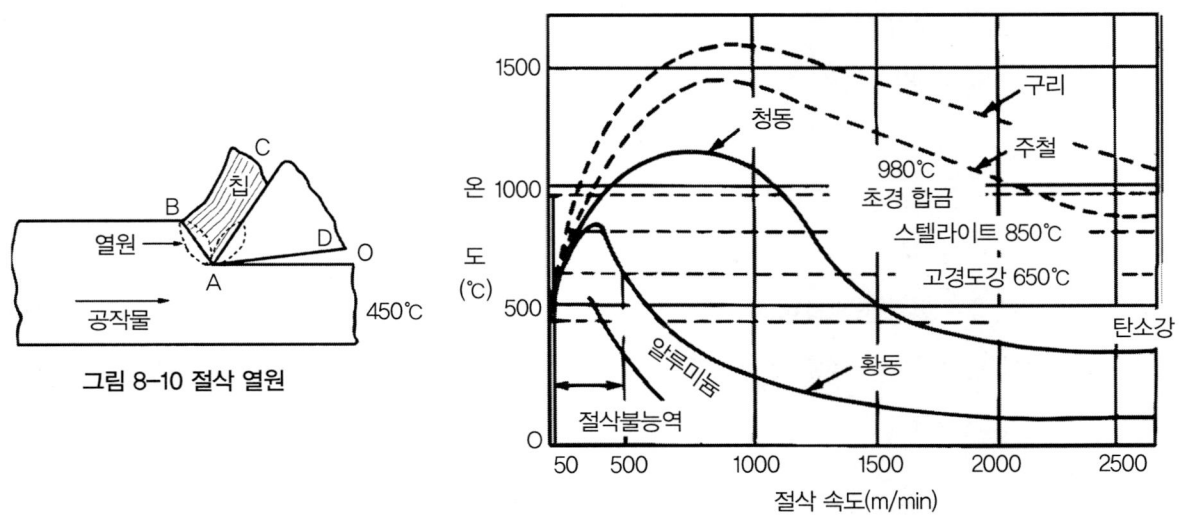

그림 8-10 절삭 열원

그림 8-11 절삭 속도와 공구 인선 온도

2) 절삭 온도

발생된 절삭 열의 일부는 절삭으로 인하여 제거되고 일부는 공구에 전달되며 또한 일부는 가공물의 내부에 잠재하여 일정한 양의 열이 절삭부의 어떤 온도를 나타내게 된다. 이 온도를 절삭 온도라 한다.

절삭 온도가 높아지면 날끝 온도가 상승하여 공구는 빨리 마멸되고 공구 수명이 짧아질 뿐만 아니라, 공작물도 온도 상승에 의한 열팽창으로 가공 치수가 달라지는 나쁜 영향을 받게 된다.

절삭공구의 온도는 절삭 속도가 빨라지면 높아지나, 공구에 따른 어느 일정 범위를 넘으면 [그림 8-11]과같이 공구 인선 온도가 오히려 떨어지는 현상을 나타내기도 한다. 그러나 공작물을 200~800℃ 정도로 가열시켜 절삭 하면 재료의 경도가 떨어져 절삭 저항이 감소하는 기계적 성질을 이용하는 고온절삭도 있다. 이와 반대로 -20에서 -150℃ 정도로 공작물을 냉각시켜 절삭 하면 공구의 마멸이 작아지고, 절삭 성능이 오히려 향상되는 재료도 있는데, 이 절삭 방법을 저온절삭이라 한다.

절삭 속도가 높으면 가공 능률은 향상되나, 절삭 온도가 높아져 공구는 마멸이 빨라진다. 그러므로 이러한 결함을 줄이기 위하여 고온에서도 연화되지 않는 공구의 재료를 선택하게 되고, 공구의 온도 상승을 막기 위하여 적합한 절삭유를 사용하게 된다.

열의 분포 크기는 칩(75%) 〉 공구(18%) 〉 공작물(7%) 순이며 절삭 온도 측정법은 다음과 같다.

3) 절삭 온도의 측정 방법

절삭 온도의 영향은 공작물이 연화되어 전단응력이 작아지기 때문에 절삭 저항의 감소하고, 절삭 효율은 상승하나 공구의 날 끝 온도가 상승하기 때문에 공구 수명의 단축이 된다. 또한 온도 상승에 의한 열팽창 때문에 치수 정밀도 불량해진다.

(가) 칩의 색깔에 의한 방법

절삭 온도에 의해서 칩이 높은 온도로 되어 온도에 따른 색깔을 나타내는 것이며 그 색깔에 의해서 온도를 아는 방법이다.

(나) 칼로리미터(열량계 : calori meter)에 의한 방법

가공으로 발생하는 열량을 칼로리미터에 의해 측정하는 방법으로 칩, 공구에 흡수되는 열량도 별도로 측정하여 해석하는 방법으로 측정 장치에 따라 전 절삭 열, 공구의 열, 칩의 열을 측정할 수 있다. 공기 중에서 방열 되어 정밀측정은 곤란하다.

(다) 공구에 열전대(thermo couple)를 삽입하는 방법

공구 속에 열전대를 삽입하는 것을 공구의 온도를 측정하는 것이며 절삭 날 가까이에 가는 구멍을 뚫고 그것에 열전대를 넣는 것으로 고강도의 석영 관으로 콘스탄탄 선을 공구와 절연하여 경사면 상에 노출한 것으로 칩과 콘스탄탄 선 사이의 열기전력을 측정하는 것으로 노출부의 칩에 의하여 파괴가 생기기 쉽고 특히 경 절삭의 경우에만 가능하다. 또한 공작물을 가는 구멍을 뚫고 여유 면이 구멍 부분을 통과할 때 가는 구멍을 통과하는 열선을 PbS 광전지에서 받아 전기신호로 변환시켜 측정한다.

(라) 복사 고온계에 의한 방법

절삭부로부터 열복사를 렌즈에 의해서 검출하여 열전대의 온도 상승을 측정하는 것으로 절삭 부의 각 처에 온도분포를 측정할 수 있다. 최근에는 열전대 대신에 PbS 셀, In-Sn 검출 소자를 지닌 방사온도계 또는 현미 온도계에 의해 정밀도가 좋은 측정을 할 수 있다.

(마) 공구와 공작물을 열전대로 사용하는 방법

일반적으로 가장 널리 사용하는 방법이다. 공구와 칩이 접촉하는 부위의 평균온도를 알 수 있으며 측정 정밀도, 감도가 모두 우수하다.

(바) 시온도료(thermo colour)를 사용하는 방법

공구 또는 공작물에 시온도료를 칠해 놓으면 그 온도에 따라서 변색하므로 알 수 있다.

(8) 절삭조건

작업자가 공작기계를 조작하여 제품을 가공할 때, 단위시간에 가공되는 칩의 양에 관 한 사항, 즉 절삭율(rate of metal removal)에 영향을 미치는 여러 종류의 요소들을 절삭조건(cutting condition)이라 한다.

실제 가공물을 절삭하는데, 있어서 가장 중요한 절삭조건은 절삭공구 재질, 공작물 재질, 절삭 속도, 이송, 절삭 깊이, 절삭유 사용 여부 등에 영향을 받는다.

1) 절삭 속도(cutting speed)

$V = \dfrac{\pi DN}{1000}$ (m/min), $N = \dfrac{1000\,V}{\pi D}$ (rpm)

여기서, V : 절삭 속도(m/min)
D : 공작물의 지름(mm)
N : 공작물의 회전수(rpm)

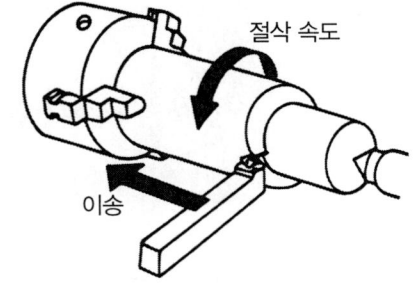

그림 8-12 선반 작업 예

2) 이송 속도(feed speed)

이송량은 선반이나 드릴 작업의 경우, 가공물 1회전당 공구가 축 방향으로 이동하는 거리(mm/rev)를 말하며, 밀링의 경우는 커터의 1날당의 테이블의 이동하는 이동 거리(mm/tooth) 또는 분당 이동 거리(mm/min), 평삭이나 형삭은 절삭공구 또는 가공물의 1왕복에 대한 이동 거리(mm/stroke)를 말한다.

이송은 절삭 강도와 고온 경도 등의 한계 내에서 작업조건에 따라 유효 칩 두께를 결정 즉, 공구의 날 끝 강도와 고온 경도 등의 한계 내의 작업조건에 따라 유효 칩 두께를 선정하며, 이송에 절삭 깊이를 곱하면 절삭 면적이 된다.

같은 절삭 면적으로 절삭할 때 절삭 깊이를 크게 하고 이송을 작게 하는 편이 절삭 온도에 영향이 적으며, 공구 수명을 증가하게 시킬 수 있다.

밀링에서는 주로 mm/min 를 적용하며, 때에 따라서는 mm/rev (커터 1회전에 대한 이송)으로도 표시한다.

절삭률 Q(분당 절삭량) $Q = v \times s \times t (cm^3/min)$로 표시한다.

3) 절삭 깊이(depth of cut)

절삭 깊이는 가공물의 표면에서 가공 깊이까지의 거리를 말하며, 선반에서 원형가공물일 경우는 절삭 깊이의 2배로 직경이 작아진다.

일반적으로 절삭 깊이가 증가하면 절삭 면적이 커지므로 절삭 저항도 증가하고 이송(feed)에 따라 칩의 두께가 변하고, 절삭 깊이(depth of cut)에 따라 칩의 폭이 변화한다.

절삭 단면적(F)은 칩의 단면적으로, 가공물 1회전에 대한 이송(f)와 절삭 깊이(t)의 곱으로 다음과 같이 표시된다.

$F = f \times t (mm^2)$

4) 공구 인선과 이송이 표면거칠기에 미치는 영향

표면거칠기를 적게 하려면, 일반적으로 공구 인선의 반지름을 크게 하고 이송을 적게 하는 것이 좋다. 반면, 인선의 반지름을 너무 크게 하면 절삭 저항이 증가하여 바이트와 공작물 간에 떨림이 발생할 수 있다. [그림 8-13]에서 공구 인선의 반지름을 , 이송을 S라 하면 다듬질 면의 표면거칠기 최대 높이 H는 다음과 같이 구할 수 있다.

$$\frac{BC}{CD} = \frac{CD}{CA} (\because \triangle BCL \backsim \triangle DCA)$$

$$\frac{H}{\frac{S}{2}} = \frac{\frac{S}{2}}{2r - H}$$

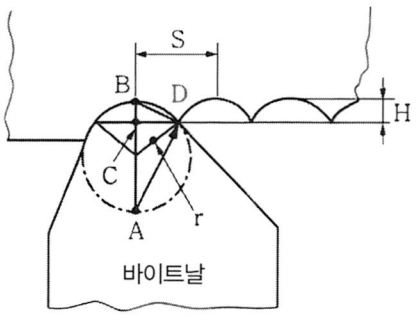

그림 8-13 다듬면 표면거칠기

실제로 H는 $2r$에 비하면 매우 작은 값이므로 근사적으로 $2r - H \fallingdotseq 2r$이다.

$$\frac{H}{\frac{S}{2}} = \frac{\frac{S}{2}}{2r} = \frac{S^2/4}{2r}, \quad H = \frac{S^2}{8r}, \quad S = \sqrt{8rH}$$

5. 칩의 생성과 구성 인선

(1) 칩의 생성(chip formation)

가공물이 절삭공구에 의해 절삭되는 모양은 매우 복잡하다. 그러나 어떠한 절삭 방법을 사용해도 원리는 변하지 않는다. 가공물을 절삭할 때, 발생하는 칩 형태는 절삭공구의 형상, 절삭 깊이, 가공물의 재질, 절삭조건 등에 따라 다르다.

어느 한 가지 조건이라도 부적당하면 그 정도에 따라서 각각 다른 칩이 생성되고, 가공면의 표면거칠기도 나빠질 수 있다. 칩이 생성되는 4가지의 기본 형태는 다음과 같다.

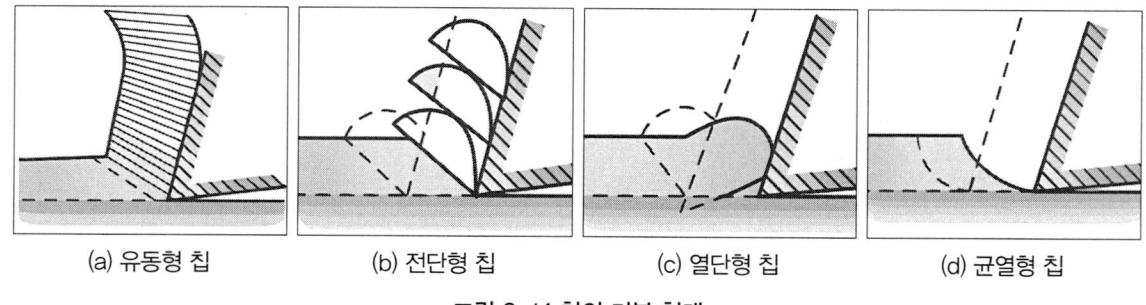

(a) 유동형 칩　　(b) 전단형 칩　　(c) 열단형 칩　　(d) 균열형 칩

그림 8-14 칩의 기본 형태

1) 유동형 칩(flow type chip)

칩(chip)이 경사면(top rake surface) 위를 연속적으로 원활하게 흘러 나가는 모양으로 연속 칩(continuous chip)이라고도 하며, 가장 이상적인 칩의 형태이다.

절삭공구 선단부에서 칩은 전단응력(shear stress)을 받으며, 항상 미끄럼이 생기 면 서 절삭 작용이 이루어지며 진동이 적고, 가공 표면이 매끄러운 면을 얻을 수 있다.

(가) 발생원인
① 연신율 크고 소성변형이 잘되는 재료
② 바이트 상면 경사각이 클 때
③ 절삭 속도가 큰 경우
④ 절삭 깊이가 적을 때
⑤ 윤활성이 좋은 절삭유 사용하는 경우
⑥ 연성의 재료를 가공할 때

(나) 영 향
① 절삭 작업이 원활
② 절삭 저항이 일정하고, 정밀작업이 좋다.

2) 전단형 칩(shear type chip)

칩이 경사면(top rake surface) 위를 원활하게 흐르지 못해서, 절삭공구가 칩(chip)을 밀어내는 압축력이 커지면서 발생하여 칩이 연속적으로 가공되기는 하나 분자 사이에 전단이 일어나는 형태의 침을 전단형 칩이라고 하며 전단형 칩은 칩의 두께가 수시로 변하게 되어 진동이 발생하기 쉽고, 표면거칠기도 나빠진다. 일반적으로 전단형 칩은 연성 재료를 저속 절삭(low speed cutting)으로 절삭할 때, 절삭 깊이가 클 때, 많이 발생한다.

(가) 발생원인
① 가공 재료가 비교적 연하면서 취약한 재료
② 바이트 인선의 경사각이 적은 경우
③ 절삭 속도가 적게 했을 때
④ 절삭 깊이가 크고, 절삭 각이 클 때

(나) 영 향
① 절삭 칩이 일정하지 않음
② 절삭 저항이 일정하지 않음
③ 진동이 일으킴
④ 원활한 작업 곤란

3) 열단형 칩(tear type chip)

점성이 큰 가공물을 경사각이 적은 절삭공구로 가공할 때, 절삭 깊이가 클 때 발생하기 쉬운 칩의 형태로서 가공물이 경사면에 점착되어 원활하게 흘러 나가지 못하고, 절삭공구의 전진에 따라 압축되어 가공 재료 일부에 터짐이 일어나는 현상이 발생한다. 절삭력으로 가공된 면이 뜯어낸 것과 같은 형태의 표면이나 땅을 파는 것과같이 불규칙한 면으로 가공된다고 하여 경작형 칩이라고도 한다.

(가) 발생원인

① 바이트의 상면 경사각이 작을 때

② 점성이 큰 재료

③ 절삭 깊이가 클 때

(나) 영 향

① 경작 흔적이 생기게 되며, 정밀작업이 부적합

② 잔류 내부응력이 크며, 변형이 생김

4) 균열형 칩(crack type chip)

주철과 같이 메진 재료를 저속으로 절삭할 때, 발생하는 칩의 형태로서 순간적인 균열이 발생하여 생기는 칩이다. 균열이 발생하는 진동으로 인하여 절삭공구 인선에 치핑(chipping)이 발생하고 절삭공구의 수명이 단축되며 가공된 면의 거칠기도 불량하게 된다.

(가) 발생원인

① 메진성(취성)이 있는 재료

② 경사각이 현저하게 적은 경우

③ 절삭 속도가 매우 느린 경우

④ 절삭 깊이를 크게 할 때

(나) 영 향

① 절삭 면이 좋지 않다.

(2) 절삭조건에 따른 칩의 형태

공작물 재질에 따라 칩의 형태가 달라지는데, 일반적으로 연강과 같이 인성이 있는 공작물은 유동형이 생기기 쉽고, 납과 같이 점성이 있는 공작물은 열단형이 생기기 쉽다. 또한, 주철과 같이 취성이 있는 재질은 전단형이 생기지만 절삭 속도가 느리고, 경사각이 적으면 균열형이 생기기 쉽다.

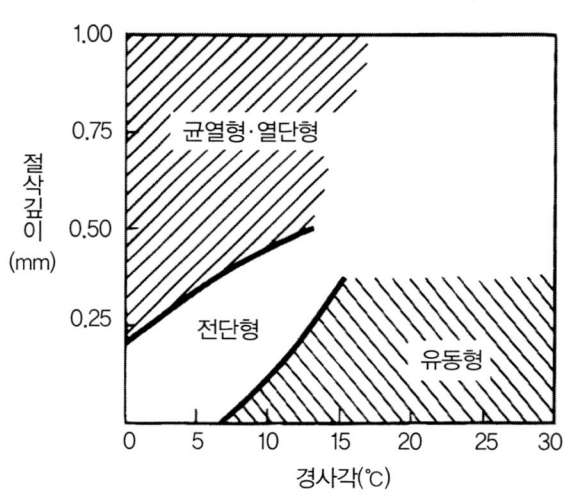

그림 8-15 절삭조건에 따른 칩 형태

표 8-1 절삭조건과 칩의 형태

칩의 유형	가공물의 재질	공구경사각	절삭속도	절삭깊이
유동형	소성변형과 연신율이 크다	크다	크다	작다
전단형	↓	↓	↓	↓
열단형				
균열형	굳고 취성이 크다	작다	작다	크다

[그림 8-15]는 가공물은 연강으로 하고 절삭 속도를 일정하게 하였을 때, 절삭 깊이와 경사각에 따른 칩의 변화를 나타낸 것인데, 절삭 깊이가 작고 경사각이 큰 공구로 절삭할 때는 유동형 칩이 생기고, 절삭 깊이가 크고 경사각이 작은 공구로 절삭할 때는 열단형 칩이 생기는 것을 볼 수 있다. 이와 같이 동일 재료를 절삭해도 그때의 절삭조건에 따라 여러 가지 형식의 칩이 발생하므로 정밀작업은 각종 절삭조건을 충분히 고려하여 결정해야 한다.

(3) 구성 인선(built-up edge)

1) 구성 인선(built-up edge)

보통 연강, 동, 알루미늄, 스테인리스강 등과 같이 연한 재료를 저속 절삭 할 때, 칩과 공구면 사이의 높은 압력과 고온의 마찰열에 의해 날 끝에 단단하게 경화된 물질이 용착 또는 압착되어 절삭면에 군데군데 흔적이 나타나는 것을 구성 인선이라 한다. 구성 인선 때문에 절삭된 가공 면이 군데군데 흔적이 나타나고 진동을 일으켜 가공 면을 나쁘게 만든다.

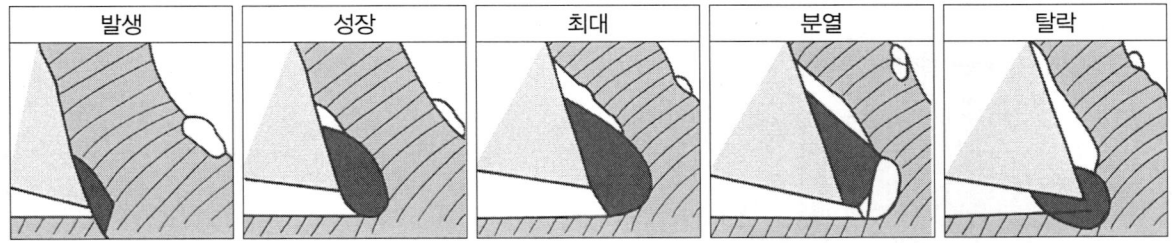

그림 8-16 구성 인선의 발생과정

2) 가공 면에 미치는 영향

① 구성 인선은 매우 짧은 시간($\frac{1}{10} \sim \frac{1}{200}$ sec)을 주기로 발생 → 성장 → 최대 → 균열 → 탈락을 반복하여 탈락할 때마다 가공 면에 흠집을 만들고 진동을 일으켜 공구의 떨림 현상을 일으켜 가공 면을 나쁘게 한다.

② 구성 인선의 끝은 날 끝보다 아래에 있고, 둥글기 때문에 가공 면의 치수 및 표면정밀도가 나쁘다.

③ 탈락할 때마다 마찰 때문에 인선의 마모가 크고 공구 각을 변화시킨다.

④ 구성 인선은 다듬질 면을 나쁘게 하고 치수 정밀도를 저하하는 반면 경사각을 크게 하므로 절삭 저항을 감소시키고, 바이트의 인선을 구성 인선으로 보호하는 측면도 있어서 공구의 수명이 연장하고, 마찰력 감소, 절삭 저항을 감소시키는 이점이 있다. 이러한 이점을 이용한 절삭법이 은백색 절삭법(Silver White Cutting Method : SWC) 이다.

3) 구성 인선의 발생

① 알루미늄, 황동, 스테인리스강, 연강 등의 연한 재료
② 절삭공구의 날 끝 온도가 상승
③ 절삭 속도가 늦을 때(고속 도강일 때 10~25m/min)
④ 경사각을 적게 하였을 때
⑤ 절삭 깊이가 깊을 때

4) 구성 인선의 방지(억제)법

① 공구의 윗면 경사각을 크게 한다.
② 절삭 깊이를 작게 한다.
③ 절삭 속도 크게 한다. (구성 인선의 임계속도 : 120m/min)
④ 이송을 작게 한다. (저속 회전일 때 이송을 크게 한다)
⑤ 칩의 절삭 저항을 작게 한다.
　㉠ 마찰계수가 적은 초경합금 이상의 공구 사용한다.
　㉡ 윤활성이 좋은 절삭유 사용한다.
　㉢ 공구의 경사면(상면)을 매끄럽게 잘 연마한다.

(4) 칩 브레이커(chip breaker)

절삭 가공할 때 칩이 연속적으로 흘러나와서 공작물에 휘말려 작업의 방해와 가공물의 표면에 손상을 줄 수 있다. 이것을 방지하기 위하여 인위적으로 칩을 짧게 끊어지도록 바이트에 칩 브레이커를 만든다.

칩 브레이커는 여러 가지 형식이 있지만, [그림 8-17]와 같이 평행형, 각도형, 홈달림형, 역각도형 등의 종류가 있다.

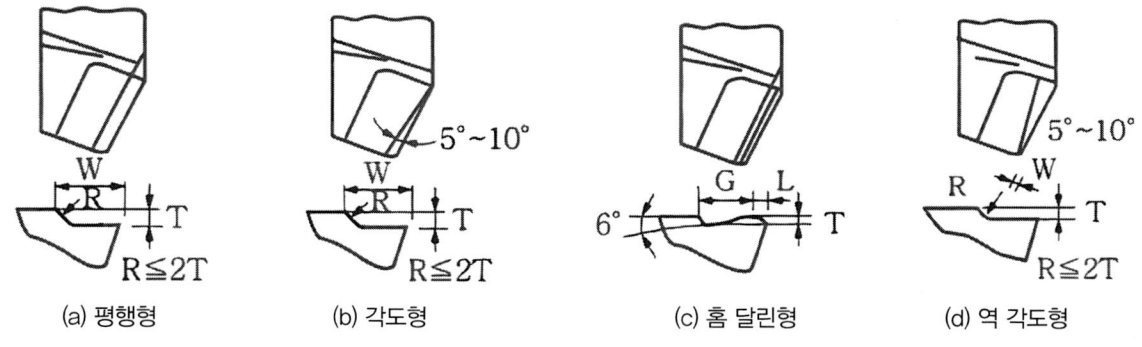

그림 8-17 칩 브레이커의 종류

평행형과 각도형은 강인한 재료 및 0.13~0.5mm/rev 정도의 작은 이송에 사용하고, 홈달림형은 [그

림 8-17]의 (c)와 같이 G=이송의 3~4배, L=이송의 1~1.5배, T=0.25mm 이하로 만들며, 절삭 깊이의 변화가 많을 때 사용한다.

(가) 평행형과 각도형

강인한 재료의 작은 이송에 주로 사용된다. 최초에 발생되는 칩은 리브번(Ribbon) 칩이 발생한다.

(나) 홈 달림형

경사면 자체에 홈을 만드는 방식으로 절삭 깊이가 여러 가지로 변화 할 때 주로 사용된다. 초기에는 칩이 잘게 부서지는 아크(Arc)형 칩이 된다.

(다) 역 각도형

절삭 깊이가 크게 변화할 때 주로 사용된다. 제일 문제는 칩 브레이커의 폭으로서 넓으면 칩의 감기가 나빠지고 좁으면 칩이 작게 감기어 접혀 막혀 버린다.

(라) 장애물형

공구의 경사면에 별도의 부착물을 붙이거나 돌기를 만드는 방식으로 공구의 마모를 감소시킨다. 그러나, 칩 브레이커를 만들어 널리 사용하고 있으나 다음과 같은 결점이 있으므로 클램프형(clamp type) 바이트를 많이 이용한다.

① 칩 브레이커 홈의 연삭으로 초경합금의 일부를 손실한다.
② 연삭의 시간과 숫돌의 소모가 많다.
③ 이송에 대하여 칩 브레이커의 유효한 치수가 정해져 있으므로 절삭 작용에 사용되는 이송 범위가 한정된다. 이러한 결점 때문에 인서트 바이트가 많이 사용된다.

6. 공구 인선의 수명과 파손

(1) 공구의 수명(tool life)

절삭가공을 계속하면 공구날은 마멸된다. 이에 따라 절삭성이 저하 되고, 가공 면의 표면이 거칠어지며, 소요 절삭 동력이 증가할 뿐만이 아니라 정밀작업을 할 수 없다.

가공 재료의 피삭성을 분석하거나 절삭공구의 성능을 분석하기 위해서는 절삭공구의 수명을 파악하는 것이 필요하다.

절삭공구로 절삭가공을 할 때, 고온과 고압으로 인한 마찰력으로 공구가 마모되어 절삭성이 감소하고,

가공 치수의 정밀도가 낮아지고, 가공된 면의 표면거칠기가 불량하게 되고 절삭공구 본래의 형상을 잃게 되며, 소요되는 절삭 동력도 증가하게 된다. 이러한 현상이 어느 한계치를 넘어서게 되면, 절삭공구를 교환하거나 재 연삭하여야 한다.

이처럼 새로운 절삭공구로 가공물을 일정한 절삭조건으로 절삭을 시작하여 공구의 교환 또는 재 연삭을 할 때까지의 실질적인 절삭 시간의 합을 공구 수명이라 하며, 단위는 분(min)으로 나타낸다.

공구 수명에 영향을 주는 요소로는 마모가 가장 주요한 원인이며, 절삭 열도 원인이 된다. 일반적으로 이러한 원인의 결과로는 절삭공구의 경사면에 마모와 여유 면의 마모, 치핑(chipping), 온도파손 등이 복합적으로 나타난다. 경사면 마모는 초경합금이나 세라믹(ceramic) 공구보다는 고속도강 공구에서 더욱 뚜렷하게 나타난다.

1) 공구의 수명 판정 방법

예리하게 연삭된 공구를 사용하여 동일한 가공물을 일정한 조건으로 절삭하기 시작하고부터 깎아지지 않을 때까지의 절삭 시간이며, 판정하는 방법은 다음과 같다.

(가) 표면에 광택이 있는 색조 또는 반점이 있는 무늬가 생길 때

공구의 인선이 마모되거나 파손되면 광택이 나며, 절삭이 불량하게 된다. 이러한 광택은 버니싱(burnishing)을 한 것과 같은 광택을 나타낸다. 눈으로 가공물의 표면을 관찰할 수 있어서 현장에서 손쉽게 절삭공구의 수명 판정에 이용한다.

(나) 절삭공구 인선의 마모가 일정량에 달했을 때

주철 절삭이나 강재의 경 절삭 등에서 플랭크 마모나 크레이터 마모가 발생하며 이때, 플랭크 마모나 크레이터 마모의 깊이 등을 참고하여 공구 수명을 판정한다.

(다) 가공된 완성 치수의 변화가 일정량에 달하였을 때

절삭공구가 마모되면, 심압대에서 척 방향으로 절삭할 때, 척 방향에 지름이 커지는 비정상적인 데이퍼(taper)로 절삭된다. 이때 척 쪽에 가공물 지름이 증대하는 양이 어느 정도 일정한 양에 도달하면 공구의 수명이 종료된 것으로 판정하는 방법이다.

일반적으로는 보통 다듬질에서는 0.2 mm 정도, 정밀 다듬질에서는 0.04 nun 정도의 변화가 생길 때에 공구 수명이 종료된 것으로 판정한다.

(라) 주 분력에 비해 배분력 또는 이송 분력이 급격히 증가할 때

절삭 저항을 실험할 때 살펴보면, 절삭 실험 중에 절삭에 어떠한 문제점을 발견하지 못 해도 갑자기 배분력과 이송 분력이 급상승하여 주 분력의 크기와 비슷한 양상을 나타낸다. 이런 경우에 실험을 중단하고 전자 현미경 등으로 절삭공구의 인선을 살펴보면, 마모나 미소한 결함이 발생한 것을 확인하게 된다. 이러한 변화가 발생하면 공구 수명이 종료한 것으로 판정한다.

(마) 칩의 색깔 및 어떤 현상의 변화로 불꽃이 발생할 때

선반이나 밀링 가공에서 칩이 타면서 지속해서 불꽃이 발생하면 공구 수명이 종료된 것으로 판정한다. 절삭할 때, 절삭 속도가 증가하면 절삭 온도는 상승하고, 마모가 증가한다. 마모가 증가하면 절삭공구에 압력 에너지가 증가하고, 절삭공구 날이 약해져서 결국 파손이 발생한다. 이런 현상은 마모가 발생한 절삭공구로 절삭을 계속할 때, 불꽃(spark)이 발생하는 것으로 쉽게 알 수 있다. 이럴 때는 회전수와 이송 속도를 낮추어서 가공하여야 한다.

2) 절삭공구 수명에 영향을 주는 주요 요소

(가) 공구각의 영향

일반적으로 고속도강과 같이 열에 매우 민감한 절삭공구에서 경사각이 증가하면 절삭 온도는 낮아지므로, 경사각이 공구 수명에 많은 영향을 미친다.

① 경사각과 반지름

고속도강은 인성이 크지만, 경사각이 30°를 넘으면 공구 인선의 강도가 부족하여 치핑(chipping)의 원인이 되어 공구 수명이 짧아진다. 절삭공구의 날 끝 반지름(nose radius)은 공구 수명과 가공 면의 표면 거칠기에 영향 미친다. 반지름(nose radius)은 1.5 mm까지는 다듬질 면이 양호하지만, 더 커지면 떨림과 진등이 발생하여 공구 수명이 짧아진다. 고속도강은 경사각이 40° 이내, 초경합금은 15° 이내로 하여야 한다.

② 여유각과 반지름

연한 금속을 절삭할 때 여유각을 크게 하다. 반지름(nose radius)이 클 때는 공구 수명에 대한 영향이 크며, 또한 다듬질 면의 거칠기에도 많은 영향을 준다. 약 1.5mm까지의 반지름은 다듬질 면을 좋게 하나 그 이상에서는 공구의 진동을 유발하여 가공 면과 공구 수명을 나쁘게 한다. 반지름(nose radius)이 작으면 인선에 열 및 응력의 집중으로 인하여 공구 선단의 마모가 크게 되어 공구 수명이 짧아진다. 또한 초경합금과 같은 취성의 재료에서는 치핑으로 인하여 수명이 짧아진다.

(나) 절삭 속도의 영향

절삭조건의 3요소는 절삭 속도, 이송, 절삭 깊이이며, 절삭 속도가 어느 정도에서는 절삭열의 영향으로 마찰계수가 감소하고, 구성 인선이 발생하지 않지만, 절삭 속도가 필요 이상으로 커지면, 고온 경도 및 크레이터 마모의 증가로 인하여 절삭공구의 수명이 짧아진다. 공구 수명은 절삭 속도, 이송, 절삭 깊이 순으로 영향을 받는다.

(다) 절삭공구의 재료

절삭공구의 재료는 고온경도, 경도, 인성, 내마모성 조건을 갖춘 것이 좋다. 가공 재료와 절삭공구 재료의 친화력이 적어지면 마모저항이 향상된다. 고속도강은 고온 경도가 낮아 절삭열이 낮은 상태에서 가공하는 것이 좋다. 세라믹 CBN 공구 등은 특성상 비교적 절삭열이 높은 절삭 속도로 가공하는 것이 좋다.

(라) 가공 재료의 영향

가공 재료가 절삭공구 수명에 영향을 미치게 되며, 경도 인성, 마모, 강도 등 재료의 성분이나 기계적 성질이 절삭공구 수명에 영향을 미치게 된다.

(마) 절삭 유제의 영향

칩이 경사면 위에서 일으키는 마찰이 공구 수명에 영향을 미치며, 절삭 유제는 절삭할 때 발생하는 절삭열을 감소시키고 마찰을 감소시켜, 절삭공구 수명을 연장한다.

표 8-2 공구 수명 상수 C값

가공 재료	고속도강		초경합금
	건식절삭	습식절삭	건식절삭
탄소강 SM25C	126	176	630
SM35C	100	140	494
SM45C	80	112	398
Ni-Cr강	87	122	398
주철 H_B100	115	158	570
H_B150	73	105	362
H_B200	41	56	204
주 강	70	112	398
황 동	350	-	1750
경 합 금	1320	-	6590

3) 공구 수명 식

테일러(Taylor)는 공구의 수명과 절삭 속도의 관계를 다음과 같이 나타냈다. 절삭가공시 공구는 압력을 받아 마찰이 일어나고 마모되어 공구 본래의 성능을 잃게 되면서 절삭 저항이 증대되고 가공 상태가 불량하게 된다. 이러한 현상이 어느 기준치를 넘게 되면 공구를 교체할 필요가 있으며 공구를 교체하기까지의 절삭 시간을 공구 수명(tool life)이라고 한다.

$$VT^m = C$$

여기서, V : 절삭 속도(m/min), T : 공구 수명(min)

C : 공구 수명 상수〈표 8-2〉참조, n : 공구와 가공물에 의한 지수

n : 공구와 공작물에 의한 지수 보통 $n = \dfrac{1}{10} \sim \dfrac{1}{5}$

(고속도강 : 0.1, 초경합금 : 0.125~0.25, 세라믹 : 0.4~0.55)

상수 n은 수명선도의 기울기로서 $n = \tan\theta = \dfrac{\log V_1 - \log V_2}{\log T_2 - \log T_1}$ 이다.

(2) 공구 인선의 파손

1) 크레이터 마모(경사면 마모 : crater wear)

절삭공구의 경사면에 칩이 슬라이드(side)할 때 마찰력에 의하여 오목하게 파진 모양의 형태이다. crater의 깊이가 0.05~0.1mm에 달하였을 때 공구 수명이 다되었다고 한다. 초경합금과 고속도강에서 나타나고 전연성 재료의 유동형 칩을 만들 때 공구 상면에 주로 발생하며 원인은 다음과 같다.

① 기계적 마모 : 소성변형 때문에 가공경화 된 칩이 공구 표면을 마찰하여 경사면이 깎인다.

② 용융 마모 : 칩과 바이트의 접촉 부분이 고온 고압이므로 공구가 용착되어 그 표층이 칩과 함께 떨어져 나간다.

또한 크레이터 마모 방지법은 다음과 같다.

① 공구 날 위의 압력 감소시키기 위해 경사각을 크게 한다.

② 공구 상면의 칩의 흐름에 대한 저항 감소시키기 위해 공구 상면을 연삭하고 윤활성이 좋은 윤활제 사용한다.

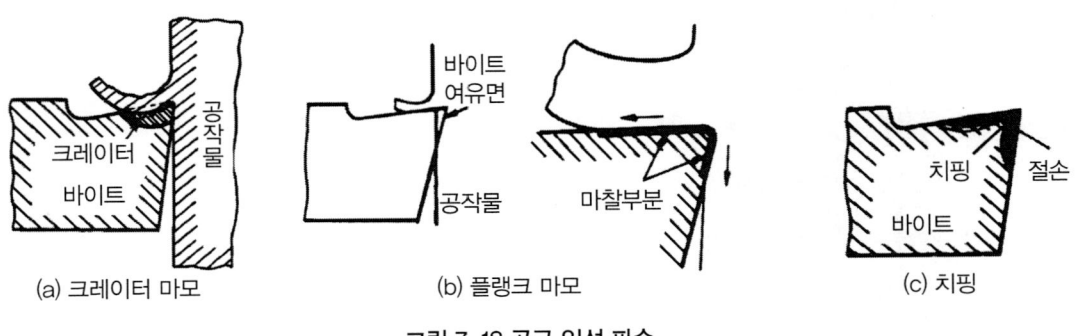

그림 7-18 공구 인선 파손

2) 플랭크 마모(flank wear)

절삭공구의 여유면과 절삭 면과의 마찰 때문에 절삭면에 평행하게 마모되는 형태이며, 주철과 같이 매진 재료를 절삭 할 때나 분말 상 칩이 발생할 때는 다른 재료를 절삭 하는 경우보다 뚜렷하게 나타난다. 플랭크 마모의 폭이 0.7mm 정도 되었을 때 공구의 수명이 다 되었다고 한다. 지연시키는 방법은 다음과 같다.

① 절삭 속도를 저속으로 하고 이송을 크게 한다.
② 절삭 깊이를 작게 하고 여유각과 반지름을 다소 크게 한다.
③ 날 끝을 센터에 맞추고 절삭유 공급한다.
④ 공구의 팁 재료를 단단한 것으로 사용한다.

3) 치핑(chipping)

공구 인선의 일부가 파괴되어 탈락하는 것으로 단속 절삭, 공작기계의 진동, 절삭 시 급랭 등으로 공구 인선에 균열(crack)이 생기고 선단의 일부가 결손되는 현상이다.

연삭숫돌로 연삭된 절삭공구의 인선은 고르지 못하고, 이러한 절삭 날에 절삭력이 작용하면 절삭 속도와 관계없이 고로지 못한 인선이 파손된다. 치핑은 충격력의 크기와 공구 재로 절삭 온도에서의 충격강도(impact strength)이며, 절삭공구의 재료적 결함이나 마모가 발생할 때 과일로 인하여 나타나는 미세한 균열(hair crack)이 원인이 되는 경우가 많다. 초경공구, 세라믹(ceramic) 공구 등에 발생하기 쉽고, 고속도강과 같이 점성이 큰 재질의 절삭공구에는 비교적 적게 발생한다.

크레이터 마모나 플랭크 마모는 서서히 진행되는 마모인 데 비하여, 치핑은 충격적인 힘을 받을 때, 발생하는 현상이다. 방지하기 위해서는 다음과 같다.

① 절삭 날의 각도가 큰 것을 사용한다.
② 반지름이 큰 공구를 사용한다.
③ 윗면 경사각이 작은 칩 브레이크 만든다.
④ 공구의 팁 재료를 인성이 큰 것으로 사용한다.
⑤ 절삭 깊이를 작게 한다.

4) 온도파손

절삭공구와 경도와 강도는 절삭 온도에 따라 변화한다. 절삭 속도가 증가하며 절삭 온도가 상승하고 마모가 증가한다. 마모가 증가하면 절삭공구가 약해져 파손된다. 이러한 현상은 마모가 발생한 절삭공구로 절삭을 계속하면 불꽃(spark)이 발생한다.

5) 미소 파괴(minute chipping)

공구 날 연삭할 때 숫돌 입자에 의하여 절삭 날이 고르지 못하면 절삭 저항 때문에 공구가 쉽게 마모되거나 떨어져 나간다. 이러한 현상을 미소 파괴라 하며, 연삭한 공구 날은 가공물 절삭하기 전에 기름숫돌로 연마하여 사용하면 효과가 있다.

6) 확산 마모

공구 재료의 용융온도 1/2 이상인 상태에서 절삭하면 칩과 경사면과의 마찰 사이에 금속 성분이 상호 침투 작용으로 중간 화합물이 생기면서 경도가 낮아져서 발생하는 마모이다.

7) 기계적 마모

절삭 속도가 빨라지면 절삭 온도가 높아져서 공구 날의 경도가 연화 현상으로 급격히 감소함으로써 발생하는 마모를 기계적 마모라 한다. 이를 방지하기 위해서는 내열성이 좋은 절삭공구를 선택하여 사용하여야 한다.

7. 절삭유와 윤활제

(1) 절삭유

공작물의 가공면과 공구 사이에는 절삭 및 전단 작용으로 온도가 상승하여 나쁜 영향을 주게 된다. 이와 같은 나쁜 영향을 방지하기 위하여 절삭유를 사용한다.

1) 절삭유의 작용

① 냉각 작용 : 절삭공구와 공작물의 온도 상승을 방지한다.
② 윤활 작용 : 공구 날과 칩 사이의 마찰저항을 감소한다.
③ 방청 및 세척 작용 : 공작물을 산화 방지하고 미분 및 칩을 제거한다.

2) 절삭유의 사용 목적

① 절삭 저항이 감소하고 공구의 수명을 연장한다.
② 다듬질 면의 마찰을 적게 하므로 다듬질 면을 좋게 한다.
③ 공작물의 열팽창 방지로 가공물의 치수 정밀도를 높게 한다.
④ 칩의 흐름이 좋아지기 때문에 절삭가공을 쉽게 한다.
⑤ 공구 인선을 냉각시켜 온도 상승에 따른 경도 저하를 막는다.

3) 절삭유의 구비 조건

① 냉각성, 방청성, 방식성이 우수하여야 한다.
② 감마성, 윤활성이 좋아야 한다.
③ 유동성이 좋고, 적하가 쉬워야 한다.
④ 인화점, 발화점이 높아야 한다.
⑤ 인체에 해가 없으며, 변질되지 말아야 한다.
⑥ 기계 도장에 영향이 없어야 한다.

4) 절삭유의 분류

(가) 수용성 절삭유(soluble oil)

알칼리성 수용액이나 광물유를 화학적으로 처리하여 물에 용해한 유화제 등으로 다량의 물을 포함하기 때문에 냉각 효과가 크고 고속절삭 연삭용 등에 적합하다.

① 에멀션(emulsion)

일반적으로 유화 유라고 하며, 광물유에 비눗물을 가하여 유화한 것으로 냉각 작용도 비교적 좋고 윤활성도 있고 값이 저렴하므로 일반적으로 사용하며, 사용 배율은 10~30배이다.

② 솔류블(soluble)

에멀션형보다 광물성 유가 적은 것으로 물에 희석하면 투명 또는 반투명이 되며, 사용 배율은 50배 정도이다.

③ 솔류션(solusion)

무기염류를 주성분으로 물에 희석하면 투명한 수용액이며, 사용 배율은 50~100배이다.

(나) 불 수용성

광물유, 동·식물유로서 윤활 작용이 크고 저속 정밀작업에 적합하다.

① 광유(mineral oil)

경유, 머신유, 스핀들유, 석유 및 기타 광유 또는 혼합유로서 윤활 작용은 좋으나 냉각 작용은 비교적 약하다. 주로 경(輕) 절삭에 사용한다.

② 동, 식물유

돈유(lard oil), 올리브유(oliv oil), 종자유(seed oil), 피마자유, 콩기름, 기타 고래기름 등으로 윤활 작용이 강력하나 냉각 작용은 그다지 좋은 편은 아니다. 주로 다듬질 가공에 사용한다.

③ 광유와 동식물 유의 혼합유

혼합 비율을 바꿈으로써 각종 성능을 가진 절삭유를 만들 수 있다. 강력절삭, 밀링 절삭, 나사 절삭 등에 사용하며, 가공물이 강인한 재료에는 동식물 유의 양을 많이 사용한다. 보통 지방질 유만을 사용하기도 하나, 때로는 높은 점성을 주기 위하여 광물성 유를 첨가하여 사용하는 때도 있다. 동물성 유로는 돈 유(lard oil)가 가장 많이 사용되며 식물성 유보다는 점성이 높아 저속 절삭과 다듬질 가공에 사용된다.

일반적으로 5~50%의 광물성 유를 혼합하여 사용한다. 돈 유와 테레빈유를 여러 가지로 혼합하여, 알루미늄이나 유리에 구멍을 뚫을 때 사용한다. 돈 유와 석유의 혼합유는 알루미늄 및 밀링 가공할 때 사용한다.

식물성 유에는 종자유(seed oil), 콩기름, 올리브유, 면실유와 피마자유 등이 있으며 모두 점도가 높고 양호한 유막을 형성한다. 윤활성은 좋고 냉각 성은 좋지 않다.

④ 석유(petroleum oil)

여러 가지의 종류가 있으며, 첨가제가 없는 것과 유황, 염소, 인 등이 포함된 화학성 분의 용액이다. 점성이 높아 고속절삭에 적합하다. Ni 강, 스테인리스강, 단조강 동을 절삭하는데 적합하며, 나사 절삭, 브로칭 가공(broaching) 깊은 구멍 뚫기, 자동선반 작업에 많이 사용된다.

⑤ 황화 유

화학적으로 활성을 지닌 황을 함유한 절삭유이다. 고속절삭시 정확한 치수와 깨끗한 가공 면을 얻고자 할 때 사용한다. 3% 정도 함유된 황은 공구와 칩과의 용 착을 방지하고 윤활을 좋게 하며 공구 수명을 연장해 준다.

⑥ 고체윤활제 혼합액(suspension of solid lubricants)

흑연, 몰리브덴 등의 고체윤활제를 첨가한 절삭 유제를 사용할 때도 있다. 가공의 종류, 절삭 깊이, 이송, 절삭 속도, 가공물의 재질 등에 따라 선택하여 사용한다.

(다) 첨가제

칩과 공구 사이의 마찰 면에 강한 유막을 만들어 윤활 작용을 양호하기 위해 첨가한다. 첨가제로 동식물성 계는 유황, 유화물, 흑연, 아연 분 등을 첨가하고, 수용성 절삭은 인산염, 규산염 등을 첨가한다. 일반적으로 저속 절삭할 때에는 극압 첨가제 사용하지 않는다.

(2) 윤활제

기계의 접촉 부분에 적당량의 윤활제를 공급하여 마찰저항을 줄이고 슬라이딩을 원활하게 하여 기계적인 마모를 감소시키는 것을 윤활이라 한다. 윤활제는 윤활 작용, 마찰의 감소 및 마멸의 방지 작용, 냉각 작용, 밀봉 작용, 청정 작용, 응력 분산 작용, 방청 작용 등이 있다. 갖추어야 할 조건은 다음과 같다.

① 사용 상태에서 충분한 점도가 있어야 한다.
② 한계 윤활 상태에서 견딜 수 있는 유성이 있어야 한다.
③ 산화나 열에 대하여 안정성이 높아야 한다.
④ 화학적으로 불활성이며, 균질하여야 한다.

1) 윤활 방법

① 유체 윤활(fluid lubrication)

완전 윤활 또는 후막 윤활이라고 하며, 유막에 의하여 슬라이딩 면이 유막에 의해 완전히 분리되어 균형을 이루게 되는 윤활의 상태를 유제 윤활이라 한다.

② 경계 윤활(boundary lubrication)

불완전 윤활이라고도 하며, 유체 윤활 상태에서 하중이 증가하거나 윤활제의 온도가 상승하여 점도가 떨어지면서 유막으로는 하중을 지탱할 수 없는 상태를 뜻하며, 경계 윤활은 고 하중(高 荷重) 저속 상태에서 많이 발생한다.

③ 극압 윤활(extreme pressure lubrication)

고체윤활이라고도 하며, 경계 윤활에서 하중이 더욱 증가하여, 마찰 온도가 높아지면 유막으로는 하중을 지탱하지 못하고, 유막이 파괴되어 슬라이딩 면이 접촉된 상태의 윤활이다.

2) 윤활제의 종류

① 액체 윤활제

광물성 유와 동물성 유가 있으며 점도, 유동성은 동물성 유가 우수하고, 고온에서 변질이나 금속의 내부식성은 광물성 유가 우수하다.

② 고체윤활제

흑연, 활석, 운모 등이 있으며 그리스(grease)는 반(half)고체 윤활제이다.

③ 특수 윤활제

P(인), S(황), CQ(염소) 등의 극압제를 첨가한 극압 윤활제와 응고 온도가 −35~50°C인 부동성 기계유, 내한이나 내열에 우수한 실리콘유 등이 있다.

3) 윤활제의 급유 방법

① 핸드 급유법(hand oiling)

오일 컵 등을 이용하여 손으로 직접 급유하는 방법으로 급유가 불완전하고 윤활유의 소모가 많으며, 간단한 전동장치에 사용한다.

② 적하 급유법(drop feed oiling)

유리에 눈금이 새겨진 적하 급유법이 많이 이용하고, 저속 및 중속 축의 급유와 마찰 면이 넓고 시동 횟수가 많은 곳에 주로 사용한다.

③ 오일 링(oil ring) 급유법

고속 주축에 급유를 균등히 하는 곳에 주로 사용하고, 회전축보다 큰 링이 축에 걸쳐 회전하면서 기름통에서 링을 통하여 축 윗면에 급유한다.

④ 분무(oil mist) 급유법

압축공기를 이용하여 분무(spray) 상태로 급유하는 방법으로 압축 공기압력은 1kgf/㎠ 정도로 하며 고속 내면연삭기, 고속 드릴 및 초고속 베어링의 윤활에 사용한다.

⑤ 강제 급유법

순환 펌프를 이용하여 강제로 급유하는 방법이며, 고속 베어링의 급유에 많이 이용한다.

⑥ 담금 급유법(oil bath oiling)

마찰 부분 전체를 윤활유 속에 잠기게 하여 급유하는 방법이다.

⑦ 패드(pad oiling) 급유법

무명이나 털 등을 섞어 만든 패드 일부를 기름통에 담가 저널의 아래 면에 모세관 현상으로 급유하는 방법이다.

⑧ 비말(splash oiling) 급유법

커넥팅로드(connecting rod) 끝에 달린 국자로부터 기름을 퍼서 올려, 비산시 킴으로 급유하는 방법이다.

⑨ 그리스(grease)의 윤활

그리스 윤활 법에는 수동, 충전, 컵, 스핀들 급유법 등이 주로 사용한다. 그리스는 비산이나 유출되지 않으므로 급유 횟수가 적고, 사용 온도 범위가 넓으며, 장시간 사용에 적합하지만, 급유, 세정, 교환 등 취급이 까다롭고 이물질이 혼합되었으면 제거가 곤란한 결점이 있으며, 고속 회전에는 사용되지 않는다.

8. 절삭공구 재료

(1) 절삭공구 재료의 구비 조건

절삭가공을 할 때, 국부적으로 높은 압력과 온도, 또한 마찰에 의한 열과 마멸에 견딜 수 있고, 절삭 속도를 높이기 위해 새로운 공구 재질이 출현 되고 있다. 공구의 재료로써 갖추어야 할 조건은 다음과 같다.

① 가공 재료(피 절삭재) 보다는 경도와 인성이 클 것.
② 고온에서 경도가 감소하지 않을 것.
③ 마찰계수가 작고 내마모성이 우수할 것.
④ 절삭 저항을 받으므로 강도가 클 것.
⑤ 피삭제와 친화력이 적을 것
⑥ 조형이 용이하고 경제성이 있을 것

(2) 공구 재료의 종류

일반적으로 사용하고 있는 공구 재료에는 탄소공구강, 고속도강(HSS), 주조합금, 소결 탄화물, 시효 경화 합금, 다이아몬드, 세라믹 등이 있다.

1) 탄소공구강(High Carbon Steel : STC)

C, Si, Mn, P, S 등 성분으로 탄소량이 0.6~1.5% 함유한 범위가 고탄소강이며, 절삭공구로는 탄소량 0.9~1.3%의 탄소강을 담금질(760~850℃)한 후 뜨임(150~200℃) 열처리하여 사용한다. 그러나 날 끝의 온도가 300℃ 넘으면 뜨임 효과를 가지게 되어 경도가 떨어진다.

최근에는 총형공구나 특수 목적용으로만 사용하고 고속 절삭용으로 사용되지 않으며 일부 중저가 드릴, 탭, 리머, 총형공구 등으로 사용되는 경우가 있으나, 실지 기계 가공에는 거의 사용되지 않는다. 고무 등 연질 재료의 저속 가공에 사용되며 절삭 속도는 고속도강의 약 절반 수준에서 사용한다. STC 1종 ~STC 7종으로 분류한다. 절삭공구로는 1종~3종이 주로 사용된다.

2) 합금 공구강(Alloy Steel : STS)

탄소량이 0.8~1.5%에 소량의 Cr, W, Ni, Co, V 등의 특수원소를 1종 또는 2종 이상 첨가한 강으로 탄소강보다 절삭 성능이 좋고, 마멸성과 고온 경도가 높아 저속 절삭용 및 총형 절삭공구용으로 주로 사용한다. 이는 절삭 온도 약 450℃ 정도까지 경도를 유지한다.

바나듐과 크롬 등의 합금원소를 소량 첨가한 고탄소 합금강을 말하며 다이스, 탭, 드릴, 쇠톱 날 내충격 공구용 및 금형용으로 사용된다.

3) 고속도강(High Speed Steel : SKH)

대표적인 것은 W(18%)+Cr(4%)+V(1%)으로 18-4-1 표준 고속도강이며, 우수한 절삭 성능을 얻기 위해 코발트를 첨가한 특수 고속도강 등도 있다. 합금 공구강보다 높은 온도에서 절삭 성능이 있으며, 600℃까지 경도를 유지하고 내열성과 내마모성이 커서 고속절삭이 가능하다. 고속도강의 담금질온도는 1,200℃~1,350℃, 뜨임 온도는 550~580℃ 하여 드릴, 밀링 공구, 바이트 등으로 사용한다.

고속도강은 W, Cr, Mo, V, Co 등을 함유하는 고탄소 합금강으로 공구 형상 성형이나 날 부위 재 연삭이 용이하고, 가격이 비교적 싸며, 수명도 안정적이고 다루기 쉬운 장점이 있다. 또한, 경화 깊이를 깊게 할 수 있어 여러 차례 재연마 사용이 가능하다. 다른 공구 재료에 비해 인성이 강하지만, 주로 저속 절삭, 단속 절삭, 불안정 절삭에 사용된다. 고속도강은 크게 텅스텐(W)계, 몰리브덴(Mo)계, 코발트(Co)계로 분류된다.

① W계 고속도강: 일반 절삭용 (SKH2~10)

"18% W- 4% Cr -1% V"의 조성으로 된 고속도강을 표준형 고속도강이라 한다.

선삭 공구, 센터드릴 등에 주로 적용

② Mo계 고속도강(SKH51~57)

인성이 강해 드릴, 엔드밀 등에 주로 사용된다. 일반적으로 사용되는 드릴과 엔드밀은 거의 모두 위의 규격이다.

③ 코발트(Co) 고속도강(SKH59)

고온 경도와 내마모성을 높이기 위해서 고속도강에 12% 정도의 코발트를 첨가한 고속도강이다. 주로 Mo계 고속도강에 적용된다. 일반 고속도강의 경우 HRC 63~65 정도까지만 경화되지만, 코발트 고속도강은 HRC 70 정도까지도 경화가 가능하다. 그러나 취성이 따라서 증가하고 공구 연마가 어려워지므로 취성과 치핑의 영향을 줄이기 위해 67~68 HRC까지 경화시켜 사용하는 것이 일반적이다. 기어 절삭 호브, 난삭재 가공 등에 주로 사용된다.

④ 코팅(vlqhr) 고속도강

고속도강의 결점인 고온 경도 저하 문제 해결을 위해 TiC, TiN, TiCN 등의 경질 세라믹을 코팅하여 보강한 공구 재료로, 내마모성이 개선되므로 공구 수명 연장이 가능하다. 특히, 강력 절삭시 칩의 마찰계수가 작아져 날 끝의 온도 상승을 억제하는 효과도 있다. 일반적으로 재 연삭 때 성능이 저하된다.

코팅 방법은 아래와 같이 구분할 수 있으며, 보통은 500℃ 이하의 저온에서 가능한 PVD 코팅이 주로 사용된다.

표 8-3 코팅의 특징

구 분	주요 특징
CVD 코팅	고온으로 인해 열처리된 고속도강을 무르게 한다.
PVD 코팅	모든 표면에 고르게 증착되지 않고 방향성을 가지면서 절인 날카로운 상태 유지 가능하다.
Plasma CVD 코팅	비교적 저온에서 증착 가능하다.

4) 주조 경질합금(cast alloyed hard metal)

대표적인 것으로 스텔라이트(Stellite)가 있으며, 이 합금은 주조로 만들어지는 Co(40~55%), Cr(25~35%), W(12~30%), C(1.5~3%) 합금으로 강철 공구와는 다르게 단조 및 열처리 하지 않으면서도 매우 단단한 특징이 있다.

850℃까지 경도를 유지하고 내마모성이 크므로 고속 절삭공구로서 특수 용도에 사용된다. 그러나 단단한 만큼 메짐성(취성)이 있고, 값이 비싸다. 연강 자루에 전기 용접이나 경납땜하여 사용한다.

약 3%의 탄소를 함유하며, 탄소가 금속과 결합하여 매우 단단한 카바이드를 형성해 내열성과 내마모성이 우수하다. 상온 경도는 고속도강에 비해 떨어지지만, 고온 경도는 더 우수하며, 약 900℃까지도 경도가 유지되므로, 고속도강에 비해 20~50% 정도 절삭 속도를 빠르게 할 수 있다. 단조나 열처리할 수 없고 가공이 어려워 주로 팁의 형태로 사용된다. 초경합금에 비해 성능이 떨어져 별로 많이 사용되지는 않는다.

5) 소결 초경합금(sintered carbide steel)

소결 초경합금은 W, Ti, Ta, Mo, Zr 등의 경질합금 탄화물 분말을 Co, Ni을 결합 제로 하여, 1,400℃ 이상의 고온으로 가열하면서 프레스로 소결 성형한 절삭공구이다. 고온, 고속절삭에서도 높은 경도를 유지하므로 절삭공구 재료로 뛰어난 특징이 있다. 다만, 진동이나 충격을 받으면 부서지기 쉬우므로 주의해야 한다.

초경합금은 W, Ti, Ta 등의 탄화물을 Co로 결합한 합금을 말하는데, 최근에는 질화물을 첨가한 초경합금도 나오고 있다. 일반 초경합금은 HRC90 수준의 경도가 약 1,000℃까지도 유지하나 취성이 큰 단점이 있다. 절삭공구 용도 외에도 고강성 특성을 활용해 공구용 홀더나 내마모 재료로도 사용된다.

표 8-4 초경합금의 분류와 특성

분류	피삭재	합금 성분	특성
P	긴 칩이 생기는 강 재료 연속형 칩이 발생하는 강, 합금주철 등에 주로 사용 한다.	WC, TiC, TaC, Co	열적 마모에 강하다. TiC 나 TaC 등을 첨가해 고온 강도를 강화한 초경합금 고속 절삭 특성이 우수하고, 크레이터 마모에 강하다.
M	치핑, 크레이터를 유발하는 재료	WC, TiC, TaC, Co	P종보다 TiC, TaC이 적고, 기계적 열적 마모에 적당한 강도를 보유. P와 K의 중간 성질을 가진 범용 초경합금
K	칩이 가루나 짧은 재료, 절삭 저항이 적은 주철 등 재료	WC, Co	열에는 강하고 기계적 마모가 약하다. 불연속형 칩이 나오는 주철, 담금질강, 비철금속 등에 사용

독일(1926년)에서 절삭공구로 비디아(widia), 미국 카볼로이(Carboloy), 일본 탕가로이(tungaloy), 영국 미디아(midia) 등의 상품으로 알려져 있다. KS 규격에서는 초경합금을 영문자 P, M, K와 두 자리 숫자로 구분하고 있으며, 숫자가 클수록 경도가 낮고, 인성은 강하다(KS B 3248). 작업조건이 열악하고, 저속으로 가공할 경우 '30' 등 큰 숫자의 초경합금을 사용하고, 고속 경 절삭 시는 '10' 등 낮은 숫자의 초경합금을 사용한다.

표 8-5 초경합금 재종의 선정 기준

ISO 분류		성능 경향				
P	01	강, 주강	↑ 절삭속도	↓ 이송	↑ 내마모성	↓ 인성
	10	강, 주강				
	20	강, 주강, 가단주철				
	30	강, 주강, 가단주철				
	40	강, 주강				
M	10	강, 주강, 주철, 고망간강	↑ 절삭속도	↓ 이송	↑ 내마모성	↓ 인성
	20	강, 주강, 주철, 고망간강				
	30	강, 주강, 주철, 내열합금				
	40	쾌삭강, 비철금속				
K	01	주철, 흑연, 도기	↑ 절삭속도	↓ 이송	↑ 내마모성	↓ 인성
	10	가단주철, 단금질강				
	20	주철, 비철금속				
	30	주철, 비철금속				
	40	비철금속, 목재				

6) 피복 초경합금(coated carbide steel)

피복 초경합금 공구는 TiC, TiN, TiCN, Al_2O_3 등을 2~15 μm의 두께로 피복하여 사용하는 절삭공구로, 인성이 우수한 초경합금에 내마모성과 내열성을 향상한다.

절삭공구 피복 방법으로는 화학적 증착법(CVD)과 물리적 증착법(PVD)을 이용한다.

물리적 증착법은 모재 위에 기화된 원자를 물리적으로 가속하여 TiN, TiCN 등을 진공상태의 낮은 온도에서 증착하므로 증착 두께를 얇게 조절할 수 있어 예리한 인선을 얻을 수 있으며, 열처리도 불필요한 방법이다. 화학적 증착법은 모재 위에 기체를 고온에서 화학 반응시켜 TiC, TiN, Al_2O_3 등을 코팅하는 방법으로 증착되는 물질의 두께가 정밀하지 않은 단점이 있으며, 높은 온도 때문에 조직이 변태되므로 모재의 특성을 되돌이기 위해 열처리를 해주어야 하며 일반적으로 재연삭시 성능이 저하된다.

7) 세라믹(ceramic)

산화알루미늄(Al2O3) 분말을 주성분으로, 마그네슘(Mg), 규소(Si) 등의 산화 물과 미량의 다른 원소를 첨가하여1,500℃에서 소결한 절삭공구이다. Al_2O_3의 용융점은 1,960℃로서 1,100℃ 이상의 고온에서도 경도를 유지하고 내마모성이 좋아 초경합금보다 빠른 절삭 속도로 절삭이 가능하다. 백색, 분홍색, 회색, 혹 색, 등의 색이 있으며 초경합금보다 매우 가볍다. 세라믹 공구의 단점은 초경합 금보다 인성이 적고 취성이 커서 충격이나 진동에 약하다. 세라믹은 용접이 곤란하므로 고정용 홀더를 사용하며 떨림이 없어야 한다. 세라믹은 고속 다듬질에는 우수한 성능을 나타내지만 중절삭이나 냉각제를 사용하면 파손되기 쉽다. 고경도 재료 가공이나 주철의 고속 가공에 요구되는 고온 특성은 CBN 공구에 비해 떨어지지만, 값이 싸기 때문에 일반적으로 많이 사용된다.

8) 서멧(cermets)

서멧은 ceramics와 금속(metal)의 소결 복합체로 메탈 세라믹(metal ceramic) 또는 세라멀(ceramals)이라고도 하며, 그 역사는 비교적 짧다. Al_2O_3 분말에 70%에 TiC 또는 TiN 분말을 30% 정도 혼합하여 수소 분위기에서 소결하여 제작한다.

서멧은 고속절삭부터 저속 절삭까지 속도 범위가 넓고 크레이터 마모, 플랭크 마모가 적어 공구 수명이 길다. 또한 구성 인선이 거의 없고 높은 가공 정도를 유지하며 내충격성이 우수하다(TiN). 그러나 중절삭으로 인선의 소성변형이 쉬워 마찰에 의한 마모가 심하며, 치핑 결손이 생기기 쉬운 점이 있다.

9) 다이아몬드(diamond)

다이아몬드 팁 공구는 경도가 높고 내마멸성이 크며, 절삭 속도가 높아 능률적이나 고경도에는 항상 취성이 수반되므로 다이아몬드공구의 끝이 파손되지 않도록 주의하여 사용하여야 한다. 그러므로 다이아몬드공구는 상대적으로 연한 금속(경질고무, 베이클라이트, Al 및 Al 합금, 황동 등)의 경절삭, 완성가공에만 사용하며 절삭 날의 강도를 고려하여 보통 경사각을 작게 한다.

특히, 절삭 온도가 816℃ 정도에서는 다이아몬드 표면의 일부가 공기 중의 O_2와 작용하여 CO_2 분해되기 때문에 철 금속류의 중 절삭에는 적당하지 않고 주로 비철금속의 초정밀 가공에 사용된다. 다이아몬드는 현존하는 공구 재료 중 경도가 가장 높은 재료이며 철계 재료에 적용할 수 없는 단점이 있으나, 비철금속이나 비금속 재료의 고속 경면 가공에는 다른 공구 재료에 비해 훨씬 뛰어나다.

다이아몬드의 일반적인 성질은 다음과 같다.

① 경도가 크다. (HB 7,000)
② 강의 12% 정도로 열팽창이 적다.
③ 열전도율이 크다. (강의 12배 정도이다.)
④ 공기 중에서 815℃로 가열하면 CO_2가 된다.
⑤ 금속에 대한 마찰계수 및 마모율이 낮다.
⑥ 장시간 고속으로 절삭이 가능하다.
⑦ 정밀하고 표면거칠기가 우수한 면을 얻을 수 있다.
⑧ 날 끝이 손상되면 재가공이 어렵다.

10) 입방정 질화붕소 (cubic born nitride, CBN)

CBN은 인조 합성 공구 재료로서 다이아몬드의 2/3정도 적은 경도를 지닌 재료이다. CBN의 미소 분말을 초고온, 고압(2,000℃, 7만 기압)으로 소결한 것이며, 최근에 많이 사용되고 있는 소재이다.

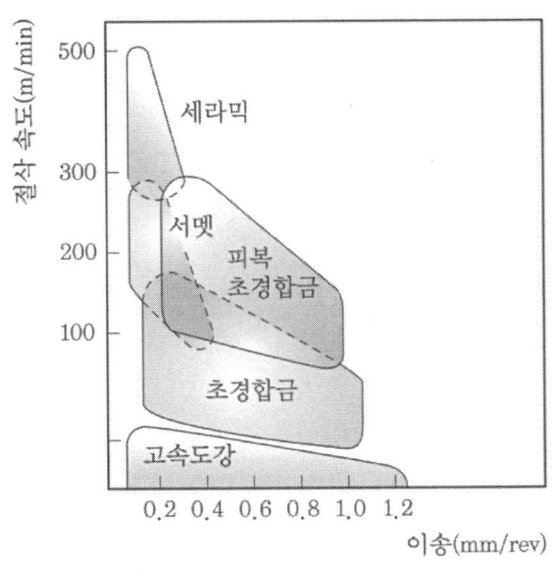

그림 8-19 공구의 재료별 적용

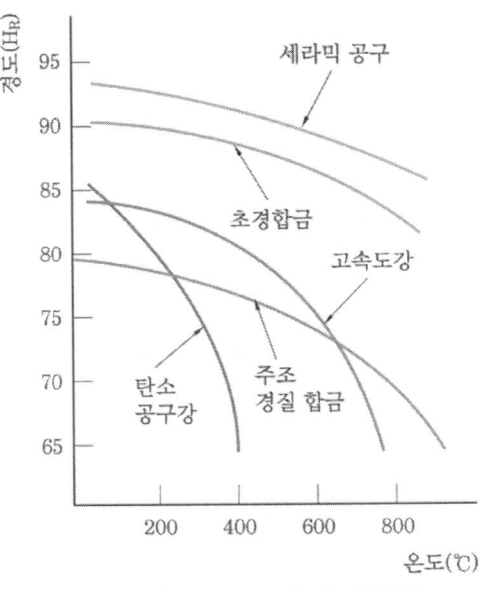

그림 8-20 공구의 경도와 온도

초경합금이나 세라믹보다도 고경도, 고 열전도율, 저열 팽창률의 장점을 갖고 있으며, 다이아몬드와는 달리 공기 중에도 안정된 물질로서 절삭 열이 많이 발생하는 금속 절삭과 각종 난삭 재료, 고속도강, 담금질강, 내열강 등의 절삭이 가능하며, 또한, 연삭숫돌의 재료로서 SiC계, Al_2O_3계보다 장점을 많이 가지고 있어 각종 난삭 재료의 연삭 가공에도 많이 활용되고 있다. CBN은 다이아몬드와 달리 철과 잘 반응하지 않으므로 고경도 강의 가공이나 주철의 고속 가공에 적용이 가능하며, 특히 담금질강의 연삭을 대신하는 다듬질 절삭용으로 많이 사용된다. 특히 CBN은 1,000℃에서도 HB200 정도의 경도가 유지되므로 초고속 가공이나 열처리된 강의 가공 등에 널리 사용되고 있다. 보통 경도의 주철 고속 가공은 초경, 세라믹 공구로도 가능하지만, 가공 면의 품질이 더 안정적이고, 수명이 길어 CBN 공구의 활용이 증가하고 있다.

제2절 선반 가공

1. 선반의 개요

(1) 선반 작업의 종류

주축에 고정한 공작물의 회전운동과 공구대에 설치된 바이트의 직선운동으로 공작물을 깎는 공작기계를 선반(lathe)이라 하고, 이런 작업을 선반 가공 또는 선삭(turning)이라 한다. 선반에서 할 수 있는 주요한 작업은 다음과 같고, [그림 8-21]와 같다.

외경 절삭(turning), 내경 절삭(boring), 테이퍼 절삭(taper turning), 단면절삭(facing), 총형 절삭(formed cutting), 구멍 뚫기(drilling), 모방 절삭(copying), 절단(cutting), 나사 절삭(threading), 리밍(reaming), 널링(knurling), 편심 작업, 센터 작업 등 할 수 있다.

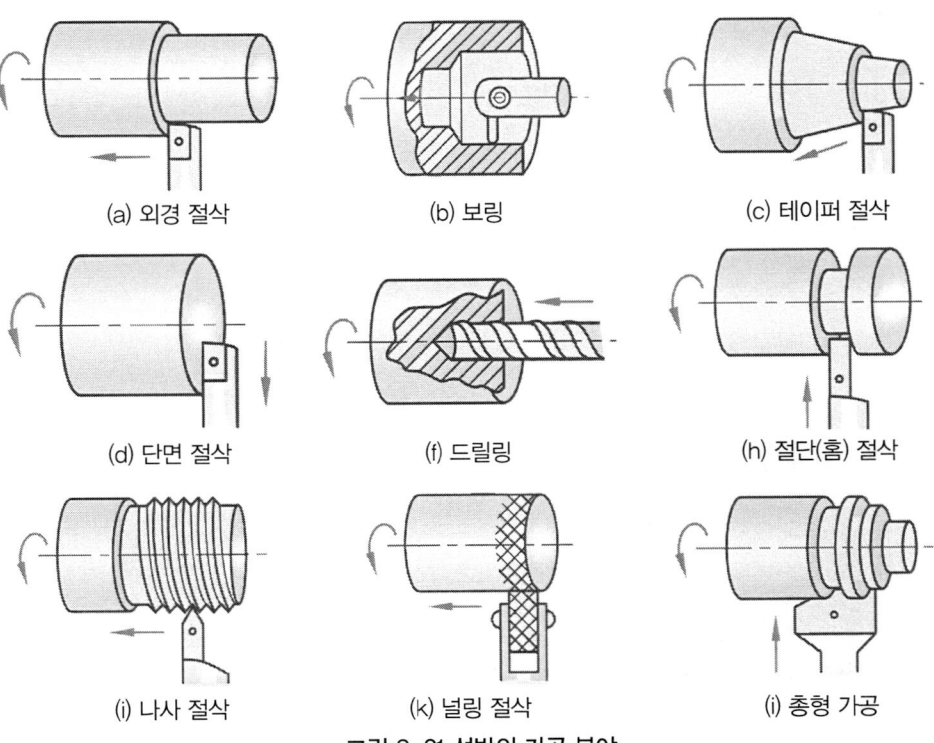

그림 8-21 선반의 가공 분야

(2) 선반의 크기 표시

선반의 크기는 베드 위에서 스윙(swing), 왕복대 상의 스윙, 양 센터 사이의 거리로 나타낸다. 여기에서 스윙(Swing)이란, 베드와 왕복대 상에서 접촉하지 않고 가공할 수 있는 공작물의 최대지름을 의미한다. 또한, 양 센터 간의 최대 거리는 라이브센터(live center)와 데드센터 (dead center) 간의 거리로서 공작물의 길이를 말한다.

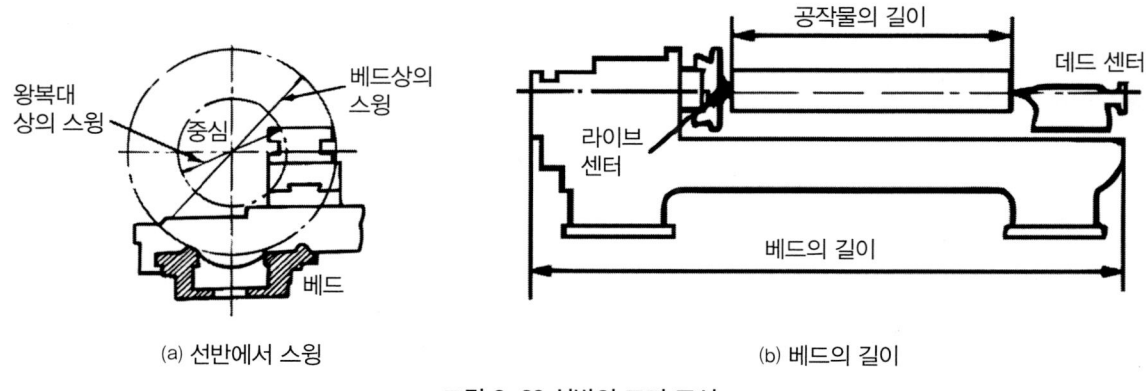

(a) 선반에서 스윙   (b) 베드의 길이

그림 8-22 선반의 크기 표시

(3) 선반의 종류

1) 보통선반(engine lathe)

가장 많이 사용하는 기계로 일반적으로 베드(bed), 주축대(head stock), 왕복대(carriage), 심압대(tail stock), 공구대, 이송 기구 등으로 구성되어 있으며, 주축의 스윙 폭을 크게 하려고 주축 밑부분의 베드만 잘라낸 선반도 있다.

2) 탁상선반(bench lathe)

탁상 위에 설치하여 사용하게 되어 있는 소형의 보통선반으로 구조가 간단하고 이용 범위가 넓으며, 시계·계기류 등의 소형 공작물 가공에 쓰인다.

그림 8-23 보통선반

그림 8-24 탁상선반

3) 모방선반(copying lathe)

제품과 동일한 모양의 형판에 의해 공구대가 자동으로 이동하며, 형판과 같은 윤곽으로 절삭하는 선반으로 형판 대신 모형이나 실물을 이용할 때도 있다.

자동 모방 장치를 이용하여 모형이나 형판(template) 외형에 트레이서(tracer)가 설치되고 트레이서가 움직이면, 바이트가 함께 움직여 모형이나 형판의 외형과 동일한 형상의 부품을 자동으로(계단모양, 테이퍼, 곡면) 가공하는 선반이다. 자동 모방 장치로는 유압식, 전기식, 전기 유압식, 기계식 등이 있다.

CNC 선반을 이용하면 정밀도가 높고, 빠르며, 대량 생산이 가능하여 많이 사용되지 않는 선반이다

4) 터릿선반(turret lathe)

보통선반의 심압대 대신 여러 개의 공구를 방사상으로 설치하여 공정 순서대로 공구를 차례로 사용할 수 있게 되어 있는 선반으로 터릿은 모양에 따라 6각형과 드럼형이 있으나 6각형이 주로 쓰이며, 형식에 따라 램형(소형 가공)과 새들형(대형 가공)이 있다. 그리고 사용되는 척은 콜릿척(collet chuck)이다.

그림 8-25 모방선반

그림 8-26 터릿선반

5) 공구선반(tool room lathe)

공구선반은 보통선반과 같은 구조이나, 정밀한 형식으로 되어 있다. 주축은 기어 변속장치를 이용하여 여러 가지의 회전수로 변환을 할 수 있으며, 릴리빙(relieving) 장치와 테이퍼 절삭 장치, 모방 절삭 장치 등 이 부속되어 있다.

주로 밀링커터(cutter), 탭(tap), 드릴(drill) 등의 공구를 가공한다.

6) 자동선반(automatic lathe)

선반의 조작을 캠(cam)이나 유압 기구를 이용하여 자동화한 것으로 대량 생산에 적합하고, 능률적인 선반으로 주로 핀(pin), 볼트(bolt) 및 시계, 자동차 부품을 생산하는 데 사용된다.

여러 개의 절삭공구가 자동으로 움직여서, 각종 작업을 단계적으로 행하는 선반이다. 공작물을 자동으로 공급하는 것도 있다.

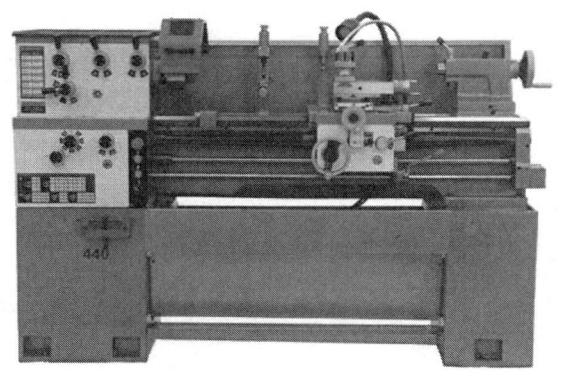

그림 8-27 공구선반   그림 8-28 자동선반

7) 정면 선반(face lathe)

대형의 풀리나 플라이휠과 같이 지름이 크고 길이가 짧은 가공물의 정면을 깎는 선반이다. 그리고 면판이 크며, 공구대가 주축에 직각으로 광범위하게 움직이는 선반으로 보통 공구대가 2개이고 리드 스크루가 없다.

정면선반은 지름이 큰 단면을 가공하기 때문에 절삭 속도를 일정하게 유지하기 위하여 주축의 무단 변속 기구를 구비하고 있는데, 공작물의 반지름 방향 위치에 따라 주축회전수를 자동으로 변화시킬 수 있다.

8) 수직 선반(vertical lathe)

수직 선반은 주축을 수직으로 세우고 수평으로 놓인 테이블의 회전운동과 절삭공구의 이송 운동으로 회전체를 가공하는 것으로, 지름에 대하여 길이가 짧은 공작물이나 지름이 크고 무거운 공작물을 가공할 때 사용된다. 모방선반, 터릿선반 및 자동선반 등에서도 수직형이 사용되고 있다. 최근에는 90% 이상이 NC화 되어 있으며 자동공구교환장치를 구비한 것도 있다.

수직 선반의 구조는 크게 분류하면 베드, 테이블, 칼럼, 크로스레일, 공구대, 구동장치 및 이송 장치로 구성된다.

베드는 테이블 베드와 칼럼 베드가 일치로 되어 있는 것과 분리된 것이 있는데 테이블 베드 상의 테이블에 공작물을 고정하여 회전운동을 주게 된다. 크로스레일은 칼럼의 전면에 설치되어 고정되는 구조도 있으나 대부분은 칼럼 전면의 안내면을 따라 상하로 이동 가능하다. 새들은 이 크로스레일에 장착되고 크로스레일의 안내면을 따라 좌우 이송이 가능하다. 새들에는 상하 운동 되는 램이 있어서 그 하단에 공구대를 설치하는 경우가 대부분이나 터릿 공구를 가지는 터릿 형식도 있다. 칼럼은 단주식과 쌍주식이 있다.

그림 8-29 정면 선반   그림 8-30 수직 선반

그림 8-31 차륜선반   그림 8-32 차축선반

9) 기타 특수 선반

(가) 차륜선반(wheel lathe)

철도 차량용 차륜의 바깥둘레를 절삭하는 선반으로 면판 붙이 주축대를 2개를 마주 세운 구조이다.

(나) 차축선반(axle lathe)

철도 차량용의 차축을 주로 절삭하는 전용 선반이며, 베드의 양 끝의 심압대 센터로 차축을 지지하고 중앙 주축대로 차축을 구동하며, 좌우 2대의 공구대로 양 끝에서 축 부분을 깎게 되어 있다.

(다) 나사 절삭 선반(thread cutting lathe)

나사를 깎는데 전용적으로 사용되는 선반이다.

(라) 크랭크축 선반(crankshaft lathe)

크랭크축의 베어링 저널 부분과 크랭크 핀을 깎는 선반이며, 베드 양쪽에 크랭크 핀을 편심시켜 고정하는 주축대가 있다.

(마) 다인선반(multi cut lathe)

공구대에 여러 개의 바이트가 부착되어 이 바이트의 전부 또는 일부가 동시에 절삭가공을 하는 선반이다.

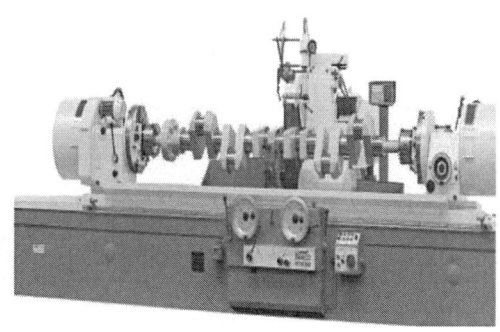
그림 8-33 크랭크축 선반

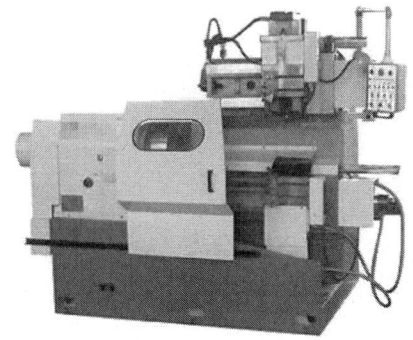
그림 8-34 다인선반

(바) 갭 선반(gap lathe)

지름이 크고 폭이 작은 원판을 절삭하기 위해 척 하단의 베드 일부분을 잘라낸 선반으로서 큰 지름의 공작물 가공이 가능하다.

(사) NC 선반(numerical control lathe)

정보처리 기술과 서보기구를 이용 정보화하여 공구와 새들을 제어하고, 절삭조건을 수치적인 부호로 변환시켜 천공 테이프 또는 자기 테이프 등에 기록하여 자동적으로 절삭가공이 이루어지도록 만든 선반이며 제9장에서 상세히 설명한다.

2. 선반의 구조

(1) 선반의 각부 명칭

선반은 여러 종류가 있으나 보통선반의 각부 명칭은 [그림 8-35]와 같다.

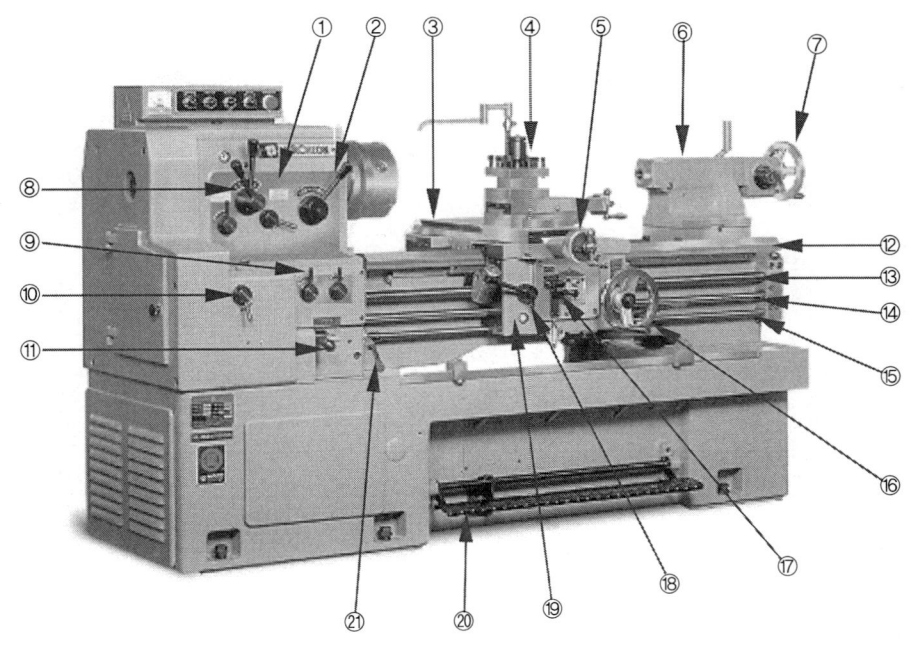

① 주축대
② 백기어 레버
③ 새들
④ 공구대
⑤ 가로 이송핸들
⑥ 심압대
⑦ 심압대 핸들
⑧ 주축속도 변환 레버
⑨ 이송나사 변환 레버
⑩ 베드
⑪ 리드 스크루
⑫ 이송 속도 변환 레버
⑬ 자동 이송 축
⑭ 노튼 기어
⑮ 시동 축
⑯ 왕복대 이송핸들
⑰ 자동 이송 레버
⑱ 하프 너트 레버
⑲ 왕복대
⑳ 브레이크
㉑ 시동 레버

그림 8-35 보통선반의 각부 명칭

(2) 선반의 주요 부분

1) 주축대(Head stock)

주축대에는 공작물을 지지하면서 회전을 주는 주축(spindle)과 이것을 지지하는 베어링(bearing) 및 주축에 회전을 주는 구동 기구인 속도 변환장치가 내장되어 있다.

주축은 항장력이 큰 특수강, Ni-Cr강, 침탄강, 질화강 등으로 제작하여 우측 단부는 센터가 들어갈 수 있도록 Morse taper(NO 3~5)로 되어 있고, 주축 단은 나사나 볼트구멍으로 되어 있다.

그림 8-36 주축대

주축 사용하는 베어링은 볼(Ball), 롤러(Roller), 사용하고 추력을 고려하여 스러스트(Thrust ball bearing) 사용하며, 2점 또는 3점 지지방식을 사용한다.

또한, 주축은 중공축으로 되어 있는데 그 이유는 다음과 같다.

① 무게를 감소하여 주축 베어링에 작용하는 하중을 줄여준다.
② 중공은 실축보다 굽힘과 비틀림 응력에 강하여 강성을 유지한다.
③ 긴 공작물을 고정에 편리하다.
④ 고정된 센터를 쉽게 분리할 수 있으며, 콜릿 척을 사용할 수 있다.

(가) 주축의 속도 변환

속도 변환 방법에는 단계적 속도 변환과 무단계적 속도 변환 기구 있는데 보통선반에는 주로 단계적 속도 변환인 단차식 또는 기어 전동식 변환 방법이 이용된다.

㉮ 단차식

주축과 중간축에 단차를 붙여 벨트로서 연결 운전하는 것으로 단차 수는 보통 3~5단이다. 그리고 이음매 없는 벨트를 사용하면 고속 회전시에 운전이 원활하고 축의 진동이 작으나 일반적으로 단차식 주축대의 특징은 다음과 같다.

① 벨트 걸이로 구조가 간단하다.

② 주축속도 변환이 작으며 고속 회전이 어렵다.

③ 백 기어(저속 강력 절삭 목적)가 설치되어 있다.

④ 값이 싸나, 운전시 위험이 따른다.

* 백기어(back gear)는 단차와 백기어를 사용하여 그 구조에 따라 2배, 3배 등의 변속이 된다. 백기어의 단수에 따라 1단, 2단, 3단 백기어로 나눈다.

$N = N_o \left(\dfrac{a}{b} \times \dfrac{c}{d} \right)$: 단차 회전수

백기어 비는 보통 $\left(\dfrac{a}{b} \times \dfrac{c}{d} \right) = \dfrac{1}{5} \sim \dfrac{1}{10}$ 의 범위가 많이 사용한다.

㉯ 기어 전동식

기어 물림을 변경시키는 방법은 클러치를 이용한 방법, 스냅 키이에 의한 방법, 슬라이드 기어에 의한 방법, 텀블러 기어에 의한 방법 등이 있으며, 기어 전동식 주축대의 특징은 다음과 같다.

① 전동기와 직결되어 있으며 고속 회전이 가능하다.

② 레버에 의해 변속하므로 속도 변환이 간단하다.

③ 등비급수 속도열을 많이 사용한다.

④ 고장시 수리가 어려우며 중량이 무겁다.

㉰ 무단계적 속도 변환

무단계 속도 변환 방법에는 크게 나누어 기계적 방법, 전기적 방법, 유압식 등이 있으며, 기계적인 방법에는 마찰차에 의한 방법과 체인 전동방법인 PIV(Positive Infinitely Variable) 구동장치를 많이 이용한다. PIV는 보통 기름 속에서 운전하며, 속도비는 1 : 6 정도이다. 또한, 전기적 방법은 전동기의 회전수를 변환하는 것으로 발전기와 전자관을 사용하는 방법이 있으나, 가장 많이 이용되는 것으로는 워드 레오날드(Ward Leonard) 방식이 있다. 이 방식은 플레이너 등의 테이블 전동에 이용된다.

유압식은 펌프로서 작동 오일을 가압하여 송출하고 교축밸브를 통하여 실린더(오일 모터)에 유입하여

공작기계를 운전하는 방법이며, 속도 조절이 쉽고 확실하며, 운전이 원활하고 진동이 적어 선반의 바이트 이송, 연삭기, 밀링머신의 공작물 이송에 이용된다.

(나) 주축 단의 종류

[그림 8-37]은 주축의 끝 모양 종류로서 주축의 오른쪽 끝에 척(chuck)이나 면판(face plate) 등을 고정하는 부분을 나타낸 것이다.

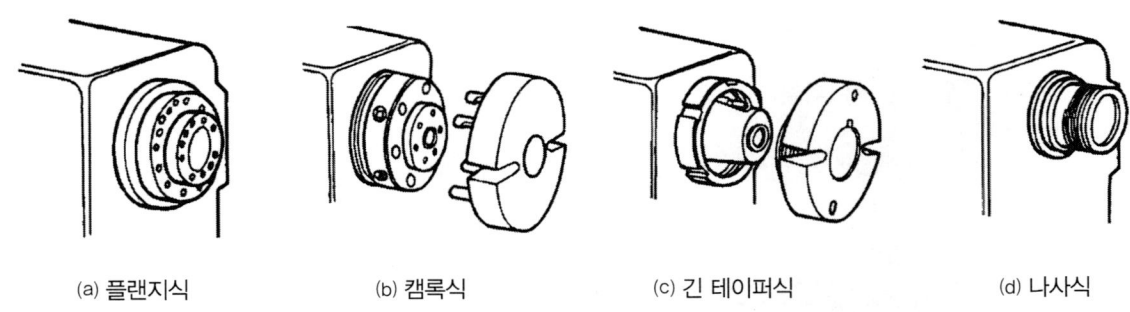

(a) 플랜지식   (b) 캠록식   (c) 긴 테이퍼식   (d) 나사식

그림 8-37 주축단 모양의 종류

(다) 주축대의 회전 속도열

선반은 가공물과 절삭공구의 재질, 절삭조건에 따라 적합한 절삭 속도를 선정할 수 있어야 한다. 회전수의 변속은 연속적으로 할 수 있는 것이 좋다.

일반적으로 제한된 변속비로 사용하는데 그 속도비의 수도 매우 제한적이다. 일반적인 회전 속도열의 종류는 다음과 같다.

① 등차급수 속도열(arithmetic progression)

② 등비급수 속도열(geometric progression)

③ 대수급수 속도열(logarithmic progression)

④ 복합등비급수 속도열(combined geometric progression) 등이 있다.

이 중에서 등비급수 속도열이 가장 많이 쓰인다. 주축의 절삭 속도를 y축으로 하고, 가공물의 지름을 x축으로 하여 최고 절삭 속도와 최저 절삭 속도 사이를 톱니 선도로 나타낸 것이다. 등비급수 속도열은 가공물의 지름과 관계없이 절삭 속도를 일정한 강하율로 적용하기 때문에 많이 사용한다.

2) 심압대(Tail Stock)

심압대는 우측 베드 상에 있으며, 작업 내용에 따라 좌우로 움직여 위치조정이 할 수 있게 되어 있다. 심압대에서 할 수 있는 사항은 다음과 같다.

① 축에 정지 센터를 끼워 긴 공작물을 고정하거나 센터 대신 드릴·리머 등을 고정할 수 있다.

② 조정 나사의 조정으로 심압대를 편위시켜 테이퍼를

그림 8-38 심압대

절삭 한다.

　③ 심압 축을 움직일 수 있다.

　④ 심압 축은 모스 테이퍼(morse taper)로 되어 있다.

또한, 심압대의 구조와 각부 명칭은 [그림 8-39]과 같다.

심압대의 구비 조건은 다음과 같다.

① 심압대는 베드의 어떠한 위치에도 적당히 고정할 수 있을 것.

② 센터를 고정하는 심압대의 스핀들은 축 방향으로 이동하여 적당한 위치에 고정할 수 있을 것

③ 축 중심을 편위시켜 테이퍼를 가공할 수 있을 것

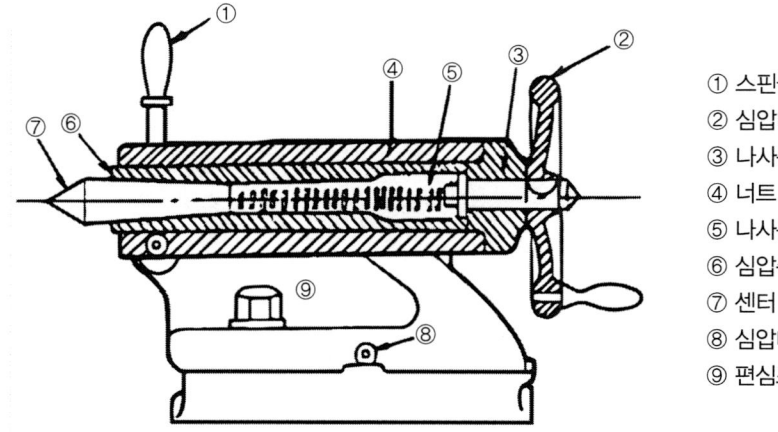

① 스핀들 고정 레버
② 심압대 핸들
③ 나사봉 고정구
④ 너트
⑤ 나사봉
⑥ 심압축
⑦ 센터
⑧ 심압대 고정 볼트
⑨ 편심조정용 나사

그림 8-39 심압대의 구조 및 각부 명칭

3) 베드(Bed)

베드는 리브(rib)가 있는 상자형의 주물로서 주축대, 왕복대, 심압대 등 주요한 부분을 지지하며, 절삭운동의 저항 및 안내하는 구조이다. 베드는 주축대의 회전운동, 절삭력 및 상부의 중량을 충분히 견딜 수 있도록 강성 및 정밀도가 요구된다.

베드의 재질은 40~60%의 강철 파쇄를 넣어 만든 강인주철, 구상흑연주철, 미하나이트(meehanite) 주철, 인장강도 30kgf/mm² 이상의 합금주철 등의 고급 주철을 사용하고, 주조로 인한 내부응력을 제거하기 위해 시즈닝(seasoning) 처리하여 사용한다.

그림 8-40 베드

또한, 베드 면은 내마멸성을 높이기 위해 화염 또는 고주파 경화법으로 표면 경화처리하고 미끄럼면은 [그림 8-41]은 산형(미식)과 평형(영식), 절충식이 있는데 연삭가공 또는 스크레이핑(scraping)해서 정밀도를 높여 사용한다. 정밀도는 0.02/1,000mm 정도의 진직도를 갖고 있어야 한다.

베드에는 절삭 작용에 의해 비틀림 작용과 굽힘 작용을 받으므로 [그림 8-42]는 리브(rib)를 붙여서 튼튼하게 한다. 이 형식은 평행형, 지그재그형, 십자형, X형 등이 있다.

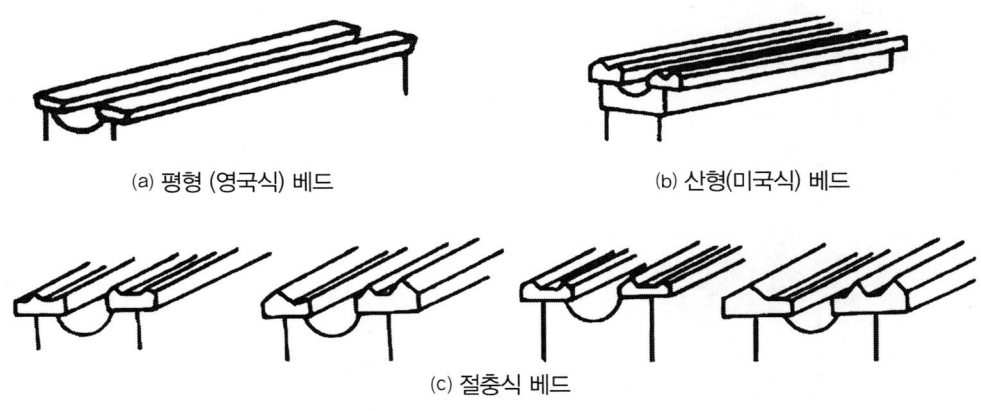

(a) 평형 (영국식) 베드   (b) 산형(미국식) 베드

(c) 절충식 베드

그림 8-41 베드의 종류

표 8-6 영국식과 미국식 베드의 비교

구 분	영국식	미국식
단면 모양	평면	산형
수압 면적	크다	작다
용 도	강력 절삭용	정밀 절삭용
사용 범위	대형 선반	중·소형절삭

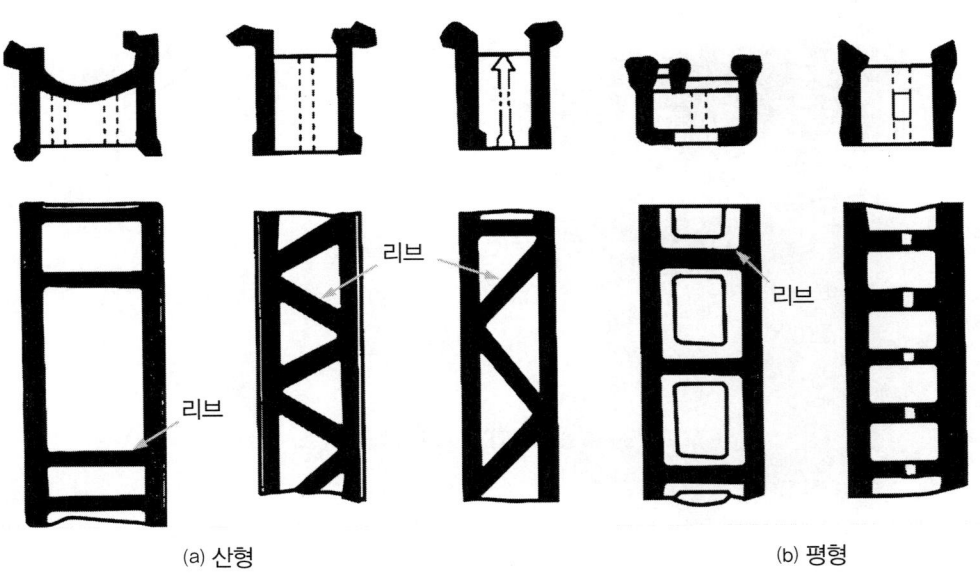

(a) 산형   (b) 평형

그림 8-42 리브의 형식

4) 왕복대(carringe)와 이송 기구

왕복대의 베드 윗면에서 주축대와 심압대 사이를 슬라이드 운동하는 부분으로 에이프런(apron), 새들(saddle), 복식 공구대(compound tool rest)로 구성되어 있다. [그림 8-43]은 왕복대의 구조로 가로 이송, 세로 이송, 수동 이송과 자동 이송을 할 수 있다.

새들 위에는 복식 공구대가 있는데, 회전대, 공구 이송대, 사각 공구대 등으로 구성되어 있으며, 복식 공구대는 임의의 각도로 회전시킬 수 있으므로 비교적 큰 테이퍼 가공을 할 수 있다. 이송 기구는 에이프런 안에 장치되어 있으며, 수동 이송을 위한 손잡이와 각종 레버가 달려있다. 자동 이송은 이송축과 에이프런(apron) 내부의 기어 장치, 나사 가공은 리드 스크루의 회전을 하프 너트(half nut)로 왕복대에 전달해 이송한다.

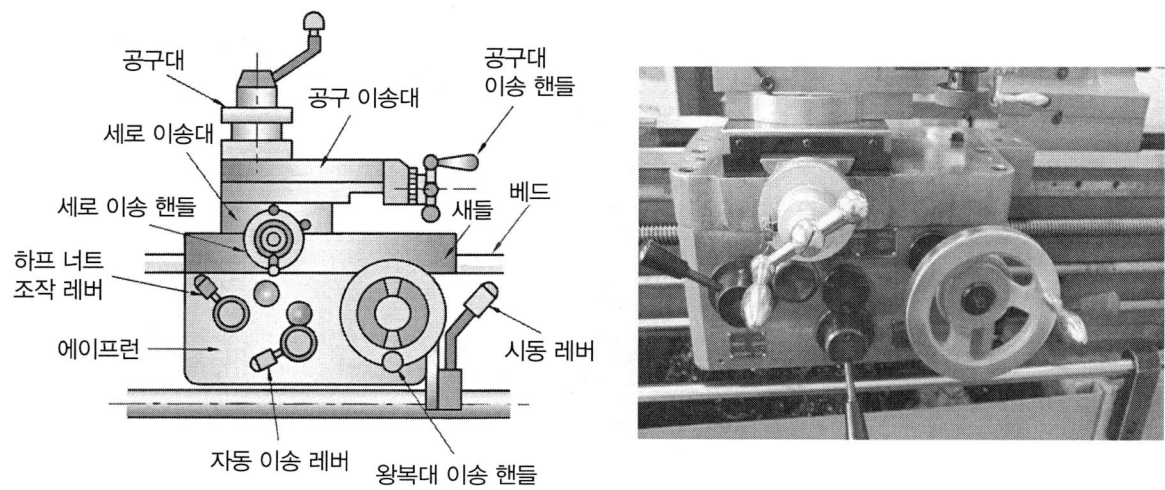

그림 8-43 왕복대와 이송 기구 구조

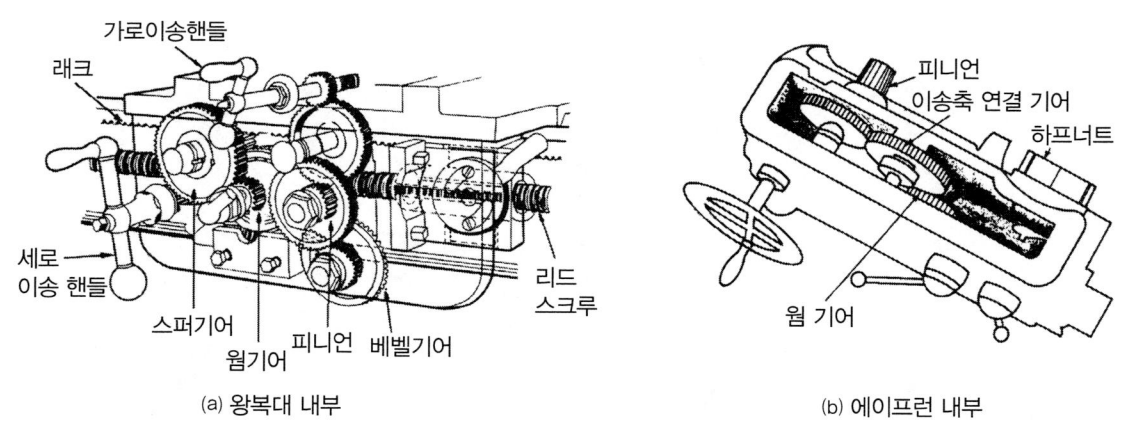

(a) 왕복대 내부   (b) 에이프런 내부

그림 8-44 왕복대와 에이프런 내부 구조

3. 선반의 부속품과 부속장치

(1) 센터(center) 및 센터드릴

1) 센터의 개요

센터는 양 센터 작업 할 때 또는 주축 쪽은 척으로 심압대 쪽은 센터로 지지할 경우 사용한다. 센터는 양질의 탄소공구강 또는 고속도강, 특수공구강으로 만들며 열처리를 하여 사용한다. 정밀가공 및 소·중형의 공작물 지지에는 60°(미국식)의 각도가 쓰이나 대형 및 중량물 지지에는 75°, 90°(영국식)가 주로 쓰인다. 센터는 자루 부분이 모스 테이퍼로 되어 있고, 3~5번의 것이 주로 사용한다.

표 8-7 모스 테이퍼의 규격

번호	테이퍼	θ	큰지름(mm)	작은지름(mm)	테이퍼길이(mm)
1	1/20.020-0.04995	2° 51′ 18″	17.781	14.534	65.0
2	1/19.922-0.05020	2° 52′ 34″	23.826	19.760	81.0
3	1/19.254-0.05194	2° 56′ 38″	31.269	25.909	103.2
4	1/19.002-0.05263	3° 0′ 6″	44.041	37.470	131.7

2) 센터의 종류

센터는 주축에 삽입하는 회전센터(live center)와 심압대 축에 삽입하는 정지 센터(dead center)가 있는데 회전센터는 지지 부분의 마찰이 적으나 정지 센터는 마찰열로 인한 손상이 많으므로 센터 끝에 초경합금을 경납 땜한 것을 사용한다. 또한, 공작물과 함께 회전하는 베어링센터(bearing center)가 있는데 이는 구름 베어링을 사용한 것으로 공작물이 중량물이든가 고속 회전을 시킬 필요가 있을 때 쓰이며, 베어링센터의 베어링에는 다소 간극이 있어 정밀도가 높은 가공에는 적당하지 않다. 선반에 사용하는 센터는 다음과 같다.

① 보통센터: 일반적으로 많이 사용하는 정지(dead) 센터로서 앞부분에 초경이 있다.
② 하프(haif)센터 단면 가공에 사용하는 정지(dead) 센터이다.
③ 베어링센터: 일반적으로 많이 사용하는 고속 회전 적합한 센터이다.
④ 파이프센터: 관류나 중량이 큰 공작물 가공에 사용하는 센터이다.
⑤ 세공센터: 직경이 작은 공작물 가공에 사용하는 정지(dead) 센터이다.
⑥ 평면센터: 센터 구멍을 내지 않고 지지하는 센터이다.
⑦ V형 홈 센터: V형 가공에 사용하는 센터이다.
⑧ 평면부가 있는 센터: 뺄 때 스패너를 사용하도록 정지(dead) 센터이다.
⑨ 나사가 있는 센터: 뺄 때 너트를 사용하도록 하는 정지(dead) 센터이다.

⑩ 컵 센터: 주로 테이퍼를 가공할 때 사용하는 정지(dead) 센터이다.

⑪ 돌리게 연결 센터: 면판 또는 돌리개를 연결하여 사용하는 센터이다.

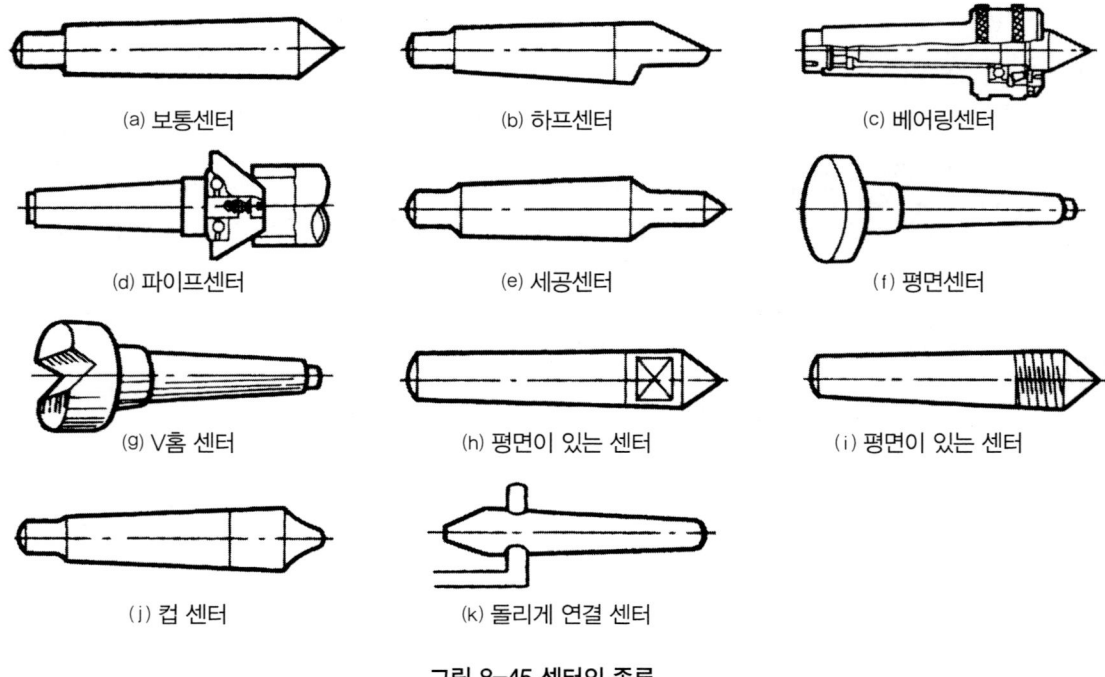

그림 8-45 센터의 종류

3) 센터드릴

센터드릴은 공작물에 센터의 끝이 들어가는 구멍을 뚫는 드릴이며, 〈표 8-8〉에서와 같이 공작물의 무게나 지름에 따라 센터드릴의 크기를 선정하여 작업한다. 또한, 센터드릴 작업은 [그림 8-46]의 (a)와 같이 알맞게 구멍을 가공하여야 한다.

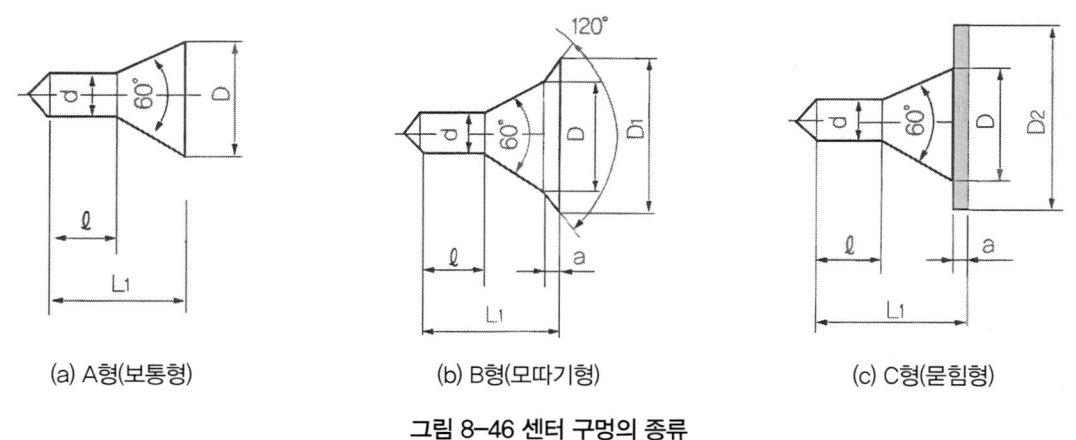

그림 8-46 센터 구멍의 종류

(2) 돌림판(driving plate)과 돌리개(dog)

돌림판과 돌리개는 센터 작업시 주축의 회전을 공작물에 전달하기 위해 함께 사용한다. 돌림판은 곧은 돌림판과 곡형 돌림판이 있으며 주축 끝단 나사부에 고정하여 사용한다. 돌리개는 곧은 돌리개, 굽은 돌리개, 평행 돌리개 등이 있다.

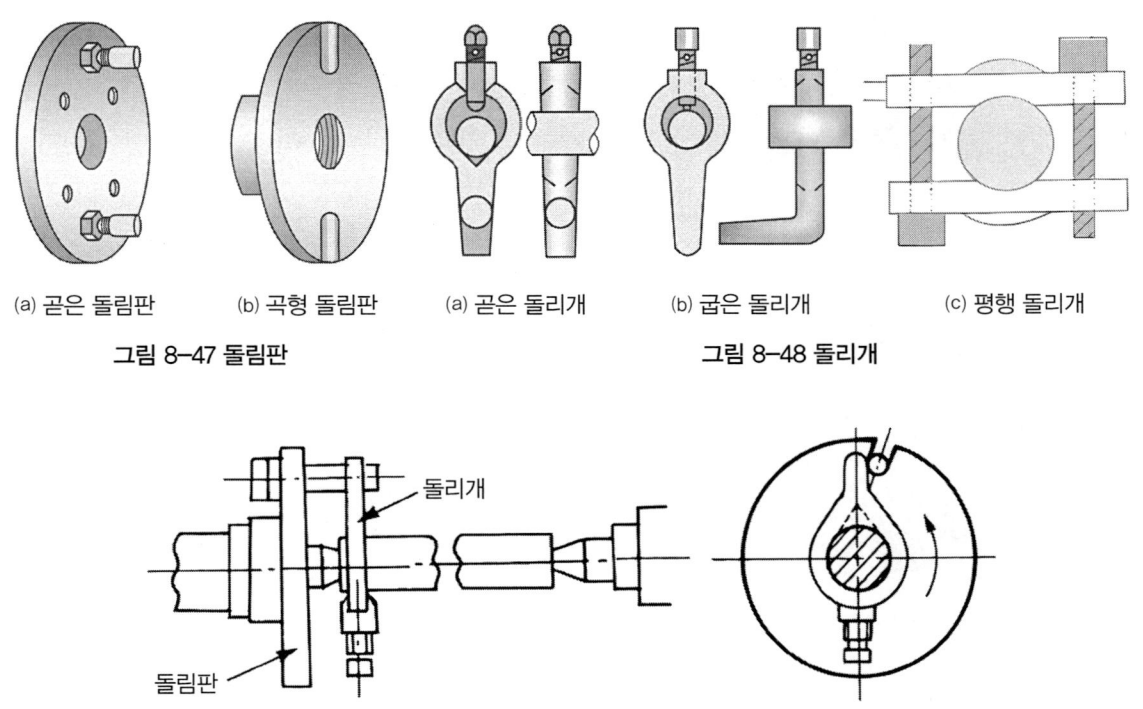

(a) 곧은 돌림판   (b) 곡형 돌림판   (a) 곧은 돌리개   (b) 굽은 돌리개   (c) 평행 돌리개

그림 8-47 돌림판   그림 8-48 돌리개

그림 8-49 돌림판과 돌리개 작업

(3) 면판(face plate)

면판은 주축 끝단에 나사로 고정하고, [그림 8-50]과 같이 돌림판과 비슷한 것 같으나 돌림판보다 크며, 대형 공작물이나 복잡한 형상의 공작물을 직접 또는 간접적으로 볼트와 앵글 플레이트(angle plate), 클램프 등의 고정구를 이용하여 작업한다.

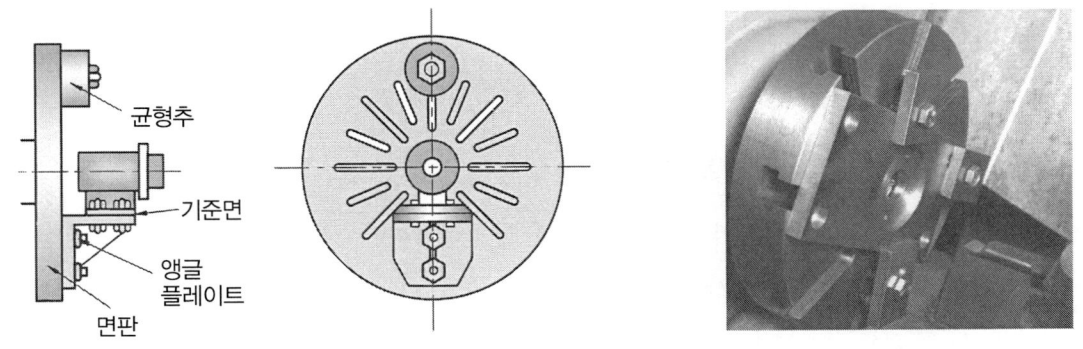

그림 8-50 면판 및 면판 작업

(4) 방진구(work rest)

가늘고 긴 공작물을 가공할 경우 자중 및 절삭력으로 인하여 휨이 생기므로 이를 방지하기 위하여 방진구를 사용한다. 보통 길이가 직경의 12배 이상이면 불안전 상태가 되며, 직경의 20배 이상이면 방진구를 설치하여 절삭 가공하여야 진원의 공작물을 얻을 수 있다. 방진구는 이동 방진구와 고정 방진구가 있다.

1) 고정식 방진구(fixed steady rest)

고정식 방진구는 [그림 8-51]와 같이 선반의 베드에 고정하며, 3개의 조(jaw)로 공작물을 고정한다.

공작물이 길 때에는 여러 개의 방진구를 사용할 수도 있으며, 고속 중절삭에는 공작물 접촉부에 롤러를 사용하고 다듬질된 부분을 가공할 때에는 공작물 접촉부에 부시(bush)나 동판을 부착하여 사용한다.

그림 8-51 고정식 방진구와 작업

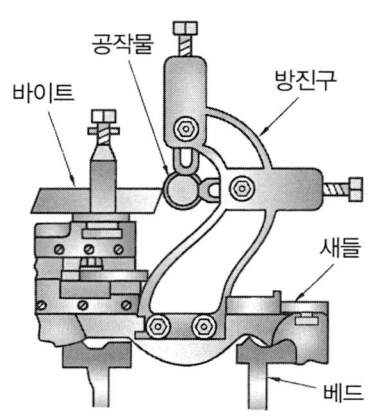 

그림 8-52 이동식 방진구와 작업

2) 이동식 방진구(follow steady rest)

이동식 방진구는 [그림 8-52]와 같이 선반 왕복대의 새들에 고정하며, 2개의 조(jaw)로 공작물을 고정한다. 탄성이 큰 공작물에서 바이트의 절삭력으로 굽히는 것을 방지하기 위해 방진구를 설치하여 작업한다.

(5) 척(Chuck)

척은 주축 끝단에 부착하여 조(jaw)를 이용해서 공작물을 고정한다. 일반적으로 척의 크기는 단동식, 연동식, 복동식은 척의 바깥지름으로 나타내며, 콜릿척, 벨척, 드릴척 등은 물릴 수 있는 최대지름으로 나타낸다.

그림 8-53 척의 종류

1) 단동식 척(independent chuck)

불규칙한 재료를 강력한 조임에 사용하며, 단동으로 움직이는 조가 4개 있어 4본척이라고도 한다. 단동척은 원, 사각, 팔각 등의 편심 가공과 처킹(체결)에 용이하나 공작물의 중심을 정확하게 맞추기가 어렵고 시간이 오래 걸린다. 단동척의 몸체는 주강으로 만들고 조는 열처리한 경화강을 주로 사용한다.

2) 연동척(universal chuck : 만능척)

일반적으로 3개의 조가 120°로 배치하여 3개의 조가 동시에 움직이며, 3본척 또는 스크롤(scroll) 척이라 한다. 연동척은 원형, 정다각형의 공작물을 고정하는데 편리하나 처킹(체결)은 단동척보다 약하고 조가 마멸하면 척의 정밀도가 저하하는 결점이 있다.

최근에는 처킹(체결)을 강화한 연동척으로 조가 4개와 6개도 현장에서 많이 사용하고 있다.

그림 8-54 조 4개와 6개의 연동척

3) 마그네틱척(magnetic chuck)

마그네틱척은 원판 안에 전자석을 장입하고, 직류 전류를 보내면 척은 자화하여 공작물은 그 표면에 흡착되므로 얇은 공작물을 변형시키지 않고 고정하는데 편리하다. 하지만, 공작물에 잔류한 자기를 제거하기 위해서는 필수적으로 탈자기가 있어야 하며, 고정력이 약하고 평판한 공작물이 아니거나 대형인 공작물, 비자성체인 공작물은 사용이 곤란하다. 사용 전력은 200~400W이며, 크기는 바깥지름 160~400mm 정도이다.

4) 복동(양용)척(combination chuck)

양동척이라고도 하며, 조는 4개로 단동척과 연동척의 기능으로 먼저 단동척으로 중심을 맞추고 다음부터는 연동식으로 작업한다. 불규칙한 공작물의 다량 고정시 유용하다. 렌치 장치에 의해 단동과 연동이 양용된다.

5) 콜릿척(collet chuck)

터릿선반이나 자동선반에서 다량 생산에 이용하며, 지름이 작은 공작물이나 각봉재를 가공할 때 고정하기 편리한 척이다. 보통선반에서 사용할 때는 스핀들 모스 테이퍼 구멍에 슬리브(sleeve)를 꽂은 다음 여기에 척을 꽂아 사용한다.

6) 벨척(bell chuck)

원통 주변에 4~8개의 볼트를 방사형으로 설치하여 불규칙한 짧은 환봉 재료의 공작물을 중심 잡고 고정하는데 사용한다.

7) 유압척 또는 공기척(hydraulic chuck or air chuck)

공기 압축을 이용하여 조를 자동으로 움직이게 하여 균일한 힘으로 공작물을 고정하는데 편리한 척이며, 운전 중에도 작업이 가능하고 조의 개폐가 신속하다.

공기 척은 작동이 간편하여 작업능률이 우수하고 10mm 정도의 불균일한 공작물을 대량 생산할 때와 공작물을 흠집을 내지 않고 고정하는 많이 이용한다.

척의 조를 유압이나 압축공기를 이용하는 척으로서 주로 CNC선반, 자동선반, 터릿선반, 모방선반 등에 사용된다. 조예는 연질 조(soft jaw)와 경질 조(hard jaw)가 있다. 연질 조는 조가 마모되거나 공작물의 형상에 따라 바이트로 가공하여 사용하기 때문에 가공 정밀도를 높일 수 있다.

(6) 심봉(mandrel)

기어, 벨트 풀리(pulley) 등과 같이 소재를 척으로 물릴 수 없으면 뚫린 구멍에 심봉을 넣어 센터 작업으로 외경과 구멍이 동심원이 되도록 가공하거나 직각 단면을 깎을 때 사용하는 것으로 소재의 모양과 작업 성질에 따라 여러 가지 종류의 심봉이 사용한다. [그림 8-55]는 심봉의 종류를 나타낸 것이다.

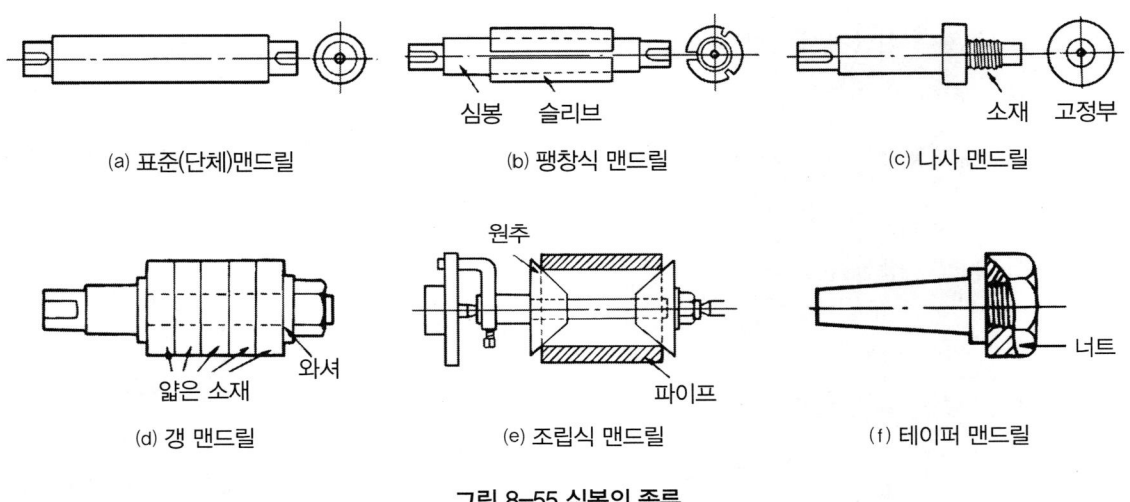

그림 8-55 심봉의 종류

1) 표준(단체) 심봉(solid mandrel)

표준 심봉은 1/100, 1/1000 정도 테이퍼로 되어 있고, 작은 쪽 지름을 호칭치수로 사용한다.

2) 팽창식 심봉(expansion mandrel)

공작물 구멍이 심봉보다 클 때, 슬리브(Sleeve)를 끼워 이것을 축 방향으로 이동시켜 지름을 조정한다. 스프링 또는 압입 테이퍼를 이용 바깥지름을 팽창으로 고정하여 사용한다.

3) 나사식 심봉(screw mandrel)

내경이 나사가 있는 소재를 가공할 때 사용한다.

4) 갱 심봉(gang mandrel)

두께가 얇은 여러 개의 얇은 원판형 공작물을 심봉에 끼우고 너트로 고정하여 사용된다.

5) 조립식 심봉(built up mandrel)

비교적 큰 지름(pipe)의 원통형을 가공시 사용된다.

6) 테이퍼 자루 심봉(taper shank mandrel)

주축 끝단의 모스 테이퍼 구멍에 직접 꽂아서 사용한다.

(7) 부속장치

1) 테이퍼 절삭 장치

[그림 8-56]과 같이 선반에 테이퍼 절삭 장치를 부착하여 빠르고 정밀도 있게 테이퍼를 가공하기 위한 장치로 베드에 대하여 공구대가 테이퍼 절삭 장치의 안내판에서 조정한 각도만큼 앞뒤로 자유롭게 움직이며, 공작물의 내외경 테이퍼를 절삭할 수 있는 장치이다. 이는 심압대 편위법에 의한 테이퍼 가공보다 넓은 범위의 테이퍼를 가공할 수 있으며, 센터 구멍이 상하지 않고 공작물의 길이와 관계없이 동일한 테이퍼를 가공할 수 있는 장점이 있다.

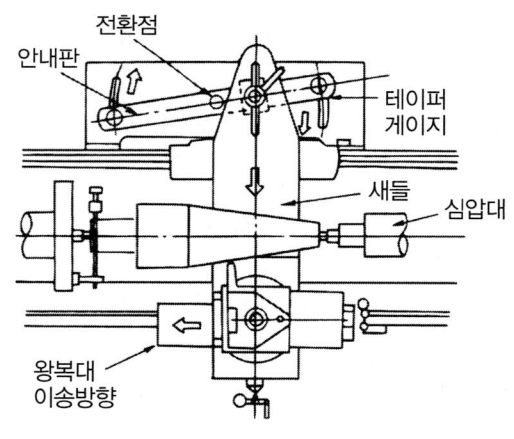

그림 8-56 테이퍼 절삭 장치

그림 8-57 릴리빙 장치

2) 릴리빙 장치(relieving attachment)

밀링커터와 호브(hob), 탭 등에 여유각을 주기 위하여 [그림 8-57]과 같이 가로 이송에 캠(cam)을 설치하여 cam이 1회전 할 때마다 바이트가 이동하여 릴리빙하며, 공작물이 1피치 회전할 때마다 바이트가 일정한 거리를 전진과 후퇴하도록 만든 장치이다.

3) 모방 절삭 장치(copying attachment)

가로 이송이 모형판을 따라 자동으로 절삭하는 장치이며, 모형이나 형판에 설치된 트레이서(tracer)의 이동에 따라 모방 절삭 방법에는 기계적 방법, 전기적 방법, 유압식 방법이 있다. 이 방법은 같은 제품을 다량으로 생산할 때 유리하다.

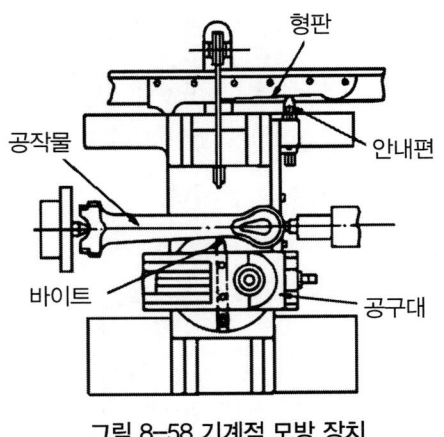

그림 8-58 기계적 모방 장치

4. 선반 작업

(1) 테이퍼 절삭 방법

선반에서 테이퍼를 절삭하는 방법에는 다음과 같은 방법이 있다.

① 복식 공구대 회전 방법
② 심압대(tail stock)를 편위시키는 방법
③ 테이퍼 절삭 장치를 이용하는 방법
④ 가로 이송과 세로이송을 동시에 작업하는 방법
⑤ 총형 바이트에 의한 방법

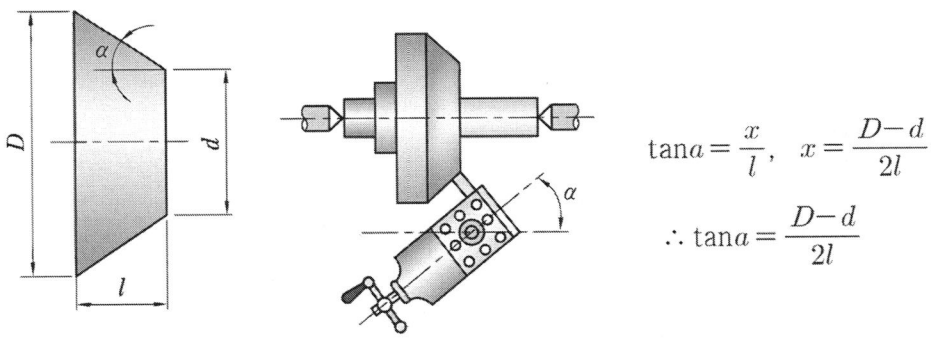

그림 7-59 복식 공구대 회전 방법

$$\tan a = \frac{x}{l}, \quad x = \frac{D-d}{2l}$$

$$\therefore \tan a = \frac{D-d}{2l}$$

1) 복식 공구대를 이용하는 방법

선반 센터의 선단 또는 베벨기어의 소재 등과 같이 테이퍼 각이 크고 비교적 길이가 짧은 공작물의 테이퍼 절삭에 이용되는 방법이며, 공구대의 경사(회전) 각도는 ()는 [그림 8-59]에서 다음과 같은 식으로 구할 수 있다.

2) 심압대를 편위시키는 방법

[그림 8-60]과 같이 양 센터 사이에 공작물을 설치하여 절삭하는 방법으로 심압대를 편위시키는 방법이다. 비교적 길이가 길고 각도가 작은 공작물을 가공할 때 사용한다. 심압대의 편위량은 다음과 같이 두 가지 방법으로 구할 수 있다.

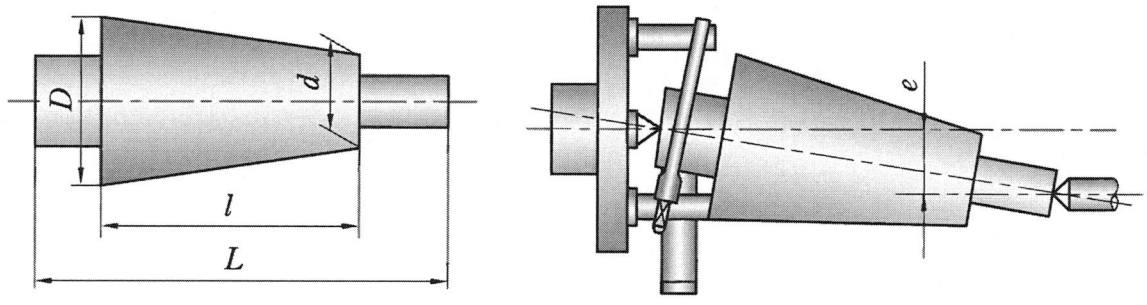

그림 8-60 심압대 편위량

① 전체 길이에 대한 심압대 편위량

$$x = \frac{(D-d)L}{2l}(mm)$$

② 테이퍼 길이에 대한 편위량

$$x = \frac{D-d}{2}(mm)$$

여기서, D : 공작물의 큰 지름
d : 공작물의 작은 지름
l : 테이퍼의 길이
L : 공작물의 길이
x : 심압대의 편위량

3) 테이퍼 절삭 장치를 이용하는 방법

[그림 8-61]은 테이퍼 절삭 장치이다. 가로 이송대의 나사축과 너트를 분리하여 가로 이송대를 자유롭게 한 다음 안내판의 각도를 테이퍼량의 절반으로 조정하고 안내 블록(slide block)을 가로 이송대에 고정하면 필요한 정밀도가 높은 테이퍼를 쉽게 가공할 수 있다. 테이퍼 절삭 장치를 이용할 때의 장점은 다음과 같다.

① 가공물의 길이와 관계없이 동일한 테이퍼로 가공할 수 있다.
② 심압대를 편위시키는 방법보다 넓은 범위의 테이퍼를 가공할 수 있다.

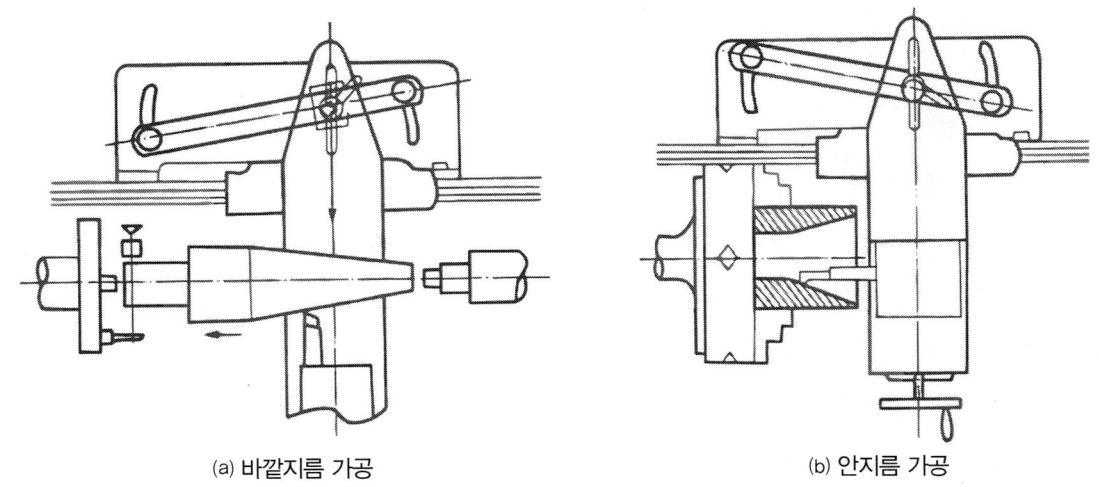

(a) 바깥지름 가공　　　(b) 안지름 가공

그림 8-61 테이퍼 절삭 장치

(2) 편심(eccentric) 작업

편심이란 공작물의 중심이 지정된 양만큼 중심이 어긋난 상태를 의미하며, 단동척에서 조 한쪽을 풀고 반대쪽 조를 조이면 편심이 된다. 이때 편심량은 [그림 8-62]와 같이 다이얼게이지로 측정하며, 다이얼게이지 이동량은 편심량의 2배로 한다.

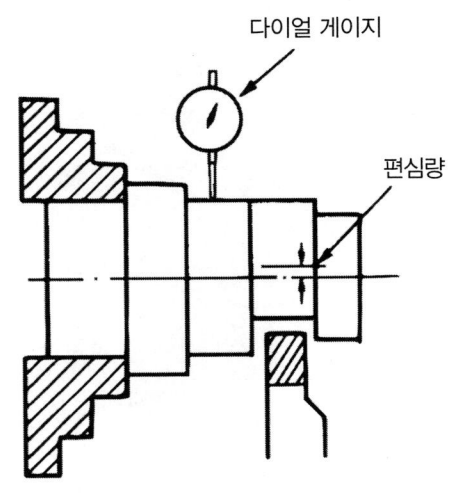

그림 8-62 편심 작업

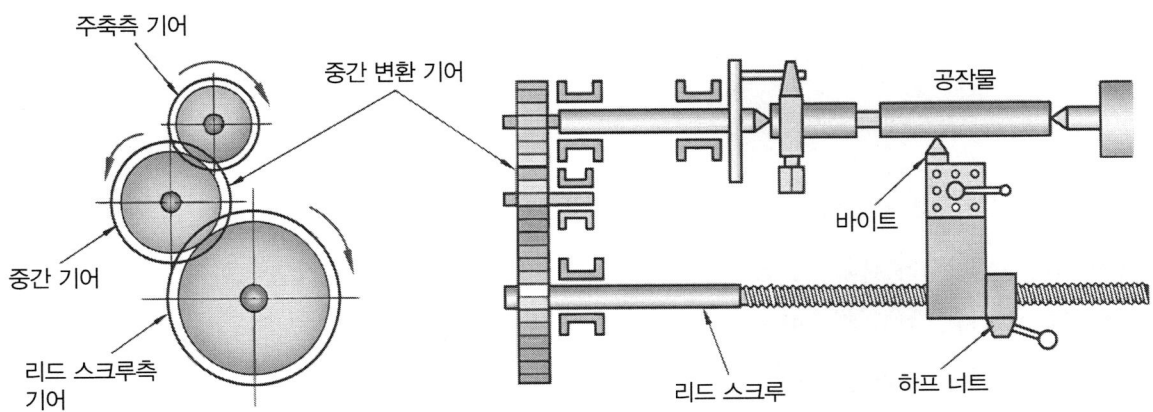

그림 8-63 나사 절삭의 원리

제8장 절삭가공 385

(3) 나사 절삭 작업

1) 나사 절삭 원리

선반에서 나사를 절삭할 때에는 리드 스크루(lead screw)에 의하여 바이트를 이송한다. 스핀들 즉, 공작물 회전은 변환 기어로 회전비를 바꾸어 리드 스크루에 전달되고 하프너트를 거쳐 요구하는 피치만큼 왕복대를 길이 방향으로 이송하여 나사를 절삭하게 된다. 절삭되는 나사의 피치는 변환 기어의 잇수의 비에 의하여 정하여지므로 필요한 회전비를 주는 기어의 잇수를 계산하여 맞는 기어를 끼워야 한다. 피치는 나사산과 산의 거리이며, 미터식 나사는 mm, 인치식 나사는 1인치(inch)당 산의 수(산수/in)로 표시한다.

2) 변환 기어 계산 방법

(가) 변환 기어(change gear)

변환 기어는 〈표 8-8〉과 같이 영국식과 미국식이 있으며, 미터식 선반에서 인치나사를 절삭하거나 인치식 선반에서 미터식 나사를 절삭할 때는 127개의 기어가 필요하며, 웜나사를 절삭하기 위해서 157개의 기어가 있어야 한다.

표 8-8 변환 기어 잇수표

형식	변환 기어 잇수	참 고
영국식	20, 25, 30, 35, 40, 45, 50, 55, 60, 65, 70, 75, 80, 85, 90, 95, 100, 105, 110, 115, 120, 127	• 잇수 20~120사이를 5매씩 기어 • 127기어 1개 • 157기어 1개
미국식	20, 24, 28, 32, 36, 40, 44, 48, 52, 56, 60, 64, 72, 80, 127	• 잇수 20~64 사이를 4매씩 기어 • 72, 80, 127기어 1개

(나) 변환 기어의 계산 방법

변환 기어를 계산하기 위해서는 먼저 리드 스크루가 미터식인지 인치식인지 확인하여 계산하고, 기어는 선반에서 보유하고 있는 기어 잇수내에서 계산한다.

변환 기어의 조합은 2단 걸이(단식)와 4단 걸이(복식)가 있다. 2단 걸이에서 중간 기어는 임의의 기어로 연결해도 회전비는 변화가 없으나 회전비가 6이상 또는 1/6미만이면 4단 걸이를 이용하여야 한다.

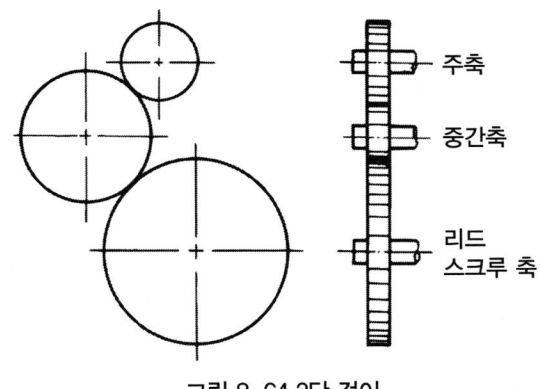
그림 8-64 2단 걸이

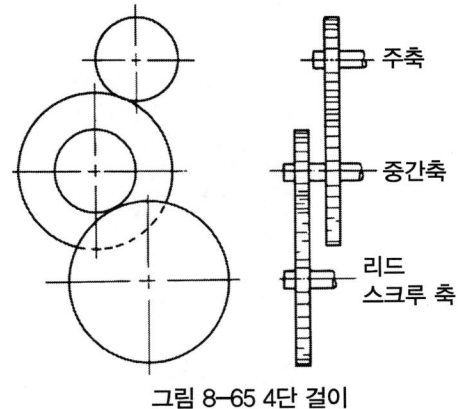
그림 8-65 4단 걸이

여기서, P : 어미 나사의 피치(mm 혹은 inch)

p : 공작물이 나사피치(mm 혹은 inch)

T : 어미 나사 1inch 간의 산수

t : 공작물 나사의 1inch 간의 산수

① 인치식에서 미터식 나사 절삭 기어의 계산

인치식의 리드 스크루를 가진 선반으로 미터식의 나사를 절삭 하려면,

$1(mm) = \frac{1}{25.4}(in) = \frac{5}{127}(mm)$ 이므로 리드 스크루 측의 기어 잇수는 127개의 것을 사용하여야 한다.

② 미터식에서 인치식 나사 절삭 기어의 계산

미터식의 리드 스크루를 가진 선반에서 인치식의 나사를 절삭 하려면,

$\frac{25.4 \times 5}{1 \times 5} = \frac{127}{5}$ (mm) 로 하여 계산한다.

③ 워엄 나사 절삭

원주 피치 $p = \pi m$ (mm) $p = \frac{\pi}{D_p}$ (in)

여기서 m : 모듈율, D_p : 지름 피치(in) 이다.

3) 하프 너트(half nut)와 체이싱 다이얼(chasing dial)

나사 절삭은 나사 바이트로 1회 절삭으로 나사가 완성되는 것이 아니고 같은 곳을 여러번 가공하여야만 나사가 완성된다. 그러므로 1회 나사홈 위치와 2회, 3회…홈 위치가 정확하게 하려면 체이싱 다이얼과 하프 너트를 이용한다.

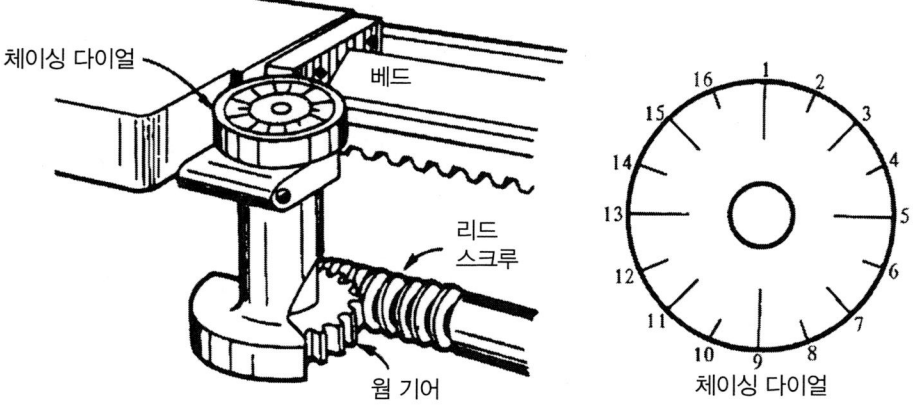

그림 8-66 체이싱 다이얼

[그림 8-66]과 같이 왕복대에 고정된 체이싱 다이얼의 웜 기어(worm gear)와 리드 스크루(lead screw)가 맞물고 있어 리드 스크루가 회전하면 웜 기어와 동심축에 있는 체이싱 다이얼 눈금에 따라 하프 너트를 넣으면 나사 바이트가 전에 가공한 홈에 들어간다.

예를 들어 인치식 선반인 경우 리드 스크루 즉, 웜과 맞물린 웜 기어 잇수는 웜의 산수의 배수로 되어 있어 웜의 피치가 4 산/inch이면 웜 기어의 잇수는 16(24) 등으로 되며 왕복대가 4 산/inch 이동하면 8등분 눈금이 있는 다이얼이 1회전 한다. 따라서 다이얼의 1 눈금은 왕복대의 1/2 산/inch의 이동에 해당한다.

리드 스크루의 산수(피치)와 공작물의 나사 산수(피치)가 동일할 경우와 공작물의 나사 산수(피치)가 리드 스크루 산수(피치)의 정 배수가 될 때는 하프 너트를 어느 시기에 넣어도 이미 깎아낸 홈에 바이트가 일정하게 일치된다. 그러나 공작물의 나사산 수가 리드 스크루 산수의 정 배수가 아니거나, 리드 스크루 피치가 공작물 피치의 정 배수가 아닌 경우에는 하프 너트를 넣는 시기가 제한되므로 두 번째 이후의 절삭에서는 체이싱 다이얼을 이용해서 넣는 시기를 결정한다.

(4) 선반의 가공 시간

선반 작업에서 공구 준비 시간, 공작물 준비 및 교체시간, 기타 여유시간을 제외한 순수한 가공 시간 T는 다음과 같다. 여기서, 공작물 길이 l(mm), 공작물 지름 d(mm), 절삭 속도 v(m/min), 회전수 n(rpm), 이송 f(mm/rev), 가공 횟수 i이다.

$$n = \frac{1000V}{\pi d} \text{ 일 때}$$

$$T = \frac{l}{n \times f} (\min)$$

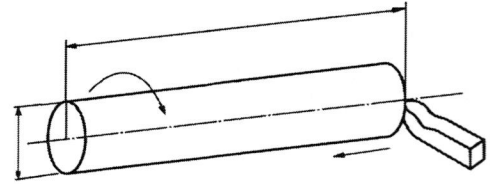

그림 8-67 선반 가공

5. 선반용 바이트

(1) 바이트의 모양과 주요 각도

바이트(bite)는 자루(shank)와 절삭 날 부분으로 구분된다. 절삭 날 부분은 경사면과 여유면이 있고 바이트 끝부분은 둥근 노즈(nose)를 두어 공작물을 절삭한다. 일반적으로 바이트의 크기는 폭×높이×길이로 나타낸다.

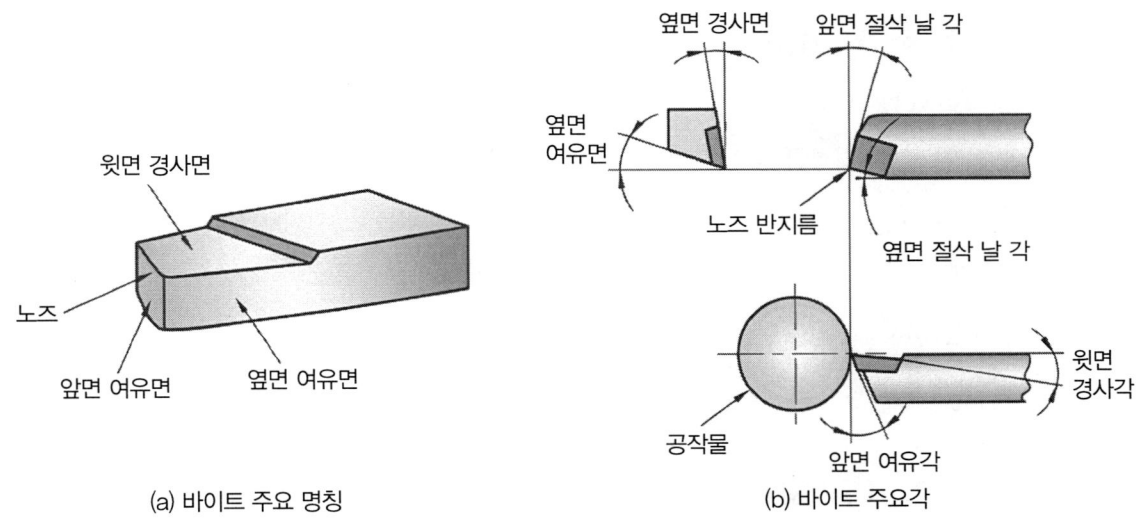

그림 8-68 초경 바이트의 주요 각도

표 8-9 바이트의 표준 각도

공작물	여유각		경사각	
	앞면	옆면	윗면	앞면
주철	4~10	4~10	0~6	0~12
탄소강	6~12	6~12	0~15	8~15
합금강	6~12	6~12	0~15	8~15
구리	7~10	7~10	6~10	15~25
알루미늄	6~10	6~10	5~15	8~15
플라스틱	6~10	6~10	0~10	8~15

바이트의 날 끝각은 [그림 8-68]과 〈표 8-9〉와 같으며, 바이트 용도, 표면거칠기, 공구 수명, 마멸 상태, 공작물의 기계적 성질과 공구 재료 등을 고려하여 결정한다. 바이트의 상부 경사각은 직접 절삭력에 영향을 끼치며, 이 각이 크면 절삭 성능이 좋고 공작물 표면은 아름답게 다듬어지지만 날 끝이 약해진다. 여유각은 공구의 끝과 공작물의 마찰을 방지하기 위한 것이며, 필요 이상으로 크게 할 필요는 없다.

(2) 바이트의 종류

바이트는 제작 과정에 따라 완성(ground) 바이트, 단조(forged) 바이트, 용접 바이트, 클램프 바이트, 비트(bit) 바이트 등으로 분류하나 구조 및 사용 목적 등에 따라서 다음과 같은 종류가 있다.

1) 바이트의 구조에 따른 종류

① 단체 바이트(solid bite)

날 부분과 자루 부분이 같은 재질로 만든 바이트이다.

② 팁 바이트(welded bite)

날 부분에 공구 재료인 초경합금 등의 팁(tip)을 용접한 바이트이다.

③ 클램프 바이트(clamped bite)

팁을 용접하지 않고, 나사 등을 이용하여 기계적인 고정 방법으로 클램핑한 바이트이다.

④ 비트 바이트(bit bite)

소형 바이트를 바이트 홀더나 고정구에 끼워서 사용하는 바이트이다.

[그림 8-69]와 같이 사용 목적에 따른 종류는 다음과 같다.

① 오른쪽 황삭 바이트 ② 오른쪽 편인 바이트 ③ 총형 바이트 ④ 왼쪽 황삭 바이트
⑤ 검 바이트 ⑥ 스프링 바이트 ⑦ 우각 황삭 바이트 ⑧ 절단 바이트
⑨ 수나사 바이트 ⑩ 총형 바이트 ⑪ 원형 완성 바이트 ⑫ 굽은 오른쪽 바이트
⑬ 굽은 환선 바이트 ⑭ 홈 절삭 바이트 ⑮ 보링 바이트 ⑯ 암나사 바이트

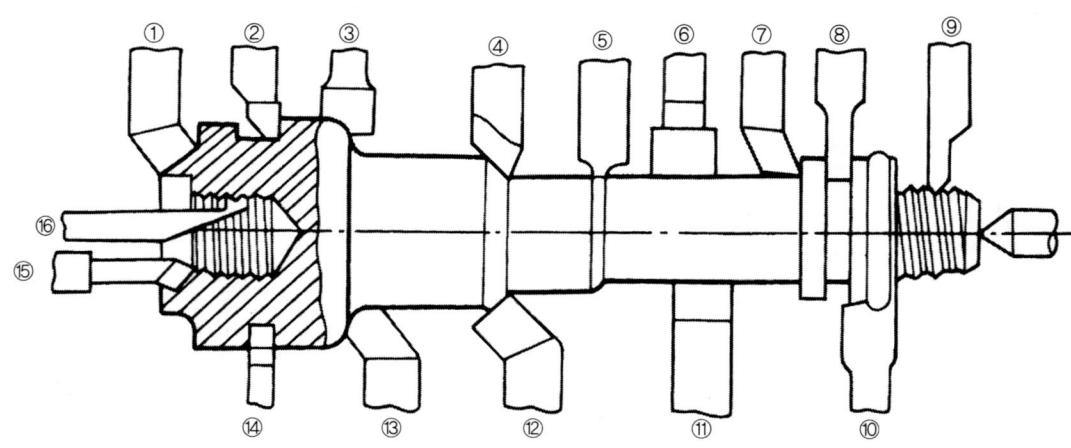

그림 8-69 바이트의 용도별 종류

제3절 밀링 가공

1. 밀링머신의 개요

밀링머신은 여러 개의 절삭 날을 가진 밀링커터(milling cutter)를 주축에 고정하여 회전시키고, 공작물을 테이블에 고정한 후 절삭 깊이를 주고 이송하여 평면을 가공하는 공작기계이다.

공작물이 회전하고 공구가 전후, 좌우 이송하는 선반과 비교하여 밀링머신은 공구가 회전하고 공작물이 전후, 좌우, 상하의 3축으로 이송하는 차이점을 가지고 있다.

(1) 밀링머신(milling machine)의 작업 종류

밀링머신은 주로 평면을 가공하는 공작기계이며, 홈 가공, 각도 가공, 더브테일 가공 외에도 드릴의 홈 가공이나 보통 기어의 치형 가공 등도 할 수 있다. 일반적으로 테이블은 3방향으로 이동하는데, 좌우 이송, 전후 이송 및 상하 이송이며, 테이블이 수평면상에서 선회하는 형식도 있다. 밀링머신의 작업은 평면은 물론 윤곽 및 불규칙하고 복잡한 면을 가공하는 데 적합하고 부속장치를 사용하여 드릴의 홈, 기어의 치형 등을 가공할 수 있다. [그림 8-70]와 [그림 8-71]은 밀링머신에서 작업할 수 있는 종류를 나타낸 것이다.

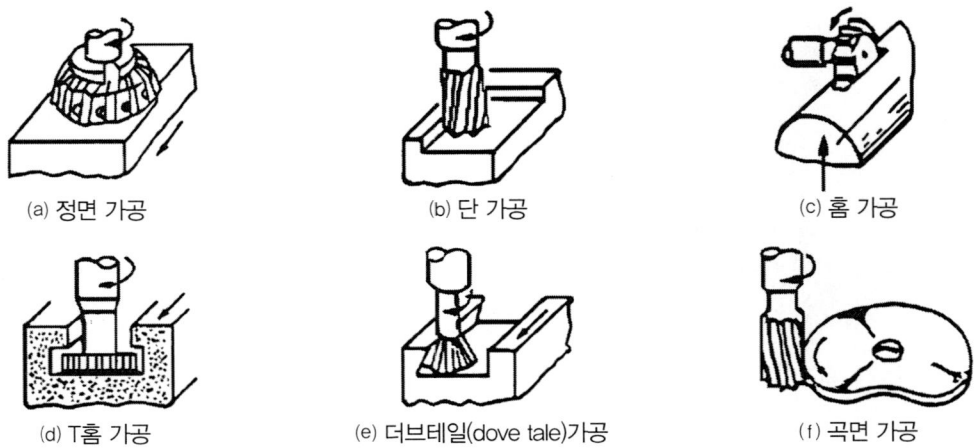

(a) 정면 가공 (b) 단 가공 (c) 홈 가공
(d) T홈 가공 (e) 더브테일(dove tale)가공 (f) 곡면 가공

그림 8-70 수직 밀링머신 작업 종류

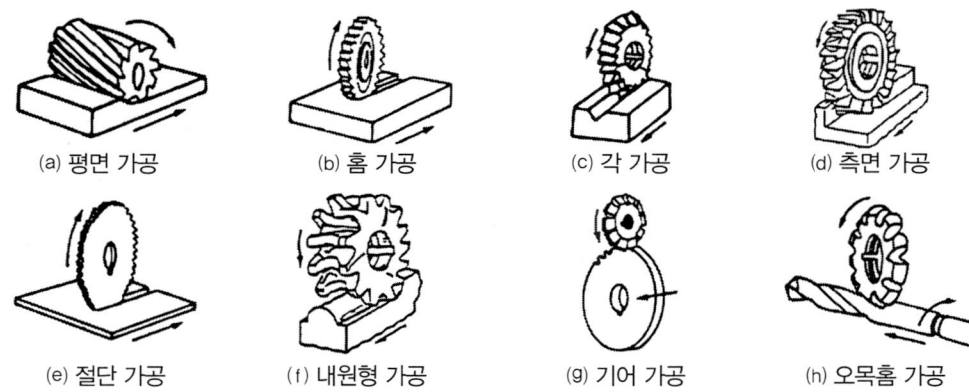

그림 8-71 수평 밀링머신 작업 종류

(2) 밀링머신의 크기

밀링머신의 크기는 일반적으로 테이블의 크기(가로×세로)와 테이블의 이동 거리(좌우×전후×상하)를 호칭 번호로 표시하고, 또한, 수평 밀링머신은 스핀들 중심부터 테이블 면까지의 최대 거리, 수직 밀링머신은 스핀들 끝부터 테이블 윗면까지의 최대 거리와 스핀들 헤드의 이동 거리로 표시할 때도 있다.

표 8-10 밀링머신의 크기

호칭 번호		No.0	No.1	No.2	No.3	No.4	No.5
테이블의 이동거리 (mm)	좌우(테이블)	450	550	700	850	1,050	1,250
	전후(새들)	150	200	250	300	350	400
	상하(니이)	300	400	450	540	450	500

(3) 밀링머신의 종류

1) 니이형 밀링머신(knee type milling machine)

(a) 수평 밀링머신　　　(b) 수직 밀링머신　　　(c) 만능 밀링머신

그림 8-72 니이형 밀링머신 종류

(가) 수평 밀링머신(horizontal milling machine)

[그림 8-72]의 (a)와 같이 스핀들을 칼럼(column) 상부에 수평 방향으로 장치하고 회전하며, 니이는 상하로 이동하고, 새들은 전후 방향, 테이블은 새들 위에서 좌우로 이송하므로 테이블은 칼럼의 앞면을 전후, 좌우, 상하 세 방향으로 이동하게 된다.

아버(arbor)는 스핀들 구멍에 고정하고 여기에 밀링커터를 고정하여 공작물을 가공한다. 아버의 끝부분은 아버 지지부로 지지되며, 끝부분의 커터를 죄는 나사는 회전함에 따라 너트가 잠기도록 왼나사로 되어 있다.

오버 암(over arm)은 아버가 굽는 것을 막기 위한 것으로서 한끝은 컬럼 위에 고정한다. 강력 절삭을 하기 위하여 오버 암, 아버 지지부와 니이를 오버 암 브레이스(over arm brace)로 보강한다.

(나) 수직 밀링머신(vertical milling machine)

[그림 8-72]의 (b)와 같이 스핀들이 수직 방향으로 장치되며, 정면커터(face cutter)와 엔드밀(end mill) 등을 이용하여 평면 가공, 홈 가공, 측면 가공 등에 적합한 기계이다.

스핀들 헤드는 고정형, 상하 이동형이 있으며, 일명 복합형[그림 8-73]이라 하여 좌우로 적당한 각도로 경사시킬 수 있고 수평 작업도 가능한 형식으로 현재 산업현장에서 가장 많이 사용하고 있다.

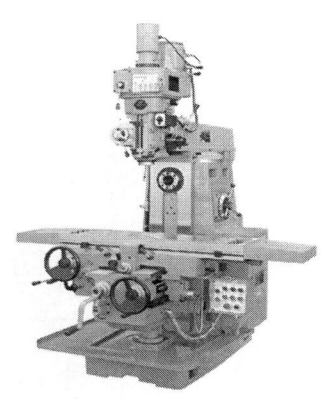

그림 8-73 복합형 밀링머신

(다) 만능 밀링머신(universal milling machine)

[그림 8-72]의 (c)와 같이 수평 밀링머신과 거의 같으나 다른 점은 새들 위에 선회대가 있고, 그 위에서 테이블이 수평 선회하는 점이 다르다. 이는 분할대를 이용하여 나선 홈을 가공할 수 있으며, 헬리컬 기어(helical gear), 트위스트 드릴(twist drill)의 홈 등을 절삭할 수 있다.

2) 생산형 밀링머신(production milling machine)

밀링머신의 기능을 대량 생산에 적합하도록 단순화 및 자동화된 밀링머신이며, 스핀들 헤드가 1개 있는 단두형, 2개 있는 쌍두형, 2개 이상 있는 다두형이 있다. 테이블은 상하 이송하지 않고 좌우로만 이송하기 때문에 베드형 밀링머신이라고도 한다. 또한, 공작물을 고정한 원형 테이블을 연속 회전시키며 가공하는 회전 밀러(rotary miller)인 회전 테이블형 밀링머신이 있고, 2개의 스핀들 헤드를 써서 두 종류의 가공을 동시에 할 수 있는 고성능 밀링머신이다.

그림 8-74 생산현 밀링머신

3) 플레이너형 밀링머신(planer type milling machine)

플래노 밀러(plano-miller)라고도 하며, 플레이너의 공구대 대신 밀링 헤드가 장치된 형식이다. 대형 공작물과 중량물의 공작물을 강력 절삭에 적합하며, 쌍두형과 단두형이 있다.

그림 8-75 플레이너형 밀링머신

4) 특수 밀링머신

특수 밀링머신에는 지그(jig), 게이지(gauge), 다이(die) 등의 공구류를 가공하는 공구 밀링머신, 나사를 전용으로 가공하는 나사 밀링머신, 모방 장치를 이용하여 단조, 프레스, 주조용 금형 등의 복잡한 형상의 공작물을 가공하는 모방 밀링머신과 그 외 탁상 밀링머신, 키 홈 밀링머신, 조각 밀링머신 등이 있다.

2. 밀링머신의 구조

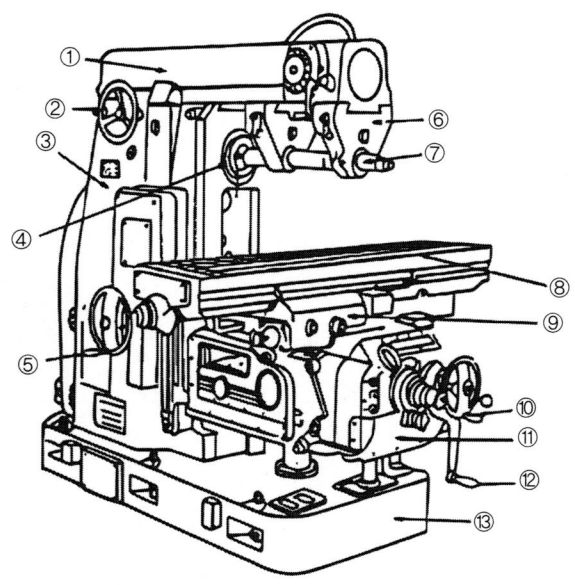

① 오버 암
② 오버 암 이송핸들
③ 칼럼
④ 주축(스핀들)
⑤ 테이블 이송핸들
⑥ 아버 지지대
⑦ 아버
⑧ 테이블
⑨ 새들
⑩ 새들 이송핸들
⑪ 에이프런
⑫ 상하 이송핸들
⑬ 베이스

그림 8-76 수평 밀링머신의 각부 명칭

1) 칼럼(column)

밀링머신의 본체로서 앞면은 미끄럼면으로 되어 있으며, 아래는 베이스를 포함하고 있다. 미그럼 면은 니이를 상하로 이동할 수 있게 되어 있으며, 베이스와 니이 사이에 잭 스크루를 지지하고 있어 니이의 상하 이송이 가능하게 되어 있다.

2) 오버 암(over arm)

칼럼의 상부에 설치되어 있는 것으로 플레인 밀링커터용 아버를 아버 브레이스가 지지하고 있다. 아버 브레이스는 임의의 위치에 체결하게 되어 있다.

3) 니이(knee)

니이는 칼럼에 연결되어 있으며, 위에는 테이블을 지지하고 있다. 또한 니이는 테이블을 좌우, 전후, 상하를 조정하는 복잡한 기구가 포함되어 있다.

4) 새들(saddle)

새들은 테이블을 지지하며, 니이의 상부 미끄럼면 위에 얹혀 있어 그 위를 앞뒤 방향으로 미끄럼 이동하는 것으로서 윤활장치와 테이블의 어미 나사 구동 기구로 이루어져 있다.

5) 테이블(table)

공작물을 직접 고정하는 부분이며, 새들 상부의 안내면에 장치되어 수평면을 좌우로 이동한다.

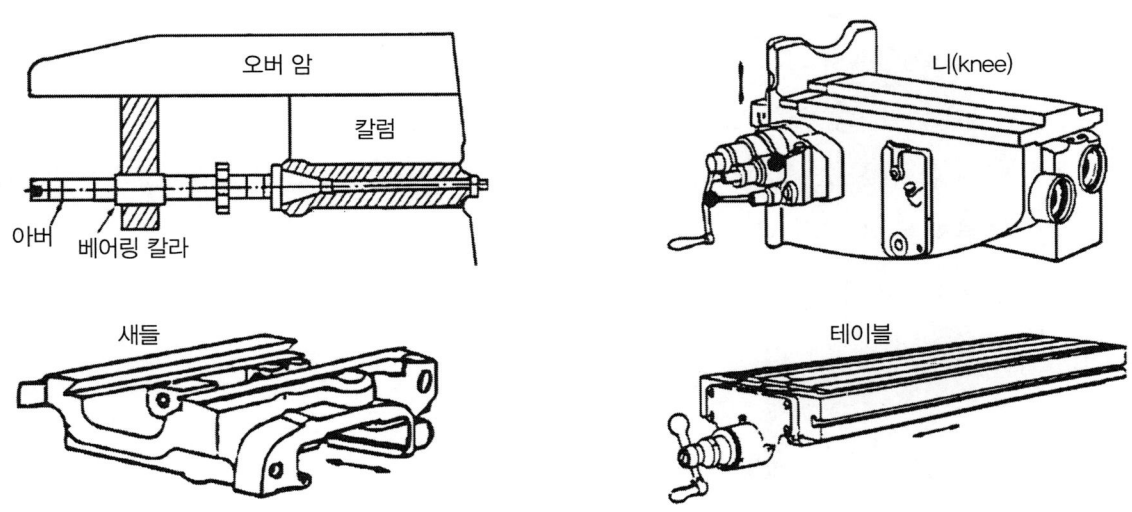

그림 8-77 밀링머신 주요 구조

3. 밀링머신의 부속품 및 부속장치

기계가 능률적이며, 정확한 제품을 만들기 위하여 공구 및 고정을 위한 부속장치가 필요하다. 밀링 부속에는 일반 작업에 사용하는 것과 특정한 공작물에만 사용되는 전용 부속장치가 있다. 각종 부속품의 종류는 다음과 같고 밀링머신의 스핀들, 오버 암 과 테이블 등에 고정하여 사용한다.

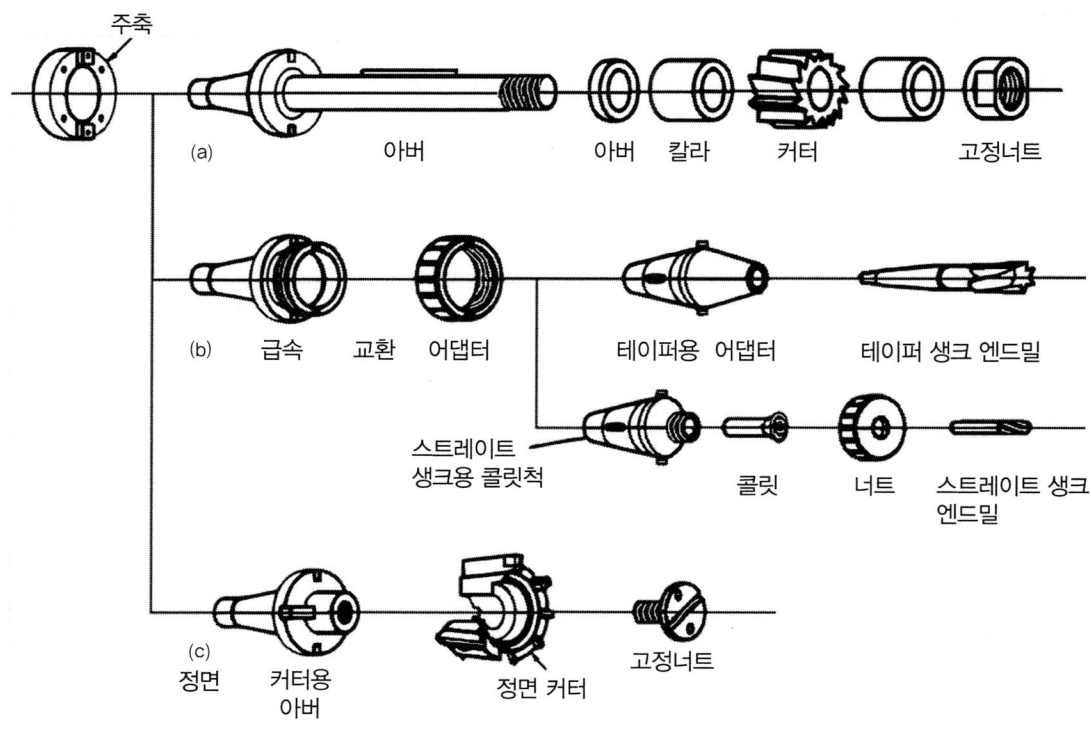

그림 8-78 밀링커터의 고정

(1) 밀링커터 고정용 용구

아버(arbor)는 [그림 8-78]의 (a)와 같이 수평 또는 만능 밀링머신에서 밀링커터를 고정하는 축으로 한쪽 끝은 주축구멍에 끼워 고정할 수 있도록 테이퍼로 되어 있다.

수직 밀링머신은 [그림 8-78]의 (b)와 같이 주축에 급속 교환 어댑터(quick chang adapter)를 고정시켜 놓고 앞 끝부분의 죔 너트를 대략 1/4정도 회전시켜 밀링 척 및 아버를 고정시킬 수 있으므로 커터 교환이 매우 편리하게 사용하는 것이며, 그림 (c)는 수직 밀링머신에서 정면 밀링커터를 고정할 수 있는 아버이다.

(2) 밀링 바이스(milling vice)

밀링 바이스에는 수평, 회전, 만능, 유압 바이스가 있으며 테이블 위에 있는 T홈에 블록과 클램핑 볼트를 이용하여 고정하고 공작물을 체결하는 데 사용한다.

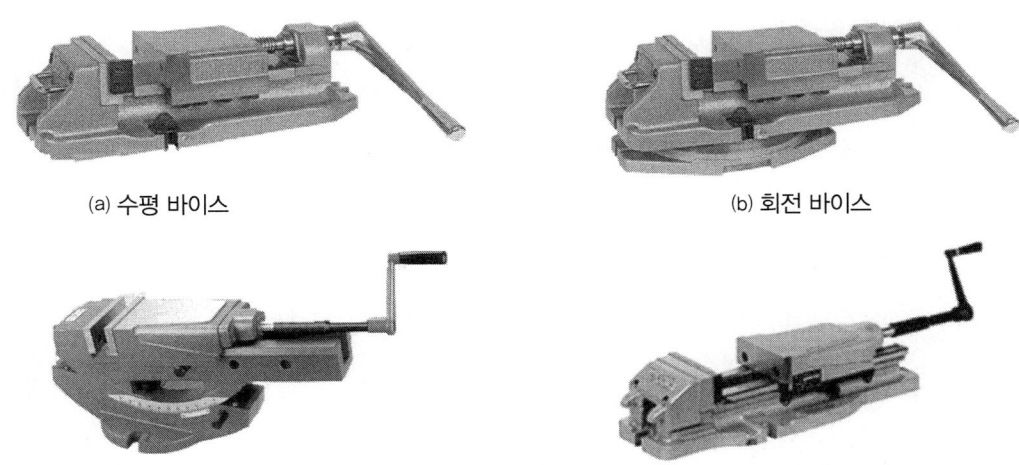

(a) 수평 바이스　　　　　　　　　　(b) 회전 바이스

(c) 만능 바이스(경사 바이스)　　　　(d) 유압 바이스

그림 8-79 밀링 바이스 종류

1) 수평 바이스(plane vise)

조의 방향이 테이블과 평행 또는 직각으로만 고정하여 사용하는 보통형 바이스이다.

2) 회전 바이스(swivel vise)

테이블에 고정한 후 수평 방향으로 바이스가 회전시킬 수 있으므로 조의 방향을 임의로 돌려 고정할 수 있다.

3) 만능 바이스(universal type vise)

회전 바이스 역할 및 수평에서 회전 및 경사가 되는 바이스이다.

4) 유압식 바이스 (hydraulic type vise)

유압에 의하여 글램핑 하며, 보통 바이스의 2.5배 이상 죔력을 얻는다.

(3) 분할대(indexing head)

밀링머신의 테이블에 설치하고 공작물을 분할대의 스핀들과 심압대 센터 사이에 지지하거나 스핀들에 장치한 척에 공작물을 고정하고, 필요한 각도나 등분으로 분할할 때 사용한다. 또한, 변환 기어로 테이블과 연결하여 비틀림 홈, 스파이럴 기어 등을 가공할 수 있다. 종류에는 만능식과 단능식의 2종이 있다.

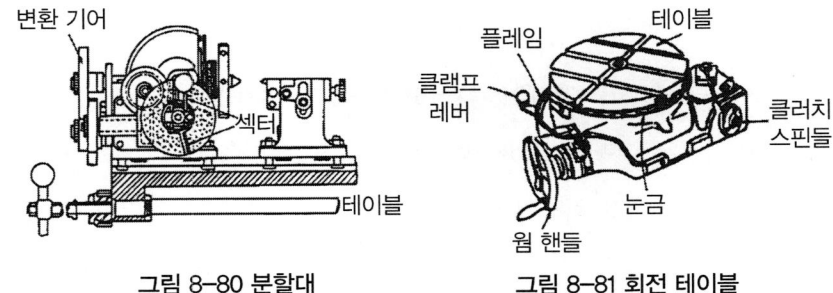

그림 8-80 분할대　　　　그림 8-81 회전 테이블

(4) 회전 테이블(circular table)

밀링머신의 테이블에 올려놓고 주로 원형 공작물을 가공할 때 이용한다. 공작물은 회전 테이블 위의 바이스에 고정하고, 수동 또는 테이블 자동 이송으로 가공한다. 원판도 가공할 수 있고, 또한 테이블의 좌우 및 전후 이송을 사용하면 윤곽가공도 할 수 있고, 회전 테이블 핸들을 사용하면 간단한 분할 작업도 할 수 있다.

보통 사용되는 테이블 지름은 300mm, 400mm, 500mm등이 사용된다.

(5) 슬로팅 장치(slotting attachment)

수평 밀링머신이나 만능 밀링머신의 컬럼에 설치하여 사용한다. 주축 회전운동을 직선 왕복운동으로 변환시켜 슬로터 작업을 할 수 있도록 한 장치이며, 공작물 안지름에 키홈, 스플라인(spline), 세레이션(serrattion) 등을 가공한다. 슬로팅 장치는 주축을 중심으로 좌우 90°씩 선회할 수 있다.

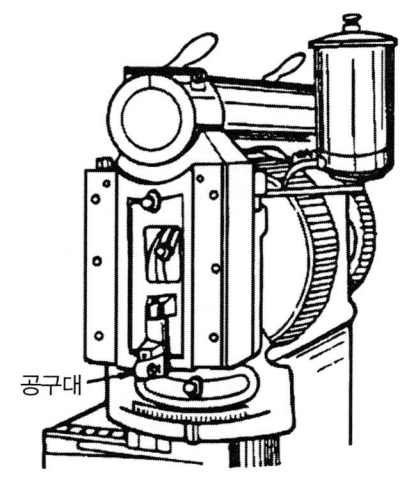

그림 8-82 슬로팅 장치

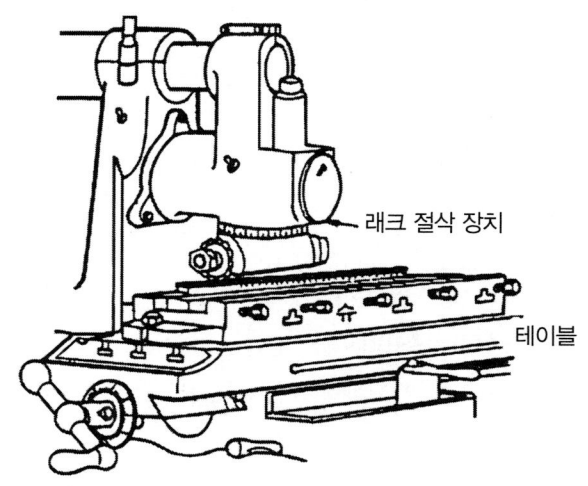

그림 8-83 래크 절삭 장치

(6) 래크 절삭 장치 (rack cutting attachment)

만능 밀링머신의 칼럼에 고정되고, 밀링머신의 주축에 의하여 회전이 전달되어 래크 기어(rack gear)를 절삭할 때 사용한다. 공작물 고정용의 특수바이스(vice) 및 테이블 단부에 고정된 래크 장치에는 각종 피치(pitch)의 래크 절삭이 가능하도록 기어 변환장치가 있다.

(7) 수직축 장치(vertical milling attachment)

수직축 장치는 수평 밀링머신의 칼럼(column) 상부의 주축에 고정하고 주축에서 기어로 회전이 전달되며, 수직축의 회전수는 밀링머신의 주축의 회전수와 같다. 수직축은 칼럼과 평행된 면내에서 임의의 각도로 경사시킬 수 있다.

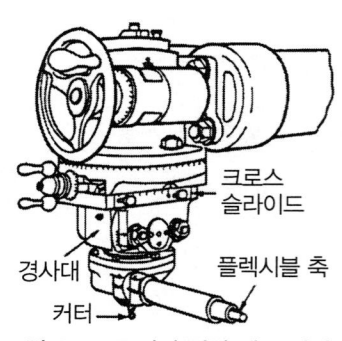

그림 8-84 로터리 밀링 헤드 장치

(8) 로터리 밀링 헤드 장치(rotary milling head attachment)

수평 밀링머신이나 만능 밀링머신의 주축에 브라켓(bracket)으로 칼럼에 고정하고 주축의 옵셋(offset)을 가능케 한 장치이다.

주축은 단독으로 엘래스틱 커플링(elastic coupling)으로 구동된다. 사용하는 공구는 직경이 적으며 주축은 15° 정도 경사할 수 있다.

4. 밀링용 절삭공구

(1) 밀링커터의 종류와 용도

1) 평면 밀링커터(plain milling cutter)

원통의 원주에 절삭 날을 가진 것으로 밀링커터 축과 평행한 평면을 절삭하는데 쓰이며, 아버를 꽂아 사용하는 것과 일체로 된 것이 있다.

일반적으로 날의 나비가 20mm 이상의 평면 밀링커터는 모두 비틀림 날로 만들어져 있고, 경절삭용은 15°, 중절삭용 거친날은 날의 수가 적고 비틀림각은 25° 이상으로 되어 있다. 비틀림각이 45~60°로 된 것은 헬리컬(helical)커터라고 한다.

(a) 경절삭용　　　　(b) 중절삭용　　　　(c) 헬리컬 커터

그림 8-85 평면 밀링커터

2) 정면 밀링커터(face milling cutter)

외주와 정면에 절삭날이 있으며 밀링커터 축에 수직인 평면을 가공에 쓰인다. 본체는 탄소강으로 팁을 납땜식, 심은날식, 스로 어웨이(throw away)식으로 고정하여 사용하고 있으나, 최근에는 스로 어웨이 밀링커터를 널리 사용한다.

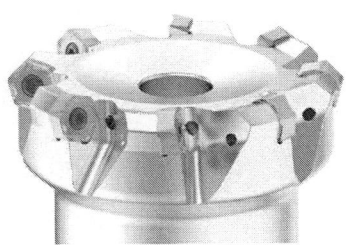

그림 8-86 정면 커터

3) 측면 밀링커터(side milling cutter)

(가) 반 측면 밀링커터(half side milling cutter)

한 측면에만 날이 있는 커터로 원주 날은 곧은 것과 나선각이 20°인 것이 있다. 주로 원주 날로 절삭하며, 측면 날은 다듬질 절삭에 사용한다.

(a) 반 측면 밀링커터　　(b) 측면 밀링커터　　(c) 조립 날 홈파기 커터　　(d) 엇갈린 날 밀링커터

그림 8-87 측면 밀링커터

(나) 측면 밀링커터(side milling cutter)

원주와 양측 면에 날 있는 커터로 비교적 날 폭이 좁으며 주로 홈파기 작업에 사용한다.

(다) 조립 날 홈파기 커터(interlocking slotting cutter)

측면 밀링커터와 같은 2개의 커터를 조립하여 날이 엇갈리게 되어 있는 커터이다.

(라) 엇갈린 날 밀링커터(staggered-tooth milling cutter)

교차각 15° 정도로 커터의 나선 날이 서로 반대 방행으로 엇갈려 있는 커터이다.

3) 메탈 소(metal saw)

폭이 얇은 플레인 밀링커터로 양측면은 중심을 향하여 공작물과 공구가 닿지 않도록 약간 테이퍼져 있고 보통 외경이 150mm 이하이면 날폭은 4mm 이하로 되어 있다. 메탈 소는 공작물을 절단하거나 깊은 홈 가공에 이용한다.

그림 8-88 메탈 소

4) 각 커터(angle milling cutter)

경사면을 절삭하는 커터로 편각 커터와 양각 커터가 있다. 편각 커터(single angle cutter)는 원주면 위에 45°, 50°, 60°, 70°, 80°의 경사날이 있는 것이고 양각 커터(double angle cutter)는 V형 날을 가지며, 등각인 경우 45°, 60°, 90° 부등각인 경우 한쪽은 12°, 15°, 다른 쪽은 40°. 48°. 53°로 되어 있다.

(a) 편각 커터

(b) 양각 커터

그림 8-89 각 밀링커터

5) 엔드밀(end mill)

드릴이나 리머와 같이 일체의 자루를 가진 것으로 평면, 구멍 등을 가공할 때 쓰이며, 섕크의 모양이 곧은 것과 테이퍼로 되어 있는 것이 있다.

비틀림각은 12°~60°(스파이럴 엔드밀)로 되어 있으며 날수는 2날, 4날이 있다.

엔드밀은 날과 자루가 별개로 되어 있는 셸 엔드밀(shell end mill)과 금형 가공용으로 쓰이는 볼 엔드밀(boll end mill) 등이 있다.

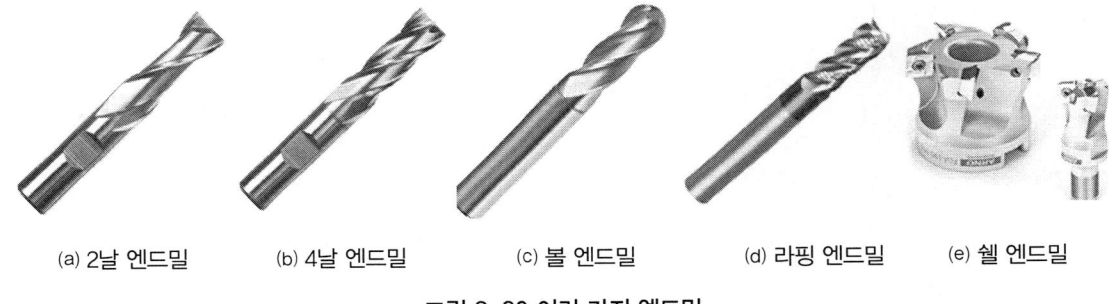

(a) 2날 엔드밀   (b) 4날 엔드밀   (c) 볼 엔드밀   (d) 라핑 엔드밀   (e) 쉘 엔드밀

그림 8-90 여러 가지 엔드밀

(가) 날수 및 비틀림각

엔드밀의 날수는 엔드밀의 성능을 좌우하는 중요한 요인이다.

① 2날은 칩 포켓이 커서 칩 배출은 양호하나 공구의 단면적이 좁아 강성이 저하되며, 특히 홈 절삭에 사용된다.

② 4날은 칩 포켓이 작아 칩 배출 능력은 적으나 공구의 단면적이 적어 강성이 보강되며 주로 측면 절삭에 사용된다.

③ 엔드밀의 날 길이는 날 길이를 짧게 하여 작업하면 공구의 수명은 증대한다. 엔드밀의 돌출 길이는 엔드밀의 강성에 직접적인 영향을 미치며 필요 이상으로 길게 작업하면 좋지 않다.

④ 엔드밀의 비틀림각은 저 비틀림각(15°)은 키 홈 가공용 엔드밀에 적당하며, 외경 마모량이 크고 표면 조도가 다소 떨어진다. 중 비틀림각(30°)은 일반적으로 광범위하게 사용하며 절삭 저항이 우수하

며 수명이 길다. 고 비틀림각(50°)은 특수용 가공에 적당함. 수직 분력 저항이 약하다.

6) 총형 밀링커터(form milling cutter)

절삭할 공작물의 단면 형상과 같은 윤곽의 절삭 날을 가진 밀링커터를 총형 밀링커터라 한다. 재질은 고속도강이나 초경합금으로 기어 가공, 드릴의 홈 가공, 리머나 탭의 형상 가공에 주로 쓰이는 것으로 그 종류는 오목한 반원을 가공하는 볼록 커터(convex milling cutter)와 볼록한 반원을 가공하는 오목 커터(concave milling cutter), 기어의 기어를 절삭할 때 이용하는 인볼 루트 커터 (involute gear cutter)가 있다.

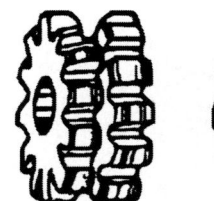

그림 8-91 총형 커터의 종류

7) T홈 커터(T-slot cutter)

공작기계 테이블의 T 홈과 같은 T 홈 가공에 사용하는 커터이다.

8) 더브테일 커터(dovetail cutter)

60°의 각을 가진 원추 형상의 커터로서 더브테일 홈 가공이나 바닥면과 양쪽 측면을 가공하는 것으로 재질은 고속도강이다.

그림 8-92 T 커터　　　　　　　　　그림 8-93 더브테일 커터

(2) 밀링커터의 공구각

1) 링 커터의 각부 명칭과 경사각

① 랜드 : 여유각에 의해서 만드는 절인날의 여유면의 일부이며 인선의 강도를 증가시키기 위해 사용된다.

② 절인각 : 경사면과 여유면과 이루는 절인각이 크면 절삭 저항 감소하며 작으면 절인이 약해진다.

③ 경사각 : 밀링커터의 중심선과 경사면이 이루는 각 경사각이 크면 절삭 저항 감소, 초경 커터에서는 치핑을 감소하기 위하여 0도 혹은 부각(-)으로 연삭한다.

④ 여유각 : 인선의 뒷면과 공작물이 마찰하지 않도록 만든 각으로 연한 재료는 다소 크게 경한 재료: 다소 작게 한다.

⑤ 비틀림각 : 곧은날 밀링커터의 경우 날에 비틀림각을 주면 절삭이 순조롭고 좋은 가공 면을 얻을 수 있다. 비틀림각의 경절삭용은 15°, 중절삭용은 25°로서 날의 수가 적다.

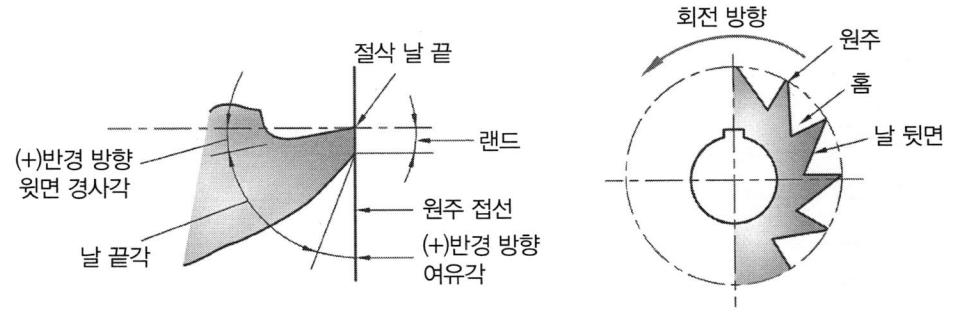

그림 8-94 평면 밀링커터

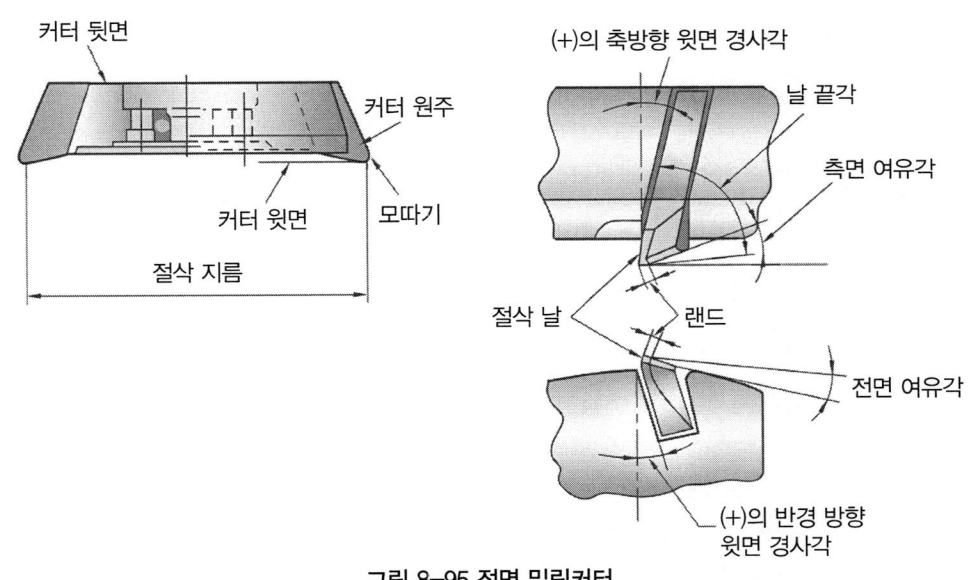

그림 8-95 정면 밀링커터

※ 최근에는 초경합금 공구로 강력 절삭 할 때 -5°~-10°의 네거티브(negative:음각) 경사각이 사용되고 있는데, 이는 종래 사용한 90° 이내의 날끝각으로는 지지력이 작아서 강력 절삭이 곤란한 점을 보완하기 위한 것이다. 단, 네거티브 경사각을 사용하면 상당히 많은 열이 발생하고 절삭 동력도 증가되므로 공작기계의 용량이 충분히 크지 않으면 효과를 완전히 발휘하기 어렵다. 페이스 커터에 부정적인 경사각을 갖는 강력 절삭용 커터를 풀백 커터(full back cutter)라고 한다.

표 8-11 밀링커터의 공구각

공작물의 재질		고속도강 밀링커터		초경합금 정면 밀링커터			
		레이디얼		레이디얼		액시얼	
		경사각	여유각	경사각	여유각	경사각	여유각
알루미늄		20~40	10~22	10	9	-7	5
플라스틱		5~10	5~7	-	-	-	-
황동 청동	무른 것	0~10	10~22	6	9	-7	5
	보통	0~10	4~10	3	6	-7	5
	굳은 것	-	-	0	4	-7	3
주철	무른 것			6	4	-7	3
	굳은 것	8~10	4~7	3	4	-7	3
	냉강	-	-	0	4	-7	3
가단주철		10	5~7	6	4	-7	3
구리		10~15	8~12	-	-	-	-
강	무른 것	10~20	5~7	-6	4	-7	3
	보통	10~15	5~6	-8	4	-7	3
	굳은 것	10~15	4~5	-10	4	-7	3
	스테인리스	10	5~8	-	-	-	-

※참고. 레이디얼 경사각은 날의 연장선이 중심으로부터 뒤에 있으면 +, 앞에 있으면 -, 액시얼 경사각은 날의 연장선이 축선보다 뒤에 있으면 +, 앞에 있으면 -이다.

엔드밀과 정면 밀링커터의 크기는 바깥지름으로 크기를 표시하고, 평면 밀링커터, 측면 밀링커터 등은 바깥지름과 폭으로 크기를 표시한다.

[그림 8-94, 95]는 밀링커터의 주요 공구 각을 나타낸 것이고, 〈표 8-11〉은 공작물의 재질과 공구 각에 따라 밀링커터의 각도를 나타낸 것이다.

경사각은 날의 윗면과 날끝을 지나는 중심선 사이의 각으로, 정면 밀링커터에서는 레이디얼 경사각이라고도 하며, 경사면이 축 방향과 이루는 각을 액시얼 경사각이라 한다. 이들 각을 크게 하면 절삭 저항은 감소하나 날이 약하게 되는 결점이 있다.

여유각은 절삭 날의 뒷면과 공작물 사이의 마찰을 피하기 위한 각으로, 정면 밀링커터에서는 레이디얼 여유각이라 하며, 축 방향과 수직한 평면과 이루는 각을 액시얼 여유각이라 한다. 일반적으로 이 각이 크면 마멸은 감소하나 날끝이 약하게 되고, 단단한 공작물은 작게 하고 연한 공작물은 크게 하는 것이 보통이다.

또 곧은날 밀링커터는 커터가 회전함에 따라 날 하나씩 순차적으로 단속 절삭하며, 떨림이 나타나기 쉬우므로 날의 수를 많이 하든지, 또는 날에 비틀림각을 주어 동시에 여러 개의 날로 절삭하도록 하면 절삭이 순조롭고 좋은 가공면을 얻을 수 있다.

5. 밀링작업과 절삭조건

(1) 절삭조건

절삭 속도, 이송, 절삭 깊이는 가공 능률과 생산성 향상에 영향이 있으므로 기계의 성능, 밀링커터와 공작물이 재질 및 가공면의 정밀도 등을 고려하여 결정되어야 한다.

1) 절삭 속도

밀링커터의 절삭 속도는 커터의 바깥지름 속도를 의미하고, 공작물의 재질과 공구의 재질에 따라 다르다. 구하는 식은 다음과 같다.

$$V = \frac{\pi DN}{1000}(m/\min), \quad N = \frac{1000V}{\pi D}(rpm)$$

여기서, V : 절삭 속도(m/min)

D : 밀링커터의 직경(mm)

N : 커터의 회전수(rpm)

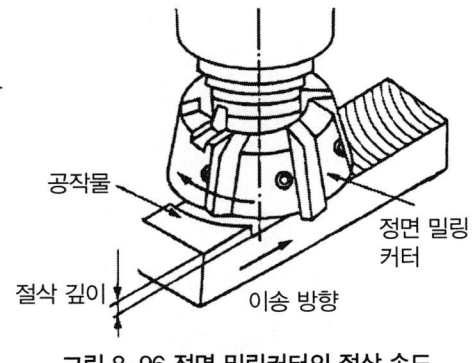

그림 8-96 정면 밀링커터의 절삭 속도

표 8-12 밀링커터의 절삭 속도 (m/min)

공작물의 재질		고속도강	초 경 합 금		공작물의 재질	고속도강	초 경 합 금	
			황삭가공	정삭가공			황삭가공	정삭가공
주철	무른 것	32	50~60	120~150	청 동	50	75~150	150~240
	굳은 것	24	30~60	75~100	구 리	50	150~240	240~300
가 단 주 철		24	30~75	50~100	알루미늄	150	95~300	300~1200
강	무른 것	27	50~75	150	에보나이트	60	240	450
	굳은 것	15	25	30	페놀수지	50	150	210
황동	무른 것	60	240	180	섬 유	40	140	200
	굳은 것	50	150	300				

절삭 속도를 결정할 때는 다음과 같은 원칙을 고려한다.

① 공구의 수명을 연장하기 위해서는 약간 절삭 속도를 낮게 한다.

② 공작물의 강도, 경도 등의 기계적 성질을 고려한다.

③ 황삭 가공할 때에는 저속으로 이송을 크게 하고, 다듬질 가공할 때에는 고속으로 이송을 느리게 한다.

④ 밀링커터의 마멸과 손상이 클 경우는 절삭 속도를 느리게 한다.

2) 이송 속도

밀링 가공에서 테이블의 이송 속도는 밀링커터의 날 1개마다의 이송을 기준으로 하여 다음과 같이 구할 수 있다.

$F = f_z \times z \times n$ (mm/min)

여기서,

F : 테이블의 이송 속도(mm/min)

z : 커터의 날수

n : 커터의 회전수(rpm)

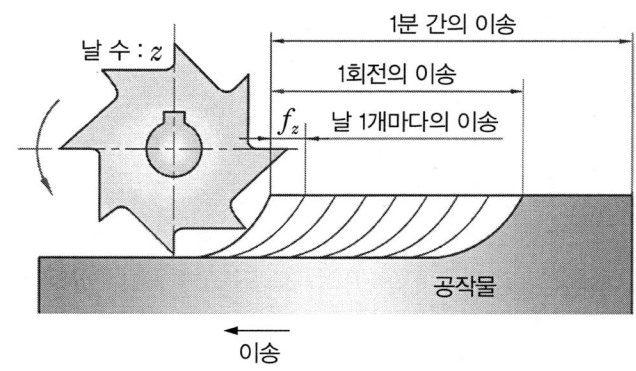

그림 8-97 밀링에서 이송 속도

3) 절삭 깊이

절삭 깊이는 기계의 강성과 동력의 크기, 커터의 종류, 공작물의 재질 등에 따라 다르고 거친 절삭과 다듬질 절삭에 따라 다르지만, 일반적으로 5mm 이하로 하고, 그 이상일 때는 깊이를 나누어 절삭한다. 또한, 다듬질 절삭일 때에는 절삭 깊이를 너무 작게 하면 날끝의 마멸이 커지므로 0.3~0.5mm 정도로 하는 것이 좋다.

절삭 깊이가 커지면 절삭 속도를 낮게 하고, 절삭 깊이를 작게 하면 절삭 속도를 높여 가공하는 것이 일반적이다.

4) 칩의량, 소요 동력

절삭 폭 b mm, 절삭 깊이 t mm, 매분 당 이송 f mm/min이라고 하면 매분 당 절삭되는 칩량 Q는 다음과 같다.

$$Q = \frac{b \times t \times f}{1000} (cm^3/\min)$$

또한, 밀링 가공할 때 발생하는 3분력 즉, 주분력 P_1, 축방향 분력 P_2, 커터 반경 방향 분력 P_3라 하고, 절삭 속도 V_c(mm/min), 이송 속도 V_f(mm/min)라 하면, 절삭 동력 N_c와 이송 동력 N_f는 다음과 같다.

$$N_c = \frac{P_1 \times V_c}{60 \times 75}(PS), \quad N_f = \frac{P_2 \times V_f}{60 \times 75 \times 1000}(PS)$$

여기서, 주축의 구동 효율 η_c, 이송 효율 η_f라 하면 절삭 동력 N은 다음과 같다.

$$N = \frac{N_c}{\eta_c} + \frac{N_f}{\eta_f}(PS)$$

한편, 밀링머신의 절삭 동력은 절삭량을 기초로 하여 단위 절삭량 당 소요 동력으로 계산하면은 소요 동력은 다음과 같다.

$N = KQ(PS)$

여기서, K : 단위 절삭량 당 소요 동력(PS/cm^3/min)

표 8-13 단위 절삭량 당 실제 소요 동력

공 작 물	동력(PS/cm^3/min)	공 작 물	동력(PS/cm^3/min)
알루미늄	0.027	주철(보통)	0.072
황동, 청동(연)	0.031	강(연)	0.072
황동, 청동(보통)	0.043	강(보통)	0.094
황동, 청동(경)	0.094	강(경)	0.128

5) 밀링 가공 시간

커터가 절삭을 시작하여 절삭이 끝나는 커터의 중심 이동 거리를 Lmm, 분당 이송 속도를 Fmm/min 라 하면 절삭 시간 Tmin은 다음과 같다.

$$T = \frac{L}{F} \text{ (min)}$$

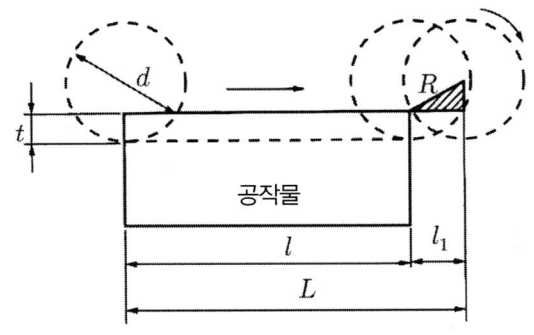

그림 8-98 평면 밀링커터의 가공 시간

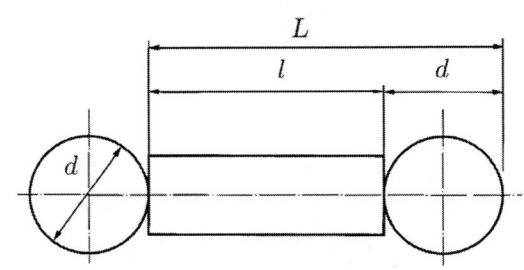

그림 8-99 정면 밀링커터의 가공 시간

(가) 평면 밀링커터(plain milling cutter)에 의한 가공 시간

공작물 길이 l, 절삭 깊이 t라 하면 1회 절삭에 필요한 테이블의 이송 길이는 커터가 공작물을 벗어날 때까지의 거리 l_1를 포함한 거리 $L=l+l_1$이므로 1회 절삭에 소요 되는 시간 T는 다음과 같이 계산한다.

$$l_1 = \sqrt{t(d+t)}, \quad L = l + \sqrt{t(d-t)}, \quad T = \frac{L}{F} = \frac{l + \sqrt{t(d-t)}}{F}$$

(나) 정면 밀링커터(face milling cutter)에 의한 가공 시간

걸리는 시간 T는 다음과 같이 계산한다.

$$T = \frac{L}{F} = \frac{l+d}{F} \text{(min)}$$

여기서, d : 커터의 지름(mm)

(2) 밀링작업

1) 밀링 절삭 방법

(가) 상향 절삭과 하향 절삭

밀링 절삭 방법에는 상향 절삭(up cutting)과 하향 절삭(down cutting)이 있다.

상향 절삭은 밀링커터의 회전 방향과 반대 방향으로 공작물을 이송하는 경우이고, 하향 절삭은 밀링커터의 회전 방향과 공작물의 이송 방향이 같은 방향인 경우이다. 〈표 8-14〉는 상·하향 절삭의 특징을 비교하여 나타낸 것이다.

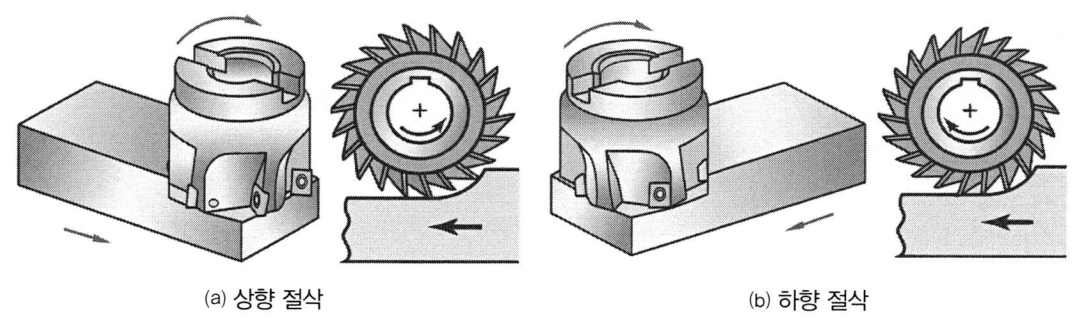

(a) 상향 절삭   (b) 하향 절삭

그림 8-100 밀링 절삭 방법

표 8-14 상향 절삭과 하향 절삭의 비교

구분	상향 절삭	하향 절삭
칩에 영향	절삭에 방해 없다.	절삭에 방해 있다.
백래시 제거	백래시 제거 장치 필요 없다.	백래시 제거 장치 필요하다.
공작물 고정	불안함으로 확실히 고정해야 한다.	안정된 고정이 된다.
공구 수명	수명이 짧다. 날 파손은 적으나 마멸이 심하다.	수명이 길다. 날 파손은 생길 수 있으나 마모가 적다.
소비 동력	소비가 크다.	소비가 적다.
가공 면	거칠다.	깨끗하다.
기계에 영향	기계에 무리를 주지 않는다.	기계에 무리를 준다.

(나) 백래시(back lac) 제거 장치

나사를 이용한 이송 장치에서는 이송 나사와 암나사의 플랭크 면 사이에 뒤틈이 생기게 되는데, 이 뒤틈을 백래시(backlash)라고 한다.

상향 절삭에는 절삭력을 받더라도 이송 나사의 백래시가 절삭에 영향을 주지 않지만, [그림 8-101]과 같이 하향 절삭은 공작물에 절삭력을 가하면 백래시 양만큼의 이동으로 이송량이 급격하게 크게 되어 절삭 상태를 불안정하게 된다. 이런 현상을 제거하는 장치를 백래시 제거 장치라 한다.

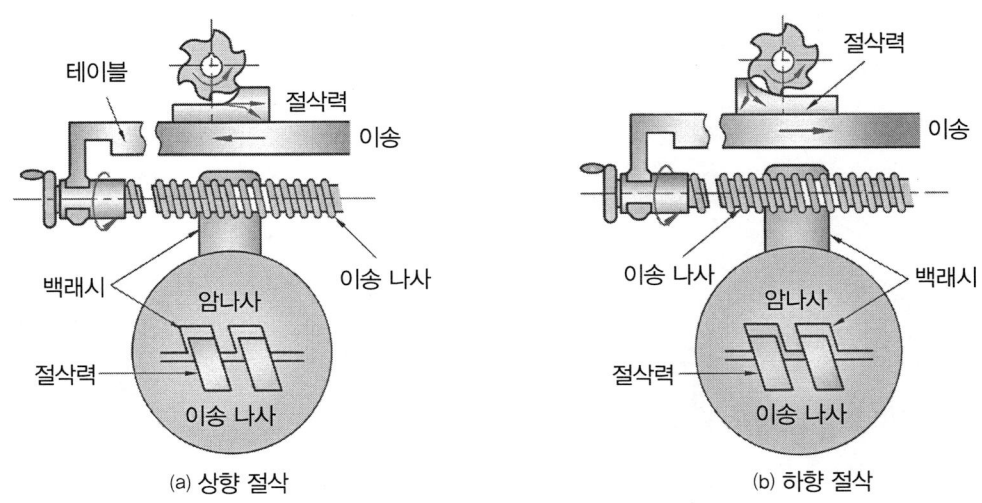

그림 8-101 이송 나사 백래시

2) 분할 작업

분할대를 사용하여 원통의 공작물을 필요한 수로 등분하거나 4각, 6각 등으로 가공할 수 있고 기어 가공, 드릴이나 리머의 홈 가공 등의 분할 제작에 이용하며, 원주를 등분하는 방법에는 직접 분할, 단식분할, 차동 분할 방법이 있다.

그림 8-102 분할대와 부속장치

(가) 분할대 종류.

㉮ **밀워키형(Milwaukee) 분할대** (비율 수 : $\frac{1}{5}$)

① 미국 제품으로서 구조는 신시내티형과 거의 같다.

② 크랭크 핸들과 주축이 하이포이드 기어에 의하여 구성되었으며, 기어의 잇수는 100매이며 20장의 피니언에 의해 전달된다.

③ 분할판은 2장(표면과 이면)으로 표준은 2~100까지 분할하며, 차동 분할은 500까지 분할이 가능하다.

㉯ 브라운 샤프형(Brown & sharp) 분할대 (비율 수 : $\frac{1}{40}$)

① 분할판 3매(No1, 2, 3)를 사용한다.
- No1매 : 15, 16, 17, 18, 19, 20
- No2매 : 21, 23, 27, 29, 31, 33
- No3매 : 37, 39, 41, 43, 47, 49

② 주축 끝을 수평이하 5°에서 수직을 넘어 100°까지 임의 각도로 선회한다.

③ 주축의 직접 분할에 쓰이는 24등분 된 핀 구멍이 있다.

④ 단순 분할, 차동 분할 730까지 분할이 가능하다.

㉰ 신시내티형(Cincinnati) 분할대 (비율 수 : $\frac{1}{40}$)

① 구조는 밀워키형과 같다.

② 분할 판은 2장(표면과 이면)이다.
- 표면 : 24, 25, 28, 30, 34, 37, 38, 39, 41, 41, 43,
- 이면 : 46, 47, 49, 51, 53, 54, 57, 58, 59, 62, 66

㉱ 트아스형 광학 분할대

① 기계 구조는 만능 분할대와 같다.

② 선회대는 눈금판과 부척에 의해 5분까지 정밀도로 임의의 각도로 회전할 수 있다.

③ 주축에는 유리제의 눈금판과 자리 잡기 현미경으로 구성되어 있어 15초까지 정확히 구할 수 있다.

④ 현미경 접안경은 수직축 중심으로 360° 회전할 수 있다.

(나) 분할대의 구조

분할대의 구조는 신시내티형 분할대의 구조이며, 주축에 40개의 이를 가진 웜 기어가 고정되어 있고, 웜 축에는 1줄의 웜이 있어 웜 축을 1 회전시키면 주축은 $\frac{1}{40}$회 회전한다. 즉 웜을 40 회전시키면 분할대 주축은 1회전한다.

① 분할판 : 분할하기 위하여 판에 일정한 간격으로 구멍을 뚫어 놓은 판이다.

② 섹터 : 분할 간격을 표시하는 기구이다.

③ 선회대 : 주축을 수평에서 위로 110°, 아래로 10°로 경사 시킬 수 있다.

(다) 직접 분할법(direct indexing method)

분할대 주축의 앞면에 있는 24 구멍의 직접 분할 구멍을 이용하여 2, 3, 4, 6, 8, 12, 24의 등분을 간단히 할 수 있는 방법이다.

직접 분할 작업을 할 때에는 먼저 분할 크랭크의 측면에 있는 웜 핸들(worm handle)을 돌려 웜을 빼고 주축이 자유로이 회전할 수 있게 하고 소정의 구멍수만큼 돌린 다음, 고정핀을 이 구멍에 꽂아 고정한다.

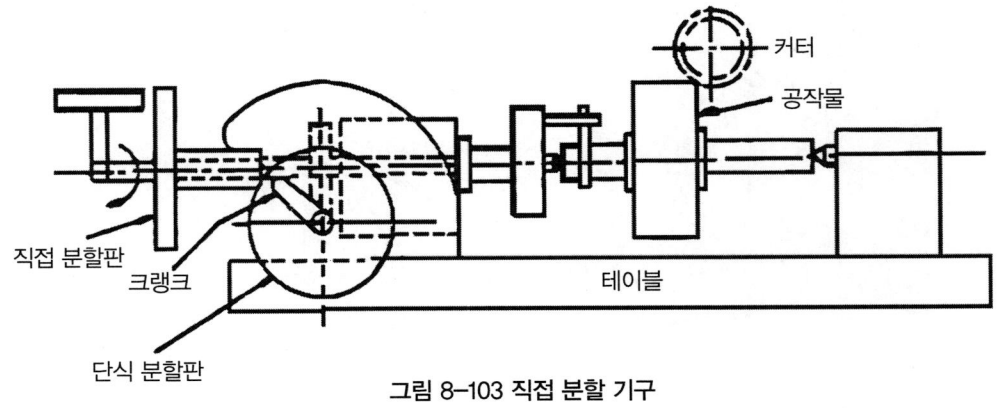

그림 8-103 직접 분할 기구

(라) 단식 분할법(simple indexing method)

직접 분할 방법으로 분할할 수 없는 수 또는 분할이 정확해야 할 때 이용하며, 분할 크랭크와 분할판을 사용하여 분할하는 방법이다.

1줄 웜 나사로 인해서 분할 크랭크를 40회 회전시키면 주축은 1회전 하므로 주축을 $\frac{1}{N}$ 회전하려면 분할 크랭크는 $\frac{10}{N}$ 회전시키면 되므로 다음과 같은 원리가 된다.

$n = \dfrac{40}{N}$, $n = \dfrac{5}{N}$ (밀워키형 분할대인 경우)

(마) 차동 분할법(differential indexing method)

직접 분할법이나 단식 분할법으로 분할할 수 없는 67, 97, 121 등의 소수나 특수한 수의 분할을 하는 방법이다.

이 원리는 분할 크랭크 핸들을 돌려서 주축을 회전시켜 주축 후방에 장치된 변환 기어를 거쳐서 분할판이 미소의 각도만큼 분할 크랭크 핸들과 같은 방향이거나 역방향으로 미동 운동으로 회전하는 방법이다. 이때 변환 기어의 중간 기어가 1개인 경우 슬리브와 붙어있는 분할판은 크랭크 핸들의 회전 방향과 같은 방향으로 회전하고, 중간 기어가 2개이면 크랭크 핸들의 회전 방향과 반대 방향으로 회전한다.

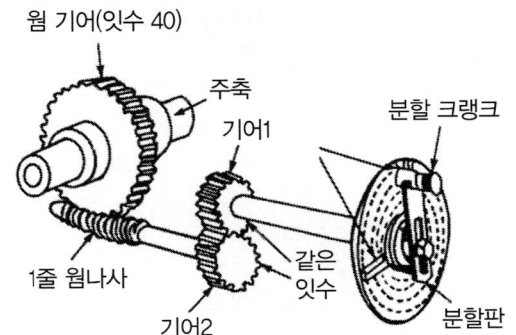

그림 8-104 단식 분할 기구

차동 분할 방법은 다음과 같다.

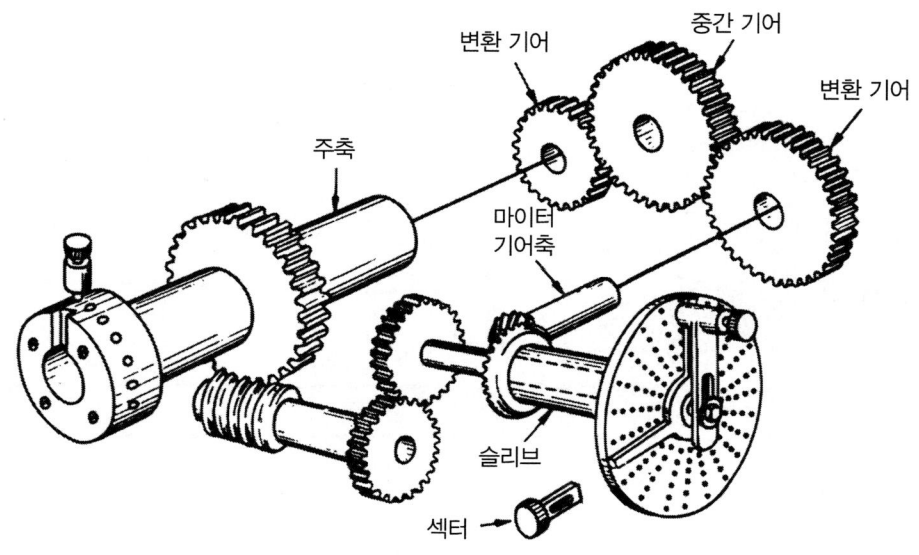

그림 8-105 차동 분할 기구

① 분할하려는 수 N에 가까운 수로 단식분할 수 있는 수를 가정한다

$$n = \frac{40}{N'}$$

② 변환 기어의 차동비 i를 구한다.

$$i = 40 \times \frac{N'-N}{N'} = \frac{A \times C}{B \times D}$$

이때)$N'-N$)=$\pm n$인 경우

  $+n$는 중간 기어 1개 고정, $-n$은 중간 기어 2개 고정한다.

여기서, A : 주축 기어, B, C : 중간 기어, D : 크랭크축 기어이다

변환 기어는 브라운 샤프형인 경우 24(2개), 28, 32, 40, 44, 48, 56, 64, 72, 86, 100잇수로 총 12개 기어가 있고, 신시내티형인 경우는 17, 18, 19, 20, 21, 22, 24(2개), 27, 30, 33, 36, 39, 42, 45, 48, 51, 55, 60 잇수로 총 19개 기어가 있다.

(바) 각도 분할법

분할로 공작물의 원둘레를 어느 각도로 분할할 때에는 단식 분할법과 마찬가지로 분할판과 크랭크 핸들에 의해서 분할 한다.

분할대의 주축이 1회전 하면 360°가 되며, 크랭크 핸들이 회전과 분할대 주축과의 비는 40 : 1이므로 주축의 회전 각도는 다음과 같다.

$$\frac{360°}{40} = 9° \quad n = \frac{D°}{9°}(도), = \frac{D'}{540}(분) = \frac{D''}{3600 \times 9}(초)$$

여기서, n : 구하고자 하는 분할 크랭크의 회전수, D : 분할 각도

3) 헬리컬 기어 절삭

길이 방향으로 이송하는 동시에 분할대에 고정한 공작물에 회전을 주면서 가공하면 헬리컬 홈이 절삭한다.

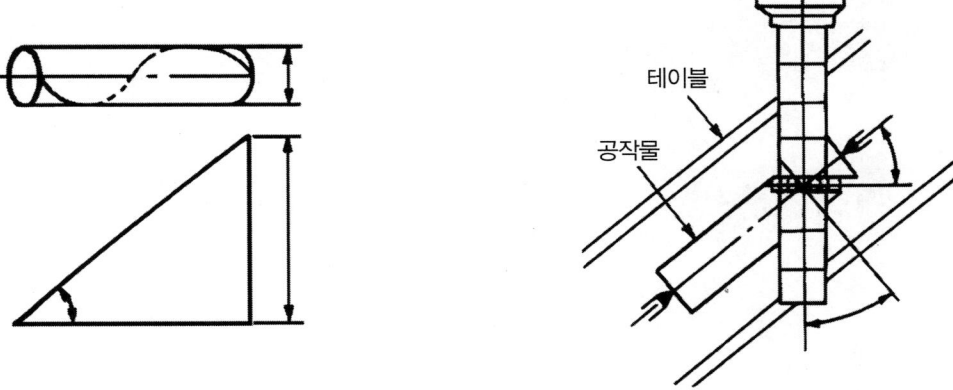

그림 8-106 헬리컬 홈 가공하기 위한 테이블 선회 방법

이때, 공작물의 리드 Lmm, 테이블 이송나사의 피치 Pmm라 하면, 테이블의 이송나사는 $\frac{L}{P}$ 회전시켜야 한다.

$$i = \frac{L}{P} \times \frac{1}{40} = \frac{A}{B}$$

그리고 [그림 8-106]에서 공작물의 지름 d(mm)라 하면 비틀림각 θ는 다음과 같다.

$$\tan\theta = \frac{\pi d}{L}$$

제4절 연삭 가공

1. 연삭의 개요

연삭 가공은 공구 대신에 연삭숫돌(grinding wheel)을 고속으로 회전시켜 공작물의 원통이나 평면을 극히 소량씩 절삭하는 정밀 공작기계를 연삭기(grinding machine)라 하며, 이 연삭기를 이용하여 작업하는 것을 연삭 가공이라 한다.

숫돌 연삭은 단단하고 미세한 숫돌 입자 하나하나가 각각의 날로서 절삭하므로 치수 정밀도가 높고 매끈한 다듬질 면을 얻을 수 있으며, 일반 금속재료는 물론 절삭 가공하기 어려운 담금질강이나 초경합금과 같은 단단한 금속재료도 가공할 수 있다. 연삭 작업은 연삭기의 종류에 따라 다양한 작업을 할 수 있다.

원통 연삭은 연삭숫돌의 회전과 공작물의 회전으로 원통면, 내면, 정면, 측면 등을 연삭하고, 평면 연삭은 연삭숫돌의 회전과 공작물의 직선 운동으로 평면, 수직면, 경사면, 홈 등을 연삭할 수 있다. 또한, 특수 연삭으로는 나사, 기어, 크랭크축, 캠, 공구 등의 여러 부품을 연삭할 수 있으며, 특수 연삭숫돌을 이용하여 주조품의 거친 표면을 제거하거나 절단 작업 등을 할 수 있다.

연삭 가공의 특징은 다음과 같다.
① 경화된 강과 같은 단단한 재료를 가공할 수 있다.
② 연삭된 칩이 작아 정밀도가 높고, 표면거칠기가 우수한 다듬질 면을 가공할 수 있다.
③ 숫돌 입자의 경도가 높으므로 열처리된 경화강 등 일반 공구로는 가공하기 어려운 재료를 가공할 수 있다.
④ 연삭숫돌은 연삭하는 동안에 자동으로 새로운 입자가 표면에 계속 나타나므로 다른 절삭 공구와 달리 절삭 날에 대한 연삭 작업이 필요하지 않다.
⑤ 연삭 압력 및 연삭 저항이 적어 전자석 척으로 가공물을 고정할 수 있다.
⑥ 절삭 속도가 대단히 빠르다.
⑦ 자생작용이 있다.

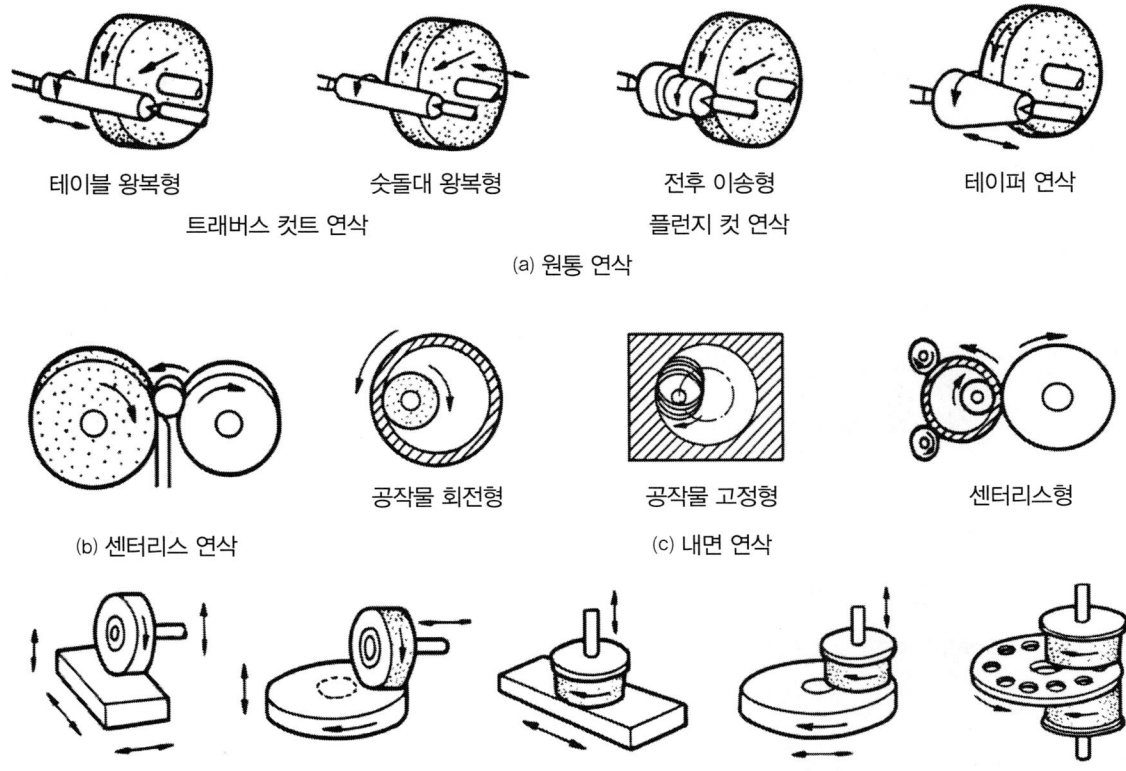

그림 8-107 연삭 가공의 종류와 형식

2. 연삭기의 종류

(1) 원통연삭기(cylindrical grinding machine)

원통연삭기는 연삭숫돌과 가공물을 접촉시켜 연삭숫돌의 회전 연삭 운동과 공작물의 회전 이송 운동으로 원통형 공작물의 외주 표면을 연삭 다듬질하는 기계이며, 테이퍼나 내면, 측면 등을 연삭할 수 있도록 연삭 장치를 설치하여 넓은 범위를 연삭하는 연삭기를 만능연삭기라 한다.

원통연삭기의 크기는 테이블 위의 스윙, 양 센터 사이의 최대 거리, 숫돌의 크기(바깥지름×두께×안지름)로 표시

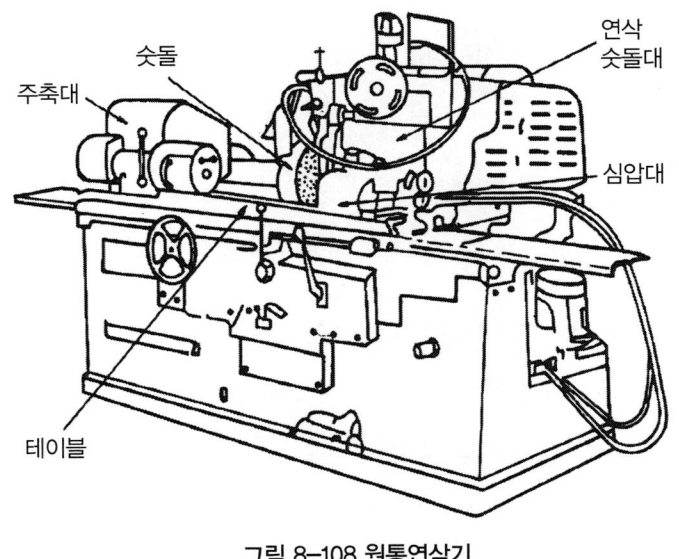

그림 8-108 원통연삭기

한다.

원통 연삭 방식에는 트래버스 컷트(traverse cut) 방식과 플런지 컷트(plunge cut) 방식이 있다.

1) 트래버스 컷(traverse cut) 연삭

(가) 테이블 왕복형

공작물을 고정한 테이블을 왕복시키는 형식으로 소형 공작물의 연삭에 적합하다. 주요부는 베드, 주축대, 심압대, 숫돌대, 테이블, 이송 기구 등으로 구성되어 있고 베드 위에 테이블과 숫돌대가 있으며, 테이블 위에 주축대와 심압대가 있다. 공작물은 주축대와 심압대를 이용하여 양 센터 사이에 고정하거나 주축대에 척을 이용하여 고정할 수 있다.

테이블은 베드 위를 왕복 운동하는데, 테이블을 이송하는 방법으로는 기어 구동과 유압 구동이 있으며, 테이블의 구조는 상하 이중으로 되어 있어 상부 테이블을 선회시켜 테이퍼를 가공할 수 있다. 숫돌대는 테이블 운동 방향과 수직 방향으로 설치되어 연삭 깊이를 주게 되어 있다.

(나) 숫돌대 왕복형

숫돌대를 왕복 운동시키는 형식으로 대형 중량 공작물의 연삭에 적합하다. 대형 중량 공작물을 연삭하기 위해서는 공작물을 고정한 테이블을 구동하는 것보다 가벼운 숫돌대를 구동하는 것이 좋다. 또, 베드의 왕복이 없으므로 공작물 고정 면적만 고려하여 베드의 크기를 결정하면 된다.

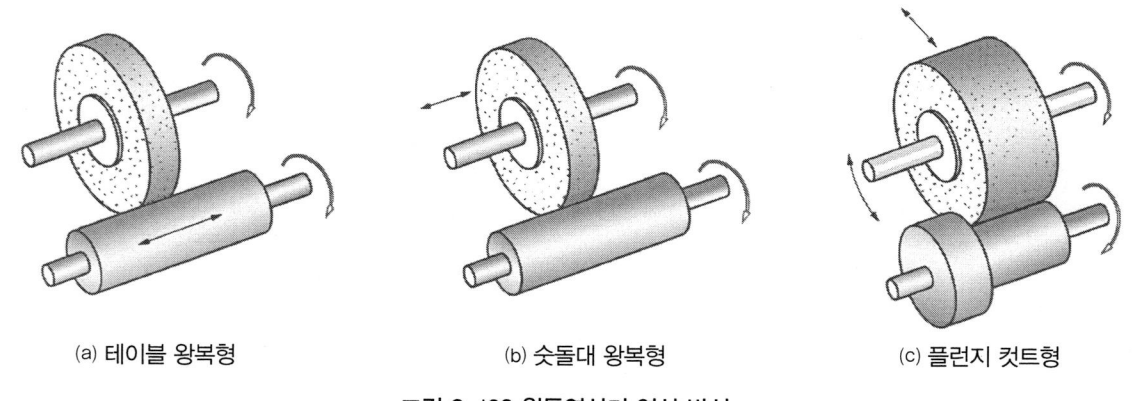

(a) 테이블 왕복형   (b) 숫돌대 왕복형   (c) 플런지 컷트형

그림 8-109 원통연삭기 연삭 방식

2) 플런지 컷(plunge cut)연삭

공작물은 회전만 하고 숫돌대의 연삭숫돌을 테이블과 직각으로 전후 이송을 주어 연삭하는 형식이다. 원통면, 단이 있는 면, 테이퍼형, 곡선 윤곽 등의 전체 길이를 동시에 연삭할 수 있는 생산형 연삭기이다. 따라서, 숫돌의 나비는 공작물의 연삭 길이 보다 커야 한다.

숫돌과 공작물의 접촉이 길고 연삭 저항도 크므로 구동 동력도 커야 하고 연삭기도 튼튼해야 한다.

3) 만능연삭기(universal grinding machine)

구조는 원통연삭기와 같으나 테이블, 숫돌대, 주축대를 각각 선회시킬 수 있으며, 주축대에는 척을 고정할 수 있고, 내면 연삭 장치가 부착되어 있어 내면 연삭도 할 수 있어 작업할 수 있는 범위가 넓다.

(2) 내면연삭기(internal grinding machine)

내면을 주로 연삭하는 연삭기이며, 숫돌의 외경은 공작물 구멍의 내경보다 작아야 하고, 숫돌 축은 가는 축으로 되어 있으므로 연삭할 연삭 속도(25~35m/sec)를 얻기 위해서는 회전수가 높아야 한다. 이는 원통 연삭에 비해 숫돌의 소모가 크고, 가공 면의 정밀도가 다소 떨어진다. 또한, 내면 연삭은 가공 중에 안지름을 측정하기 어려우므로 공기마이크로미터나 전기 마이크로 미터식의 자동 치수 측정장치(automatic sizing mechanism)를 사용한다.

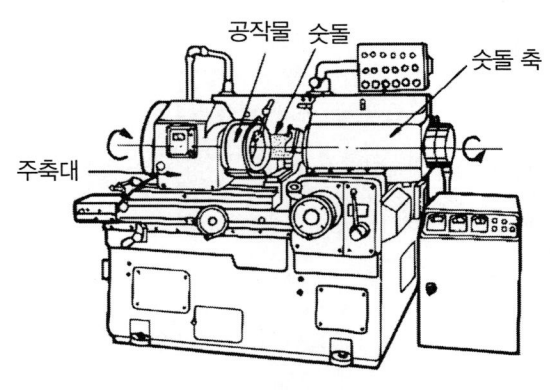

그림 8-110 내면연삭기

내면 연삭 방식에는 공작물 회전형과 공작물 고정형, 센터리스형이 있다.

1) 공작물 회전형

공작물에 회전 운동을 주어 연삭하는 방식으로 일반적으로 공작물이 작고 균형이 잡혀 있는 공작물 연삭에 적합하다.

2) 공작물 고정형

공작물은 정지시키고 숫돌 축이 회전 운동과 동시에 공전 운동을 하는 방식으로 플래니터리(planetary)형 또는 유성형이라고 한다.

내연기관의 실린더와 같이 대형이고 균형이 잡히지 않은 것에 적합하며, 원통 연삭도 가능하다.

3) 센터리스형

특수한 연삭기를 사용하여 공작물을 고정하지 않은 상태에서 연삭하는 방식이다. 이 방법은 전용 연삭기에 의한 소형, 대량생산에 이용된다.

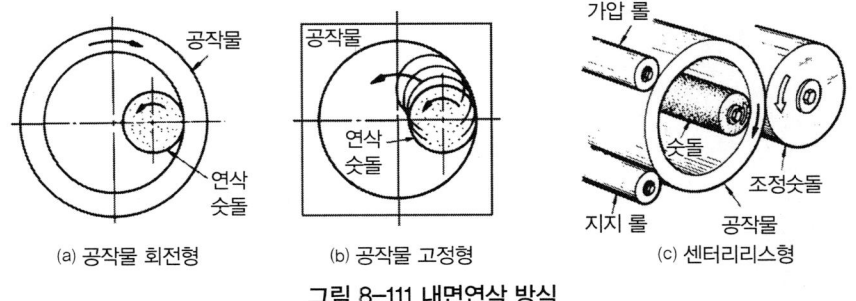

(a) 공작물 회전형   (b) 공작물 고정형   (c) 센터리스형

그림 8-111 내면연삭 방식

(3) 평면 연삭기(surface grinding machine)

테이블에 T 홈을 두고 마그네틱척, 고정구, 바이스 등으로 공작물을 고정시켜 평면을 연삭하는 연삭기로 숫돌의 연삭면의 사용에 따라 연삭숫돌의 원주를 사용하는 방식과 연삭숫돌의 단면을 사용하여 연삭하는 방식이 있다.

또한, 테이블의 운동에 따라 왕복 직선 운동하는 사각 테이블과 회전 운동하는 원형 테이블이 있고, 숫돌 축의 종류에 따라 직립축과 수평축이 있다.

일반적으로 평면 연삭에서 연삭숫돌의 원주로 연삭하면 연삭량은 비교적 적으나 표면거칠기 및 치수 정밀도는 매우 좋다. 반대로 연삭숫돌의 단면을 사용하면 숫돌의 원주가 공작물의 다듬면과 면접촉을 하므로 동시에 많은 연삭을 할 수 있으므로 거친 연삭 작업에 적합하다.

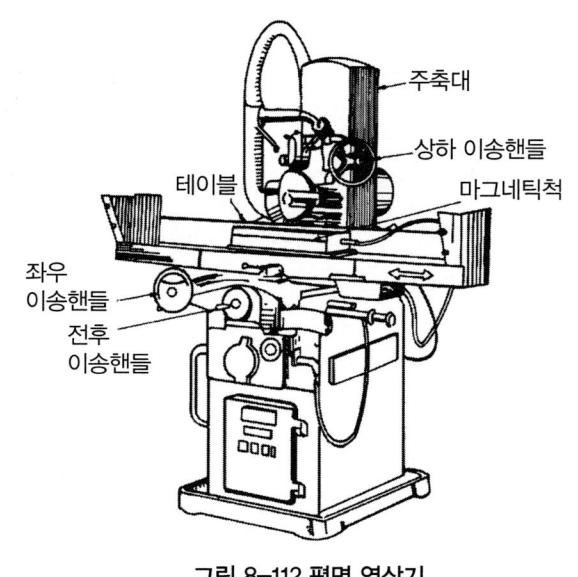

그림 8-112 평면 연삭기

1) 수평형 평면 연삭기

평형 숫돌의 원주면 또는 측면으로 연삭하고 테이블이 왕복(회전)운동을 하며 테이블에는 마그네틱척이 장치되어 있다. 일반적으로 연삭숫돌의 원주면을 사용 하면 절삭량이 적으므로 소형 공작물의 정밀 연삭에 적합하고 연삭숫돌의 측면을 이용해서 연삭하면 절삭량이 많으므로 대형 공작물의 연삭 가공에 이용된다.

연삭기의 크기는 테이블의 최대 이동 거리와 테이블의 크기(길이×폭), 숫돌의 최대 크기(바깥지름×두께)로 표시한다.

2) 수직형 평면 연삭기

연삭숫돌은 수직축에 끼워지고 원형 테이블이 회전하게 되어 있다. 숫돌 지지대는 수동과 자동으로 상하로 움직이며, 공작물은 테이블 위에 설치된 마그네틱척으로 고정한다.

테이블 회전형은 연속 회전으로 테이블 왕복형과 비교하면 가공 속도를 높일 수 있고, 절삭 깊이도 연속적으로 가할 수 있어 매우 능률적이다. 이것은 소형 공작물을 많이 놓고 동시에 연삭할 때 주로 이용한다.

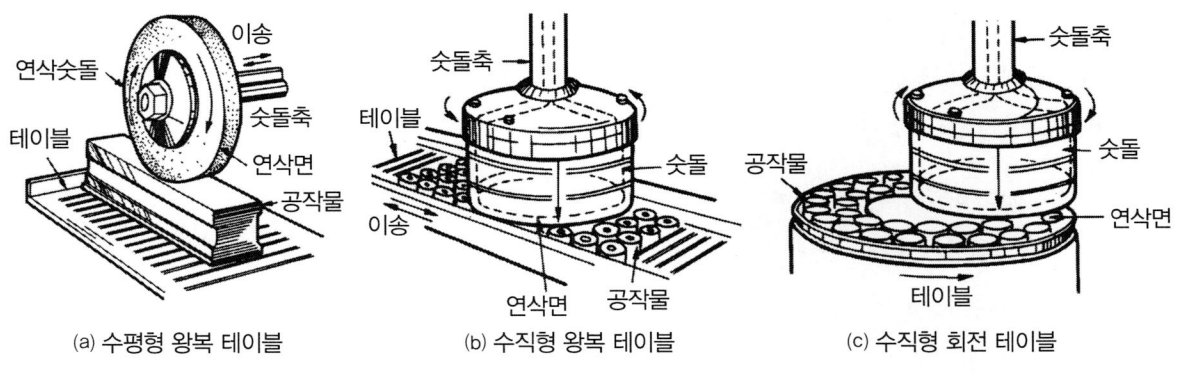

(a) 수평형 왕복 테이블   (b) 수직형 왕복 테이블   (c) 수직형 회전 테이블

그림 8-113 평면 연삭기

(4) 센터리스연삭기(centerless grinding machine)

원통연삭기의 일종이며, 센터나 척을 사용하지 않고 연삭숫돌과 조정숫돌 사이를 지지판으로 지지하면서 연삭하는 것으로, 가늘고 긴 공작물을 고정 없이 연삭하는 것이 큰 특징이다.

센터리스 연삭은 공작물과 연삭숫돌의 회전 방향은 반대로 회전하고, 연삭 속도는 2,000m/min, 조정 숫돌의 원주속도는 10~300m/min 정도로 한다. 조정 숫돌은 고무 결합제를 이용한 연삭숫돌로써 조정 숫돌의 마찰력으로 공작물을 회전시키고 조정 숫돌이 공작물에 가하는 압력으로 공작물의 회전속도를 조정하고 공작물을 이송시키며 연삭한다.

그림 8-114 센터리스연삭기

센터리스 연삭은 공작물을 연속적으로 밀어 넣을 수 있고, 한번 조정하면 작업이 자동으로 이루어지므로 피스톤 핀, 베어링 레이스, 롤러와 같은 부품이나 테이퍼 핀 및 드릴 자루와 같이 테이퍼진 부품 등의 대량생산에 적합하다.

센터리스연삭기의 장점은 다음과 같다.

① 가늘고 긴 핀, 원통, 중공축 등을 연삭하기 쉽다.
② 연속 작업할 수 있으며, 대량생산에 적합하다.
③ 기계의 조정이 끝나면 초보자도 작업을 할 수 있다.

④ 고정에 따른 변형이 없고 연삭 여유가 작아도 된다.

⑤ 연삭숫돌의 나비가 크므로 지름의 마멸이 적고 수명이 길다.

단점은 다음과 같다.

① 긴 홈이 있는 공작물은 연삭할 수 없다.

② 대형 중량물은 연삭할 수 없다.

③ 연삭숫돌의 나비(폭)보다 긴 공작물은 전후 이송법(플런지 컷)으로 연삭할 수 없다.

또한, 센터리스 연삭의 연삭 방식에는 통과 이송법과 전후 이송 방법이 있다.

1) 통과 이송법(through feed method)

공작물을 연삭숫돌과 조정 숫돌 사이에 넣고 받침판으로 지지한 다음 느린 속도로 회전하는 조정 숫돌로 공작물을 회전시키면서 고속 회전하는 연삭숫돌로 연삭한다. 공작물의 이송은 조정 숫돌을 1~5° 경사시켜 공작물은 회전하면 자동으로 이송된다.

조정 숫돌 1회전으로 공작물이 이송되는 길이 $f$mm와 1분 동안의 이송 속도는 v m/min는 다음과 같다.

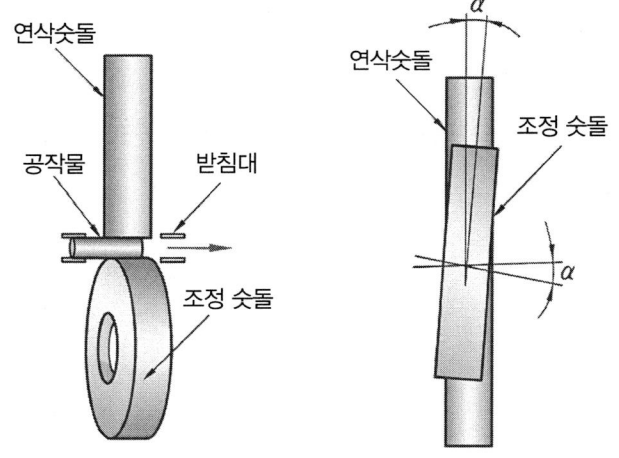

그림 8-115 통과 이송법의 원리

$\sin a = \dfrac{f}{\pi d}$ 에서 $f = \pi d \sin a$ 이므로

여기서, d : 조정 숫돌의 지름(mm)

a : 연삭숫돌에 대한 조정 숫돌의 경사각(1~5°)

n : 조정 숫돌의 회전수(rpm)

2) 전후 이송법(in feed method)

전후 이송 방법은 연삭숫돌의 나비보다 짧은 공작물으로서 턱붙이 또는 끝면 플랜지 붙이, 테이퍼가 있는 것, 곡선 윤곽들이 있는 것들을 통과 이송이 되지 않으므로 받침판 위에 올려놓고 조정 숫돌을 접근시키거나 수평으로 이송하여 연삭한다. 또한, 공작물을 한쪽으로 가볍게 눌러대기 위하여 조정 숫돌을 약 0.5° 경사시켜 연삭한다.

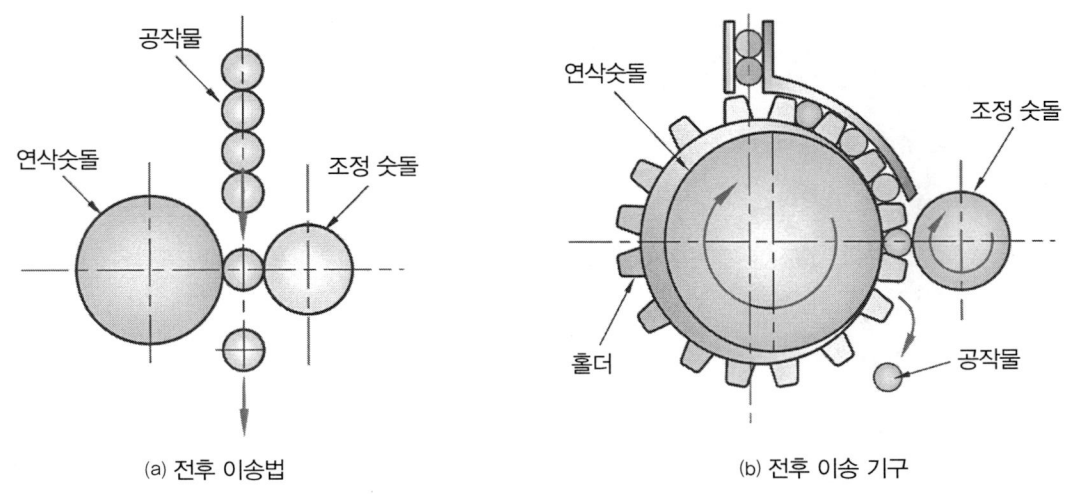

(a) 전후 이송법 (b) 전후 이송 기구

그림 8-116 전후 이송법의 원리

(5) 공구연삭기

1) 드릴 연삭기(drill grinding machine)

드릴은 손으로 연삭할 수 있지만 손으로는 날끝 각을 정확히 맞출 수 없으므로 드릴 연삭기를 사용하여 드릴의 날끝 각을 정확히 연삭할 수 있다. 보통 공구연삭기에서도 드릴 연삭 장치를 부착하여 드릴의 날끝과 여유면을 연삭할 수 있다.

2) 초경 공구연삭기(cemented carbide grinding machine)

연삭숫돌을 다이아몬드 숫돌을 사용하여 초경질 합금 공구 등의 연삭에 주로 사용하는 공구연삭기이다. 이는 절삭 능률은 매우 좋으나 다이아몬드 숫돌을 사용으로 값이 비싼 단점이 있다.

그림 8-117 초경 공구연삭기

3) 만능 공구연삭기 (universal tool grinding machine)

여러 가지 부속 장치를 사용하여 밀링커터, 호브, 리머 드릴 등의 다양한 공구를 연삭하는 정밀도가 높은 연삭기이다.

밀링커터의 여유각을 연삭하는 방법에는 평형 숫돌이나 테이퍼컵형 숫돌로 연삭하는 방법이 있다. 평형 숫돌로 연삭할 때는 여유각이 커지게 된다.

(가) 평형 숫돌 연삭

평형 숫돌로 연삭할 때에는 상향 연삭(up grinding)과 하향 연삭 방식이 있다.

그림 8-118 만능 공구연삭기

커터 여유각을 연삭할 때 작업순서는 다음과 같다

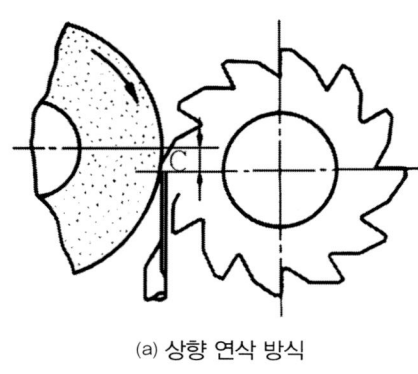

(a) 상향 연삭 방식 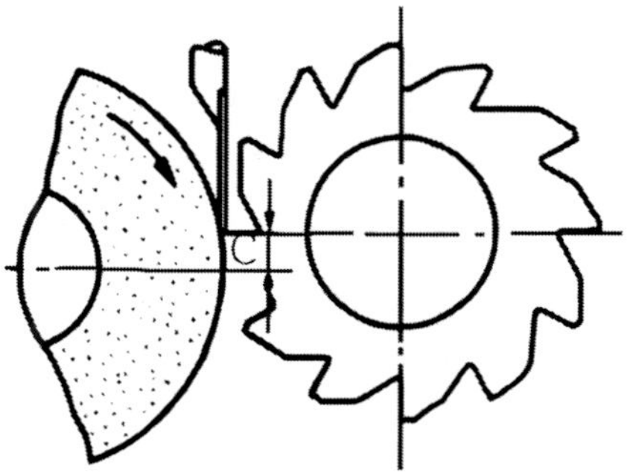　　　　　　　(a) 상향 연삭 방식

그림 8-119 밀링커터의 연삭

① 평형 숫돌의 중심을 편위한다.
② 절삭날 받침을 커터의 중심과 일치시키고 숫돌대 편심량을 조정한다.
③ 절삭날 받침은 테이블에 고정한다.

숫돌대 편심량 C와 여유각 α의 관계는 다음과 같다.

$$C = \frac{D}{2}\sin\alpha = 0.0088 D\alpha (mm)$$

여기서, C : 편심거리(mm)
　　　　D : 연삭숫돌 지름 (mm)
　　　　α : 여유각 (도)

(나) 컵형 숫돌 연삭

커터의 여유각을 컵형 숫돌로 연삭하는 방법이며, 연삭할 때에는 다음과 같은 순서로 한다.

① 숫돌대를 조정하여 고정한 절삭날 받침과 함께 편심한다.
② 절삭날 받침의 끝은 숫돌 중심선과 일치시킨다.

숫돌대 편심량 C와 여유각의 관계는 다음과 같다.

$$C = \frac{d}{2}\sin\alpha = 0.0088 d\alpha (mm)$$

여기서, C : 편심거리(mm)
d : 커터의 지름 (mm)
α : 여유각 (도)

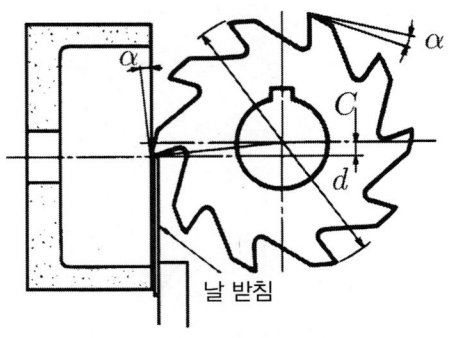

그림 8-120 컵형에 의한 여유각 연삭

4) 드릴 연삭기(drill grinding machine)

드릴의 날 끝을 손으로 연삭하면 날 끝각을 정확히 맞출 수 없으므로 드릴 연삭기를 사용하면 정확한 모양으로 연삭할 수 있다. 공구연삭기는 드릴 연삭 장치를 사용하여 드릴을 회전시키면서 날끝과 여유면을 절삭한다. 드릴의 표준 날끝 각도 118°와 여유각 12~25°로 연삭할 수 있도록 드릴 지름에 따라 적당히 고정 구를 교환해 가면서 연삭 작업을 한다.

5) 그 밖의 연삭기

(가) 나사연삭기(thread grinding machine)

정밀나사, 나사게이지, 탭 등의 연삭에 사용되며, 절삭 가공한 것이나 절삭가공 후 열처리한 것을 연삭한다.

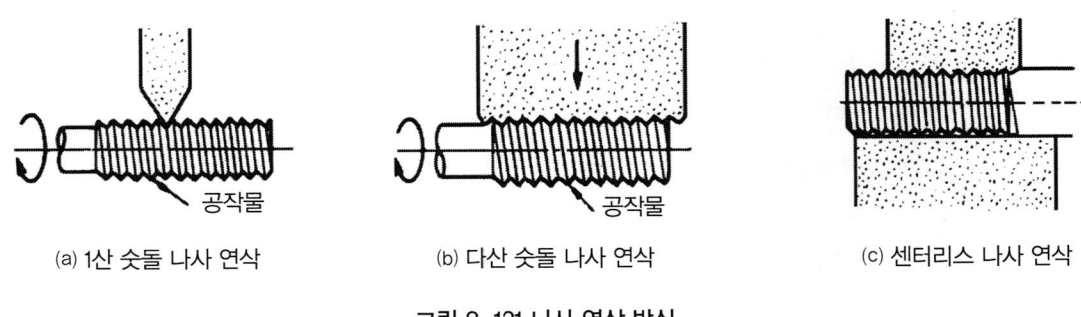

(a) 1산 숫돌 나사 연삭　　(b) 다산 숫돌 나사 연삭　　(c) 센터리스 나사 연삭

그림 8-121 나사 연삭 방식

[그림 8-121]은 연삭숫돌은 연삭할 수 있는 모양으로 트루잉하여 사용하며, (a)는 1산의 숫돌을 사용한 것이고, (b)는 다산의 숫돌, (c)는 센터리스 나사 연삭을 나타낸 것이다.

(나) 기어연삭기(gear grinding machine)

기어의 정밀도와 고속 회전에 따른 소음방지 등의 목적으로 기어 이를 정밀하게 다듬는 기계이다. 기어를 연삭하는 방법에는 성형법과 창성법이 있다. 성형법은 연삭숫돌을 기어의 홈과 같은 모양으로 하여 홈을 하나씩 성형하는 방법이며, 창성법은 래크형 공구로 기어를 가공하는 방법으로 2개의 접시형 숫돌로 가상적인 래크 치형을 만들고 이 기어가 피치선과 피치원에서 정확한 구름 운동을 하는 동시에 기어의 축 방향으로 왕복운동을 주도록 한 것이다. 대표적인 기어연삭기는

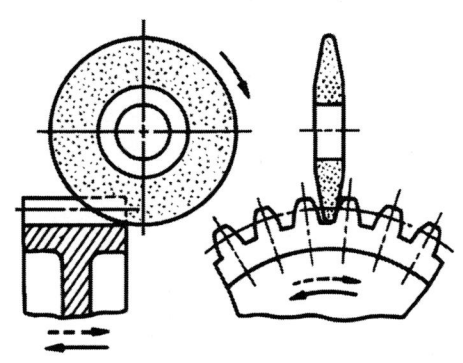

그림 8-122 총형 연삭숫돌에 의한 연삭

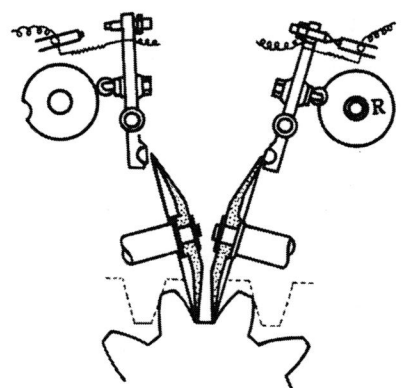

그림 8-123 마그 기어연삭기

① 총형 숫돌 연삭 법

연삭숫돌을 기어의 모양과 동일하게 트루잉하여 [그림 8-122]과 같이 연삭하는 방법이다.

② 래크형 창성 연삭법

래크(rack) 공구로 기어를 가공하는 방법을 응용하는 방법으로 2개의 컵형 숫돌로 가상적인 래크 치형을 제작하여, 이 기어가 피치선과 피치원에서 정확한 구름 운동을 할 때, 기어의 축 방향으로 이송을 시키면서 기어를 연삭한다.

[그림 8-123] 같은 원리의 마그(maag) 기어연삭기가 있으며, 접시형 숫돌 2개의 숫돌 축을 0~20° 사이로 경사지게 조절하여 연삭한다.

(다) 캠 연삭기(cam grinding machine)

내연기관의 캠을 연삭하는데 사용하는 연삭기로서 마스터 캠(master cam)이 있어 공작물의 윤곽을 자동적으로 연삭하는 모방 연삭기이다.

(라) CNC 만능연삭기

연삭 시간의 단축과 연삭 정밀도의 향상을 위하여 CNC 만능연삭기를 사용한다. CNC 만능연삭기는 측정, 치수 보정, 자기진단, 모니터링 등 여러 가지의 기능이 첨가되어 있다. 최근에 연삭 현황은 단순한 원통 연삭은 25% 정도이며, 복잡한 형태의 연삭이 증가하고 있어 CNC 만능연삭기는 연삭 준비가 간단하며, 가공물이 한번 고정되면 내 외경 연삭이나 단면 연삭을 할 때 효과적이다.

3. 연삭숫돌

(1) 연삭숫돌의 구성요소

연삭숫돌은 무수히 많은 숫돌 입자를 결합제로 결합하여 성형한 것으로 입자의 끝이 예리한 절삭날이 되어 공작물을 연삭한다. 입자와 입자 사이에 많은 기공이 있고, 이 기공이 깎인 칩이 들어가는 공간이 된다. 연삭숫돌의 구성은 숫돌 입자, 결합제, 기공의 3요소로 되어 있다.

연삭숫돌은 절삭 공구와 달리 입자의 날끝이 마멸되면 연삭 저항의 증가로 입자의 일부가 부서져 나가고 예리한 날이 새로 생기고 어느 정도 마멸되면 결합

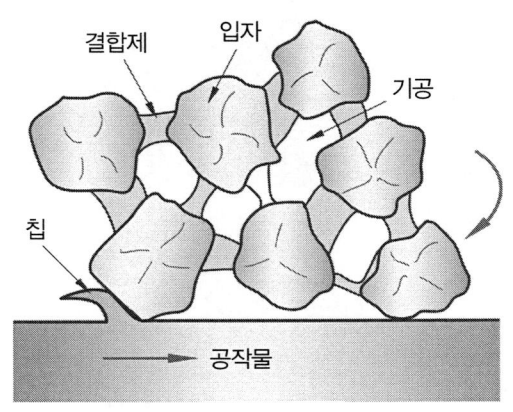

그림 8-124 숫돌 구성요소

제의 결합도가 이 저항에 견디지 못하게 되어 숫돌 입자 전체가 숫돌에서 탈락하는 현상이 일어난다. 이와 같이 연삭이 진행됨에 따라 새로운 날로 바뀌는 연삭숫돌의 특징이 있으며, 이것을 절삭 날의 자생작용이라 한다. 연삭숫돌의 성능은 숫돌 입자, 입도, 결합도, 조직, 결합제 등의 5요소에 의해 결정된다.

1) 연삭숫돌 입자(abrasive grain)

연삭제의 입자로서 연삭숫돌의 날을 구성하는 부분이므로 공작물보다 굳고 적당한 인성을 구비하여야 한다. 이와 같이 구비한 것으로는 인조산과 천연산이 있다.

표 8-15 연삭숫돌 입자의 종류 및 적용 범위

입자 종류		색깔	순도	적용 범위
계열	기호			
Al_2O_3	A	흑갈색	99% (1~2A)	인성이 큰 재료의 절단 작업이나 거친 연삭용, 인장강도 30N/mm² 이상, HRC 25 이하의 연강 등에 사용
	WA	백색	99.5% (3~4A)	인장강도 50N/mm² 이상, HRC 25 이상의 경강, 합금강, 스테인리스강, 공구강 등
SiC	GC	녹색	98% (3~4C)	경도가 매우 큰 재료 연삭용, 초경합금, 특수 주철, 고속도강, 유리 등
	C	흑자색	97% (1~2C)	인장강도 30N/mm² 이하이며 취성이 큰 재료, 보통 주철, 비철금속, 알루미늄 합금, 무기질 재료 등

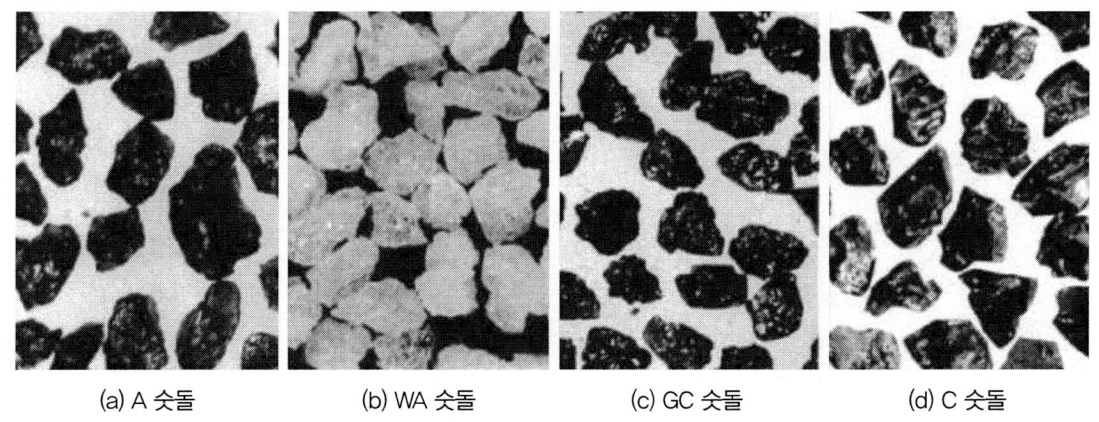

(a) A 숫돌　　(b) WA 숫돌　　(c) GC 숫돌　　(d) C 숫돌

그림 8-125 인조 숫돌의 결정 조직

(가) 천연산

천연산의 다이아몬드는 값이 비싸므로 특수한 경우에 사용하고 그 외의 천연 입자는 품질이 일정하지 않은 단점이 있다.

① 다이아몬드(diamond)

② 금강석(emery) : SiO_2 8~13%, Fe_2O_3 4~10%, Al_2O_3 77% 이상의 천연 입자로 비중이3.6 이상이며 거친 연마용 사용한다.

숫돌 입자로 사용되고 있다.

③ 커런덤(corundum) : 산화알루미늄(Al_2O_3) 결정의 광물로 강옥이라고도 한다. 단단하면서도 부드러우며 순수한 것은 무색이고, 소량의 불순물을 함유하는 것은 색깔을 띠고 있다. Cr_2O_3을 함유하는 것은 루비라 부르며, 인조 커런

덤이 만들어져 보석, 연마재 등으로 사용되고 있다.

④ 사암(sandstone): 운반작용에 의해 입자들이 쌓여 만들어진 쇄설성 퇴적암. 주로 1/16mm에서 2mm의 크기의 모래입자로 이루어진다.

⑤ 석영(quartz): 규소(Si) 또는 이산화규소(SiO_2)로 주로 구성되며, 함유되는 극미량의 불순물에 따라 다양한 종이 존재하는 광물이다

(나) 인조산

인조 숫돌 입자는 원료를 전기로에서 고온으로 용융하여 천천히 냉각시켜 만든 잉곳(ingot)을 기계적으로 분쇄해 만든 것으로 알루미나(alumina, Al_2O_3)계와 탄화규소(SiC)계가 현재 가장 많이 사용되고 있다.

인조 입자의 종류는 다음과 같다.

① 탄화규소(SiC)

② 산화알루미늄(Al_2O_3)

③ 탄화붕소(B_4C)

④ 지르코늄 옥시드(ZrO_2) 등이 있다.

2) 입도(grain size)

입자의 크기를 입도라 하며 체눈의 번호로 표시한다. 이 번호는 메시(mesh)를 의미하며 No.20의 입자라 함은 1인치에 20개의 눈(1평방 인치당 400개의 눈)이 있는 체에 걸리는 입자를 말한다. 체로 선별할 수 없는 No.280 이하의 고운 입자는 풍감이라는 특수한 장치를 사용하여 선별하게 된다. 연삭숫돌의 입도는 작 업 조건 숫돌의 치수. 결합도의 강약 등에 따라 다음과 같이 선택한다.

① 연삭 여유가 큰 거친 연삭에는 No. 10~30을 쓴다.

② 다듬질 연삭 및 공구 연삭에는 No. 36~80을 쓴다.

③ 단단하고 치밀한 공작물의 연삭에는 고운 입자를 사용하고 부드럽고 전연성이 큰 재료의 연삭에는 거친 입자를 쓴다.

④ 숫돌과 공작물의 접촉 면적이 작은 경우에는 고운 입자를 사용하고 접촉면이 큰 경우에는 거친 입자를 쓴다.

⑤ 한 개의 연삭숫돌을 사용하여 거친 절삭(황삭) 및 다듬질 연삭을 할 때는 혼합 입자의 연삭숫돌을 사용한다.

표 8-16 연삭숫돌의 입도

호칭	거친 눈	보통 눈	고운 눈	아주 고운 눈
입도	10, 12, 14, 16, 20, 24,	30, 36, 46, 54, 60,	70, 80, 90, 100, 120, 150, 180, 220	240, 280, 320, 400, 500, 600, 700, 800

표 8-17 입도에 따른 숫돌의 선택

거친 입도의 숫돌	고운 입도의 숫돌
① 거친 연삭, 절삭 깊이와 이송을 크게 할 때 ② 숫돌과 공작물의 접촉 면적이 클 때 ③ 연하고 연성이 있는 재료 연삭할 때	① 다듬 연삭, 공구 연삭할 때 ② 숫돌과 공작물의 접촉 면적이 작을 때 ③ 경도가 높고, 메짐 재료의 연삭할 때

3) 결합도(grade)

숫돌의 경도를 말하며, 입자가 결합하고 있는 결합제 세기를 말한다. 즉, 숫돌 입자가 숫돌 표면에서 쉽게 이탈하는 숫돌을 결합도가 낮은 숫돌 또는 연한 숫돌이라 하며, 이와 반대인 것을 결합도가 높은 숫돌 또는 단단한 숫돌이라 한다.

결합도은 결합도가 낮은 쪽부터 높은 쪽으로 알파벳 순으로 표시한다. 연삭할 때 너무 연하면 결합제와 함께 입자가 탈락(spilling)하게 되고, 너무 단단하면 입자가 탈락하지 못하므로 눈 메움(loading)을 일으키면서 가공 정밀도가 나빠진다.

그러므로 공작물 재질과 가공 정밀도에 따라 적당한 결합도의 숫돌을 선택해야 한다.

표 8-18 연삭숫돌의 결합도

결합도 번호	E, F, G	H, I, J, K	L, M, N, O	P, Q, R, S	T, U, V, W, X, Y, Z
호칭	매우 연한 것	연한 것	중간 것	단단한 것	매우 단단한 것

표 8-19 결합도에 따른 숫돌의 선택

결합도가 높은 숫돌(단단한 숫돌)	결합도가 낮은 숫돌(연한 숫돌)
① 연한 재료의 연삭할 때 ② 숫돌의 원주속도가 느릴 때 ③ 연삭 깊이가 얕을 때 ④ 접촉 면적이 작을 때 ⑤ 재료 표면이 거칠 때	① 단단한 재료의 연삭할 때 ② 숫돌의 원주속도가 빠를 때 ③ 연삭 깊이가 깊을 때 ④ 접촉 면적이 클 때 ⑤ 재료 표면이 치밀할 때

4) 조직(structure)

숫돌의 단위 체적당 입자의 수로 표시하며 숫돌 입자의 조밀 상태인 밀도 변화를 조직이라 한다. 숫돌 입자의 밀도가 큰 것을 치밀한 조작이라 하고, 연삭숫돌의 전체 부피에 대한 숫돌 입자의 전체 부피의 비율을 입자율이라 한다.

조직의 표시는 번호 또는 기호로 나타내고 〈표 8-20〉와 같으며, 〈표 8-21〉은 조직에 따른 숫돌의 선택을 나타낸 것이다.

표 8-20 조직의 기호

입자의 밀도	치밀한 것(밀)	중간 것(중)	거친 것(황)
KS 기호	c	m	w
노턴(norton) 기호	0, 1, 2, 3, 4, 5	6, 7, 8, 9	10, 11, 12, 13, 14
입자 율(%)	64~54%	52~44%	42~34% 미만

표 8-21 조직에 따른 숫돌의 선택

조직이 거친 연삭숫돌	조직이 치밀한 연삭숫돌
① 연질이고 연성이 높은 재료 연삭할 때 ② 거친 연삭할 때 ③ 접촉 면적이 클 때	① 굳고 메진 재료 연삭할 때 ② 다듬질 연삭, 총형 연삭할 때 ③ 접촉 면적이 작을 때

5) 결합제(bond)

숫돌 입자를 결합하여 숫돌을 성형하는 재료를 말하며, 숫돌은 결합제의 종류에 따라 비트리파이드(vitrified) 숫돌, 실리케이트(silicate) 숫돌, 탄성(elastic) 숫돌 등이 있다. 결합제가 구비 하여야 할 조건은 다음과 같다.

① 결합력의 조절 범위가 넓을 것
② 열이나 연삭액에 대해 안정할 것
③ 원심력, 충격에 대한 기계적 강도가 있을 것
④ 임의의 형상으로 숫돌을 성형할 수 있어야 한다.
⑤ 입자 간에 기공이 생겨야 한다.
⑥ 균일한 조직으로 필요한 형상과 크기로 가공할 수 있어야 한다.
⑦ 고속 회전에서도 파손되지 않아야 한다.

(가) 무기질 결합제

① 비트리파이드(Vitrified, V)

점토, 장석 등을 주성분으로 하여 약 1300~1,350℃에서 2~3일간 가열하여 도자기 만드는 것과 같이 자기 질화한 것으로 연삭숫돌 결합제의 90% 이상을 차지할 만큼, 가장 많이 사용하는 숫돌이다. 결합력을 광범위하게 조절하고 균일한 기공을 가질 수 있고 물, 산, 기름, 온도 등에 영향을 받지 않으며, 다공성이어서 연삭력이 강한 숫돌을 제작할 수 있지만 충격에 파괴되기 쉽고, 탄성이 적어 얇은 절단 숫돌의 생산에는 부적합하다.

② 실리케이트(Silicate, S)

규산나트륨(Na_2SiO_3, 물유리)을 주성분으로 하여 입자와 혼합하여 성형하고 260℃ 정도의 저온에서 1~3일간 가열하여 만든다. 이는 비트리파이드 보다는 결합도가 약하고 마멸이 많다. 비트리파이드로 제조하기 곤란한 대형 연삭숫돌 제작 이 용이하고, 경도가 크고 얇은 판상 가공물 고속도강과 같은 발열로 인하여 균열이 생기기 쉬운 가공물의 작업에 좋다.

(나) 일래스틱 결합제(elastic bond)

탄성 숫돌 결합제는 유기질이며, 셸락(shellac : E), 고무(rubber : R), 레지노이드 (resinoid : B), 비닐(vinyle : PVA) 등이 있다. 탄성 결합재로 만든 연삭숫돌은 어느 것이나 탄성이 있으나 열에 약한 결점이 있다.

① 셸락 결합제(shellac, E)

천연 수지인 셸락이 주성분으로 비교적 저온에서 제작한다. 셸락 결합제는 강하고 탄성이 크며, 내열성이 적어 얇은 숫돌 제작에 적합하고 큰 톱, 절단용 숫돌, 리머 인선 가공에 사용된다.

② 고무 결합제(rubber, R)

생고무를 주성분으로 하여 유황과 기타 재료를 첨가하여 연삭 입자와 혼합한 것으로 탄성이 크므로 판상, 절단용 숫돌, 센터리스연삭기의 조정 숫돌에 사용한다.

③ 레지노이드 결합제(resinoid, B)

열경화성 합성수지인 베이크라이트(bakelite)를 주성분으로 결합이 강하고 탄성이 풍부하여 건식 절단에 이용하고, 각종 용제, 기름 등에 안정된 숫돌이다. 절단용 숫돌 및 정밀 연삭용에 많이 이용한다.

④ 비닐 결합제(vinyle, PVA)

폴리비닐 알콜 용액에 연삭 입자와 포르말린을 첨가하여 만들며, 결합도가 낮아 비철금속과 스테인리스강의 연마에 적합하다.

(다) 금속 결합제(metal, M)

구리, 황동, 은 및 철 등의 금속을 원료로 한 결합제이며, 대표적인 것은 다이아몬드 숫돌이다. 다이아몬드 숫돌에서 다이아몬드 분말을 강하게 결합하면 기공이 적어 입자가 탈락하지 않아 연삭하기 어렵고, 드레싱 하는 데 어려움이 있다.

(2) 숫돌의 모양

연삭숫돌은 연삭 목적에 따라 [그림 8-126]과같이 숫돌의 표준 모양이 있으며, [그림 8-127]과같이 숫돌의 모서리 모양이 규격화되어 있다.

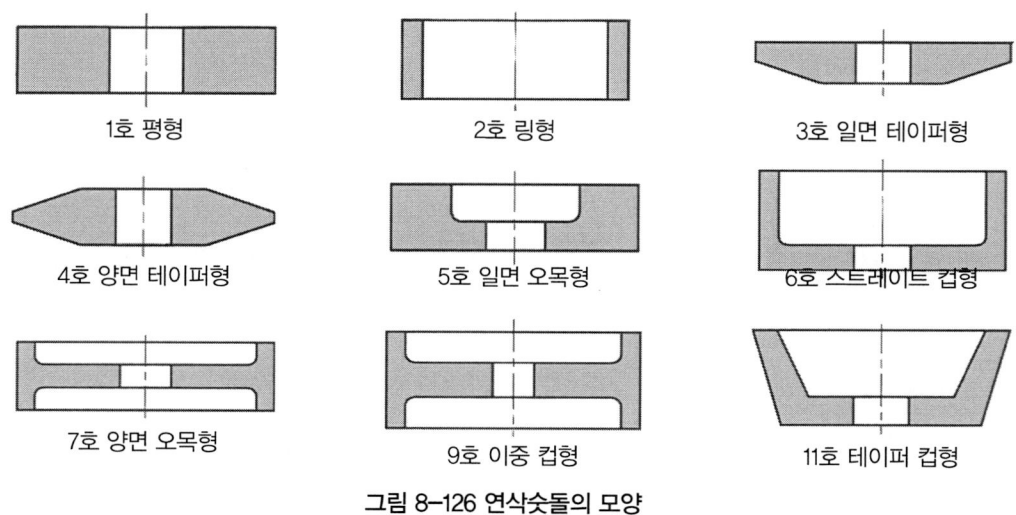

그림 8-126 연삭숫돌의 모양

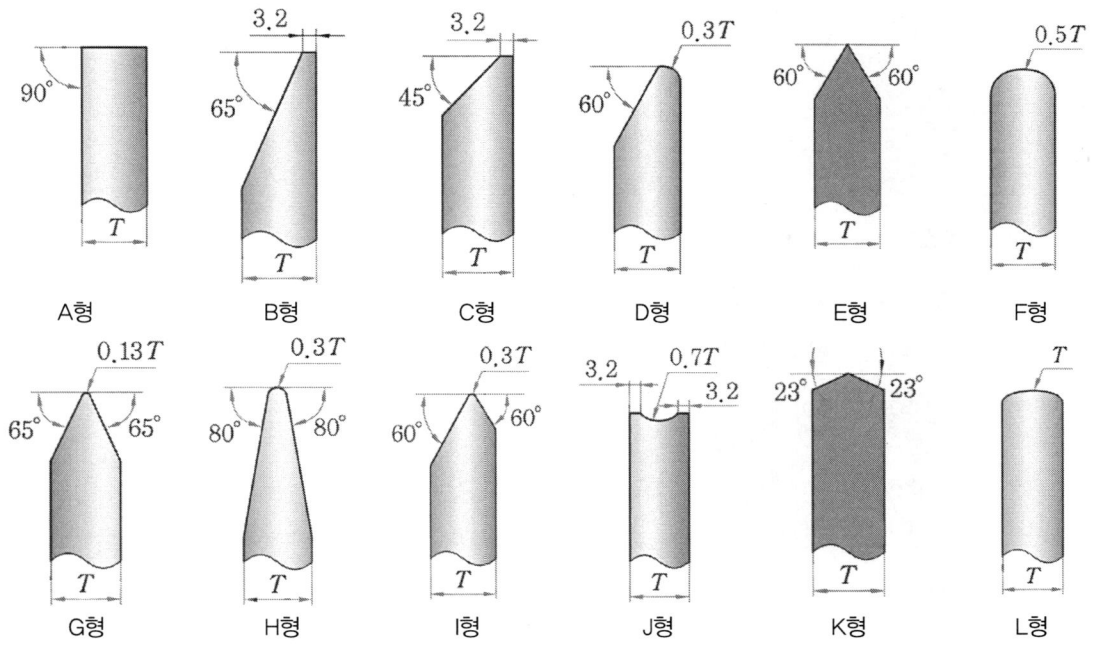

그림 8-127 연삭숫돌의 모서리

(3) 연삭숫돌의 표시법

⟨표 8-22⟩는 연삭숫돌의 표시하는 방법의 예시이며, 그 외에도 회전 시험 원주속도, 사용 원주속도, 제조 번호, 제조 년 월일 등을 기입한다.

연삭숫돌에 명기되는 순서는 다음과 같다.

① 입자, 입도, 결합도, 조직, 결합제
② 형상 및 인형 ("예시" 1호 A형)
③ 치수(바깥지름×두께×구멍지름)
④ 회전 시험 원주속도
⑤ 사용 원주속도
⑥ 제조사명, 제조 번호
⑦ 제조 년 월일

표 8-22 연삭숫돌의 표시법

WA	·	60	·	K	·	m	·	V	·	1호	·	A	·	203×16×19.1
숫돌 입자		입도		결합도		조직		결합제		숫돌 모양		연삭면 모양		연삭숫돌 치수 (바깥지름×두께×구멍지름)

4. 연삭 작업의 일반적인 사항

(1) 연삭 조건

1) 숫돌의 원주속도

숫돌의 원주속도가 너무 빠르면 원심력으로 인하여 파손의 위험이 있으며, 반면, 너무 느리면 숫돌 마모가 심하고 연삭 표면이 거칠어진다.

연삭숫돌의 회전수는 다음과 같이 계산한다.

$$n = \frac{1,000v}{\pi d} (\text{rpm})$$

여기서, n : 숫돌의 회전수(rpm)

v : 원주속도(m/min)

d : 숫돌의 지름(mm)

일반적으로 연삭숫돌의 원주속도는 비트리파이드 숫돌을 기준으로 〈표 8-23〉과 같다.

표 8-23 연삭숫돌의 원주속도

작업의 종류	원통 연삭	내면 연삭	평면 연삭	공구 연삭	초경합금 연삭
원주속도 범위 (m/min)	1,600 ~ 2,000	600 ~ 1,800	1,200 ~ 1,800	1,400 ~ 1,800	1,400 ~ 1,650

2) 공작물의 원주속도

숫돌의 원주속도를 고려하여 공작물의 원주속도를 선정한다. 일반적으로 공작물의 재질에 따라 다르지만, 숫돌의 원주속도의 1/100 정도로 하는 것이 보통이다. 평면 연삭에서는 테이블의 이송 속도를 공작물의 원주속도로 하며, 대체로 공작물의 원주속도는 〈표 8-24〉와 같다.

표 8-24 공작물의 원주속도

가공 재료	외면 연삭		내면 연삭
	거친 연삭	다듬 연삭	
담금질강	12~15	10~12	15~20
합 금 강	10~13	9~12	20~25
강	9~12	8~10	12~18
주 철	15~18	10~12	20
황동, 청동	15~18	18~25	30
알루미늄	20~30	18~25	35
초경합금	15~20	10~18	25

3) 연삭 깊이

공작물 재질, 연삭 방법, 정밀도 등에 따라 연삭 깊이를 고려하며, 거친 연삭할 때는 깊이를 깊게 주고, 다듬질 연삭할 때는 얕게 주는 것이 보통이다.

〈표 8-25〉은 강을 연삭할 때 연삭 깊이를 나타낸 것이다.

표 8-25 연삭 깊이

구 분(mm)	원통 연삭	내면 연삭	평면 연삭	공구 연삭
거친 연삭	0.01~0.04	0.02~0.04	0.01~0.07	0.07
다듬질 연삭	0.0025~0.005			0.02

4) 이송량

원통 연삭에서 공작물 1회전마다의 이송은 숫돌의 접촉 폭 b 더 작아야 한다. 이송을 f(mm/min)라 하면,

거친 연삭인 경우, 강 연삭 : $f = (\frac{1}{3} \sim \frac{3}{4})b$

주철 연삭 : $f = (\frac{3}{4} \sim \frac{4}{5})b$

다듬 연삭인 경우, 가 적당하다.

한편, 공작물의 이송 속도 는 다음 식으로 계산한다.

$v = \frac{f \times n}{1000}$ (m/min)

여기서, f : 공작물 1회전당 이송량(mm/rev), n : 공작물 회전수(rpm)

5) 피연삭성

숫돌의 소모에 대한 피연삭재 연삭의 용이성을 말한다. 즉, 숫돌바퀴의 단위 부피가 소모될 때 피연삭재가 연삭된 부피의 비이며, 이를 연삭비라 한다.

연삭비 = $\frac{\text{피연삭재의 연삭된 부피}}{\text{숫돌의 소모된 부피}}$

연삭비가 클수록 연삭 능률이 높음을 알 수 있다.

6) 연삭 동력

연삭 저항은 주분력(F_1), 이송분력(F_2), 배분력(F_3) 3개의 분력으로 분해되며 연삭 조건과 공작물의 재질과 형상, 연삭숫돌의 종류와 형상 등에 따라 변화한다. 원통 연삭 작업에서 연삭 동력()은 다음과 같이 계산 한다.

$$N = \frac{F \times v}{75 \times 60 \times 9.81 \times \eta}(ps)$$

여기서,

η : 연삭기의 효율, F : 연삭 저항(kgf)

v : 연삭숫돌의 원주속도(m/min)

연삭 저항은 절삭 저항과 달라 배분력이 주 분력에 1.5~2.5배의 크기를 나타낸다.

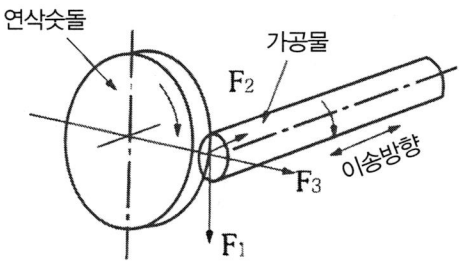

그림 8-128 연삭 저항

7) 연삭 작업시간

테이블의 총이송 길이를 L, 연삭 여유를 C라 하면 다음 식으로 나타낼 수 있다.

연삭 가공 시간 $t = \dfrac{L \times i}{nf}(\min)$

테이블의 총이송 길이 $L = l_1 + l_2$

연삭 여유 $C = d_1 + d_2$

연삭 횟수 $i = \dfrac{C}{2t} = \dfrac{d_1 + d_2}{2t}$

여기서,

l_1 : 가공물의 길이, l_2 : 연삭숫돌의 폭

d_1 : 연삭 전 가공물 지름, d_2 : 연삭 후 가공물 지름

n : 가공물의 회전수, f : 가공물 1회전당 이송량 (mm/rev)

8) 연삭액

연삭에서는 연삭액을 사용하는 습식 연삭과 연삭액을 사용하지 않는 건식 연삭으로 분류한다. 일반적으로 습식 연삭을 사용하며, 연삭은 절삭보다 발열량이 커서 주의하지 않으면 열처리 강이 풀림 처리되거나 미세한 균열이 발생할 우려가 있으므로 주의하여 연삭하여야 한다. 연삭액의 구비 조건은 다음과 같다.

① 냉각성, 윤활성, 유동성, 침투성이 좋아야 한다.

② 가공물 표면을 부식시키지 않아야 한다.

③ 변질되지 않고 장기간 사용할 수 있어야 한다.

④ 다른 기름과 화학적인 반응을 하지 않아야 한다.

연삭액을 사용할 때는, 칩이나, 탈락된 숫돌 입자와 연삭액을 분리시키기 위한 여과 장치와 칩 분리기를 사용하는 것이 좋다.

(2) 연삭 가공

1) 성형 연삭

가공물은 여러 가지의 형상이 있다. 특히 금형 부품과 같이 복잡한 형상과 정밀도를 요구하는 부품이나 제품의 연삭을 성형 연삭이라 한다. 성형 연삭은 가공물의 치수와 형상이 되도록 연삭숫돌을 트루잉(truing)하여 연삭을 한다. 성형 연삭은 정밀도가 높으며, 필요한 형상의 부품이나 제품을 연삭하는 연삭 방법이다.

2) 고속 연삭(high speed grinding)

고속 연삭은 강성이 크고 견고한 연삭기의 출현과 고속 연삭에서 견딜 수 있는 연삭숫돌의 개발로 고속 연삭(high speed grinding)이 가능하게 되었다.

고속 연삭에서는 숫돌 입자가 미세하고, 균일한 절삭 깊이와 적합한 연삭 유의 사용으로 숫돌 입자의 마멸이 적다. 고속 연삭은 연삭력은 작아지고 표면거칠기는 향상되어 정밀 연삭이 된다.

3) 그립 피드 연삭(creep feed grinding)

그립 피드 연삭은 강성이 크고, 강력한 연삭기가 개발되고 연삭숫돌의 개발로 인하여 생산능률을 향상하기 위하여 사용하는 연삭 방법이다.

일반적인 연삭은 연삭 깊이가 매우 적은데 비하여 그립 피드 연삭은 한 번에 연삭 깊이를 크게 하여 가공하는 연삭법이다.

4) 자기 연삭(magnetic grinding)

산업이 발전하면서 단순한 형태의 연삭보다는 복잡한 곡면의 가공물 연삭이 증대되고 있다. 또한 치수 정밀도는 물론이고, 형상 정밀도와 면의 정밀도를 함께 요구하는 연삭 방법이 필요하게 되었다. 따라서 컴퓨터에서 압력을 제어하는 연삭을 구상하게 되었고, 자기(magnetic)와 연삭숫돌을 조합하여 기능성 연삭숫돌을 제작하였다. 이러한 기능성 자성 숫돌을 이용하여 압력을 제어하여 연삭하는 방법을 자기 연삭이라 한다.

5) 경면 연삭(mirror grinding)

연삭으로 표면거칠기가 $0.1 \sim 0.5\ \mu m$ 정도의 거울면으로 연삭하는 것을 경면 연삭이라 한다. 일반적인 연삭에서는 $2 \sim 5\ \mu m$이므로 경면 연삭이 쉽지 않음을 알 수 있다. 경면 연삭의 주의 사항은 다음과 같다.

① 균일하고 평형이 확실한 연삭숫돌일 것
② 입자는 일반적인 연삭보다 작고, 결합도는 보통이거나 약간 높을 것

③ 진동이 적고, 회전 정밀도가 높은 숫돌 축일 것

④ 1μm 정도의 미소 절입 깊이가 가능한 연삭기일 것

(3) 연삭숫돌의 수정

1) 자생 작용

연삭할 때 숫돌의 마모된 입자가 파쇄된 후에 탈락하고, 새로운 입자가 나타나는 현상을 말한다.

2) 눈 메움(loading)

숫돌 입자의 표면이나 기공에 칩이 끼워지고 용착되어 절삭 성능이 떨어지고 연삭성이 나빠지는 현상으로 다듬질 면에 떨림 자리가 나타난다.

(가) 눈 메움 원인

① 숫돌 입자가 너무 고운 경우

② 조직이 너무 치밀할 경우

③ 연삭 깊이가 깊을 경우

④ 원주속도가 너무 느린 경우

⑤ 결합도가 단단하여 자생 작용이 어려운 경우

⑥ 알루미늄이 구리와 같이 연성이 풍부한 재료인 경우

(나) 눈 메움으로 인한 결과

① 연삭성이 불량하고 다듬질 면이 거칠다.

② 다듬질 면이 상처가 생긴다.

③ 숫돌 입자가 마모되기 쉽다.

3) 무딤(glazing)

자생 작용이 잘되지 않으므로 입자가 탈락하지 않아 연삭으로 인한 열이 생기므로 입자가 무디어지는 현상을 말하며, 이에 따라 연삭 열과 균열이 생긴다.

(가) 무딤원인

① 숫돌의 결합도가 클 경우

② 원주속도가 너무 클 경우

③ 공작물과 숫돌의 재질이 맞지 않을 경우

(나) 무덤으로 인한 결과

① 연삭성이 불량하고 가공면이 발열한다.

② 연상 소실(燒失)이 생긴다.

4) 입자 탈락(Spilling)

숫돌 입자의 결합력이 약하면 약간의 연삭 저항이나 충격에도 입자가 탈락하는 현상을 말한다.

입자 탈락의 원인은 결합이 낮을 때 생기며, 이에 따라 숫돌의 소모가 빠르고, 다듬질 면이 나쁜 원인이 된다.

5) 드레서(dreser)

연삭숫돌에 눈 메움이나 무딤 현상이 발생하면 연삭성이 저하된다. 이때 숫돌 표면에 무디어진 입자나 기공을 메우고 있는 칩을 제거하여 본래의 형태로, 숫돌을 수정하는 방법을 드레싱이라 한다. 드레싱 할 때 사용하는 공구를 드레서(dresser)라 한다.

(가) 드레싱(dressing)

글레이징, 로딩 현상이 생길 때 강판 드레서와 다이아몬드 드레서로 숫돌 표면을 성형하거나 칩을 제거하는 작업을 드레싱이라고 하며, 절삭성이 나빠진 숫돌면에 새롭고 날카롭게 입자를 발생시키는 것이다.

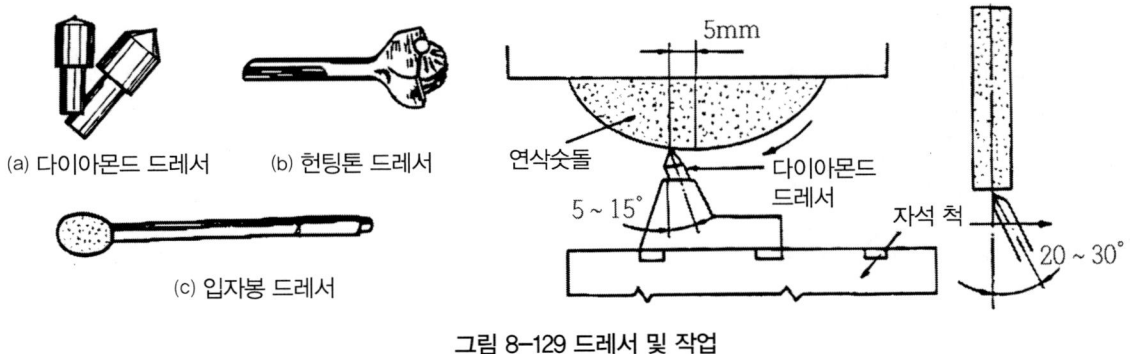

그림 8-129 드레서 및 작업

(나) 트루잉(truing)

숫돌의 형태를 수정하는 것으로 연삭 조건이 좋더라도 숫돌바퀴의 질이 균일치 못하거나 공작물이 영향을 받아 모양이 좋지 못할 때 일정한 모양으로 고치는 방법이다.

5. 연삭의 결함과 대책

(1) 연삭 균열

연삭 열에 의한 열팽창 또는 재질의 변화 등으로 인하여 연삭 표면에 육안으로 는 식별하기 힘든 미세한 균열이 발생하게 된다.

이러한 현상을 연삭 균열이라 한다. 연삭 균열에 관한 사항은 다음과 같다.

① 탄소 함유량이 0.6~0.7% 이하인 강재에서는 연삭 균열이 거의 발생하지 않는다.
② 공석강에 가까운 탄소강에서는 자주 발생한다.
③ 담금질 된 강에서는 경연삭에서도 자주 발생하나, 뜨임 하면 자주 발생하지 않는다.

연삭 균열을 적게 하기 위해서는 결합도가 연한 숫돌을 사용하고, 연삭 깊이를 적게 하고, 이송을 빠르게 하고, 연삭액을 충분히 사용하여 연삭열을 적게 발생시키고, 발생한 연삭열은 신속하게 제거하는 것이 좋다.

(2) 연삭 과열

연삭할 때, 순간적으로 고온의 연삭열이 발생하여 연삭면이 산화되어 변색하는 현상을 연삭 과열이라 한다. 연삭 과열은 담금질한 강의 경도를 떨어뜨린다.

(3) 떨림(chattering)

연삭 중에 떨림이 발생하면 표면거칠기가 나빠지고 정밀도가 저하된다. 떨림의 원인은 다음과 같다.

① 숫돌의 평형 상태가 불량할 때
② 숫돌의 결합도가 너무 클 때
③ 연삭기 자체의 진동이 있을 때
④ 숫돌 축이 편심 되어 있으면 떨림이 발생한다.

(4) 연삭숫돌의 검사

1) 음향 검사

나무 해머나 고무 해머 등으로 연삭숫돌의 상태를 검사하는 방법으로 음향이 맑고, 울림이 있으면 정상상태이고, 음향이 둔탁하고 울림이 없으면 균열이나, 결함이 발생한 숫돌이므로 사용하지 않아야 한다. 가장 쉽고, 많이 사용하는 검사방법이다.

2) 회전 검사

연삭숫돌을 제작하면, 사용할 원주속도의 1.5~2배의 원주속도로 원심력에 의한 파손 여부를 검사하여야 하며, 사용자는 연삭 전에 3분 이상 공회전시켜서 연삭숫돌의 이상 여부를 검사한 후 연삭을 진행한다.

3) 균형 검사

연삭숫돌이 두께나 조직 형상의 불균일로 인하여 회전 중, 떨림이 발생하는 경우가 있는데 작업자의 안전과 연삭한 부품의 정밀도와 우수한 표면거칠기를 얻기 위해 균형 검사를 한다.

제5절 드릴링 및 보링머신 가공

1. 드릴링머신(drilling machine)

(1) 드릴링머신에 의한 가공

드릴링(drilling)은 드릴머신 주축에 드릴(drill)을 고정시켜 회전시키면서, 회전축 방향으로 이송을 주어 가공물에 구멍을 뚫는 공작기계이다.

드릴 가공할 때는, 드릴 회전에 따른 비틀림 모멘트와 이송에 따른 추력(thrust)이 발생한다. 가공물에 구멍을 뚫는 가공이며 공구는 주로 드릴을 사용하여 구멍을 뚫는 공작기계로 단일작업이나 적당한 공구를 부착하여 리밍, 보링, 태핑, 카운터 보링, 카운터 싱킹 등의 여러 작업을 [그림 8-130]과같이 할 수 있다.

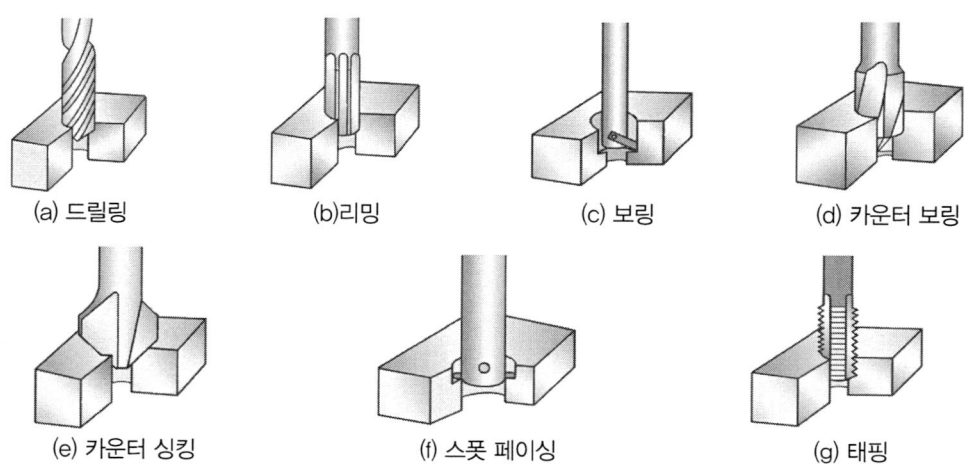

그림 8-130 드릴 가공의 종류

1) 드릴링(drilling)
드릴(drill)을 사용하여 소재의 구멍을 뚫는 작업으로 드릴링머신의 주 작업이다.

2) 리밍(reaming)
드릴링 작업한 후에 구멍의 정밀도를 더욱 높이기 위해 리머(reamer)를 사용하여 다듬질 작업이다.

3) 보링(boring)

드릴링 작업한 후에 보링 바에 바이트를 붙여 구멍을 다시 절삭해서 구멍을 넓히고 다듬질 하는 작업이다.

4) 카운터 보링(counter boring)

드릴링 작업한 후에 평 볼트, 소형 볼트의 머리를 가공물의 몸체 내에 삽입하기 위하여 구멍의 상부를 원통형으로 크게 단이 있는 작업이다.

5) 카운터 싱킹(counter sinking)

드릴링 작업한 후에 접시 머리 나사를 가공물 구멍에 나사 머리가 들어갈 수 있도록 원추형으로 가공하는 작업이다.

6) 스폿 페이싱(spot facing)

단조품 및 주물품에 볼트, 너트를 고정할 때 접촉부를 안정되게 하도록 구멍 주위를 평면으로 가공하는 작업이다.

7) 태핑(tapping)

드릴링 작업한 후에 탭(tap)을 이용하여 암나사를 가공하는 작업이다.

(2) 드릴링머신의 크기

① 스윙(swing) 즉, 스핀들 중심부터 기둥까지 거리의 2배 정도가 된다.
② 뚫을 수 있는 구멍의 최대지름으로 나타낸다.
③ 스핀들 끝부터 테이블 뒷면까지의 최대 거리로 표시한다.

(3) 드릴링머신의 종류

1) 탁상 드릴링머신(bench drilling machine)

베이스를 탁상 위에 올려놓고 고정하여 작업하는 소형 드릴링머신이다. 테이블은 칼럼을 따라 상하 이동하며, 전동 장치는 기어를 사용하지 않고 V 벨트로 주축을 회전하고 변속은 단차로 한다. 주로 지름이 13mm 이하의 작은 드릴을 이용하며, 뚫는 구멍이 깊지 않은 드릴 작업에 적합하다.

2) 직립 드릴링머신(up-right drilling machine)

주축이 수직으로 되어있고 기둥, 주축, 베이스, 테이블로 구성되어 있고 전동 장치는 단차식과 기어식이 있으며, 최근에는 기어식을 많이 사용한다.

공작물이 작을 때는 테이블에 고정하고 너무 클 때는 베이스 위에 고정하여 비교적 큰 공작물에 구멍을 뚫을 때 이용한다. 스핀들에는 모스 테이퍼가 되어있어 드릴 소켓을 직접 삽입하든가 또는 드릴척을 이용하여 작업한다.

직립 드릴링머신의 크기는 스윙(swing), 데이블의 크기, 가공할 수 있는 드릴의 최대지름, 주축 구멍의 모스 테이퍼(morse taper)의 크기, 가공할 수 있는 드릴의 최대지름 등으로 나타낸다.

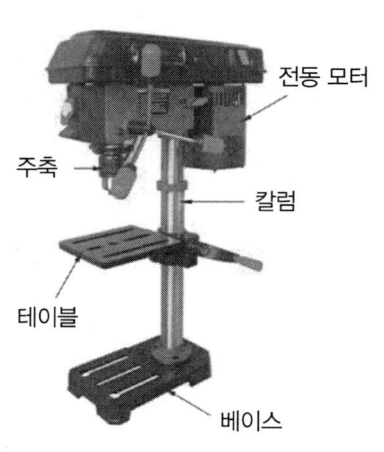

그림 8-131 탁상 드릴링머신

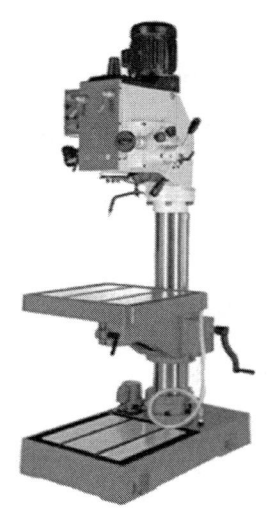

그림 8-132 직립 드릴링머신

3) 레이디얼 드릴링머신(radial drilling machine)

비교적 대형이며 무거운 공작물의 구멍 뚫기에 사용하는 공작기계이다. 컬럼을 중심으로 레이디얼 암을 선회시킬 수 있고, 주축 헤드는 암에서 좌우로 이동한다. 암에는 새들이 있고 이동은 핸들을 회전시켜 피니언과 래크로 운동한다. 레이디얼 드릴링 머신은 암을 선회시키는 방법에 따라 보통형, 만능형, 벽 고정형이 있다. 레이디얼 드릴링 머신의 크기는 드릴 가공이 가능한 최대지름 또는 컬럼(기둥)의 표면에서 주축 중심까지의 최대 거리로 표시한다.

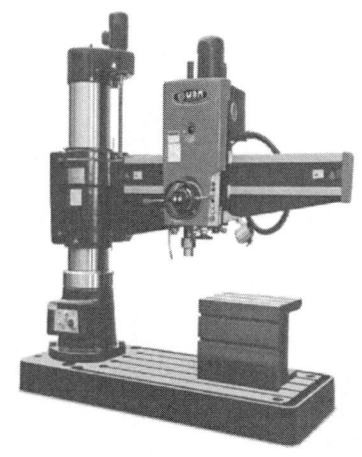

그림 7-133 레이디얼 드릴링머신

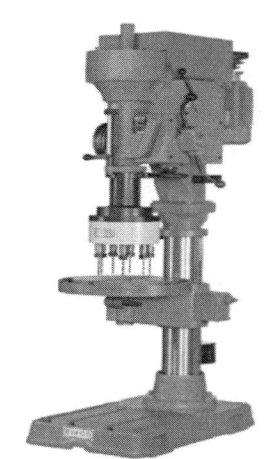

그림 7-134 다축 드릴링머신

4) 다축 드릴링머신(multiple spindle drilling machine)

스핀들 1개의 구동축에 유니버셜 조인트 등을 이용하여 구동하므로 1대의 기계에서 많은 다수의 구멍을 동시에 뚫을 때 쓰이는 공작기계이다.

스핀들의 위치를 조정하여 같은 평면 안에 있는 다수의 구멍을 동시에 가공할 때 편리한 기계이다. 대량생산에 적합한 드릴링머신이다.

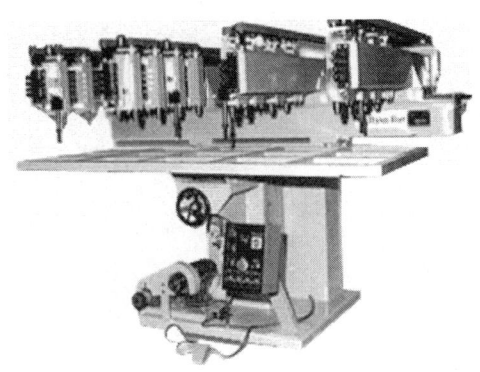

그림 7-135 다두 드릴링머신

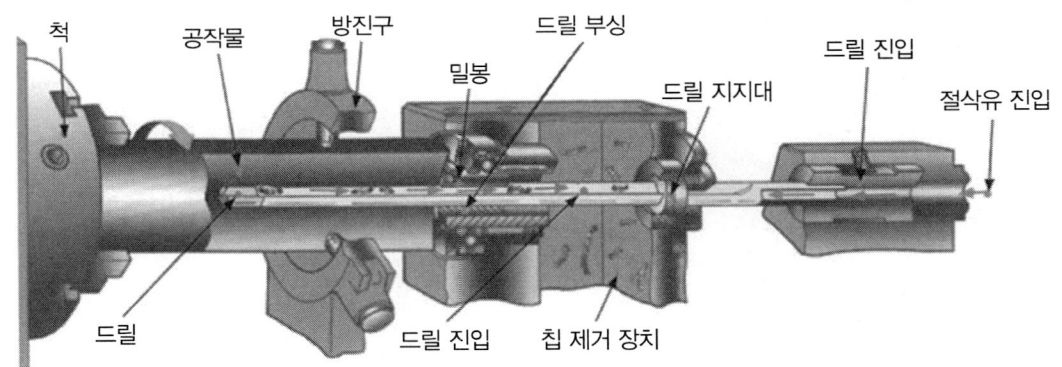

그림 7-136 심공 드릴링머신과 구조

5) 다두 드릴링머신(multihead drilling machine)

직립 드릴링머신의 상부 기구를 같은 베드위에 여러 개 나열한 기계이므로 각각의 스핀들에 여러 가지 공구를 꽂아 드릴링, 리밍, 태핑 등을 순서에 따라 연속적으로 능률적으로 가공할 수 있다. 스핀들은 각각의 회전이나 이송을 할 수 있는 드릴링머신이다.

6) 심공 드릴링머신(deep hole drilling machine)

총신(銃身)이나 긴 축, 커넥팅 로드(connecting rod) 등과 같이 깊은 구멍 가공에 적합한 드릴링머신이다. 심공 드릴링머신은 드릴을 회전시키는 방법과, 공작물을 회전시키는 방법이 있다.

심공 드릴링머신의 문제는 칩을 제거하는 방법이다. 절삭유는 강력한 펌프를 이용하여 드릴의 안내 홈이나, 드릴에 준비된 유공(油孔)을 통하여 급유함으로서 드릴의 날 끝을 냉각시키고 칩을 제거하는 작용을 한다. 드릴에 이송을 주는 방법으로 BTA방식(boring and trepanning association)이나, 스텝 피드(step feed)로 드릴을 때때로 빼내어 칩을 제거하고, 드릴을 가공 위치까지 급속으로 이송시키는 급속 피드 장치(quick feed attachment)를 이용하는 방법 등이 있다.

(4) 드릴 및 절삭조건

1) 드릴

드릴(drill)은 특수공구강, 고속도강으로 만들고 절삭 날만 초경합금을 심은 것이 있으며, 트위스트 드릴, 평 드릴, 특수드릴, 경질합금 드릴로 분류하고 있다. 드릴은 곧은 자루 드릴과 테이퍼 자루 드릴이 있는데 곧은 자루 드릴은 지름이 13mm 이하인 비교적 가는 드릴로 드릴 척(drill chuck)에 고정하여 사용하고 경 절삭에 사용하며, 테이퍼 자루 드릴은 자루가 모스 테이퍼가 되어있어 지름 13~75mm 정도의 큰 지름의 드릴이다. 이는 스핀들에 슬리브와 소켓을 이용 테이퍼 구멍에 꽂아 사용한다.

(a) 보링머신 가공   (b) 공작물 회전과 공구 이송   (c) 공작물 고정과 공구 회전 이송

그림 8-137 보링머신의 가공 원리

드릴의 끝은 원뿔 모양으로 되어있으며, 비틀림 홈과 교차하는 곳이 2개의 절삭 날이 된다. 드릴의 표준 날끝각은 118°이다.

2) 드릴의 각부 명칭

① 드릴 끝(drill point)

드릴의 끝부분으로서 원뿔형으로 되어있으며, 2개의 날이 있다.

② 날끝각(drill point angle)

드릴의 양쪽 날이 이루고 있는 각도를 날끝각이라고 하며, 보통 118°정도이다.

③ 여유각(clearance)

날 여유(lip clearance)은 드릴이 재료를 용이하게 파고 들어갈 수 있도록 드릴의 절삭날에 주어진 여유각을 절삭날 여유라고 하며, 보통 10~15°정도이고 경한 재료에는 적게 하고, 연한 재료에는 크게 한다.

④ 몸체 여유(body clearance)

드릴 지름 5mm 이상으로 날 길이 100mm에 대하여 보통 0.025~0.15mm로 한다.

⑤ 랜드 여유(land clearance)

드릴과 구멍 벽과의 마찰을 적게 하려고 나선홈의 끝에서 근소한 폭을 남겨 놓고 그 외의 다른 부분은 깎여져 있다.

⑥ 비틀림각(angle of torsion)

드릴에는 두 줄의 나선형 홈이 있으며, 이것이 드릴 축과 이루는 각도를 비틀림각이라고 한다. 일반적으로 비틀림각은 20~30° 정도이며, 단단한 재료에는 각도가 적은 각을 연한 재료에는 큰 각을 사용한다.

⑦ 절삭 날(lips)

드릴 끝부분으로 가공물을 절삭하는 부분이다.

⑧ 마진(marg.in)

드릴의 홈을 따라서 만들어진 좁은 날이며, 드릴을 안내하는 역할을 한다.

⑨ 웨브(web)

트위스트 드릴 홈 사이에 좁은 단면 부분이다.

⑩ 몸 여유(body clearance)

마진보다 지름을 적게 제작한 몸체 부분이며, 절삭할 때 마찰력을 줄여 주는 역할을 한다.

⑪ 홈 나선각(helix angle)

드릴의 중심축과 홈의 비틀림이 이루는 각이다.

⑫ 시닝(thinning)

무디어진 웨브를 연삭하는 것으로 드릴의 섕크 쪽으로 갈수록 웨브의 두께가 증가하여 절삭성이 나빠진다. 이 웨브는 드릴 가공이 이송을 줄 때 추력이 일어나는 원인이 되며, 드릴 연삭시 웨브의 두께를 처음 두께 상태로 얇게 연삭하는 것.

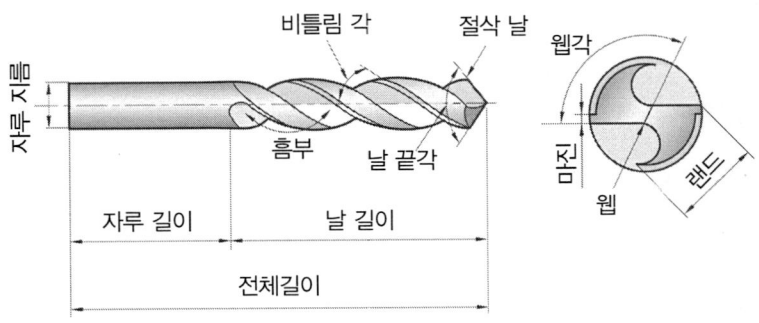

그림 8-138 드릴의 각부 명칭

드릴의 몸체에는 나선 모양의 홈이 있어 이 홈을 따라 절삭 유제가 공급되며 동시에 절삭 가공 시 발생하는 칩이 배출된다.

드릴의 날 끝은 [그림 8-139]과같이 절삭 날, 치즐 에지(chisel edge), 힐(heel), 마진(margin), 홈으로 구성되어 있다. 연한 재료를 가공할 때는 60~90°, 단단한 재료를 가공할 때는 135~150°를 사용하는 것이 적합하다.

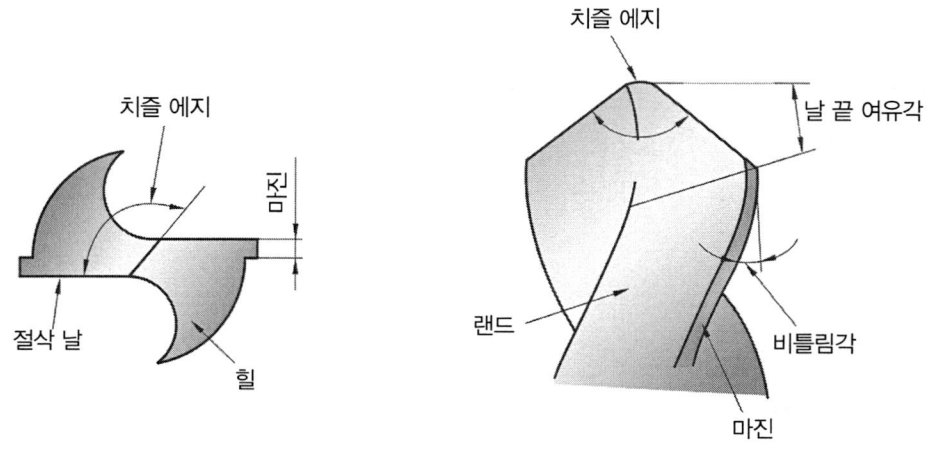

그림 8-139 드릴의 날 끝 구조

표 8-26 공작물의 재료와 드릴 날 끝각과 여유각

공작물 재질	날 끝 각	여 유 각
일반재료	118°	12~15°
연 강	90~120°	12°
경 강	120~140°	10°
주 철	90~118°	12~15°
구 리	100°	12°
황 동	118°	12~15°
고 무	60°	12°

3) 시닝의 특성

시닝은 드릴의 선단부 중심 두께를 부분적으로 작게 하고 치즐을 짧게 해서 중심부에서의 칩 배출을 좋게 함으로써 다음과 같은 효과를 얻을 수 있다.

① 절삭 스러스트 하중의 감소와 칩 배출을 향상한다.
② 절입시 중심점(centering)과 절삭성이 좋아지고 위치 결정 정밀도가 향상한다.
③ 구심성이 향상하고 곧은 구멍을 뚫을 수 있다.
④ 가공 구멍의 정밀도 향상시킨다.
⑤ 드릴 수명을 증가하게 시킨다.
⑥ 절삭 저항을 감소시킨다.

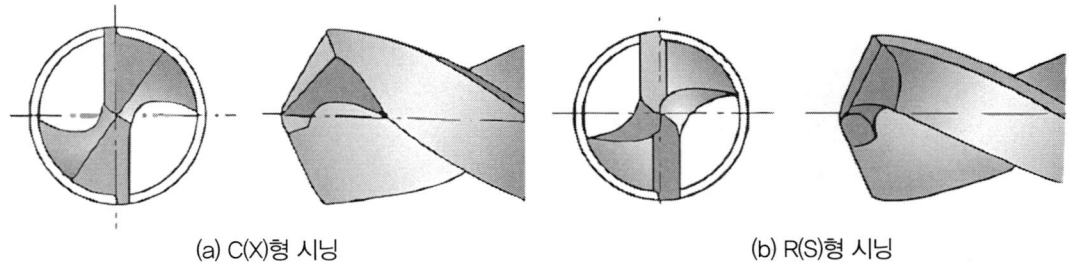

(a) C(X)형 시닝　　　　　　　　(b) R(S)형 시닝

그림 8-140 시닝의 형태

4) 절삭 속도

드릴 작업을 할 때는 공작물의 재질, 드릴의 지름에 따라 알맞은 절삭 속도를 선택해야 한다. 절삭 속도를 v(m/min), 드릴의 지름을 d(mm), 매분 회전수를 n(rpm)이라 하면 다음과 같이 계산 한다.

$$v = \frac{\pi dn}{1000}(m/\min),\ n = \frac{1000v}{\pi d}(mm)$$

그리고, 이송은 드릴 1회전마다 드릴의 축 방향으로 이동한 거리이며, 이송과 가공 시간과의 관계는 다음과 같다.

$$T = \frac{t+h}{nf} = \frac{\pi d(t+h)}{1000vf}(\min)$$

여기서, f : 드릴 1회전하는 동안에 길이 방향의 이송량(mm/rev)

　　　　h : 드릴 끝의 원추높이(mm)

　　　　t : 구멍의 깊이(mm)

　　　　T : 구멍을 뚫는 데 걸리는 시간(min)

절삭 속도는 절삭 날의 마멸 상태에 의해 경제적인 것이 결정되며, 이송 속도는 웨브의 마멸 상태에 의하여 결정한다. 특히 구멍의 깊이와 구멍지름의 비에 따라서 절삭 속도와 이송이 달라지며, 구멍이 깊으면 칩의 배출과 윤활이 어려우므로 깊이가 지름의 2배 이상이 되면 절삭 속도와 이송을 줄여야 한다.

5) 이송 속도

이송 속도는 가공면의 표면 거칠기 등 가공 정도에 영향을 미치며 구멍 깊이가 깊어지면 이송은 감소시켜야 하며 구멍의 깊이가 드릴 지름의 3~4배이면 10%, 5~8배이면 20% 정도의 이송 속도를 감소시킨다. 드릴의 이송 속도는 드릴 1회전에 대하여 드릴 축 방향으로 이동한 거리를 말하며 표준 드릴의 절삭 날은 2날이고 1날당 이송량은 $\frac{1}{2}$이 된다.

6) 절삭 동력

드릴 작업에서 드릴을 회전시키는 데 필요한 회전 모멘트 (N-cm)과 이송에 필요한 추력(thrust) P_t(N) 작용한다. 이때 드릴의 회전수가 N(rpm)이라며 각속도는 $\frac{2\pi N}{60}$(rad/sec)이므로 회전 마력 Hm은 다음과 같다.

$$N_m = \frac{M\frac{2\pi N}{60}}{75 \times 9.81 \times 100} = \frac{M \times N \times 2\pi}{75 \times 9.81 \times 100}(PS)$$

이송 (mm/rev)에 대한 추력을 라고 하며 이송에 필요한 동력 는

$$N_f = \frac{Pt \times N \times f}{75 \times 9.81 \times 60 \times 1000}(PS)$$

드릴 가공에 필요한 전동력 은 다음과 같다.

$$H = N_m + N_f = \frac{2 \times \pi \times M \times N}{75 \times 9.81 \times 60 \times 100} + \frac{P_t \times N \times f}{75 \times 9.81 \times 60 \times 1000}(PS)$$

여기서, M : 회전 모멘트
N : 회전수(rpm)
P_t : 추력
f : 이송

7) 애뉼러(annular) 커터(코어커터)

애뉼러 커터는 두꺼운 철판을 마그네틱 드릴 기계 및 기타 공작기계에 부착하여 큰 구멍 작업을 할 수 있는 공구로서 짧은 시간에(보통 드릴 대비 3~4배) 구멍 작업이 가능하고, 마그네틱 드릴을 사용하여 작업 현장에 이동하여 교량, 조선, 철도, 건설 분야 등 현장에서 널리 사용되고 있고, 높은 정밀도와 적은 힘과 토크로 매우 우수한 버(burr)가 없는 구멍 가공이 가능하다.

애뉼러 커터는 철 및 비철금속의 드릴 구멍 가공에 사용되는 여러 절삭 날을 가진 절삭공구로서 커터 절단 구멍의 주위에 구멍 홈 및 홀 중심에서 코어 또는 슬러그를 남긴다. 빠르고 쉽게 그리고 기존의 드릴보다 더 정확한 구멍 가공을 할 수 있다. 애뉼러 커터의 가장 큰 단점은 막힌 구멍을 뚫을 수 없다는 것과 가격이 고가이다.

① 드릴 대비 3~4배가 높은 조업시간을 단축할 수 있다.
② 마그네틱 드릴머신을 사용하여 이동성이 높은 진원도를 구현할 수 있다.
③ 교량, 건설, 조선, 철도 분야에서 현장 사용이 가능하다.
④ 스테인리스, 구리 등 비철금속, 난삭재 가공에 우수한 성능 발휘할 수 있다.

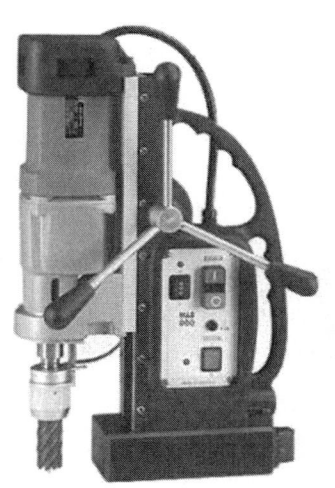 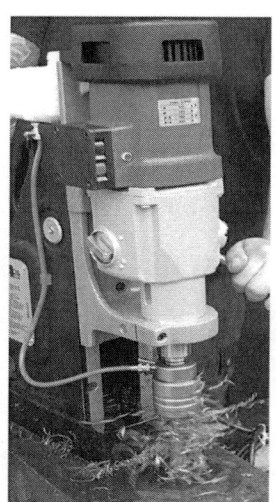

그림 8-141 마그네틱 드릴머신과 애뉼러 커터 작업

밀링 머신에 고정할 수 있는 가공물은 밀링 머신의 테이블에 철강 재료를 고정할 수 있으므로 큰 구멍을 뚫을 때는 아주 편리하다.

기계에 고정할 수 없는 가공물, 힘을 가하기가 어려운 장소에서도 전동 핸드드릴로 비교적 간단하게 구멍을 뚫을 수 있다.

애뉼러 커터는 구멍을 뚫을 때 이젝터 핀(파일럿 핀이라고도 함)을 사용하여야 하는데 이젝터 핀의 3가지 주요 기능은 다음과 같다.

① 센터링(centering) : 이젝터 핀이 중앙 펀치 마크에 정확히 배치된다. 자석을 켜면 기계와 애뉼러 커터가 드릴링 위치에 있다.

② 오일링 : 자동 내부 윤활을 위한 절삭유는 이젝터 핀을 통해 공급된다.

③ 배출 : 스프링이 장착된 이젝터 핀은 커터에 의해 만들어진 드릴 구멍에서 칩 배출과 코어를 밀어내는 역할을 한다.

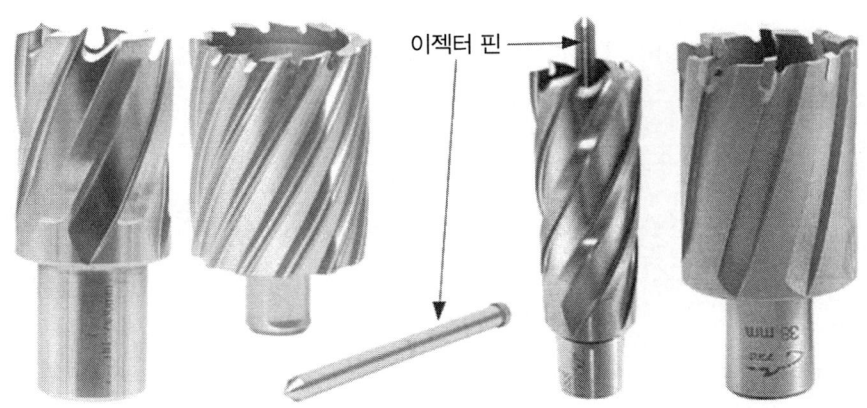

그림 8-142 애뉼러 커터와 이젝터 핀

2. 보링머신(boring machine)

보링(boring)은 드릴링, 단조, 주조 등으로 1차 가공된 구멍을 좀 더 넓혀주거나 표면 거칠기나 진원도를 높게 해 주는 가공이다. 보링머신은 선반과 같이 공작물이 회전하고 공구가 직선 이송하는 방식과 공작물을 고정하고 공구를 회전시키며 직선 이송하는 방식이 있다.

 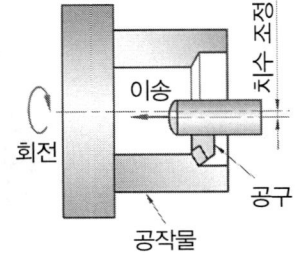 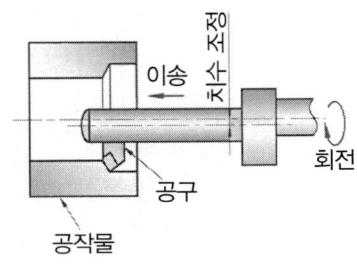

(a) 보링머신 가공　　　(b) 공작물 회전과 공구 이송　　　(c) 공작물 고정과 공구 회전 이송

그림 8-143 보링머신의 가공 원리

(1) 드릴 및 절삭조건 보링머신에 의한 가공

보링(boring)은 보링 바(boring bar)에 보링 공구를 고정하고 회전시켜서 주조할 때 뚫린 구멍이나 드릴로 뚫은 구멍을 크게 하거나 정밀도를 높게 하기 위한 가공이다. 공구에 따라 [그림 8-144]와같이 보링이나 면가공 외에도 구멍 가공, 리머 가공, 단면 절삭, 외경 절삭, 태핑, 나사 절삭 등을 작업할 수 있다.

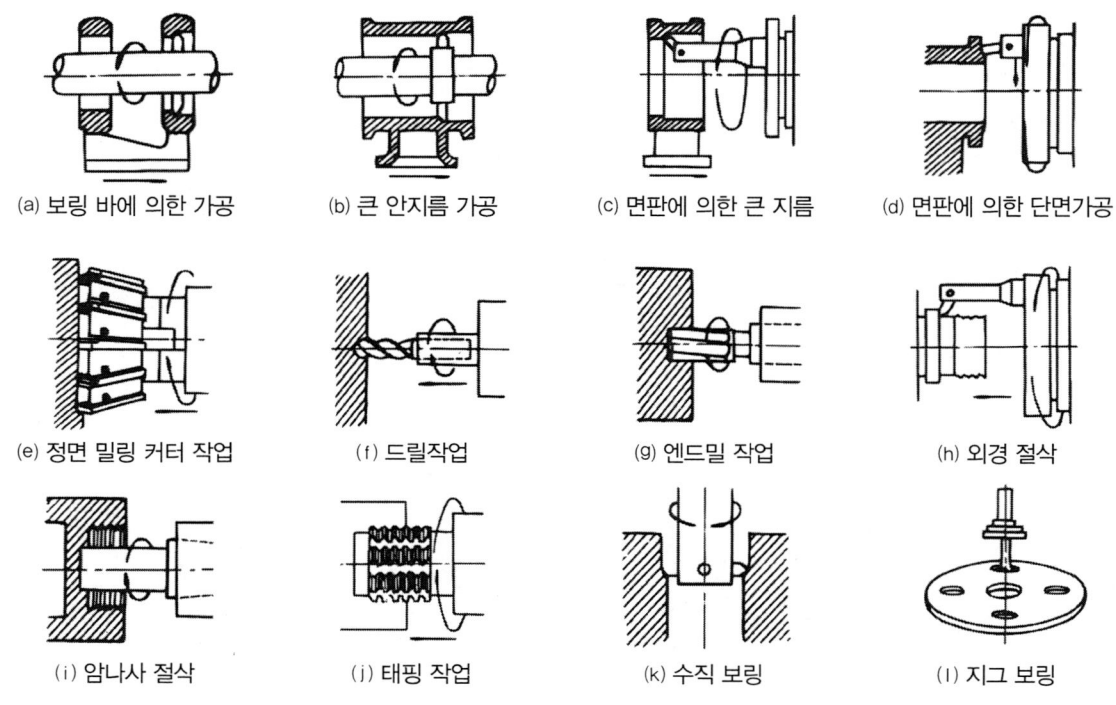

그림 8-144 여러 가지 보링 작업

(2) 보링머신의 종류

보링머신은 기능이나 구조 등에 따라 수평 보링머신, 정밀 보링머신, 지그 보링머신 등이 있다. 보링머신의 크기는 테이블의 크기, 주축의 지름, 주축의 이동 거리, 주축헤드의 상하 이동 거리 및 테이블의 이동 거리 등으로 표시한다.

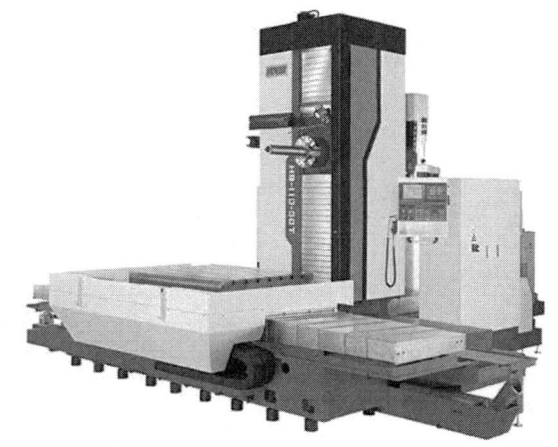

그림 8-145 수평 보링머신

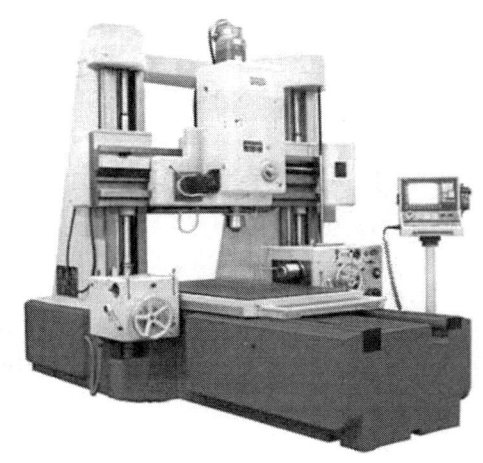

그림 8-146 쌍주식 지그 보링머신

1) 수평 보링머신(portable)

보통 보링 머신은 수평식 보링 머신(horizontal boring machine)을 의미한다. 상하로 이송되는 수평인 주축을 가지고 있으며, 2개의 컬럼(column) 사이에 가로 및 세로 방향으로 이송되는 테이블, 보링 바(boring bar)를 지지하는 컬럼으로 구성된다. 구조에 따라 테이블형, 플로우형, 플레이너형으로 구분한다.

(a) 테이블형 (b) 플레이너형 (c) 플로우형

그림 8-147 수평 보링머신

① 테이블형(table type)
수평식 테이블형을 나타내며, 새들(saddle) 면상에서 테이블이 평행 및 직각으로 이송한다. 보링머신 중 가장 많이 사용되며, 보링 외에 일반적인 가공도 한다.

② 플레이너형(planer type)
테이블형과 유사하나, 새들이 없고 길이 방향의 이송은 베드를 따라 컬럼이 이송되며, 중량이 큰 가공물의 가공에 적합하다.

③ 플로우형(floor type)
가공물을 T 홈이 있는 플로어 플레이트(floor plate)에 고정하고, 주축은 컬럼을 따라 상하로 이송하며, 컬럼은 베드를 따라 이송한다. 데이블형에서 가공하기 어려운 가공물을 가공할 때 적합하다.

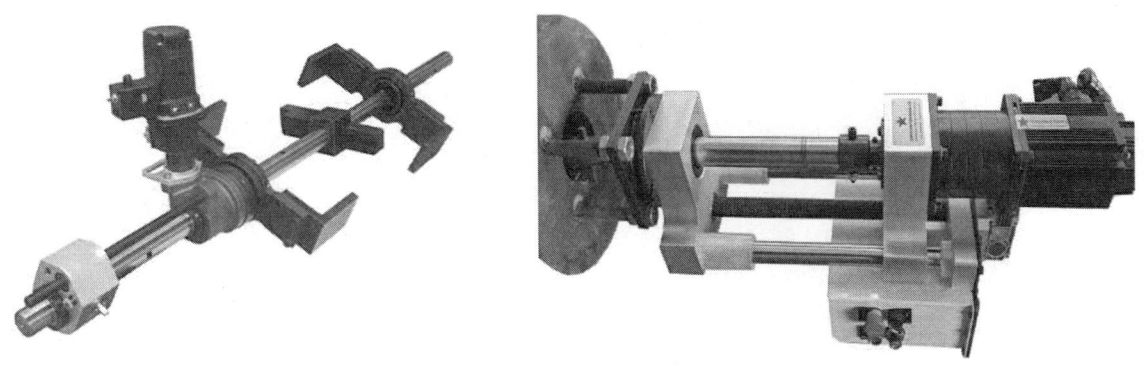

그림 8-148 이동형 보링머신

④ 이동형(portable type)

이동하기에 편리한 소형의 보링머신으로서 공작물의 이동 대신에 공작기계를 이동하여 조립된 큰 기계의 수리나 선박 내부 등에서 사용된다.

2) 정밀 보링머신(fine boring machine)

다이아몬드공구 또는 초경합금공구를 사용하여 고속 경절삭과 미세한 이송으로 내연기관의 실린더, 피스톤 공부, 베어링부 등을 정밀작업하는 기계이다.

정밀 보링머신은 직립식과 수평식이 있고, 가공한 구멍의 진원도와 진직도가 매우 높게 작업할 수 있다.

그림 8-149 수직 정밀 보링머신

그림 8-150 수평 정밀 보링머신

3) 지그 보링머신(jig boring machine)

지그 보링머신은 허용 오차가 2~5 μm인 정밀 가공에 사용되며 주축의 위치를 정밀하게 하려고 지그(jig), 나사식 측정 장치, 다이얼 게이지, 현미경에 의한 광학적 측정 장치 등을 가지고 있다. 정밀도가 큰 가공물, 특히 각종 지그(jig) 제작 및 정밀기계의 구멍 가공에 사용하기 위한 전문 기계로서 온도에 영향을 받는 공작물이나 기계 각 부분의 열팽창을 미리 방지하기 위해서는 항온실에 설치하여야 한다.

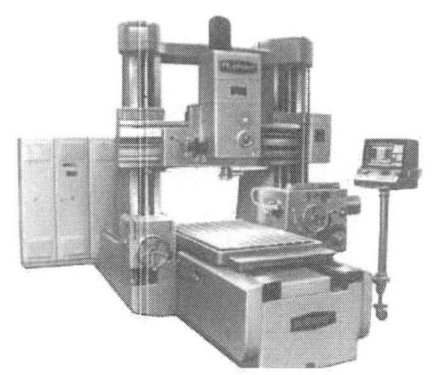
그림 8-151 지그 보링머신

4) 코어 보링 머신(core boring machine)

가공할 구멍이 매우 클 때 구멍 전체를 절삭하지 않고 내부에는 심재(코어)가 남도록 애뉼러 커터로 가공하여, 시간을 절약하고 심재(코어)로 남은 부분을 다른 용도의 재료로 사용할 수 있는 보링머신이다.

(3) 보링 공구와 부속장치

비교적 작은 구멍에 대해서는 보링 바에 직접 보링바이트를 나사로 고정한다. 이것을 플라이 커터(fly cutter)라 하고 고장 나사로 고정, 고정나사와 조절나사로 고정, 고정나사 마이크로 조절나사로 고정하는 방법 등이 있다.

큰 구멍에 대해서는 커터를 직접 보링 바에 고정할 수 없으므로 보링 헤드(boring head) 또는 블록형 커터를 이용하고, 공구의 수는 2개 이상으로 하며, 마멸에 의한 정밀도의 저하를 방지한다.

1) 보링바이트(boring bite)

보링바이트는 선반 작업의 바이트와 같은 역할을 하며, 일반적으로 다이아몬드 바이트, 초경 바이트를 사용한다. 보링바이트는 구멍의 크기, 가공 위치에 따라 바이트를 직접 보링 바(boring bar)에 고정하는 방법과 주축 단에 고정하는 방법이 있다.

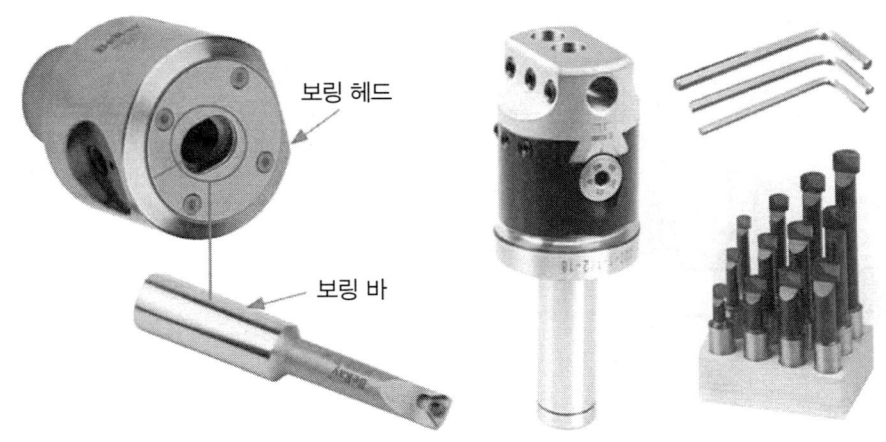

그림 8-152 보링 헤드와 보링 바

2) 보링 바(boring bar)

보링 바의 한쪽 끝은 주축 구멍과 체결하기 위하여 데이퍼로 된 형상과 유니버셜 조인트로 주축에 연결하는 것이 있다.

3) 보링 공구대

보링할 구멍이 커서 보링 바를 사용하기 곤란한 경우에 사용한다. 바이트는 일반적으로 2개를 사용하며, 경우에 따라서는 3개 이상을 사용할 경우도 있다.

제6절 기타 절삭가공

1. 플레이너(planer)

(1) 플레이너(planer)에 의한 가공

공작물을 테이블에 설치하여 수평 왕복운동을 하며, 바이트는 공작물의 운동 방향과 직각 방향으로 단속적으로 이송하여 공작물의 수평, 수직, 경사, 홈 곡면 등을 절삭하는 기계이다.

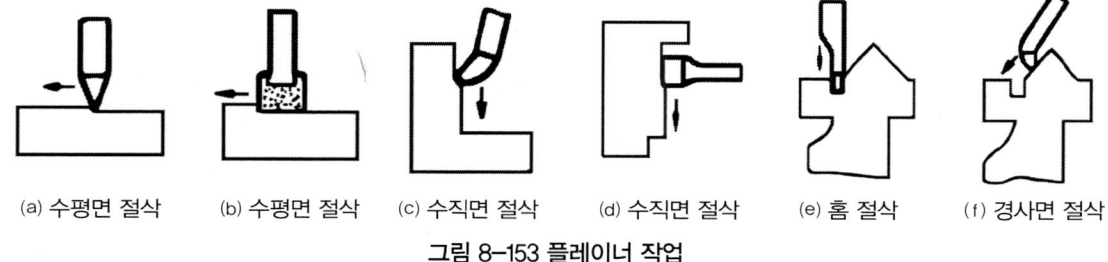

(a) 수평면 절삭   (b) 수평면 절삭   (c) 수직면 절삭   (d) 수직면 절삭   (e) 홈 절삭   (f) 경사면 절삭

그림 8-153 플레이너 작업

플레이너 가공의 종류와 절삭 방법은 세이퍼와 거의 같으나 세이퍼는 작은 공작물을 가공하는 반면, 플레이너는 큰 공작물을 대상으로 가공한다.

플레이너의 크기는 테이블의 크기(길이×폭), 공구대의 수평 및 상하 이동 거리, 테이블 위 면부터 공구대까지의 최대 높이로 표시한다.

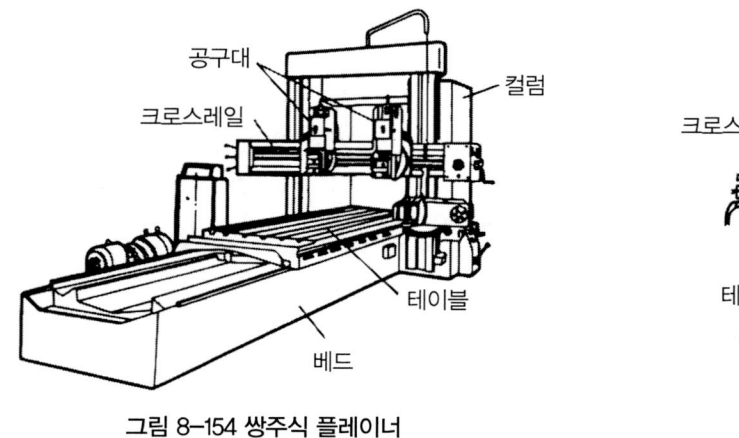

그림 8-154 쌍주식 플레이너

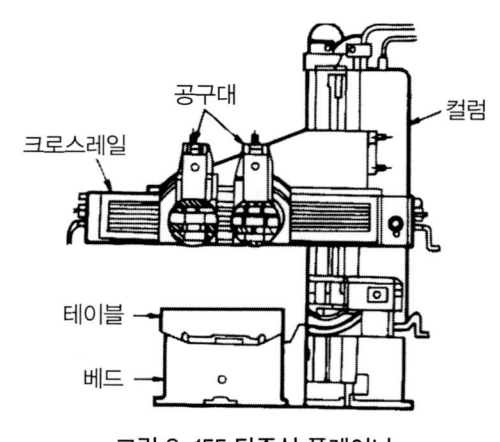

그림 8-155 단주식 플레이너

(2) 플레이너의 구조와 종류

플레이너 구조는 크게 컬럼의 수에 따라 쌍주식 플레이너와 단주식 플레이너가 있다. 크로스레일(cross rail)은 컬럼 앞면에 수평으로 설치하고, 컬럼의 미끄럼을 따라 상하로 이동한다. 테이블은 긴 베드의 미끄럼 V홈 위에 놓고, 그 위에 공작물을 고정하여 직선운동을 한다. 미끄럼 홈에는 큰 압력이 작용하여 테이블이 고속운동을 하므로 윤활에 세심한 주의를 해야 한다. 플레이너 종류는 다음과 같다.

1) 쌍주식 플레이너

베드(bed)의 양쪽으로 기둥(column)이 있는 형태이다. 절삭한 가공물의 크기에는 다소 제한을 받지만 강력 절삭이 가능한 플레이너이다.

2) 단주식 플레이너

베드의 한쪽에만 기둥이 있는 형태의 플레이너이다. 베드의 폭보다 더 큰 가공물을 절삭할 수 있다. 하지만 강력 절삭을 할 때는 정밀도가 저하될 수 있으므로 유의하여야 한다.

3) 피트 플레이너

보통 플레이너보다 대형의 가공물을 절삭할 때 사용한다. 테이블은 고정되고 절삭 공구가 이송하면서 절삭하는 형태의 플레이너이다.

4) 에지식 플레이너

보일러 등 제관용 두꺼운 강판의 끝 면을 가공하는 데 쓰이는 특수한 플레이너이다.

(3) 절삭 속도

테이블이 왕복 운동 중에서 테이블의 후진이 절삭 행정이며, 전진이 귀환 행정이다. 귀환 행정은 절삭행정보다 빠른 속도로 급속 귀환하므로 공작물을 가공하는 시간의 손실을 방지하게 되어 있다.

플레이너에서 절삭행정과 귀환 행정의 속도를 각각 일정하다고 가정하면, 테이블 1회 왕복에 걸리는 시간으로 평균속도를 계산한다.

1회 왕복시간 $t(\min)$ $\frac{L}{v_s} + \frac{L}{v_r}$ 는, 속도비 $n = \frac{v_r}{v_s}$ (보통 3~4)이므로

$$v_m = \frac{2L}{t} = \frac{2v_s}{1 + \frac{1}{n}} (\text{m/min})$$

여기서, vm : 평균속도(m/min)

v_s : 절삭 속도(m/min)

v_r : 귀환 속도(m/min)

L : 행정(m)

평균속도를 이용하여 가공 시간은 다음과 같다.

$$T = \frac{2bL}{\eta f v_m} (\text{min})$$

여기서, L : 가공 시간(min)

b : 공작물의 폭(m)

f : 이송(m/stroke)

η : 절삭 효율

2. 세이퍼(shaper)

(1) 세이퍼에 의한 가공

세이퍼는 직선 왕복 운동하는 램(ram)의 공구대에 바이트를 고정하여 공작물을 직각 방향으로 이송하면서 평면, 측면, 경사면, 홈 등을 가공하는 데 많이 사용하는 공작기계이다.

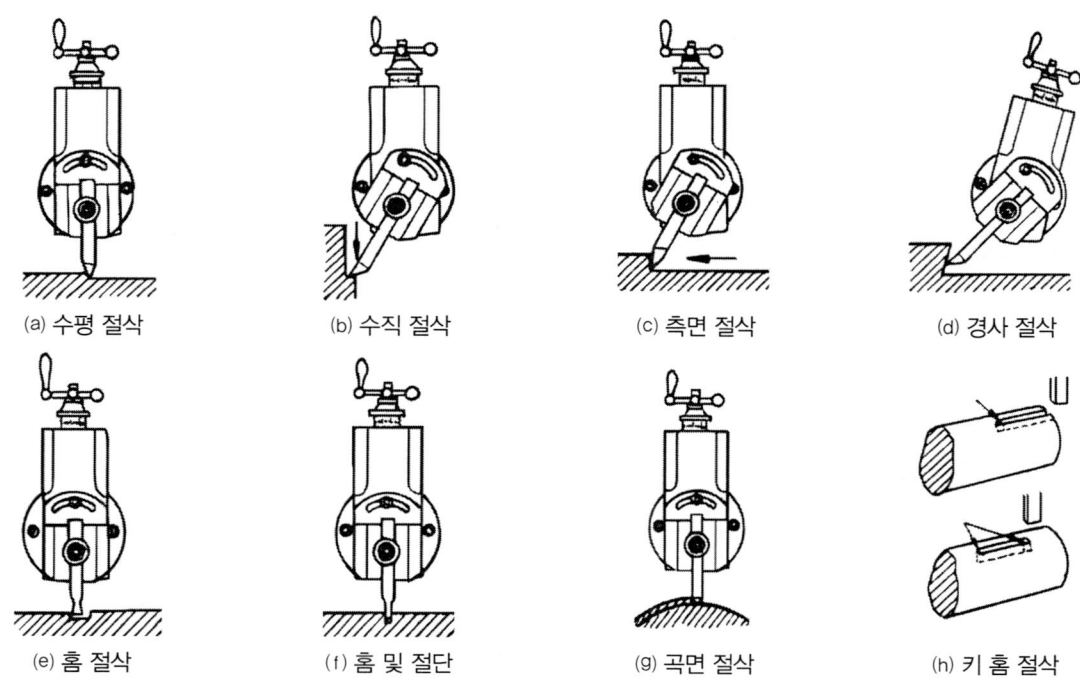

(a) 수평 절삭   (b) 수직 절삭   (c) 측면 절삭   (d) 경사 절삭

(e) 홈 절삭   (f) 홈 및 절단   (g) 곡면 절삭   (h) 키 홈 절삭

그림 8-156 세이퍼 작업

세이퍼는 구조가 간단하고 취급은 용이하지만 정밀도 있는 가공은 어렵고 바이트가 전진할 때만 절삭하고 귀환 행정으로 후진할 때는 시간이 손실되므로 작업 능률이 좋지는 않다.

세이퍼의 크기는 주로 램의 최대 행정으로 표시하고, 400, 500, 600, 700mm 등이 있다. 그 외에 테이블의 크기(길이×폭×높이)와 이송 거리로 표시하기도 한다.

(2) 세이퍼의 종류

1) 수평식 보통형 세이퍼(plain horizontal shaper)

수평식 보통형 세이퍼는 램이 일정한 안내면을 따라 앞뒤로 왕복하고 테이블을 좌우로 이송하며 평면을 절삭하는 세이퍼이다.

2) 수평식 횡행형 세이퍼(traverse shaper)

수평식 횡행형 세이퍼는 대형 중량물을 절삭하는데 적합한 세이퍼로서 테이블은 공작물을 고정하고 상하로 높이만을 조절할 뿐이고, 램은 왕복운동을 하는 동시에 프레임 위를 좌우로 이동하면서 공작물을 절삭하는 세이퍼이다.

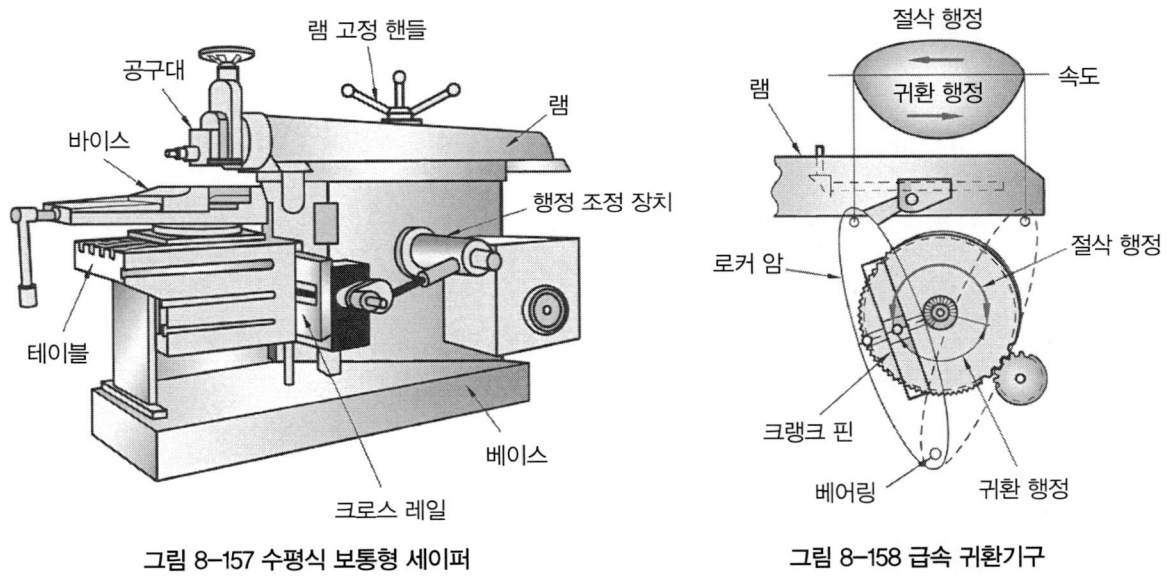

그림 8-157 수평식 보통형 세이퍼   그림 8-158 급속 귀환기구

(3) 세이퍼의 운동기구

1) 램의 운동기구

세이퍼의 운동기구는 랙(rack)과 피니언(pinion)에 의한 방법, 유압 기구에 의한 방법, 스크루(screw)와 너트(nut)에 의한 방법, 크랭크(crank)와 로커 암(rocker arm)에 의한 방법 등 4가지 종류가 있다. 4가지 종류가 있지만 주로 크랭크기구가 널리 사용된다.

2) 급속 귀환기구

[그림 8-158]은 크랭크를 이용한 램의 왕복 운동기구로서 감속장치를 거쳐 불기어(bull gear)를 회전

$$T = \frac{W}{nf}(\min)$$

시키고 불기어는 크랭크 핀을 회전시켜 로커 암(rocker arm)은 선회 축(pivot)을 중심으로 행정 한다. 로커 암의 상단은 램 스크루에 연결된다. 행정은 크랭크 핀과 크랭크 중심 사이의 거리를 베벨기어의 회전으로 조절한다. 절삭 위치의 결정은 램 스크루의 회전에 의한다. 이 기구는 크랭크 기어와 로커 암에 의하여 절삭 행정에 비해 귀환 행정의 속도를 빠르게 하여 절삭하지 않은 귀환 시간을 단축하는 데 있다.

(4) 세이퍼 작업

1) 절삭 속도

세이퍼의 절삭 속도는 램의 절삭 행정에서 그 평균속도로 나타낸다. 세이퍼 가공하려면 우선 공작물과 바이트의 재질에 따라 여기에 적절한 절삭 속도의 범위를 정하고, 이것에 따라 램의 매분 왕복 횟수를 계산한다.

절삭 속도(m/min)의 관계식은 다음과 같다.

$$v = \frac{nL}{1000k}(m/\min), \quad n = \frac{1000kv}{L}(회/\min)$$

여기서, n : 바이트의 1분간 왕복 회수(stroke/min)

L : 행정의 길이(mm)

k : 절삭 행정의 시간과 바이트 1 왕복시간과의 비(보통 $k = \frac{3}{5} \sim \frac{2}{3}$)

2) 가공 시간

공작물의 폭을 W(mm)라 할 때 세이퍼의 가공 시간 T(min)은 다음과 같다.

$$T = \frac{W}{nf}(\min)$$

여기서, n : 1분간의 바이트 왕복 횟수(회/min)

f : 이송(mm/stroke)

3. 슬로터(slotter)

(1) 슬로터에 의한 가공

슬로터는 세이퍼를 수직으로 놓은 것 같은 기계로 바이트를 설치한 램이 수직으로 상하 왕복 운동한다. 키 홈, 평면, 구멍의 내면, 내접기어, 스플라인 구멍, 기타 특수한 형상, 곡면의 절삭가공에 적합하며, 슬로터 크기는 램의 최대 행정, 테이블의 크기, 테이블의 이동 거리, 회전 테이블의 직경으로 표시한다.

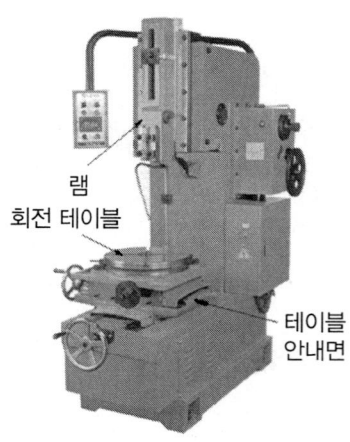

그림 8-159 슬로터

(2) 슬로터의 구조

슬로터는 프레임, 램, 테이블 및 전동기구로 구성되어 있으며, 슬로터의 데이블은 공작물을 설치하고 좌우, 전후, 회전 이송을 할 수가 있으며 램의 운동기구에는 크랭크식, 휘트워드 급속 귀환 운동기구식, 랙과 피니언식, 유압식 등이 있다. 램의 아래쪽에 바이트의 지지부가 있어 램과 동시에 상하운동을 하면서 절삭을 한다. 위쪽으로 급속 귀환을 한다.

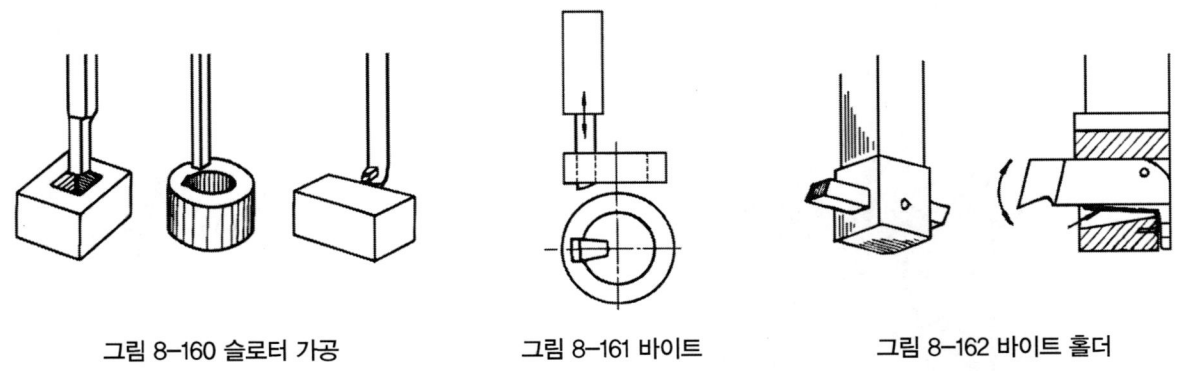

그림 8-160 슬로터 가공   그림 8-161 바이트   그림 8-162 바이트 홀더

(3) 바이트

[그림 8-161]과같이 끝 면이 공구의 윗면이 되는 바이트를 사용한다. [그림 8-162]와 같이 대형에서는 공구홀더에 바이트를 고정하여 사용한다.

4. 기어 가공(gear cutting)

(1) 기어절삭기에 의한 가공

기어(gear)의 이 모양에는 인벌류트 곡선(involute curve)에 의한 치형과 사이클로이드 곡선(cycloid curve)에 의한 치형, 그 외 특수한 치형이 있다. 이 중에서 인벌류트 치형이 제작이 간단하면서 중심거리가 다소 차이가 있다 해도 물림이 좋은 치형이므로 제일 많이 사용한다. 기어에는 스퍼 기어(spur gear), 헬리컬 기어(helical), 베벨 기어(bevel gear) 등 여러 종류가 있다.

기어 가공에는 주조나 전조에 의한 방법도 있고, 밀링머신이나 슬로터 등을 이용하여 절삭하는 방법이 있으나 정밀도와 능률을 높이기 위하여 전용 기어절삭기를 많이 이용한다. 기어 전용 절삭기는 호빙머신, 기어 세이퍼, 베벨기어 절삭기 등이 있고, 기어의 정밀도를 높이기 위하여 래핑, 기어 세이핑(gear shaving), 기어 연삭기, 호닝 등으로 기어 이를 정밀 다듬질한다.

(2) 기어 가공

1) 총형 커터에 의한 절삭

기어 이 홈의 모양과 같은 인벌류트 밀링커터와 분할대를 사용하여 기어 소재를 1피치씩 회전시키며 기어를 가공하는 방법이다. 인벌류트 밀링커터 외에도 총형 바이트를 사용하여 셰이퍼와 슬로터로 치형을 절삭할 수 있으나 치형 곡선과 피치의 정밀도가 나쁘고, 생산 능률도 낮아 주로 소량의 생산에 쓰인다.

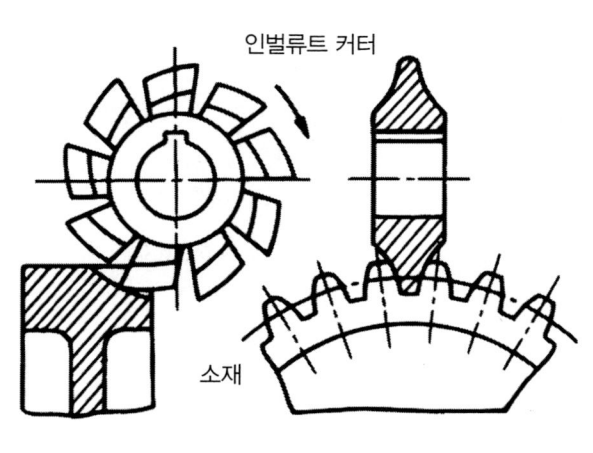
(a) 인벌류트 밀링커터 의한 기어 절삭

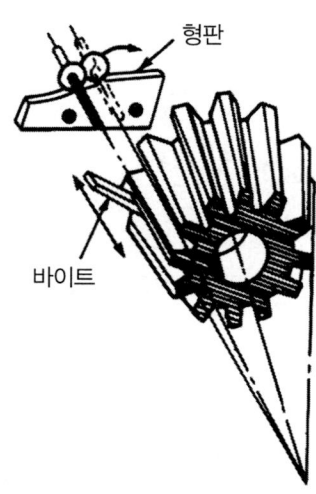
(b) 형판에 의한 기어 절삭

그림 7-163 기어 가공법

2) 형판에 의한 절삭

이의 모양과 같은 곡선으로 만든 형판(template)의 치형 곡선을 따라 바이트를 이송하며, 왕복운동을 주어 치형의 한쪽 면을 절삭한 후에 1피치 분할하여 치형을 절삭하는 일종의 모방 절삭 방법이다. 이 방법은 매끈한 다듬질 면을 얻기 어려우며, 능률도 낮으므로 저속용 대형 스퍼 기어, 직선 베벨기어의 치형 가공에 이용한다.

3) 창성에 의한 절삭

인벌류트 치형 곡선의 성질을 응용하여 절삭할 기어와 정확히 물리도록 이론적으로 정확한 모양으로 다듬어진 기어커터와 기어 소재를 적당한 상대운동을 시켜서 치형을 절삭하는 방법으로 호빙머신, 기어 셰이퍼 등이 있다.

창성법은 잇수의 분할과 치형의 창성이 동시에 이루어지므로 능률적으로 기어 가공을 할 수 있다. 기어 가공 공구에는 래크 커터(rack cutter), 호브(hob), 피니언 커터(pinion cutter) 등이 있다.

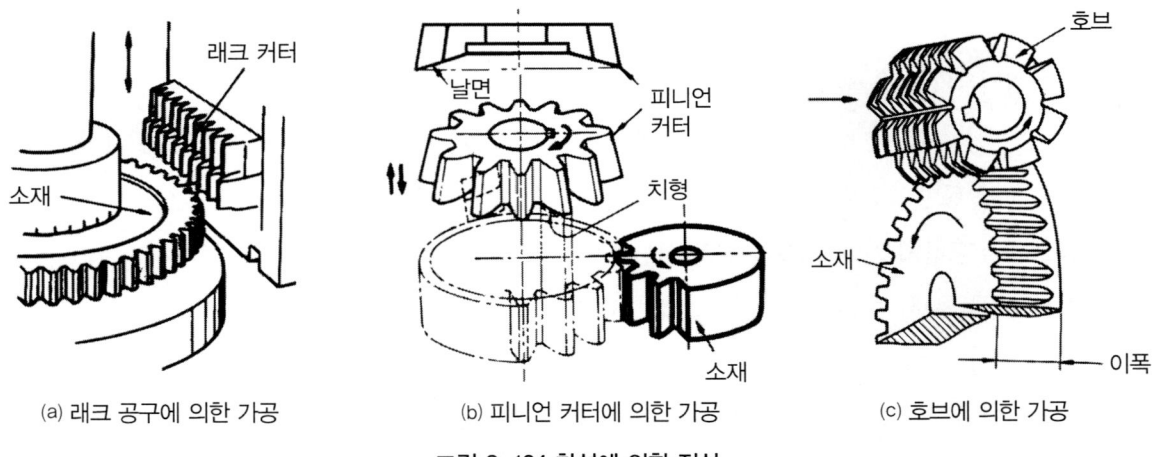

(a) 래크 공구에 의한 가공　　(b) 피니언 커터에 의한 가공　　(c) 호브에 의한 가공

그림 8-164 창성에 의한 절삭

(3) 기어절삭기

1) 호빙머신(hobbing machine)

호빙머신은 래크 커터의 변형으로 호브를 이용하여 잇수에 대응하는 회전 이송을 기어 소재에 주어 창성법으로 기어 이를 절삭하는 기어 전용 공작기계이다.

호빙머신은 베드, 테이블, 기둥, 호브대, 아버 지지대로 구성되어 있으며, 호브의 회전과 소재의 상대운동에 의해 기어를 절삭하므로 다음과 같이 4가지의 운동이 요구된다.

① 호브의 회전운동
② 호브의 이송운동
③ 테이블의 회전운동
④ 차동 장치

호빙머신에는 수직형과 수평형이 있는데 수직형은 대형 기어, 수평형은 소형 기어 절삭에 이용된다.

절삭한 기어의 정밀도는 호브의 정밀도에 따라 결정하며, 피치의 정밀도는 호빙머신의 테이블을 회전시키는 웜 기어의 정밀도에 따라 결정한다.

호빙머신의 크기는 가공할 수 있는 기어의 최대 피치원의 지름(mm)과 기어 폭(mm) 및 최대 모듈로 표시한다.

그림 8-165 호빙머신의 기어 가공

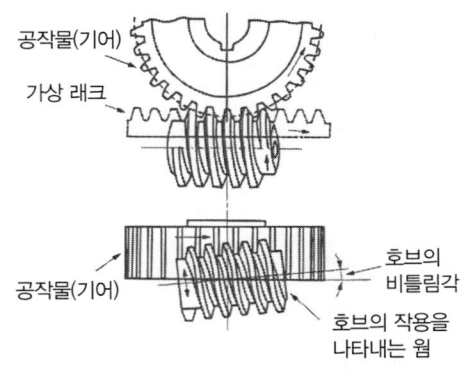

그림 8-166 호브와 공작물의 관계

(가) 호브(hob)

호브는 밀링커터와 같은 회전 공구이다. 호브는 [그림 8-167]와 같이 래크를 나선 모양으로 감고, 스파이럴에 직각이 되도록 축 방향으로 여러 개의 홈을 파서 절삭 날을 형성하게 한 것이다. 따라서, 호브의 축선을 포함한 평면으로 절단하면 그 단면은 래크의 치형이 되고, 호브를 회전시키면 이 래크의 치형이 축 방향으로 이동하게 되며, 호브의 날로 인벌류트 기어가 창성한다.

호브로 가공하는 모듈 또는 지름 피치 압력각이 같으면 잇수에 관계없이 1개의 호브로 치형을 절삭할 수 있는 특징이 있다. 호브는 단체 호브(solid hob), 조립 호브, 초경 호브, 다줄 호브 등이 있다. 호브에는 절삭력의 변동이 호브와 호브 아버에 걸리므로 힘이나 비틀림이 적게 걸리도록 큰 것을 사용하는 것이 좋다. 따라서, 호브 구멍의 지름이 크고 날의 홈 수가 많을수록 절삭력의 변동이 작아진다.

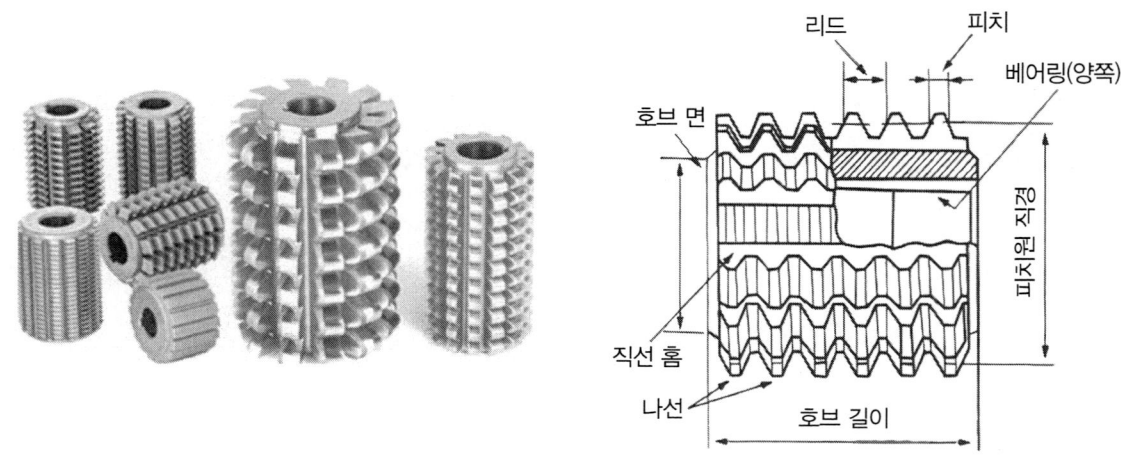

그림 8-167 각종 호브 및 호브의 각부 명칭

(나) 절삭 속도

호브의 절삭 속도는 기어 소재의 성질, 호브의 재질 등에 따라서 결정하지만, 일반적으로 다음과 같이 계산 한다.

$$v = \frac{\pi d n}{1000} \text{ (m/m)}$$

여기서, v : 절삭 속도(m/min), d : 호브의 바깥지름(mm),

n : 호브의 회전수(rpm)

일반적으로 고속도강의 호브인 경우, 절삭 속도를 클수록 절삭 면은 매끈하게 되므로 호브는 고속으로 회전시키고 이송은 비교적 작게 하는 편이 좋다. 그러나 이송을 너무 세분하여 조금씩 주면 호브가 절삭하지 못하고 날 끝에서 슬립이 생겨 오히려 치형의 정밀도를 저하시키는 원인이 될 수 있다

(다) 기어 절삭 깊이

기어의 이 높이가 되기 위해서는 호브와 기어 소재의 위치를 정확히 정하여야 한다. 호브 헤드를 이동

하여 호브의 날 끝이 기어 소재의 치폭 거의 중앙에 오도록 접근시켜 호브의 날 끝이 기어 소재의 외주에 약간 접촉된 위치를 0점이라고 정한다. 그리고 호브와 기어 소재가 서로 떨어질 때까지 호브 헤드를 위로 이동 시킨다. 또, 테이블도 이동하여 0점을 기준으로 하고 기어 절삭 깊이를 주어 테이블을 베드에 고정시킨다.

기어 소재의 재질이 견고할 때 또는 치형이 클때, 정밀한 기어일 때는 한번에 전부의 절삭 깊이를 주지 말고 2~3회 분할하여 절삭한다.

(라) 이송의 변환 기어 계산

이송은 기어 소재 1회전에 대한 호브의 이송량이다. 이송을 주는 변환 기어의 계산은 치수 분할할 때 변환 기어와 같이 호빙머신 특유의 식으로 계산한다.

예를 들어 이송 정수 의 호빙머신에서 이송 는 다음과 같다.

$$\frac{f}{K} = \frac{Z_a \times Z_c (주동차의 기어의 곱)}{Z_b \times Z_d (피동차의 기어의 곱)}$$

여기서, K : 호빙머신의 특유의 이송 정수

Z_a, Z_b, Z_c, Z_d : 변환 기어의 잇수

〔예제 1〕이송 정수 0.25인 호빙 머신의 테이블 이송을 1mm라 할 때 변환 기어의 잇수를 계산하여라.

$$\frac{f}{K} = \frac{Z_a \times Z_c}{Z_b \times Z_d} = \frac{f}{0.25} = \frac{1}{0.25} = \frac{100}{25} = \frac{2 \times 50}{1 \times 25} = \frac{60 \times 50}{30 \times 25}$$ 이므로

Z_a는 60, Z_b는 30, Z_c는 50, Z_d는 25의 기어를 끼운다.

2) 기어 세이퍼(gear shaper)

기어 세이퍼는 피니언 공구 또는 래크형 공구를 왕복 운동시켜 기어 소재와 공구에 적당한 이송을 주면서 기어를 가공하는 공작기계이다. 이 기계는 단붙이 기어 및 내접기어를 쉽게 가공할 수 있으며, 사용 커터에 따라 피니언 커터형과 래크 커터형이 있다.

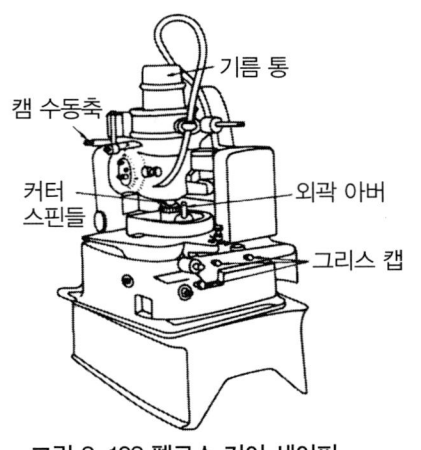

그림 8-168 펠로스 기어 세이퍼

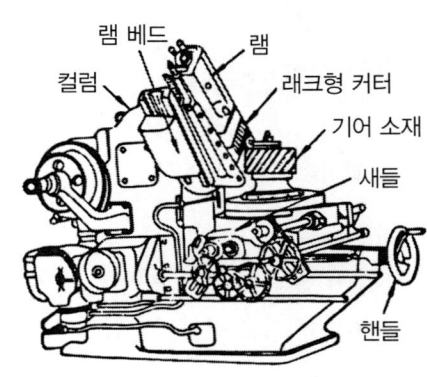

그림 8-169 마그식 기어 세이퍼

피니언 커터형 기어 세이퍼는 창성법에 의한 스퍼 기어, 턱이 있는 기어, 내접기어, 헬리컬 기어 등을 절삭할 수 있고, 대표적인 기어절삭기는 펠로스 기어 세이퍼(Fellows gear shaper)가 있다.

래크형 커터 기어 세이퍼는 주로 헬리컬 기어와 스퍼 기어를 절삭하며, 호빙머신과 같이 1개의 커터로 피치가 같은 임의의 기어를 절삭할 수 있으며, 마그식 기어 세이퍼(Maag gear shaper)와 선덜랜드식 기어 세이퍼(Sunderland gear shaper) 등이 이다.

3) 베벨기어 절삭기

직선 베벨기어 절삭기의 대표적인 절삭기는 글리슨식 직선 베벨기어 절삭기(Gleason straight bevel gear generator)이며, 이는 2개의 공구대에 각각 1개씩의 커터를 가지고 있고 양 커터가 형성하는 모양은 래크형이 된다. 이 기어절삭기는 2개의 래크형 직선날 커터를 정점을 향해 교대로 왕복 운동시킴으로써 크라운 기어(crown gear) 1개의 잇면을 형성하게 할 수 있는 기계이다.

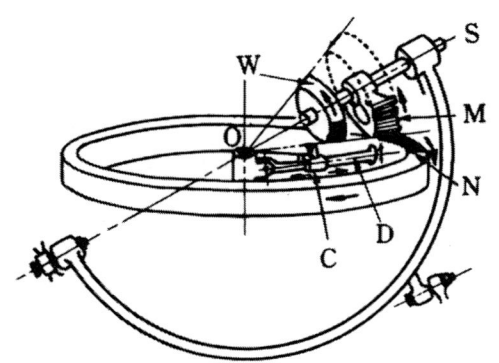

그림 8-170 글리슨 베벨기어 절삭 원리

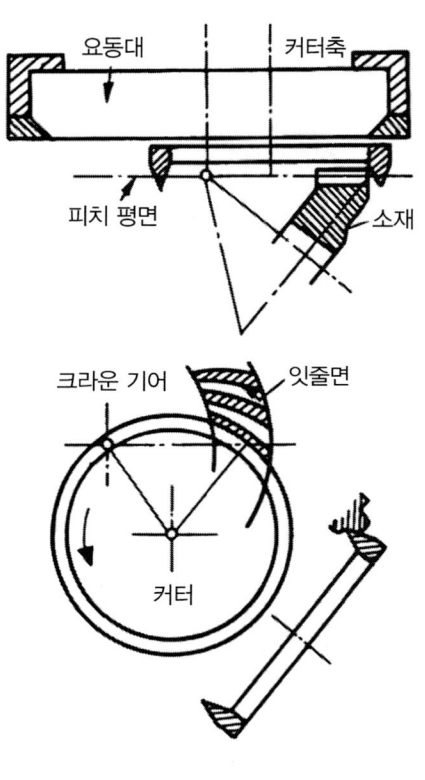

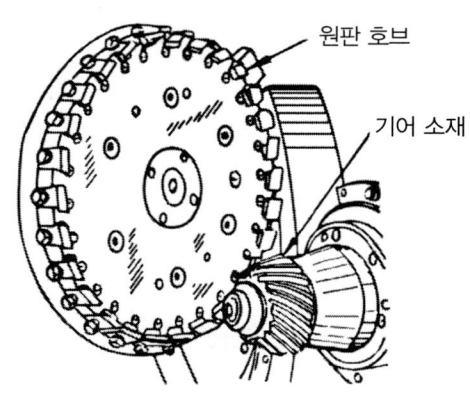

그림 8-171 스파이럴 베벨기어 절삭

그림 8-172 스파이럴 베벨기어 절삭 원리

스파이럴 베벨기어를 절삭하는 기계는 [그림 8-171]과같이 둥근 기어커터를 이용하며, 글리슨식 스파이럴 베벨 기어절삭기가 주로 쓰인다. [그림 8-172]는 가공 원리를 나타낸 것으로 회전 중에 커터의 날끝은 요동대의 가상 크라운 기어 1개의 잇면을 그리게 된다. 이것을 크라운 기어의 축 주위에 공전시키고,

이것과 정확히 맞물리도록 기어 소재를 회전시키면 원호 모양의 1개의 잇면이 창성되어 절삭 된다. 1개의 이를 절삭하고 나면 커터와 기어 소재를 역으로 회전시켜 원위치에 귀환하게 한 다음 분할을 하고 필요한 절삭 깊이로 다시 다음의 이를 절삭 하게 된다.

4) 기어 세이빙(gear shaving)

기어절삭기로 절삭된 기어를 정밀하게 다듬질하기 위하여 홈붙이 날(홈의 폭 0.7~1mm)을 가진 커터로 기어 잇면을 다듬질 하는 가공을 기어 세이빙이라 한다.

커터는 래크형과 피니언형이 있으며, 커터의 원주속도는 100~130m/min, 이송은 0.2~0.4mm/rev, 절삭 깊이는 반지름 방향으로 1회 왕복 0.02~0.04mm로 하는 것을 표준으로 한다.

세이빙의 여유는 이 두께로 0.05~0.10mm로 하고, 커터와 기어의 축 교차각은 8~12° 정도이다. 세이빙을 한 기어는 치형과 편심 등이 수정되고 피치가 고르고 정확한 물림이 되어 고속 회전할 경우 소음이 작고, 내마멸성을 향상시킨다.

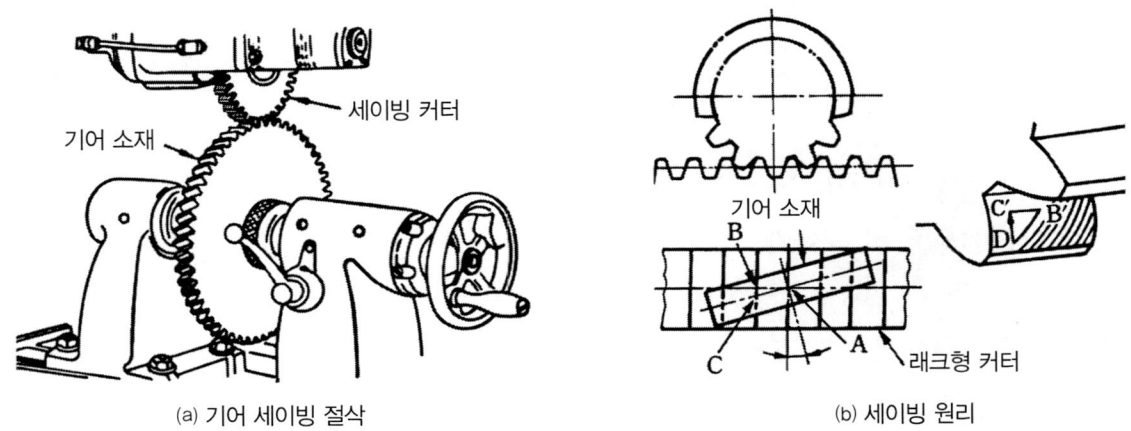

(a) 기어 세이빙 절삭   (b) 세이빙 원리

그림 8-173 기어 세이빙

5. 브로칭머신(broaching machine)

(1) 브로칭머신에 의한 가공

브로칭 (broaching)이란 브로치(broach) 라고 하는 많은 절삭날을 갖고 있는 공 구를 공작물의 외면 또는 내면을 눌러대고 당겨서 1회 통과되는 동안에 브로치의

각 절삭날이 공작물의 표면을 조금씩 깎아 내어 브로치의 단면 형상으로 절삭가 공한다. 브로칭가공에 사용되는 공작기계를 브로칭머신(broaching machine)이 라 하며 브로칭은 복잡한 형상의 구멍을 정확하게 한번에 가공할 수 있으므로

대량 생산에 이용된다.

브로칭가공은 다음과 같은 특징을 갖고 있다.

① 브로치의 형상에 따라 다양한 단면 형상의 공작물을 가공할 수 있다
② 1회의 통과(절삭) 운동으로 가공을 완료하므로 작업 시간이 매우 짧다.
③ 다듬질 면은 매우 깨끗하고 균일한 것을 얻을 수 있다.
④ 총신의 내면 스파이럴 홈 등과 같이 어려운 가공도 단시간 내에 가공할 수 있다.
⑤ 브로치의 제작이 매우 어렵고 고가 이어서 대량 생산에만 이용된다.

(a) 내면 브로칭   (b) 외면 브로칭

그림 8-174 브로칭 제품 보기

브로치는 둥근 구멍, 각형 구멍, 키 홈, 스플라인의 구멍 등을 다듬질하는 데 이용하였으나 최근에는 외면을 다듬는 표면 브로치로 선형 기어(segment gear)의 치형과 홈 외에 특수한 모양의 면을 절삭하는 데 이용되고 있다.

브로칭머신의 가공은 다음과 같은 특징이 있다.

① 브로치 형상에 따라 다양한 가공을 한다.
② 브로치 1회 통과로 가공품이 완성하므로 가공 시간이 짧다.
③ 매끈한 가공 면과 균일한 가공품을 얻을 수 있다.
④ 스파이럴 홈과 같은 복잡한 가공도 할 수 있다.
⑤ 브로치 제작이 어렵고, 고가이므로 다량 생산에만 이용한다.

(2) 브로칭 머신의 종류

1) 수평 브로칭 머신(horizontal broaching machine)

브로치가 수평으로 설치되어 있으며, 가공물을 지지구에 고정하고, 브로치를 풀 헤드에 고정하여 가공한다. 브로칭 머신을 설치하는 면적이 다소 큰 문제는 있으나, 기계의 조작이 쉽고, 가동 및 안정성, 기계의 점검 등이 수직형보다 우수하다. 절삭 속도는 5~10m/min 정도, 귀환 속도는 15~40m/min 정도이다.

수평 브로칭 기계는 내부 및 외부 브로칭 작업에 적합한 공작물을 브로칭하기 위해 풀 타입 방식을 사용하며 긴 브로치와 무거운 작업물을 처리하는 데 적합하다.

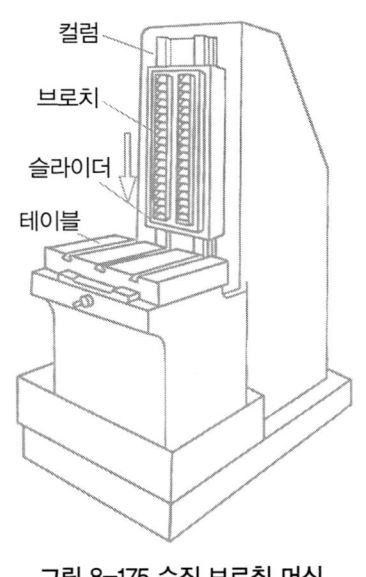
그림 8-175 수직 브로칭 머신

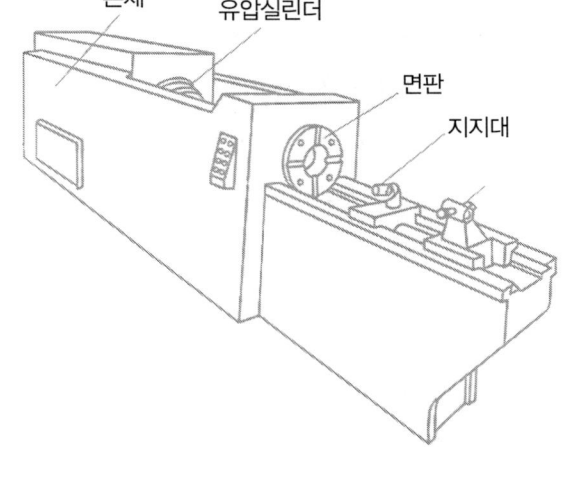
그림 8-176 수평 브로칭 머신

2) 수직 브로칭 머신

브로치가 수직으로 설치되어 있으며, 수평형에 비해 가공물 고정이 편리하다. 테이블에 올려놓은 상태로 가공할 수 있다. 절삭유 공급이 편리하여 소형 가공물의 대량생산에 적합하다. 수평형에 비해 설치 면적은 작으나 높이가 높아지고 안정성이 떨어지므로 견고히 기계를 설치하여 사용하여야 한다. 수직 브로칭 머신은 브로치에 도구를 밀거나 당겨서 작동하며, 밀어서 브로치 하는 것이 가장 일반적으로 사용되는 방법이다.

(3) 브로칭머신의 종류 및 구성

1) 브로치의 종류

브로칭 머신은 브로치를 수평으로 가공하는 수평 브로칭 머신(horizontal broaching machine)과 브로치를 상하로 가공하는 수직 브로칭 머신(vertical broaching machine)이 있다. 가공 방법에 따라 내면 브로칭 머신과 외면 브로칭 머신으로 분류하고, 내면 브로칭 머신은 브로치를 밀어 넣을 때 절삭하는 압입식과 인발할 때 절삭하는 인발식이 있다. 또한, 브로치를 움직이는 방법에 따라 나사식, 기어식, 유압식 등이 있으나 최근에는 유압식이 많이 이용되고 있다.

브로칭 머신의 크기는 최대 인장력과 브로치의 최대 행정 길이로 나타내고, 최대 인장력은 5~50(ton) 정도가 보통 이용한다.

브로치는 구조에 따라 일체형(solid type), 날을 끼워 넣는 인서트형(inserted type), 조립형(combined type) 브로치 등이 있다.

브로치의 작용에 따라 인발식 브로치와 압입식 브로치가 있으며 인발식 브로치 작업은 일반적으로 많이 이용되고, 작은 구멍 또는 절삭량이 많은 구멍을 가공할 때 먼저 거칠게 보링한 다음, 필요한 모양으로 브로치 작업을 하고, 압입식 브로치 작업은 큰 구멍이나 절삭량이 적은 공작물을 다듬질 가공할 때 사용한다. 브로치의 형상과 용도에 따라 키홈 브로치, 원형 브로치, 스플라인 브로치, 각 브로치, 스파이럴 브로치, 세레이션(serration) 브로치 등이 있다.

2) 브로치의 구성

브로치는 다음과 같이 구성되어 있다.

① 기계에 브로치를 장착하기 위해 설치된 생크
② 전단계의 가공 면에 의해서 안내되는 안내부
③ 다수의 절삭 날로 구성되어 있으며 실제로 절삭하는 절삭부
④ 동일한 크기의 절삭 날로 절삭부에서 절삭하고 가공 면을 더욱 정밀하게 다듬질함으로써 치수 정밀도를 정확하게 하기 위한 평행부로 구성되어 있다.

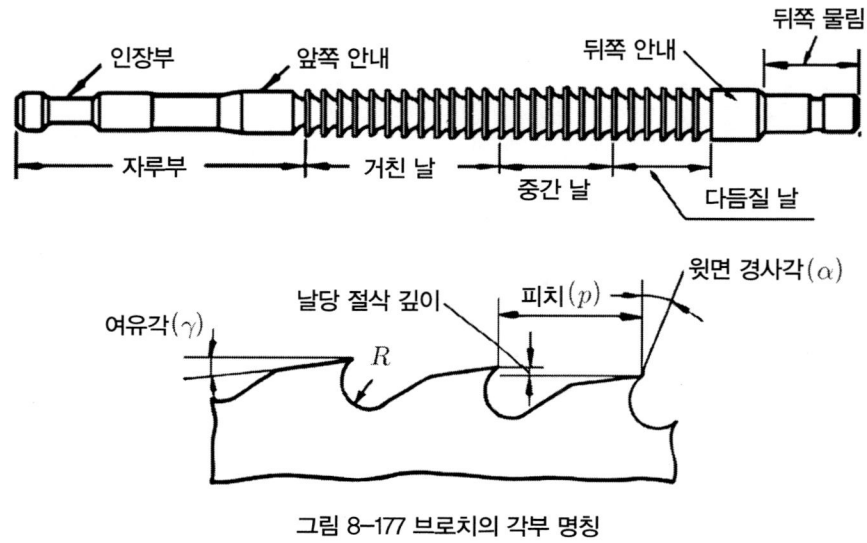

그림 8-177 브로치의 각부 명칭

브로치의 명칭은 [그림 8-177]과 같이 자루부, 절삭부, 평행부 및 후단부의 네 부분이 있으며, 자루부는 기계에 브로치를 고정하기 위한 고정부와 안내부로 구성되어 있다.

또한, 절삭부는 거친 날, 중간 날, 다듬 날의 세 부분으로 되어 있는데 처음 부분은 가공 전의 공작물 치수와 거의 같고, 점차 커져서 공작물을 필요한 모양으로 절삭하고, 다듬 날로 원하는 치수의 모양으로 브로칭이 된다.

그리고, 절삭날 부분에서 날과 날사이의 홈 부분은 칩이 자유롭게 빠져나올 수 있도록 충분한 공간을 주고, 이 홈의 모양은 칩이 나선 모양이 되도록 큰 둥글기로 만들며, 날의 피치도 크게 하는 것이 좋다.

3) 브로치의 피치와 절삭날

브로치는 공작물의 형상, 재질 등에 따라 피치, 날끝각, 여유각 등이 적절해야 한다. 브로칭은 단인 공구와 같은 절삭 작용을 하므로 떨림(chattering)이 나타나기 쉽다. 절삭날의 피치가 같으면 주기적으로 절삭 저항의 변동을 일으켜 떨림 이 발생하므로 떨림을 방지하기 위하여 피치의 간격을 다르게 하여야 한다.

날사이의 피치는 점차 길게 하되 0.1~0.5mm 정도 다르게 한다. 날의 높이는 가공물의 재질 및 절삭할 부분의 길이에 따라 다르지만, 피치의 0.35~0.5배로 한다.

일반적으로 피치는 공작물의 절삭 길이에 대하여 다음과 같이 결정 한다.

$p = C\sqrt{L}\ (mm)$

p : 피치(mm), : 절삭 날의 길이(mm), C :1.5~2

C값은 가공물 재질에 따른 상수로 연한 재료는 작은 값을, 단단한 재료는 큰 값을 선택한다. 절삭 날의 높이는 가공물의 재질, 가공물의 길이에 따라 다르나 일반적으로 $h=0.35$~$0.5\ p$로 한다. 브로칭 가공에서 떨림이 발생하는 것을 방지하기 위하여, 피치의 간격을 0.1~0.5mm 정도 다르게 하면 가공 면의 표면 거칠기가 좋아진다.

제7절 정밀 입자 및 특수 가공

1. 정밀 입자 가공

(1) 래핑 (lapping)

1) 래핑의 개요

래핑은 랩이라는 공구와 공작물 사이에 랩제를 넣고, 공작물을 누르면서 상대운동으로 공작물을 매끈하고 정밀하게 다듬질하는 마모(마멸) 가공에 응용한 방법이다.

래핑으로는 원통면, 내면, 구면, 원뿔면, 평면 외에도 곡면을 정밀하게 다듬질할 수 있고, 래핑 여유는 0.01~0.02mm 정도로 하며, 내식성, 내마멸성이 높으므로 게이지 블록과 한계 게이지 등을 비롯한 볼, 롤러, 정밀 기계 부품, 광학렌즈, 프리즘 등의 광학 유리 등을 다듬질하는 데 이용하며 작업 방법이 간단하다. 래핑한 공작물의 표면거칠기는 0.0125~0.025정도이다.

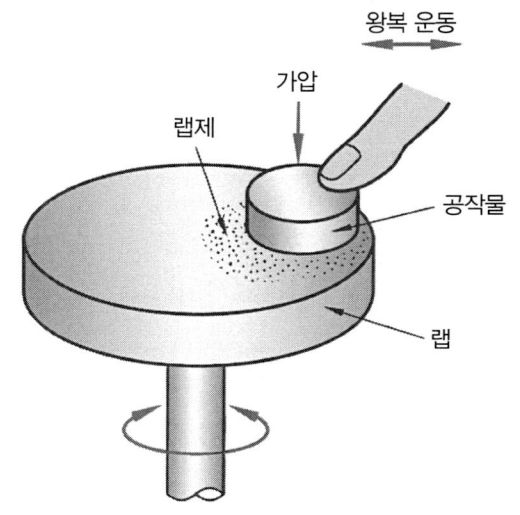

그림 8-178 래핑의 원리

래핑 가공의 특징은 다음과 같다.

① 거울 면처럼 매끈한 가공 면을 얻을 수 있다.
② 평면도, 진원도, 진직도 등 기하학적 정밀도가 높은 제품을 제작할 수 있다.
③ 대량 생산이 가능하다.
④ 작업 방법이 간단하고 설비가 많이 필요하지 않다.
⑤ 래핑 가공 면은 내식성, 내마멸성이 좋다.
⑥ 작업이 깨끗하지 못하고 작업자의 손과 옷을 더럽힌다.

⑦ 비산하는 래핑 입자가 다른 기계 또는 제품에 부착되면 마멸시키는 원인이 된다.

⑧ 가공 면에 랩제가 잔류하기 쉽고 이것은 제품의 마멸을 촉진하는 원인이 된다.

⑨ 아주 높은 정밀도를 가진 공작물을 만들려면 고도의 숙련이 필요하다.

2) 래핑 방식

래핑 작업에는 습식(거친) 래핑과 건식(다듬질) 래핑이 있다. 래핑에는 래핑액(lapping oil)을 사용하는 습식 래핑과 래핑액을 사용하지 않는 건식 래핑이 있다. 일반적으로 습식 래핑으로 거친 가공을 한 후 건식 래핑으로 다듬질 가공을 한다.

① 습식 래핑

습식 래핑은 랩제와 래핑액을 섞어서 공작물과 랩 사이에 주입하여 가공하는 것으로 건식 래핑에 비하여 고압, 고속으로 가공하는 것이 일반적이다. 래핑액으로는 경유, 석유 등의 광물유나 올리브유, 종유 등의 식물성유가 사용된다.

② 건식 래핑

건식 래핑은 래핑액을 공급하지 않고 랩제만으로 가공하는 방법으로 일반적으로 습식 래핑 후에 표면을 더욱 매끈하게 가공하기 위해 사용된다. 습식 래핑 후에 사용할 때는 공급된 래핑액을 닦아낸 후에 가공한다.

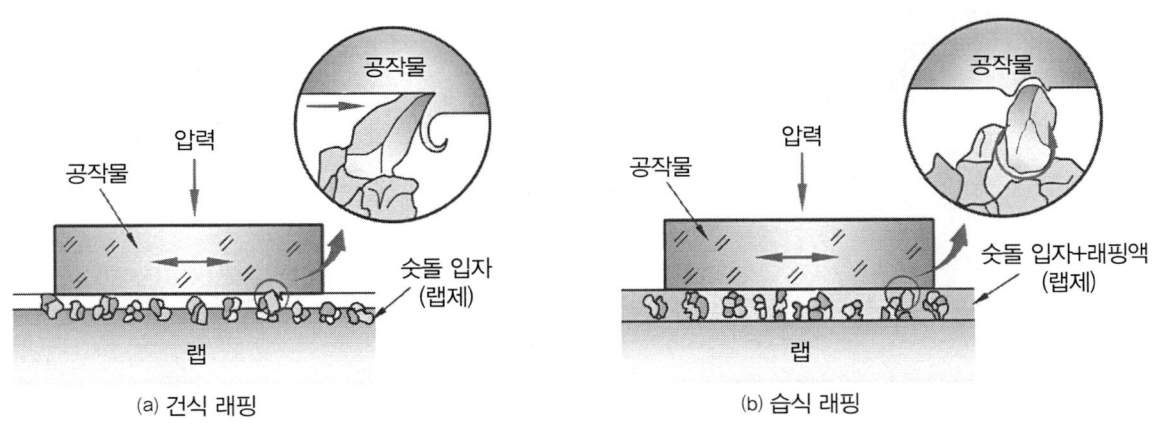

그림 8-179 래핑 작업

3) 래핑 작업

래핑 속도는 건식 래핑의 경우 50~80m/min 범위이며 입자가 비산하지 않는 정도로 한다. 래핑 속도가 너무 빠르면 열이 발생되고 열처리된 표면층에 뜨임(tempering)이 일어나 변질될 우려가 있다.

래핑 압력은 습식 래핑에서는 0.5kgf/㎠ 정도이지만 너무 압력이 높으면 래핑유가 밀려 나와 건식이 된다. 건식일 때에는 강에서 1.0~1.5 kgf/㎠, 주철에서는 이것보다 낮게 한다. 래핑 작업할 때 가공 면에 여러 가지 모양으로 상처가 나타날 때가 있다. 이것을 방지하기 위해서는 래핑 입자의 크기가 균일해야 하며 큰 입자가 섞이지 않도록 한다.

① 손 래핑

공작물의 수량이 적거나 전용 기계가 없는 경우에는 수 가공 래핑을 한다. 수 가공 래핑은 손으로 하는 래핑을 말하지만, 선반이나 드릴링 머신을 이용하기도 하며, 가공하려는 형상에 따라 [그림 8-180]과같이 평면 랩, 원통형 랩, 안지름 랩이 사용된다.

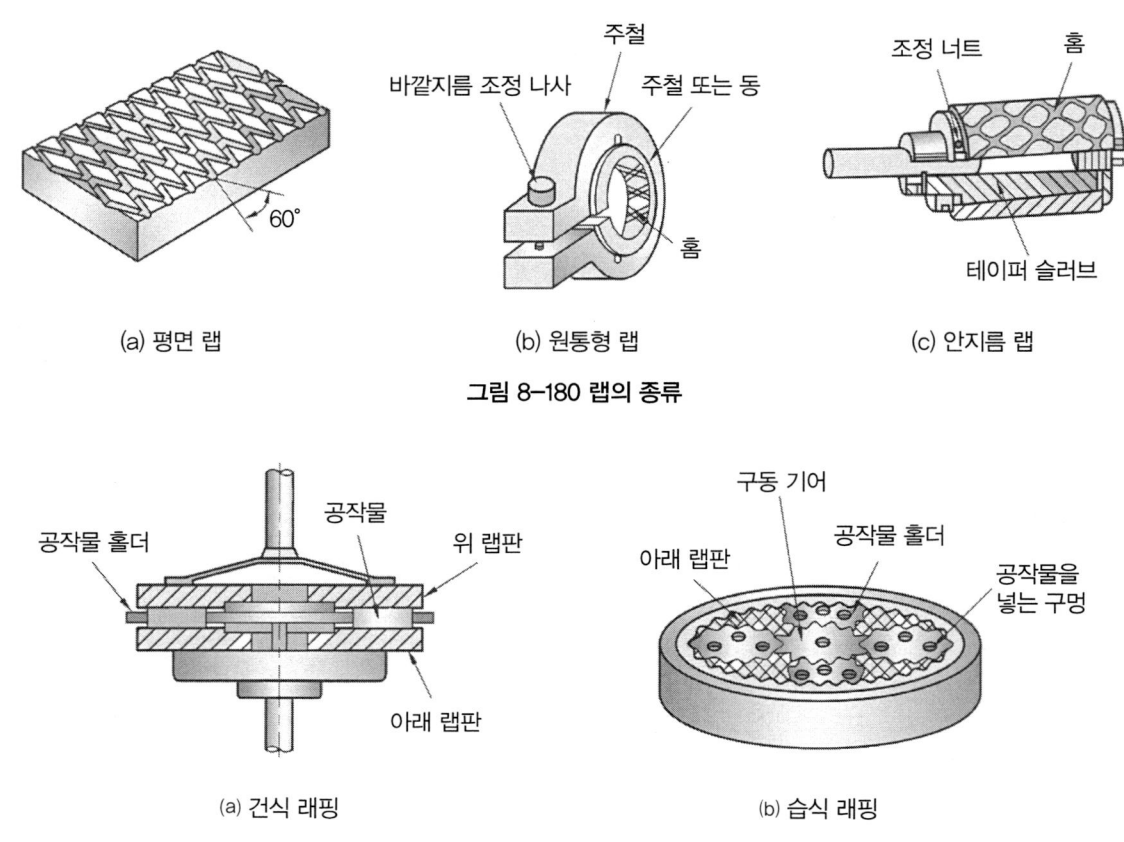

그림 8-180 랩의 종류

그림 8-181 래핑 작업

② 기계 래핑

래핑 머신은 랩을 지지해 주는 축의 방향에 따라 수직형과 수평형이 있으며, 일반적으로 수직형 래핑 머신이 사용된다.

래핑 가공 시 랩의 반지름이 변하면 래핑 속도가 달라지므로 랩의 전체 면에서 원주속도가 고르게 분포되도록 [그림 8-181]과같이 공작물 홀더를 사용한다.

공작물은 랩 면과 미끄럼 운동을 하고 공작물 홀더는 자전하면서 공전하며 래핑이 이루어진다.

2) 랩제(lapping compound)

랩제는 래핑 분말로서 탄화규소(SiC), 산화알루미늄(Al_2O_3)이 주로 쓰이며, 그 밖에 산화크롬(Cr_2O_3), 산화철(Fe_2O_3) 등이 있고, 다이아몬드 분말 등이 있는데 다이아몬드 분말은 경도가 가장 큰 랩제로서 초경합금이나 보석 등에 쓰인다. 또한, 연한 금속이나 유리, 수정 등에는 탄화규소계나 산화철이, 강에는 산화알루미늄계가, 그리고 마무리 다듬질에서는 산화크롬 등이 쓰이고 있다. 랩제의 입도는 다듬질 정도에 따라 50~1,000번까지 다양하게 사용되나 축, 베어링, 정밀 기계 부품에는 주로 220~800번 정도가 많이 사용된다.

그리고 습식의 래핑유는 랩제와 섞어서 사용하는 것으로 가공 면에 윤활을 주어 긁히는 것을 방지하기 위해 사용하며, 경유나 석유 등의 광유나 물, 그 밖에 올리브유나 종유 등의 점성이 작은 식물성 기름 등을 사용한다.

3) 랩(lap)과 래핑 머신

랩은 일반적으로 주철, 구리와 같은 무른 금속재료 또는 박달나무, 아연, 아연합금 등 비금속 재료로 공작물보다 연한 것을 사용한다.

강의 래핑에는 주철이 사용되는데, 특수한 경우에는 구리 합금이나 연강도 쓰이고 있다. 랩으로 사용하는 주철은 연하고, 조직이 미세하며, 기공이 없는 오래된 것이 좋다. 또, 황동의 래핑에 사용되는 목재는 나이테가 잘 나타나지 않는 균질의 박달나무가 좋다.

랩의 모양은 작업에 따라 차이는 있으나 평면에 쓰이는 습식용은 랩의 면에 홈이 있어 랩제나 래핑유를 공작물에 균일하게 퍼지게 하고, 나머지는 빠져나가게 되어 있다.

래핑 머신은 랩을 지지하는 축 방향에 따라 수직식과 수평식이 있고, 랩을 한쪽 면만 사용하는 것과 양쪽 면을 사용하는 것이 있다. [그림 8-183]은 양면을 래핑할 수 있는 수직식 래핑 머신이다.

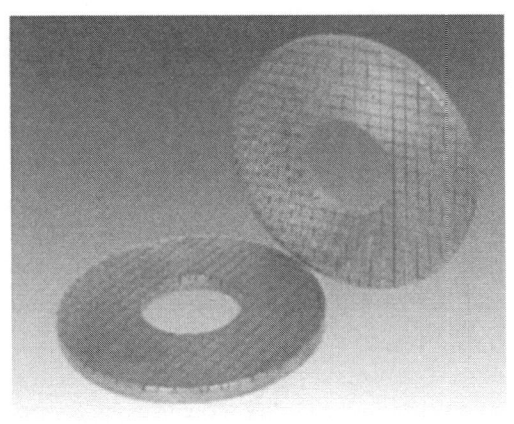

그림 8-182 원형 랩

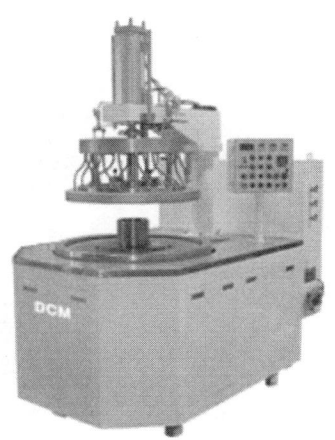

그림 8-183 양면 래핑 머신

4) 래핑 가공 조건

래핑은 손작업으로 하는 손 래핑(hand lapping)과, 래핑 머신을 사용하는 기계 래핑(machine lapping)이 있다. 손 래핑은 선반이나 드릴링 머신을 이용하여 수량이 적거나 적합한 전용 기계가 없을 때 이용한다.

래핑 속도는 래핑 입자가 비산하지 않을 정도로 한다. 건식에서는 50~80m/min 정도인데, 너무 빠르면 열이 발생하여 열처리한 표면층이 변질될 염려가 있다.

래핑 압력은 습식에서 4.9 N/cm², 강인 경우 건식에서는 9.8~14.7 N/cm² 정도로 한다. 주철은 이보다 더 낮게 한다. 랩제는 균일한 입도로서 큰 입자가 섞이지 않도록 해야 면에 상처가 생기지 않는다.

5) 래핑유(lapping oil)

래핑유는 경유나 석유 등의 광물유, 물, 점성이 적은 올리브유나 종유 등의 식물성유를 사용한다. 래핑유는 랩제와 섞어 사용하며, 가공물에 윤활을 주어 표면이 긁히는 것을 방지한다. 일반적으로 석유와 기계유를 혼합한 것을 많이 사용한다.

(2) 슈퍼 피니싱(super finishing)

1) 슈퍼 피니싱 가공

슈퍼 피니싱(super finishing)이란 입도가 작고 연한 숫돌을 작은 압력으로 공작물 표면에 가압하면서 공작물에 이송을 주고 또 숫돌을 좌우로 진동시키면서 가공하는 방법이다. 슈퍼 피니싱에 의한 가공면은 숫돌과 공작물의 접촉 면적이 크기 때문에 매끈하며 이송 자국이나 진동에 의한 변질부가 극히 작다. 또한 다듬질 면의 내마모성도 좋고 가공중 공작물의 온도상승이 거의 없어 변질층이 생기지 않아 다른 가공법보다 정밀도가 높은 면을 짧은 시간에 얻을 수 있다.

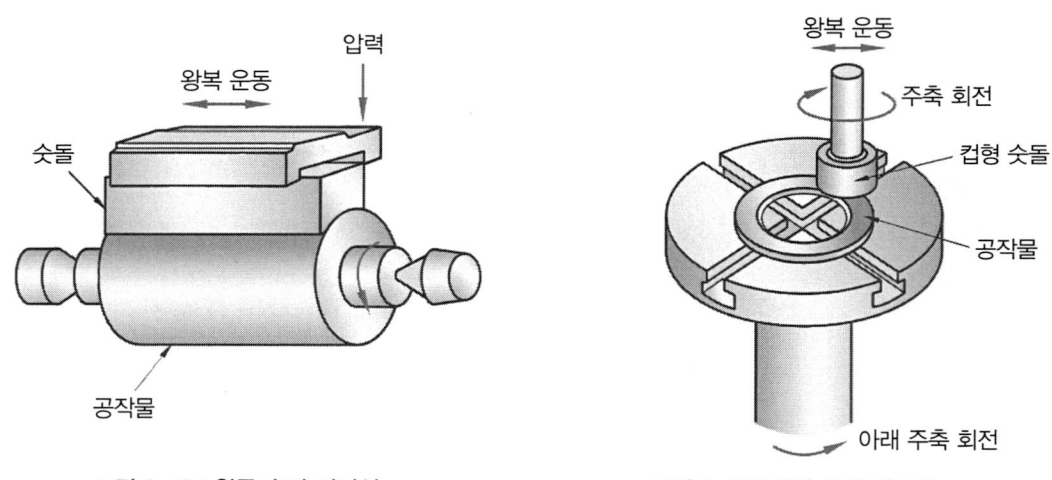

그림 8-184 원통 슈퍼 피니싱   그림 8-185 평면 슈퍼 피니싱

기본적인 작업 방법으로는 원통의 외면과 내면, 평면 등의 가공에 사용되며, 특히 축의 베어링 접촉부, 각종 게이지 및 각종 롤러 등의 초정밀 가공 등에 사용되고 있다. 숫돌의 폭은 공작물 지름 60~70% 정도이며 숫돌의 길이는 공작물의 길이와 같게 하는 것이 일반적이다. 슈퍼 피니싱의 특징은 다음과 같다.

① 다듬질 면은 평활하고 방향성이 없다.
② 가공에 의한 변질층이 매우 작다.
③ 원통의 외면은 물론 내면, 평면을 다듬질하는 데 이용한다.
④ 정밀 롤러, 저널, 볼 베어링의 레이스 또는 게이지 등의 정밀 다듬질에 이용한다.
⑤ 치수의 변화를 위한 가공이라기보다는 고정도의 표면을 얻는 것이 주목적이다.

2) 숫돌 재료

숫돌은 WA, GC의 입자와 비트리파이드로 결합한 결합제를 주로 사용하지만, 실리케이트, 고무 등을 사용할 태도 있다. 입자가 크면 능률은 높지만, 다듬질 면이 거칠게 된다. 매끈하고 고운 면이 필요할 때는 1000~4000번의 입도를 사용하나 일반적으로 400-1000번의 입도 범위에서 사용한다.

결합도는 연삭숫돌보다 약한 것을 사용한다. 결합도가 크면 자생 작용이 어렵고, 너무 무르면 숫돌의 소모가 크다. 연한 재료는 보통 K~N, 경질 재료는 G~J 정도 범위에서 결합도를 선택한다.

3) 슈퍼 피니싱 가공 조건

슈퍼 피니싱은 숫돌 축이 회전 운동하는 동시에 작은 진동을 하면서 다듬질 되는 것이 다른 기계와 다른 점이나, 원통 슈퍼 피니싱에서 다듬질은 지름을 3~5정도 연삭된다.

숫돌과 공작물 사이의 압력은 가공 시간과 표면거칠기에 영향을 끼치므로 다듬질 조건 등을 고려하여 선택하여야 하나 보통 0.98~29.4 N/cm^2의 범위로 하고 있다.

숫돌의 진폭은 보통 1.5~5mm 범위로 하고, 진동수는 진폭이 1.5mm인 경우, 매초 500회, 진폭이 5mm인 경우, 100회 정도로 한다. 공작물이 클 때에는 매분 500~600회, 작을 때에는 1000~1,200회이면 충분히 작업이 가능하다.

공작물의 속도가 크면 자생 작용이 어렵고, 절삭 능력은 떨어지나 속도가 느리면 다듬질 능률은 높으나 가공 표면이 거칠게 된다. 따라서, 초기에는 6~10m/min의 저속으로 한 다음, 마무리 작업에서는 8-27m/min으로 하는 것이 좋다. 또한, 슈퍼 피니싱은 일반 절삭과는 달리 발열이 없으므로 절삭제의 역할은 칩의 흐름을 원활히 하는 것이 주목적이므로 석유나 경유 등이 주로 사용되고 있다. 경우에 따라서 10~30% 정도의 기계유를 혼합하여 사용한다.

(3) 호닝(honing)

1) 호닝 가공

마찰 작업으로 보링, 리밍, 연삭 가공 등에서 가공이 끝난 원통의 내면에 정밀도를 더욱 높이기 위하여 직사각형 단면의 가는 숫돌을 방사 방향으로 배치한 혼(hone)으로 구멍에 넣고 회전운동과 축 방향의 운동을 동시에 시켜 정밀 다듬질하는 방법을 호닝이라 한다.

호닝은 실린더, 고속 베어링면 등의 내면에 대한 진원도, 진직도, 테이퍼, 표면거칠기 등을 개선하고, 다듬질하는 데 널리 이용한다. 최근에는 원통의 외면, 평면, 크랭크축, 기어 등의 곡면에도 적용되고, 3~10μ 정도의 치수 오차와 1~4μ 정도의 표면거칠기인 매끈한 다듬질 면을 가공할 수 있다. 호닝머신은 수평식과 수직식이 있고, 최근에는 치수를 자동 조정하는 전자동 호닝머신도 있다. [그림 8-186]은 수직식 호닝머신에 의한 실린더 가공 예이다.

호닝의 특징은 다음과 같다.

① 발열이 적고 경제적인 정밀가공이 가능하다.
② 전(前) 가공에서 발생한 전직도, 진원도, 테이퍼 등에 발생한 오차를 수정할 수 있다.
③ 표면거칠기를 좋게 할 수 있다.
④ 정밀한 치수로 가공할 수 있다.

호닝 가공을 할 때는 절삭유를 충분히 공급하여 발열을 줄이고, 칩 배출작용을 돕는다.

그림 8-186 호닝머신과 호닝 가공

2) 혼(hone)

스핀들에 설치한 공구로 방사 방향으로 붙인 숫돌을 구멍 내면의 스프링에 의한 가압이나 막대 팽창식을 이용하여 눌러 대면서 회전함과 동시에 축 방향으로 왕복 운동하면서 가볍게 연삭한다. [그림 8-187]은 호닝은 직사각형의 숫돌을 스프링으로 축에 방사형으로 부착한 원통 형태의 공구, 즉 혼(hone)을 회전 및 직선 왕복 운동시켜 공작물을 가공하는 방법이다.

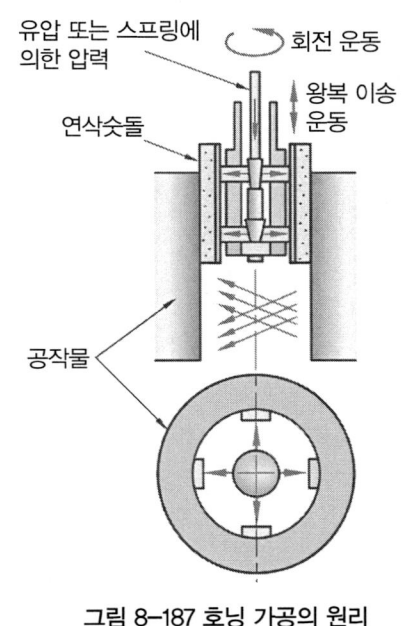
그림 8-187 호닝 가공의 원리

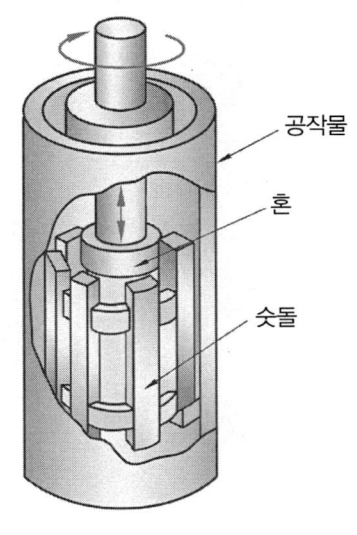
그림 8-188 혼의 구조

3) 숫돌 재료

호닝 숫돌은 SiC(GC, G입자: 거친 작업용) 또는 Al_2O_3(A, WA: 다듬질용) 숫돌 입자가 주로 사용하나 초경합금을 호닝 할 때는 다이아몬드를 이용한다. 결합제는 비트리파이드나 레지노이드 등을 이용하고 결합도는 공작물 재질, 작업조건에 따라 열처리 경화한 강철은 J~M, 연강은 K~N, 주철, 황동은 J~N 의 범위에서 쓰인다. 입도는 〈표 8-27〉 범위에서 사용한다.

표 8-27 호닝 다듬질 정도와 입도

거친 호닝	보통 호닝	다듬질 호닝
80~120번	220~280번	400~400번

4) 호닝 조건

공작물의 표면을 통과하는 입자의 속도는 회전속도와 왕복 속도의 합성속도이다. 혼의 원주속도는 40~70m/min이며, 왕복 속도는 원주속도의 1/2~1/5 정도이다. 숫돌은 회전과 동시에 왕복운동을 하므로 [그림 8-189]와 같은 경로가 나타나며, 무늬의 교차각 a는 거친 호닝에서 40~60°, 다듬질 호닝에서는 20~40°이다.

혼의 가공 면에 대한 압력은 비트리파이드 결합제를 사용할 경우, 거친 호닝 98.1 N/cm^2, 다듬질 호닝 에서는 39.2~58.7 N/cm^2 정도로 하고, 레지노이드 결합제 숫돌에서는 그 1/10 정도로 한다.

호닝 여유는 거친 호닝에서는 0.05~0.1mm, 다듬질 호닝에서는 0.005~0.025mm 정도이다.

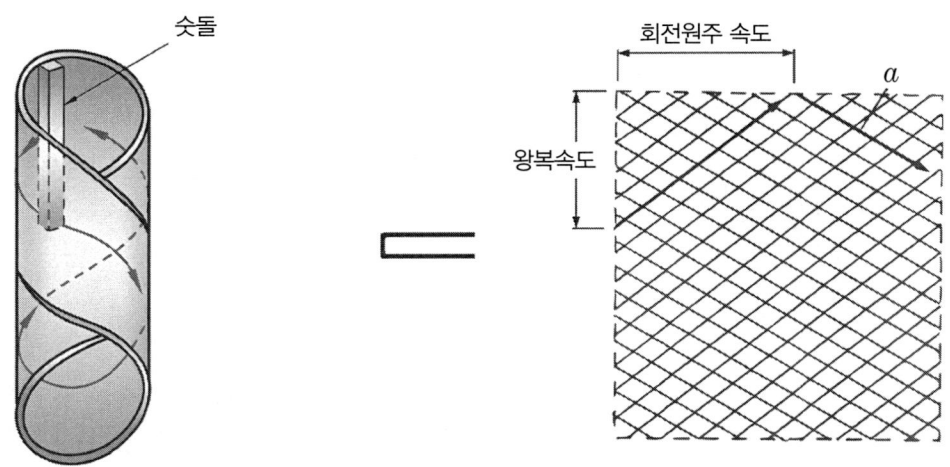

그림 8-189 혼 입자의 운동

또한, 호닝 작업할 때에는 칩, 숫돌 입자 등 부서진 것을 씻어 내고, 발열을 방지하기 위하여 냉각액인 등유에 돼지기름을 섞은 것이나 황을 첨가한 것을 연삭유로 많이 사용한다.

(4) 액체호닝(liquid honing)

1) 액체호닝의 특징

액체호닝은 가공액과 혼합된 연마제를 압축 공기와 함께 노즐로 공작물인 경금속, 플라스틱, 고무, 유리 등의 표면에 분출시켜 다듬질 면을 얻는 분사가공 방법으로 다음과 같은 특징이 있다.

① 가공 시간이 짧게 걸린다.
② 복잡한 형상의 제품을 가공할 수 있다.
③ 공작물 표면의 산화막, 도료, 거스러미(burr)를 제거하기 쉽다.
④ 피닝(peering) 효과가 크다.
⑤ 주조품, 스케일을 제거 한다.
⑥ 피로강도 및 인장강도(5~10%) 증가한다.
⑦ 가공 면에 방향성이 존재하지 않는다.
⑧ 아주 작은 치수 오차를 유지하며 탄화수소물을 속히 제거한다.
⑨ 유리, 플라스틱 등의 표면을 아름답고 매끈하게 가공할 수 있다.
⑩ 절삭공구의 인선을 액체 호닝하면 수명을 연장할 수 있다.

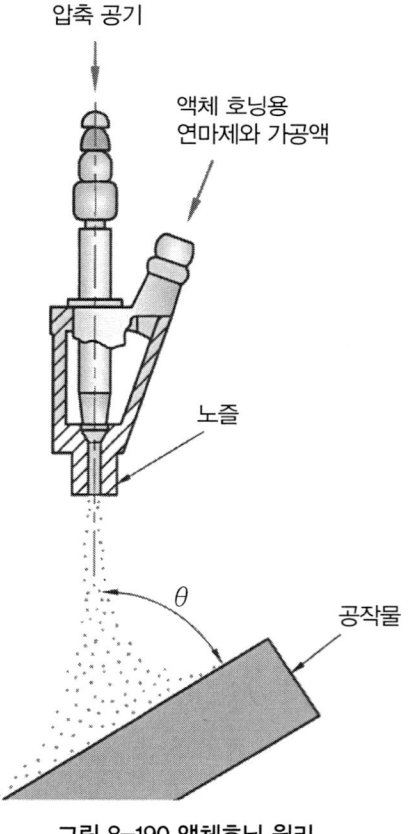

그림 8-190 액체호닝 원리

⑪ 호닝입자가 가공물의 표면에 부착되어 내마모성을 저하할 우려가 있다.

⑫ 다듬질 면의 진원도, 직진도가 좋지 않다.

호닝 가공 면을 결정하는 요소로는 공기 압력, 시간, 노즐에서 가공 면까지의 거리, 분출 각도 및 연마제의 혼합비 등이다.

액체호닝의 응용 범위로는

① 주조품의 산화물 제거

② 도금 및 도장할 부품의 표면가공과 같이 치수 정밀도 보다는 표면가공에 적합하다. 불규칙한 표면 가공에 적합한 방법이다.

유리, 플라스틱, 고무 금형, 다이캐스팅 제품, 주형, 다이의 귀따기 및 표면가공에 이용된다.

2) 액체호닝 작업조건

SiC, Al_2O_3의 분말 연마제와 물에 방청제를 첨가한 가공액을 사용하고, 입도는 표면 다듬질 정도에 따라 보통 주물은 60번, 산화 피막을 제거하는 데에는 60~220번, 정밀 다듬질할 때는 325~520 정도의 입도를 사용한다.

다듬질 표면은 연마제의 농도, 공기 압력, 분사 시간, 노즐과 공작물과의 거리, 그리고 분사 각에 따라 다르다. 공기 압력은 높을수록 가공 능률이 높으며, 보통 58.6~63.7 N/㎠ 정도로 한다.

연마제와 가공액과의 혼합비는 용적으로 1 : 2 정도일 때 능률이 가장 높으며, 그 양은 지름 12.5mm의 노즐로 5.8~6.5kgf/㎠의 공기 압력으로 분당 4.5~6.8kgf (49~69N) 정도로 한다. 분사 노즐과 공작물 사이의 거리는 보통 62~75mm 정도나, 얇은 관을 가공할 때는 적어도 200mm 정도 떨어진 상태가 좋다.

철강의 경우 분사각은 40~50°(45°) 정도가 가장 능률적이나 분사 각이 크면은 거칠어진다.

2. 특수 정밀가공

(1) 벨트 연마가공

섬유로 된 벨트에 연삭 입자를 접착시키고, 여기에 공작물을 눌러 표면을 연마하고 평활하게 다듬질하는 가공법을 벨트 연마라고 하며, 이 기계를 벨트연마기(abrasive belt machining)라 한다.

벨트 연마는 스테인리스강, 알루미늄, 황동, 납, 주철, 유리, 자기, 플라스틱 등의 다양한 재료를 연마할 수 있고 다듬질 시간이 짧으며, 고운 면을 얻을 수 있고, 곡면을 연마할 수 있지만 정밀도가 없으므로

그림 8-191 수평식 벨트연마기

부품가공에는 적합하지 않다.

높은 경도를 다듬는 데 적합하고, 버프(buff) 다듬질에서는 가공할 수 없는 작은 돌기나 귀를 연삭할 수 있으나 눈 메움이 쉽게 나타나고 입자의 탈락이 많이 발생한다. 벨트 연마의 구성은 연삭 입자와 면포, 접착제의 3요소로 이 요소의 조합에 따라 용도와 성능이 다양하며, 인장강도, 유연성, 연삭성, 내구성 등이 있어야 한다.

벨트는 이음매가 없는 면포나 크래프트지 등을 이용하며, 내수성의 것이 쓰인다.

숫돌 입자는 주철에는 A, 강철에는 WA, 비금속에는 C, 초경합금에는 GC가 사용된다. 입도는 거친 가공에는 100번 이하, 정밀 다듬질에는 200~400번이 쓰인다. 벨트의 속도는 1,000~2,000m/min이며, 공작물을 누르는 압력은 0.6~2.0 kgf/cm² 정도로 한다. 종래에는 연삭액을 사용하지 않았으나, 이것을 사용함으로써 가공 면이 더욱 좋아지고 작업 능률이 높아지며, 벨트의 수명도 길어지게 되었다. 벨트연마기는 급속도로 발전하여, 손작업용으로는 수직형과 수평형이 있으며, 그 밖에 센터 리스 형과 자동식 등이 있다.

(2) 폴리싱(polishing)과 버핑(buffing)

탄성이 있는 재료 즉, 목재, 가죽, 직물 등으로 만든 원판 표면에 연삭 입자를 붙이고, 이것을 회전시켜 공작물 표면을 연마하는 것을 폴리싱이라 하고, 또한, 직물, 모 등으로 만든 유연한 원판 버프(buff)를 고속 회전시키며 원판 둘레에 도포한 미세한 연삭 입자로서 공작물의 표면을 매끈하게 광택을 내는 작업을 버핑이라 한다. 폴리싱은 공작물 표면을 버핑하기 전에 다듬는 방법이다.

(a) 폴리싱 작업

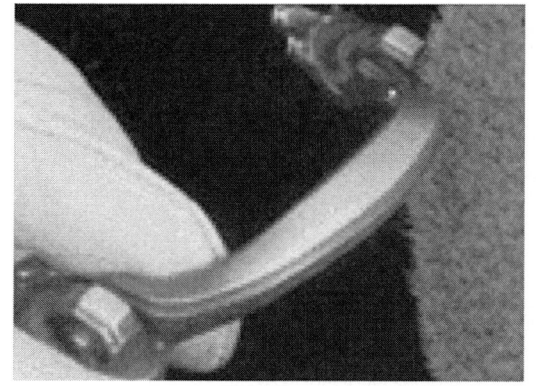
(b) 버핑 작업

그림 8-192 폴리싱과 버핑

버핑은 광택을 내거나, 도금의 소지를 다듬질하기 위한 가공이고 치수, 모양의 정밀도는 폴리싱에서 얻은 상태보다 더 좋게 할 수는 없다.

폴리싱 작업은 여러 가지 크기의 연삭 입자로 만들어진 폴리싱 바퀴를 점차 큰입자에서 작은 입자로 바꾸어 사용하면서 표면을 연마한다.

연삭 입자는 WA, GC, 에머리, 산화철, 산화크롬 등이 있는데, WA는 강과 황동, GC는 주철, 에머리는 알루미늄, 두랄루민, 산화철은 연질 금속, 산화크롬은 경금속에 주로 사용한다.

윤활제는 물 또는 기름을 사용하나 기름을 사용할 때는 윤활에 용해하지 않는 특수한 합성 접착제를 사용한 벨트를 이용해야 한다. 윤활유로는 그리스 기계유나 석유 등을 같은 용량으로 혼합하여 사용한다.

폴리싱과 버핑의 속도는 가장 적당한 것이 2,300m/min 정도이나, 바퀴의 마멸을 고려하여 평균 1,500m/min 정도로 한다.

버핑의 3요소는 연삭 입자, 유지, 지지물인 직물이고, 여기서 연삭 입자와 유지를 섞어서 만든 것을 콤파운드(compound)라고 한다. 유지는 입자를 버핑 바퀴에 지지함은 물론이고, 유지하고 있는 지방산이 금속의 표면과 비누화 반응을 일으키는 결과로 버핑 속도를 빠르게 한다. 연삭 가공을 계속하면 마찰열에 의하여 유지는 묽어지고, 입자는 절삭에 관여하지만, 시간이 경과함에 따라 유지의 연화는 계속 진행되어 숫돌 입자를 지지하는 힘이 약해지고 입자가 떨어져 나오며, 가공 능률이 저하한다.

버핑에는 콤파운드가 많이 쓰이며, 콤파운드는 가공할 때 과열을 방지하고 가공 면을 깨끗이 하는 세척 작용과 윤활 작용도 한다.

또한, 버핑은 기계적으로 다듬질하기 어려운 복잡한 모양을 가진 공작물이라도 손으로 잡고 자유롭게 연마할 수 있다.

(3) 배럴 가공(barrel finishing)

충돌가공으로 회전 또는 진동하는 상자에 가공품과 숫돌 입자, 공작액, 메디아(media), 콤파운드 등을 함께 넣고 서로 부딪히게 하거나 마찰로 가공물 표면의 요철을 제거하고 평활한 다듬질 면을 얻는 가공법이다. 고무 라이닝을 한 회전 상자를 배럴(barrel)이라 한다.

배럴 가공은 주철, 강, 동, 동합금, 알루미늄, 경합금 등의 금속재료는 물론 베이클라이트, 파이버, 비닐수지 목재 등의 비금속 재료에도 널리 사용한다.

배럴 가공의 장점은 다음과 같다.

① 금속재료와 비금속 재료와 관계없이 가공할 수 있다.

② 형상이 복잡한 제품이라도 각부를 동시에 가공할 수 있다.

③ 다량의 제품이라도 한

(a) 회전형

(b) 진동형

그림 8-193 배럴연마기

꺼번에 품질이 일정하게 공작할 수 있다.

④ 작업이 간단하고 기계설비가 저렴하다.

배럴연마기는 회전형과 진동형이 있으며, 배럴 형상은 수평형 또는 경사형 육각, 팔각형의 것, 그 밖에 공작물의 크기, 모양, 작업법에 따라 여러 가지 모양의 것이 사용된다.

메디아는 연삭 입자, 석영, 모래, 강구, 가죽, 톱밥 등이 있으며, 그 모양에도 여러 가지가 있다. 크기는 60mm부터 1mm까지 약 20종류가 있다.

콤파운드는 스케일 제거, 녹 제거, 변색 방지, 광택 내기 등을 목적으로 하며, 산성, 알칼리성, 중성의 것이 사용된다. 공작액으로는 물 이외에 경유, 글리세린, 유화액 등을 사용한다.

(4) 분사가공

공작물의 표면에 샌드(sand), 그릿(grit), 숏(shot) 등의 입자를 고속으로 분사하여 다듬질하거나 기계적 성질을 개선하는 가공법을 분사가공이라 한다.

1) 샌드 블라스팅(sand-blasting)

파쇄되기 어려운 천연사를 압축 공기와 함께 공작물 표면에 분사하여 표면의 산화막과 녹 등을 제거하거나, 매우 적은 양이기는 하나 모래의 뾰족한 모서리로 연삭하여 표면을 매끈히 다듬는 가공법을 샌드 블라아스팅이라 한다.

샌드 블라아스팅은 모래를 분사시키므로, 오목한 부분이나 구멍의 안면 등 복잡한 모양의 공작물을 가공할 수 있다. 그러나, 공구로 깎은 것처럼 매끈하지는 못하다. 또, 모래가 부서져서 분말이 인체에 들어가 폐를 해치는 경우가 많으므로, 요즈음에는 모래를 강철제 그릿(grit)으로 대체하고 있다.

2) 그릿 블라스팅(grit blasting)

강철제 그릿을 압축 공기로 공작물에 분사하여, 표면의 산화 피막이나 녹을 떨어뜨리고, 그릿의 모서리로 연삭 입자와 같이 공작물의 표면을 미소량이 나마 연삭하여 다듬는 가공법을 그릿 블라아스팅이라 한다.

그릿 블라아스팅에 의하면 그릿을 공작물에 분사하므로, 굽은 부분이나 구멍 내면 등 복잡한 모양의 공작물을 가공할 수 있으며, 광택이 적은 아름다운 면을 얻는다.

3) 숏 피닝(shot peening)

그릿 또는 모래 대신에 경화된 강철 볼을 공작물의 표면에 고속(40~60m/s)으로 분사시켜 표면을 소성 변형하여 평활하게 하고 피로강도와 기계적 성질을 향상시키는 방법이다. 이 소성변형으로 금속의 표면층은 경도와 강도가 증가하여 피로 한계를 높여 준다. 이 현상을 피닝효과라 한다.

이와 같은 숏 피닝은 주로 피닝 효과를 목적으로 하는 가공법이므로 스프링, 기어, 축 등 반복 하중을 받는 기계 부품에 효과적인 가공법이다. 숏에는 칠드주철, 가단주철, 주강, 컷 와이어 숏(cut wire shot) 등이 쓰인다.

숏 피닝의 가공 경화층(오목 들어가는 부분)의 두께는 공작 조건에 따라 다르고, 0.13~0.75mm 정도이므로 피닝 효과는 얇은 공작물일수록 크다.

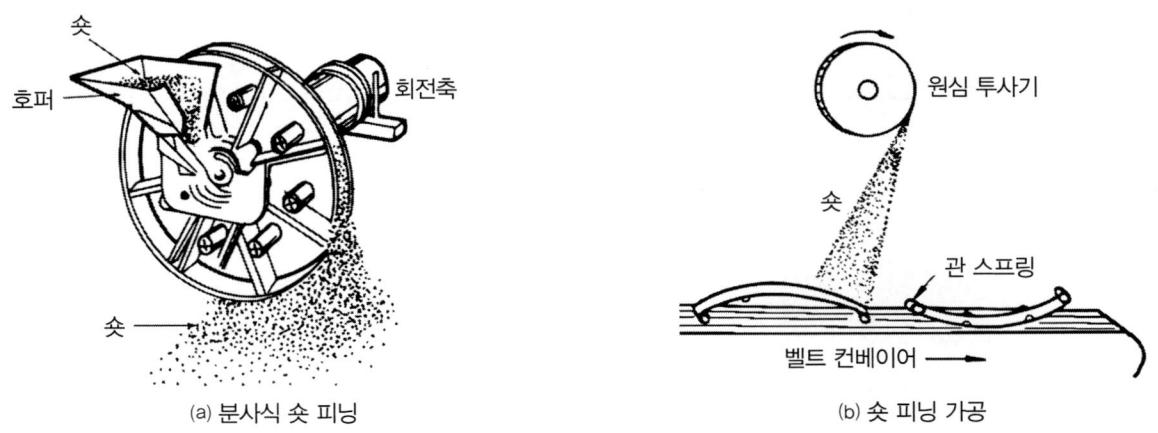

그림 8-194 숏 피닝 원심 투사가공법

숏 피닝에서 중요한 문제는 분사 속도, 분사 각 및 분사 면적이다. 분사 속도가 높을수록 피닝 효과는 좋으나 한도가 있다.

공기 분사식에서는 공기압이 39.24 N/cm² 이상이면 오히려 재료의 표면 조직을 파괴하므로 좋지 않다. 분사 각이 재료 면에 대하여 90°일 때 소성 가공층의 두께가 가장 두꺼워진다. 분사 면적은 가공되는 공작물의 면적을 표시하는 것이며, 가공 속도에 영향을 끼치며 용도는 다음과 같다.

① 열처리 후 변형이 생기는 복잡한 공작물

② 압연이나 인발 가공한 공작물

③ 열간 압연에 의한 탈탄층 및 침탄 부분

④ 모서리 부분의 응력 하중을 받는 곳 등이며

숏 피닝의 효과는 다음과 같다.

① 피로강도의 향상

② 시효 균열의 방지

③ 주물의 기포 제거

④ 내마모성 증대

⑤ 탈탄에 대한 보안 효과 등이다.

(5) 버니싱(burnishing)

원통의 내면 및 외면을 매끈히 다듬질된 강구(steel ball) 또는 롤러로 공작물에 압입하여 표면을 매끈하게 다듬는 가공법으로 일종의 소성가공이다.

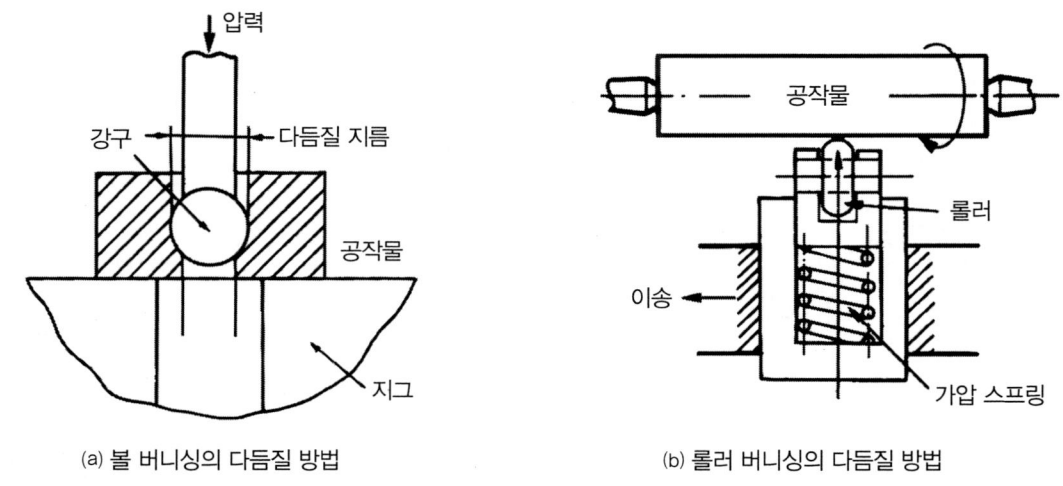

(a) 볼 버니싱의 다듬질 방법　　　(b) 롤러 버니싱의 다듬질 방법

그림 8-195 버니싱 가공

버니싱은 볼 버니싱과 롤러 버니싱이 있다. 볼 버니싱은 공작물 내경보다 약간 큰 강구를 이용하여 내면의 거친 요철을 압착시키는 것이고, 롤러 버니싱은 1개 또는 여러 개의 롤러로 선반에서 공작물을 가공 후에 다듬질하는 것이다.

버니싱은 드릴, 리머 등 기계가공에서 생긴 스크래치(scratch), 공구 자국 등을 제거하고, 연삭 가공을 할 수 없는 곳에 많이 쓰이는 가압 가공법이다.

버니싱한 면은 매끈하게 되는 동시에 가공 경화되어 피로강도, 부식저항, 내마모성, 치수 정밀도, 표면 거칠기 등을 향상한다.

익힘문제

01 공작기계로써 갖추어야 할 사항을 기록하여라.

02 전용 공작기계를 여러 개 조합하여 자동화한 기계를 무엇이라 하는가?

03 지름 30mm인 연강 봉을 선반에서 20m/min으로 절삭할 때 스핀들 회전(rpm)은 얼마인가?

04 선반에서 연강봉을 이송0.1mm로 황삭가공하려 한다. 바이트 끝의 반지름이1.5mm이라할 때 표면 거칠기를 계산하여라.

05 지름 50mm, 길이 500mm인 중탄소강 둥근 막대를 선반에서 가공하려 한다. 이송 0.3mm/rev 절삭속도 45m/min라면 1회 가공 시간은 몇 분인가?

06 테일러의 바이트 수명방정식은 무엇인가?

07 어미 나사의 피치 8mm인 선반에서 피치1.5mm가공하려 한다. 변환 기어의 잇수를 계산하여라.

08 가늘고 긴 공작물을 가공할 때 자중으로 처짐을 방지하기 위하여 사용하는 선반의 부속품은 무엇인가?

09 밀링머신의 주축 구멍에 어느 테이퍼를 이용하며, 테이퍼 값은 얼마인가?

10 절삭 속도 35m/min, 날수 2개, 지름 20mm, 1날 당 이송량 0.1mm으로 하면 테이블의 이송 속도는 얼마인가?

11 밀링 작업중 상향 절삭과 하향 절삭의 특징을 비교하여라.

12 를 분할하여라.

13 테이블 선회각 = 30°로 리이드 200mm의 오른나사 헬리컬 홈을 밀링에서 깎으려할 때 공작물은 몇 mm인가?

14 원통 연삭에서 플랜지 커트 방식이란 무엇인가?

15 지름이 5mm, 길이가 150mm의 둥근 막대를 연삭하려면 어느 연삭기가 적당한가?

16 공구연삭기에서 평형 숫돌로 밀링커터를 연삭하려할 때 숫돌대 편심량 를구하는 식은?

17 연삭숫돌의 구성에 대한 3요소와 성능에 필요한 5요소는 무엇인가?

18 나사 연삭하기 위해서 숫돌을 나사형으로 만드는 작업을 무엇이라 하는가?

19 단조품 및 주물품에 볼트, 너트를 고정할 때 접촉부를 안정되게 하기 위하여 구멍 주위를 평면으로 가공하는 작업을 무엇이라 하는가?

20 스핀들 1개의 구동축에 유니버셜 조인트 등을 이용하여 구동하므로 1대의 기계에서 많은 수의 구멍을 동시에 뚫을 때 쓰는 공작기계는?

21 드릴에 사용하는 테이퍼는 무슨 테이퍼를 이용하는가?

22 시닝(thinning)이란?

23 보링머신에서 정밀 측정 기구가 부착되어 있는 공작기계는?

24 10mm 드릴로 깊이 50mm의 구멍을 뚫을려고 한다. 드릴이 1회전하는 동안의 이송이 0.02mm 이고, 500rpm 회전한다면 이 구멍을 뚫는데 소요되는 시간은 얼마가 되겠는가? (단, 드릴 끝 원추 높이는 3mm이다.)

25 세이퍼 작업에서 행정 길이가 300mm, 절삭 속도를 200m/min로 할 때 바이트의 왕복 횟수를 구하여라. (단, 속도비 는 3/5이다)

26 세이퍼에서 바이트의 날 끝은 섕크의 뒷면과 동일 직선상에 오도록 맞추는 것이 좋다. 그 이유는?

27 플레이너 베드의 홈에는 여러 개의 기름통이 설치되어 있다. 그 이유는?

28 기어 절삭 방법은 어떠한 방법이 있는가?

29 잇수가 40개, 모듈 3인 기어를 절삭하고자 할 때 기어 소재의 지름은?

30 기어 셰이빙이란 무엇을 하는 기계인가?

31 호닝은 무엇으로 공작물을 가공하는가?

32 가공면에 기름숫돌을 눌러대고 진동을 주면서 가공하는 방법은 무엇인가?

33 숏 피이닝은 어떠한 부품을 가공하는데 효과적인가?

34 배럴 가공에서 컴파운드는 어떤 목적으로 사용하는가?

35 버핑 머신은 무엇을 할 때 사용하는 기계인가?

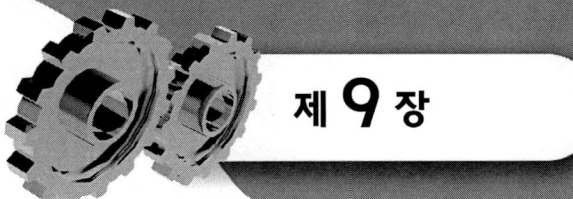

제9장

특수가공

제1절 **전기적 가공**

제2절 **전기 화학가공**

제3절 **화학적 가공**

제1절 전기적 가공

1. 방전가공(electric discharge machining, EDM)

(1) 방전가공 원리

전극과 공작물 사이에 발생하는 방전으로 구멍 뚫기, 조각, 절단, 그 밖의 가공을 하는 방법을 방전가공이라 한다.

방전가공은 가공 방식에 따라 가공 형상의 공구를 전극으로 사용하는 방식과, 와이어 전극을 감아 당기면서 2차원 윤곽을 가공하는 방식이 있다.

방전가공은 공작물을 가공액이 들어 있는 탱크 속에 가공할 형상의 전극과 공작물 사이에 전압을 주면서 가까운 거리로 접근시키면, 아크방전에 의한 열작용과 가공액의 기화 폭발 작용으로 공작물을 미 소량씩 용해하여 용융 소모시켜 가공용 전극의 형상에 따라 가공하는 방법이다. 이때, 음극보다는 양극이 소모가 크므로 공작물을 양극으로 하며, 공구로 사용되는 전극을 음극으로 한다. 일반적인 기계 가공은 공작물의 경도보다 높은 경도의 공구를 사용하여 가공하지만, 방전가공은 공작물과 공구(전극)가 직접 접촉함이 없이 상호 간에 일정한 간격($5 \sim 410 \mu m$)을 유지하면서 그사이에 물리적으로 가공하므로, 공작물의 재질, 경도와는 무관하게 전기가 통하는 물체라면 어떤 재료든 가공이 가능하며, 전극과 공작물 사이의 간격을 유지하기 위한 정밀한 제어 기구가 필요하다.

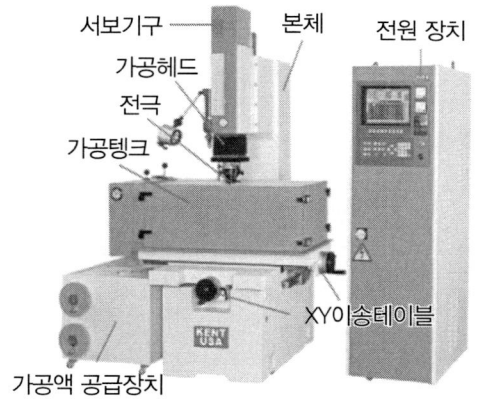

그림 9-1 방전 가공기

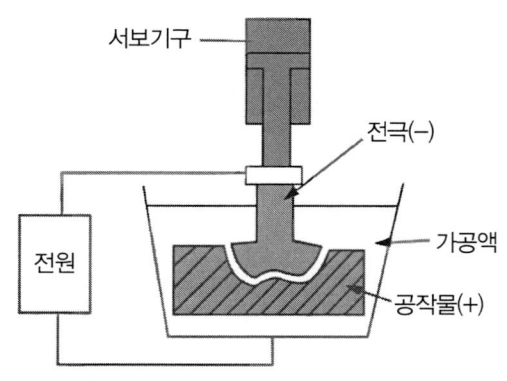

그림 9-2 방전가공 원리

1) 아크방전 진행 과정

전극 및 공작물에 서로 다른 극성의 전기를 가해 전압을 0에서부터 점점 높여 가면 방전의 전압-전류 특성이 나타난다. 처음에는 아주 미세한 전류만이 흐르나 계속 전압을 높이면 방전이 시작된다. 방전이 시작되면 전류가 급격히 증가하다가 절연이 파괴되는 시점이 되면 전류값이 다시 떨어진다. 여기에서 방전이 진행되는 과정은 ⓐ 암류, ⓑ 코로나, ⓒ 불꽃 방전, ⓓ 아크방전의 순으로 진행되며 간단히 살펴보면 다음과 같다.

(가) 암류(暗流)

전류와 전압이 비례적으로 변화하는 구간으로 이 영역 방전을 비자속 방전이라 하며, 이때의 전류를 미세 전류 즉, 암류라 한다. 이 영역은 공업적으로는 유용성이 없다.

(나) 코로나방전

전압을 계속 상승시키면 전압이 걸린 부분은 더 한층 전압 경도가 높게 되어 부분적으로 절연이 파괴된다. 즉, 국부적인 절연 파괴(부분 파괴) 부분의 방전을 코로나(corona)방전이라 한다. 그러나 코로나방전은 불안정한 방전상태이므로 코로나방전으로 발생하는 곳과 발생하지 않는 곳도 있으며, 코로나방전에서 불꽃 방전으로 이동하는 경우도 있고, 코로나방전을 조금 보이다 바로 불꽃 방전으로 이동하는 경우도 있다.

(다) 불꽃 방전

코로나방전 상태에서 전압을 계속 상승시키면 전하 입자의 속도가 증가하여 주변의 분자, 원자와 충돌하고 전하 입자가 연속적으로 자기 증식하여 전로 파괴가 일어나기 직전의 과도 파괴가 일어나는데 이때의 방전을 불꽃(spark) 방전이라 한다. 또한, 불꽃 방전상태에서 전류가 계속 증가하면 전로 파괴가 일어나는데 이때의 방전을 그로우(grow) 방전이라 한다. 불꽃 방전의 시간은 매우 짧아 대략 $10^{-8} \sim 10^{-6}$S 정도 유지된다. 불꽃 방전에서는 이와 같이 순간적으로 전류가 커지므로, 온도가 비정상적으로 높고, 전류밀도가 비정상적으로 커지기 때문에 불꽃 방전의 전류밀도는 $10^6 \sim 10^9 A/cm^2$ 정도이고, 이때 발생하는 열은 $10^{4}°C$ 이상의 고온이 된다. 방전 주의 면적이 대단히 작아져 이런 경우에는 높은 전류밀도가 발생한다. 즉, 방전 주의 면적이 넓은 경우보다 빠르게 전류가 증가하는 것이 된다.

(라) 아크방전

그로우 방전상태를 지나면 전류의 변화가 거의 없으며, 정상적으로 전류가 흐르는 상태가 된다. 이때의 방전을 아크(arc)방전이라 한다.

방전가공에 사용되는 범위는 불꽃 방전과 아크방전(아주 작은 아크방전)이다.

2) 방전가공의 특징 및 용도

방전가공은 1초에서 수백에서 수십만 번의 펄스 방전을 발생시켜 가공이 진행되므로 단발 방전에 방전 에너지가 크면 다듬질 면이 거칠어진다. 반면 작으면 시간이 오래 걸리나 깨끗한 가공 면을 얻을 수 있는 등의 다음과 같은 특징이 있다.

① 재료의 경도나 인성과 관계없이 전기 도체이면 모두 쉽게 가공할 수 있다.
② 전극은 구리나 흑연 등의 연한 재료를 이용하므로 가공이 쉽다.
③ 다듬질 면은 전혀 방향성이 없고, 다듬질 면의 거칠기는 가공 속도를 조정함으로서 조절할 수 있다.
④ 전극 전체에 걸리는 힘이 기계 가공보다 아주 작으므로 얇은 판이나 가는 선, 미세한 구멍이나 슬릿(slit) 가공이 용이하다.
⑤ 가공 정밀도는 방전 가공기나 전극의 정밀도 등 기계적 요인과 방전 현상에 관련된 전기적 요인에 관계되지만, 전극이 정밀하면 높은 정밀도로 가공된다.
⑥ 전극 공구가 회전하지 않아도 되기 때문에 형태가 다른 구멍의 가공이 매우 용이하고, 원호의 구멍이나 나선의 구멍도 용이하게 가공할 수 있다.
⑦ 무인 가공이 가능하고 숙련을 요구하지 않는다.
⑧ 전극이 필요하고 가공 부분에 변질 층이 남는다.

방전가공은 경질합금, 담금질 된 강재, 고속도강, 내열강, 스테인리스강, 다이아몬드, 수정 등을 가공할 수 있으며, 용도로는 모든 종류의 다이 및 몰드 금형 제작과 금형 수리 등의 제작에 이용되고 있다.

(2) 전극 재료

전극 재료는 전극의 제작 면에 따라 가격, 가공의 난이성, 전극의 소모성 등을 고려하고, 정밀도에 따라 가공 속도, 틈새 표면 거칠기 등을 고려하여 선정하여야 하며, 전극 재료로써 갖추어야 할 조건은 다음과 같다.

① 아크방전이 안정되고 가공 속도가 클 것
② 전기저항이 작고, 전기 전도도가 높을 것
③ 가공 정밀도, 가공 속도, 가공 면 거칠기 등이 우수할 것
④ 비중이 작으면서 내열성이 높고 전극 소모가 적을 것
⑤ 기계적 강도가 높고, 성형가공이 용이해야 한다.
⑥ 구하기 쉽고 가격이 저렴할 것

방전가공 전극 재료는 그래파이트(graphite, 흑연)가 가장 많이 이용하고, 구리, Cu-W, Ag-W, 황동 등의 이용된다.

펀칭 다이나 인발 다이와 같은 관통형의 다이 가공에는 황동, 은-텅스텐, 구리-텅스텐을, 단조 형

은 아연 합금, 황동, 그래파이트(흑연) 등을 전극 재료로 사용한다.

(3) 가공액

가공액은 방전할 때 전극과 공작물 사이가 매우 좁으므로 절연성이 높은 전해액이 사용되며, 점도가 높은 것은 적당하지 않다. 가공액은 석유, 기름, 물 또는 탈 이온수가 사용되며, 절연 유계와 에멀션(물+절연유)계로 나누어 절연유는 석유, 스핀들유, 머신유, 실리콘오일 등이 사용된다. 방전가공에서 가공액의 역할은 다음과 같다.

① 방전할 때 생기는 용융 금속을 비산시킨다.
② 용해된 칩을 공작물과 전극 사이의 밖으로 내보낸다.
③ 방전할 때 발생한 열을 냉각시킨다.
④ 극 간의 절연을 회복시킨다.

2. 초음파가공(ultrasonic machining)

(1) 초음파가공의 원리

충돌가공으로 공구와 공작물 사이에 물 또는 경유 등의 연삭 입자를 혼합한 가공액을 주입시켜 가며 초음파에 의한 진동으로 표면을 다듬는 가공법을 초음파가공이라 한다.

이 가공은 소성변형이 없이 파괴되는 유리 기구에 눈금, 무늬, 문자 등을 조각하는 경우나 석영 유리에 나사를 정밀하게 가공하는 경우와, 수정, 반도체, 자기, 세라믹, 카본 등의 재질에 미세한 구멍 가공과 절단을 하는 경우, 보석, 귀금속류의 구멍 가공, 그 밖의 금속 재료의 초음파용접과 플라스틱 용접 등에 많이 쓰인다.

[그림 9-3]은 초음파가공기의 구성을 나타낸 것이다. 전원으로부터 초음파 발진 장치를 거쳐 자기 변형 진동자에 고주파전류를 보내면 용기의 내부에 있는 진동자는 16~30kHz/s

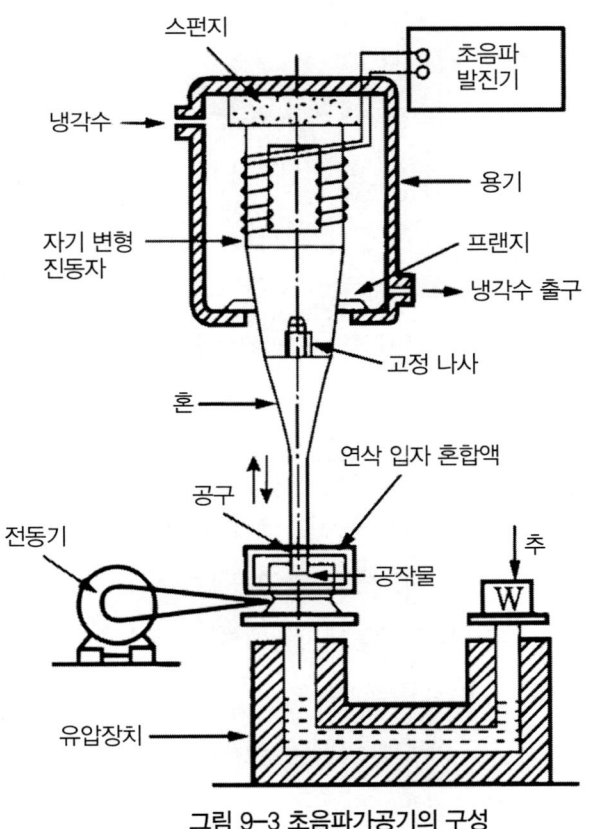

그림 9-3 초음파가공기의 구성

의 초음파 진동을 일으킨다. 이때, 발생하는 진동자의 진폭은 수 μm에 불과하지만, 원뿔대(cone)에서 혼(horn)으로 전달되는 사이에 30~40m로 증폭된다.

1) 초음파가공의 특징
① 초경질이며, 취성이 큰 재료에 사용된다.
② 구멍 가공, 절단, 평면, 표면 가공 등을 할 수 있다.
③ 연삭 가공에 비하여 가공 면의 변질 및 스트레인(변형)이 적다.
④ 전기적으로 불량도체일지라도 보통 금속과 동일하게 가공이 된다.
⑤ 굴곡, 구멍 가공, 박판 절단, 성형, 표면 다듬질, 조각 등의 가공이 가능하다.
⑥ 일반 공작기계로 가공이 어려운 재료를 쉽게 가공할 수 있다.
⑦ 공작물에 가공변형이 남지 않으며 공구 이외에는 부품의 마모가 거의 없다.
⑧ 조작이 간단해서 미숙련자도 쉽게 가공할 수 있다.

2) 초음파가공 기구(mechanism)
초음파 가공은 다음과 같은 3가지 가공 형태가 동시에 진행되면서 공작물을 가공한다.
① 입자는 공구와 공작물 사이에서 공구로부터 압력과 진동력을 받아 공작물에 타격을 가함으로써 공작물을 가공한다.
② 초음파 가공 공구가 가공액 중에서 진동하면 가공액에는 작은 기포가 생성된다. 생성된 기포가 파괴될 때 발생하는 충격 압력과 마이크로 제트류가 캐비테이션 침식(cavitaion erosion)을 일으켜 공작물을 가공한다.
③ 가공액 중에서 떠돌아다니는 입자(부유 입자)는 진동하는 공구나 캐비테이션 기포가 파괴될 때 가속되어 공작물에 충돌하게 됨으로써 공작물을 가공한다.

(2) 초음파가공 조건

혼의 재료는 황동이나 연강, 공구강, 모넬메탈 등이 주로 쓰이고 있으며, 그 밖에 스테인리스강, 알루미늄 합금 등이 있다. 진동자와 혼은 납땜으로 붙이고, 혼과 공구와는 나사로 연결한다.

공구의 재료는 공작물의 재질에 따라 각각 다르지만, 스프링강, 피아노선재, 스테인리스강, 텅스텐 탄화물 등을 사용하나, 유리와 같이 가공이 쉬운 재료에는 연강을 사용하기도 한다. 그리고 진동자는 보통 두께 약 0.1mm의 니켈 박판을 층상으로 적층시켜 만든 것이다.

연삭 입자의 재질은 알루미나, 탄화규소 탄화 붕소가 사용된다. 입도는 320~600번 정도이고, 입자는 무게 비로 물의 2배 정도를 혼합하여 사용한다. 초음파 가공을 이용해서 할 수 있는 작업은 방전가공과는 달리 도체가 아닌 부도체도 가공이 가능하며, 가공액으로 물이나 경유 등을 사용하므로 가격이 싸고 취급하기도 용이하다. 그러나 초음파 가공은 실용상 가공 속도가 느리고, 공구 마멸이 크며, 가공할 수 있는 면적이나 가공 길이에 제한이 있는 등 개선의 여지가 남아 있다.

3. 전자빔가공(electron beam machining)

10^{-6}mmHg 정도의 진공 중에서 높은 전압과 높은 에너지를 가진 열전자를, 렌즈를 통해 가는 빔(beam)인 전자총을 만들어 공작물에 집중 투사시키면, 전자는 투사점의 표면층에 침입해 운동 에너지가 순간적으로 $10^6 \sim 10^8$W/cm^2 정도의 높은 열로 변화된다. 이 열로 공작물을 용해, 분출 또는 증발시켜 가공하는 것을 전자 빔가공이라 한다. 전자빔가공은 [그림 9-4]와같이 구성되어 있다.

전자빔가공은 용접, 표면 담금질, 구멍 뚫기 등에 이용하며, 전자빔이 공구로서 가지는 특징은 다음과 같다.

① 전자빔의 굵기를 아주 가늘게(1μm 이하) 조절할 수 있다.

② 단시간에 국소 부분을 가열시킬 수 있다.

③ 전자가 고체 내부에 침입해 가공 에너지를 내부에 주어진다.

④ 전자는 질량이 작고 전하량이 크므로 전기적, 자기적으로 고속도에서 제어가 가능하다.

⑤ 용접에 이용하면 용융 폭이 좁고 깊은 용입을 얻을 수 있다.

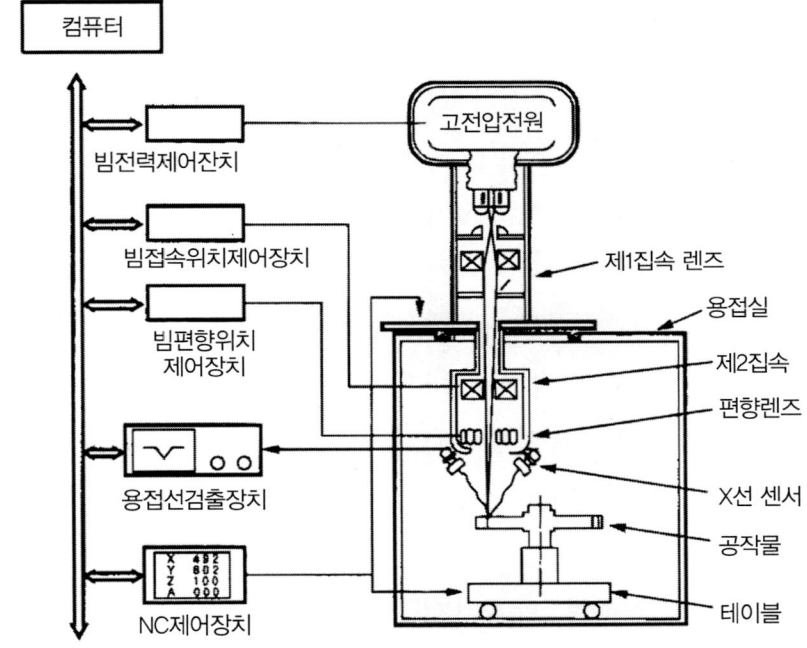

그림 9-4 전자빔 가공기의 구조

⑥ 전자는 진공 중에 발생하므로 용접가공, 화학가공은 대기 중에서도 할 수 있다.

4. 이온빔 가공

이온은 고체 표면에 입사해서 충돌하면 반사해서 나오는 것도 있지만, 대부분의 이온은 고체 중의 원자와 상호 작용에 의해 에너지를 상실하면서 안으로 침입해서 입사 이온의 질량과 에너지에 의해 정해지는 일정의 분포를 가지고 고체 중에 머문다. 이때, 이온은 전자와는 달리 질량이 크기 때문에 침입 깊이도 매우 작고, 고체 속을 자유로이 돌아다니는 일이 없으며, 고체 중에 침입한 이온은 충돌로 인해 타깃

(target) 원자를 표면에서 두드려 쫓아내는 스퍼터(sputter) 현상을 일으킨다. 이러한 현상을 이용하여 전자 빔 가공과 같은 목적으로 이온 흐름을 매우 가는 빔(beam)으로 만들어 가공하고자 하는 투사해 스퍼터링(sputting)하거나, 또는 용융하여 증발 제거해서 요구하는 형상으로 가공하는 방법을 전자 빔 가공이라 한다.

공작물에 입사된 이온이 공작물 내에 남는 이온 주입 기술은 반도체 제조에 이용되지만 스퍼터 현상을 제거 가공으로 이용한 것에는 이온빔 가공, 이온 에칭(ion etching), 스퍼터 에칭(sputter etching) 등이 있다.

이온빔은 이온 총과 정전렌즈의 조합으로 만들어 지는데, 우선 전자빔을 발생시켜 아르곤가스를 공급하여 전자와 가스 분자가 충돌

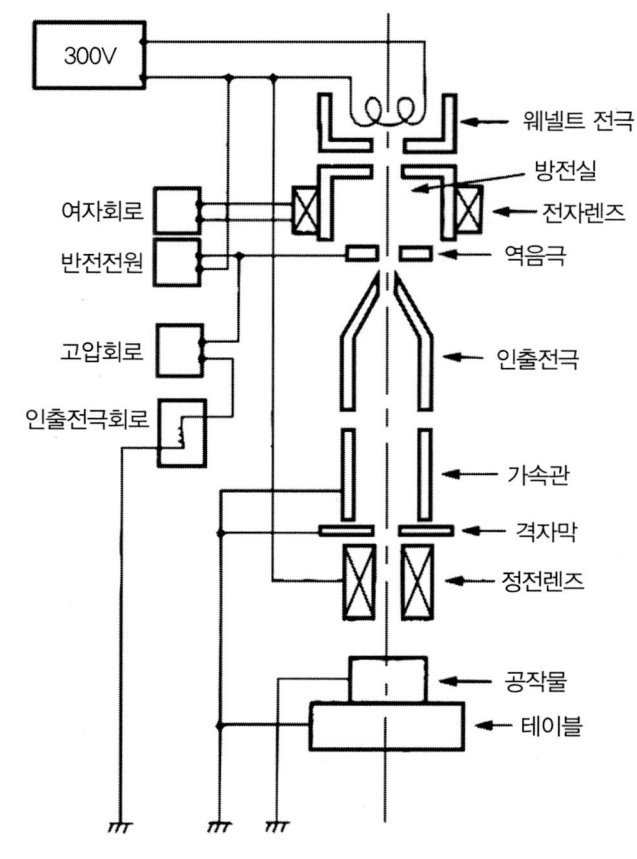

그림 9-5 이온 빔 가공장치의 구성

해서 플라스마를 발생시킨다. 이것을 고진공 측에 압출하면 아르곤 이온이 가속되어 튀어나오게 되는데, 이온을 정전렌즈로 접속하여 고밀도의 이온빔을 만든다.

이온 에칭은 플라스마에서 발생한 순수한 이온을 고진공 중에 인출해서 가속계로 가속하고, 공작물에 충격해서 에칭한다. 이온 에칭은 절연물 가공에 적합하므로 광학 소자나 자기 버블 소자 등에 응용되고 있다.

스퍼터 에칭은 플라스마 중의 이온을 직접 그 영역 내에서 이용하는 것으로, 공작물을 플라스마 전극의 한쪽 극으로 하고, 이온화한 입자를 가속해서 공작물에 충돌시켜 가공하는 방법이다.

5. 레이저가공

(1) 레이저가공 원리

레이저(laser)는 light amplification by stimulated emission of radiation의 머리글자로 광 레이저라고 하며, 가시광선이나 적외선의 영역에 파장을 가진 전자파에 공명하여 빛을 발하는 물질의 총칭이다.

레이저 광원의 빛은 대단히 밀도 높은 단색성과 평행도가 높은 지향성을 이용하여 [그림 9-6]과같이 렌즈나 반사경을 통해 파장을 집중시켜 공작물에 빛을 쏘면 전자 빔 가공과 같이 순간적으로 국부에 가

열하여 용해 또는 증발시키므로서 가공이 된다. 이와 같이 대기중에서 비접촉으로 가공하는 것을 레이저가공이라 하며 특징은 다음과 같다.

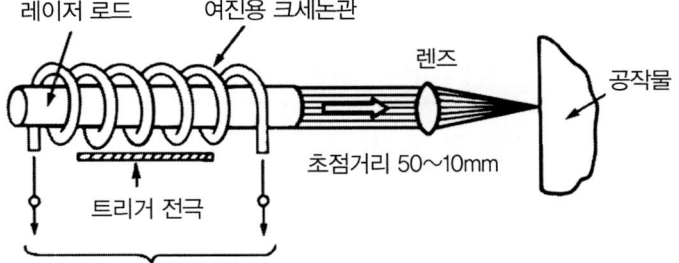

그림 9-6 레이저가공

① 비접촉 가공으로 공구 마모가 거의 없다.
② 임의의 위치 가공이 가능(원격조정이 가능하고 진공이 불필요)
③ 열에 의한 변형이 적으므로 열, 충격을 받기 쉬운 재료가공에 적합
④ 비금속(세라믹, 가죽)의 가공이 가능
⑤ 미세 가공과 난삭제 가공이 용이하다.
⑥ 투명체를 통해 가공할 수 있다.

레이저가공과 전자 빔 가공은 서로 비슷한 점이 많으며, 두 가공법을 비교하여 장단점을 정리해 보면 〈표 9-2〉와 같다.

〈표 9-1〉와 같이 레이저의 종류는 빔의 레이저광을 발진하는 발진 재료에 따라 고체 레이저, 기체 레이저, 액체 레이저, 반도체 레이저로 나누며, 많이 사용하는 것은 고체 레이저와 기체 레이저이다.

레이저 빔 가공은 전자 빔 가공과 용도가 비슷하나 출력이 작아 제한되지만, 대기 중에서 가공하므로 조작이 간편한 이점과 대출력의 레이저 가공이 최근에 개발되어 사용 범위가 확대되고 있다.

표 9-1 레이저의 종류

레이저 종류		모 체	활성 입자	파장()	펌핑 방식	출 력		변환효율(%)
					연 속	펄 스		
고체 레이저	루비	Al_2O_3	Cr^{3+}	0.69	광조사	~1W	~100MW	~1
	YAG	$Y_3Al_2O_{12}$	Nd^{3+}	1.06	광조사	~400W		~2
	유리	유리	Nd^{3+}	1.06	광조사		~4kW	~1
	$CaWO_4$	$CaWO_4$	Nd^{3+}	1.06	광조사	~1W		
기체 레이저	He-Ne	He-Ne	He-Ne	0.63	기체방전	~1W	5~100W	
	A	A	A^+	0.49	기체방전	1~5W	5~100W	
	CO_2	CO_2-He-N_2	CO_2	10.63	기체방전	10~5kW		~10

표 9-2 전자 빔과 레이저 빔의 비교

구 분	전자 빔 가공	레이저 가공
가공 사항	진공을 필요로 한다.	진공을 필요로 하지 않으므로 작업성이 좋아지며 공작물의 치수에 대한 제한이 적어 응용 범위가 넓다.
전자 상태	전자적으로 자유로이 편향 할 수 있다.	전기적으로 중성이라 편향하는 것이 곤란하다.
빔의 스폿 크기	스폿 크기를 작게 하는데 용이하다.	펄스의 되풀이 수의 조정이 어렵고, 스폿 크기의 크기를 수 μm 이하로 하기가 어렵다.
파워 밀도	연속 출력의 점에서 레이저 보다 우세하다.	CO_2 레이저의 경우 10kW 이상의 연속 발진이 가능해져 많이 개선되었다.
가공 재료 두께	관입의 깊이가 커서 두꺼운 재료가공이 가능하다.	CO_2 레이저의 경우 고출력의 레이저를 사용하면 개선이 가능하다.
가공율	1% 이하의 상당히 낮은 값이다.	수천 %에 달하는 높은 가공율이 발이 된다
설비비	진공 챔버 및 진공 펌프 장치로 인해 비싸다.	전자빔 장치에 비해 설비비가 싸다.
위험성	X선을 낼 염려가 있다.	전자빔과 같은 X선을 낼 염려가 없다.

(2) 레이저가공의 응용

레이저가공은 다이아몬드, 시계용 보석 베어링, 사파이어, 세라믹 등의 비금속 재료와 초경합금, 스테인리스강 등의 금속 재료를 $\phi 0.01 \sim 1.0mm$ 정도로 금긋기 및 미세한 구멍을 가공할 수 있고, 목재나 종이, 반도체 기판, 세라믹 판, 유리 섬유가 섞인 기판, 양복지 등의 재단과 열에 의한 변형 및 거스러미 없이 좁은 폭으로 절단하는 데 많이 이용되고 있다.

또한, 이산화탄소 레이저가 개발됨에 따라 두꺼운 재료의 금속 용접에도 이용하지만, 밀봉된 투명체 속에 있는 반도체 부품이나 실험기기 등을 분해하지 않고도 레이저 빔으로 가공이 가능하다.

6. 플라스마 가공

(1) 플라스마 가공의 원리

일반적으로, 물질의 상태는 온도를 올리면 고체에서 액체로 액체에서 기체로 변화한다. 기체에서 온도를 더 올리면 전리하여 전기적 중성 상태인 플라스마가 된다.

플라스마는 전리도의 크기에 따라 약전리 플라스마와 강전리 플라스마로 구분하는데, 플라스마 가공(plasma machining)에는 약전리 플라스마가 이용되

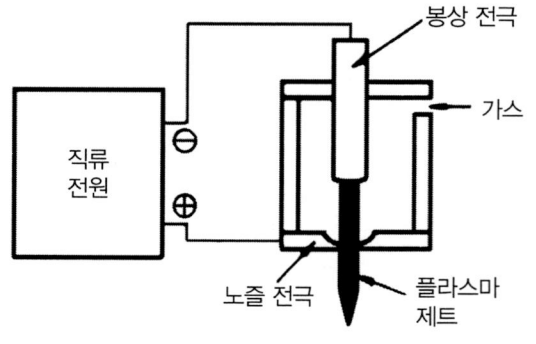

그림 9-7 플라스마제트의 발생 원리

며, 강전리 플라스마는 핵융합 등에 이용된다. 플라스마 가공을 플라스마제트 가공에서 제트의 발생으로 보면 [그림 9-7]과 같다. 즉, 텅스텐 봉(-) 전극과 구리 노즐(+) 전극에 전원을 가해 아크를 발생하고, 아크 주위에 노줄 전극의 작은 구멍을 통해 가스를 보내면 가스의 냉각 효과로 아크의 단면적이 아주 작아진다. 작아진 아크는 전류밀도가 높아지므로 온도와 압력이 높아지고 이때에 가스 분출과 동시에 플라스마는 작은 구멍의 노즐 전극을 통해 고속으로 분출하므로 가공이 된다.

(2) 플라스마 가공의 응용

1) 플라스마제트 절단

스테인리스강, 알루미늄, 콘크리트, 내화벽돌 등의 다양한 재질을 고속으로 좁은 폭과 고운 절단면이 되도록 절단할 수 있으며, 또한, 물속에서도 작업이 가능하므로 원자로 보수, 수중에서 용기, 연료 탱크, 파이프 등의 절단 작업에 많이 이용된다.

2) 플라스마제트 절삭

선반 등의 공작 기계에서 절삭 공구 대신에 제트를 설치하여 공작물을 절삭할 수 있으며, 일반적으로 절삭성이 나쁜 재료나 고니켈 내열 합금 재료 절삭에 이용한다.

3) 플라스마제트 용접

일반적으로 사용하는 TIG용접장치에서 토치만 바꾸면 플라스마용접이 되고, 플라스마용접은 소전류에 의한 박판의 용접에 많이 이용한다. 이는 TIG용접에 비해서 안정성이 높고, 속도가 빠르게 용접할 수 있다.

4) 플라스마 용사 코팅

금속화합물, 세라믹, 플라스틱 등의 분말을 가열하여 반용융 상태에서 용사총의 노즐로 소재의 표면에 분사시켜 피막을 형성시키므로 산화, 마멸, 부식 등을 방지할 수 있고 공작물 표면의 물리적 성질을 개선시키는데 목적이 있는 코팅 방법이다. 이는 내식성, 내열성, 단열을 요구하는 부품 등에 널리 이용하므로 로켓의 탄두나 배기통에 내열성을 높이기 위한 세라믹 코팅, 금형이나 프레스 공구에 수명 연장을 위한 초경합금 피막을 입힐 때 이용한다.

5) 플라스마 에칭(etching)

작업공정이 공기 중에서 이루어지므로 다루기 좋고, 언더컷이 적어서 표면 거칠기 및 치수 정도가 높으므로 미세한 고정밀도 가공을 할 수 있다. 또한, 공정을 간단히 하고 자동화하기가 쉽다.

제2절 전기 화학가공

1. 전해가공(electrolytic machining)

(1) 전해가공 원리

전해가공은 가공 형상의 전극을 음극(-)에, 공작물을 양극(+)으로 하여 0.02~0.7mm 정도의 거리로 접근시키고 높은 압력으로 전해액을 분출시키면서 전기를 통하면 양극에서 용해 용출 현상이 나타난다. 이런 원리로 필요한 형상, 치수, 표면을 가공하는 것을 전해 가공이라 한다. 전해가공은 한 개의 전극으로 여러 개의 제품을 생산할 수 있으며, 방전가공에 비해 전력은 소모되지 않고 단위 시간당 가공량이 많으며 가공 속도는 빠르고, 높은 열이 발생하지 않으며 기계적인 힘이 작용하지 않는다. 가공 경화층이나 가공 면에 크랙이 생기지 않으나 정밀도가 떨어져 정밀도를 중요시 하지 않는 일반 금형의 내열강, 고장력강 등의 가공에 주로 사용한다.

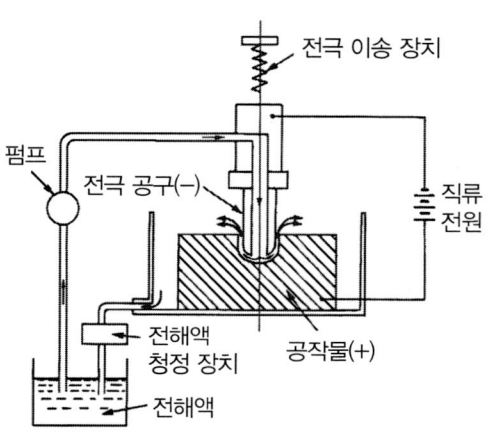

그림 9-8 전해 가공의 원리

(2) 전해가공 조건

전해 가공할 때 전압은 10~20V, 전류밀도는 20~200A/cm², 가공액의 흐름 속도는 6~60m/s가 사용된다.

전해액은 전극에 생긴 전해 생성물과 가공 중에 발생하는 열을 제거하며, 공작물에 고전류로 전해 용출을 계속할 수 있도록 하는 역할이므로 점도를 낮게 하고, 전도도가 높아야 한다. 또 부식성이 작고 유독성이 없어야 하며 구하기 쉽고 값이 싸야 한다. 전해액은 중성염 용액, 산성용액, 알칼리성 용액이 있으나 주로 중성염 용액이 많이 사용한다.

(3) 전해가공 특징

전해가공 특징은 다음과 같다.

① 재료의 경도나 인성과 관계없이 일정한 속도로 가공할 수 있다.
② 공구 전극의 소모가 전혀 없고 가공 속도가 빠르다.
③ 복잡한 형상의 가공을 하나의 공정으로 할 수 있다.
④ 열작용, 기계 작용이 가해지지 않기 때문에 가공 변질 층이 생기지 않는다.
⑤ 경면을 얻을 수 있고 가공 속도가 클수록 좋은 다듬질 면이 된다.
⑥ 전해액 자체는 부식성이 있으므로 대책이 필요하다.
⑦ 전해 생성물(슬러지)의 처리 대책이 필요하다.
⑧ 공구 전극의 제작이 힘든다.
⑨ 복잡하고 섬세한 형상은 정밀도가 떨어진다.

2. 전해연마(electrolytic polishing)

전해연마는 연마하려는 공작물을 양극(+)으로 전기저항이 작은 구리나 아연을 음극(-)한 다음, 전해액 속에 매달아 놓고, 1A/cm² 정도의 전류를 흐르게 하면 전기에 의한 화학적 용해 및 용출 작용으로 공작물의 표면이 원하는 모양이나 치수로 가공이 된다. 이와 같은 방법을 전해연마라 하고, 전기도금 방법과는 반대이다. 전해연마에서 표면에 요철이 있으면 볼록 부분이 오목 부분보다 더욱 심하게 용출하므로 표면은 매끈하고 광택이 있는 다듬질 면이 된다. 전해 연마할 수 있는 재질 연금속, 알루미늄, 구리, 황동 등은 비교적 전해연마가 쉽고, 알루미늄 및 그 합금은 거울처럼 매끄러운 면을 얻을 수 있으나, 강은 불활성 탄소를 함유하고 있으므로 가공이 어렵고, 주철은 유리 탄소를 함유하고 있어 가공할 수 없다.

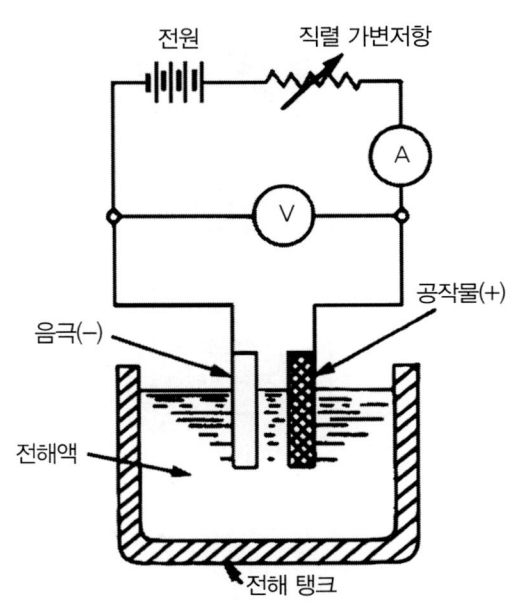

그림 9-9 전해연마의 원리

그러므로 탄소 함유량이 적을수록 전해연마가 유리하다. 전해액은 과염소산, 인산, 황산, 질산 등이 있는데, 과염소산의 알칼리 전해액은 알루미늄, 텅스텐, 아연 등에 사용하고, 인산, 황산, 질산의 산성류는 알루미늄, 구리, 니켈, 저탄소강, 스테인리스강 등에 사용하며 용도는 주로 드릴의 홈이나 바늘이나 주사침 구멍을 깨끗하게 다듬질하며 특징은 다음과 같다.

① 가공 변질 층이 나타나지 않으므로 평활한 면을 얻을 수 있다.

② 가공 면에 방향성이 없다.

③ 내마멸성 및 내부식성이 좋아진다.

④ 복잡한 형상의 공작물 연마도 가능하다.

⑤ 면이 깨끗하고 도금이 잘 된다.

⑥ 연마량이 적어 깊은 홈은 제거가 되지 않으며, 모서리가 라운드 된다.

⑦ 연질의 금속도 용이하게 연마할 수 있다.

3. 전해 연삭(electrolytic grinding)

(1) 전해 연삭의 원리

전해 연삭은 전기 화학적 용해(전해 작용)와 기계적 연삭을 겸한 가공법으로 전해가공과 거의 같은 방식이나 전해가공은 비접촉 방식인데 비해 전해 연삭은 숫돌의 입자(전해액)가 공작물에 접촉하여 전해 작용으로 가공하는 방법이다.

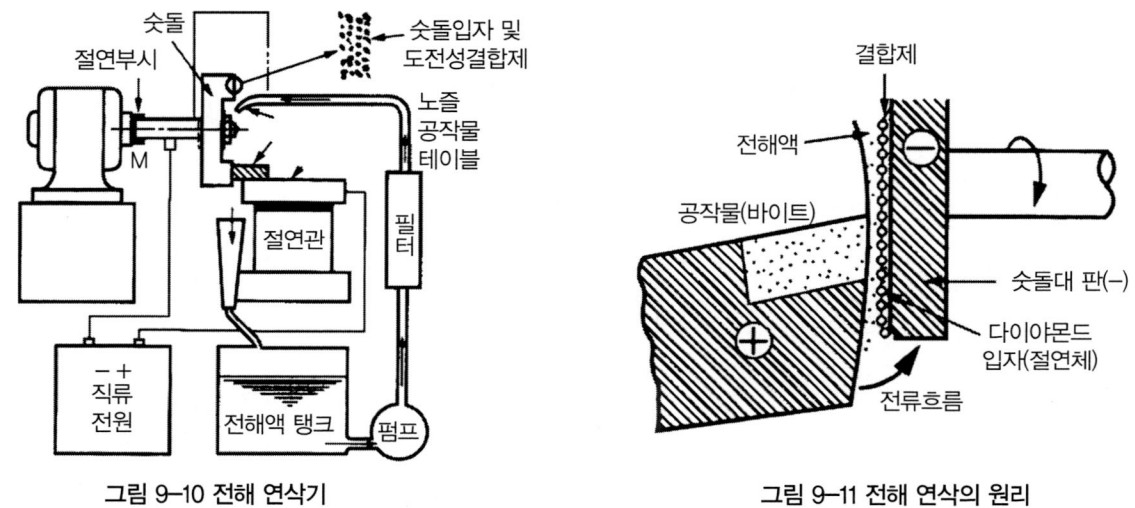

그림 9-10 전해 연삭기   그림 9-11 전해 연삭의 원리

전해 연삭기은 기계적 연삭과 거의 같으나 연삭유로는 전해액을 사용하고, 전기를 통하는 숫돌을 사용하여 공작물 사이에 통전하는 점이 다르다.

전해 연삭은 다이아몬드 숫돌 입자가 함유된 전극 숫돌을 음극(-)으로 하고 공작물을 양극(+)으로 하여 알칼리성 전해액을 충분히 주면서 연삭을 한다. 전해액의 구비 조건 다음과 같다.

① 높은 전도도를 가질 것.

② 부식을 방지하는 특성을 가질 것.

③ 반응 생성물을 용해하는 성능이 있을 것.

(2) 전해 연삭의 특성

전해 연삭에 의한 가공은 응력과 변질 층이 없으므로 전자 현미경의 시편 가공과 각종 반도체 연마에 주로 많이 이용되고, 초경합금의 공구류, 고속도강의 중연삭, 박판, 숫돌 소모가 큰 특수강, 가공경화를 일으키기 쉬운 재료, 자성 재료 등에 응용하여 사용되고 있다. 특징으로는 다음과 같다.

① 경도가 높은 재료일수록 연삭 능률이 기계 연삭보다 높다.
② 박판이나 형상이 복잡한 공작물을 변형 없이 연삭할 수 있다.
③ 연삭 저항이 적으므로 연삭 열 발생이 적고, 숫돌 수명이 길다.
⑤ 설비비와 숫돌 가격이 비싸다.
⑥ 필요로 하는 다양한 전류를 얻기가 힘들다.
⑦ 다듬질 면은 광택이 나지 않는다.
⑧ 정밀도는 기계 연삭보다 낮다.

4. 전주 가공

전해액에서 석출된 금속 이온이 음극의 공작물 표면에 붙은 전착층을 이용하여 원형과 반대 형상의 제품을 만드는 가공법을 전주 가공이라 한다.

전기분해에 의한 도금은 모형 제품에 전착층의 밀착성이 절대로 필요로 하는 것이지만, 전주 가공에서는 전착층을 모형에서 분리하여 전착층 그 자체를 제품으로 사용하므로 밀착성을 전제로 하지는 않는다.

전주 가공은 전착층으로부터 모형을 분리하면 마스터라 하는 전주품이 얻어진다. 이 전주품은 그대로 사용하는 경우도 있고, 다시 전주품인 마스터에 모형과 같은 금속을 전착시켜 분리하면 모형과 같은 완전한 제품을 만들 수 있다. 이러한 조작을 반복하면 같은 치수의 복제품을 여러 개 만들 수 있다.

전주 가공의 응용은 내면이 비대칭이거나 소용돌이 모양처럼 복잡한 형상과 높은 정밀도 및 다듬질이 요구되는 비싼 제품에 많이 이용된다. 즉, 레코드 원판, 피혁용 엠보싱판 등의 미세 형상의 제품과 반사경, 벤투리미터, 만년필 캡, 제트 모터의 몸체, 계산기용 캡 등의 비대칭 및 중공 부품에 적용하고 플라스틱 사출 성형 금형, 다이캐스팅용 금형과 심리스관, 얇은판, 스크린 등의 얇은 전주품에도 적용한다. 전주 가공은 전착층 그 자체를 제품으로 하는 특이한 가공법으로 다음과 같은 특징이 있다.

① 첨가제와 전주 조건으로 전착 금속의 기계적 성질을 쉽게 조정할 수 있다.
② 가공 정밀도가 높아 모형과의 오차를 $\pm 2.5 \mu m$ 정도로 할 수 있다.
③ 매우 높은 정밀도의 다듬질 면을 얻을 수 있다.
④ 복잡한 형상, 이음매 없는 관, 중공축 등을 제작할 수 있다.
⑤ 제품의 크기에 제한을 받지 않는다.
⑥ 언더컷 형이 아니면 대량생산이 가능하다.

⑦ 생산하는 시간이 길다.

⑧ 모형 전면에 일정한 두께로 전착하기가 어렵다.

⑨ 금속의 종류에 제한받는다.

⑩ 제작 가격이 다른 가공 방법에 비해 비싸다.

제3절 화학적 가공

1. 화학적 가공의 개요

기계적, 전기적 방법으로는 가공할 수 없는 재료를 부식이나 용해 등의 화학 반으로 금속과 비금속 공작물 표면을 복잡한 여러 가지 형상으로 파내거나 잘라내며, 깨끗이 다듬는 방법을 화학 가공법(chemical machining)이라 한다.

화학적 가공법은 재료의 경도나 강도와 관계없이 가공할 수 있으며, 곡면, 평면, 복잡한 모양 등에 관계없이 표면 전체를 동시에 가공할 수 있고, 넓은 면적이나 여러 개를 동시에 가공할 수도 있으므로 매우 편리하게 가공할 수 있다.

또한, 변형이나 거스러미 없이 가공되며, 가공경화나 표면의 변질 층이 생기지 않으므로 최근에는 높은 정밀도의 자눈판, 진공관의 격자, 반도체, 프린트 회로 등의 가공에 이용되고 있다. 가공 방법에는 용삭 가공, 화학연마, 화학 연삭, 화학 절단 등이 있다.

화학적 가공의 특징은 다음과 같다.
① 재료의 강도나 경도에 관계없이 사용할 수 있다.
② 변형이나 거스러미가 발생하지 않는다.
③ 가공경화 또는 표면 변질 층이 발생하지 않는다.
④ 복잡한 형상과 관계없이 표면 전체를 한번에 가공할 수 있다.
⑤ 한번에 여러 개를 가공할 수 있다.

2. 용삭 가공

용삭 가공은 에칭(etching)의 일종이며, 가공 방식에는 침지식과 분무식이 있다. 침지식에는 공작물 전체 면을 가공액에 넣어 한번에 용삭하는 전면 용삭법과, 공작물의 일부분을 용삭하는 부분 용삭법이 있다. 부분 용삭은 녹이면 안 되는 부분을 방식 피막으로 씌워야 한다.

가공액은 부식액으로 금속에는 염화제이철, 인산, 황산, 질산, 염산 등의 산을 사용하고, 유리류는 플루오르화수소를 사용한다.

용삭을 방지하는 피막에는 네오프렌(neoprene), 경질 염화 비닐, 에폭시 수지가 들어 있는 래커 등을 사용한다.

가공법에는 절단, 눈금 새기기, 살빼기 등이 있다.

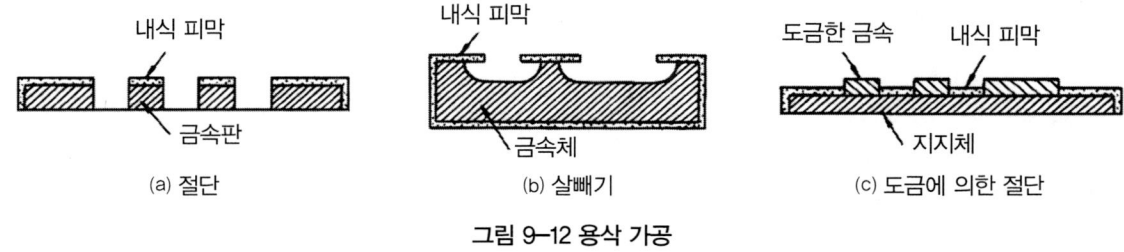

그림 9-12 용삭 가공

3. 화학 밀링(chemical milling)

화학 밀링은 가공하지 않을 공작물 부분에 내식성 피막으로 피복해 부식하는 방법으로 화학 절삭이라고도 한다. 가공 형상은 기계적 밀링과 거의 같으나 가공 원리는 전혀 다르다.

화학 밀링의 특징은 대량 생산, 넓은 면 가공, 복잡한 형상 및 얇은 단면 가공이 가능하며, 공구비가 절감되고 가공 면의 변질 층이 적은 장점이 있지만, 가공 속도와 가공 깊이에 제한받고 부식성 및 다듬질 면의 거칠기가 떨어지는 단점이 있다.

마스킹(masking)이란 공작물의 가공하지 않을 부분을 감광성 내식 피막(photo resist) 등으로 피복하는 조작을 의미하는데 화학 밀링의 마스킹 방법은 금긋기 박리법(scride and peel)이 많이 사용된다.

금긋기 박리법은 정밀도가 요구되지 않을 때 용융 플라스틱 등의 피복제를 공작물 전면에 칠하고 형판을 피복제에 밀착시킨 다음 가공할 부분의 경계선을 칼 등으로 피복제를 벗겨내는 방법이다. 화학 밀링의 가공 형태는 [그림 9-13]과 같이 분류된다.

그림 9-13 화학 밀링의 가공 형태

4. 화학연마(chemical polishing)

금속재료를 화학 용액에 침적한 열에너지를 이용하여 공작물의 전체 면을 균일하게 용해시켜 두께를 얇게 하거나 평활하게 하는 방법으로 표면의 작은 요철부에서 볼록부를 신속히 용융하고 오목부를 녹이지 않으므로 균일한 면을 얻을 수 있으며, 가공액의 온도를 일정하게 하고 단시간에 처리하는 것이 다듬질 면의 향상에 유리하다. 화학연마가 가능한 금속은 구리, 황동, 니켈, 모넬 메탈, 알루미늄,

아연 등이다. 가공액은 황산, 질산, 인산, 염화제이철 등을 단독 또는 혼합하여 사용한다.

5. 화학 연삭

공작물 표면에 작은 요철부의 볼록부를 용삭할 때, 기계적 마찰로 더욱 능률적인 가공을 하는 방법이다. 공작물과 공구 사이에 고운 연삭 입자를 넣으면 효과적이다.

6 화학 절단

날이 없는 메탈 소(metal saw)와 같으며, 절단할 곳에 대고 마찰시키며, 가공액을 작용시키면 그 부분에서 용삭이 진행되어 절단된다. 이 방법은 절단 시간은 같지만, 절단면의 조직 변화가 발생하지 않는 장점이 있다.

익힘문제

01 방전가공의 원리와 방전되는 진행 과정을 설명하여라.

02 방전가공시 전극 재료로서 갖추어야할 조건은 무엇인가?

03 드릴의 홈이나 주사침의 구멍을 깨끗하게 다듬질하는데 좋은 방법은?

04 수정, 반도체, 자기 등에 미세한 구멍 가공과 절단을 하는데 이용하며, 공구와 공작물 사이에 물 또는 경유 등의 연삭 입자를 혼합한 가공액과 함께 초음파에 의한 진동으로 표면을 다듬는 가공법을 무엇이라 하는가?

05 초음파 가공의 특징을 설명하여라.

06 전자빔의 특징과 전자빔으로 가공할 수 있는 분야를 설명하여라.

07 플라스마 가공의 응용을 기술하여라.

08 공작물을 양극, 전극을 음극으로 하여 접근시키면서 높은 압력으로 전해액을 공작물 표면에 분사하면서 가공하는 가공법은 무엇인가?

09 전해 연삭의 특성은 설명하여라.

10 전주 가공의 응용 분야를 설명하여라.

11 화학적 가공 방법으로 금속을 화학 용액에 침적하여 발생한 열에너지를 이용하여 공작물을 용해시켜 두께를 얇게 하거나 평활하게 하는 가공 방법은 무엇인가?

CNC 공작기계

제1절 CNC 공작기계의 개요
제2절 CNC 선반 프로그램
제3절 머시닝센터
제4절 고속 가공기

제1절 CNC 공작기계의 개요

1. CNC의 개요

NC는 Numerical control의 약자로 수치로 제어한다는 의미이며, 숫자나 기호로서 구성된 정보를 이용하여 기계의 운전을 자동 제어하는 것을 말한다.

CNC(Computerized numerical control)란 컴퓨터를 내장한 NC를 말한다. 이와 같이 CNC 장치가 부착된 공작기계를 CNC 공작기계라고 한다.

범용공작기계는 핸들을 사람의 손으로 조작하여 부품가공을 하였으나 CNC 공작기계는 사람의 손 대신 펄스(pulse) 신호에 의하여 서보모터(servo motor)를 제어하여 서보모터에 연결되어 있는 볼 스크루(ball screw)를 회전시켜 요구하는 공작물과 공구의 상대위치를 위치제어 하면서 가공이 이루어진다.

CNC 공작기계는 2축, 3축, 4축, 5축까지도 동시에 제어할 수 있어 복잡한 형상이라도 단시간에 정밀하게 가공할 수 있고, 기능의 융통성과 가변성이 높아 다품종 중·소량 생산에 적합하다. 또한 공작물이나 공구 등을 운반하는 자동 반송 장치와 자동 창고, 로봇 등과 연결해서 이들을 컴퓨터로 관리하면 생산 공장에서 가공의 능률화는 물론 자동화에도 중요한 역할을 할 수 있다.

CNC 공작기계의 종류에는 CNC 선반, CNC 밀링, 머시닝센터, 터닝센터, 복합가공기, CNC 와이어 컷 머신, CNC 방전가공기, CNC 보링머신, CNC 연삭기, CNC 드릴링머신, CNC 레이저 컷 머신, CNC 워터젯 머신 등 거의 모든 공작기계에 CNC 장치를 부착하여 사용하고 있다.

근래에는 주축 회전수 160,000rpm, 이송 속도는 볼 스크루 사용의 경우에는 50~60m/min이 일반적이며, 리니어모터를 이용한 이송계는 200m/min의 고속 이송이 가능하여 고속 고정밀 가공이 실용화되었다.

(1) CNC 공작기계의 발달

NC는 2차대전 후미 공군에서 복잡한 부품의 고정도 가공과 고정도 검사용 게이지 제작의 필요성을 느낄 때 퍼슨지(John C. Persons)에 의하여 NC 개념이 제안되었고 MIT 공과대학의 서보기구 연구소와 협력하여 1948년에 개발한 NC 밀링머신이 최초로 진공관식 NC 공작기계이다. [그림 10-1]과같이 전자 분야의 발달과 더불어 CNC 장치는 급속한 발전을 거듭하게 하였다.

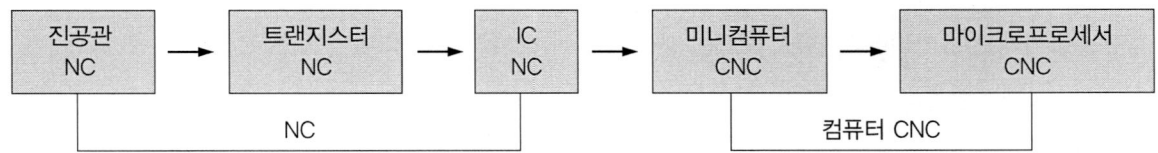

그림 10-1 CNC 장치의 발전 과정

CNC 시스템을 사용한 생산시스템의 발전 과정을 4단계로 분류하면 다음과 같다.

① 제1단계(NC) : 공작기계 1대를 NC1대로 단순히 제어하는 단계
② 제2단계(CNC) : 공작기계 1대를 CNC 1대로 제어하며 복합 기능 수행단계
③ 제3단계(DNC) : 여러 대의 CNC 공작기계를 컴퓨터로 제어하는 단계
④ 제4단계(FMS) : 여러 대의 CNC 공작기계를 컴퓨터로 제어하는 생산관리 수행단계

(2) CNC 공작기계의 특징

CNC 공작기계의 특징을 열거하면 다음과 같다.

① 제품의 균일성을 유지할 수 있다.
② 생산성을 향상할 수 있다.
③ 제조원가 및 인건비를 절감할 수 있다.
④ 특수 공구 제작의 불필요로 공구 관리비를 절감할 수 있다.
⑤ 작업자의 피로를 줄일 수 있다.
⑥ 제품의 난이성에 비례해서 가공성을 증대시킬 수 있다.

(3) CNC 공작기계의 정보 흐름

CNC 공작기계의 정보 흐름은 [그림 10-2]와 같으며, 가공계획에 의하여 도면을 보고 CNC 프로그램을 작성하여 테이프 리더 또는 디스크에 메모리 하거나 RS-232C 인터페이스를 통하여 CNC 공작기계의 정보 처리 회로에 전달하면, 정보 처리 회로에서 처리하여 결과를 펄스 신호로 출력하며, 이 펄스 신호에 의하여 서보모터가 구동되고 볼 스크루가 회전함으로써 위치가 제어되어 공작기계가 가공이 이루어진다.

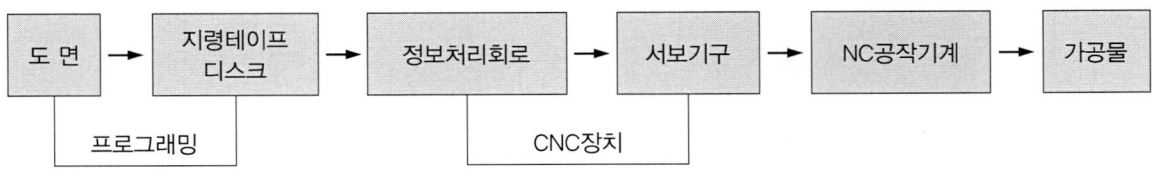

그림 10-2 CNC 공작기계의 정보 흐름

(4) CNC 공작기계의 경제성

1) 제품의 수량

범용공작기계는 초기비용은 적게 들지만 생산 수량이 증가함에 따라 생산비용이 급격히 증가하는 형태로 소량 생산에 적합하지만, 전용공작기계는 초기비용은 많이 들지만 생산 수량이 증가하여도 생산비용은 완만하게 증가하기 때문에 대량생산에 적합함을 알 수 있다.

CNC 공작기계는 생산 수량이 50~100개 정도인 소량 및 중량생산에 적합함을 알 수 있고 소량 생산에 유리하다는 연구 결과가 나온 바도 있다. 그러나 CNC 공작기계의 대중화에 따른 가격 인하, 공작물의 재질 및 기계의 종류 등의 변수에 따라 제품의 수량 증가는 많은 차이가 있을 수 있다.

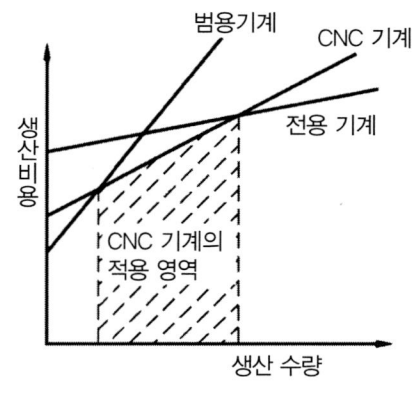
그림 10-3 생산비용 및 수량과의 관계

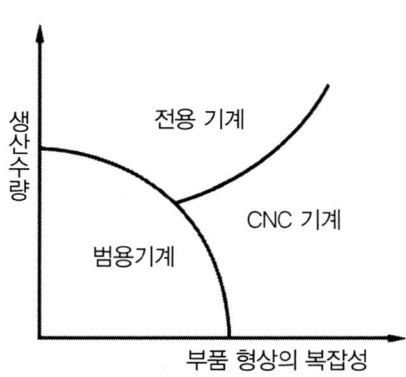
그림 10-4 부품 형상과 공작기계 적용

2) 부품의 복잡성

종래 범용공작기계로는 불가능했던 복잡한 형상을 최근에는 전자기술 즉, 마이크로프로세서의 발달과 더불어 CNC의 성능향상과 높은 정밀도의 가공 영역이 용이하게 되었으므로 CNC 공작기계에서는 복잡한 형상의 부품을 가공하기에 적합함을 알 수 있다.

3) 설비의 경제성 평가 방법

(가) 페이백 방법(Payback method)

페이백 방법은 새로운 설비의 도입에 따른 연간 절약 비용의 예측값을 투자액과 비교하여 투자액을 보상하는 데 필요한 연수를 구하는 방법이다.

(나) MAPI 방법(Manufacturing and Applied Products Institute method)

MAPI 방법은 새로운 설비에 의한 최초 연도의 부품생산비용을 현재 가지고 있는 설비에 의한 생산비용과 비교하여 평가하는 방법이다. 비교적 실용적이므로 일반적으로 많이 사용되고 있다.

2. CNC 시스템의 구성

(1) CNC 시스템의 구성

CNC 시스템의 구성은 하드웨어(hardware)와 소프트웨어(software)로 구성하고 하드웨어는 일반적으로 본체와 서보(servo)기구, 검출기고, 제어용 컴퓨터, 인터페이스(interface) 회로 등으로 구성하며, 소프트웨어는 자동이나 파트 프로그래밍 기술을 의미할 수 있다.

1) 가공계획

부품도면에 따라 가공할 범위와 파트 프로그래밍 및 CNC 가공을 하기 위하여 다음과 같은 가공계획을 세운다.

　① CNC로 가공하는 범위와 사용 기계 선정
　② 가공물을 고정하는 방법과 필요한 치공구 선정
　③ 가공 순서 결정
　④ 가공할 공구 선정
　⑤ 절삭조건(주축 회전속도, 이송 속도, 절삭유의 유무 등)의 결정
　⑥ 프로그램 작성

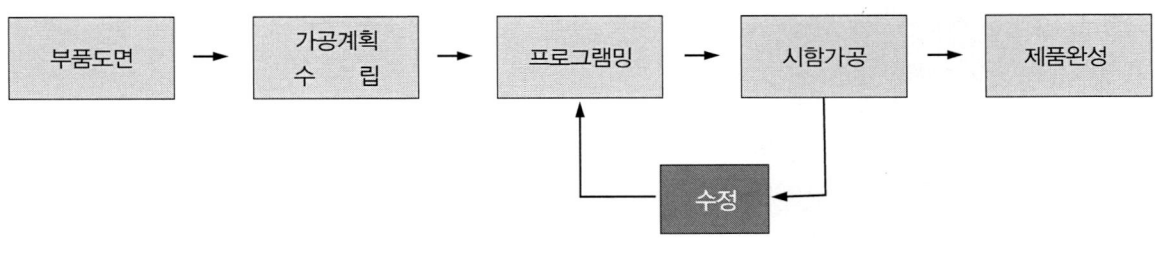

그림 10-5 프로그램 순서

2) 파트 프로그래밍

부품도면을 CNC 기계가 알 수 있도록 파트 프로그램을 사용하여 정보를 제공한다. 이때 특정한 언어를 사용하여 프로그램하는 작업을 CNC 파트 프로그래밍이라 하며, 수동프로그래밍과 자동프로그래밍 2가지 방법이 있다.

3) 천공 테이프

천공 테이프는 공구의 경로, 이송 속도, 준비기능, 보조기능 등을 코드(code)화하여 천공한 것으로 프로그래밍한 것을 NC 기계에 입력시키기 위한 하나의 수단으로써 일종의 종이테이프이다. 최근에는 CNC 장치의 내부 기억장치의 확장과 개인용 컴퓨터에서 DNC를 이용 프로그램을 전송하며, 플로피디스크이나 하드디스크를 이용하므로 천공 테이프는 거의 사용하지 않는다.

천공 테이프는 폭 방향의 8개 채널(channel)에 한 개의 문자, 숫자, 부호 등을 나타낼 수 있다. 이것을 캐릭터(character)라고 하고 길이 방향의 열을 트랙(track)이라고 한다. 천공 테이프의 규격은 EIA 코드 방식과 ISO 코드 방식이 있다.

① EIA Code

미국 전기규격협회(Electronic Industries Association)에서 사용하는 방식으로 캐릭터를 나타내는 가로 방향의 구멍수가 항상 홀수이며, 패리티 체크를 하는 채널은 5번째 채널이다.

② ISO Code

국제표준화기구(International organization of standardization)에서 결정한 것으로 캐릭터를 나타내는 가로 방향의 구멍수가 짝수이며, 패리티 체크를 하는 채널은 8번째 채널이다.

4) 컨트롤러(controller)

컨트롤러는 천공 테이프나 디스크에 기록된 언어 즉, 정보를 받아서 펄스(pulse)화 시킨다. 이 펄스화 된 정보는 서보기구에 전달되어 여러 가지 제어 역할을 한다.

5) 서보기구와 서보모터

서보기구는 정보 처리 회로의 명령에 따라 공작기계의 이송축이 움직이게 하는 역할이다. 정보 처리 회로는 마이크로(micro)컴퓨터에서 번역 연산된 정보는 다시 인터페이스 회로를 거쳐서 펄스화 되고 이 펄스화 된 정보는 서보기구에 전달되어 서보모터를 작동시킨다. 서보모터는 펄스에 의한 각각의 지령에 따라 대응하는 회전운동을 한다.

또한, 서보기구는 서보모터 회전운동에 따른 속도와 위치를 피드백(feed back)시켜 입력된 양과 출력된 양이 같아지도록 제어할 수 있는 구동 기구이므로 피드백 장치의 유무와 검출 위치에 따라 다음과 같이 4가지 종류가 있다.

(가) 개방회로 방식(open loop system)

구동 모터로는 스테핑 모터(Stepping Motor)가 사용되며, 검출기나 피드백 회로를 가지지 않기 때문에 정밀도가 낮아 오늘날 NC 기계에는 거의 사용하지 않는다.

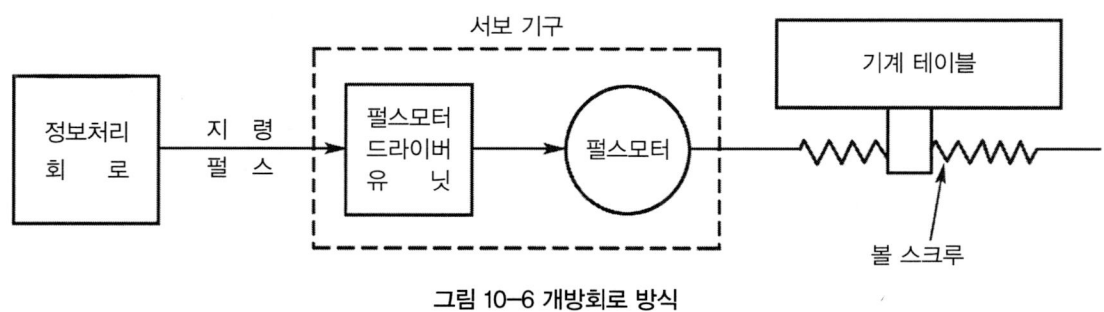

그림 10-6 개방회로 방식

(나) 반폐쇄 회로 방식(semi-closed loop system)

서보모터의 축 또는 볼 스크루의 회전 각도를 통하여 위치를 검출하는 방식으로 직선운동을 회전운동으로 바꾸어 검출한다. AC 서보모터에 내장된 디지털형 검출기인 로터리 엔코더에서 위치검출을 하므로 정밀도는 다소 폐쇄회로 방식보다 떨어지나 높은 정밀도의 볼 스크루 등에 의해 실용상으로 정밀도 문제가 거의 해결되므로 CNC 공작기계에서 가장 많이 사용된다.

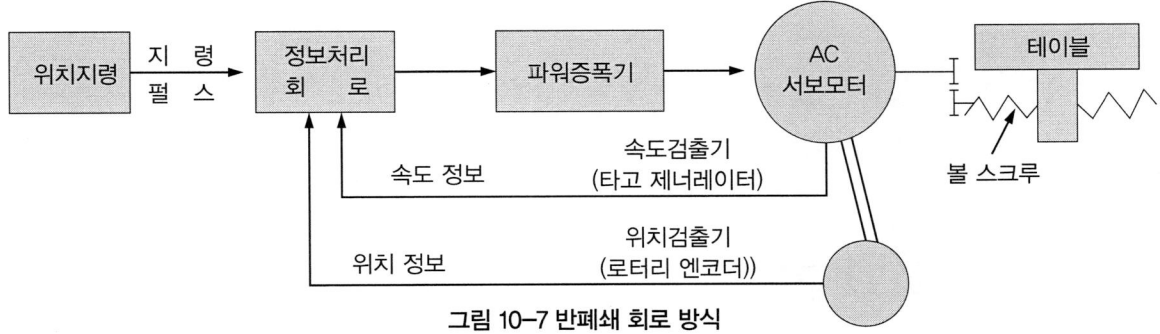

그림 10-7 반폐쇄 회로 방식

(다) 폐쇄회로 방식

기계의 테이블에 직선 방향 위치를 검출하여 제어하는 방식이다. 기계의 테이블에 직접적으로 스케일(Scale)을 부착하여 위치 편차를 피드백시키는 방식으로 반 폐쇄회로 제어방식과 제어방식은 같지만, 정밀도가 높아 높은 정밀도의 공작기계나 대형 공작기계 등에 많이 사용한다.

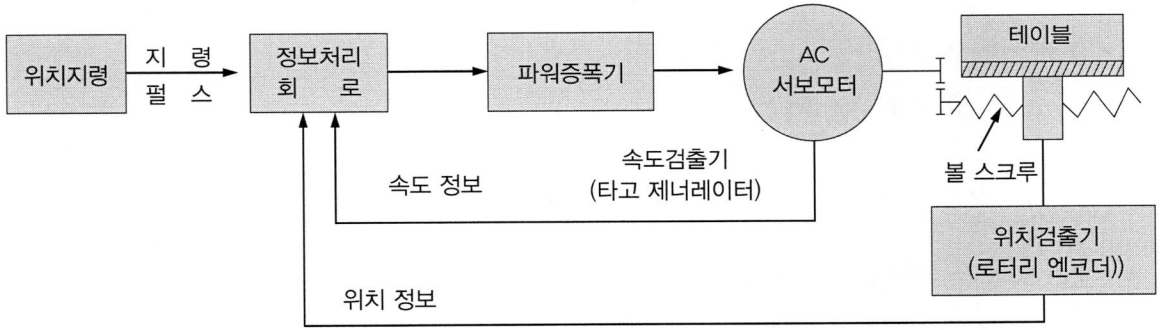

그림 10-8 폐쇄회로 방식

(라) 복합 회로 방식(hybrid servo system)

반폐쇄 회로 방식과 폐쇄회로 방식을 혼합한 방식이다. 만약 반폐쇄 회로 방식으로 움직인 결과 오차가 있으면 그 오차를 폐쇄회로 방식으로 검출하여 보정을 하는 방식으로 가격이 고가이므로 높은 정밀도가 필요할 때 사용된다.

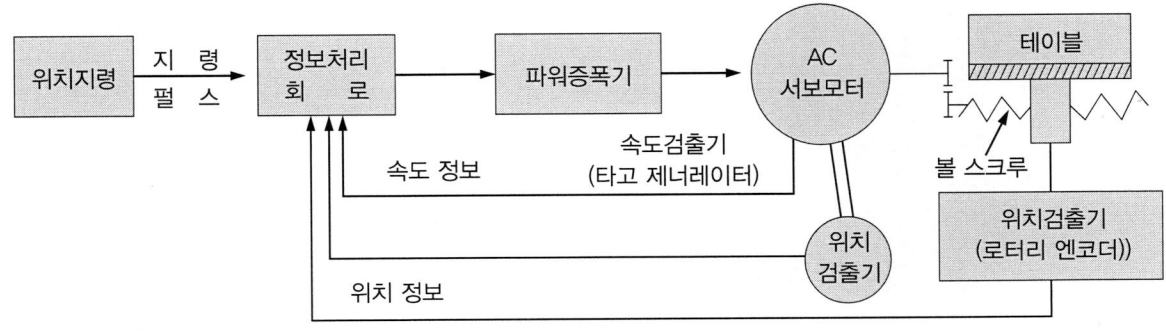

그림 10-9 복합 회로 방식

6) 볼 스크루(ball screw)

볼 스크루는 서보모터에 연결되어 있어 서보모터의 회전운동을 받아 CNC 공작기계의 테이블(table)을 직선운동 시킨다.

볼 스크루는 [그림 10-10]과같이 수나사와 암나사 사이에 강구가 구르기 때문에 이송이 부드럽고 마찰계수도 적다. 또한, 중간 조임쇠의 이중 너트를 사용하면 너트를 조정함으로써 백래시(back lash)를 거의 0에 가까워지게 할 수 있다. 그러나 볼 스크루는 너트에 예압을 주어 사용하는 것이 보통인데 외부 부하가 없는 경우에도 이 예압에 대한 마찰 토크가 열로 발생할 수 있다. 이러한 열적 영향을 줄이기 위하여 중공 볼 스크루를 이용하여 냉각 효과를 개선하는 연구가 시도되고 있다.

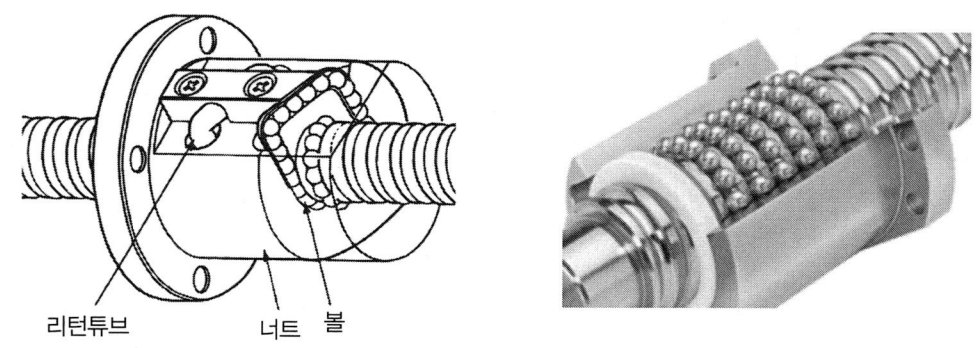

그림 10-10 볼 스크루

7) 리졸버(resolver)

리졸버는 CNC 공작기계의 움직임을 전기적인 신호로 표시하는 일종의 회전 피드백(feed back) 장치이다.

8) 엔코더(encoder)

서보모터 회전을 속도제어와 위치검출을 하는 장치이고 일반적으로 서보모터 뒤쪽에 부착되어 있다. [그림 10-11]는 광학식 엔코더이며 발광소자에서 나오는 빛은 회전 격자와 고정 격자를 통하고 수광소자에서 검출한다. 회전 격자는 유리로 된 원판에 등 간격으로 분할이 되어 있고 분할 개수는 서보모터의 명판에 있는 펄스로 알 수 있다.

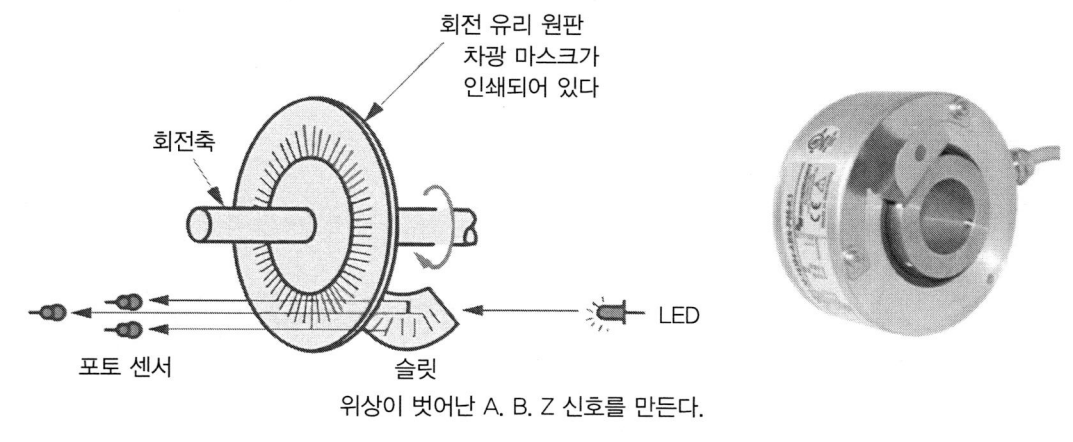

그림 10-11 엔코더 원리

(2) DNC 시스템

DNC란 직접수치제어(Diret Numerical Control), 또는 분배 수치제어(Distribute Numerical Control)의 약자로서 여러 대의 NC 공작기계에 외부의 컴퓨터에 연결하여 제어되는 생산시스템이다.

DNC 시스템은 중앙컴퓨터, NC 프로그램을 저장하는 기억장치, 통신선, CNC 공작기계로 구성되어 있다.

(3) 유연 생산 시스템(FMS : Flexible Manufacturing System)

유연성 있는 생산시스템이란 CNC 공작기계와 산업용 로봇(robot), 무인 반송시스템(AGV : Automated Guided Vehicle), 자동화 창고 등을 총괄하여 중앙의 컴퓨터로 제어하면서 소재의 공급, 투입으로부터 가공, 조립, 출고까지를 관리하는 생산시스템이다. 유연생산시스템의 장점을 열거하면 다음과 같다.

① 생산성 향상
② 새로운 공작물의 생산 준비기간 단축
③ 재고품 감소
④ 임금 절약
⑤ 생산품 품질향상
⑥ 생산 기술자의 적극적인 참여
⑦ 작업 안전도 향상

3. 절삭 제어방식

(1) 위치결정제어

위치결정제어는 이동 경로는 무시하고 가공물의 위치만을 찾아 제어하는 방식으로 정보 처리 회로가 매우 간단하다. 이 방식은 속도와 이동 경로에 대해서는 문제가 되지 않고 정확한 위치만 도달하면 되므로 PTP(Point To Point) 제어라고도 하며 드릴링 작업이나 스폿(spot)용접기 등에 사용된다.

(2) 직선절삭제어

직선으로 이동하며 절삭을 진행할 수 있는 제어로서 위치결정 제어보다 주축속도, 공구선택, 공구보정 등의 기능을 포함한 제어방식으로 다소 차원은 높으나 직선 절삭(X, Y, Z축에 평행) 이외에는 할 수 없다. 주로 선반, 밀링, 보링머신 등에 사용된다.

(3) 윤곽 절삭 제어

곡선 등의 복잡한 형상을 연속적으로 윤곽 제어할 수 있는 가장 복잡한 시스템으로 점과 점의 위치결정과 직선 절삭 작업을 할 수 있고, 여러 축의 움직임을 동시에 제어할 수 있는데, 2차원 또는 3차원 이상의 제어에 사용된다.

윤곽제어에 대한 펄스 분배 방식에는 MIT 방식, DDA 방식, 그리고 대수 연산 방식 등이 있고, 초기에는 대수 연산 방식을 사용하였으나 최근에는 DDA 방식이 주로 사용하고 있다.

그림 10-12 위치결정제어   그림 10-13 직선절삭제어   그림 10-14 윤곽 절삭 제어

4. CNC 프로그래밍

(1) 좌표계

좌표축(제어 축)은 CNC 공작기계의 각 축에 대하여 제어대상이 되는 축을 의미하며 좌표축과 운동 기호 등이 각각의 장비마다 달라지면 프로그램을 작성할 때 혼동을 일으키기 쉬워 이를 ISO 및 KS규격으로, CNC 공작기계의 좌표축과 운동 기호를 오른손 직교 좌표계를 표준 좌표계로 지정하여 놓았다.

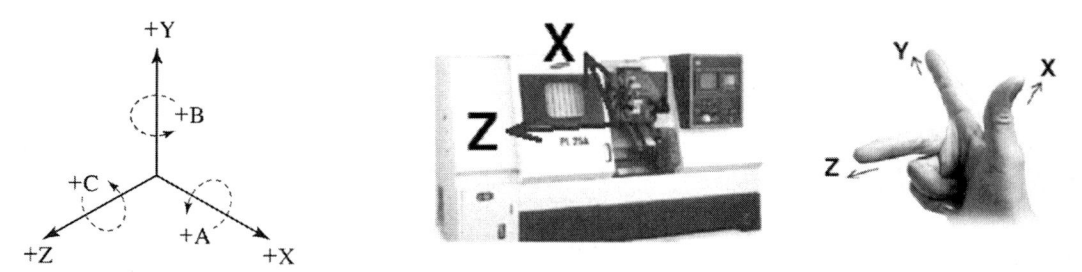

그림 10-15 오른손 직교 좌표계와 운동 기호

CNC 공작기계에 사용하는 좌표계에는 기계좌표계, 공작물 좌표계, 구역 좌표계의 3종류가 있는데 여기서는 기계좌표계와 공작물 좌표계만 간단히 설명한다. 또한 화면상에서 공구가 이동하는 거리나 방향을 표시하는 방법으로는 기계 좌표, 절대좌표, 상대좌표, 잔여 좌표의 4종류가 있다. 이렇게 화면상에 표시하는 방법과 좌표계와는 개념이 다르다. 즉, 공작물 좌표계에서 좌표를 표시하는 방법으로는 절대좌표로 표시할 수도, 상대좌표로 표시할 수도 있다는 것이다.

1) 기계좌표계(machine coordinate system)

기계의 기준점, 즉 기계 원점을 기준으로 기계좌표계가 설정되며, 기계 제작사가 파라미터에 의해 정한 점으로 사용자가 임의로 변경해서는 안 된다.

이 기준점은 기계가 일정한 위치로 복귀하는 기준점이고 공작물의 프로그램 원점과 거리를 알려줄 때 기준이 되는 점이며, 금지 영역, Over travel, 제2원점 등을 설정할 때 이용한다.

2) 공작물 좌표계(work coordinate system)

공작물의 가공을 위하여 설정하는 좌표계를 공작물 좌표계라고 한다. 즉, 프로그램할 때는 도면상의 한점을 원점으로 정하여 프로그램하고, 공작물이 도면과 같이 가공되도록 이 프로그램 원점과 공작물의 한점을 일치시킨 좌표계를 공작물 좌표계라고 한다.

3) 구역 좌표계(local coordinate system)

공작물 좌표계로 프로그램되어 있을 때 특정 영역의 프로그램을 쉽게 하려면 특정 영역에만 적용되는 좌표계를 만들 수 있는데 이것을 구역 좌표계라고 한다.

4) 절대좌표계(absolute coordinate system)

도면을 보고 프로그램을 할 때에 프로그램을 쉽게 하려면 도면상의 한 점을 원점으로 정하는데 이 점을 프로그램 원점이라고 한다. 이 점을 원점으로 한 좌표계를 절대좌표계 또는 공작물 좌표계라고도 한다.

5) 상대 좌표계(incremental 또는 relative coordinate system)

공구보정(setting), 공작물 측정하거나 정확한 거리의 이동, 좌표계 설정 등을 할 때에 편리하게 사용되며, 현 위치가 좌표계의 기준이 되고, 필요에 따라 그 위치를 0점(기준점)으로 지정할 수 있다.

6) 잔여 좌표계(relativite positon)

프로그램을 실행(auto)할 때 실행되고 있는 현재의 프로그램 위치가 얼마 남았나를 나타내는 좌표계로, 이 잔여 좌푯값을 확인함으로써 기계의 충돌을 예상하여 미리 안전조치를 취할 수 있다.

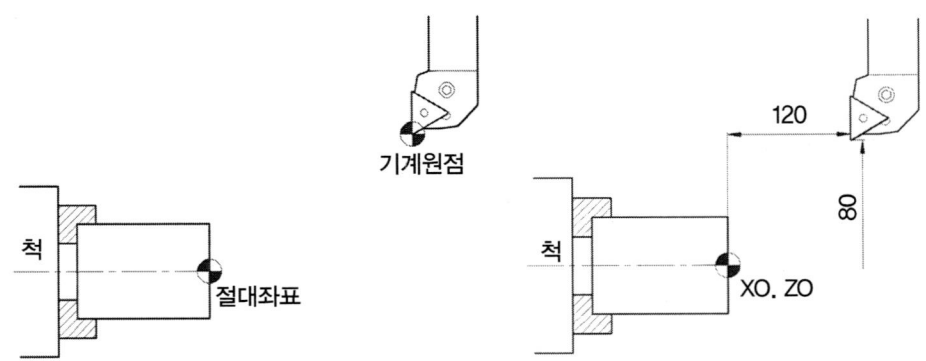

그림 10-16 기계 원점과 절대좌표계

(2) 좌표치의 지령 방법

공구의 이동 위치를 지령하는 방식에는 절대 지령과 증분지령 방식이 있다. 절대(Absolute) 지령은 프로그램 원점을 기준으로 움직일 방향과 좌표치를 입력하는 방식이고, 증분지령은 현재의 공구 위치를 기준으로 움직일 방향과 좌표치를 입력하는 방식이다. 또한 한불록에 2가지를 혼합하여 지령할 수도 있다.

1) 절대지령(absolute)

이동 위치의 종점을 절대좌표계의 위치 즉, 프로그램 원점을 기준으로 직교 좌표계의 좌푯값을 지령하는 방식이다.

예) CNC 선반의 경우 : G00 X60.0 Z80.0 ;

머시닝센터의 경우 : G00 G90 X100.0 Y100.0 Z50.0 ;

G01 G90 X50.0 Y30.0 Z50.0 F200 ;

2) 증분지령(incremental 또는 relative)

현재의 공구 위치를 기준으로 종점까지의 이동량으로 X, Y, Z의 증분값을 지령하는 방식이다.

예) CNC 선반의 경우 : G00 U35.0 W42.0 ;

머시닝센터의 경우 : G00 G91 X23.0 Y43.0 Z17.0 ;

3) 혼합지령

위의 절대 지령과 증분지령을 한 블록 내에 혼합하여 지령하는 방식이다.

예) CNC 선반의 경우 : G00 X27.0 W23.0 ;

(예제) 시작점에서 끝점로 이동할 때 절대, 증분지령으로 프로그램하시오.

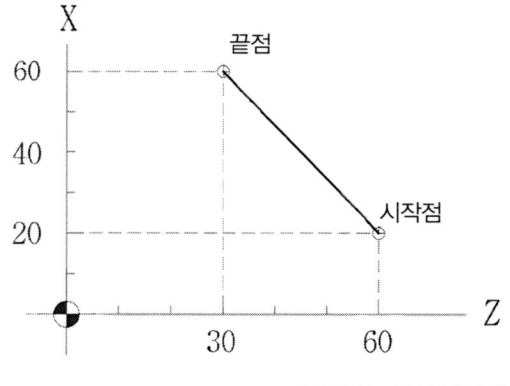

① 절대 지령방식(원점 기준)
  G00 X60. Z30. ;
② 증분 지령방식(이동 전 위치 기준)
  G00 U40. W-30. ;
③ 절대 증분 혼합방식
  G00 U40. Z60. ;

그림 10-17 절대지령과 증분지령

(3) CNC 프로그램의 구성

CNC 프로그래밍이란 주어진 도면의 제품을 가공하기 위하여 가공 공정을 CNC 장치가 이해할 수 있는 표현형식으로 바꾸는 작업이다. CNC 프로그램은 부품의 일부분을 가공하는 프로그램의 조합에 의하여 완성품이 이루어지는 것이 대부분이므로 일명 파트 프로그램이라고 한다. CNC 프로그램은 주소(Address)와 수치(Data)의 조합에 이루어진 단어(Word)들이 조합되어 지령절(Block)을 구성하며, 이 지령절의 조합으로 프로그램이 구성되어 있다. NC 프로그램은 지령절 단위로 실행되며, NC 프로그램은 주프로그램과 보조프로그램으로 나눌 수 있다.

프로그램을 작성하기 위하여 다음과 같은 가공계획을 수립하여야 한다.

① 가공할 범위와 사용할 기계의 선정: 도면을 분석하여 그 부품을 가공하기에 적합한 기계를 선정한다.
② 가공물의 고정 방법 및 필요한 치공구의 선정
③ 가공 순서 결정 : 공정의 분할 및 공구의 출발점, 공구의 경로 등을 결정한다.
④ 사용할 공구의 선정: 공구홀더와 인서트팁의 종류 및 공구의 고정 방법을 선정한다.
⑤ 절삭조건의 결정: 절삭 속도 또는 주축의 회전수와 이송 속도, 절입량, 절삭유의 사용 유무 등을 결정한다.
⑥ 프로그램 방법 결정 : 간단한 형상의 도면일 때에는 수동프로그래밍, 복잡한 형상의 경우에는 자동 프로그래밍을 이용한다.

1) 주소(address)

주소는 영문 대문자(A~Z) 중의 한 개로 표시되며, 각각의 어드레스 기능은 〈표10-1〉과 같다.

표10-1 주소의 기능과 의미

주소			기 능	의 미
O			프로그램 번호	프로그램 번호
N			전개번호	블록의 이름
G			준비기능	이동 조건
X	Y	Z	좌표어	각축의 이동 지령
U	V	W		각축의 이동 지령
A	B	C		부가축 이동지령
I	J	K		원호 중심의 위치 및 면취량
R				원호 반지름 코너 R
C				면취량
F			이송기능	이송속도 및 나사 리드
M			보조기능	기계 보조 장치 제어 지령
S			주축기능	주축 회전속도 지정
T			공구기능	공구번호 및 보정번호 지정
X,U,P			Dwell	휴지시간 지정
P			보조 프로그램 호출 번호	보조 프로그램 번호 및 횟수 지정
P,Q			고정 사이클 전개번호 지정	고정 사이클에서 시작과 종료 지정
L			반복횟수	보조 프로그램 반복 횟수 지정
D,I,K			매개변수	주기에서의 파라미터 지정

2) 수치(Data)

수치와 입력 단위의 범위는 기능에 따라 〈표10-2〉와 같다.

수치는 주소의 기능에 따라 2자리, 4자리의 수치를 사용하였으나, 근래에는 확장되는 추세이다. 수치값의 처음에 나오는 0과 소수점 다음의 마지막에 나오는 0은 생략할 수 있다.

예) G00, G01 ----(2자리 수) (수치값 처음에 나오는 0 생략 가능 : G0, G1)

　　T0100　---- (4자리 수)

좌표치를 나타내는 주소에 사용되는 수치는 최소 지령 단위에 따라 0.001mm까지 표시할 수 있댜

예) X10.015　Z100.005 --- 소수점 이하 3자리 수

　　X100000 = X100.000 = X100. ---소수점 다음의 마지막에 나오는 0은 생략　　할 수 있다.

표10-2 주소의 지령치 범위

기 능	주 소	mm 입력단위	inch 입력단위
프로그램 번호	O	0001~9999	0001~9999
전개번호	N	1~9999	1~9999
준비기능	G	0~99	0~99
좌표어	X,Y,Z,U,V,W,R,I,J,K,R	± 99999.999mm	± 9999.9999inch
분당 이송	F	1~100000mm/min	0.01~400.00in/min
회전당 이송	F	0.01~500.000mm/rev	0.0001~9.9999in/rev
주축기능	S	0~9999	0~9999
공구기능	T	0~99	0~99
보조기능	M	0~99	0~99
Dwell	X,U,P	0~99999.999sec	0~99999.999sec
고정 사이클 전개번호	P,Q	1~9999	1~9999

3) 단어(word)

지령절을 구성하는 가장 작은 단위로 주소와 수치의 조합에 이루어낸다. 단어는 제각기 다른 주소의 기능에 따라 그 역할이 결정된다.

4) 지령절(block)

몇 개의 단어가 모여 구성된 한 개의 지령 단위를 지령절이라고 하며, 지령절과 지령절은 EOB(end of block)으로 구분되며, 제작사에 따라 " ; " 또는 " # "과 같은 부호로 간단히 표시한다. 한 지령절에 사용되는 단어의 수에는 제한이 없다.

표10-3 지령절

N	G	X Y Z	F	S	T	M	;
전개번호	준비기능	좌 표 어	이송기능	주축기능	공구기능	보조기능	EOB

5) 주(Main)프로그램과 보조(Sub)프로그램의 구성

프로그램을 간단히 하는 기능으로 가공할 형태가 여러 번 반복하는 경우 가공 부분은 하나의 보조(Sub)프로그램으로 작성하고 주(Main)프로그램에서 보조(Sub)프로그램 필요할 때 호출하여 반복 가공을 할 수 있다.

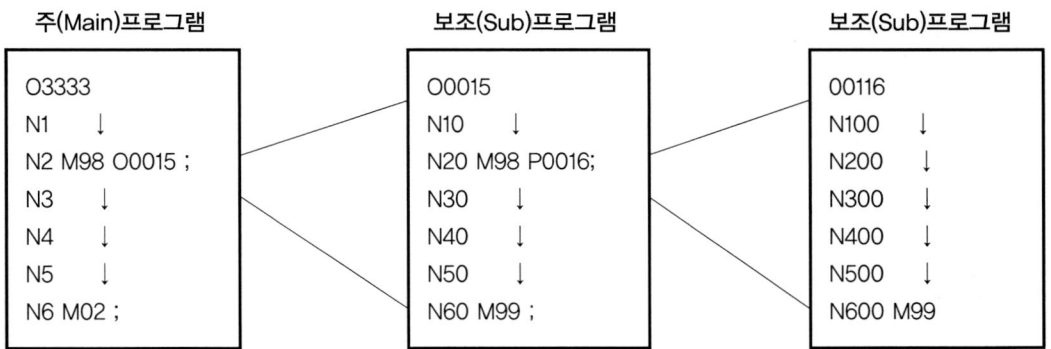

그림 10-18 주(Main)프로그램과 보조(Sub)프로그램

(4) CNC 프로그램의 주요 기능

1) 프로그램 번호(O)

CNC 기계는 여러 개의 프로그램을 CNC 메모리에 저장할 수 있으므로 저장된 프로그램을 구별하기 위하여, 서로 다른 프로그램 번호를 붙이는데 프로그램 번호는 주소 영문자 "O" 다음에 4자리의 숫자를 임의로 정한다.

2) 전개 번호(N : seguence number)

블록의 순서를 지정하는 것으로 영문자 "N" 다음에 4자리 이내의 숫자로 번호를 표시한다. 매 지령절마다 붙이지 않아도 되며, 없어도 프로그램의 수행에는 지장이 없으나. 복합 반복 사이클을 사용하거나 전개번호로 특정 지령절을 탐색하고자 할 때에는 반드시 필요하다.

예) N10 G50 X150.0 Z200.0 S1500 T0100 ;
    N20 G96 S120 M03 ;
    N30 G00 X62.0 ZJJ.0 T0101 M08 ;

3) 준비기능(G : prepararation function)

준비기능은 G 기능이라고 하며, 영문자 "G"와 2자리의 숫자로 구성되어 있다.

G 기능은 〈표10-4〉와 같이 2가지로 구분한다.

표10-4 준비기능의 구분

구 분	의 미	구 별
One Shot G-code (1회 유효 G코드)	지령된 블록에 한해서만 유효한 기능	"00" 그룹
Modal G-code (연석 유효 G코드)	동일 그룹의 다른 G코드가 나올 때까지 유효한 기능	"00" 이외의 그룹

4) 주축기능(S : spindle speed function)

주축의 회전속도를 지령하는 기능으로, 영문자 S를 사용한다. 주축기능은 준비기능에 따라 주축기능 지령 단위가 다음과 같이 달라진다.

① G96 S ___ M03 ; 인 경우 절삭 속도(m/min)값으로 공작물 지름에 따라 주축 회전수가 변화한다. CNC 선반에서 사용한다.

② G97 S ___ M03 ; 인 경우 주축은 지정된 회전수(rpm) 값으로 회전한다. 머시닝센터에서 사용한다.

③ G50 S ___ M03 ; 인 경우 주축의 최고 회전수(rpm) 한계를 의미한다.

그러나 CNC 선반에서 지령되는 X값은 가공물의 지름에 대한 정보를 CNC 장치에 제공할 수 있으므로 G96을 사용할 수 있으나, 머시닝센터는 사용 공구의 지름 정보를 제공할 수 없으므로 프로그래머가 사용 공구에 적합한 절삭 속도를 얻을 수 있는 주축 회전수를 계산하여 G97로 지령하여야 한다.

일반적으로 전원 공급시 CNC 선반과 머시닝센터는 G97이 설정되도록 파라미터에 지정하여 사용한다.

5) 이송기능(F : feed function)

이송 속도를 지령하는 기능으로, 영문자 "F"를 사용하며, 이송기능은 CNC 공작기계와 준비기능에 따라 이송기능 지령 단위가 〈표10-5〉와 같이 달라진다.

표10-5 준비기능의 구분

CNC 선반		머시닝센터	
지령 방법	의 미	지령 방법	의 미
G98 F___ ;	분당 이송 (mm/min)	G94 F___ ;	분당 이송 (mm/min)
G99 F___ ;	회전당 이송 (mm/rev)	G95 F___ ;	회전당 이송 (mm/rev)

일반적으로는 전원을 공급할 때 CNC 선반에서는 회전당 이송으로 머시닝센터에서는 분당 이송으로 초기에 설정하여 사용한다.

6) 공구 기능(T : tool function)

공구를 선택하는 기능으로 영문자 "T"와 2자리의 숫자를 사용하며, CNC 선반과 머시닝센터에서 지령 방법은 다음과 같이 차이가 있다

① CNC 선반

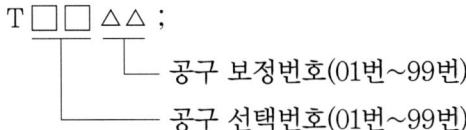
- 공구 보정번호(01번~99번)
- 공구 선택번호(01번~99번)

② 머시닝센터

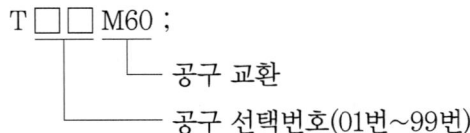
- 공구 교환
- 공구 선택번호(01번~99번)

7) 보조기능(M : Miscellaneous function)

보조기능은 스핀들 모터를 비롯한 기계의 각종 기능을 수행하는 데 필요한 보조장치의 ON/OFF를 수행하는 기능으로, 영문자 "M"과 2자리의 숫자를 사용한다.

〈표10-6〉는 많이 쓰이는 보조기능으로 기계 제작사에 따라 동일한 M 코드라고 하더라도 차이가 있으므로 주의해야 한다.

① P/G에 관련된 M-코드 : M00, M01, M02, M30, M98, M99

② 기계적인 M-코드 : 나머지 M-code

③ M-코드는 한 블록에서 1개의 코드만 유효하며 2개 이상 지령 시 뒤에 지령한 M-코드만 유효

④ 조작판 상의 기능이 프로그램상의 지령된 M-코드보다 우선

표10-6 보조기능

M코드	의 미	적용 기종	M코드	의 미	적용 기종
M00	프로그램 정지	CNC선반 머시닝센터	M09	절삭유 공급 중지	CNC선반 머시닝센터
M01	선택적 정지	CNC선반 머시닝센터	M19	주축 일방향 정지	머시닝센터
M02	프로그램 끝	CNC선반 머시닝센터	M30	프로그램 끝 및 재개	CNC선반 머시닝센터

M03	주축 정회전(CW)	CNC선반 머시닝센터	M40	주축 기어 중립	CNC선반
M04	주축 역회전(CCW)	CNC선반 머시닝센터	M41	주축 기어 저속	CNC선반
M05	주축 정지	CNC선반 머시닝센터	M42	주축 기어 고속	CNC선반
M06	공구 교환	머시닝센터	M98	보조 프로그램 호출	CNC선반 머시닝센터
M08	절삭유 공급 시작	CNC선반 머시닝센터	M99	주 프로그램 호출	CNC선반 머시닝센터

제2절 CNC 선반 프로그램

1. 프로그램 원점과 좌표계 설정

(1) 프로그램 원점

프로그램 원점은 회전체이므로 양 끝단의 중심을 기준으로 정하는 것이 일반적이며, 원점 표시기호(⊕)를 표시하여 작업자가 프로그램의 원점이 어디인지 알 수 있도록 하여야 한다.

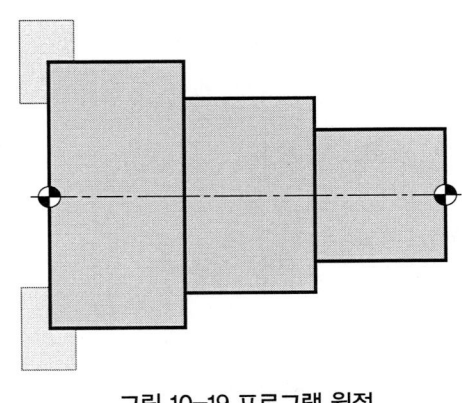

그림 10-19 프로그램 원점

(2) 좌표계 설정(G50)

```
G50 X__ Z__ S__ ;
```

사용 공구가 출발하는 임의의 위치를 시작점이라고 하며, 프로그램의 원점과 시작점의 위치 관계를 NC에 알려주어 프로그램의 원점을 절대좌표의 원점(X0, Z0)으로 설정하여 주는 것을 좌표계 설정이라고 한다. 또한 속도 일정 제어(G96)로 스핀들 회전을 지령하면 가공물의 지름이 작아지면 작아질수록 대단히 빠르게 회전하여야 하는데, 스핀들 모터는 일정한 회전수 이상 회전하지 못한다. 그러나 제어장치에서는 요구하는 회전수가 감지되어 나올 때까지 계속 전류를 공급

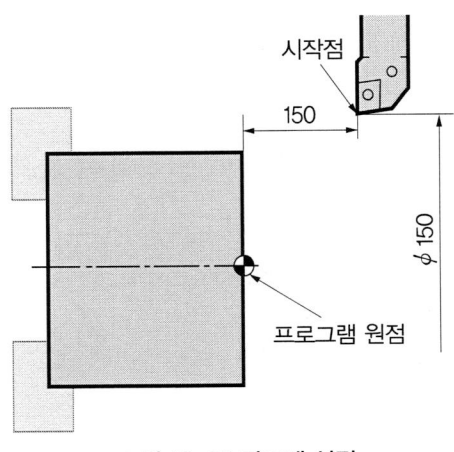

그림 10-20 좌표계 설정

하게 되므로 과열로 스핀들 유닛이 소손될 우려가 있다.

그러므로 일정한 회전수 이상 회전하지 않도록 제한해야 하는데 G50 블록에 S값의 지령이 있으면 지령된 값의 회전 이상은 회전하지 않는다.

예) G50 X150.0 Z150.0 S1200 ;

(시작점은 공작물의 원점(프로그램 원점)에서 X방향 150mm, Z방향 150mm에 위치한 점이다. 주축의 최고 회전수는 1,200rpm으로 제한됨)

2. 원점복귀

CNC 공작기계는 이송축마다 기계 원점(Reference 가지고 있고)을 가지고 있고, 이점은 기계의 기준점으로 공구 교환 위치나 프로그램에서 지시하는 모든 수치를 결정하는 기준이 된다. 이 기계 원점을 흔히 제1원점(또는 원점)이라고 하며, 이 기계 원점으로부터 일정한 거리의 값을 파라미터에 지정하여 3개까지의 원점을 임의로 정하여 사용할 수 있다. 이점들을 제2, 제3, 제4 원점이라고 하며, 머시닝센터의 경우 제2원점을 공구 교환 지점으로 사용한다.

(1) 자동 원점복귀 (G28)

G28 X(U)___ Z(W)___ ;

X(U), Z(W) : 중간 경유점의 위치

(U, W는 현재 위치에서 경유점의 위치이고 X, Z는 공작물 좌표계 원점에서의 경유점 위치)

[그림 10-21]의 원점복귀 프로그램은 다음과 같다.

G28 X120.0 Z-60.0 ; 또는 G28 U64.0 W65.0 ;

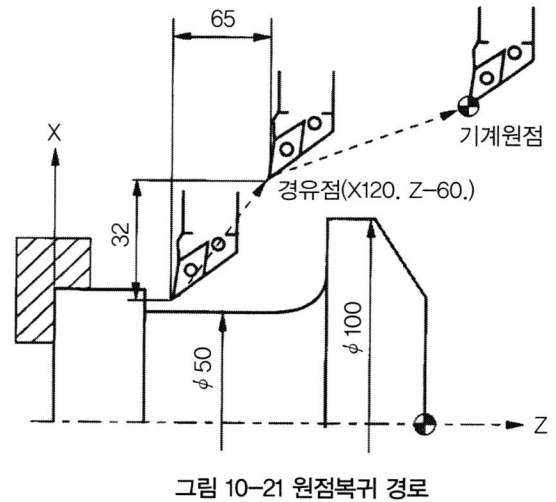

그림 10-21 원점복귀 경로

(2) 제2, 제3, 제4 원점복귀 (G30)

G30 P)___ X(U)___ Z(W)___ ;

P2, P3, P4 : 각각 제2, 제3, 제4 원점(P를 생략하면 제2원점으로 자동 선택)

X(U), Z(W) : 중간 경유점의 위치

(3) 원점복귀 확인(G27)

수동 원점복귀 후 정확하게 원점에 복귀했는지를 확인하는 기능이다.

```
G27 X(U)___ Z(W)___ ;
```

X(U), Z(W) : 복귀한 축을 나타내며, 데이터 수치는 기계 원점의 좌표치를 나타낸다. 이때 지령된 위치가 기계 원점이면 원점복귀 램프가 점등되고, 원점 위치에 맞지 않으면 알람이 발생한다.

3. 보간 기능

(1) 급속 위치결정(G00)

가공을 하기 위하여 공구를 일정한 위치로 급속 속도로 지령하는 기능이다.

```
G00 X(U))___ Z(W))___ ;
```

X(U), Z(W) : X, Z축 급속 이동 종점

이동 경로는 [그림 10-22]와 같이 짧은 좌표치까지는 45° 방향으로 진행한 후 직선으로 이동한다.

① 직선형 위치결정 : 각축에 설정된 급속 이송 속도를 넘지 않으면 시작점부터 종점까지 직선으로 최단 거리로 이동한다.

② 비직선형 위치결정 : 공구의 이동 종점의 위치를 미리 확인하고 통상 비직선 보간형으로 위치 결정된다.

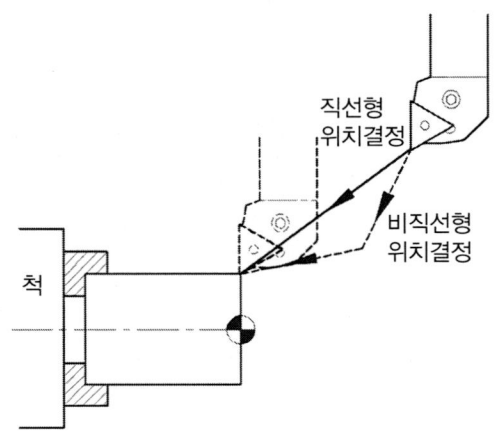

그림 10-22 위치결정

(2) 직선 보간(G01)

주로 직선으로 가공할 때 사용하는 기능으로 지정된 속도로 이동한다.

```
G01 X(U)___ Z(W)___ F___ ;
```

X(U), Z(W) : X, Z축 가공 종점의 좌표, F : 이송 속도

[그림 10-23]의 직선 보간 프로그램은 다음과 같다.

① 절대 지령(A→B)

　　G00 X40.0 Z2.0 ;

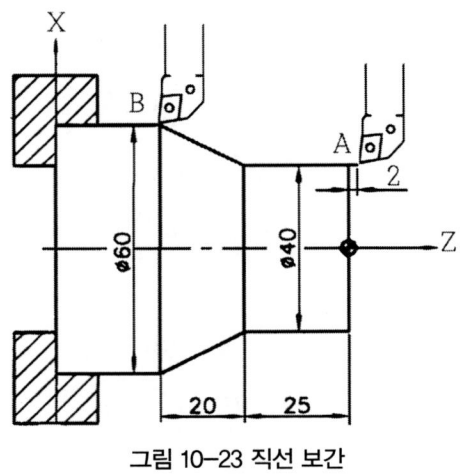

그림 10-23 직선 보간

G01 Z-25.0 F0.2 ;

X60.0 Z-45.0 ;

② 증분 지령(A→B)

G00 U0.0 W0.0 ;

G01 W-27.0 F0.2 ;

U20.0 W-20.0 ;

(3) 원호보간(G02, G03)

원호를 가공할 때에 사용하는 기능이며, 시계방향(CW : Clock Wise) G02, 반시계 방향(CCW : Counter Clock Wise) G03으로 지령한다.

```
G02 X(U)__ Z(W)__ R__ F__ ;
G03 X(U)__ Z(W)__ I__ K__ F__ ;
```

X(U), Z(W) : 원호 가공 종점의 좌표

R : 원호반경, F : 이송 속도

I, K : 원호의 시작점에서 중심까지의 방향과 거리(반경 지정)

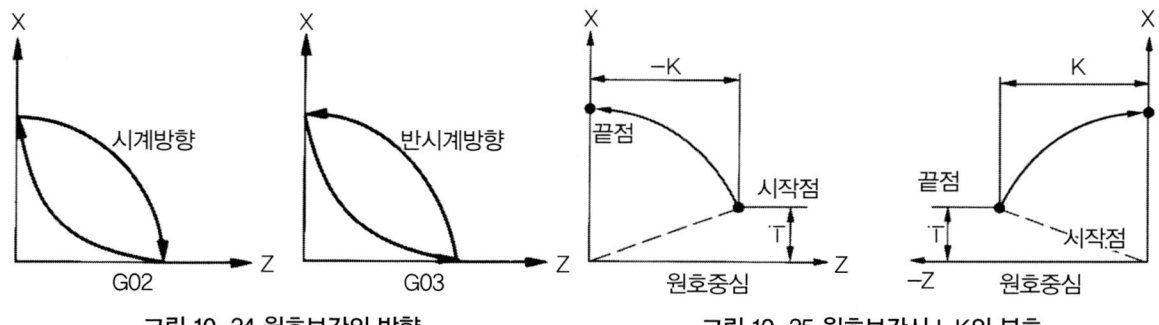

그림 10-24 원호보간의 방향   그림 10-25 원호보간시 I, K의 부호

[그림 10-26]의 원호보간 프로그램은 다음과 같다.

① 절대지령(A→B)

G01 X20.0 F0.2 ;

G03 X40.0 Z-10.0 R10.0 ;

(또는 G03 X40.0 Z-10.0 K-10.0 ;)

G01 Z-25.0 ;

G02 X60.0 Z-35.0 R10.0 ;

(또는 G02 X60.0 Z-35.0 I10.0 ;)

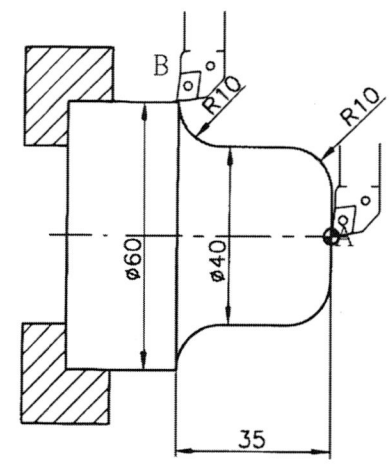

그림 10-26 원호보간

② 증분지령(A→B)

G01 U20.0 F0.2 ;

G03 U20.0 W-10.0 R10.0(또는 K-10.0) ;

G01 W-15.0 ;

G02 U20.0 W-10.0 R10.0(또는 I10.0) ;

4. 휴지(Dwell time) G04

지령한 시간 동안 프로그램의 진행을 정지시킬 수 있는 기능을 휴지(Dwell) 기능이라고 한다. 이 기능은 홈 가공이나 드릴작업 등에서 간헐 이송으로 칩을 절단하거나, 진원도 및 깨끗한 표면을 얻기 위함과 코너 부분을 둥글게 하지 않고 뾰족한 제품으로 가공하기 위해서 적당한 시간을 지정하여 일시 정지한 후 다음 블록으로 이동시키고자 할 때 이용한다.

```
G04 X(U, P)___ ;
```

X, U : 정지시간(초) 소숫점 사용 가능

P : 정지시간(초) 소수점을 사용할 수 없다.

정지시간(sec) $\dfrac{60}{RPM} \times$ 회전수

여기서 N : 스핀들 회전수(rpm)

(예제) 100 rpm으로 회전하는 스핀들이 2회전 정지하려면 몇 초간을 정지하여야 하는가?

정지시간(sec) $\dfrac{60}{RPM} \times \dfrac{60}{100} \times 2 \times 2 = 1.2(sec)$

프로그램에 G04 을 이용하여 표시하면

    G04 X1.2 ;

    G04 U1.2 ;

    G04 P1200 ; (P는 소숫점을 붙이지 않는다.)

[그림 10-27]의 홈 가공 프로그램은 다음과 같다.

 G97 S400 M03 ;

 G00 X62.0 Z-30.0 ;

 G01 X45.0 F0.1 ;

 G04 X0.3 ;(= 0.3초 정지)

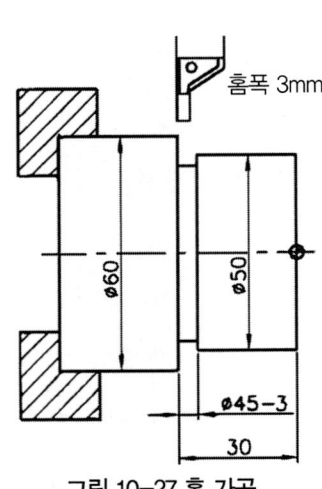

그림 10-27 홈 가공

(또는 G04 U0.3 ;)
(또는 G04 P300 ;)
G00 X62.0 ;

5. 자동 면취 및 코너 R기능

직교하는 두 직선 사이의 자동면취(chamfering) 및 코너 R을 I, K와 R의 어드레스를 이용하여 쉽게 프로그램할 수 있도록 제공되는 특별주문 사양이다.

이때 I, K값은 반지름 지령을 한다. 또한 파라미터의 수정으로 I, K 대신 C를 사용할 수 있다. (단, 자동 면취는 45°에 한함)

항 목	공구 이동 (a → d → c)	지 령
X축에서 Z축 방향 이동		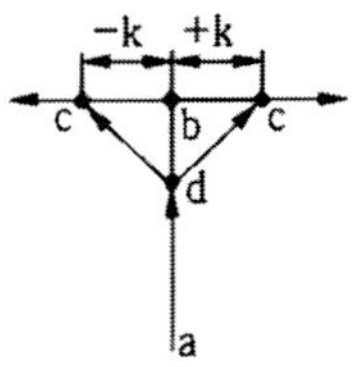 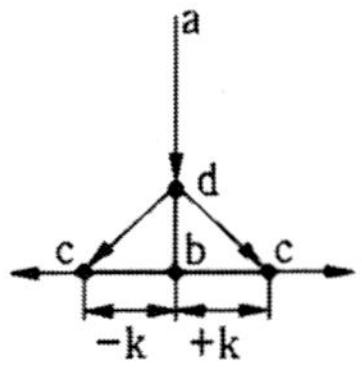 G01 X(U)b K±k F_ ;
Z축에서 X축 방향 이동		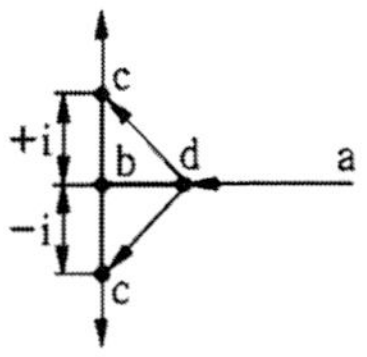 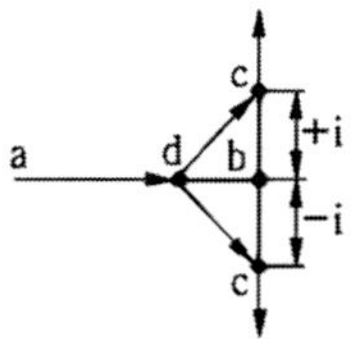 G01 Z(W)b I±i F_ ;
X축에서 Z축 방향 이동		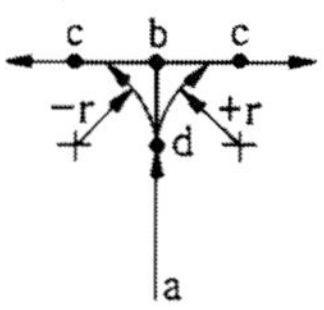 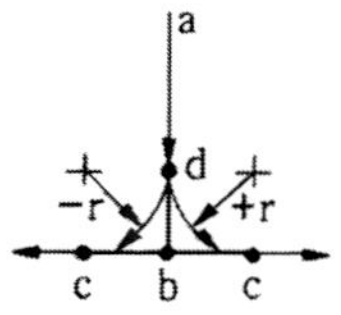 G01 X(U)b R±r F_ ;
Z축에서 X축 방향 이동		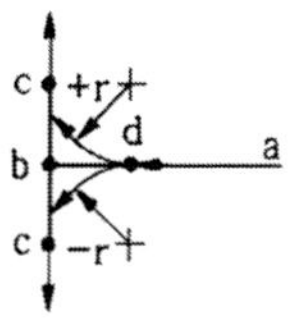 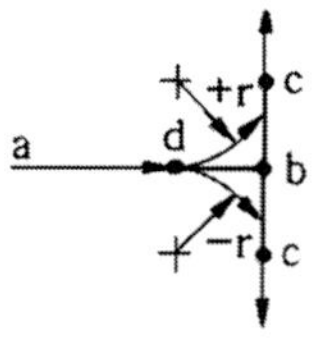 G01 Z(W)b R±r F_ ;

그림 10-28 자동 면취 및 코너 R가공 지령

6. 주축 기능(S)

1) 주속 일정 제어(G96)

가공물의 형태가 단면 가공이나 테이퍼 절삭에서는 직경이 절삭 과정에 따라 변화하므로 절삭 속도가 이에 따라 달라진다. 따라서 가공 면의 표면 거칠기도 달라질 수밖에 없다. 이러한 문제를 해결하기 위하여 직경 값의 변화에 의하여 달라지는 절삭 속도를 일정하게 유지시켜 주는 기능이 절삭 속도 일정 제어 (G96)이며, 이 기능은 단차가 큰 경우나 많은 단차 가공 및 단면의 다듬질 절삭에 주로 사용한다.

```
G96 S__ M03 ;
```

　　　　S : 절삭 속도 (m/min)

　　　　M03 : 주축을 정회전 , M04 : 주축 역회전

2) 주속 일정 제어(G97)

가공 형상에 직경의 크기와 관계없이 주축 회전수를 일정하게 제어하는 기능이다. 이 기능은 내, 외경 홈 가공할 때 사용되며, 나사 가공할 때는 반드시 G97을 사용한다.

```
G97 S__ M03 ;
```

　　S : 회전수 (rpm)

　　M03 : 주축 정회전 , M04 : 주축 역회전

3) 주축 최고 회전수 지정

주속 일정 제어(G96) 사용시 회전의 지령은 S값이 회전속도를 의미하기 때문에 소재의 지름이 작아질수록 회전수가 상대적으로 증가한다. 따라서 일정한 회전수 이상을 초과하지 못하도록 일종의 안전장치를 하는 기능으로 주축 최고 회전수를 지정할 수 있다.

```
G50 S____ M03 ;
```

　　S : 최고 회전수(rpm)

(예) G50, G96, G97을 이용하는 예

　　　G50 X100.0 Z100.0 S2000 ;　……… 주축 최고 회전수 2000 rpm을 지정

　　　G96 S120 M03 ;　　　　　　　……… 절삭 속도 120(m/min) 지정

　　　　　↓　　　　　　　　　　　　　　　　↓

　　　G97 S1500 ;　　　　　　　　　……… 주축 회전수 1500rpm 지정

7. 이송기능(F)

이송기능이란 공작물의 가공시 절삭 속도를 의미한다. 절삭 이송은 G98 코드의 분당 이송(mm/min)과 G99 코드의 회전당 이송(mm/rev)의 방법으로 지령할 수 있는데, CNC 선반에서는 G99를 머시닝센터에서는 G98을 사용한다.

1) 회전당 이송 (G99)

절삭공구는 주축이 1 회전할 때 이동한 양을 회전당 이송이라고 하며, 나사의 경우에는 주축을 1 회전시키면 1피치가 된다.

G99 F____ ;

F (Feed) : 주축 1회전에 해당하는 이동량 (mm/rev)

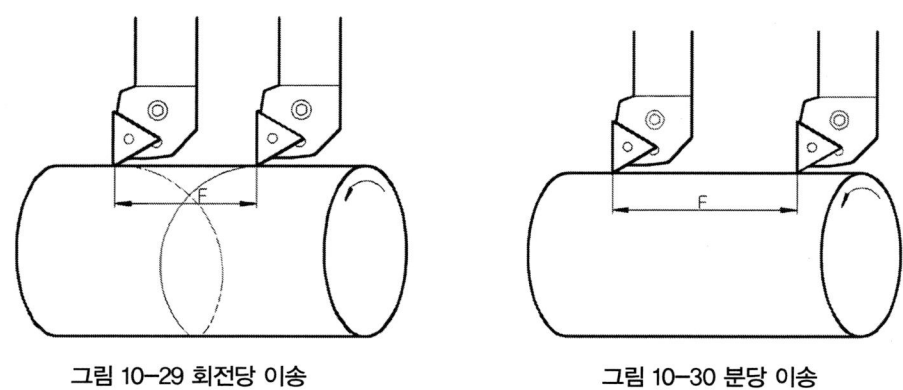

그림 10-29 회전당 이송   그림 10-30 분당 이송

(예) G99 G01 Z-20.0 F0.2 - 직선 절삭을 하면서 주축 1 회전시 0.2mm 이송된다.
    Z축으로서 -20mm까지 이동하려면 100 회전해야 한다.

2) 분당 이송(G98)

공구를 1분당 이송하는 양을 지령한다. 주축이 정지된 상태에서도 이송이 가능하다.

G98 F____ ;

F : 1분간에 해당하는 이동량 (mm/min)

(예) G98 G01 Z-50. F200 ; --- 공구의 이송이 1분당 200mm 이송한다.
(참고)
① 상호 관계식

F : 분당 이송(mm/min), f : 회전당 이송(mm/rev), N : 회전수(rpm)

② Cycle Time 구하는 식

$$T = \frac{L}{F} \times 60 \ (\ T : 가공시간, \ F : 분당 이송 속도, \ L : 가공 길이 \ )$$

8. 인선 반지름보정

공구의 인선은 둥글기를 가지고 있어, 테이퍼 절삭이나 원호 절삭의 경우 [그림10-31]와 같이 인선 반지름(nose radius)에 의한 오차가 발생하게 된다. 이러한 임의의 인선 반지름을 가지는 공구의 인선 반지름에 의한 가공 경로의 오차를 CNC 장치에서 자동으로 보정하는 기능을 인선 반지름보정이라고 한다.

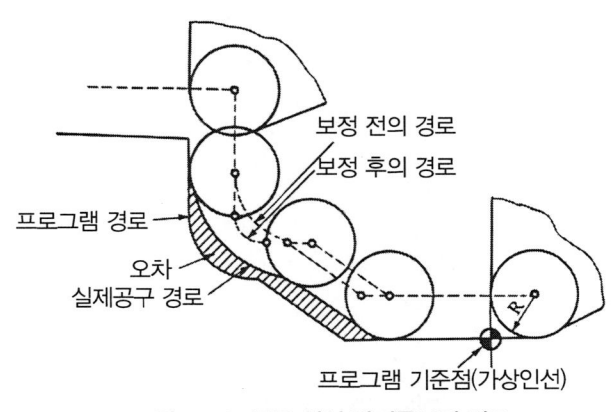

그림 10-31 공구 인선 반지름보정 경로

(1) 가상 인선

공작물을 가공할 때 공구의 기준점을 설정해야 한다. 이 기준점은 [그림 10-32] (a)와 같이 인선 반지름이 없는 것과 같은 가상 인선을 가정해서 출발 위치와 일치시키는 것이 프로그램 작성이 쉽다.

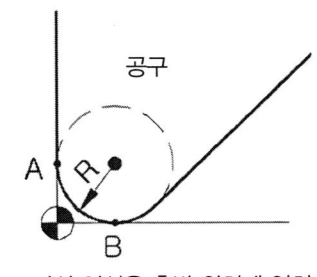
(a) 가상 인선을 출발 위치에 일치

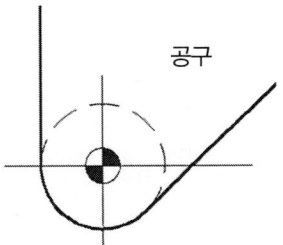
(b) 인선 중심을 출발 위치에 일치

그림 10-32 공구의 가상 인선과 출발 위치

(예제) 다음 그림을 보고 인선 R보정을 사용하여 프로그램하시오.

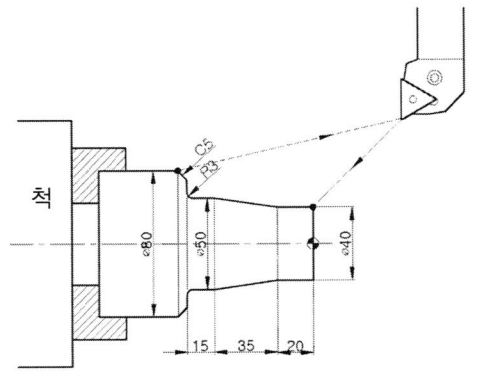

그림 10-33 인선 R보정 프로그램

(인선 R보정 프로그램)

G42 G00 X40. Z0. ; 우측 보정
G01 Z-20. F0.25 ;
X50. Z-55. ;
W-12 ;
G02 X56. Z-70. R3. ;
G01 X70. ;
    X80. W-5. ;
G00 G40 X100. Z100. ; 보정 취소

(2) 가상 인선의 번호

인선 반지름 중심에서 본 가상 인선의 방향은 공구의 형상이나 방향에 따라 결정된다. [그림 10-34]와 같이 공구가 CNC 선반에 설치된 상태에서 인선 반지름의 중심에서 본 가상 인선의 방향과 일치하는 화살표 번호가 가상 인선 번호이다.

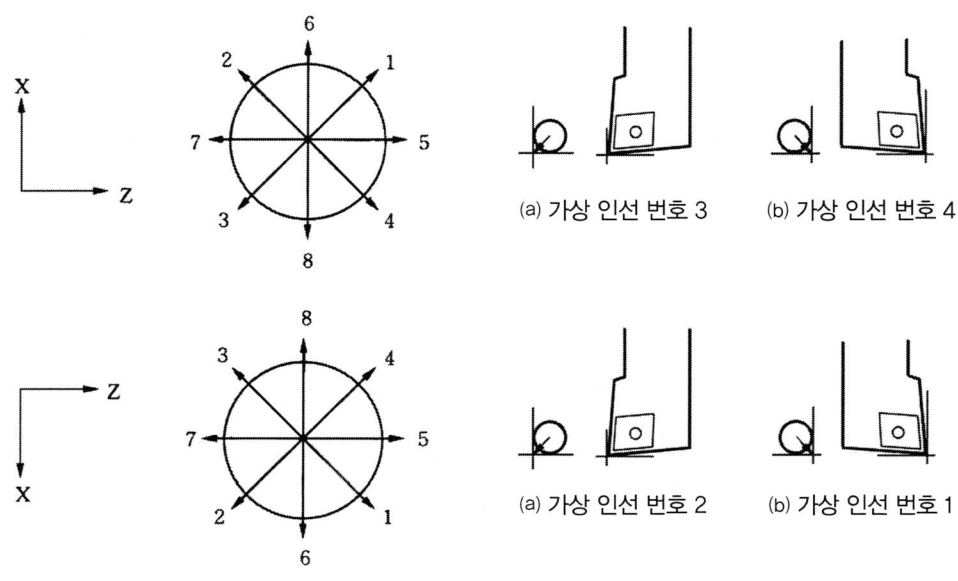

그림 10-34 가상 인선의 방향과 번호

(3) 가공 위치와 이동 지령

지령 방법과 공구 경로는 [그림9-35]와 같고, 〈표10-7〉은 공구 보정 G-코드의 기능을 나타내었다. 특히, 테이퍼 절삭이나 원호 절삭에서는 반드시 지령하여야 한다.

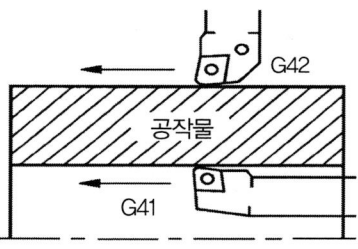

표10-7 G코드와 공구 경로

그림 10-35 공작물 위치와 공구 경로

G코드	가공 위치	공구 경로 설명
G40	공구인선 R보정 무시	프로그램 경로
G41	공구인선 R보정 좌측	공구진행 방향으로 공구가 공작물의 좌측에 있다.
G42	공구인선 R보정 우측	공구진행 방향으로 공구가 공작물의 우측에 있다.

(4) 공구 인선 반지름보정 지령과 취소

G40 모드에서 G41 또는 G42로 바뀌는 지령절을 보정 시작절(start up block), G41 도는 G40으로 바꾸는 지령절을 보정 취소절(cancel block)이라고 한다.

시작절에서는 공구보정을 위한 이동이 수행되며, 착수절 끝점에서의 공구 인선 중심 위치는 다음절의 가공 면에 항상 수직 방향으로 인선이 접하도록 보정이 이루어진다.

G41, G42로 인선 반지름을 보정한 경우 반드시 G40으로 취소 지령을 하여야 한다. 인선 반지름보정을 취소할 때 공구의 이동 방향이 다음 명령 절의 공작물 형상과 일치하면 I, K값을 생략할 수 있으나, 일치하지 않으면 공구 이동 방향과 별도로 I, K값으로 공작물 형상을 좌표치로 지령해 주어야 한다.

이때 I, K값은 G40과 같은 지령절에 반지름값으로 지령해야 한다. G40이 지령 되지 않은 지령절의 I, K값은 G01과 함께 사용하면 면취량을 의미하며, G02, G03과 함께 사용하면 원호 가공 지령이 되므로 주의해야 한다.

[그림 10-36]의 가공 프로그램에서 공구지름 보정과 취소절의 I, K지령은 다음과 같다.

G50 X150. Z150. S2000;
G96 S150 M03 T0300;
G00 G42 X20.0 Z0.0 T0303;
G01 X40.0 Z-25.0 F0.2;
　Z-45.0;
G00 G40 X150.0 Z150.0 I10.0 K-10.0;
　T0300 M05;
　M02;

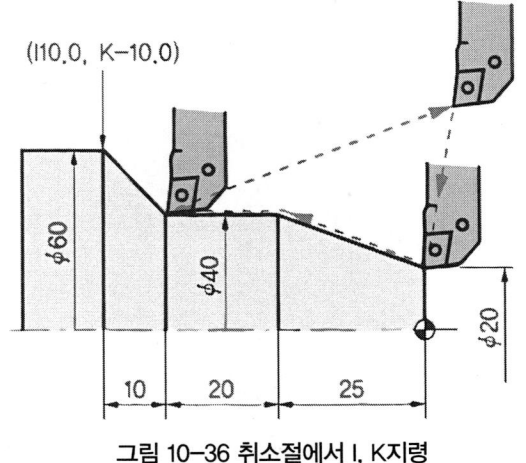

그림 10-36 취소절에서 I, K지령

9. 나사 가공 기능(G32)

G32 지령으로 가공할 수 있는 나사는 평행나사, 테이퍼 나사. 정면(Scroll) 나사, 다줄나사 등이다. 나사 가공을 할 때에는 주축의 회전수가 변하면 올바른 나사를 가공할 수 없으므로 G97 코드로 지령하여야 하며, 이송 속도 조절 오버라이드는 100% 고정하여야 한다. 나사 가공 데이터 자료를 〈표 10-7〉 참고한다.

```
G32 X(U)____ Z(W)____ (Q____)F____ ;
```

X(U), Z(W) : 나사 가공의 종점 좌표
Q : 다줄나사 가공시 절입각도 (1줄 나사의 경우 Q0이므로 생략 가능)
F : 나사의 리드(lead)

[그림 10-37]의 나사 가공 프로그램은 다음과 같다.

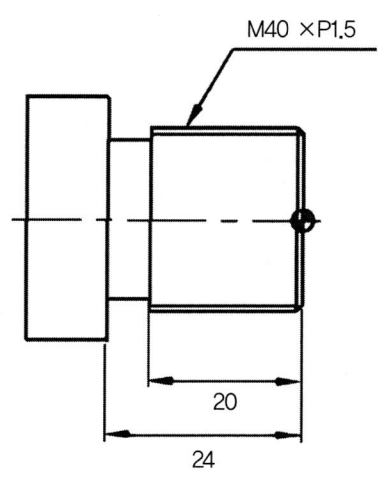

그림 10-37 나사 가공

G00 X42.0 Z2.0	Z2.0 ;	Z2.0 ;
X39.3 ;	X38.62 ;	X38.32 ;
G32 Z-22.0 F1.5 ;	G32 Z-22.0 ;	G32 Z-22.0 ;
G00 X42.0 ;	G00 X42.0 ;	G00 X42.0 ;
Z2.0 ;	Z2.0 ;	Z2.0 ;
X38.9 ;	X38.42 ;	X38.2 ;
G32 Z-22.0 ;	G32 Z-22.0 ;	G32 Z-22.0 ;
G00 X42.0 ;	G00 X42.0 ;	:

10. 나사 사이클 가공

CNC 선반에서 거친 절삭 또는 나사 절삭 등은 1회의 절삭으로 불가능하므로 여러 번 반복 동작을 하여야 한다.

1) 나사 절삭 사이클(G92)

나사를 가공하기 위한 Cycle이며, 나사를 가공할 때는 G97 주축 회전수 일정 제어를 사용해야 하며, 절입횟수에 따라서 변화된 좌표값만 지령한다.

```
G92 X(U)_____ Z(W)_____ F_____ ; 평행 나사
G92 X(U)_____ Z(W)_____ I(R)_____ F_____ ; 테이퍼 나사
```

X(U), Z(W) : 나사 절삭의 종점 좌표

I(R) : 테이퍼 나사 절삭의 종점과 시작점의 상대 좌표치(11T는 I, 0T는 R 적용)

F : 나사의 리드, 리드(L) = 나사의 피치(P) × 나사의 줄 수)

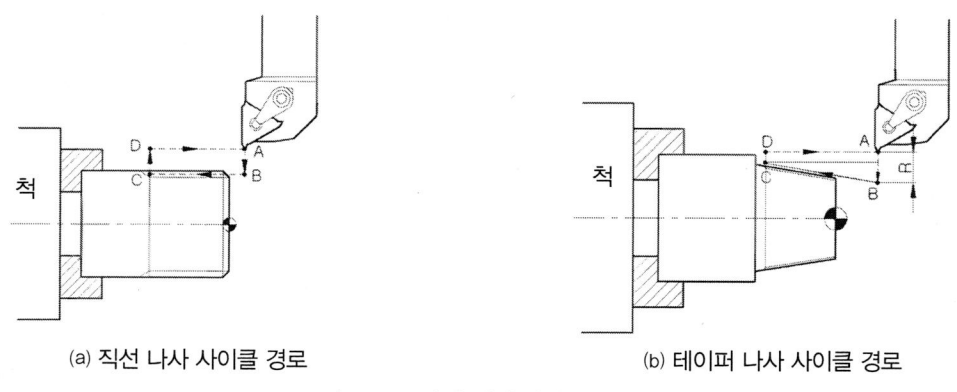

(a) 직선 나사 사이클 경로   (b) 테이퍼 나사 사이클 경로

그림 10-38 나사 절삭 사이클 경로

(예제) 다음 그림을 보고 나사 가공 고정 사이클로 프로그램하시오.

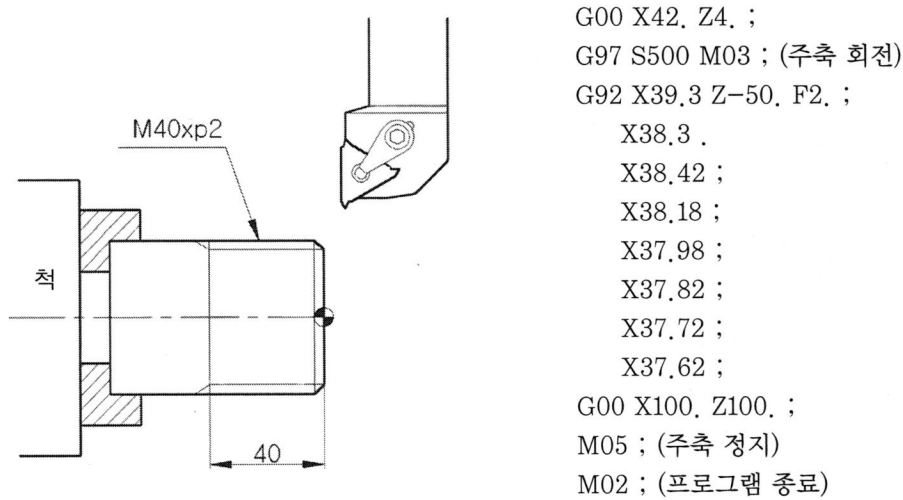

```
G00 X42. Z4. ;
G97 S500 M03 ; (주축 회전)
G92 X39.3 Z-50. F2. ;
    X38.3 .
    X38.42 ;
    X38.18 ;
    X37.98 ;
    X37.82 ;
    X37.72 ;
    X37.62 ;
G00 X100. Z100. ;
M05 ; (주축 정지)
M02 ; (프로그램 종료)
```

그림 10-39 나사 절삭 사이클 프로그램

2) 복합고정형 나사 절삭 사이클(G76)

G32, G92의 나사 가공 기능과는 차이가 있으나 나사의 최종 골경과 절입 조건 등 2개의 블록으로 지령 함으로써 자동으로 나사를 완성할 수 있는 기능이다.

지령 방법의 표준은 P011060으로서 정삭 횟수가 1번 면취량이 10으로하고 나사의 각도는 60°로 한다.

① 적용 기계 : FANUC 0T

```
G76 P(m)___ (r)___ (a)___ Q(Δd min)___ R(d)___ :
G76 X(U)___ Z(W)___ P(k)___ Q(Δd)___ R(i)___ F___ ;
```

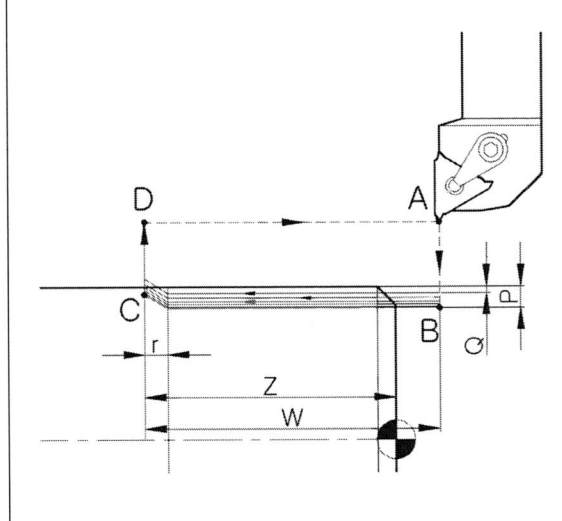

m : 최종 정삭 가공의 반복 횟수(1~99 지령)
r : 면취(Chamfer)량 (0~99 지령)
a : 공구 팁의 각도
   (나사산의 각도 : 80°, 60°, 55°, 30°, 29°, 0°)
dmin : 최소 절입량
d : 정삭 여유량
X, Z : 나사 끝점의 좌표값
P : 나사산의 높이(반경 지령)
Q : 최초 절입량 (반경 지령)
i : 테이퍼 나사부의 크기(반경 지령)
F : 나사의 리드

그림 10-40 나사 절삭 사이클(G76)

(예제) 다음 그림을 보고 G92와 G76을 이용하여 프로그램하시오.

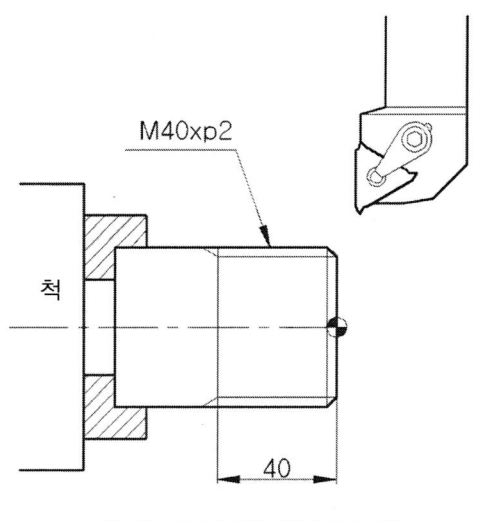

그림 10-41 G92와 G76 프로그램

① G92 나사 가공 프로그램
G00 X42. Z4. ;
G97 S500 M03 ; (주축 회전)
G92 X39.3 Z-50. F2. ;
　　X38.3 .
　　X38.42 ;
　　X38.18 ;
　　X37.98 ;
　　X37.82 ;
　　X37.72 ;
　　X37.62 ;
G00 X100. Z100. ;
M05 ; (주축 정지)
M02 ; (프로그램 종료)

② 복합형 고정 Cycle을 이용한 G76 나사 가공 프로그램

G00 X42. Z4. ;

G97 S500 M03 ; 주축 회전

　G76 P011060 Q50 R20; 나사 가공 사이클 가공시 정삭 1번, 면취량은 10(45°), 홈이 있는 경우는 00으로 한다. 나사바이트 절입 각도 60° 최소 절입

　깊이는 0.05, 정삭 여유는 0.02mm

　G76 X37.62 Z-40. P1190 Q350 F2. ; 나사의 골지름 37.62, 나사의 길이 40. 나사산의 높이1.19, 최초 절입량 0.35, 나사의 피치(리드) 2mm

③ 적용 기계 : FANUC 11T

```
G76 X(U)___ Z(W)___ I__ K__ D___ (R___)F___ A___ P___ ;
```

X(U) Z(W) : 나사 끝지점 좌표

I : 나사 절삭시 나사 끝지점 X값과 나사 시작점 X값의 거리

　(반지름지령) ※ I = 0 이면, 평행나사이며 생략할 수 있다.

K : 나사산 높이 (반지름지령)

D : 첫번째 절입 깊이 (반지름지령) ---소수점 사용 불가

F : 나사의 리드

A : 나사의 각도

P : 절삭 방법(생략하면 절삭량 일정, 한쪽 날 가공을 수행)

R : 면취량

11. 사이클 가공

CNC 선반 가공에서 거친 절삭 또는 나사 절삭 등은 1회의 절삭으로 불가능하므로 여러 번 반복 동작을 해야 한다. 사이클 가공은 이와 같이 반복되는 동작의 프로그램을 한 블록 또는 두 블록으로 프로그램을 간단히 할 수 있도록 만든 G코드를 말한다.

사이클에는 변경된 수치만 반복하여 지령하는 단일형 고정 사이클(canned cycle)과 한 개의 블록으로 지령하는 복합형 반복 사이클(multiple repeative cycle)이 있다.

(1) 단일 고정 사이클

1) 안. 바깥지름 절삭 사이클(G90)

황삭 가공시 절삭 여유가 많은 경우 여러 블록으로 지령해서 가공하는 것을, Cycle을 이용하여 블록의 수를 줄여 간단하게 Program을 할 수 있으며 반복할 때 변경치만 입력한다. 황삭시 반복 절삭 가공에 매우 편리하며, Program을 간략화할 수 있다.

```
G90 X(U)___ Z(W)___ F___ ; (직선 절삭)
G90 X(U)___ Z(W)___ I(R)___ F___ ; (테이퍼 절삭)
```

X(U)___ Z(W)___ : 절삭의 끝점 좌표

I(R)___ : 테이퍼의 경우 절삭의 끝점과 절삭의 시작점 상대 좌표값,

반지름지령 (I =11T에 적용, R = 0T에 적용)

F : 이송 속도

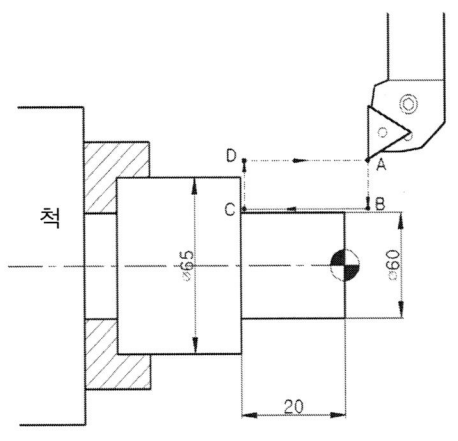

① Cycle 미 적용시
A → B점   G00 X60. ;
B → C점   G01 Z-20. F0.25 ;
C → D점   X70.
D → A점   G00 Z10. ;

② Cycle 적용시
(C점 좌표값만 입력 한다)
   G90 X60. Z-20. F0.25 ;

그림 10-42 내, 외경 절삭 사이클

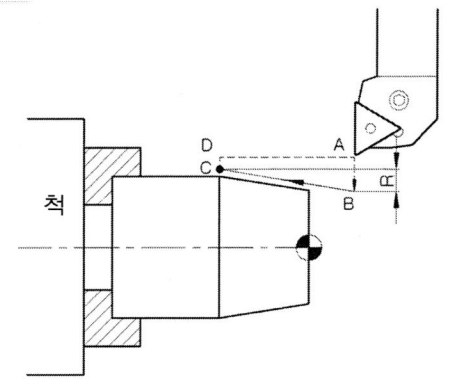

* R : Taper의 종점을 기준으로 시점이 "+ X" 방향이면 "+", "- X" 방향이면 "-"

그림 10-43 테이퍼 절삭

2) 단면 절삭 사이클(G94)

주로 직경이 길고 길이가 짧은 공작물 가공에 적합한 가공 방법이다.

```
G94 X(U)___Z(W)___ : (평행 절삭)
G94 X(U)___Z(W)___ : (테이터절삭)
```

X(U)___Z(W)___ : 절삭의 끝점 좌표

K(R)___ : 테이퍼의 경우 절삭의 끝점과 절삭의 시작점의 상대 좌표값

   (K=11T에 적용, R = 0T에 적용)

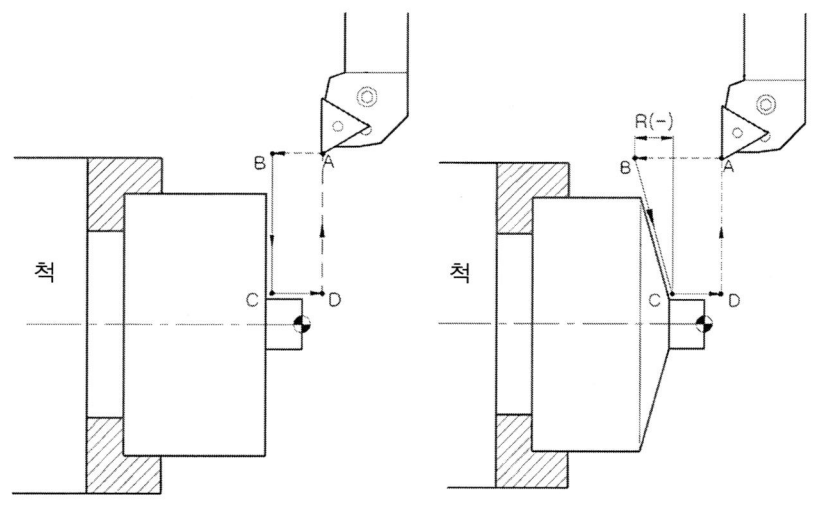

그림 10-44 단면 절삭 사이클

3) 내, 외경 홈 가공 Cycle(G75)

X축에 평행한 백킹(packing) 동작을 하면서 내외경 홈 가공을 한다. 또한 Z(W), △k, △d 값을 생략하면 절단 사이클이 된다.

```
G75 R(r) ;
G75 X(U)___Z(W)___P__Q__R__F__;
```

R(r) : 도피량

X(U) : C점의 X 좌표치

Z(W) : C점의 Z 좌표치

P(i) : 1회 절입량 ("+"값으로 반경 지령)

Q(k) : Z축 방향의 이동량 ("+"값으로 지령)

R(△d) : 가공 끝점에서 공구의 도피량

(예제) 다음 그림을 보고 홈 가공 사이클(G75)을 이용하여 프로그램하시오.

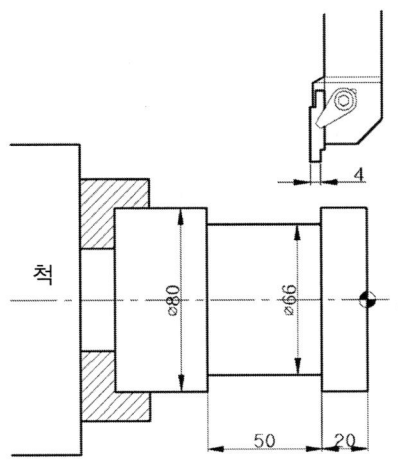

(프로그램)
G00 X90. Z-24. ; (홈 폭4mm)
G75 R0.5 ;
G75 X66. P1000 F0.1 ;
G00 W-3. ; (홈 폭의 3/4 이동)
G75 X66. Z-50. P1000 Q3000 R0.2 F0.1;
-- 1회 절입 1㎜, Z축 이동 3㎜, 후퇴량 0.2㎜

그림 10-45 가공 사이클(G75) 프로그램

(2) 복합 반복 사이클

1) 안, 바깥지름 거친 절삭 사이클 (G71)

① 적용 기계 : FANUC 0T

```
G71 U(△d') R(e) ;
G71 P(ns) Q(nf) U(△u) W(△w) F(f) S(s) T(t) ;
```

U(△d') : 1회 가공 깊이(절삭 깊이)-(반지 지령, 소수점 지령 가능)

R(e) :   도피량(절삭 후 간섭없이 공구가 빠지기 위한 양)

P(ns) :   다듬질 절삭 가공 지령절의 첫번째 전개 번호

Q(nf') :   다듬질 절삭 가공 지령절의 마지막 전개 번호

U(△U) : X축 방향 다듬질 절삭 여유(지름지령)

W(ΔW) : Z축 방향 다듬질 절삭 여유

F, S, T : 거친 절삭 가공시 이송 속도, 주축속도, 공구선택. 즉, P와 Q사이의 데이터는 무시되고 G71 블록에서 지령된 데이터가 유효.

② 적용 기계 : FANUC 11T

> G71 P(ns) Q(nf) U(Δu) W(Δw) D(Δd) F(f) S(s) T(t) ;

P(ns) : 다듬질 절삭 가공 지령절의 첫번째 전개 번호

Q(nf) : 다듬질 절삭 가공 지령적의 마지막 전개 번호

U(Δu) : X축 방향 다듬질 절삭 여유-(지름 지령)

W(Δw) : Z축 방향 다듬질 절삭 여유

D(Δd) : 1회 가공 깊이(절삭 깊이)-(반지름지령, 소수점 지령 불가)

F, S, T : 거친 절삭 가공시 이송 속도, 주축속도, 공구선택 즉, P와 Q 사이의 데이터는 무시되고 G71 블록에서 지령된 데이터가 유효.

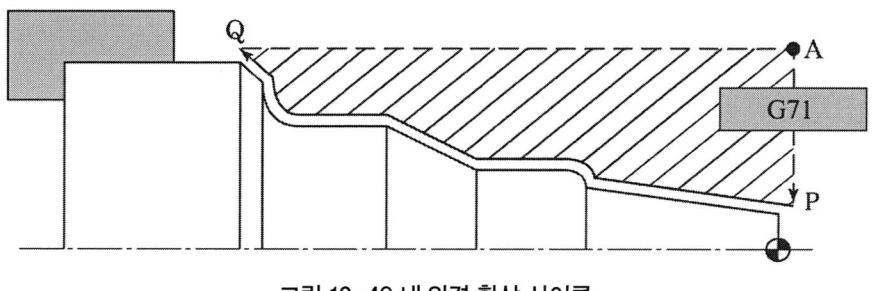

그림 10-46 내·외경 황삭 사이클

```
G00 A; G71 사이클 시작 위치
G71 U4.0 R0.5;
G71 P10 Q100 U0.4 W0.2 F0.2; N10에서 N100까지를 사이클 가공함
N10 G00 P;   P는 G71 사이클을 이용한 절삭 가공 시작 위치
    :        ( 이때 Z값이 있으면 알람이 발생함. )
N100 Q ; Q는 G71 사이클을 이용한 절삭 가공 마지막 위치
```

안. 바깥지름 거친 절삭 사이클(G71) 가공은 아래의 그림과 같은 형식의 제품가공에 적합하며 G71 이전에 미리 G00(급속 이송)으로 그림의 A 위치에 갖다 놓은 후 G71 사이클을 사용하고 이때 전개 번호의 첫 번째 번호 P와 전개 번호 마지막 번호 Q를 사용하는데 이때 P는 G71 사이클을 이용한 절삭 가공 시작 위치이고, Q는 G71 사이클을 이용한 절삭 가공 마지막 위치가 된다.

이는 "[G00 A]→[G71 사이클]→[시작 위치 P]→[끝 위치 Q]"의 형식으로 프로그램에 적용하면 되는데 그림에서 빗금친 부분과 같은 형식을 띠고 있어야 한다.

(거친 절삭 = 황삭 작업이라고도 하며 마무리 작업(정삭 작업)이 필요하다)

2) 다듬질 절삭 사이클(G70)

```
G70 P(ns) Q(nf) ;
```

P(ns) : 다듬질 절삭 가공 지령절의 첫번째 전개 번호

Q(nf) : 다듬질 절삭 가공 지령절의 마지막 전개 번호

G71, G72, G73 사이클로 황삭 작업 후 정삭 작업을 하기 위해서 정삭 여유를 주는데 이때 G70 사이클로 다듬질 절삭(정삭작업)을 한다.

G70에서의 F, S, T는 G71, G72, G73에서 지령된 것은 무시되고 전개 번호 ns와 Nf 사이에서 지령된 값이 유효하다. G70의 사이클이 완료되면 공구는 급속 이동으로 시작점으로 오고 G70의 다음 블록을 받아들인다.

이러한 G70, G71, G73의 복합 반복 사이클에서는 ns와 nf 사이에 보조프로그램의 호출이 불가능하며, 거친 절삭에 의해 기억된 어드레스는 G70을 실행한 후 소멸된다.

3) 단면 거친 절삭 사이클(G72)

```
G70 P(ns) Q(nf) ;
```

P(ns) :   다듬질 절삭 가공 지령절의 첫번째 전개 번호

Q(nf) :   다듬질 절삭 가공 지령적의 마지막 전개 번호

U(Δu) : X축 방향 다듬질 절삭 여유-(지름 지령)

W(Δw) : Z축 방향 다듬질 절삭 여유

D(Δd) : 1회 가공 깊이 (절삭 깊이)

(반지름지령, 소숫점 지령 불가)

4) 유형 반복 사이클(G73)

단조품이나 주조품 등 가공여유가 일정한 경우 사용되며 똑같은 형태로 반복적으로 이동하면서 효율적인 가공을 한다. 프로그램하는 방법은 G71, G72와 동일하다.

① 적용 기계 : FANUC 0T

```
G73 U(Δd') W(Δw') R(e) ;
G73 P(ns) Q(nf) U(Δu) W(Δw) F(f) S(s) T(t) ;
```

U(Δd') :   X축 거친 절삭 가공량 (도피량)

W(Δw') : Z축 거친 절삭 가공량 (도피량)

R(e) :   분할 횟수 (거친 절삭 횟수)

P(ns) :   다듬질 절삭 가공 지령절의 첫번째 전개 번호

Q(nf) :   다듬질 절삭 가공 지령절의 마지막 전개 번호

U(Δu) :   X축 방향 다듬 절삭 여유(지름 지령)

W(ΔW) : Z축 방향 다듬 절삭 여유

F, S, T : 거친 절삭 가공시 이송 속도, 주축속도, 공구선택

② 적용 기계 : FANUC 11T

```
G73 P(ns) Q(nf) I(i) K(k) U(Δu) W(Δw) D(Δd) F(f) S(s) T(t) ;
```

P(ns) :   다듬질 절삭 가공 지령절의 첫 번째 전개 번호

Q(nf) :   다듬질 절삭 가공 지령절의 마지막 전개 번호

I(i) :   X축 거친 절삭 가공량 (도피량):반지름 지령

K(k) :   Z축 거친 절삭 가공량(도피량)

U(Δu) : X축 방향 다듬질 절삭 여유-(지름 지령)

W(Δw) : Z축 방향 다듬질 절삭 여유

D(Δd) : 분할 횟수 (거친 절삭 횟수)

F, S, T : 거친 절삭 가공시 이송 속도, 주축속도, 공구선택

G73은 단조나 주조 제품처럼 가공여유가 포함되어 있으며 일정한 형태를 가지고 있는 부품의 가공에 효과적이다. G73에서 I, K는 단조나 주조에서 가공여유로 남겨 놓은 치수에서 절삭 가공의 다듬 절삭 여유를 제외한 치수를 의미한다.

참고로 환봉 형태의 소재 가공에는 불필요한 시간이 많이 소요되므로 적당하지 않다.

5) 단면 홈 가공 Cycle(G74)

홈 가공 Cycle로 Z축 방향으로 Packing 동작을 반복하면서 칩 처리를 원활하게 할 수 있다. X(U)값과 P를 생략하고 Z축만 동작시키면 심공 Drilling Cycle이 된다.

R(r) : 후퇴량 (도피량, Shift량)

```
G74 R(r) ;
G74 X(U)___ Z(W)___ P___ Q___ R___ F___ ;
```

X :   C점의 X 좌표치

Z :   C 점의 X 좌표치

△i : X 방향의 이동량 ("+"방향으로 반경 지령)

△k : Z 방향의 1회 절입량 ("+"값으로 지령)

△d : 가공 끝점에서의 공구 도피량 (통상 "+"값으로 반경 지령)

(예제) 다음 그림을 보고 심공 드릴링 사이클로 프로그램하시오.

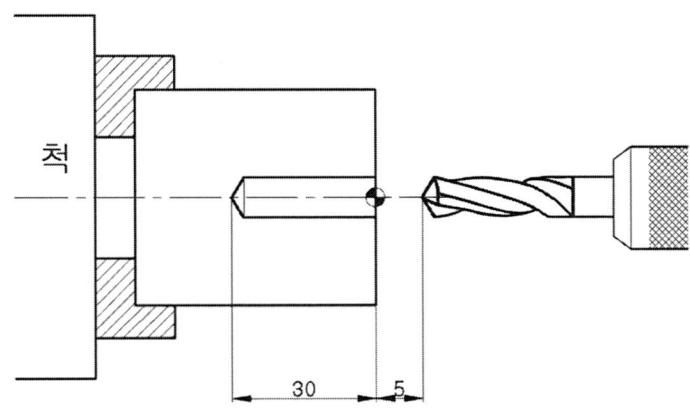

(드릴링 사이클 프로그램)
G00 X0. Z5. ;
G74 R0.5 ; - Z축 0.5mm 후퇴한다.
G74 Z-30. Q2000 F0.15 ;
-- Z좌표값 30mm, 1회 절입량 2mm

그림 10-47 심공 드릴링 사이클

표10-8 나사 가공 데이터(미터나사)

구분 \ 피치	1.00	1.25	1.50	1.75	2.00	2.50	3.00	3.50	4.00
산의 높이	0.60	0.75	0.89	1.05	1.19	1.49	1.79	2.08	2.38
골의 둥글기	0.10	0.13	0.15	0.18	0.20	0.25	0.30	0.35	0.40
1회	0.25	0.35	0.35	0.35	0.35	0.40	0.40	0.40	0.40
2회	0.20	0.19	0.20	0.25	0.25	0.30	0.35	0.35	0.35
3회	0.10	0.10	0.14	0.15	0.19	0.22	0.27	0.30	0.30
4회	0.05	0.05	0.10	0.10	0.12	0.20	0.20	0.25	0.25
5회		0.05	0.05	0.10	0.10	0.15	0.20	0.20	0.25
6회			0.05	0.05	0.08	0.10	0.13	0.14	0.20
7회				0.05	0.05	0.05	0.10	0.10	0.15
8회					0.05	0.05	0.05	0.10	0.14
9회						0.02	0.05	0.10	0.10
10회							0.02	0.05	0.10
11회							0.02	0.05	0.05
12회								0.02	0.05
13회								0.02	0.02
14회									0.02

표10-9 CNC 선반 준비기능

G코드	그룹	기 능	지 령 방 법	비고(관련)
☆G00	01	위치결정(급속이송)	G00 X(U) Z(W) ;	
☆G01		직선보간(절삭이송)	G01 X(U) Z(W) F ;	
G02		원호보간(시계방향)	G02 X(U) Z(W) R (I K)F ;	
G03		원호보간(반시계방향)	G03 X(U) Z(W) R (I K)F ;	
G04	00	드웰(정지시간)	G04 X(U, P) ;	
G10		데이터 설정	G10 P X(U) Z(W) R(C) Q ;	
G20	06	Inch 입력	G20 ;	
G21		Metric 입력	G21 ;	
G22	09	금지영역 설정	G22 X Z I K ;	
☆G23		금지역역 설정 취소	G23 ;	
G25	08	주축속도 변동 검출 OFF	G25 ;	
G26		주축속도 변동 검출 ON	G26 ;	
G27	00	원점 복귀 확인	G27 X(U) Z(W) ;	G28
G28		자동원점 복귀	G28 X(U) Z(W) ;	
G30		제2, 3, 4 원점 복귀	G30 P X(U) Z(W) ;	
G31		생략(Skip) 기능	G31 P X(U) Z(W) F ;	G01
G32	01	나사절삭	G32 X(U) Z(W) F ;	
G36	00	자동공구 보정(X)	G36 X ;	공구보정
G37		자동공구 보정(Z)	G37 Z ;	공구보정
☆G40	07	공구 인선 반지름 보정 취소	G40	G00,G01
G41		공구 인선 반지름 보정 좌측	G41	G00,G01
G42		공구 인선 반지름 보정 우측	G42	G00,G01
☆G50	00	공작물 좌표계 설정 주축 최고 회전수 설정	G50 X Z S ;	
G68	04	대향 공구대 좌표 ON	G68 ;	
☆G69		대향 공구대 좌표 OFF	G69 ;	
G70	00	다듬질 절삭 사이클	G70 P Q F ;	G71,G72,G73
G71		안. 바깥지름 거친절삭 사이클	G71 U R ; G71 P Q U W F ;	G70
G72		단면 거친 절삭 사이클	G72 W R ; G72 P Q U W F ;	G70
G73		유형 반복 사이클	G73 U W R ; G73 P Q U W F ;	G70
G74		Z방향 홈가공 사이클	G74 R ; G74 X Z P Q R F ;	
G75		X방향 홈가공 사이클	G75 R ; G75 X Z P Q R F ;	
G76		자동나사절삭 사이클	G76 P Q R ; G76 X Z P Q R F ;	
G90	01	안. 바깥 절삭 사이클	G90 X(U) Z(W) R F ;	
G92		나사절삭 사이클	G92 X(U) Z(W) R F ;	
G94		단면절삭 사이클	G94 X(U) Z(W) R F ;	
G96	02	주축 절삭속도 일정제어	G96 S ;	M03,M04
☆G97		주축 절삭속도 일정제어 취소	G97 S ;	M03,M04
G98	05	분당 이송 지정	G98 F ;	
☆G99		회전당 이송 지정	G99 F ;	

☆ 전원 투입시 자동 설정

12. 보조프로그램

프로그램 중에 고정된 프로그램이나 계속 반복되는 프로그램이 있을 때 이것을 미리 보조 프로그램(sub program)으로 작성하여 필요시 호출하여 사용하는 기능이다. 보조프로그램은 주 프로그램과 같으나 마지막에 M99로 프로그램을 종료한다.

M98 P□□□□ △△△△
　　　　　└─ 보조프로그램 번호
　　　　└─── 반복 횟수(생략하면 1회)

13. CNC 선반 프로그램 작성

1) CNC 선반 프로그램 기본패턴 및 작성 요령

공작물 수동 가공 및 원점 셋팅	모재100mm, 도면 97mm, 수기가공 3mm
〈뒷면가공〉	
%	DNC가공할 때 프로그램의 시작을 의미함.
O0804;	프로그램 번호기입(영문자와 숫자 4자리)
G28 U0. W0.;	기계 자동원점 복귀(현재점 기준 상대좌표)
G00 X150. Z100.;	공구교환점 급속 이동
G50 S1500;	주축 최고회전수 1500rpm 지정
	(공작물 뒷부분 1번 공구 황삭가공)
T0100;	1번 황삭공구 호출
G96 S150 M03;	절삭속도 150m/min 일정제어 후 주축정회전 ON
G00 X55. Z5. T0101;	절삭시작점 급속이송 및 1번 공구보정
G71 U1.0 R0.5;	황삭사이클; U는 1회 절입량, R은 도피량
G71 P10 Q20 U0.4 W0.2 F0.15 M08;	황삭사이클; P는 최초블록번호, Q는 최후블록번호 U는 X축 정삭여유, W는 Z축 정삭여유, F는 황삭 이송속도(mm/rev) 밀링 F(mm/min), 절삭유ON
N10 G00 X0.;	(시작은 무조건 X축 0으로 급속이송을 해줌)
G01 Z0.;	Z축 0으로 절삭이송
좌표값 적기	
N20 G01 X55.;	가공 초기점 X값과 일치
M09;	절삭유OFF
G00 X150. Z100. T0100;	공구교환점(X200. Z100.)급속이송, 공구보정 해제
M05;	주축정지
M00;	프로그램일시정지
	(공작물 뒷부분 3번 공구 정삭가공)
T0300;	3번 공구 교환
G96 S150 M03;	절삭속도 150m/min 일정제어 후 주축ON
G00 X55. Z5. T0303 ;	절삭시작점 급속이송 및 3번 공구보정 후 절삭유ON
G70 P10 Q100 F0.1 M08;	정삭사이클 시작블록N10에서 마지막블록N20까지 정삭가공
M09;	절삭유OFF
G00 X150. Z100. T0300;	공구교환점(X150. Z100.)급속이송,공구보정 해제
M05;	주축정지
M00;	프로그램 정지

〈공작물 돌려 물린다〉	앞면가공,(공작물 앞부분 1번 공구 황삭가공)
T0100;	1번 공구 교환
G96 S150 M03;	절삭속도 150m/min 일정제어 후 주축ON
G71 U1.0 R0.5 ;	황삭사이클: U는 1회 절입량, R은 도피량
G71 P10 Q20 U0.4 W0.2 F0.15 M08;	황삭사이클: P는 최초블록번호, Q는 최후블록번호 U는 X축 정삭여유, W는 Z축 정삭여유, F는 황삭 이송속도 절삭유 on
N10 G00 X0.;	(시작은 무조건 X축 0으로 급속이송을 해줌)
G01 Z0.;	Z축 0으로 절삭이송
좌표값 적기	
N20 G01 X55. ;	
M09;	절삭유OFF
G00 X200. Z100. T0100;	공구교환점(X200. Z100.) 급속이송 및 공구보정 해제
M05;	주축정지
M00;	프로그램일시정지
T0300;	3번 공구교환(공작물 앞부분 3번 공구 정삭가공)
G96 S150 M03;	절삭속도 150m/min 일정제어 후 주축ON
G00 X55. Z5. T0303;	절삭시작점 급속이송 및 3번 공구보정
G70 P30 Q40 F0.1 M08;	정삭사이클 절삭유ON
M09;	절삭유OFF
G00 X200. Z100. T0300	공구교환점(X200. Z100.) 급속이송 및 공구보정 해제
M05;	주축정지
M00;	프로그램일시정지
T0500;	5번 공구 교환 (공작물 앞부분 5번 공구 홈가공)
G97 S600 M03;	회전수 600rpm 일정제어 후 주축ON
G00 X_. Z-_. T0505 ;	절삭시작점 급속이송 및 5번 공구보정
G01 X_. F0.08 M08;	X축 절삭이송 및 이송속도 지정, 절삭유ON
G04 P1000;	1초간 휴지
G00 X55.;	X55. 급속이송
W2.;	상대좌표 Z축+2mm이동, 홈바이트가3mm, 홈폭 5mm경우
G01 X_.;	홈바이트 깊이까지 절삭
G04 P1000;	1초간 휴지
G00 X55.;	X55. 급속이송
M09;	절삭유OFF
G00 X200. Z100. T0500;	공구교환점(X200. Z100.) 급속이송 및 공구보정 해제
M05;	주축정지
M00;	프로그램일시정지
T0700;	7번공구교환 (공작물 앞부분 7번 공구 나사가공)
G97 S500 M03;	회전수 500rpm 일정제어 후 주축ON
G00 X_. Z_. T0707;	절삭시작점 급속이송 및 7번 공구보정
G76 P011060 Q50 R20;	나사가공사이클
G76 X_. Z_. P890 Q350 F1.5 M08;	나사가공사이클 절삭유ON
M09;	절삭유OFF
G00 X200. Z100. T0700;	공구교환점(X200. Z100.) 급속이송 및 공구보정 해제
M05;	주축 정지
M02;	프로그램 종료
%	DNC가공할 때 프로그램의 끝을 의미함.

2) CNC 선반 프로그램 작성 도면

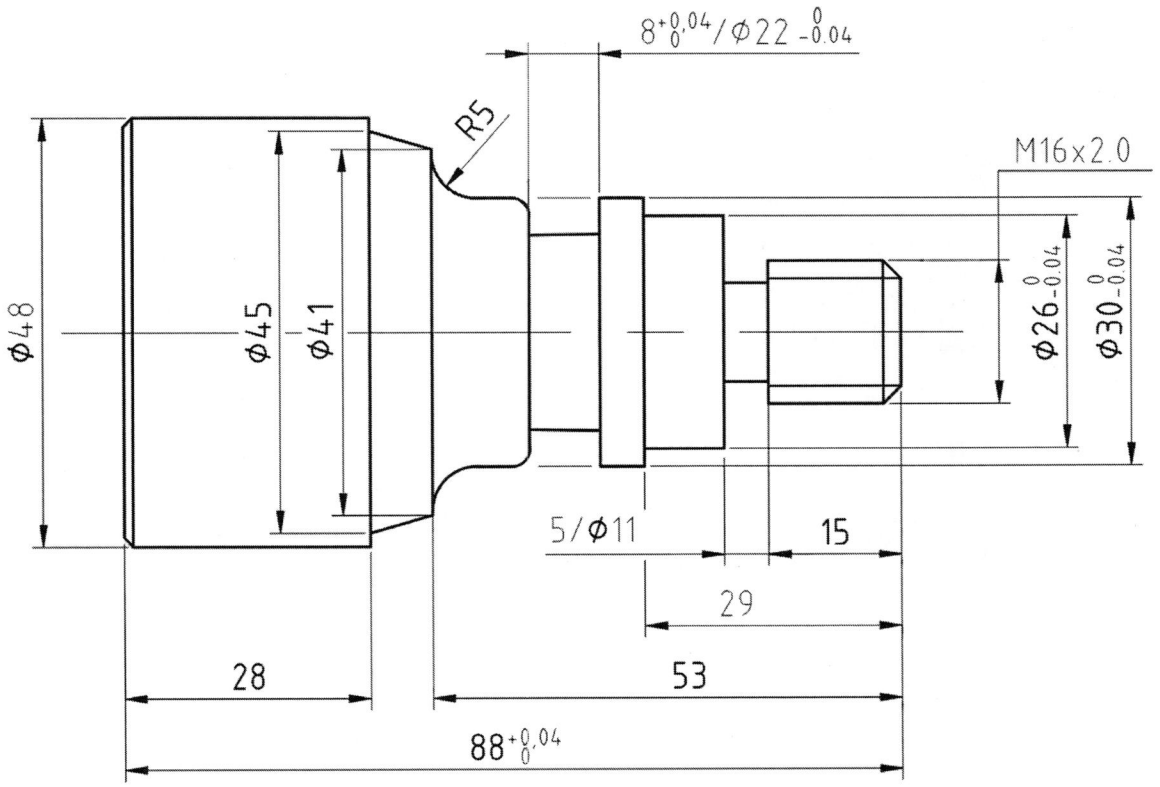

	M16 X 2.0 보통급	
수나사	외경	15.962 $_{-0.28}^{0}$
	유효경	14.663 $_{-0.16}^{0}$

그림 10-48 CNC 선반 가공도면

3) 수동 프로그램 작성

번호	01	과제명	1차 가공
사용재료	SM45C ⌀60 × 90		
tool setting sheet			

공구명	공구번호	절삭속도	이송속도	비고
황삭	T0100	V=130	0.15	u=0.4 w=0.2
정삭	T0300	V=200	0.1	
홈	T0500	S=700	0.07	t=3
나사	T0700	S=500		p2.0

황정삭: G96, 홈, 나사가공: G97 사용

입력내용	설명
%	데이터 전송
O0101	어드레스인 영문자 "O" 다음에 4자리 숫자
G28 U0. W0. ;	상대좌표 이용 원점 복귀
G50 S1800 ;	주축 최고 회전수 지정(G50)
T0100 ;	외경 황삭 바이트 공구 교환(T0100)
G96 S130 M03 ;	주축 속도 일정 제어, 주축 정회전
G00 X55. Z0. T0101 M08 ;	가공시작점 시작점으로 이동, 1번 Offset량 보정
G01 X-1.5 F0.15 ;	단면 다듬질 절삭
G00 X46. Z2. ;	
G01 G42 Z0. ;	인선 R우측 보정
X48. Z-1.0 ;	
Z-40. ;	
X55. ;	
G00 G40 X200. Z150.T0100 M09 ;	공구 교환점 복귀, 공구 보정 취소, 절삭유 off
M05 ;	주축 정지
M02 ;	프로그램 종료
%	

번호	02	과제명	2차 가공
사용재료		SM45C Φ60 × 90	

tool setting sheet

공구명	공구번호	절삭속도	이송속도	비고
황삭	T0100	V=130	0.15	u=0.4 w=0.2
정삭	T0300	V=200	0.1	
홈	T0500	S=700	0.07	t=3
나사	T0700	S=500		p2.0

황정삭: G96, 홈, 나사가공: G97 사용

입력내용	설명
%	데이터 전송
O0102	프로그램번호(알파벳 O+숫자 4자리)
G28 U0. W0. ;	현재 위치에서 X축, Z축 기계원점 복귀
G50 S1800 ;	주축 최고 회전수 1800rpm 지정
T0100 ;	외경 황삭 바이트 공구 교환(T0100)
G96 S130 M03 ;	주축 속도 일정 제어, 주축 정회전
G00 X55. Z5. T0101 M08 ;	고정 Cycle의 시작점으로 이동, 1번 Offset량 보정 공구 보정, 절삭유 on
G94 X-1.5 Z3. F0.15	단면절삭 Cycle 지령(G94)
Z2.0 ;	
Z1.0 ;	
Z0.0 ;	
G71 U1.5 R0.5 ;	내경, 외경 황삭 사이클 고정 Cycle 절입량 및 후퇴량 지정
G71 P10 Q20 U0.4 W0.2 F0.25 ;	N10 ~ N20까지 고정 Cycle 지령
N10 G00 X12. ;	
G42 ;	인선 R우측 보정
G01 Z0. F0.1 ;	
X16.Z-2.0 ;	
Z-20. ;	
X26. ;	
Z-29. ;	
X30. ;	
Z-48. ;	
G02 X40. Z-53. R5. ;	
G01 X41. ;	
X45. Z-60. ;	
N20 G01 X55. ;	고정 Cycle의 마지막 Block에서는 자동면취 및 자동코너 R지령은 할 수 없다.
G00 G40 X200. Z150. T0100 M09 ;	인선 R보정 무시 하면서 공구교환점으로 후퇴
M00 ;	프로그램 정지
T0300 ;	외경 정삭 바이트 공구 교환(T0300)
G96 S200 M03 ;	주속 일정제어 ON(G96)
G00 X50. Z2. T0303 M08 ;	정삭 Cycle 시작점으로 이동, 3번 Offset량 보정
G70 P10 Q20 F0.1 ;	정삭 Cycle 지령

G00 G40 X200. Z150. T0300 M09 ;	공구교환 지점으로 이동, Offset량 보정 무시
M00 ;	
T0500 ;	홈 바이트 공구 교환(T0500)
G97 S700 M03 ;	주속 일정제어 OFF(회전수 일정 정회전)
G00 X30. Z-20. T0505 M08 ;	홈 가공 시작점으로 이동, 5번 Offset량 보정
G01 X11. F0.07 ;	
G04 P1000 ;	Dwell Time 지령(홈 바닥면에서 1초 정지)
G00 X18. ;	
W2.0 ;	
G01 X11. ;	
G04 P1000 ;	
G00 X32. ;	
Z-42. ;	
G01 X22.04 F0.07 ;	
G04 P1000 ;	
G00 X32. ;	
W2. ;	
G01 X22.04 ;	
G04 P1000 ;	
G00 X32. ;	
W2. ;	
G01 X22.04 ;	
G04 P1000 ;	
G00 X32. ;	
W1. ;	
G01 X22.04 ;	
G04 P1000 ;	
G00 X32. ;	
G01 X22. ;	홈 가공 정삭 가공
Z-42. ;	
X26. ;	
G03 X30. W-2. R2.0 ;	홈 바이트로 R가공
G01 X32. ;	
G00 X200. Z150. T0500 M09 ;	공구교환 지점으로 이동, Offset량 보정 무시
M00 ;	
T0700 ;	외경 나사 바이트 공구 교환(T0700)
G97 S500 M03 ;	주속 일정제어 OFF(G97)
G00 X18. Z2. T0707 M08 ;	나사 가공 시작점으로 이동, 7번 Offset량 보정
G76 P011060 Q50 R20 ;	자동나사가공 Cycle(G76) P ○○ □□ △△ → 나사선의 각도 → Chamfering량 지정 → 정삭 반복횟수 지정

G76 X13.62 Z-17. P1190 Q350 F2. ;	X: 나사의 골경 Z: 챔퍼링 끝지점의 나사길이 P: 나사산의 높이(반경지정) Q: 최초절입량 0.35mm F: 나사의 Lead
G00 X200. Z150. T0700 M09 ;	공구교환 지점으로 이동, Offset량 보정 무시
M05	주축정지
M02	프로그램 종료
%	

제3절 머시닝센터

1. 머시닝센터의 개요

(1) 머시닝센터의 특징

일반적인 부품가공에서는 부품에 따라 차이는 있지만 보통 정면 가공, 드릴링, 보링, 나사 절삭, 연삭 등 여러 종류의 가공 작업이 있어야 하는 경우가 많다.

이와 같이 가공의 종류가 달라질 때마다 가공에 맞는 공작기계로 부품을 옮겨 가면서 가공하게 되고, 대량 생산에서 여러 대의 전용기를 사용하여 가공할 때도 공작물을 붙였다 떼었다 하는 시간이 소요되며, 공작물의 이동으로 정밀도가 낮아지는 경우가 있다.

그러나, 머시닝센터는 1회의 고정으로 여러 종류의 공작기계가 처리해야 할 가공 부분을 다양한 공구를 자동으로 교환하여 순차적으로 가공을 함으로써 공구 교환시간을 줄이고 정밀작업을 하여 생산성을 높일 뿐 아니라 오랜 시간 동안 자동 운전이 가능하고 자동 공작물 교환 장치, 로봇 및 자동 창고 등과 함께 기계 공장 전체의 무인화 시스템을 구축하여 공장 자동화를 만드는 데 중요한 역할을 하는 공작기계라고 할 수 있다.

일반적으로 머시닝센터는 수직형(Vertical type)과 수평형(Horizontal type)이 있으며 최근에는 대형 머시닝센터에는 수평형이 많이 이용되고 있고 특징으로는 다음과 같다.

① 소형부품은 여러 개 고정하여 연속작업을 할 수 있다.
② 다양한 공구를 자동으로 교환하며, 순차적으로 가공할 수 있다.
③ 공구 교환시간을 줄일 수 있다.
④ 특수 치공구의 제작이 필요 없다.
⑤ 주축 회전수 제어범위가 크고 무단 변속으로 유연한 작업을 할 수 있다.

(2) 부속장치

1) 자동 공구 교환 장치(automatic tool changer : ATC)

ATC는 공구를 교환하는 ATC 암과 공구가 격납되어 있는 매거진(magazine)으로 구성되어 있다.

매거진의 공구를 호출하는 방법에 따라 순차 방식과 무작위 방식이 있는데, 순차 방식은 매거진에 배열되어 있는 순서대로 공구를 교환하는 방식이고, 랜덤방식은 모든 공구에 번호를 지정하여 ATC 장치에 기억시켜 공구를 임의로 호출하여 교환하는 방식이다.

랜덤 방식은 순차 방식에 비하여 구조가 복잡하고 공구의 배치에 주의를 기울여야 하는 단점이 있으나 사용 빈도가 높은 공구를 항상 같은 번호로 매거진에 넣어두고 사용하거나 한 개의 공구를 한 작업에서 여러 번 선택하여 사용하면 공구를 순서대로 배열할 필요가 없으므로 프로그램이 간단하고 사용이 편리한 장점이 있다.

2) 자동 팰릿 교환 장치(automatic pallet changer : APC)

가공되는 공작물의 크기와 모양이 다양하고 1대의 공작기계로 한 종류 또는 여러 종류의 공작물을 대량으로 가공할 때 공작물이 교체할 때마다 공작물과 공구의 고정 및 위치결정(setting)에 드는 시간이 오래 걸린다. 그러므로 기계의 정지시간을 단축하기 위하여 표준형 고정 지그를 공작기계의 테이블에 직접 부착해 사용하거나, 기계 밖에는 공작물을 팰릿(pallet)에 고정하고 지그 전체를 운반해 공작기계의 테이블에 부착시켜 사용하면 편리하다. 이와 같이 공작물을 고정한 지그 전체를 운반해 공작기계에 부착하고 제거하는 일을 하는 것이 자동 팰릿 교환 장치이다.

2. 머시닝센터 좌표어와 제어축

1) 좌표어

① 공구의 이동을 지령한다.
② 이동 축을 표시하는 어드레스와 이동 방향과 이동량을 지령하는 수치로 구성한다.
③ 기본 축(X, Y, Z) : 서로 직교하는 3축에 대응하는 어드레스로 좌표의 위치나 거리를 지정한다.
④ 부가 축(A, B, C, U, V, W) : 부가 축의 어드레스로 회전축의 각도와 축의 길이 및 위치를 지정한다.
⑤ 원호보간(I, J, K) : X, Y, Z를 따라가는 원호의 시작점부터 원호 중심까지의 거리를 지정한다.
⑥ 원호보간(R) : 원호 반지름을 지정한다.

2) 제어 축

머시닝센터에서 제어 축은 좌표어의 X, Y, Z를 사용하여 제어 축을 지령하며, 각 축에 대한 회전축에 A, B, C를 사용하기도 하며 이를 부가 축이라 한다.

3) 좌표축

① 좌표계는 프로그램을 작성할 때 혼란을 방지하기 위해서 오른손 좌표계를 사용한다.

② 기준은 가공 시 테이블과 주축이 움직이지만 공작물은 고정되어 있고 공구가 이동하면서 가공하는 것처럼 프로그램한다.

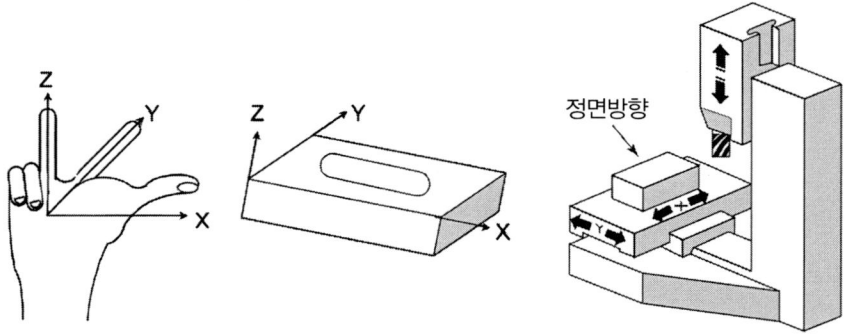

그림 10-49 오른손 직교 좌표계

3. 머시닝센터 프로그래밍

(1) 가공계획

프로그래머는 제작도에 표시한 가공물의 형상과 재질에 따라 가공계획을 수립하여 프로그램을 작성한다. 가공계획을 수립할 때 고려해야 할 사항은 다음과 같다.

① 가공할 범위와 프로그램 원점의 위치를 정한다.

② 가공물의 고정 방법과 고정구를 결정한다.

③ 공정도를 작성한다.

④ 공구와 홀더를 선정하고 공구 번호를 지정한다.

⑤ 절삭조건을 결정한다.

⑥ 공구의 보정번호와 보정량을 결정한다.

(2) 프로그램 원점과 좌표계 설정

1) 프로그램 원점

프로그램 원점은 도면을 분석하여 프로그래밍이 편리하고, 가공이 편리한 임의의 점을 프로그램 원점으로 지정한다. 대칭 형상의 부품일 때에는 대칭점을 프로그램 원점으로 지정하는 것도 좋은 방법이다.

2) 공작물 좌표계 설정

프로그램의 원점을 절대좌표의 기준점인 X0.0 Y0.0 Z0.0으로 지정하는 것을 공작물 좌표계 설정이라 하고 공작물 좌표계 설정하는 방법은 다음과 같다.

(가) 공작물 좌표계 설정(G92)

```
G90 G92 X___ Y___ Z___ ;
```

X, Y, Z : 설정하고자 하는 절대좌표(공작물 좌표)의 현재 위치

[그림 10-50]과 같은 공작물 좌표계 설정은 다음과 같다.

(a)의 경우 G90 G92 X40.0 Y50.0 Z0.0;

(b)의 경우 G90 G92 X50.0 Y40.0 Z0.0;

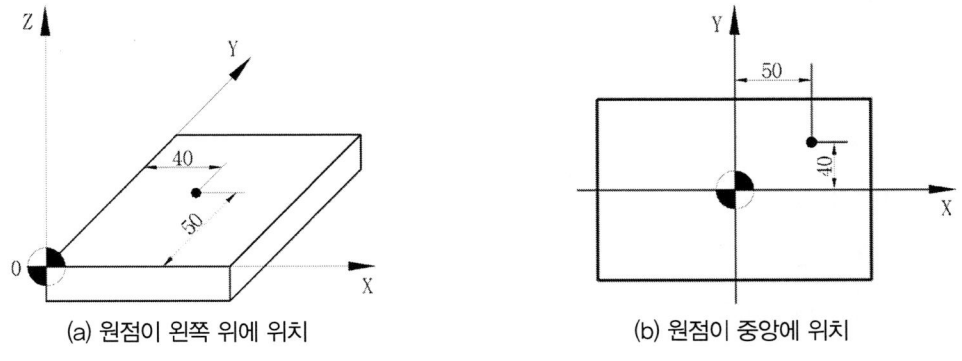

(a) 원점이 왼쪽 위에 위치　　　　　　(b) 원점이 중앙에 위치

그림 10-50 공작물 좌표계

도면을 보고 가공에 편리한 프로그램을 작성하기 위하여 도면상의 임의의 점을 프로그램 원점으로 지정하며 이 좌표계를 공작물 좌표계라 한다.

(나) 공작물 좌표계 선택(G54~G59)

기계 원점에서 공작물 좌표계 원점까지 거리(-)를 직접 입력 또는 파라미터에 입력하여 공작물 좌표계의 원점을 정해 놓고 (G54~G59)의 지령으로 선택하여 사용하는 기능이다.

```
       G54
G90    X___ Y___ Z___ ;
       G59
```

X, Y, Z : 절대좌표계(공작물 좌표계)의 위치(급속 이송)

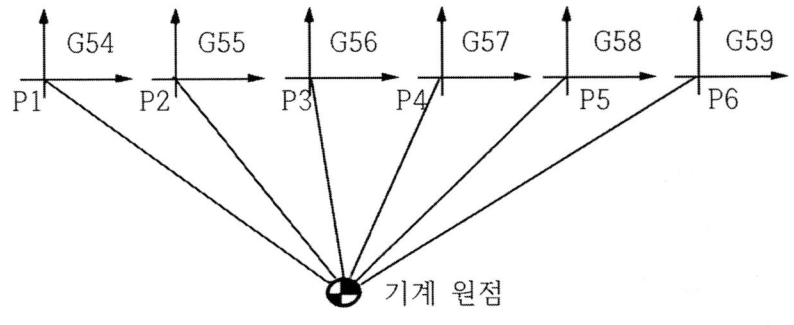

그림 10-51 공작물 좌표계(G54~G59)

(다) 구역(local) 좌표계(G52)

G92나 G54~G59 지령에 따라 공작물 좌표계를 설정하고 임의 지점에 구역 좌표계를 설정할 수 있다.

이때 알아두어야 할 사항은 G52 블록 직후의 이동 지령은 반드시 절대 지령으로 해야 하고 구역 좌표계를 설정해도 공작물 좌표계나 기계좌표계는 변하지 않으며, 공구 지름 보정에서는 G52에 의해 일시적으로 보정 취소가 된다.

```
G52 X___ Y___ Z___ ;
```

X, Y, Z : 공작물 좌표계에서 설정하고자 하는 구역 좌표계의 원점 위치

※ 구역 좌표계의 변경

① 새로운 구역 좌표계 입력으로 변경할 수 있다.

(예, G52 X_ Y_ Z_ ; 새로 입력)

② G52 X0 Y0 Z0 ; 입력하거나, 리셋(reset)하면 구역좌표가 취소되며, 이후의 절대좌표 값은 공작물 좌표계를 기준으로 한 좌표이다.

③ 새로운 공작물 좌표계를 설정하면 구역 좌표계는 취소된다.

(예, G92 X_ Y_ Z_ ; 새로 입력하면 새로운 공작물 좌표계가 설정된다)

(라) 기계좌표계 선택(G53)

공작물 좌표계와 관계없이 기계 원점에서 임의 지점으로 급속 이동하는 기능이다.

자동 공구 측정장치가 설치된 위치까지 이동시킬 때나 공구 교환 위치로 이동하고자 할 때 사용한다.

```
G90 G53 X___ Y___ Z___ ;
```

X, Y, Z : 기계 원점에서 이동지점까지의 기계 좌표치

(절대 지령에서만 실행되고 증분지령에서는 무시된다.)

이는 원점 복귀한 다음 지령하여야 하며, 공구 지름 보정, 공구 길이 보정, 공작물 위치의 보정은 미리 취소해야 한다. 그렇지 않으면 보정된 상태로 이동한다.

(3) 지령 방법 종류

1) 절대 지령(Absolute : G90)

공작물 좌표계 원점을 기준으로 이동 종점의 좌표값을 지령하는 방식으로 G90 기능을 사용한다.

지령 방법 : G90 이동 종점 좌표 ;

2) 증분지령(Incremental : G91)

현재의 공구 위치를 기준으로 이동 종점까지의 좌표값을 지령하는 방식으로 G91 기능을 사용한다.

지령 방법 : G91 이동 종점 좌표 ;

[그림 10-52]의 A에서 B로 이동할 때 지령을 하면은 다음과 같다.

① 절대 지령 : G90 G00 X40.0 Y30.0 ;

② 증분지령 : G91 G00 X30.0 Y20.0 ;

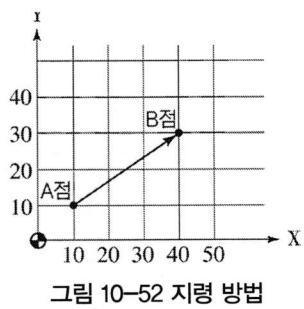

그림 10-52 지령 방법

(4) 준비기능

1) 위치결정(G00)

위치결정은 가공을 하기 위하여 공구를 일정한 위치로 이동하는 지령이다.

```
G90
    G00 X___ Y___ Z___ ;
G91
```

G90/G91 : 절대, 증분지령 중 하나만 지령

X, Y, Z : X, Y, Z축의 급속 이동 목표지점 좌표

(예제) 위치결정을 이용하여 P1에서 P2, P3 지점으로 이동하는 프로그램을 작성하시오.

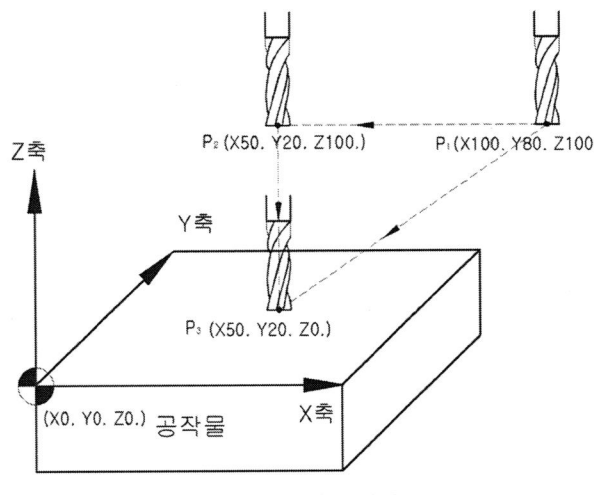

① P1 → P2 → P3 이동
G90 G00 X50. Y20. ;
Z0. ;   (절대지령)
G91 G00 X-50. Y-60. ;
Z-100. ;   (증분지령)

② P1 → P3 이동
G90 G00 X50. Y20. Z0. ;
G91 G00 X-50. Y-60. Z-100. ;
X, Y, Z축 3축 동시 이동)

그림 10-53 위치결정

2) 직선 보간(G01)

목표지점으로 F의 이송 속도로 직선 이동하며 가공할 때 지령한다.

```
G90
    G01 X___ Y___ Z___ F___ ;
G91
```

G90/G91 : 절대, 증분지령 중 하나만 지령

X, Y, Z : X, Y, Z축의 직선이동 목표지점 좌표

F : 이송 속도

3) 원호보간(G02/G03)

시작점에서 목표지점까지 반지름 R로 시계방향(G02)과 반시계 방향(G03)으로 원호 가공 지령한다.

```
G90        G02
   G17           X__ Y__     R        F__ ;
G91        G03              I__ J__
```

```
G90        G02
   G18           X__ Z__     R        F__ ;
G91        G03              I__ K__
```

```
G90        G02
   G19           Y__ Z__     R        F__ ;
G91        G03              J__ K__
```

G90/G91 : 절대, 증분지령 중 하나만 지령

G17/G18/G19 : 원호보간에서 평면 선택

　① G17 평면 : X, Y축의 원호보간

　② G18 평면 : Z, X축의 원호보간

　③ G19 평면 : Y, Z축의 원호보간

G02/G03 : 가공 방향

　① G02 : 시계방향 원호 가공(CW)

　② G03 : 반시계 방향 원호 가공(CCW)

X, Y, Z : 각축의 원호보간 목표지점 좌표

R : 원호 반지름

I, J, K : 각축의 원호 시작점에서 중심까지의 거리와 방향을 입력[그림 10-54]

　　(I는 X축 거리와 방향, J는 Y축 거리와 방향, K는 Z축 거리와 방향)

F : 이송 속도

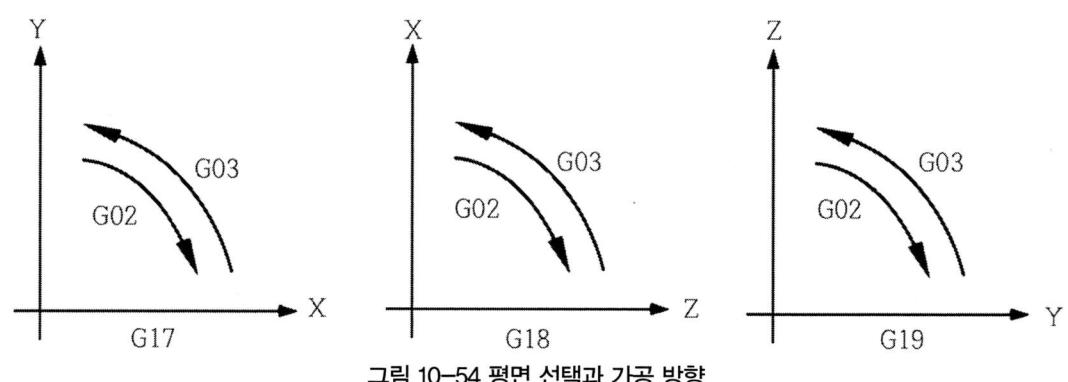

그림 10-54 평면 선택과 가공 방향

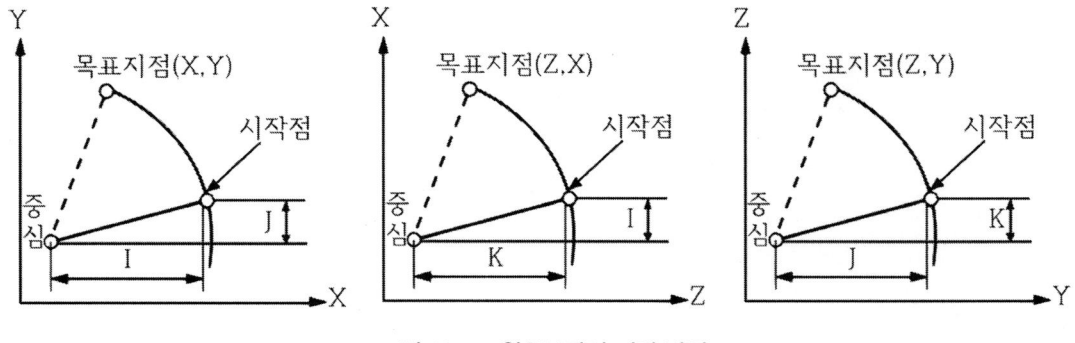

그림 10-55 원호보간의 지령 방법

원호의 중심을 I, J, K로 지정하는 대신에 원호의 반지름 R로 지령하는데, 이 경우

[그림 10-56]과같이 2개의 원호 중 ①은 180° 이하의 원호이며, 지령은 R+ 값으로 지령하고, ②는 180° 이상의 원호이므로 R- 값으로 지령한다.

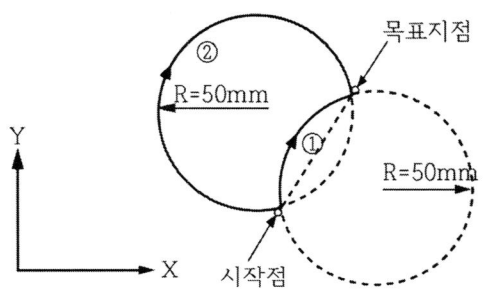

그림 10-56 R 지령 원호보간

(예제) 다음 아래 그림을 보고 절대지령과 증분지령으로 프로그램 하시오.

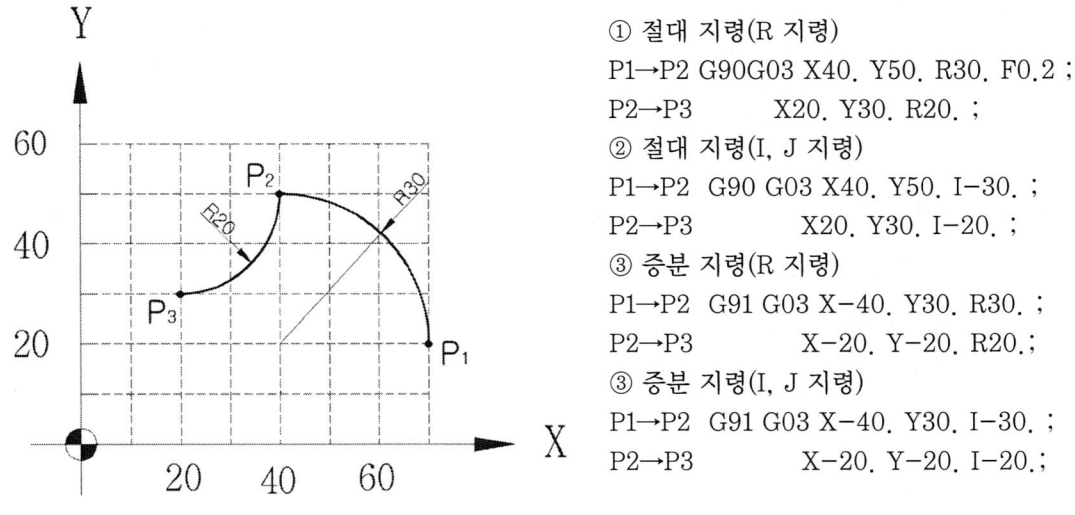

그림 10-57 절대지령과 증분지령

① 절대 지령(R 지령)
P1→P2 G90G03 X40. Y50. R30. F0.2 ;
P2→P3   X20. Y30. R20. ;
② 절대 지령(I, J 지령)
P1→P2 G90 G03 X40. Y50. I-30. ;
P2→P3   X20. Y30. I-20. ;
③ 증분 지령(R 지령)
P1→P2 G91 G03 X-40. Y30. R30. ;
P2→P3   X-20. Y-20. R20.;
③ 증분 지령(I, J 지령)
P1→P2 G91 G03 X-40. Y30. I-30. ;
P2→P3   X-20. Y-20. I-20.;

① 원호의 중심각이 180° 이하인 원호의 가공

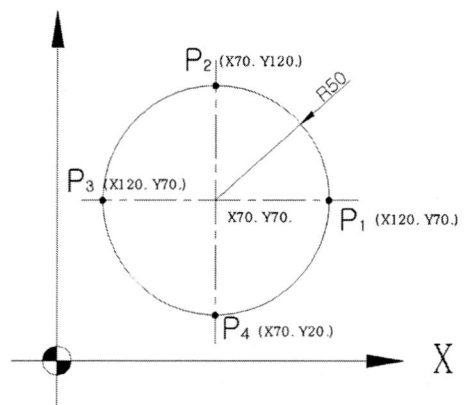

ⓐ P1의 점에서 P2의 점까지 가공
G90 G03 X70. Y120. R50. (I-50.) ;
G91 G03 X-50. Y50. R50. (I-50.) ;

ⓑ P4의 점에서 P3의 점까지 가공
G90 G02 X20. Y70. R50. (J50.) ;
G91 G02 X-50. Y70. R50. (J50.) ;

그림 10-58 180° 이하인 원호의 가공

② 원호의 중심각이 180°이상 360° 미만인 원호의 가공

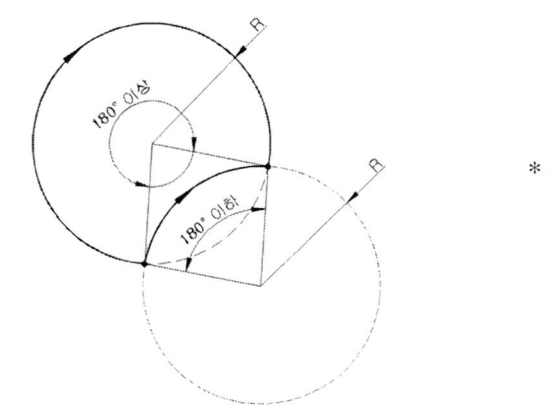

* 원호의 중심각 180°이하인 경우 : +R
  　　　　　　180°이상인 경우 : -R

그림 10-59 180° 이상 360° 미만인 원호의 가공

4) 원점복귀

① 기계 원점(Reference Point)복귀

기계 원점이란 기계상에 고정된 임의의 지점이고, 간단한 조작으로 쉽게 이 지점에 복귀시킬 수 있으며 기계제작시 기계 제조회사에서 위치를 설정한다. 프로그램 및 기계조작시 기준이 되는 위치이므로 제조회사의 A/S Man. 이외는 위치를 변경하지 않는 것이 좋다. 전원을 투입하고 최초 한번은 기계 원점복귀를 해야만 기계 좌표가 성립된다. 최근에 생산되는 기계는 전원을 차단해도 기계 좌표와 절대 좌표를 기억하는 기계도 있다.

② 수동 원점복귀

모드 스위치를 "원점복귀"에 위치시키고 JOG 버튼을 이용하여 각축을 기계 원점으로 복귀시킬 수 있다. 보통 전원 투입 후 제일 먼저 실시하며 비상정지 스위치(Emergency Stop Switch)를 눌렀을 때도

(ON, OFF) 후에도 마찬가지로 기계 원점복귀를 해야 한다.

③ 자동 원점복귀(G28)

모드 스위치를 "자동" 혹은 "반자동"에 위치시키고 G28을 이용하여 각축을 기계 원점까지 복귀시킬 수 있다 급속 이송으로 중간점을 경유 기계 원점까지 자동 복귀한다. 단, Machine Lock 스위치 ON 상태에서는 기계 원점복귀할 수 없다.

$$28 \begin{cases} G90 \\ G91 \end{cases} X\_\_ Y\_\_ Z\_\_ ;$$

X, Y, Z : 기계 원점복귀를 하고자 하는 축을 지령하며, 어드레스 뒤에 지령된 Data는 중간점의 좌표가 된다. G91지령(증분 지령)은 현재 위치에서 이동거리이고 G90 지령(절대 지령)은 공작물 좌표계 원점으로부터의 위치이므로 절대 지령의 방식은 주의를 해야 한다. (G28 G90 X0. Y0. Z0. ; 를 지정하면 공작물 좌표계의 X0. Y0. Z0.까지 이동하고 기계 원점으로 복귀한다.)

④ 원점복귀 Check(G27)

기계 원점에 복귀하도록 작성된 프로그램이 정확하게 기계 원점에 복귀했는지를 Check하는 기능이다. 지령된 위치가 원점이 되면 원점복귀 Lamp가 점등하고 지령된 위치가 원점 위치에 있지 않으면 알람이 발생된다.

$$27 \begin{cases} G90 \\ G91 \end{cases} X\_\_ Y\_\_ Z\_\_ ;$$

X, Y, Z : 원점복귀를 하고자 하는 축을 지령하면 어드레스 뒤에 지령된 Data는 중간점의 좌표가 된다. G91 지령(증분 지령)은 현재 위치에서 이동거리이고 G90 지령(절대 지령)은 공작물 좌표계 원점에서의 위치이므로 절대 지령의 방식은 주의를 해야 한다.

⑤ 원점으로부터 자동복귀(G29)

일반적으로 G28 또는 G30 다음에 사용한다.

$$29 \begin{cases} G90 \\ G91 \end{cases} X\_\_ Y\_\_ Z\_\_ ;$$

X, Y, Z : G28 또는 G30에서 지령했던 중간점을 기억했다가 그 중간점을 경유한 후 지령된 X, Y, Z 좌표 점으로 이송

⑥ 제2, 제3, 제4 원점복귀(G30)

중간점을 경유하여 파라미터에 설정된 제2 원점의 위치로 급속 속도로 복귀한다.

$$30 \begin{cases} G90 \\ G91 \end{cases} X\_\_ Y\_\_ Z\_\_ ;$$

• P2, P3, P4 : 제2, 3, 4원점을 선택하고 P를 생략하면 제2원점이 선택된다.

• X, Y, Z : 원점복귀를 하고자 하는 축을 지령하며, 어드레스 뒤에 지령된 Data는 중간점의 좌표가 된다. G91 지령(증분 지령)은 현재 위치에서 이동거리이고 G90 지령(절대 지령)은 공작물 좌표계 원점에서의 위치이므로 절대 지령의 방식은 주의해야 한다.

5) 헬리컬 절삭(나선 가공)

평면과 수직인 축을 동시에 움직이게 하여 헬리컬(helical) 절삭을 할 수 있는 기능이며, 원통캠 가공과 나사 절삭 가공에 많이 이용한다.

$$\begin{matrix} G90 \\ G91 \end{matrix} G17 \begin{matrix} G02 \\ G03 \end{matrix} X\_\_ Y\_\_ \begin{matrix} R\_\_ \\ I\_\_ J\_\_ \end{matrix} Z\_\_ F\_\_ ;$$

$$\begin{matrix} G90 \\ G91 \end{matrix} G18 \begin{matrix} G02 \\ G03 \end{matrix} X\_\_ Z\_\_ \begin{matrix} R\_\_ \\ I\_\_ K\_\_ \end{matrix} Y\_\_ F\_\_ ;$$

$$\begin{matrix} G90 \\ G91 \end{matrix} G19 \begin{matrix} G02 \\ G03 \end{matrix} Y\_\_ Z\_\_ \begin{matrix} R\_\_ \\ J\_\_ K\_\_ \end{matrix} X\_\_ F\_\_ ;$$

G90/G91 : 절대, 증분지령 중 하나만 지령

G17/G18/G19 : 원호보간에서 평면 선택

G02/G03 : 가공 방향

X, Y, Z : 평면 선택에 따라 결정된 두축은 원호 가공 목표지점 좌표를 지령하고 나머지 한 축은 직선보간으로 목표지점 좌표를 지령한다.

R : 원호 반지름

I, J, K : 평면 선택에 따라 결정된 축의 원호 시작점에서 중심까지의 거리와 방향을 입력한다.

(I는 X축 거리와 방향, J는 Y축 거리와 방향, K는 Z축 거리와 방향)

F : 이송 속도

(직선으로 움직이는 축의 속도는 F×직선 축의 길이/원호의 길이이다)

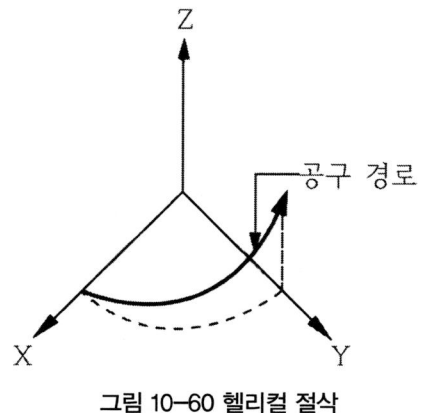

그림 10-60 헬리컬 절삭

6) 나사 절삭

```
G90
   G33   Z___ F___ ;
G91
```

Z : 나사 길이(증분지령) 또는 나사 목표지점 위치(절대 지령)

F : 나사의 리드

나사 절삭 기능은 지정된 리드(lead)의 나사를 절삭하는데 사용되며 주축의 회전수 N은 다음과 같다.

7) 휴지(Dwell : G04)

지령한 시간 동안 이송이 정지되는 기능을 휴지(dwell: 일시정지)기능 이라고 한다. 특히, 모서리 부분의 치수를 정확히 가공하거나, 드릴 작업, 카운터 싱킹, 카운터 보링, 스폿 페이싱 등에서 많이 이용하고 목표지점에서 즉시 후퇴할 때 생기는 이송만큼의 단차를 제거하여 진원도의 향상 및 깨끗한 표면을 얻기 위하여 주로 사용한다.

```
G04 X(U, P)___ ;
```

X(U, P) : 정지하려는 시간(초), P는 소숫점 사용 불가

$$정지시간(초) = \frac{60}{스핀들\ 회전수(rpm)} \times 공회전수(회) = \frac{6}{N(rpm)} \times n$$

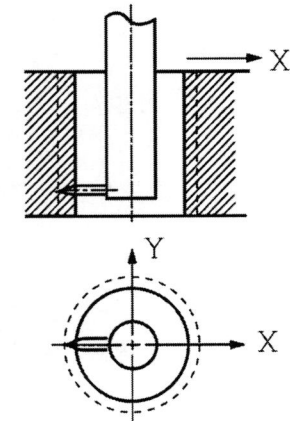

그림 10-61 나사 가공

(5) 공구 교환과 공구보정

1) 공구 교환

어드레스 T는 공구를 선택하는 기능이고 M06은 공구교환 명령이므로 함께 지령하여야 한다. 공구를 교환하려면 공구 길이 보정이 취소된 상태에서, 제2원점인 공구 교환 위치 지점에 있어야 한다.

```
G90 G00 G49 Z___ ; (Z___ 으로 급속 이송하며 공구보정 취소)
G91 G30 Z0.0 M19 ; (주축 정위치 정지하며 Z축 제2원점으로 복귀)
      T___ M06 ; (T___ 번호 공구 선택하여 교환)
```

2) 공구보정

(가) 공구 지름 보정(G40, G41, G42)

[그림 10-62]와 같이 공구 지름 보정을 않고 윤곽가공을 할 때의 공구의 중심 경로는 프로그램 경로를 따라 이동하게 되고, 공구의 반지름만큼 더 가공된다. 따라서, 공구의 중심 경로를 프로그램 경로에서 공구의 반지름만큼 떨어져서 이동시켜야만 원하는 형상과 치수로 가공할 수 있다.

이와 같이 공구를 가공 형상으로부터 공구 반지름만큼 떨어지게 하는 것을 공구 지름 보정이라고 한다.

공구 지름 보정은 G00, G01과 함께 지령해야 하며, 공구의 진행 방향에 따라서 3가지의 G코드로 분류하며 이중에서 하나를 선택하여 사용한다.

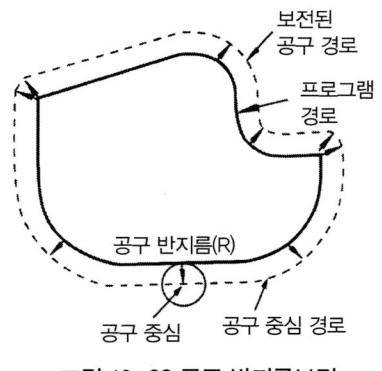

그림 10-62 공구 반지름보정

```
G90 G00 G41
              X ___ Y ___ D ___ ;
G91 G01 G42
```

D : 공구 지름 보정값을 입력한 번호

G코드	의 미	공 구 경 로
G40	공구 지름 보정 취소	공구 중심과 프로그램 경로가 같다.
G41	공구 지름 좌측 보정	공작물을 기준으로 공구 진행 방향으로 보았을 때 공구가 공작물의 좌측에 있다.
G42	공구 지름 우측 보정	공작물을 기준으로 공구 진행 방향으로 보았을 때 공구가 공작물의 우측에 잇다.

[그림 10-63]은 공구 지름 보정과 공구 지름 경로를 나타낸 것이다. 또한, 공구 지름 보정의 기능으로 2개의 축을 동시에 이동시킬 경우 공구보정은 2축에 모두 유효하기 때문에 각 축의 방향은 [그림 10-64]와 같이 보정된다.

공구 지름 보정할 때 이동 지령값보다 보정량이 더 클 경우 공구의 실제 이동은 프로그램의 반대 방향으로 이동한다.

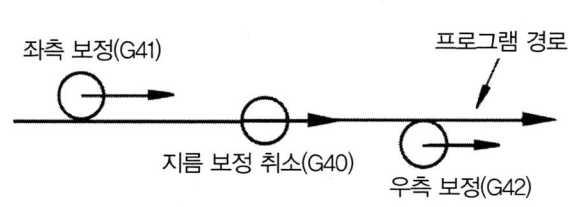

그림 10-63 공구 지름 보정과 공구 경로

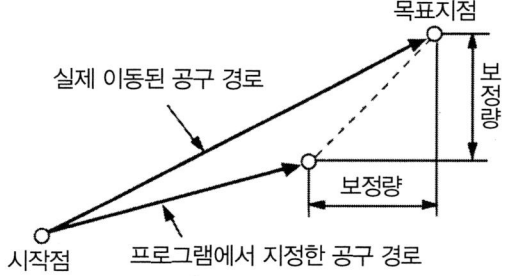

그림 10-64 2축 동시 지령에 의한 동작

공구 지름 보정을 할 때에는 가공 면에 접근 및 도피하는 방법은 [그림 10-58]와 같은 방법을 사용하여 미 가공 부분이나 가공 흠이 남지 않도록 하여야 한다.

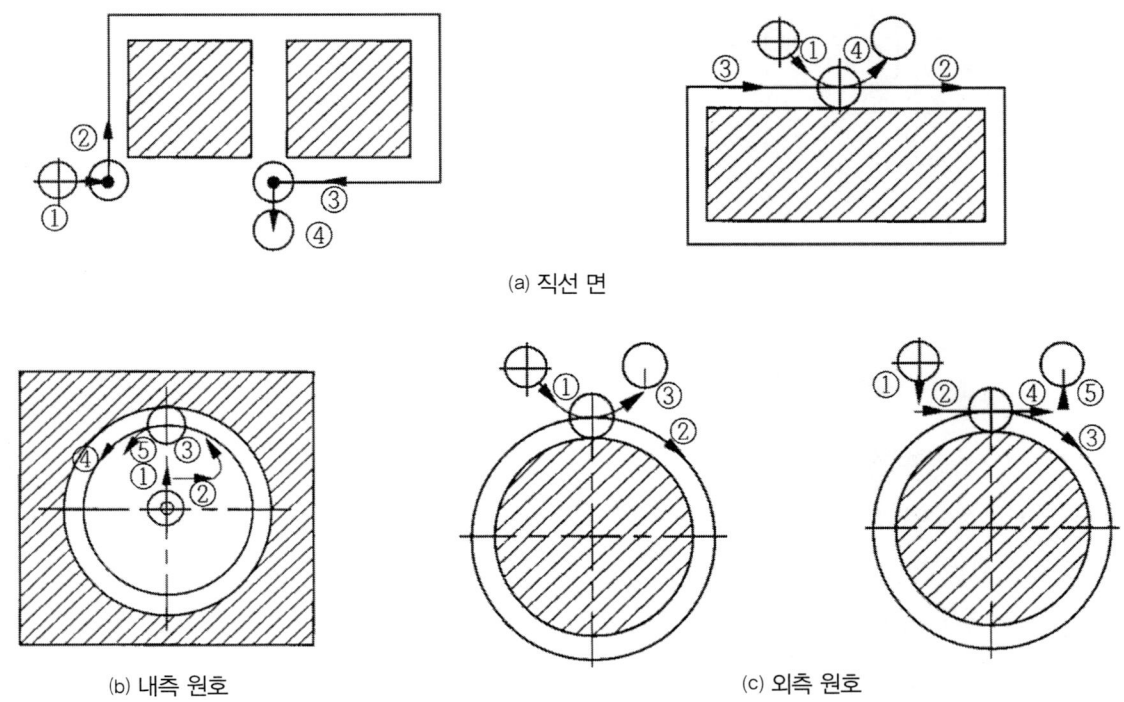

그림 10-65 공구의 접근과 도피 방법

(나) 공구 길이 보정(G43, G44, G49)

각 공구는 길이가 각각 다르므로 기준이 되는 공구와 각각의 공구 길이 차이를 입력해 두고, 프로그램에서 각 공구의 보정값을 불러들여 보정하여 사용함으로써 공구 길이의 차이를 해결할 수 있도록 하는 것을 공구 길이 보정이라고 한다.

```
G90 G00 G43
              Z___ H___ ;
G91 G01 G44
```

H : 공구 길이 보정값을 입력한 번호

G코드	의 미
G43	+ 방향 공구 길이 보정 (+ 방향으로 이동)
G44	- 방향 공구 길이 보정 (- 방향으로 이동)
G49	공구 길이 보정 취소

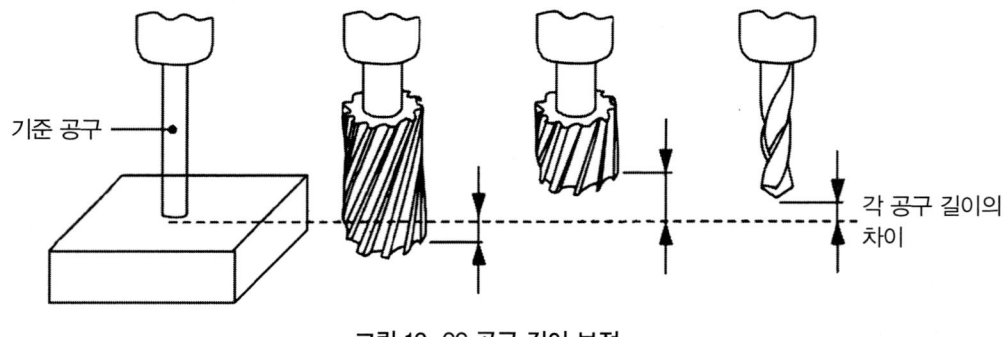

그림 10-66 공구 길이 보정

공구 길이 보정의 취소는 G49의 지령 또는 보정번호를 00 즉, H00으로 지령하여 취소할 수 있으나, G49의 지령을 많이 사용한다.

(다) 공구 위치 보정(G45, G46, G47, G48)

공구 지름 보정(G41, G42) 기능이 없을 때 개발한 기능으로 최근에는 사용되지 않는다. 공구 위치 보정은 1회 유효 지령이며, G45에서 G48까지의 지령에 의해 지정된 축의 이동 거리를 신장, 축소 또는 2배 신장, 2배 축소하여 이동할 수 있는 기능이다.

```
        G00  G45
 G90    G01  G46
 G91    G02  G47    X__ Y__ Z__ D__ ;
        G03  G48
```

X, Y, Z : 평면 선택에 따라 X, Y, Z중 기준 두축의 좌표를 지령

D : 공구 지름 보정값을 입력한 번호

G코드	의 미
G45	공구 반지름 신장(보정량 만큼 신장)
G46	공구 반지름 축소(보정량 만큼 축소)
G47	공구지름 신장(보정량 2배 만큼 신장)
G48	공구지름 축소(보정량 2배 만큼 축소)

공구 위치 보정할 때 이동 지령값보다 보정량이 더 클 경우 실제 이동은 이동 지령의 반대 방향으로 진행되며, 절삭 중에 공구 위치 보정을 지령하면 절입과다 또는 절입부족이 일어나 원하는 형상으로 가공되지 않으므로 주의해야 한다.

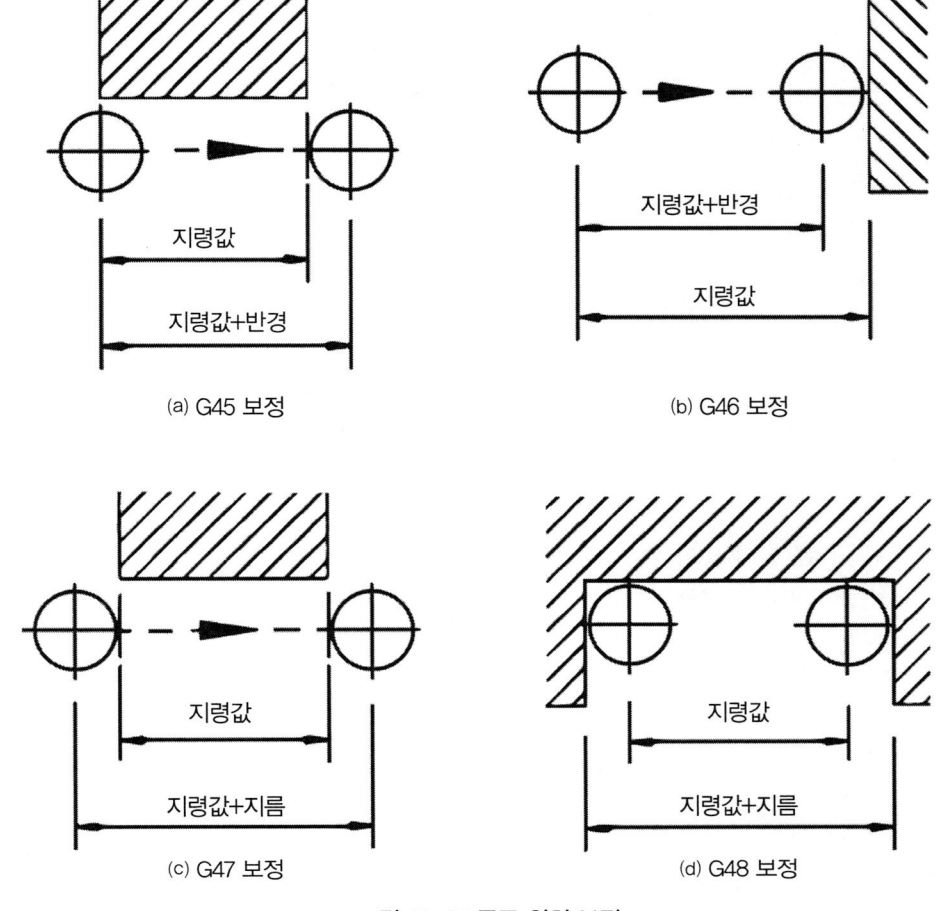

그림 10-67 공구 위치 보정

(6) 고정 사이클

1) 고정 사이클의 개요

고정 사이클은 프로그램을 간단하게 하는 기능으로 구멍 뚫기, 리밍, 보링, 태핑 등의 작업에 이용한다. 통상 구멍 가공에서 여러 개의 블록으로 지령하는 가공 동작을 1개의 블록으로 지령하여 프로그램하는 기능으로 〈표10-10〉과 같다.

표10-10 고정 사이클 일람표

G코드	드릴링 동작 (-Z 방향)	구멍 바닥 위치에서 동작	구멍에서 나오는 동작 (+Z 방향)	용 도
G73	간헐 이송	-	급속 이송	고속 팩 드릴링 사이클
G74	절삭 이송	주축 정회전	절삭 이송	역 태핑 사이클
G76	절삭 이송	주축 정지	급속 이송	정밀 보링 (고정 사이클)
G80	-	-	-	고정 사이클 취소

G81	절삭 이송	-	급속 이송	드릴링 사이클 (스폿 드릴링)
G82	절삭 이송	드 웰	급속 이송	드릴링 사이클 (카운터보링 사이클)
G83	단속 이송	-	급속 이송	팩 드릴링 사이클
G84	절삭 이송	주축 역회전	절삭 이송	태핑 사이클
G85	절삭 이송	-	절삭 이송	보링 사이클
G86	절삭 이송	주축 정지	급속 이송	보링 사이클
G87	절삭 이송	주축 정지	절삭 이동 또는 급속 이송	보링 사이클 백보링 사이클
G88	절삭 이송	드웰, 주축정지	수동 이동 또는 급속 이송	보링 사이클
G89	절삭 이송	드 웰	절삭 이송	보링 사이클

고정 사이클의 기본동작은 [그림 10-68]과 같이 6개의 동작으로 구성하고 동작하는 방법에 따라 여러 종류의 고정 사이클 기능으로 결정된다.

① X, Y축 위치결정
② R점까지 급속 이송
③ 구멍 가공 (절삭 이송)
④ 구멍 바닥에서 동작
⑤ R점까지 후퇴(급속 이송)
⑥ 초기점으로 복귀

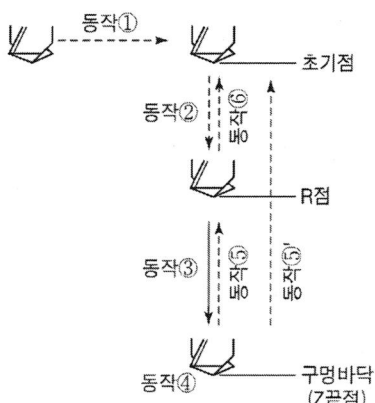

그림 10-68 고정 사이클 동작

(가) 고정 사이클 지령 방법

```
G90           G98
    G___          X___Y___Z___R___Q___P___F___K___ ;
G91           G99
```

G90, G91 : 절대, 증분지령을 선택

G : 고정 사이클 일람표 참고〈표10-9〉

G98, G99 : 초기점 복귀와 R점 복귀를 선택

Z : R점에서 구멍 바닥까지의 거리를 증분지령 또는 구멍 바닥의 위치를 절대 지령으로 지정

R : Z축 공작물 좌표계 원점에서의 좌표값

Q : G73, G83 코드에서 절입량 또는 G76, G87 지령에서 후퇴량을 지정

   (항상 증분지령)

P : 구멍 바닥에서 휴지시간을 지정

F : 절삭 이송 속도를 지정

K : 고정 사이클의 반복 횟수를 지정. K지정을 생략할 경우 K1로 간주

만일 K0을 지정하면 구멍 가공 데이터는 기억하지만 구멍 가공은 수행하지 않는다.

(나) 지령방식

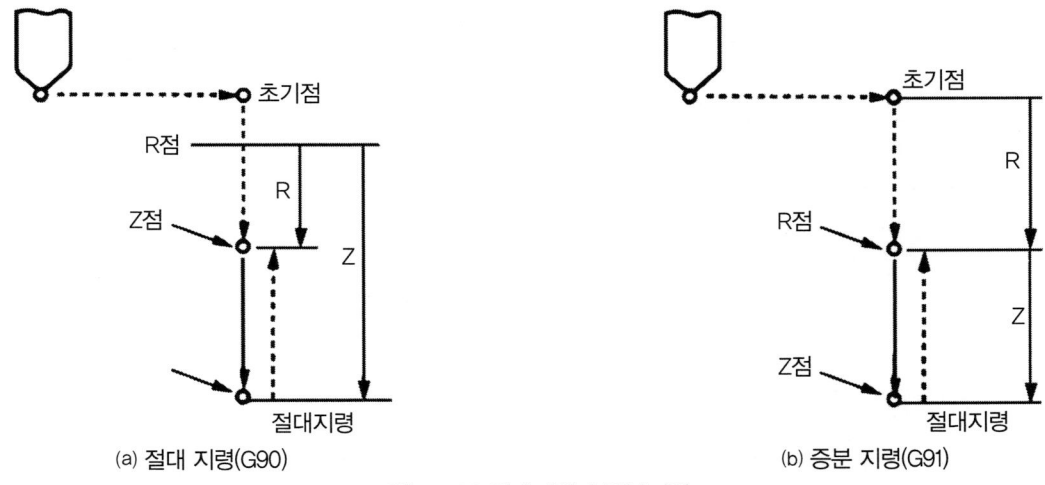

그림 10-69 절대지령과 증분지령

(다) 초기점 복귀(G98)와 R점 복귀(G99)

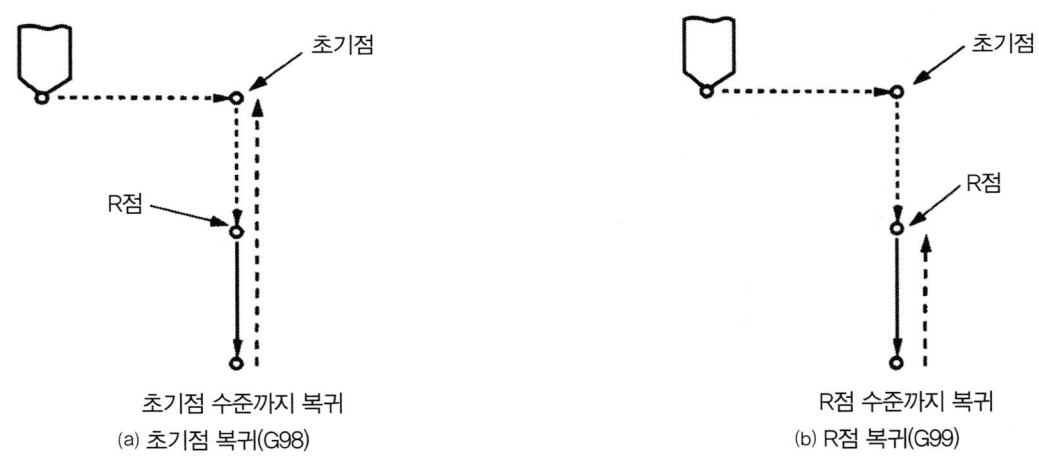

그림 10-70 초기점 복귀와 R점 복귀

2) 고정 사이클의 종류

(가) 고속 팩 드릴링 사이클 (G73)

드릴 직경의 3배 이상인 깊은 구멍을 가공할 때 이용하는 기능이며, Z방향의 간헐 이송으로 칩 배출이 용이하고 후퇴량을 설정할 수 있으므로 고능률적인 가공을 할 수 있다.

```
G90       G98
     G73        X__ Y__ Z__ Q q R__ F__ ;
G91       G99
```

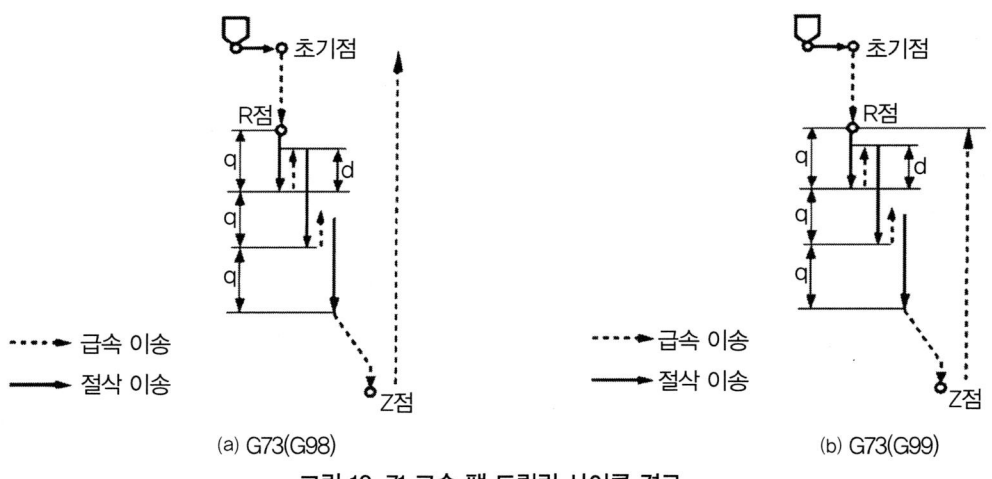

(a) G73(G98)　　　　　　　　　　　　(b) G73(G99)

그림 10-71 고속 팩 드릴링 사이클 경로

(나) 역 태핑 사이클(G74)

왼나사 가공 기능으로 주축은 먼저 역회전하면서 Z점까지 들어가고, 빠져 나올 때는 정회전을 하는 기능이다.

```
G90        G98
     G74        X__ Y__ Z__ R__ F__ ;
G91        G99
```

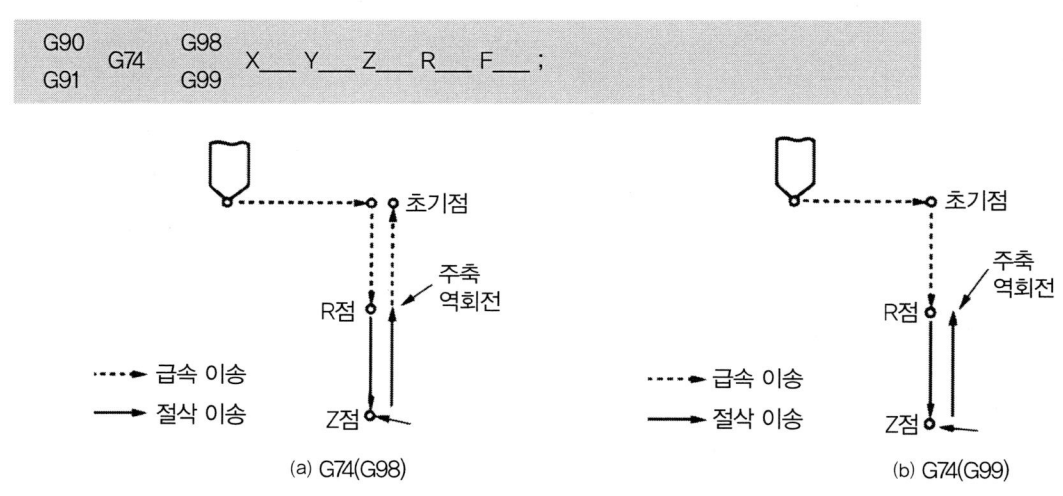

(a) G74(G98)　　　　　　　　　　　　(b) G74(G99)

그림 10-72 역 태핑 사이클 경로

(다) 정밀 보링 사이클(G76)

정밀 보링 작업을 할 때 이용하는 기능으로 Z축에 도달하면 주축 한 방향 정지(M19)후 바이트 반대 방향으로 일정량만큼 움직여서 가공면에 손상을 입히지 않으므로 고정도 및 고능률적인 가공을 할 수 있다.

```
G90        G98
     G76        X__ Y__ Z__ Q q R__ F__ ;
G91        G99
```

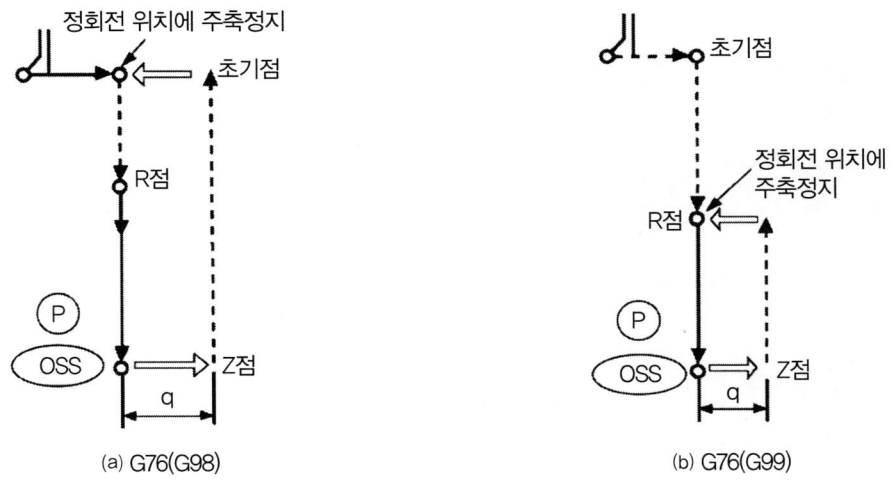

그림 10-73 정밀 보링 사이클 경로

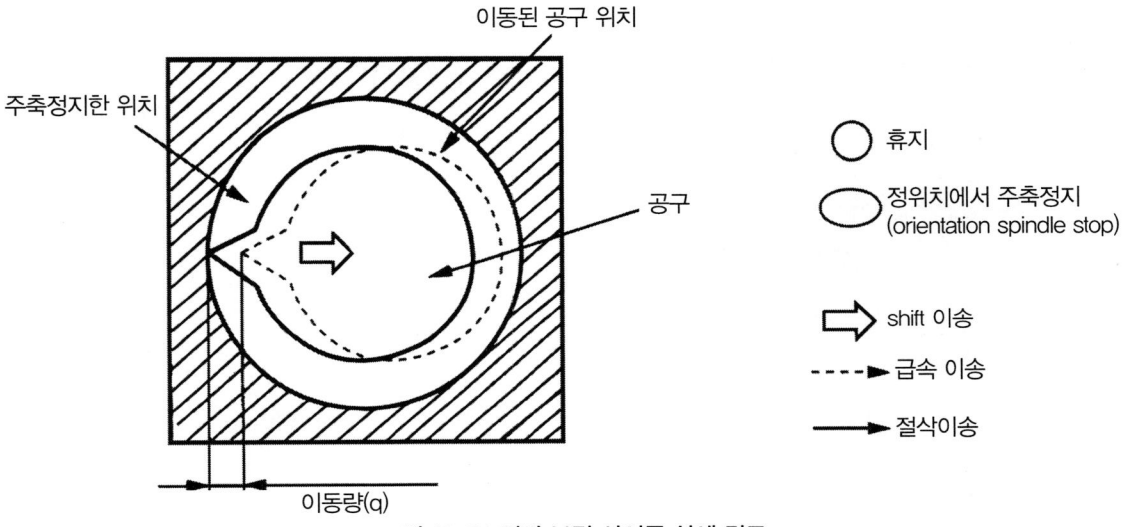

그림 10-74 정밀 보링 사이클 상세 경로

(라) 고정 사이클 취소(G80)

이 지령은 고정 사이클을 취소하고 다음 블록부터 정상적인 동작을 하게 된다. 이때, R점과 Z점 및 기타 구멍 가공 데이터도 전부 취소된다.

(마) 드릴링 사이클(G81)

일반적인 드릴 가공이나 센타 드릴 작업에 이용하는 기능이다.

```
G90       G98
    G81       X__ Y__ Z__ R__ F__ ;
G91       G99
```

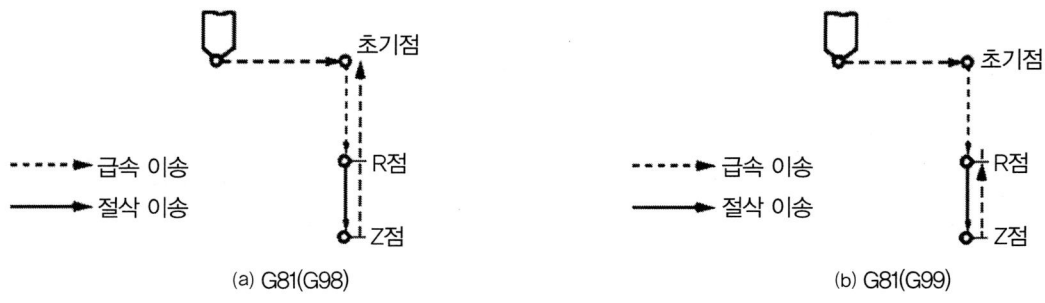

그림 10-75 드릴링 사이클 경로

(바) 카운터 보링 사이클(G82)

카운터 보링이나 커운터 싱킹 작업에서 구멍 바닥을 좋게 하는 기능이다.

이는 G81과 기능이 같지만, 구멍 바닥에서 휴지한 후 복귀되므로 구멍의 정밀도가 향상된다.

```
G90       G98
      G82        X__ Y__ Z__ P__ R__ F__ ;
G91       G99
```

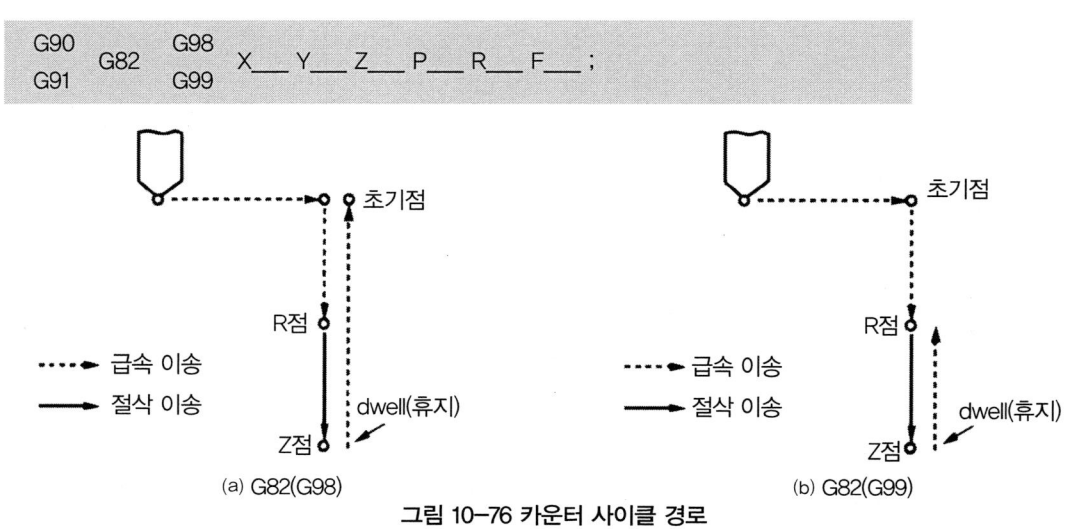

그림 10-76 카운터 사이클 경로

(사) 팩 드릴링 사이클(G83)

지름이 작고 깊은 드릴 가공이나 난삭재 가공에 좋은 기능이다. d값은 파라미터로 설정하며 Q는 "+" 값으로 지정한다.

```
G90       G98
      G83        X__ Y__ Z__ Q q R__ F__ ;
G91       G99
```

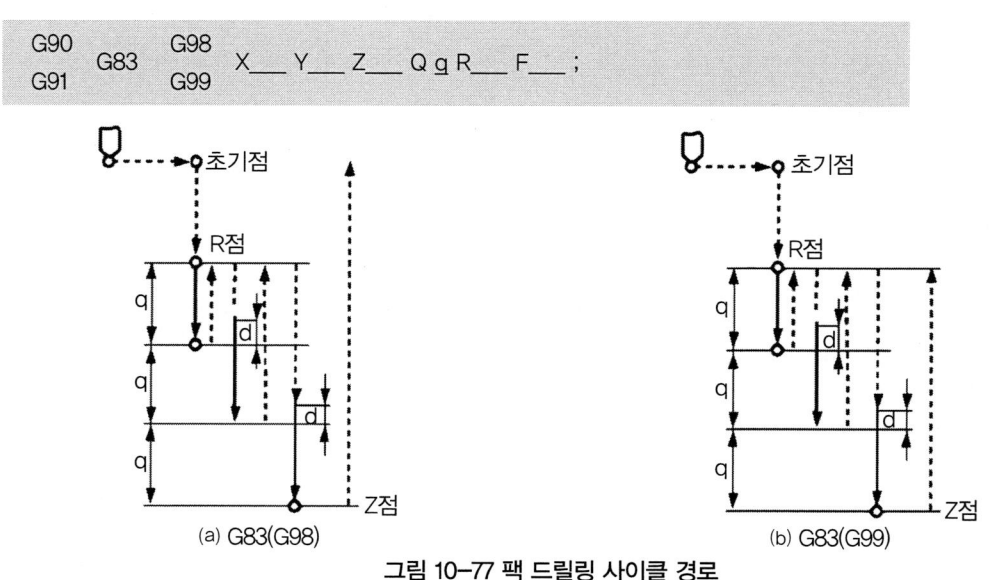

그림 10-77 팩 드릴링 사이클 경로

(아) 태핑 사이클(G84)

오른나사 탭(tap) 공구를 이용하여 탭 가공에 이용하는 기능이다.

$$\begin{matrix} G90 \\ G91 \end{matrix} \ G84 \ \begin{matrix} G98 \\ G99 \end{matrix} \ X\_\_\ Y\_\_\ Z\_\_\ R\_\_\ F\_\_\ ;$$

F : 탭 가공 이송 속도(mm/min)

F = 주축 회전수(n) × 탭 피치(f)

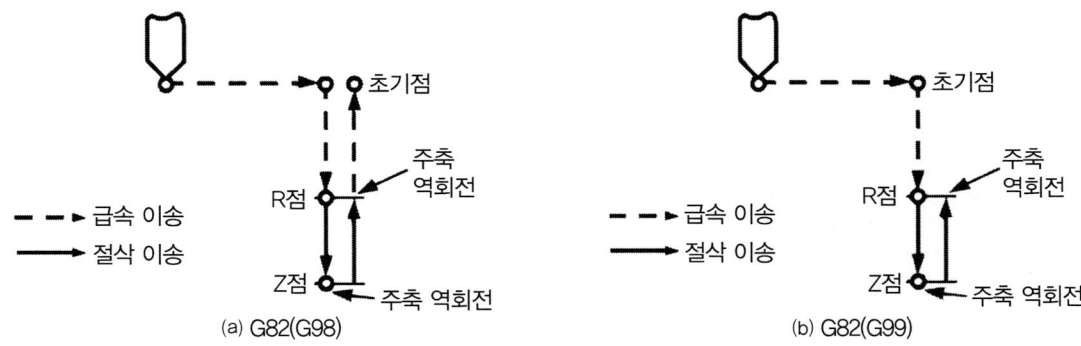

그림 10-78 태핑 사이클 경로

(자) 보링 사이클(G85)

일반적으로 리이머(reamer) 가공에 이용하는 기능이며, 보링 기능과 달리 절입할 때와 복귀할 때 절삭 가공으로 동작한다.

$$\begin{matrix} G90 \\ G91 \end{matrix} \ G85 \ \begin{matrix} G98 \\ G99 \end{matrix} \ X\_\_\ Y\_\_\ Z\_\_\ R\_\_\ F\_\_\ ;$$

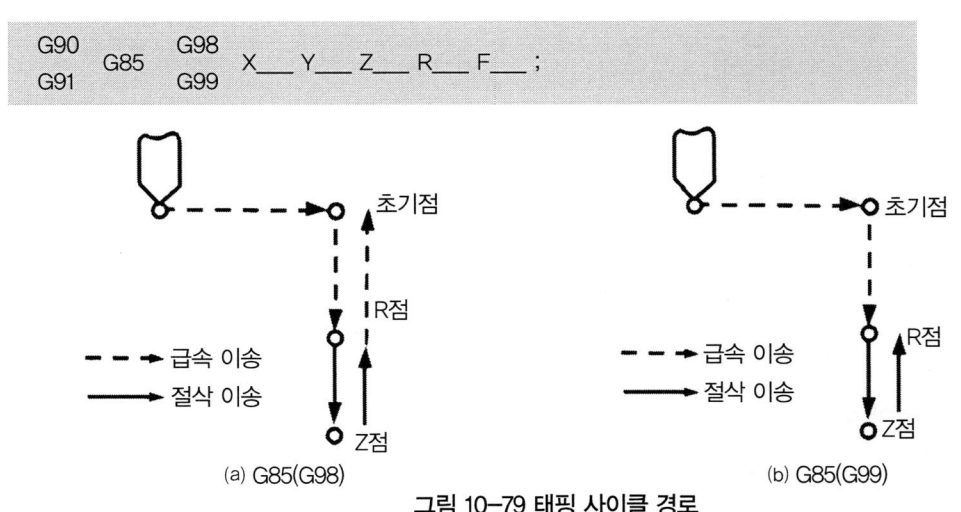

그림 10-79 태핑 사이클 경로

(차) 보링 사이클(G86)

황삭 보링 가공에 주로 이용하고 G85와 같지만, 공구가 구멍의 바닥에서 빠져나올 때 주축이 정지하여 급속 이송으로 나오게 하는 기능이다.

$$\begin{matrix} G90 \\ G91 \end{matrix} \ G86 \ \begin{matrix} G98 \\ G99 \end{matrix} \ X\_\_\ Y\_\_\ Z\_\_\ R\_\_\ F\_\_\ ;$$

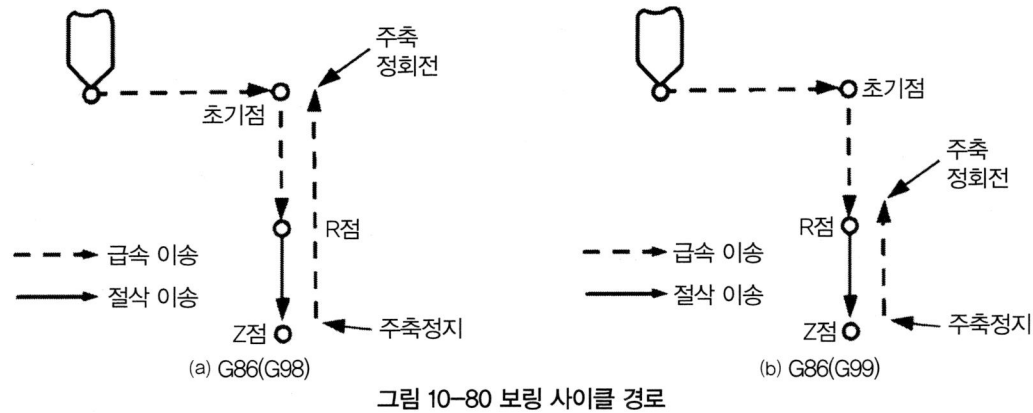

그림 10-80 보링 사이클 경로

(카) 백 보링 사이클(G87)

```
G90       G98
    G87       X__ Y__ Z__ Q q R__ F__ ;
G91       G99
```

① 보링 사이클

구멍 바닥에서 주축을 정지한 후 수동으로 공구를 귀환한다. 메모리 운전에 의하여 가공을 재개할 때는 가공 초기점이나 R점에 놓고 주축을 정회전시켜 가공한다.

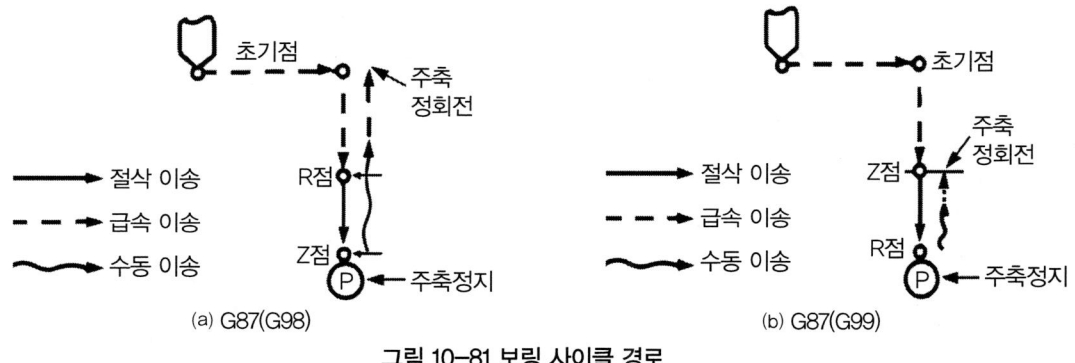

그림 10-81 보링 사이클 경로

② 백 보링 사이클

다단 구멍에서 구멍의 아래쪽이 더 큰 경우, 주축을 정위치에 정지시키고 공구인선과 반대 방향으로 이동한 다음 급속으로 구멍의 바닥 R점에 위치결정을 한다. 이 위치로부터 다시 이동시킨 양만큼 돌아와 빠져 나오면서 주축을 회전시켜 절삭한다.

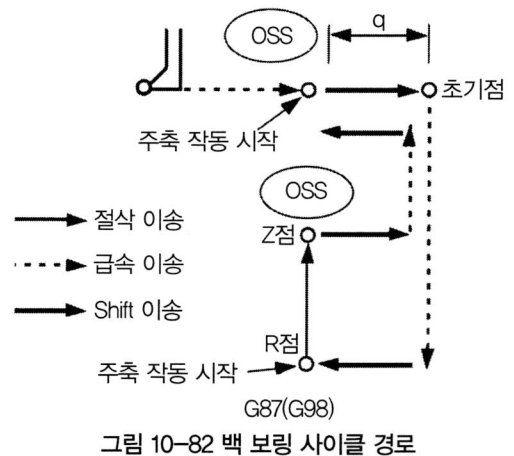

그림 10-82 백 보링 사이클 경로

(타) 보링 사이클(G88)

일반적으로 대형 보링기계에 많이 이용하는 기능으로 Z축 보링 종점까지 절삭후 수동으로 이동을 할 수 있다.

```
G90        G98
     G88        X__ Y__ Z__ R__ P__ F__ ;
G91        G99
```

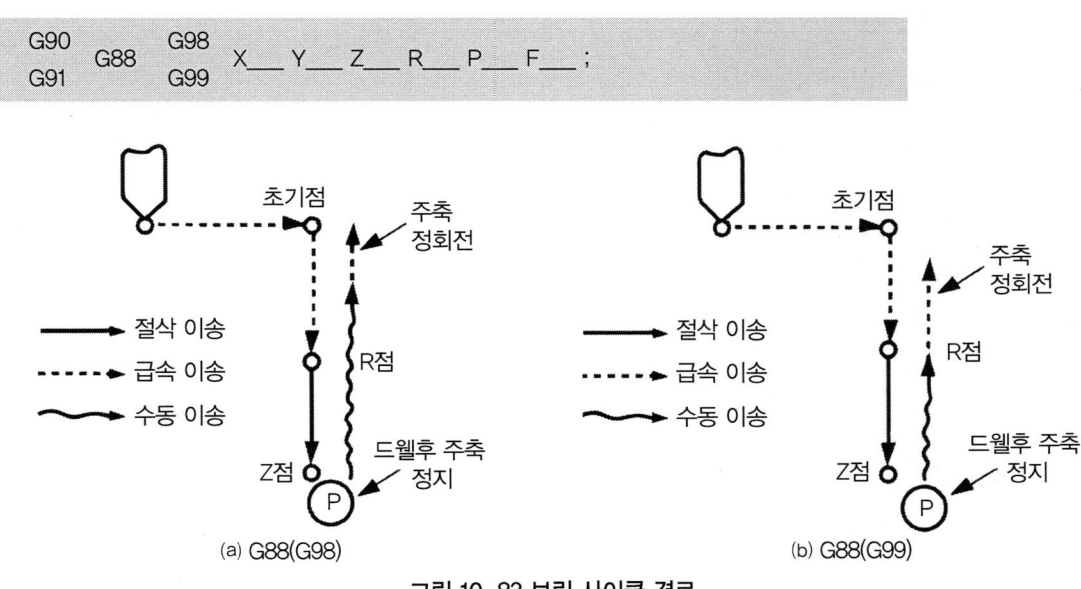

그림 10-83 보링 사이클 경로

(파) 보링 사이클(G89)

```
G90        G98
     G89        X__ Y__ Z__ R__ P__ F__ ;
G91        G99
```

이 지령은 G85의 기능과 동일하나, 구멍의 바닥에서 일정 시간을 휴지한다.

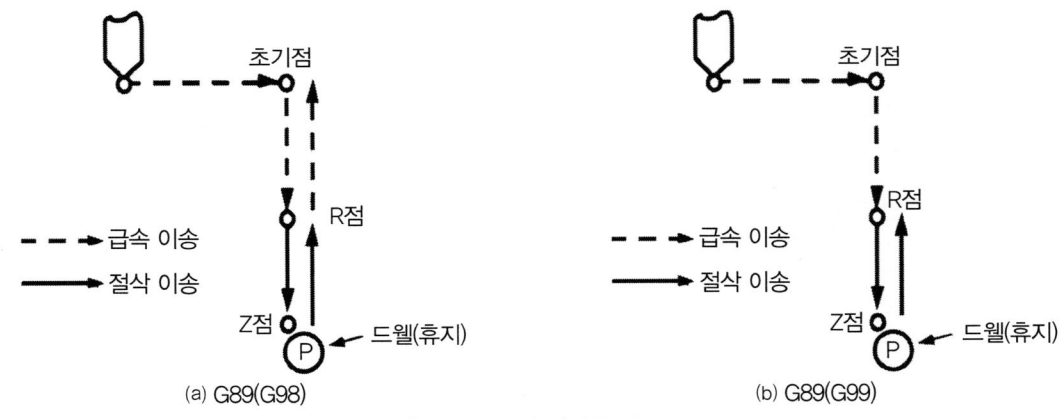

그림 10-84 보링 사이클 경로

(하) 고정 사이클 취소(G80)

고정 사이클 취소 기능으로 모달 지령으로 사이클을 실행 후 구멍의 위치만 지령하면 구멍가공을 하게 되는데 현재 기억된 고정 사이클 자료를 무시시키는 기능이다. 또한, "01"그룹의 G코드(G00, G01, G02, G03, G33)를 지령해도 고정 사이클을 취소시킬 수 있다.

표10-11 머시닝센터의 준비기능

G코드	그룹	기 능	지 령 방 법	비고(관련)
☆G00	01	급속위치결정	G00　G90／G91　X_ Y_ Z_ ;	
☆G01		직선보간(절삭)	G01　G90／G91　X_ Y_ Z_ F_ ;	G94, G95
G02		원호보간(시계방향)	G02　G90／G91　X_ Y_ Z_　R_／I_ J_ K_　F_ ;	G17, G18, G19
G03		원호보간(반시계방향)	G03　G90／G91　X_ Y_ Z_　R_／I_ J_ K_　F_ ;	
G04	00	Dwell(휴지)	G04　X_／P_ ;	
G09		Exact stop	G09 〈지령블록 종점에서만 유효〉	G01, G02, G03
G10		데이터 설정	G10　L_ P_ X_ Y_ Z_ ;／P_ R_ ;	L2 = G45~G49 보정량 입력
☆G15	17	극좌표지령 취소	G15 X0. Y0. Z0. ;	
G16		극좌표지령	G16 G90 X_ Y_ Z_ ;	고정 사이클
☆G17	02	X-Y평면	G17	원호 보간 공구지름 보정 좌표 회전 고정 사이클
G18		Z-X평면	G18	
G19		Y-Z평면	G19	
G20	06	Inch입력	G20 ;	
G21		Metric 입력	G21 ;	
G22	04	금지영역 설정	G22 X_ Y_ Z_ I_ J_ K_ ;	파라미터
☆G23		금지영역 설정 취소	G23 ;	
G27	00	원점복귀 Check	G27　G90／G91　X_ Y_ Z_ ;	G28
G28		자동원점 복귀	G28　G90／G91　X_ Y_ Z_ ;	
G30		제2, 3, 4 원점복귀	G30　G90／G91　P_ X_ Y_ Z_ ;	파라미터
G31		Skip 기능	G31　G90／G91　P_ X_ Y_ Z_ ;	
G33	01	나사절삭	G33　G90／G91　Z_ F_ ;	
G37	00	자동 공구길이 측정	G37　G90　Z_ ;	공구보정
☆G40	07	공구지름 보정 취소	G40	G00, G01
G41		공구지름 보정 좌측	G41　D_ ; 〈급속 또는 직선보간〉	G00, G01
G42		공구지름 보정 우측	G42　D_ ; 〈급속 또는 직선보간〉	G00, G01
G43	08	공구길이 보정 "+"	G43　G90　Z_ H_ ;	G00
G44		공구길이 보정 "-"	G44　G90　Z_ H_ ;	G00
☆G49		공구길이 보정 취소	G49　G90　Z_ ;	G00
☆G50		스케일링, 미러 기능 무시	G50 ;	
G51		스케일링, 미러 기능	G51　X_ Y_ Z_ P_ ;／X_ Y_ Z_ I_ J_ K_ ;	I J K에 "-"부호 미러 기능
G52	00	로칼좌표계 설정	G52　G90　X_ Y_ Z_ ;	X0. Y0. Z0. 로칼좌표 무시
G53		기계좌표계 선택	G54　G90　X_ Y_ Z_ ;	G00

코드	그룹	기능	지령 형식			비고
☆G54	14	공작물좌표계 1번 선택	G54	G90	X_ Y_ Z_ ;	
G55		공작물좌표계 2번 선택	G55	G90	X_ Y_ Z_ ;	
G56		공작물좌표계 3번 선택	G56	G90	X_ Y_ Z_ ;	
G57		공작물좌표계 4번 선택	G57	G90	X_ Y_ Z_ ;	
G58		공작물좌표계 5번 선택	G58	G90	X_ Y_ Z_ ;	
G59		공작물좌표계 6번 선택	G59	G90	X_ Y_ Z_ ;	
G60	00	한방향 위치결정	G60	G90 G91	X_ Y_ Z_ ;	G00
G61	15	Exact stop 모드	G61	절삭지령	;	절삭기능
G62		자동 코너 오버라이드	G62	절삭지령	;	내측 G02, G03
☆G64		연속절삭 모드	G64	절삭지령	;	절삭기능
G65	00	매크로 호출	G65	P_ ;		
G66	12	메크로 모달 호출	G66	P_ ;		
☆G67		메크로 모달 호출 취소	G67	;		
☆G68	16	좌표회전	G68	G90		G17, G18, G19
☆G69		좌표회전 취소	G69	;		
G73	09	고속 심공드릴 사이클	G73	G90 G91 G98 G99	X_ Y_ Z_ R_ Q_ F_ ;	G17, G18, G19
G74		원나사 탭 사이클	G74	G90 G91 G98 G99	X_ Y_ Z_ R_ F_ ;	G17, G18, G19
G76		정밀보링 사이클	G76	G90 G91 G98 G99	X_ Y_ Z_ R_ Q_ F_ ;	G17, G18, G19
☆G80		고정 사이클 취소	G80	;		
G81		드릴 사이클	G81	G90 G91 G98 G99	X_ Y_ Z_ R_ F_ ;	G17, G18, G19
G82		카운터 보링 사이클	G82	G90 G91 G98 G99	X_ Y_ Z_ R_ P_ F_ ;	G17, G18, G19
G83		심공드릴 사이클	G83	G90 G91 G98 G99	X_ Y_ Z_ R_ Q_ F_ ;	G17, G18, G19
G84		탭 사이클	G84	G90 G91 G98 G99	X_ Y_ Z_ R_ F_ ;	G17, G18, G19
G85		보링 사이클	G85	G90 G91 G98 G99	X_ Y_ Z_ R_ F_ ;	G17, G18, G19
G86		보링 사이클	G86	G90 G91 G98 G99	X_ Y_ Z_ R_ F_ ;	G17, G18, G19
G87		백 보링 사이클	G87	G90 G91 G98 G99	X_ Y_ Z_ R_ Q_ F_ ;	G17, G18, G19
G88		보링 사이클	G88	G90 G91 G98 G99	X_ Y_ Z_ R_ P_ F_ ;	G17, G18, G19
G89		보링 사이클	G89	G90 G91 G98 G99	X_ Y_ Z_ R_ P_ F_ ;	G17, G18, G19
☆G90	03	절대지령	G90	이동지령 ;		
G91		증분지령	G91	이동지령 ;		
G92	00	공작물 좌표계 설정	G92	G90	X_ Y_ Z_ S_ ;	
☆G94	05	분당 이송(mm/mim)	G94	절삭이송		G01,G02,G03,G33,고정사이클
G95		회전당 이송(mm/rev)	G95	절삭이송		G01,G02,G03,G33,고정사이클
G96	13	주축속도 일정제어	G96	S_ ;		M03, M04
☆G97		주축회전수 일정제어	G97	S_ ;		M03, M04
☆G98	10	고정 사이클 초기점 복귀	G 각 고정 사이클	G98 자료		G73~G89
G99		고정 사이클 R점 복귀	G 각 고정 사이클	G99 자료		G73~G89

☆ 전원 투입시 자동 설정

4. 머시닝센터 프로그래밍 작성

1) 머시닝센터 프로그램 기본패턴 및 작성 요령

%	DNC를 할 때 프로그램 시작을 의미함.
O2021	프로그램 번호 영문자 O와 알파벳 숫자 4자리
(T3 센터드릴 작업)	
G40 G49 G80;	경보정·길이보정·사이클 취소
G30 G91 Z0.;	제2 원점복귀(공구 교환점 복귀) G91(증분지령)
T3 M6;	3번 공구 교환(센터드릴)
G00 G90 G54 X_. Y_. S1200;	구멍 위치로 급속 이송 후 S1200(or S1000)
G43 Z50. H03 M01;	Z50 위치로 급속 이동 후, 위치에서 3번 길이 보정 M01 optional block 작동, 안전 높이 50mm로 이동
Z10. M03;	Z10 위치 주축 회전
G98 G81 Z-3. R3. F100 M08;	센터드릴 작업 (드릴링 사이클) 절삭유작동
G49 G80 G00 Z150. M09;	길이보정·사이클 취소 Z100 위치로 급속 이동 및 절삭유 끔
M05	주축 정지
(T5 드릴 작업)	
G30 G91 Z0.;	공구 교환점 복귀
T5 M6;	5번 공구 교환
G00 G90 G54 X_. Y_. S900 M03;	구멍 위치로 급속 이송 후 S900 주축 회전
G43 Z50. H05 M01;	Z50 위치로 급속 이동 후, 위치에서 5번 길이보정 M01 optional block 작동, 안전 높이 50mm로 이동
Z10. M03;	Z10 위치 주축 회전
G98 G83 X_. Y_. Z-(깊이+5). Q3. R5. F100 M08;	드릴 작업(심공 드릴 사이클) 가공 3, 후퇴 5mm, 절삭유 ON
G49 G80 G00 Z150. M09;	Z100 급속 이동, 절삭유 OFF, 길이 보정·사이클 취소
M05;	주축 정지
(T1 엔드밀 작업) 윤곽가공	(T1 엔드밀 작업) 윤곽가공
G30 G91 Z0.;	공구 교환점 복귀
T1 M6;	1번 공구 교환
G00 G90 G54 X-10. Y-10. S1500;	시작 위치로 급속 이송 후 S1000 주축 회전
G43 Z50. H01;	Z50 위치로 급속 이동 후, 위치에서 1번 길이 보정
Z10. M03;	Z10 위치 주축 회전
G00 Z-(깊이).;	절삭유작동
G01 G41 X_. D01 F100 M08;	공구경 좌측 보정 및 X 가공점 이동
좌표값 적기(좌표값 대로 절삭)	
G00 G40 Z150. M09;	Z150. 점으로 급속 이송 및 경보정 취소, 절삭유 OFF
G90 G54 X_. Y_. F100;	포켓 가공 센터 점으로 급속 이송
(T1 엔드밀 작업) 포켓가공	
Z10.;	Z10. 시작 깊이 급속 이송
G01 Z-3. F80 M08;	포켓 깊이까지 절삭, 절삭유 ON

G41 X_. Y_. D01 F100;	공구경 좌측 보정 및 포켓 가공 시작점, 절삭유 ON
좌표값 다 적은 후(좌표값가공)	
G40 X_. Y_. M09;	포켓 진입점으로 복귀, 경보정 취소, 절삭유 OFF
G49 G00 Z150. M09	Z150 급속이동, 절삭유 OFF, 길이 보정·사이클 취소
M05	주축 정지
(T7 탭핑 작업) 탭핑나사가공	
G30 G91 Z0.	제2 원점복귀 공구 교환점 복귀
T07 M06 ;	7번 공구 교환
G54 G90 G00 X_ Y_ ;	공작물 좌표계 정의 G54는 1번만 지령하면 되나 프로그램 중간부터 작업 할 경우를 고려하여 공구 교환할 때마다 적용하면 좋다. F=S×P
G43 Z50. H07 S200 M03 ;	공구길이보정 및 스핀들 회전, 안전 높이 50
Z10. M08 ;	Z10. 까지 접근, 절삭유 ON
G98 G84 X_ Y_ Z-32. R5. F250;	G98(가공 후 초기점 복귀) G84(태핑 사이클) Z-32(가공 최종 깊이) R5(R점으로 Z5.0까지는 급속 이송 그 이후는 절삭 가공
G49 G80 G00 Z150. M09 ;	고정 사이클 취소, 공구 길이 보정 취소, Z150.0까지 급속 이송 절삭유 off
M05	주축 정지
M02	프로그램 끝
%	DNC를 할 때 프로그램 끝을 의미함.

2) 머시닝센터 가공 프로그램 예제 도면

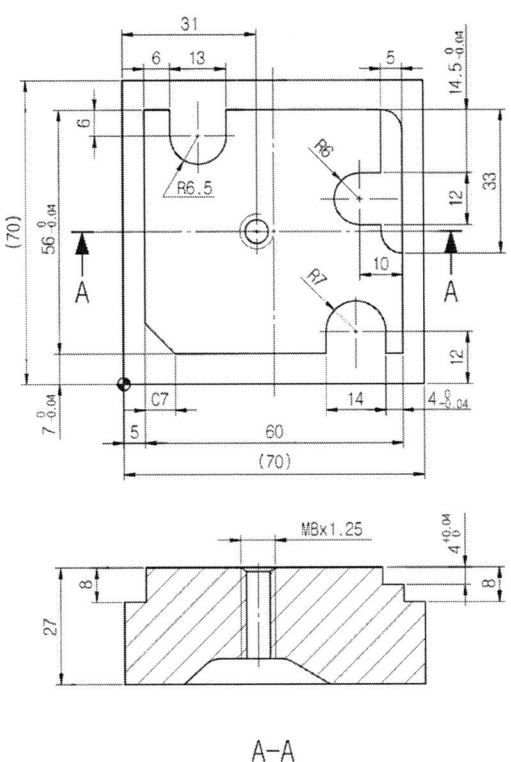

그림 10-85 머시닝센터 가공도면

번호	01	과제명	MCT-1
사용 재료		AL6061(T6) t30 × 70 × 70	

tool setting sheet

공구명	공구번호	규격	회전수	이송 속도
엔드밀(2날)	T01	2날-φ10	1000	200
센터드릴	T03	φ3.0 A형	1200	200
드릴	T05	φ6.8	200	200
기계 탭	T07	M8 ×1.25	1000	375
챔퍼 밀	T09	φ6 × 90°	200	500

입력내용	설명
%	DNC 전송을 위한 %(end of record)입력
O0101	프로그램 번호 설정(알파벳 O+숫자 4자리)
G40 G80 G17 G49 ;	초기화(공구 지름 보정 취소, 고정 사이클 취소, XY 평면 설정, 공구 길이 보정 취소)
G91 G28 X0. Y0. Z0. ;	기계 원점복귀(증분 좌표 지령)
G90 G54 G00 X0. Y0. Z100. ;	공작물 좌표계 설정(G54 기능이 널리 쓰임) 공작물 원점 확인하기 위해 X0. Y0. Z100. 위치로 이동
G91 G30 Z0. ;	제2원점(공구 교환점)으로 복귀
T03 M06 ;	3번(센터드릴) 공구 교환
G90 G00 X31. Y35. ;	센터드릴 가공 시작점으로 급속 이동
G43 Z50. H03 S1200 M03 ;	공구 길이 보정하면서 일정한 안전 높이까지 급속 이동, 주축 1,200rpm으로 정회전
G81 G99 Z-5. R3. F200 M08 ;	스폿 드릴링 사이클 지정, 깊이 5mm만큼 센터 작업 후 R점 복귀
G00 Z50. ;	안전 높이 Z50. 까지 급속 이동
M05 ;	주축 정지
M09 ;	절삭유 OFF
G80 G49 Z200. ;	고정 사이클 해제, 길이 보정 해제, 급속 이송으로 Z200까지 이동
G91 G30 Z0. ;	제2원점(공구 교환점)으로 복귀
T05 M06 ;	5번(φ6.8 드릴) 공구 교환
G90 G00 X31. Y35. ;	드릴 가공 시작점으로 급속 이동
G43 Z50. H05 S1000 M03 ;	5번 공구 길이 보정 및 주축 회전수 1,000rpm 정회전
G83 G99 Z-32. R3. Q3. F200 M08 ;	팩 드릴링 사이클 지정, 깊이 32mm만큼 드릴 작업 후 R점 복귀, 1회 절입량(Q값) 3mm
G00 X50. ;	안전 높이 Z50. 까지 급속 이동
M05 ;	주축 정지

M09 ;	절삭유 OFF
G80 G49 Z200. ;	고정 사이클 취소, 공구 길이 보정 해제 후 안전 높이까지 Z축 이동
G91 G30 Z0. ;	제2 원점복귀(공구교환점으로 이동)
T01 M06 ;	1번 공구(엔드밀 φ10mm)로 교체
G90 G00 X-10. Y-10. ;	엔드밀 가공 시작점으로 이동
G43 Z50. H01 S1000 M03 ;	공구 길이 보정하면서 일정한 안전 높이까지 급속 이송, 주축 1,200rpm으로 정회전
G01 Z-8. F200 M08 ;	이송 속도 200mm/min으로 Z-8. 깊이까지 이동하면서 절삭유 ON
G41 G01 X5. D01 ;	공구 지름 좌측 보정을 시키고 X4. 만큼 직선 가공 (공구보정 OFF-SET 화면의 D값은 5.0)
Y63. ;	Y63. 까지 직선 가공
X65. ;	X66. 까지 직선 가공
Y7. ;	Y7. 까지 직선 가공
X5. ;	X5. 까지 직선 가공
Y63. ;	Y63. 까지 직선 가공
X11. ;	Y11. 까지 직선 가공
Y57. ;	X57. 까지 직선 가공
G03 X24. R6.5 ;	G03(반시계 방향) R6.5 원호 가공 시행
G01 Y63. ;	Y63.까지 직선 가공
X60. ;	Y60.까지 직선 가공
G02 X65. Y58. R5. ;	G02 X65. Y58. R5. 원호 가공 시행
G01 Y7. ;	Y7. 까지 직선 가공
X61. ;	X61. 까지 직선 가공
Y12. ;	Y12. 까지 직선 가공
G03 X47. R7. ;	G03 X47. R5. 원호 가공 시행
G01 Y7. ;	Y7. 까지 직선 가공
X12. ;	Y12. 까지 직선 가공
X5. Y12. ;	X5. Y12. 경사면 직선 가공
Y35. ;	Y35. 까지 직선 가공
X-10. ;	X-10. 까지 직선이동
G40 G00 Z50. ;	공구 지름 보정 해제 후 안전 높이 Z50. 까지 급속 이동
X85. Y85. ;	X85. Y85. 위치로 급속 이동
G01 Z-4. ;	Z-4. 까지 직선이동
G41 G01 X60. D01 ;	공구 지름 좌측 보정을 시키고 X60. 까지 직선이동
Y48.5 ;	Y48.5까지 직선 가공
X55. ;	X55. 까지 직선 가공
G03 Y36.5 R6. ;	G03(반시계 방향) R6. 원호 가공 시행

G01 X60. ;	X60.까지 직선 가공
G01 Y35. ;	Y30.까지 직선 가공
G03 X65. Y30. R5. ;	G03 X65. Y30. R5. 원호 가공 시행
G01 X75. ;	X75.까지 직선이동
G00 Z50. ;	안전 높이 Z50.까지 급속 이동
M05 ;	주축 정지
M09 ;	절삭유 OFF
G40 G49 Z200. ;	공구 지름 보정 해제, 공구 길이 보정 해제 후 Z200.까지 급속 이송
G91 G30 Z0. ;	제2 원점복귀(공구 교환점으로 이동)
T07 M06 ;	7번 공구(기계 탭 M8×1.25)로 교체
G90 G00 X31. Y35. ;	탭 가공 시작점으로 급속 이동
G43 Z50. H07 S300 M03 ;	7번 공구 길이 보정 및 주축 회전수 300rpm 정회전
G84 G99 Z-30. R3. F375 M08 ;	탭 사이클, 깊이 30mm만큼 태핑 작업 후 R점 복귀 *이송 속도 F= S(회전수) × P(피치)
G00 Z50. ;	안전 높이 Z50.까지 급속 이동
M05 ;	주축 정지
M09 ;	절삭유 OFF
G80 G49 Z200. ;	고정 싸이클 취소, 공구 길이 보정 해제 후 안전 높이까지 Z축 이동
G91 G30 Z0. ;	제2 원점 복귀(공구 교환점으로 이동)
T09 M06 ;	9번 공구(챔퍼밀 φ6×90°)로 교체
G90 G00 X-10. Y-10. ;	챔퍼밀 가공 시작점으로 이동
G43 Z50. H09 S2000 M03 ;	공구 길이 보정하면서 일정한 안전 높이까지 급속 이동, 주축 2,000rpm으로 정회전
G01 Z-1.3 F500 M08 ;	이송 속도 500mm/min으로 Z-1.3 깊이까지 이동하면서 절삭유 ON *상면 형상 1단 모떼기 C0.3 (챔퍼밀 사용)
G41 G01 X5. D09 ;	공구 지름 좌측 보정을 시키고 X5. 만큼 직선 가공 (공구 보정 OFF-SET 화면의 D값은1.0)
G01 Y63. ;	Y28.까지 직선 가공
X11. ;	X11.까지 직선 가공
Y57. ;	Y57.까지 직선 가공
G03 X24. R6.5 ;	G03(반시계 방향) R6.5 원호 가공 시행
G01 Y63. ;	Y63.까지 직선 가공
X60. ;	X60.까지 직선 가공
Y48.5 ;	Y48.5까지 직선 가공
X55. ;	X55.까지 직선 가공
G03 Y36.5 R6. ;	G03(반시계 방향) R6. 원호 가공 시행
G01 X60. ;	X60.까지 직선 가공
Y35. ;	X35.까지 직선 가공

G03 X65. Y30. R5. ;	G03 X65. Y30. R5. 원호 가공 시행
G01 Y7. ;	Y7.까지 직선 가공
X61. ;	X61.까지 직선 가공
Y12. ;	Y12.까지 직선 가공
G03 X47. R7. ;	G03 X47. R7. 원호 가공 시행
G01 Y7. ;	Y7.까지 직선 가공
X12. ;	X12.까지 직선 가공
X5. Y12. ;	X5. Y12. 경사면 직선 가공
Y35. ;	Y35.까지 직선 가공
X-10. ;	X-10.까지 직선 이동
G00 Z50. ;	Z50. 안전 높이 까지 급속 이송
M05 ;	주축 정지
M09 ;	절삭유 OFF
G40 G49 Z200. ;	공구 지름 보정 해제, 공구 길이 보정 해제 후 Z200.까지 급속 이송
M02 ;	프로그램 종료
%	

제4절 5축 고속 가공기

1. 5축 고속 가공의 이해

(1) 5축 고속 가공의 개요

5축 가공기는 머시닝센터의 한 종류로, X, Y, Z의 3축과 A 축과 C 축이 결합하여 동시에 5개의 축을 이용하여 복잡한 형태의 공작물을 가공할 수 있는 장비를 말한다. 3축 장비에서는 불가능하거나 매우 어려운 각도와 면을 가공할 수 있어, 복잡한 형상의 고정밀 제품을 한번의 셋업으로 가공할 수 있다. 이는 기술적으로 복잡한 설계를 구현하는 데 중요한 도구로, 첨단 제조업에서 핵심적인 역할을 하고 있다. 5축 고속 가공은 CAMS/W로 제어되는 CNC 공작기계가 동시에 5개의 축에서 움직이며 소재를 가공하는 방식이다. 가공 시간을 단축하며, 고품질의 표면을 구현할 수 있고, 단일 설치로 작업을 완료할 수 있어 설정 시간을 줄이고 공정 효율을 극대화할 수 있다.

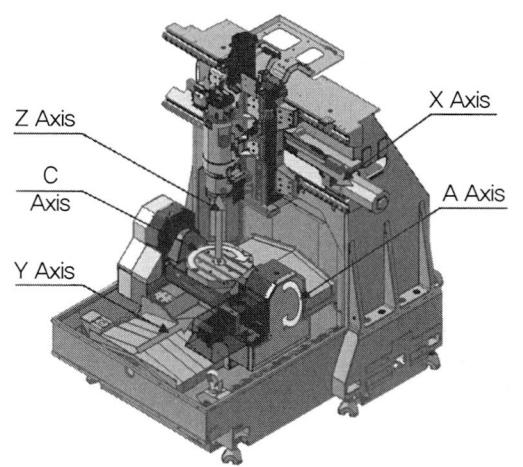

그림 10-86 5축 머시닝센터

고속 가공이란 절삭 속도와 이송 속도를 증대시켜, 재료 절삭을 크게 향상함으로써 생산비용 및 생산 기간을 단축하는 가공 기술을 말한다. 고속 가공은 주축속도 65,000rpm, 급속 이송 속도 200m/min 이상, 절삭 이송 속도, 20m/min 이상의 가공을 의미한다. 종래의 가공 영역과 고속 가공 영역을 구분하는 기준으로 사용되고 있는 절삭 속도와 절삭 이송 속도는 일반적으로 절삭 속도 450m/min 이하, 절삭 이송 속도 2.5m/min 이하를 종래의 가공 영역으로, 그 이상을 고속 가공 영역으로 구분하고 있다.

5축 고속 가공의 장점 중 하나는 복잡한 형상과 곡선을 매우 정밀하게 가공할 수 있다는 것이다. 이는 항공우주 산업, 의료 기기 제조, 자동차 부품 제작 등에서 특히 중요한 요소로 작용한다. 항공우주 산업에서는 복잡한 구조의 부품을 한 번에 가공함으로써 제작 시간과 비용을 절감하고 있고, 의료 분야에서는 인체 이식용 부품의 정밀가공에 필수적이다. 자동차 산업에서는 고성능 엔진 부품의 제작에 활용된다. 이 외에도, 5축 가공은 가구 제작, 전자 기기 부품, 정밀 금형 제작 등 거의 모든 분야에서 사용되고 있다.

(2) 5축 고속 가공의 필요성

1) 복잡한 형상 가공

3축과 5축 머시닝센터 가공을 비교하면 5축 가공은 깊은 캐비티 형상과 높은 코어 형상의 급경사 가공에서 상당한 이점을 가지고 있고 복잡한 형상이나 곡면을 자유롭게 구현할 수 있어 비대칭 부품, 곡선, 구형 구조 등을 정밀하게 가공할 수 있다.

2) 높은 정밀도와 품질

짧은 길이 공구로 깊은 형상 가공으로 더욱 정밀한 공구 사용과 공구비 절감을 할 수 있다. 공구 수명 연장, 떨림 현상과 공구 중심의 방향을 회피하여 가공할 수 있으므로 원주속도가 낮은 부분이 없게 된다. 동시 5축으로 움직여서 각도와 회전을 조정할 수 있고, 소재의 다양한 면을 한 번에 가공할 수 있다.

3) 표면거칠기 향상과 비용 절감

짧은 공구를 이용한 고속 이송 가공으로 공구의 진동이 작아 표면 조도가 향상되고, 절삭 저항의 감소로 공구의 여유 각이 작아 절삭성이 향상된다.

공구 떨림 현상 감소로 접촉반경이 크게 되어 회전수를 낮출 수 있고, 저속인 경우가 진동에 의한 공구 떨림이 적게 되어 공구파손으로부터의 위험을 감소할 수 있다. 비접촉 면적의 비율이 높아 날 끝의 냉각 능력이 증가와 칩의 배출 능력이 향상된다. 따라서 공정 시간이 단축되고, 가공 과정에서 발생하는 인건비와 기계 가동 비용도 줄일 수 있으며 지그 교환시간 감소 및 지그 제작비용 감소로 인해 결과적으로 비용을 절약할 수 있다.

4) 재작업 및 불량률 감소

기존 3축 가공에서는 재배치로 인해 오차가 발생할 가능성이 있지만, 5축 가공은 하나의 셋업으로 작업이 끝나기 때문에 재작업 필요성이 줄어들고 불량률이 낮아진다. 이에 따라 고품질의 부품을 일관성 있게 생산할 수 있다.

5) 광범위한 소재 호환성

5축 가공기는 금속, 합금, 플라스틱 등 다양한 소재에 적합하여 자동차, 항공우주, 의료 기기, 전자기기 등 여러 산업에서 활용이 가능하고, 소재에 따라 가공 방법을 유연하게 조정할 수 있는 것이 장점이다.

 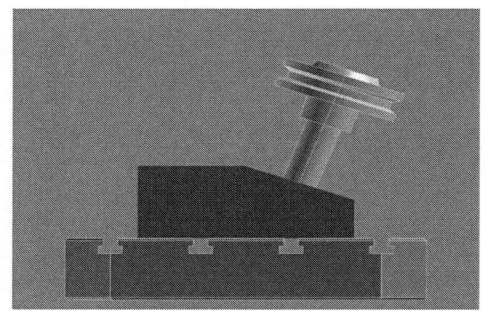

그림 10-87 지그를 사용하지 않고 5축 가공으로 처리하는 개념도

(3) 5축 가공의 특징

1) 5축 가공의 장점

① 공구 옆 날 가공으로 최상의 가공 품질을 구현한다.
② 다양한 공구의 사용 및 공구 수명을 연장한다.
③ 쉬운 언더컷 가공을 할 수 있다.
④ 치공구가 필요하지 않으므로 가공 시간을 단축한다.
⑤ 작은 공구로 깊은 곳 가공할 수 있어 전극 가공을 최소화한다.
⑥ 가공 시간을 단축하고 가공 능률을 향상한다.
⑦ 절삭 저항이 저하되고 공구 수명이 길어진다.
⑧ 표면 조도를 향상한다.
⑨ 버(burr) 생성이 감소하고 칩 처리가 용이하다.
⑩ 황삭부터 정삭까지 한 번(one-setup)에 가공이 가능하다.

2) 5축 가공의 단점

① 5축 기계 오차를 제어하기가 어려움이 있다.
② 전적으로 CAM SYSTEM에 의존하므로 NC DATA 상으로 5축 기계의 움직임을 판단할 수 없어 NC 작업자의 제어가 불가능하다.

③ 오류로 인한 충돌 시 5축 기계에 심한 문제 발생한다.

④ 공구 데이터베이스, 간섭 방지 치공구 준비 등 사전작업이 필요하다.

⑤ 숙련된 작업자를 구하기 어렵다.

2. 5축 가공기의 축 정의

(1) 직선 축

기본적으로 직선 운동하는 X, Y, Z의 3축을 의미하며, 오른손 직교 좌표계를 사용한다. 오른손 직교 좌표계는 공작기계의 표준 좌표계로서, 각 축의 방향은 그림과 같이 엄지손가락 방향이 X(+), 인지의 방향이 Y(+), 그리고 중지의 방향이 Z(+) 방향이 된다. 이것을 이용하면 각 좌표축의 방향을 쉽게 이해할 수 있다.

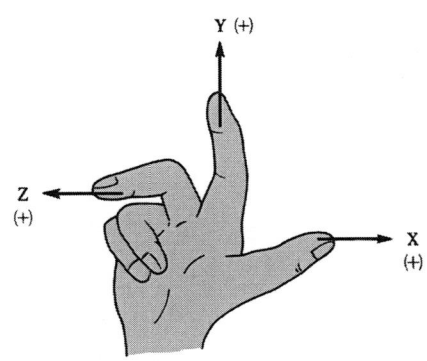

그림 10-88 CNC 공작기계의 표준 좌표계

(2) 회전축

다축 기계는 선형 축(X, Y, Z)에 회전축이 부가된다. 이것들은 일반적으로 명명된 A, B와 C축이다. A, B와 C 축은 선형 축들에 각각 아래 그림과 같이 할당된다.

① A 축은 X축을 중심으로 회전하는 축

② B 축은 Y축의 중심으로 회전하는 축

③ C 축은 Z축의 중심으로 회전하는 축

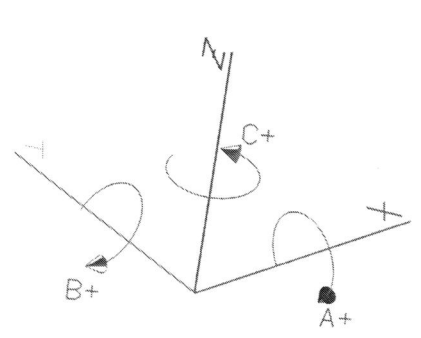

그림 10-89 선형 축에 대응하는 부가 축

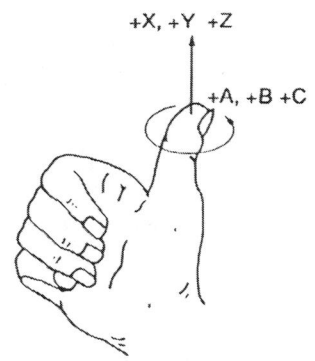

그림 10-90 회전축의 방향

(3) 회전축의 방향 정의

회전축의 회전 방향을 알아보기 위해서는 그림을 보면 이해가 쉽게 된다. 오른손의 엄지손가락을 선형 축의 (+)방향으로 맞추면, 나머지 4개의 손가락이 회전축의 양(+)의 방향을 나타낸다. 반시계 방향이 회전축의 양의 방향임을 알 수 있다.

1) 5축 가공기의 형식

5축 가공기의 형식에 따라, 5축 가공기는 회전축의 취급 방법에서 주로 테이블 2 축형, 테이블 1축 베드 1 축형, 베드 2 축형이 있다.

이들과 X, Y, Z의 직선 축의 조합에 의해 여러 가지 사양의 5축 가공기가 제품화되어 있다. 공작물의 형상 및 가공 목적에 따라 효율적인 형식이 선택된다.

(가) 헤드-헤드 타입

아래의 그림처럼 헤드가 A 축, C 축으로 회전한다.

 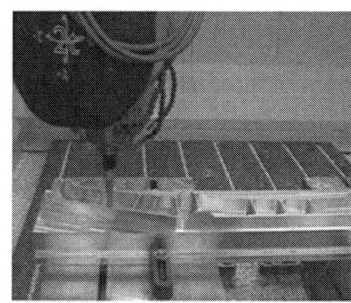

그림 10-91 헤드-헤드 타입

(나) 테이블-테이블 타입

① A/C 타입

아래의 그림처럼 테이블이 A 축, C 축으로 회전한다.

그림 10-92 테이블-테이블 타입

② B/C 타입

아래의 그림처럼 테이블이 B 축, C 축으로 회전한다.

그림 10-93 B/C 타입

③ 헤드-테이블 타입

아래의 그림처럼 헤드가 B 축으로 회전하고, 테이블이 C 축으로 회전한다.

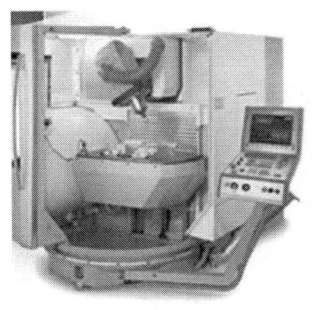

그림 10-94 헤드-테이블 타입

3. 5축 가공의 분류

(1) 5축 가공의 운용 방법

5축 가공은 직선 3축(X, Y, Z)에 회전축(A, B, C) 중 2축을 부가한 장비에서 한 번의 셋팅으로, 다면 및 복잡한 곡면을 가공하는 것을 말하며, 표면거칠기를 우선 좋게 하려면 안정된 가공이 가능한 3축 경사 가공을 많이 이용한다. 이때 인덱스 오차, 날 형상 오차를 회피하기 위한 패닝 동작을 입력하는 것이 좋다.

1) 경사각도 계획

5도 단위로 구배 분포상에 경사 각도를 계획한다.

2) 경사각도 설정

설정 각도에 따라 가공 범위에서 구배의 최소 각도와 최대 각도를 점검한다. 특히 다듬질 면에 영향을 미치는 최소 각도에 들어가도록 각도 변경을 한다.

3) 패닝 동작

3축 경사 가공 시 다른 축 방향을 5축에 의해 패닝 동작으로 공구 축이 가공 면의 법선에 대해 충분한 각도를 취할 수 있어 원활하게 접속한다.

(2) 5축 가공의 분류

동시 5축 가공	패턴 가공	임펠러, 블레이드, 타이어 가공 등
	측면 가공	스와프 가공, 항공기 부품가공,
	복합 곡면 가공	금형 부품가공, 홀 가공, 자동차 부품가공
인덱스 가공	다각도 가공	경사 리브 가공, 인덱스 형상 가공, 평면 가공
	5면 가공	90도 인덱스 가공

1) 동시 5축 가공(금형부품)

동시 5축 가공은 직선 3축에 회전 2축을 동시에 이송하면서 복잡한 곡면을 가공하는 방식으로 모든 축이 동기화되어 동시에 움직이며 복잡한 곡면을 정밀하게 가공할 수 있고 이 방식은 특히 동적이고 복잡한 곡면 작업에 적합하다.

곡면 가공이 많은 항공기 부품 등에 사용되며 언더컷 부를 가진 곡면 가공에는 필수로 적용해야 한다. 초기에는 시장이 크지 않았으나 최근에 크게 확산하고 있는 분야로서 항공기 부품의 터빈 블레이드, 임펠러, 프로펠러, 시작품, 마스터 모델 등에 적용되고 있다. 금형에서 5축 가공을 이용하는 것은 5축 가공에 의한

그림 10-95 동시 5축 가공

사상 면의 형상과 과거 방전가공 부분을 직접 가공하기 위함이다. 작은 공구로 깊은 코너 가공의 예에서 보여주는 공구와 홀더의 간섭 회피가 큰 이유였다. 이것은 길이가 짧은 공구에 의하여 근접 가공을 적극적으로 할 수 있다는 장점을 가지고 있다.

그 외에 스트레이트 엔드밀에 의한 리브 홈 가공 등 공구 개수의 삭감, 언더컷 부문 등의 특수 공구에 의한 가공에 이용할 수 있다. 5축 가공은 면의 법선 방향으로부터 공구 축을 경사지게 하여 공구 회전에 대한 접촉반경을 확보할 수 있도록 하는 것이다.

이에 의해 금형 곡면의 전면에 걸쳐 최적의 절삭조건을 설정할 수 있다. 가공 면, 금형 곡면의 전면에 걸쳐 최적의 절삭조건을 설정할 수 있다. 가공 면 평가에서는 면의 구배 분포를 표시하여 공구 날 형상 오

차를 고려하여 입력된 가공 순서와 공구 축에 입력된 가공 순서와 공구 축에 대한 계획을 한다.

2) 잔삭 가공

잔삭 가공은 종래에는 구 배각에도 따른 등고선과 구역으로 투영한 경로의 조합에 의해 실행해 왔으나 면에 따라 가공하는 기술의 발달로 연속된 경로의 계산이 가능하게 되어 여기에 5축의 공구 축을 사용하여 모서리 부분의 가공을 대폭 개선하였다.

3) 인덱스 가공(3+2축 가공)

공작물을 가공하기 쉬운 방향으로 경사각을 지정하여 일반적인 3축 가공을 실행한다. 이때 공구의 돌출 길이를 짧게 하여 평면, 입체면, 원통한가는 면, 2.5축 면 등의 기하학적 면은 법선 방향을 맞추어 2축 가공을 실행한다. 3축 경사 가공은 가공 중에 회전축이 움직이지 않도록 일반적인 3축 가공에서의 기계 정밀도와 강성이 요구된다. 3+2축 가공은 가공할 면까지 회전축을 이송한 후 직선 축을 이송하여 가공하는 방식으로 5축 가공기를 사용하는 대표적인 다면 가공 방식이다.

전체 5축 가공 시장에서 70% 이상의 가공이 3+2축 가공으로 이루어지며 공작물의 이동 없이 다면 가공을 요구하는 모든 분야에서 이용되며 특히 자동차 부품 산업, 일반 복잡 부품, 공작기계 부품 등에 사용된다.

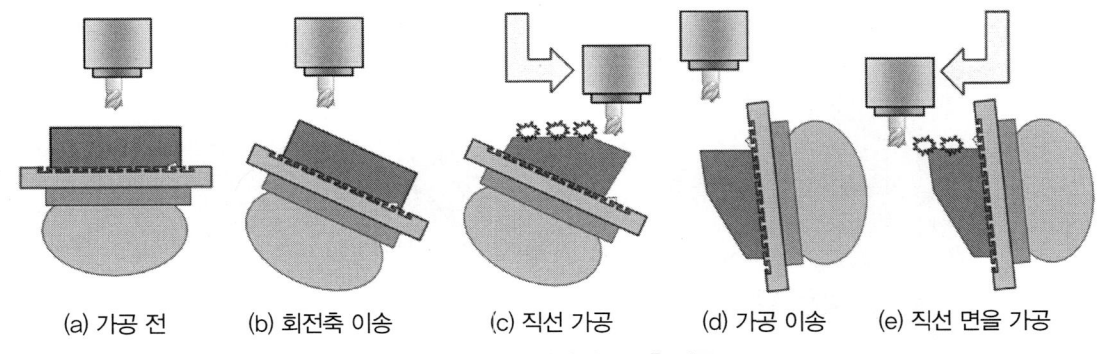

(a) 가공 전 (b) 회전축 이송 (c) 직선 가공 (d) 가공 이송 (e) 직선 면을 가공

그림 10-96 일반적인 3+2축 가공

[그림 10-96]에서 (a)는 가공 전, (b)는 회전축을 가공할 면까지 이송, (c)는 직선 축으로 면을 가공, (d)는 가공 후, 회전축을 다음 가공할 면까지 이송, (e)는 직선 축으로 면 가공을 보여주고 있다.

(3) 기계 축의 밀링 경로

1) 용어 정의

① Tool reference point(공구의 기준점, 참조 점)

공구 길이는 기준점에 연관하여 지정하며, 이 기준점은 가상의 점이다. 엔드밀 커터는 공구의 팁으로 지정하며, 코너 엔드밀 및 볼 엔드밀 공구는 측정 레벨과 더불어 공구 중심 끝점 또는 공구 팁을 사용한다.

② Milling path (밀링 경로)

Reference point path (기준점 경로)

③ Pivot point (피벗 점)

Rotary axes intersection (회전축 교차점)

2) 기계 축의 움직임

① 5X Simultaneous milling(동시 5축 밀링)

동시 5축 밀링에서의 기계 축의 움직임은 아래의 그림과 같이 피벗 점의 경로를 따르기 때문에 프로그램상의 공구 경로(기준점 경로)와 다르게 나타난다.

이 이유를 간단하게 그림으로 알 수 있다. 공구가 기울여질 때 공구 기준점(선단 점)을 유지하기 위하여 기계는 X와 Z 방향안에서 보상 움직임을 수행한다.

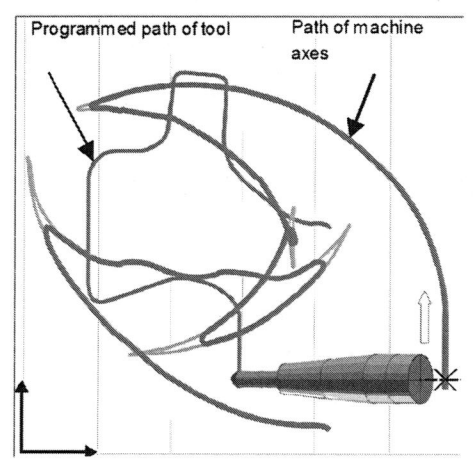

그림 10-97 동시 5축 밀링 경로

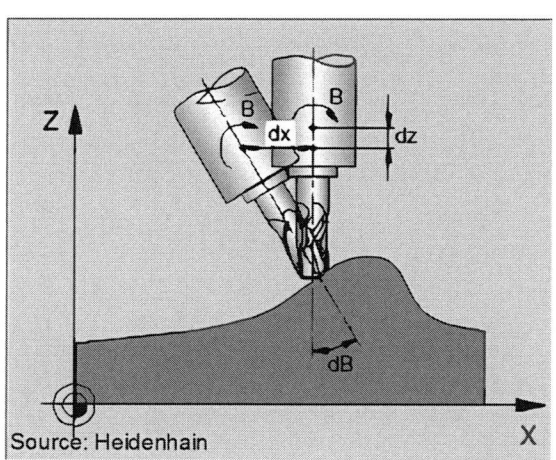

그림 10-98 공구 선단 점 유지를 위한 동작

모든 회전운동 보상 움직임은 운동학에 따라 모든 3개의 선형 축에 일어날 수 있다. 3D 경로와 비교되는 기계 축의 결과적인 움직임은 단순하거나 더 복잡하게 될 수 있다. 필요한 위치에서 공구 기준점(선단 점)을 유지하기 위해 선형 축 오프셋이 계산되어 조정된 경로는 기계의 컨트롤러에서 보정한다. 공구 선단 점 제어(RTCP) 기능은 이러한 것을 위해 사용된다.

② 공구 선단 점 제어(RTCP)

공구 선단 점 제어(RTCP : Rotation Tool Centre Point) 기능은 공구의 경로와 중심점을 찾아내도록 하는 것이며, CNC에 프로그램된 명령어대로 회전축과 직선 축의 방향으로 공구를 스스로 이동하도록 고안된 기능이다.

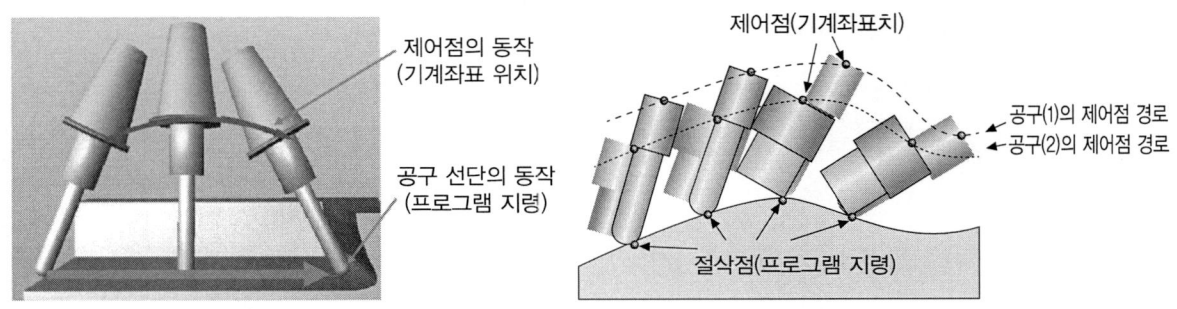

그림 10-99 공구 선단 점 제어에 따른 공구 경로

위 그림과 같이 공구 선단 점 제어(RTCP) 기능이 적용되면 회전축의 움직임에 따라 선형 축을 보정하고, 공구 끝점이 직선을 따라가도록 조절한다.

가공 점의 궤적과 그 각 점에 대한 공구의 방향을 나타낸다. 이 가공 점의 좌표는 어디까지나 공작물 좌표계에서의 위치로 기계적인 XYZ축의 위치와는 무관하다.

마찬가지로 공구의 방향도 공작물 좌표계를 기준으로 방향 벡터로써 정의된다. 이 프로그래밍 방법을 공구 선단 점 제어 프로그래밍이라고 부른다.

CNC는 공구의 위치와 방향이 지령된 대로 되도록 미리 저장된 기계의 내부 치수(예를 들면 회전축의 중심 좌표 위치나 회전 방향)와 공구 길이, 공작물 좌표계의 설정 조건을 사용하여 내부적으로 X, Y, Z, 제4축, 제5축 등 각 축의 좌표를 만들어낸다.

공구 선단 점 제어(RTCP) 기능은 다음과 같은 이점을 갖고 있다.

① 3축 가공 프로그램과 동일한 조작성으로 5축 가공을 할 수 있다.
② 기계 상에서 공구 보정치를 변경할 수 있다. 일일이 CAM 시스템으로 되돌아갈 필요가 없다.
③ 준비 단계에서 장착한 공작물에 맞추어 기계 상에서 공작물 좌표계를 변경할 수 있다.
④ 기계 구성이 다른 기계일지라도 동일한 가공 프로그램에서 가공할 수 있다.
⑤ 직선의 프로그램을 정확히 직선으로 동작시킬 수 있다. 합성된 궤적이 공간적으로 정확히 직선이 되도록 CNC가 각 축을 제어한다.
⑥ 기계가 원리적인 궤적 오차를 만들어내는 일은 없으며, 이로써 사용자가 원하는 정밀도와 고품질의 가공 면을 얻을 수 있다.
⑦ 기계의 제어점이 아닌 가공 궤적상(Tool path)의 절삭 점을 직접 프로그램 지령한다.
⑧ 절삭 점 위치, 코너 R보정, 공구경, 공구길이보정, 실제 기계 이동 지령인 제어점을 자동으로 NC가 계산해서 공구 이동 경로를 제어한다.
⑨ 공구의 형태, 길이, 반경이 변해도 프로그램 수정이 불필요하다.

(4) 5축 캐비티(cavity) 사이클

캐비티(cavity machining) 패키지 사이클은 금형 관련 부품의 5축 가공을 위해 사용된다. 3축 가공에서 가공할 수 없는 경사가 급하고 깊은 곳의 가공으로 인한 전극 사용의 감소 및 언더컷 부위 가공으로 치공구 제작을 최소화한다.

축을 정의하는 방법은 다음 3가지 방법이 있다.

① Fixed inclination(축 고정 가공 / 3+2축)

공구나 테이블이 회전 후 위치를 고정하여 NC경로를 생성한다.

② Simultaneous machining (동시 5축 가공)

5개의 축이 모두 동시에 움직임과 더불어 NC경로를 계산한다. 사이클에 따라 Automatic, Radial Z, Manual 곡선과 Offset 등 회전 기준 라인의 위치 정의를 이용한다.

③ Automatic indexing(자동 인덱스)

고정축을 자동으로 분할하여 자동 인덱스 가공을 하고, 또한 자동 인덱스와 함께 동시 5축을 허용하며 가공한다.

(5) 5축 캐비티(cavity) 사이클의 종류

종 류	개 념 도	설 명
5축 등고선 정삭 가공		이 가공은 플랜 또는 포켓의 급격한 면 사이를 매끄럽게 이동하면서 작은 공구로 충돌을 회피하여, Z축 방향 레벨 별로 가공한다. 또한 언더 컷 부위를 가공을 지원 한다.
5축 프로파일 가공		평편한 면 또는 약간 곡선모양의 표면을 일정한 피치로 가공 데이타를 만든다. 중·정삭뿐 아니라 5축 황삭으로도 사용 할 수 있는 편리함을 제공한다.
5축 3차원 피치 가공		완만한 측벽과 평탄면을 일정 절입 피치로 매끄럽게 작은 공구로 충돌을 회피하며 가공한다. 이 가공은 1커브와 2커브를 지원한다.

종 류	개 념 도	설 명
5축 잔삭 가공		3축에서 처리할 수 없는 깊은 곳의 코너 가공 및 작은 공구를 이용하여 각처리를 할 때 5축 잔삭을 이용한다. 동시 5축과 자동 인덱싱을 선택하여 가공품질을 향상시킬 수 있다.
5축 프리 패스 가공		자유롭게 센터 점의 커브의 경로를 따라 가공 데이터를 얻을 수 있고, 또한 충돌체크를 감지하여 언더컷 가공을 할 수 있다.
5축 재가공		작업된 공정을 선택 참조 세부 설정을 확인하여 충돌 체크를 다시 할 수 있다.

(6) Index 가공

이번 장에서는 4축 인덱스 가공을 다루며 회전축을 틀어 고정한 후 가공하는 방법으로 일반적으로 5면 가공, 인덱스 가공, 포지션 가공이라고 한다. 인덱스 가공의 기본을 다룰 예정이기 때문에 복잡한 모델을 선정하기보단 쉬운 모델을 선정하여 개념을 이해하는 데 초점을 맞춘다.

3D 등고선 황삭과 윤곽가공 2개의 모듈을 이용한다.

1) 인덱스 코드 이해(FANUC 컨트롤러)

G68.2 X0. Y0. Z0. I0 J0 K0 기본 포맷

G53.1 공구 축 방향 제어

G69 정의된 좌표평면 해제

X, Y, Z 선형 축

I, J, K 방향을 정하는 각도

I : X축 기준 회전각도

J : Y축 기준 회전각도

K : Z축 기준 회전각도

(7) 5축 가공 프로세스

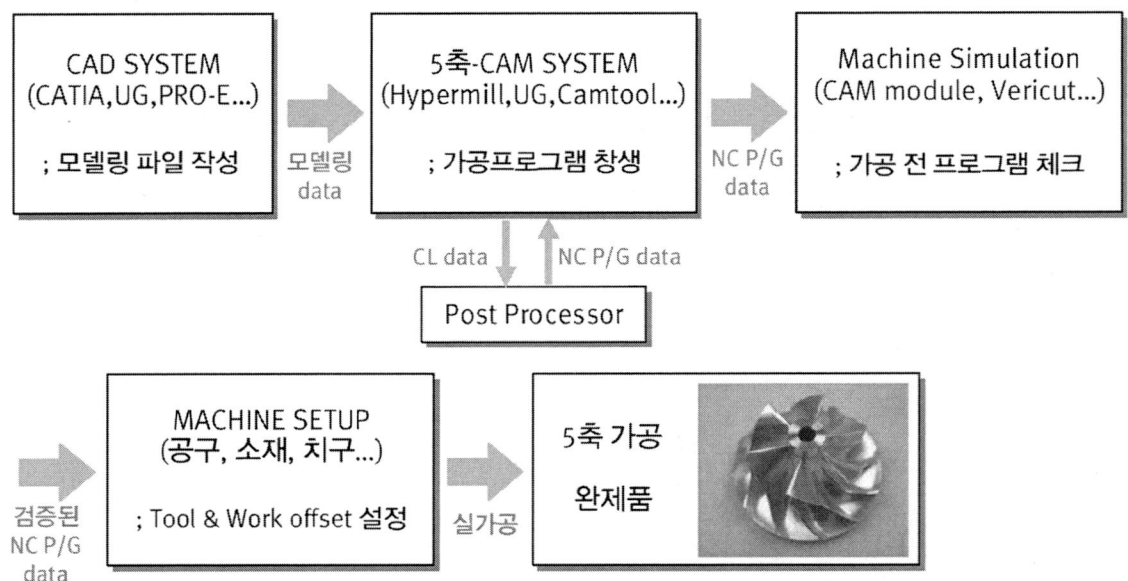

4. Post Processor의 이해

Post Processor는 줄여서 P. P라고도 하는데, CAM에서 생성된 Tool Path Data를 장비가 인식할 수 있는 언어(NC data : G,M code)로 전환하는 번역기와 같은 역할을 한다. 일반적으로 CAM software는 CAD에서 작성된 3D 모델링 파일을 이용해서 Tool Path를 생성한다. 그러나 이렇게 생성된 Tool Path Data (CL data : Cutter Location data)는 NC 장비에서 직접 읽을 수가 없기 때문에 가공을 수행할 수 없다.

이것은 CAM software마다 출력되는 형식이 다르고 NC 장비의 Controller에 따라 달라져야 하므로 CAM software, 장비, Controller 종류별로 사전에 셋업 되어 있어야 한다.

[CL data 예 (UG의 경우)]

LOAD/TOOL,3,ADJUST,3

PAINT/COLOR,186

RAPID

GOTO/260.4041,-32.9033,145.2827,0.5676,-0.095,0.707

PAINT/COLOR,211

[NC data 예 (Heidenhain의 경우)]

BEGIN PGM FINISHING_VARIABLE MM

CYCL DEF 247 DATUM SETTING Q399=1

TOOL CALL 1

L X-.001 Y-180.299 A-24.242 C-.868 FMAX M13

L X+.001 Y-180.069 Z+109.374 A-24.208 C-.87 F1800

이렇게 CAM에서 생성된 CL data를 NC 장비에서 인식할 수 있도록 NC data(G code)로 변환하는 작업을 "ost Processing"이라 하고, 이것을 가능하게 하는 것을 "ost Processor" 또는 줄여서 ".P"라고 한다.

▶ POST SAMPLE PRGRAM

5축 가공 프로세스

[FANUC 31i – 동시 5축 TCP지령]

%
G0 G40 G49 G80 G90
G91 G28 Z0
G91 G28 X0 Y0
M11 (UNCLAMP ROTARY AXIS)
M39 (UNCLAMP TILTING AXIS)
G91 G28 A0 C0
M6 T01
S12000 M3
G5.1 Q1 R1 AICC-2 실행
G0 G54 G90 A0 C0
G0 X0 Y0
G0 G43.4 H01 Z50.0 TCP 실행
M8
G0 X-82.66 Y11.956 A-26.8454 C144.0997
G1 Z-103. F5000
Z-104. F1000
X-77.723 Y12.747 F3000
:
X-58.837 Y58.423
G0 Z50.0
G5.1 Q0 AICC-2 해제
G49 H0 TCP 해제

M5

M9

G91 G28 Z0

G91 G28 X0 Y0

G91 G28 A0 C0

M10 (CLAMP ROTARY AXIS)

M38 (CLAMP TILTING AXIS)

M30

%

[FANUC 31i – 3+2축 경사면 지령]

%

G90 G80 G49 G40

G91 G28 Z0

G91 G28 X0 Y0

M11 (UNCLAMP ROTARY AXIS)

M39 (UNCLAMP TILTING AXIS)

G91 G28 A0 C0

M6 T02

S12000 M3

G5.1 Q1 R1 AICC-2 실행

G0 G54 G90 A-90.0 C0

M10

M38

G68.2 X0 Y0 Z0 I180. J90. K180. 경사면 지령 실행

G53.1 공구 축 방향 제어

G0 X60.0 Y-10.0

G0 G43 H02 Z20.0 공구 길이 옵셋 보정

M8

G0 Z-10.0

:

X-2.636 Y-13.765

G0 Z26.0

G69 경사 면 지령 해제

G5.1 Q0 AICC-2 해제

M5

M9

G91 G28 Z0

G91 G28 X0 Y0

G91 G28 A0 C0

M10 (CLAMP ROTARY AXIS)

M38 (CLAMP TILTING AXIS)

M30

%

익힘문제

01 CNC 생산시스템의 발전 과정 4단계로 분류하여 설명하여라.

02 CNC 공작기계의 특징을 나열하여라.

03 서보기구에서 검출 방식을 기록하여라.

04 NC의 절삭 제어방식을 기록하여라.

05 도면을 보고 프로그램을 할 때에 프로그램을 쉽게 하려면 도면상의 한 점을 원점으로 정하는데 이 점을 프로그램 원점이라 하고 이 점을 원점으로 한 좌표계를 무슨 좌표계라 하는가?

06 준비기능에서 One Shot G-code란 무슨 의미인가?

07 T□□△△△에서 □□와 △△을 설명하여라.

08 지령 방법 G03 X(U)__ Z(W)__ I__ K__ F__ ;에서 I__ K__ 의 의미를 설명하여라.

09 G40, G41, G42의 코드와 공구 경로를 설명하여라.

10 머시닝센터의 특징을 설명하여라.

11 머시닝센터에서 프로그램으로 공구교환 지령방법을 설명하여라.

12 G04 X(P)___ ;에서 정지시간(초)를 계산하는 식은 ?

13 공구 길이 보정(G43, G44, G49)의 의미를 설명하여라.

14 머시닝센터에서 고정 사이클의 6단계 기본동작 방법을 상세히 설명하여라.

15 머시닝센터의 고정 사이클에서 초기점 복귀와 R점 복귀을 설명하여라.

16 머시닝센터의 고정 사이클에서 G73, G83, G76, G87코드의 Q지령 의미의 차이를 설명하여라.

17 고정 사이클에서 OSS의 역할은 무엇이며, 어느 G코드에 필요한가?

제 11 장

치공구(Jig & Fixture)

제1절 **치공구의 개념**

제2절 **치공구의 분류**

제3절 **공작물 관리**

제4절 **공작물의 위치 결정**

제5절 **공작물 클램프**

제6절 **치공구 본체**

제7절 **드릴 지그**

제8절 **밀링 고정구**

제9절 **용접지그와 고정구**

제1절 치공구의 개념

1. 치공구(治工具)의 개요

치공구라 하면 예로부터 대부분은 공작기계의 절삭가공 보조장치로 만들어지고 사용됐다. 그러나 현대에서는 모든 산업에 사용되고 있으며 특히 자동화 분야에 획기적으로 발전하여 앞으로 광범위하게 사용되지 않으면 안 된다. 즉, 우리들은 모든 작업에 치공구를 생각하여 적은 비용으로 용이하고, 빠르고, 정확하게 일을 할 수 있도록 노력하며 개선해 나가지 않으면 안 된다.

치공구는 지그(jig)와 고정구(fixture)로 분류되며 각종 공작물의 가공 및 검사, 조립 등의 작업을 가장 경제적이며 정밀도를 향상하게 시키기 위하여 사용되는 보조장치를 말하며, 자동화 지그에서는 자동화 설비 또는 자동화 기계로 말할 수 있다. 설계라는 것은 치공구로부터 시작되므로 [그림 11-1]과같이 그 중요성을 알 수가 있으며 사용자(user) 측과 제조자(maker) 측의 접점이 되는 치공구 부분으로 이것은 제품과 기계의 접점 부분이 되는 것이다. 설계의 어려움(miss)이 가장 많은 부분이라고 말할 수 있으며 치공구 설계의 중요성은 생각(idea)에서부터 시작된다고 할 수 있다.

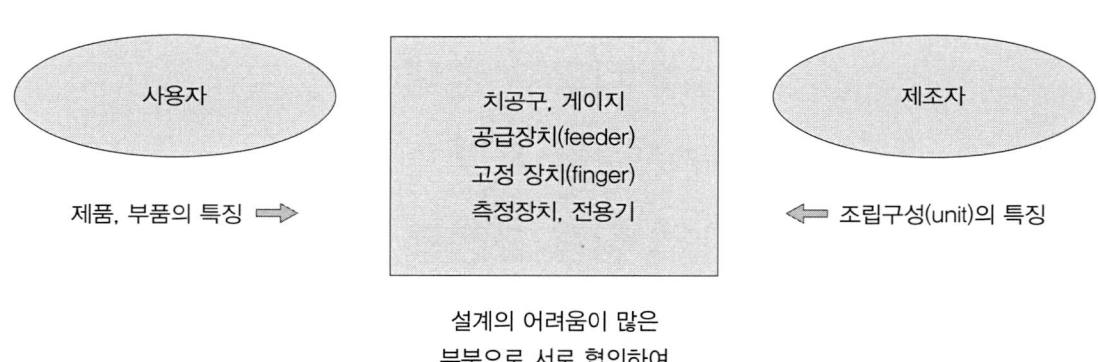

그림 11-1 치공구 설계의 중요성

(1) 지그란

지그와 고정구를 명확하게 정의하기는 어려우며 사용상 같은 그것으로 간주한다. 기계 가공에서는 공작물을 고정, 지지하거나 공작물에 부착 사용하는 특수장치로서 공작물을 위치 결정하여 체결할 뿐만 아니라 공구를 공작물에 안내할 수 있는 안내(부시)하는 장치를 포함하면 지그라 한다.

지그는 일반적으로 고정구를 포함하여 이것들을 「지그」라 총칭한다. 또한 자동화 설비나 장치 등의 능력을 최대한으로 그리고 유효하게 인출, 발휘시켜 작업을 능률적으로 수행할 수 있도록 만들어진 보조구,

장치도 지그라고 말할 수 있다.

(2) 고정구란

고정구는 공작물의 위치 결정 및 클램프하여 고정하는데, 있어서 근본적으로 지그와 같으나 공구를 공작물에 안내하는 부시 기능이 없으나 세팅(setting) 블록과 필러(Feeler) 게이지에 의한 공구의 정확한 위치 장치를 포함하여 고정구라 한다. 그러나 지그와 고정구를 구분하는 것은 큰 의미가 없으므로 일반적으로 지그라 통칭한다.

(3) 치공구의 정의

치공구는 제품에 있어서 필요한 제조 수단으로 공작물(또는 조립품)의 위치 결정과 움직이지 않도록 클램프 하여 공작물을 허용 공차 내에서 제조하는데 사용되는 생산용 공구로서, 제품의 균일성(품질), 경제성(가격), 생산성(납기)을 향상하는 보조장치 또는 보조장비라고 정의할 수 있다.

(4) 치공구의 목적

제조의 정밀도가 향상하게 시켜 제품, 부품의 품질을 높이며, 균일한 품질로 호환성을 확보하며, 생산의 대량화로 인하여 제조원가 감소, 가공 공정 단축, 일부의 검사 작업을 생략, 미숙련자도 정밀작업 가능, 작업자의 정신적·육체적 부담 등을 낮추어 작업자의 능률을 올리고, 안전을 확보하는데 있다.

치공구 설계의 가장 중요한 목적은 다음과 같다.

① 복잡한 부품의 경제적인 생산
② 공구의 개선과 다양화로 공작기계의 출력 증가
③ 공작기계의 특수한 가공을 가능하게 하는 부가적인 기능개발
④ 미숙련자도 정밀작업이 가능
⑤ 제품의 불량이 적고 생산 능력을 향상
⑥ 제품의 정밀도(accuracy) 및 호환성(interchangeability)의 향상
⑦ 공정 단축 및 검사의 단순화와 검사 시간 단축
⑧ 부적합한 사용을 방지할 수 있는 방오법(foolproof)이 가능
⑨ 작업자의 피로가 적어지고 안전성이 향상된다.

2. 치공구의 3요소

동일한 다수의 공작물을 가공, 조립하기 위해서는 어느 공작물이나 동일한 위치에 위치 결정이 되어 장착되어야 하고 가공 또는 조립 중에 움직이지 않아야 한다.

여기서 공작물이 같은 위치에 위치 결정이 되어 장착된다는 것은 그 각각의 공작물이 같은 위치 결정 면에서 기준이 결정된다는 것과 회전 방지를 위한 위치 결정구이다. 그리고 공작물이 움직이지 않고 클램프 되어 외력의 힘에 견디어야 한다.

치공구의 3요소로는 다음과 같다.

(1) 위치 결정면

공작물이 X, Y, Z축 방향으로 직선 또는 회전운동을 제한하기 위하여 위치 결정을 설치하는 면을 위치 결정면이라 한다. 일정한 위치에서 공작물의 기준면을 설정하는 것으로 일반적으로 밑면이 된다. 3차원 상태의 공작물에서 6개 방향 움직임을 제한하기 위해 X, Y, Z 방향의 3개의 위치 결정 면이 필요하고, 나머지 6개 방향의 움직임은 고정력으로 제한한다.

(2) 위치 결정구

공작물의 회전 방지나 일정한 위치나 자세 유지를 위해 사용되며, 일반적으로 공작물의 측면이나 구멍에서 주로 위치 결정 핀을 설치하는데 이를 위치 결정구라 한다. 위치 결정구는 제품의 품질과 직접 관련이 있으므로 설계나 제작할 때 신중히 고려해야만 한다.

(3) 클램프

고정은 공작물의 변형이 없이 자연 상태 그대로 체결되어야 하며 위치 결정면 반대쪽에 클램프를 하는 것이 원칙이다.

절삭력이나 공구력 등에 휨이나 뒤틀림이 생기지 않도록 주의해야 하며 얇은 공작물에 변형이나 기계 가공 면에 상처(압흔)가 생기지 않도록 조심해야 한다. 클램프의 역할은 작업 시 공작물이 움직이지 않도록 고정하는 것이지만, 작업성과 밀접한 관계에 있으므로 클램프 설계 시 주의가 필요하다.

3. 치공구의 사용상 이점

치공구는 공작물의 위치 결정, 공구의 안내(드릴 지그에서만 적용됨), 공작물의 지지 및 고정 등의 기능을 갖추고 있어 공작물의 주어진 한계 내에서의 가공하게 되고 대량으로 생산되는 부품의 제조 비용을 절감하는데 도움이 되며 그 중요성은 호환성과 정확성에 있다.

치공구는 생산성의 향상에 최대한 기여하는 것이다. 즉, 제품의 원가 절감을 위한 목적으로 공정의 개선, 품질의 향상, 안정을 꾀하고 제품에 호환성을 주는 것이다. 다시 말하면, 품질(Q: quality)과 비용(C: cost), 납기(D: delivery)로 된다.

(1) 가공에서의 이점
① 기계설비의 최대한 활용 한다.
② 생산 능력을 증대한다.
③ 특수기계, 특수 공구가 불필요하다.

(2) 생산 원가 절감
① 가공 정밀도 향상 및 호환성으로 불량품을 방지한다.
② 제품의 균일화로 검사업무가 간소화된다.
③ 작업 시간이 단축된다.

(3) 노무관리의 단순화가 가능
① 특수 작업의 감소와 특별한 주의 사항 및 검사 등이 불필요하다.
② 작업의 숙련도 요구가 감소한다.
③ 작업에 의한 피로 경감으로 안전한 작업이 이루어진다.
④ 재료비 절약이 가능하고 다른 작업과의 관련이 원활하다.
⑤ 불량품이 감소하고 부품의 호환성이 증대된다.
⑥ 바이트 등 공구의 파손 및 감소로 공구 수명이 연장된다.

4. 치공구 설계의 기본원칙

"어떠한 치공구 구조로 설계하면 가장 큰 효과를 올릴 수 있을까"에 대해서는 공작물의 제조계획 부문과 제조 부문에 밀접한 연락과 충분히 협의하는 것이 원칙이며, 목적에 따라서는 치공구를 제작하는데 치공구 설계 부문에서 제조계획 입안(plan)의 단계에 있어서 그 공작물 개개의 기계 공정설계를 충분히 검토하여 치공구를 설계함으로 그 목적을 달성할 수가 있다.

① 공작물의 수량과 납기 고려하여 공작물에 적합하고 단순하게 치공구를 결정할 것.
② 표준 범용치공구의 이용 및 사용하지 않는 치공구를 개조하거나 수리를 고려할 것
③ 치공구를 설계할 때는 중요 구성 부품은 전문업체에서 생산되는 표준 규격품 사용할 것.
④ 손으로 조작하는 치공구는 충분한 강도를 가지면서 가볍게 설계할 것.
⑤ 클램핑 힘이 걸리는 거리를 되도록 짧게 하고 단순하게 설계할 것.
⑥ 치공구 본체에 가공을 위한 공구 위치 및 측정을 위한 세트 블록을 설치할 것.
⑦ 치공구 본체에 대해서는 칩과 절삭유가 배출할 수 있도록 설계할 것.
⑧ 가공 압력을 클램핑 요소에서 받지 않고 위치 결정면에 하중이 작용하도록 할 것.
⑨ 주물품, 단조품의 분할면, 주형의 분할면 탕구 및 삽탕구의 위치는 피할 것.
⑩ 클램핑 요소에서는 되도록 스패너, 핀, 쐐기, 망치와 같이 여러 가지 부품을 사용하지 않도록 설계할 것.
⑪ 치공구의 제작비와 손익 분기점을 고려할 것.
⑫ 제품의 재질을 고려하여 이에 적합한 것으로 할 것.
⑬ 정밀도가 요구되지 않거나 조립이 되지 않는 불필요한 부분에 대해서는 기계 가공 등을 필요한 작업을 하지 않는 것.
⑭ 정확한 작업을 요구하는 부분에 대하여 지나치게 정밀한 공차를 주지 않도록 할 것. (치공구의 공차는 제품 공차에 대하여 20~50% 정도)
⑮ 치공구 도면에 주기 등을 표시하여 최대한 단순화할 수 있도록 한다.

5. 치공구 설계의 경제성

현대 사회에서는 다품종소량생산이 많으므로 경제성에 대하여 고려할 필요가 있다. 경제성을 분석하여 투자 비용보다 효과가 작으면 설계를 재검토가 필요하다.

치공구 설계의 비용을 결정하는 가장 단순하고 직접적인 방법은 치공구 제작에 들어가는 재료와 작업자의 임금 등 전체의 비용을 합한 것이다. 먼저 재료목록을 작성하고 원가 계산서를 사용하여 각 부품의

목록을 작성하며 각 작업에 대한 재료비와 노임을 계산한다. 시간은 기계 가공 시간뿐 아니라 장착과 장탈하는 시간까지도 포함한다. 최종적으로 추가되는 비용은 치공구의 설계비용이다.

(1) 치공구의 경제적 설계

1) 단순화

치공구는 가능한 기본적이고 간단하고, 시간과 재료를 절약할 수 있어야 한다.

지나치게 정교한 치공구는 정밀도나 품질을 크게 향상하지 못하면서 비용만 증가시킨다. 제품이 요구하는 범위 안에서 가능한 기본적이고 단순하게 설계되어야 한다.

2) 기성품 재료 사용

기성품의 재료를 사용하면 기계 가공을 생략할 수 있으므로, 치공구 제작비를 크게 절감할 수 있다. 구조용 형강, 가공된 브래킷(bracket), 정밀 연삭한 판재, 핀 등의 기성품 재료를 이용하면 경제적이다.

3) 표준규격 부품

시판되고 있는 지그와 고정구용 표준부품을 사용하면, 치공구의 품질향상과 인건비 및 재료비를 절감시킨다. 규격화된 클램프(clamp), 위치 결정구, 지지 구, 드릴 부시(bush), 핀(pin), 나사(screw), 볼트와 너트 및 스프링(spring) 등을 이용하면 경제적이다.

4) 2차 가공

연삭, 열처리 등의 2차 가공은 반드시, 필요한 곳에만 가공한다. 치공구의 정밀도에 직접적인 영향을 미치지 않는 곳에는 2차 가공은 하지 않는 것이 경제적이다.

5) 공차(tolerance)

일반적으로 지그나 고정구의 공차는 가공물 공차의 20~50%로 정한다. 지나치게 높은 정밀도를 치공구에 부여하면 치공구의 가치를 높이지 못하면서 가격만 높아지는 경제적 손실이 발생한다.

6) 도면의 단순화

치공구 설계 도면의 작성은 전체 소요경비의 상당한 비율을 차지한다. 따라서, 도면을 단순화시키면 치공구 제작의 비용을 절감하는 효과가 있다.

(2) 치공구의 경제성 검토

치공구 설계자는 공구 비율을 계산하여, 치공구에 의해 어느 정도의 비용을 절감시킬 수 있는가에 대한 생각으로 치공구를 설계 및 제작 관리해야 한다. 치공구 견적은 공구비의 견적에 포함되며, 대체 방안(alternate method)에 의해 절약될 수 있다.

1) 치공구 비용과 생산성

치공구 설계의 비용을 결정하는 가장 간단하고 직접적인 방법은 치공구 제작에 필요한 재료와 임금의 총비용을 합산하는 것이다.

이러한 계산은 단 하나의 부품이라도 빠뜨리지 않도록 신중하게 해야 한다. 각 부품에 필요한 재료비와 임금을 계산하고 치공구 설계비용을 추가 한다.

〔그림 11-2〕는 치공구의 조립 도면이고, 〈표 11-2〉는 부품목록이며 정확한 견적을 산출하기 위하여 사용한다.

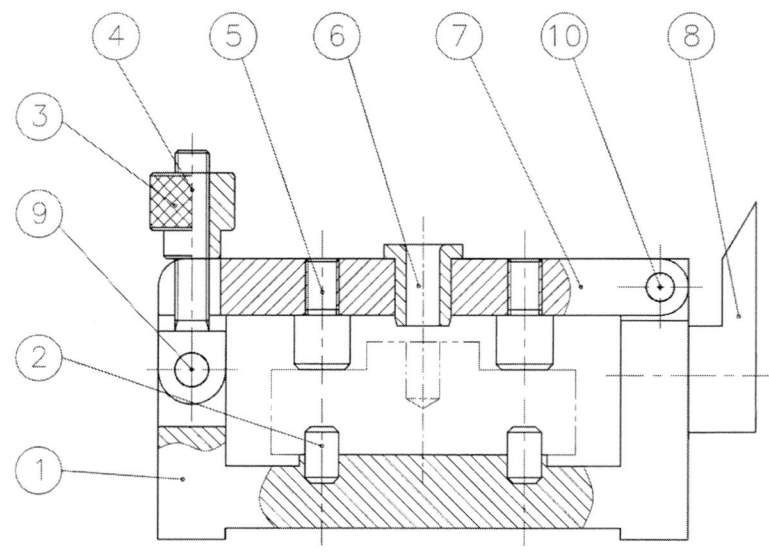

그림 11-2 리프 드릴 지그

치공구 설계의 비용을 결정하는 가장 단순하고 직접적인 방법은 치공구 제작에 드는 재료와 작업자의 임금 등 전체의 비용을 합한 것이다. 먼저 〈표 11-1〉과 같이 재료목록을 작성하고 원가 계산서를 사용하여 각 부품의 목록을 작성하며 각 작업에 대한 재료비와 노임을 계산한다. 시간은 기계 가공 시간뿐 아니라 장착과 장탈하는 시간까지도 포함한다. 최종적으로 추가되는 비용은 치공구의 설계비용이다.

표 11-1 재료목록

No	품명	수량	규격	재질	비고
1	지그 본체	1	150 × 50 × 94	SM 45C	열처리
2	위치결정 핀	4	⌀6 × 10	SM 45C	구매품
3	클램프 너트	1	30 × 30	SM 45C	
4	클램프 볼트	1	⌀14 × 42	SM 45C	
5	클램프 고정핀	2	⌀10 × 20	SM 45C	
6	고정 부시	1	⌀14 × 15	STC 51	구매품
7	지그 플레이트	1	10 × 40 × 94	SM 45C	
8	리프 받침대	1	12 × 30 × 41	SM 35C	
9	맞춤핀	1	⌀6 × 28	STC 51	구매품
10	맞춤핀	1	⌀5 × 40	STC 51	구매품

경제성 분석은 다음과 같다.

① 비용=재료비+가공비

    가공비=임율×작업 시간

    임율=임금+(감가상각비+경비)

② 효과=부품단가 감소분+불량 감소분

    부품단가 감소분=(시간당 생산증가분+미숙련 작업자에 의한 인건비 절감분)

2) 치공구 제작비용

① 임률(임율) 계산 방법

임률(임율)이란 단위 시간당(임률) 또는 단위 생산량 당의 임금(임율)을 말한다.

임률 계산 방법은 다음과 같다.

$L = P + M + T + C$

여기서, P : 작업자 인건비, M : 감가상각비, T : 공구 소모비, C : 간접비용, L : 임률

3) 치공구를 사용한 부품단가 계산

치공구 설계자는 부품의 총생산량과 부품단가 면에서도 제품이 어느 정도 가치가 있는지를 파악하여야 한다. 치공구를 사용한 부품단가 계산식은 다음과 같다.

$$C_p = \frac{T_c + (L + T_m + M_t)}{L_s} = \frac{T_c + L}{L_s}$$

여기서, T_c : 치공구 제작비용, L : 임율, L_s : 제작 수량, T_m : 총가공 시간

    M_t : 총재료비, C_p : 부품단가

(예제 1) 치공구 제작비용 286,500원, 임율 7,000원, 제작 수량 5,000개, 총가공 시간50, 총재료비 1,000,000원일 때 부품단가는 얼마인가?

$$C_p = \frac{T_c + (L + T_m) + M_t}{L_s} = \frac{386,500 + (7,000 + 50 + 1,000,000)}{5,000} = 327.3원$$

(예제 2) 치공구 제작비용 350,000원, 임금 2,500,000원, 로트 수량 7,000개일 때 부품단가는 얼마인가?

$$C_p = \frac{T_c + L}{L_s} = \frac{350,000 + 7,000}{7,000} = 307.1원$$

4) 치공구 사용 시 총절약 비용 금액 산출

성능이 우수한 치공구로 일정 수량을 가공할 때 절약할 수 있는 총절약 비용 금액 산출 계산식은 다음과 같다.

$$T_s = (C_{p1} - C_{p2}) \times L_s$$

여기서, C_{p1} : 치공구 미사용시 부품단가, C_{p2} : 치공구 사용시 부품단가
L_s : 제작 수량, T_s : 효과 금액

(예제) 치공구 미사용시 부품단가 700원, 치공구 사용시 부품단가 327원, 제작 수량 5,000개일 때 절약되는 금액은 얼마인가?

- 효과 금액= (700−327)×5,000 = 1,865,000원

5) 손익 분기점 계산 방법

손익 분기점은 치공구 제작비용을 생산비 절감으로 충당할 수 있는 최소의 부품 수량을 말하며 손익 분기점에 미달하는 생산 수량일 경우 치공구 제작은 손실이고 손익 분기점 이상이면 치공구 제작이 이익이 발생한다. 부품단가를 알 경우 손익 분기점 산출 계산식은 다음과 같다.

$$B_p = \frac{T_c}{C_{p1} - C_{p2}}$$

여기서, B_p : 지그의 손익 분기점, T_c : 지그 제작비용
C_{p1} : 치공구 미사용시 부품단가, C_{p2} : 치공구 사용시 부품단가

(예제) 치공구 제작비용 286,500원, 치공구 사용시 부품단가 327원, 치공구 미사용시 부품단가 700원일 때 손익 분기점, 즉 부품 생산량은 얼마인가?

$$B_p = \frac{T_c}{C_{p1} - C_{p2}} = \frac{286,500}{700 - 327} = 768.1 \text{ 즉, 손익 분기점은 768개가 된다.}$$

6) 손익 분기점 비교 분석하기

작업 시간의 계산에서는 부품을 장착하여 기계 가공하고 탈착까지의 시간을 시간당으로 나누는 것이며 다음 식으로 표시한다.

① 시간당 가공 수량

$$P_h = \frac{1}{S}$$

여기서, P_h : 시간당 가공된 부품의 수량
　　　　S : 1개의 부품을 가공하는 시간으로 한다.

(예제) 어떤 지그에서 부품의 가공 시간이 0.016시간, 장착 시간이 0.002시간, 착달 시간이 0.002시간이라면 이 공구의 시간당 생산 부품 수는 얼마인가?

$$P_h = \frac{1}{S} = \frac{1}{0.016 + 0.002 + 0.022} = 25(개/시간)$$

② 총생산에 필요한 임금

다음은 전 생산량에 의한 임금을 결정하는 식은 $L = \frac{L_s}{P_h} \times W$ 에 의한다.

여기서,　　L : 임금, L_s : 제작 수량,
　　　　　P_h : 시간당 생산 부품 수, W : 임금 비율(원/시간)

(예제) 시간당 60개의 부품을 생산할 수 있는 고정구로 6,000개의 부품을 밀링 가공하고자 한다. 시간당 임금이 9,000원인 밀링공의 임금은 얼마인가?

$$L = \frac{L_s}{P_h} \times W = \frac{6,000}{60} \times 9,000 = 900,000(원)$$

③ 부품단가 산출

부품 단가를 결정하는데 사용되는 식은 $C_p = \frac{T_c + L}{L_s}$ 에 의한다.

여기서,　　C_p : 부품단가, T_c : 공구비,
　　　　　L : 임금, L_s : 제작 수량

(예제) 공구비용이 45,100원인 고정구를 사용하여 7,000개의 부품을 밀링 가공할 때 임금이 643,700원이라면 부품 단가는 얼마인가?

$$C_p = \frac{T_c + L}{L_s} = \frac{45,100 + 643,700}{7,000} = 98.4(원)$$

(3) 치공구의 표준화

치공구의 설계 및 제작상 주의 사항에는 제작비가 경제적인 것 이외에 치공구 설계, 제작 정비가 쉽고 신속히 이루어져야 한다.

치공구의 제작비가 저렴하고 능률이 높더라도 설계, 제작의 시간을 요구하게 되면 경제성을 잃게 된다. 따라서 이러한 문제를 해결하기 위해서는 치공구의 각, 요소들을 규격화, 표준화하면 설계, 제작, 정비에 드는 노력을 경감시킬 수 있다.

① 치공구 부품의 표준화 : 치 공구용 볼트, 너트, 와셔, 위치 결정 핀, 드릴 부시, 클램프 스프링 등을 표준화한다.
② 공구의 형상, 치수, 공자, 재질, 사용 방법 등을 표준화한다.
③ 치공구 형식의 표준화 : 각종 부품의 기계 가공, 주조, 용접 등을 표준화한다.
④ 치공구의 자동화용 형식 설계 방법의 표준화 : 유압이나 공기압력 등 자동화 방법의 기본을 표준화한다.
⑤ 치공구 재료의 표준화 : KS 재료 중에서 치공구 제작에 필요한 재료를 선택하여 표준화한다.
⑥ 치공구용 소재의 표준화 : 각종 소재 치수의 각판, 원판, 각봉, 환봉, 등을 표준화한다.
⑦ 치공구용 본체의 표준화 : 치공구 제작 정도에 따라 연강, 주물 등을 표준화한다.

6. 치공구의 설계계획

치공구 설계는 제품 설계(product design)와 제품생산(product manufacturing) 사이의 과정에서 이루어지며 제품의 품질 및 기타 중요도에 따라 지그의 품질을 결정하고 치공구 설계 도면을 완성하게 된다. 치공구 설계계획의 결과는 치공구 설계의 성패를 좌우하므로 생산해야 할 제품의 정보(information)와 규격을 평가 분석하여 가장 유효하고 경제적(cost effective)인 공구 설계를 하여야 하고 이 단계에서 공구 설계 기사는 제품 도면과 제품 공정 요약 및 공정도에 관하여 많은 연구 분석을 하여야 한다. 공정(process)이란 단순히 원자재로부터 제품을 제조하는 과정, 원자재를 성형하여 유용한 제품의 형태로 만드는 방법이라고도 할 수 있다. 여기서 사용되는 공정이라는 용어는 원자재 상태인 금속, 플라스틱, 고무 성형에도 적용되며 식료품, 섬유, 화학제품, 약품 제조 등의 산업까지 적용되는 것은 아니다.

(1) 부품도(part drawing) 분석

치공구 설계는 부품도를 분석할 때 치공구 설계 및 선정에 직접적인 영향을 주는 다음 사항 등을 고려하게 된다.

① 부품의 전반적인 치수와 형상

② 부품 제작에 사용될 재료의 재질과 상태

③ 적합한 기계 가공 작업의 종류

④ 요구되는 정밀도 및 형상 공차

⑤ 생산할 부품의 수량

⑥ 위치 결정면과 클램핑할 수 있는 면의 선정

⑦ 각종 공작기계의 형식과 크기

⑧ 커터의 종류와 치수

⑨ 작업순서 등

(2) 공정의 전개

공정 작업표는 작업순서에 따라 번호를 부여하는데 10, 20, 30, ····등 10의 배수로 부여한다. 이것은 공정설계자가 공정설계를 끝낸 후에 새로 추가할 공정 또는 제품의 설계변경으로 인한 변경 사항을 추가할 수 있게 하기 위한 것이다. 공정 총괄표 또는 부품공정 요약에는 앞서 설명된 공정 작업도에 포함되는 사항이 적용된다.

① 해당 작업에 필요한 공작물의 3도면(또는 2도면), 필요에 따라 공작물의 스케치 도면, 단면도 등이 표시된다.

② 공정 내용 및 공정 번호

③ 척도(척도와 일치되지 않을 수도 있다)

④ 재료의 제거 또는 가공되는 표면

⑤ 공정에서 얻어지는 치수

⑥ 위치 결정구, 클램프, 지지구의 위치

⑦ 기계 또는 장비명 및 그의 번호

⑧ 생산 공정의 위치, 생산 부서(공장)명, 부서 번호 및 위치

⑨ 공정설계 기사 명 및 날짜

⑩ 제품명 및 부품 번호

⑪ 공구류 표시(게이지, 절삭공구, 특수공구 등 순서)

제2절 치공구의 분류

지그와 고정구는 가공물의 형상이나 모양, 가공 조건, 방법, 작업 내용 등에 따라 여러 가지가 만들어져 있으므로 그 분류 방법 및 종류 등이 다양하다.

1. 치공구 용도에 따른 분류

최근의 자동화 생산 라인 및 공작기계의 진보는 괄목할 만하며 NC 화는 물론, 복합화 등 새로운 타입의 기계가 증가하고 있다. 따라서 작업용도 및 내용에 따른 분류가 혼란스러워지기 때문에 다음과 같이 분류해 보았다.

① **기계 가공 치공구**

드릴, 밀링, 선반, 연삭, MCT, CNC, 보링, 기어 절삭, 브로치, 래핑, 평삭, 방전, 레이저 등

② **조립 치공구**

나사 체결, 리벳, 접착, 기능조정, 프레스 압입, 조정검사, 센터구멍 등

③ **용접 치공구**

위치 결정용, 자세 유지, 구속용, 회전 포지션, 안내, 비틀림 방지, 검사용 등

④ **검사 치공구**

측정, 형상, 압력시험, 재료시험 등.

⑤ 기타 자동차생산라인의 엔진조립 지그, 자동차 용접지그, 자동차 도장 및 열처리 지그, 레이아웃 치공구 등 다양하게 나눌 수가 있다.

2. 치공구의 종류

(1) 지그(Jig)의 형태별 종류

지그를 형태별로 종류는 다양하나 다음과 같이 형태와 특징으로 나타낼 수 있다.

1) 형판 지그(Template jig)

형판 지그는 공작물의 수량이 적거나 정밀도가 요구되지 않는 경우에 활용하며, 가장 경제적이고 간단하고 단순하게 생산 속도를 증가시키기 위하여 제작할 수 있는 지그로서 곡선 및 구멍 위치에 대한 레이아웃(lay-out) 안내로서 사용된다.

형판 지그는 클램프 없이 공작물에 밀착하여 공작물의 형태에 따라 핀이나 네스트에 의하여 고정한다. 간단한 형태 및 단기간 사용되는 소량 생산에 저렴한 가격으로 광범위하게 사용된다. 일반적으로 부시(bush)를 사용하지 않으며 지그판 전체를 경화처리 하는 것이 보통이다.

① 레이아웃 템플릿

소량의 공작물을 레이아웃하는 참조 지그로써 사용되며 능률을 향상시킨다. 구멍이 있는 형상 및 공작물의 외측 면을 위치 결정하는데 사용된다. 결합하는 공작물을 레이아웃할 때는 상대편 공작물에는 템플릿을 돌려서 사용할 수 있다. 한 번만 사용될 경우는 플라스틱이나 알루미늄판으로 사용될 수도 있으며, 장시간 사용될 경우는 SM45C, STC 90을 열처리하여 사용한다. 재료의 두께는 2mm~6mm의 범위에서 많이 사용된다.

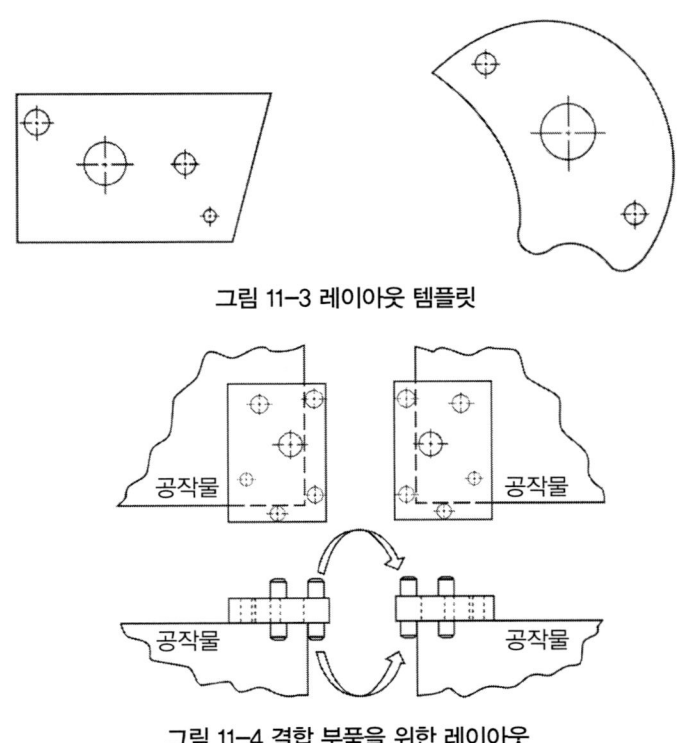

그림 11-3 레이아웃 템플릿

그림 11-4 결합 부품을 위한 레이아웃

② 평판 템플릿 지그

평면을 위치 결정 핀에 의하여 구멍을 위치시키는 사용된다. 플레이트의 두께는 구멍 또는 공구 지름의 1~2배로 하면 된다.

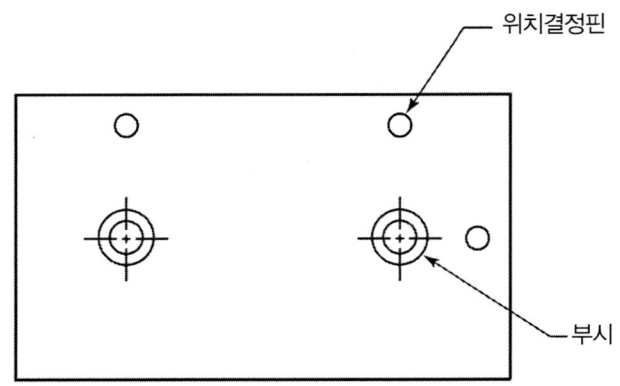

그림 11-5 평판 템플릿 지그

③ 원판 템플릿 지그

원통형의 공작물에 사용되며 외경 및 구경에 항상 위치 결정시키며 일반적으로 둥근 구멍 모양일 때만 사용된다.

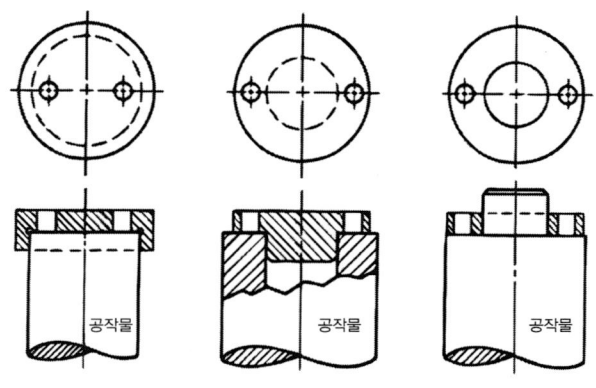

그림 11-6 원판 템플릿 지그

④ 네스팅 템플릿 지그

공작물을 위치 결정하기 위하여 네스트의 공동으로서 또는 핀 네스트로써 사용된다. 이 템플릿 지그는 공작물의 형상 또는 모양에 거의 일치시켜 사용할 수 있다. 단지 제한은 공동(空洞:Cavity)의 복잡성에 있다. 공동이 복잡한 수록 지그의 가격은 비싸게 된다. 그러므로 공동의 네스트는 원형, 정사각형, 직사각형과 같이 대칭적인 형상에 제한되어 사용된다. 비대칭형에 대하여 네스트가 필요할 때는 핀 네스트를 사용하면 최소의 비용으로 제작할 수 있다.

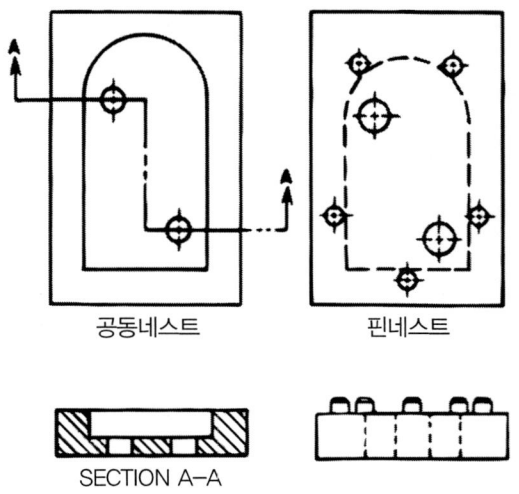

그림 11-7 네스팅 템플릿 지그

2) 플레이트 지그(Plate jig)

형판 지그와 유사하나 간단한 위치 결정구와 밀착 기구 및 클램핑 기구를 가지고 있으며, 제작될 공작물의 수량 여부에 따라 부시를 사용하지 않고 간단히 제작하여 사용한다.

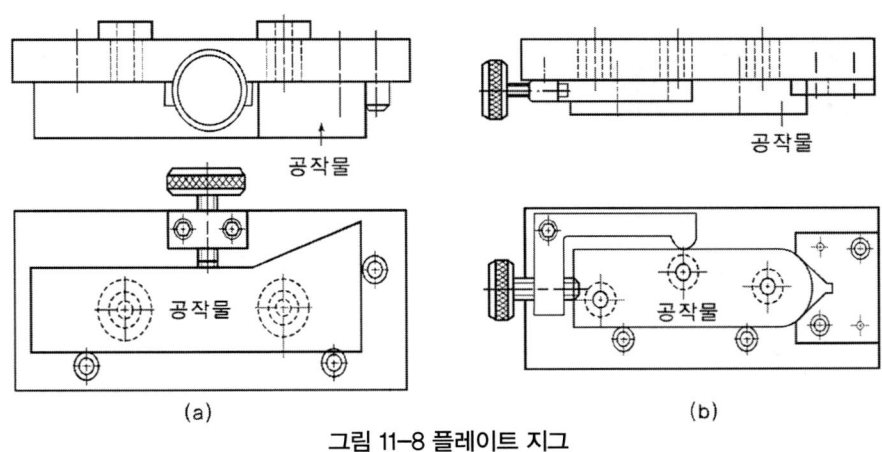

그림 11-8 플레이트 지그

3) 테이블 또는 개방 지그(Table or Open jig)

플레이트 지그의 일종으로 리프 또는 뚜껑이 없이 나사, 쐐기, 캠 등으로 공작물을 견고히 클램핑한 후 작업한다. 공작물의 형태가 불규칙하나 넓은 가공 면을 가지고 있는 비교적 대형 공작물에 적합하며, 공작물의 장·탈착은 지그를 뒤집은 상태에서 이루어지며, 가공할 때는 다리에 의하여 수평이 유지되게 된다. 그러나 공작물에 따라 클램핑이 곤란하며 공작물의 한번 장착으로 한 면밖에 가공할 수 없는 단점이 있다.

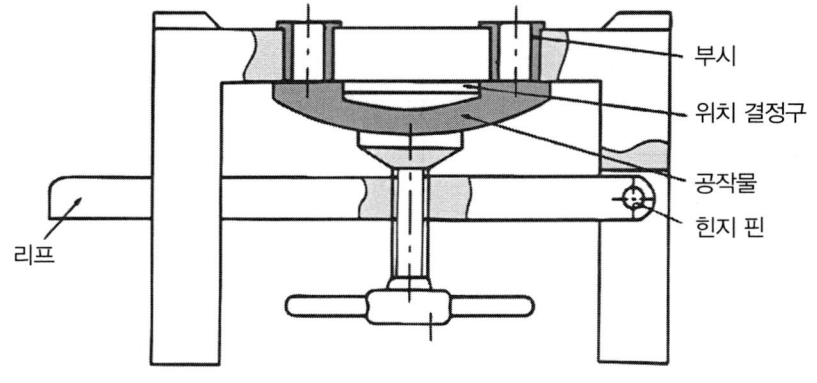

그림 11-9 테이블(개방) 지그

4) 샌드위치 지그(Sandwich jig)

공작물을 위·아래에서 보호한 상태에서 가공되는 형태로서, 공작물이 얇거나 연질의 재료일 때 가공 중에 발생할 수 있는 변형을 방지하기 위하여 활용된다.

공작물을 고정할 때 상하 플레이트에 위치 결정 핀을 설치하여 고정되는 구조일 경우에 사용되는 지그이다. 제작될 공작물의 수량 여부에 따라 부시의 사용 여부를 결정한다.

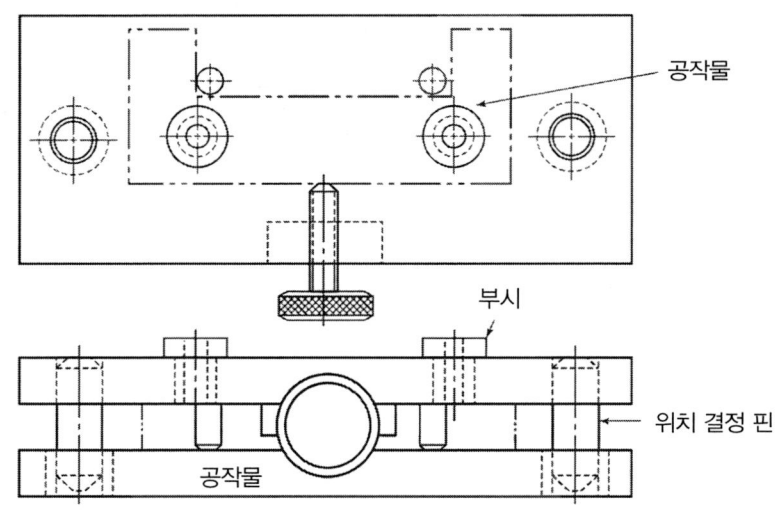

그림 11-10 샌드위치 지그

5) 링 지그(Ring jig)

원판 템플릿 지그를 수정 보완한 판형 지그의 일종으로 링형의 공작물을 가공할 때 주로 사용되는 지그로서, 지그의 형상도 링(ring)으로 구성되어 있으며, 일반적으로 간단한 위치 결정구와 집게 기구가 사용되며 파이프 플랜지(pipe flange)와 유사한 형태의 공작물 가공에 주로 사용된다. 테이블 지그, 샌드위치 지그, 링 지그, 바깥지름 지그 등은 전부 판형 지그의 일종이다.

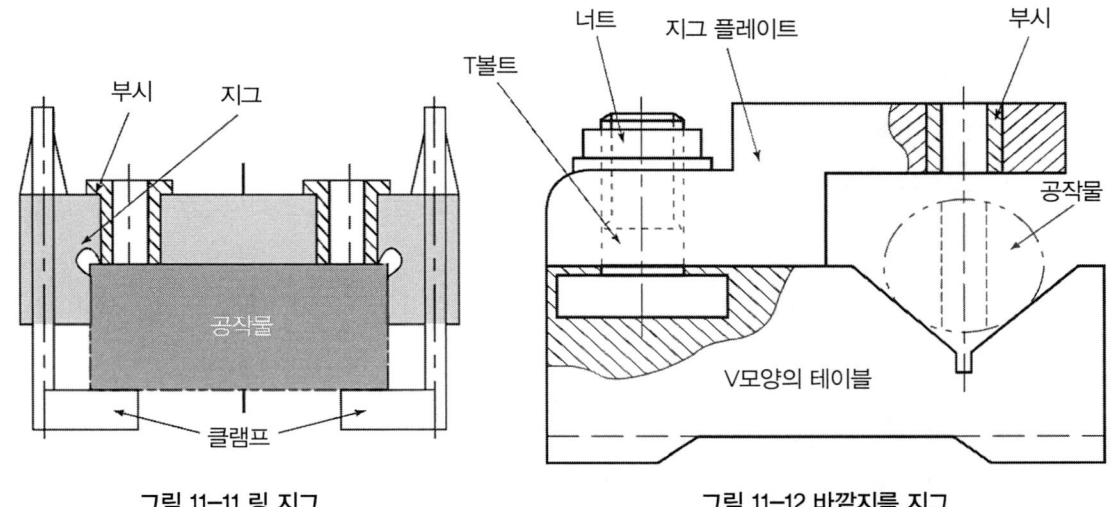

그림 11-11 링 지그   그림 11-12 바깥지름 지그

6) 바깥지름 지그(Diameter jig)

판형 지그의 일종으로 축(shaft), 핀 모양의 원형 모양의 공작물을 드릴 작업 때 주로 사용되며 V블록에 의한 위치 결정과 토글 클램프에 의한 장착과 장탈이 비교적 쉽다.

그림 11-13 바이스 지그

7) 바이스 지그(Vise jig)

기존 기계 바이스를 개조한 형태로써, 공작물에 따라 조(jaw)를 특수하게 제작하여 사용하며, 공작물의 형태가 바뀌어도 간단하게 조를 개조할 수 있고, 신속한 클램핑(clamping)과 튼튼한 구조로 되어 있는 장점과 공작물의 위치 결정이 어렵고 제품의 형태에 제한받으며, 클램핑시 기술이 필요한 단점이 있다.

8) 앵글 플레이트 또는 니 지그(Angle plate or Knee jig)

공작물의 가공이 일정한 각도로 이루어지거나, 공작물의 측면을 가공할 때 가공의 어려움을 해소하기 위하여 활용된다. 풀리(puller), 칼라(collar), 기어(gar) 등의 부품은 이 형식의 지그를 사용된다. 지그 본체는 보강대를 이용한 용접형으로 안전성을 주며, 90도 이외의 변형된 형태가 모디파이드 앵글 플레이트 지그(modified angle plate jig) 이다.

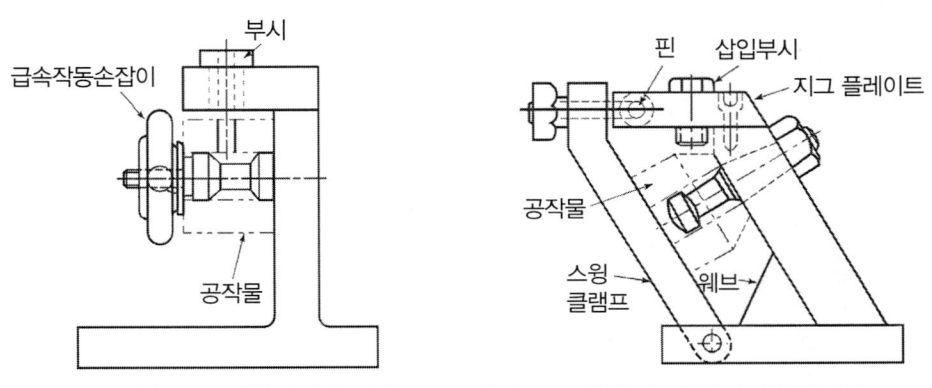

그림 11-14 앵글 플레이트 지그   그림 11-15 모다파이드 앵글 플레이트 지그

제11장 치공구(Jig & Fixture) 627

9) 분할형 지그(Indexing jig)

앵글 플레이트 지그의 형태로 공작물을 일정한 거리와 각도로 분할하여 정확한 간격으로 구멍을 뚫거나 기계 가공에서 기어와 같이 분할이 어려운 공작물 가공에 사용되는 지그로서, 분할판의 모양을 만들 때 마모여유와 흔들림은 한쪽으로만 생기도록 설계하여야 한다.

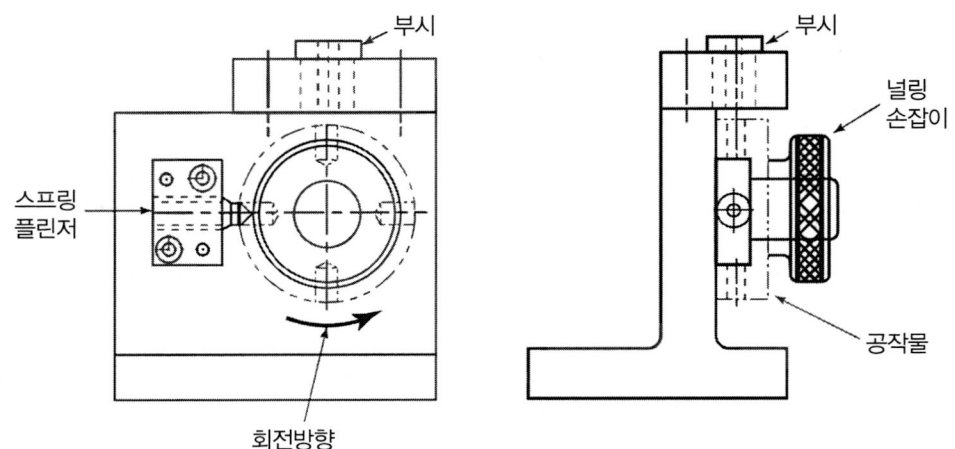

그림 11-16 분할 지그

10) 리프 지그(leaf jig)

힌지 핀(hinge pin)으로 연결된 리프를 열고 공작물을 장·탈착하는 지그로서, 불규칙하고 복잡한 형태의 소형 공작물에 적합하며, 장·탈착이 용이하고 한번 장착으로 여러 면의 가공이 쉽다. 그러나 칩(chip)의 누적에 대한 대책이 요구되며 드릴 부시(drill bush)가 압입되어 있는 리프(leaf)가 힌지 핀의 작동에 의하여 움직이므로 이때 발생하는 오차로 인해 정밀도에 영향을 미치는 점이다.

박스형 지그와 유사한 소형 상자 지그라고 말할 수 있으며 박스 지그와 주된 차이점은 지그의 크기와 공작물의 위치 결정이다.

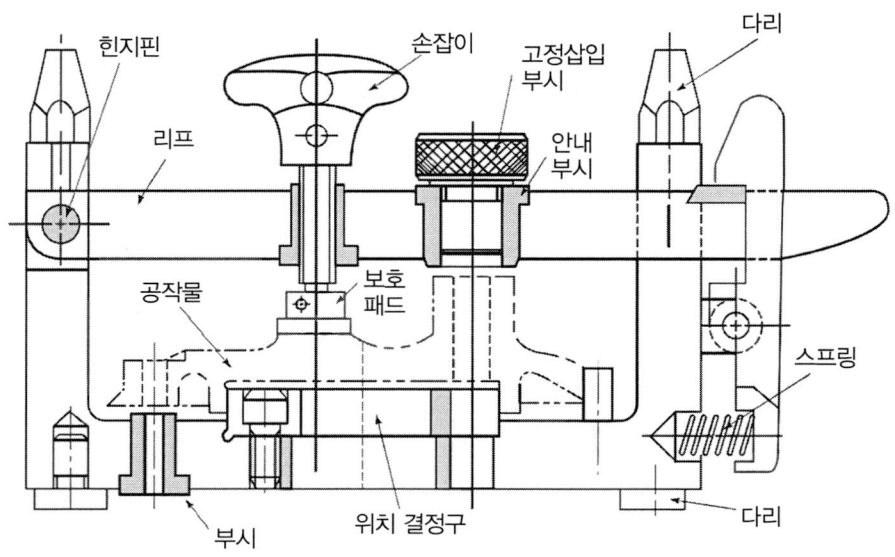

그림 11-17 리프 지그

11) 채널 지그(Channel jig)

공작물의 두 면에 지그 부시를 설치하여 제3 표면을 단순히 가공할 때 사용한다.

박스 지그의 일종으로 정밀한 가공보다 생산 속도를 증가시킬 목적으로 가장 단순하고도 기본적인 형태로 사용한다.

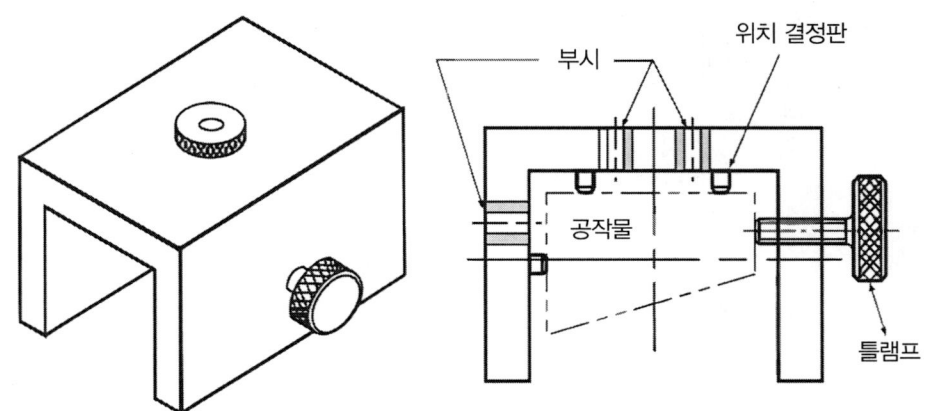

그림 11-18 채널 지그

12) 박스 및 텀블 지그(Box or Tumble jig)

지그의 형태가 상자형으로 구성되었으며, 공작물이 한 번 장착되면 지그를 회전시켜 가면서 여러 면에서 가공할 수 있고, 공작물의 위치 결정이 정밀하고, 견고하게 클램핑할 수 있는 장점이 있다. 그러나 지그를 제작하는데 많은 시간과 제작비가 필요하며, 칩의 배출이 곤란하며 지그 제작비가 비교적 비싸므로 최초제품생산비(initial cost)가 비교적 비싸. 지그 다리를 사용하는 것이 원칙이나 지그 본체 중앙에 홈을 파내고 양쪽 끝단을 이용하여 지그 다리로 사용하기도 한다.

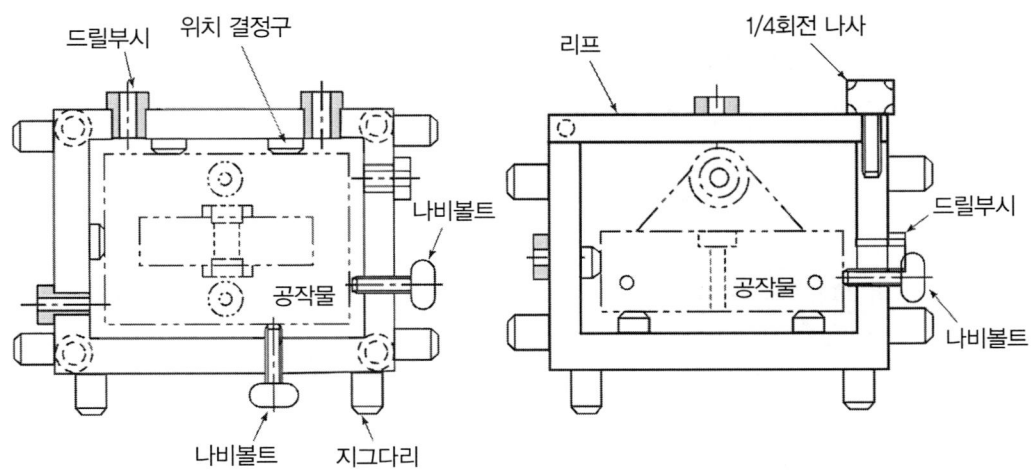

그림 11-19 박스 지그

13) 트러니언 지그(Trunnion jig)

일종의 샌드위치 또는 상자의 지그를 트러니언에 올려서 공작물을 분할(각도)하여 가며 가공하게 되는 지그로서, 주로 대형의 공작물이나 불규칙한 형상에 사용되며 로터리 지그라고도 말하다 공작물이 크고 무거울 때 적합하며 공작물의 크기에 비하여 쉽게 전면을 가공할 수 있다.

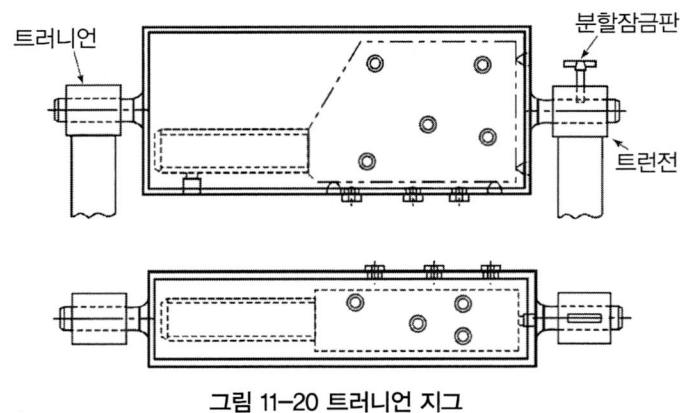

그림 11-20 트러니언 지그

14) 멀티 스테이션 지그(Multi station jig)

이 지그의 특징은 공작물을 지그에 위치 결정시키는 방법으로 한 개의 공작물은 드릴링, 다른 공작물은 리밍, 또 다른 공작물은 카운터 보링되며 최종적으로는 완성 가공된 공작물을 내리고 새로운 공작물을 장착할 수 있는 것이다. 이 지그는 단축 드릴머신에서도 사용되나, 특히 다축 드릴머신에서 사용하면 적합하고 부가적으로 이상의 지그들을 몇 개 복합해서 사용하기도 한다. 지그는 공작물에 적합해야 하고 정밀하게 가공되어야 하며 작동이 간단하고 안전해야 한다.

15) 펌프 지그(Pump Jig)

이 지그는 사용자의 용도에 맞도록 상품화되어 있다. 레버로 작동되는 지그판은 장착과 장탈을 쉽게 한다. 이 지그는 기성품으로 사용자의 용도에 따라 약간의 변형만으로도 사용할 수 있으므로 많은 시간을 절약할 수 있다.

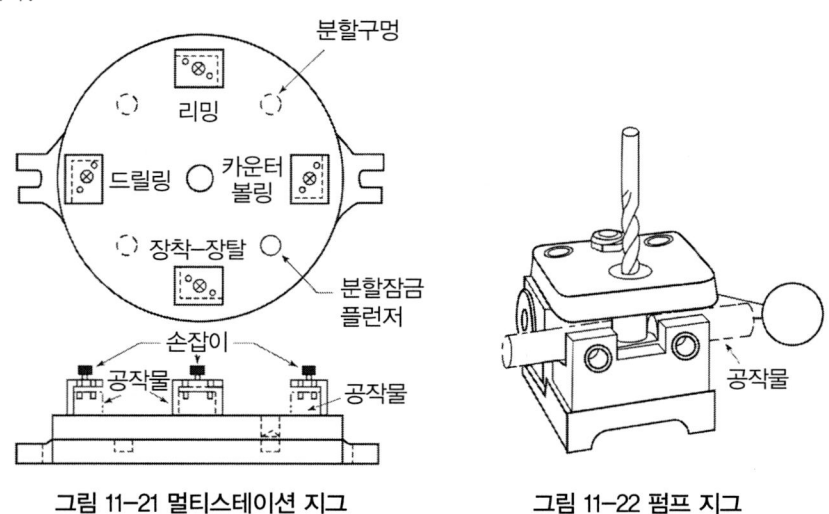

그림 11-21 멀티스테이션 지그   그림 11-22 펌프 지그

(2) 고정구의 형태별 종류

공작물의 형태에 따라 고정구(Fixture)의 형태가 결정되며 주로 플레이트 형태와 앵글 플레이트 형태가 가장 많이 사용된다. 지그와 고정구는 위치 결정구와 클램핑 장치에 관한 한 근본적으로 동일하다. 절삭력이 향상되기 때문에 같은 치공구 요소라 하더라도 지그보다는 더욱 견고하게 만들어져야 하며, 기준면에 의한 지지구도 고려하여야 한다.

1) 플레이트 고정구(Plate Fixture)

고정구 중에서 가장 많이 사용되어 적용되며 가장 단순한 형태이다. 기본적인 고정구는 플레이트 또는 V블록에 공작물을 기준 설정과 위치 결정시키고 클램프 시킬 수 있도록 만들어진 형태이다. 이 고정구는 단순하게 만들어지며 공작기계, 용접, 검사 등에 가장 많이 활용되는 형태이다. 본체는 강력한 절삭력에 견디어야 하므로 무엇보다 견고성이 필요하다. 고정구의 사용 목적은 공작물의 위치 결정과 강력한 고정에 있다.

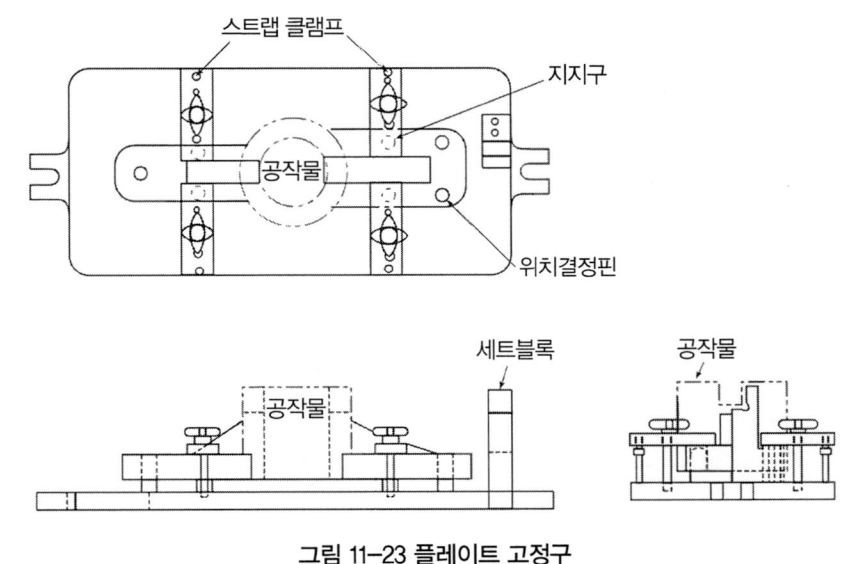

그림 11-23 플레이트 고정구

2) 앵글 플레이트 고정구(Angle-Plate Fixture)

플레이트 고정구에 수직 판을 직각으로 설치한 것으로 밀링 고정구와 면판에 의한 선반 고정구가 많이 사용되고 있다. 이 고정구는 공작물을 위치 결정구와 직각으로 기계 가공되는 것으로 강력한 절삭력에는 본체가 구조상 약하므로 보강판을 설치하여야 한다.

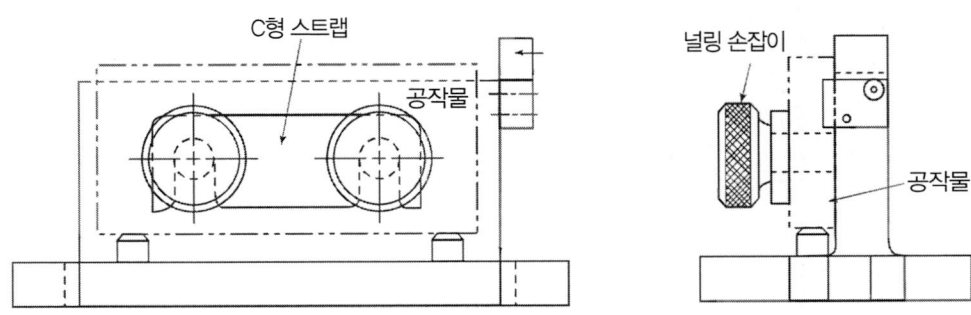

그림 11-24 앵글 플레이트 고정구

3) 바이스-조 고정구(Vise-Jaw Fixture)

일반적으로 표준바이스를 약간 응용한 것으로 작은 공작물을 기계 가공하기 위해서 사용된다. 이 형태의 고정구는 표준바이스의 조 부분을 공작물의 형태에 맞도록 개조한 것으로 제작비가 저렴하나 정밀도가 떨어지고 바이스 조의 이동량에 제한받게 되므로 소형 공작물을 가공하는 데 적합하다.

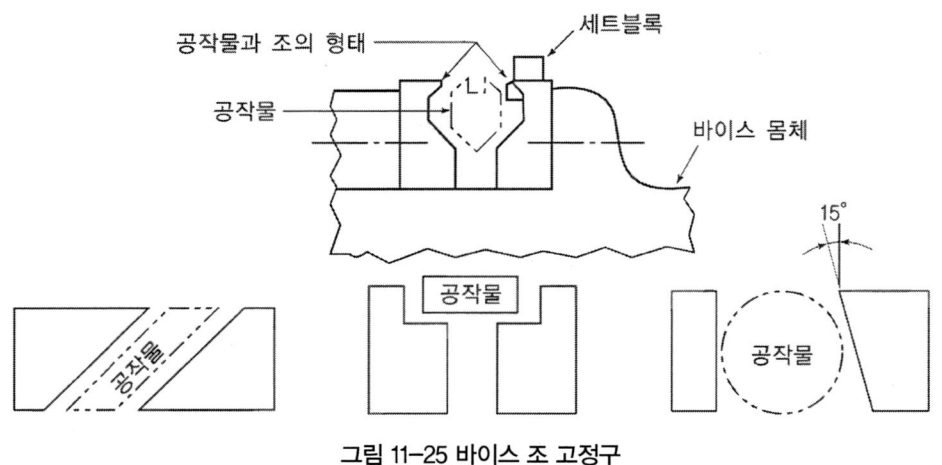

그림 11-25 바이스 조 고정구

4) 분할 고정구(Indexing Fixture)

분할 고정구는 플레이트 형태는 분할 판의 형태이고 앵글 플레이트 형태는 인덱스 장치를 사용하며 분할 지그와 매우 유사하다. 이 고정구는 일정한 간격으로 기계 가공해야 할 공작물의 가공에 사용된다.

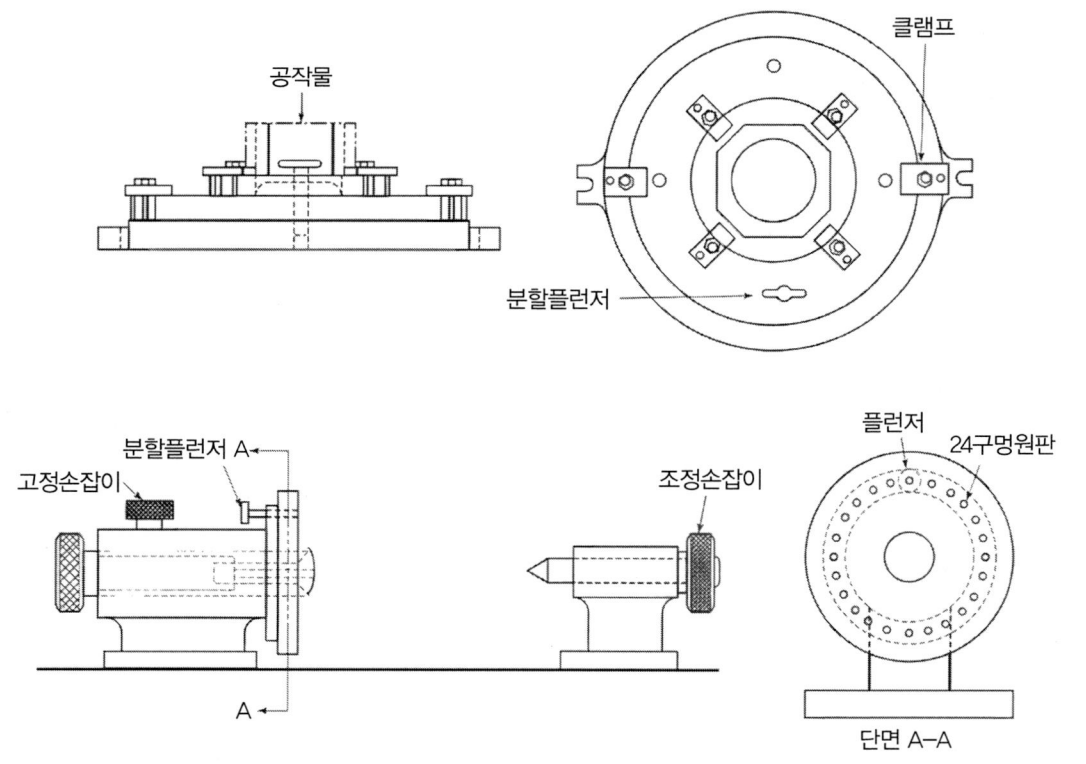

그림 11-26 분할 고정구

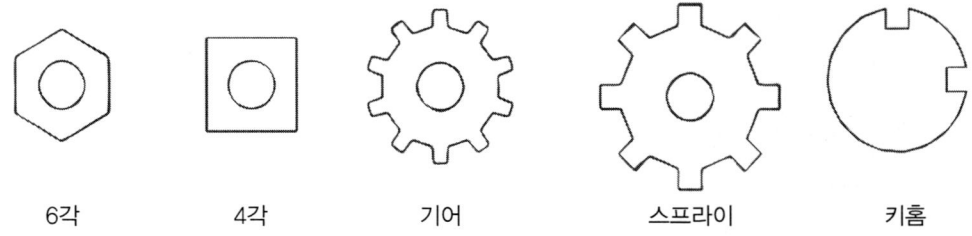

그림 11-27 분할 고정구를 사용하여 가공된 부품

5) 멀티스테이션 고정구(Multi station Fixture)

이 고정구는 가공 사이클(machining cycle)이 계속되어야 할 때 생산 속도와 생산량의 증가를 위하여 사용된다. 이단 고정구(duplex fixture)는 단지 2개의 스테이션을 가진 가장 간단한 다단 고정구이다. 이 고정구는 절삭 작업이 계속되는 동안에 장착과 장탈을 할 수가 있다. 예를 들면 스테이션 1에서 공작물이 가공 완료되면 고정구는 회전되고 스테이션 2에서 가공 사이클은 반복된다. 동시에 공작물을 스테이션 1에서 제거하고 새로운 공작물을 장착한다.

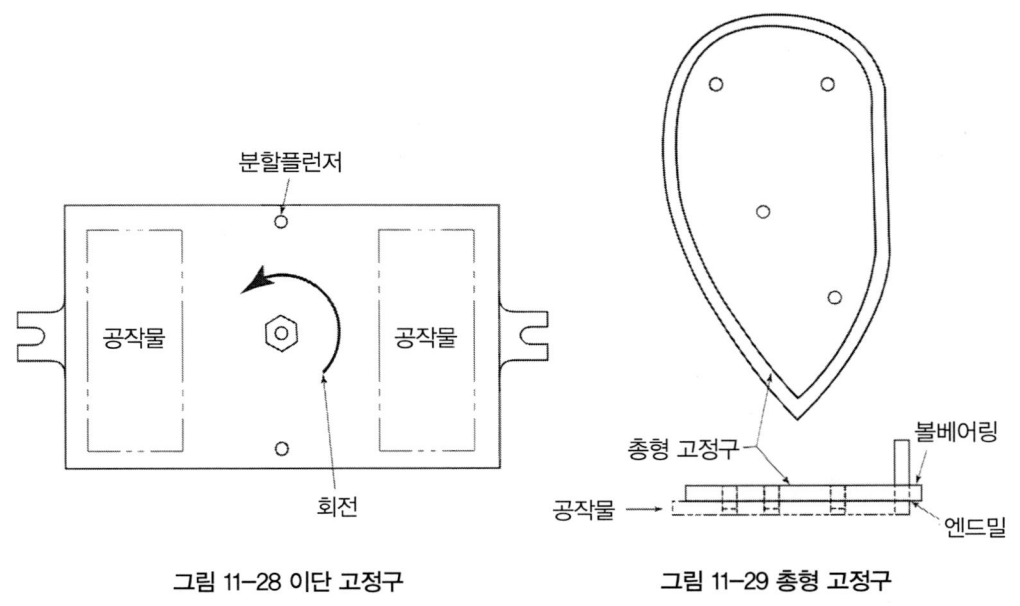

그림 11-28 이단 고정구   그림 11-29 총형 고정구

6) 총형 고정구(Profiling Fixture)

이 고정구는 공작기계 자체로는 절삭할 수 없는 윤곽을 절삭할 수 있도록 절삭공구를 안내하는 데 사용된다. 이 윤곽은 내면과 외면 모두 가능하나 커터는 고정구와 계속해서 접촉되고 있으므로 공작물은 고정구의 윤곽대로 절삭된다. 고정구와 밀링커터에 끼워진 베어링과의 계속된 접촉 때문에 정확하게 절삭되고 있다. 이 베어링은 공구의 한 부품으로서 매우 중요하며 항상 사용하여야 한다.

7) 조절형 고정구(Modular Clamping System)

공작물의 품종이 다양하고 소량 생산에 적합하도록 고안된 고정구로서, 부품이 조립될 수 있도록 가공된 본체와 각종 치공구 부품, 볼트 등으로 구성되어 있다. 고정구는 부품의 조합에 의해서 완성되며 또한 쉽게 분해할 수 있으므로 다양한 공작물의 형태에 간단히 대처할 수 있으며 고정밀도를 제공하고 규격화, 표준화되어 있으므로 생산의 자동화 추진이 가능하다. 또한 CAD/CAM System에 의하여 공작물에 적합한 고정구의 형태와 부품의 종류 및 위치 등을 설정할 수 있는 등의 장점이 있다. 조절용 고정구의 활용 범위는 자동화 생산용, 밀링 고정구, 선반 고정구, 보링 고정구, 검사(3차원 측정 등)용 지그 등에 사용되며 복합용 머시닝센터에서 가장 많이 사용하고 있고 기계 가공에서 어떠한 형상도 가공할 수 있다.

① 유연성 있는 치공구 시스템

공작기계의 다양한 기능화와 높은 정밀화의 추세로 CNC 및 머시닝센터 등의 공작기계가 많은 업체에 보급되고 보편화되어, 다품종 소량 생산 및 단속생산의 주문 형태를 띠고 있는 실정에서 신제품의 개발 및 상품화 시간이 상대적으로 단축돼야 한다. 고정밀도의 공작기계의 유휴 가동 시간을 줄이고, 장비 능력을 최대로 활용하기 위해서는 이에 맞는 더욱 효율적인 치공구가 검토돼야 한다.

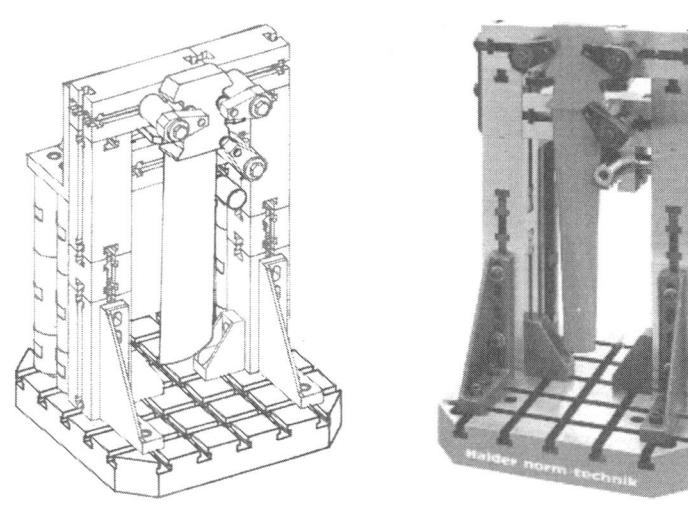

그림 11-30 조절형 고정구의 조립 예

② 유연성 있는 치공구의 채택 특징

㉠ 서로 다른 제품의 초기 생산, 다품종소량생산, 단속생산 등에 있어서 리드 타임(lead time)을 줄일 수 있어 납기, 개발 일정 등을 단축할 수 있다.
㉡ 치공구의 조립, 분해가 쉽고, 재사용함으로써 제품에 대한 치공구의 감가상각비를 줄일 수 있어 원가를 절감할 수 있다.
㉢ 치공구의 조립과 분해가 쉬워 보관 장소를 줄일 수 있고 관리를 쉽게 할 수 있다.
㉣ 팔레트 교환(Pallet change) 시스템과 쉽게 결합할 수 있어 FMS에 적합하다.
㉤ 팔레트 교환(Pallet change) 시스템에서 팔레트별로 치공구를 빠르고 쉽게 조립할 수 있고, 기계의 정지 없이 계속된 가동이 가능하여 장비 가동률을 높일 수 있다.

③ 유연성 있는 치공구의 조립 방식

㉠ 공구 플레이트(Tooling plate) 방식

주로 수직 형태(Vertical type)의 밀링, 머시닝센터, CNC 드릴 작업 등에 주로 사용된다.

그림 11-31 Tooling plate 방식

㉡ 앵글 플레이트(Angle plate) 방식

주로 수평 형태(Horizontal type)의 밀링, 보링, CNC 밀링, 머시닝센터 등에 사용된다.

그림 11-32 Angle plate 방식

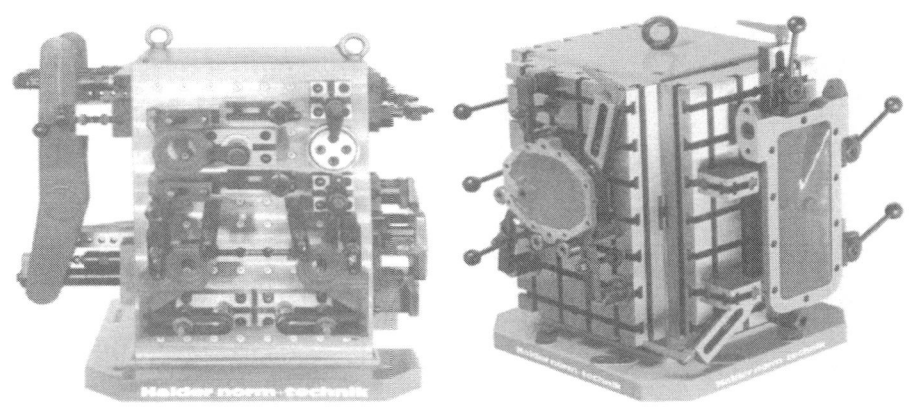

그림 11-33 Tooling block 방식

ⓒ 앵글 블록(Tooling block) 방식

tooling block 방식에는 공작물을 2면에 장착할 수 있는 것과 4면에 장착할 수 있는 것이 있으나 이들은 수평형의 장비에 사용되며 특히 기계의 테이블이 회전할 수 있는 머시닝센터, 보링, 밀링 등에 사용된다.

그림 11-34 조절형 고정구의 표준부품

이상의 3가지 방식으로 크게 구분한다. 이들의 치공구는 설계 및 조립 시간을 단축하게 하고 치공구의 관리를 효율화하기 위하여 표준화하여 제작된 제품으로

사용할 수 있고, 설계 및 제작에 따른 시간의 절감을 극대화하고 있다.

제3절 공작물 관리

1. 공작물 관리의 정의

(1) 공작물 관리의 개념

1) 공작물 관리 목적

공작물 관리란 공작물의 가공 공정 중에 공작물의 변위량이 일정한 한계에서 관리되도록 공작물을 제어하는 것을 말한다. 공작물의 위치 결정면과 고정 위치를 성립하는 데 필요하며, 공작물 관리의 목적은 다음과 같다.

① 모든 요인과 관계없이 공구와 공작물의 일정한 상대적 위치 유지
② 절삭력, 클램핑력 등의 모든 외부의 힘과 관계없이 공작물이 위치를 유지한다.
③ 공구 및 고정력 또는 공작물의 취성에 의해서 과도한 휨이 일어나지 않도록 공작물 변형을 방지한다.
④ 공작물의 위치는 작업자의 숙련도와 관계없이 유지한다.

2) 공작물 변위 발생 요소

① 공작물의 고정력
② 공작물의 절삭력(공구력)
③ 공작물의 위치 편차
④ 재질의 치수 변화
⑤ 먼지 또는 칩(chip)
⑥ 공구의 마모
⑦ 작업자의 숙련도
⑧ 공작물의 중량
⑨ 온도, 습도 등

3) 공작물을 잡아주는 요소

척, 콜릿, 바이스, 맨드럴, V블록, 센터 등이 있다.

4) 공구를 잡아주는 요소로

척(3), 콜릿척, 슬리브, 드라이버, 바이트홀더, 어댑터, 아버 등이 있다.

2. 공작물 관리의 이론

(1) 평형 이론

공작물의 적절한 관리가 이루어지기 위해서는 우선 공작물의 평형 상태가 이루어져야 한다. 하나는 선형 평형(linear equilibrium)과 회전 평형(rotational equilibrium)을 들 수 있다. 평형은 주어진 물체가 작용하는 균형을 말하고 물체는 평형 되었을 경우 정지 상태가 된다.

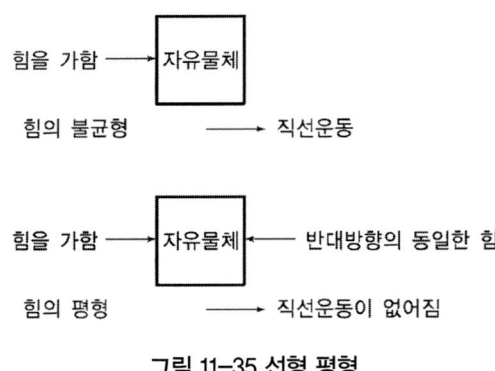

그림 11-35 선형 평형

1) 선(직선)형 평형

한 방향으로 자유 상태의 물체에 힘을 가해지면 물체는 평형을 잃고 직선 방향으로 움직인다. 이 물체의 평형을 유지하기 위해서는 같은 크기의 힘을 반대 방향에서 가해 주면 되며 이때 같은 방향의 힘을 반대 방향으로 작용하여 움직이지 못하게 하는 것이다. 따라서 직선 방향의 움직임이 없어지므로 직선 평형이 이루어진다.

2) 회전 평형

자유 물체가 선형적으로 균형을 이룬다고 해도 회전운동을 하는 수가 있다. 자유 물체가 직선운동을 하기 위해서는 힘이 물체의 중심에 가해져야 한다. 그러나, 작용하는 힘이 중심을 벗어나면 회전하려는 경향이 생기며, 이때 회전하려는 모멘트는 가해지는 힘과 회전축까지의 거리를 곱하면 구해진다. 평형을 유지하기 위해서는 같은 크기의 모멘트가 반대 방향으로 가해져야 한다. 크기가 같고 반대 방향인 모멘트가 서로 반작용하여 물체의 평형 상태를 유지하는 것을 회전 평형이라 한다. 선형 평형은 힘의 균형에서 이루어지고 회전 평형은 모멘트의 평형에서 이루어진다. 따라서 회전 평형 시에는 평형을 이루는 힘을 가해지는 힘과 크기가 같지 않아도 된다. 가해지는 힘이 작더라도 회전축의 길이가 길면 모멘트는 같을 수 있다.

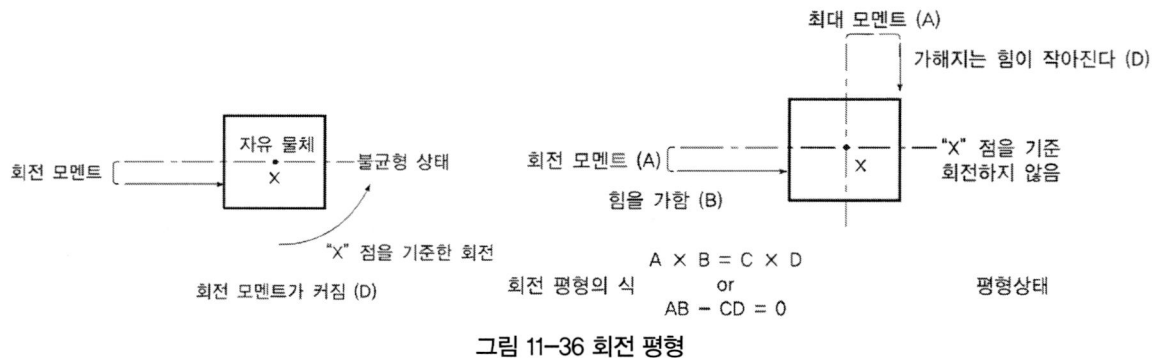

그림 11-36 회전 평형

3) 평형 이론의 응용

공정설계자는 위치 결정구와 고정력의 적절한 배치 때문에 이러한 평형을 유지하는가를 보여주고 있다. 여기서 가해지는 힘을 고정력이라 하며, 고정력은 치공구 설계 기사가 설계한 클램핑 기구에 의해 얻어진다. 크기가 같고 방향이 반대인 힘이나 모멘트 역시 고정된 위치 결정구에 의해 얻어지며 치공구 설계 기사가 설계하는 것이다.

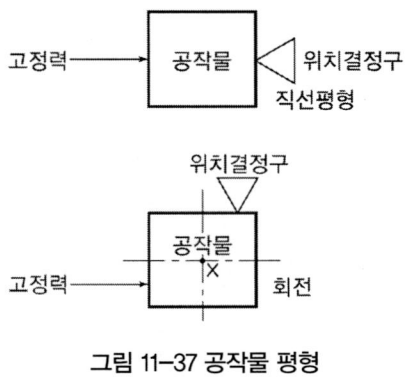

그림 11-37 공작물 평형

(2) 위치 결정의 개념

1) 공간에서의 움직임

공작물의 위치 결정은 치공구에서 요구되는 일정 위치에 공작물을 정확히 위치시키는 것으로서 공작물 관리 기법을 기본 이론으로 하는 정확한 위치 결정이 필요하다. 정육면체가 공간에 있는 상태를 공작물과 비교하면 우리는 공작물의 운동 방향을 생각할 수가 있다. X, Y, Z축 방향의 직선운동과 X, Y, Z축을 중심으로 하는 회전운동을 종합하면 12방향의 움직임이 나타날 수 있음을 알 수 있다. 이것을 공작물의 움직임으로 제한하여 평형 상태로 만드는 것이 위치 결정의 기본 개념이다. 평형 상태로 만들기 위해서 하나의 위치 결정구는 한 방향의 움직임만을 제한 할 수 있으며, 위치 결정 시에는 적어도 6방향의 움직임이 제한되어야 한다. 나머지 움직임은 클램프에 의해서 제한된다.

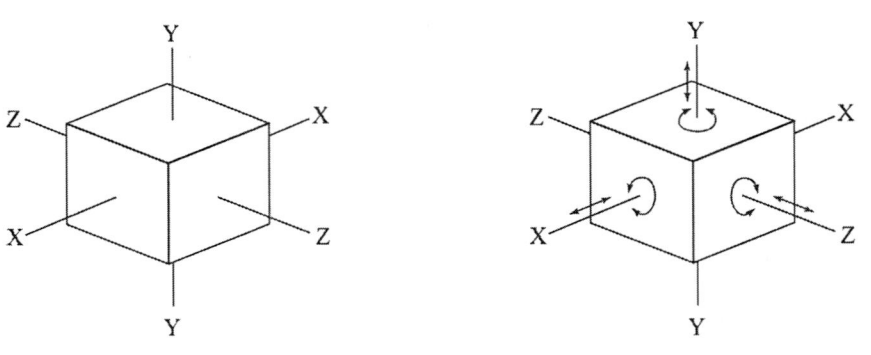

(a) 공간에서 입방체의 3축심   (b) 공간에서 입방체의 6방향 운동(12방향)

그림 11-38 공간에서의 자유 이동

2) 3-2-1 위치 결정법

공작물의 위치 결정구를 배열하는 것을 위치 결정법이라 하며, 육면체의 가장 이상적인 위치 결정법은 3-2-1 위치 결정(3-2-1 location system)방법이다. 이는 가장 넓은 표면에 3개의 위치 결정구를 설치하고, 넓은 측면에 2개를 설치하고, 좁은 측면에 1개의 위치 결정구를 설치하는 것을 말한다. 이 기본 배열을 취할 때 공작물 밑면에 배치되는 3개의 위치 결정구는 기계 가공 중에서는 안정도를 반드시 보증하지는 못한다. 또한 이 3개의 위치 결정구로 이루어진 3각형 면적 밖에서 절삭력이 작용하면 공작물이 변위가 발생할 수 있다.

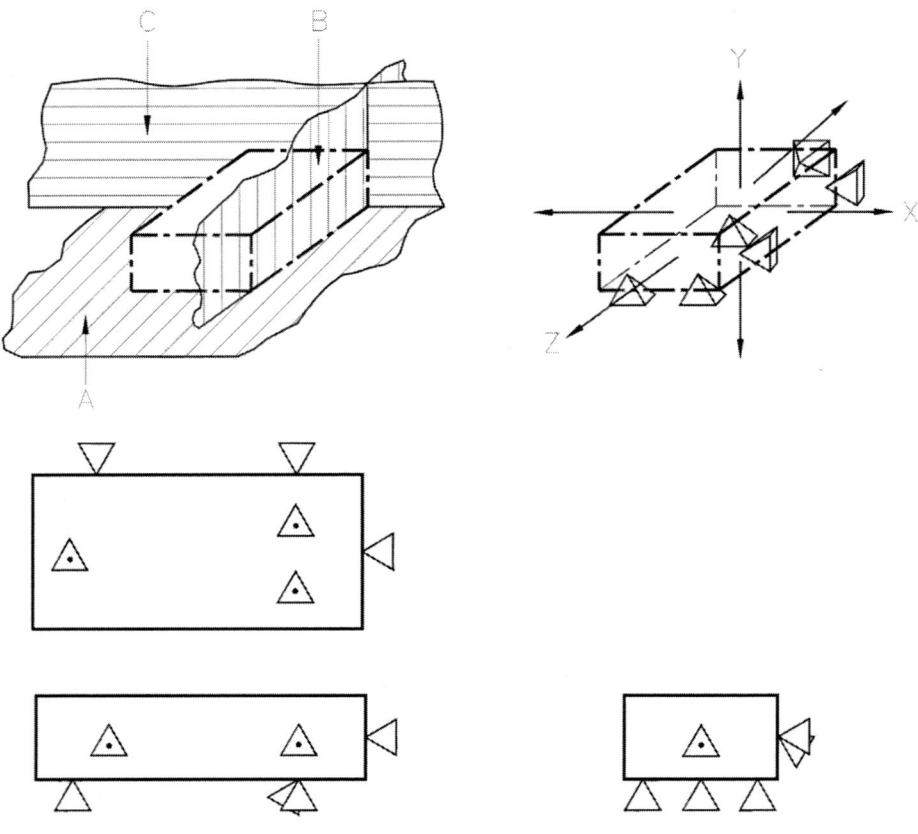

그림 11-39 3-2-1위치 결정법

(가) 3점 위치 결정

위치 결정면은 5가지의 자유도를 구속하는 조건을 가져야 한다. 3점 지지는 공작물을 고정하기 위한 안전한 방법이다. 장단점은 다음과 같다.

① 공작물의 표면에 요철이 있어도 흔들리지 않는다.
② 가공 면을 수평으로 하여도 칩의 처리가 쉽다.
③ 공작물의 기준면이 스텝 블록일 경우 매우 좋다.
④ 공작할 때는 수평 지지가 다소 어렵다.
⑤ 위치 결정구의 먼지나 칩이 붙어도 흔들림이 없어서 공작물을 바르게 클램프로 고정하여도 변형을 확인할 수 없다.
⑥ 지지구에서 떨어진 곳을 가공할 때 불안정하므로 되도록 위치 결정구 간격을 멀리하고 공작물의 표면에 요철이 있을 때는 지지구를 나사 형태로 하여 높이를 조정할 수 있도록 하는 것이 좋다.

3) 2-2-1 위치 결정법

원통형의 공작물을 위치 결정할 경우, 가장 이상적인 위치 결정법을 말하며, 이는 공작물의 원통부에 2개씩 2곳에 설치하고, 단면에 1개의 위치 결정구를 설치하여 안정감을 유지하게 된다.

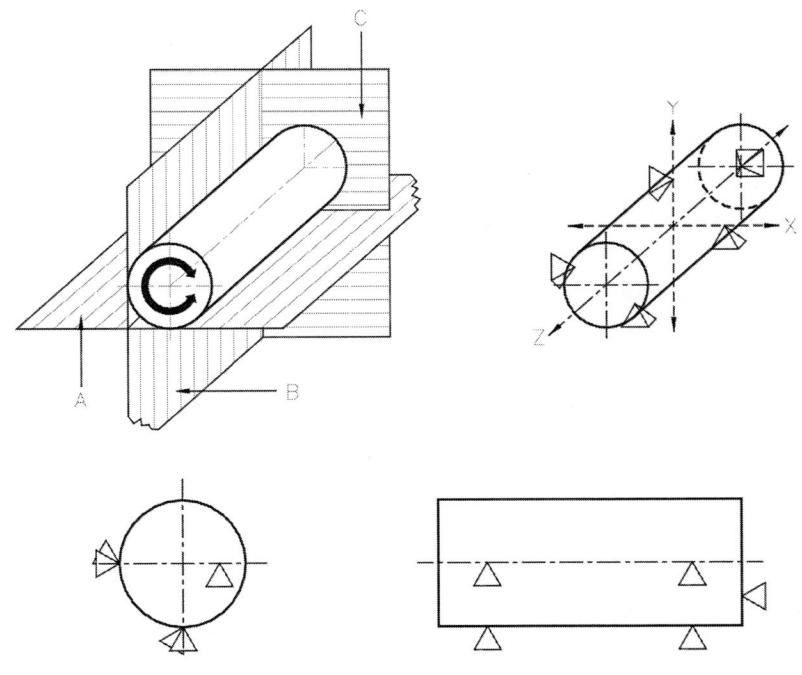

그림 11-40 2-2-1위치결정법

4) 4-2-1 위치 결정구(excess locator)

밑면에 4번째의 위치 결정구를 추가함으로써 지지가 된 면적은 4각형이 되어 안정도를 얻게 된다. 이 원리를 4-2-1 위치 결정법이라 한다. 위치 결정면이 기계 가공되었다면 모든 위치 결정구를 고정식으로 하면 이것은 또 다른 장점을 가지고 있다. 즉, 부품이 4개의 위치 결정면에 놓일 때 안정하게 되며, 만약 칩이나 이물질이 끼었다면 공작물은 안정되지 않고 흔들리게 된다. 이것은 작업자에게 주의를 환기시키며 올바르게 설치되어야 할 경우에 무언가 결함이 있음을 깨닫게 한다. 거친 주조품과 같은 공작물에는 4개의 밑면 위치 결정구 중 하나를 조절할 수 있게 한다. 또 다른 측면에서 보면 6개 이상의 위치 결정구를 공작물의 위치 결정면에 배치할 때 불필요한 위치 결정구가 생기며, 이것은 위치 결정구의 과잉 상태가 된다. 만일, [그림 2-8] (a)와 같이 제7의 과잉 위치 결정구가 3개의 위치 결정구와 같은 표면에 위치한다면 이때 2면은 평면이기 때문에 3개의 위치 결정구만이 동시에 평면에 접할 수 있고, 4개의 위치 결정구를 동시에 접하게 한다는 것은, 매우 어려운 일로 흔들림(rocking) 현상이 일어난다. 이 외에도 X-X, Z-Z축을 중심으로 공작물이 약간 회전하며 이 경우에는, 4개의 점에서 위치 결정을 하면 다른 면에서 고정한다. 이와 같이 추가되는 제7의 위치 결정구의 제작 가격을 고려하여 변위를 가져다주는 과잉 위치 결정구가 된다. 만일 제7의 위치 결정구를 [그림 2-8] (b)와 같이 제6의 위치 결정구 맞은 편에 설치한다면 공작물이 움직여서 제6, 7 위치 결정구 사이의 틈새가 커지게 되므로 이 과잉 위치 결정구는 바람직하지 않을 수도 있다.

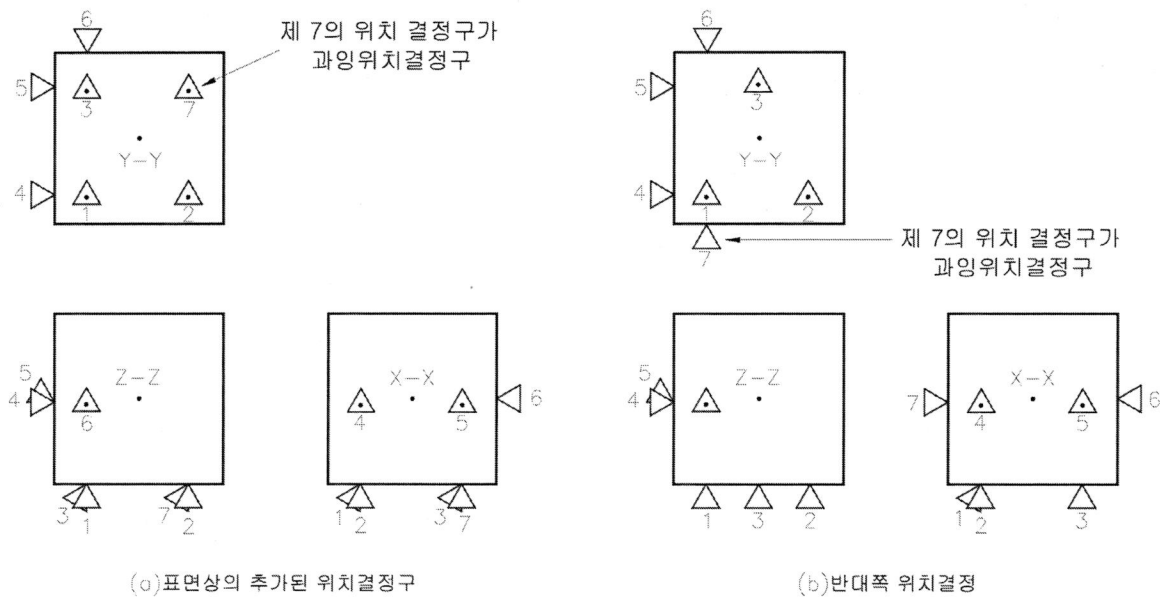

(a) 표면상의 추가된 위치결정구   (b) 반대쪽 위치결정

그림 11-41 과잉 위치 결정구

3. 형상 관리(기하학적 관리: Geometric control)

(1) 형상 관리의 기본 법칙

1) 직육면체 형상

직육면체 형상에서는 지켜야 할 규칙 3가지는 다음과 같다.

① 공작물 위치 결정 평면을 결정하기 위해서 가장 넓은 표면에 3개의 위치 결정구를 배치한다.

③ 2개의 위치 결정구는 두 번째로 넓은 표면에 배치한다(보통 옆면에 배치한다).

④ 하나의 위치 결정구는 가장 좁은 표면에 배치한다(보통 끝 면에 배치한다).

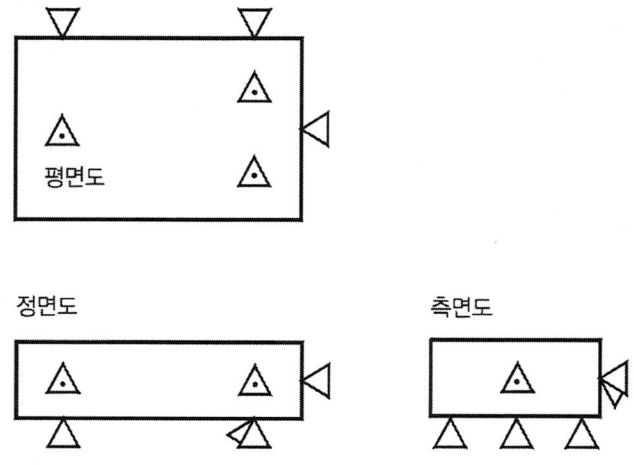

그림 11-42 양호한 직육면체의 형상 관리

2) 원기둥 형상

① 짧은 원통(원기둥) : 높이가 지름보다 작은 경우(5개)

㉠ 평면을 결정하기 위해 3개의 위치 결정구를 밑면에 배치한다.

㉡ 2개의 위치 결정구를 원주에 배치한다.

㉢ 중심에 대한 회전을 방지할 필요가 있을 때는 마찰 구를 사용한다.

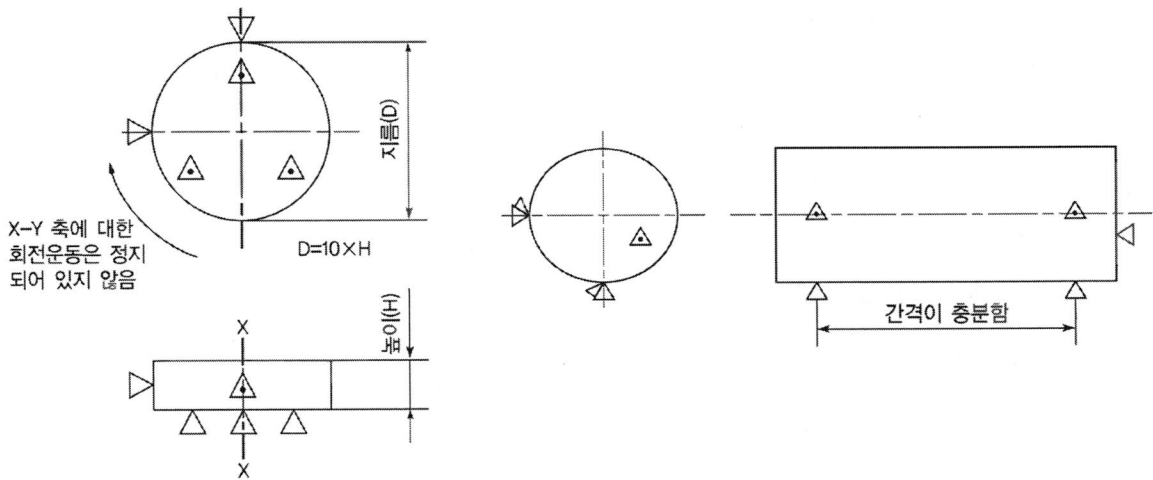

그림 11-43 짧은 원통의 형상 관리   그림 11-44 긴 원주의 양호한 형상 관리

② 긴 원통(원기둥) : 높이가 지름보다 큰 경우(5개)

㉠ 원주 표면의 양쪽 끝부분에 직각이 되게 2개씩 가깝게 놓아 4개의 위치 결정구를 배치한다.

㉡ 한쪽의 끝 면상에 하나의 위치 결정구를 놓는다.

㉢ 중심선에 대한 회전을 방지하는 데 필요하면 마찰 구를 사용한다.

3) 원추 형상

① 짧은 원추(5개)

㉠ 밑면에 3개의 위치 결정구를 배치한다.

㉡ 원주면 아래에 2개의 위치 결정구를 사용한다.

② 긴 원추(5개)

㉠ 원추 면에 2쌍 위치 결정구(4개)를 배치한다.

㉡ 밑면에 1개의 위치 결정구를 배치한다.

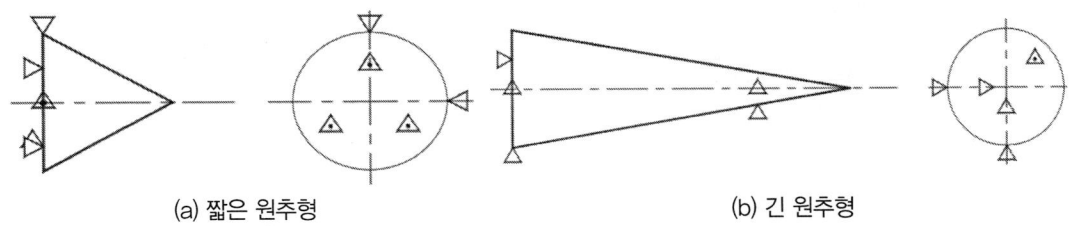

(a) 짧은 원추형   (b) 긴 원추형

그림 11-45 원추 형상의 위치결정

4) 피라미드 형상

⑥ 짧은 피라미드형(6개)
  ㉠ 3개의 위치 결정구를 밑면에 배치한다.
  ㉡ 2개의 위치 결정구를 밑면의 가장 긴 모서리에 배치한다.
  ㉢ 1개의 위치 결정구를 밑면의 가장 짧은 모서리에 배치한다.

⑦ 긴 피라미드형(정사각 추, 직사각 추, 6개)
  ㉠ 가장 긴 경사면에 3개의 위치 결정구를 배치한다.
  ㉡ 가장 작은 경사면에 2개의 위치 결정구를 배치한다.
  ㉢ 밑면에 1개의 위치 결정구를 배치한다.

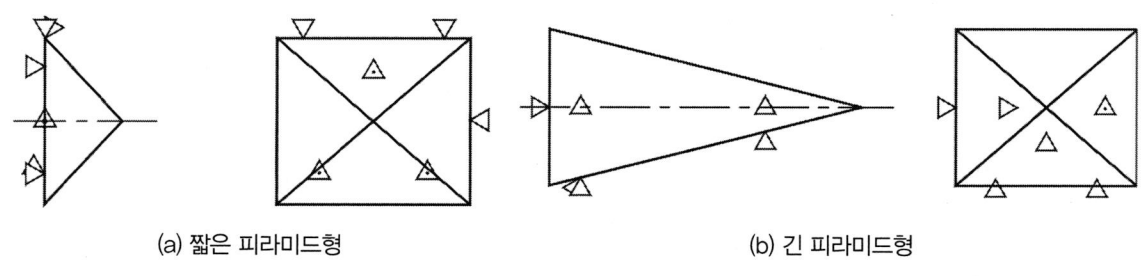

(a) 짧은 피라미드형　　　　　　(b) 긴 피라미드형

그림 11-46 피라미드 형상의 위치 결정

5) 파이프 형상

파이프 형상의 내면을 위치 결정하는 데는 원통에 사용된 것과 같은 기본적인 방법을 그대로 사용할 수 있다. 공작물 안에 있는 구멍에 대해서도 원통과 같은 방법으로 위치 결정한다. 이러한 원통 내면에 대한 특수 적용의 예를 [그림 3-44]에 나타냈다.

원통의 지름과 높이가 같으면 긴 원통에 대한 위치 결정 방법이나 짧은 원통에 대한 위치 결정 방법 중 어느 것을 사용하여도 좋다.

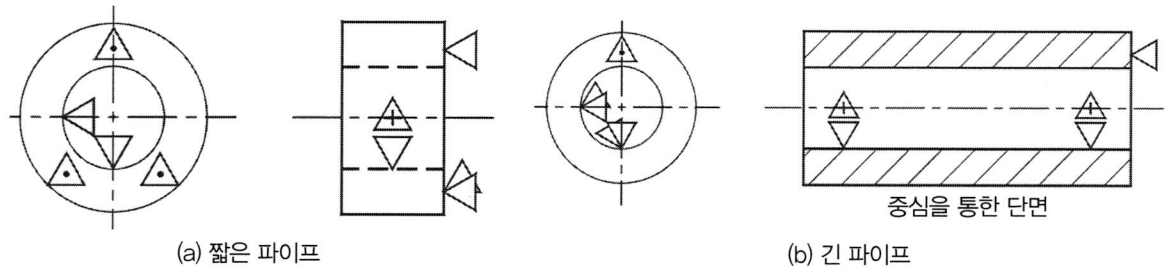

(a) 짧은 파이프　　　　　　(b) 긴 파이프

그림 11-47 파이프 형상의 위치 결정

4. 치수 관리(Dimensional Control)

공작물의 치수 관리란 제품도에 요구하는 치수가 정확히 가공될 수 있도록 위치 결정구의 위치를 선정하는 공작물의 관리를 말한다. 치수 관리와 형상 관리가 같은 조건일 때는 치수 관리가 형상 관리보다 우선으로 고려되어야 하며 허용 공차 내에서 치수 관리 및 형상 관리가 불가능할 때는 제품도의 도면을 변경하거나 형상 관리를 무시한다.

(1) 위치 결정구의 간격

치수 변화는 둥근 표면상에 위치 결정구를 배치하는 간격에 의해 발생된다. 위치 결정구가 중심선 양쪽으로 배치되었다 할지라도 불안한 위치결정이 될 수 있다.

일반적으로 많이 사용하는 90° V블록은 수평 및 수직 중심과 클램핑력은 평균이다.

60°, 120° V블록은 다음과 같다.

1) 60°(120° V 블록)

　① 수평 중심 : 최소 변화

　② 수직 중심 : 불안정(기하학적 관리 불량)

　③ 클램핑력 : 크다.

2) 120°(60° V 블록)

　① 수평 중심 : 최대 변화

　② 수직 중심 : 안정(기하학적 관리 양호)

　③ 클램핑력 : 적다

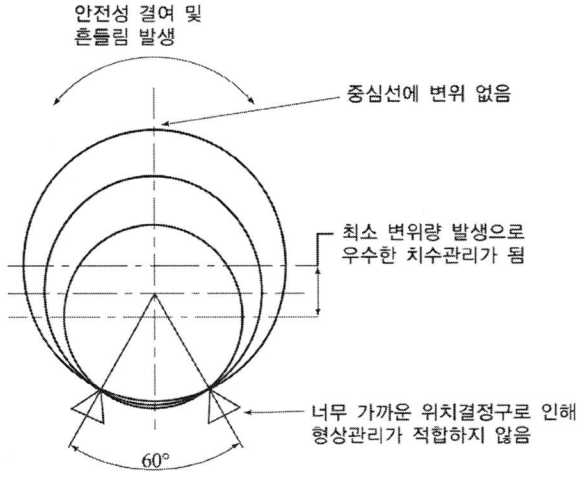

그림 11-48 60°(120° V Block)

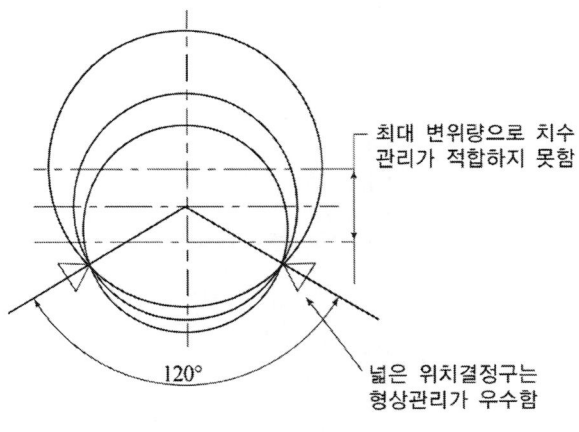

그림 11-49 120°(60° V블록)

5. 기계적 관리

3-2-1 위치 결정법은 형상 관리와 치수 관리를 동시에 하고자 할 때 적용한다. 공작물은 고정력, 절삭력, 자중 등에 의하여 휨이나 변형이 발생할 수 있다. 기계적 관리는 공작물을 가공할 때 발생하는 외력에 의하여, 공작물의 변형 및 치수 변화가 없도록 관리하는 것을 말한다. 기계적 관리를 위하여 위치 결정구의 배치는 치수 관리 및 기하학적 관리를 우선으로 하며 두 관리 조건을 만족한 후 기계적 관리를 고려한다.

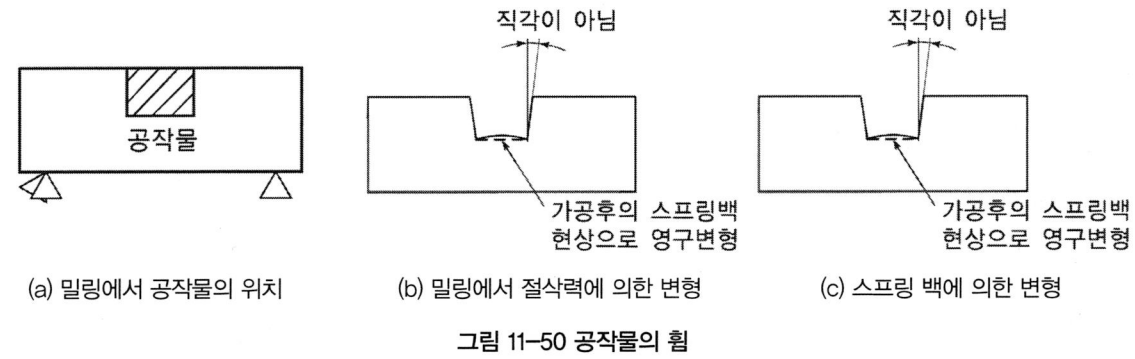

(a) 밀링에서 공작물의 위치   (b) 밀링에서 절삭력에 의한 변형   (c) 스프링 백에 의한 변형

그림 11-50 공작물의 휨

1) 공작물의 힘

공구의 절삭 깊이, 이송, 절삭 속도가 너무 크면 절삭 때 공구가 공작물에 휨을 발생하게 하여 절삭력 제거할 때 노치(notch)부는 스프링 백(spring back) 현상에 의해 공작물을 원래 상태로 되돌아가나 홈 부의 가공 치수가 제품 공차를 초과하게 됨 따라서 교정작업(straightening)이나 스크래핑(scraping) 작업을 추가한다.

2) 절삭력(공구력)

공구에 의해 공작물에 바람직하지 못한 형상 변화가 생기면 기계적 관리가 불량하게 된다. 따라서 기계적 관리는 절삭력에 의해 잘못된 형상으로 가공되는 것을 방지하는 것이다.

① 과도한 절삭력은 공구의 무딤, 공구 형상, 절삭 속도, 이송 및 절삭 깊이 등 여러 요인에 의해 발생한다.
② 과도한 절삭력은 공작물의 휨, 뒤틀림이 발생한다.
③ 기계적 관리의 첫 번째 문제이다.

3) 지지구(Support)

공작물의 휨, 뒤틀림을 제한하거나 정지시키는 장치로 기계적 관리를 좋게 하는 수단으로 사용된다. 위치 결정구보다 다소 낮게 설치하거나 같게 설치한다. 지지구에는 3가지 형태가 있다. 고정식(fixed), 조정식(adjustable), 동시형(equalizing)이다. 지지구는 공작물의 형상 관리를 보완하고 공작물의 위치를 정적으로 안정시키는 요소로서 일반적으로 수동으로 작동되는 나사와 플런저, 스프링과 쐐기 및 공, 유압 작동 플런저 등 기계적 관리를 위해 사용되고 있다.

① 고정식 지지구(fixed type support)
　㉠ 지지구를 고정한 것으로 위치 결정구보다 약간 아래에 위치시킨다.
　㉡ 절삭력에 의한 공작물의 휨을 제한한다.
　㉢ 제작비가 싸고 작업이 용이하나 공차가 커진다.
　㉣ 품질보다 경제성 우선시 사용한다.
　㉤ 기계 가공 면에만 사용한다.

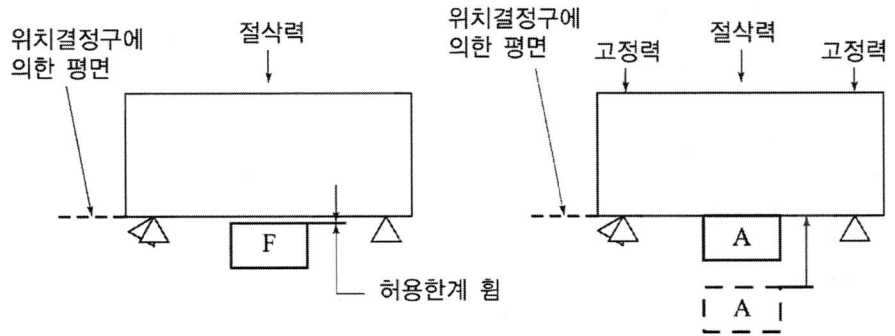

그림 11-51 고정식 지지구와 조정식 지지구

② 조정식 지지구(adjustable type support)
　㉠ 움직일 수가 있고 조정이 가능하다.
　㉡ 고정식 지지구보다 훨씬 낮게 위치시킨다.
　㉢ 고정식보다 우수한 기계적 관리가 가능하다.
　㉣ 가격이 비교적 비싸고 조정 시간이 많이 소모되지만, 공차가 작아진다.
　㉤ 경제성보다 품질 우선시 사용한다.
　㉥ 불규칙한 주조, 단조 면에(기계 가공 하지 않은 면) 주로 사용한다.

4) 공구의 회전 방향

공작물의 휨에 대한 두 번째 대책은 절삭력의 방향을 커터 회전을 역회전시켜 바꿀 수 있다.

① 상향 절삭(up milling)
　　공구의 회전 방향과 공작물의 이송이 반대이다.
　㉠ 절삭력이 위로 향하여 공작물의 휨이 생기지 않으며, 지지구가 필요하지 않다.
　㉡ 절삭력은 위치 결정구로부터 공작물을 들어 올리는 경향이 있어 바람직하지 못하다.
　㉢ 클램핑 고정력이 커야 한다.

② 하향 절삭(down milling)

공구의 회전 방향과 공작물의 이송이 같은 방향이다.

㉠ 절삭력이 아래로 향하여 절삭력은 위치 결정구 상에 공작물을 고정하는 데 도움을 주므로 고정력은 작아도 된다.

㉡ 위치 결정구 상에 공작물을 고정하는 힘이 작용 작용하며, 지지구를 받쳐주면 기계적 관리는 충분히 이루어진다. 결론으로 기계적 관리는 공작물 휨을 감소시키기 위한 커터 회전 방향을 관리하는 것만으로는 얻어질 수 없다.

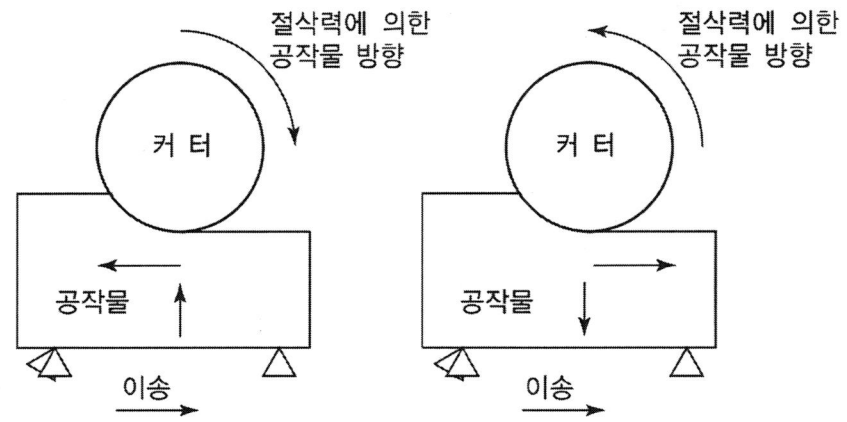

그림 11-52 커터의 회전 방향에 따른 절삭력의 방향 변화

5) 절삭력에 대한 기계적 관리 기준

절삭력에 대하여 다음의 기계적 관리 규칙은 다음과 같다.

① 우선으로 공작물의 휨을 관리하기 위하여 절삭력의 반대쪽에 위치 결정구를 배치한다. 그러나 이것은 기하학적 관리와 치수 관리가 함께 얻어질 때만 가능하다.

② 절삭력에 의해 휨이 발생하면 고정식 지지구를 사용하여야 제한한다.

③ 경제성보다 품질 우선시 조정식 지지구를 사용한다.

④ 절삭력은 고정력과 같은 방향으로 하여 공구력이 고정력을 보조하도록 적용한다.

6) 기계적 관리의 원칙

다음은 기계적 관리를 위한 고정력의 몇 가지 적절한 관리 방법은 다음과 같다.

① 고정력은 위치 결정구 바로 반대편에 배치하여야 한다. 그러나 이것은 형상 및 치수 관리를 얻을 수 있을 때 한한다.

② 고정력에 의해 휨이 발생하면, 지지구를 사용하여야 한다.

③ 고정력은 마찰구를 사용하여 6번째의 위치 결정구로 보완한다.

④ 비강성 공작물에는 하나의 큰 힘보다 여러 개의 작은 힘을 작용시키는 것이 필요하다.

⑤ 공작물에 생기는 자국은 중요하지 않은 표면에 고정력을 가함으로써 제한할 수 있다.
⑥ 합력에 의한 고정력은 인적인 요소의 영향을 감소시킬 수 있다.

6. 공차 분석

모든 제조업체는 저렴한 가격으로 표준화된 우수한 부품을 생산하기 위해 많은 노력을 하고 있다. 그러나, 두 부품은 아무리 엄격하게 관리를 하더라도 동일하게 제조될 수는 없다. 따라서 공작물은 측정 결과 약간의 치수 차이를 발견할 수가 있는데, 이것을 공작물 편차라고 한다. 부품 간에 피할 수 없는 편차 때문에 호환성은 일정한 오차 한계를 허용할 수밖에 없다.

o 제품설계자 : 부품의 치수와 공차, 제품의 모양과 디자인, 제품의 기능
o 공정설계자 : 적절한 장비와 공정 순서 결정, 공정 간 공차 분석, 사양에 의한 경제적인 생산

(1) 공작물의 치수 변화 원인

공작물 편차는 여러 가지 복합적인 요인에 의해서 공작물의 치수 변화 때문에 발생한다.

① 공작기계 고유의 부정확도(기계 자체의 오차) : 주축의 흔들림, 베어링의 틈새, 강성
② 공구 마모, 치핑, 파손, 재 연삭 등으로 치수 변화
③ 재료변화(재료 성분의 차이) : 주물의 경우 하드 스폿(hard spot)은 표면 가공 중 공구의 파손 및 마모의 원인
④ 인적요소(human element) : 작업자의 불안전한 세팅 등 작업자의 숙련도
⑤ 우연에 의한 오차(온도 습도 환경의 영향) : 열팽창 등 원인 파악 곤란

(2) 공작물 치수 결정의 사용 용어

1) 호칭 치수(normal dimension)
공차 개념이 없는 치수를 말하며 어떤 표준 치수에 아주 가까운 근사 치수를 나타낸다.

2) 기준 치수(basic dimension)
정확한 이론 치수를 나타낸다. 기준 치수는 제품의 제조 시 허용치서와 공차가 있을 때 얻어질 수 있다.

3) 허용 치수(allowance)
결합 부품의 최대 재료 한계 사이의 의도적인 치수 차이이다. 허용치서는 양수(+)이거나 음수(−)일 수

도 있다. 허용 한계치수-기준 치수

① 위 치수 허용차 = 최대 허용 한계치수 - 기준 치수

② 아래 치수 허용차 = 최소 허용한계 치수 - 기준 치수

4) 공차(tolerance)

제품의 표시된 기준 치수로부터의 허용치서의 변화량이다.

(최대 허용한계 치수-최소 허용한계 치수), (위 치수 허용차-아래 치수 허용차)

5) 한계치수(limit of dimension)

제품에 허용할 수 있는 최대 또는 최소 치수(최대 허용한계 치수), (최소 허용한계 치수)

(3) 한계치수 표시법

한계치수는 치수의 최대, 최소 치수를 숫자로 표시한다. 한계치수 하나는 치수선 위에 또 다른 하나는 치수선 아래에 수평선을 경계로 배치한다.

① 치수선 상단

MMC 치수로 한계치수가 외측 치수에 사용될 경우 큰 한계치수를 위에 놓는다.

② 치수선 하단

LMC 치수로 내측 치수로 사용되면 작은 한계치수를 항상 위에 놓는다.

③ 공정도 상에도 제품 불량 방지를 위해 가공 부에 표시할 때 사용한다.

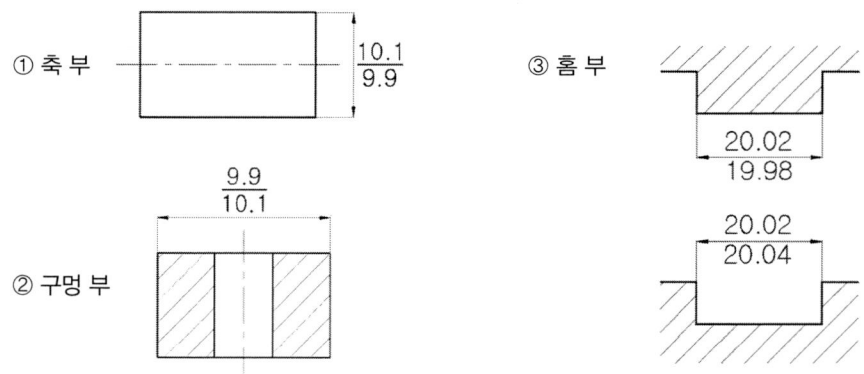

그림 11-53 한계치수 표기법

(4) 공차의 표시법

모든 부품의 치수는 공차와 함께 표시되고 그중에 공차는 기준 치수에 대하여 양측 공차(Bilateral tolerance)로 표시되거나, 편측 공차(Unilateral tolerance)로 표시하여 나타낸다.

1) 편측 공차(Unilateral tolerance)

한쪽으로만 허용하는 치수이다. 기준 치수에서 + 혹은 − 방향으로 된 것을 말하고 양쪽으로 된 것은 아니다. 기능적인 결합 표면 적용〔그림2-44 참조〕

예) $10\ ^{0}_{-0.10}$, $10\ ^{+0.10}_{0}$, $10\ ^{+0.20}_{+0.10}$, $10\ ^{-0.10}_{-0.20}$

2) 양측 공차(Bilateral tolerance)

양쪽으로만 허용하는 치수, 기능적인 결합 표면이 아닌 곳 적용

예) 10 ± 0.10 (동등 양측), $10\ ^{+0.02}_{-0.05}$ (부등 양측)

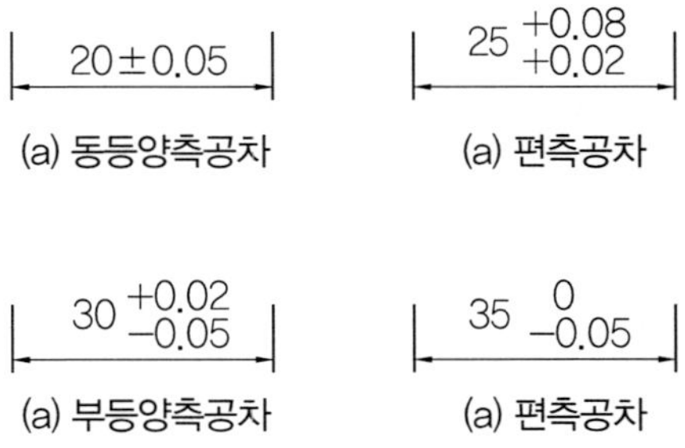

|← 20±0.05 →| |← 25 $^{+0.08}_{+0.02}$ →|
(a) 동등양측공차   (a) 편측공차

|← 30 $^{+0.02}_{-0.05}$ →| |← 35 $^{0}_{-0.05}$ →|
(a) 부등양측공차   (a) 편측공차

그림 11-54 양측 공차와 편측 공차

〔그림 11-54〕에서 양측 공차 방식은 기준 치수로부터 (+)와 (−)방향으로 허용차가 주어지는 방식으로 (+), (−)방향의 허용차가 같은 동등 양측 공차(Equal bilateral tolerance)와 (+), (−)방향의 허용차가 서로 다른 부등 양측 공차(Unequal bilateral tolerance)로 나누어진다. 일반적인 결합 부위는 편측 공차를 사용되며 결합하지 않는 표면은 양측 공차를 주는 것이 보통이다.

(5) 선택조립의 문제

요구되는 끼워 맞춤이 너무 엄격한 공차를 갖는 끼워 맞춤으로 공차가 작아서 호환성 제품의 생산이 아주 어려운 경우 선택조립을 하는데, 이런 경우에 선택조립만이 이 문제에 대한 경제적인 해결책이 될 수 있다. 선택조립이 필요한 것은 결합부품간 여러 가지 끼워 맞춤 정도가 생기므로 치수네 따라 검사하여 등급을 설정할 필요가 있다. 그러므로 제품의 기능 유지가 가능하고 공차 누적 방지로 저렴한 비용이 든다.

1) 헐거운 끼워 맞춤(Clearance fit)

조립하였을 때 항상 틈새가 생기는 끼워 맞춤. 즉, 도시되면 구멍의 공차 역이 완전히 축의 공차 역이 위쪽에 있는 끼워 맞춤이다.

2) 억지 끼워 맞춤(Transition fit)

조립하였을 때 항상 죔새가 생기는 끼워 맞춤. 즉, 도시되면 구멍의 공차 역이 완전히 축의 공차 역이 아래쪽에 있는 끼워 맞춤이다.

3) 중간 끼워 맞춤(Interference fit)

조립하였을 때 구멍·축의 실 치수에 따라 틈새 또는 죔새의 어느 것이나 되는 끼워 맞춤. 즉, 도시되면 구멍·축의 공차 역이 완전히 또는 부분적으로 겹치는 끼워 맞춤이다.

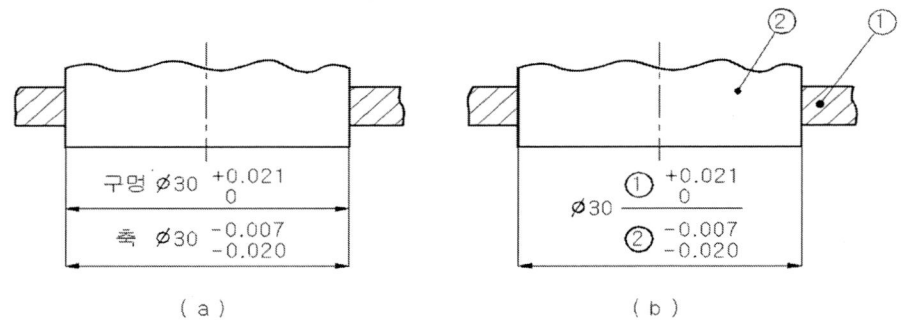

그림 11-55 조립 상태에서 공차 치수 기입

(6) 공차 누적 (tolerance stack)

공차 누적은 상호관계에 있는 각 부품의 치수에 대한 허용 공차가 제품 치수 관계에서 허용될 수 없는 허용 치수가 얻어질 때 나타난다. 최대 한계치수 공차가 결합할 때 그 상태를 한계 누적(Limit Stack)이라 한다. 즉, 개개의 치수는 합격이나 전체 치수 관계에서는 불합격을 만드는 경우, 치수 가감 시 공차가 누적되어 치수 모순이 생기는 현상을 말한다.

1) 한계 누적과 공차 누적

① 한계 누적 (limit Stack): 극한의 공차 결합 시 발생하는 잘못된 공차이다.

② 공차 누적 (Tolerance Stack): 한계 누적 이외의 잘못된 공차를 말하며 기준선 치수 방식을 말한다.

〔그림 11-56〕과같이 공작물이 10±0.05로 가공하여 조립하였을 때 치수가 20±0.05로 되어야 한다면 (a)는 한계 누적을 나타내며, 그 치수는 20.10이다. 이것은 규제된 치수 20±0.05를 초과했기 때문에 합격할 수 없다. (b)도 규제된 것보다 커진 상태를 보여주는 것으로 극한적인 치수로 조합된 것은 아니지만 공차 누적이라 부른다. 그림(c), (d)는 규제된 범위 내의 조립된 치수이다.

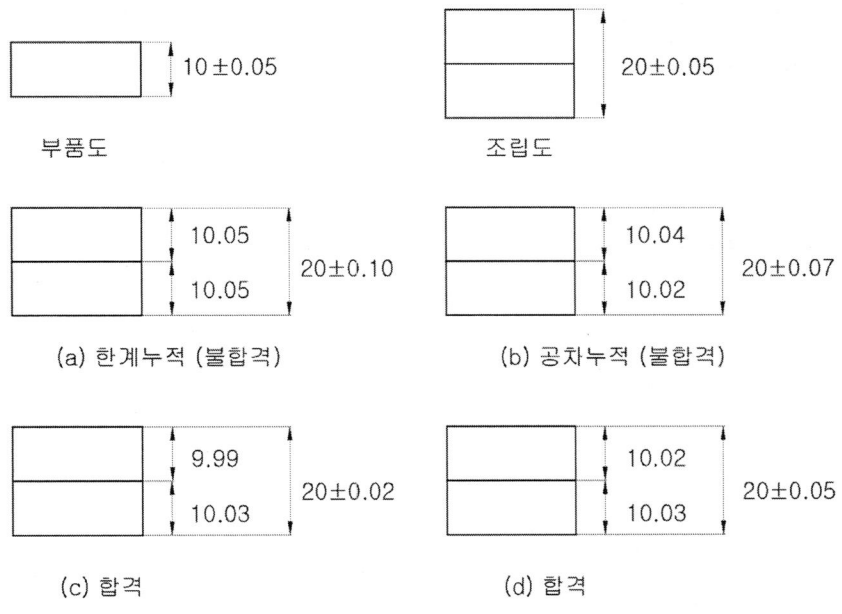

그림 11-56 한계 및 공차 누적의 예

치수와 공차의 누적은 허용할 수 있는 크기는 아니다. 다른 조립에서도 발생할 수 있으며 여러 가지 같은 방향의 극한 공차가 조립될 가능성은 희박하나 실제 현장에서는 총 공차 누적을 계산하는데 극한 공차 누적을 사용하는 것이 보통이다.

2) 공차 누적 발생원인

제품 설계 시 공차간 배상의 과오, 공정 전개의 과오, 게이지 방법상의 문제이다.

3) 공차 누적 발생 대책

공차 축소해야 한다. 그러나 비용 증가(불량률 증대 및 공정을 추가)한다. 공정 전개의 합리화 및 적절한 게이지 방법을 연구해야 한다.

4) 공차 누적의 종류

① 설계 공차 누적(Design tolerance Stack)

제품 설계 시 공차 안배 과오로 발생하며 총 공차 누적을 계산하여 사전 예방할 수 있으며 예방책으로는 기준선 치수 방식 사용(직렬식 표기법 사용금지)과 공차 축소를 하는 방법이 있지만 공차 축소는 비경제적이다.

[그림 11-57](a)는 조건 X 치수는 20±0.10 이내이고, 실제치수는 20±0.20(±0.10 초과)이다. 만족을 위해 각 부위는 ±0.025 이내로 공차를 축소하여야 한다.

[그림 11-57](b)는 기준선 치수 방식(공차 누적 방지)이며 실제 Y 치수는 20±0.10이다. 따라서 공차

누적을 줄이기 위하여 기준 치수 방식의 치수 기입법을 선택하는 것이 공차 누적으로 인한 불합리한 요소를 사전에 방지할 수 있다.

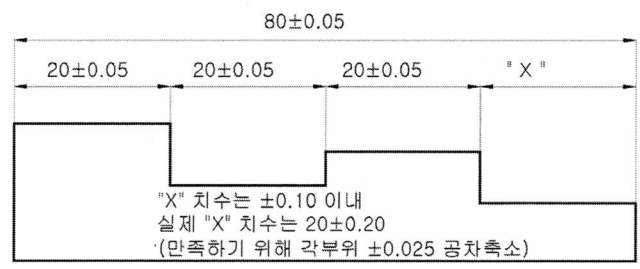

(a) 공차누적

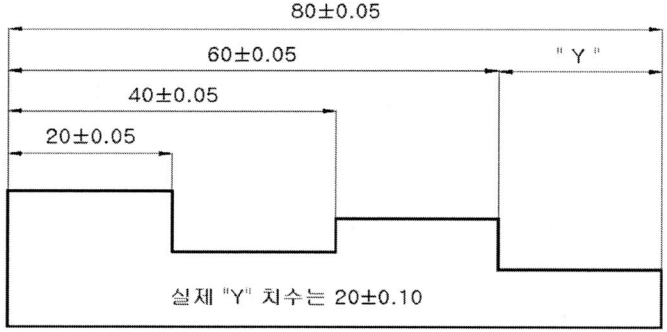

(b) 기준선 치수 방식 (공차누적 방지)

그림 11-57 한계 누적과 기준 치수 방식

제4절 공작물의 위치 결정

1. 위치 결정구 설계

(1) 위치 결정의 원리

지그와 고정구를 설계할 때 공작물에 대한 위치 결정 방법을 충분히 고려해야 한다. 공작물의 위치 결정(기준면 결정)은 기하학적인 것으로 중량이나 클램프의 압력, 절삭력 등의 크기와 관계없이 힘이 작용하는 방향을 고려하여 공작물의 위치를 안정하게 하는 것이다.

하나의 물체는 힘의 방향에 따라 어느 방향으로나 움직일 수 있으나 3가지 방향의 조합으로 나타낼 수 있다. 힘의 방향과 관계없이 공작물은 어떤 축을 중심으로 회전하는 움직임이 있다. 위와 같이 공간에서 물체의 움직임은 12가지의 움직임으로 나타낼 수 있다. 이것을 자유도(自由度)라고 하고, 6가지의 움직임을 제한하는 것을 구속도(拘束度)라고 한다. 즉, 위치 결정이라는 것은 위치의 변화를 제한하는 것이다.[그림 11-58]에서 밑면에 3개의 핀이 설치되고 힘(C)이 아래로 작용할 때 공작물은 X축 방향과 Y축 방향으로 움직일 수 있고 Z축을 중심으로 회전할 수가 있다(↔방향). 즉 자유도가 3개이다. 그러나 Z축 방향으로의 움직임과 X축과 Y축을 중심으로 회전할 수가 있다. [그림 11-59]에서 측면과 핀 2개를 설치하면 힘(C)에 의한 움직임과 Z축을 중심으로 한 회전을 막게 되므로 X축 방향으로 미끄러져 움직일 수 있으므로 하나의 자유도가 남는다.

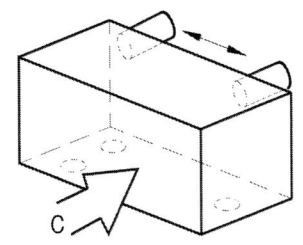
그림 11-58 밑면 3개 위치결정

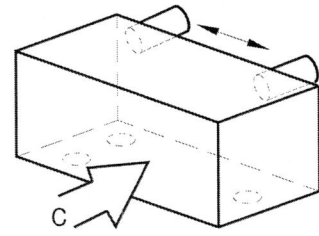
그림 11-59 측면 2개 위치결정

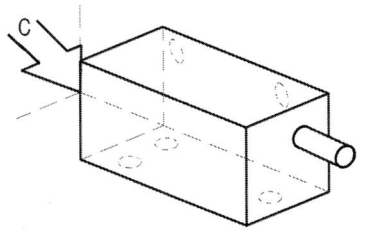
그림 11-60 완전 위치결정

[그림 11-60]에서와 같이 핀 1개로서 완전히 고정할 수 있다. 이로서 6개의 자유도가 완전히 제거되었

으므로 공작물 위치의 기준면이 [그림 11-61]은 완전히 위치 결정되었다. [그림 11-62]은 면으로 공작물의 위치 결정을 나타낸 것으로 공작물의 면이 기계 가공했을 때 가능하다.

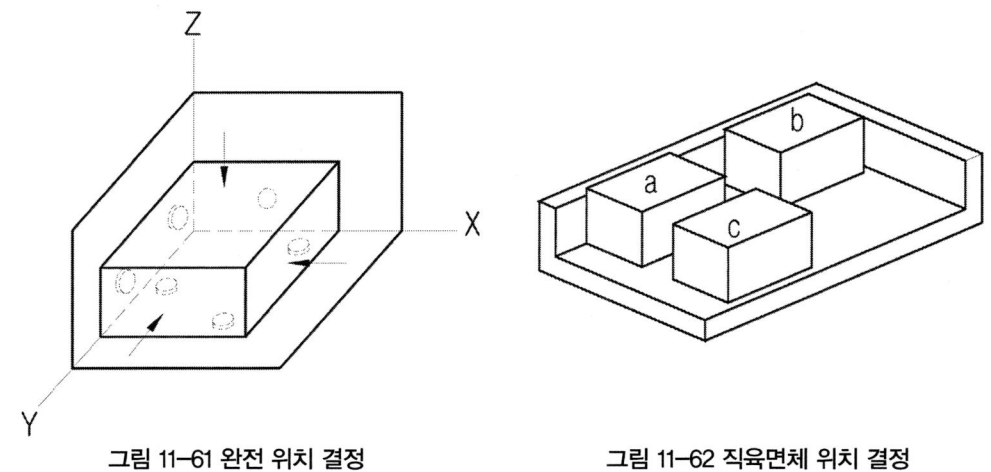

그림 11-61 완전 위치 결정   그림 11-62 직육면체 위치 결정

2. 위치 결정구의 설계

위치 결정구는 고정 위치 결정구와 조절 위치 결정구가 있으며, 공작물과 위치 결정구 접촉면의 형태는 평면, 경사면, 곡면, 점, 선 등이 있으므로 위치 결정구의 선정은 중요하다. 위치 결정구로 사용되는 것을 보면 지그 몸체의 평면을 이용하여, 지그 몸체의 일부를 돌출시켜서, V블록에 의하여, 핀(pin)이나 볼트(bolt) 등을 삽입 또는 돌출시켜서 사용한다.

(1) 위치 결정구 일반사항

1) 위치 결정구의 일반적인 요구 사항
① 위치 결정구는 마모에 잘 견디어야 한다.
② 위치 결정구는 교환할 수 있어야 한다.
③ 위치 결정구는 공작물과의 접촉 부위가 보일 수 있게 설계되어야 한다.
④ 위치 결정구의 청소가 쉬워야 하며, 칩에 대한 보호를 고려해야 한다.

2) 위치 결정구에 대한 주의 사항
① 위치 결정구의 윗면은 칩이나 먼지에 대한 영향이 없게 하려면 공작물로 덮도록 한다.
② 주물 등의 흑피 면을 위치 결정할 때는 조절이 가능한 위치 결정구를 택하는 것이 좋다.
③ 위치 결정구의 설치는 가능하게 멀리 설치하고, 절삭력이나 클램핑력은 위치 결정구의 위에 작용하도록 한다.

④ 위치 결정구는 마모가 있을 수 있으므로 교환이 가능한 구조를 선택한다.

⑤ 위치 결정구의 설치는 공작물의 변형(끝 휨, 부딪친 홈)에 대한 여유를 고려하여 설치한다.

⑥ 서로 교차하는 두 면으로 위치 결정을 할 때 교선 부분에 칩 홈을 만든다.

⑦ 위치 결정구의 윗면에 칩이나 먼지 등이 누적될 수 있는 경우(볼트구멍, 맞춤핀 구멍)에는 위치 결정구의 윗면에 빠짐 홈을 만들어 배출을 유도한다.

(2) 고정 위치 결정구

1) 고정 위치 결정면

고정 위치 결정구는 확고하게 고정이 되어 있는 위치 결정구를 말하며, 내마모성이 요구되므로 열처리하여 연삭 또는 래핑(Lapping) 등에 의하여 높은 정밀도가 유지되어야 공작물의 정밀도를 높일 수 있으며, 일반적인 요구 사항은 다음과 같다.

① 안정감이 있는 넓은 평면, 밑면과 가공 정도가 높은 측면을 기준면으로 정한다.

② 공작물의 구멍 또는 가공된 구멍, 홈 등을 이용하여 기준면으로 정한다.

③ 적당한 기준면을 찾기 어렵거나 명확하지 않을 때 임시 가공용 버팀 보수(Machining Boss)를 용접으로 만들어 그 면을 기준면으로 사용한다.

2) 고정 위치 결정면의 주의 사항

① 자리면은 칩 등이 떨어지지 않게 되도록 가공물로 덮어버리도록 한다.

② 2개의 핀을 사용하여 위치 결정을 할 때 한쪽에는 반드시 마름모형의 핀을 사용한다.

③ 주물 등의 흑피 면을 지지할 때에는 조절 위치 결정 기구로 고정하는 것이 좋다.

④ 지지점 사이의 거리는 크게 잡고, 되도록 지지점 위에 절삭력이나 체결력이 걸리게 한다.

⑤ 위치 결정 핀은 마멸됐을 때 교환할 수 있는 구조로 한다.

⑥ 위치 결정이 중복되지 않도록 주의한다. 이렇게 하도록 반드시 한쪽에 빠짐 홈을 두거나 조절할 수 있는 구조로 하여야 한다.

⑦ 가공물의 변형, 끝 휨, 부딪친 홈에 대한 여유 부분을 마련한다.

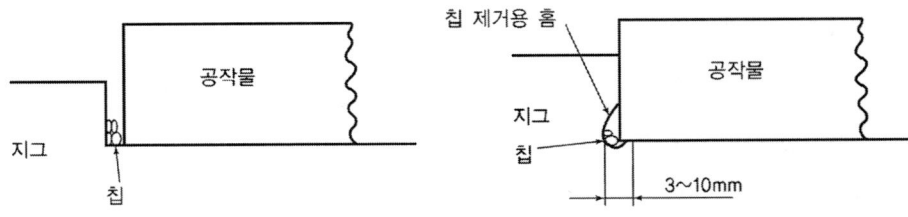

그림 11-63 두 면을 이용한 위치 결정과 칩 홈

두 면이 동시에 위치 결정될 때는 구석에 칩 홈(빠짐 홈) 약 3~10mm 정도로 설치하여, 연삭 작업을 위한 공간 및 칩이나 공작물의 버(burr)로 인하여 발생하는 부정확한 위치 결정을 막는다. 치공구의 본체를 주철로 할 경우 일반적인 회주철(GC150~GC250)을 많이 사용하고 있다.

〈표 3-2〉 기준면과 칩 홈의 치수

I	L	b	I	L	b
15-25	50-100	2.5	100-150	200-250	5.5
25-50	100-150	2.5	150-200	250-300	5.5
50-100	150-200	2.5	200-250	300-350	5.5

(가) 패드(Pad)에 의한 고정 위치 결정구

패드는 버튼과 비슷한 재료로 만들어지며 역시 버튼과 비슷한 경도(hardness)로 열처리 가공된다. 이것이 설치될 치공구의 면은 연삭 가공이 되어 있어야 하며 패드의 모서리는 버(burr)를 제거하거나 촉감을 부드럽게 하려면 약간 폴리싱(polishing)이 되어 다듬질하여야 하나 때에 따라서는 버튼 윗면의 모서리와 같이 모따기나 모서리의 라운딩(rounding) 가공은 하지 않는다.

3) 핀(Pin)에 의한 고정 위치 결정구

핀은 주로 측면으로 위치 결정하며 가벼운 하중을 받는 공작물에 적용된다. 핀은 원통형 모양의 요소로서 공작물이 옆(측)면에 닿게 되어 있으므로 핀의 높이는 문제가 되지 않는다.

핀은 버튼과 마찬가지로 위치 결정면에 억지 끼워 맞춤으로 설치되며 라운드 핀(Round pin)은 곡면이나 기계 가공이 된 공작물을 정확히 위치 결정시키기 위하여 핀이나 버튼의 옆면을 평면으로 만들어 이용되며 평면은 위치 결정면에 설치한 후에 핀의 옆면을 연삭(Grinding)하여 만든다.

재질로는 내마모성 높은 것이 요구되므로 주로 중 탄소 합금강이나 저급 공구강을 담금질 및 뜨임 열처리하여 사용하며 로크웰 경도 HrC 40~50 정도(쇼어 경도 Hs 70 정도), 재질은 STC 90(5종), 원통 면의 거칠기는 3-S 정도가 적당하다.

핀과 본체의 끼워 맞춤은 억지 끼워 맞춤이고 핀은 공차가 0.03~0.04㎜ 정도 크게 가공하고 위치 결정부의 허용차는 g6 또는 h6로 한다.

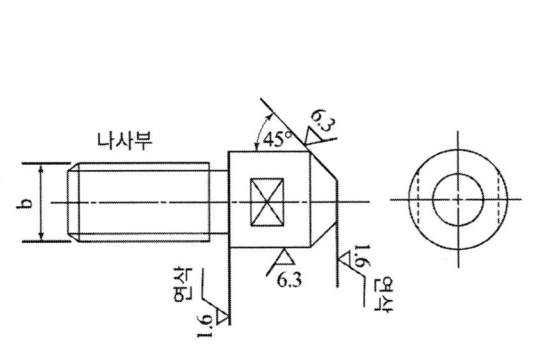

그림 11-64 위치결정 패드 핀

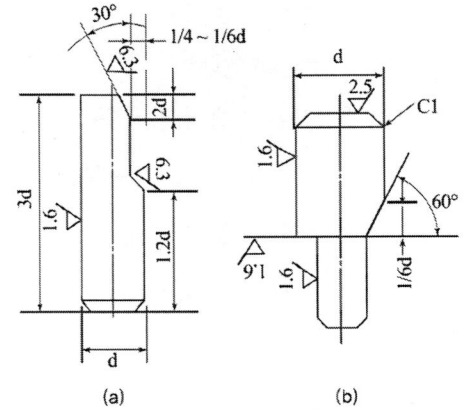

그림 11-65 칩 홈이 있는 핀의 치수

핀(pin)에 의한 위치 결정구의 종류에는 윗면이 평면, 구면, 원추형, 마름모형, 요철형 등이 있으며 주용도는 다음과 같다.

① 평면 : 공작물의 위치 결정부가 평면일 경우.

② 구면, 요철형 : 공작물의 위치 결정부가 불확실하거나 경사면 또는 흑피 면에 사용.

③ 원추형 : 위치 결정과 동시에 중심 내기로 활용될 경우.

(3) 조절 위치 결정구 및 지지구

1) 조절 위치 결정구와 지지구와의 관계

조절식 위치 결정구(locator)를 설명하기에 앞서 위치 결정 기구(locators)와 지지구(supports)의 역할을 확실히 구분할 필요가 있다. 위치 결정 기구, 즉, 로케이터는 공작물의 위치를 기하학적으로 한정하지만, 클램프 또는 절삭 가공할 때 공작물에 가하여지는 힘에 대해 안정한 지지는 고려하지 않는다.

지지구는 공작물에 가해지는 절삭력이나 클램프 힘에 의한 공작물의 탄성변형을 막기 위하여 부수적으로 설치되는 것이다. 부수적인 지지구가 정적인 위치 결정 시스템과 조화가 이루어지지 않으면 다음과 같은 3가지의 문제점이 발생한다.

① 지지구가 공작물과 접촉하지 않으면, 지지구의 기능이 발휘되지 못하므로 불필요한 것이 된다.

② 지지구가 위치 결정구보다도 더 높아서 공작물을 위치 결정구로부터 올리게 되면 이것이 위치 결정구를 대신하게 되므로 부정확한 위치 결정이 이루어진다.

③ 지지구가 공작물에 과다한 힘을 가하게 되면 공작물에 변형(휨, 비틀림)이 생기고 위치 결정구에 무리한 힘을 가하게 된다.

2) 조절 위치 결정구(Adjustable Locator)

위치 결정구는 공작물을 클램핑하고 기계 가공할 때 작용하는 모든 힘에 대하여 견고한 기계적 지지를 충분히 할 수도 있고 또한 충분하지 못한 경우도 있는데 이때 충분한 기계적 안정을 얻기 위해서 추가되는 요소가 지지구(support)이다.

조절 위치 결정구는 다음과 같은 목적으로 사용된다.

① 기준공차 또는 이미 규정된 공차를 초과한 소재를 위치 결정할 때 사용된다.
② 마모나 부주의에 의한 고정구의 치수 변화를 위해 조절할 때 사용된다.
③ 하나의 고정구로써 하나의 크기가 아닌 여러 크기의 공작물을 위치 결정할 때 사용된다.

3) 지지구(Support)

지지구는 공작물의 형상 관리를 보안하고 공작물의 위치를 정적으로 안정시키는 요소로서 일반적으로 수동으로 작동되는 나사와 플런저, 스프링과 쐐기, 공유압 작동 플런저 등 기계적 관리를 위해 사용되고 있다.

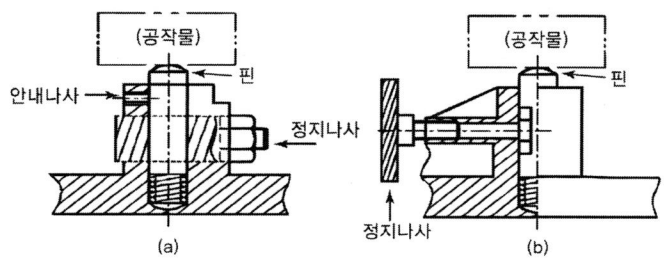

그림 11-66 간단한 플런저형 지지구

(4) 평형(Equalizer) 위치 결정 지지구 및 고정구

평형 지지구 및 고정구(equalizer)는 일반적으로 하나의 작용력(하중)을 2 혹은 2 이상의 작용점에 분배시키는 목적에 사용된다. 이것은 작용력을 균등하게 분배시킨다는 의미를 내포하고 있으나, 하나의 작용력을 2(또는 2 이상) 개의 지지 점에 대하여 일정 비율로 힘이 분배되어 작용시키도록 설계된 기구로, 역시 평형 지지구 혹은, 고정구라고 볼 수 있다.

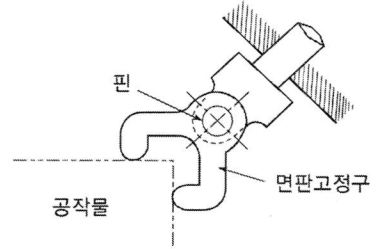

그림 11-67 수평, 수직 평형 고정구

1) 평형 고정구의 용도

기본적으로 평형 고정구는 다음과 같은 용도(목적)에 사용된다.

① 과도하게 집중하는 클램핑(고정) 압력을 가공 부품의 표면에 균일하게 작용하도록 한다.
② 위치 결정구에 클램핑 압력을 수직으로 작용시킨다.
③ 거친 표면을 가진 공작물을 클램핑 한다.
④ 높이가 다른 한 공작물의 표면을 고정하기 위하여 이용한다.
⑤ 수직, 수평 표면을 동시에 클램핑 할 때 이용한다.
⑥ 변형되기 쉬운 얇은 판, 탄성 공작물의 변형 방지를 위하여 체결력을 표면 전체에 확산시킬 목적으로 이용한다.
⑦ 가공 부품의 중심을 잡아 고정하기 위해서다.
⑧ 여러 공작물을 동시에 클램핑할 목적으로 이용된다.

(5) 네스팅(Nesting)

한 공작물이 일직선상에서 적어도 2개의 반대 방향 운동이 억제되는 경우, 둘 또는 그 이상의 표면 사이에서 억제되어 위치 결정되는 방법 즉, 어떤 홈을 파 놓고 그 안에 공작물을 집어넣는 것을 말한다. 네스트와 공작물 간의 최소 틈새는 공작물의 공차에 의해 결정되나 네스팅에 의한 위치 결정은 항상 어느 정도의 변위가 따르게 된다. 그러므로 불규칙한 형상의 공작물은 윤곽이 정확하게 가공되어 있을 때 사용한다. 특히 주물이나 단조품은 네스팅이 불리하며 금형에 의해 일정하게 만들어지거나 엄격한 공차로 기계 가공된 공작물에 적합하다.

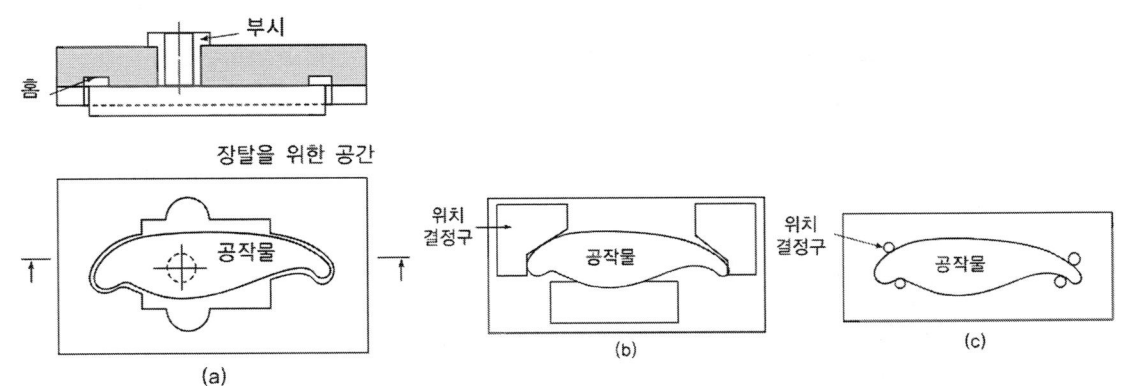

그림 11-68 공작물 윤곽에 따른 네스팅

(6) 원형 위치 결정구(Circular locator)

공작물의 구멍과 원통 부분을 위치 결정 하기 위해 핀, 심봉(mandrel), 플러그(pulg), 중공 원통, 링, 홈 등의 형태로 위치 결정하는 네스팅 원리이며 위치 결정의 정밀도와 재밍(jamming)이 생긴다. 여기서 재밍이란 공작물 구멍에 원형 축을 끼울 때 턱에 걸려들어 가지 않는 현상을 말하는데 재밍은 항상 짧은 거리의 위치에서 발생하며(즉 L이 작을 때) 어느 정도 길게 끼워지면 재밍 현상은 발생하지 않는다. 재밍의 주요 원인은 마찰 때문에 발생하며 틈새, 끼워지는 맞물림 길이, 작업자의 손 흔들림도 원인이 된다.

원형 위치 결정 기구는 공작물을 위치 결정하는, 즉 공작물의 네스트(nest)를 위한 요소이다. 이러한 원형 위치 결정구는 재밍(jamming) 현상과 정확한 위치 결정을 위한 틈새(clearance)의 정도가 가장 중요한 문제점이 된다.

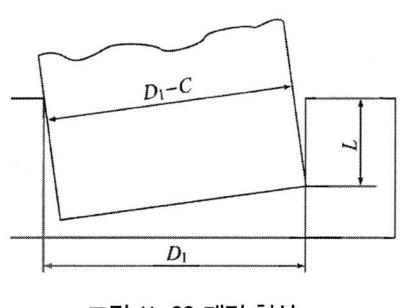

그림 11-69 재밍 현상

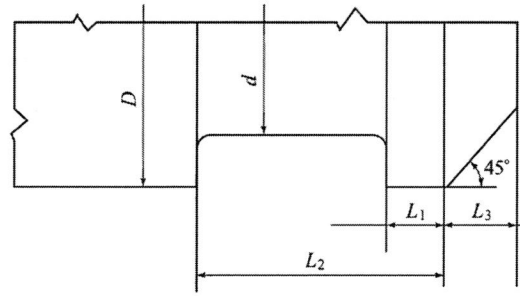

그림 11-70 재밍 억제를 위한 원형 위치 결정구

재밍은 [그림 11-69]와 같이 구멍에 물체를 끼워 넣을 때 약간 기울어지면서 구멍의 모서리에 걸려 끼워지지 않는 현상을 말한다. 위치 결정구의 지름이 , 끼워질 공작물의 지름은 이고 틈새는 가 되며 L만큼 끼워졌을 때 재밍이 발생한 것을 나타낸다. 이에 대한 치수는 다음과 같다.

$L_1 = 0.02D$, $L_2 = 0.12D$, $L_3 = 1.7\sqrt{D}$ (L_3와 D는 mm 단위)

$L_4 = 1/3\sqrt{D}$ (L_3와 D는 inch 단위), $d = 0.97D$

(7) 다이아몬드 핀

다이아몬드 핀(diamond pin)은 단면이 마름모꼴이며 구멍에 헐거움 끼워 맞춤(clearance fit)으로 설치되기 때문에 가공물의 착탈(loading and unloading)이 쉬운 장점이 있어 실제로 위치 결정 기구의 요소로 많이 쓰인다.

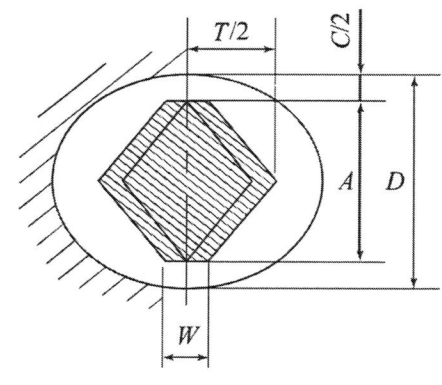

그림 11-71 다이아몬드 핀

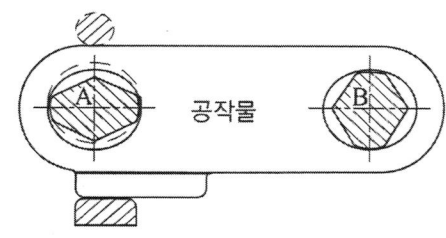

그림 11-72 다이아몬드 핀의 사용

[그림 11-71]은 지름이 D인 구멍에 길이 A인 다이아몬드 핀이 틈새(clearance)가 C로 끼워진 것이며 D=A+C가 된다. 만약 다이아몬드 핀의 위 끝과 아래 끝이 예리하게 되어 있다면, 원호에 대한 공식에서 현의 높이에서 C/2이고, 원호의 폭이 T일 때 $\left(\dfrac{T}{2}\right)^2 = \dfrac{C}{2}(D - \dfrac{C}{2}) = \dfrac{CD}{2} - \dfrac{C^2}{4} = \dfrac{CD}{2}$ ∴ $T = \sqrt{2CD}$ 가 된다.

그러나 실제로 핀의 위쪽과 아래쪽의 끝은 뾰족하게 되어 있지 않고 마모를 고려한 폭 W를 가진다. 그러므로 공차 없이 끼워질 수 있는 지름은 A가 되며 W를 고려하면 $W + T = \sqrt{2CD}$ 이다.

[그림 11-72]는 치공구에 사용된 다이아몬드 핀의 사용 예로서 다이아몬드 핀은 2개를 수직하게 엇갈려 설치하여 사용하는 경우가 많다. 핀(A)은 가로 방향으로의 움직임을 억제하면 핀 (B)는 공작물의 상하(上下)로의 움직임을 막는다. 이러한 경우에 핀 A에서 공작물이 상하로 움직이게 되므로 표시한 것과 같은 부수적인 위치 결정 기구가 필요하다.

다이아몬드 핀의 전형적인 사용 방법은 [그림 11-73]에 나타내었다. 공작물은 치공구 위에 올려짐으로써 자중 때문에 상하로의 움직임은 막히며 가로 방향은 핀에 의해 이루어진다. 이와 같이 다이아몬드 핀은 한쪽으로만 정확히 위치 결정할 수 있으므로 방향을 고려하여 사용되어야 한다.

두 개의 원통을 이용한 모든 위치 결정에 적용되는 원칙은 원하는 위치로 쉽게 맞추어지도록 하는 것과 한번에 연속적으로 2개가 끼워지도록 하는 것이다.

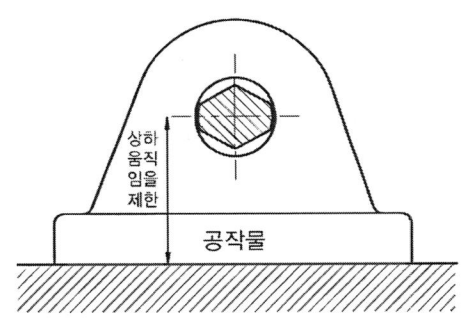 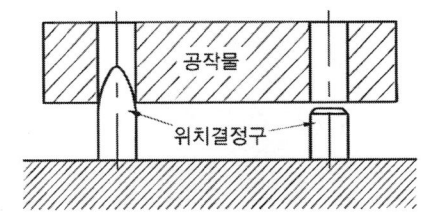

그림 11-73 다이아몬드 핀의 사용   그림 11-74 이중 원통 위치 결정구의 삽입 방법

이렇게 하려면 [그림 11-74] 에서 와 같이 하나의 핀에 라운드(round) 부분은 만들고 또 다른 핀의 윗면에 모서리 모따기를 하였고 연속적으로 끼워질 수 있도록 한쪽 핀을 길게 하여 이것에 먼저 끼워지면서 이것의 안내 역할로 짧은 핀에도 쉽게 끼울 수 있다. 만약 두 개의 핀 길이를 같게 하면, 공작물은 동시에 두 개의 핀에 맞추어야 하므로 작업이 어렵게 된다.

(8) 두 개의 원통에 의한 위치 결정

평면상에 있는 두 개의 원통형 위치 결정구(locator)를 구멍에 맞추어 위치 결정(locating)하면 공작물의 6개의 자유도를 모두 제거할 수 있으며 아주 좋은 기계적 안정성을 얻게 된다. 이러한 경우에 정밀도는 원통 핀이 끼워질 틈새와 두 개의 구멍 중심거리 공차에 의해 정해진다.

[그림 11-75]는 공작물 구멍 간의 거리는 L-T에서 L+T로 분산되어 있으므로 모든 공작물에 적용하기 위해서 오른쪽 위치 결정구 지름이 D-2T로 되어야 한다.

거리 공차가 최대치인 가공 부품(L-T 또는 L+T)이 끼워지면 틈새(Clearance)는 2T가 된다. 이에 따라 각도상의 오차 $Q=\dfrac{2T}{L}$(rad)만큼 발생한다.

오차를 없애기 위하여 옆으로 길게 된 구멍(장공)을 만들어 사용될 수 있으나 치공구에 끼워질 각각의 공작물에 그와 같은 구멍을 만든다는 것은 제작상 어려운 점이 있다. 좌우 움직임이 관계없고 상하로만 움직임을 억제하면 다이아몬드 핀 2개를 사용할 수 있다.

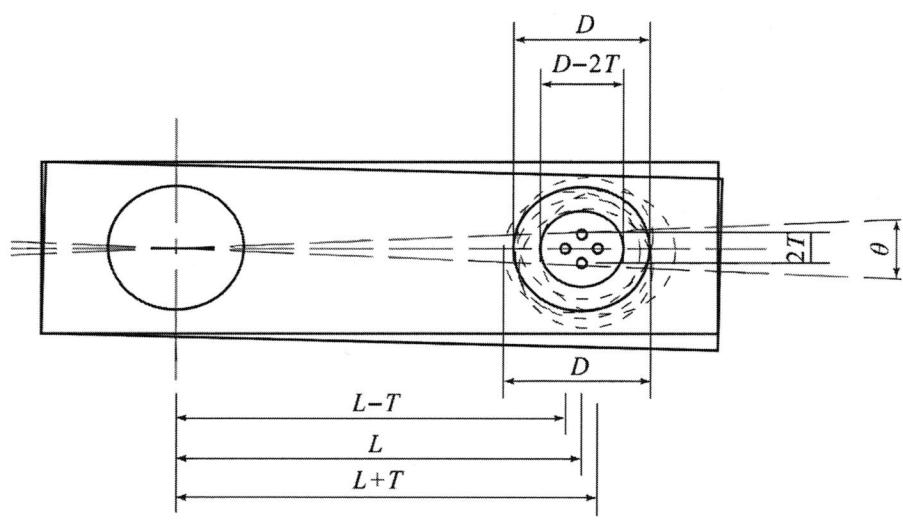

그림 11-75 이중 원통 위치 결정구의 응용

3. 중심 위치 결정구(centralizer)

중심 위치 결정법은 일반 위치 결정법(locating)을 한 걸음 앞선 방법이다.

위치 결정법은 치공구에 접촉되는 장소(부분)마다 한 부분에 1면이 필요한 데 대하여, 중심 결정법은 한 장소에서 2면이 필요하며, 가공하려는 부품 내의 1 평면을 위치 결정하는 방법이다.

① 단일 중심 위치 결정(Single Centering) : 한 개의 중심 평면을 위치 결정
② 이중 중심 위치 결정(Double Centering) : 두 개의 평면(서로 수직)을 위치 결정
③ 완전 중심 위치 결정(Full Centering) : 세 개의 중심 평면을 동시에 위치 결정

(1) 중심 결정구의 특징

기계 가공하려는 면이 거친 부품을 맨 처음 고정할 때, 기준선이나 펀치센터를 대신하여 대략 정하는 것이 치공구의 한 목적으로서 위치 결정이 맡는 단순한 역할인 데 반하여, 중심 결정이라고 하는 것은 중심 결정구(혹은 장치)를 이용하여, 기준면이나 기준 표시구멍의 정확한 위치를 정하는 것으로써 치공구의 기능을 발전시킨 것이다. 따라서 부품의 실제적인 중심 평면이나 중심축, 중심이 치공구에 공차의 범위 내에서 정확하게 위치 결정되는 것이다. 즉, 기계 가공하지 않은 공작물의 표면이 부품 내의 기준선이나

평면에 대하여 더욱 정확하게 위치 결정되는 것이다.

(2) 중심 결정구(Centralizers)와 위치 결정구(locators)

중심 결정구는 단일 혹은 복합 부품으로서 위치 결정구의 역할이나 클램프 기구의 역할, 또는 두 가지의 역할을 다하기도 한다. 고정된 단일부품의 중심 결정구는 바로 위치 결정구가 되며, 여러 부품이 복합된 중심 결정구는 적어도 한 개의 가동 부분을 가지고 있다. 이 부품들은 하나의 고정 부품(위치 결정구)과 하나 이상의 가동 부품(클램프 기구)을 내포하고 있다. 이들 구성 부품이 모두 움직일 수 있으면, 클램프로서나 위치 결정구로서 양면으로 취급할 수 있다. 따라서 위치 결정구와 클램프 기구 사이에는 확실한 구별이 없는 것이다.

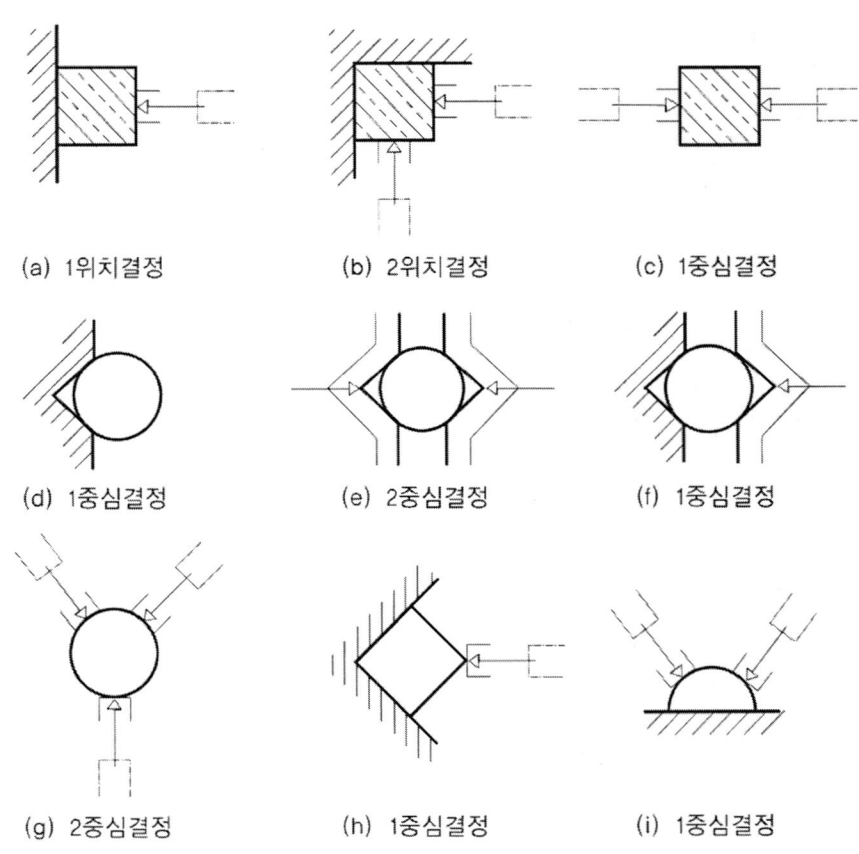

그림 11-76 대표적인 중심 결정구와 위치 결정구의 원리

[그림 11-76]은 대표적인 위치 결정구와 중심 결정구를 그림으로 나타낸 것이다.

2 중심 결정은 어떤 중심 결정구를 사용하거나, 축선만 위치 결정되기만 하면 이루어지는 것이며, 이러한 의미에서, 일반적으로 사용하는 3조 척, 자동 조심형 척(self centering chuck), 콜릿 척은 모두 2중심 결정 기구가 된다. 그림(g), 그림(e) 와 같은 소형 터릿선반에 자주 사용되는 2조 척이나 드릴 척도 역시 똑같이 2중심 결정 기구의 하나라고 할 수 있다. 2개의 V 홈을 가진 공작기계의 바이스는 1중심 결정 기구가 된다. 그림(f) 중심 결정구는 오목한 형상을 가지면 안되며, 틈새가 없이 접촉되어 체결하는 공작물

이어야 한다. 따라서, 중심 결정구를 사용하면, 특히, 면이 거칠 공작물을 오목한 형상(네스팅 방법)으로 위치 결정하는 것보다, 더욱 확실하고 정확하게 공작물을 위치 결정할 수 있다.

(3) V 블록을 이용한 중심 결정방법

시판용 고정구로서 V 블록은 원통형의 공작물을 위치 결정할 때 사용되며 사이 각이 거의 90도로 만들어지고, V 블록 자체는, 사이 각이 90°±10′ 이하이고 진직도가 0.005mm/m(±0.002인치)의 오차범위 내에 있어야 한다.

90도 V 블록은 원통 부품의 위쪽에서 고정하는 힘을 가할 때 힘의 방향이 수직선을 기준으로 ±22.5를 벗어나면 부품이 불안정하게 고정되어 흔들릴 염려가 있다. 힘의 작용 방향은 좌우 45도까지는 변경할 수 있으나, 그전에 안정성은 없어진다.

V 블록이 가지는 여러 가지의 이점은 단순, 강력, 견고하므로 지지 면이 양호하며, 큰 부품만큼 긴 부품에도 적합하고, 고정구에 대하여 부가적인(2차 적인) 안정성과 강도를 부여할 수 있으며, 이용하기 쉽고, 값이 싸다는 이점을 가지고 있다.

대표적인 V 블록 사이 각의 특징은 다음과 같다.

1) 60° V블록
① 공작물의 수직 중심선이 쉽게 위치 결정된다.
② 공작물의 수평 중심선의 위치가 가장 크게 변한다.
③ 위치 결정점 간격이 넓어 기하학적 관리가 가장 양호하다.
④ 위치 결정구에 대해 공작물을 고정하는데, 필요한 고정력(clamping force)이 적게 든다.

2) 90° V블록
① 공작물의 수직 중심선이 위치 결정된다.
② 공작물의 수평 중심선의 위치가 평균적으로 변한다.
③ 평균적인 공작물의 기하학적 관리
④ 평균적인 고정력(clamping force)이 요구된다.

3) 120° V블록
① 공작물의 수직 중심선을 위치 결정 하기가 약간 곤란하다.
② 공작물의 수평 중심선의 위치가 최소로 변한다.
③ 위치 결정점의 위치가 가까워 기하학적 관리가 좋지 못하다.

④ 가까운 위치 결정구 상에 공작물을 고정하기 위해서 더 큰 고정력(clamping force)이 요구된다.

(4) V 블록의 한계성

[그림 11-77] (a)의 경우, V 블록이 중심 결정구로써 사용될 때, 직경 차를 Δ 라고 하면, 부품의 중심은 이등분 면상에서 위치오차 e가 생기는데, e = 1/2Δ=0.707Δ가 된다.

[그림 11-77] (b)에서 기준 위치 결정구나 측면 위치 결정구로 사용할 경우는 더욱 안정되게 사용할 수 있다. 이 경우, 중심의 오차 e는 수직, 수평 방향에 대하여 분명히 e = 1/2Δ밖에 되지 않아, 모두 직경 차 Δ보다 작게 되는 것이다.

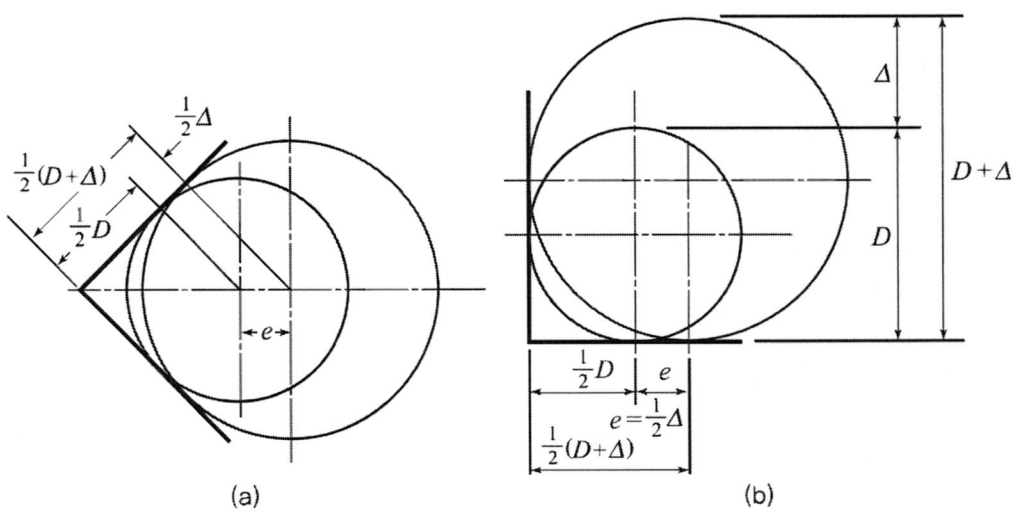

그림 11-77 위치오차(e)에 대한 지름 공차(Δ)의 영향

4. 장착(loading)과 장탈(unloading)

(1) 공작물의 장착과 위치 결정

장착(loading)이란 공작물을 치공구에 위치 결정하고 클램핑(clamping) 하는 것이며 장탈(unloading)이란 가공이 끝난 공작물을 치공구에서 클램프를 풀고 꺼내는 것. 즉, 치공구는 공작물을 '장착'(청소 과정 포함)과 '기계 가공' 한 후 '장탈' 하는 세 단계로 작업이 이루어진다. 장착은 공작물을 치공구에 넣고 위치 결정하며 클램프하는 전 과정을 말한다.

(2) 방오법(Fool proofing)

공작물의 형태가 비대칭형인 경우, 치공구에 공작물을 장착할 때 착오로 인하여 잘못 장착할 경우가 있다. 공작물의 장착 위치를 틀리지 않게 하려면 사용되는 것이 방오법으로서, 공작물의 형태가 비대칭일 때 주로 발생하며, 이 경우 가공 부위가 바뀌게 된다.

방오법을 적용하는 방법으로는 공작물의 가공 홈, 구멍, 돌출부 등을 이용하여 치공구를 설계, 제작하여야 한다. 방오법은 최소한 1개 이상의 비 대칭면을 가진 공작물을 쉽게 장착하기 위해 치공구에 부착된 보조장치이다. 공작물이 완전한 대칭구조일 때는 문제가 되지 않으나 비대칭 형상일 때는 위치가 바뀌지 않도록 장착시켜야 하며 이때마다 위치를 확인하는 것은 작업능률을 저하하게 되므로 공작물이 올바른 위치일 때만이 치공구에 장착되도록 설계함으로써 작업시간의 단축과 위치의 잘못을 방지할 수 있다.

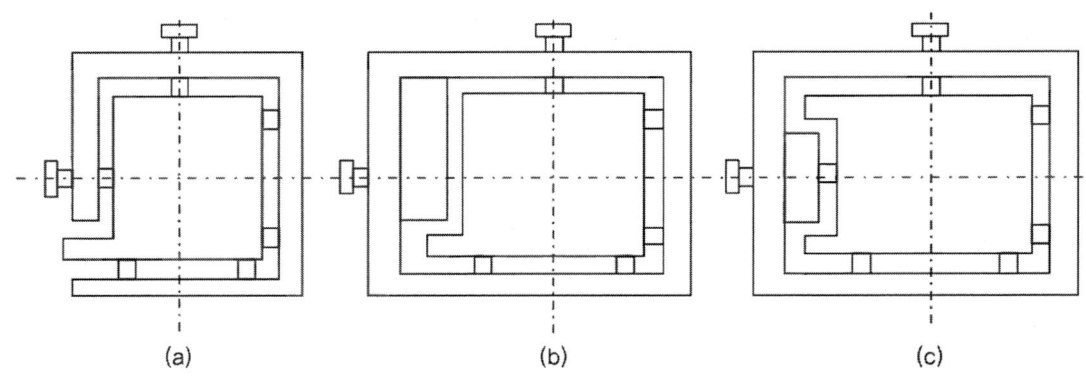

그림 11-78 간단한 방오법의 구조

(3) 분할법(indexing)

분할은 공작물을 일정한 간격으로 등분하고자 할 때 활용되며, 공작물의 형태에 따라 크게 직선 분할, 각도 분할 두 가지가 있다. 직선 분할은 공작물의 평면 부를 이용하며, 특히 정밀도가 요구되는 곳에 사용한다. 각도 분할은 공작물의 원호상에 일정한 각도로 분할할 때 주로 이용한다.

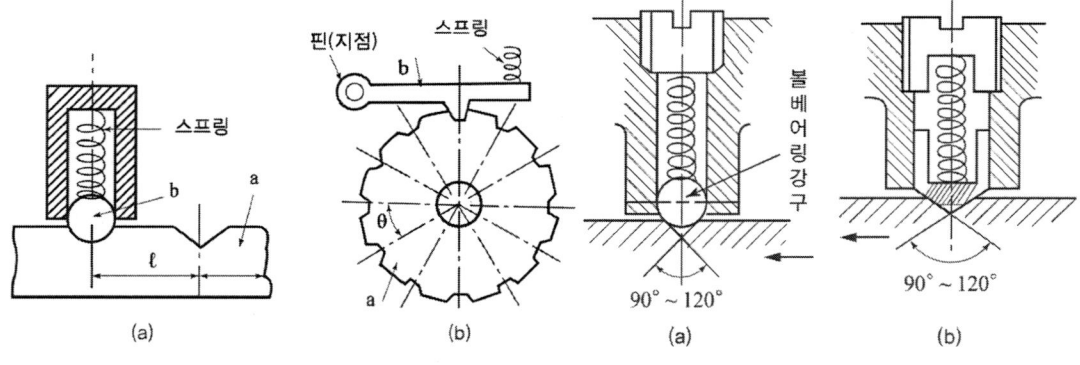

그림 11-79 분할 방법의 예 그림 11-80 외력에 의한 분할

분할에서의 주의 사항은 다음과 같다.

① 분할 부분에 마찰 때문에 마모가 발생하면 보정이나 교환이 가능한 구조이어야 한다.
② 끄덕임은 한쪽으로만 있게 하고 흔들림은 항상 한 방향에서 발생하도록 한다.
③ 분할 부는 칩이나 먼지 등에 의한 분할 오차가 발생하지 않도록 설계 보호되어야 한다.

(4) 공작물 장탈을 위한 이젝터(Ejector)

치공구의 사용 목적은 경제적으로 생산하는 데 있다고 할 수 있으며, 가장 경제적인 생산을 위해서는 공작물의 장착과 장탈이 짧은 시간에 이루어지는 것이 중요하다. 장착의 경우는 정해진 절차에 의하여 하나, 장탈의 경우는 절차보다는 짧은 시간에 쉽게 제거하는 것이 중요하다.

공작물 제거에 도움을 주기 위하여 활용되는 기구가 이젝터로서, 구성요소는 주로 핀(pin), 스프링(spring), 레버(lever), 유공압 등이 이용된다. 이젝터(ejector)를 사용하면 작업능률의 향상과 원가절감, 생산시간 단축, 치공구의 중량 감소, 안전사고 예방 등의 이점이 있다.

제5절 공작물 클램프

1. 클램핑의 개요

(1) 클램핑 정의

클램핑은 치공구의 중요한 요소 중의 하나로서, 공작물을 주어진 위치에서 고정(clamping), 처킹(chucking), 홀딩(holding), 구속(gripping) 등을 하는 것을 말하며, 공작물은 치공구의 위치 결정면에 장착된 후에 절삭가공 및 기타 작업 이루어지게 된다. 그러나 공작물은 주어진 위치에 고정이 이루어지지 않게 되면 절삭력이나 진동 등의 외력에 의하여 이탈되어 절삭이 불가능할 것이다. 그러므로 공작물은 절삭이 완료될 때까지 위치 변화가 발생하여서는 안 되며, 공작물의 주어진 위치를 계속 유지하기 위하여 클램핑이 필요하게 된다.

(2) 각종 클램핑 방법 및 기본원리

각종 치공구에서 공작물을 클램핑(clamping)하는 방법에는 여러 가지가 이용된다.
① 공작물의 클램핑 과정에서 공작물의 위치 및 변형이 발생하지 말아야 한다.
② 공작물의 가공 중 변위가 발생하지 않도록 확실한 클램핑이 이루어져야 한다.
③ 클램핑 기구는 조작이 간편하고 신속한 동작이 이루어져야 하는 일반적인 사항을 만족하여야 한다.

[그림 11-81]은 공작물의 위치 결정면과 고정력이 작용하는 위치와의 관계를 설명하고 있으며, 공작물에 대한 고정력의 작용은 그림에서처럼 위치 결정면 위에 작용하여야 공작물의 변형을 방지할 수 있게 된다.

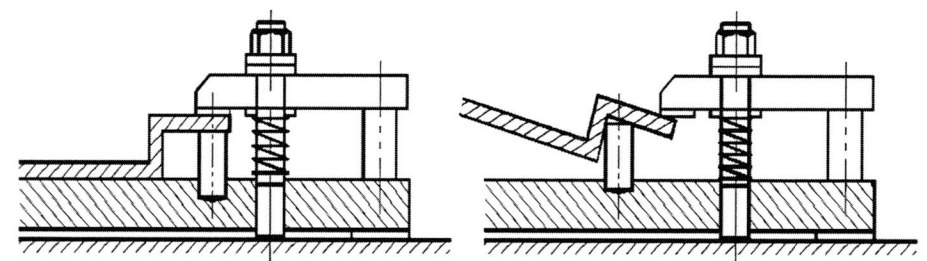

그림 11-81 위치 결정면과 고정력이 작용하는 위치와의 관계

④ 절삭력은 클램프가 위치한 방향으로 작용하지 않도록 하고 절삭력의 반대편에 고정력을 배치하지 않도록 한다. 절삭력은 치공구에서 흡수토록 한다.

⑤ 절삭면은 가능한 테이블(table)에 가깝게 설치되도록 하여야 절삭시 진동을 방지할 수 있다.

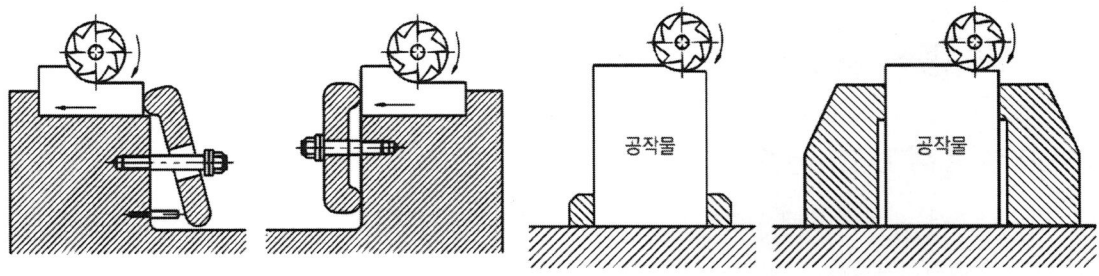

그림 11-82 클램프와 절삭력의 방향   그림 11-83 클램핑과 절삭면

⑥ 클램핑 위치는 가공시 절삭 압력을 고려하여 가장 좋은 위치를 택한다.

⑦ 클램핑력(clamping)은 공작물에 변형을 주지 않아야 하며, 공작물이 휨 또는 영구변형이 생기지 않도록 한다. 가능한 절삭력보다 너무 크지 않도록 최소화하는 것이 좋다.

⑧ 기계 가공면의 고정시 가공 표면이 손상되지 않도록 주의하고 가공 중 또는 그 전후에 있어 작업자, 공작물, 치공구에 대한 위험이 없도록 클램프를 설치한다. 공작물의 손상이 우려시 클램프에 다음과 같이 처리하여 사용한다.

㉠ 알루미늄, 구리 등을 연질 재료의 보호대를 부착한다.

㉡ 받침대를 부착하여 사용한다.

㉢ 베클라이트 또는 단단한 플라스틱의 보호대를 사용한다.

⑨ 비강성의 공작물에 대한 손상, 변형, 뒤틀림을 방지하기 위하여 여러 개의 작은 힘으로 분산하여 클램핑하며, 클램핑력이 균일하게 작용하도록 한다.

⑩ 클램핑 기구는 조작이 간단하고 급속 클램핑 형식을 택한다.

⑪ 공작물의 형상에 적합한 클램핑 기구를 택한다.

⑫ 클램프로 인해 휨이나 비틀림이 발생하지 않도록 공작물의 견고한 부위를 가압한다.

⑬ 클램프는 상대에 위치 결정구 또는 지지구에 직접 가하고 공작물을 견고히 고정하여 공구(tooling)력에 충분히 견딜 수 있도록 하며, 공작물이 지지구에 대해 힘이 가해지지 않도록 한다.

⑭ 클램프는 진동, 떨림 또는 중압 등 공작물에 발생하는 힘에 충분히 견딜 수 있도록 한다.

⑮ 클램프는 공작물을 장·탈착 시 이로 인한 간섭이 없도록 한다.

⑯ 클램프는 치공구 본체에 설치나 제거가 용이해야 한다.

⑰ 중요하지 않은 곳을 클램핑 함으로써 공작물이 손상되지 않게 한다.

⑱ 가능한 한 복잡한 구조의 클램프보다는 간단한 구조의 클램프를 사용한다.

⑲ 가능한 한 클램프는 앞쪽으로부터, 바깥쪽에서 안쪽으로, 위에서 아래로 작동되도록 설계하며 나사 클램프에서는 왼손 조작일 경우는 왼 나사를 사용하도록 한다.
⑳ 클램프의 심한 마모가 우려될 때 열처리된 보호대를 부착시켜 사용한다.

2. 클램프의 종류 및 고정력

(1) 스트랩 클램프(Strap Clamp)

가장 간단하면서 단순한 클램프로 기본 형식은 지렛대(lever)의 원리를 이용한 것으로서 클램프 바(bar)는 치공구의 밑면과 항상 평행하도록 지점을 위치시키는데 공작물 두께에 의한 약간의 차이 때문에 평행이 되지 않는다. 이와 같은 차이를 해소하기 위해서 구면 와셔와 너트를 사용하는데 그 기능은 클램핑 요소의 올바른 기준면을 부여하고 나사의 불필요한 응력을 감소시켜 준다.

레버 및 나사를 이용한 클램핑에서, 클램핑이 이루어지는 방식은 다음과 같이 3가지로 나눌 수 있다.

①는 제1 레버 방식으로서 작용점과 공작물 사이에 지점이 위치한다.
②는 공작물 제2 레버 작용 방식으로서 지점과 작용점 사이에 공작물이 위치한다.
③는 제3 레버 방식으로서 공작물과 지점 사이에 작용점이 위치한다. 스트랩 클램프의 고정력은 클램프를 잠그는 나사의 크기에 의해 결정된다.

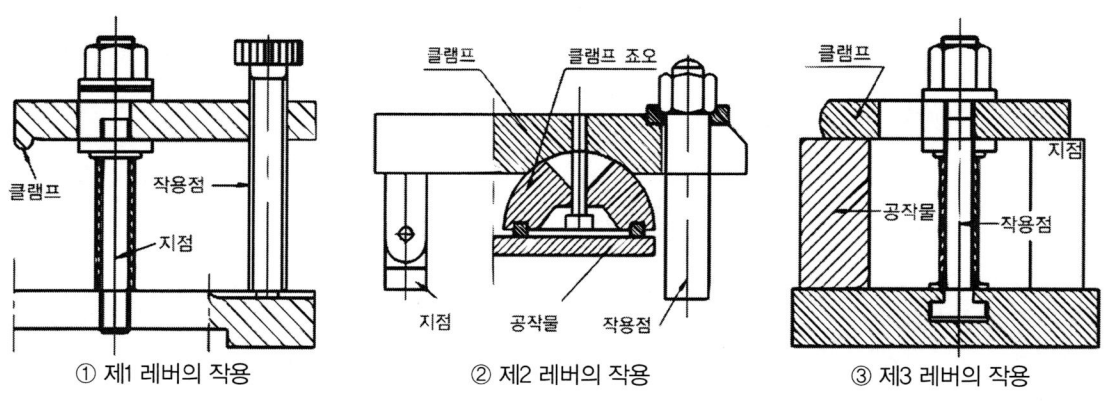

그림 11-84 스트랩 클램프에 의한 클램핑 방식

(2) 나사 클램프(Screw Clamp)

이 클램프는 치공구에서 광범위하게 사용되고 있으며 설계가 간단하고 제작비가 싼 이점이 있으나 작업 속도가 느리다는 단점이 있다. 나사에 의한 클램핑 방법에는 나사가 직접 공작물에 압력을 가하는 방식과, 스트랩을 이용한 간접적으로 압력을 전달하는 방식이 있다. 가장 널리 사용되고 있으며 설계시 주의 사항은 다음과 같다.

① 절삭력에 의하여 풀림이 잘되지 않도록 한다.

② 나사가 클램핑했을 때 그 체결 길이는 나사 지름의 80%의 정도가 좋지만, 치공구용 너트의 높이는 1.5배(작은 지름의 것)~3배 (큰 지름의 것)로 한다.

③ 일반적으로 클램핑 볼트의 산형은 작은 지름 (15mm 정도까지) 은 삼각나사, 그 이상은 사각나사 또는 사다리꼴나사를 사용한다.

④ 나사의 선단을 직접 공작물에 접촉하면, 그 면에 상처를 내는 수가 있으므로, 보호대를 붙이는 것이 보통이다.

⑤ 나사에 의한 클램핑은 작은 나사 등을 넣어서 공작물에 간섭으로 부드럽게 움직이면서 클램핑하는 방법이 좋다.

⑥ 급속 클램핑의 나사는 리드각이 큰 나사를 사용하면 급속 클램핑이 되지만 풀리기가 쉽다. 부드럽게 움직이는 나사는 보통 나사로 끼워 맞추면 풀리기 전에 클램핑 이 되는 수가 있다.

1) 급속 작동 손잡이(Quick-action Knob)

급속 작동 손잡이는 저렴한 공구의 제작에 많이 사용되며 이것은 고정력을 제거하고자 할 때 다음의 [그림 11-85] 스터드(stud)에 대해서 경사지게 하여 뽑아낼 수 있도록 만들어져 있으며 손잡이는 공작물과 접촉할 때까지 스터드(stud)에 밀어 넣어서 나사산을 맞추고 조여질 때까지 회전한다.

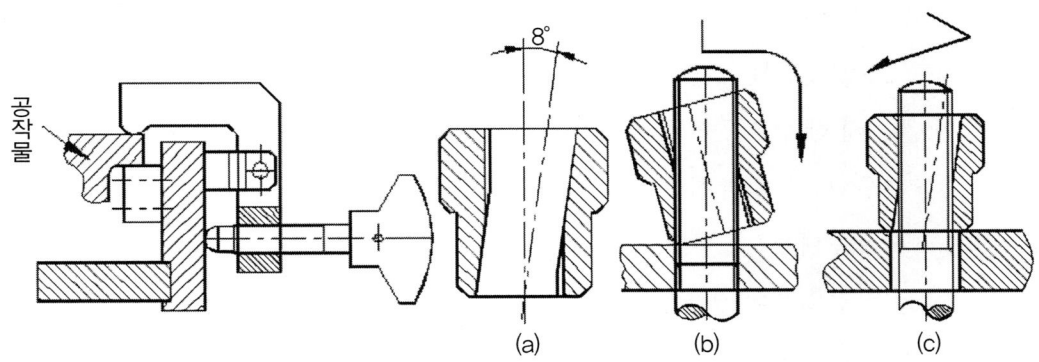

그림 11-85 나사에 의한 간접 클램핑 및 급속 작동 손잡이

2) 스윙 클램프(Swing Clamp)

스윙 클램프는 설치된 스터드(stud) 상에서 회전되는 스윙 암(arm)을 가잔 나사 클램프의 조합으로 클램핑력은 나사에 의해 가해진다.

3) 후크 클램프(Hook Clamp)

후크 클램프는 스윙 클램프와 유사하나 훨씬 더 작으며 좁은 장소에서 사용되며 하나의 큰 클램프보다는 오히려 작은 클램프를 사용해야 할 경우에 유효하다.

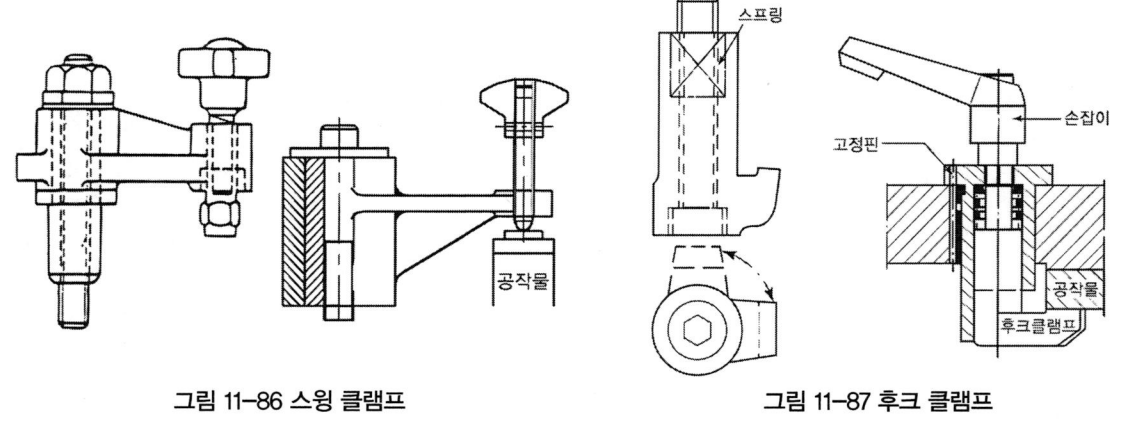

그림 11-86 스윙 클램프 　　　　　　　 그림 11-87 후크 클램프

(3) 캠 클램프(Cam Clamp)

캠에 의한 클램핑 방법은 형태가 간단하고, 급속으로 강력한 클램핑이 이루어지는 장점과, 클램핑 범위가 좁고 진동 때문에 풀릴 수 있는 단점이 있다. 클램핑하는 곳이 많은 다량 생산용 치공구에 많이 사용되며 절삭조건이 좋거나 자동 클램핑 등의 조건을 가진 것이면 편리하다.

(4) 쐐기형 클램프(Wedge Clamp)

쐐기에 의한 클램핑 방법은, 간단한 클램핑 요소로 경사(구배)를 가지고 있는 클램프(clamp)를 이용하여 공작물을 클램핑(clamping)하는 것으로서, 경사의 정도에 따라서 강력한 클램핑력(clamping force)이 발생할 수 있으며, 쐐기의 한 면은 공작물과 접촉하고, 한 면은 치공구에 접촉하여, 마찰 때문에 정지 상태가 유지되는 간단한 클램핑 방법의 하나이다.

쐐기 설계시 주의 사항은 다음과 같다.

① 쐐기 각도는 5° 또는 1/10의 경사가 좋다. (7°가 가장 좋다)
② 재질은 공구강(STC)으로서, 내마모성과 취성을 주기 위하여 경화처리 한다.
③ 빼내는 방향에는 작용 응력을 주지 않는다.
④ 박아 넣을 때는 공작물의 미끄럼 멈춤이 필요하다.

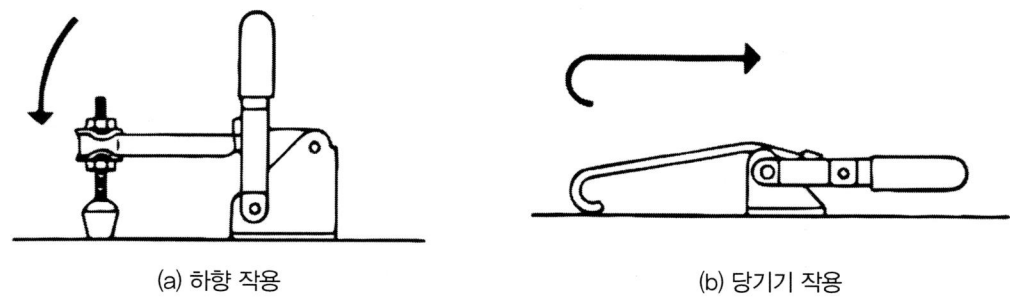

(a) 하향 작용 　　　　　　　　 (b) 당기기 작용

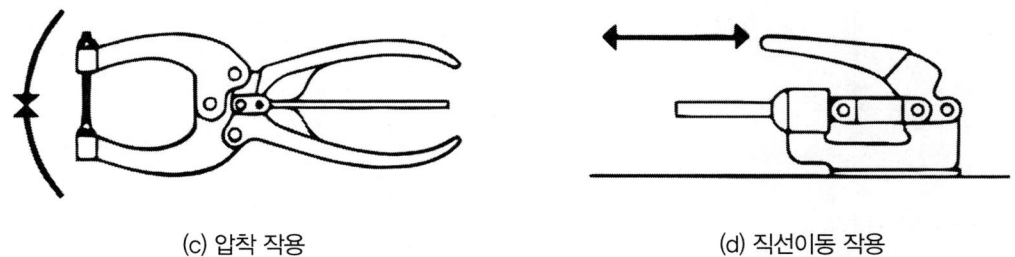

(c) 압착 작용 (d) 직선이동 작용

그림 11-88 상품화 된 토글 클램프

(5) 토글 클램프(Toggle Clamp)

주로 용접지그나 조립 지그 등에 많이 사용되며 공유압을 이용한 자동화 지그의 기본이 된다. 경 작업은 주로 스프링에 의한 링크에 의해 작동되며 편심 클램프와 같은 원리에 기반을 두고 있으며 4가지 기본적인 클램핑작용으로 되어있다. 즉, 하향 잠김형(hold Down), 압착형(squeeze), 당기기형(Pull)과 직선이동형(straight line)이다. 토글 클램프의 장점은 고정력이 작용력에 비해 매우 크다는 것이다. 작동은 레버(Lever)와 세 개의 피붓(pivot)에 의해 움직인다.

[그림 11-88]은 시중에 생산되는 상품화된 제품을 보여주고 있다.

제6절 치공구 본체

1. 치공구 본체

치공구 본체와 치공구에 사용되는 모든 부품과 장치 즉, 위치 결정구, 지지구, 클램핑, 이젝터 등의 기타 보조장치를 수용하고 있으며, 절삭력, 클램핑력 등의 외력에 변형이 발생하지 않고 공작물을 유지할 수 있는 견고한 구조로 만들어져야 한다. 치공구 본체와 크기 및 형상을 결정하는 데는 공작물의 크기, 작업 내용 등에 의하여 결정되며, 치공구 본체 공작물의 간격을 적당히 두어 공작물의 장·탈착이 자유롭게 하고, 치공구를 공작 기계에 설치, 운반을 할 수 있는 요소가 있어야 하며, 가공 중에 발생하는 칩(chip)의 제거가 용이한 구조이어야 한다.

(1) 공구 본체 설계시 고려 사항

① 본체는 위치 결정구(locator), 지지구(support), 클램핑(clamping) 및 기타 요소들이 설치될 수 있는 충분한 크기로 한다.
② 공작기계, 공구와 같은 외부요인에 의한 간섭을 피할 수 있는 충분한 여유를 주어야 한다.
③ 칩(chip)의 배출 및 제거가 용이한 구조로 한다.
④ 공작물의 최종 정도, 치공구의 변형, 가공 오차 등을 고려하여 공작물의 중량, 절삭력, 원심력 또는 열팽창 등에 견딜 수 있는 충분한 강성을 유지할 수 있도록 한다.
⑤ 공작물의 위치 결정 및 지지 부분이 가능한 한 외부에서 보이도록 설계한다.
⑥ 마모 발생 부위는 이에 견딜 수 있는 내마모성의 정지 패드(pad) 등을 설치한다.
⑦ 치공구가 안정되고 취급이 용이하도록 치공구의 특성에 따라 지그 다리, 레벨링(leveling) 또는, 버튼(button) 등을 설치한다.
⑧ 취급이 용이하도록 손잡이나 중량물의 경우 아이볼트(Eye bolt), 호이스트 링(Hoist ring) 등을 설치한다.

⑨ 작업자의 안전을 고려하여 날카로운 모서리는 제거하고 돌출부는 가급적 없어야 한다.

⑩ 절삭유가 바닥이나 기계에 흘러넘치지 않도록 하며 칩이 쌓이는 홈은 제거한다.

⑪ 복잡하고 대형인 치공구를 특히 주의하고, 작업자의 피로를 고려하여 치공구의 높이, 각인 사항, 색상 등에 관해서도 충분히 고려한다.

⑫ 공작물을 설치하는 강재 지지판과 핀은 고정용 보조부를 붙인다.

⑬ 공작물과 본체 사이에는 적당한 간격을 두어 공작물의 출입을 자유롭게 한다.

⑭ 치공구를 공작기계에 설치 고정하기 위한 운반 요소가 있어야 한다.

⑮ 칩의 제거가 쉬운 구조이어야 한다.

2. 치공구 본체의 종류와 특징

고정구 본체의 구조에는 주조물, 강판을 조립한 것, 용접한 것의 세 가지가 있는데 각 방법에는 뚜렷한 사용 목적이 있으며 나름대로 장단점이 있다. 조립구성은 강판을 나사와 고정편으로 체결한 것으로 편리하고 경제적인 구조 방법이다.

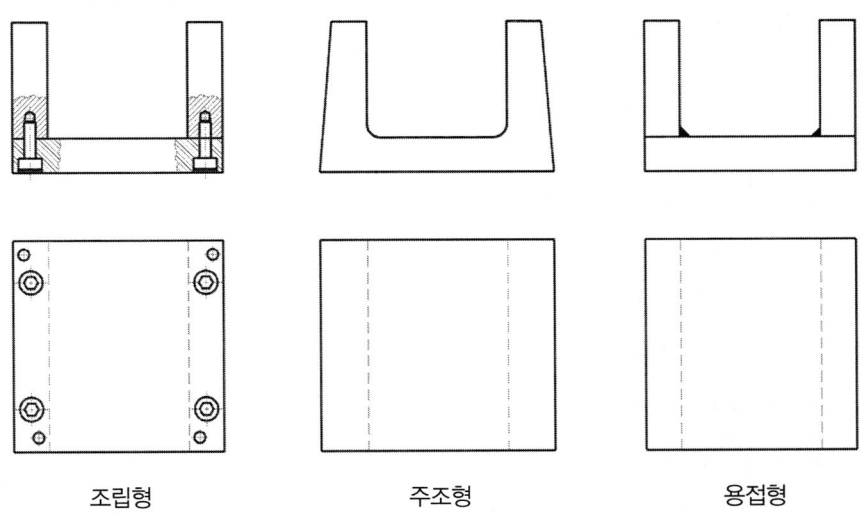

그림 5-89 채널형 치공구 본체의 3가지 기본 형식

그러나, 이는 다른 두 가지 방법으로 만든 몸체보다는 강도 면에서 불리하고 취급 부주의로 인하여 체결 나사가 풀어지거나 하여 잘 변형된다는 단점을 가지고 있다. 주조형 본체는 많은 형태의 특수 공구를 위해 사용되며 요구하는 크기와 모양으로 주조할 수 있으며 견고성과 강도를 저하하지 않고서도 본체의 속을 비게 함으로써 무게를 가볍게 할 수 있다. 또한 기계적 가공을 최소로 줄일 수도 있다. 용접된 몸체면은 여러 부착물이 체결되어야 하는 다른 면과 마찬가지로 기준면으로 사용되므로 용접, 불림, 샌드블라스트 작업공정들에 의해 발생하는 어떤 결함이나 비틀림을 제거하기 위해 기계적 가공이 필요하다.

(1) 주조형 치공구 본체

주조형은 요구되는 크기와 모양으로 주조될 수 있으며, 견고성과 강도를 저하하지 않고서도 본체의 속을 비게 함으로서 무게를 가볍게 할 수 있으며, 기계 가공 여유시간을 최소로 줄일 수 있고, 가공성이 양호하며, 진동을 흡수할 수 있고, 견고하고(강성) 변형이 작다. 주로 소형과 중형의 공작물에 적합한 장점이 있으며, 단점으로는 목형에서부터 제작이 이루어지므로 제작에 많은 시간이 소요되며, 충격에 약하고, 용접성이 불량한 것을 들 수 있다. 또한, 목형비가 추가되고 리드 타임이 오래 걸린다. 주조용으로 사용되는 재료는 주철, 알루미늄, 주물 수지 등이 있으며, 주조형의 본체를 설계할 때 벽두께의 하 한치를 잘 결정하여야 용융 금속이 형틀 내에서 완전한 주형이 형성될 수 있다.

(2) 용접형 치공구 본체

용접형은 일반적으로 강철, 알루미늄, 마그네슘 등으로 제작되며, 몸체의 형태 변경이 용이하며, 고강도이고, 제작 시간의 단축으로 인한 비용 절감, 무게를 가볍게 할 수 있는 등의 다양성이 있는 이점이 있으며 중형이나 대형에 적합하다. 또한 가장 많이 사용되는 형태이다. 단점으로는 용접에 따라 발생하는 열변형을 제거하기 위하여, 풀림(annealing), 불림(normalizing), 샌드블라스트(sand blast) 등의 내부 응력을 제거하는 제2차 작업이 필요하게 된다.

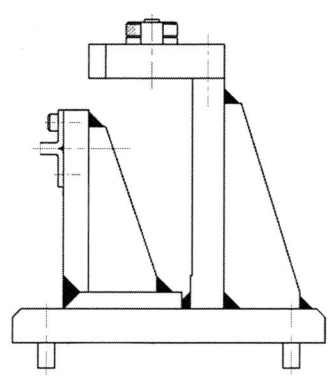

그림 5-90 용접형 본체

(3) 조립형 치공구 본체

조립형 본체는 일반적으로 용접형과 같이 활용도가 높으며, 기계 가공이 편리하므로 용이하게 사용되며 강판, 주조품, 알루미늄, 목재 등의 재료를 맞춤 핀과 나사에 의하여 조립 제작된다. 조립형의 이점은 설계 및 제작이 용이한 편이며, 수리가 용이하고, 리드 타임이 짧으며, 외관이 깨끗하고, 표준화 부품의 재사용이 가능하다. 단점으로는 전체 부품을 가공

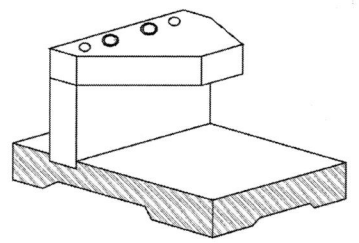

그림 5-91 조립형 본체

및 끼워 맞춤으로 조립이 되므로 제작 시간이 길며, 여러 부품이 조립된 관계로 주조형이나 용접형에 비하여 강도(강성)가 약하고, 장시간 사용으로 인하여 변형의 가능성이 있다. 비교적 작거나 중형에 적합하다.

(4) 플라스틱 치공구

전자 부품 관련 분야에서 많이 사용되는 것으로 원칙적으로 주물이나 박판 가공으로 제작하는 플라스틱 치공구는 그 강도가 주철과 대등하거나 약간 적은데, 그러한 강도 면에서 제한 때문에 과대 하중이 걸리지 않는 곳에 사용한다. 그러한 플라스틱 치공구는 재료의 특성 때문에 중량이 가볍고 가공 및 가공 후 조작이 쉬우며 또한 파손되었을 때 적은 경비로 쉽게 수리할 수 있으며 근본적인 설계의 변경도 용이하다

는 장점을 가지고 있다. 치공구 설계자는 그러한 사항들을 항상 숙지하여 설계 및 작업공정에 결함이 없도록 해야 할 것이다.

3. 맞춤 핀 과 그 위치선정

지그와 고정구의 부품들을 정확한 위치에 결합시키기 위해서는 두 개의 맞춤 핀(일명 지그에서는 dowel, 금형에서는 knock이라고도 함)이 위치 결정 보조장치 및 치공구 부품의 복원조립, 트러스트를 받을 때 이동 방지를 위하여

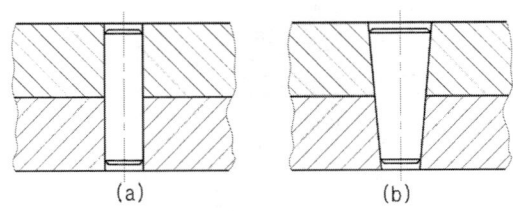

그림 5-92 다웰 핀 종류

사용된다. 맞춤 핀의 용도는 매우 광범위하나 그 기능의 특수성 때문에 정밀한 설계가 필수적이다. 다웰 핀의 치수는 회사에 따라 이미 규격화되어 표준품으로 사용되고 있으며 직경 D에 의해 P×L×R이 결정된다.

(1) 맞춤 핀의 규격과 재질

맞춤 핀은 공구(tooling)의 전 분야에 걸쳐 광범위하게 사용되며, 이 작은 요소의 설계와 적용은 매우 중요한 사항이다. 맞춤 핀의 재질은 연강이나 드릴 로드(drill rod)가 쓰이며, 표준 맞춤 핀은 쉽게 구매할 수 있다. 취급시 용이하고 안전하게 삽입시키기 위해 안내부 끝에 약 5~15° 정도의 테이퍼를 부여하고 있으며, 맞춤 핀의 길이는 맞춤 핀 직경의 1.5~2배 정도가 적당하며 원통형과 테이퍼(taper)형이 있다. 표준형 테이퍼는 1/48(약1/50)로 하며 테이퍼형 맞춤 핀은 작은 압력에도 쉽게 풀리므로 자주 분해할 곳에 이용된다.

(2) 맞춤 핀의 공차 및 경도

표준 맞춤 핀의 표면 강도는 HrC60~64, 중심부의 경도는 HrC50~54 정도이며, 전단 강도는 $100 \sim 150\ kg/mm^2(1{,}035 \sim 1{,}450 N/mm^2)$정도이다. 직경 공차는 ±0.003mm이고 표면거칠기는 0.1~0.15 μm이다. 통상 맞춤 핀은 견고하게 압입 되도록 억지 끼워 맞춤(press fit)이 되어야 하므로 치수보다 0.005mm 더 크게 제작하지만, 구멍이 마멸되었거나 잘못되었을 때 보수 작업이 가능하도록 0.025mm 정도 크게 하여 사용된다.

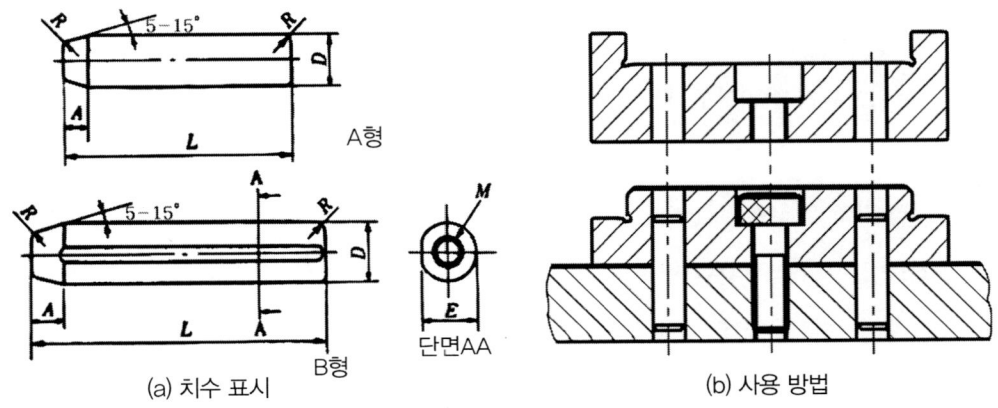

(a) 치수 표시   (b) 사용 방법

그림 11-93 맞춤 핀의 치수 표시와 사용 방법

제7절 드릴 지그

1. 드릴 지그

(1) 드릴 지그의 3요소

드릴 지그 구성의 3대 요소는 위치 결정 장치, 클램프 장치, 공구 안내 장치이며 이들의 구성요소에 대하여 설계, 제작시 고려해야 할 각각의 요점을 기술하면 다음과 같다.

1) 위치 결정 장치

공작물의 위치 결정은 절삭력이나, 고정력에 의해 위치의 변위가 없어야 하며 정확하고 안정되게 공작물을 유지해야 한다. 위치 결정상의 주의할 점은 다음과 같다.

① 공작물의 기준면은 치수나 가공의 기준이 되므로 위치 결정 면으로 한다.
② 공작물의 밑면 즉 안정된 면을 위치 결정면으로 한다.
③ 절삭력이나 고정력에 의해 공작물의 변위가 생기지 않도록 위치 결정한다.
④ 위치 결정은 3점 지지를 이용하여 3-2-1 지지법을 기본으로 한다.
⑤ 주조, 단조품 등의 위 결정은 조절될 수 있도록 한다.
⑥ 넓은 면이나, 면의 접촉부는 칩의 배출이 쉽도록 칩 홈을 설치한다.
⑦ 표준부품과 규격품을 사용하여 제작, 조립, 수리 등이 쉽게 한다.
⑧ 기준면은 오차의 누적을 피하고자 일괄 사용하나 부득이한 경우에는 제2, 제3의 기준면을 선정한다.

2) 클램프(체결) 장치

고정력이 공작물에 따로 작용하여 변위가 발생하거나, 칩이나 먼지 등에 의해서 클램핑 상태가 나쁘면 공작물의 정도 및 작업능률에 큰 영향이 있으므로 다음 사항에 유의하여야 한다.

① 클램프 장치는 구조를 간단하고 조작이 쉽게 한다.

② 절삭력에 의해 변위 발생이 없도록 클램핑력이 충분하도록 한다.
③ 절삭 방향에 따라 위치 결정면과 클램프 방법을 선택하도록 한다.
④ 다수 공작물을 클램프 하는 경우 클램핑력이 일정하게 작용하도록 한다.
⑤ 가능하면 표준부품을 사용한다.

3) 공구의 안내

드릴 지그의 공구를 안내하는 요소로는 부시가 있다. 부시는 드릴을 정확한 위치로 안내하고 정해진 구멍을 뚫을 때 필요하다. 부시는 본체와 억지 끼워 맞춤이 되어야 하고 마모가 심하므로 열처리 강화하여 사용한다. 지그를 사용하여 구멍을 뚫을 때 오차의 발생 원인은 다음과 같다.

① 지그 자체 구멍의 오차와 중심거리의 오차
② 부시의 편심에 의한 오차와 구멍의 기울기에 의한 오차
③ 고정 부시와 삽입 부시의 틈새 오차와 안. 팍 지름의 편심 오차
④ 공작물 가공 면과 부시와의 거리에 의한 오차
⑤ 공작물 체결과 절삭력 등에 의한 변형으로 생기는 오차
⑥ 공작물의 내부 결함과 칩, 먼지 등의 외부요인에 의한 오차

2. 드릴 지그 부시

드릴 지그로 공작물을 가공할 때 지그 본체에 부시를 사용하지 않고 공구를 안내하면 공구와 칩의 마찰로 인해 본체의 수명이 단축된다. 이러한 현상을 막기 위하여 내마모성이 강한 재료를 열처리 강화하여 부시로 사용하고 부시를 사용하므로 정확한 공구의 안내와 특수한 작업을 쉽게 할 수 있다. 부시의 종류로는 고정 부시, 삽입 부시, 특수 부시, 안내부 시로 나눌 수 있다.

(1) 부시의 종류와 사용법

부시(bush)는 드릴(drill), 리머(reamer), 카운터 보어(counter bore) 등의 절삭공구의 정확한 위치 결정 및 안내를 하기 위하여 사용되는 것으로, 복잡한 작업을 쉽고 정밀하게 수행할 수 있으며, 드릴 지그에서는 중요한 임무를 수행하게 된다.

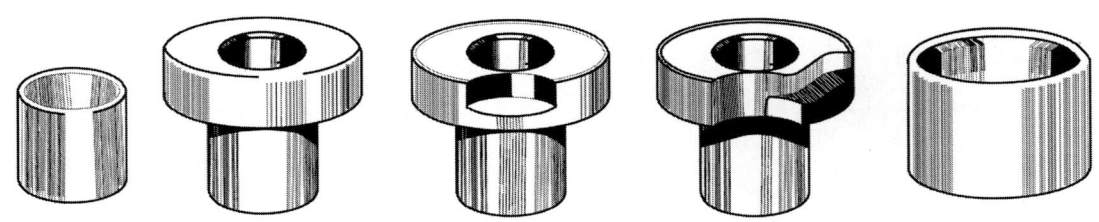

그림 11-94 부시의 종류

1) 고정 부시(press fit bushing)

드릴 지그에서 일반적으로 많이 사용되는 부시(bush)는 고정 부시로서, 플랜지가 부착된 것과 없는 것이 있으며, 부시의 고정은 억지 끼워 맞춤으로 삽입하여 사용한다.

2) 삽입 부시(renewable bushing)

삽입 부시는 삽입된 고정 부시 위에 삽입되는 부시를 말하며, 같은 가공 위치에 여러 종류의 다른 작업이 수행될 경우나, 부시의 마모시 교환이 쉽게 하도록 사용된다.

① 회전형 삽입 부시(slip renewable bushing)

회전형 삽입 부시는 하나의 가공 위치에 여러 가지의 작업이 이루어질 경우, 내경의 크기가 서로 다른 부시를 교대로 삽입하여 작업을 하게 된다. 예를 들면 드릴 작업이 이루어진 후에 리밍, 태핑, 카운트 보링 등의 연속작업이 요구되는 경우에 적합하며, 부시의 머리부는 제거가 쉽도록 널 링(knurling)이 되어 있고 고정을 위한 홈을 가지고 있다.

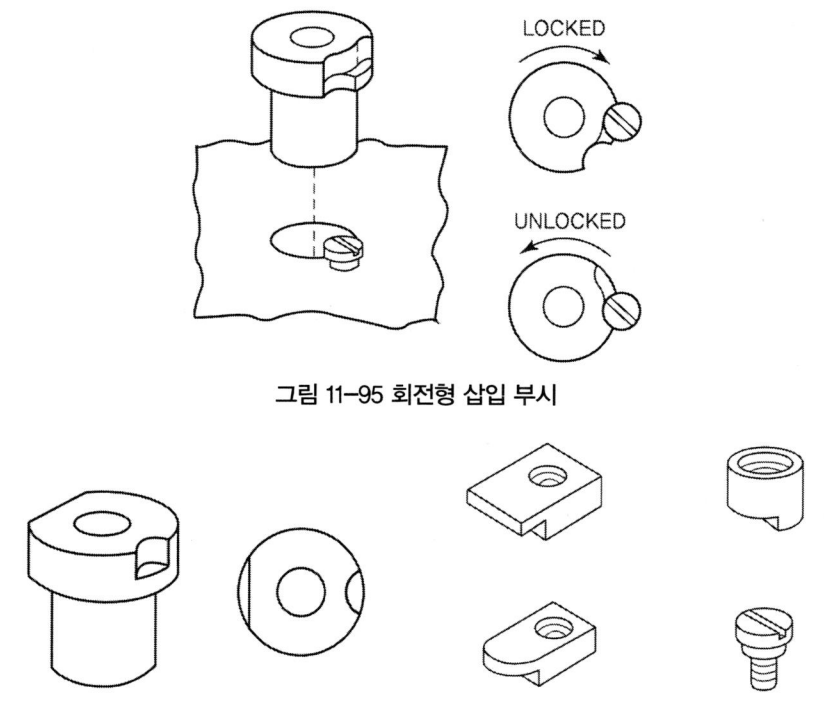

그림 11-95 회전형 삽입 부시

그림 3-96 너치(평)형 삽입 부시　그림 3-97 고정형 클램프

② 고정형 삽입 부시(fixed renewable bushing)

고정형 삽입 부시는 사용 목적상 고정 부시와 같이 지름이 같은 한 종류의 가공이 장시간 이루어지거나, 또는 장시간 사용으로 인하여 부시의 교환이 요구될 때 교환이 쉽게 되어 있으며, 부시를 교환하면 다른 작업도 가능하게 된다. 부시의 머리부에는 고정을 위한 홈을 가지고 있으며, 홈에 조립이 되는 잠금

클램프에 의하여 고정이 이루어지게 된다.

③ 라이너 부시(liner bushing)

라이너 부시는 삽입 또는 고정 부시를 설치하기 위하여 지그 몸체에 삽입되어 고정되는 부시를 말하며, 삽입 부시로 인한 지그 몸체의 마모와 변위를 방지하기 위하여 지그 몸체보다 강도가 높은 라이너 부시를 조립하여 사용하게 된다.

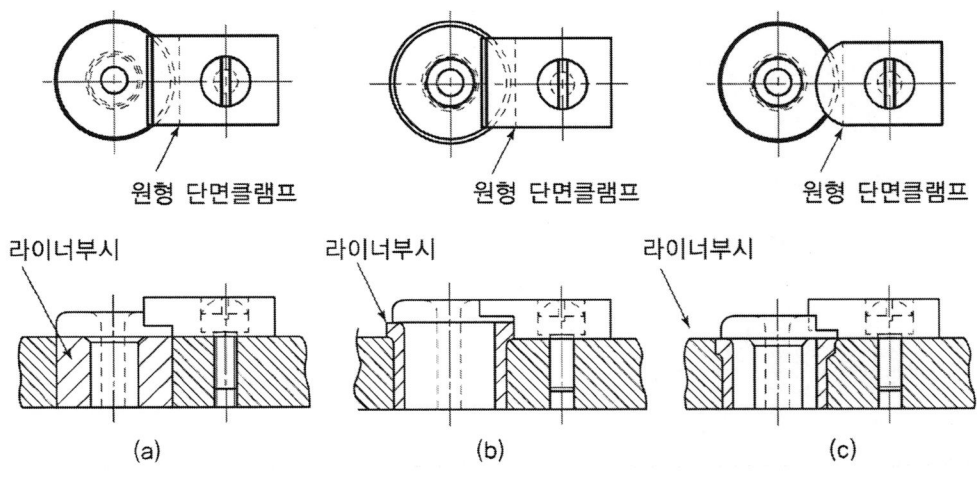

그림 3-98 라이너 부시 회전 삽입 부시 조립 관계

3) 부시의 재질 및 경도

부시(bush)는 경도가 높은 절삭공구와 마찰이 일어나므로 공구의 경도에 못지않은 경도가 요구된다. 그러므로 부시는 내마모성이 있어야 하므로 열처리하여 연삭 및 래핑(lapping) 등에 의하여 정밀하게 가공이 되어야 한다.

부시의 재질은 탄소 공구강 5종(STC 90)으로, 경도는 HV 679(HRC 60), 원통면의 거칠기는 3S로 규정하고 있다. 기타 부시용 재질로는 부시의 고품질화를 위해서는 고 크롬, 고탄소강을 사용하며 이것은 보통의 부시보다 5~6배나 내구성이 크다.

4) 지그 판(jig plate)

지그 판은 드릴 부시를 고정하고 위치를 결정해 주는 드릴 지그의 요소이다. 지그 판의 두께는 앞서 설명한 바와 같이 부시의 길이와 같고 절삭공구를 안내하는데 충분한 길이로 하면 된다. 보통 드릴 지그의 판은 드릴 지름의 1~2배 사이의 두께이면 부정확성을 방지하는 데 충분하다. 부시의 지그 판 두께는 모든 절삭력을 쉽게 견딜 수

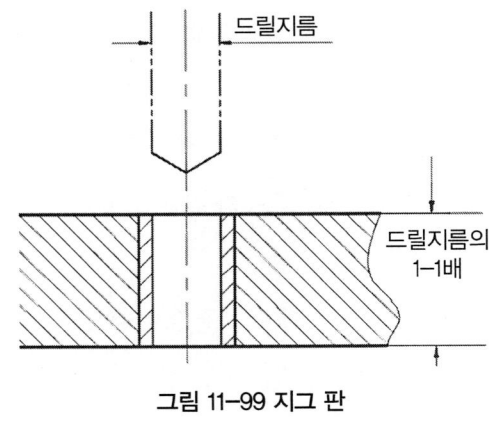

그림 11-99 지그 판

있어야 하며 공구의 정밀도를 유지해야 한다. 부시의 길이는 일반적으로 $1\frac{1}{4} \sim 2\frac{1}{2}$로 하는 것이 좋다.

5) 공작물과 부시와의 간격

보통 공작물과 부시의 간격 h는 주물의 칩과 같이 연속되지 않고 부서지기 쉬운 것은 드릴 지름의 1/2 정도, 즉 부시 안지름의 1/2 정도로 한다.

구멍 깊이가 깊은 것은 칩이 많이 발생하므로, 간격 h는 조금 넓혀 줄 필요가 있다. 그러나 일반강의 유동형 칩이 연속적으로 나오는 경우는 최소 간격을 보통 드릴 지름과 같게 부시 안지름의 1배 정도로 한다.

정밀도가 요구될 때나 다음 공정에서의 정밀도가 필요할 때, 또는 경사진 표면이나 곡면에 구멍을 가공할 때 등은 예외이다. 이러면 요구되는 정밀도를 얻기 위해서 부시를 가능한 한 공작물과 접근시킨다. 적절한 부시의 간격은 전체의 지그 기능 면에서 중요한 사항이다. 만약 부시가 불필요하게 공작물에 접근되어 있다면 칩 때문에 부시가 쉽게 마모될 것이다. 또한, 너무 멀리 떨어지면 정밀도가 저하된다.

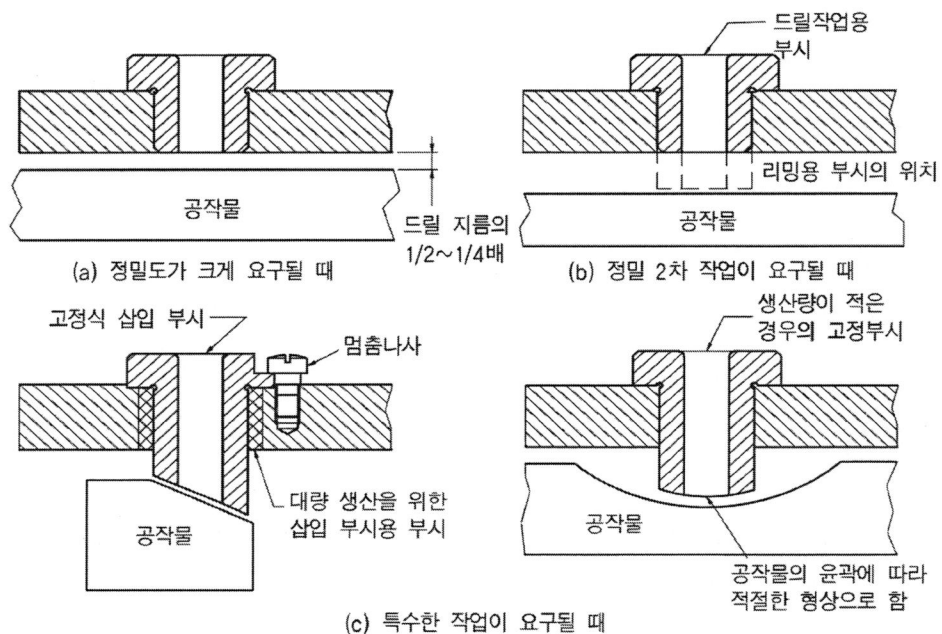

그림 11-100 특수한 경우의 공작물과 부시 간격

6) 드릴 부시의 설계 방법

(가) 드릴 부시의 치수 결정방법

드릴 부시 설계시 제일 먼저 고려할 사항은 위치 결정과 드릴의 지름을 선정하여 치수를 결정하여야 한다. 설계 순서는 다음과 같은 순서에 의한다.

① 드릴 지름을 결정

공작물의 구멍 치수로 결정하되, 일반적으로 드릴 작업에서는 드릴의 크기보다 구멍이 크게 가공될 우려가 크므로 드릴 지름을 잘 결정해야 한다.

② 부시의 내경과 외경 결정

드릴 내경을 호칭으로 하여 공작물의 생산 수량과 가공 공정에 따라 고정 부시만 사용할 것인가 아니면 고정부 시와 함께 교환 부시도 사용할 것인가를 결정한다. 부시의 종류가 결정된 후에는 부시의 안·바깥지름 치수를 선택한다.

③ 부시의 길이와 부시 고정판 두께 결정

부시의 길이와 지그 본체의 두께 결정이다. 부시의 길이는 부시 외경의 1~1.5배보다 작아서는 안 되며 공작물의 재질과 형상에 따라 드릴 공구를 공작물에 가깝게 접근시키기 위해 긴 부시가 요구될 수도 있고 드릴 공구 지름이 4배가 넘을 때는 부시 구멍 상부에 카운터 보링한다.

④ 부시의 위치 결정

공작물 가공 위치에 부시를 정확하게 위치 결정하여 부시를 설계한다.

(나) 드릴 부시의 표시 방법

부시의 표시 방법을 다음과 같이 규정하고 있다. 종류별로 표시하는 기호(드릴용은 D, 리머용은 R), D×L(또는 D×d×L) 및 제조자명 또는 이에 대신하는 것을 표시한다고 되어 있다. 또한, 부시의 호칭 방법으로서는 명칭, 종류, 용도, D×L(또는 D×d×L)로 되어 있다. 예를 들면 지그용 부시, 우회전 너치형 삽입 부시, 드릴용 15×22×20이다.

(다) 드릴 부시의 끼워 맞춤 공차 및 흔들림 공차

ISO 및 ANSI 규격에서 보면 드릴 부시는 지그 플레이트와 끼워 맞춤에서 항상 억지 끼워 맞춤으로 삽입되며, 안내 부시와 회전 삽입 부시는 중간 끼워 맞춤으로 삽입되어야 한다.

① 지그와 안내 부시 : H7 – n6 또는, H7 – p6

② 안내 부시과 회전 삽입 부시 : F7 – m6

③ 안내 부시과 고정 삽입 부시 : F7 – h6

드릴 부시의 흔들림 공차는 KS B 1030에 의하면 부시 안지름을 기준으로 하여 바깥지름의 각 부분의 흔들림을 측정하되 그 허용차는 다음 〈표 11-4〉을 따른다.

〈표 11-4〉 부시의 흔들림 공차(KS B1030) (단위 : 0.001mm)

부시의 안지름 구분(mm)	18 이하	18 초과 50 이하	50 초과 80 이하
흔들림	5	8	10

7) 드릴 지그 다리 (jig feet)

드릴 지그에서 다리가 없는 넓은 밑면은 어느 한 군데에만 칩이 들어가도 안정성이 나빠진다. 지그는 일반적으로 다리를 설치하며 지그의 다리는 원칙적으로 4개로 한다. 이는 3개의 다리는 다리 밑에 칩이 들어가도 항상 안정되어 있으므로 경사진 그대로 작업이 되기 때문이다. 그러나 4개의 다리일 경우, 지그가 덜컹거리기 때문에 기울어진 것을 곧 알 수가 있다.

높이는 일반적으로 손가락이 들어갈 수 있을 정도의 15~20mm 정도로 하지만, 소형 지그에서는 3~5mm 정도로 만들어진다.

구멍 가공이 6mm 이하는 반드시 지그 다리를 설치하여야 하며 그 이상은 직립 드릴, 레이디얼 드릴, 밀링머신에서 작업이 이루어지면 안전하고 능률적이나 밀링 고정구와 같이 고정장치를 설계하여야 한다.

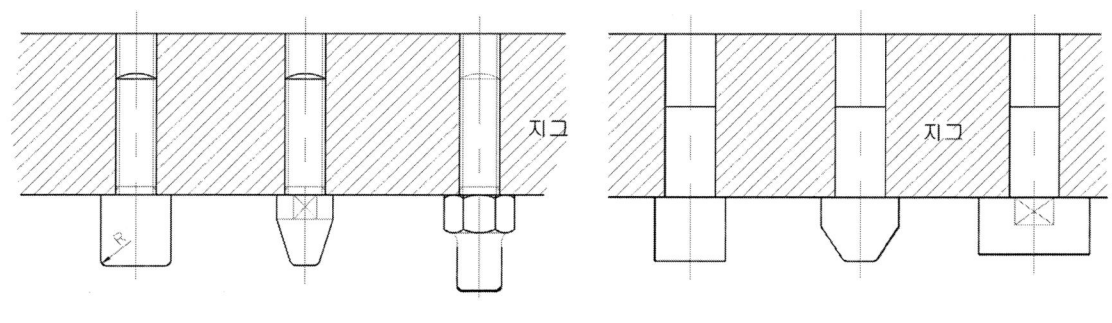

그림 11-101 나사 끼워 맞춤 다리　　　　그림 11-102 타입(때려 박음)형 다리

8) 드릴 지그의 설계

(가) 드릴 지그의 설계 절차

드릴 지그의 설계를 계획하고 스케치할 때에는 다음의 순서가 고려되어야 한다.

① 부품(제품) 도면과 공작물과 관련된 기계 작업을 분석한다.
② 공작물의 재질에 따른 절삭공구와 관련되는 공작물의 위치를 선정한다.
③ 부시의 적정 모양과 위치를 결정한다.
④ 공작물에 적절한 위치 결정구와 지지구를 선정한다.
⑤ 클램프 장치와 다른 체결 기구를 선별한다.
⑥ 기능별 장치의 주요 도면을 구별한다.
⑦ 지그 본체와 지지구조물의 재질, 형태를 정한다.
⑧ 기준면 설정과 중요 치수 결정 및 안전장치에 대해서 검토한다.

이상과 같은 사항을 고려하여 스케치하되 최종적으로 완성된 스케치 도면은 드릴머신과의 간섭 여부를 재검토하고 수정하여 완성된 스케치 도면을 만든다.

9) 앵글 플레이트형 드릴 지그 설계 순서

(가) 치공구 설계에 필요한 사항은 다음과 같다.

① 제 품 명 : 브래킷(Bracket)

② 재질 : GC210

③ 열처리 : HRC 15~20

④ 가공 수량 : 20,000 EA/월

⑤ 가공 부위 : φ10 드릴 가공

⑥ 사용 장비 : 탁상 드릴머신

⑦ 사용 공구 : φ10 표준 드릴

⑧ 가공 수량을 고려하여 삽입 부시를 사용하여 교환할 수 있도록 할 것.

⑨ 경제성을 고려하여 치공구 제작비가 적게 들도록 할 것.

⑩ 신속한 클램프의 선정과 제품의 장착 및 장탈을 고려한 설계를 할 것.

⑪ 표준품, 시중품의 활용과 요소 부품 수리와 교환의 용이성을 고려할 것.

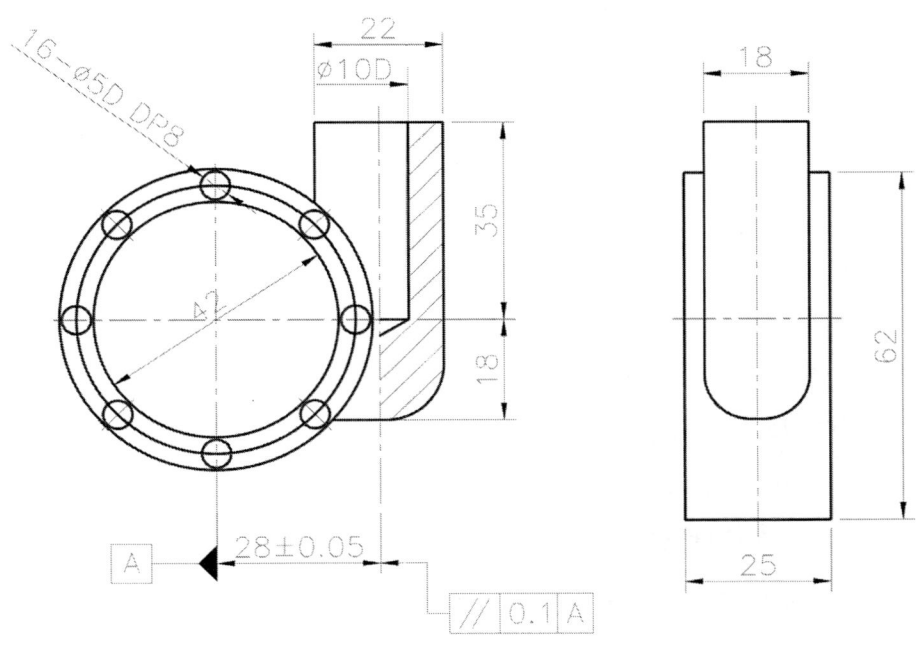

그림 11-103 부품도

(나) 앵글 플레이트형 드릴 지그 이해

공작물의 형태, 수량, 가공 정밀도, 재질, 치수의 기준, 가공 방법 등을 파악하고 지그의 형상, 종류, 용도, 장단점과 위치 결정, 클램프 점을 파악한 후 드릴 가공에서 설계가 편리한 방향으로 위치를 잡는다. 내경과 구멍이 정확한 직각 가공을 위하여 위해 앵글 플레이트 형태를 선택한다. 본체는 용접형으로 하되 지그 플레이트는 맞춤 핀을 한 쌍을 사용하되 억지 끼워 맞춤 방식을(H7p6) 택하고 머리 붙이 볼트를 사용한다.

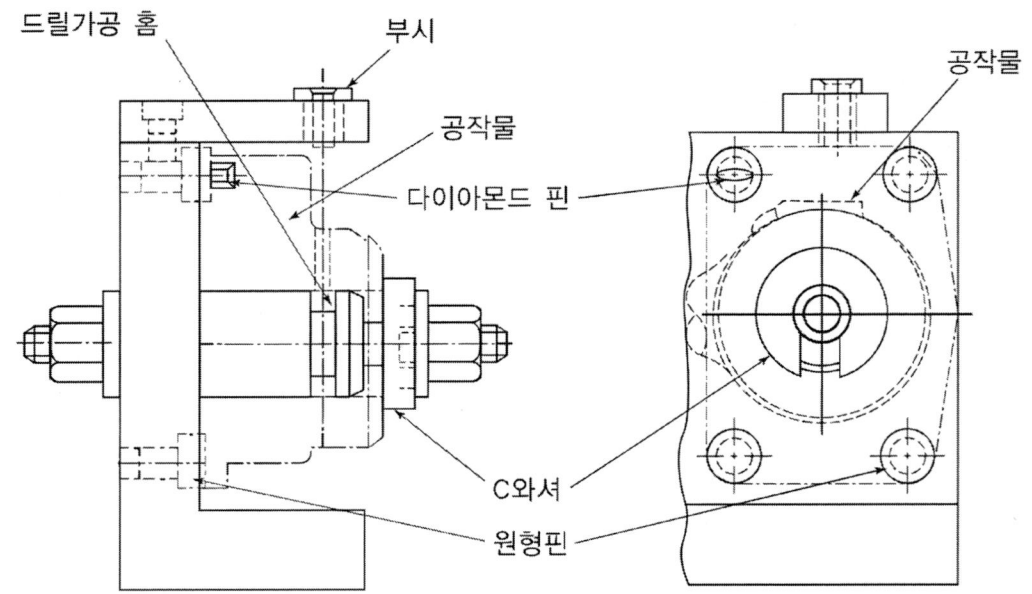

그림 11-104 간단한 앵글 플레이트 드릴 지그

(다) 부품도면 분석

① 부품의 형태, 수량, 가공 정밀도, 재질, 치수의 기준, 가공 방법 등을 파악한다.
② 내경과 구멍이 정확한 직각 가공을 위하여 위해 앵글 플레이트 형태를 택한다.
③ 본체는 치공구 제작비를 고려하여 용접형으로 한다. 용접 후 응력을 고려하여 반드시 풀림 처리 후 기계 가공을 한다. 지그 플레이트는 맞춤 핀(다웰핀, 노크핀)을 한 쌍을 사용하되 억지 끼워 맞춤 방식을(H7p6) 택하고 머리 붙이 볼트를 사용한다.
④ 위치 결정점과 클램프 점을 파악한 후 드릴 가공에서 설계가 편리한 방향으로 위치를 잡는다.

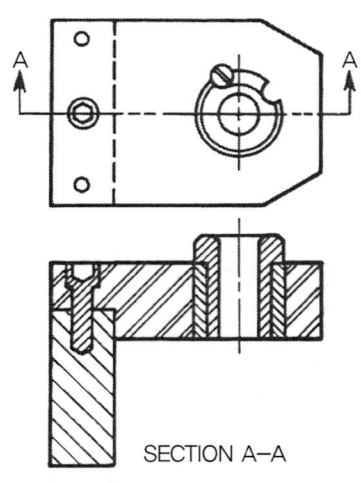

그림 11-105 지그 플레이트 조립

⑤ 방안지에 1:1로 빨간색을 이용하여 3각법으로 부품도를 설계할 수 있도록 배치한다. CAD상에서는 가상선(가는 이점쇄선)으로 그림을 그린다.

(라) 먼저 부시를 설계

① 수량을 고려하여 회전형 삽입 부시와 라이너 부시를 활용하여 교환할 수 있도록 설계한다.
② 드릴 지름 Φ10을 결정하고 부시의 내경과 외경을 결정한다.

③ 부시의 길이와 지그 판 두께를 결정한다. 일반적으로 탁상드릴은 16mm로 결정한다. (드릴 지름의 1배에서 2배로 결정)

④ 부시를 위치 결정한다. 제품(공작물)과 부시 간격을 고려한다. 주철의 경우 드릴 지름의 1/2배로 결정한다.

(마) 공작물의 위치 결정

① 공작물의 가장 넓은 평면을 위치 결정면으로 한다.

② 치수의 기준이 공작물의 중심에 있으므로 공작물의 내경을 기준으로 하기 위하여 핀에 의한 위치 결정방법을 사용한다.

㉠ 위치 결정구의 치수는 제품도 치수가 $\varnothing 42^{+0.050}_{0}$이므로 최소 치수 $\varnothing 42$를 기준으로 원활한 장착과 장탈이 이루어지도록 $\varnothing 42^{-0.01}_{-0.02}$의 정도로 택한다.

㉡ 위치 결정구가 본체와 끼워 맞춤은 억지 끼워 맞춤으로 하는 것을 원칙으로 하되 별도의 볼트조립이 될 경우는 중간 끼워 맞춤으로 한다.

③ 가공부 측면에 위치 결정 및 회전 방지용 고정 위치 결정구를 택한다.

(바) 클램핑 기구의 선정

공작물의 급속 클램핑을 위하여 C 와셔를 이용하여 클램핑한다. C 와셔의 호칭 치수는 볼트 외경으로 하며 볼트 머리는 공작물 구멍보다 작게 한다.

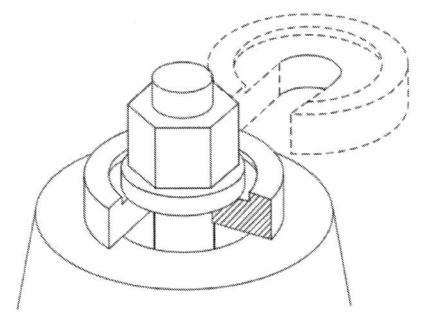

그림 3-106 C 와셔 사용 예

그림 3-107 C 와셔의 형상

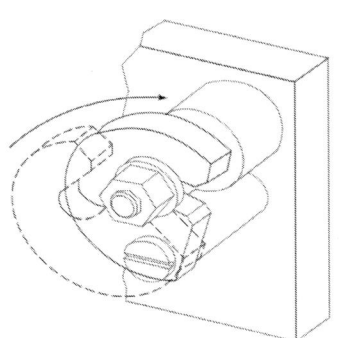

그림 3-108 고정용 C 와셔 사용 예

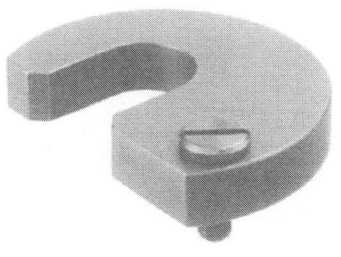

그림 3-109 고정용 C 와셔 형상

(사) 앵글 플레이트 지그의 설계

① 모눈종이를 이용하여 3각법과 3 도면(2도면)으로 간단히 스케치 한다.

② 중심선을 그리고 공작물은 가상선으로 하고 CAD로 설계 제도를 한다.

③ 조립도의 주요 치수를 결정하고 조립도를 완성하고 조립도에 필요한 조립 치수, 데이텀, 기하 공차를 부여한다.

㉠ 본체 플레이트 두께는 16mm 이상으로 하며 일반적으로 제작이 간단한 용접형으로 하고, 용접 후 응력을 제거하여 위치 결정면에 대하여 기계 가공을 한다.

㉡ 지그 플레이트는 두께는 12mm 이상으로 한다. 탁상드릴에서 작업할 경우 손가락이 들어갈 수 있는 크기로 길이는 16mm 정도로 하고 4개를 설치한다.

㉢ 억지 끼워 맞춤으로 하되 밑면을 동시 연삭하는 것이 좋다. 조립 도상에 중요 조립 치수를 기재하고 형상 공차를 기재한다.

④ 조립 도상에 주요 품번을 명기하고 표제란에 각 부품의 품번대로 품명, 재질, 수량, 비고란 등을 명기한다.

⑤ 부품도를 3각법으로 도면화 한다.

⑥ 표제란 위에 도면의 주기 사항(주기란, NOTE)을 명기한다.

⑦ 치공구 설계 작업에 필요한 Data 참고하여 KS 제도법에 따라 적용할 것.

(아) 스케치 설계 순서

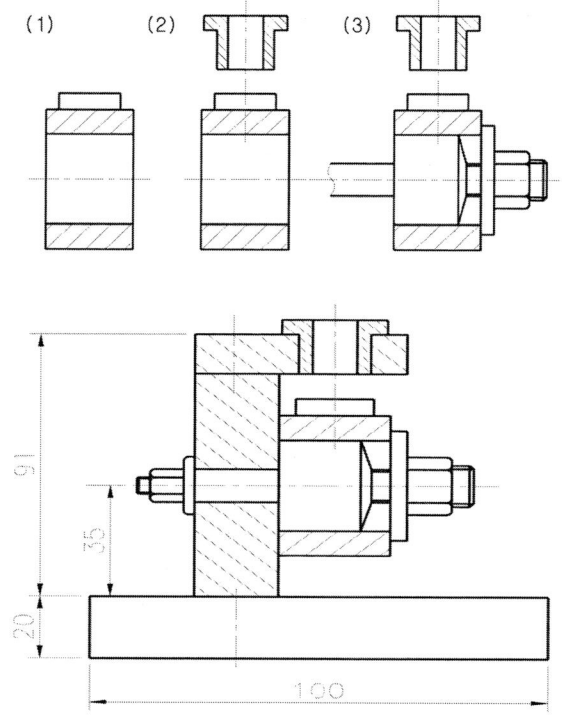

그림 11-110 앵글 플레이트 지그설계 순서

제8절 밀링 고정구

1. 밀링 고정구의 개요

밀링머신 공구를 회전시켜 테이블 위에 고정된 공작물을 이송시켜 가면서 커터에 의해 절삭하는 공작기계이다. 밀링 고정구를 설계할 때 주의할 사항은 밀링 작업은 다른 공작기계를 이용해서 행하는 작업에 비하여 가공 중 떨림을 일으키기 쉽고, 고정구의 가공이 어렵게 되므로 공작물의 정확한 위치 결정과 확실한 클램핑이 요구된다. 따라서 공작물의 클램핑 기구는 밀링 고정구로서 중요한 기구이다.

일반적인 공작물의 클램핑에는 바이스를 많이 사용하나, 이 밀링 바이스는 조작이 간단하고 응용 능력이 넓어 제일 적당하지만, 형상이 복잡하고 대형일 경우에는 클램핑 기구를 설계하지 않으면 안 된다.

바이스의 가압 방식에는 수동 가압식, 공기압식, 기계 유압식, 공기 유압식 등이 있다. 밀링 작업에서는 공작물에 적합한 고정구를 사용함으로써 동시에 여러 개의 공작물을 가공할 수 있어 경제적인 생산이 가능하며, 고정구의 설계에 있어서는 사용하는 밀링머신의 내용에 대하여 충분한 지식(작업 면적, 테이블의 크기, T 홈의 치수, 밀링머신의 종류, 가공 능력 등)을 갖도록 하여야 하며, 공작물의 요구 정밀도, 가공 방법 등을 고려하고, 장착과 탈착은 가능한 짧은 시간에 이루어질 수 있는 구조를 택하여야 한다.

2. 밀링 고정구의 설계

밀링 고정구의 설계에 있어서는 사용하는 밀링머신의 내용에 대하여 충분한 지식을 갖도록 해야 하며, 작업 면적, 테이블의 치수, T 홈의 치수, 기계의 이동량, 전동기의 출력, 이송 속도의 범위, 밀링머신의 종류 등을 잘 알아야 한다. 또한 밀링 작업을 계획하는 시점에서 다음 항목들을 검토하는 것이 중요하다.

① 공작물의 크기, 중량, 강성 및 가공 기준
② 절삭 여유 및 공작물 재질의 피절삭성
③ 요구되는 표면거칠기, 평면도, 직각도, 등의 정밀도
④ 공작물 1개 가공시 소요 시간 및 허용 생산 원가
⑤ 가공 방법 (엔드밀 가공, 조합 커터, 공정 분해 가공, 평면 밀링 가공 등)

⑥ 사용하는 밀링머신의 크기 및 능력
⑦ 재질의 변화에 따른 공구의 기준

3. 커터의 위치 결정 방법

커터 설치 블록에 의하여 커터의 위치가 결정된 후 가공이 완료되면 가공 부위의 정밀도를 검사하기 위하여 측정 기준 블록이 설치한다. 측정 기준 블록은 가공이 완료된 공작물을 검사하기 좋은 위치에 부착되어야 하며, 정밀한 가공 면과 경도가 있어야 하고 통과(go) 정지(not go) 게이지로서 검사를 한다. 고정구의 밑에 부착된 텅(tougue)은 고정구의 위치 및 가공 방향과 고정구의 평행을 유지하기 위하여 사용된다. [그림 11-111]은 커터 설치 블록의 사용과 측정 기준 블록의 사용 예이다.

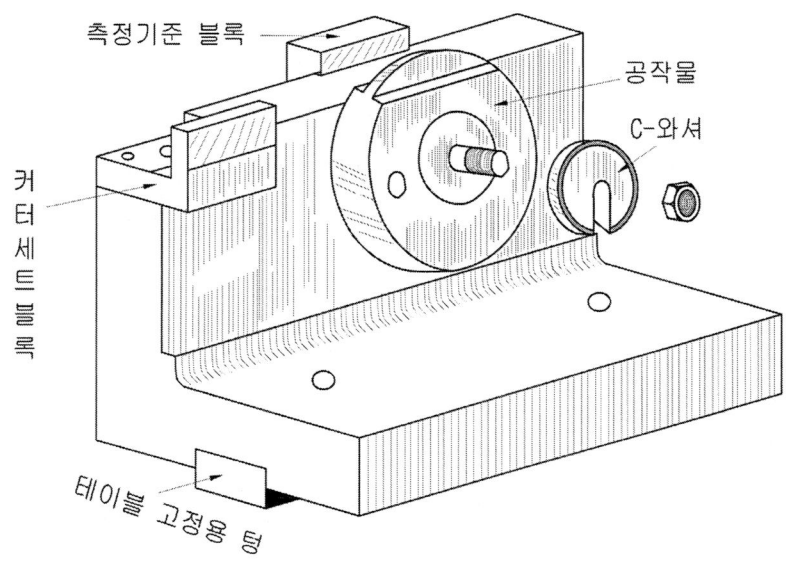

그림 11-111 커터 세트 블록과 측정 기준 블록

4. 커터 세트 블록(Cutter Set Block)

고정구에 사용되는 커터 안내 장치는 지그에서의 부시와는 다른 방법이 필요하게 된다. 일반적으로 커터의 안내 장치로는 세팅 게이지(setting gage), 세트 블록(set block)과 셋업 게이지(set-up gage) 등이 있으며, 이들은 가공할 공작물의 정확한 위치에 절삭공구를 설치하기 위해서 사용되며 시험 절삭의 시도, 부품의 측정과 커터의 재설치 등이 따르며, 이렇게 함으로써 위치 변위량을 감소시킬 수가 있다.

세트 블록과 두께 게이지(feeler gage)는 밀링, 선삭, 연삭과 같은 공정에서 공작물과 절삭공구와의 관계 위치를 정확하게 설치하기 위해 사용된다. 세트 블록은 셋업 게이지(set-up-gage)로 알려져 있으며 통상 고정구에 직접 위치 결정되어 있고 커터의 기준으로 사용되는 표면은 작업해야 할 가공 형상에 따라 결정된다.

그림 11-112 세트 블록과 커터의 두께 게이지 위치선정

5. 두께 게이지(feeler gage)

커터를 설치할 때 세트 블록의 마멸 및 손상을 방지하기 위한 적절한 간격이면 된다. 세트 블록은 일반적으로 작은 판이나 윤곽 블록 또는 템플릿으로서 영구 체결 또는 반영구적으로 고정구에 고정해 사용된다.

[그림 11-112]은 세트 블록을 설계할 때 고려해야 할 사항은 두께 게이지의 치수 허용차이다. 이 두께 게이지는 뒤틀림이나 휨을 방지할 수 있도록 1.5mm에서 3mm 사이의 두께가 많이 사용되고 있다. 사용의 편리를 위해서 두께 게이지의 크기와 공구 부품 번호를 직접 두께 게이지 상에 적당히 각인한다. 커터 안내 장치는 항상 내마모성 재료로 제작되며 통상 열처리된 공구강을 사용하나 때때로 텅스텐 카바이드를 사용하는 경우도 있다.

이 안내 장치는 본체에 고정 나사로 고정하고 움직이지 못하도록 맞춤 핀에 의해 정확한 위치를 맞춘다. 커터 안내 장치의 기준면은 절삭공구의 진행 방향에 공작물과의 거리를 두어 설치하며 세트 블록의 기준 면상에 두께 게이지나 게이지 블록을 위치시켜 사용한다. 이 방법은 공구의 날 부분을 정밀가공하고 공구 안내 장치의 열처리 표면에 직접 접속하지 않는 방법으로 공구의 날 끝이나 안내 장치의 면이 접촉됨으로써 발생하는 과다한 마모 현상 같은 돌발적인 사고나 위험을 방지할 수 있다. 이러한 표준 간격의 실제 거리는 0.8mm 이내가 좋다. 표준으로 정하지 않은 경우는 필러 게이지로 측정할 수 있는 값이 가장 적합하다.

[그림 11-113]은 세트 블록과 필러 게이지에 의한 커터의 위치 관계 조립도로서 설계에서 정확하게 표현이 되어야 한다. 특히 세트 블록과 필러 게이지에 의한 커터의 위치 관계를 나타냄으로써 작업자가 사전에 확인할 수 있고 실수를 방지할 수 있으며 CAD 상에서는 가상선으로 표현한다.

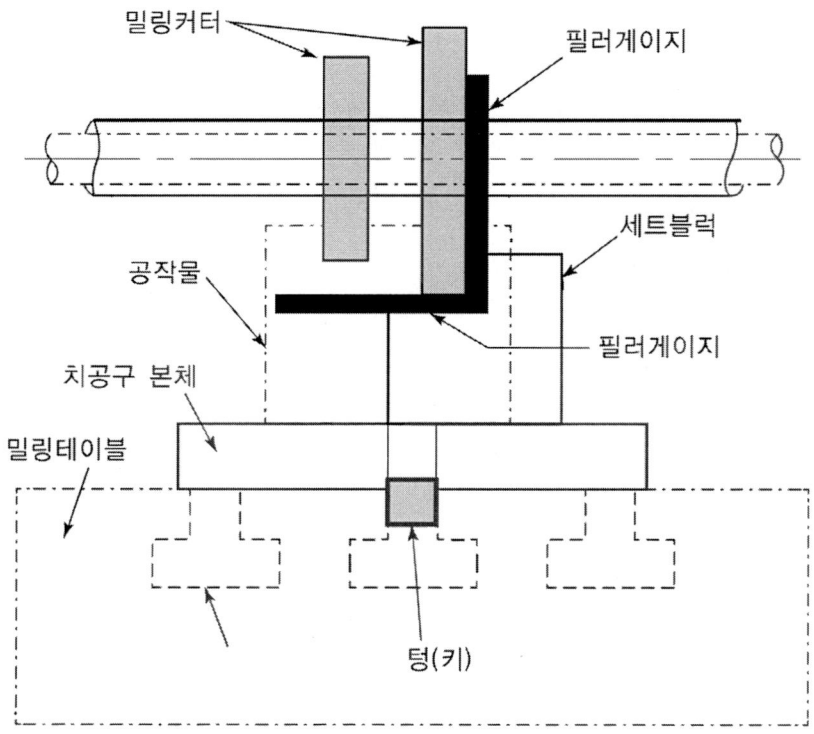

그림 11-113 세트 블록과 필러 게이지에 의한 커터의 위치 관계 조립도

[그림 11-114]는 텅과 밀링 고정구의 조립 관계 및 기계 테이블 T 홈과 텅의 조립 관계를 나타낸 그림이다.

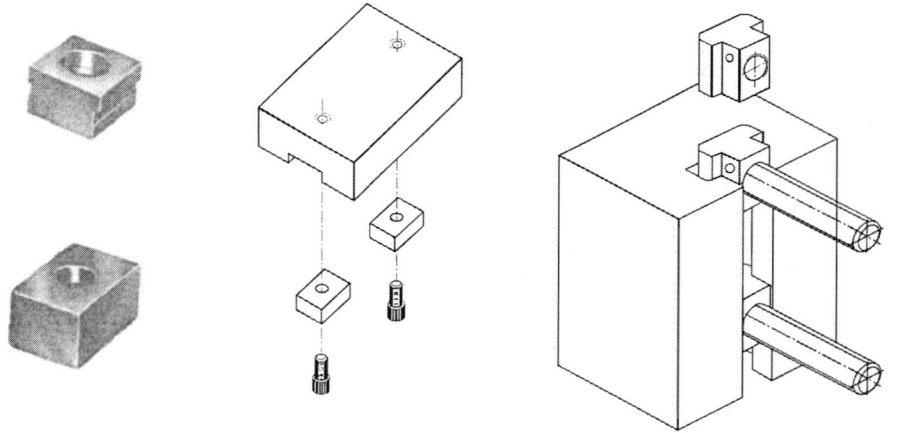

그림 11-114 텅과 고정구 조립 및 T 홈과 텅 조립

6. 밀링 테이블 치공구 고정 방법

공작기계의 치공구를 고정하는 데는 여러 가지의 방법이 쓰이고 있다.

[그림 11-115]의 (a)는 치공구 본체의 베이스에 직접 홈을 만든 방식으로 제작이 어렵고 고정 방법이 잘못된 방법이다. (b)는 볼트에 고정 방식으로 일반적으로 많이 사용되고 있으며 비교적 고정 방법이 좋은 방식이다. (c), (d)의 그림은 상품화된 시중품을 활용하는 방식으로 최근에는 많이 활용되고 있다.

키 홈 및 고정구용 위치 고정 키의 '키 홈 블록'을 사용하면 다음과 같은 정점이 있다. 공작기계에 의하여 클램프 홈의 폭이 여러 가지로 변하여도 치공구를 사용할 수 있고, 공작기계에 맞는 2개의 위치 결정 키를 준비하는 것만으로써 각종 기계에 치공구를 장착하는 데 사용이 편리하다.

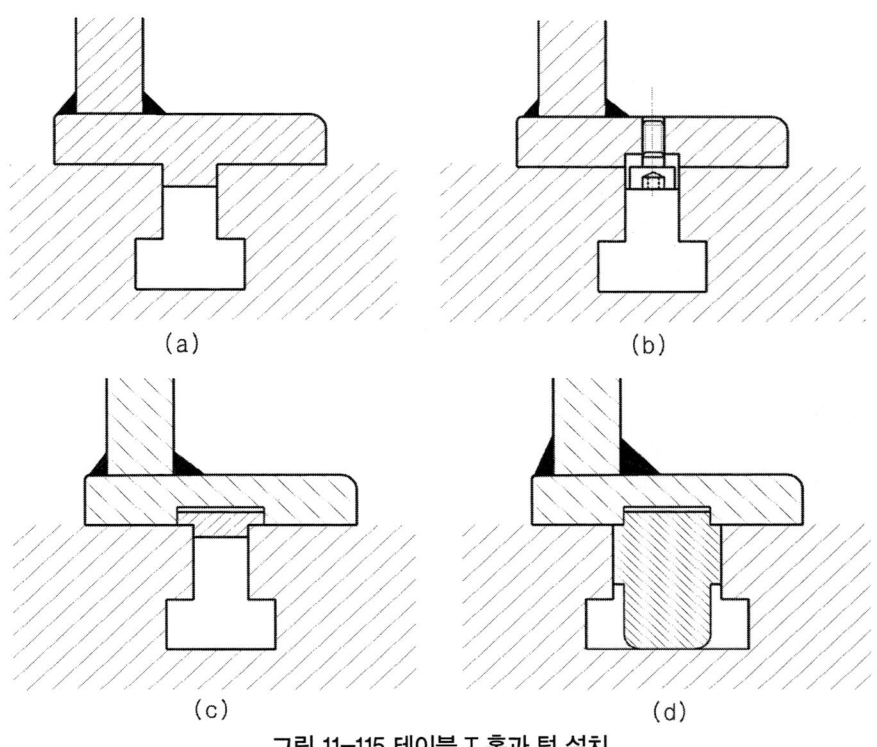

그림 11-115 테이블 T 홈과 텅 설치

볼트 고정식 위치 결정키는 공작기계 테이블의 홈을 상하게 할 수도 있다. 치공구를 운반이나 보관할 때 볼트 멈춤 위치 결정 키의 돌출부가 부딪치면 비틀려져 치공구 고정에 지장을 준다. 상처를 크게 입은 키의 안내부를 무리하게 테이블 홈에 넣으면 밀링 테이블 T-홈을 손상하기 때문이다. 따라서 (c), (d)처럼 볼트를 고정하지 않고 텅을 설치하는 것이 좋으며 텅의 제작 공차는 헐거운 끼워 맞춤으로 하고 열처리 후 연삭 가공이 돼야 한다.

[그림 11-116]은 밀링 고정구를 기계 테이블에 설치 방법을 나타낸 그림으로 텅은 기계 테이블에 2개가 설치되어야 하고 고정구를 기계 테이블에 고정할 때는 T-볼트를 이용하여 4개가 일반적으로 설치한다. 너트는 평와셔와 함께 사용하여야 하되 반드시 열처리된 시중품을 활용한다. T-홈과 T-홈 간격, 치공구 본체와 기계 테이블 고정 치수, 고정구의 텅(키) 치수를 비교 검토하고, 사용할 기계와 맞아야 한다.

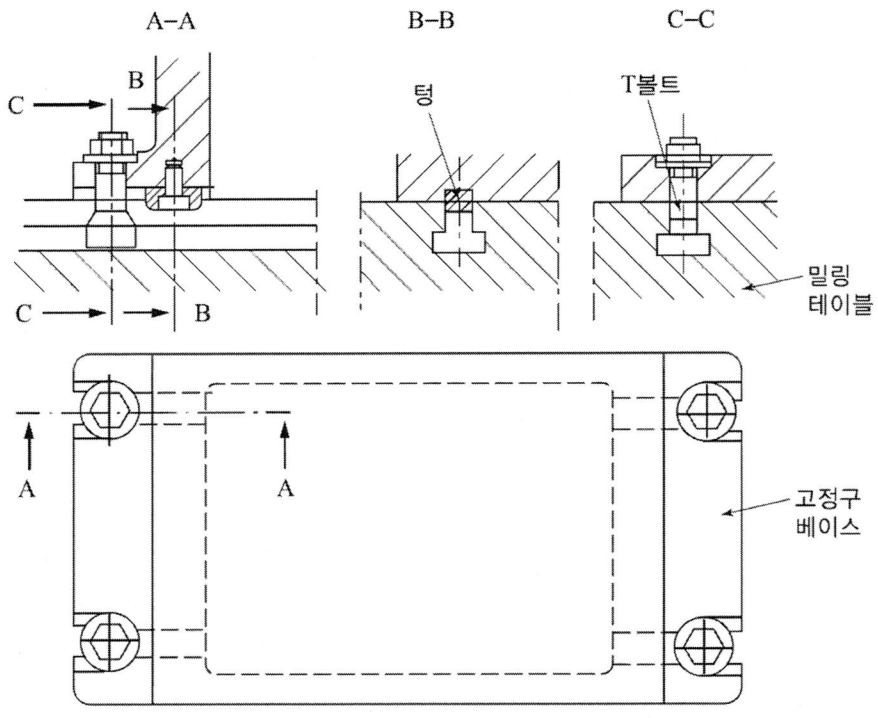

그림 11-116 밀링 고정구를 기계 테이블에 설치 방법

[그림 11-117]은 기계 테이블 고정에 사용되는 각종 시중품 볼트로 반드시 열처리된 시중품을 활용한다.

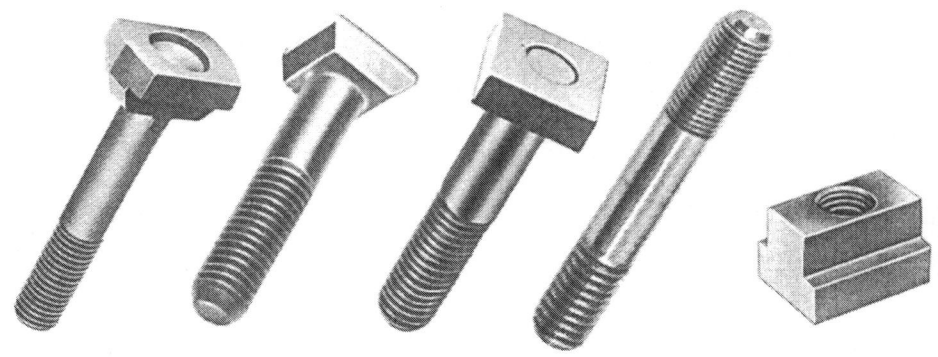

그림 11-117 기계 테이블 고정에 사용되는 시중품 볼트

7. 밀링 고정구의 설계 절차

밀링 고정구의 설계 및 스케치의 전개 시에는 다음의 요소들을 고려해야 한다.

(1) 고정구 설계의 전개

고정구의 설계 전개 과정은 지그설계 과정과 유사하나 다음과 같다.

① 작업자의 작업 범위를 결정하기 위해서 부품도와 생산계획을 분석하고 생산량을 고려한다.
② 공작물은 기계 가공할 때 적당한 위치에서 눈에 잘 보이게 스케치한다.
③ 위치 결정구와 지지 구를 적절한 위치에 스케치한다.
④ 클램프 및 기타 체결장치를 스케치한다.
⑤ 절삭공구의 세팅 블록과 같은 특수장치를 스케치한다.
⑥ 고정구 부품을 수용할 본체를 스케치한다.
⑦ 고정구의 여러 부품의 크기를 대략 판단한다.
⑧ 절삭공구와 아버(arbor) 등에 고정구가 간섭이 생기는가를 점검한다.
⑨ 예비 스케치가 끝나면 충분히 검토한 후 도면을 완성하고 재질을 명시한다.

밀링 고정구의 설계 전개에서 먼저 부품도와 생산계획의 분석으로 밀링 가공 공정의 범위가 결정되면 공작물을 3면도에 스케치한다. 이 스케치는 밀링 가공에 알맞은 위치에 공작물이 보이도록 해야 한다.

(2) 앵글 플레이트 밀링 고정구 설계 순서

1) 치공구 설계에 필요한 사항은 다음과 같다.

① 제 품 명 : 브래킷(Bracket)
② 재질 : SM20C
③ 열처리 : HRC 25~30
④ 가공 수량 : 30,000 EA/월
⑤ 가공 부위 : 7±0.05
⑥ 사용 장비 : 수평 밀링머신
⑦ 사용 공구 : φ100×7×25.4 사이드 커터
⑧ 밀링 테이블 사양 : T-slot 폭 16mm, T-slot 수 2개, T-slot 간 거리 60mm, 테이블 폭 280mm
⑨ 필러 게이지와 커터의 설치 개략도를 그릴 것.
⑩ 경제성을 고려하여 치공구 제작비가 적게 들도록 할 것.
⑪ 신속한 클램프의 선정과 제품의 장착 및 장탈을 고려한 설계를 할 것.

⑫ 표준품, 시중품의 활용과 요소 부품 수리와 교환의 용이성을 고려할 것.

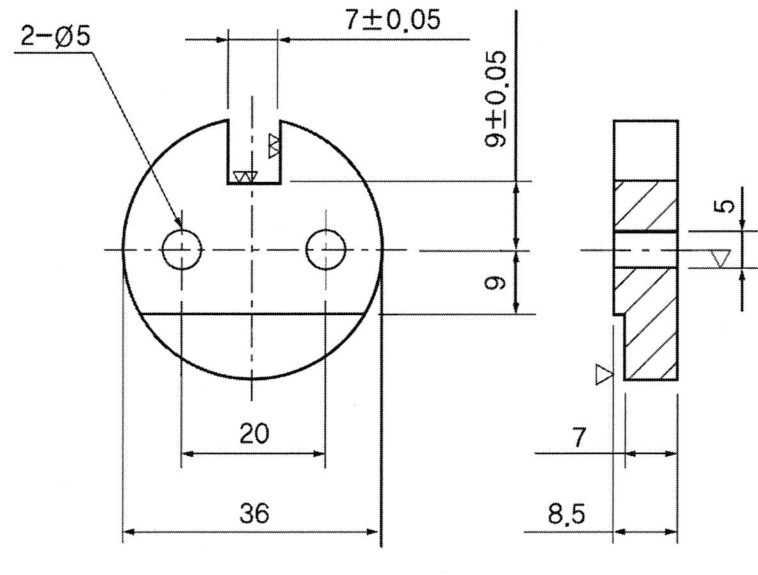

그림 11-118 부품도면

2) 앵글 플레이트 밀링 고정구 형태 이해

① 치공구의 형상을, 종류, 용도, 장단점을 파악한다.

바이스에 고정할 수 없는 공작물은 간단한 앵글 플레이트 고정구(angle plate milling fixture)를 사용하면 정확한 위치 결정과 신속한 클램핑을 할 수 있다. 앵글 플레이트 밀링 고정구는 기계 테이블에 접촉하는 밑면과 공작물이 접촉하는 면과의 관계가 서로 수직이거나 어떤 각을 이루는 면으로 되어 있다. 앵글 플레이트 고정구의 장단점은 다음과 같다.

㉠ 다량의 공작물을 같은 위치에 정확한 위치 결정이 되도록 설계할 수 있다.

㉡ 커터가 모든 공작물을 균일하게 가공되도록 설치할 수 있으며 측정과 검사 시간을 줄일 수 있다.

㉢ 간단하고 빠른 위치 결정과 클램핑을 할 수 있다.

㉣ 커터의 추력이 보통 앵글 플레이트의 수직 부분에 작용한다.

㉤ 앵글 플레이트 고정구의 단점은 사용할 수 있는 높이에 제한받으며 견고하게 제작되어야 한다.

3) 공작물 도면 분석

공작물의 형태, 수량, 가공 정밀도, 재질, 치수의 기준, 가공 방법 등을 파악하고 공작물 형상 때문에 앵글 플레이트 고정구 형태를 택한다. 공작물을 아래 도면처럼 3 도면으로 배치하고 CAD 상에서 가는 2점 쇄선으로 도면을 작도한다.

4) 공작물의 위치 결정

① 공작물을 어떻게 위치 결정할 것인가를 고려하고 홈이 구멍과의 치수 관계를 맺기 때문에 2개 구멍을 위치 결정에 이용하며 여기에 맞는 2개의 위치 결정 핀을 스케치에 추가 한다.

② 공작물의 양면이 평행하다고 가정하여 커터의 절삭력을 받는 위치에 앵글 플레이트의 수직 판을 위치 결정 핀과 조립되게 스케치한다.

③ 공작물의 가장 넓은 평면을 위치 결정면으로 하고 위치 결정면은 평면도 유지를 위하여 반드시 연삭 작업을 한다.

④ 2개의 구멍에 핀으로 위치 결정을 하고 하나는 원형 핀으로 하고 또 다른 핀은 다이아몬드형으로 설치하되 방향에 주의하도록 한다. 2개의 다이아몬드형이나 2개의 원형 핀으로 설치하여도 무방하다.

5) 클램핑 기구의 선정

① 클램핑 장치를 결정하는 단계로 스터드(stud)에 너트로 고정할 수 있는 미끄럼 클램프(sliding strap clamp)로 선택한다.

② 스터드는 가능한 공작물 고정점에 가깝게 설치하고 공작물의 장탈이 쉽도록 클램프가 오른쪽으로 움직이는 거리를 고려한다.

③ 클램프의 접촉점은 둥글게 하고 고정 압력이 공작물의 중심에 작용하게 한다.

④ 밀링 작업할 때 공작물과 커터와의 관계 위치가 유지되도록 공작물을 일정한 위치에 클램프 시켜야 하며 밀링 고정구는 작업 시간을 최소로 줄이기 위해 신속하게 장착하고 고정되도록 설계한다.

6) 특수장치 적용

① 세트 블록을 수직 판에 추가시켜 커터가 필러 게이지에 의해 쉽게 세팅되도록 하며 위치 결정 핀과 정확한 관계 치수가 될 수 있도록 수직 판에 조립한다.

② 기계 테이블의 T-홈에 끼워 맞춰지는 텅은 공작물의 7㎜ 홈이 양면과 직각으로 밀링 가공되게 설치한다.

③ 커터의 절삭력에 충분히 견딜 수 있도록 본체의 수직 판에 보강판을 첨가한다.

④ 설계가 완성되면 필요한 치수를 결정하고 커터와 아버의 간격을 검토한 다음 밀링 고정구 도면을 제도하고 재료를 선택한다.

⑤ 필러(두께) 게이지의 두께는 1.5~3mm이며 길이는 120mm 이하로 설계한다.

⑥ 세트 블록은 공작물을 지지하여 주는 같은 평면상에 설치되도록 설계하되 2개의 볼트와 2개의 맞춤 핀을 사용하여야 한다.

⑦ 커터를 세트 블록의 연삭된 표면에 위치시킬 때는 커터의 날 끝과 블록 사이에 두께 게이지(feeler

gauge)를 넣어 접촉되어야 한다.
⑧ 될 수 있으면 두께 게이지를 사용하는 것이 편리하며 깊이와 수평 방향의 두께를 같게 하는 것이 바람직하다.
⑨ 세트 블록으로 커터를 정 위치에 설치하면 시험 작업을 하기 위한 재료의 손실을 없앨 수 있으며 정확하게 설치되었나를 쉽게 점검할 수 있다.
⑩ 밀링 고정구는 커터의 추력을 고정구의 본체나 지지구가 받도록 해야 하며 클램프가 받도록 하면 안 된다.

7) 본체 설계
① 고정구의 본체 설계는 위치 결정구, 지지구, 클램프, 특수장치 등을 수용할 수 있는 충분한 크기로 한다.
② 정확한 작업을 하기 위해 밀링 고정구는 기계 테이블과의 배열 관계가 정확해야 하며 이를 위해 고정구 바닥 면에 텅(tongue)을 두 개 또는 길게 된 하나를 설치한다.
③ 텅은 기계 테이블의 홈에 끼워지며 T-볼트에 의해 고정된다.
④ 본체의 사각 모서리 부분은 스트랩 클램프 등으로 기계 테이블에 고정할 수 있도록 계획되어야 하며 T-볼트로 테이블에 고정하려면 볼트를 위한 홈이 본체에 그려져야 한다.

8) 치수 결정
예비 설계가 끝나면 전체 크기가 결정되고 일부 중요 치수를 설계에 첨가된다. 정확한 치수는 최종 고정구 도면이 완성될 때 계산한다.

9) 설계 검토
① 밀링머신 고정구의 부품이 아버(arbor)나 아버 지지구(arbor support)와 간섭이 생기지 않도록 확인해야 한다.
② 절삭공구의 진동을 방지하기 위하여 충분히 큰 지름의 아버에 절삭공구를 설치해야만 한다. 만약 클램프나 다른 부품이 너무 높아서 매우 큰 지름의 절삭공구를 사용하지 않고는 아버 밑으로 고정구가 통과할 수 없다면 이 설계는 일부 수정해야 한다.
③ 설계시 실수를 피하고자 절삭공구와 아버를 밀링 고정구 도면에 가상선으로 나타내면 이런 실수를 피할 수 있다.

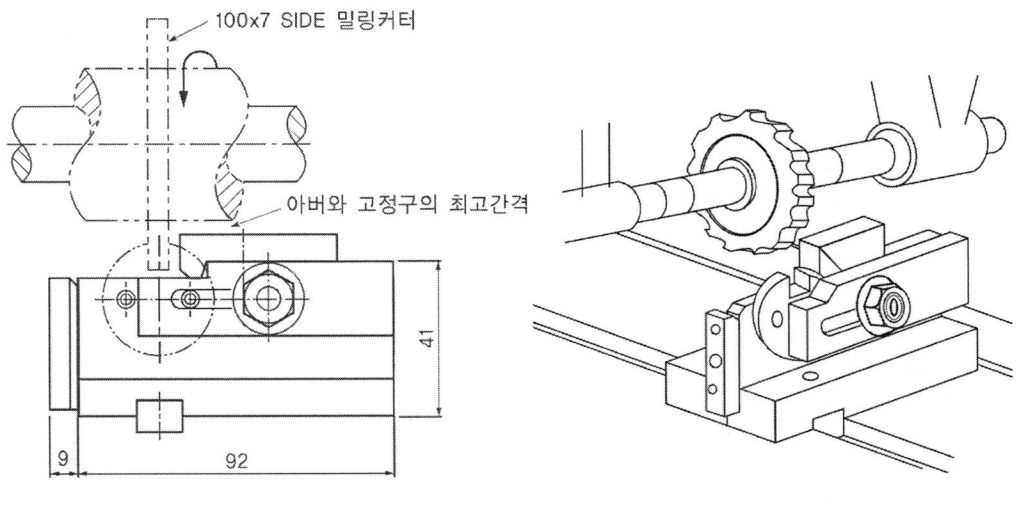

그림 11-119 아버 간격   그림 11-120 밀링 테이블에 설치된 고정구

그림 11-121 수평 밀링에서 밀링 고정구 사용 예시

10) 재료 선정

① 밀링 고정구 본체는 기계 구조용 탄소강으로 한다.

② 스트랩 클램프는 탄소 공구강으로 한다.

③ 기타 부품은 표준품 또는 시중품을 활용한다.

11) 기계가공

① 밀링 고정구 밑면과 공작물의 위치 결정면은 직각이 유지되도록 신중히 처리한다.

② 공작물의 위치 결정과 스트랩 클램프는 열처리 후 연삭 가공한다. 열처리가 생략되는 조립 부위는 표면 조도가 좋아야 한다.

③ 커터 설정 세트 블록은 몸체에 조립한 후 연삭 가공한다.

④ 부품이 조립되는 홈이나 맞춤 핀이 삽입되는 곳은 수직 가공이 되어야 한다.

⑤ 텅의 설치 홈의 가공은 공작물 설치 면과 직각이 유지되도록 가공한다.

12) 시험가공 및 결과

제작이 완료된 밀링 고정구을 이용하여 공작물을 시험가공하고 결과에 대하여 문제점 및 보완점을 찾아서 도면 수정을 하도록 하고, 정확성과 경제성을 비교하고 분석한다.

13) 스케치 설계 순서

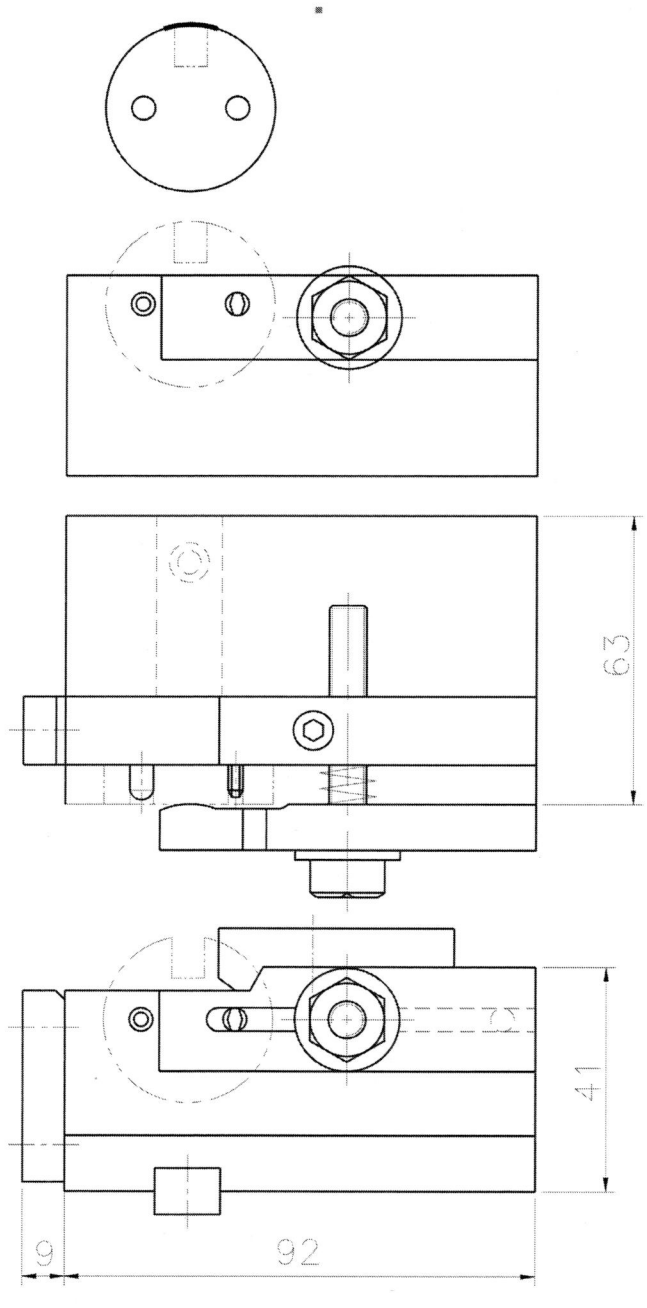

그림 11-122 앵글 플레이트 고정구 설계 순서

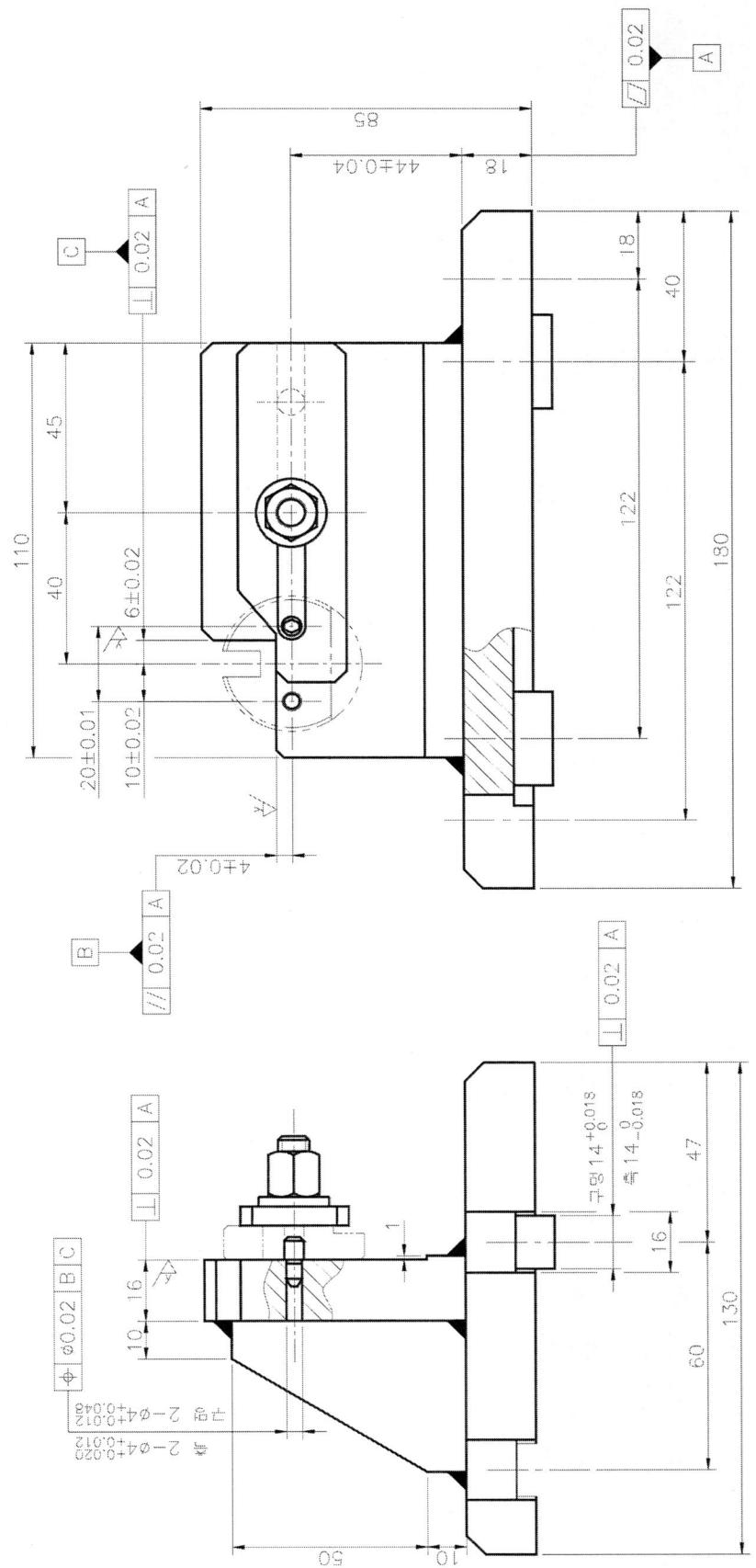

그림 11-123 완성된 밀링 고정구 조립도

제9절 용접지그와 고정구

1. 용접지그와 고정구의 의미

용접지그(jig)와 고정구(welding fixtures)는 용접 작업에서 작업물을 정확한 위치에 위치 결정하여 클램핑하여 용접이 이루어질 수 있도록 돕는 기계 보조장치로 일반적으로 고정구를 산업현장에서 지그라고 총칭한다. 주로 대량 생산이나 복잡한 형상의 제품을 일정한 품질로 용접해야 할 때 사용되는데 작업 효율을 높이고 용접 품질을 균일하게 유지하는 데 중요한 역할을 한다.

용접 고정구는 용접 구조물을 정확한 치수로 제작하기 위하여 사용하는 것으로 제품의 제작시 작업이 편리하여 생산

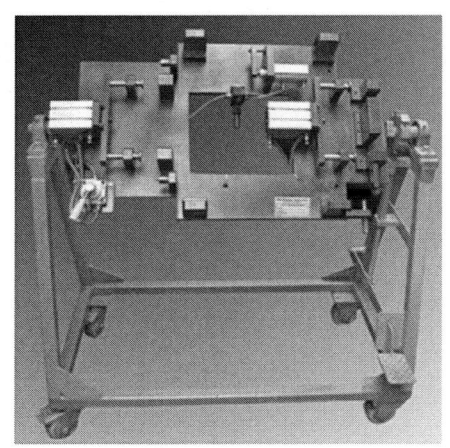

그림 11-124 트라이언 용접 지그

성이 좋은 아래 보기 자세로 용접하고 가용접 및 본용접을 할 수 있도록 구조물을 위치 결정하고 고정하여 구속하는 데 사용되는 장치로서 용접 구조물 제작시 적절하게 사용하면 다음과 같은 효과가 있다.

① 용접 작업을 용이하게 한다.
② 제품의 정밀도를 증대시킨다.
③ 공정의 간소화를 통해 생산 효율성을 증대시킨다.
④ 대량 생산할 때 용접 조립 작업을 단순화하여 능률이 향상된다.
⑤ 용접 변형을 억제하거나 적당한 역 변형을 줄 수 있도록 하여 정밀도를 높인다.
⑥ 용접 품질을 증대시키고, 생산 효율성과 작업자 안전을 향상할 수 있다.

용접지그와 고정구의 선택 기준은 다음과 같다.
① 용접 구조물을 견고하게 고정시킬 수 있는 크기와 강성이 있어야 한다.

② 용접 작업을 용이하게 할 수 있는 구조이어야 한다.
③ 용접 변형을 억제할 수 있는 구조이어야 한다.
④ 용접 구조물의 고정과 설치가 편리해야 한다.
⑤ 작업능률이 향상되어야 한다.
⑥ 청소하기가 쉬워야 한다.

(1) 용접 정반과 위치 결정용 지그

용접 구조물의 재료 준비가 끝나면 조립과 가용접을 시작하는데, 이때 구조물을 정확하게 제작하기 위해서는 경우에 따라 정반(surface plate) 또는 적당한 용접대 위에 조립하여 고정한다. 구조물을 조립할 때 사용하는 공구를 용접지그(welding jig)라 하는데, 특히 부품의 고정 작용에 사용하는 것을 용접 고정구(welding fixture)라 한다. 용접지그 및 용접 고정구의 사용 여부가 용접 구조물의 상태를 지배하는 동시에 공정 단축에 큰 영향을 미치게 된다.

그림 11-125 정반과 위치 결정용 지그

1) 용접 정반 테이블

정반은 용접 구조물의 조립 및 용접 시 정밀도를 향상하고 변형을 방지하기 위하여 사용하는 용접 정반과 정밀측정을 위한 정반으로 구분된다. 용접 작업이나 제관 작업에서 조립 및 가용접시 사용되는 정반으로 주철, 철강, 주강 제품으로 제작되어 있다. 기계 가공 공장에서 정밀 측정용으로 사용되는 것은 석정반과 주철제 정반으로 표면이 정밀하게 가공되어 있다.

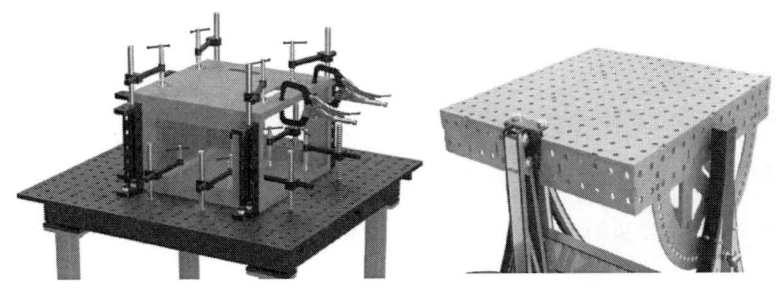

그림 11-126 용접 정반 테이블

2) 용접자세 위치 안내용 지그

(가) 터닝 롤러(Turning roller)

터닝 롤러는 파이프의 용접 시 용접 능률과 품질을 향상시킬 수 있도록 용접자세를 아래 보기 자세가 유지 가능하도록 제작된 기구이며, 터닝 롤러에 의한 파이프 원주 용접 시 용접 속도를 원주속도와 맞추어 조정하여 자동 용접 지그로 활용할 수도 있다.

그림 11-127 터닝 롤러

(나) 용접자세 위치 안내용 포지셔너

용접 포지셔너(welding positioner)는 여러 가지 용접자세 중에서 용접 능률이 가장 좋은 아래 보기 자세로 용접할 수 있도록 구조물의 위치를 조정이 가능하게 하는 장치로써 구조물을 회전 테이블에 고정 또는 구속해 변형을 방지하는 기능도 있다.

그림 11-128 용접용 포지셔너

(다) 자동 용접용 매니플레이터

용접용 매니플레이터(welding manipulator)는 자동 용접용 포지셔너나 터닝 롤러를 조합시켜 용접 구조물을 아래 보기 자세로 고정하여 용접 작업의 능률과 품질의 향상을 얻고자 하는 장치이다. 이것은 용접 토치를 매니플레이터의 가로 빔(beam)에 고정하여 자동 용접을 시공할 수 있도록 한 장치로서 최근에는 컴퓨터의 프로그램을 이용한 로봇 형태의 고급 매니플레이터도 있다.

파이프의 내면 심(seam)을 용접할 수 있도록 만든 장치로 플레임 형(flame type)과 파이프의 외면을 용접할 수 있도록 만든 로봇형 암형(arm type)이 있다.

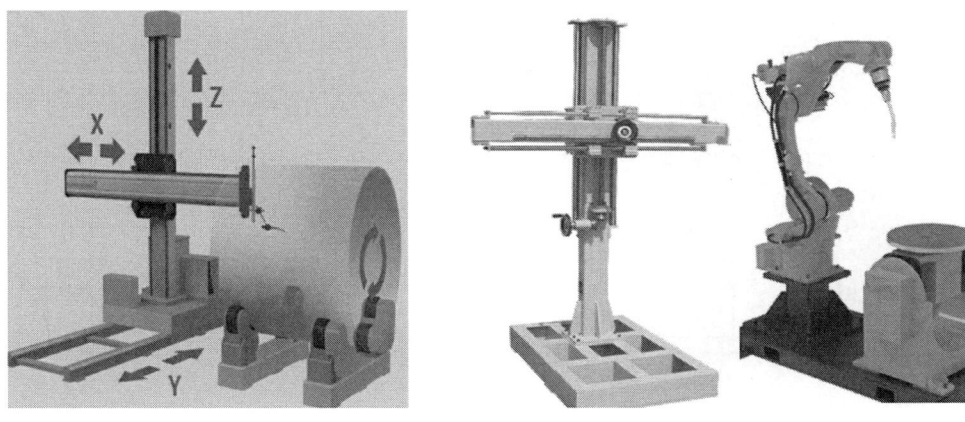

그림 11-129 용접용 매니플레이터

3) 용접지그와 고정구의 종류

(가) 가접용 고정구

용접지그와 고정구는 작업의 성질에 따라서 가접용과 본용접용, 변형 방지용 고정구로 구분할 수 있다. 가접용 고정구는 치수의 정밀도를 고려하여 부재와 부재를 일정한 위치에 고정하여 가접을 하기 위한 것으로 지그만으로 고정하여 가접을 하지 않고 본 용접을 직접 시행하는 경우도 있다.

가접용 고정구의 종류에는 가접용 바이스(vise)나 클램프를 사용하는 경우와 제품의 특성에 따라 제작된 같은 형태의 가접용 고정구가 사용되고 있다.

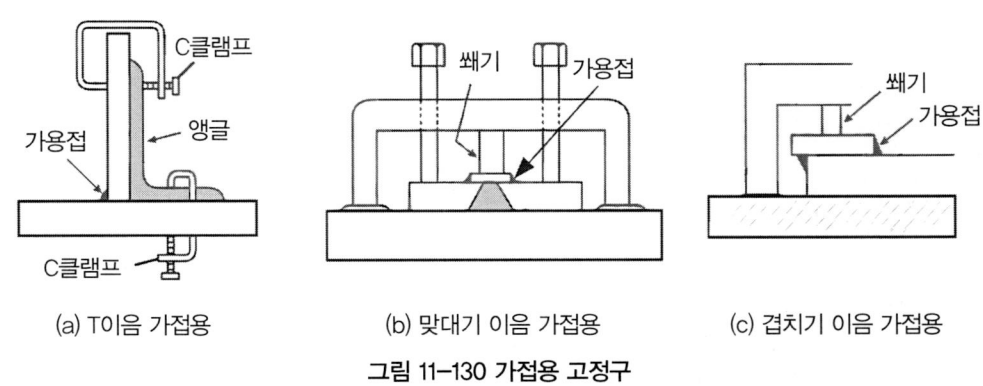

(a) T이음 가접용   (b) 맞대기 이음 가접용   (c) 겹치기 이음 가접용

그림 11-130 가접용 고정구

(나) 변형 방지용 고정구

용접은 제작 구조물에 많은 열을 주게 되므로 열에 의한 변형이 발생하게 된다. 이러한 변형을 용접순서나 용착법 및 소성 역변형에 의해서 방지하는 방법도 있고, 고정구의 구속에 의하여 변형 자체를 억제하는 방법(탄성 역변형법)도 있는데 이들을 이용하는 지그를 변형 방지용 고정구라 한다. [그림 11-131] (a)는 스트롱백(strongback)을 사용하여 각 변형을 구속하는 지그를 나타낸 것이다. 스트롱백

(strongback)은 용접시공에 상용되는 지그(jig)의 일종이며 가접을 피하기 위해서 피용접재를 구속시키기 위한 고정구를 의미한다.

[그림 11-131] (c), (e)는 탄성 역변형을 나타낸 것으로 지그는 용접선이 긴 경우는 용접선 중앙부에서 역변형의 효과가 저하될 수도 있다.

[그림 11-131] (b)와 (d)는 고정구인 바이스를 이용하여 필릿 이음이나 맞대기 이음에서의 각 변형을 방지하는 지그의 예를 나타낸 것이다.

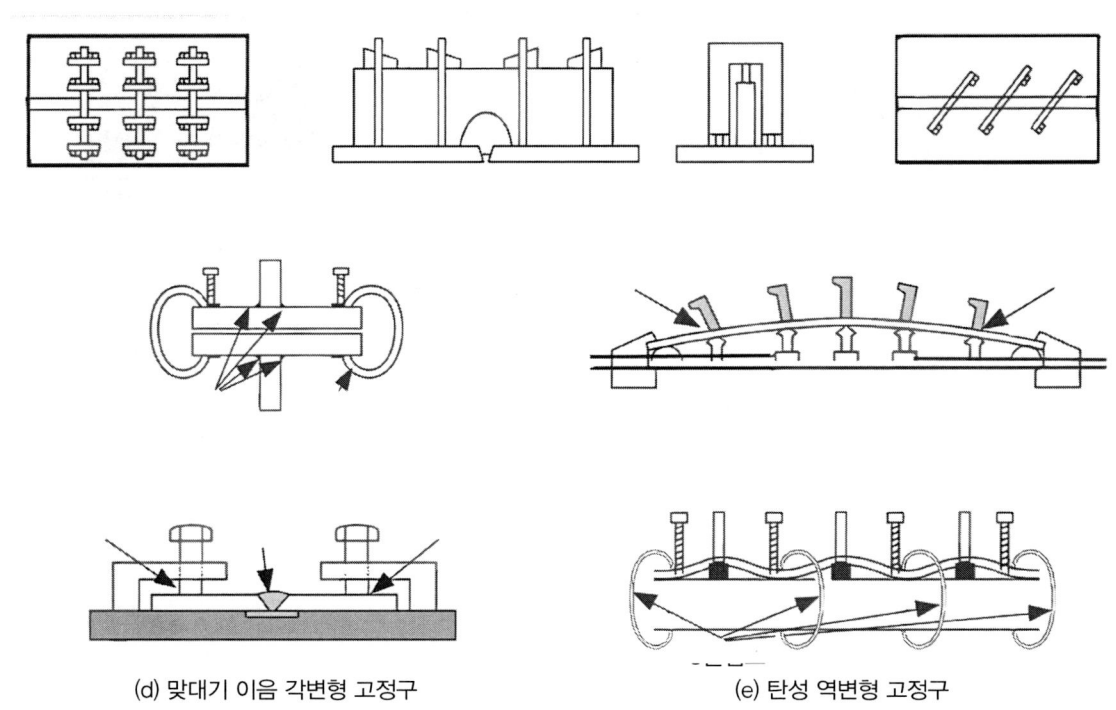

그림 11-131 변형 방지용 고정구

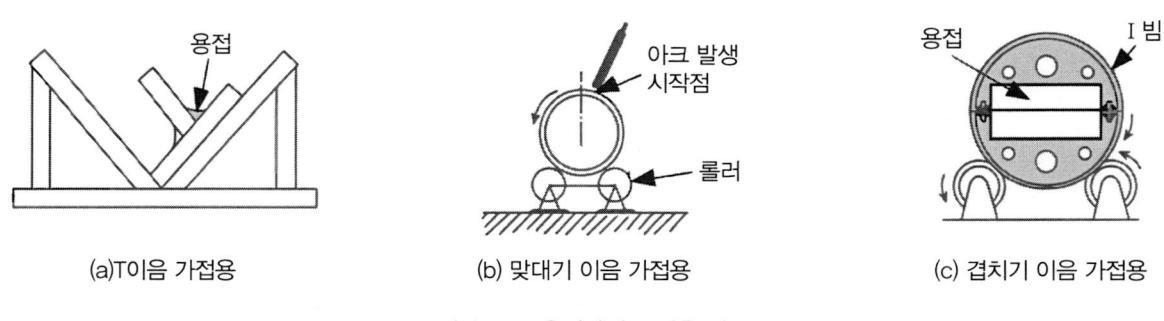

그림 11-132 용접자세 교정용 지그

(다) 용접자세 교정용 지그

[그림 11-132]는 본용접 작업시 아래 보기 자세로 용접하기 위하여 사용하는 것으로 포지셔너나 메니플레이터가 주로 사용되고 있으나 간단한 작업의 경우 작업자가 직접 자세 교정용 지그를 제작하여 사용하는 경우도 있다.

2. 용접 고정구의 설계 제작의 고려 사항

용접용 고정구는 용접을 간단하고 정확히 경제적으로 수행하고, 용접시 발생하는 공작물의 수축과 변형, 치수, 강도의 변화를 줄이기 위하여 사용되는 고정구이다.

용접 고정구의 종류는 공작물 용접부의 형상에 따라 여러 종류로 분류할 수 있으며, 용접 고정구의 설계 제작할 때는 다음 사항을 고려하여야 한다.

① 고정구의 구조와 클램핑 방법은 공작물의 장착과 탈착이 용이하여야 한다.
② 제작비용을 고려하여 가장 경제적으로 설계 제작한다.
③ 용접 후의 수축 및 변형을 미리 고려하여 설계, 제작한다.
④ 공작물의 위치 결정 및 클램핑 위치선정은 공작물의 잔류응력과 균열을 고려하여 결정한다.
⑤ 공작물의 구조나 형상에 따라서 가용접 고정구와 본용접 고정구로 분류하여 설계, 제작하는 것이 바람직하다.

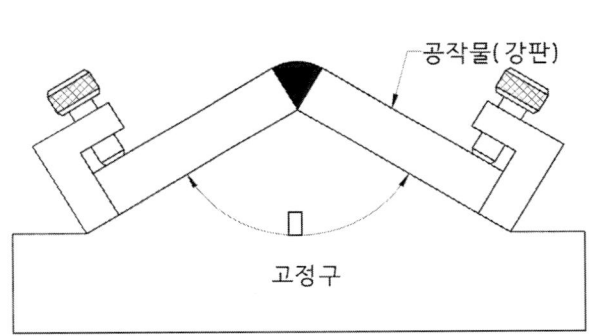 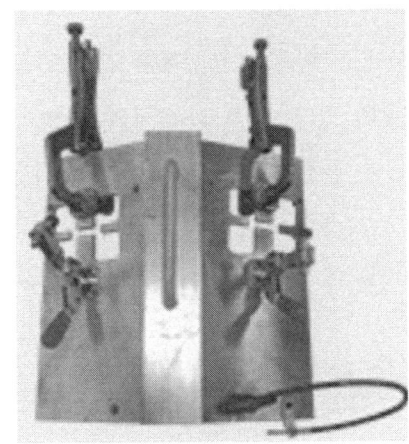

그림 11-133 간단한 용접 고정구

가용접용 고정구는 주로 위치 결정과 치수 정도의 정확을 기하기 위한 목적으로 만들고, 본 용접용 고정구는 용접 작업자가 안전하고 편리하며 능률적인 용접을 할 수 있도록 회전 고정구나 포지셔너 등으로 하향 용접할 수 있도록 설계 제작한다. 용접 고정구의 설계상 요점을 몇 가지 소개하였으나 매우 많은 다른 부품의 용접에 대하여 완전한 만족을 줄 수 있는 만능 고정구를 제작할 수는 없으며, 각 공작물의 모양과 성격에 따라 고정구 설계를 고려할 필요가 있다.

3. 용접 고정구의 구성요소

위치 결정 고정구, 지지구 부착 고정구, 구속 고정구, 회전 고정구, 포지셔너, 안내, 기타 위치 결정 고정구는 용접 구조용의 각 요소를 규정의 치수, 위치 형상에 고정하여 놓는 것이 필요하고, 이 위치 결정 고정구의 설계에 대해서는 다음 사항을 고려한다.

① 용접시의 팽창과 용접 후의 수축 때문에 치수 변화와 변형을 고려하지 않으면 안 된다.
② 위치 결정면은 강도와 강성이 큰 것으로 하고 용접 비틀림 등으로 인한 고정구 오차가 없도록 한다.
③ 용접 변형이 나타나는 곳에는 거기에 알맞은 구속력을 갖는 면을 설정한다.
④ 용접 고정구에서 제품을 장탈하기 쉽도록 하기 위한 위치 결정면의 구조를 고려하고, 수축한 방향은 면이 닿지 않도록 고려할 필요가 있다.
⑤ 기타 기준을 취하는 방향, 용접 작업의 용이한 구조, 원가 등의 고려한다.

구속 고정구는 용접시에 나타나는 비틀림 변형을 가능한 한 나타나지 않도록 구속해서 그대로 상온 상태와같이 되도록 적절한 강도로 만들어진 고정구로써, 이것에 따라 정도가 좋은 용접 구조물을 얻을 수 있는 경우가 있다. 그러므로, 구속 고정구는 널리 사용되고 있다. 구속력은 가능한 한 면의 근처를 스토퍼(stopper)나 체결 볼트, 기타 장치로 확실하게 구속할 필요가 있다.

회전 고정구는 작업자가 용접 구조물을 용접하기 쉬운 자세가 되도록 회전대, 포지셔너, 기타를 사용해서 작업할 수 있도록 만든 것으로써, 작업능률 면에서도 확실한 작업을 할 수 있으므로 널리 이용되고 있다.

안내는 용접 고정구로 자동 용접을 사용할 때 용접선에 대하여 항상 와이어의 위치가 일정하게 되도록 중심을 맞추는 장치나 상하 이동 등에 대한 평행 기구 등을 말하며, 고정구의 능률을 올리기 위한 하나의 중요한 부분이다. 그 밖에 용접 고정구로서는 치수 결정이나 치수 점검 게이지류, 형상 점검 게이지류 등이 있다.

4. 용접 고정구 설계 고려 사항

용접 고정구 설계를 계획할 경우 고려해야 할 사항은 다음과 같다.

① 대형 구조물에는 블록 방식을 채택하므로 각 고정구의 배열, 재료의 운반 경로 등의 전반적인 생산 공정에 대하여 잘 검토하고, 적절한 고정구 설계를 하여야 한다.

② 공장 설비, 가공 방법 등의 기준을 제품의 모양, 용접 위치 등에 따라서 어떤 고정구를 사용하며, 어디에서 나뉘어 블록 조립을 해야 하는가를 검토한다.

대형 구조물을 공장 밖으로 운반할 때 운반이 가능한 치수로부터 블록 조립의 크기를 검토하여야 한다.

③ 조립에 있어서는 용접방법에 따라 고정구 방식이 크게 변하나, 가능한 한 고능률의 기계 용접을 사용한다.

④ 고정구 제작에 있어서는 비용이 많이 들기 때문에, 제품의 생산량에 따라서 고정구의 설계 사양을 고려하여야 한다. 따라서, 생산량이 적을 경우에는 고정구를 간단히, 많은 경우에는 정밀도가 높고 능률적인 고정구를 설계, 제작하여야 한다.

⑤ 고정구의 기준면을 생각하고 블록 조립을 할 때에는 어느 고정구이든 동일 기준면이 되도록 한다.

⑥ 제관 제품의 조립에서는 어느 정도 조립 치수의 오차를 인정하여야 하므로, 고정구 설계에서는 여유를 둘 위치와 그 허용 치수 범위를 먼저 결정하여야 한다.

⑦ 부품을 바른 위치에 쉽게 부착할 수 있고, 또한 부품의 부착 및 분리가 용이하여야 한다.

⑧ 위치 결정용 받침쇠는 쉽게 변형되지 않는 것이어야 한다.

⑨ 고정구에 고정되는 부품의 크기는 되도록 손으로 잡을 수 있는 것이 바람직하다.

⑩ 고정구는 가능한 제품의 제조원가를 고려하여 경제적으로 만들어야 한다.

⑪ 제품의 수가 적을 때에는 일반용 고정구를 사용하는 것이 바람직하다.

⑫ 먼지, 스패터 등이 모이지 않는 구조로 한다.

⑬ 받침쇠는 외부에서 식별할 수 있도록 색을 칠하는 것이 좋다.

⑭ 고정구의 높이는 작업하기 쉬운 높이로 하는 것이 바람직하다.

⑮ 고정구 주위의 부품의 배치를 생각한다.

물론, 이들의 조건을 전부 만족하기는 어려우나, 가능한 한 좋은 고정구를 만들기 위해서는 능률의 향상, 공수의 감소, 변형의 감소, 제품의 정밀도 향상 등을 도모하여야 한다.

[그림 11-134]는 용접이라든가 기타의 방법으로 판 위에 일정한 각도로 둥근 축을 고정하는 방법을 구상할 때 [그림 11-135]처럼 판 스프링에 둥근 축을 고정하고 용접할 경우 간편한 위치 결정으로 정확한

작업이 이루어질 것이다. 물론 판은 스토퍼에 밀착시켜야 할 것이고 공작물 착탈은 손으로 잡아당기면 판 스프링에 의하여 공작물이 쉽게 꺼낼 수가 있을 것이다.

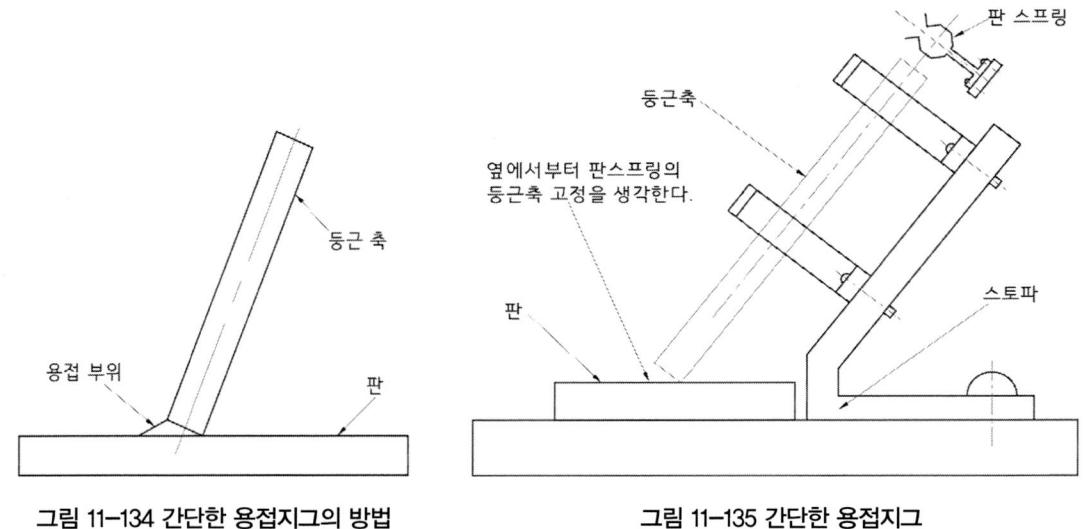

그림 11-134 간단한 용접지그의 방법   그림 11-135 간단한 용접지그

5. 자동차 차체 용접지그

자동차 차체를 생산하는데 필요한 각종 보조장치를 말하며 일반적으로 차체 용접지그라 말한다. 또한 공작물의 로케이터 기구를 지그라 하며 공작물의 클램프 기구를 고정구라 말한다. 차체 지그는 부수적으로 용접 기능이 있어야 한다.

(1) 로케이터(Locator)의 의미

위치를 정한다는 뜻으로 지그에서는 제품 패널(panel)을 조립(assembly)하기 위하여 자연 또는 강제 상태로 놓았을 때 변형이 가지 않도록 위치를 결정하여 주고 절대로 움직이지 않도록 하는 것으로 기준을 말한다.

로케이터는 용접을 시작하기 전에 부품이 올바른 방향으로 올바르게 배치되었는지 확인하는 안내 도구 역할을 합다. 우리는 많은 부품에 걸쳐 정확성과 반복성을 유지하기 위해 위치 결정점을 사용한다. 약간의 편차라도 최종 제품에 상당한 차이를 초래할 수 있으므로 원하는 어셈블리 형상을 유지하려면 로케이터를 사용하는 것이 필수적이다.

(2) 클램프(clamp)의 의미

제품 패널(panel)이 작업 중에 이동이나 진동하지 않도록 적절한 고정력을 가해지는 기구를 말한다. 용접 설비의 클램프는 용접하는 동안 작업물을 제자리에 안전하게 고정하는 역할을 한다. 클램프는 용접

중에 작업물을 제자리에 위치결정하고 고정할 수 있어야 한다.

(3) 자동차 용접지그 구성(unit)의 기본구조

[그림 11-135]는 자동차 용접 차체 지그의 기본적인 구성(unit) 도면과 품명이다.

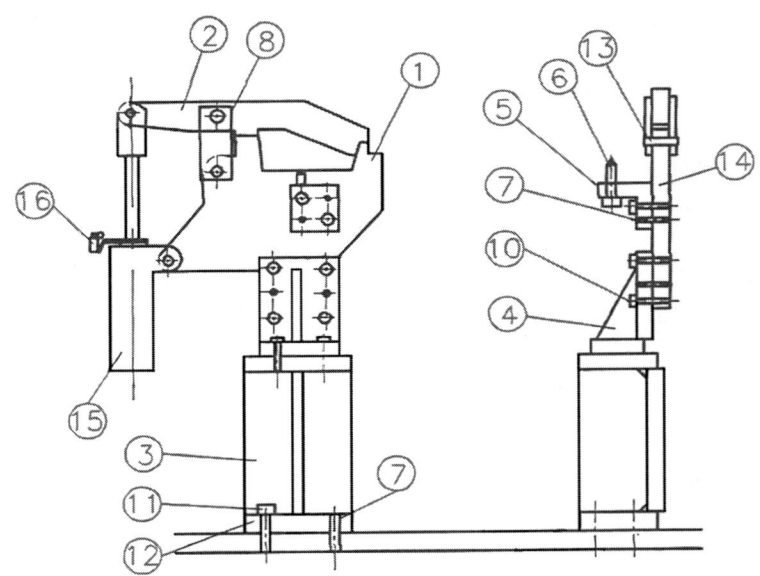

그림 11-135 차체 지그 구성(unit)의 기본구조

NO	품 명	규 격(표준 부품 NO)	특 기 사 항
1	LOCATOR	제작품	
2	CLAMP	제작품	
3	SUB BLOCK	표준품 : KES G R 171~174	높이 : 200~800 용도별 선정
4	고정 BRKT	표준품 : KES G R 181~R186	용도별 사양 선정
5	PIN BRKT	제작품	
6	기 준 핀	표준품 : KES G R 101~R107	용도별 사양 선정
7	DOWEL PIN	표준품 : KES G R 123	용도별 사양 선정
8	LINK	표준품 : KES G R 141~R144	용도별 사양 선정
9	BOLT	구입품 : M8 ×1.25	SOCKET BOLT
10	BOLT	구입품 : M10 ×1.25	육각 머리 BOLT
11	BOLT	구입품 : M12 ×1.5	육각 머리 BOLT
12	SPRING WASHER	구입품 : 호칭-8, 10, 12	KS규격 참조
13	HINGE PIN	표준품 : KES G R 111~R114	구멍 : H7, 축 : g6
14	OILESS BUSH	구입품 : HB 12 18 16	
15	CLAMP CYL	구입품 : 지정 사양	무급유 TYPE CLEVIS쪽 : 16.5, 19.5
16	L/S & L/S BRKT	L/S : 구입품, L/S BRKT : 표준품	필요시 기본구조에 추가

익힘문제

01 지그와 고정구의 차이점을 설명하라.

02 치공구의 3요소를 설명하라.

03 지그의 형태별 종류를 열거하라.

04 CNC, MCT에 주로 사용되는 치공구는 무엇인가?

05 공작물 관리의 목적 설명하라.

06 공작물 변위 발생 요소를 설명하라.

07 3-2-1 위치 결정 원리와 4-2-1 위치 결정 원리를 간단하게 비교 설명하라.

08 형상 관리, 치수 관리, 기계적 관리에서 우선순위를 설명하라.

09 위치 결정 원리를 간단히 설명하라.

10 위치 결정구의 일반적인 요구 사항은 무엇인가.

11 공작물 위치 결정면이 되기 위한 조건을 설명하라.

12 평형 고정구의 사용 목적을 설명하라.

13 네스팅에 대하여 간단히 설명하라.

14 대표적인 중심 위치 결정구는 무엇인가.

15 대표적인 V 블록의 사이 각에 특징에 대하여 간단히 설명하라?

16 방오법에 대하여 간단히 설명하고 적용 방법은 무엇인가.

17 이젝터에 대하여 간단히 설명하고 구성요소는 무엇인가.

18 각종 클램핑 방법 및 기본원리는 무엇인가?

19 클램프의 종류를 들고 간단히 설명하라?

20 토글 글램프의 기본적인 특징을 간단히 설명하라?

21 치공구 본체의 종류와 특징에 대하여 간단히 설명하시오?

22 맞춤(다웰) 핀에 대하여 종류, 재질, 경도 등을 설명하시오?

23 드릴 지그의 3대 구성요소를 설명하시오?

24 드릴 지그 부시의 종류를 들고 설명하시오?

25 드릴 부시의 설계 방법을 설명하시오?

26 드릴 지그의 설계 절차를 설명하시오?

27 밀링 테이블에 공작물을 고정하는 텅 및 세트 블록에 대하여 간단히 설명하시오?

28 밀링 고정구 설계 순서를 기술하시오?

29 용접 고정구 설계시 주의할 점 3가지 이상 설명하시오?

30 자동 용접용 포지셔너나 터닝 롤러를 조합시켜 용접 구조물을 아래 보기 자세로 고정하여 용접 작업의 능률과 품질의 향상을 얻고자 하는 장치는 무엇인가?

부록

익힘문제 해답
찾아보기

제1장 총론

1. "강체가 조립된 것으로서 각 개체의 관계 운동은 완전히 제한되며 그 일단에 가해진 에너지를 어떤 형태의 일로 변환시킬 수 있는 것"이라고 하며, 정의를 조합하면 다음과 같다.
   ① 저항력이 있는 물체의 조합이어야 한다.
   ② 기계를 구성하는 각 개체는 강체이어야 한다.
   ③ 각각의 구성품은 완전히 제한된 상호운동을 해야 한다.
   ④ 기계가 받는 에너지는 어떠한 형태로 변환되는 유효한 기계적인 일을 해야 한다.

2.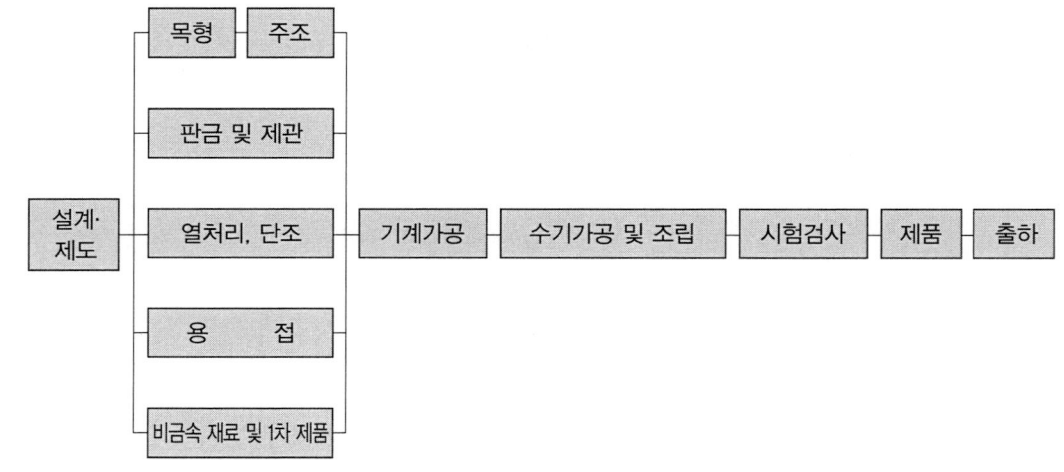

3. 설계도.

4. 주조.

5. 금속을 고온으로 가열하면 용융되어 액체로 되고 유동성(fluidity)이 증가한다. 이때 고온에서 용융하는 성질을 가융성이라 한다.

6. 압연(rolling), 압출(extrusion), 인발(drawing), 단조(forging), 전조(roll forming), 판금 프레스(press)가공 등

7. 단접(forge welding), 용접(welding), 납땜(soldering), 경납땜(brazing)

8. ① 고정 입자에 의한 가공 : 연삭(grinding), 호닝(honing), 슈퍼피니싱(super finshing) 등
   ② 분말 입자에 의한 가공 : 래핑(lapping), 액체호닝(liquid honing), 배럴 가공(barrel working) 등

제 2장 목형과 주조

1. (a) 목형제도 (b) 목형 제작 (c) 주형 제작 (d) 용해 (e) 주입 (f) 모래 제거 (g) 탕구 제거 (h) 표면 청정 (i) 검사 (j) 완성품

2. 경고하고 수축변질이 적으며, 가격이 싸고 다량으로 생산할 수 있을 것.

3. 목재는 습기를 흡수하여 변형하기 쉽기 때문에 목형에 도장(paint)을 한다.
   도장을 하면 표면이 매끈하여 모래와의 분리도 잘되고 병충해를 방지할 수 있다.

4. 1020mm를 1000 등분되어 있다.

5. $W_c = \dfrac{S_c}{S_p} W_p = 12.5 \times 20 = 250 kgf$

6. 코어를 주형 내부에서 지지하기 위해서 목형에 덧붙인 돌기 부분을 말한다.

7. ① 내열성이 풍부하고 충분한 강도를 가져야 하고 성형성이 좋아야 한다.
   ② 통기성이 있어야 하고 가스 및 공기가 잘 빠지어야 한다
   ③ 고온의 금속과 접하여도 화학반응을 일으키지 않아야 한다.
   ④ 냉각할 때에 잔류응력의 방지를 위하여 보온성이 있어야 한다.
   ⑤ 쉽게 변화하지 않아야 하고 복용성이 있어야 한다.
   ⑥ 가격이 싸고 구입하기 쉬우며 적당한 입도를 가져야 한다.

8. $P = \dfrac{2000h}{HAt}$

9. 탕구로부터 쇳물이 주형 안에 골고루 흘러 들어가도록 하는 곳이며, 탕구보다 큰 단면적으로 하여 유속을 느리게 하고 불순물이 들어가지 못하게 한다.

10. $P = \dfrac{rHA}{1000} - W$에서 상형의 무게를 무시하므로 $P = 7200 \times 0.1 \times 0.5 \times 0.5 = 180 kgf$ 이다.

11. ① 쇳물의 주입 온도를 필요 이상 높게 하지 않는다.
    ② 쇳물 아궁이를 크게한다.
    ③ 통기성을 좋게 한다.,
    ④ 주형의 수분을 제거한다.

12. 주물사인 규사에 열경화성의 합성수지를 배합시켜 금형 위에 쌓아 이것을 가열 경화시켜 주형을 만들어 조합하여 셀을 만들고 그 속에 쇳물을 부어 주물을 만드는 방법이다.

13. 인베스트먼트 주조법

14. 주철과 주강의 차이점은 주철과 주강은 모두 주조(casting)로 생산되나 주로 탄소량에 따라 구분한다. 단순히 탄소 함유량 2.0% 기준으로 이하면 주강, 이상이면 주철 부른다.

주강은 주철에 비해 융융점이 높고 수축률이 커서 주조하기가 주철보다 어렵고 비용이 많이 발생하고 성분 조정도 어렵지만 기계적 성질은 우수하다.

주철은 인장강도는 강에 비하여 작고, 취성이 크며, 고온에서도 소성변형 되지 않는 결점이 있으나, 주조성이 우수하여 복잡한 형상으로도 쉽게 주조되고, 값이 싸므로 널리 사용되고 있다.

제 3 장 소성가공

1. ① 보통 주물에 비하여 성형된 치수가 정확하다.
   ② 금속의 결정 조직을 개량하여 강한 성질을 얻게 된다.
   ③ 다량 생산으로 균일한 제품을 얻을 수 있다.
   ④ 재료의 사용량을 경제적으로 할 수 있다.
   ⑤ 수리가 용이하다.

2. 전조 가공

3. 가공 경화

4. 가. 냉간 가공의 특징
   ① 정확한 치수로 가공할 수 있어 마무리 가공에 이용된다..
   ② 가공면이 깨끗하고 아름다운 면을 얻을 수 있다.
   ③ 어느 정도 기계적 성질을 개선시킬 수 있다.
   ④ 가공 경화로 강도가 증가하고 연신율이 감소한다.
   ⑤ 가공 방향으로 섬유 조직이 되어 판재 등은 방향에 따라 강도가 달라진다.

   나. 열간 가공의 특징
   ① 동력 소모가 적으며, 작은 동력으로 커다란 변형을 줄 수 있다.
   ② 가공으로 파괴되었던 결정립이 다시 생성되어 재질의 균일화가 이루어진다.
   ③ 가공도를 크게 할 수 있으므로 거친 가공에 적합하다
   ④ 표면이 가열되기 때문에 산화되기 쉬워 정밀 가공은 곤란하다.

5. ① 재료 내부의 기포나 불순물이 제거된다.
   ② 거칠은 결정 입자가 파괴되어 미세하고 치밀하고도 강인하게 된다.
   ③ 한 방향으로 가공하면 섬유상 조직이 된다.

6. 단조를 한 방향으로 가공하면 결정 입자가 특정한 방향으로 미끄러져 섬유상 조직이 되며, 이조직의 섬유방향에는 인장강도나 강인성이 크다. 이 섬유상 조직을 단류선(flow line)이라 한다.

7. 스웨이지 공구 즉, 블록은 여러 가지 형상을 만드는 데 쓰이며, 앤빌, 정반, 탭의 3가지 역할을 할 수 있다.

8. 증기 해머는 큰 재료에 강력한 타격을 주기 위한 것으로 해머를 상승할 때에만 증기가 작용하는 단동식과 해머가 낙하할 때도 증기력이 작용하는 복동식이 있다.

9. 압연 가공

10. 압하율 = $\dfrac{H_0 - H_1}{H_0} \times 100$에서, $\dfrac{20-15}{20} \times 100 = 25\%$

11. 압연할 때 재료가 들어가는 속도와 로울의 속도가 같은 속도일 때의 점을 중립점 또는 등속점이라 한다.

12. ① 소재의 섬유가 절단되지 않으므로 강도가 크다.

    ② 국부적으로 가압되므로 비교적 작은 가공력으로 가공 할 수 이다.

    ③ chip이 발생하지 않으므로 재료가 경제적이다.

    ④ 소재가 소성변형으로 가공 경화된다.

    ⑤ 가공 시간이 매우 짧아 대량생산에 적합하다.

    ⑥ 조직이 치밀하여 기계적 성질이 향상된다.

13. ① 평형 나사 전조기에 의한 방법

    ② 둥근형 나사 전조기에 의한 방법

    ③ 차동식 나사 전조기에 의한 방법

    ④ 위성 기어 장치 나사 전조기에 의한 방법

14. 압축 가공

15. 직접 압출, 간접 압출, 충격 압출

16. 다이 구멍에 재료를 통과 시키고 잡아 당겨 다이 구멍의 형상과 같은 단면의 봉재, 선재, 관재 등을 만드는 가공법이다.

17. 전단가공(shearing work), 굽힘가공(bending work), 디프 드로잉(deep drawing), 엠보싱(embossing), 압인가공(coining work) 등

18. $P = lt\tau$에서, $\pi \times 100 \times 2 \times 30 = 18,840 kgf$

19. $2\pi \times \dfrac{\theta}{360}(R+kt)$에서, $2\pi \times (100+3) = 646.84mm$

20. 힘을 가하여 굽힘 가공한 다음 가한 힘을 제거하면 판은 탄성 때문에 탄성변형 부분이 약간 처음 상태로 되돌아간다. 이를 스프링 백(spring back)이라 하고 굽힘가공에서는 미리 이 양을 예측하여야 하며, 스프링 백의 양은 다음과 같이 변한다.

    ① 탄성한도가 높거나 경도가 높은 소재 일수 록 커진다.

② 같은 소재에서 구부림 반지름이 같을 때에는 두께가 얇을수록 커진다.

③ 같은 두께의 소재에서는 구부림 반지름이 클수록 크다.

④ 같은 두께의 소재에서는 구부림 각도가 작을수록 크다.

21. $P = C_1 \pi dt\sigma (kgf) = 0.6 \times 3.14 \times 200 \times 2 \times 2.8 = 2110 kgf$

    $E = C_2 PH(kgf \cdot mm) = 0.6 \times 2110 \times 150 = 189900 kgf \cdot mm$

22. 압인가공(coining)은 주화, 메달, 장식품 등의 표면에 여러 가지 모양이나 문자 등을 찍어 내는 가공법이며, 엠보싱 가공(embossing)은 기계 부품의 장식과 보강을 목적으로 냉간 가공으로 파형 또는 홈을 만드는 가공법이다.

    코이닝과의 차이는 소재의 두께를 변화시키지 않고 요철을 만들며, 그 요철은 앞면과 뒷면이 서로 반대가 된다.

23. 마포옴법

24. 단접법, 용접법이 있고 용접법에는 가스 용접, 전기 용접법이 있다.

제 4 장 판금과 제관

1. 판금 공작이란 일반적으로 판재를 이용하여 필요로 하는 모양의 제품을 만드는 작업을 말한다. 판금 공작의 특징을 들면 다음과 같다.

    ① 제품이 가볍고 튼튼하다.

    ② 간단한 설비와 공구로도 가공이 가능하다.

    ③ 재료의 손실이 적다.

    ④ 대량생산이 가능하다.

    ⑤ 제품이 불에 타지 않는다.

    ⑥ 수리 및 개조가 용이하다.

    ⑦ 외관이 아름답다.

    ⑧ 제조원가가 저렴하다.

    ⑨ 각종 가공 방법에 따라 쉽게 제품을 만들 수 있다.

2. 제관이란 두꺼운 강판을 굽히고 타출 성형하여 리벳 이음이나 용접 등의 방법으로 접합 한 다음 기타 여러 가지 부품들을 결합하는 작업이다. 일반 판금은 박판으로 간단한 수공구를 이용하여 작업하지만, 제관은 제관기를 이용하여 작업한다.

제관 공작의 특징을 들면 다음과 같다.

① 비교적 대형 구조물을 만드는 데 적합하다.

② 높은 강도를 가진 제품이 만들기 쉬운 가공 방법이다.

③ 판금 가공이나 프레스가공과 같이 양산을 향한 가공 방법은 아니다.

④ 비교적 제작비용이 높다.

⑤ 기본적으로 수작업이 되므로 숙련도가 높은 기술자가 필요하다.

3. 제관 가공과 판금 가공의 차이

   금속판을 가공한다는 의미에서는, 제관 가공과 판금 가공은 매우 비슷하다. 그러나 크게 나누어 다음과 같은 차이가 있다. 제관 가공과 판금 가공의 차이는 판의 두께로, 제관 가공 쪽이, 강도나 내구성이 요구되는 제품이나 대형의 제품이 만들어진다.

4. 일반적인 판금제관 작업의 세부 과정을 차례로 열거하면 다음과 같다.

   ① 도면 작성과 재료 선정→ ② 전개도 그리기→ ③ 판 뜨기→ ④ 절단(자르기), 천공 → ⑤ 절곡(굽히기)→ ⑥ 용접(집합)→ ⑦ 표면처리 및 조립검사

   판금제관 작업의 일반과정을 열거하면 다음과 같은 방법으로 진행된다.

   ① 설계도 → ② 전개도(현도) 작성 → ③ 마름질 → ④ 절단 → ⑤ 성형 → ⑥ 조립 → ⑦ 측정검사

5. 마름진 공구에는 금긋기 바늘, 센터 펀치, 컴퍼스, 디바이더, 자, 캘리퍼스 등이 있다.

6. 컴퍼스는 보통 컴퍼스와 스프링 컴퍼스, 빔컴퍼스가 있으며 판재에 원호나 원을 그릴 때 또는 선분을 옮기거나 등분할 때 사용된다. 특히 빔컴퍼스 또는 트래멀은 디바이더 나, 보통 컴퍼스로 그릴 수 없는 긴 선분을 옮기거나 큰 원을 그릴 때 이용된다.

7. 판금용 해머는 핀 해머, 리베팅 해머, 세팅 해머, 범핑 해머, 용접 해머, 레이징 해머, 연 질 해머 등이 있다.

8. 사용되는 공구는 급긋기 바늘, 펀치, 컴퍼스, 자, 직각 정규, 칙선 가위 등이다.

9. 끝부분이 고정된 렌치인 오픈 앤드 렌치, 렌치의 입의 크기를 웜과 랙으로 바꿀 수 있게 되어 있어 조정 랜치라고도 불리는 몽키 스패너, 조정 파이프 렌치, 조정 체인 파이프 렌치 등이 있다 오픈 앤드 렌치의 크기는 입의 크기에 따라 정해지며 인반적으로 여러 가지 크기의 볼트 너트에 사용할 수 있도록 5~10개를 한 조로 한 세트로 되어 있다. 또한 몽키 스패너는 보통 150, 200, 250, 300mm 킬이의 것이 있으며 파이프의 물림에 사용되는 조정 파이프 렌치에는 일반 조정 파이프 렌치와 지름이 큰 파이프의 조임 작 업에 사용되는 조정 체인 파이프 렌치가 있다.

10. 바이브러 시어는 판재의 직선 절단, 원형 절단, 자유 절단, 또는 성형 가공에 사용된다.

11. 포밍 머신은 슬립 몰 포머 또는 벤딩 롤러, 삼본 롤러라고도 한다. 판재를 롤러에 걸기 전에 미리 판의 가장자리를 굽혀서 완전한 원통으로 만들어야 한다. 고렇지 않으면 양쪽 접합부에 평탄

한 면이 생긴다. 때로는 평탄부가 되는 부분만큼 길게 마름질한 후 원통 굽힘을 하고 평탄부를 잘라내는 방법도 있다. 또, 판에 큰 구멍이 뚫려 있으면 정확하게 굽혀지지 않으므로, 이 같은 경우에는 롤러로 구부린 후 구멍을 가공한다. 리벳 구멍과 같은 구멍은 처음부터 뚫어 놓는 것이 좋다.

12. 레이저광의 에너지는 에너지 밀도가 매우 높으며 퍼짐이 작으므로 피조사체는 가열되어 고온 용융 상태가 된다. 레이저광을 렌즈로 집광하면 더욱 에너지 밀도가 높아지므로 금속이나 세라믹 등의 용융, 절단, 구멍 뚫기, 용접 등에 레이저 가공이 가능하게 된다. 그리고 이 장치는 CNC 공작기계와 레이저 절단기의 조합으로서 여러 가지 복잡한 형태의 절단을 정확하고 빠르게 완성한다.

13. 물의 압력을 만들어 내는 초고압 펌프로 미세한 노즐을 통해 이를 분산시켜 초당 1,000m/s의 빠른 속도 에너지를 이용해 물체를 절단하는 장치, 초고압 펌프, 절단 헤드, 작업대 등으로 구성되어 있다. 열에 의한 변형이나 산화물의 생성없이 거의 모든 종류의 금속류를 2차 가공이나 가스 주입 없이 절단할 수 있으며, 유독 가스와 분진을 발생 하지 않으면서 모든 종류의 혼합 소재를 깨끗이 절단 할 수 있는 장점이 있다. 또한 유리, 석재, 목새, 콘크리트, 고무, 건축 내 외장재, 기계 부품류 등 절단 범위가 광범위하며 모양의 가공도 가능하다.

14. 기체에 큰 에너지를 받으면 상전이와는 다른 이온화된 입자들, 즉 양과 음의 총전하수는 거의 같아서 전체적으로는 전기적인 중성을 나타내는 플라스마 상태로 변화한다. 플라스마 절단은 가공 가격이 저렴하고 주로 일반 절단, STS 절단이 가능하며 정밀 절단이 가능하다. 고온 열변형이 생기고 슬래그가 발생한다.

15. 크림핑은 지름이 같은 두 원동을 서로 겹쳐 끼우기를 할 때 사용되는 작업이다. 주로 연 통과 같이 두께가 얇은 판재를 사용하는 제품의 경우에 많이 사용한다.

16. 비딩 머신을 오목하고 볼록한 한 쌍으로 되어 있는 롤러 사이에 판재를 넣고 롤러를 회전시켜 판재에 비드(bead)를 낼 때 사용한다. 비딩은 제품의 보강과 장식을 위하여 제 품 표면에 만들어 주는 것으로서 비드가 깊을수록 강도는 커지나 너무 깊으면 균열이 일어날 수 있다. 또한 비딩 작업은 비딩 머신 외에 바이브로 시어에 의해서도 할 수 있다.

17. 벌징 가공은 원통 용기, 관 등의 내부에 압력을 가하여 배를 부르게 하는 가공이다. 이때 배를 불리는 데 사용되는 물체는 공기, 물, 고무 등이다.

    게이링법은 컨테이너 안에 고무를 넣고 압력을 가하여 플랜지 성형을 하는 것으로 스프링의 백이 적고 주름이 생기지 않는 정밀한 제품을 만둘수 있다.

18. 휠론법은 고무 자루에 액압을 가하여 고무를 통해 불랭크를 우그리기하는 방법으로 다 이로 되는 고무는 딱딱한 것을, 고무 자루로 되는 것은 부드러운 것을 사용한다.

19. 방전 가공법에서 충전 에너지는 콘덴서의 용량 C와 충전 전압 V의 2승에 정비례한다. 그러므로 에너지는 전압에 더 큰 영향을 받는다. 에너지를 높이려면 전압을 높이는 것이 효과적이다.

제5장 용 접

1. 금속적 이음으로 2개 혹은 그 이상의 물체나 재료를 용융 또는 반용융 상태로 하여 접합하고, 두 물체 사이에 용가재를 첨가하여 간접적으로 접합시키는 작업을 말한다.
2. 융접, 압접, 납땜
3. 풀림 처리
4. 슬랙
5. 정극성(DCSP)
6. 단락형, 글로뷸러형, 스프레이형
7. ① 중성 또는 환원성의 분위기를 만들어 대기 중의 산소나 질소의 침입을 방지하고 용융 금속을 보호한다.
   ② 아크의 발생과 아크의 안정을 좋게 한다.
   ③ 용융점이 낮은 가벼운 슬랙(slag)을 만들어 용착 금속의 급랭을 방지한다.
   ④ 용접 금속을 탈산 정련하고, 필요한 합금원소를 첨가하여 기계적 성질을 좋게 한다.
   ⑤ 용적(globule)을 미세화하고, 용착 효율을 높인다.
   ⑥ 모든 자세의 용접을 가능케 한다.
   ⑦ 모재 표면의 산화물을 제거하고 파형이 고운 비드(bead)를 만든다.
   ⑧ 전기 절연 작용을 한다.
8. 용착 금속의 최저 인장강도
9. 용접봉이 굵을 때, 운봉 속도가 느릴 때, 용접 전류가 약할 때
10. TIG 용접법
11. 대기 중의 유해물질과 혼입이 없고 열손실이 적어 기계적 성질이 우수하고 능률적으로 용접이 가능하다. 하지만, 시설비가 비싸고 용접 길이가 짧고 복잡한 것에는 비경제적이다.
12. 알루미늄과 산화철의 분말
13. ① 진공이 불필요하다.
    ② 가까이 접근하기 곤란한 용접이 가능하다.

③ 부도체인 물체도 용접가능하다.

④ 미세 정밀용접이 가능하다.

⑤ 용접부에 열에 의한 영향이 적다

14. ① 발생 온도의 조절이 쉽다.

    ② 얇은 판재나 특수 금속의 용접이 쉽다.

    ③ 토치를 교환하면 가스 절단도 할 수 있다.

    ④ 전기용접보다 설비 비용이 적게 든다.

15. 산소 85%, 아세틸렌 15%

16. L = V×P에서 46.6×150 = 6990l

17. 투입식 발생기

18. 주울(Joule)의 법칙, $Q=2I^2Rt(cal)$

19. ① 산화 작용이 적다.

    ② 박판과 후판의 용접이 된다.

    ③ 가열 범위가 좁으므로 변형이 적다.

20. 450℃

제 6 장 열처리 및 표면처리

1. 금속 재료를 적당히 가열하여 일정한 시간을 유지한 다음 냉각하면은 재료의 조직이 변화되어 기계적 성질, 물리적 성질 등 특별한 성질을 부여하는 조작을 열처리라 하며, 기본 열처리 방법에는 담금질(quenching), 뜨임(tempering), 풀림(annealing), 불림(normalizing) 등이 있다.

2. 담금질(quenching)

3. 마르텐사이트가 시작하는 온도를 M_s점, 끝나는 온도를 M_f점이라 한다.

4. 냉각 속도 최대부터 austenite(A) → martensite(M) → troostite(T) → sorbite(S) → pearlite(P) 순이며, 각 조직에 대한 경도의 크기는 다음과 같다.

    A〈M〉T〉S〉P〉F(페라이트)

5. 담금질한 강은 급냉 때문에 큰 내부응력이 발생한다. 이 응력을 제거하고, 인성을 부여할 목적으로 A_1변태점 이하의 적당한 온도로 가열한 다음 물, 기름, 공기 등에서 냉각하는 열처리를 뜨임(tempering)이라 한다.

6. 내부응력을 제거하고 조직을 미세화 시켜 재료의 성질을 원래의 좋은 상태로 돌아오도록 $A_3 \sim A_1$ 변태점보다 30~50℃ 높은 온도에서 가열하고 서냉하는 것을 풀림(annealing)이라 한다.

7. 항온 열처리

8. 트루스타이트

9. 표면을 경화하는 방법에는 화학적 처리 방법인 침탄법, 시안화법, 질화법이 있고, 물리적 처리 방법인 고주파 경화법, 불꽃 경화법이 있다.

10. 침탄법

11. ① 저탄소강이어야 한다.
    ② 장시간 가열해도 결정입자가 성장하지 않아야 한다.
    ③ 표면에 결함이 없어야 한다.

12. 침탄제는 코우크스, 골탄, 흑연 등이고, 촉진제는 $BaCO_3$, KCN, NaCl, K_2CO_3 등이 있다.

13. 암모니아가스(NH_3)와 같은 질소를 포함한 가스 속에서 강재를 가열하여 질소를 강재 표면에 작용시켜 경도가 큰 질화철 층을 만드는 표면 경화법이다.

14. ① 침탄경화에 비해 경도는 크고 경화층은 얇다.
    ② 담금질하지 않으므로 변형이 적다.
    ③ 가열 온도가 낮다.(500℃에서 50~100시간 가열)

15. ① 균일한 가열이 되므로 변형이 적다.
    ② 온도 조절이 용이 하다.
    ③ 산화가 방지 된다.
    ④ 비용이 많이 들고, 침탄층이 얇으며 가스가 유독하다.

16. 고주파 경화법

제 7 장 수기가공과 측정

1. 조오(jaw)의 폭으로 표시.

2. ① 줄질은 줄눈 전체를 사용하고 자주 와이어 브러시로 털어준다
   ② 새 줄은 처음에는 연질재료, 차차로 경질재료에 사용한다.
   ③ 주물 등의 다듬질 때는 표면의 흑피를 벗기고 줄질한다.
   ④ 눈 메꿈의 방지를 위하여 줄에 먼저 백묵을 칠한다.
   ⑤ 줄질한 면에는 손을 대서는 안 된다.

3. 홑줄날, 겹줄날, 라아스프(rasp)줄날, 곡선줄날
4. 사진법
5. 줄 작업이나 기계 가공으로 다듬질한 면을 스크레이퍼(scraper)로 더욱 정밀도가 높게 국부적으로 깎아 다듬질하는 작업을 스크레이핑(scraping)이라 하며, 부품끼리 접촉하는 부분의 평면이나 곡면의 다듬질에 사용된다. 또한 무늬를 넣는 이유는 미관을 좋게하기 위한 장식 역할이 주가 된다.
6. $d=D-p$에서, $12-1.5=10.5mm$
7. 정확도(accuracy)는 계통적 오차의 작은 정도, 즉 참값에 대한 한쪽으로 치우침의 작은 정도를 말하며, 정밀도(precision)는 우연오차 즉 측정값의 흩어짐의 작은 정도를 의미한다.
8. ① 직접 측정(direct measurement) : 버어니어캘리퍼스, 마이크로미터, 강철자

   ② 비교 측정(comparative measurement) : 다이얼게이지, 미니미터, 공기 마이크로미터, 전기 마이크로미터 등

   ③ 간접 측정(indirect measurement) : 사인 바(sine bar)에 의한 각도측정, 롤러와 블록 게이지에 의한 테이퍼 측정, 삼침에 의한 나사 유효경 측정 등
9. 동일 측정 조건하에서 피측정물을 측정할 때에 같은 크기와 부호가 발생되는 오차로서 교정할 수 있는 오차이다.
10. $\triangle\lambda = l \times \alpha \times \triangle t$에서, $100 \times 10^{-6} \times 5 = 12\mu$
11. 배율$(V) = \dfrac{l(\text{눈금 간격})}{s(\text{최소 눈금})}$에서, $\dfrac{0.75}{0.001} = 750mm$
12. "표준자와 피측정물은 같은 축선상에 있어야 한다"는 원리이다.
13. 211.3mm
14. 아들자의 눈금을 어미자의 19mm를 20등분
15. $0.5 - \dfrac{12}{25} = \dfrac{1}{50}mm$
16. 이두께
17. 옵티칼 파랄렐
18. 게이지 블록의 두편을 잘 누르면서 밀착시키는 것을 말한다.
19. 4mm
20. 공기 마이크로미터
21. 테일러(Taylor)의 원리
22. $\sin\theta = \dfrac{H-h}{L}$에서, $0.3665 = \dfrac{H-10}{100}$, $H = 6.65mm$
24. $R = 206265 \times \dfrac{a}{\rho}('')$에서, $206265\dfrac{2}{60} = 6875.5mm$

25. 테이퍼량 $\dfrac{1}{x} = \dfrac{D}{L} = 2\tan\dfrac{\alpha}{2}$ 에서, $\dfrac{1}{x} = 2\tan\dfrac{50}{2} = 0.9326 = \dfrac{1}{1.072}$

26. 유효지름

27. $d_2 = M - 3d + 0.86603p, d = \dfrac{p}{2\cos\dfrac{\alpha}{2}} = 0.57735p$

$d_2 = 50 - 3 \times 3 + 0.86603 \times (\dfrac{3}{0.57735}) = 45.5mm$

제 8 장 절삭가공

1. ① 제품의 공작 정밀도가 좋을 것
   ② 절삭 가공능률이 우수할 것
   ③ 융통성이 풍부할 것
   ④ 조작이 용이하고, 안전성이 높을 것
   ⑤ 동력 손실이 적고, 기계 강성이 높을 것

2. 트랜스퍼머신(Transfer Machine)

3. $N = \dfrac{1000V}{\pi D} rpm$ 에서, $\dfrac{1000 \times 20}{3.14 \times 30} = 212 rpm$

4. $H = \dfrac{S^2}{8r} = \dfrac{0.2^2}{8 \times 1.5} = 8.3 \times 10^{-4}$

5. $n = \dfrac{1000v}{\pi D} = \dfrac{1000 \times 45}{3.14 \times 50} = 286.6$ 이므로, $\dfrac{L}{nf} = \dfrac{500}{286.6 \times 0.3} = 5.8$ 분

6. $VT^n = C$

7. $\dfrac{p}{P} = \dfrac{A}{B} \times \dfrac{B'}{C}$ 에서 $\dfrac{1.5}{8} = \dfrac{3}{16} = \dfrac{1}{2} \times \dfrac{3}{8} = \dfrac{20}{40} \times \dfrac{30}{80}$

8. 방진구

9. 내셔널 테이퍼, 7/24의 값

10. $F = f_z \times Z \times N = 0.1 \times 2 \times \dfrac{1000 \times 35}{3.14 \times 20} = 111.5 mm/\min$

11. 상향 절삭과 하향 절삭의 비교

구분	상향절삭	하향절삭
칩에 영향	절삭에 방해 없다.	절삭에 방해있다.
백래쉬 제거	백래쉬 제거장치 필요 없다.	백래쉬 제거장치 필요하다.
공작물 고정	불안함으로 확실히 고정해야 한다.	안정된 고정이 된다.
공구수명	수명이 짧다. 날 파손은 적으나 마멸이 심하다.	수명이 길다. 날 파손은 생길 수 있으나 마모가 적다.

소비동력	소비가 크다.	소비가 적다.
가공면	거칠다.	깨끗하다.

12. $5\dfrac{1}{2}°=\dfrac{11}{18}$, 즉 18분할판에 11구멍씩 이동한다.

13. $\tan\theta=\dfrac{\pi d}{L}$에서, $d=\dfrac{0.577\times 200}{\pi}=36.8mm$

14. 공작물은 회전만하고, 숫돌대의 연삭숫돌을 테이블과 직각으로 전후 이송을 주어 연삭하는 형식이다.

15. 센터리스 연삭기

16. $C=\dfrac{D}{2}\sin\alpha=0.0088D\alpha(mm)$

17. 연삭숫돌의 구성은 숫돌입자, 결합제, 기공 3요소이며, 연삭숫돌의 성능은 숫돌입자, 입도, 결합도, 조직, 결합제 등 5요소로 결정된다.

18. 트루잉

19. 스폿 페이싱(spot facing)

20. 다축 드릴링머신(multiple spindle drilling machine)

21. 모오스 테이퍼

22. 드릴은 웨브가 클수록 절삭성이 나빠진다. 따라서 사용하여 점점 마멸된 드릴은 웨브 부분을 연삭을 하는데, 이를 디이닝이라 한다. 디이닝을 하면 칩의 배출이 좋고, 누르는 힘도 적어 드릴의 수명이 길어진다.

23. 지그 보링머신

24. (min) $T=\dfrac{t+h}{nf}=\dfrac{50+3}{500\times 0.02}=5.3(min)$

25. $n=\dfrac{1000kv}{L}$ (회/min)에서 $n=\dfrac{1000\times\dfrac{3}{5}\times 20}{300}=40$회/min

26. 바이트의 날 끝이 생크보다 앞쪽에 있으면 절삭시 바이트가 휘어 공작물에 파고드는 경향이 있다. 이로 인해 바이트가 부러질 수가 있으므로 생크의 뒷면과 날 끝을 동일 직선상에 오도록 하면 휘거나 부러질 염려가 없다.

27. 테이블과 베드의 접촉면에 급유하여 마찰을 적게하기 위하여 설치.

28. ① 총형 커터에 의한 절삭 ② 형판에 의한 절삭 ③ 창성에 의한 절삭

29. $d=(Z+2)m$에서 $(40+2)\times 3=126mm$

30. 절삭된 기어를 고정밀도로 다듬는 기계

31. 연삭 숫돌

32. 슈퍼 피이닝

33. 충격 하중을 받는 부품

34. 광택내기

35. 녹을 제거하거나 광내기 작업을 할 때 사용한다.

제 9 장 특수 가공

1. 공작물을 가공액이 들어 있는 탱크 속에 가공할 형상의 전극과 공작물 사이에 전압을 주면서 가까운 거리로 접근시키면, 아크 방전에 의한 열작용과 가공액의 기화 폭발 작용으로 공작물을 미소량씩 용해하여 용융 소모시켜 가공용 전극의 형상에 따라 가공하는 방법이다. 또한, 방전이 진행되는 과정은 ⓐ 암류, ⓑ 코로나, ⓒ 불꽃 방전, ⓓ 아크 방전의 순으로 진행한다.

2. ① 아크방전이 안정되고 가공속도가 클 것

   ② 전기 저항이 작고, 전기 전도도가 높을 것

   ③ 가공 정밀도가 높을 것

   ④ 내열성이 높고 전극소모가 적을 것

   ⑤ 기계가공이 쉬울 것

   ⑥ 구하기 쉽고 가격이 저렴할 것

3. 전해연마

4. 초음파 가공

5. ① 일반 공작기계로 가공이 어려운 광학렌즈, 수정, 다이야몬드 등의 재료를 가공할 수 있다.

   ② 굴곡, 구멍, 박판절단, 조각 및 표면 다듬질을 할 수 있다.

   ③ 가공 변형이 없으며, 공구 및 부품의 마모가 거의 없다.

   ④ 조작이 간단하며, 미숙련자도 쉽게 가공할 수 있다.

6. ① 전자 빔의 굵기를 조절할 수 있다.

   ② 단시간에 국소부분을 가열시킬 수 있다.

   ③ 전자가 고체 내부에 침입해 가공 에너지를 내부에 주어진다.

   ④ 전자는 질량이 작고 전하량이 크므로 전기적, 자기적으로 고속도에서 제어가 가능하다. 전자 빔 가공은 용접, 표면 담금질, 구멍뚫기 등에 이용한다.

7. ① 플라스마 제트 절단, ② 플라스마 제트 절삭, ③ 플라스마 제트 용접

   ④ 플라스마 용사 코팅, ⑤ 플라스마 에칭(etching)

8. 전해가공

9. ① 경도가 높은 재료 일수록 연삭능률이 기계 연삭보다 높다.

   ② 박판이나 형상이 복잡한 공작물을 변형 없이 연삭할 수 있다.

   ③ 연삭저항이 적으므로 연삭열 발생이 적고, 숫돌 수명이 길다.

   ⑤ 설비비와 숫돌 가격이 비싸다.

   ⑥ 필요로 하는 다양한 전류를 얻기가 힘들다.

   ⑦ 다듬질 면은 광택이 나지 않는다.

   ⑧ 정밀도는 기계 연삭보다 낮다.

10. 내면이 비대칭이거나 소용돌이 모양처럼 복잡한 형상과 높은 정밀도 및 다듬질이 요구되는 비싼 제품에 많이 이용된다. 즉, 레코드 원판, 피혁용 엠보싱판 등의 미세 형상의 제품과 반사경, 벤투리미터, 만년필 캡, 제트 모터의 몸체, 계산기용 캠 등의 비대칭 및 중공 부품에 적용하고 플라스틱 사출 성형 금형, 다이 캐스팅용 금형과 심리스관, 얇은판, 스크린 등의 얇은 전주품에도 적용한다.

11. 화학 연마

제 10 장 CNC 공작기계

1. ① 제1단계(NC) : 공작기계 1대를 NC1대로 단순 제어하는 단계

   ② 제2단계(CNC) : 공작기계 1대를 CNC 1대로 제어하며 복합기능 수행단계

   ③ 제3단계(DNC) : 여러대의 CNC공작기계를 컴퓨터로 제어하는 단계

   ④ 제4단계(FMS) : 여러대의 CNC공작기계를 컴퓨터로 제어하는 생산관리 수행 단계

2. ① 제품의 균일성을 유지할 수 있다.

   ② 생산성을 향상시킬 수 있다.

   ③ 제조원가 및 인건비를 절감할 수 있다.

   ④ 특수 공구제작의 불필요로 공구관리비를 절감할 수 있다.

   ⑤ 작업자의 피로를 줄일 수 있다.

   ⑥ 제품의 난이성에 비례해서 가공성을 증대시킬 수 있다.

3. ① 개방회로 방식(open loop system),

   ② 반폐쇄회로 방식(semi-closed loop system),

   ③ 폐쇄회로 방식,

   ④ 하이브리드 서보 방식(hybrid servo system)

4. 위치결정 제어, 직선절삭 제어, 윤곽절삭 제어

5. 절대 좌표계 또는 공작물 좌표계

6. "00" 그룹에 해당하며, 지령된 블록에 한해서만 유효한 기능

7. T □□ △△ ;
   　　　△△ ── 공구보정번호(01번 ~ 99번)
   　　　□□ ── 공구선택번호(01번 ~ 99번)

8. I K 는 원호의 시작점에서 중심까지의 방향과 거리(반경 지정)

9.

G코드	가공 위치	공구 경로 설명
G40	공구인선 R보정 무시	프로그램 경로
G41	공구인선 R보정 좌측	공구진행 방향으로 공구가 공작물의 좌측에 있다.
G42	공구인선 R보정 우측	공구진행 방향으로 공구가 공작물의 우측에 있다.

10. ① 소형부품은 여러 개 고정하여 연속작업을 할 수 있다.

　② 다양한 공구를 자동으로 교환하며, 순차적으로 가공할 수 있다.

　③ 공구교환 시간을 줄일 수 있다.

　④ 특수 치공구의 제작이 필요 없다.

　⑤ 주축 회전수 제어범위가 크고 무단변속으로 유연한 작업을 할 수 있다.

11. G90 G00 G49 Z　 ;

　G91 G30 Z0.0 M19 ;

　T　 M06 ;

12. 정지시간(초) = $\dfrac{60}{스핀들 회전수(rpm)} \times 공회전수(회) = \dfrac{60}{N(rpm)} \times 100$

13.

G코드	의 미
G43	+ 방향 공구길이 보정 (+ 방향으로 이동)
G44	− 방향 공구길이 보정 (− 방향으로 이동)
G49	공구길이 보정 취소

14. ① X, Y축 위치결정
   ② R점까지 급속이송
   ③ 구멍가공 (절삭이송)
   ④ 구멍바닥에서 동작
   ⑤ R점까지 후퇴(급속이송)
   ⑥ 초기점으로 복귀

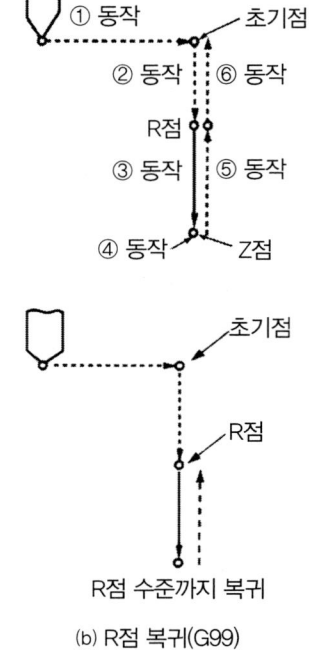

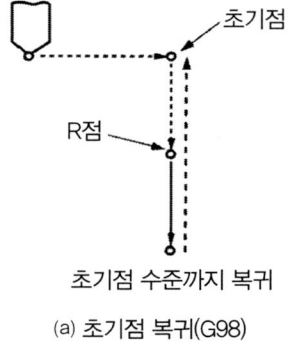

(a) 초기점 복귀(G98)　　　(b) R점 복귀(G99)

16 Q는 G73, G83 코드에서 절입량, G76, G87 지령에서 후퇴량을 의미한다.

17. OSS는 주축정지 정위치에서 정지(orientation spindle stop)역할 이며, G87과 G76기능에서 필요한 기능이다.

제 11 장 지그와 고정구계

1. 지그란 지그와 고정구를 명확하게 정의하기는 어려우며 사용상 같은 것으로 간주한다. 기계가공에서는 공작물을 고정, 지지하거나 공작물에 부착 사용하는 특수장치로서 공작물을 위치 결정하여 체결할 뿐만 아니라 공구를 공작물에 안내할 수 있는 안내(부시)하는 장치를 포함하면 지그라 한다. 고정구(Fixture)는 공작물의 위치 결정 및 클램프(Clamp)하여 고정하는 데 대해서는 근본적으로 지그(Jig)와 같으나 공구(Tool)를 공작물에 안내하는 부시 기능이 없으나 세팅(Setting) 블록과 필러(Feeler) 게이지에 의한 공구의 정확한 위치 장치를 포함하여 고정구라 한다. 그러나 JIG와 FIXTURE를 구분하는 것은 큰 의미가 없으므로 일반적으로 JIG라 통칭한다.

2. 위치 결정면, 위치 결정구, 클램프

3. 형판 지그, 판형 지그, 개방형 지그, 샌드위치형 지그, 앵글플레이트 지그, 링형 지그, 바깥지름 지그, 리이프형 지그, 채널형 지그, 상자형 지그, 분할형 지그, 트라니언형 지그, 멀티스테이션형 지그. 펌프 지그 등이다.

4. 조절형(Modular) 치공구

5. 모든 요인과 관계없이 공구와 공작물의 일정한 상대적 위치 유지. 절삭력, 클램핑력 등의 모든 외부의 힘과 관계없이 공작물이 위치를 유지한다. 공구 및 고정력 또는 공작물의 취성에 의해서 과도한 휨이 일어나지 않도록 공작물 변형을 방지한다. 공작물의 위치는 작업자의 숙련도와 관계없이 유지한다.

6. 공작물의 고정력, 공작물의 절삭력(공구력), 공작물의 위치 편차, 재질의 치수 변화, 먼지 또는 칩(chip), 공구의 마모, 작업자의 숙련도, 공작물의 중량, 온도, 습도 등

7. 위치 결정을 위한 최소의 요구조건이다. 정육면체의 공작물을 위치 결정구를 배열하는 것을 위치 결정법이라 하며, 육면체의 가장 이상적인 위치 결정법은 3-2-1 위치 결정(3-2-1 location system)방법이다. 이는 가장 넓은 표면에 3개의 위치 결정구를 설치하고, 넓은 측면에 2개를 설치하고, 좁은 측면에 1개의 위치 결정구를 설치하는 것을 말한다. 그러나 밑면에 4번째의 위치 결정구를 추가함으로써 지지가 된 면적은 4각형이 되어 안정도를 얻게 된다. 이 원리를 4-2-1 위치 결정법이라 한다. 위치 결정면이 기계가공 되었다면 모든 위치 결정구는 고정식으로 하면 이것은 또 다른 장점을 가지고 있다.

8. 치수 관리, 형상 관리, 기계적 관리 순서이다.

9. 지그와 고정구를 설계할 때 공작물에 대한 위치 결정방법을 충분히 고려해야 한다. 공작물의 위치 결정(기준면 결정)은 기하학적인 것으로 중량이나 클램프의 압력, 절삭력 등의 크기와 관계없이 힘이 작용하는 방향을 고려하여 공작물의 위치를 안정하게 하는 것이다. 하나의 물체는 힘의 방향에 따라 어느 방향으로나 움직일 수 있으나 3가지 방향의 조합으로 나타낼 수 있다. 힘의 방향과 관계없이 공작물은 어떤 축을 중심으로 회전하는 움직임이 있다. 위와 같이 공간에서 물체의 움직임은 6가지의 움직임으로 나타낼 수 있다. 이것을 자유도(自由度)라고 하고, 6가지의 움직임을 제한하는 것을 구속도(拘束度)라고 한다. 즉, 위치 결정이라는 것은 위치의 변화를 제한하는 것이다.

10. ① 위치 결정구는 마모에 잘 견디어야 한다.
    ② 위치 결정구는 교환할 수 있어야 한다.
    ③ 위치 결정구는 공작물과의 접촉 부위가 보일 수 있게 설계되어야 한다.
    ④ 위치 결정구의 청소가 용이해야 하며, 칩에 대한 보호를 고려해야 한다.

11. ① 안정감이 있는 넓은 평면, 밑면과 가공 정도가 높은 측면을 기준면으로 정한다.
    ② 공작물의 구멍 또는 가공된 구멍, 홈 등을 이용하여 기준면으로 정한다.
    ③ 적당한 기준면을 찾기 어렵거나 명확하지 않을 때 임시 가공용 버팀 보수(Machining Boss)를 용접으로 만들어 그 면을 기준면으로 사용한다.

12. ① 과도하게 집중하는 클램핑(고정) 압력을 가공 부품의 표면에 균일하게 작용하도록 한다.
    ② 위치 결정구에 클램핑 압력을 수직으로 작용시킨다.
    ③ 거친 표면을 가진 공작물을 고정한다.
    ④ 높이가 다른 한 공작물의 표면을 고정하기 위하여 이용한다.
    ⑤ 수직, 수평 표면을 동시에 파지 할 때 이용한다.
    ⑥ 변형되기 쉬운 얇은 판, 탄성 공작물의 변형 방지를 위하여 체결력을 표면 전체에 확산시킬 목적으로 이용한다.
    ⑦ 가공 부품의 중심을 잡아 고정하기 위해서다.
    ⑧ 여러 공작물을 동시에 클램핑할 목적으로 이용된다.

13. 한 공작물이 일직선상에서 적어도 2개의 반대 방향 운동이 억제되는 경우, 들 또는 그 이상의 표면 사이에서 억제되며 위치 결정되는 방법 즉, 어떤 홈을 파 놓고 그 안에 공작물을 집어넣는 것을 말한다. 네스트와 공작물 간의 최소 틈새는 공작물의 공차에 의해 결정되나 네스팅에 의한 위치 결정은 항상 어느 정도의 변위가 따르게 된다. 그러므로 불규칙한 형상의 공작물은 윤곽이 정확하게 가공되어 있을 때 사용한다. 특히 주물이나 단조품은 네스팅이 불리하며 금형에 의해 일정하게 만들어지거나 기계가공 된 공작물에 적합하다.

14. V-블록, 3(2)조 척, 자동 조심 형 척(self-centering chuck), 콜릿 척, 바이스 등

15. (1) 60° V블록
    ① 공작물의 수직 중심선이 쉽게 위치 결정된다.
    ② 공작물의 수평 중심선의 위치가 가장 크게 변한다.
    ③ 위치 결정점 간격이 넓어 기하학적 관리가 가장 양호하다.
    ④ 위치 결정구에 대해 공작물을 고정하는 데 필요한 고정력이 적게 든다.

    (2) 90° V블록
    ① 공작물의 수직 중심선이 위치 결정된다.
    ② 공작물의 수평 중심선의 위치가 평균적으로 변한다.
    ③ 평균적인 공작물의 기하학적 관리
    ④ 평균적인 고정력(clamping force)이 요구된다.

    (3) 120° V블록
    ① 공작물의 수직 중심선을 위치 결정하기가 약간 곤란하다.
    ② 공작물의 수평 중심선의 위치가 최소로 변한다.
    ③ 위치 결정점의 위치가 가까워 기하학적 관리가 좋지 못하다.
    ④ 가까운 위치 결정구 상에 공작물을 고정하기 위해서 더 큰 고정력이 요구된다.

16. 공작물의 형태가 대칭형인 경우, 치공구에 공작물을 장착할 때 착오로 인하여 잘못 장착할 경우가 있다. 공작물의 장착 위치를 틀리지 않게 하려면 사용되는 것이 방오법으로서, 공작물의 형태가 비대칭인 경우에도 발생할 수 있으며, 이 경우 가공 부위가 바뀌게 된다.

    방오법을 적용하는 방법으로는 공작물의 가공 홈, 구멍, 돌출부 등을 이용하여 치공구를 설계, 제작하여야 한다. 방오법은 최소한 1개 이상의 비 대칭면을 가진 공 작물을 쉽게 장착하기 위해 치공구에 부착된 보조장치이다.

17. 치공구의 사용 목적은 경제적으로 생산하는데 있다고 할 수 있으며, 가장 경제적인 생산을 위해서는 공작물의 장착과 장탈이 짧은 시간에 이루어지는 것이 중요하다. 장착의 경우는 정해진 절차에 의하여 하나, 장탈의 경우는 절차보다는 짧은 시간에 쉽게 제거하는 것이 중요하다. 공작물 제거에 도움을 주기 위하여 활용되는 기구가 이젝터로서, 구성요소는 주로 핀(pin), 스프링(spring), 레버(lever), 유공압 등이 이용된다.

18. 각종 치공구에서 공작물을 클램핑(clamping)하는 방법에는 여러 가지가 이용된다.

    ① 공작물의 클램핑 과정에서 공작물의 위치 및 변형이 발생하지 말아야 한다.

    ② 공작물의 가공 중 변위가 발생하지 않도록 확실한 클램핑이 이루어져야 한다.

    ③ 클램핑 기구는 조작이 간편하고 신속한 동작이 이루어져야 하는 일반적인 사항을 만족하여야 한다.

19. ① 스트랩 클램프 : 가장 간단하면서 단순한 클램프로 기본 형식은 지렛대(lever)의 원리를 이용한 것이다.

    ② 나사 클램프 : 이 클램프는 치공구에서 광범위하게 사용되고 있으며 설계가 간단하고 제작비가 싼 이점이 있으나 작업 속도가 느리다는 단점이 있다. 나사에 의한 클램핑 방법에는 나사가 직접 공작물에 압력을 가하는 방식과, 스트랩을 이용한 간접적으로 압력을 전달하는 방식이 있다.

    ③ 캠 클램프 : 캠에 의한 클램핑 방법은 형태가 간단하고, 급속으로 강력한 클램핑이 이루어지는 장점과, 클램핑 범위가 좁고 진동으로 풀릴 수 있는 단점이 있다.

    ④ 쐐기 클램프 : 쐐기에 의한 클램핑 방법은, 간단한 클램핑 요소로 경사(구배)를 가지고 있는 클램프(clamp)를 이용하여 공작물을 클램핑(clamping)하는 것으로서, 경사의 정도에 따라서 강력한 클램핑력(clamping force)이 발생할 수 있으며, 쐐기의 한 면은 공작물과 접촉하고, 한 면은 치공구에 접촉하여, 마찰로 정지상태가 유지되는 간단한 클램핑 방법의 하나이다.

    ⑤ 토글 클램프: 주로 용접지그나 조립 지그 등에 많이 사용되며 공유압을 이용한 자동화 지그의 기본이 된다. 경 작업은 주로 스프링에 의한 링크에 의해 작동되며 편심 클램프와 같은 원리에 기반을 두고 있다. 장점은 고정력이 작용력에 비해 매우 크다는 것이며, 진동이나 충격이 심한 경우 정지기구와 함께 사용한다.

20. 4가지 기본적인 클램핑 작용으로 되어있다. 즉, 하향 잠김형(hold Down), 압착형(squeeze), 당기기형(Pull)과 직선 이동형(straight line)이다. 작동은 레버(Lever)와 세 개의 피 붓(pivot)에 의해 움직인다.

21. ① 주조형은 요구되는 크기와 모양으로 주조될 수 있으며, 견고성과 강도를 저 하시키 지 않고서도 본체의 속을 비게 함으로서 무게를 가볍게 할 수 있으며, 기계가공 여유시간을 최소로 줄일 수 있고, 가공성이 양호하며, 진동을 흡수할 수 있고, 견고하고(강성) 변형이 작다.

    ② 용접형은 몸체의 형태 변경이 용이하며, 고강도이고, 제작 시간의 단축으로 인한 비용 절감, 무게를 가볍게 할 수 있는 등의 다양성이 있는 이점이 있으며 중형이나 대형에 적합하다.

    ③ 조립형의 설계 및 제작이 용이한 편이며, 수리가 용이하고, 리드타임이 짧으며, 외관이 깨끗하고, 표준화 부품의 재사용이 가능하다.

22. 맞춤 핀은 테이퍼 핀과 평행 핀을 구별하며, 재질은 STC 5, SM45C가 사용되며 연강이나 드릴 로드(drill rod)가 사용하는 경우도 있다. 맞춤 핀의 표면 강도는 HrC 60~64, 중심부의 경도는 HrC 50~54 정도이며, 전단 강도는 100~150Kg/mm^2(1035~1450N/mm^2)정도이다. 직경 공차는 +0.003mm이고 표면 거칠기 0.1~0.15m이다.

23. 드릴지그 구성의 3대 요소는 위치결정장치, 클램프 장치, 공구 안내 장치이며 위치결정장치 공작물의 위치 결정은 절삭력이나, 고정력에 의해 위치의 변위가 없어야 하며 정확하고 안정되게 공작물을 유지해야 한다. 클램프(체결) 장치는 고정력이 공작물에 따로 작용하여 변위가 발생하거나, 칩이나 먼지 등에 의해서 클램핑 상태가 나쁘면 공작물의 정도 및 작업능률에 큰 영향이 있다. 드릴지그의 공구를 안내하는 요소로는 부시가 있다. 부시는 드릴을 정확한 위치로 안내하고 정해진 구멍을 뚫을때 필요하다. 부시는 본체와 억지 끼워 맞춤이 되어야 하고 마모가 심하므로 열처리 강화하여 사용한다.

24. 드릴지그에서 일반적으로 많이 사용되는 부시(bush)는 고정 부시로서, 플랜지가 부착된 것과 없는 것이 있으며, 부시의 고정은 억지 끼워 맞춤으로 압입하여 사용한다. 회전형 삽입부시는 하나의 가공 위치에 여러 가지의 작업이 이루어질 경우, 내경의 크기가 서로 다른 부시를 교대로 삽입하여 작업을 하게된다. 예를 들면 드릴링(drilling)이 이루어진 후 리밍(reaming), 태핑(tapping), 카운트 보링(counter boring)등의 연속작업이 요구되는 경우에 적합하며, 부시의 머리부는 제거가 용이하도록 널링(knurling)이 되어있고 고정을 위한 홈을 가지고 있다.

    고정형 삽입부시는 사용 목적상 고정 부시와 같이 직경이 동일한 한 종류의 가공이 장시간 이루어지거나, 또는 장시간 사용으로 인하여 부시의 교환이 요구될 경우 교환이 용이하도록 되어있으며, 부시를 교환하면 다른 작업도 가능하게 된다. 라이너 부시는 삽입 또는 고정 부시를 설치하기 위하여 지그 몸체에 압입되어 고정되는 부시를 말하며, 삽입 부시로 인한 지그 몸체의 마모와 변위를 방지하기 위하여 지그 몸체보다 강도가 높은 라이너 부시를 조립하여 사용하게 된다.

25. 드릴 부시 설계시 제일 먼저 고려할 사항은 위치 결정과 드릴의 직경을 선정하여 치수를 결정하여야 한다. 설계 순서는 다음과 같은 순서에 의한다.

    ① 드릴 직경을 결정

    ② 부시의 내경과 외경 결정

    ③ 부시의 길이와 부시 고정판 두께 결정

    ④ 부시의 위치 결정

26. ① 부품(제품) 도면과 공작물과 관련된 기계작업을 분석한다.

    ② 공작물의 재질에 따른 절삭공구와 관련되는 공작물의 위치를 선정한다.

    ③ 부시의 적정 모양과 위치를 결정한다.

    ④ 공작물에 적절한 위치 결정구와 지지구를 선정한다.

    ⑤ 클램프 장치와 다른 체결 기구를 선별한다.

    ⑥ 기능별 장치의 주요 도면을 구별한다.

    ⑦ 지그 본체와 지지구조물의 재질, 형태를 정한다.

    ⑧ 기준면 설정과 중요치수 결정 및 안전장치에 대해서 검토한다.

27. 고정구의 밑에 부착된 텅(tougue)은 고정구의 위치 및 가공 방향과 고정구의 평행을 유지하기 위하여 사용된다. 일반적으로 커터의 안내 장치로는 세팅 게이지(setting gage), 세트 블록(set block)과 셋업 게이지 등이 있으며, 이들은 가공할 공작물의 정확한 위치에 절삭공구를 설치하기 위해서 사용되며 시험 절삭의 시도, 부품의 측정과 커터의 재설치 등이 따르며, 이렇게 함으로써 위치 변위량을 감소시킬 수가 있는 것이다. 세트 블록과 두께 게이지(feeler gage)는 공작물과 절삭공구와의 관계 위치를 정확하게 설치하기 위해 사용된다.

28. 밀링고정구 설계 순서

    ① 작업자의 작업 범위를 결정하기 위해서 부품도와 생산계획을 분석하고 생산량을 고려한다.

    ② 공작물은 기계 가공시 적당한 위치에서 눈에 잘 보이게 스케치한다.

    ③ 위치 결정구와 지지구를 적절한 위치에 스케치한다.

    ④ 클램프 및 기타 체결장치를 스케치한다.

    ⑤ 절삭공구의 세팅 블록과 같은 특수장치를 스케치한다.

    ⑥ 고정구 부품을 수용할 본체를 스케치한다.

    ⑦ 고정구의 여러 부품의 크기를 대략 판단한다.

    ⑧ 절삭공구와 아버(arbor) 등에 고정구가 간섭이 생기는가를 점검한다.

⑨ 예비 스케치가 끝나면 충분히 검토한 후 도면을 완성하고 재질을 명시한다.

29. ① 고정구의 구조와 클램핑 방법은 공작물의 장착과 탈착이 용이하여야 한다.

② 제작비용을 고려하여 가장 경제적으로 설계 제작한다.

③ 용접 후의 수축 및 변형을 미리 고려하여 설계, 제작한다.

30. 매니플레이터(manipulator)

찾아보기

ㄱ

가공경화	52
가공여유	16
가단성	50
가단주철	42
가소성	50
가스압접	129
가스용접법	89
가스용접봉	124
가스침탄법	143
가열온도	57
가옥적법	11
가용성	6
각도게이지	179
각도측정기	180
간접압출	71
간접측정	60
개인오차	160
건탭	153
게이지	158
경납땜	129
계통오차	160
고급주철	42
고르개	14
고속도강	218
고온뜨임	139
고용체	134
고정사이클	394
고주파경화법	144
고주파용접	130
고체침탄법	142

골격형	14
공구수명식	211
공구교환	390
공보정	391
공구선반	224
공구해머	60
공기 마이크로미터	177
관재인발	74
광선정반	187
구멍용 한계게이지	176
구상화처리	141
구상흑연주철	42
구성인선	209
굽히기	55
굽힘 반지름	78
굽힘가공	78
균열	40
균열형칩	08
그릿블라스팅	26
금긋기	147
금속가공기계	3
금속현미경시험	41
금형	23
기계원점	363
기계적검사	41
기계좌표계	357
기계탭	153
기공	40
기어가공	198, 306
기어전조	0
기어절삭기	307

ㄴ

나사 마이크로미터	191
나사전조	69
나사프레스	86
낙하해머	60
납땜	128
내면연삭기	272
냉간압접	132
냉간가공	50, 53
너클프레스	87
넓히기	55
네킹	80
노오멀라이징	140
늘리기	55
니	252
니형밀링머신	249

ㄷ

다이스	156
다이스작업	152
다이아몬드	220
다이얼게이지	169
다이캐스팅	43
단능공작기계	201
단련계수	54
단면감소율	73
단접	130
단접법	89
단조	5
단조가공	51
단조온도	56
단짓기	55
단체형	12

ㄷ(2)

담금질	136
덧붙임	18
도가니로	35
도기	157
돌림판	234
드로잉률	81
드릴	295
드릴링가공	198
드릴링머신	292
드릴탭	154
디스크마이크로미터	194
디이프드로잉가공	81
뜨임	138

ㄹ

라운드	64
라운딩	17
래핑	319
레이저가공	336
로드	64
리이머작업	151

ㅁ

마르텐사이트	135
마스터탭	153
마아퀜칭	141
마아템퍼	141
마아포옴법	84
마이크로미터	167
마찰용접	131
마찰프레스	87
만능각도기	180
만능밀링머신	250

맞대기 용접	127
매치풀레이트형	15
머시닝센터	382
면판	235
목공기계	19
목형	5
미니미터	178
밀링가공	198
밀링머신	248
밀링바이스	253
밀링작업	264

ㅂ

바아	64
바이스	147
반사로	36
발프레스	87
방전가공	330
방진구	235
방향성	79
배럴가공	324
배분력	203
밴드탭	153
버니싱	327
버어니어캘리퍼스	164
벌징가공	84
베드	230
벨트연마가공	322
병진법	150
보링머신	297
보링바이트	299
보오링가공	198
보올전조	70
보정 취소절	371
보통선반	223
봉재인발	73
부분형	13
분사가공	326
분할대	254
분할형	13
불꽃방전	331
불꽃경화법	45
브로우칭	199
브로치	313
브로칭머신	12
블랭킹	77
블록게이지	171
블루움	63
비교측정	159
비딩	80
비파괴검사	41
빌릿	63

ㅅ

사이클가공	372
사인바	182
사진법	149
삼선법	191
상대좌표계	358
새들	252
샌드블라스팅	326
생산형밀링머신	250
서멧트	220
선반가공	198
선재인발	73
설계도	4

세라믹	219
세이빙	77
세이퍼	302
세이퍼작업	304
센터	232
센터리스연삭	276
셜모올드법	44
소결초경합금	218
소성	49
소성가공	49
소성변형	49
솔바이트	136
숏피닝	326
수기가공	146
수준기	181
수직선반	225
수축구멍	40
수치제어	347
수평보링머신	298
수평밀링머신	250
슈퍼피니싱	317
스웨이지공구	58
스웨이징	83
스켈프	63
스크레이퍼	150
스테이탭	154
스파이럴탭	154
스프링 백	79
스프링해머	59
스피닝	85
슬랩	62
슬로터	305
시간담금질	138
시멘타이트	135
시밍	80
시안화법	144
시이트 바아	63, 64
시임용접	127
시임 파이프용접법	89
시준기	157
시차	161
시험	6
심봉	238
심압대	229

ㅇ

아베의 원리	162
아버프레스	87
아크용접법	99
아이어닝가공	83
애눌러 커터	83
아크방전 332	
암류	331
압삭력	38
압연	62
압연가공	51
압연기	66
압인가공	83
압점	129
압축가공	51
압출비	72
액압프레스	88
액체침탄법	143
액체호닝	321
앤빌	57
야적법	11

약재건조법	12	용접이음	95
업세팅	55	용접토오치	122
업셋용접	128	용제	124
엠보싱가공	83	용착법	98
역류	123	용해로	34
역화	124	우연오차	161
연납땜	128	원뿔테이퍼	184
연삭	199	원심주조법	44
연삭숫돌	291	에어리점	163
연삭가공	271	원통로울러	184
연삭기	277	원통연삭기	292
연삭성	7	위치조정운동	201
연삭조건	297	위치결정운동	356
연성	50	유동형칩	207
연속주조법	47	유연성생산시스템	355
열간가공	50, 53	육안검사	41
열기건조법	11	윤곽절삭제어	357
열단형	208	윤활제	215
열처리	5, 134	이산화탄소법	46
오버암	252	이송속도	206
오스테나이트	135	이송운동	200
오스템퍼	141	이송분력	203
오차	160	이온에칭	336
오토콜리메이터	182	이온가공	335
올소 테스터	179	이형공대	57
옵티미터	179	인공건조법	11
완전풀림	139	인디케이터	157
왕복대	231	인발가공	51, 73
외관검사	41	인베스트먼트법	45
요한슨 각도게이지	179	인선반지름 보정	369
용삭가공	344	인화	124
용접	5, 92	일반공작기계	201
용접기호	97	입방정질화붕소	221

입벌림결함 · 68	절단 · 55
입자가공 · 199	절단토오치 · 125
	절대좌표계 · 358
ㅈ	절삭가공 · 197
자동선반 · 224	절삭깊이 · 206
자연건조법 · 11	절삭동력 · 203
자유단조 · 54	절삭온도 · 204
자재법 · 11	절삭운동 · 200
작업대 · 146	절삭이론 · 202
잔류변형 · 49	절삭저항 · 202
잔형 · 15	절삭성 · 7
재결정 · 52	절삭속도 · 205, 301
저온뜨임 · 138	절삭열 · 204
저온풀림 · 140	절삭유 · 213
저항용접 · 126	점용접 · 126
전기 마이크로미터 · 178	점성 · 49
전기건조법 · 12	점성변형 · 50
전기로 · 36	접촉오차 · 162
전단 · 77	접합성 · 7
전단가공 · 75	정면선반 · 225
전단각 · 76	전극재료 · 332
전단저항 · 77	정밀도 · 158
전당형칩 · 207	정밀보링머신 · 299
전로 · 36	정밀측정 · 157
전연성 · 7	정반 · 57, 146
전용공작기계 · 202	정작업 · 148
전자빔가공 · 334	정확도 · 158
전조가공 · 51, 69	조립형 · 13
전주가공 · 342	좌표계설정 · 363
전해가공 · 340	주물 · 9
전해연마 · 340	주물자 · 16
전해연삭 · 341	주분력 · 203
전후이송법 · 277	주조 · 5, 9

주조경질합금	218
주축대	227
주형공구	31
주형용기계	32
줄작업	148
중립점	65
증기해머	60
증유로	59
증재법	11
지그보링머신	299
지령절	360
지시측정기	157
직선절삭제어	356
직접압출	71
직접측정	159
직정규	186
직진법	149
진공건조법	12
진공주조법	46
질량효과	137
질화법	143

ㅊ

척	237
초음파가공	333
초음파용접	130
최소눈금	158
축용 한계게이지	176
충격압출	72
측미현미경	179
칠드주조법	47
칠드주철	42
침재법	11

침탄법	142
칩	207
칩브레이커	210

ㅋ

칼럼	252
컬링	80
코로나방전	331
코어프린트	18
코어형	14
코우크스로	58
크랭크프레스	87
크레이터마모	212

ㅌ

탁상선반	223
탄성변형	49
탄성체	49
탄소공구강	217
탄젠트바	183
태핑	198
테이블	252
테이퍼탭	153
통과이송법	276
트루스타이트	136
트리밍	77
특수 아아크용접법	108
특수선반	
틈새	75

ㅍ

파단면검사	41

판	63
퍼얼라이트	135
펀칭	55, 77
페라이트	135
편석	40
편심프레스	86
평로	37
평면가공	198
평면연삭기	274
폴리싱	323
표면결함	67
표면경화법	147
풀리탭	153
풀림	139
프레스	86
프레스가공	75
프로젝션용접	127
플라스마가공	338
플래시용접	128
플랜징	80
플랭크마모	212
플레이너	300
플레이너형 밀링머신	251
피복아아크용접법	106
피복초경합금	219

ㅎ

하이드로포옴법	85
하이트게이지	166
한계게이지	174
합금공구강	217
합금주철	42
항온열처리	140
핸드탭	153
현형	12
형광검사	41
형단조	54, 56
형재	64
호닝	315
화덕	59
화학밀링	345
화학연마	345
화학연삭	346
화학절단	346
화학분석	41
화학적가공	344
회전형	13
후퇴오차	163
훈재법	12
휴지	367

기타

CNC파트프로그래밍	351
CNC공작기계	347
DNC	355
Dwell	367
EIA코드	352
FMC	355
ISO코드	352
MIG용접	108
NC선반	226
NPL식 각도게이지	355
T홈커터	259
TIG용접	108

일반기계기사 자격시험 대비 표준 대학교재
기계공작법

초판 인쇄 · 2025년 7월 20일
초판 발행 · 2025년 7월 30일

지은이 · 정연택·강주항
펴낸이 · 이주연
펴낸곳 · **명인북스**
일반등록 · 제 409-2021-000031호

주　소 · 인천시 서구 완정로65번안길 10, 114동 605호
전　화 · 032-565-7338
팩　스 · 032-565-7348
E-mail · phy4029@naver.com

정　가 · 40,000원

ISBN 979-11-94710-04-2 (13190)

이 책에서 내용의 일부 또는 도해를 다음과 같은 행위자들이 사전 승인없이 인용할 경우에는
저작권법 제93조「손해배상청구권」에 적용 받습니다.
　① 단순히 공부할 목적으로 부분 또는 전체를 복제하여 사용하는 학생 또는 복사업자
　② 공공기관 및 사설교육기관(학원, 인정직업학교), 단체 등에서 영리를 목적으로 복제·배포하는 대표, 또는 당해 교육자
　③ 디스크 복사 및 기타 정보 재생 시스템을 이용하여 사용하는 자

※ 파본은 구입하신 서점에서 교환해 드립니다.